网络空间安全丛书

CISSP 信息系统
安全专家认证
All-in-One
(第9版) (上册)

[美] 费尔南多·梅米(Fernando Maymí)　著
肖恩·哈里斯(Shon Harris)

栾浩　姚凯　王向宇　　　译

清华大学出版社
北京

北京市版权局著作权合同登记号图字：01-2022-6393

图书在版编目(CIP)数据

CISSP信息系统安全专家认证All-in-One：第9版 / (美) 费尔南多·梅米 (Fernando Maymí)，(美) 肖恩·哈里斯 (Shon Harris) 著；栾浩，姚凯，王向宇译. —北京：清华大学出版社，2023.1（2025.1重印 ）
(网络空间安全丛书)
书名原文：CISSP All-in-One Exam Guide, Ninth Edition
ISBN 978-7-302-62323-6

Ⅰ. ①C… Ⅱ. ①费… ②肖… ③栾… ④姚… ⑤王… Ⅲ. ①信息系统—安全技术—资格考试—自学参考资料 Ⅳ. ①TP309

中国版本图书馆 CIP 数据核字(2022)第 253350 号

责任编辑：王　军
装帧设计：孔祥峰
责任校对：成凤进
责任印制：刘　菲

出版发行：清华大学出版社
　　　　　网　　　址：https://www.tup.com.cn，https://www.wqxuetang.com
　　　　　地　　　址：北京清华大学学研大厦 A 座　　　　邮　　编：100084
　　　　　社 总 机：010-83470000　　　　　　　　　　邮　　购：010-62786544
　　　　　投稿与读者服务：010-62776969，c-service@tup.tsinghua.edu.cn
　　　　　质 量 反 馈：010-62772015，zhiliang@tup.tsinghua.edu.cn
印 装 者：北京同文印刷有限责任公司
经　　销：全国新华书店
开　　本：170mm×240mm　　　印　　张：61.25　　　字　　数：1533 千字
版　　次：2023 年 2 月第 1 版　　　印　　次：2025 年 1 月第 2 次印刷
定　　价：228.00 元

产品编号：096717-01

译 者 序

(ISC)^2 的 CISSP 认证是目前世界上全面的、权威的国际化信息系统安全方面的认证，CISSP 认证证书可证明证书持有者具备符合国际标准要求的信息安全知识水平和能力，提升持证专家的专业可信度，目前，CISSP 认证证书已得到全球的广泛认可。在安全行业中，能否取得 CISSP 认证证书，已成为表明专家是否具备完善的信息安全知识体系和丰富的行业经验的佐证之一。对于立志扎根于网络安全行业的网络安全专家而言，CISSP 认证应该是职业生涯中最有价值、最值得追求的职业认证之一。

《CISSP 信息系统安全专家认证 All-in-One(第 9 版)》是备考 CISSP 认证证书的宝典，在所有 CISSP 认证证书备考资料中享有极高声誉。本书内容全面、专业、通俗易懂，是一本享誉全球、畅销超过 15 年的安全经典教材，曾帮助包括译者团队在内的全球无数网络安全专家通过 CISSP 认证考试。

数字经济被誉为第四次工业革命的"钥匙"，已成为全球经济复苏的新引擎，成为国家发展新征程的助推器和国家级战略。《"十四五"数字经济发展规划》指出：2025 年数字经济将进入全面扩展期，2035 年数字经济将进入繁荣成熟期。数字化技术已渗透到社会生活的方方面面。新兴技术的日趋普及，对企业运营模式产生了重大影响，而 2019 年开始的新冠疫情，对社会生产生活方式带来了巨大影响。

近年来，随着社会数字化程度的提升，数字化安全的风险也日益突出，国内外都发生了多起网络安全和数据安全事件，导致数据泄露或服务终止。初创公司 Socialarks 由于 ElasticSearch 数据库设置错误，泄露了近 400GB 数据(超过 3.18 亿条用户记录)。美国燃油管道运营商 Colonial Pipeline 于 2021 年 5 月 7 日遭受网络犯罪团伙 DarkSide 的勒索软件攻击，导致该公司被迫关停其主要输油管道。而巴基斯坦国民银行(NBP)于当地时间 2021 年 10 月 30 日发布的一份声明称，已检测到敌对方对 NBP 的网络攻击。2021 年 10 月 4 日，Facebook 及其旗下 Instagram 和 WhatsApp 等应用程序全网宕机，停机时间近 7 小时。宕机期间，Facebook 在欧洲、美洲和大洋洲几乎完全下线，在亚洲的日本、韩国和印度等国也无法访问。由此可见，如果没有数字安全、数据安全和网络安全技术保驾护航，数字化发展的程度越高，其背后隐藏的风险就越大。

与此同时，我国日益关注网络安全、数据安全和个人信息安全，2021 年密集发布了《数据安全法》《个人信息保护法》和《关键信息基础设施安全保护条例》等一系列网络安全相关的法律法规，进一步完善了我国网络安全相关规章制度。网络安全已成为企业合规的必选项。

今天，已有越来越多的组织机构将数字安全、数据安全和网络安全工作放在数字技术工作的首要位置。数字安全、数据安全和网络安全不再是数字技术工作中一个可有可无的选项，而成为不可或缺的部分；能帮助企业和机构提高数字安全防护水平的人才也日益紧俏，形成巨大的岗位需求。

本书第 9 版本得到全面更新，涵盖 CISSP 认证考试的所有八大知识域，即安全和风险管理、资产安全、安全架构与工程、通信与网络安全、身份和访问管理、安全评估与测试、安全运营、软件研发安全。本书由安全认证和培训领域的顶级专家 Fernando Maymí 和 Shon Harris 撰写，用通俗易懂的语言，介绍了安全知识体系的方方面面，并通过丰富的案例加深考生对重要知识点的理解、激发考生的阅读兴趣，帮助考生在较短时间内吸取网络安全知识体系的精髓。本书不仅是准备 CISSP 认证考试的首选学习指南，也是安全专家提高业务水平、拓宽职业视野及建立完整知识体系的经典书籍。全球每一名安全专家的案头都应常备本书。

在本书的译校过程中，诸位译者力求忠于原著，尽可能传达作者的原意。在此，感谢栾浩先生，正是在他的努力下，多位译者才能聚集到一起，共同完成这项工作。栾浩先生投入了大量时间和精力，组织翻译工作，把控进度和质量，没有栾浩先生的辛勤付出，翻译工作不可能如此顺利地完成。

同时，要感谢本书的审校单位北京谷安天下科技有限公司(简称"谷安天下")。谷安天下是国内中立的网络安全与数字风险服务机构，以成就更高的社会价值为目标，专注于网络安全与数字风险管理领域的研究与实践，致力于全面提升中国企业的安全能力与风险管控能力，依靠严谨的专业团队、全方位的网络安全保障体系、良好的沟通能力，为政府部门、大型国有企业、银行保险、大型民营企业等客户提供网络安全规划、信息系统审计、数据安全咨询等以实现管理目标和数字资产价值交付为核心的，全方位、定制化的专业服务。在本书的译校过程中，谷安天下作为(ISC)²中国的 OTP 授权培训机构，投入了多位专家、讲师和技术人员以及大量时间支持本书译校工作，进而保证了全书的质量。

此外，感谢本书的技术支持单位上海珪梵科技有限公司(简称"上海珪梵")。上海珪梵是一家集数字化软件技术与数字安全于一体的专业服务机构，专注于数字化软件技术和数字安全领域的研究与实践，并提供数字科技建设、数字安全规划与建设、网络安全技术支持、数据安全治理、软件项目造价、数据安全审计和信息系统审计等服务。在本书译校过程中，上海珪梵投入了多名人员以支持本书的译校工作。

最后，再次感谢清华大学出版社，感谢王军等编辑的严格把关，悉心指导。正是有了这些编辑的辛勤努力和付出，才有了本书中文译稿的出版发行。

本书涉及内容广泛，立意精深。因译者能力局限，在翻译中难免有错误或不妥之处，恳请广大考生朋友指正。

Fernando 对本书的最新更新延续了过去与 Shon Harris 的合作传统，分解了关键概念和技能。再次证明了本书是重要的备考资料。即便通过考试后，本书也是工作中宝贵的参考资料。

——Stefanie Keuser

CISSP，美国军官协会首席信息官

本书是通过 CISSP 考试所需的唯一书籍。Fernando Maymí 不仅是一名作家，还是网络安全行业的领导者。Fernando 的洞察力、知识和专长体现在本书的内容中。本书不仅为考生提供通过考试所需的知识，还可帮助考生在网络安全领域取得进一步的发展。

——Marc Coady

CISSP，Costco Wholesale 公司合规分析师

本书是网络安全专家的必备参考资料，介绍了宝贵的实践知识，列出当今世界开展业务需要了解的日益复杂的安全概念、控制措施及最佳实践。

——Steve Zalewski

Levi Strauss 公司前首席信息安全官

Shon Harris 将这本经典的 CISSP 书籍引入安全行业，Fernando Maymí 用清晰、准确和客观的行文完美传承了 Shon Harris 的精神，我相信 Shon 会对此深感欣慰和自豪。

——David R. Miller

CISSP、CCSP、GIAC GISP GSEC GISF、PCI QSA、LPT、ECSA、CEH、CWNA、CCNA、SME、MCT、MCIT Pro EA、MCSE:Security、CNE、Security+

一本经典的参考资料，内容清晰明了，对考生、教育工作者和安全专家而言，都堪称无价之宝。

—— Joe Adams 博士

密歇根赛博系列创始人兼执行董事

　　本书由安全领域的两位大师 Maymí 和 Shon 撰写，内容通俗易懂，极具启发性，将一幅网络安全的全景图在考生面前徐徐展开。

——Greg Conti 博士

Kopidion 公司创始人

　　多么希望在职业生涯早期就能阅读到本书！不可否认，本书是助我通过 CISSP 考试的唯一工具。更重要的是，本书传授了许多我以前完全不了解的安全知识。从本书中学到的知识将在今后多年对我的职业生涯起到帮助作用。非常棒的书籍！

——Janet Robinson

首席安全官

作 者 简 介

Fernando Maymí 博士，CISSP 持证专家，是拥有超过 25 年经验的安全从业者。Fernando 目前是 IronNet Cybersecurity 的培训副总裁，除了为公司、合作伙伴和客户培养网络人才外，还领导团队提供战略咨询、安全评估、红队和网络安全演习。Fernando 曾在人工智能和网络安全交叉领域领导高级研发项目，为美国陆军的战略网络安全问题建立了智囊团，并在西点军校任教超过 12 年。Fernando 与 Shon 密切合作，为包括本书第 6 版在内的多个项目提供建议。

Shon Harris，CISSP 持证专家，是 Shon Harris Security 有限责任公司和 Logical Security 有限责任公司的创始人和首席执行官、安全顾问，也是空军信息战部队前工程师、讲师和作家。Shon 在 2014 年去世前，曾经营自己的培训和咨询公司长达 13 年。Shon 就广义的安全问题向《财富》100 强企业和政府机构提供咨询服务，撰写了三本畅销的 CISSP 书籍，曾参与撰写《灰帽黑客》和 *Security Information Event Management(SIEM) Implementation*，同时是 *Information Security Magazine* 的技术编辑。

译 者 介 绍

栾浩，获得美国天普大学 IT 审计与网络安全专业理学硕士学位，持有 CISSP、CISA、CISP、CISP-A 和 TOGAF 9 等认证。负责金融科技研发、数据安全、云计算安全和信息科技审计及内部风险控制等工作。担任中国计算机行业协会数据安全产业专家委员会委员、(ISC)² 上海分会理事。栾浩先生担任本书翻译的总技术负责人，并承担全书的校对和定稿工作。

姚凯，获得中欧国际工商学院工商管理专业管理学硕士学位，持有 CISA、CISM、CGEIT、CRISC、CISSP、CCSP、CSSLP 和 CEH 等认证，现任 CIO 职务，负责 IT 战略规划、策略制定、数字化转型、IT 架构设计和应用部署、系统取证和应急响应、数据安全备份策略规划制定、数据保护、灾难恢复演练和复盘等工作。姚凯先生承担本书第 24 章和第 25 章的翻译工作，并承担全书的校对和定稿工作，同时为本书撰写译者序。

王向宇，获得安徽科技学院网络工程专业工学学士学位，持有 CISSP、CISP、CISP-A 和软件研发安全师等认证。现任资深安全工程师职务，负责安全事件处置与应急、数据安全治理、安全监测平台研发与运营、云平台安全和软件研发安全等工作。王向宇先生担任本书项目经理，负责本书第 5 章和第 6 章的翻译工作，并承担全书的校对和定稿工作。

曹洪泽，获得哈尔滨工程大学通信与信息系统专业工学博士学位，正高级工程师职称。现任审计署计算中心审计技术服务处处长职务，负责中央部门、中央企业、金融机构等多领域审计工作以及金审工程建设和运营。持有 CISA、审计师等认证。担任中国审计学会计算机审计分会副秘书长。曹洪泽女士作为本书信息系统审计领域特邀专家，承担本书通读工作。

李杺恬，获得北京理工大学软件工程专业工程硕士学位，持有 CISSP、CISP 和 CISA 等认证。现任中国计算机行业协会数据安全产业专家委员会委员，负责人才培养、能力评定和成果转化等工作。李杺恬女士作为本书数据安全领域特邀专家，承担本书通读工作。

徐坦，获得河北科技大学理工学院网络工程专业工学学士学位，持有 CISP、CISP-A 等认证。现任安全技术经理职务，负责数据安全、渗透测试、安全工具研发、代码审计、安全教育培训、IT 审计和企业安全攻防等工作。徐坦先生承担本书全书的校对、通读工作。

李浩轩，获得河北科技大学理工学院网络工程专业工学学士学位，持有 CISP-A、CISP 等认证。现任安全技术经理职务，负责数据安全、IT 审计、网络安全、平台研发和企业安全攻防等工作。李浩轩先生承担本书全书的校对、通读工作。

高峡，获得西安科技大学计算机及应用专业工学学士学位，持有 CISSP、CISA 和 CISP 等认证。现任网络安全教学质量总监职务，负责网络安全相关课程体系设计、网络安全相关课程研发、课程讲授和课程管理等工作。高峡女士负责本书第 1 章和第 2 章，附录 A、B、C 的翻译工作。

戴赟，获得上海大学通信工程专业工学学士学位，持有 CISSP 和 CCSP 等认证。现任云安全专家职务，负责云计算安全架构设计、项目实施、方案优化和日常运维管理等工作。戴赟先生负责本书第 3 章和第 4 章的翻译工作。

伏伟任，获得东华理工大学环境工程专业工学学士学位，持有 CISSP 和 CCSP 等认证。现任 IT 经理和信息安全负责人职务，负责 IT 运维、信息安全相关工作，伏伟任先生负责本书第 7 章和第 8 章的翻译工作。

郑伟，获得华中科技大学计算机科学与技术专业工学学士学位，持有 CISSP 等认证。现任诺基亚通信无线基站安全技术专家职务，负责产品安全需求分析、系统规范制定等工作。郑伟先生负责本书第 9 章和第 10 章的翻译工作。

梁龙亭，获得北京理工大学计算机科学与技术专业工学学士学位，持有 CISSP 和 ISO/IEC27001 等认证。现任信息安全&合规职务，负责安全技术架构设计、安全攻防、安全技术实施、安全合规等工作。梁龙亭先生负责本书第 11 章的翻译工作。

万雪莲，获得武汉大学计算机技术专业工程硕士学位，持有 CISSP、CISM 和 CISA 等认证。现任网络安全与隐私保护高级安全咨询顾问职务，负责数据安全、隐私保护、云安全、安全分析和安全管理等工作。万雪莲女士负责本书前言、第 12 章和第 13 章的翻译工作。

张帆，获得上海交通大学工商管理专业管理学硕士学位，持有 CISSP 和 CISA 认证。现任信息安全负责人职务，负责 IT 安全策略和制度制定、IT 安全架构及应用安全风险评估、数据跨境传输安全评估、灾难恢复演练等工作。张帆先生负责本书第 14 章和第 15 章的翻译工作。

周可政，获得上海交通大学电子与通信工程专业工学硕士学位，持有 CISSP、CISA 等认证。现任资深安全工程师职务，负责数据安全、SIEM 平台规划建设和企业安全防护体系建设等工作。周可政先生负责本书第 16 章和第 17 章的翻译工作。

许琛超，获得上海交通大学计算机科学与技术专业工学学士学位，持有 CISSP、CCSP 和 CISA 等认证。现任信息安全高级经理职务，负责数据安全治理、个人信息保护、信息安全管理体系、信息安全评估等工作。许琛超先生承担本书第 18 章和第 19 章的翻译工作。

吕丽，获得吉林大学文秘专业文学学士学位，持有 CISSP、CISA 和 CISP-PTE 等认证。现任中银金融商务有限公司信息安全经理职务，负责信息科技风险管理、网络安全技术架构评估和规划、数据安全治理、信息安全管理体系制度管理、信息科技外包风险管理、安全合规与审计等工作。吕丽女士承担本书第 20 章和第 21 章翻译工作。

汤国洪，获得电子科技大学电子材料与元器件专业工学学士学位，持有 CISSP、CISA 和 ISO/IEC27001 等认证。现任 IT 经理与信息安全负责人职务，负责 IT 运维、基础架构安全、网络安全和隐私合规等工作。汤国洪先生承担第 22 章及第 23 章的翻译工作。

牛承伟，获得中南大学工商管理专业管理学硕士学位，持有 CISP 等认证。现任广州越秀企业集团股份有限公司 IT 经理职务，负责云安全、基础设施安全、数据安全和资产安全等工作。牛承伟先生承担本书全书的通读工作。

朱思奇，获得上海交通大学通信与信息系统专业工学硕士学位，持有 CISA 和 CISSP 等认证。现任中国银行江苏省分行科技经理职务，负责信息科技风险管理、信息科技审计、信息安全意识培训等工作。朱思奇先生承担本书的校对、通读工作。

陈伟，获得中国石油大学工业管理工程专业管理学硕士学位，持有 CISA 等认证。现任谷安天下研究院院长职务，负责 IT 治理、网络安全、数字风险管理及 IT 审计、咨询等工作。陈伟先生负责本书部分章节的校对工作。

方乐，获得复旦大学计算机专业理学硕士学位，持有 CISSP、CISA 等认证。现任谷安天下咨询顾问职务，负责 IT 管理、IT 治理、信息安全管理、IT 风险管理、信息系统审计、数据治理咨询及培训等工作。方乐先生承担本书部分章节的校对工作。

以下专家参加本书各章节的校对、通读等工作，在此一并感谢：

刘竞雄先生，获得长春工业大学计算机技术专业工学硕士学位。

赵晨明先生，获得西安交通大学工商管理专业管理学硕士学位。

马洪晓先生，获得北京邮电大学计算机科学与技术专业工学硕士学位。

王厚奎先生，获得南宁师范大学教育技术学(网络信息安全方向)专业工学硕士学位。

邢海韬先生，获得北京工业大学软件工程专业工学硕士学位。

罗进先生，获得澳大利亚南昆士兰大学信息技术专业工学硕士学位。

刘海先生，获得华东师范大学软件工程专业工学硕士学位。

张锋先生，获得郑州大学计算机科学与技术专业工学学士学位、北京工业大学工商管理专业管理学硕士学位。

李海霞女士，获得对外经贸大学公共管理专业管理学硕士学位。

陈欣炜先生，获得同济大学工程管理专业本科学历。

王伏彧女士，获得吉林大学电子信息科学与技术专业理学学士学位、法学学士学位。

朱建滨先生，获得香港大学工商管理专业管理学硕士学位。

刘北水先生，获得西安电子科技大学工学硕士学位。

王涛女士，获得新疆财经大学工商管理专业管理学硕士学位、电子科技大学软件工程专业工程硕士学位。

张亭亭先生，获得哈尔滨商业大学工学学士学位。

张士莹先生，获得中北大学网络工程专业工学学士学位。

张晓飞先生，获得内蒙古大学理工学院应用物理学专业理学学士学位。

陈岳林女士，获得香港浸会大学资讯科技管理专业理学硕士学位。

陈峻先生，获得同济大学软件工程专业工学硕士学位。

马春燕女士，获得挪威商学院工商管理专业管理学硕士学位。

贡献者/技术编辑简介

Bobby E. Rogers 是一名信息安全工程师，在美国国防部工作，职责包括信息系统安全工程、风险管理以及认证和认可工作。Bobby 在美国空军服役 21 年后退休，担任网络安全工程师和指导者，保护全球各地的网络。Bobby 拥有信息保障(InformationAssurance，IA)硕士学位，目前，正在美国马里兰州国会科技大学攻读网络安全博士学位。Bobby 获得的认证包括 CISSP-ISSEP、CEH 和 MCSE: Security，以及 CompTIA A+、Network+、Security+和 Mobility+。

自　序

感谢诸位考生在《CISSP 信息系统安全专家认证 All-in-One(第 9 版)》中投入学习精力，我相信你会发现本书不仅对准备 CISSP 考试很有帮助，而且对未来职业生涯也很有帮助。这是 Shon Harris 撰写前六版时的首要目标之一，也是我在最近三版 CISSP 中努力追求的目标。这个目标并不那么容易，但我希望考生会对我们如何平衡这两个需求感到满意。

(ISC)² 在实际应用中为 CISSP 通用知识体系(Common Body of Knowledge，CBK)打下了良好基础，但仍有很多讨论和分歧。与几乎任何其他领域一样，在网络安全领域，很少有主题可达成普遍共识。本书内容为了平衡备考和现实应用的模糊性，从我们的经验中总结了大量的评论和示例。

特意说"我们的经验"，因为即使 Shon 去世多年，她的见解在这一版本中仍然充满活力、信息丰富和富有娱乐性。本书尽可能多地保留了她的见解，同时确保相关内容是最新的，也尽量保持 Shon 作品特有的行文风格。其结果是我希望本书读起来更像是一篇文章，甚至是一个故事，而不是一本教科书，但本书是以优良的教学作为基础。本书应易于阅读，同时帮助考生准备考试。

说到考试，2021 年(ISC)² 对 CBK 所做的变化并不显著，但意义重大。每个知识域都以某种方式做出了调整，八个知识域中有七个添加了多个主题(知识域 1 除外)。这些变化以及本书第 8 版中的大量主题，促使我对这一版内容进行了彻底重组。我将每个知识域和主题分解为原子粒度，然后重新设计整本书，以整合下表中列出的 CBK 2021 新目标(注意，方括号中的内容供参考，并非新增目标)。

知识域 2：资产安全

2.4 管理数据生命周期

   2.4.1 数据角色(例如，所有方、控制方、托管方、处理方和用户/数据主体)

   2.4.3 数据物理位置

   2.4.4 数据维护

2.5 确保适当的资产留存，如生命周期终止(End-of-Life，EOL)、支持终止(End-of-Support，EOS)

知识域 3：安全架构与工程

[3.7 理解密码攻击方法]

   3.7.1 暴力破解

   3.7.4 频率分析

　　注意，这些目标中的部分内容在之前(2018年)版本的CBK中是隐性的，在第8版中已有所涉及。事实上，这些目标现在是明确的，这表明在考试和实践中都变得越来越重要(在准备考试时，请特别注意这些)。总之，与上一版相比，第9版有显著不同且有所改进，相信考生会表示认同。再次感谢考生对CISSP第9版书籍的关注。

致 谢

在第 9 版中，还要感谢以下人士给予的帮助：

- Ronald C. Dodge，Shon Harris 和我的介绍人，我由此开启了人生中最棒的奇遇之一
- Kathy Conlon，为这个最新版本奠定了基础
- Carol Remicci
- David Harris

为什么要成为 CISSP 持证专家?

随着世界的变化, 社会对安全和技术改进的需求不断增长。全球各地的组织迫切需要找到并招募才华横溢、经验丰富的安全专家, 因为只有这些专业人员才能保护组织的资产并保持组织的竞争力。一名认证信息系统安全专家(CISSP)就是一名能力过硬的安全专家, 并已成功满足了所需的知识和经验标准, 在整个行业中广为人知且获得尊重。维持认证的有效性, 可以证明安全专家的专业能力与时俱进, 不断提高。

下面列出获取 CISSP 认证资格的一些理由:
- 扩展对安全概念和实践当前的了解
- 展示作为经验丰富的安全专家的专业知识
- 在竞争激烈的劳动力市场中占据优势
- 增加薪水并有资格获得更多的就业机会
- 为当前的职业带来更高的安全专业知识
- 表现出对安全纪律的献身精神

CISSP 认证可帮助组织确定安全专家具有实施可靠安全实践所需的能力、知识和经验, 实施风险分析, 确定必要的对策, 并帮助整个组织保护设施、网络、系统和信息。CISSP 认证还向潜在雇主表明考生已达到安全行业所需的技能和知识水平。安全对于各种规模的组织的重要性在未来只可能不断增加, 从而导致对高技能安全专家的更高要求。CISSP 证书表明受人尊敬的第三方组织已经认可了持证专家的技术和理论知识以及专业知识, 从而可与缺乏专业知识水平的人员区分开。

理解和实现安全实践是成为一名优秀的网络管理员、程序员或工程师的重要组成部分。在大量并非针对安全专家的职位描述中, 往往仍要求应聘人员正确理解安全概念及其实现方式。由于人员规模和预算限制, 许多组织负担不起聘用单独的网络和安全人员的成本, 但仍然认为安全性对组织至关重要; 因此, 经常尝试将技术和安全知识要求合并到一个角色中。通过 CISSP 认证, 安全专家就会比其他应聘人员更有优势。

CISSP 考试

由于 CISSP 考试涵盖构成 CISSP CBK 的 8 个知识域, 因此通常将 CISSP 考试描述为"一英寸深, 一英里宽", 这是指许多考题并不深入, 也不要求考生是每个学科的专家; 但这些考题的确要求考生熟悉许多不同的安全主题。

CISSP 考试有两个版本，即英文版和非英文版。英文版现在是一种计算机自适应测试 (Computerized Adaptive Testing，CAT)，在这个测试中，考题数量从 100 道到 150 道，具体数量取决于考生的知识水平；其中，25 道题不计入分数，目的是为了将来的考试评估(有时称为预测试)。基本上，测试软件越容易评估考生的熟练程度，考生的考题越少。不管多少考题，考生完成测试的时间都不超过 3 小时。当系统成功评估了考生的知识水平后，无论考生用了多长时间，测试都将结束。

考试提示

英文版 CAT 考试系统将对 CISSP 考生的知识掌握程度开展评估，并相应调整 CAT 考题，考生会感到问题 "较难"。不必灰心；只是要注意不能停留在某一道题上，因为必须在 3 小时内至少回答 100 道题。

英文版的 CISSP 考试也基于计算机，但不是自适应的，是线性的、固定的形式，包括 250 道题，回答时间不超过 6 小时。与 CAT 版本一样，有 25 道考题是预测试题目(不计分)。计分根据考生的其他考题，共 225 道题。考试会整合 25 个研究考题，且考生并不知道哪一个考题会影响最终成绩。

不论考生参加哪个版本的考试，都需要在 1000 分中得到 700 分及 700 分以上的分数。在两个版本中，考生会遇到多项选择和创新性考题。创新性考题包含拖放(将术语或条目拖到框中的正确位置)或热点(单击正确回答考题的条目或术语)界面，答案会加权并与其他任何考题一样计分。考题从更大的题库中提取，确保每个考生的考试尽可能唯一。此外，题库将不断变化，以更准确地反映真实的安全领域。考题会不断轮换，并根据需要替换。根据考题的难度实施加权；并非所有考题的得分都相同。考试不是针对产品或供应商的，这意味着没有考题针对某些产品或供应商(如 Windows、UNIX 或 Cisco)。相反，测试的是这类系统所用的安全模型和方法。

考试提示

答错题目不会倒扣分数。如果考生无法在合理时间内给出正确答案，那么建议猜测答案并继续下一道题。

(ISC)[2](International Information Systems Security Certification Consortium，国际信息系统安全认证联盟)在 CISSP 考试中也包括基于场景的考题。场景题向考生呈现一个简短场景，而非要求考生识别术语和/或概念。场景题的目标是确保考生不仅理解 CBK 中的概念，而且可将这些知识运用到实际中。这更实用，因为在现实中，考生不会因为有人询问 "共谋的定义是什么？" 而受到挑战；除理解术语的定义外，考生还需要知道如何检测和防止共谋的发生。

通过考试后，将要求考生提供由背书人支持的文档，以此证明考生确实具有获得 CISSP 认证所需的经验。背书人必须签署一份凭证，为考生提交的安全工作经验提供担保。因此，在注册考试和付款之前，请联系好一位背书人。考生肯定不愿意看到这样的局面：在支付费用并通过考试后，却发现无法找到背书人帮助考生完成获得认证所需的最后步骤。

提出背书要求是为了确保获得认证的人员具有为组织提供服务的真实经验。书面知识对于理解理论、概念、标准和法规极为重要,但永远不能替代动手实践。需要证明考生的实践经验与认证是相关的。

通过考试后,一小部分考生将随机抽取为样本予以审核。审核人员主要来自(ISC)^2 的两名成员,通过拜访考生的背书人和联络人,核实考生的相关经历。

CISSP 考试具有挑战性的因素之一是,尽管大多数考生都在安全领域工作,但不一定熟悉所有 8 个 CBK 安全领域。例如,如果某个安全专家是漏洞测试或应用程序安全方面的专家,可能并不熟悉物理安全性、加密或取证。因此,学习和考试将拓宽考生对安全领域的了解。

考题涉及 8 个 CISSP CBK 知识域,如下表所示。

知识域	描述
安全和风险管理	该领域涵盖了信息系统安全的许多基本概念。该领域的部分主题包括: • 职业道德 • 安全治理与合规 • 法律法规和监管合规问题 • 人员安全策略 • 风险管理
资产安全	该领域解释了在整个信息资产生命周期中如何对信息资产实施保护。该领域的部分主题包括: • 识别和分类信息和资产 • 建立信息和资产处置要求 • 安全地配置资源 • 管理数据生命周期 • 确定数据安全控制措施和合规要求
安全架构与工程	该领域解释了在面对无数威胁的情况下如何保护信息系统发展的安全。该领域的部分主题包括: • 安全设计原则 • 安全模型 • 选择有效的控制措施 • 密码术 • 物理安全
通信与网络安全	该领域解释如何保护网络架构、通信技术和网络协议的安全。该领域的部分主题包括: • 安全网络架构 • 安全网络组件 • 安全通信信道

(续表)

知识域	描述
身份和访问管理	身份和访问管理是信息安全中最重要的主题之一。该领域涵盖了用户和系统之间、系统和其他系统之间的相互关系。该领域的部分主题包括： • 控制对资产的物理和逻辑访问 • 标识和身份验证 • 授权机制 • 身份和访问配置生命周期 • 实施身份验证系统
安全评估与测试	该领域解释了验证信息系统安全性的方法。该领域的部分主题包括： • 评估和测试战略 • 测试安全控制措施 • 收集安全流程数据 • 分析和报告结果 • 开展和促进审计
安全运营	该领域涵盖了在日常业务中许多维护网络安全的活动。该领域的部分主题包括： • 调查 • 记录和持续监测 • 变更和配置管理 • 事件管理 • 灾难恢复
软件研发安全	该领域解释了安全原则在获取和研发软件系统中的应用。该领域的部分主题包括： • 软件研发生命周期 • 软件研发中的安全控制措施 • 评估软件安全 • 评估所购软件的安全 • 安全编码准则和标准

书中包含哪些内容

本书涵盖了成为(ISC)^{2}认证 CISSP 所需的全部知识，讲述企业如何制定和实施策略、程序、准则和标准，并解释原因。本书涵盖网络、应用程序和系统漏洞、漏洞利用情况，以及如何应对这些威胁。本书解释物理安全、运营安全以及系统如何实现安全机制。本书还回顾了美国和国际安全标准以及在保证评级系统上执行的评估，分析这些标准的含义以及使用相应标准的原因。本书还解释了围绕计算机系统及其所拥有数据的法律和责任问题，包括计算机犯罪、法证学等主题，以及如何为出庭准备计算机证据。

虽然本书主要是用作 CISSP 考试的学习指南，但在考生通过认证后，本书仍不失为一本不可替代的重要参考用书。

参加 CISSP 考试的提示

很多考生觉得考题很棘手。一定要仔细阅读考题和所有备选答案，而不是看了几个单词就断定考题的答案。有些答案选项可能只有细微差别，所以要有耐心，多花时间通读考题。

有些考生抱怨 CISSP 考试略带主观色彩。例如，有这样两个考题。第一个是技术考题，考查的是防止中间人攻击的传输层安全(Transport Layer Security, TLS)所用的具体机制；第二个考题则询问周长为 8 英尺的栅栏提供的是低级、中级还是高级安全防护。考生会发现，前一个考题比后一个考题更容易回答。许多考题要求考生选择"最佳"方法，有些考生认为这是令人困惑和主观的。这里提到这些抱怨不是为了批评(ISC)² 和出题人员，而是为了帮助考生更好地备考。本书涵盖了考试必需的所有材料，并包含了许多问题和自测试卷。大部分问题的格式与实际试题相同，使考生能更好地准备应对真实考试。所以，一定要阅读书中的所有材料，并密切注意问题及其格式。有时，即使考生对某个主题十分了解，也可能答错题。因此，考生需要学会如何应试。

回答某些问题时，重要的是要记住，一些事物比其他东西更有价值。例如，保护人身安全和福祉总比其他所有应对措施更重要。同样，如果其他所有因素都相等，考生可选择昂贵和复杂的解决方案，也可选择更简单和便宜的解决方案，那么第二个方法在大多数情况下都会胜出。专家建议(如律师的建议)比信誉较差的人士提供的建议更有价值。如果某道题的可能答案之一是寻求专家的建议，请密切注意该类考题。正确的应对措施很可能就是寻找该专家。

CISSP 考生需要熟悉行业标准，并了解自己工作之外的技术知识和方法。必须再次强调的是，考生可能仅在特定领域是佼佼者，并不意味着考生为考试涵盖的八个领域都做好了充分准备。

当 CISSP 考生在 Pearson VUE 测试中心参加 CISSP 考试时，可能在同一房间同时有其他认证考试。如果看到其他考生很早离开房间，不要着急；其他人可能正在参加一项时间较短的考试。

如何使用本书

本书的作者尽了很大努力才将所有重要信息汇编成书；现在，轮到考生尽力从本书中汲取知识了。要从本书获取最大受益，可采用以下学习方法：

- 认真学习每一章，确保理解每个概念。对许多概念必须完全理解，如果对一些概念似懂非懂，那么对考生来说可能不利于通过考试。CISSP CBK 包含数百个不同主题，因此需要花时间掌握这些内容。

- 确保学习并回答所有问题。如果有任何疑问使考生感到困惑，那么需要再次阅读相关章节。请记住，实际考试中的某些问题含糊其辞，看上去较难回答，不要误以为这些问题表述不清而将其忽视。相反，这些问题的存在具有明确的目的性，对此要特别注意。

- 如果考生不熟悉特定主题，如防火墙、法律、物理安全或协议功能，请使用其他信息源(书籍、文章等)更深入地了解这些主题。不要仅依靠考生自认为需要知道的知识来准备 CISSP 考试。

- 阅读本书后，考生需要学习所有问题和答案，并实施自测。然后复习(ISC)^{2}考试目标，确保对所呈现的每个条目都很熟悉。如果对某些条目不够熟悉，请重新阅读相关章节。

- 如果考生参加了其他认证考试(如 Cisco、Microsoft)，则可能习惯于记住一些细节和配置参数。但请记住，CISSP 测试是"一英寸深，一英里宽"，因此在尝试记住具体细节之前，请确保了解每个主题的概念。

- 记住，考试是在寻找"最佳"答案。在一些问题上，考生可能不同意其中一个或多个答案，需要从提供的 4 个答案中选出其中最合理的那一个。

目 录

第 IV 部分

通信与网络安全

第 VI 部分
安全评估与测试

第 VIII 部分
软件研发安全

第 I 部分

安全和风险管理

第 1 章

网络安全治理

本章介绍以下内容：

- 网络安全基本概念
- 安全治理原则
- 安全策略、标准、工作程序和准则
- 人员安全策略和工作程序
- 安全意识宣贯、教育和培训

真正安全(Secure)的系统，是关闭了电源、浇筑在水泥中、严密保存在由荷枪实弹的警卫把守的衬铅隔离房间内的系统，即便如此，我依然怀疑能否做到绝对安全。

——Eugene H. Spafford

虽然一些信息安全专家积极思考和实施网络安全，但事实上大多数组织更愿意关注其他事情。企业之所以存在，是为给股东创造利润。大多数非营利组织则致力于推动慈善、教育或宗教等特定的社会事业。除了安全服务提供商外，没有组织会专门部署和维护防火墙、入侵检测系统(Intrusion Detection System)、身份管理技术和加密设备。没有一家组织真的想制定数百条安全策略、部署防恶意软件产品、维护漏洞管理系统、不断提升事故响应能力，并且要遵守全球各地无数的安全法律、法规和标准。企业老板们只希望能生产出产品、卖掉，然后赚得盆满钵满。然而，事情并没有这么简单。

组织正面临越来越多的挑战。攻击方想窃取用户数据以便盗窃用户身份和实施银行欺诈。内外部人员经常窃取组织机密，用于从事经济间谍活动。攻击方劫持组织的系统并用于僵尸网络，以攻击其他组织、挖掘加密货币或传播垃圾邮件。来自不同国家的有组织的犯罪团伙通过复杂且难以识别的数字方法将组织资金秘密地转移走。那些发现自己成为攻击目标的组织可能不断受到攻击，导致系统和网站长达数小时或数天都不能使用。如今，组织需要实践大量的安全规则，才能维持市场份额、保留客户和利润、远离牢狱之灾，然后才能继续销售产品。

本章将开始探索 CISSP(Certified Information Systems Security Professional，认证信息系统安全专家)的通用知识体系(Common Body of Knowledge，CBK)。本章将给出网络安全的定义，以及 CISSP 持证人员应该如何管理网络安全。每个组织都应制定一个企业范围内的安全计划，计划中包含本书涉及的技术、工作程序和流程。随着安全从业经验的累积，安全专家会发现大多数组织都只实施了部分(很少是全部)的"企业范围安全计划"。如今实施的大多数安全方案都是片面的或不完整的。安全方案在安全团队最熟悉的领域表现出色，在其他领域则乏善可陈。尽可能全面了解安全是安全人员的责任，这样就可识别出安全方案中的不足之处并予以改进。这就是 CISSP 考试涵盖各种技术、方法和流程的原因——想要帮助组织实施全面的安全，就应全面掌握和理解这些技术、方法和流程。

1.1　网络安全的基本概念和术语

作为网络安全专家，日常工作最终都集中在保护信息系统上。这些系统涵盖人员、流程和处理信息的技术。保护信息系统意味着要保护信息系统中所有资产的机密性、完整性和可用性(CIA 三元组)，以及执行操作时的真实性和不可否认性。如图 1-1 所示，每种资产都需要各类不同级别的保护。

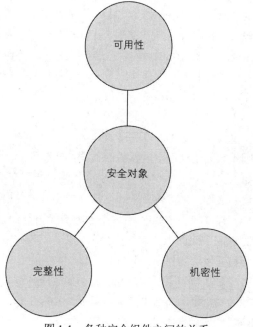

图 1-1　各种安全组件之间的关系

1.1.1　机密性

机密性(Confidentiality)意味着阻止未经授权的实体(无论是人员还是进程)访问信息资产。

机密性确保在数据处理的每个节点都实行必要的保密级别，并防止未经授权的披露。当数据在网络中的系统和设备上存储和传输时，以及一旦到达目的地后，都应优先满足保密级别的要求。可通过加密存储和传输中的数据、实施严格的访问控制和数据分类分级、适当地开展人员数据保护程序培训的方式提供机密性。

攻击方可通过持续监测(Monitoring)系统、实施肩窥(Shoulder Surfing)攻击、盗取口令文件、破解加密系统以及实施社交工程攻击(Social Engineering Attacking，SEA)来威胁机密性。这些入侵方式将在后续章节更深入地讨论。简单来说，肩窥是指攻击方越过其他人的肩膀观察击键动作或偷看计算机屏幕上显示的数据。社交工程攻击是指欺骗其他人共享机密信息，例如，假冒已授权人员访问机密信息。社交工程攻击还可采用其他多种形式。事实上，任何一对一的通信介质都能用于执行社交工程攻击。

当合法用户向其他人发送未加密信息、成为社交工程攻击的猎物、共享组织商业秘密，以及处理机密信息而未采取额外保护措施时，合法用户都可能有意或无意地泄露敏感信息。

1.1.2　完整性

完整性(Integrity)意味着资产不存在未经授权的更改。只有经过授权的实体才能修改资产，且只能以经过授权的特定方式修改。例如，商家查看消费者在线上商店的购物订单时，无法提高订单中任何已销售商品的价格。作为店主，原本可按自己的意愿修改价格。但在有人同意以特定价格购买商品并授权商家从其信用卡上扣费后，则不应该再修改价格。

实施并提供这种安全属性的系统环境可确保攻击方或用户的错误不会对系统或数据的完整性造成损害。当攻击方在系统中植入恶意软件(Malware)或安置后门(Back Door)时，就已经破坏了系统的完整性。然后，继续破坏系统中已保存信息的完整性，例如，造成数据出错、恶意修改数据或替换为不正确的数据。严格的访问控制、入侵检测和哈希技术可有效对抗这些威胁。

授权用户也会经常因无意的错误而影响系统或数据的完整性(当然，内部合法用户也可能蓄意做出恶意行为)。例如，合法用户可能由于硬盘空间已满等原因在不经意间删除配置文件，而用户又不记得操作过这些文件。或者，用户也可能在数据处理应用程序中输入错误值，使得本应向客户收取 300 美元却收取了 3000 美元。错误地修改存储在数据库中的数据是用户操作数据失当的另一种常见原因，而此类错误往往往会造成巨大影响。

为保证安全性，应当精简用户的权限，只向其提供少数几个选择和功能，这样能减少错误，而且后果也不会那么严重。应当限制用户查看和访问系统关键文件。应用程序应当提供检查输入值是否合理有效的安全机制。数据库应当只允许授权用户修改数据，而传输数据则应当通过加密或其他安全机制实现保护。

1.1.3　可用性

可用性(Availability)保护用于确保授权用户能够可靠、及时地访问数据和资源。网络设备、计算机和应用程序都应当提供充足的功能，且能按预期的方式在可接受的性能水平上运行。

同时，这些网络设备、计算机和应用程序应能安全且快速地从崩溃中恢复，这样，业务生产活动就不会受到负面影响。应采取必要的保护机制应对来自组织内外部的威胁，包括所有会影响各个业务处理组件的可用性及工作效率的威胁。

就像生活中的许多事情一样，要确保组织内部必要资源的可用性听起来容易，实际做起来却很难。组成网络系统的多个组件(如路由器、交换器、代理和防火墙等)应持续运转。软件系统的众多组件(如操作系统、应用程序和防恶意软件等)也需要保持健康运行状态。此外，还有很多能影响组织运营的环境因素(如火灾、洪水、HVAC 问题以及电力供给问题等)、自然灾难以及物理盗窃或攻击。组织应充分了解自身的业务运营环境及其在可用性方面的弱点，这样才能采取适当的安全对策。

1.1.4　真实性

现代 Internet 有一个奇怪的特征，有时，到底是谁在发布供大家阅读和下载的东西是无法确定的。那个补丁真的来自 Microsoft 吗？老板真的发了一封电子邮件，要求购买价值 10 000 美元的礼品卡吗？真实性(Authenticity)确保某些东西来自其声称的来源，且确信无疑。这个概念是身份验证的核心，真实性确定了尝试登录系统的实体确实是其声称的身份。

信息系统的真实性几乎总是通过加密技术提供。例如，当连接到银行的网站时，应使用传输层安全(Transport Layer Security，TLS)加密连接，然后 TLS 也会使用银行的数字证书向用户的浏览器证明另一端确实是银行，而不是冒名顶替者。当用户登录时，银行会获取用户凭证的加密哈希，并与银行保存的用户记录哈希进行比较，确保另一端确实是用户本人。

1.1.5　不可否认性

虽然真实性确定了一个实体在特定时间点上是其声称的那个人，却没有真正提供历史证据，以证明该实体所做的或同意的事情。例如，假设 Bob 登录到自己的银行，然后申请贷款。申请完毕后 Bob 才阅读细则，却发现交易条款不合适。所以 Bob 打电话给银行说自己从未签署过合同并要求取消。尽管交易会话已通过身份验证，但 Bob 可声称在登录银行网站时离开了计算机，那时自己的猫走过键盘并踩到回车键，执行了交易。而 Bob 本人从未打算签署贷款申请，那是猫干的。可悲的是，Bob 的主张在法庭上可能是成立的。

与真实性密切相关的不可否认性(Nonrepudiation)意味着某人不能否认自己是特定行为的发起方。例如，假设 Bob 的银行实施了贷款申请程序，要求 Bob 通过输入其 PIN (Personal Identification Number，个人识别码) "签署" 申请。现在，除非 Bob 能够证明自己训练过猫输入 PIN 码，否则整个用猫作为借口否认贷款申请的计划就都崩溃了。

最常见的方法是使用数字签名提供不可否认性。就像人们写在一张纸上的物理签名能够证明其作者身份或同意上面写的任何内容(例如合同)一样，数字版本的签名能够证明发送过电子邮件、编写软件或同意合同。后续章节会讨论数字签名，但现在记住数字签名是加密产品，就像老式的物理签名一样可用于多种目的。

考试提示

区分真实性和不可否认性的一个简单方法是，真实性证明了特定时间点的交谈对象确实是特定的人。不可否认性则向大家证明这个特定的人曾做过某事或说过某话。

1.1.6 平衡安全性

在现实中，当涉及信息安全问题时，组织往往只关注秘密信息的机密性，常常忽略完整性和可用性威胁，除非这两项原则遭到攻击。在组织中，某些资产(如组织商业秘密)严格要求机密性保护，某些资产(如金融交易金额)严格要求完整性保护，而某些资产(如电子商务网站服务器)严格要求可用性保护等。很多人理解 CIA 三元组的基本概念，却可能不完全理解实施必要的控制措施以及为所有这些概念覆盖的领域提供保护的复杂性。下面列出 CIA 三元组原则对应的一些安全控制措施。

可用性：

- 独立磁盘冗余阵列(Redundant Array of Independent Disks，RAID)
- 集群(Clustering)技术
- 负载均衡(Load Balancing)技术
- 冗余数据
- 冗余电源供给
- 软件和数据备份
- 磁盘映像(Disk Shadowing)
- 主机代管(Co-location)和异地备用基础设施
- 回滚(Rollback)功能
- 容灾切换(Failover)配置

完整性：

- 哈希运算(数据完整性)
- 配置管理(系统完整性)
- 变更控制(流程完整性)
- 访问控制(物理性及技术性)
- 软件数字签名
- 传输循环冗余校验(Cyclic Redundancy Check，CRC)功能

机密性：

- 静止状态数据加密(全盘加密技术和数据库加密技术)
- 传输状态数据加密(例如，IPSec、TLS、PPTP 和 SSH 等，第 4 章将深入讲解)
- 访问控制技术(物理性和技术性)

本书将逐一详述所有上述控制措施。重要的是，此处安全专家需要理解：CIA 三元组原则看似简单，而实际上要满足其要求却极具挑战性。

1.1.7 其他安全术语

经常混用的安全行业术语有"漏洞""威胁""风险"以及"漏洞利用(Exposure)";然而,这些术语实际上有不同的含义,相互之间有不同的关系。理解每个术语的定义非常重要,但更重要的是应当理解术语彼此之间的关系。

漏洞(Vulnerability)是系统中的弱点(Weakness),威胁源可利用漏洞来破坏资产安全性。漏洞可以是一种软件、硬件、流程或人为弱点。漏洞可能是松懈的物理安防、在服务器上运行的某个服务、未安装补丁的应用程序或操作系统、没有访问限制的无线接入点以及防火墙上的某个开放端口,这使得任何人都能进入服务器机房或利用服务器和工作站上的弱口令登录系统。

威胁(Threat)是指利用漏洞带来的任何潜在危险。如果威胁是某个实体通过识别出特定的漏洞,并利用该漏洞危害组织或他人,则利用漏洞的实体就称为威胁载体(Threat Agent)或威胁行为方(Threat Actor)。威胁载体可能是通过防火墙上的某个端口访问网络或违反安全策略实施数据访问的入侵方,也可能是某位员工规避了各项控制措施而将文件复制到介质上,从而导致机密信息泄露。

风险(Risk)是指威胁源利用漏洞的可能性以及相应的业务影响(Impact)。如果某个防火墙开放了多个端口,那么入侵方利用其中一个端口对网络实施未授权访问的可能性会增大。如果没有对用户开展相关流程和步骤的培训,就会大大增加员工由于无意识的误操作而破坏数据的可能性。如果网络中没有安装入侵检测系统,入侵方将在不引人注意的情况下开展攻击行动,且安全人员长时间无法发现入侵方的可能性更大。风险将漏洞、威胁和利用可能性与造成的业务影响联系在一起。

漏洞利用(Exposure)指造成损失的实例。漏洞将组织暴露(Expose)给可能的破坏。如果某组织的口令管理极其松懈,也未实施相关的口令策略,则该组织可能暴露在用户口令泄露的可能性之下,攻击方可能未授权使用相关资源。如果某组织没有实施线路检查,也没有预先采取防火控制措施,那么该组织就暴露在潜在的毁灭性火灾之中。

控制措施(Control)或安全对策(Countermeasure)能缓解(Mitigate)或降低(Reduce)潜在风险。安全对策可以是软件配置、硬件设备或工作程序,安全对策能完全消除漏洞或降低威胁载体利用漏洞的可能性。安全对策的示例包括强口令管理、防火墙、警卫(Security Guard)、访问控制机制(Access Control Mechanism,ACM)、加密技术以及安全意识宣贯培训(Security Awareness Training,SAT)。

 注意

控制措施(Control)、安全对策(Countermeasure)和保护措施(Safeguard)的含义相似,都指降低风险的机制(Mechanism)。

如果某个组织在服务器上安装了防恶意软件工具,但没有及时更新恶意软件特征库,这就是一种漏洞,该组织很容易遭到恶意软件攻击。此时的威胁指恶意软件将出现在系统环境中并破坏业务系统的生产效率。风险指恶意软件出现在系统环境中并形成危害的可能性,以及潜在破坏。如果恶意软件渗透到组织的系统环境，就可能利用(Exploit)漏洞，组织也将遭受损失。这种情况下的安全对策是更新恶意软件特征库，并在所有计算机上安装防恶意软件工具。图 1-2 说明了风险、漏洞、威胁和安全对策之间的关系。

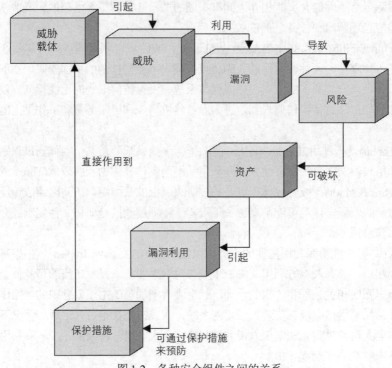

图 1-2　各种安全组件之间的关系

实施恰当的安全对策可完全消除漏洞和漏洞利用，从而降低风险。组织并不能完全消除威胁载体，但可保护自己，以及防止威胁载体利用系统环境中的漏洞。

很多安全专家往往忽视这些基本安全术语，认为在信息安全行业中，术语的定义并没有那么重要。然而，组织将发现，如果安全团队没有就术语达成一致和共识，很快就会出现混乱无序的沟通局面。基本安全术语代表着安全领域的核心理念，如果混淆这些理念，据此所做的加强安全的任何活动也往往会一塌糊涂。

1.2　安全治理原则

现在，相关的网络安全基本概念已经形成一个共享词汇表，考生也了解了概念之间的相互关系，那么下一步应关注如何优先考虑、评估和持续改进组织的安全性。这就是安全治理发挥作用的地方。安全治理(Security Governance)是一个框架，支持由高级管理层制定和表达的组织安全目标，应在组织的不同层级充分沟通，并一致地实施和评估。安全治理向需要实现和执行安全性的实体授予所需的权利，并提供方法验证这些必要的安全活动的效果。高级管理层不仅需要指明安全的方向,还需要一种方式来审查和了解这些指示是否得到满足,以及是如何得到满足的。

如果董事会和 CEO 要求在组织的各个层级中正确贯彻安全工作,那么该如何确认工作真正得以落实呢?因此,应建立和整合监督机制,以便组织的最终责任人可始终了解组织的全面健康状况和安全态势。这一点可通过正式定义的沟通渠道、标准化的报告方法和基于绩效的考核来实现。

对比一下两家公司。A 公司制定了一个有效的安全治理计划,而 B 公司却没有。这时,对于非安全专业人士而言,A 公司和 B 公司的安全实践看起来是一样的,因为两家公司都具有安全策略、工作程序和标准,具有相似的安全技术控制措施(如防火墙、终端检测和身份管理等),都定义了安全角色,也都实施了安全意识宣贯培训。非安全专业人士可能认为,"这两家公司都不错,并且在安全计划上也十分先进。"但如果仔细观察,就会发现两家公司之间存在着巨大差异(见表 1-1)。

表 1-1 安全治理计划:两家公司对比

A 公司	B 公司
董事会成员理解信息安全对公司至关重要,并要求每季度上报一次安全绩效和违规情况	董事会成员不理解信息安全属于其职责范围之内,只关注公司治理和利润
首席执行官(Chief Executive Officer,CEO)、首席财务官(Chief Financial Officer,CFO)、首席信息官(Chief Information Officer,CIO)、首席信息安全官(Chief Information Security Officer,CISO)、业务部门经理作为风险管理委员会成员每月召开一次会议,信息安全始终是议程上要审议的一个主题	CEO、CFO 和业务部门经理都认为信息安全是 CIO 和 CISO 以及 IT 部门的责任,自己不必参与其中
执行管理层设定了可接受的风险等级,这是公司安全策略和所有安全活动的基础	CISO 从安全策略模板复制了一些内容过来,插入本公司名称,然后让 CEO 签字
执行管理层要求业务部门经理负责对其特定的业务部门开展风险管理活动	所有安全活动均在安全部门内部执行,因此,安全工作限定在一个孤岛内,而不是在整个组织中
关键业务流程与业务流程中不同步骤的固有风险一起记录在案	没有记录业务流程,也没有分析其中可能影响运营、生产和盈利的潜在风险
员工应对其参与的任何安全泄露事件负责,无论是有意的还是无意的	部署了策略和标准,但没有强制执行,也没有设想或开展问责机制
充分了解购买和部署的安全产品、托管服务和咨询服务。同时不断接受审查,以确保具有成本效益	购买和部署安全产品、托管服务和咨询服务时,没有做过任何真正的调研,也缺少能确定投资回报或效益的绩效指标
组织以持续改进为目标,坚持不懈地审查包括安全性在内的流程	组织没有为了改进而分析过绩效,而是不断前进,且一次次地重复相似的错误

　　各位安全专家所服务的组织看起来更像A公司还是B公司呢？当今的大多数组织都已经具备了大部分的安全计划(如策略、标准、防火墙、安全团队和 IDS 等)，但是缺乏相应的管理，安全也没有在组织中普及。一些组织仅依赖技术手段，把安全责任完全甩给 IT 团队。如果安全仅是一个技术问题，那么 IT 安全团队确实可正确地安装、配置和维护产品，组织也可获得一颗金星并以优异的成绩通过审计。但这并不是信息安全的工作方式。信息安全不仅仅是技术解决方案。安全应在整个组织中推进，关键的一点是要有若干责任点并建立问责制。

　　此时，考生可能会问，"那么，安全治理在现实世界中到底是什么样呢？"通常，安全治理会作为正式的网络安全计划或信息安全管理体系(Information Security Management System，ISMS)实施。无论使用哪个名称，安全治理都是一组策略、工作程序、基线和标准的集合，组织用于确保其安全努力和业务需求一致，实施顺畅而有效，并且安全控制措施没有缺失。图 1-3 列举了构成完整安全计划的若干元素。

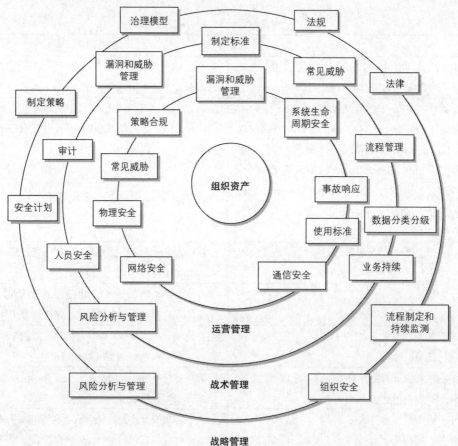

图 1-3　一个包含多项内容的完整安全计划

1.2.1　帮助安全性和业务战略保持一致

企业安全架构(Enterprise Security Architecture，ESA)是企业架构(在第 4 章中深入讨论)的一个子集。ESA 定义了信息安全战略，包括分层次的解决方案、流程和工作程序，以及这些分层次的解决方案、流程和工作程序与整个企业的战略、战术和运营的关联方式。ESA 使用全面且严格的方法描述组成完整 ISMS 的所有组件的结构和行为。研发企业安全架构的主要原因是：确保安全工作以一种标准化且节省成本的方式与业务运营实践相结合。架构是抽象的，但架构提供了一个可供参考的框架。除了安全性外，此类架构让组织更好地实现互操作性(Interoperability)、集成性、易用性、标准化和治理。

如何知道一个组织是否部署了企业安全架构？如果对于以下大多数问题的回答是肯定的，组织就没有部署安全架构：
- 在整个组织中，安全是"竖井式(Silo)"工作模型吗？
- 高级管理人员和安全人员的工作是否长时间脱节？
- 为不同部门同样的安全需求重复购买了类似的安全产品吗？
- 制定的安全计划仅由顶层安全策略组成，而没有实施和执行吗？
- 基于业务需要，用户访问需求增加时，网络管理员未经客户经理的书面批准就可任意修改访问控制吗？
- 推出一个新产品后，出现意想不到的互操作性问题时，需要额外的时间和费用解决吗？
- 出现安全问题时，会有很多"一次性"努力，而不是按标准流程处置吗？
- 业务部门经理是否并不清楚自己的安全责任，也不知道安全责任如何映射到法律和监管需求？
- "敏感数据"在策略中有定义，但必要的控制措施没有得到充分实施和监测？
- 实施的是单一问题解决方案而不是企业级解决方案？
- 代价高昂的故障是否持续重复发生？
- 因为企业没有以全面的、标准的方式持续监测或检查，所以安全治理通常无效？
- 所做的业务决定没有考虑安全要素？
- 安全人员作为"紧急救火队"四处救场，并没有真正花时间审视和创建信息安全战略及策略？
- 安全工作仅在某些业务部门生效，而其他业务部门却对此一无所知？

如果这些问题的大多数答案是肯定的，那么说明组织并没有部署有效的企业安全架构。现在看一下这些年安全行业常见的一些有趣的乱象：大多数组织都存在前面列出的多个问题，但这些组织往往只关注每个单独的问题，好像问题之间没有任何关联，组织的 CSO、CISO和/或安全管理员们往往不理解这些问题或仅看到问题的表象。解决这些乱象的"治疗方案"是由统一负责的团队，针对企业安全架构的推广方案制定一个分阶段的方法。"治疗方案"的目标是集成面向技术、以企业为中心的安全流程，综合运用行政性、技术性及物理性控制措施以正确管理风险，同时将这些流程集成到 IT 基础架构、业务流程和组织文化中。

舍伍德业务应用安全架构(Sherwood Applied Business Security Architecture，SABSA)是一个有效工具，能帮助安全性和业务战略保持一致，如表 1-2 所示。SABSA 是一个分层的框架，第一层描述了业务上下文，是安全架构存在的支撑。整个模型在抽象方面逐层减少，细节逐层增加。因此，SABSA 的层级建立在其他层之上，从策略逐渐到技术和解决方案的实施。这种方法可通过上下文、概念、逻辑、物理、组件和运营层次提供可追溯性链条(Chain of Traceability)。

表 1-2　SABSA 架构框架

	资产(什么)	动机(为什么)	流程(如何)	人员(谁)	地点(何地)	时间(何时)
上下文	业务	业务风险模型	业务流程模型	业务组织和关系	业务地理布局	业务时间依赖性
概念层	业务属性配置文件	控制目标	安全战略和架构分层	安全实体模型和信任框架	安全域模型	安全有效期和截止时间
逻辑层	业务信息模型	安全策略	安全服务	实体概要和特权配置文件	安全域定义和关系	安全流程循环
物理层	业务数据模型	安全规则、实践和规程	安全机制	用户、应用程序和用户接口	平台和网络基础架构	控制结构执行
组件层	数据结构细节	安全标准	安全产品和工具	标识、功能、行为和访问控制列表(ACL)	流程、节点、地址和协议	安全步骤计时和顺序
运营层	业务持续保障	运营风险管理	安全服务管理和支持	应用程序和用户管理与支持	站点、网络和平台的安全	安全运营日程表

下面阐述 SABSA 框架的每一层提出并回答的问题：

- 想在这一层努力做到什么？通过安全架构保护资产。
- 为什么要这么做？用该层的术语表达开展安全工作的动机。
- 如何做？在该层要实现的安全保障功能。
- 都涉及谁？在该层上与安全相关的人员和组织部门。
- 何地做？与该层相关的安全的位置要素。
- 何时做？与该层相关的安全性的时间要素。

SABSA 是用于企业安全架构和服务管理的框架和方法论。SABSA 是一个框架(Framework)，为构建架构体系提供了一种结构；但 SABSA 也是一种方法论(Methodology)，这也意味着 SABSA 提供建立和维护架构要遵循的流程。SABSA 提供了一个生命周期模型，随着时间的推移，可持续监测和不断改进架构。

考试提示

CISSP 考生不需要记住 SABSA 框架，但确实需要了解安全计划如何与业务战略保持一致。

要成功建立和实现企业安全架构，应理解并遵循下列要素：战略一致性、业务支持、流程强化以及安全有效性。接下来将介绍其中的前三个，然后在第 18 章讨论安全评估时再介绍安全有效性。

1. 战略一致性

战略一致性(Strategic Alignment)是指企业安全架构应能满足业务运营驱动因素、监管合规和法律法规的要求。要让组织生存并繁荣发展，需要通过安全努力提供并支撑一个良好环境。安全行业在技术和工程界有所发展，但在商业领域却少有建树。在很多组织中，IT 安全人员和业务运营人员虽然可能办公座位彼此靠近，但在如何看待自己所服务的企业方面通常有天壤之别。技术仅是支撑业务的工具，并非业务本身。IT 环境类似于人体的循环系统，循环系统的存在是用于支持身体，而身体的存在并不是为了支持循环系统。安全类似于身体的免疫系统，安全的存在目的在于保护整体环境。如果这些关键部门(如业务部门、IT 部门和安全部门)没有协同工作，无法做到齐心协力，将出现各种失调现象和不足之处。人体中的气血不足和失调现象会引发疾病，而组织内的失调现象和不足之处可能导致安全风险和非法入侵。

2. 业务支持

在考虑企业安全架构的业务支持(Business Enablement)需求时，组织需要时刻提醒自己：每个组织都有一个或多个特定的业务目标。例如，上市公司开展业务运营是为了增加股东价值，非营利组织要推动一系列特定原因的业务(如公益事业)，政府机构的业务是为公民提供公共服务。无论是公司还是组织，都不太可能单纯为了安全目的而存在。安全，不是开拓业务的拦路虎，而是业务腾飞的助燃剂。

业务支持功能是要求核心业务流程应集成到安全运营模型中，基于标准设计而且符合风险容忍度。在实际工作中，这该如何理解呢？例如，组织的会计师指出，如果允许客户服务人员和技术支持人员在家办公，那么组织将省下大量资金(例如，办公室租金、公用设施和日常办公开支等)，同时，由此产生的保险费会相应减少。这种情况下，组织可能采取 VPN 技术、防火墙及内容过滤等新安全模型，通过提供必要的保护机制，帮助组织安全地迁移到另一种工作模式。如果金融机构计划允许客户查看账户信息和在线转账，则需要部署更严格的安全机制(例如，访问控制、身份验证和链路安全等)，才可提供这些在线服务。安全体系应该可通过所提供的保护机制，保证组织可安全地开展新业务，实现业务的蓬勃发展。

3. 流程强化

如果能充分发挥流程强化(Process Enhancement)的优势，将对组织产生巨大帮助。当组织想要真正保障其环境时，应细致查看每个持续执行的业务流程，从安全角度审视业务流程。这正是开展流程强化的原因，但这同时是加强和改进某项流程，进而提高生产效率的最佳机会。分析组织的各项业务流程时，通常会发现很多重复劳动，很多手工劳动完全可自动化，或者有些任务完全可重新安排工序，以节省时间和劳动量。这就是经常提及的"流程重构"

概念。

在一个组织部署企业安全组件时，这些组件应能有效地集成到业务流程中。这样就能不断提升和优化流程的管理，同时将安全集成到系统生命周期和日常运营中。因此，业务支持意味着"可开展新业务"，流程强化意味着"可更好地开展业务"。

1.2.2　组织流程

刚才介绍的流程是日常流程。还有其他一些发生频率较低，但可能对组织的安全状况影响更大的流程。本节将更深入探讨其中一些关键的组织流程，以及安全工作应该如何与这些流程保持一致、如何支持和增强这些流程。

1. 并购

公司随着发展，通常会通过与另一家公司合并或直接收购的方式获得新的能力(例如，市场、产品和知识产权)。并购(Mergers and Acquisitions，M&A)总是因商业目的而发生，也总是会带来巨大的网络安全影响。可以这样看待这个问题：公司在并购中不仅是获得另一家公司的商业资产，同时获得了其安全计划可能带来的所有负担。假设在并购流程中发现，正在收购的这家公司存在重大的数据泄露事件，而之前并不知情。这正是 2017 年 Verizon 收购 Yahoo!时发生的事情！后来 Verizon 发现 Yahoo!有两次大规模的安全泄露。收购继续开展，但价格比最初商定的低了 3.5 亿美元。

公司在合并或收购期间保护自己的方法之一就是对将要合并或收购的公司开展全面审计。现在有多家提供商提供损害评估(Compromise Assessments)，可对公司信息系统开展深入的技术测试，确定是否曾经发生未记录在案的破坏，或是这类破坏正在发生。这有点像医学领域的探查性手术，切开病人身体的一个口子看看能发现什么。另一种方法是审计 ISMS，这种审计更侧重于策略、工作程序和控制措施。

2. 资产剥离

资产剥离(Divestiture)与并购相反，指公司出售(或以其他方式摆脱)自身的一部分。一家公司想要剥离自身业务资产的原因有很多，例如，拥有一个不能盈利或不再与总体战略保持一致的业务部门。如果资产剥离涉及将资产出售或转让给另一家公司，该公司将审计资产。换句话说，对于网络安全专家，资产剥离意味着应回答买家提出的棘手问题，而并购则是要向其他人提出棘手问题。两者是同一枚硬币的两面。

公司待剥离资产的安全负责人可能需要与业务和法务团队紧密合作，确定是否存在一些领域，其中的问题会降低待出售资产的价值。例如，如果这些资产中存在任何重大漏洞，可能需要实施控制措施缓解风险。如果发现了一个安全破坏事件，就要彻底解决并积极地从中恢复。

资产剥离对网络安全的一个不太明显的影响是，需要细分涵盖相关资产的 ISMS 的一个或多个部分。如果公司正在出售一个业务部门，那么该部门无疑具有适用于自己的安全策略、工作程序和控制措施，但这些内容可能同时适用于其他业务领域。收购资产的人无论是谁，都想知道这些策略、工作程序和控制措施是什么。安全人员需要做好接受审计的准备，确保在此流程中不会泄露任何专有或机密信息。请务必和组织的法务团队保持密切联系，确保不会对多余的要求做出任何响应。

3. 治理委员会

到目前为止介绍过的组织流程(并购和资产剥离)都是由收购或摆脱某些资产的业务决策触发的。多家具有成熟网络安全实践的组织正在实施另一个关键流程。治理委员会(Governance Committee)是一个常设机构，目的是审查组织的结构和行为，并将其调查结果报告给董事会。虽然让这样一个委员会监督一切听起来有点吓人，但实际上却是安全人员的盟友，因为对于没有董事会参与就无法解决的难题，治理委员会可提供帮助。了解组织中谁担当哪个角色，谁可在需要资源以确保安全环境时给予帮助，对安全人员而言很重要。

1.2.3 组织角色和责任

高级管理层(Senior Management)和其他管理层了解组织的愿景、业务目标和各项指标。下一层是职能管理层，其成员了解各自所在部门如何开展工作、在组织中扮演什么角色，以及安全性如何直接影响其负责的部门。再下一层是运营经理和员工，这个层次更接近组织的实际运营层。运营经理和员工熟知技术和工作程序的具体要求，熟悉业务系统以及如何使用业务系统的细节。该层的员工也明白安全机制如何集成到业务系统中、如何配置以及如何影响日常工作效率。每个层级都对安全性在组织中扮演何种角色提供不同的见解，每个层级都应该积极参与确定最佳安全实践、工作程序和控制措施，确保为目标安全级别提供必要的保护，而不会对组织生产经营造成负面影响。

 考试提示

高级管理层对组织的安全负有最终责任(Ultimate Responsibility)。

尽管每个层级对组织整体安全都很重要，但应明确定义一些特定的角色。在小型组织中工作的员工(基本每个人都身兼数职)，可能会因数量众多的角色而不知所措。多家商业企业的安全团队缺乏这种级别的人员岗位配置，但在大型组织、政府机构和军事单位中，这些是标准岗位。组织需要了解的是应分配的职责，以及这些职责是分配给少数几个人员还是分配给一个大型安全团队。这些角色包括执行管理层、安全官员、数据所有方、数据托管方、系统所有方、安全管理员、主管(用户经理)、变更控制分析师、数据分析师、用户、审计师，以及为大家提供服务的人。

1. 执行管理层

执行管理层人员的头衔通常以"首席"开头，英文则以字母 C 开头，统称为 CXO。执行管理层对组织中发生的每件事情负最终责任，因此是业务运营和管理职能的最终所有方。在一些备受瞩目的案例中(稍后就会看到)，这种情况再三得到证明。在这些案例中，高管们因为在其领导下的组织失误或欺诈行为而遭到解雇、控告甚至受到公诉。本节将从一家企业实体的顶层开始介绍：组织的 CEO。

1) 首席执行官

首席执行官(Chief Executive Officer，CEO)负责组织的日常管理工作。CEO 通常是董事会主席，是组织里级别最高的官员。设立这个职位是为了管理组织的财务、战略规划和业务运营。大家一般将 CEO 视为是组织里最具远见卓识的人，负责制定和修改组织的商业方案。首席执行官制定预算，建立合作关系，决定进入哪个市场领域，研发什么产品线以及组织如何脱颖而出等。这个角色的总体职责是确保组织的成长和繁荣。

注意

CEO 可委派任务，但不一定要承担责任。越来越多的信息安全法规要求首席执行官负责确保组织在信息安全方面应履行适度关注(或尽责，Due Care)和适度勤勉(或尽职，Due Diligence)，这就是美国各地的安全部门都获得了更多资金的原因。组织决策人和股东已经松开钱袋子，组织现在可在安全方面投入更多资金(第 3 章将详细介绍适度关注和适度勤勉)。

2) 首席财务官

首席财务官(Chief Financial Officer，CFO)负责组织的会计和财务活动，以及组织的整体财务结构。CFO 负责确定组织的财务需求是什么，以及如何满足这些需求。首席财务官应创建和维护组织的资本结构，即股权、信贷、现金和债务融资的合理组合。CFO 负责运营预测、预算编制以及向监管机构和股东提交季度和年度财务报表。

3) 首席信息官

首席信息官(Chief Information Officer，CIO)可基于组织结构向首席执行官或首席财务官汇报，并负责组织内信息系统和技术的战略使用和管理。随着时间的推移，CIO 这个职位在组织中变得更具战略性质，而实际操作性越来越弱。CIO 负责监督并管理组织的日常技术运营，由于当代组织如此依赖信息技术，CIO 的作用也就越来越重要了。

高管、监禁和罚款，天啊！

CFO 和 CEO 负责向利益相关方(例如，债权人、分析师、员工、管理层和投资人等)通报公司的财务状况和健康状况。在 2001—2002 年，安然公司(Enron)和世通公司(WorldCom)的破产事件爆发后，美国政府颁布了《萨班斯-奥克斯利法案(Sarbanes-Oxley Act，SOX)》。该法案规定了 CEO 和 CFO 的财务报告责任，包括对不遵守规定的处罚和潜在的个人责任，SOX 赋予证券交易委员会(Securities Exchange Commission，SEC)更大的权力以制定法规，确保这些官员不能简单地将个人财务行为不当导致的罚款转嫁给组织。基于 SOX，监管机构可能会对官员本人处以数百万美元罚款，也可能判处入狱。下面列出过去十年间的一些案例；在这些案例中，监管机构因为网络安全问题，基于各种法律而追究高管们的法律责任：

- **2020 年 8 月**　监管机构指控 Uber 前首席信息安全官 Joseph Sullivan 妨碍司法公正和企图掩盖 2016 年 Uber 遭受网络攻击事件的重罪。

- **2019年7月**　Facebook同意支付1亿美元的罚款，因为在获知Cambridge Analytica于2014年和2015年不当收集和滥用近3000万Facebook用户的个人身份信息(Personally Identifiable Information，PII)后，Facebook对用户数据的风险做出了误导性披露。作为本协议的一部分，该公司既没有承认也没有否认SEC的指控。
- **2019 年 3 月**　Equifax 前首席信息官 Jun Ying 涉嫌在发现大规模数据泄露事件后出售自己所持有的公司股票，法院因其内幕交易罪判其入狱四个月。Jun Ying 担心一旦违规行为曝光，公司股票就会贬值。
- **2018 年 3 月**　法院判处臭名昭著的制药公司高管 Martin Shkreli 犯有证券欺诈罪并处以七年监禁，因其涉嫌使用新公司的资金偿还之前财务困难公司的债务。
- **2017 年 12 月**　法院判处 KIT Digital 的前首席执行官 Kaleil Isaza Tuzman 犯有市场操纵和欺诈罪。KIT Digital 的前首席财务官 Robin Smyth 此前已认罪，并成为政府指认 Tuzman 的证人。在撰写本书时，Tuzman 仍在等待判决。
- **2015 年 6 月**　Joe White，Shelby 地区医疗中心的前 CFO，谎称收到联邦医疗保险电子健康记录激励计划(Medicare Electronic Health Record Incentive Program)付款，法院判处其 23 个月监禁。

这些只是成为新闻头条的一些大案。也有其他高管因为伪造会计账目和欺诈而受到惩罚。

CIO 的职责已经扩展到与首席执行官(以及其他管理人员)合作，参与业务流程管理、增加营收并使用组织的基础技术设施完成业务运营策略等工作。CIO 通常要横跨技术和商业两大领域，才能有效地连接这两个迥然不同的世界。

CIO 为保护组织资产奠定了基础，并最终对企业安全计划的成功负责。总方向应由首席执行官下达，董事会、CXO 和中层管理人员应该保持明确的沟通。

4) 首席隐私官

首席隐私官(Chief Privacy Officer，CPO)是一个较新的职位，主要是因为越来越多的组织要求保护不同类型的海量数据。该职位负责确保客户、组织和员工数据的安全，从而帮助组织远离刑事和民事法庭，并避免成为新闻头条的主角。CPO 通常是一名具有隐私法经验的律师，直接参与制定数据如何收集、保护和分发给第三方的策略。CPO 通常向首席安全官汇报。

重要的是，CPO 应深入理解组织应遵守的隐私、法律和法规要求。基于这些知识，CPO 就可制定组织的策略、标准、工作程序、控制措施和合同协议，确保隐私要求得到恰当满足。还要记住，组织有责任了解其供应商、合作伙伴和其他第三方如何保护这些敏感数据。CPO 可能还需要负责审查这些第三方的数据安全和隐私保护实践。

一些组织在开展风险评估时，并没有考虑如果对敏感信息保护不当将不得不面临的惩罚和后果。如果不考虑这些责任，就无法正确评估风险。

隐私

隐私问题不同于安全性。隐私权是指个人在涉及公开其敏感信息时，期望拥有和应该拥有的控制程度。安全性是指能提供某种控制级别的机制。

鉴于身份盗窃和金融欺诈威胁的增加，保护 PII 变得越来越重要(也越来越难)。PII 是身份标识元素(例如姓名、地址、电话号码和账号等)的组合。组织应制定隐私策略并实施控制措施保护员工和客户的 PII。第 3 章将深入讨论 PII。

CSO 和 CISO

CSO 和 CISO 的职责可能很相似，也可能非常不同，取决于具体的组织。实际上，一个组织可能同时拥有这两种角色，或者一个都没有。其职责具体由拥有这两个角色之一或全部的组织定义。总体而言，与 CISO 相比，CSO 通常具有更宽泛的职责范围。CISO 往往更专注于技术并具有 IT 背景。CSO 则需了解包括物理安全在内更广泛的业务风险，而不仅仅是技术风险。

CSO 通常更像是一个商务人士，一般出现在较大的组织中。如果组织兼具这两种角色，则 CISO 直接向 CSO 报告。

CSO 通常负责整合安全职能，即之前杂乱无章的安全功能之间能以正规方式协作。这主要涉及让物理安全和 IT 安全以更协调一致的方式工作，而不是在组织内各自为政。损失预防、欺诈预防、业务持续规划、法律/法规合规性和保险等问题都具有物理安全和 IT 安全两方面的要求。因此，由一个人(CSO)负责监督和整合这些不同的安全领域，可实现更完整、更全面的安全计划。

组织应记录如何收集、使用、披露、归档和销毁隐私数据。如果员工在处理此类信息方面未遵守组织标准，组织应追究其责任。

5) 首席安全官

首席安全官(Chief Security Officer，CSO)负责了解组织面临的所有风险，并将这些风险降至业务可接受的水平。CSO 应深入理解组织的业务驱动因素，并负责创建和维护一套安全计划，为这些业务驱动因素服务，同时制定各项合规性安全机制，帮助组织遵从法律法规和监管合规要求，以及客户期望的或合同规定的安全义务。

组织设立首席安全官角色，是安全行业的一座里程碑。CSO 意味着安全工作(特别是数据安全工作)开始纳入业务领域。此前，安全工作属于 IT 部门的责任，大多纳入技术范畴。随着组织开始认识到需要集成安全需求和业务需求，就有必要在执行管理层中安排一个安全职位。CSO 的工作是确保业务运营职能不会因为安全问题而受到阻碍。安全问题不仅限于 IT 问题，还涉及业务流程、法律问题、运营问题、增加收入和保护组织名誉。

2. 数据所有方

数据所有方(Data Owner；或 Information Owner，信息所有方)通常是管理层的成员，负责特定的业务单元，并最终负责保护和使用特定的数据子集。数据所有方应对数据做到适度关注，然后对任何导致数据损坏或泄露的疏忽行为负责。数据所有方负责决定数据的分类分级，并在业务运营需求出现变化时调整数据分类分级方案。数据所有方负责确保安全控制措施有效，基于分类分级和备份需求指定安全防护水平，负责批准必要的信息披露，确保指定了合理的访问权限，并负责定义用户访问标准。数据所有方批准访问请求，或可选择将此功能委托给业务单元管理人员。数据所有方将负责处理与所管理的数据相关的安全违规行为。显然，数据所有方有太多事情要做，而在实际中，往往将数据安全和隐私保护体系的日常维护职责委托给数据托管方。

注意

在讨论外包数据存储需求时，数据所有权(Data Ownership)具有不同含义。组织往往要求确保服务合同中包含这样一项条款，大意是：所有数据都是(且应该是)组织的唯一且具有排他性的财产。

3. 数据托管方

数据托管方(Data Custodian；或 Information Custodian，信息托管方)负责维护和保护数据，这个角色通常由 IT 部门、安全部门或两者协同担任，职责包括执行及维持安全控制措施、定期备份数据、定期验证数据的完整性、从备份介质中恢复数据和维护数据留存记录，还包括满足组织安全策略、标准和准则中对于信息安全和数据保护的规定要求等。

4. 系统所有方

系统所有方(System Owner)负责一个或多个业务系统，其中每个系统可能保存或处理不同数据所有方的数据。系统所有方负责将安全考虑纳入应用程序和系统采购决策以及软件研发项目中。系统所有方负责确保通过必要的控制措施、口令管理(Password Management)、远程访问控制以及操作系统配置等提供足够的安全性。这个角色应确保能正确地评估系统的漏洞，并且应向事故响应团队(Incident Response Team)和数据所有方提交漏洞管理报告。

数据所有方问题

每个业务单元都应任命一个数据所有方以保护最关键的信息资产。组织的策略应赋予数据所有方必要的权力以履行其责任。

注意，数据所有方不是一个技术角色，而是一个业务角色。数据所有方应理解业务单元的各项成功要素与关键资产保护机制之间的关系。并不是所有的组织管理层都理解这个角色，安全专家应该给予管理层必要的培训。

5. 安全管理员

安全管理员(Security Administrator)负责在企业中部署和维护特定的网络安全设备和软件。这些控制措施通常包括防火墙、入侵检测系统(Intrusion Detection System，IDS)、入侵防御系统(Intrusion Prevention System，IPS)、防恶意软件工具、安全代理以及数据防丢失(Data Loss Prevention)等。安全管理员与网络管理员的职责之间通常存在一定区别。安全管理员的主要关注点是保证网络系统的安全性，而网络管理员的关注点是保持网络系统的正常运行。

安全管理员的任务通常还包括创建新的系统用户账户、部署新的安全软件、测试安全补丁和组件，以及制定新的口令策略。安全管理员应确保给予合法用户合理的访问权限，遵从企业安全策略并服从数据所有方的指令。

6. 主管

主管(Supervisor)也被称为用户经理(User Manager)，最终对所有用户活动以及这些用户创建和拥有的任何资产负责。例如，假设 Kathy 是 10 名员工的主管。Kathy 的职责是确保这些员工理解安全方面的责任，确保员工的账户信息是最新的，并在员工解聘、停职或调动时通知安全管理员。任何与员工在组织中的角色有关的变动，通常会影响员工应具有和不应具有的访问权限，因此用户经理应立即将这些变动通知安全管理员。

7. 变更控制分析师

"唯一不变的，就是变化！"组织需要安全可控地执行任何变更，并指定专人对此负责。变更控制分析师(Change Control Analyst)负责审批针对网络系统、应用系统或软件的变更请求。这个角色应确保变更不会引入任何漏洞、确认变更经过充分测试且正确地部署变更。变更控制分析师应熟知各类变更如何影响组织的安全性、互操作性、性能和生产效率。

8. 数据分析师

对组织而言，拥有合适的数据结构、清晰的访问定义和完善的组织结构是非常重要的。数据分析师(Data Analyst)负责确保数据以对组织和需要访问和使用数据的组织员工最有意义的方式存储。例如，工资单信息不应与库存信息混在一起存储；采购部门需要以各种不同的货币单位表示价格；而库存系统应遵循一套标准化的命名规则(Naming Scheme)。数据分析师还可能负责构建一个保存组织数据的新系统，或在购买产品时提供建议。数据分析师与数据所有方紧密合作，共同确保组织建立的数据结构符合并支持组织的业务目标。

9. 用户

通常，用户(User)是指使用数据完成工作任务的任何个人。用户应具有恰当的数据访问权限以履行其职责，并严格遵守运营安全程序以确保数据的机密性、完整性以及对他人的可用性。

10. 审计师

审计师(Auditor)的职能是定期检查每个人是否都已履行其工作职责，并确保控制措施运转正常并且是安全的。审计师的目标是确保组织遵守自身的安全策略，以及满足法律法规和监管合规的要求。组织可拥有内部审计师和/或外部审计师。外部审计师通常代表监管机构工作，确保组织已满足合规要求。

虽然部分安全专家害怕甚至恐惧审计师，但实际上，审计师是确保组织整体安全性的重要角色。审计师的目标是找到组织安全基线的失效部分，并帮助组织理解和解决安全隐患。

11. 为什么有这么多角色?

大多数组织不会拥有前面列出的所有角色,重要的是构建一个包含必要角色的组织结构,并将正确的安全职责映射到组织结构上。这个组织结构包括明确的职责定义、权限、汇报途径以及执行能力。一个清晰的组织结构可解决谁做什么以及在不同情况下如何解决问题。

1.3　安全策略、标准、工作程序和准则

计算机及其处理的信息通常与组织的关键业务任务和运营目标直接相关。鉴于这一重要性,高级管理层应当首先优先考虑保护计算机系统和信息,并提供足够的支持、资金、时间和资源,确保以最合理、最经济的方式保护应用系统、网络和信息。应制定完善的管理方法来成功实现这些目标。这是因为组织内的每一位员工都具有不同的价值观和经验,会给组织环境带来不同的安全问题。重要的是,确保每位员工都能一致地满足组织要求的安全级别。

安全方案应从最高层做起,并能在组织内的每一层面都起到应有的作用和发挥应有的功能,才能保证组织安全方案取得成功。高级管理层应该定义安全的范围,确定应保护哪些资产以及需要保护到什么程度。在涉及安全问题时,管理层应先了解业务需求和法律法规监管合规要求(法规、法律和责任问题),并确保组织作为一个整体履行其责任。高级管理层还应确定员工应遵守的规范以及违反规范的处罚方法。安全决策应由那些在出现问题时担负最终责任的高级管理者制定。然而,较常见的做法是:依托安全人员的专业技能,确保实施足够的策略和控制措施,以实现高级管理层当前制定和确定的业务目标。

安全计划包含为组织提供全面保护和长远安全战略需要的所有条款。安全计划的文档应该由安全策略、工作程序、标准、准则和基线组成。人力资源和法务部门也应参与制定和执行这些文件中所规定的规则和要求。

ISMS 和“企业安全架构”

ISMS 和企业安全架构之间的区别是什么? ISMS 概括性地提出需要实施的控制措施(风险管理、漏洞管理、业务持续规划、数据保护、审计、配置管理和物理安全等),并就在这些控制措施的整个生命周期内如何管理提供指导。ISMS 还从组织全局出发,指定了为提供全面安全计划需要部署的各个组成部分,以及如何妥善维护这些组成部分。企业安全架构则说明了如何将这些组成部分集成到当前业务环境的不同层次中。ISMS 的安全组件应交织贯穿于业务运营环境中,而不能与组织内各部门孤立。

例如,ISMS 指明了需要关注风险管理,企业安全架构则细化了风险管理的组件,并阐明了如何从战略、战术和运营层面开展风险管理工作。另一个示例是,ISMS 指明了需要关注数据保护体系。企业安全架构则展示了在基础架构、应用程序、组件和业务级别如何实现数据安全与保护的具体工作。在基础架构层,可使用数据防丢失(Data Loss Protection)技术检测敏感数据如何在网络中传输,包含敏感数据的应用程序应拥有必要的访问控制和加解密功能,应用程序内的组件可实现特定的加解密功能。保护敏感的企业信息需要与业务运营直接

结合在一起，这一点会在整体架构的业务层面说明。

　　ISO/IEC 27000 系列(论述了 ISMS，将在第 4 章详细介绍)非常注重策略，并阐述了安全计划的必要组件。这意味着，ISO 标准本质上是通用的，这当然不是一个缺陷。ISO 创建了一种通用方法，帮助 ISO/IEC 27000 系列适用于不同类型的业务、公司和组织。但既然这些标准是通用的，因此很难明确如何实施 ISO/IEC 27000 系列标准以及如何将这些标准映射到组织的基础架构和业务需求。这就是企业安全架构发挥作用的地方。架构是一种工具，用于确保安全标准概括出的内容能在组织的不同层面实现。

　　策略编制人员应该检查文档的语言、详细程度、文档形式和支持机制。应该从实际业务运营的角度，最有效地制定安全策略、标准、准则、工作程序和基线。高度结构化的组织通常以更一致的方式遵循文档中的要求。结构较松散的组织可能需要更多的解释和强调促进对规范的遵守。规则越详细，越容易知道是否什么时候违规了。然而，事无巨细的文档和规则可能增加负担，却带不来任何好处。在撰写安全文档时，应评价业务类型、组织文化及业务目标，保证使用恰当的语言。

　　围绕安全类文档存在一系列法律责任问题。如果组织制定了一项策略，概述了应如何保护敏感信息，却发现组织没有实践该策略所申明的内容，监管机构就可能针对组织提起刑事指控和民事诉讼，组织将官司缠身。所以重要的是，组织的安全体系不能只是纸上谈兵，而要落到实处。

1.3.1　安全策略

　　安全策略(Security Policy)是由高级管理层(或选定的策略董事会或委员会)制定的一份全面声明，规定了安全在组织内扮演的角色。安全策略可以是组织策略、关于特定问题的策略或关于特定系统的策略。在组织安全策略(Organizational Security Policy)中，管理层确定如何建立安全计划、列出计划目标、分配职责、说明安全的战略和战术价值，并论述应该如何执行安全计划。安全策略应涉及相关法律、法规和责任问题，还应涉及如何遵从这些规定。组织安全策略为组织内所有未来的安全活动提供范围和方向，还说明了高级管理层愿意接受的风险程度。

　　组织安全策略有几个应理解和实现的重要特征：

- 组织业务目标(Business Objective)驱动安全策略的创建、实现和执行。安全策略不应该阻碍业务目标的实现。
- 组织安全策略应该是一份为管理层和全体员工提供参考的、易于理解的文档。
- 组织安全策略应建立、实现安全性，并将其集成到所有业务功能和流程中。
- 组织安全策略应借鉴并支持适用于组织的所有法律法规。
- 组织安全策略应随组织的发展变化(例如，采用新的商业模式、与其他组织合并或所有权发生变更时)而审查和修订。
- 组织安全策略的每一次更迭都应注明日期，并实施严格的版本控制。

- 监管组织安全策略的部门和个人应能方便地查看该策略的内容。应贯彻实施的安全策略通常发布在内联网的门户网站上。
- 制定组织安全策略应考虑未来几年的状况。这有助于确保策略具有足够的前瞻性，以应对可能发生的变化。
- 组织安全策略表现出的专业水准能强化其重要性以及遵从的必要性。
- 组织安全策略中不应包含任何无法理解的语言。应使用清晰、易于理解和可接受的陈述性声明。
- 定期审查组织安全策略，并基于自上一次审查和修订以来发生的事故予以修订。

应针对那些不遵守安全策略的人员制定和实施一套特定流程，对其不合规的行为采取一种有条理的响应方法。这样可建立一个其他人都能理解的流程，帮助员工不仅了解组织期待如何遵守安全策略，而且知道在不遵守安全策略时将受到怎样的惩罚。

组织安全策略也称为主(Master)安全策略。一个组织将有多项策略，这些策略应采用体系化方式建立。组织(主)策略位于最高层，其下是针对具体安全问题的详细策略。后者也称为特定问题策略。

特定问题策略(Issue-specific Policy)也称为功能策略(Functional Policy)，主要处理管理层认为需要更多详细解释和关注的特定安全问题，确保建立一个完善的安全结构，帮助所有员工都了解应当如何遵从这些安全策略。例如，某个组织可能选择一个电子邮件安全策略，规定管理层在开展持续监测活动时，允许或禁止查看员工的哪类电子邮件信息，指定员工可以或不能使用哪些电子邮件功能，以及解决特定的隐私问题。

再具体一些，某个电子邮件策略可能规定：管理层可查看驻留在组织邮件服务器上的任何员工的电子邮件，但不能查看终端工作站上的电子邮件。电子邮件策略还可能规定，员工不能使用电子邮件共享机密信息或传递不适当的机密材料，员工会因为这些活动而受到持续监测。在员工使用电子邮件客户端前，应该要求员工签署确认文档，或在确认对话框中单击"是"按钮，表明员工已阅读并理解电子邮件策略。该策略为员工提供了指导和规定，以及声明员工能做什么和不能做什么。该策略告知用户，其违规行为将承担怎样的后果，并在员工因处理电子邮件而抱怨"违规"时提供法律责任保障。

 考试提示

安全策略(Policy)应当独立于技术和解决方案。安全策略仅论述目标和任务，但不规定组织在完成这些目标和任务时应采用哪些具体的安全控制措施。

下面列出常见的安全策略层级，说明主策略和支持主策略的特定问题策略之间的关系。

组织安全策略
- 可接受的使用策略
- 风险管理策略
- 漏洞管理策略
- 数据保护策略

- 访问控制策略
- 业务持续策略
- 日志聚合和持续审计策略
- 人员安全策略
- 物理安全策略
- 安全应用程序研发策略
- 变更控制策略
- 电子邮件策略
- 事故响应策略

特定系统策略(System-specific Policy)体现了管理层对实际计算机、网络和应用程序的安全决策。组织的特定系统策略既可规定应当如何保护包含敏感信息的数据库、谁可访问数据库以及应该如何开展持续审计活动，也可规定应该如何锁定和管理笔记本电脑。这类策略针对一个或一组相似系统，规定了应该如何开展保护活动。

安全策略是在宏观层面编写的，以便广义地涵盖多项主题。通过使用工作程序、标准、准则和基线，可为安全策略提供粒度更细的支持。策略是基础，而工作程序、标准、准则和基线提供安全框架。在安全框架中填充必要的安全控制措施(行政性、技术性和物理性)，从而提供全面的安全计划。

1.3.2　标准

标准(Standard)是指强制性活动、行动或规则。标准描述了用于实现策略目标的具体要求。标准是明确的、详细的和可测量的。对于特定资产或行为是否符合特定的标准，不应产生歧义。

组织安全标准可规定如何使用硬件和软件产品，还可用于指示用户的合理行为。标准提供了一个确保特定技术、应用程序、参数和程序在整个组织内以统一(标准化)方式实施的手段。组织标准可能要求所有员工都使用一种特制的智能卡作为访问控制令牌，其证书在 12 个月后过期，并且在三次错误输入个人识别码(Personal Identification Number，PIN)之后锁定。这些规则在组织内部是强制性的，且应强制执行才能奏效。

安全策略的类型

安全策略一般分为以下几种类型：
- **监管性策略(Regulatory)**　这类策略确保组织遵从特定行业法规制定的标准(如 HIPAA、GLBA、SOX 及 PCI DSS 等；详见第 3 章)。这是一种非常详细且具有行业针对性的策略类型。该策略类型用于金融机构、医疗基础设施、公共事业和其他受政府监管的行业。
- **建议性策略(Advisory)**　这类策略强烈建议员工在组织中应采用的或不应采用的某些行为和活动。该类型的策略也对员工不遵守法规的情况作出了相应的处罚规定。

例如，这种策略可用于描述对医疗信息和金融信息的处理。

- **指示性策略(Informative)**　这类策略用于告知员工相关信息，这并非一种强制性策略，而是用于传达个人与组织相关的特定问题的策略。该策略会解释组织如何与合伙人打交道、组织的目标和使命，以及不同情况下的总体报告结构。

组织可能有一个关于数据分类分级的特定问题策略，规定"应适度保护所有机密数据"。该策略需要一个支持性数据保护标准，规定应该如何实现和遵循这种保护，如"应使用AES-256 加密算法保护静止状态和传输状态的机密信息"。

战略和战术目标之间存在差异。战略目标可视为终极目标，战术目标则是实现终极目标应经历的步骤。如图 1-4 所示，标准、准则与工作程序是用于实现和支持安全策略的指令中的战术工具，这些安全策略即是战略目标。

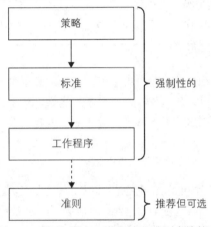

图 1-4　通过标准、工作程序和准则实施策略

 考试提示

在业内，"标准"这个术语有多种含义。包含应遵守的规则的内部文档是标准。但有时最佳实践(例如，ISO/IEC 27000 系列)即为标准，因为这些最佳实践是由标准化机构编制的。后续章节将涉及具体的技术标准，如 IEEE 802.11。考生需要了解"标准"这个术语的使用背景。CISSP 考试不会就这个术语迷惑大家，只需要知道业内使用"标准"这个术语的方式是不同的即可。

1.3.3　基线

术语"基线(Baseline)"指在将来变更时用于比较的最终参考点。一旦风险得到缓解，安全性得到保证，就可正式审查基线并达成一致意见，然后基于基线实施进一步的比较和研发。基线会产生一致的参考点。

假设医生告诉 L 先生，由于每天吃甜甜圈、披萨和苏打水，L 先生超重了。这让 L 先生十分沮丧，因为电视广告上说想吃什么就吃什么，只要每天服用广告厂商生产的价格昂贵的药片就可减肥。医生告诉 L 先生，需要每天锻炼身体，每天两次把心率提高到正常心率的两倍，每次 30 分钟。但如何确定自己的心率提高到两倍呢？可使用心率监测器，或去学校用秒表手工测量脉搏确定基线(正常心率)。因此，L 先生就从基线开始继续锻炼，直至将心率提高到原来的两倍为止。

基线还用于定义所需的最低保护水平。在安全领域，可为每类系统定义特定的基线，这些基线规定必要的设置和保护级别。例如，某公司可能规定所有会计系统应符合评价保证级别(Evaluation Assurance Level，EAL)第 4 级的基线。这意味着，只有那些经过通用准则(Common Criteria，CC)评估并达到第 4 级的系统才能在这个部门使用。一旦系统正确配置，这就是应达到的基线。当安装新软件，对现有软件打补丁或升级，或当系统发生其他更改时，系统可能无法再提供必要的最低保护水平(基线)。安全人员应在发生变动时评估系统，并确保始终满足作为基线的安全等级。如果技术人员在系统中安装了一个补丁程序，但不能保证继续满足基线，则可能在系统中引入新漏洞，从而导致攻击方能轻松访问网络。

注意

组织还应制定和实施非技术导向的基线。例如，某组织可能强制要求所有员工在工作时始终佩戴印有照片的工作证。公司还可能要求访客应在前台登记，在公司参观时要有人陪同。如果这些规定得到有效遵守，就建立了一个保护基线。

1.3.4　准则

准则(Guideline)是在没有特定标准可用时，向用户、IT 人员、运营人员及其他人员提供的建议性举措和运营指导。当特定标准适用时，准则也可作为实现特定标准的一种推荐方法。准则可处理与技术、人员或物理安全相关的方法。生活中遍布灰色地带，此时，可将准则作为参考。标准是具体的强制性规则，而准则是为不可预见的情况提供必要灵活性的通用方法。

某项安全策略可能要求审计对机密数据的访问。一个支持性准则可能进一步阐明这些审计活动应当包含足够信息，从而与以前的检查情况互补。支持程序将论述配置、实施和维护这类审计活动的必要步骤。

1.3.5　工作程序

工作程序(Procedure)是为了实现某个目标而执行的包含详细步骤的任务。这些步骤可作用于用户、IT 人员、运营人员、安全人员以及可能需要执行特定任务的其他人员。多家组织都编写了关于如何安装操作系统、配置安全机制、实现访问控制列表、设置新用户账户、分配计算机权限、审计活动、销毁材料和报告事故等方面的工作程序。

工作程序是文档链中的最低层次，因为与策略相比，工作程序文档最接近计算机和用户，并为配置和安装问题提供详细步骤。

工作程序说明了如何在实际操作环境中实现策略、标准和准则。如果某个策略规定所有访问机密信息的个人都应经过适当的身份验证，那么支持工作程序就需要阐明实现这个目标的步骤，包括如何定义授权的访问标准、如何实现和配置访问控制机制以及如何审计访问活动等。如果某个策略规定应当执行备份操作，工作程序就需要定义执行备份所需的详细步骤、备份的时间表以及备份存储介质等。工作程序应足够详细，以便不同人群都能理解和使用。

1.3.6　实施

下面这个实施范例可展示这些项目是如何关联在一起的。组织的安全策略(Policy)规定机密信息应得到适当保护。这只是一个非常宽泛和笼统的陈述。支持策略的标准(Standard)要求数据库中所有的客户信息在存储时应使用高级加密标准(Advanced Encryption Standard，AES)算法加密，并且除非使用 IPSec 加密技术，否则不能通过 Internet 传输。这个标准指明了所需的保护类型，并提供了更细粒度的说明。支持标准的工作程序(Procedure)准确解释了如何实施 AES 和 IPSec 技术，而准则(Guideline)涵盖了如何处理数据在传输过程中意外损坏或泄露的情况。一旦按照工作程序中的描述配置了软件和设备，就形成了应始终维护的基线(Baseline)。所有这些共同为组织提供了安全结构。

遗憾的是，很多时候，安全策略、标准、工作程序、基线和准则仅存在于文档中。这是因为审计师要求组织将这些安全策略及相关规定记录成文，但随后组织就将这些文档放在文件服务器上，不再共享、解释或使用。要让这些文档发挥作用，应将其付诸行动。如果员工不知道规则的存在，就不会遵守规则。因此，不仅需要编制安全策略及相关规定，还应予以实施和执行。

为帮助文档发挥效用，员工需要了解这些文档涉及哪些安全问题。因此，安全策略及其配套的支持文档需要大力推广和宣贯。安全意识宣贯培训、手册、报告、时事通讯和屏幕标语都能实现这种可见性。应明确指出，这些指导性意见来自高级管理层，而且所有管理人员都支持这些策略。员工应了解组织对其活动、行为、责任和表现的期望是什么。

组织及其管理人员在实施安全策略及其配套的项目时负有"适度关注(Due Care)"责任。告知员工应该遵守的规则以及违反规则可能需要承担的责任。例如，如果某家公司因员工用公司计算机下载色情内容而与员工解约，员工可能将该公司告上法庭。而如果员工可证明公司没有明确告知，在使用公司财产时哪些行为是可接受的、哪些行为是不可接受的以及需要承担的后果，那么员工就可能胜诉。安全意识宣贯培训将在本章后面几节中介绍，但人员安全方面的内容远不止这些。

1.4　人员安全

虽然社会发展极度依赖工作中使用的各种技术，但人员仍是组织成功的关键因素。然而，在安全行业，人员往往是最薄弱的环节。无论是出现失误或缺乏培训，或是故意欺诈和恶意企图，人员都会产生比网络攻击、外部间谍或设备故障更严重且难以察觉的安全隐患。虽然无法预测个人未来的行为，但组织可通过实施预防性控制措施降低风险。这包括雇用高资历的人员、执行背景调查、制定详细的岗位职责描述、提供必要的培训、实施严格的访问控制以及离职程序以保护各方相关利益。

可采取安全控制措施减少欺诈、破坏、信息滥用、盗窃和出现其他安全隐患的可能性。职责分离(Separation of Duties，SoD)用于确保某项关键任务不能由一位员工单独完成。在电影中，当潜艇上尉需要发射核鱼雷炸毁敌舰来拯救(或摧毁)国家时，这项关键操作往往需要两位不同的高级船员将两个代码输入发射装置。这就是职责分离的典型实例，确保了潜艇上尉不能独自完成这样一个重要而可怕的任务。

职责分离是一种可降低欺诈可能性的安全控制措施。例如，员工无法独自完成关键的金融交易。在交易完成前，需要获得主管的书面批准。通常会有第三人参与，验证是否遵守了该程序。

在实行职责分离的组织中，欺诈的发生必然会有共谋(Collusion)。共谋意味着至少有两个人在一起才能造成某种类型的破坏或欺诈。在前例中，员工及其主管两者都参与欺诈活动才能成功。即使此类情况发生，审查交易的第三方也会提供一种(有望能够)尽早发现共谋的方法，从而终止交易。

职责分离可分为知识分割(Split Knowledge)和双重控制(Dual Control)。这两种情况下，两名或更多的授权人员共同履行职责或执行任务。在知识分割的情况下，没有单独的人员知道或拥有执行任务需要的全部细节。例如，需要两名经理才能打开银行金库，每个人只知道口令组合的一部分。在双重控制的情况下，仍然需要授权两名人员共同执行任务，但两者都应在各自的参与范围之内完成各自的任务。例如，两名军官应在一艘核导弹潜艇上同时转动各自的钥匙，而且两个人距离远到无法碰触对方，才能发射导弹。这里的控制措施确保没有人员可单独发射导弹，因为想单独发射导弹的人员无法同时转动两把钥匙。

这些通常是称为"N 分之 M 控制措施"(M of N Control)的示例，该控制措施需要授权代理池(数量为 N)中的一定数量的代理(数量为 M)才能完成操作。这种类型的控制措施也可称为仲裁身份验证(Quorum Authentication)，因为需要一定数量的个人的协作(仲裁)。在银行金库示例中，假设银行授权 5 名经理可打开金库，而实际打开需要 2 人，这将是 5 分之 2 控制措施，因为 M=2 和 N=5。N 的数值不宜太大，因为这会增加两个人密谋一些坏事情的可能性。另一方面，M 和 N 的数值也不宜相等，因为损失任何一个人都会导致金库无法打开。

职责轮换(Job Rotation；也称为 Rotation of Assignments，岗位轮换)是一种行政性、检测性控制措施，可发现欺诈活动。任何人都不应该长期从事同一岗位，因为这些人最终可能会对这部分业务拥有过多控制权，可能导致欺诈或滥用资源。员工应该在不同角色之间轮换，这样后任员工可能发现前任员工任职期间发生的可疑活动。这种控制措施通常在金融机构中使用。

在敏感领域工作的员工应该强制履行假期，这也称为强制休假(Mandatory Vacation)。当敏感领域的工作人员休假时，其他人员增补其岗位，便可发现错误或欺诈活动。检测错误或欺诈活动有多种方法，其中常见的有两种：一种是某员工假期离开后检查其账号。另一种是某员工假期离开后，发现某个特定问题相应不再出现，这些状况都值得调查。从事欺诈活动的员工通常不愿意休假，因为该员工不希望别人弄清楚其在幕后做了什么。因此，应定期要求员工离开组织一段时间。强制休假一般是两周时间。在事件调查期间，让相关人员停职也是一种强制休假。

1.4.1　候选人筛选和招聘

上一节讨论的问题、策略和工作程序对于组织员工的日常运营非常重要，但不必过于紧张。在工作人员到岗上任前，人员安全就已经开始。为某个职位雇用合适的候选人，会对组织安全产生重大影响。

基于要填补的职位，通过人事部门开展候选人筛选，确保组织雇用正确的人员完成工作。人事部门需要对候选人实施技能测试和评价，检查个人水平和性格。Joe 可能是该州最好的程序员，但是如果有人调查 Joe 的过去，发现其因入侵银行系统而服过刑，那么招聘经理可能不会雇用 Joe。

人力资源部门应该联系候选人的推荐人，审查候选人的服役记录(如果有)、核实其教育背景、获得其信用报告、查看其在公共社交媒体上的表现，如有必要，要求其提供近期药物测试的阴性证明。很多时候，候选人可能隐藏个人过去的重要行为，这就是为什么招聘实践要包括情景问题、性格测试和个人观察，而不仅看一个人的工作历史。当组织录用新员工时，不仅带来员工的技能，也带来其他相关问题。在招聘前期，执行有效且谨慎的招聘实践，可减少与人员相关的麻烦。

组织的目标是录取"合适的人员"，而不是"立即聘用人员"。员工是组织的一项重要投资，花时间聘用合适的人员完成投资，组织可实现利益最大化。多家组织非常重视确定候选人是否契合"企业文化"。这意味着候选人能很好地融入组织已有的文化中，进而更有可能遵循现有的规范、策略和工作程序。

详细的背景调查可揭示一些有趣信息。就业历史中无法解释的空档期、专业认证的有效性和真实状况、犯罪记录、驾驶记录、虚假的职称、信用记录、不友好的合同终止、位于可疑恐怖分子的观察名单，甚至是离职的真正原因等都可通过执行背景调查确定。背景调查活动对雇主和组织有实际好处，是组织防御内部攻击的第一道防线。在这些领域找到的任何负面信息都可能是员工在以后给组织制造潜在问题的指标。以信用报告为例，从表面看，这似乎是组织不需要了解的事情，但如果报告显示潜在的员工信誉不佳并有历史财务问题，可能意味着组织不会任命该候选人从事会计类工作，哪怕是管理小额现金的工作也不可以。

开展背景调查的最终目标是同时做到以下几点：

- 降低风险
- 降低招聘成本并有效降低员工的流动率
- 保护客户和员工免受可能实施恶意和不诚实行为人员的伤害，这些行为可能损害组织、员工、客户和公众

多数情况下，员工在完成入职并开始工作后，很少回头继续执行背景调查。这是因为执行背景调查需要特定的原因或理由。然而，如果有员工调任到安全敏感性或潜在风险更高的岗位，则应该考虑再次开展调查。

背景调查的内容可能包括：

- 身份证号码跟踪
- 刑事案件查询

- 性侵犯罪登记查询
- 就业记录
- 教育经历
- 专业能力认证
- 移民查询
- 职业许可/认证确认
- 信用报告
- 毒品筛查

1.4.2　雇佣协议和策略

现在，组织已找到合适的候选人，该候选人以优异成绩通过了筛选，并接受了工作机会。现在该如何继续下一步？基于组织所在的司法管辖区，作为正式聘用环节的一步，法律可能要求组织与候选人签订合同或其他协议。无论组织是否要求这样做，双方以书面形式签署雇佣协议都是有好处的。作为招聘经理，应始终遵循人力资源部和法务团队提供的准则，不过了解这一切如何运转总是有用的。

雇佣协议的关键要素之一是适用于新员工职位的策略(Policy)引用。同样，基于组织所处的地理位置，可能需要在雇佣协议中包含或引用一些策略(通常是涉及安全和福利的策略)。至少，雇佣协议应该包含指向员工手册或其他组织策略文件的语句。关键在于，每一位新员工都应该签署一份协议，声明其已经了解作为聘用条件应遵守的策略。如果之后有任何员工不当行为的指控，这将十分有用。例如，在没有签署雇佣协议的情况下，如果员工故意(甚至恶意)访问该员工不应访问的计算机或文件，该员工就可声称组织从未告知这种行为是错误的，然后摆脱困境。基于 FBI 关于起诉计算机犯罪的手册，"在被告(Defendant)的访问行为受到书面限制条款的约束时，例如，服务条款、计算机访问策略、网站声明、雇佣协议或类似的合同，证明被告只有有限的计算机访问权相对容易。"

雇佣协议的另一个重要内容是建立试用期。在此期间，由于行为不端或未能达到职位要求而解雇新员工相对容易。基于组织所处司法管辖区的法律，即使员工显然没有工作，也可能很难解雇。如果认为一位新员工的表现不如人意，试用期可能会有所帮助。

1.4.3　入职、调动和解聘流程

入职(Onboarding)是将候选人转变为能履行所有指定职责的可信员工的流程。拥有结构化且记录完备的入职流程不仅可让新员工感受到组织的重视和欢迎，还可确保组织不会遗忘任何一项安全任务。虽然具体步骤因组织而异，但以下是一些非常普遍的步骤：

- 新员工应参加所有安全意识宣贯培训(Security Awareness Training，SAT)。
- 新员工应阅读所有安全策略，并有机会提出任何疑问，然后签署声明，表明理解并将遵守这些策略。
- 基于分配的角色，为新员工颁发合适的身份识别工作证(Badge)、钥匙和访问令牌。

- IT 部门为新员工创建所需的账户，新员工需要登录系统并设置口令(或更改预设的临时口令)。

组织应制定保密协议(Non-disclosure Agreements，NDA)，并要求新员工签署这些协议，以保护组织及其敏感信息。NDA 通常会规定哪些信息是敏感信息，应该如何保护这些信息，何时可与他人共享这些信息，以及这些义务在聘用(或协议)终止后还将持续多长时间。

组织在人员安全中最容易忽视的问题之一是，当员工在组织中的角色发生变化时，会发生什么。角色变化可能是晋升(或降级)、承担额外的新职务、解除旧职务、转入另一个业务部门，或者可能是业务部门全面重组。通常，IT 和安全人员不会取消员工已经拥有的任何旧权限，而是添加新权限。随着时间的推移，经历岗位调动或重新分配的员工可能在不再需要访问的信息系统上累积大量权限。IT 和安全人员需要参与员工的调动和角色更改，以便确定应实施哪些策略以及应添加、保留或删除哪些权限。目标是确保每位员工都拥有完成工作所需的权限，但没有一项多余的权限。

不幸的是，有时组织不得不解雇员工。由于解雇会有各种原因，并且员工面临解聘时会有各种不同反应，因此组织应该在每次解聘时都遵循一套特定程序，确保组织的安全状况不会在这个流程中受到破坏。例如：

- 员工应立即在经理或警卫的监督下离开。
- 员工应交出任何身份识别工作证或钥匙。完成离职面谈后退还组织用品。
- 立即禁用或更改用户的账户和口令。

这些行为看起来很苛刻，但有时，员工在知道自己的职位因某种原因而撤销时，可能对组织实施报复，从而给组织造成损失。如果员工表现出不满或解聘程序进展不顺利，那么应该立即禁用该员工的账户并更改系统上的所有口令。

解聘的实用技巧

在没有事先安排的情况下，组织无权强制与员工进行离职面谈。员工也可能拒绝返还组织财产。这种情况下，激励离职员工遵守制度的最佳方法就是确保员工完成上述任务后，会得到一笔遣散费。作为雇佣协议的一部分，这意味着员工会事先同意这些条件。

1.4.4　供应商、顾问和承包商

如今，如果没有各类供应商、顾问和承包商的服务，多家组织将无法履行业务职能。这些供应商、顾问和承包商对于组织的基础设施和信息系统具有不同的访问权限。从可物理访问基础设施任何区域的保洁人员，到不同国家的外包软件研发人员，这些人员可能(有意地或以其他方式)将漏洞(甚至后门)引入组织最敏感的系统。如果不采取缓解措施，与供应商、顾问和承包商相关的风险可能会非常严重。

从信息安全的角度看，组织有多种方法可与环境中的第三方展开合作。一种方法是签订服务协议，要求承包商至少达到与组织一样严格的安全控制水平，并予以证明。服务协议可包括对安全控制措施的具体要求，或利用现有的标准，例如，国际标准化组织(International

Organization for Standardization，ISO)的 27001 认证(将在第 4 章讨论)。无论使用哪种方式，协议都应指定确认合同义务遵守情况的方法，并明确指出未能履行这些义务的处罚。

　　与第三方开展合作的另一种方法是假设供应商、顾问和承包商不可信，然后对其绩效的各个方面实施严格控制。例如，可要求保洁人员在指定人员的监督下工作，外包人员只能在组织控制下的虚拟桌面上工作。组织还可要求第三方人员不得使用高度敏感的资产(例如，专有算法、商业机密和客户数据等)。这些方法可能降低某些风险，但不利于建立合作伙伴关系或信任关系。

　　处理与第三方合作所固有的安全问题并没有单一的最佳解决方法。与人员安全的各个方面一样，安全人员应该与业务部门、人力资源部门和法务部门密切合作。与法务部门协调尤为重要，因为组织的责任经常延伸到供应商、顾问和承包商的行为。例如，如果组织的网络因为一个承包商违反安全策略而遭到破坏，且该违规行为导致攻击方盗取了组织客户的 PII，给客户造成经济损失，则组织可能需要对客户的损失负责。这即为下游责任(Downstream Liability)。

1.4.5　合规政策

　　组织需要承担多种形式的责任。从安全的角度看，组织可能受到外部法规的约束，这需要特别注意和遵守。例如，美国的医疗保健服务商受《健康保险流通与责任法案(Healthcare Insurance Portability and Accountability Act，HIPAA)》约束；处理支付卡信息的组织应遵守《支付卡行业数据安全标准(Payment Card Industry Data Security Standard，PCI-DSS)》；处理欧盟公民个人信息的组织受到《通用数据保护条例(General Data Protection Regulation，GDPR)》管辖。还有更多示例，但关键是，如果组织受到监管，那么组织的人员安全措施应遵守这些法规。作为安全带头人，安全专家应当了解哪些法规适用于组织，以及安全策略(包括人员安全策略)如何确保合规性。

1.4.6　隐私策略

　　即使组织不受 GDPR 或任何类似的隐私法规和法律的管辖，组织也具有充分的理由确保具有隐私策略，并且组织的信息安全实践应与之保持一致。例如，假设组织有一项策略允许员工在休息时间私下查看个人 Web 邮件，同时具有一项策略允许解密和检查网络上所有的 Web 流量，确保没有对手使用加密手段绕过安全控制措施。这两项策略可能互相冲突。更糟的是，如果组织的安全团队截获和阅读了员工的电子邮件，该员工可能因隐私受到侵犯而提起诉讼。

1.4.7　安全意识宣贯、教育和培训计划

　　即使组织已经制定了安全策略以保护资产并确保符合所有相关法律法规，但如果大家都不知道该如何去做，那一切都是徒劳的。为帮助组织实现安全计划(Security Program)的预期结果，需要让员工知道安全计划的内容、执行方式和执行原因。安全意识宣贯培训应该是全

面的、针对特定群体和整个组织分别定制的。SAT 应以不同方式重复最重要的信息、保持更新、积极向上且幽默易懂。最重要的是要有高级管理层的支持，管理层应为此活动分配资源并强调员工参加意识宣贯课程的出勤率。

安全意识宣贯培训的目标是让每位员工了解安全对全组织和个人的重要性。应阐明期望的责任和可接受的行为，并在援引法规前解释不合规的后果(包括给予警告或解聘，视程度轻重而定)。实施安全意识宣贯培训是为了修正员工的错误安全行为和态度。正式的安全意识宣贯培训流程是达到此目标的最佳方式。

1.4.8　学历或证书?

组织中的某些角色需要实践经验和技能，这意味着招聘经理应该寻找特定的行业认证。有些职位需要综合考虑基础概念理解或业务背景知识，这些情况下可能需要学位教育。表 1-3列出了意识、培训和教育之间的差异。

表 1-3　意识、培训和教育比较

	意识	培训	教育
属性	什么	如何	为什么
水平	信息	知识	洞察力
学习目标	辨认和保持	技能	理解
教学方法示例	媒体：视频，时事通信，海报，计算机辅助教学，CBT，社交工程测试	实践性指导：演讲和/或演示，案例教学，实践练习	理论性指导：研讨会和讨论，阅读学习，研究
测试考核	判断题，选择题(识别性学习)	解决问题，例如，识别和分辨(应用性学习)	论文(解释性学习)
影响时间	短期	中期	长期

1.4.9　意识建立和培训的方法与技巧

因为安全性主题涉及组织多个不同的方面，因此很难将准确信息传达给正确员工。使用正式的安全意识宣贯培训流程，组织可建立一种向组织中的合适人员提出安全要求的最佳方法。通过这种方法，组织可保证每名员工都了解组织安全计划中的基本内容及其重要性，了解在组织中个人角色将如何适应安全计划。更高层次的培训一般涉及更广泛的概念和目标，更具普遍性。随着培训深入到特定的工作和任务中，培训会变得更具体，并直接适用于组织中的某些岗位。

安全意识宣贯计划(Security Awareness Program，SAP)通常有三种受众群体：管理层、普通员工和技术人员。每种类型的意识宣贯都应面向特定受众，确保该群体理解其特定责任、义务和期望。如果向高级管理层提供安全技术培训，一提到协议和防火墙，管理者就会露出茫然的神情。另一方面，如果与 IT 团队讨论法律后果、与数据保护相关的组织责任问题以及股东的期望，估计这些人很快就会开始玩手机、浏览 Internet 或给朋友发短信。

邀请高级管理层成员参加一次简短的安全意识定位会议，讨论组织资产以及与安全相关的财务收益和损失，高级管理层就会受益良多。高级管理层需要了解股票价格如何受到危机的影响、可能的威胁及其结果、为何应像其他业务流程一样将安全性融入环境中。因为管理层成员指导其他部门支持安全工作，所以需要管理层成员对安全保护工作的重要性有正确的认识。

中层管理者将受益于对策略、工作程序、标准和准则的更详细解释，以及这些规范如何映射到每个中层经理负责的各个部门。应该让中层经理知道为什么对特定部门的支持是至关重要的，以及在确保员工实施安全计划活动方面的责任级别是什么。还应向中层经理展示员工的违规行为对整个组织造成的影响，以及应如何处理此类行为。

员工培训通常是组织内最大规模的培训，应提供大量期望、建议和禁止的特定行为的示例。这是一个展示警觉的用户如何成为早期攻击报警器的机会，可显著改善任何组织的安全状况。具体可通过培训员工识别和报告自己可能面临的各种攻击来实现。另一方面，重要的是还应该展示：无论对于组织还是个人，粗心大意或违反策略与程序都会带来不良后果。

对技术部门的培训则大为不同，课程更接近其日常任务。技术部门还应该接受更深入的培训，讨论技术配置、事故处理，以及识别不同类型的安全威胁状况。

也许没有其他主题能比社交工程主题更重要或更能说明这一点：应以不同方式向这三类受众中的每一个传达安全问题。社交工程(Social Engineering)是指故意操纵一个人或一群人，说服这些人做一些本来不会做或不应该做的事情。在安全背景下，这通常意味着让组织成员违反安全策略或程序，或帮助攻击方破坏系统。最常见的社交工程形式是网络钓鱼(Phishing)，即利用电子邮件实施社交工程。虽然所有员工都应该知道，如果不认识发件人，就不应单击邮件中的链接或打开附件，但高管、经理和最终用户应从不同的角度看待问题。

无论培训是如何实施的，通常最好让每位员工签署一份文件，表明其已经知道且理解所讨论的安全主题，并知晓违反安全规定的后果。这也是落实安全策略并强调安全策略对员工的重要性。如果员工声称组织从未告知这些期望，那么这个文件将成为证据。安全意识宣贯培训应该在招聘流程中就开始实施，之后至少每年一次，其出勤率应纳入员工的绩效报告中。

应采用各种方法强化安全意识。电子屏幕、横幅、员工手册甚至海报等内容都可用于提醒员工其职责以及良好安全措施的必要性。但还有其他方法可推动员工参与其中。例如，游戏化(Gamification)是将游戏元素用于其他活动，如安全意识宣贯培训。有人认为，游戏化可将员工的技能维持率(Skill Retention)提高 40%。另一种方法是利用虽然未正式参与安全计划，但具备相应技能和能力，可成为所属业务部门内安全倡导者的员工。可识别这些安全倡导者并特意培养，以充当业务部门和安全计划之间的桥梁。这些人可成为安全斗士(Security Champions)；作为组织成员，尽管其岗位职责并不包括安全，但此类员工可宣传并鼓励在自己的团队中采用安全实践。

1.4.10　定期审查安全意识宣贯内容

生活中唯一不变的就是变化，所以在组织制定安全意识宣贯培训课程和材料时，应通过定期的内容审查使其保持更新。制定课程和材料是一个深思熟虑的流程，而不是临时起意完成的。按照每半年或每年的特定时间间隔更新内容，并将任务分配给一个指定的责任人。该员工将参与团队合作审查和更新课程方案与材料，负责使培训始终符合当前状况。

另一种方法是让其他事件(Event)触发内容审查。例如，当发生以下任何一种情况，就需要重新审查培训材料：

- 添加、更改或终止安全策略。
- 发生重大事故(Incident)或归纳出某类事故的模型，可通过提高安全意识避免或减轻这类问题。
- 发现了一个极其严重的新威胁。
- 信息系统或安全架构发生了重大变化。
- 评估安全意识宣贯培训计划时发现了不足之处。

1.4.11　计划有效性评价

多家组织将安全意识宣贯培训视为"例行公事"，仅为满足相关要求而完成。实际上有效的培训既有目标(组织为什么安排这次意识宣贯)，也有结果(员工参与后可做些什么)。目标通常来自高层的指示或策略，推动发展，进而推动交付内容和方法。例如，如果目标是降低网络钓鱼攻击的成功率，那么能让终端用户识别哪些是网络钓鱼邮件就是合理的。目标和结果都是可衡量的，这让回答问题"这有效吗？"变得更容易。

组织可通过培训前后的简单衡量，判断安全培训计划在改善组织的安全状况方面是否有效。基于前面的示例，安全专家可跟踪网络钓鱼攻击成功的次数，并看看培训结束后该数字会发生什么变化，这是对目标的评估。安全专家还可邀请训练有素和未经训练的用户，测试这些员工识别网络钓鱼邮件的能力。组织希望受过训练的用户能更好地完成这项任务。如果安全专家发现测试结果中网络钓鱼攻击成功的次数保持不变(甚至更糟，数字有所增长)，或用户在训练后识别网络钓鱼电子邮件的能力并不是很好，那么该程序可能是无效的。

评估培训计划的有效性时，分析数据非常重要，不要轻易下结论。在网络钓鱼的示例中，改进不力可能有很多复杂因素，也许对手正在发送更难识别的复杂信息。同样，结果可能只是表明用户尚未建立安全意识，并且继续单击链接打开附件，直到出现安全问题且对其自身造成不良影响。关键在于评估培训时，要分析测量结果的根本原因。

1.5　职业道德

安全意识宣贯和培训当然是建立在这样一种观念之上，即正确的和错误的行为方式同时存在。这是建立于多个不同问题和基础之上的道德的症结所在。道德关乎多种不同的状况，不同人也会给出不同解释。因此，道德常成为辩论的主题。然而，总有一些道德比其他道德的争议要小得多，所有人都比较容易接受这类道德。

法律和道德之间存在某种有趣的关联性。大多数情况下，法律是基于道德的，并且是为了确保人们的行为合乎道德。然而，法律有时并不能解决所有问题，这就是道德起作用的场合。有些事情可能并不违法，但这并不意味着就是道德的。

在计算机领域，总是存在一些为不道德行为辩解的常见道德谬误。之所以存在，是因为人们看待问题的观点不同，或人们对现有规则、法律有不同解释(或曲解)。以下是道德谬误的一些示例：

- 攻击方只是希望学习并提升技能。攻击方多数情况下并没有从攻击行为中获利，因此，攻击方的活动不是非法或不道德的。
- 《第一修正案》保护并赋予美国公民编写病毒的权利。
- 应当自由、公开地共享信息，因此共享机密信息和商业秘密应该是合法的和道德的。
- 攻击行为并没有对任何人造成实际的(物理的)伤害。

1.5.1　(ISC)^{2}职业道德准则

(ISC)^{2}要求 CISSP 持证人员承诺完全遵从(ISC)^{2}道德准则。如果一名 CISSP 持证人员蓄意或在知情的情况下公然违反(ISC)^{2}道德准则，该人员将受到评审小组的审查，评审小组将决定是否应撤销其认证资格。

在(ISC)^{2}网站 https://www.isc2.org/Ethics 上可找到 CISSP 的(ISC)^{2}道德准则全文。下面的列表是一个大纲，每名 CISSP 考生都应在参加 CISSP 考试之前阅读并理解道德准则的完整版本。该准则的序言明确指出，"社会的安全和福利、大众的利益，对雇主的勤勉尽责、专业胜任义务，均要求我们遵守且证明遵守最高的道德行为标准"。准则还为 CISSP 提供了四条规范：

- 保护社会、公共利益与基础架构，赢得必要的公众信心与信任
- 行事端正、诚实、公正、负责、守法
- 勤奋尽责、专业胜任
- 推动行业发展、维护职业声誉

1.5.2　组织道德准则

越来越多的法律法规要求组织制定一份道德声明，甚至可能是一份道德计划(Ethical Program)。道德计划作为"高层基调"，表示管理人员不仅需要确保其下属的行为合乎道德，而且其自身也应遵循组织的规则。道德计划的主要目标是确保"成功不择手段"这句座右铭不会成为工作环境中口头或心照不宣的文化准则。某些组织不合理的架构性设计可能导致不道德行为的出现。例如，如果股价上涨，CEO 的工资会随之增加，那么 CEO 可能设法人为操纵做高股价，从而可能直接损害组织投资者和股东的利益；如果经理只有在销售业绩增加的情况下才能得以晋升，那么经理可能捏造出虚假销售数据；如果员工只有保持低预算才能

得到奖金，那么可能情愿选择有害于组织客户服务或产品研发的"捷径"。虽然道德概念非常抽象，谈论道德也让组织感觉良好，但道德活动应通过适当的业务流程和管理形式在现实生产环境中实施。

1.5.3　计算机道德协会

计算机道德协会(Computer Ethics Institute)是一个非营利组织，致力于以道德方式帮助推进技术发展。如下所示，计算机道德协会制定了计算机道德十诫：

(1) 不得使用计算机伤害他人。

(2) 不得干预他人的计算机工作。

(3) 不得窥探他人的计算机文件。

(4) 不得使用计算机实施盗窃。

(5) 不得使用计算机提交伪证。

(6) 不得复制或使用尚未付款的专利软件。

(7) 在未获授权或未提交适当赔偿的前提下，不得使用他人的计算机资源。

(8) 不得盗用他人的知识成果。

(9) 应该考虑所编写的程序或正在设计的系统的社会后果。

(10) 在使用计算机时，应考虑尊重他人。

1.6　本章回顾

本章阐述了网络安全的一些基本原则：安全的含义、管理方式以及在企业中实施的方式。然后，重点转向了安全最重要的方面：人员。人员对于任何组织都是最重要的资产，也可能是网络安全最大的捍卫者或破坏者。区别在于组织雇用谁、给员工分配什么角色，以及如何培训员工。把合适的人员安置在合适的岗位上，并予以良好训练，组织就会拥有强健的安全状况。否则，后果自负。

信息系统安全方面的共同目标可归结为，在一个复杂多变的环境中，确保信息的可用性、完整性和机密性。影响因素包括组织目标、资产、法律、法规、隐私、威胁，当然还有人员。本章详细讨论其中每一个因素。在此过程中，还介绍了将安全性与每个影响因素关联的切实方法。作为 CISSP，应能够熟练地建立此类关联关系，能够对任何安全问题应用正确的解决方案。

1.7　快速提示

- 安全的目标是提供可用性、完整性、机密性、真实性和不可否认性。
- 机密性意味着阻止未经授权的实体(无论是人员还是进程)访问信息资产。

- 完整性意味着资产不存在未经授权的更改。
- 可用性保护用于确保授权用户能够可靠、及时地访问数据和资源。
- 真实性保护确保某些东西来自其声称的来源，是可相信的。
- 不可否认性与真实性密切相关，意味着某人不能否认自己是特定行为的发起方。
- 系统中威胁源用以破坏资产安全性的弱点即是漏洞。
- 威胁是指利用漏洞带来的任何潜在危险。
- 威胁源(威胁载体，或威胁行为方)是可利用漏洞的任何实体。
- 风险是威胁源利用漏洞以及造成业务影响的可能性。
- 控制措施或安全对策能缓解或降低潜在风险。
- 安全治理是一个提供监督、问责和合规性的框架。
- 信息安全管理体系(Information Security Management System，ISMS)是一组策略、工作程序、基线和标准的集合，组织用于确保其安全努力和业务需求相一致，实施顺畅而有效，并且没有安全控制措施缺失。
- 企业安全架构定义了信息安全战略，包括分层次的解决方案、流程和程序，以及这些解决方案、流程和程序与整个企业的战略、战术和运营的关联方式。
- 企业安全架构应具有战略一致性、业务支持、流程强化和安全有效性。
- 安全治理是一个框架，支持由高级管理层制定和表达的组织安全目标，应在组织的不同层级充分沟通，并一致地实施和评估。
- 高级管理层对组织的安全负有最终责任。
- 安全策略是管理层对安全在组织中所起作用的说明。
- 标准是描述了特定要求的文件，这些要求本质上是强制性的，并支持组织的安全策略。
- 基线是安全的最低级别。
- 准则是推荐性的，是提供了建议和灵活性的一般方法。
- 工作程序是为了实现某个目标而执行的包含详细步骤的任务。
- 职责轮换和强制假期是有助于发现欺诈的行政性控制措施。
- 职责分离确保某项关键活动或任务不能由一个人完全控制。
- 知识分割和双重控制是职责分离的两种变体。
- 社交工程是一种操纵某人向未经授权的个人提供敏感数据的攻击方式。
- 安全意识宣贯培训应该是全面的、针对特定群体和整个组织分别定制的。
- 游戏化是将游戏元素用于其他活动，如安全意识宣贯培训。
- 安全斗士作为组织成员，尽管其岗位职责并不包括安全，但安全斗士可宣传并鼓励在自己的团队中采用安全实践。
- 职业道德规范了特定群体的正确行为方式。

1.8　问题

请记住这些问题的表达格式和提问方式是有原因的。考生应了解，CISSP 考试在概念层次上提出问题。问题的答案可能不是特别完美,建议考生不要寻求绝对正确的答案。相反,考生应当寻找最合适的答案。

1. 在确保组织的安全性方面,哪一个因素是最重要的?

　　A. 高级管理层支持

　　B. 有效的控制措施和实施方法

　　C. 更新的和相关的安全策略与工作程序

　　D. 所有员工的安全意识

使用下面的场景信息,回答第 2~4 题。Todd 是一名新上任的安全经理,负责在自己工作的金融机构实施人员安全控制措施。Todd 知道,如果很多员工不完全了解自己的行为,会给机构带来风险;因此,需要设计一个安全意识宣贯计划。Todd 已确认,当客户需要兑现超过 3500 美元的支票时,银行出纳员需要获得已由系统监控的特权。Todd 还发现,一些员工已在组织的特定岗位上待了三年。Todd 希望能调查银行的一些人事活动,了解是否有欺诈行为发生。Todd 已确保两个人应同时使用不同的钥匙,才能打开银行保险库。

2. Todd 记录了员工在金融机构中的一些欺诈机会,以便让管理层了解这些风险并为建议的解决方案分配资金和资源。以下哪项最能说明 Todd 为调查欺诈性活动应该采取的控制措施?

　　A. 职责分离　　　　B. 职责轮换　　　　C. 强制休假　　　　D. 知识分割

3. 如果金融机构想要在确保除非发生了共谋,否则欺诈行为不会成功,那么 Todd 应该采取什么措施呢?

　　A. 职责分离　　　　B. 职责轮换　　　　C. 社交工程　　　　D. 知识分割

4. Todd 希望能防止发生欺诈行为,也知道有些人可能绕过实施的各种控制措施。这种情况下,Todd 希望能确定员工何时做出了可疑行为。以下哪项错误地描述了 Todd 在此场景中实施的内容以及这些特定控制措施所起的作用?

　　A. 职责分离,确保超过 3500 美元的支票应经过主管批准。这是一个行政性控制措施,为 Todd 的组织提供预防性保护。

　　B. 职责轮换,确保一名雇员一次只能在一个岗位上工作最长三个月。这是一个提供检测功能的行政性控制措施。

　　C. 安全意识宣贯培训,也可重点实施。

　　D. 双重控制,是一种行政性的检测性控制措施,确保两名员工应同时执行一项任务。

5. 下面哪个术语表示意外事故的潜在原因,可能对组织或系统造成损害?

　　A. 漏洞　　　　　　B. 漏洞利用　　　　C. 威胁　　　　　　D. 攻击方

6. CISSP 考生在参加 CISSP 考试之前需签署道德声明。违反以下哪项(ISC)^{2}道德准则可能导致考生失去认证?

　　A. 通过电子邮件向其他 CISSP 考生发送有关考试的信息或评论

　　B. 向(ISC)^{2}提交关于考试问题的建议

　　C. 向董事会提交关于测试和课程内容的意见

　　D. 介绍 CISSP 认证及其含义

7. 如果希望确保组织的财务部门能够访问组织的银行对账单(且只有财务部门能够访问)，哪一项安全属性最重要？

    A. 机密性　　　　　B. 完整性　　　　　C. 可用性　　　　　D. A 和 C 都对

8. 如果要在组织内强制使用 OpenOffice 软件产品，需要将该要求写入哪一类型的文件中？

    A. 策略　　　　　　B. 标准　　　　　　C. 准则　　　　　　D. 工作程序

9. 想要成功研发和实施企业安全架构，下面哪一项不是必需的？

    A. 战略一致性　　　B. 安全准则　　　　C. 业务支持　　　　D. 流程强化

10. 在招聘候选人时，以下哪种做法最有可能降低风险？

    A. 安全意识宣贯培训　　　　　　　　B. 保密协议(NDA)

    C. 背景调查　　　　　　　　　　　　D. 组织道德

1.9　答案

1. A。如果没有高级管理层的支持，安全计划将无法获得必要的关注、资金、资源和执行能力。

2. C。强制休假是一种行政性检测控制措施，允许组织调查员工的日常业务活动，发现可能发生的任何潜在欺诈行为。组织应强制员工离开组织两周，并指派另一名员工担任这个角色。这个方法可让接替者发现可疑活动。

3. A。职责分离是一种行政性控制措施，是为了确保一个人不能独自完成一项关键任务。如果一个人能单独执行一项关键任务，可能导致组织面临风险。共谋是指两个或两个以上的人员聚在一起实施欺诈。因此，如果将任务分配给两个人，这两个人要完成一项任务和实施欺诈需要实施共谋(共同合作)。

4. D。双重控制是一种行政性的预防性控制措施。双重控制确保两个人应同时执行一个任务，就像在打开金库时需要两个人所拥有的不同的钥匙一样。双重控制不是一个检测性控制措施。注意，问题是 Todd 没有做什么。请记住，在考试中，考生需要选择最佳答案。许多情况下，考生可能不会很喜欢 CISSP 考试中的问题或相应的答案，所以请做好准备。这些问题可能很棘手，这也是考试本身有难度的一个原因。

5. C。问题中给出的就是威胁的定义。术语攻击方(选项 D)可用于描述威胁载体，虽然也是一种威胁，但该术语的使用非常受限。最佳答案是威胁。

6. A。CISSP 考生和 CISSP 持证人员绝不应与其他人讨论考试内容。CISSP 考试是为了测试某人是否真正掌握了安全知识，而与他人讨论考试内容会降低考试的有效性。如果发现此类活动，可能会剥夺该人员的 CISSP 认证资格，因为这会违反考生在参加考试之前签署的 NDA 条款。CISSP 持证人员要以得体、诚实、公正、负责和合法的方式行事，违反 NDA 协议也就是违反了道德准则。

7. D。机密性确保未经授权的各方(即财务部门员工以外的任何人)无法访问受保护的资产。可用性是确保授权实体(即财务部门)保持对资产的访问。这种情况下，机密性和可用性对于满足所述要求都很重要。

8. B。标准描述强制性活动、行动或规则。策略旨在具有战略意义，因此策略不是本题正确的答案。工作程序描述了应完成某事的方式，这比在整个组织中强制使用特定软件产品所需的范围要普遍得多。最后，准则是推荐的但可选的做法。

9. B。安全准则是关于强制性策略、标准或工作程序未涵盖的问题的可选建议。成功的企业安全架构与组织的战略保持一致，支持其业务，并增强(而不是阻碍)业务流程。

10. C。降低风险的最佳方法是在通知候选人入职前完成背景调查，可确保已经检查过候选人过去的经历，确认其是否具有任何明显不合格(或有问题)之处。下一步将是签署一份包含 NDA 的雇佣协议，然后是入职培训，其中包括安全意识宣贯培训和对组织道德准则的灌输。

风 险 管 理

本章介绍以下内容:

- 风险管理(评估风险、应对风险和监测风险)
- 供应链风险管理
- 业务持续

> 停泊在港口的船是安全的,但这不是造船的目的。

——William G. T. Shedd

接下来将要讨论的是保护信息系统时作为每一个决策基础的概念:风险。对于网络安全专家而言,理解风险是如此重要,以至于风险不仅在本章中做了详细介绍(本书中最长的章节之一),在本书的其余部分也会反复讨论。本章初始部分只关注了组织中的漏洞,以及利用漏洞对组织造成伤害的威胁。这为深入讨论风险管理的主要组成部分奠定了基础,这些主要组成部分包括认知、评估、应对和监测风险。特别要关注供应链风险,因为这是很多组织极少或根本不关注的重大问题。最后,本章要讨论的业务持续与风险管理紧密相连。后续章节将讨论灾难恢复这一密切相关的概念。

2.1 风险管理概念

安全背景下的风险(Risk)指威胁源利用漏洞的可能性以及带来的业务影响。风险管理(Risk Management,RM)是识别并评估风险,将风险降至可接受水平并确保能维持这种水平的流程。百分之百安全的环境是不存在的。每种环境都有某种程度的漏洞,都面临一定威胁。问题关键在于识别这些威胁,评估威胁实际发生的可能性以及可能造成的损害,并采取适当措施将环境的总体风险降至组织可接受的水平。

组织可能面临各种形式的风险,这些风险并非都与计算机相关。正如第 1 章中所看到的,当某组织并购另一个组织时,在希望通过并购扩大市场份额、提高生产效率并增加利润的同时，也将承担大量风险。如果组织扩大生产线，就可能增加管理费用，增加对人员招聘、购置基础设施的需求，增加资金购买原材料，而且可能需要增加保险费和业务营销活动开支。此情况下的潜在风险是：管理费用的提高可能不会促进销售的增长，利润反而下降，或无法取得预期的效益。

注意，当组织考虑信息安全时，需要了解并恰当处理以下几类风险：

- **物理破坏**　火灾、水灾、蓄意毁坏、停电和自然灾害。
- **人为破坏**　可能降低生产效率的无意或有意的行为或不作为。
- **设备故障**　系统或外围设备故障。
- **内部和外部的攻击**　入侵、破解和攻击行为。
- **数据滥用**　泄露商业秘密、欺诈、间谍和盗窃。
- **数据丢失**　针对未经授权的接收方的有意或无意的信息泄露。
- **应用程序错误**　计算错误、输入错误和软件缺陷。

组织需要识别这些威胁，对威胁实施分级和分类，从而评价(Evaluate)并计算出威胁可能对组织造成的损失程度。虽然很难衡量实际风险，但组织可基于潜在风险的大小决定处理各种风险的优先顺序(Priority)。

2.1.1　全面风险管理

令人遗憾的是，在安全领域内外，很少有人真正了解风险管理。尽管如今信息安全是一桩"大生意"，但信息安全更着重于应用程序、设备、病毒与攻击行为。尽管在风险管理流程中仍然需要考虑并权衡所有这些内容，但就整体安全而言，这些内容只是次要问题，并非风险管理的重心所在。

安全已成为一个商业问题，商业运作的目的在于盈利，并非是保证安全性。只有当潜在风险威胁到组织的根本利益时，组织才会关注安全问题。例如，信用卡信息数据库泄露引发机构声誉(Reputation)受损和客户流失；一种新的计算机蠕虫病毒造成几千美元的运营损失；成功的组织间谍活动导致专有信息泄露；有效的社交工程攻击(Social Engineering Attack，SEA)导致机密数据丢失。对于安全专家而言，理解每个威胁极其重要。但更重要的是，安全专家应了解如何计算这些威胁造成的风险，并将其转换为组织应对安全威胁的驱动力。

为妥善管理组织内的风险，安全专家需要全面考虑。毕竟，风险存在于具体环境中。美国国家标准与技术研究院(National Institute of Standards and Technology，NIST)特别出版物(Special Publication，SP)800-39"管理信息安全风险(Managing Information Security Risk)"定义了风险管理的三个层面：

- **组织视图(第 1 层)**　关注业务的整体风险，为组织设置风险管理的框架和重要参数，例如，风险容忍度(Risk Tolerance)水平。
- **使命/业务流程视图(第 2 层)**　处理组织主要职能面对的风险。例如，定义组织与合作伙伴或客户之间信息流的关键程度。

- **信息系统视图(第 3 层)**　从信息系统的角度解决风险。虽然这是要讨论的重点，但重要的是理解风险存在于更全面的风险管理工作背景下，且应符合该背景。

这些层级相互依赖，如图 2-1 所示。风险管理从组织层的决策开始，向下流动到其他两层。而有关这些决策效果的反馈则会向上流动，通告下一组要做出的决策。正确实施风险管理意味着全面了解组织自身、组织所面临的威胁以及可实施的应对这些威胁的安全对策，并持续监测以确保风险始终处于可接受的水平。

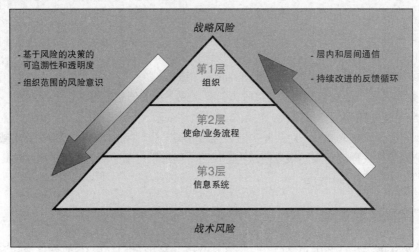

图 2-1　　风险管理的三个层次(来源：NIST SP 800-39)

2.1.2　信息系统风险管理策略

要实现完善的风险管理，需要高级管理层的坚定承诺和支持，需要实现组织使命的书面规范流程，需要信息系统风险管理(Information Systems Risk Management，ISRM)策略，还需要授权的信息系统风险管理团队。ISRM 策略应成为组织总体风险管理策略的一部分(组织风险不仅限于信息安全问题)，并且应当在组织的安全策略中体现出来。信息系统风险管理策略应当涉及下列内容：

- 信息系统风险管理团队的目标
- 组织可接受的风险水平及可接受的风险水平的概念
- 风险识别的正式流程(Process)
- 信息系统风险管理策略与组织的战略规划流程之间的联系
- 信息系统风险管理的职责以及履行这些职责的角色
- 风险和内部控制措施之间的对应关系
- 为响应风险分析而改变员工行为和资源分配的方法
- 风险与绩效目标和预算之间的对应关系
- 持续监测安全控制措施有效性的主要指标

信息系统风险管理策略为组织的风险管理流程及程序奠定基础,指明方向,并解决所有信息安全问题。同时,信息系统风险管理策略还应为风险管理团队如何与高级管理层沟通组织风险信息,以及如何正确执行管理层决定的风险缓解任务提供指导。

2.1.3 风险管理团队

每个组织在规模大小、安全状况、威胁类型与安全预算方面存在差异。组织可能只有一名负责信息系统风险管理的员工,也可能拥有一个分工协作的信息系统风险管理团队。团队的总体目标在于以最具成本效益的方式确保组织安全。只有通过完成下列工作才能实现这一目标:

- 由高级管理层确定的明确风险接受水平。
- 文档化的风险评估流程与程序。
- 识别和缓解风险的程序。
- 由高级管理层分配的充足资源与资金。
- 对所有与信息资产有关的员工开展安全意识宣贯培训。
- 如有必要,应成立特殊领域的改进(或风险缓解)团队。
- 将对法律法规监管合规要求转化为控制和实施的具体需求。
- 制定衡量标准和绩效指标,衡量和管理各类风险。
- 能随环境和组织变化识别和评估(Assess)新风险。
- 集成信息系统风险管理与组织的变更控制流程,保证这些变更不会形成新漏洞。

显然,这个列表所包含的内容并非仅是购买一款新的防火墙并宣称该防火墙能保证组织安全那么简单。

大多数情况下,信息系统风险管理团队并非由专门从事风险管理工作的员工组成。相反,团队成员已在组织内拥有一份全职工作,只是暂时承担风险管理任务。因此,有必要获得高级管理层的支持,从而合理分配资源。

当然,所有团队都需要一名领导者,信息系统风险管理工作也不例外。组织应选出一名成员管理这个团队,在大型组织内,这名成员应花费 50%~70%的时间从事风险管理工作。管理层应投入资金对团队成员开展必要的培训,并为其提供风险分析(Analysis)工具,确保风险管理工作能顺利实施。

2.1.4 风险管理流程

现在,组织应该已经相信,风险管理对组织的长期安全(甚至是业务成功)至关重要。但如何才能做到这一点? NIST SP 800-39 描述了构成风险管理流程的四个相互关联的组件。如图 2-2 所示。这些组件很好地概括了本章其余部分关于风险管理的讨论。

- **认知风险(Frame Risk)** 定义了所有其他风险活动发生的背景。组织的假设和约束是什么?什么是组织的优先事项?高级管理人员的风险承受能力如何?

- **评估风险(Assess Risk)**　组织应在采取任何风险缓解措施前实施风险评估。这可能是整个流程中最关键的一个方面，本章将详细讨论。如果组织的风险评估结果是正确的，那么剩下的流程就变得相当简单了。
- **应对风险(Respond to Risk)**　到目前为止，组织已做足了功课。组织知道应该、必须和不能做什么(来自认知风险环节)。组织也知道威胁、漏洞和攻击会导致什么后果(来自评估风险环节)。应对风险变成将组织有限的资源与组织按优先级排序的控制措施集匹配的问题。组织不仅可缓解重大风险，更重要的是，可报告最高管理者，因为资源不足哪些风险将无法处置。

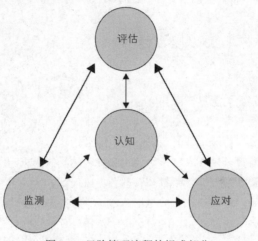

图 2-2　风险管理流程的组成部分

- **监测风险(Monitor Risk)**　无论组织如何努力，仍然可能漏掉一些事情。纵然没有漏掉，环境也可能发生改变(也许出现了一项新的威胁源，或一个新系统带来了新漏洞)。为领先攻击方一步，组织需要持续监测所设计的风险控制措施的有效性。

本节迄今为止的讨论，已概括了整个风险认知流程，介绍了组织(自上而下)、策略和团队。下一步是评估风险，启动这一步的较好方法是理解威胁以及威胁可能利用的漏洞。

2.1.5　漏洞和威胁概述

为将注意力集中在组织的高风险上(而不需要关注低风险)，组织需要考虑什么人(或什么事)会导致业务生产的降级、破坏或毁灭。在稍后的"风险评估"一节中你将看到，对组织的信息系统实施清查和分级是这个流程早期的一个关键步骤。为开展威胁建模工作，组织需要特别关注系统中可能导致机密性、完整性或可用性受到破坏的固有漏洞。然后，组织应该提出这样一个问题："谁想要利用这些漏洞，为什么？"这样，组织就可仔细研究潜在对手，以及对手的动机和能力。最后，组织需要判断特定威胁源是否有办法利用这些漏洞攻击组织的关键资产。

注意

第 9 章将详细讨论威胁建模。

1. 漏洞

人们创造的一切事物都存在某种程度的漏洞。组织的信息系统即使在最好的防御情况下，也充满了漏洞。浏览近期的新闻可看到，很多受到高度保护、机密性极高的国防承包商甚至政府系统已经受到入侵攻击。由此可知，这条普遍原则是真实的。为正确分析漏洞，需要回顾由信息、流程和人员组成的信息系统。这些人员虽然通常与计算机系统交互，但也并非总是如此。本书将在第 6 章中详细讨论计算机系统的漏洞，这里只简要讨论其他三个组件。

1) 信息(Information)

几乎在每种情况下，信息系统中的关键信息对于潜在对手而言都是最有价值的资产。计算机信息系统(Computer Information System，CIS)中的信息表述为数据(Data)。信息可存储(静止状态数据，Data at Rest)、可在系统组件之间传输(传输状态数据，Data in Motion)或由系统主动使用(处理状态数据，Data in Use)。在每类状态下，这些数据面临不同的漏洞，如下所述：

- **静止状态数据(Data at Rest，DAR)** 内部人员把这些数据拷贝到 U 盘，并提供给未授权人员，从而损害数据的机密性。
- **传输状态数据(Data in Transit，DIT)** 网络上的外部人员拦截和修改数据，然后继续传送该数据(称为中间人攻击，Man-in-the-middle 攻击或 MitM 攻击)，从而损害数据的完整性。
- **处理状态数据(Data in Use，DIU)** 恶意进程利用"检查时间/使用时间(Time-Of-Check to Time-Of-Use，TOC/TOU)"或"竞态条件"漏洞删除数据，从而损害数据的可用性。

2) 流程(Process)

大部分的组织实施标准化流程，确保其服务和产品的一致性和生产效率。然而，事实证明，破坏这些很容易。以集装箱航海运输为例。有人想从 A 地运送一些货物到 B 地，比如从巴西运送一集装箱香蕉到比利时。一旦输入目的地址并生成运输订单，运输信息就会从农场流向卡车货运公司，从出发地港口的海运公司流向目的地港口，再到另一家卡车货运公司，最后流向比利时 Antwerp 市的某家物流配送中心。大多数情况下，一旦在系统中输入地址，就不会再有人过多关注该地址。但如果攻击方注意到这一点并在货物出海时修改了地址，又将如何呢？攻击方可让货物出现在不同目的地，甚至控制到达时间。实际上贩毒集团和武器走私团伙已经使用了这种技术，用于将自己的"香蕉"运送到所需要的目的地。

这种攻击即为业务流程攻击(Business Process Compromise，BPC)，通常针对金融机构。攻击方篡改交易金额、存储账户或其他参数，以便将资金汇入自己的账户。由于业务流程作为计算机信息系统(Computer Information Systems，CIS)的一部分，总是基于软件具体实现。因此，可将业务流程漏洞看作一种特定的软件漏洞。作为安全专家，很有必要详细了解在软件系统中运行的业务流程，并要全面、综合地考虑安全问题。

3) 人员

人员是公认的安全链条中最薄弱的一环。无论是否同意这一点，考虑系统中人员导致的特定漏洞是很重要的。利用人员攻击组织的方法很多，但从大量的攻击案件来看，主要有以下三种攻击途径：

- **社交工程(Social Engineering)** 这是诱使无安全意识的人员违反安全流程或策略的攻击方式。通常涉及人际交往、电子邮件和短信。
- **社交网络(Social Network)** 社交网络的大规模使用为潜在攻击方提供了大量信息，这些信息可直接(例如，敲诈勒索)或者间接(例如，制作带有可点击的链接的电子邮件)用于攻击他人。
- **口令(Password)** 使用彩虹表，可在数毫秒内破解弱口令。而且弱口令很容易受到字典攻击(Dictionary Attack)或暴力破解攻击(Brute-force Attack)。即使是强口令，如果在不同站点和系统之间重复使用，也是很脆弱的。

2. 威胁

在识别组织及其系统固有的漏洞时，还应识别可能攻击组织的威胁源。国际标准化组织(International Organization for Standards)和国际电工委员会(International Electrotechnical Commission)在 ISO/IEC 27000 标准中将威胁定义为"可能对系统或组织造成损害的意外事故的潜在原因"。这听起来有些模糊，但重要的是该定义包括了所有可能性。当威胁是指一个人或一个团伙时，通常也使用术语威胁行为方(Threat Actor)或威胁载体(Threat Agent)。下面从最明显的开始：恶意人员。

1) 网络犯罪分子

网络犯罪分子(Cybercriminal)是个人和组织遇到的最常见的威胁行为方。大多数网络犯罪分子的动机是贪婪，但有些人只是喜欢搞破坏。网络犯罪分子的包括范围很广，从只对攻击技术有基本了解(但可访问其他人的脚本或工具)的所谓脚本小子(Script Kiddie)，到组织严密的网络犯罪团伙，团伙成员研发犯罪工具并有时将服务和工具出售或出租给他人。网络犯罪是多数国家犯罪活动增长最快的领域。

网络犯罪如此普遍的原因之一是，每个连接的设备都可成为攻击目标。攻击有些设备可立即带来金钱，例如，攻击个人智能手机或家用计算机，其中包含凭证、支付卡信息以及对金融机构的访问权限。攻击其他目标可带来更大收益，例如，工作地点的财务系统。攻击方也可能劫持本身不易带来经济利益的设备，并将其加入僵尸网络，用于传播恶意软件、发起分布式拒绝服务(Distributed Denial-of-service，DDoS)攻击，或充当攻击其他目标的中转基地。

2) 民族国家行为方

网络犯罪分子倾向于大范围攻击以实现利润最大化，而民族国家行为方(Nation-state Actors，或简称为国家行为方，State Actors)在选择目标对象方面十分谨慎。民族国家行为方使用高级功能入侵系统，并长期潜伏其中，以便可长时间收集情报(例如，敏感数据、知识产权等)。成功驻留系统后，国家行为方可能会使用预先准备的资源制造灾难性后果以响应世界级事件。尽管国家行为方的主要动机往往是从事间谍活动并获得对关键基础架构(Critical Infrastructure)的持续访问权，但其中一些与本国的网络犯罪集团保持着良好关系，主要是为了隐藏自己的真实身份。通过这种合作，国家行为方可使攻击另一个国家看起来像是犯罪而不是战争行为。

多位安全专家认为，国家行为方主要对政府组织、电厂等关键基础架构，以及任何具有高级研发能力的机构形成威胁。然而，在现实中，这些国家行为方实际上会以普通组织为目标，通常将这些普通组织用作进入最终目标的跳板。因此，即使一家对外国而言看似无足轻重的小公司，也可能会成为国家行为方的目标。

3) 激进黑客主义分子

激进黑客主义分子(Hacktivist)利用网络攻击影响政治形势或社会变革。该术语涵盖了一个多样化的生态系统，包括具有各种技能和能力的个人和团体。激进黑客主义分子会优先选择公众知名度非常高的目标，或者是一旦攻击曝光后就会声誉受损的政府实体，以便破坏公众对这些组织的信任。

4) 内部行为方

内部行为方(Internal Actor)是组织内的人员，如员工、前员工、承包商或业务伙伴，这些人员掌握关于组织安全实践、数据和计算机系统的内部信息。从广义上讲，有两种类型的内部威胁：疏忽大意和恶意。疏忽大意的内部人员是指未能实践适度关注(Due Care)的员工，会导致组织处于危险之中。有时，这些人会故意违反策略或无视工作程序，不过并非出于恶意。例如，员工可能无视要求访客始终有人陪同的策略，因为对方穿着电信公司的制服，并自称是在修复故障。该内部人员过于信任来访人员，导致组织处于危险之中，特别是当来访人员是冒名顶替时。

第二类内部威胁的特点是恶意。恶意的内部人员利用对组织的了解为自己谋取利益(例如，实施欺诈)或直接造成伤害(例如，删除敏感文件)。有一些恶意内部人员在表面上还是信誉良好的员工时就已经开始暗中计划犯罪活动，另外一些则是因为组织解雇自己而触发了恶意行为。知道(或怀疑)组织即将解雇自己时，员工可能会在组织撤销其访问权限之前尝试窃取敏感数据(例如，客户联系人或设计文档)。也有可能会发怒，进而植入恶意软件，或直接破坏资产以实施报复。这种内部威胁强调了"零信任(Zero Trust)"安全设计原则的必要性(在第 9 章中讨论)。这也是一个实践第 1 章中讨论的聘用终止流程的恰当理由。

虽然新闻中大量报道的都是内部人员如何蓄意破坏，但需要注意的是，内部人员的无心之失可能同样危险；如果这些内部人员恰好属于上一节描述的漏洞之一，这表现得尤其明显。

5) 自然灾难

最后，非人类威胁源可能与之前已经讨论过的威胁源一样重要。2005 年的卡特里娜飓风和 2011 年的日本东北大地震及海啸提醒人们，自然灾难可能比任何人为袭击更具破坏性。自然灾难还有效地帮助信息系统安全专家考虑超出常规的威胁。尽管在多数情况下，更可能发生的自然事件(例如，水管断裂或基础设施着火)解决起来也更容易，而且更便宜，但组织应该始终寻找机会利用安全对策，以便能以较小的成本差异同时防止轻微和极端事件的发生。

2.1.6　识别威胁和漏洞

前面曾给出"风险"的定义：威胁利用漏洞对资产造成损害的可能性以及由此带来的业务影响。多种类型的威胁行为方可利用多种类型的漏洞，导致各种特定的威胁，如表 2-1 所示。表中仅列举了多数组织在其风险管理计划中常用于处理风险的实例。

表 2-1　威胁和漏洞之间的关系

威胁行为方	可以利用漏洞	导致的后果
网络犯罪分子	缺少防恶意软件工具	勒索软件加密数据
民族国家行为方	特权账户的口令重用	对机密信息的未授权访问
疏忽大意的用户	操作系统中配置错误的参数	因为系统故障而丧失可用性
火灾	缺少灭火器材	基础设施和计算机受到破坏，可能付出生命代价
恶意的内部人员	糟糕的聘用终止程序	删除关键业务信息
激进黑客主义分子	质量不佳的 Web 应用程序	网站破坏
窃贼	缺少警卫	破窗而入，盗窃计算机和设备

其他类型的威胁可能出现在表 2-1 中未列出的更难识别的环境中。这些威胁都与应用程序和用户错误有关。如果某个业务应用程序使用若干复杂公式计算运营收入，那么在这些公式不准确或应用程序没有正确输入数据的情况下，将很难发现和隔离威胁。由于无效结果还会传递到另一个进程，可能导致异常逻辑处理(Illogical Processing)和级联错误(Cascading Error)。这类问题存在于应用程序的代码中，如果没有安全专家的帮助，将很难识别和处置。

无论是蓄意的还是疏忽导致的用户错误，都比较容易通过持续监测和审计用户活动来识别。组织应定期执行审计和审查活动，发现员工的非法行为，如在应用程序中输入了错误数值、滥用技术以及篡改数据等。

信息系统风险管理(Information Systems Risk Management，ISRM)团队一旦识别了漏洞与相关的威胁，就应调查利用这些漏洞的后果。风险具有损失可能性(Loss Potential)，这意味着如果威胁载体确实利用了漏洞，组织就可能损失资产或收益。这种损失可能是数据损坏、系统和/或基础设施破坏、机密信息的未经授权披露，以及员工生产效率降低等。在实行风险评估时，评估团队还应在评估可能发生的损害时考虑延迟损失(Delayed Loss)。延迟损失是发生在利用漏洞后的次生灾害。延迟损失可能包括组织的信誉受损、市场份额减少，应计的逾期罚款、民事诉讼、暂缓从客户手中回笼资金以及复原其他受损系统所需的资源等。

例如，如果某组织的 Web 服务器受到攻击并离线，那么直接损害(潜在损失)可能是数据损坏、服务器恢复联机所需的人工成本以及任何代码或组件替换。如果该组织通常通过网站接受订单和付款，那么组织的业务收入就会减少。如果需要一整天的时间来修复 Web 服务器使其重新上线，组织可能损失更多销售额和利润。而如果这个过程需要整整一周的时间，组织可能因为失去过多销售和利润而无法支付其他账单和费用。这就是一个延迟损失。如果组织的客户因为这样的意外而对组织失去信心，那么组织可能失去几个月或几年的业务。这是一个更极端的延迟损失案例。

这类问题导致正确量化特定威胁可能造成的损失的流程变得更复杂。但应考虑这些问题，以确保分析能反映真实状况。

2.2 评估风险

风险评估(Risk Assessment)是一种常用的风险管理工具和方法，能识别漏洞和威胁，评估可能的影响，从而确定如何实现安全控制措施。实施风险评估后，将分析结果。风险分析(Risk Analysis)通过详细检查风险组成部分，确保安全防护措施是合算的、相关的、及时的并能响应特定威胁。组织很容易部署过多的安全控制措施，而不是恰好足够的控制措施；或者很容易使用错误的安全控制措施，并在此流程中耗费过多资金却未达到目标。风险分析可帮助企业对风险实施优先级排序，并以合理方式向管理层展示用于防范这些风险的资源数量。

 考试提示

对于不同的人而言，术语"风险评估(Risk Assessment)"和"风险分析(Risk Analysis)"可能意味着相同的事情，也可能是一个应遵循另一个，或一个是另一个的一部分。这里，将风险评估视为更广义的工作，并基于需求通过具体风险分析任务来加强。这是在 CISSP 考试中需要考虑的问题。

风险分析有下列四项主要目标：

- 识别资产及其对组织的价值。
- 确定威胁利用漏洞的可能性。
- 确定这些潜在威胁的业务影响(Business Impact)。
- 在威胁的影响和安全对策的成本之间达到经济平衡。

风险分析提供了成本/收益比较(Cost/Benefit Comparison)，比较安全控制措施的年化成本与潜在损失成本。大多数情况下，如果控制本身的年化成本超过损失的年化成本，就不应该实施控制措施。这意味着，如果一项基础设施价值 10 万美元，那么花费 15 万美元试图保护该设施并没有意义。

在投入工作前，弄清楚"应该做什么"很重要。有过"在没有正确定义项目范围之前，就开始匆忙工作"经历的人都能证实这种说法的正确性。开始评估前，安全团队应确定项目规模，了解应该评价哪些资产和威胁。大多数评估集中在物理安全、技术安全和人员安全方面。试图同时评估所有这些项目可能是一项相当艰巨的任务。

风险评估团队的任务之一是创建一份详细描述资产估值的报告。高级管理层应审查然后接受资产估值清单，并据此确定风险管理项目的范围。如果高级管理层在风险评估的早期阶段就确定某些资产不重要，风险评估团队就不必花费额外的时间或资源评价这些资产。在与高级管理层的讨论中，每个参与者都应明确认识信息安全 CIA 三元组(可用性、完整性和机密性)的价值，并了解 CIA 三元组如何直接与业务需求关联。

高级管理层应简要说明项目评估范围。评估范围很可能由组织的监管合规要求和预算限制决定。如果在开始阶段没有认真评估项目的规模，那么随后项目就会因为缺乏资金而停止。在实际生产环境中，千万要避免发生类似的事情。

风险评估有助于将安全计划的目标与组织的业务目标和需求集成。业务和安全目标一致性程度越高，两者共同成功的概率越大。风险评估还有助于组织为安全计划及其组成部分制订合理的预算，一旦组织知道其资产的价值和可能面临的威胁，就可更明智地决定要耗费多少资源保护这些重要资产。

成功的风险评估应得到高级管理层的支持和指导。管理层应明确工作目的和范围，指定一个团队实施评估，并分配必要的时间和资金完成风险评估工作。高级管理层应审查风险评估结果，并基于评估结果采取行动。毕竟，完成风险评估的所有繁杂工作，却没有基于风险评估发现的问题采取相应行动，那又有什么意义呢？然而，这种情况的确经常发生。

2.2.1　资产评估

为理解可能的损失，以及在预防这些损失方面可能需要投入多少资金，有必要了解可能受到威胁影响的资产的价值。信息的价值取决于各个方面：创建信息需要完成哪些工作？维护信息需要多少成本？如果信息遭遇丢失或破坏会造成什么损失？竞争对手会为此付出什么代价？可承受什么责任惩罚？如果一个组织不知道正在试图保护的信息和其他资产的价值，就无法知晓应该耗费多少资金和时间保护这些信息资产。如果组织的秘密配方的估值是 x，那么保护该配方的总体成本应该是某个小于 x 的值。了解信息的价值可帮助组织在管理风险时开展定量的成本/收益比较。

上述逻辑不仅适用于评估信息(Information)的价值并对其开展保护，也适用于评估组织的其他资产(例如，基础设施、系统，甚至是品牌等无形资产)的价值并对其开展保护。组织基础设施的价值应与所有打印机、工作站、服务器、外围设备、耗材和员工共同评估。如果事先不了解拥有什么资产及其价值，就不会知道有多少资产可能面临损失或破坏的危险。

资产的实际价值取决于该资产对整个组织的重要性。资产的价值应反映资产实际受损时可能产生的所有可确认成本。如果一台服务器的购买成本为 4000 美元，那么这个值不应该作为风险评估中的资产值输入。相反，如果服务器因某种原因而发生故障，则应考虑替换或修复的成本、生产效率的损失以及任何可能损坏或丢失的数据的价值，以便正确地获得组织真正遭受的损失金额。

为资产赋值时，应考虑以下问题：

- 获取或创建资产的成本
- 维护和保护资产的成本
- 资产对所有方和用户的价值
- 资产对竞争对手的价值
- 其他人愿意为该资产支付的价格

- 如果资产丢失，替换该资产的成本
- 在资产不可用的情况下，业务运营和生产能力的损失
- 资产受损时的责任问题
- 资产在组织中的作用和角色
- 资产损失对组织品牌或声誉的影响

了解资产的价值是理解应该建立什么样的安全机制以及应该花费多少资金保护资产的第一步。一个非常重要的问题是：如果不保护这些信息或数据资产，组织可能付出多大代价？

确定资产的价值可能有助于完成组织的各项工作，其中包括：

- 执行有效的成本/效益分析
- 选择具体的安全对策和保护措施
- 确定要购买的保险等级
- 了解资产正面临什么风险
- 遵守法律法规要求

资产可以是有形的(例如，计算机、基础设施和耗材等)或无形的(例如，信誉、数据和知识产权等)。无形资产的价值通常很难量化，这些价值可能会随着时间的推移而变化。应该如何用金钱衡量一个组织的信誉呢？这个问题很难回答，但能做到这一点很重要。

2.2.2 风险评估团队

每个组织都有各种不同的部门，每个部门都有自己的职能、资源、任务和特点。为了实现最有效的风险评估，组织应建立一个风险评估团队，其中包括来自大多数部门或所有部门的人员，以确保识别和处理所有威胁。团队成员可能是部分管理人员、应用程序研发人员、IT 人员、系统集成商和运营经理，实际上是来自组织关键领域的任何关键人员。这种人员的混合组成非常有必要，这是因为，如果风险评估团队中只有来自 IT 部门的人员，这些人员可能无法理解会计部门遇到的有关数据完整性的威胁类型，或者会计部门的数据文件在一次意外或蓄意事件中丢失对于整个组织将意味着什么[1]。

提出正确问题

审视风险时，应当始终记住几个问题。这些问题有助于防止风险评估团队和高级管理层偏离工作重心。团队成员应提出如下问题：

- 可能发生什么事件(威胁事件)？
- 潜在影响(风险)是什么？
- 这种情况多久发生一次(频率)？
- 对于前三个问题的答案，组织有多大信心(确定性)？

大量信息是通过内部调查、访谈或研讨会收集的。带着这些问题查看威胁有助于团队专注于手头的任务，并帮助做出准确性和关联性更高的决策。

---

[1] 译者注：数据的可用性保护是考试的重点内容，请参考其他书籍。

在另一个示例中，IT 人员可能更难以理解，如果发生了自然灾害，那么仓库工作人员将遇到怎样的风险，这类自然灾害将对组织的生产效率和整个组织的业务造成什么影响。如果风险评估团队不能包括来自各个部门的成员，那么评估团队至少应确保与每个部门的人员面谈，从而充分理解和量化所有威胁。

风险评估团队还应包括熟悉各部门工作流程的人员，也就是每个部门的中级人员。这是一项困难的任务，因为经理们倾向于将所有类型的风险评估任务都委派给部门内级别较低的人员。然而，这些较低级别工作人员可能对风险评估团队需要处理的流程缺乏必要的知识和理解。

2.2.3　风险评估方法论

对于实施风险评估，安全行业内有不同的标准化方法论。无论哪种方法论都有类似的基本核心组件(识别漏洞、关联威胁以及计算风险值)，但每种方法论各有侧重点。安全专家的职责之一就是基于组织业务运营的需求，为组织选择适用的风险评估方法论。记住，这些方法论有很多彼此重叠的共同点，因为几乎每个方法论的具体目标都是识别可能损害组织的要素(漏洞和威胁)并解决这些问题(控制风险)。这些方法的差异在于各自独特的方法和侧重点。

如果要在全组织范围之内部署风险管理计划并集成到安全计划中，应该遵循 OCTAVE (Operationally Critical Threat, Asset and Vulnerability Evaluation，运营关键威胁、资产和漏洞评价)方法。如果需要在评估过程中重点关注 IT 安全风险，则可参照 NIST SP 800-30。如果预算有限，且需要重点评估一个单独的系统或流程，则可参考 FRAP (Facilitated Risk Analysis Process，简化风险分析流程)方法。若要深入了解某个具体系统内的安全缺陷是如何造成衍生效应的，则可使用 FMEA (Failure Modes and Effect Analysis，故障模式与影响分析)方法或故障树分析方法。

1. NIST SP 800-30

NIST SP 800-30 r1 名为 Guide for Conducting Risk Assessments，专门讲述信息系统威胁，及其如何与信息安全风险关联。该指南列出以下步骤：

(1) 准备评估。

(2) 执行评估：

a. 确定威胁源和事件。

b. 识别漏洞和诱发条件。

c. 确定发生的可能性。

d. 确定影响的大小。

e. 确定风险。

(3) 沟通结果。

(4) 维护评估。

NIST 的风险管理方法主要关注计算机系统和 IT 安全问题。该方法未明确涵盖更大的组织威胁类型，例如，接班人计划(Succession Planning)、环境问题或安全风险如何与业务风险相关联等。NIST 风险管理方法论是一种只关注企业运营层面而非较高战略层面的方法。

2. FRAP

第二种风险评估方法称为 FRAP(Facilitated Risk Analysis Process，简化风险分析流程)。这种定性(Qualitative)评估方法的关键在于只关注真正需要评估的系统，以减少成本和时间费用。这种方法强调预先筛选活动，从而只对最需要的项目实施风险评估。FRAP 旨在一次分析一个系统、应用程序或业务流程。收集数据，并基于业务运营的关键性(Criticality)对威胁排序，确定优先级。风险评估团队记录为降低可识别风险需要采取的安全控制措施，制订为实现控制措施而需要采取的行动计划。

FRAP 方法论不支持计算风险利用概率和年化损失期望的想法。团队成员的主观经验决定了风险的重要性。FRAP 方法论的缔造者 Thomas Peltier 认为，试图用数学公式计算风险过于耗时费力。FRAP 的目标是把评估控制在小范围之内，精简评估流程、提高效率以及降低成本。

3. OCTAVE

OCTAVE(Operationally Critical Threat、Asset and Vulnerability Evaluation，运营关键威胁、资产和漏洞评价)方法论由卡内基·梅隆大学的软件工程研究所(Software Engineering Institute，SIE)创建。OCTAVE 是一种用于管理和指导组织内部信息安全风险评价的方法。OCTAVE 赋予组织内的工作人员足够的权限，使其能就评价组织安全性的最佳方法作出决策。这种方法源于一个理念，即在具体环境中工作的人员才最理解组织的需求及面临的风险。组成风险评估团队的成员要经过几轮研讨会。组织方帮助团队成员理解风险管理方法，以及业务运营部门识别漏洞和威胁的方法。OCTAVE 强调自我导向的团队方法。

与 FRAP 更专注的方式相比，OCTAVE 评估的范围通常非常广泛。FRAP 只用于评估系统或应用程序，而 OCTAVE 可用于评估组织内的所有系统、应用程序和业务流程。

OCTAVE 方法包括以下 8 个流程(或步骤):
(1) 识别企业知识。
(2) 识别运营领域知识。
(3) 识别员工知识。
(4) 建立安全要求。
(5) 将高优先级信息资产映射到信息基础架构。
(6) 执行基础架构漏洞评价。
(7) 执行多维风险分析
(8) 制定保护战略。

4. FMEA

FMEA (Failure Modes and Effect Analysis，故障模式与影响分析)是一种通过结构化流程确定功能、识别功能失效、评估失效原因及其失效影响的方法，通常用于产品研发和运营环境中。FMEA 的目标是识别出最容易出故障的环节，并修复可能导致这个问题的缺陷(Flaw)，或实施控制措施降低问题的影响。例如，可在组织的网络上执行 FMEA 识别单点故障。这些单点故障(Single Points of Failure)代表了可能直接影响整个网络生产效率的漏洞。可使用结构化方法识别这些问题(漏洞)，评估这些问题的危害性(风险)，并标识应该实施的必要控制措施(降低风险)。

FMEA 方法论使用失效模式(资产出故障或失效)和影响分析(故障或失效所带来的影响)。为慢性故障实现此流程，可确定最可能发生失效的确切位置。失效模式和影响分析既能洞察未来并确定潜在的失效领域，也能发现漏洞，并在漏洞转变为真正的故障之前采取纠正措施。

按照下面的特定步骤，可获得失效模式和影响分析的最佳结果：

(1) 绘制一幅系统或控制措施的组件图(Block Diagram)。

(2) 设想一下，如果图中的每一个组件失效，将出现什么情况。

(3) 绘制一张表，将失效的影响和影响评价对应起来。

(4) 修改系统设计，调整该表，直到系统中不再存在无法接受的问题。

(5) 请几位工程师评审 FMEA。

表 2-2 举例说明了如何执行和记录 FMEA。虽然大多数组织没有足够的资源为每个系统和控制项执行如此细致的分析任务，但组织应当对可能给业务运营造成重大影响的关键功能和系统开展分析活动。

FMEA 最初是为系统工程设计的。目的是检查产品中潜在的失效以及涉及这些失效的流程。实践证明这种方法是成功的，最近已用于评价风险管理优先级和缓解已知的威胁漏洞。

表 2-2　如何执行和记录 FMEA

编制人：

批准人：

日期：

版本：

条目标识	功能	失效模式	失效原因	失效的影响...			失效检测方法
				部件或功能组件	下一级组合	系统	
应用程序内容过滤器	联机边界保护	无法关闭	流量超载	单点故障导致拒绝服务	IPS 阻塞输入的流量	IPS 中断	将运行状况检查状态发送到控制台，并向安全管理员发送电子邮件
中央防病毒软件特征库更新引擎	将已更新的特征库传送到所有服务器和工作站	无法提供充分、及时的恶意软件保护	中央服务器停止运行	单个节点的防病毒软件没有更新	恶意软件感染网络	可能感染中央服务器或其他系统	将心跳信号状态检查结果发送至中央控制台和网络管理员
消防水管	在 5 区 1 楼灭火	无法关闭	管道中的水冻结	无	1 楼没有可用的灭火器	消防系统管道破裂	火灾传感器直接连接到消防系统中央控制台

......

FMEA 之所以用于风险管理，是因为随着企业对风险理解的不断深入，其细节、变量要素和复杂性都在快速增加。随着企业的风险意识(细化到战术和运营层面)不断增强，这种识别潜在隐患(Pitfall)的系统化方法正在发挥着越来越大的作用。

5. 故障树分析

尽管失效模式和影响分析作为一种调查方法在识别某个特定系统的主要失效模式时非常有用，但在查找涉及多个系统或子系统的复杂失效模式时就不那么适用了。在识别更复杂环境和系统中可能发生的故障时，故障树分析(Fault Tree Analysis)通常是一种更有效的方法论。首先，以一种不希望产生的影响(或后果)作为逻辑树的根部或顶层事件；然后将可能造成这种影响的每种情形作为一系列逻辑表达式添加到树中；最后使用与故障可能性有关的具体数字标记故障树。通常使用计算机应用程序就能计算出某个故障树发生故障的可能性。

图 2-3 显示了一个简单的故障树，以及用于表示特定故障事件发生时必然出现的情况的不同逻辑符号。

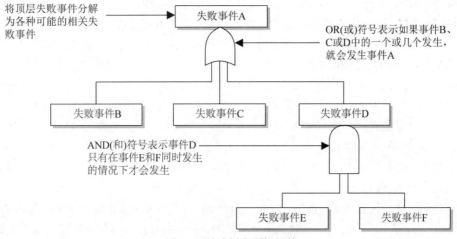

图 2-3　故障树和逻辑组件

在绘制故障树时，应准确列出系统中可能发生的所有威胁或错误。故障树分支可分成不同的通用类别，如物理威胁、网络威胁、软件威胁、Internet 威胁和组件故障威胁。确定所有可能的威胁类别后，即可予以整理，并从故障树移除不适用于该系统的分支。一般而言，如果系统未以任何方式连接到 Internet，就可从故障树上删除代表 Internet 威胁的分支。

下面列出一些最常见的软件故障事件，可通过故障树分析方法予以研究：

- 错误警报
- 不充分的错误处理
- 排序或顺序
- 不正确的时序输出
- 有效但非预期的输出

当然，由于软件的复杂性和异构环境，上面只列出一小部分软件故障事件。

考试提示

风险评估用于收集数据。风险分析研究收集的数据以确定应该采取什么行动。

2.2.4　风险分析方法

至此，组织已完成了以下几项工作：

- 制定风险管理策略
- 组建风险管理团队
- 确定需要评估的组织资产
- 计算每项资产的价值
- 识别可能影响已确定资产的漏洞和威胁
- 选择最适合需求的风险评估方法

接下来需要基于组织的实际情况，确认风险分析应该使用定量(Quantitative)还是定性(Qualitative)的方法。定量风险分析会给风险分析流程中的所有要素分配货币价值和数值。量化分析中的每个元素(资产价值、威胁频率、漏洞严重程度、损害影响、保护措施成本、保护措施有效性、不确定性和可能性)，并输入公式，然后计算出总体风险和残余风险(Residual Risk)。与定性方法相比，定量方法更像是一种风险分析的科学或数学方法。定性风险分析对风险分析的数据元素使用更柔和的处理方法。定性方法不量化数据，不给数据赋值，因此无法在公式中计算。例如，对一个组织开展定量风险分析后可能得到这样的结果：如果 Web 服务器上的缓冲区溢出漏洞遭到利用，损失 10 万美元；如果数据库遭到破坏，损失 2.5 万美元；如果文件服务器遭到破坏，损失 1 万美元。定性风险分析不会以货币价值的形式衡量结果，而会对这些风险评级(Rating)，例如，以红色、黄色和绿色表示。

定量分析计算风险，试图预测金钱损失的程度以及每种威胁发生的可能性。相反，定性分析不使用计算，更多地以主观观点结合场景为基础，并使用评级体系确定风险的关键性水平。

定量方法和定性方法各有优缺点，每种方法都有各自适用的特定场景。组织管理层、风险分析团队及决定使用的工具，将共同确定哪种分析方法是最适合的。

下面将深入探讨定量分析方法，回顾定性方法，并在最后对比两者的差异。

1. 自动风险分析方法

如果手工收集风险分析公式中需要的所有数据，并正确解释结果，工作量将大得惊人。市场上有一些自动化风险分析工具可简化这项工作，并可提高数据准确性。收集到的数据可重用，大大减少了执行后续分析所需的时间。风险分析团队还可打印报告和综合图表，提交给管理层。

考试提示

漏洞评估不同于风险评估。漏洞评估只是发现漏洞。风险评估是计算威胁利用漏洞的可能性以及产生的相关业务影响。

自动风险分析工具旨在减少风险分析任务的手工工作量，快速完成复杂的计算任务，估计未来的预期损失，并确定所选安全对策的有效性和效益。大多数自动风险分析工具都将信息存入数据库中，并运行具有不同参数的几种场景，以便全面了解出现不同威胁时的不同结果。例如，在某种自动风险分析工具中输入所有必要的信息后，可用不同参数重新运行几次，计算如果发生火灾的潜在后果；如果病毒破坏了主文件服务器上40%的数据，可能造成多少损失；如果攻击方窃取三个数据库中的所有客户信用卡信息，组织将损失多少等。通过使用各种不同的风险可能性运行这种工具，组织可更详细地了解哪些风险比其他风险更重要，从而确定应该优先处理哪些风险。

2. 定量风险分析的步骤

如果选用定量分析方法，那么需要使用数学公式诠释这些数据。最常用的公式是单次预期损失(Single Loss Expectancy，SLE)和年度预期损失(Annualized Loss Expectancy，ALE)。SLE 是为某个单次事件赋予的货币价值，表示特定威胁发生时组织潜在损失的金额，公式如下：

$$资产价值×暴露因子(EF)=SLE$$

暴露因子(Exposure Factor，EF)表示发生的威胁可能对某一资产造成损失的百分比。例如，假设某个仓库的资产价值为15万美元，如果发生火灾，预计该仓库的25%将受到损坏，那么这种情况下，SLE 将为3.75万美元：

$$资产价值(15万美元)×EF(25\%)=3.75万美元$$

结果表明，如果该组织发生火灾，可能损失3.75万美元。因为一般按年度制定和使用安全预算，所以需要知道每年的潜在损失是多少。这就是 ALE 公式的作用：

$$SLE×年度发生率(ARO)=ALE$$

年度发生率(Annualized Rate of Occurrence，ARO)表示在12个月内发生特定威胁的估计频率。ARO 取值范围从0.0(从不发生)到1.0(一年一次)，乃至大于1(一年几次)，或介于几者之间。例如，如果仓库发生火灾并造成损坏的概率是每10年一次，那么 ARO 的取值是0.1。

因此，如果组织的仓库设施发生火灾可能造成3.75万美元的损失，发生火灾的频率，即ARO 取值为0.1(表示10年发生一次)，那么 ALE 值就是3750美元(37 500×0.1=3750)。

ALE 值用于告知组织，若想控制资产(仓库)免受这种威胁(火灾)，每年就应当花费3750美元或更少的费用提供必要的安全保护水平。掌握某项威胁的实际发生可能性以及威胁可能造成的损失金额非常重要，这样组织一开始就可知道需要多少资金保护资产免受特定威胁。如果组织每年花费超过3750美元保护自身免受这项威胁，就没有什么商业价值了。

显然，这只是一个非常简单的示例，只关注了结构损失。在实际中，还应该将其他相关影响考虑在内，例如，因中断导致的收入损失，因违反当地消防法规而引发火灾的潜在罚款，以及员工受伤需要的医疗护理费用。需要考虑的因素非常多，其中一些对很多人并非显而易见。这就是需要一个多元化的风险评估团队的原因，可考虑一个简单事件可能产生的各种影响。

不确定性

在风险分析中，不确定性指的是对评估缺乏信心的程度。不确定性使用百分比表示，从 0 到 100%。如果对某事物有 30% 的信心，那么可以说不确定性的程度为 70%。在执行风险分析时，了解不确定性的程度是很重要的，因为不确定性的程度表明了团队和管理层对分析结果数据的信心程度。

拥有所有这些数值后，接下来应当如何处理呢？参照表 2-3 中的示例，该表展示了定量风险分析的结果。有了这些数据，组织就可基于威胁的严重程度、发生的可能性以及威胁发生时可能造成的损失做出明智决策，从而确定应当优先处理哪些威胁。此时，组织也将了解要防范每种威胁应当各投入多少资金。因此，组织能做出正确的商业决定，而不是为了安全四处花钱，却未清楚了解全部情况。如果该组织因勒索软件事故面临的风险是 28 300 美元，就有理由投入不超过此金额的资金预防勒索软件，例如，离线文件备份、针对网络钓鱼的安全意识宣贯培训、恶意软件检测和预防，或者购买保险。

表 2-3　如何使用 SLE 和 ALE 执行风险分析

资产	威胁	单次预期损失(SLE)	年度发生率(ARO)	年度预期损失(ALE)
基础设施	火灾	230 000 美元	0.1	23 000 美元
商业秘密	盗窃	40 000 美元	0.01	400 美元
文件服务器	故障	11 500 美元	0.1	1150 美元
业务数据	病毒	283 000 美元	0.1	28 300 美元
客户信用卡信息	盗窃	300 000 美元	3.0	900 000 美元

执行定量分析时，会有人误认为这个流程是纯粹客观和科学的，因为数据以数值形式呈现。然而，单纯的定量分析很难实现，这是因为，在数据方面仍存在一定的主观性。组织如何知道每十年才会发生一次火灾？组织又如何知道每次火灾造成的损失一定是资产价值的25%？组织并不能完全确定这些数值，但这些取值也非凭空捏造，而是基于历史数据和行业经验推测得出。在定量风险分析中，组织需要尽力提供所有准确的信息，这样才能尽可能得出较精准的风险值。然而，未来无法预测，谁也不知道在未来组织究竟会付出什么代价。

3. 定量风险分析的结果

风险分析团队应该有明确定义的目标。下面简要列出几项通常期望从风险分析中得到的结果：

- 赋予资产的货币价值。
- 所有重大威胁的完整列表。
- 每种威胁可能发生的概率。
- 每 12 个月内组织在每种威胁下能承受的潜在损失。
- 建议的安全控制措施。

这个清单看似简短，但每个项目下通常都有数量众多的子项目。最终，该报告将提交给高级管理层，高级管理层将关注可能发生的经济损失和缓解这些风险的必要成本。虽然报告应该尽可能详细，不过最好还是列出执行摘要，以便高级管理层能迅速理解风险分析的总体结果。

2.2.5 定性风险分析

风险分析的另一种方法是定性风险分析，这种方法不会为各项组件和预期损失赋予数值和货币价值。定性方法对风险可能性的不同情景展开分析，并基于不同的意见对威胁的严重程度和可能采取的不同安全对策的有效性排序(Rank)。需要注意，一次全面的分析工作可包括数百种场景。定性分析技术包括判断、最佳实践、直觉和经验。收集数据的定性分析技术示例有 Delphi、头脑风暴、情节串联、焦点小组、调查、问卷、检查清单、一对一会谈和访谈。风险分析团队需要为评估得出的威胁确定最佳安全技术手段，并在风险分析中考虑组织和员工的文化环境因素。

风险分析执行团队首先召集那些在威胁评价方面受过培训、富有经验的人员。当这个团队面对一个威胁和潜在损失的场景时，每名成员都凭直觉和经验对威胁的可能性和可能造成的损害程度做出主观判断。这个团队探讨每个已识别的漏洞，以及如何利用这些漏洞的场景。团队中最熟悉这类威胁的"专家"应该审查相应场景，以保证反映了威胁实际发生时的情况。然后，评价能减少这种威胁所造成的损失的保护措施，并确保每种保护措施都能在相应场景中发挥作用。暴露可能性和损失可能性可按 1~5 或 1~10 的范围分为高、中、低三个等级。

常见的定性风险矩阵如图 2-4 所示。首先，选定人员对威胁发生的可能性、损失的可能性和每项保护措施的优势排序，然后，这些信息将汇编成一份报告，提交给管理层，更有效地帮助管理层决定如何在环境中实施最佳保护措施。执行此类分析的好处是，团队成员之间应充分沟通，以便对风险合理排序，评价(Evaluate)保护措施的各项优点并识别弱点，从而确保最了解这些领域的专业人员可向管理层提供意见和建议。

可能性	后果				
	微不足道	很小	中等	很大	严重
几乎一定	中	高	高	极高	极高
很有可能	中	中	高	高	极高
有可能	低	中	中	高	极高
不太可能	低	中	中	中	高
几乎不可能	低	低	中	中	高

图 2-4　定性风险矩阵：可能性与后果(影响)

Delphi 技术

　　Delphi 技术是一种集体决策方法，可保证每位成员都将自己对某个特定威胁所带来后果的真实想法表达出来。Delphi 方法可避免团队成员不得已迎合别人的想法，帮助所有人以独立、匿名的方式表达意见。团队中的每个成员都提供了自己对某个威胁的意见，并提交给执行分析的团队。结果汇总后，分发给团队成员，之后，成员匿名写下自己的评论，再返回给分析团队。这些意见经过再次汇总和重新分发，以获得更多意见，直至达成一致意见为止。这种方法用于在不需要成员口头同意的情况下，在成本、损失值和发生可能性等问题上达成一致。

　　下面列举一个定性风险分析的简单示例。

　　风险分析团队演示了一个场景，用于阐述攻击方访问组织内部五台文件服务器上的机密信息的威胁。风险分析团队随后将该场景以书面形式分发给一个五人(例如，IT 经理、数据库管理员、应用程序编程人员、系统操作员和运营部经理)组成的小组。这个五人小组会对威胁的严重程度、潜在损失和每种保护措施的有效性等采取 1~5 分的评分，其中 1 代表最不严重、最无效或最不可能。表 2-4 给出了评分结果。

表 2-4　定性风险分析示例

威胁=攻击方访问机密信息	威胁的严重程度	威胁发生的可能性	给组织造成的潜在损失	防火墙的有效性	入侵检测系统的有效性	蜜罐系统的有效性
IT 经理	4	2	4	4	3	2
数据库管理员	4	4	4	3	4	1
应用程序编程人员	2	4	3	4	2	1
系统操作员	3	4	3	4	2	1
运营部经理	5	4	4	4	4	2
结果	3.6	3.4	3.6	3.8	3	1.4

这些数据编入报告后提交给管理层。当管理层看到这些信息时，会发现员工(或安全团队)认为采购防火墙比部署入侵检测系统(Intrusion Detection System，IDS)或建立蜜罐系统更能有效地保护组织资产免受威胁影响。

这只是考察一个特定威胁的结果，而管理层将查看每个威胁的严重程度、可能性和潜在损失等，从而分析哪个威胁可能造成的风险最大，应该优先处理。

定量与定性的对比

每种方法都有其优点和缺点，为便于直观对比，表 2-5 列出其中一些优点和缺点。

表 2-5　定量与定性特征对比

特征	定量分析	定性分析
不需要计算		X
需要更复杂的计算	X	
涉及大量猜想工作		X
提供风险的一般领域和指标		X
更易于自动化和评价	X	
用于风险管理绩效跟踪	X	
提供成本/收益分析	X	
使用独立可验证的和客观的衡量标准	X	
提供最了解流程的员工的意见		X
指明在一年之内可能招致的明确损失	X	

风险分析团队、管理层、风险分析工具以及组织文化(Culture)共同决定应该使用定量还是定性的方法。这两种方法的目标都是评估组织的真实风险，并对威胁的严重程度排序，在实际预算范围之内实施正确的安全对策。

表 2-5 列出定量和定性方法的积极方面。然而，选择一种合适的方法并不容易，在决定使用定量还是定性方法时，可能还需要考虑以下几点。

定量方法的缺点：

- 计算过程可能相当复杂，且管理层很难理解这些数值是如何产生的。
- 如果没有自动化工具，将很难实现计算过程。
- 需要更多的前期工作来收集系统环境的相关详细信息。
- 没有现成可用的统一标准。每家供应商解释其评估流程和结果的方式各不相同。

定性方法的缺点：

- 评估方法和结果是主观的和基于个人观点的。
- 放弃为成本/效益分析建立货币价值的机会。
- 因为没有使用货币价值，很难基于结果制定安全预算。
- 没有现成可用的统一标准。每家供应商解释其评估流程和结果的方式各不相同。

注意

纯粹的定量评估几乎是不可能的，而纯粹的定性分析流程又不能满足财务决策所需的足够统计数据；因此，可考虑将两种方法结合使用。有形资产(货币价值)可用定量方法评价，无形资产(优先级数值)可用定性方法评估。

2.3　应对风险

当组织知道所面临的总体风险和残余风险后，就应决定如何处理这些风险。处置风险(Handle Risk)时可采用四种基本方式：转移风险(Transfer Risk)、规避风险(Avoid Risk)、缓解或降低风险(Mitigate or Reduce Risk)或接受风险(Accept Risk)。

组织可通过购买多种类型的保险产品保护资产。如果组织认为总体风险太高而不能冒险，则可选择购买保险，将风险转移给保险组织。

如果组织决定终止引入风险的活动，这称为规避风险。例如，如果一家公司允许员工使用即时通信(Instant Messaging，IM)，围绕这项技术可能存在多种风险。这时，如果没有足够强烈的业务需求要求员工必须继续使用即时通信，公司有很大概率禁止员工使用任何即时通信工具。停止即时通信服务就是一个风险规避的示例。

另一种方法是缓解风险，将风险降至业务运营可接受的水平，以便继续开展业务。部署防火墙、开展信息安全意识宣贯培训、启用入侵检测系统/入侵防御系统以及实施其他类型的控制措施都是风险缓解的典型示例。

最后一种方法是接受风险，这意味着组织充分了解所面临的风险水平，以及潜在的损害成本，并决定与之共存，不采取相应的安全对策。当成本/效益比表明安全对策的成本大于潜在损失价值时，多数组织会选择接受风险。

选择接受风险需要考虑的一个关键问题是，组织要充分理解特定情况下接受风险是最佳方法的原因。令人遗憾的是，今天组织中的多数人员都在盲目接受风险，却不完全理解接受了什么。这通常与安全领域的风险管理不为人所熟知，以及做出风险决策的人员缺乏安全教育和经验有关。业务经理在处理部门的安全风险时，通常会接受摆在面前的任何风险，因为业务运营经理真正的目标是完成项目并赚取利润，并不想因为这些"愚蠢"且"令人恼火"的安全问题而困扰。

接受风险应基于若干个因素而决定。例如，潜在损失是否低于安全对策的成本？组织能否应对接受这种风险所带来的"痛苦"？第二个考虑因素不仅是成本决策，还可能涉及与决策相关的非成本问题。例如，如果接受这个风险，就应在生产流程中再增加三个步骤。这是否有意义？或者，如果接受这种风险，可能导致更多安全事故，组织是否已准备好处理这些事故？

接受风险的个人或团体还应了解该安全决策的潜在影响。假设一家公司基于法律条款决定不再保护其客户姓名数据，但应保护其他数据，如社会保险号、账号等。因此，尽管目前的这些做法符合法律法规的监管要求，但如果客户发现该公司没有妥善保护其姓名数据，且客户又因为缺乏相关的安全教育而遭遇了身份欺诈，该怎么处理？该公司可能无法应对这一潜在的声誉打击，即使该公司正在做应该做的一切。公司客户群体的认知并非总是基于事实，有些客户可能将业务转移到另一家公司，公司应理解这个潜在事实。

图 2-5 说明了如何建立风险管理计划，该程序将本节中涉及的所有概念联系在一起。

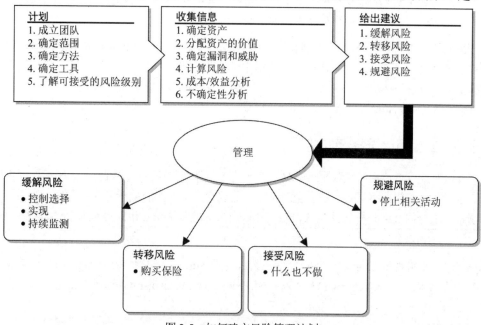

图 2-5　如何建立风险管理计划

2.3.1　总体风险与残余风险的对比

组织实施安全对策的原因是为将风险整体降至可接受水平。如前所述，没有任何一个系统或环境是百分之百安全的，这意味着总有一些处理之后剩余的风险。此类风险称为残余风险(Residual Risk)。

残余风险不同于总体风险(Total Risk)，后者指组织选择不实施任何类型的保护措施时面临的所有风险。如果成本/效益分析的结果表明不采取任何行动是最佳做法，那么组织可选择承担全部风险。例如，如果某组织的网络服务器发生安全问题的可能性很小，而提供更高保护水平的成本超过了潜在损失，那么该组织可选择不实施任何保护措施，而选择承担总体风险。

总体风险和残余风险，以及组织任何可接受的风险类型之间存在重要区别。概念公式如下：

$$威胁×漏洞×资产价值=总体风险$$

$$(威胁×漏洞×资产价值)×控制措施差距=残余风险$$

另一个公式如下所示：

$$总体风险-安全对策=残余风险$$

注意

上述公式中不可代入数字。上述公式只以概念性方式说明构成风险的不同要素之间的关系。这意味着实际上并没有乘法或数学函数。在定义总体风险或残余风险时，这是了解所涉及的各项要素的一种方法。

在风险评估期间，已识别了威胁和漏洞。威胁利用漏洞的可能性乘以资产的价值，就可得到总体风险。一旦考虑控制措施差距(控制措施无法提供的保护)，其结果就是残余风险。实施安全对策是一种缓解风险的方法。由于没有组织可消除所有威胁，因此总会存在一些残余风险。核心问题是组织愿意承担多大的风险。

2.3.2　安全对策选择及实施

安全对策可将特定风险降至可接受的水平。本节涉及如何为计算机系统识别和选择正确的安全对策。在比较不同类型的安全对策时，需要给出所寻找的最佳特征和所调查的不同成本场景。选择的最终分析产品应该表明为什么所选的控制措施对组织是最有利的。

注意

控制措施(Control)、安全对策(Countermeasure)、保护措施(Safeguard)、安全机制(Security Mechanism)和保护机制(Protection Mechanism)等术语在信息系统安全的语境中是同义词，可互换使用。

选择控制措施

安全控制措施应具有正面的业务意义，这意味着安全控制措施具有积极的成本效益(即收益大于成本)。这需要另一种类型的分析工具：成本/效益分析(Cost/Benefit Analysis)。对于选定的保护措施(控制措施)，通常使用的成本/效益计算公式是：

(实现保护措施前的 ALE)-(实现保护措施后的 ALE)-(保护措施每年的成本)=
保护措施对组织的价值

举例说明，如果在实施推荐的保护措施之前，攻击方攻击一台 Web 服务器的威胁的 ALE 为 12 000 美元，而实施保护措施后的 ALE 为 3000 美元，同时该项保护措施每年的维护和运行成本是 650 美元，那么这项保护措施每年对组织的价值就是 8350 美元。

回顾一下，ALE 有两个因素，单次预期损失和年度发生率，因此保护措施可减少其中一个或两个。前面示例中引用的安全对策可能旨在降低恢复 Web 服务器的相关成本，或降低遭受攻击的可能性，或两者兼而有之。很多时候，关注点集中在降低威胁的可能性上，而在某些情况下，让其更容易恢复可能成本更低。

安全对策的成本不仅是采购订单上填写的货币金额。在计算安全对策的全部费用时，应审议和评价下列因素：

- 产品成本
- 设计/规划成本

- 实施成本
- (物理和逻辑的)环境整改成本
- 与其他安全对策的兼容性
- 维护要求
- 测试需求
- 维修、更换或更新成本
- 运营和支持成本
- 对业务生产效率的影响
- 服务订购费用
- 用于持续监测(Monitoring)和响应警报的额外人力

多家组织都经历过购买了新的安全产品,却不知道安排员工维护这些产品而导致的痛苦。虽然工具可让任务自动化,但很多组织以前甚至没有执行过这些任务,因此,很多时候购买安全产品并不能节省人力,相反还需要更多人力。例如,为保护所拥有的大量资源,A 公司决定购买必要的入侵检测系统(Intrusion Detection Dystem,IDS);因此花费 5500 美元购入一套入侵检测系统。这是总成本吗? 并不是。应该先在与生产环境分离的环境中测试该 IDS,检测是否存在意想不到的行为。在测试完成并且安全团队觉得可安全地将该 IDS 加入 A 公司的生产环境后,安全团队还应安装持续监测管理软件和传感器,并正确地设置从传感器到管理控制台的通信路径。安全团队可能还需要重新配置路由器以便重定向流量,还应确保终端用户不能访问入侵检测系统管理控制台。最后,安全团队需要配置一个数据库记录所有攻击特征,并且运行模拟试验环境。

此外,还应明确考虑与入侵检测系统警报响应相关的成本。即使 A 公司部署了一套入侵检测系统,安全管理员仍可能需要其他报警设备,如智能手机。与响应入侵检测系统事件相关联的时间成本也应当考虑进来。

任何在 IT 运营团队工作过的人员都知道,负面场景几乎总在下列情况中发生:安装一套联机的或主动式产品后,网络性能可能受到极大影响;终端用户可能因为某些莫名的原因而无法访问 UNIX 服务器;入侵检测系统供应商可能没有解释清楚,要使整个系统正常工作,需要另外两个服务补丁,此外,需要时间培训员工,并耗费一定人力响应这个新入侵检测系统发出的警报(误报或真实入侵)。

因此,举例来说,该项安全对策的成本可能是:产品和授权许可需要 23 500 美元;培训需要 2500 美元;测试需要 3400 美元;使用该软件后用户的生产效率损失为 2600 美元;路由器重新配置、产品安装、故障排除和两个服务补丁安装需要 4000 美元人工费用。那么这项安全对策的真正成本就是 36 000 美元。如果 A 公司的潜在损失总额是 9000 美元,那么针对该项已识别的风险使用这项安全对策的成本就会超出预算三倍。其中一些成本在发生之前可能很难确定或不太可能确定,但经验丰富的风险分析师会考虑多种这样的可能性。

2.3.3　控制措施类型

到目前为止的示例中已经讨论了防火墙和 IDS 等安全对策，但还有更多选择。通常，安全控制措施包含三种类型：行政性控制措施、技术性控制措施和物理性控制措施。行政性控制措施(Administrative Control)通常是面向管理的，因此称为"软性控制措施(Soft Control)"；安全文档、风险管理、人员安全和培训都属于行政性控制措施。技术性控制措施(Technical Control)也称为逻辑性控制措施(Logical Control)，由软件或硬件组成，例如，防火墙、入侵检测系统、加密技术、身份识别和身份验证机制。物理性控制措施(Physical Control)用于保护基础设施、人员和资源，警卫、锁、围墙和照明都属于物理性控制措施。

正确使用这些控制措施才能为组织提供深度防御(Defense-in-depth)体系，深度防御体系指以分层方式综合使用多种类型的安全控制类型，如图 2-6 所示。多层深度防御体系能将攻击方的渗透成功率和威胁降至最低，这是因为，攻击方在能够访问关键资产前将不得不穿越多个不同类型的保护机制。

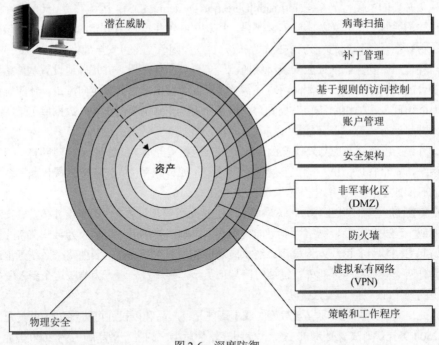

图 2-6　深度防御

例如，A 公司按照分层模型采用了以下物理性控制措施：

- 围墙(Fence)
- 办公场所外部上锁的门
- 闭路电视(Closed-circuit TV，CCTV)
- 警卫
- 办公场所内部上锁的门

- 上锁的服务器机房门
- 物理防护的计算机(例如，线缆锁)

分层防御中通常部署下列技术性控制措施：

- 防火墙
- 入侵检测系统(Intrusion Detection System，IDS)
- 入侵防御系统(Intrusion Prevention System，IPS)
- 防恶意软件
- 访问控制
- 加密技术

实际采用的控制措施类型应与组织面临的威胁对应，保护层数量应与资产的敏感程度匹配。根据经验判断，信息资产越敏感，需要部署的保护层数越多。

行政性控制措施、技术性控制措施和物理性控制措施是控制措施的不同类别(Category)。但这些控制措施如何发挥作用呢？组织在寻求合适的控制措施时，需要了解每类控制措施的不同功能。

不同的安全控制措施是指：预防性(Preventive)、检测性(Detective)、纠正性(Corrective)、威慑性(Deterrent)、恢复性(Recovery)和补偿性(Compensating)。在深入理解这些安全控制措施的不同功能后，在特定环境下就可做出明智决策，选择最合适的控制措施。下面是 6 种不同的安全控制措施功能。

- **预防性控制措施**　避免意外事故的发生。
- **检测性控制措施**　帮助识别意外活动和潜在入侵方。
- **纠正性控制措施**　意外事故发生后修正组件或系统。
- **威慑性控制措施**　威慑潜在的攻击方。
- **恢复性控制措施**　帮助环境恢复到正常(Regular)操作状态。
- **补偿性控制措施**　提供可替代的(Alternative)控制措施方法。

深入理解不同控制措施的作用后，在应对特定风险时，就可运用自如。

为一个新环境规划安全结构设计时，最高效的方法是首先使用预防性安全模型，之后使用检测性、纠正性和恢复性机制支撑这个模型。基本上，组织都是在麻烦(指安全攻击事件)开始前部署预防性措施，但也应能在麻烦出现时，快速地响应并解决问题。"预防一切(Prevent Everything)"的想法并不可行，所以，如果不能预防攻击，就应能快速检测攻击。这就是预防性控制措施和检测性控制措施通常一起实施且应相互补充的原因。继续深入分析可知：不能预防的应能检测到，同时，若能检测到，则意味着预防性控制措施已失效。因此，应采取纠正性控制措施，确保下一次攻击行为发生前能预防同类问题。综上所述，预防性控制措施、检测性控制措施和纠正性控制措施应相互结合使用。

下述控制措施类型(行政性、物理性和技术性控制措施)从本质上讲都是预防性的。在建立企业安全计划时，理解这一点非常重要。当然，这些仅作为说明性的示例提供。仔细查看特定的控制措施，会发现这些控制措施可能同时属于多个分类。例如，大多数安全摄像头可认为是预防性控制措施(因为犯罪分子如果观察到存在摄像头，可能会打消破门而入的念头)、检测性控制措施(如果有人正在监视摄像头画面)和纠正性控制措施(利用摄像头追踪闯入组织范围的犯罪分子的行踪)。

预防性行政控制措施

- 策略和工作程序
- 有效的招聘实践
- 聘用前的背景调查(Background Check)
- 受控的解聘流程
- 数据分类分级和标签
- 安全意识宣贯(Security Awareness)

预防性物理控制措施

- 工作证(Badge)、磁卡
- 警卫及警犬
- 围墙、锁和双重门(Mantrap)

预防性技术控制措施

- 口令、生物识别技术和智能卡
- 加密技术、安全协议、回拨系统、数据库视图(View)和受限用户界面
- 防恶意代码软件、访问控制列表、防火墙和入侵防御系统

表 2-6 展示了这些安全控制机制如何实现这些不同的安全功能。很多 CISSP 考生在理解哪种控制措施可提供哪些功能这个问题上感到十分困惑。通常，培训课程中存在这样的说法："闭路电视是一项检测性控制措施，但若攻击方看到监视摄像头，那也可成为一种威慑性控制措施。"这类话题暂时讨论到这里，没必要将问题复杂化。在试图基于业务职能需求选择控制措施时，需要谨慎考虑部署这个控制措施的主要原因。防火墙旨在防止恶意事件的发生，因此是一种预防性控制措施。日志审计是在事件发生之后开展的，所以是检测性的。数据备份系统的部署目的是恢复数据，因此是一种恢复性控制措施。创建计算机镜像的目的是在发生应用程序软件故障后可重新加载原始文件，因此是一种纠正性控制措施。

注意，某些控制措施可提供不同的功能。警卫可阻止潜在的攻击方。即使警卫不能阻止全部的攻击方，也可阻止那些试图闯入基础设施的人。也许攻击方特别狡猾，设法进入了办公场所，这种情况下，警卫可在巡查时作为检测性控制措施发挥作用，甚至在找到入侵方、联系执法部门、押送攻击方离开办公场所并移交警方时充当纠正性控制措施。考生在参加 CISSP 考试时，请在问题中寻找线索，确定哪些功能最相关。

表 2-6　控制措施类别和类型

控制措施类型	预防	检测	纠正	威慑	恢复	补偿
按类别划分的控制措施：						
物理性控制措施						
围墙				X		

(续表)

控制措施类型	预防	检测	纠正	威慑	恢复	补偿
锁	X					
工作证系统	X					
警卫	X	X	X	X		
双重控制门	X					
照明				X		
移动检测器		X				
闭路电视监控系统		X				
异地基础设施					X	X
行政性控制措施						
安全策略	X					X
监视和监督		X				X
职责分离	X					
职责轮换		X		X		
信息分类分级	X					
调查		X				
安全意识宣贯培训	X					
技术性控制措施						
访问控制列表(ACL)	X					
加密技术	X					
审计日志		X				
入侵检测系统(IDS)		X				
防恶意软件工具	X	X				
工作站镜像			X			
智能卡	X					
数据备份					X	

　　补偿性控制措施是令很多人感到困惑的一项控制措施。下面看一些补偿性控制措施的示例，以便更好地理解其功能。如果组织需要具有较高的物理安全性，安全专家可能建议管理层雇用警卫人员。但在核算了雇用警卫需要支出的全部成本后，组织可能决定采用提供类似防护功能但成本更容易承受的补偿性(替代性)控制措施，如使用围墙。再如，管理层告知负责维护组织防火墙的安全管理员，出于业务原因，必须允许某个已知易受攻击的通信协议通过防火墙。此时，就需要使用与此协议相关的补偿性(替代性)控制措施保护网络。这可能是针对该特定协议流量设置代理服务器(Proxy Server)，确保对其实施适当的检查和控制。因此，补偿性控制措施只是一种替代性(Alternative)控制措施，能与原本的控制措施提供类似的保护

功能，因为其更经济实惠或允许特定需求的业务功能而不得不使用。

通常会同时存在几种类型的控制措施，彼此之间都需要协同工作。控制措施及其所处环境的复杂性可能引发控制措施之间的冲突或在安全性方面留下空隙(Gap)。这在组织保护方面将引入不可预见的攻击点(Hole)，组织往往对这些攻击点不能完全知晓或了解[1]。一个组织也许部署了十分严谨的技术性控制措施和所有必要的行政性控制措施，但若允许未授权人员随意访问物理基础设施内的任何系统，将导致环境中明显的安全风险。总之，控制措施只有协同工作、默契配合，才能提供健康、安全和高效的业务运营环境。

风险评估团队应评价安全控制措施的功能性和有效性。在选择安全控制措施时，某些特性可能比其他特性更有用。表 2-7 列出和描述了在购买和使用某种安全控制措施之前就应该考虑的特性。

表 2-7　评估安全控制措施时要考虑的特性

特征	描述
模块化	可在不影响其他安全机制的情况下从环境中安装或删除控件
提供统一的保护	对所有设计用于保护的机制，标准化方式应使用相同的安全等级
提供重写功能	必要情况下管理员可重写限制
默认为最小特权	安装之后的默认权限应为最低权限，并非每个人都拥有完全控制权限
控制措施及其保护的资产的独立性	特定的控制措施可用于保护多个资产，特定的资产可由多个控制措施保护
灵活性和安全性	控制措施提供的安全性越多越好。功能应该具有灵活性，从而可提供不同的功能选择，而不是必须全选或一个功能都不能选择
易用性	控制措施不会不必要地干扰用户的工作
资产保护	即使需要重新设置安全对策，资产也仍然受到保护
易于升级	软件总是不断发展的，所以应该能够方便地升级
审计功能	控制措施应该包含各种不同详细程度的审计功能机制
最小化对其他组件的依赖性	防护措施应该具有灵活性，不应该对自己的安装环境有严格要求
应以可用和可理解的格式生成输出	控制措施应该以一种便于人们理解的格式呈现重要信息，并用于趋势分析
可测试	安全控制措施应该在不同环境、不同情况下测试
不引入其他危害	控制措施不应提供任何隐蔽通道或后门
系统和用户性能	系统和用户的性能不应该受到控制措施带来的巨大影响
恰当的报警	控制措施应能设定一个阈值，确定什么时候警告相关人员发生了违反安全的行为，这种警告应该是可接受的
不影响资产	环境中的资产不应该受到控制措施的不利影响

---

[1] 译者注：指由于没有经过全面审慎的安全架构规划而机械式地部署了多种控制措施，彼此冲突而产生了新的、组织无法洞悉的漏洞。

如果安全控制措施易于发现且清晰可见，就可提供威慑性质的安全特性。这相当于告诉那些攻击方，这里有足够充分的保护，最好改为攻击更容易的目标。尽管安全控制措施是明显易见的，但攻击方不应该发现安全控制措施的工作原理。如果攻击方能发现安全机制的工作模型，就会尝试修改保护机制，或设法绕过这个保护机制。如果终端用户知道如何禁用占用 CPU 周期的防病毒程序，或者知道如何绕过代理服务器不受限制地访问 Internet，肯定也会这样做。

2.3.4 控制措施评估

一旦组织选定了行政性、技术性和物理性控制措施，以将风险降低到可接受的水平，就应确保其切实生效。

控制措施评估(Control Assessment)是对一项或多项控制措施的评价，以确定其正确实施、按预期运行和产生预期结果的程度。下面使用现实世界中的匿名示例依次审视这三种类型的控制措施。

组织可能已经为特定的风险选择了正确的控制措施，但还需要确认其实施方式是否正确。假设组织为了缓解风险而决定升级防火墙，投入大量资金购买了最新、功能最强的防火墙，并设置了一系列规则从好坏掺杂的访问中将允许的部分过滤出来。然而，只要忘记更改管理员的默认口令，攻击方就可登录这台防火墙，修改登录口令将所有安全团队成员屏蔽在外，再修改规则允许恶意流量通过。技术性控制措施很有效，只可惜没有正确实施。组织可通过研发一组全面的测试来避免这种情况。这些测试会检查实施控制措施的各个方面，并确保没有跳过或错误地执行任何步骤。

确认的另一个方面是确保控制措施按预期运行。组织可能已经正确地实施了控制措施，但还有多个原因可能导致其无法按预期工作。例如，假设组织具有一项策略，要求基础设施中的所有人员都应佩戴标识身份的工作证(Badge)。员工、承包商和访客都有自己独特的工作证设计以便互相区分。该策略得到实施，所有员工都接受了相关培训，但几周后，人们变得松懈，不再关注自己(或其他人)是否佩戴了工作证。行政性控制措施已正确实施，但可惜未按预期工作。控制措施评估应包括操作检查，例如，让不同的人(可能有些人是组织中的老员工，有些人则不属于组织)在没有佩戴工作证的情况下穿过基础设施，看看该人是否受到质疑或举报。

最后，组织要验证控制措施是否产生了预期的结果。选择控制措施是为了降低风险，这些控制措施做到了吗？假设组织在数据中心安装温度传感器，一旦温度过高就会发出警报。组织正在尝试降低因高温而导致硬件故障的风险。这些物理性控制措施已正确安装并按预期工作。事实上，温度传感器每天都会在高峰使用时间发出警报。可是这样降低了风险吗？除非组织升级功率不足的空调机组，否则所有这些警报都无法帮助组织避免停机。对控制措施的任何评估都应明确测试对应的风险是否真正降低。

考试提示

一个简单的区分确认(Verification)和验证(Validation)的方法是：确认回答问题"是否正确地实施了控制措施？"而验证回答"是否实施了正确的控制措施？"

安全和隐私

安全有效性(Security Effectiveness)涉及的度量(Metric)包括满足服务水平协议(Service Level Agreement，SLA)需求、实现投资回报率(Return On Investment，ROI)、满足基线设置、给管理层提供管理仪表盘或平衡计分卡系统。以上都是用于从全局确认现行安全解决方案和架构有效性的方法。

另一个评估安全控制措施的方面是确保不能违反隐私政策和法规。人们具有保护自己某些信息不泄露或仅以恰当方式使用的权利，如果控制措施会严重侵犯这些权利，那么实施这些控制措施对组织没有好处。例如，一个组织可能具有一项策略，允许员工在休息时间出于个人目的使用组织资产。该组织还实施了传输层安全(Transport Layer Security，TLS)代理解密所有网络流量，以便实施深度数据包分析并降低威胁行为方(Threat Actor)使用加密技术隐藏其恶意行为的风险。通常，这个流程是完全自动化的，并不会有其他工作人员查看解密的通信。但安全人员会定期手动检查系统，以确保一切正常。现在，假设一名员工通过个人 Web 邮件向朋友透露了一些非常私密的健康信息，并且该流量由一名安全人员监测和观察。这种侵犯隐私的行为可能给组织带来大量的道德、监管甚至法律问题。

在实施安全控制措施时，考虑由此带来的隐私影响至关重要。如果组织有首席隐私官(或其他隐私专家)，则该人员应参与选择和实施安全控制措施的流程，确保组织不会过度(甚至非法)侵犯员工隐私。

2.4　监测风险

安全专家不能仅建立起一个风险管理计划(或任何计划)，声称满足风险控制需求，然后就束之高阁。组织需要一种方法评估安全工作的有效性，找出不足之处，并优先考虑仍需继续努力的事情。组织需要一种通过收集、分析和报告必要信息促进决策制定、绩效改进和问责制的方法。更重要的是，组织需要能够识别环境的变化，并能理解这些变化对风险状况的影响。所有这些都需要基于事实和度量。正如俗话所说，"不能测量，就不能管理"。

风险持续监测(Risk Monitoring)是发现新风险、重新评价现有风险、移除没有意义的风险，以及在将所有风险降至可容忍水平方面，不断评估控制措施的有效性的持续流程。风险监测活动应集中在三个关键领域：有效性、变更和合规性。风险管理团队应不断寻找改进机会，定期分析从每个关键领域收集的数据，并将其发现报告给高级管理层。下面将详细讨论如何监测和测量每个区域。

2.4.1　有效性监测

有很多原因可导致安全控制措施有效性下降。技术性控制措施可能无法快速适应不断变化的威胁方式。员工可能不再遵守行政性控制措施(或对其失去兴趣)。随着人们进入和通过基础设施,物理性控制措施可能无法跟上不断变化的行为。如何衡量控制措施有效性的下降?更重要的是,如何衡量组织面临风险的上升?这是有效性监测的关键。

方法之一是按严重程度跟踪安全事故的数量。假设组织实施了降低勒索软件攻击风险的控制措施,重新设计了安全意识宣贯培训,部署了新的 EDR (Endpoint Detection and Response,终端检测与响应)解决方案以及自动离线备份系统。随后,勒索软件相关的各种严重级别的事故数量大幅下降。虽然仍有一些本地化案例,但没有数据丢失,没有人非自愿下线,业务蓬勃发展。然而在最近,低严重级别的事故数量开始增加。在这些案例中,勒索软件侵入工作站,但无法加密文件。如果组织没有注意到这一趋势,可能会忽略这样一个事实,即恶意软件不断演变,在绕过 EDR 解决方案方面正变得更有效。如果组织在入侵方不断试验和进化时无动于衷,将让对方获得巨大优势。这就是有效性监测很重要,以及有效性监测应与可基于时间量化和分析的特定指标关联的原因。

在前面的示例中,度量是环境中与勒索软件相关的事故数量。基于控制措施的不同,组织可使用其他多类度量。组织可使用红队并衡量其成功破坏各种资产的次数,也可使用由警觉的员工报告的可疑网络钓鱼攻击的数量。无论采用何种方法,在决定使用控制措施时,要决定用于监测控制措施的有效性度量。然后,组织需要长期跟踪这些度量以便发现趋势。如果不这样做,风险几乎不可避免地会逐渐增加(也可能是突然增加),直到有一天,安全事故突然发生。

注意

Internet 安全中心(Center for Internet Security,CIS)发布了一份有用的(免费的)文件"CIS 控制措施和度量",目前是第 7 版。该文件为组织中的每个控制措施提供了具体的衡量及其价值目标。

启动有效性监测的一个推荐方法是建立一个常设小组,定期检查已知威胁和旨在缓解这些威胁的控制措施。这方面的一个示例是威胁工作组(Threat Working Group,TWG),TWG由组织所有主要部门的成员组成,定期(例如,每月)开会审查风险列表(有时称为风险注册表)并确保威胁和控制措施仍然有效。TWG 为每个风险分配所有方(Risk Owner),并确保这些个人或团体履行其职责。TWG 也可成为调度安全评估(无论是内部还是外部)的协调中心,确认和验证控制措施。

2.4.2　变更监测

即使已经跟踪已知威胁及其带来的风险,组织环境的变更也可能带来新风险。影响组织整体风险的变更主要有两个来源:信息系统和业务。第一个对于网络安全专家而言可能是最明显的。引入新系统，淘汰旧系统，或更新或重新配置现有系统。这些变更中的任何一个都会产生新的风险或改变已跟踪的风险。会导致风险的另一个变更是业务本身。随着时间的推移，组织会有新的发展，改变内部流程，合并或收购另一个组织。所有这些变更都需要仔细分析，以确保准确了解其对组织整体风险状况的影响。

持续监测环境的变更并及时处理由此而生的风险是有效变更管理流程的一部分。通常，组织会成立一个变更顾问委员会(Change Advisory Board，CAB)或类似名称的常设小组，负责审查和批准变更，例如，设计新测量、系统和业务流程。CAB 也会监测风险的各种度量用于衡量变更，例如：

- 未经授权的变更数量
- 实施变更的平均时间
- 失败变更的数量
- 变更导致的安全事故数量

注意
第 19 章将深入讨论变更管理。

2.4.3 合规性监测

其他可能导致组织变更并影响组织风险的因素是法律、法规和政策要求。合规性监测比有效性监测和变更监测简单一些，因为合规要求往往很少发生变化。法律和外部法规的变化周期一般长达数年，而内部规章和策略则应是之前讨论的变更管理流程的一部分。尽管合规要求很少发生更改，但这些更改可能对组织产生重大影响。2018 年 5 月生效的《通用数据保护条例(General Data Protection Regulation，GDPR)》就是一个很好的示例。GDPR 历经数年方才推出，对任何存储或处理欧盟(European Union，EU)公民个人数据的组织都产生了巨大的影响。

合规性监测的另一个要求是对审计结果做出响应。无论是外部审计还是内部审计，任何涉及合规性的发现都需要得到处理。如果审计发现风险缓解措施不当，风险团队需要做出回应。否则，可能导致巨额罚款甚至刑事指控。

那么，可用于监测合规性的衡量指标都有什么呢？答案因组织而异，但以下是一些需要考虑的常见指标：

- 审计发现的数量
- 内部(即自我发现)与外部(即审计)调查的比率
- 关闭调查的平均时间
- 与合规性相关的内部纪律处分次数

没有一个组织可做到始终完全合规，因此总是存在合规性风险因素。然而，如果没有查找和处理违反政策、法规或法律等问题的正式流程，这些风险会大幅增加。

2.4.4 风险报告

风险报告是风险管理，尤其是风险持续监测的基本组成部分(回顾一下，风险管理过程包括认知、评估、应对和监测风险)。风险报告支持组织决策、安全治理和日常运营。对于合规性目的也很重要。

那么，应该如何报告风险呢？风险报告没有固定格式，但有一些指导原则。首先，要了解报告的受众。风险报告至少存在三个目标群体：高管(以及董事会成员)、经理和风险所有方。每一个都需要不同的报告方法。

1. 高管和董事会成员

组织中的高级领导通常对细节不感兴趣，也不应感兴趣。高级领导的角色是制定和监督战略方向，而不是日常运营。组织领导关注是否可适当降低风险，或是否需要改变组织战略。高级领导关注组织面临的最大风险，并想知道正在采取哪些措施应对这些风险。还应告知高管和董事会成员已经"接受"的风险及其潜在影响。

向高级决策者汇报时，通常使用如图 2-7 所示的风险热度图(Heat Map)而不是冗长的描述。这是为了确保组织领导能一目了然地获得需要的信息，以便决定是否需要调整战略。在图 2-7 中，董事会成员可能有兴趣首先讨论 7 号风险项，因为该风险特别重要。这就是热度图的意义所在：允许高层管理者集中讨论重要话题。

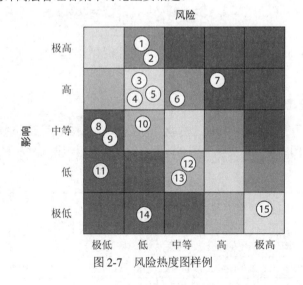

图 2-7　风险热度图样例

2. 经理

组织内的各部门经理负责管理风险，因而需要更详细的报告。经理会关注当前的风险及其发展趋势。风险是在减少还是在增加？为什么？进展似乎停滞了，停滞在哪里？这些是经理希望风险报告回答的一些问题。经理还希望能深入研究感兴趣的特定项目以了解相关细节，例如，谁是风险所有方，如何做才能应对风险，以及当前方法可能无效的原因。

多家组织在该级别的报告中依赖风险管理仪表盘。这些仪表盘可能是风险管理工具的一部分。这种情况下，仪表盘是交互式的，并允许深入了解报告中的特定项目。不具备这些自动化工具的组织通常使用电子表格生成图表(显示随时间变化的趋势)，甚至是手工制作幻灯片。无论采用哪种方法，目的都是提供可操作的信息，帮助业务部门经理跟踪其在风险方面的进展。

3. 风险所有方

风险所有方是负责管理单个风险的工作人员，因此是最需要详细报告的内部受众。风险所有方在应对特定风险时接受管理层的指导。例如，如果组织决定转移某个风险，风险所有方将负责确保制定保险策略并确保有效。保险策略包括性能指标，如成本、承保范围和响应能力。网络安全保险公司通常要求投保方采取某些控制措施方能提供保险，因此风险所有方还应满足这些条件，以免白白支付保费。

4. 持续改进

只有通过定期重新评估风险，风险管理团队关于安全控制措施的绩效表现才值得信任。

如果风险状况保持稳定且实施的保护措施运转良好，那么可以说风险正得到适当的缓解。定期的风险管理监测可支持信息安全风险评级。

漏洞分析和持续的资产识别和评估也是风险管理监测和绩效的重要任务。持续风险分析的周期是确定已实施的保护措施是否适当和必要，是否足以保护资产和环境的一个非常重要的部分。

持续改进(Continuous Improvement)是识别机会、缓解威胁、提高质量和减少浪费的持续努力。这是组织成熟有效的标志。

5. 风险成熟度建模

成熟度模型是用于确定组织持续改进能力的工具。如表 2-8 所示，通常以 1 到 5 的等级评估组织风险管理的成熟度。实际上还有一个 0 级，代表组织根本没有风险管理。

表 2-8　典型的成熟度模型

级别	成熟度	特征
1	初始	风险活动是由事件触发的临时举动，且控制不力
2	可重复	具有文档化的程序，并且(大部分)得到遵守
3	定义	标识工作程序、工具和方法得到一致实施
4	管理	在风险管理及计划中使用定量的方法
5	优化	数据驱动的创新在整个组织中得到贯彻

虽然应当努力在风险管理方面达到最高等级的成熟度，但现实是，受制于组织的资源、战略和业务环境，目标应确定在适当的成熟度等级上。一家小规模的零售公司争取达到 5 级并没有意义，因为这样做需要一定程度的资源投入，是不现实的。相反，对于大型国防企业

而言，满足于1级的成熟度就会很糟糕，因为其面临的风险是巨大的。归根结蒂，有意义的成熟度等级是一个商业决策，而不是一个网络安全决策。

2.5 供应链风险管理

供应链(Supply Chain)经常为攻击方提供简便的后门，但多家组织在管理风险时并未考虑供应链的安全性。那么，什么是供应链呢？供应链指参与交付某些产品的一系列供应商。如果某公司生产笔记本电脑，则供应链包括提供显卡的供应商。还包括生产显卡上用的集成电路的制造商，以及参与制造流程的原始化学物品供应商。供应链还包括服务提供商，如维护装配线运行所需的 HVAC(Heating, Ventilation, and Air Conditioning，供暖、通风和空调)系统的公司。

构成某组织供应链的各个上下游组织的安全理念与组织可能并不一致。首先，供应链上各个组织的威胁建模中包含的威胁与该组织不同。为什么伺机盗窃信用卡资料的罪犯会以HVAC 服务供应商为目标？这正是 2013 年 Target 超市数据泄露案件发生时的事实，当时有4000 多万张信用卡的信息遭到泄露。Target 超市在保护边界安全方面做了合理工作，但没有有效保护其内部网络。攻击方无法(或不愿意)直接正面攻击进入 Target 的内部网络，于是决定利用 Target 超市的一个 HVAC 服务提供商网络的漏洞，窃取了 Target 超市的网络访问凭证。有了网络访问凭证，网络窃贼就能进入销售终端的刷卡机，然后从那里获取信用卡信息。

管理供应链风险所需的基本流程与其他风险管理计划中使用的流程类似。区别主要在于所看到的(即评估范围)和可采取的措施(法律和合同上)。NIST SP 800-161 名为 Supply Chain Risk Management Practices for Federal Information Systems and Organizations，是帮助组织将供应链风险纳入风险管理计划时有用的参考资源。

组织开展供应链风险管理的第一项工作是绘制供应链示意图。该示意图本质上是一张网络图，展示了上下游之间谁向谁提供哪种产品或服务的关系，直至最终客户。图 2-8 描绘了一个业务简单的系统集成商公司(Aquarius 公司)的示意图。Aquarius 公司有一个为其提供硬件的组件制造商，而原材料提供商则为硬件组件制造商提供原材料。Aquarius 公司从软件研发商那里采购软件，并从外部服务提供商处获得托管安全服务。这些硬件和软件组件集成并配置到 Aquarius 公司的产品中，然后分发给分销商和客户。在这个示例中，Aquarius 公司有四个供应商作为供应链风险评估的基础元素。同时，Aquarius 公司也是其分销商的供应商。

现在，假设图 2-8 中的软件研发商受到攻击，威胁行为方将恶意代码植入研发出的软件产品中。任何从 Aquarius 公司，或从其他合法软件更新渠道获得该应用程序的人，也同时获得了一个非常隐蔽的恶意软件。这个恶意软件会主动联系威胁行为方，告诉威胁行为方自身所处位置以及所在主机网络的情况。这些经验老到的国家间谍意图渗透进入一些非常具体的目标中，且安全人员无法察觉其行为。如果这些国家间谍对受感染的组织感兴趣，会继续植入下一阶段的恶意软件，以隐蔽地探查和窃取文件。否则，将指示恶意软件进入休眠状态，以便隐藏自身的行为，让安全人员无法发现其存在。以上正是对 2020 年底发现的利用美国SolarWinds 公司研发的 Orion 软件从事网络战(Cyber Campaign)活动的具体描述。这一系列攻击的规模突显了针对供应商的风险管理的重要性。

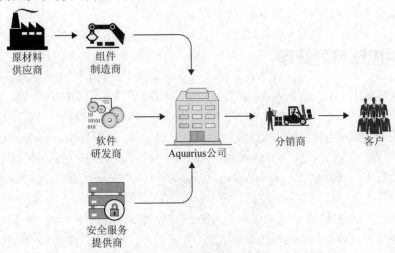

图 2-8   软件研发商受到攻击

2.5.1   上下游供应商

如果一家供应商向组织提供材料、货物或服务，那么这家供应商就是该组织的"上游(Upstream)"供应商，而组织则反过来利用这些材料向"下游(Downstream)"分销商提供本组织的产品和服务。这种供应安排中存在的核心漏洞是，不受信任的硬件、软件或服务可能进入组织或进入组织的产品，从而导致安全问题。希腊人曾利用这点对抗特洛伊人。

另一方面，组织在同一供应链中也可能位于其他组织的上游，这些组织将是该组织的下游分销商。通常认为只需要关注上游供应链的安全性，例如，Aquarius 公司的下游实体对Aquarius 公司有一套上游安全要求。还有一点，即便有些安全问题是由组织的下游分销商引起的，最终客户也可能不清楚这一点，组织的品牌声誉一样会受到负面影响。

2.5.2   硬件、软件、服务的风险评估

后续章节将探讨普遍存在于硬件、软件和服务中的固有风险，但本节则关注那些与供应链特别相关的风险。也就是说，如果将外部获得的某些东西(或某种服务)插入组织的信息系统，组织会面临哪些风险？

1. 硬件风险

在电子组件中添加硬件特洛伊木马是主要的供应链风险之一。硬件特洛伊木马是一种集成到现有设备中的电路，其目的是危害设备的安全性或提供未经授权的功能。基于攻击方的访问权限，可在硬件研发的任何阶段(例如，规划、设计、制造、测试、组装或打包等)插入这些电路。通过在供应链中拦截货物，可在硬件打包后添加硬件特洛伊木马；这种情况下，如果打开设备并实施目检，特洛伊木马可能是显而易见的。添加硬件特洛伊木马的阶段越早，

就越难检测。

硬件相关的另一个供应链风险是用假冒组件替换正品。这些假冒克隆产品的问题很多，但从安全角度看，最重要的一个问题是假冒产品没有经过与真正产品相同的质量控制，导致可靠性降低，并大大增加功能发生异常的概率。假冒组件还可能存在难以发现的硬件特洛伊木马(可能是由非法制造商自己插入的)。显然，使用假冒产品会引发法律后果，而且当需要来自制造商的客户支持服务时，肯定会出现问题。

2. 软件风险

与硬件一样，竞争对手也可能在供应链中为第三方软件(特别是为组织定制的软件)植入特洛伊木马。如果组织的供应商重复使用其他第三方研发的且攻击方可访问的组件(例如，代码存储库)，则很可能发生这种情况。供应商中的恶意内部人员或可访问供应商软件存储库的远程攻击方都可能带来风险。攻击方也可能在传输过程中拦截、修改软件，然后重发。通过使用代码签名或哈希技术，可导致对手更难使用后面这种"过程拦截"方法，但不能杜绝。

3. 服务风险

越来越多的组织正在使用服务外包(Service Outsourcing)，帮助组织能专注于核心业务运营职能。组织利用托管公司维护网站和电子邮件服务器，利用服务提供商维护各种电信连接，利用灾难恢复公司提供主机代管能力，利用云计算提供商维护基础架构或应用服务，利用软件研发商研发软件，利用安全公司执行漏洞管理。但理解下面这点很重要：工作可外包，而风险无法外包。当组织使用这些第三方服务提供商时，如果发生了类似于数据泄露的情况，组织仍需要承担最终责任。组织在外包服务时应执行以下任务降低风险：

- 审查服务提供商的安全计划
- 实施现场检查和访谈
- 审查合同，确保就安全与保护水平达成一致意见
- 确保服务水平协议(SLA)执行到位
- 审查内部、外部及第三方审计报告
- 审查相关参考资料，并与以前和现在的客户沟通
- 审查商业促进局(Better Business Bureau)的报告
- 确保服务提供商制定了业务持续方案(Business Continuity Plan，BCP)
- 签订保密协议(Non-Disclosure Agreement，NDA)
- 了解供应商的法律法规和监管要求

服务外包在当今的组织中十分常见，但组织常遗忘安全性和法律法规监管合规性方面的要求。外包某些职能和功能可能是经济实惠的，但如果外包引发了安全和数据泄露问题，那么外包可能成为一项代价昂贵的决策。

2.5.3 其他第三方风险

组织的供应链并不是第三方风险的唯一来源。组织之间相互依赖的多种其他方式可能也

并不真正适合供应商-消费者模型(Supplier-Consumer Model)。例如，大量公司拥有渠道合作伙伴网络，帮助公司直接或间接销售产品。其他公司则为特定项目建立普通或受限的合作伙伴关系，这些关系需要共享一些资源和风险。如今，大部分组织都拥有一个复杂的第三方网络(有时不那么明显)，组织在一定程度上依赖这些第三方，因此，也带来风险。

2.5.4　最低安全需求

有效降低供应商给组织带来的风险的关键是，在约束双方关系的合同或协议中明确说明各方的要求，在网络安全方面包括保护静止状态、传输状态、处理状态的敏感数据所需的任何措施，还包括供应商在数据泄露时应采取的行动，以及采购方组织可主动验证合规性的方法。总之，应包含在合同协议中的关键要求类别如下所示。

- **数据保护**　积极的网络安全措施
- **事故响应**　事件触发的网络安全措施
- **确认方法**　客户确认上述要求的方式

如果存在任何的要求缺失、表述含糊、或其他方式的无效条款，供应商协议可能会作废、撤销或不可执行。那么，如何确认组织的供应商已经遵守了所有处理风险的合同要求？第三方评估(如PCI DSS)是这方面的最佳实践，可用于实现合规性。以下是一些外部评价的示例，可证明供应商履行其合同义务的能力：

- ISO 27001 认证
- 美国国防部网络安全成熟度模型认证(Cybersecurity Maturity Model Certification，CMMC)
- 支付卡行业数据安全标准(Payment Card Industry Digital Security Standard，PCI DSS)认证
- 服务组织控制 1(Service Organization Control 1，SOC1)或 2(SOC2)报告
- 美国联邦风险和授权管理计划(U.S. Federal Risk and Authorization Management Program，FedRAMP)授权

注意

后续章节将讨论这些第三方评价。

其他的第三方评价(如漏洞评估和渗透测试)有助于建立组织内部的安全基线。然而，这些有限范围内的测试本身并不足以确认供应商能否履行其合同义务。

2.5.5　服务水平协议

服务水平协议(Service Level Agreement，SLA)是一种合同协议，规定服务提供商应保证一定的服务水平。如果服务没有按照约定水平(或更高水平)交付，服务提供商就需要承担相应后果(通常是财务方面的)。服务水平协议提供了一种机制来缓解供应链中服务提供商带来

的一些风险。例如，Internet 服务提供商(Internet Service Provider，ISP)可签署服务水平协议，确保到 Internet 主干的正常运行时间达到 99.999%(通常称为 5 个 9)；即保证每个月的停机时间少于 26 秒。

2.6　业务持续

尽管组织一直努力降低内部风险的负面影响，但有些事件(Event)仍会发生并产生不良后果。理想状况下，损失可接受且不影响关键业务的运营。然而，作为组织的安全专家，需要对意外发生的情况有所准备。在这种极端条件下(一般无法预测)，安全专家需要确保组织以可接受的最低限度生产效率持续运营，并快速将生产效率恢复到正常水平。

业务持续(Business Continuity，BC)是组织在发生风险并导致中断的情况下，维持业务功能或快速恢复业务功能的能力。这些事件可能很平常，如临时断电、网络连接中断或重要员工(例如，系统管理员)突然生病。这些事件也可能是重大灾难，例如，地震、爆炸或电网故障。与业务持续相比，灾难恢复(Disaster Recovery，DR)是将灾难或重大中断的影响降至最低的流程。灾难恢复意味着采取必要的措施，确保资源、人员和业务流程安全，并能够及时恢复运营。因此，灾难恢复是业务持续的一部分，与内容涵盖更广泛的业务持续方案(Business Continuity Plan，BCP)相比，灾难恢复方案(Disaster Recovery Plan，DRP)只包括了一部分事件。

考试提示
业务持续方案(BCP)和灾难恢复方案(DRP)相关，但并不相同。DRP 是 BCP 的一个子集，主要关注灾难产生的直接后果。BCP 的范围更广，涵盖了所有的中断，包括(但不限于)灾难。

注意
灾难恢复方案在 23 章详细讨论。

BCP 包括将关键业务系统切换到另一个环境，同时修复原始基础设施，以及在此期间将合适人员分派到正确位置，并以各种不同方式开展业务，直到组织恢复正常状态。BCP 还通过不同渠道与客户、合作伙伴和股东沟通，直到一切恢复正常。因此，灾难恢复涉及"噢，天要塌了。"业务持续规划处理"好吧，天塌下来了。现在，组织如何维持业务运营，直到有人能把天空复原？"

图 2-9 显示了业务持续规划和 IT 灾难恢复规划。

灾难恢复和业务持续规划都着重于建立一套方案，而业务持续管理(Business Continuity Management，BCM)应是涵盖这两者的全面管理流程，如图 2-10 所示。BCM 提供了一种框架，保护组织关键利益相关方的权利，将业务运营的韧性与有效响应能力结合。BCM 的主要目标是让组织在各种条件下持续开展业务运营。

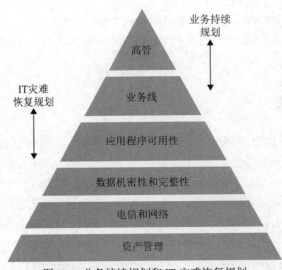

图 2-9　业务持续规划和 IT 灾难恢复规划

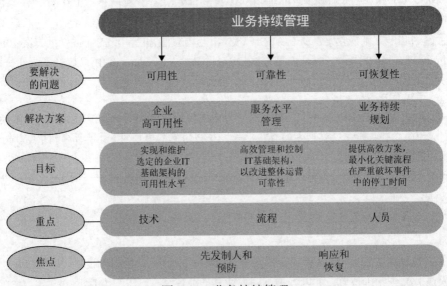

图 2-10　业务持续管理

　　本书多个章节都会穿插讲解可用性、完整性和机密性。再次重申，不仅要在日常程序中考虑完整性和机密性，在灾难或中断发生后采取的应急程序中也要考虑。例如，不应该在所有人员都转移到另一栋建筑后，仍将保存机密信息的服务器遗留在原建筑中。提供安全 VPN 连接的硬件设备可能遭到人为破坏，团队可能只专注于启用远程访问功能，而忘记加密。大多数情况下，组织完全专注于保证数据恢复和系统运行，侧重于保障业务运营职能。然而，如果没有正确地整合和实施安全控制措施，威胁行为方可进入原建筑并窃取敏感信息，物理性灾难可能因此造成更大影响。很多时候，一个组织在灾难发生后更容易受到攻击，这是因为用于保护组织的安全服务可能无法使用或在较低效能的状态下运行。因此，如果组织拥有机密资产，就应确保这些资产一直处于保密状态。

可用性是业务持续规划关注的重要主题之一，因为可用性确保了维持业务运转所需的资源可持续提供给业务运营相关的人员和系统。这意味着需要谨慎执行数据备份，还需要将冗余性延展到业务系统、网络以及运营的架构中。如果通信线路出现故障或在任何时间段内某项关键业务服务无法使用，那么应有一种快速且经过测试的方法用于建立备用通信和服务。本节将深入讨论组织为实施业务持续和灾难恢复，可采用的多种可用性解决方案。

在考虑业务持续时，一些组织重点关注备份数据和提供冗余硬件。尽管这些项目都非常重要，但只是组织整体运营中的一部分。硬件和计算机需要人员配置和操作；如果数据不能由其他系统和外部实体访问，则通常是无用的。因此，组织需要更好地了解业务运营活动的各种流程如何协同工作。规划应包括如何将合适的人员分配到合适位置、记录所有必要的配置、建立备用的通信渠道(语音和数据)以及提供电力支持，同时，应确保组织正确理解并考虑组织中各要素间的依赖关系(Dependency)。

业务持续规划

提前规划的工作程序可帮助组织：

- 提供及时且适当的响应措施应对紧急状况
- 保护生命并确保安全
- 减少对业务的影响
- 恢复关键业务功能
- 与外部供应商和合作伙伴一起完成恢复工作
- 发生危机时，避免局面混乱
- 确保组织的生存能力
- 在灾难发生后迅速"启动并执行"

了解如何手动实施自动化任务同样重要，如有必要，安全专家也要了解如何安全切换业务流程，以维持组织业务正常运转。这对于保证在灾难事件中将业务运营影响降至最小，同时确保组织幸存下来至关重要。如果没有此类场景和规划，一旦灾难发生，负责激活备用系统的人员只能站在组织替代基础设施中提供的数据备份和冗余的服务器旁边发呆，不知道如何在这种不同的环境中执行恢复策略。

2.6.1 标准和最佳实践

虽然制定业务持续方案不必遵循特定的科学公式，但多项最佳实践已经过时间检验证明是必要的。美国国家标准与技术研究院(National Institute of Standard and Technology，NIST)负责制定美国政府和军事环境相关的标准和最佳实践。NIST 通常会记录各种类型环境的要求，安全行业内的专家都会使用 NIST 系列文档作为指导。这些对于美国政府架构而言是"必不可少"的标准和最佳实践，对于其他非政府组织而言也是十分"有益的"工作参考。

NIST 在 SP 800-34 r1 名为 Contingency Planning Guide for Federal Information Systems，其

中阐述了以下步骤:

(1) **制定业务持续规划策略声明(Continuity Planning Policy)**　编写一份业务持续方案所需的指引,并为执行这些任务的角色赋予必要的权限。

(2) **执行业务影响分析(Business Impact Analysis,BIA)**　分析关键业务职能并识别关键业务系统,组织需要基于上述信息确定优先级,识别漏洞和威胁,并计算风险。

(3) **确定预防性控制措施(Preventive Control)**　一旦识别出威胁,就要确定并实施控制措施和安全对策,以最经济的方式降低组织的风险水平。

(4) **制定应急策略**　制定快速恢复关键业务和系统的方法。

(5) **制定信息系统应急方案**　编写关于组织如何在危机状态下保持运营的工作程序和准则。

(6) **确保开展方案的测试、培训和演练实践**　检测方案并识别业务持续规划中的缺陷,实施人员培训,帮助其熟悉个人任务。

(7) **确保持续维护方案**　妥当安排每个步骤,确保定期更新 BCP 的相关文档。

虽然 NIST SP 800-34 r1 文件专门处理 IT 应急计划,但在制订企业级业务持续规划和业务持续管理时,这些步骤是相似的,如图 2-11 所示。

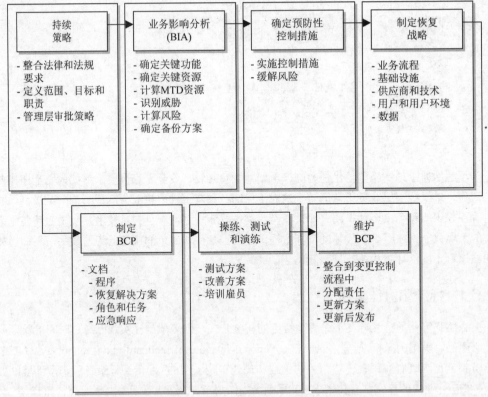

图 2-11　制订业务持续规划的步骤

既然业务持续管理如此重要，实际上多个基于标准的组织都在关注这个领域，如下所示：

ISO/IEC 27031:2011 信息和通信技术业务持续准备准则，是整个 ISO / IEC 27000 系列的一个组成部分。

ISO 22301:2019 业务持续管理体系国际标准，该规范文档面向那些准备认证的组织。

业务持续协会(Business Continuity Institute)的良好实践准则(Good Practice Guidelines，GPG) 代表了业务持续专家国际团体的共识。截至本书撰写时，最新版本是 2018 年版，围绕着六个专业实践(Professional Practices，PP)展开：

- **策略和计划管理(PP1)** 侧重于治理
- **推行业务持续(PP2)** 为将业务持续管理嵌入组织文化提供准则，包括意识宣贯和培训
- **分析(PP3)** 涉及组织审查、风险评估以及业务影响分析等主题
- **设计(PP4)** 关注确定和选择恰当的业务持续解决方案
- **实施(PP5)** 声明应纳入业务持续方案的内容
- **验证(PP6)** 包括实施、维护和审查计划

DRI 国际协会的业务持续管理专业实践 是最佳实践和框架，将业务持续管理流程细分为以下几个部分：

- 计划启动和管理
- 风险评估
- 业务影响分析(Business Impact Analysis，BIA)
- 业务持续战略
- 事故响应
- 计划制定和实施
- 安全意识宣贯和培训计划
- 业务持续方案演练、审计和维护
- 危机沟通(Crisis Communication)
- 与外部机构的协调

为什么会有这么多套最佳实践？哪种最适合于组织？如果组织是美国政府或政府承包商的一部分，那么需要遵守 NIST 标准。如果组织在欧洲或与欧洲其他组织有业务往来，那么需要遵循欧盟网络安全局(ENISA)的标准要求。虽然此处未列出所有这些标准，但如果组织在其中一个特定国家/地区开展业务，则需要遵守基于国家/地区的 BCM 标准。如果组织需要获得 ISO 认证，则需要遵循 ISO/IEC 27031 和 ISO 22301 的标准；前者侧重于 IT，后者范围更广，可满足整个组织的需求。

2.6.2 将业务持续管理融入企业安全计划

如前所述，每个组织都应该制定安全策略、工作程序、标准和准则。对信息安全不熟悉的人员通常认为这是一堆解决所有与安全相关问题的文档，然而，其作用不止如此。

业务持续规划(Business Continuity Planning，BCP)应该作为常规管理流程无缝嵌入组织中，就像审计、战略规划和其他的"常规"流程一样。业务持续规划不应孤立在外，应该作为组织管理流程中的一部分。此外，业务持续规划的最终责任不应属于业务持续规划团队或其领导者，而应属于高级管理层，并且最好是执行董事会的成员。这对组织管理层提升业务持续规划工作的地位与作用具有至关重要的影响。

首先了解组织

如果组织在一开始没有很好地理解其工作方式，就不太可能在灾难发生后重建自身及业务流程。这种想法刚开始似乎很荒谬。安全专家可能会想，"当然，大家肯定知道组织是如何运营的。"但实际上，要完全理解一个组织，直到能重建该组织所需的详细程度，其难度令人震惊。在组织内部，每名员工都熟知自己的小世界，但几乎没有员工能完全清晰地阐述每个业务流程是如何运作的。

通过分析和规划组织中断的潜在风险，业务持续管理团队可协助其他业务部门有效规划、响应紧急情况并提高恢复能力。鉴于响应能力取决于整个组织的运营和管理人员，因此应在整个组织范围内全面培养此类能力，应该扩展到组织各个角色，包括高级管理层。

因此，业务持续规划工作是一个不断改进的实体。如同组织经历变革时，其工作重点也会随之改变，以确保持续更新、始终可用和有效。当与变更管理流程紧密融合后，业务持续规划工作也会有不断更新和改进的机会。业务持续是卓有成效的组织安全计划的基础组成部分，在关键时刻是至关重要且密不可分的。

刚开始制定业务持续规划时应该提出一个非常重要的问题：为什么要开展这项工作？这可能看起来很蠢，答案也似乎很明显，但情况并非总是如此。组织可能认为制定这些计划的原因是为了应对意外灾难，并让员工尽快安全地返回岗位。然而，事实往往会有一点不同。大多数组织经营的目的是什么？赚钱、盈利。如果这些是企业的主要目标，那么需要使用业务持续规划帮助达到目的，更重要的是保证业务目标。制定这些计划的主要目的是通过提高组织业务运营的恢复能力，降低财务损失的风险和灾难影响。

当然，并非所有组织都是为盈利而存在的。政府机构、军事单位和非营利组织的运作都是为了向国家或全社会提供某类特定的保护或服务，组织应创建 BCP 以确保持续的收入，其他类型的组织也应创建 BCP 以确保其仍能执行关键任务。虽然组织和公司的关注点和业务驱动因素不同，但其业务持续规划通常具有类似的结构，即启动和运行业务关键流程。

如果没有事先确定什么是对组织最重要的资产，那么保护该资产是相当困难的。高级管理层通常会参与此步骤，因为确定什么对组织最重要超出了每个职能经理的责任范围，而高级管理层具有确定计划范围所需的全局视角。组织的业务持续规划应专注于组织的关键使命和业务职能。反之，业务持续规划也应支持组织的整体战略。业务职能应具备各自的优先级，以表明哪些对组织的生存最关键。业务持续规划的范围定义取决于哪些职能足够重要，值得投入业务持续所需的资源。

如前所述，对于多数组织而言，财务运营是最关键的业务职能。例如，某一天一家汽车公司的信贷服务停止运转，那么公司将受到比一条装配线停工一天还要严重的影响。这是因为，信贷服务是该汽车公司收入最大的业务。对于其他组织而言，客户服务可能是最关键的领域，所以要确保订单处理不会受到负面影响。例如，对于一家制造心脏起搏器的公司，如果手术室外科医生需要服务时无法正常联系到该公司的医师服务部门，那么对于患者而言将绝对是灾难。外科医生和起搏器公司都将面临诉讼，起搏器公司可能再也无法向外科医生、医生的同事甚至是患者的健康维护组织(Health Maintenance Organization，HMO)出售更多心脏起搏器。发生这种事情后，将很难重建声誉(Reputation)和恢复销售。

紧急情况的进一步规划需要涵盖已考虑到和可预见的事宜。因为可能会出现多项未在计划中提及的问题，因此计划的灵活性至关重要。企业安全计划用一种系统化方法，提供灾难发生后应立即开始行动的清单。这些行动通常认为可帮助相关人员更高效地处理灾难情况。

建立和维护业务持续规划最关键的部分是获得高级管理层的支持。管理层需要充分理解开展 BCP 工作的必要性，因此，可向管理层展示相关商业案例以获取其支持，案例应包括组织当前的漏洞、法律强制监管、业务恢复方案的当前状态，以及相关建议。管理层主要关注成本/效益分析，因此需要收集初步数据并估算潜在损失。成本/收益分析应包括股东、利益相关方、监管和立法影响，以及产品、服务和人员影响。影响组织应该如何开展恢复的决定性要素是基于业务的决策，并且应当始终如一。

2.6.3　业务影响分析

业务持续规划处理不确定性和可能性。需要注意，即使无法预测灾难是否发生或何时发生，组织仍可制定灾难应对计划。仅因为组织不能为明天上午 10 点发生的地震做出计划，并不代表组织就不需要规划在地震或类似灾难真正发生时保障人员生存所需的活动。制定这些计划的目的是试图考虑可能发生的所有灾难，估计潜在的损害和损失，对潜在灾难实施分级和优先排序，确定在事件真正发生时切实可行的替代方案。

业务影响分析(Business Impact Analysis，BIA)是一种功能性分析，团队通过访谈和文献收集数据，记录业务功能、活动和交易，划分业务功能的层次结构，最后使用分类分级展示单个功能的重要水平。那么组织应如何基于重要级别确定分类分级方案？

BCP 委员会应识别组织面临的威胁并将其映射到以下特征：

- 最大允许停机时间和活动中断时间
- 运营中断或生产停顿
- 财务考虑因素
- 法律法规监管责任
- 声誉

BCP 委员会可能并不真正了解所有业务流程、应采取的步骤以及这些流程所需的资源和物资。因此，委员会应从整个组织中找到真正了解这些的部门经理和特定员工以收集所需的信息。委员会应首先确定参加业务影响分析数据收集会议的参会者，还需要确定如何从特定员工那里收集数据，一般采用调查、访谈或研讨会方式获取必要信息。接下来，团队需要通过实际调研、访谈和研讨会收集所需信息，部分数据将在后续分析过程中使用。重要的是，团队成员会探讨不同任务(无论是流程、事务、服务以及任何关联或依赖关系)如何在组织内完成。团队应构建工艺流程图(Process Flow Diagram)，并在整个 BIA 和计划制定阶段中使用。

数据收集阶段完成后，BCP 委员会需要执行业务影响分析确定关键的流程、设备或运营活动。如果一个系统独立运行不会影响其他系统，关键性就较低，就可归类到第二级(Tier 2)或第三级(Tier 3)恢复步骤中。这意味着在恢复阶段，直到最关键的第一级资源(Tier 1)启动和运行后，才会处理第二级和第三级资源。使用标准风险评估可完成此分析，如图 2-12 所示。

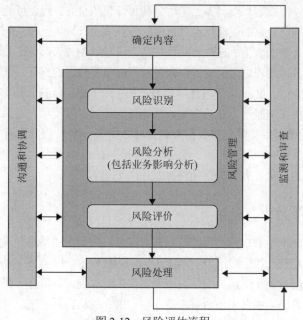

图 2-12 风险评估流程

1. 风险评估

为达成目标，组织应系统规划并执行与 BIA 相关的正式风险评估。评估要充分考虑组织对业务持续风险的容忍度(Tolerance)。风险评估还需要使用 BIA 中的数据，得出一致的风险暴露估计。

作为一套有效的技术指标，风险评估应该可识别、评价并记录相关的信息，其中可能包括：

- 组织中所有对时间敏感的资源和活动的漏洞
- 组织最紧迫的资源以及活动的威胁和危害
- 减少关键服务和产品中断的可能性、时间长度以及可能造成的影响
- 单点故障，即威胁业务持续的关键点
- 关键技能集中或技能严重短缺导致的业务持续风险
- 外包商和供应商的持续风险
- BCP 计划已接受的、已在其他地方处理的，或 BCP 计划中未涉及的业务持续风险

2. 风险评估评价和流程

在 BCP 环境中，风险评估会预测可能引发业务中断的各种威胁的影响和可能性。风险评估的工具、技术和方法包括确定威胁、评估发生概率、制作威胁列表以及分析成本和效益。

侧重于业务持续的风险评估的最终目标包括：

- 识别并记录单点故障
- 为组织的特定业务流程制定威胁优先级列表
- 汇总信息，制定风险控制管理战略和应对风险的行动计划
- 记录那些已识别并接受的风险，或记录那些已识别但未处理的风险

假设风险评估的公式为：风险=威胁×影响×概率。在业务影响分析(BIA)中，这个等式增加了时间维度。换言之，风险缓解措施应针对那些可能最迅速地破坏关键业务流程和商业活动的风险。

风险评估的主要事项如下：

- 审查现有的风险管理战略
- 构建评测概率和影响的数字评分系统
- 利用分数衡量威胁的影响
- 估算每种威胁的概率
- 通过评分系统权衡每个威胁
- 通过合并每种威胁的可能性和影响值计算风险
- 让组织的赞助方签署认可这些风险优先事项
- 选择适当的安全控制措施
- 确保减轻风险的计划不会增加其他风险
- 向执行管理层提交评估结果

威胁可以是人为、自然或技术导致的。人为威胁可能是纵火犯、恐怖分子或可能产生严重后果的简单误操作。自然威胁可能是龙卷风、洪水、飓风或地震。技术威胁可能是数据损坏、电力中断、设备故障或数据通信线路丢失。尽量识别所有可能的威胁并估计威胁发生的可能性非常重要。在制定这些计划时，可能不会立刻想到所有场景，例如，员工罢工、蓄意破坏、心怀不满的员工或攻击方等，但组织确实需要慎重且全面地考虑这些问题。最好通过基于场景的演练解决这些问题，以确保在威胁成为现实的情况下，应对风险的行动计划可涵盖所有对业务任务、部门和关键运营的影响。考虑和规划涉及的问题越多，在意外来临前组织做的准备就越充分。

BCP 委员会需要逐步解决以下问题：

- 设备故障或无法使用
- 公用设施(HVAC、电力供给和通信线路)无法使用
- 基础设施(Facility)无法使用
- 关键人员无法工作
- 供应商和服务提供商无法供货

● 软件和/或数据损坏

具体场景和受到的伤害因组织而异。

3. 资产赋值

组织应收集定性和定量影响信息，然后适当地分析和解释，目标是确切了解企业如何受到不同威胁的影响，影响可以是经济上的、运营上的或两者兼而有之。完成数据分析后，应与组织的权威专家共同审查，确保结果合理描述了组织当前面临的真实风险和影响。这将有助于排除最初未包含的多余数据项，并全面了解所有可能的业务影响。

损失标准(Loss Criteria)必须适用于已识别的个体威胁，损失标准可能包括以下内容：

● 丧失声誉和公信力
● 丧失竞争优势
● 增加运营费用
● 违反合同协议
● 违反法律法规和监管要求
● 收入延迟成本
● 收入损失
● 生产效率下降

业务影响分析(BIA)的执行步骤

下面介绍业务影响分析更详细和细粒度的工作步骤：

(1) 为收集数据选择合适的访谈对象。

(2) 确认数据收集的方式和技巧(例如，调查、问卷、定性和定量方法等)。

(3) 识别组织的关键业务职能。

(4) 识别这些职能所依赖的资源。

(5) 计算业务职能在资源缺失的情况下能够持续的时间。

(6) 识别业务职能的漏洞和威胁。

(7) 计算不同业务职能的风险。

(8) 记录调查结果并向管理层报告。本章将介绍这些步骤。

这些损失可能是直接经济损失，也有可能是间接经济损失，应考虑周全。

如果 BCP 团队正在研究恐怖主义爆炸的威胁，就有必要确定哪些业务职能最可能成为目标，确认所有业务职能会受到哪些影响，确认损失标准中的具体项将如何直接或间接地受到影响。及时恢复对于业务流程和组织的生存至关重要。例如，客户服务职能暂停两天是可接受的，而暂停五天则可能导致组织陷入财务危机。

识别哪些是关键业务职能后，组织有必要深入了解各个业务流程需要执行的操作细节。业务流程所需的资源不是只有计算机系统，还可能包括人员、工作程序、任务、物资和供应商的支持和服务等。安全专家应理解的是，如果这些支持机制中的一项或多项无法使用，将可能导致关键业务职能停止。BCP 团队应确认一旦这些资源和系统无法使用将对关键业务职能的影响类型。

BIA 确定了组织生存所需的关键业务系统，并估算了组织在应对各种突发事件中可容忍的中断时间。组织可承受的中断时间也称为最大允许停机时间(Maximum Tolerable Downtime，MTD)或最大中断时间(Maximum Period Time of Disruption，MPTD)，如图 2-13 所示。

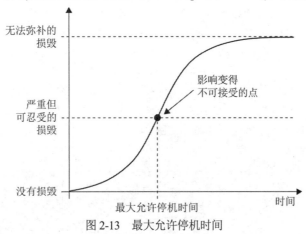

图 2-13　最大允许停机时间

以下是一些组织常用的 MTD 估计值。注意，这些是样本估算值，会因为组织及其业务运营模式的差异而变化。

- **非必要(Nonessential)**　30 天
- **普通(Normal)**　7 天
- **重要(Important)**　72 小时
- **紧急(Urgent)**　24 小时
- **关键(Critical)**　几分钟至数小时

应基于在失去每项业务职能和资产的情况下，组织分别能活多久开展分级活动。这些评估值将有助于组织确定哪些数据保护备份解决方案是必要的，可用于保护这些资源的可用性。MTD 越短，某项业务职能的恢复优先级就越高。因此，分级级别为"紧急"的项目应在分级为"普通"的事件之前解决。

如果 T1 通信线路中断三个小时，组织将损失 130 000 美元，那么 T1 线路可能就是关键要素，因此组织应该选择不同的 T1 线路运营商互为备份。如果服务器停机十天会导致组织的收入损失 250 美元，这属于"普通"级，所以组织并不需要备份冗余的服务器。相反，该组织可能选择依靠供应商的服务水平协议(Service Level Agreement，SLA)，保证组织在八天内可继续上线运营。

有时，MTD 在很大程度上取决于业务类型。例如，呼叫中心是组织与当前和潜在客户联系的重要纽带，其 MTD 要求会很短，以分钟(而不是周)衡量。常见的解决方案是在不同地区分布多个呼叫中心，实现分地区处理来电。如果一个呼叫中心停止服务，另一个呼叫中心可暂时接管电话。生产制造型企业出现中断场景时，也有多种解决方法，例如，将产品制造分包给多家外部供应商，在多家工厂同时生产制造，调拨仓库中多余产品弥补供应缺口，防止经营中断。

BCP 团队应尽可能考虑所有可能发生的、对组织产生负面影响的事件。同时，团队还要明白，BCP 也不太可能考虑到所有事件，因此无法为每种情况都提供保护。适当地为洪水、地震、恐怖袭击或雷击准备计划，重点是做好应对损害或破坏关键业务职能的准备。

前面提到的灾难都可能导致这些后果，但也可能由流星撞击、龙卷风或飞机机翼坠落而导致。因此，要为每个业务资源的损失做好准备，而不是关注可能导致损失发生的事件(Event)。

考试提示

在业务持续规划开始时执行业务影响分析，识别在发生灾难或中断时将遭受最大财务或业务运营损失的部分。BIA 识别组织生存所需的关键业务系统，并估算组织因灾难或中断可容忍的中断时间。如图 2-14 所示。

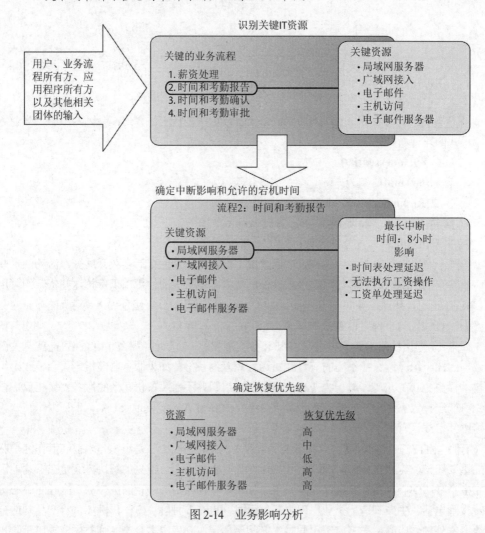

图 2-14　业务影响分析

2.7　本章回顾

本章详细介绍了信息系统风险管理的方法。组织应理解没有一个系统是真正安全的,因此安全专家的工作是找到危害最大、概率最高的威胁行为,以便在第一时间处理这些高危风险。风险评估的核心流程就是量化损失和发生概率。掌握这些信息后,组织就能在安全控制措施、流程和成本方面做出正确决策。所用的方法不局限于应对内外部人为攻击方,还关注导致组织受损的任何来源。最重要的是,组织使用这些信息来设计方案,这样面对任何可预见的威胁都能确保组织业务持续运营。

2.8　快速提示

- 风险管理流程识别并评估风险,将风险降至可接受水平并确保能维持这种水平。
- 信息系统风险管理(Information Systems Risk Management,ISRM)策略为组织的风险管理流程及工作程序奠定基础,指明方向,并解决所有信息安全问题。
- 威胁是可能对系统或组织造成损害的意外事故的潜在原因。
- 四种应熟悉的风险评估方法论是:NIST SP 800-30,简化风险分析流程(Facilitated Risk Analysis Process,FRAP),运营关键威胁、资产和漏洞评价(Operationally Critical Threat、Asset and Vulnerability Evaluation,OCTAVE),以及故障模式与影响分析(FMEA)。
- FMEA 是一种通过结构化流程确定功能、识别功能失效、评估失效原因及其失效影响的方法。
- 故障树分析是检测复杂环境和系统中可能发生的故障的有用方法。
- 定量风险分析试图为分析组件赋予货币价值。
- 纯粹的定量风险分析是不太可能的,因为定性项目无法精确量化。
- 定性风险分析使用判断和直觉,而非数字。
- 定性风险分析涉及具有必要经验和教育的人员评估威胁情景,并基于个人经验对每种威胁的概率、潜在损失和严重性评级。
- 单次预期损失×每年频率=年度预期损失(SLE×ARO=ALE)。
- 风险分析的主要目标如下:识别资产并为其赋值,识别漏洞和威胁,量化潜在威胁的影响,并在风险影响和保护措施成本之间提供经济平衡。
- 在风险分析时识别不确定性的程度很重要,因为不确定性的程度表明了团队和管理层对结果数据的信心水平。
- 自动化风险分析工具减少了分析中的手动工作量,可用于估计未来预期损失并计算不同安全控制措施的效益。
- 风险管理团队应该包括来自组织内不同部门的成员,而不仅仅是技术人员。
- 风险可转移、规避、缓解和接受。

- 威胁×漏洞×资产价值=总体风险。
- (威胁×漏洞×资产价值)×控制措施差距=残余风险。
- 在选择正确的保护措施降低特定风险时，应评价成本、功能和有效性，并实施成本/效益分析。
- 控制措施分为三大类：行政性控制措施(Administrative)、技术性控制措施(Technical)和物理性控制措施(Physical)。
- 基于预期用途，控制措施也可按类型分组：预防性、检测性、纠正性、威慑性、恢复性和补偿性。
- 控制措施评估是对一项或多项控制措施的评价，以确定其正确实施、按预期运行和产生预期结果的程度。
- 安全控制措施确认(Verification)回答问题"是否正确地实施了控制措施？"而验证(Validation)回答问题"是否实施了正确的控制措施？"
- 风险持续监测是添加新风险、重新评价现有风险、移除没有意义的风险，以及在将所有风险降至可容忍的水平方面，不断评估控制措施有效性的持续流程。
- 变更管理流程用于监测环境变更，并处理变更可能带来的风险。
- 持续改进是识别机会、缓解威胁、提高质量和减少浪费的持续努力。这是成熟有效的组织的标志。
- 供应链是一系列参与交付某些产品的供应商。
- 业务持续管理(Business Continuity Management，BCM)是管理 BCP 和 DRP 各个方面的总体方法。
- 业务持续方案(Business Continuity Plan，BCP)包含一系列策略文档，这些文档提供了确保维护关键业务功能的详细程序，并有助于最大限度地挽救人员生命、确保业务持续运营以及保持业务系统正常运行。
- BCP 是一系列提供应急响应、扩展备份操作和灾难恢复的程序。
- BCP 应覆盖企业整个范围，每个组织有自己的详细业务持续方案和应急方案。
- BCP 需要确定关键应用程序的优先级，并提供有效恢复的顺序。
- BCP 需要高级执行管理层支持，高级执行管理层启动和最终批准计划。
- 由于人员更替、组织重组和未经记录的变更，BCP 很快会过时失效。
- 如果没有制定和使用适当的 BCP，管理人员可能要承担法律责任。
- 威胁可以是自然的、人为的或技术性的。
- 业务影响分析(Business Impact Analysis，BIA)是规划制定中最重要的第一步。需要收集、分析、解释灾难影响业务的定性和定量数据，并提交给管理层。
- 得到管理层执行承诺和支持是制定 BCP 的最关键因素。
- 应提交商业案例以获得管理层的支持。通过解释法律法规和监管要求、暴露漏洞和提供解决方案实现。
- 方案应由实际执行方案的人员制定。
- 规划团队应由来自所有部门或组织单位的代表组成。

- BCP 团队应选定与外部参与方互动的个人，例如，记者、股东、客户和民事官员。应该能快速、诚实地应对灾难，并应该与其他组织的响应保持一致。

2.9 问题

请记住这些问题的表达格式和提问方式是有原因的。考生应了解，CISSP 考试在概念层次提出问题。问题的答案可能不是特别完美，建议考生不要寻求绝对正确的答案。相反，考生应当寻找最合适的答案。

1. 什么时候可接受已知风险而不采取行动？
   A. 从不。良好的安全性可解决所有风险。
   B. 当政治问题不允许解决这种风险时。
   C. 当必要的安全对策很复杂时。
   D. 当安全对策的成本超过资产价值和潜在损失时。

2. 在确定是否应实施特定安全控制措施时，哪种技术最有价值？
   A. 风险分析
   B. 成本/效益分析
   C. 年度预期损失(ALE)结果
   D. 识别导致风险的漏洞和威胁

3. 哪一项最好地描述了计算年度预期损失(ALE)的目的？
   A. 量化环境的安全级别
   B. 估计安全对策可能造成的损失
   C. 量化成本/效益结果
   D. 估计在一年内一个特定威胁的潜在损失

4. 如何计算残余风险？
   A. 威胁×风险×资产价值
   B. (威胁×资产价值×漏洞)×风险
   C. SLE(单次预期损失)×发生频率=ALE(年度预期损失)
   D. (威胁×漏洞×资产价值)×控制措施差距

5. 为什么执行和审查风险分析信息的团队应由不同部门的人员组成？
   A. 确保流程是公平的，且没有遗漏任何人。
   B. 不应这样做。应该从组织外部引入一个小组，否则分析有偏见且无法使用。
   C. 因为不同部门的人员了解本部门的风险。因此，确保用于分析的数据尽可能接近现实。
   D. 因为风险由不同部门的人员造成，所以部门员工应该承担责任。

6. 下列哪一项最准确描述了定量风险分析？
   A. 一种基于场景的不同安全威胁分析方法
   B. 一种计算潜在损失、损失概率和风险严重程度的方法

    C. 一种在风险评估中为资产指定货币价值的方法

    D. 一种基于个人直觉和观点的方法

7. 为什么真正的定量风险分析是不太可能实现的?

    A. 这是可能实现的,这也是使用定量风险分析的原因

    B. 定量风险分析划分严重性级别,因此很难将其转化为货币价值

    C. 定量风险分析只处理纯粹的可量化元素

    D. 对定性因素采取定量分析措施

使用下面的场景信息,回答第 8~10 题。某公司拥有一个电子商务网站,其年收入占公司总体年收入的 60%。在当前,网站对攻击威胁的年度预期损失为 92 000 美元。在部署新的应用层防火墙后,新的年度预期损失变成 30 000 美元。该防火墙每年要耗费 65 000 美元的运维费用。

8. 该防火墙能为公司降低多少损失?

    A. 62 000 美元

    B. 3000 美元

    C. 65 000 美元

    D. 30 000 美元

9. 该防火墙对公司的价值是多少?

    A. 62 000 美元

    B. 3000 美元

    C. -62 000 美元

    D. -3000 美元

10. 该公司使用了以下哪个风险管理方法?

    A. 风险转移

    B. 风险规避

    C. 风险接受

    D. 风险缓解

使用下面的场景信息,回答第 11~13 题。某公司的小型远程办公室价值 800 000 美元。基于历史数据预测,其基础设施所在地区每 10 年可能会遭受一次火灾。据评估,在目前的情况下,一旦发生火灾,即使已部署检测性和预防性控制措施,也会毁坏基础设施的 60%。

11. 对于该基础设施,遭受火灾的单次预期损失(SLE)是多少?

    A. 80 000 美元

    B. 480 000 美元

    C. 320 000 美元

    D. 60%

12. 火灾的年度发生率(ARO)是多少?

    A. 1

    B. 10

    C. 0.1

    D. 0.01

13. 火灾的年度预期损失(ALE)是多少？

    A. 480 000 美元

    B. 32 000 美元

    C. 48 000 美元

    D. 0.6

14. 以下哪一项不是风险持续监测的三个关键领域之一？

    A. 威胁

    B. 有效性

    C. 变更

    D. 合规性

15. 制定业务持续规划的第一步是什么？

    A. 确定备份解决方案

    B. 执行模拟测试

    C. 执行业务影响分析

    D. 制定业务恢复计划

2.10 答案

1. D。如果预防威胁发生的成本超过威胁发生时造成的潜在损失，组织可能决定接受自身面临的特定风险。安全对策通常在一定程度上是复杂的，并且几乎总是存在针对不同风险的政治问题，但这些并非不实施安全对策的理由。

2. B。虽然其他答案也正确，但 B 是最佳答案。这是因为开展风险分析是为了识别风险并提出建议的安全对策。年度预期损失告诉组织，如果特定威胁真正发生，组织可能损失多少。年度预期损失将用于成本/效益分析，但不能评估安全对策的成本和收益。答案 A、C 和 D 中获取的所有数据都需要纳入成本/效益分析中。

3. D。年度预期损失估算一年内，针对某一资产的一个特定威胁可能导致的潜在损失。这个数据可用于指明在保护此资产免受此威胁时应投入的金额。

4. D。这个公式比实际更概念化。很难确定单个漏洞或威胁的数据。通过此公式可查看特定资产的潜在损失以及控制差距(特定安全对策无法防范的部分)。剩下的是残余风险，即实施安全对策后遗留的风险。

5. C。分析结果的好坏取决于分析中的数据。有关组织面临风险的数据应从最了解组织业务职能和环境的人员那里获得。每个部门都了解自己的威胁和资源，并可能具有解决影响该部门的特定威胁的可行方案。

6. C。定量风险分析为评估中的不同组件指定货币价值和百分比。定性分析使用个人意见和评级系统衡量不同威胁的严重程度和特定安全对策的收益。

7. D。在风险分析期间，团队正在努力正确预测未来以及可能发生的所有风险。这在某种程度上是一种主观的练习，需要有依据的预测。很难准确预测洪水将在十年内发生一次并导致组织损失高达 40 000 美元，但这是定量分析试图完成的目标。

8. A。正确答案是 62 000 美元。防火墙将 ALE 从 92 000 美元降至 30 000 美元，节省了 62 000 美元。计算 ALE 的公式是：单次预期损失(SLE)×年度发生率(ARO)=ALE。将防火墙安装前的 ALE 值减去防火墙安装后的 ALE 值，可得到该类控制能节省的潜在损失额度。

9. D。正确答案是-3000 美元。该防火墙节省了 62 000 美元，但每年花费达 65 000 美元。62 000-65 000=-3000。实际上公司在防火墙上的花费超过了最初的年度预期损失，因此该防火墙对公司的价值是负数。控制措施价值的计算公式是：(实施控制措施前的 ALE)-(实施控制措施后的 ALE)-(控制措施的年度成本)=控制措施的价值。

10. D。风险缓解需要采用控制措施减少与事故相关的可能性或损害，或两者兼而有之。处理风险的四种方式是接受、规避、转移和缓解(降低)。防火墙是用于降低威胁风险的安全对策。

11. B。480 000 美元是正确答案。单次预期损失(SLE)的公式是：资产价值×暴露因子(EF)=SLE。本题情况下，资产价值(800 000 美元)×暴露因子(60%)=480 000 美元。这意味着该公司对于该资产(基础设施)和此类威胁类型(火灾)的潜在损失价值为 480 000 美元。

12. C。年度发生率(ARO)是威胁在 12 个月内发生的最大频率。在计算 ALE 的公式中使用到这个值，即 SLE×ARO=ALE。

13. C。48 000 美元是正确答案。年度预期损失公式 SLE×ARO=ALE 用于计算在 12 个月内一个资产受到一种威胁带来的潜在损失。由此产生的 ALE 值有助于确定用于保护该资产的合理开销。这种情况下，公司不应花费超过 48 000 美元保护这项资产免受火灾威胁。ALE 值帮助组织对其面临风险的严重程度排序、了解需要首先处理哪些风险以及在应对每个风险上需要花费多少。

14. A。风险持续监测活动应集中于三个关键领域：有效性、变更、合规性。威胁态势的变化应直接纳入前两项，并间接纳入合规性监测。

15. C。业务影响分析包括确定组织的关键系统和职能，并与每个部门的代表开展面谈。一旦得到管理层的大力支持，就需要执行业务影响分析(BIA)确定组织面临的威胁以及这些威胁导致的潜在损失。

第3章

合　　规

本章介绍以下内容：

- 计算机相关的法规、法律和犯罪活动
- 知识产权
- 数据泄露
- 法律法规监管合规要求
- 调查

如果企业负责人认为合规很昂贵，那可以试试违规的代价。

——Paul McNulty

没有规矩，不成方圆。在网络安全领域尤其如此。即使安全专家的对手们显然不遵守规则，安全专家们也必须了解适用于企业和自身的规则并谨慎地遵守。本章将讨论与计算机信息系统相关的各种法律法规。受限于篇幅，本章无法一一列举世界各地的每项立法，而是以一些对跨国企业最具影响力的法律法规作为示例予以介绍，其中包括适用于网络犯罪、隐私保护和知识产权等方面的法律法规。本章的目的不是让安全专家们成为网络安全法律方面的专家，而是让安全专家了解在制定和完善网络安全计划时应与法律顾问以及合规同事讨论的一些主题。

3.1　法律与法规

在详细介绍作为一名网络安全领导者的职责之前，首先回顾关于法律和法规的一些基本概念，探索法律法规在全球各地的差异，然后将这些法律法规置于网络安全的全局背景下讨论。

法律(Law)是规则体系，由政府或社会制定并承认，具有约束力，并由某些特定权威机构执行。法律平等地适用于国家或社会中的每个人。注意，法律既可能是提前制定好的成文法，也可能是基于习俗的判例法,稍后将详细介绍各种法律体系。相比之下,法规(Regulation)是由特定执行机构(Executive Body)发布并具备法律效力以处理特定细节或程序的书面规则,仅适用于受该发布机构监管的特定实体。因此,尽管总部位于美国的组织都受美国法律《计算机欺诈和滥用法案(Computer Fraud And Abuse Act,CFAA)》的约束,但只有处理与欧盟(European Union,EU)公民相关数据的美国组织才受《通用数据保护条例(General Data Protection Regulation,GDPR)》的监管。

3.1.1　法律体系的类型

组织可能受制于多个司法管辖权之下的法律和法规。如前所述,如果某个组织位于美国但需要处理欧盟公民的数据,则同时受 CFAA 和欧盟 GDPR 的约束。不同国家的法律体系可能大相径庭。安全专家所在组织的法务部门负责确定司法管辖权和适用性,安全专家应了解法律制度的差异对组织网络安全计划的意义和影响。为此,熟悉工作中可能遇到的主要法律体系对安全专家会有所帮助。本节介绍各种法律制度的核心组成部分及相互之间的区别。

民法(法典)体系
- 欧洲大陆国家(如法国和西班牙)使用的法律体系。
- 不同于英国和美国的普通法体系。
- 民法体系基于规则而非判例。
- 民法体系通常主要关注成文法律或书面法律。
- 民法体系的历史可追溯到公元 6 世纪,当时拜占庭(Byzantine)帝国国王 Justinian 编纂了《罗马法典(Laws of Rome)》。
- 民法体系(Civil Legal Systems)不得与美国的民事(民事侵权行为)法律混淆。
- 不同的州或国家/地区基于自身实际制定民法。因此,民法可进一步细分为法国民法、德国民法等。
- 民法体系是全球普及度最高的法律体系,也是欧洲最常用的法律体系。
- 民法体系允许下级法院不遵守上级法院的决定。

普通法体系
- 起源于英格兰。
- 基于已形成结论的法律解释:
  - 过去,法官会在全国巡视、执法和解决争端。
  - 法官们并没有成文的法律,因此基于习俗和判例作出判决。
  - 在 12 世纪,当时的英格兰国王 Henry II 强制推行整个国家通用且统一的法律体系。
  - 反映公众的道德和期望。
  - 导致通过提交证据和辩论而主动参与诉讼过程(Process)的大律师(Barrister)或律师(Lawyer)群体的出现。
- 现在,普通法体系使用法官和陪审团。如果陪审团放弃审案,法官将判定事实。

- 典型的普通法体系由一个高级法院、若干个中间上诉法院和多个地方初审法院组成。在该体系中，判例原则自上而下。传统上还允许设立涉及行政决策的"推事庭(Magistrate's Court)"。
- 普通法体系可分为刑法、民法/民事侵权行为和行政(管理)法。

刑法体系

- 基于普通法、成文法或两者的组合。
- 处理潜在危害社会的行为。
- 惩罚方式往往包括类似于监禁等对自由的剥夺或处以罚金。
- 控方有责任在排除合理怀疑的情况下证明被告有罪(从默认无罪开始，直到证实有罪)。

民事/侵权法体系

- 是刑法的分支。
- 在民法中，被告应当为受害方承担法律义务。换言之，被告有义务遵守特定的行为标准，这些标准往往是由"具有远见而明察的人"为防止受害方遭受可预见伤害而制定。

被告若违背法律义务，则往往导致对受害方身体或财产上的伤害。

- 民法的相关类别如下。
  - **故意的**：示例包括袭击、故意造成情绪困扰或非法监禁等。
  - **针对财产的权利侵犯**：对土地所有方的妨害行为就是一个示例。
  - **针对人的权利侵犯**：示例包括意外事故、遭狗咬和滑倒等。
  - **疏忽**：过失致死就是一个示例。
  - **妨害行为**：非法入侵就是一个示例。
  - **人格尊严权利侵犯**：包括对隐私和公民权利的侵犯等。
  - **经济权利侵犯**：示例包括对专利、版权或商标的侵权行为等。
  - **严格责任赔偿**：示例包括在产品制造或设计中未能就风险和缺陷予以警告说明等。

行政(管理)法体系

- 行政机构为解决包括国际贸易、生产制造、环境和移民等多领域的问题而制定的法律和法律原则。

习惯法体系

- 主要处理个人行为和行为模式。
- 基于所处地区的传统和习俗。
- 起源于因个体合作需要而融合成社会时。
- 很多国家并不采用纯粹的习惯法体系，而是采用混合法体系并将习惯法作为其中一个组成部分(修订后的民法体系源于习惯法)。
- 主要运用于世界上采用混合法体系的地区。
- 赔偿通常采用罚金或服务的形式。

宗教法体系

- 基于所处地区的宗教信仰。
  - 在伊斯兰国家，法律以古兰经的规则为基础。
  - 每个伊斯兰国家的法律都有所不同。
  - 法理学家和神职人员拥有高度的权威。
- 涉及人们生活的所有方面，不过通常分为：
  - 对其他人的责任与义务。
  - 宗教责任。
- 通过由神明启示的知识和规则定义并管理人类的事务。
- 立法机构(lawmaker)和学者并非制定法律，而是试图发现法律的真理。
- 在宗教意义上，法律还包括由神明坚持和要求的道德准则。

混合法体系

- 两个或多个法律体系联合使用、累加或交互运用。
- 最常见的混合法体系由民法和普通法组成。
- 由于明确定义的运用领域或多或少，因此使用法律体系的组合。
- 民法可能适用于某些类型的犯罪，而宗教法则适用于同地区内的其他类型犯罪。
- 混合法律体系的示例包括荷兰、加拿大和南非等。

3.1.2　回顾普通法体系

不同的法律体系的确很复杂，虽然并非只有成为一名律师才能通过 CISSP 考试，但针对各种类型的法律(民法、普通法、习惯法、宗教法和混合法)有概括性的理解也很重要。CISSP 考试会探究普通法系及其组成部分的具体细节。在普通法体系下，民法(Civil Law)处理对个人或组织造成的破坏或损失的行为，也称为侵权法(Tort Law)。非法入侵、殴打、过失和产品责任等都属于侵权法的范畴。对被告方民事诉讼胜诉的结果是经济赔偿和/或社区服务而非入狱。如果有人在民事法庭状告某人，陪审团会基于责任(Liability)归属而非有罪与否作出判断。若陪审团判定被告方对行为负责，则将决定案件的补偿性和/或惩罚性赔偿金额。

刑法(Criminal Law)在某个人的行为违反政府法律时使用，制定的目的是保护公众利益。一般情况下，民法通常规定有责任的一方向受害方赔偿一定数额的补偿金，而刑法的判罚通常是坐牢。例如，在 O. J. Simpson 案中，Simpson 首先在刑事法庭上获得无罪释放的判罚，此后却受到民事法庭的制裁。这种看似矛盾的事情确实可能发生，因为民事案件对证据的要求不如刑事案件严格。

 考试提示

民法通常起源于普通法(判例法)，案件由私人(当事人)提起，然后确定被告对伤害"负有责任"或"没有责任"。刑法通常是法令形式的，案件由政府公诉人提起，然后判决被告有罪或无罪。

行政/管理法(Administrative/Regulatory Law)涉及用于规范绩效和行为的监管标准，由政府机构制定，通常适用于公司及特定行业人员。例如，行政法规定写字楼必须配有烟雾探测和灭火系统，布置显眼的出口标志，且出口处不得封闭以防火灾发生时无法逃生。制造和包装食品、药品的公司必须满足多种标准，从而确保公众获得保护并具有知情权。如果某行政法案件判定某公司未能遵循所适用的行政法规，则公司高管将面临追责。例如，某公司制造的轮胎由于没有遵循制造安全标准，在使用若干年后可能发生爆胎，且该公司高管明知道这个情况却为了确保收益而选择无视，那么高管很可能将面临违反行政法、民法甚至刑法的指控。

3.2　网络犯罪与数据泄露

到目前为止，本章仅笼统讨论了法律和法规以提供一些背景信息。现在将深入了解与网络安全专家最相关的法律法规。全世界的反计算机犯罪法律也统称为网络法律(Cyber-law)，都致力于处理诸如针对资产的未授权修改或破坏、敏感信息的泄露以及恶意软件的使用等核心问题。

人们通常只会联想到犯罪过程中的受害方和所使用的系统，但实际上存在三种类型的计算机犯罪和相关法律。计算机辅助犯罪(Computer-assisted Crime)指使用计算机作为工具帮助实施犯罪。以计算机为目标的犯罪(Computer-targeted Crime)是指计算机成为专门针对其自身(及其所有方)实施攻击的受害方。在最后一类犯罪中，计算机不一定是攻击方或受害方，只是在攻击发生时碰巧涉及其中，这种攻击称为"计算机牵涉型攻击(Computer Is Incidental)"。

下面列举计算机辅助犯罪的一些示例：

- 利用金融系统实施欺诈
- 通过攻击政府系统获取军事和情报资料
- 通过攻击竞争对手，从事工业间谍活动并收集机密的商业数据
- 利用已劫持的具备影响力的账户开展信息战
- 从事激进黑客主义活动，即通过攻击政府或组织的系统或修改网站表达抗议

以计算机为目标的犯罪的示例如下：

- 分布式拒绝服务(Distributed Denial-of-Service，DDoS)攻击
- 从服务器上窃取口令或其他敏感数据
- 在他人的计算机上安装挖矿程序，开采加密货币(Cryptocurrency)
- 实施勒索软件(Ransomware)攻击

注意

计算机犯罪法律解决的主要问题包括：未授权的修改或破坏、泄露敏感信息以及使用恶意软件。

在计算机辅助犯罪和以计算机为目标的犯罪这两种类型之间，通常存在一些容易混淆的地带。因为直觉上似乎所有攻击都属于这两类攻击：一个系统实施攻击时，另一个系统遭受

攻击。两者的差异在于：在计算机辅助犯罪中，计算机仅是一个工具，用于实施传统意义上的犯罪。没有计算机，人们仍能实施盗窃、造成破坏、抗议组织(包括实施动物实验的公司等)的行为、获得敏感信息以及发动战争。因此，这些犯罪无论如何都会发生，只是计算机变成攻击方手中的一个工具。此时，计算机能帮助威胁行为方(Threat Actor)更有效地实施犯罪。

计算机辅助犯罪往往由普通刑法覆盖，而且并不总是归类于"计算机犯罪"。区分以计算机为目标的犯罪和计算机辅助犯罪的关键在于，以计算机为目标(Computer-targeted)的犯罪没有计算机就无法发生；而不使用计算机，仍可实施计算机辅助(Computer-assisted)犯罪。因此，针对计算机的犯罪在计算机普遍使用之前不存在，也不会发生。换句话说，在过去没有计算机的时代，无法实施缓冲区溢出攻击，也无法在敌人的系统中安装恶意软件。这些犯罪都涉及计算机本身。

如果某项犯罪属于"计算机牵涉型攻击"，那么表示计算机以某种次要方式牵涉其中，但这种牵连仍然重要。例如，Bob 有一个朋友在发行州立彩票的公司工作，这位朋友给了 Bob 接下来的三个彩票中奖号码的打印输出结果，Bob 将这些号码输入自己的计算机，那么此时这台计算机就只是存储空间。Bob 也可以只保存这张纸，而不是将号码输入计算机。另一个示例是牵涉儿童色情作品的犯罪，包括拥有或传播儿童色情照片或影像等。相关照片或影像可存储在某个文件服务器中，也可以是一张打印出的藏在某个犯罪分子抽屉里的图片。因此，如果某项犯罪属于这种类型，则表示虽然计算机之间未曾互相攻击，却仍以某种重要的方式参与了犯罪。

由于计算设备在现代社会中无处不在，以至于当今的大多数犯罪行为发生时都伴随着计算机。在某起致命的车祸中，警方可能没收司机的移动设备，寻找一切可能证明事故发生时司机正在发送短信的证据；在某起家暴案件中，调查人员可能申请搜查令以获取 Amazon Alexa 等家庭虚拟助手中的内容以寻找可能包含犯罪的证据记录。

有人可能会说："那又如何？犯罪就是犯罪，何必将犯罪划分成这些类型呢？"创建这些犯罪类型的目的在于使现有法律适于处理各种类型的犯罪，哪怕犯罪行为发生在数字世界中。假设某人在没有获得授权的情况下只是浏览了企业的计算机而并未造成破坏，那么，立法部门是否应制定一部新法律规定"不得浏览他人的计算机"，或只是适用现有的侵犯罪法律条款？如果某攻击方侵入交通控制系统并操纵所有信号灯同时变绿，又当如何处理？政府是否需要为这种行为展开制定新法律的争论？法院是否应该使用现成且熟知的过失杀人和谋杀罪法律条款？请谨记，犯罪就是犯罪，计算机只是用于实施传统犯罪的新工具。

但这并不意味着各国依赖书面上的法律条文就能保证每种计算机犯罪都受到现有法律的打击。很多国家不得不制定专门针对不同类型计算机犯罪的新法律。例如，美国已经制定或修订了下列法律打击各种计算机犯罪。

- 18 USC 1029：与接入设备相关的欺诈和相关活动(18 USC 1029: Fraud and Related Activity in Connection with Access Devices)
- 18 USC 1030：与计算机相关的欺诈和相关活动(18 USC 1030: Fraud and Related Activity in Connection with Computers)

- 18 USC 2510 等：有线和电子通信拦截和口头通信拦截(18 USC 2510 et seq.: Wire and Electronic Communications Interception and Interception of Oral Communications)
- 18 USC 2701 等：存储有线和电子通信及交易记录访问(18 USC 2701 et seq.: Stored Wire and Electronic Communications and Transactional Records Access)
- 美国数字千年版权法案(Digital Millennium Copyright Act，DMCA)
- 2002 年网络安全强化法案(Cyber Security Enhancement Act of 2002)

 考试提示

CISSP 考生不需要为准备 CISSP 考试而了解上述法律，这些法律只是一些示例。

3.2.1　网络犯罪的复杂性

既然已有一大批法律打击数字犯罪，是否预示着当今社会已经完全控制了网络犯罪呢？很遗憾，事与愿违，网络犯罪不仅不会很快消除，甚至还在逐年增加。有几个亟待解决的问题说明了为何这些非法活动没有得到完全阻止或抑制，包括如何正确识别攻击方、对网络采取何种必要的保护级别以及如何成功起诉已逮捕的攻击方等。

大多数攻击方通过伪造地址和身份并利用各种方法掩盖自己的踪迹而成功躲避追捕。攻击方侵入网络并窃取所寻找的资源，然后清除追踪其活动和行为的日志。因此，很多组织甚至对自己已遭入侵一无所知。即使组织发现了攻击方的活动，也只是得知组织内某个特定漏洞已经遭到攻击方的利用的告警，却往往无法识别攻击方的真实身份。

攻击方在展开攻击活动前通常会越过多个系统，导致事后追踪困难重重。以名为"跳板攻击"(Island-hopping Attack)的攻击方法为例：威胁行为方先破坏某个较易攻破的目标，并通过该目标既有的某种连接方式入侵最终目标。假设攻击方企图入侵如图 3-1 右侧所示的一家大型组织。该大型组织具备健全的网络安全能力，且依靠一家本地供应商生产特定零件。由于物流活动通常是自动化的，于是两家公司之间建立了可信通道，以便双方的计算机相互通信以获悉在何时何地需要更多零件。此外，本地供应商依靠一家小型企业为零件生产特殊螺丝。这家螺丝制造商规模小到只雇用了几名在业主车库外工作的员工，对于攻击方而言是一个轻而易举的目标。于是，网络犯罪分子无须直接针对大型组织展开攻击，而是可以攻击并利用螺丝制造商内不安全的计算机入侵本地供应商的网络并站稳脚跟，然后借助该供应商与防御严密的大型组织之间的信任关系和可信通道最终入侵目标系统。由于利用了供应链中固有的信任机制，这种特殊类型的跳板攻击也称为供应链攻击(Supply-chain Attack)。

多数受到攻击的公司通常只希望确保攻击方所利用的漏洞得到修复，而不愿花费时间和金钱追捕并起诉攻击方。这是网络犯罪分子逍遥法外的主要原因。按照法律要求，包括金融机构等在内的一些受监管组织必须报告违法事件。然而，大多数组织并不报告违法或计算机犯罪事件。没有组织愿意将自己的丑事公之于众，以防客户、股东和投资方失去信心。由于大多数计算机犯罪都没有报案，因而无法得到确切的统计数字。

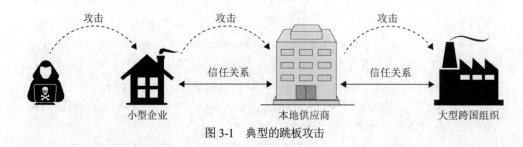

图 3-1　典型的跳板攻击

尽管法律、法规和攻击事件有助于高级管理层进一步意识到安全问题，但这些不一定构成高管们关心安全工作的动机。而一旦公司出现在报纸头版，指明这些高级管理层如何失去对 10 万多个信用卡号码的控制，那么安全就变得至关重要了。

注意

虽然按照法律规定，金融机构必须报告安全违规和犯罪事件，但并不代表所有金融机构都会遵守这些法律。像多数其他组织一样，某些金融机构常常只是修复漏洞，然后将受攻击的细节掩盖起来。

3.2.2　攻击的演变

网络犯罪方已从无所事事、有太多空闲时间的青少年升级为具有明确方向和目标的有组织犯罪集团。20 世纪 90 年代早期，攻击方主要由享受攻击刺激的人群构成。人们将网络攻击活动视为一项富有挑战的游戏，没有造成伤害的企图。过去，攻击方攻陷大型网站(Yahoo!、MSN 和 Excite)的目的是登上新闻头条，并在同行中炫耀。之后，病毒作者编写了不断自我复制或执行某种无害行为的病毒，尽管这些病毒本可实施更恶意的攻击。不幸的是，如今，随着 Internet 成为商业活动的主要场所，攻击目的呈现出险恶化趋势。而攻击的演变也推动了防病毒(Antivirus)软件或防恶意软件(Antimalware)产业的发展。

三股强大的力量在 20 世纪 90 年代中后期汇聚在一起，推动了网络犯罪向前发展。首先，随着 Internet 使用的爆炸式增长，计算机成为犯罪分子们更有利可图的新目标。其次，大量计算机专家断了生计。其中部分人转向网络犯罪，以此作为在艰难时期生存的一种方式。最后，随着对计算系统需求的增加，很多软件研发团队往往只顾着争先恐后地抢占市场却忽视了其研发的产品的安全性，为来自世界各地的远程攻击创造了一片沃土。这三股力量导致了一种新型网络犯罪分子的出现，这些网络犯罪分子拥有的知识和技能很快让多数防御方不知所措。随着威胁增加的影响逐渐浮出水面，世界各地的组织逐渐开始重视安全性，试图避免在面临网络犯罪行为时遭受损失。

在 21 世纪初期，网络犯罪分子从各自为政转变为有组织的网络犯罪团伙。这一变化极大地提高了攻击方的能力，并帮助威胁行为方瞄准已构筑起较强网络安全防御体系的目标。这种转变还导致在全球范围内创建庞大的、持久的、以攻击为目的的基础架构(Infrastructure)。在网络犯罪分子攻击和利用当前计算机目标后，还将长久保有用于攻击的基础架构以支持未来的攻击行为。如今，将受利用的计算机目标称为恶意僵尸(Malicious Bot)，众多的恶意僵尸则会组织成僵尸网络(Botnet)。僵尸网络可用于执行 DDoS 攻击、传输垃圾邮件或色情内容，或者执行攻击方命令僵尸软件(Bot Software)执行的任何操作。图 3-2 显示了网络犯罪分子恶意利用受破坏计算机的各种方式。

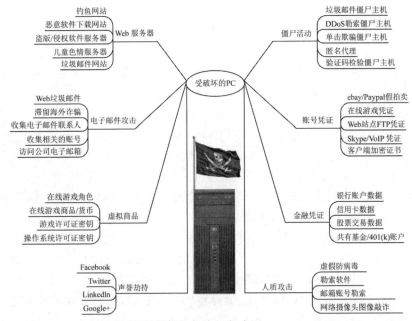

图 3-2　恶意利用受破坏计算机的各种方式(来源：www.krebsonsecurity.com)

考试提示

术语"脚本小子"(Script Kiddie)是指如果无法从 Internet 或者其他渠道获得特定工具便会因其自身不具备必要的攻击技能而无法实施特定攻击的初级攻击方，考生可能会在考试中或其他地方看到该术语。

有组织网络犯罪的最新发展模式是所谓的攻击即服务(Hacking as a Service，HaaS)的出现。所谓 HaaS，其实是对以软件即服务(Software as a Service，SaaS)为代表的云计算服务模式的一种戏谑。HaaS 代表了网络攻击技能的商业化，提供对工具、目标列表、凭证、攻击方雇佣甚至客户支持的访问。在过去几年，HaaS 的市场需求数量呈现出显著增加的趋势。

很多时候，攻击方只是扫描系统寻找运行中存在漏洞的服务或在电子邮件中给毫无防备的受害方发送恶意链接，此时的攻击方只是在随机地寻找可进入任意网络的方法，以漫无目的心态攻击网络。另一种更危险的攻击方则已瞄准某个企业，决心找出弱点并实施破坏。打个比方，那种逛来逛去、挨个试试门把手、看看哪个没上锁的小蟊贼，远远不如那种成天监视特定目标进出，探析特定目标的活动规律、工作地点、车辆品牌、家庭成员信息，并耐心等待特定目标最脆弱之时成功予以致命一击的敌对方危险。

在信息安全行业中，称第二类攻击方为高级持续威胁(Advanced Persistent Threat，APT)。

这是一个在军事领域用了多年的术语，数字领域越来越像战场，所以 APT 这个术语也变得越来越贴切。APT 不同于传统的普通攻击方之处在于：APT 往往是一群专业的攻击方，而非单兵作战。APT 攻击方既有知识又有能力，寻找一切可利用的途径进入想要攻击的环境。APT 非常专注和主动，可积极且成功地利用各种不同的攻击方法渗入目标网络，在环境中站稳脚跟，之后便悄悄隐藏起来。

术语中的"高级"指 APT 攻击方具有广博的知识、能力和技巧。"持续"指攻击方并不急于发起攻击，而是等到最有利的时机和攻击向量时才发动攻击，从而确保行为的隐蔽性。这也称为慢速攻击("Low and Slow" Attack)。这类攻击由经验丰富的攻击人员参与协作，而不仅是自动注入其载荷的病毒类威胁。APT 目标明确且具体，往往组织周密、资金充足，因此成为最大的威胁。

实施 APT 攻击时，攻击方通常使用专门为目标构建的恶意代码，一旦渗入环境后便有多种藏身方法，包括自我复制并自我升级变化成多种形态以及安插多个不同的"锚点(Anchor)"等，因此即使发现了蛛丝马迹，也难以根除。恶意代码一旦在目标环境中安装完成，通常会和普通的僵尸网络一样建立隐蔽的后台通道，于是攻击方团队就可远程控制目标系统。这种远程控制功能确保攻击方可遍历网络，持续地非法访问关键资产。

APT 渗透通常很难用主机型解决方案检测出来，因为攻击方的代码经历了一系列测试，可抵挡市场上最新的威胁监测应用程序的检测。检测 APT 渗透威胁的常用方法是观察网络流量的变化。例如，来自公司网络的 DNS 查询请求的变化可能表明 APT 已经侵入网络环境，正在使用 DNS 隧道建立对受破坏主机的命令和控制。由于如今在网络环境中可运用好几种技术检测这类流量，所以 APT 也可能有多个控制中心与之通信，这样，即使受害方检测到并移除一个恶意连接，APT 还有其他活跃通道可利用。APT 也可能使用 HTTPS 加密隧道，这样就无法读取传输过程中的数据。图 3-3 是 APT 活动常用的步骤和所造成的后果。

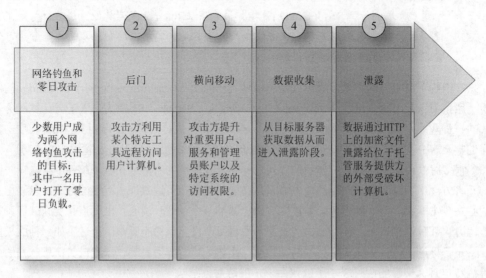

图 3-3   攻击受害环境并盗取敏感数据

入侵网络的方法有很多种(例如，利用 Web 服务、诱惑用户打开电子邮件链接及附件、利用远程维护账户获取访问、利用操作系统及应用程序漏洞和破坏家庭用户的连接等)。每种漏洞都有相应的修复办法(例如，补丁、正确配置、安全意识培训、适当的凭证使用实践和更有效的加密技术等)。不仅这些修复办法需要落实到位，还需要充分有效地意识到问题。企业需要拥有更强能力的专家团队以确保及时判断出网络正在发生的问题，这样才能快速精准地抵御攻击方的侵害。

常见的 Internet 犯罪骗局

- 商业电子邮件泄露
- 商业欺诈
- 慈善或灾难欺诈
- 假冒处方药(Counterfeit Prescription Drugs)
- 信用卡欺诈
- 选举犯罪和安全(Election Crimes and Security)
- 身份盗窃
- 非法体育博彩
- 尼日利亚信件欺诈(或称"419"欺诈)
- 庞氏/金字塔骗局
- 勒索软件
- 性勒索

通过访问以下链接了解这些类型的计算机犯罪是如何实施的：

https://www.fbi.gov/scams-and-safety/common-scams-and-crimes。

堡垒总从内部攻破

多数组织都不愿意承认这样的事实：即敌人也可能是内部员工，同样在公司内部工作。人们理所当然地认为威胁来自外部环境的未知面孔。内部员工可直接、优先访问公司资产；与从外部实体进入网络的流量相比，内部员工没有受到足够多的监测。过多的信任、直接访问和缺乏持续监测等因素结合起来，造成企业往往忽视来自内部的欺诈和滥用。

近年来，有多起这样的犯罪案例发生，即公司的内部员工贪污挪用公款或在解雇或裁员后实施报复性攻击。巩固防御免受外部力量的伤害固然重要，但企业需要清晰地认识到内部其实更脆弱。企业要掌握正式员工、外部承包商和临时工等可直接访问公司关键资源的人员所带来的风险，并实施相应的安全对策。

时移世易，威胁行为方之间的界线有时是模糊的。之前已经描述了将攻击行为定位到特定个人并提起刑事指控的难度。而让提起诉讼变得更加困难的，是某些政府与本国犯罪集团合作的行为。

具体运作方式如下：某些政府会对本国犯罪组织针对其敌对国家实施的网络犯罪活动熟

视无睹。甚至，当某个政府需要混淆对另一个政府所实施的攻击时，会利用其一直保护或容忍的网络犯罪团伙，并告知网络犯罪团伙对特定目标实施何种攻击行为。对于受害目标而言，这些攻击行为看起来像是某种普通的网络犯罪，然而实际上，攻击的背后具有国家意志和企图。

因此，由于攻击的复杂程度继续增加，这些攻击的危险性也不断增加，形势日趋严峻。

到目前为止，已罗列出打击计算机犯罪时遇到的一些困难：Internet 为攻击方提供了匿名的能力；攻击方正在组织并实施更复杂的攻击；法律体系不能及时跟上此类犯罪；组织直到现在才将数据视为必须保护的资产。所有这些复杂性都对恶意攻击方有利，但是，如果面临发生在不同国家的攻击，又该如何应对这种复杂性呢？

3.2.3　国际化问题

如果乌克兰的一名攻击方攻击了法国的一家银行，那么哪国拥有该案件的司法管辖权呢？这两个国家如何联合起来确定犯罪分子的身份并执行审判？应由哪个国家负责追踪犯罪分子？还有，应将这名犯罪分子引渡到哪个国家的法庭审判？目前，国际社会并不十分清楚上述问题的答案：简而言之，视情况而定。

当计算机犯罪跨越国境时，这类问题的复杂度会显著增加，将犯罪分子绳之以法的可能性随之降低。这是因为各国法律体系存在差异，一些国家没有适用于计算机犯罪的法律；司法管辖权也可能引起争议。此外政府之间可能并不想彼此紧密合作。

在不同国家联合打击计算机犯罪方面，国际社会一直在努力寻找并确定一个统一标准，原因就是跨越边境实施计算机犯罪简直轻而易举。虽然外国的攻击方可通过 Internet 轻易向沙特阿拉伯的一家银行发送恶意数据包，但由于法律体系、文化及政治因素，这些国家很难有联合起来打击犯罪的动力。

欧洲理事会网络犯罪公约(Council of Europe Convention on Cybercrime，CECC)，或称布达佩斯公约(Budapest Convention)，是针对网络犯罪创建的国际规范。事实上，这是有史以来第一个通过协调国际法和改善调查技术与国际合作打击计算机犯罪的国际公约。该公约的要求之一是签署国必须通过国家立法禁止包括攻击(Hacking)、与计算机相关的欺诈和儿童色情制品等在内的一系列网络犯罪。此外，公约的目标还包括建立一套框架，确立针对被告的司法管辖权和引渡准则。例如，只有当某个事件在两个司法管辖权区域内都构成犯罪时，才能实施引渡。截至 2021 年 4 月，不仅是欧洲国家，全球已有 68 个国家签署或批准了该公约，此举为在全球范围实现可互操作的有效网络犯罪立法工作做出了贡献。联合国(UN)数据表明当今世界上有 154 个国家，即占全球总数 79% 的国家已经制定了网络犯罪相关法律。各国法律当然有所不同，但基于组织开展业务的地理位置和对象，这些网络犯罪相关法律都可能对组织产生影响。

3.2.4　数据泄露

最常见的网络犯罪往往与窃取敏感数据相关。事实上，几乎每个月都会听到重大信息泄露事件遭到曝光的情况。数据是当今大多数公司的命脉，对组织价值连城。当然，威胁行为方也知道这一点，并且在过去几年中投入大量精力破坏和利用这些存储的数据。这种攻击趋势有增无减，导致数据泄露成为当今网络安全领域中最严峻的问题之一。

在某种程度上，数据泄露是隐私的对立面：数据所有方失去了对谁有权访问数据的控制。若组织未能妥善保护客户数据的隐私，就会增加数据泄露发生的可能性。因此，法律和法规问题同时适用于数据安全和隐私保护的场景就不足为奇了。

需要注意，数据泄露不一定涉及侵犯个人隐私。事实上，一些最广为人知的数据泄露事件与个人身份信息(Personally Identifiable Information，PII)无关，而与知识产权(Intellectual Property，IP)关系密切。所以，关于数据泄露(Data Breach)的更准确定义是：数据泄露是一种会导致未经授权的人员对受保护信息的机密性或完整性构成实质或潜在破坏的安全事件。受保护的信息可以是个人身份信息、知识产权、受保护健康信息(Protected Health Information，PHI)和机密信息，或者对个人或组织造成损害的其他任何信息。

个人身份信息

个人身份信息(Personally Identifiable Information，PII)指可用于识别唯一身份，联系或定位个人，或与其他资源一起标识唯一个人的数据。攻击方常利用 PII 数据实施身份盗窃、金融犯罪和各种犯罪活动，因此需要高度保护 PII 数据的安全。

定义和识别 PII 看似简单，但不同国家、联邦政府和州政府对于认定哪些信息属于 PII 数据却有所不同。

美国管理和预算办公室(Office of Management and Budget，OMB)在其备忘录 M-07-16《防范应对个人身份信息泄露指南(Safeguarding Against and Responding to the Breach of Personally Identifiable Information)》中，将 PII 数据定义为"无论单独使用还是与其他个人信息或与特定个人关联的识别信息结合使用，PII 数据都可用于区分或追踪个人身份"。因此，确定哪些信息构成 PII 数据，取决于对用于标识唯一个人信息的可能性的具体风险评估。这些规定和描述都很好，但很难真正帮助企业识别可能是 PII 的信息。此处列出典型的 PII 数据：

- 全名(不常见的全名)
- 国家身份证号码
- 家庭地址
- IP 地址(仅在某些场景下适用)
- 车辆牌照号码
- 驾照号码
- 面部、指纹或笔迹
- 信用卡号码
- 数字身份证
- 生日
- 出生地
- 遗传信息

以下条目很少使用，因为通常很多人使用的这些信息都是类似的。但这些信息也可归属于 PII 类别，可能需要妥善保护，以防不当泄露：

- 姓和名(常见的姓和名)
- 居住的国家、州和城市
- 年龄，特别是在不特殊的情况下
- 性别和种族
- 就读学校名称和工作单位名称
- 成绩、薪水和工作职位
- 犯罪记录

安全专家应熟知数据泄露将触犯何种法律法规和监管合规要求。另外，美国大多数州以及多个其他国家都颁布了有所区别的法律，这些法律在通知规定方面有一些微妙但重要的差异；这就对安全专家提出更高要求。如前所述，在处理法律方面的问题时，最好咨询一下专业律师。本节仅介绍应了解的一些法律要求。

有关数据泄露的美国法律

前几节介绍了美国与网络犯罪相关的各种法规。尽管企业尽了最大努力，但有时信息系统仍会受到攻击，个人信息安全控制措施仍会遭到破坏。接下来重点介绍一些与数据泄露最相关的法律：

- 《加州消费者隐私法(California Consumer Privacy Act，CCPA)》
- 《健康保险流通与责任法案(Health Insurance Portability and Accountability Act，HIPAA)》
- 《经济与临床健康信息技术法案(Health Information Technology for Economic and Clinical Health Act，HITECH Act)》
- 《格雷姆-里奇-比利雷法案(Gramm-Leach-Bliley Act，GLBA)》(1999)
- 《经济间谍法(Economic Espionage Act，EEA)》(1996)

有必要重申一下，数据泄露不仅是对客户隐私的侵犯。当威胁行为方破坏目标公司的网络并盗取其知识产权(Intellectual Property，IP)时，数据泄露事件就发生了。本节中讨论的其他法律涉及保护民众的个人身份信息，而经济间谍法保护的是企业的知识产权。想到数据泄露时，同时考虑个人身份信息泄露和知识产权泄露十分关键。

在美国，几乎每个州都颁布了要求政府和私营实体披露涉及 PII 数据泄露事件的法律。其中最重要的可能是 2020 年生效的《加州消费者隐私法(California Consumer Privacy Act，CCPA)》，CCPA 可能是美国众多关于 PII 违规行为的州法律中涉及范围最广且影响最深的。几乎在所有州颁布的法律中都将个人身份信息(PII)定义为姓氏和名字与下列某一项的组合：

- 社会保险号码
- 驾照号码
- 带有安全码或个人识别码(Personal Identification Number，PIN)的信用卡或借记卡号码遗憾的是共同点仅此而已。各州法律差别很大，对于多数公司而言要符合所有州立法律是一项相当困难且代价高昂的工作。例如，在某些州，对包含个人身份信息的文件的简单访问就会触发"通知(Notification)"要求，而在其他州，只有数据泄露且有理由相信可能导致非法使用数据时，组织才有必要去通知受影响的各方。安全专家们相信 CCPA 将成为其他州树立披露 PII 违规行为的榜样，甚至可能成为其他国家用于立法的模板。

有关数据泄露的欧盟法律

与其他国家交换数据的全球性组织必须了解并遵守经济合作与发展组织(Organisation for Economic Co-operation and Development，OECD)的《保护个人隐私和个人数据跨境传输指导原则(Guidelines on the Protection of Privacy and Transborder Flows of Personal Data)》。由于大多数国家定义个人数据及其保护方法的法律不同，因此开展国际贸易和业务运营可能非常棘手并给国民经济造成负面影响。OECD 是帮助不同的政府开展合作，处理经济全球化过程中所面临的经济、社会和管理挑战的国际性组织。因此，OECD 为不同的国家提供指导原则，以对数据施加适度保护并确保每个国家都遵守一致的规则。

OECD 定义的八项核心原则如下。

- **收集限制原则(Collection Limitation Principle)**：个人数据的收集应当受到限制，以合法和公正的方式获得，且得到主体的认可。

- **数据质量原则(Data Quality Principle)**：保留的个人数据应当是完整和最新的，与其使用目的相关。

- **目的说明原则(Purpose Specification Principle)**：在收集个人数据时应当向主体告知原因，组织应仅将收集的个人数据用于指定目的。

- **使用限制原则(Use Limitation Principle)**：只有得到主体或法律权威机构的同意，才能披露个人数据、公开以便使用或用于上述声明之外的其他目的。

- **安全防护原则(Security Safeguards Principle)**：应当采用合理的防护措施保护个人数据免受丢失、未授权的访问、更改以及泄露等威胁。

- **开放性原则(Openness Principle)**：与个人数据有关的研发、实践和策略应当开放交流。此外，主体应能方便地确立个人数据的存在和性质、用法、身份以及组织保管这些数据的常规位置。

- **个人参与原则(Individual Participation Principle)**：主体应能发现组织是否拥有其个人信息以及信息的具体类型，纠正错误数据。

- **可问责性原则(Accountability Principle)**：组织是否遵循了前几个原则所支持的各项措施，应当记录证据以支持可问责性(Accountability)。

注意

如果需要了解更多与 OECD 指导原则的相关信息，请访问 www.oecd.org/internet/ieconomy/privacy-guidelines.htm。

虽然 OECD 指导原则是一个良好开端，但并非是强制或通用的。欧盟(European Union，

EU)相比于世界上其他多数国家而言更关注个人隐私，因此在 1995 年颁布了《数据保护指引(Data Protection Directive，DPD)》。DPD 作为一份指引性文件虽不直接强制执行，但欧盟要求成员国制定与 DPD 相一致的法律。目的是在欧盟范围之内制定一系列法律，要求欧盟的组织加强对欧盟公民的个人数据和隐私保护。相应地，美国的组织可通过符合安全港隐私原则(Safe Harbor Privacy Principles)实现欧盟隐私法律的监管合规要求。但由于诸多原因，这个由指引、法律和原则组成的数据安全和隐私保护体系无法起到很好的效用，并最终由 GDPR 取代。

2016 年 4 月，欧盟正式通过《通用数据保护条例(General Data Protection Regulation，GDPR)》，并于 2018 年 5 月正式生效。这是一个保护欧盟公民个人数据和隐私安全的法案。与 DPD 的不同之处在于，GDPR 对于所有 27 个欧盟成员国均具有法律效力，也就意味着各成员国无须重新制定相应法律。GDPR 帮助成员国的各个组织更简单地了解自己的职责。值得注意的是，GDPR 的要求非常严格，违反 GDPR 最多将对某个组织处以其全球收入 4% 的罚款。对于像 Google 这样的公司而言，不合规的代价可能意味着高达 40 亿美元的罚款。

GDPR 定义了三类相关主体：

- **数据主体(Data Subject)：** 数据所属的个人
- **数据控制方(Data Controller)：** 收集欧盟公民数据的组织
- **数据处理方(Data Processor)：** 替数据控制方处理数据的组织

只要 GDPR 定义的三类实体中的任何一个在欧洲，或数据控制方或数据处理方拥有属于欧盟公民的数据，就适用 GDPR。GDPR 会影响每个持有或使用欧盟公民个人数据的组织，不论该组织是否位于欧洲。例如，某家位于美国的公司从未与欧盟有过业务往来，但由于曾有一名欧盟公民在该公司实习，那么该公司就有可能必须遵守 GDPR 要求，否则将面临高额罚款。

GDPR 包含的隐私数据类型比欧洲以外法律规定和要求的更多，包括：

- 姓名
- 地址
- ID 号
- Web 数据(物理位置、IP 地址和 Cookie)
- 健康和基因数据
- 生物信息
- 种族或民族数据
- 政治倾向
- 性取向

为确保数据得到保护，GDPR 要求数据控制方和数据处理方指定一名数据保护官(Data Protection Officer，DPO)。DPO 是一个内部的半独立职位，其职责是保证组织机构遵循 GDPR 的要求。按照 GDPR 的定义，DPO 并非组织是否合规的最终责任人。DPO 承担的实际责任是监督合规情况，向管理层提出何时和如何实施数据保护影响评估的建议，并且维护需要的所有记录。

GDPR 的主要规定如下。

- **同意权(Consent)：**数据控制方和数据处理方没有获得数据主体明确同意之前，不能使用数据主体的个人数据。
- **知情权(Right to Be Informed)：**数据控制方和数据处理方必须告知数据主体在当前和将来针对其个人数据所确定的使用方式或可能的使用方式。
- **限制处理权(Right to Restrict Processing)：**数据主体可同意保存其数据但不允许处理这些数据。
- **遗忘权(Right to Be Forgotten)：**数据主体可要求其他主体永久删除其个人数据。
- **数据泄露(Data Breaches)：**数据控制方必须在发现数据泄露情况后的 72 小时内向监管机构报告。

其他国家有关数据泄露的法律

世界各地的各种法律如大杂烩一般，包含着不同的针对数据泄露事件的通知要求。在撰写本书时，联合国至少列出 62 个没有任何法律强制通知要求的国家。这令人担忧，因为已有某些不道德的组织将其数据处理运营工作外包给没有数据泄露法律的国家，借此规避用于协调不同国家和州关于数据保护要求的繁重工作和困难。

尽管一些人诟病欧盟的 GDPR 限制性太强且成本高昂，但 GDPR 实际上已成为其他国家实施类似立法的典范。以 2020 年全面生效的两项最新数据保护法律，即巴西的《一般个人数据保护法(Lei Geral de Proteção de Dados，LGPD)》和泰国的《个人数据保护法(Personal Data Protection Act，PDPA)》为例，这两部法律都适用于处理该国居民个人信息的所有组织，且无论这些个人信息是否实际位于该国境内。泰国的 PDPA 甚至进一步明确了被告方在情节特别恶劣的案件中面临的监禁时间。

重申一下，考生无须为了获取 CISSP 认证而去了解前文提及的每项国际法律。但即使不知道所任职的组织在这些国家和地区有无商业利益，安全专家也应意识到这些法律的存在以及对业务或网络安全的潜在影响，并咨询公司的法务或合规团队以确定哪些法律适用于本组织。

进出口控制

当组织试图与世界其他地区的组织合作时，另一个复杂的因素是进出口法律。每个国家/地区对于允许进入其边界的物品和允许出境的物品都有自己的规范。

了解组织在与世界其他地区的实体交互时所必须满足的进出口要求至关重要。如果组织在开始时没有聘请专业对口的律师参与并遵循已批准的流程，可能会无意中违反某个国家的法律或国际条约。

3.2.5　跨境数据流

虽然人们通常认为进出口管制适用于商品，但实际上不断出入于各国之间的更常见资产却是数据。不出所料的是，已有相关法律、法规和流程规范组织可将哪些数据移动出境，并规定了数据移动的地点、时间、原因、方式和由谁移动。跨境数据流(Transborder Data Flow，

TDF)是指机器可读数据跨越国境线等政治边界的移动。数据的生成或获取发生在某个国家境内，但由于这些数据可能会在其他国家存储和处理，于是就有了跨境数据流。这种情况在现代互联的世界中屡见不鲜。例如，当某位游客预订海外差旅的航班时，想象一下其个人数据将前往的所有地方，尤其是旅途有中转和停留的情况。

注意

跨境(Transborder)数据流也称为越境(Cross-border)数据流。

一些政府通过制定数据本地化(Data Localization)法律控制跨境数据流，要求某些类型的数据在国家的边界内存储和处理，甚至明确规定数据的存储位置。立法有很多初衷，但终究是通过确保落实更高的隐私保护标准或更方便地监测公民(尝试在境外从事)的活动以保护本国公民。数据本地化可能增加组织在某些国家或地区开展业务的成本，因为组织可能必须在该国家或地区提供并保护信息系统，否则业务活动将遭到禁止。

具有讽刺意味的是，最初引发数据本地化问题的技术趋势——云计算服务，最终却成为以具备成本效益的方式解决数据本地化问题的重要工具。一开始，云计算服务承诺通过以跨地域转移存储负载等企业负担得起的方式提供对资源的全球化访问。近期，世界上主要的云服务提供商已通过提供更多的服务可用区域(有时甚至精准落实到个别国家)确保数据的本地保存，以遵循数据本地化法律。

3.2.6 隐私

随着全世界对计算机技术的日益依赖，隐私正受到越来越大的威胁。有若干种处理隐私问题的方法，其中包括通用方法和行业法规。通用方法是横向制定(Horizontal Enactment)的法律法规，其规则跨越行业边界，涵盖包括政府在内的所有行业。行业法规是纵向制定(Vertical Enactment)的，定义了特定垂直领域的纵向要求，包括金融部门和医疗卫生行业等。无论哪种处理方法，隐私保护的总体目标由两部分构成。首先，这些保护措施旨在保护公民的个人身份信息(PII)。其次，在考虑安全问题的同时，这些措施旨在平衡政府和企业收集及使用 PII 的需要。

为应对个人隐私保护的严峻局面，各国都颁布了隐私法。例如，尽管美国已经有了《联邦隐私法案(1974 年)(Federal Privacy Act of 1974)》，但仍然制定了包括《格雷姆-里奇-比利雷法案(1999 年)(Gramm-Leach-Bliley Act，GLBA of 1999)》和《健康保险流通与责任法案(Health Insurance Portability and Accountability Act，HIPAA)》在内的多项新法律以响应与日俱增的保护个人隐私信息的需求，这都是处理隐私问题的纵向方法的示例。相对地，欧盟的《通用数据保护条例(General Data Protection Regulation，GDPR)》、加拿大的《个人信息保护和电子文档法案(Personal Information Protection and Electronic Documents Act，PIPEDA)》和新西兰的《隐私法案(1993 年)(Privacy Act of 1993)》则是横向方法的示例。如今，大多数国家和地区的法律法规中都涵盖了隐私要求，因此安全专家需要了解这些条款对企业的信息系统及其安全性的影响，以免在法律层面遭遇令人不快的意外情况。

3.3 授权许可与知识产权要求

无论在国内或国际上违反知识产权法都会令组织陷入麻烦之中。如前所述，知识产权(Intellectual Property，IP)是人类智慧的产物。知识产权由某人独创的想法、发明或表达方式组成，并可防止他人未经授权使用。歌词、发明、标志和秘方等都属于知识产权的范畴。知识产权法不一定关注谁对谁错，而是着眼于组织或个人如何保护其合法拥有的知识成果免遭未经授权的复制或滥用，以及一旦这些受法律保护的权利遭到侵犯应采取何种行动以维护自身的合法权益。

知识产权的所有方通过授予许可证以指定授权使用方和使用条件。许可证(License)是知识产权所有方(许可方)和其他人(许可持有方)之间的协议，许可方授予许可持有方以非常特定的方式使用知识产权的权利。例如，除非许可持有方通过支付订阅费用等方式续购许可证，否则对知识产权的使用时间仅为一年，过期作废。协议中的另一项常见条款是许可是否专属于许可持有方；许可证在某些特定情况下可转让，但通常是不允许的；这意味着只有许可持有方(而非许可持有方的家属或朋友)才有资格使用许可证。

如果许可方未适当保护其知识产权，则许可证或许会失去意义。组织必须针对所宣称的知识产权实施各种保护措施，并证明在保护知识产权的过程中履行了适度关注(Due Care)，即采取了合理的保护行动。如果某个雇员给朋友发送了一份文件，公司指控该雇员非法共享知识产权并予以解雇。当该雇员起诉公司非法解雇自己时，公司必须向法庭和陪审团出示证据，说明这份文件对公司很重要的原因以及一旦非法共享文件会给公司造成怎样的损失；此外，最重要的是公司为保护这份文件做过哪些努力。如果公司没有尽力保护这份文件，同时没有告知员工不得私下复制或未经授权共享该文件，那么公司很可能输掉这场官司。然而，如果公司确实针对该文件采取了各项保护措施，同时在员工手册里通过适当的使用策略告知员工私下复制或非授权共享该文件中的信息是错误的，并且处罚将是终止合同，那么法庭将判定解雇该员工是合法的。

知识产权基于资源类型可受到多种不同法律机制的保护。作为一名 CISSP 专家，应了解四种类型的知识产权法：商业秘密(Trade Secret)、版权(Copyright)、商标(Trademark)以及专利(Patent)。下面将深入讨论这些主题，然后是有关内部保护知识产权和打击软件盗版的提示。

3.3.1 商业秘密

商业秘密法保护特定类型的资源免受未授权使用，也不允许公开。如果公司想让某项资源具备商业秘密(Trade Secret)资格，那么该资源必须给公司带来竞争价值或优势。如果一项资源需要专门技术、独创性和/或花费金钱与精力才能研发，那么该资源就受商业秘密法律保护。这意味着公司不能将类似于"天空是蓝色的"这种众所周知的信息作为商业秘密。

商业秘密(Trade Secret)是公司的特有资产，对其生存和盈利起到巨大作用。软饮料(可口可乐或百事可乐等)所使用的配方就是一种商业秘密。公司所声明的商业秘密资源必须严格保密，并应施以合理的安全措施和机制予以保护。商业秘密还可以是某个新算法、某个程序的源代码、软糖制作方法或烤肉酱的成分配方。商业秘密也没有过期之说，除非这个信息不再是秘密，或不再为公司赚取经济效益。

商业公司普遍要求员工签署保密协议(Non-disclosure Agreement，NDA)，声称员工理解其内容并承诺不与竞争对手或未授权个人共享公司的商业秘密。公司通过要求员工签署 NDA 以告知员工保护商业秘密的重要性，威慑非授权共享该信息的行为，并可在员工泄露商业秘密时确保公司有权解雇员工或追讨罚款。

一位在 Intel 任职的初级工程师在离开原公司岗位，跳槽去新雇主 AMD 公司工作时盗走了 Intel 估值 10 亿美元的商业秘密[1]。人们发现该工程师在对手公司开始新工作后，仍可访问 Intel 最机密的信息，甚至使用 Intel 为其提供的笔记本电脑下载含有大量有关 Intel 公司新处理器研发和产品发布信息的 13 份重要文档。遗憾的是，这样的安全事故屡见不鲜，公司需要不断应对保护重要数据所带来的挑战。

3.3.2　版权

在美国，版权法(Copyright Law)赋予原创作品的作者控制其原创作品公开发行、翻印、展览和修改的权利。版权法覆盖多种类型的著作，包括绘画、书法、音乐、戏剧、文字、哑剧、电影、雕塑、录音和建筑等。版权法不像商业秘密法那样保护特定资源，版权法保护的是资源相关创意独特的外在表达方式(Expression)而非内容本身。版权法通常用于保护作者的文献、艺术家的画作、程序员的源代码或音乐家创作的旋律和结构等。以计算机程序和手册为例，一旦问世便受美国《联邦版权法案(Federal Copyright Act)》保护。虽然不要求加上警告或版权符号(©)，但还是鼓励这么做，这样一来，如果有人抄袭了其他人的作品，那么抄袭方将不能声称自己是无辜的。

版权保护并不延展到运营、流程、概念或程序等方面，但确实能防止对作品的未授权复制和散布。版权法只保护题材的外在表达方式，而非其本身。专利更多地针对发明本身，而版权则涉及如何再生产和分发。从这个角度看，对版权的保护弱于对专利的保护，但版权保护的时间更长。版权的保护期是在受保护方的寿命基础上再加上 70 年。如果作品是多位作者共同制作的，那么版权的保护期涵盖最后一位作者去世后的 70 年。

计算机程序可像文学作品一样由版权法提供保护。版权法保护源代码和目标代码，可以是操作系统、应用程序或数据库。某些情况下，法律不仅保护代码，还保护结构、序列和组织。用户界面是软件应用程序结构定义的一部分，因此，某家供应商不得复制其他供应商用户界面的完整布局。

越来越多的"盗版软件(Warez)"站点使用 BitTorrent 协议，导致版权侵权案件数量激增。BitTorrent 是一种点对点文件共享协议，也是最常用于传输大型文件的协议之一。"盗版软件"一词指受版权保护的作品在未支付费用或版税的情况下传播、交易，从而违反版权法。这个术语通常指在未经授权在群组之间发布，而非在朋友之间共享文件。

执法部门往往忙于大型犯罪案件而无暇顾及执法难度高却"无足轻重"的盗版软件类案

---

[1]　译者注：Biswamohan Pani 泄密案。

件，导致一旦盗版站点发布受版权保护的材料，便难以清除。另一方面，盗版站点服务器实际上可能位于境外，于是司法管辖权的问题会导致事情更复杂，更别说有些国家根本就没有版权法。电影和音乐唱片公司因为有充足的资金支持以保障既得利益，往往最容易打赢这类官司。

3.3.3　商标

商标(Trademark)和版权略有差异，用于保护词汇、名称、符号、声音、形状、颜色、设备或这些对象的组合。公司使用上述其中一项或几项组合作为自身的商标。商标代表了公司出现在人们或全世界面前的品牌身份。公司的市场部努力工作，推广新产品，帮助公司在一群竞争对手中脱颖而出，并且在政府部门注册商标从而有效保护该商标成果免遭其他公司非法使用或仿制。

由于不允许使用数字或常用词注册商标，因此很多公司会创建新名称，包括 Intel 的 Pentium 和 Apple 的 iPhone 等。此外，"商品外观(Trade Dress)"，即独特的颜色和可识别的包装也能注册商标。于是，Novell 的 Red 和 UPS 的 Brown 也像某些糖果包装机一样注册了商标。

注册商标的保护期一般而言是十年，到期后可立即再延续十年。在美国，当商标使用五到六年时必须向美国专利和商标办公室(U.S. Patent and Trademark Office，USPTO)提交相关文件证明这个商标还在继续使用。这意味着不能创造一个并不使用的商标而一直排他地保有使用权。注册商标在九到十年间要提交使用声明，之后每九到十年提交一次。

注意

1883 年，商标法的国际协调工作从《巴黎公约(Paris Convention)》开始，进而推动到 1891 年《马德里协定(Madrid Agreement)》的出现。现在，位于美国的机构全球知识产权组织(World Intellectual Property Organization，WIPO)监督管理国际性商业法的推进工作和国际性的注册。美国是该协议的缔约方。

近期出现了多起有趣的商标法律纠纷。例如，有个名叫 Paul Specht 的人创办了一家名为 Android Data 的公司并于 2002 年获得公司的商标批准。之后，Paul Specht 因公司破产而试图变卖公司及其商标，却没有买家。当 Google 宣布打算发布一款名为 Android 的新手机时，Paul Specht 便用旧公司名称建立了一个新网站，以此证明自己实际仍在使用该商标。然后，Paul Specht 将 Google 告上法庭并索要 9400 万美元的商标侵权损害赔偿。最终，法院裁定 Google 获胜，认定其没有侵害商标权。

3.3.4　专利

专利(Patent)是授予个人或组织的法律所有权，使专利所有方有权拒绝其他人使用或复制专利指向的发明。发明必须是新奇的、有用的且非显而易见的，这意味着无法将呼吸空气作为专利。万幸，如果某公司将呼吸空气申请并获批为独家专利，人们就得为每次呼吸付费！

发明方申请专利并获准后就拥有了有限的产权，并规定其他人在一定时期内不得制造、使用或销售该发明。例如，某制药公司发明一种特效药并申请专利后，就成为在专利保护期(通常是批准之日起 20 年)内唯一可制造并销售该药物的公司。专利过期后详细信息将公之于众，所有公司都可制造并销售该产品，因此，当某些药物在专利期满和仿制药上市后，会出现价格大幅下跌的现象。

专利流程也适用于算法。如果某个算法的发明方申请了一项专利，那么该发明方对授权哪些公司可在产品中使用该算法有完全控制权。如果发明方授权供应商使用该算法，就有可能获得一笔费用，并可按销售出去的产品数量收取专利费。

专利是为鼓励组织和个人继续研发从而可能以某种方式造福社会的一种经济激励措施。如今在技术领域中，专利侵权事件层出不穷。大大小小的产品供应商似乎都在不断地以专利侵权为由互相起诉并索赔。问题在于很多专利的撰写都是高度概括性的。例如，Inge 研发了一种技术可实现功能 A、B 和 C，而 Jerry 用自己的技术和方式也实现了功能 A、B 和 C 且可能完全不知道 Inge 的方法或专利存在，只是用自己的方式研发了这个解决方案。然而，如果是 Inge 先发明了该技术并获取了专利，那么 Inge 便拥有诉诸法律的权利。

 考试提示

专利是最强的知识产权保护形式。

科技界的专利诉讼数量惊人。2020 年 10 月，Centripetal Network 在一起与 Cisco System 涉及网络威胁检测技术的诉讼中获得了 19 亿美元的赔偿。同年 4 月，因 Apple 和 Broadcom 侵犯了 Caltech 与无线纠错码有关的多项专利，法庭勒令这两家公司向后者支付 11 亿美元。尽管这些赔款数量令人瞠目结舌，但并非个案。事实证明 2020 年对 Apple 而言是相当艰难的一年，因为法院还裁定 Apple 在另外两起侵权案件中败诉并分别向 PanOptis 和 WiLAN 支付 5.06 亿美元和 1.09 亿美元的赔偿。

这些示例只是近期众多专利诉讼案件中的冰山一角。回顾这些案件就像同时观看 100 场乒乓球比赛一样，各有各的特点和故事，其中涉及金额高达数百万甚至数十亿美元。

越来越多专利诉讼的出现一方面是由于各家供应商都在各自领域争抢市场份额，另一个原因是非经营实体(Non-practicing Entities，NPE)或专利钓饵(Patent Troll)的出现。专利钓饵指个人或公司获取专利的目的不是为了保护自己的发明，而是为了能投机取巧地起诉试图在该专利的理念上生产产品的另一实体，其根本目的是利用专利机制的漏洞牟利。专利钓饵无意用已获批的专利开展生产，只是想从生产此类产品的实体收取授权许可费用。例如，Donald 的脑海中有关于十个技术的创意，据此申请专利并获得了批准。但 Donald 无意冒着投入全部资金的风险，真正创造出这些技术并投放到市场。于是 Donald 就守株待兔，直到其他公司使用了这些专利，便起诉该公司侵犯专利权。如果 Donald 在诉讼中获胜，那么败诉的公司就必须为自己所研发并投放到市场上的产品向 Donald 支付相应的授权许可费用。

所以，在努力研发新理论、技术或业务方法前搜索一下专利现状很重要。因专利侵权而引起的诉讼非常多，且以每年数千起的趋势增长。这些诉讼代价高昂但往往可通过提前做好调查工作予以避免。

3.3.5　内部知识产权保护

确保特定资源受到上述知识产权相关法律保护是非常重要的，但也必须在内部采取其他安全措施以确保属于组织机密的资源得到适当识别和保护。

安全专家需要识别受上述某项法律保护的资源，并将其整合到组织的数据分类分级方案中。该安全活动应在管理层的指导下由 IT 部门执行。已识别的资源应具备必要的访问控制保护水平并启用审计以及安全可靠的存储环境。如果该资源属于机密信息，则不应授权公司中的所有员工访问。一旦确定允许访问资源的员工，就应明确定义这些员工的访问级别以及与资源交互的能力。应该对访问和操作资源的尝试开展合理的审计工作，资源也应存储在具备必要安全机制的受保护系统上。

企业必须告知员工该资源的保密性或机密性级别，并向员工解释与该资源相关的期望行为。

如果某组织未能实现这些步骤中的某一个甚至全部，就不能受知识产权相关法律法规的保护。这是因为该组织没有对严重关乎其生存和竞争力的资源实施"适度关注(Due Care)"和妥善保护。

3.3.6　软件盗版

未经许可或未向作者支付报酬就复制、使用作者通过知识(Intellectual)或创造力产生的成果，即构成软件盗版(Software Piracy)。这是一种侵犯他人所有权的行为。如果盗版方落入法网，则可能单独或同时面临民事和刑事指控。

软件供应商研发某款应用程序后，通常会销售该应用程序的软件许可证，而非直接销售该应用程序本身。授权许可协议包含允许使用软件的相关条款和对应的使用手册。如果个人或组织未能遵从这些规定，软件供应商将终止许可证，并可基于情节依法提出指控。研发和授权该软件的供应商所面临的风险是损失本应获得的利润。

软件授权许可分为四类。免费软件(Freeware)是指免费向公众提供的软件，可无限制地使用、复制、研究、修改和重新发布。软件供应商利用共享软件(Shareware)或试用软件(Trialware)达成其推销目的：用户可获得软件的免费试用版，当试用一段时间后就需要购买正式版本。商业软件(Commercial Software)字如其意，就是指为商业目的而销售或服务的软件。最后，学术软件(Academic Software)是指以较低成本为学术目的提供的软件，可以是开源、免费或商业的。

一些软件供应商销售批量的软件许可证，允许多个用户同时使用该产品。许可主协议规定了该软件的合理使用约定和相关限制，包括员工是否可在自己家用的计算机上使用公司拥有的软件。另一种常见的软件许可形式是最终用户授权许可协议(End User Licensing Agreement，EULA)。EULA 规定了比主协议更详细的使用条件和限制。有些供应商采用第三方许可计量软件跟踪软件的使用情况，确保客户的软件安装数量始终在许可证限制之内，并在其他方面也遵守软件授权许可协议。

信息安全官应了解软件供应商要求的各种类型的合同承诺，还应接受相关的教育，了解组织在使用软件时所受的限制，并确保组织实施了适当的强制机制保护软件的合法使用。如果法院判定某组织犯有非法复制软件或超量使用软件授权许可的行为，则组织内负责此项工作的安全人员可能需要承担主要责任。

员工下载和使用盗版软件的能力随着高速 Internet 的便捷接入已显著提高。2018 年 6 月，由商业软件联盟(Business Software Alliance，BSA)和国际数据公司(International Data Corporation，IDC)联合开展的 BSA 全球软件调查表明，在全球个人计算机上安装的软件中有37%没有获得合法的软件授权许可。这意味着每销售价值两美元的合法软件，就有价值近一美元的软件遭到盗版侵权。软件研发团队基于以下假设使用这些数字计算盗版造成的损失：一旦软件需求方无法使用盗版软件，就会转而购买正版的合法软件。

并非所有国家都将软件盗版视为犯罪行为，但一些国际组织已在遏制软件盗版行为方面取得进展。反软件盗窃联盟(Federation Against Software Theft，FAST)和商业软件联盟(全球软件调查的发起方)是促进软件专有权强制执行的组织。软件盗版行为对于大部分收入来自软件授权许可费用的软件研发和生产公司而言是一个大问题，该调查估算软件行业在 2018 年因盗版问题而遭受的总经济损失约为 463 亿美元。

反编译软件供应商的目标代码是个人或组织可能犯的一种错误。这样做通常是为了获得机密的原始源代码以找出应用程序的工作方式，也可能是希望通过逆向工程(Reverse-engineering)了解功能的复杂细节。逆向工程产品的另一个目的是检测代码中已存在并可能在将来遭到利用的安全缺陷。某些缓冲区溢出(Buffer Overflow)漏洞就是这样发现的。

很多时候，通过将目标代码反编译成源代码能发现可利用的安全漏洞，或通过进一步修改源代码生成原始供应商不打算具备的某种功能。以攻击方反编译保护和显示电子书及出版物的程序为例：软件供应商不希望有人能复制其软件产品提供的电子出版物，因此在其产品的目标代码中插入阻止针对电子出版物实施复制行为的编码器；攻击方通过反编译目标代码找出创建解码器并移除此限制的方法，使用户能复制这些电子出版物，进而侵犯了作者和出版商的版权。

执法机构基于《美国数字千年版权法案(Digital Millennium Copyright Act，DMCA)》依法逮捕攻击方并予以起诉。DMCA 规定绕过版权保护机制而制作产品是非法的。有趣的是，很多计算机业内人士对逮捕事件提出抗议，而发起控诉的 Adobe 公司则很快决定撤销所有指控。

DMCA 是一部美国版权法，该法律规定：凡是生产和传播绕过版权保护机制的技术、设备或服务都是违法的。因此，如果有攻击方找到一种方法"越狱(Unlock)"巴诺书店(Barnes & Noble)保护其电子书的专有方式，巴诺书店将依据 DMCA 起诉攻击方。即使实际上没有和其他人分享受版权保护的书籍，该攻击方仍然违反了 DMCA 并可能获罪。

注意

欧盟通过了一项类似法律，称为"版权指引(Copyright Directive)"。

3.4 法律法规监管合规要求

了解安全专家所在的组织需要遵守哪些特定的法律和法规,与了解如何确保合规以及如何将合规要求正确传达给必要的利益相关方同等重要。如果尚未这样做,组织应制定合规计划以阐述为符合必要的内外部驱动因素需要采取的措施。然后,应成立特定的审计团队定期评估组织在满足已识别的合规要求方面的实施情况。

首先应确定组织需要遵守哪些法律和法规(如 GDPR、HIPAA 和 PCI DSS 等)。这将有利于了解法律法规对组织施加的具体要求。另一方面,安全专家应将这些要求作为风险评估的输入,并据此选择适当的控制措施以确保合规性。一旦识别了所有的风险评估对象,设计并测试了所有的风险评估流程和工具,审计师就有了要审计的内容。审计师可以是内部或外部的人员,并拥有与组织必须满足的法律、法规和策略要求相对应的检查列表。

注意
第 18 章将详细介绍审计工作和审计师。

建设企业级的治理、风险和合规性(Governance, Risk, and Compliance,GRC)计划有助于集成和协调企业在安全计划(Security Program)的每个单项中发生的活动,这在组织中屡见不鲜。如果在治理、风险和合规审计活动中使用一致的关键绩效指标(Key Performance Indicators,KPI),则生成的报告可有效地说明这些不同概念的重叠和整合。例如,医疗保健组织的管理层必须了解不符合 HIPAA 中的各种要求所带来的风险,以便确保实施正确的活动和控制措施。此外,执行管理层无法在不了解组织所面临的风险和突出的合规问题的情况下实施安全治理。决策层应从全局理解所有的风险与合规问题,这样才能作出有利于保护整个组织的最佳决策。协商好的 KPI 通常以仪表板(Dashboard)或记分卡(Scorecard)的形式展现给执行管理层审阅,以便管理层能从 GRC 的角度快速了解组织的健康状况。

3.4.1 合同、法律、行业标准和监管要求

计算机和信息安全中的法规因为很多不同的原因而涉及多个专业领域。需要符合法律规范的事项包括数据隐私、计算机滥用、软件版权、数据保护和对密码学的控制。由于涉及环境保护、知识产权、国家安全、个人隐私、公共秩序、健康安全以及反欺诈活动等原因,这些法规需要在政府和私营部门等多个领域实施。

安全专家必须紧跟时代,从理解最新的勒索软件工作原理和如何适当地予以防范,到清点敏感数据以及确保这些数据只存储在经批准的位置并实施了适当的保护措施。安全专家还需要密切关注新发布的安全产品,并将其与现有产品比较。为此,应不断跟踪学习新技术、服务补丁、热修补、加密技术方法、访问控制机制、通信安全问题、社交工程以及物理安全。现在,法律和法规也已经是安全专家应熟知的内容。这是因为组织必须遵从越来越多的国内和国际法律法规,一旦不合规可能导致罚款或公司倒闭,某些情况下,甚至可能导致执行管

理层人员入狱。

政府或其任命的代理机构制定的法律、法规和指引通常并不提供如何适度保护计算机和公司资产的详细指南。每个环境在拓扑、技术、基础架构、需求、功能和人员方面都存在巨大差异。IT 和信息安全技术的变化如此之快，如果法律法规制定得过于详细，将永远无法正确地反映现实情况。相反，法律法规通常说明关于组织应如何遵从这些规定的总体要求。此时需要安全专家为组织提供帮助。

过去，安全专家只需要了解如何执行渗透测试、配置防火墙以及处理安全相关的技术问题。如今，安全专家已不再只是待在机房中，而是更多地参与解决面向业务运营的问题。安全专家需要了解所在的组织必须遵守的法律法规，以及必须实施哪些控制措施实现合规。这意味着安全专家现在必须同时涉足技术领域和业务领域。

除了法律和法规外，组织可能还需要遵守某些标准以便在相应领域中获得竞争力并开展业务。假设组织的经营活动中涉及信用卡的使用，则必须遵守《支付卡行业数据安全标准(Payment Card Industry Data Security Standard，PCI DSS)》。这不是法律或政府规定，而是行业强制性标准。假设某组织是一家金融机构，同时是英国关键国家基础架构的一部分，那么该组织可能必须遵守 CBEST 标准，尽管该行业内的所有知名组织都预计将自愿这么做。最后，如果该组织想要向美国政府出售云服务，除非通过联邦风险和授权管理计划(Federal Risk and Authorization Management Program，FedRAMP)认证，否则连候选资格都没有。因此，合规所应对的不仅是法律法规相关问题，还需要遵循其他多项可能对企业成败至关重要的行业标准。

网络安全专家偶尔会忽视合同以及其他具有法律约束力的协议相关的合规要求。组织可能会在开展业务的过程中签订涵盖安全要求的合作协议。例如，甲方与乙方合作，从而获得对乙方拥有的敏感数据的访问权限。合作协议中可能有条款要求两个组织确保双方具有一定的控制措施以保护这些数据。如果甲方当前的安全架构中没有合同规定的保护措施，并且在后续的合作开展前未能实施甚至没有意识到这些安全要求的存在，那么甲方就没有遵守合同义务并可能导致其在发生违规事件时应承担责任。关键是安全专家需要与业务和法务部门同事保持通畅的沟通渠道，确保组织在签订合同之前对所有安全条款有清晰的认识。

如果安全专家不是律师，那就别充当律师

很多时候，组织会向安全专家寻求帮助以了解应如何遵守必要的法律法规。尽管安全专家可能了解并具备相关法律法规的经验，但很可能并不了解组织必须满足的所有必要的美国联邦和各州的法律法规以及国际合规要求。相关法律、法规和指引会随着时间的推移而变化，并会有新的法规出现。每当安全专家们自认为可能正确地解释了法律法规时，却往往可能理解错误；因此，组织应安排法务部门参与处理合规问题，这非常关键。另外，很多安全专家可能常年经历因组织内部法务人员对安全问题理解不够深入，进而无法确保组织得到适当保护的状况。此时应建议组织联系外部专业律师处理隐私合规问题。

有些组织希望安全专家无所不知，尤其是在向安全专家咨询的时候。虽然以专家的身份出现，但如果安全专家不是律师，那就别充当律师。安全专家应建议组织寻求适当的法律协助，以确保在所有事项上均符合法规要求。组织对云计算和其他新技术使用的与日俱增导致

如今法律法规和合规方面的难度提升到令人瞠目结舌的程度。

在各类咨询协议中包含明确列出与新技术相关问题的条款是明智之举。这样，当公司在计算机系统遭受入侵后告上法庭时，安全专家的参与将获得充分理解并事先记录在案。

随着时间的推移，CISSP 考试已发展得更加全球化，不再以美国场景为主。关于美国法律法规的具体问题已排除在考试范围之外，所以考生无须花大量时间去学习美国法律及相关细节。CISSP 考生应熟悉法律制定和实施的原因及其总体目标，而不是记住具体的法律和日期。

3.4.2 隐私要求

隐私法律法规监管合规要求源于本章中已经介绍过的各种与数据保护相关的法律法规(例如，CCPA、GDPR 和 HIPAA 等)。为确保隐私合规，最大的难点在于确保安全专家了解组织收集、存储和处理各类隐私数据的位置。好消息是，各种隐私数据保护相关法律所需的安全控制措施本质上大同小异。几乎在所有的法律法规中，对隐私数据所需实施的安全控制措施对于组织而言都是相对合理且必不可少的。因此，保持合规性所需的大部分工作都比较简单直接。

一旦考虑到数据泄露事件中包含了哪些数据以及何时需要通知某人时，事情就变得复杂了。例如，GDPR 涵盖欧盟公民的个人身份信息(PII)，HIPAA 则涵盖在美国医疗保健机构接受治疗的患者的受保护健康信息(PHI)。因此，如果一次数据泄露事件影响了在美国的医疗基础设施中接受护理的德国公民的受保护健康信息(PHI)，涉事组织可能必须遵守这两项法律中的两种报告程序。GDPR 规定组织从发现泄露事件起有 72 小时的通报时间，而 HIPAA 的规定则是 60 天。除了信息遭受泄露的个人外，其他知情方在各种法律规定中也有差异，增加了满足隐私合规要求的复杂度。

安全专家应与业务和法务同事紧密合作，制定出涵盖每个潜在数据泄露事件的详细通知程序，这是满足隐私合规要求的最佳实践。一旦确定组织应遵守的通知要求，安全专家就要设置不同的模拟场景测试通知程序，并确保每个人都接受过如何执行该通知程序的培训。数据泄露事件本就让人手忙脚乱，如果临时抱佛脚，在危急时刻还需要确认法律法规监管合规要求就更雪上加霜了，所以应避免这种情况。此外，定期演习数据泄露通知程序还有助于向调查人员证明企业一直在做正确的事情。

3.4.3 责任和后果

基于各种法律法规和监管要求，高管可能要负责并承担最终责任。如果高管们不履行适度勤勉和适度关注的实践，可能遭到股东和客户起诉。适度勤勉(Due Diligence)可定义为在个人或团队的权力范围之内尽一切努力防止坏事发生，包括制定适当策略，研究威胁并将其纳入风险管理计划以及确保在适当时间执行审计活动等。另一方面，适度关注(Due Care)意味着特定人员在特定情况下要采取预防措施，忽视安全警告并打开恶意网站的人员就是没有履行适度关注实践的示例。

考试提示

"适度勤勉"通常与领导层和法律法规相关。"适度关注"通常适用于所有人，如果未能履行则代表存在疏忽。

在弄清楚如何妥善保护组织之前，需要先了解保护组织需要应对哪些威胁。这就是适度勤勉的全部内容——研究和评估当前的漏洞级别，以便了解真正的风险水平。只有在执行这些步骤和评估后，才能确定和实施有效的控制措施和保障措施。

适度关注和适度勤勉

适度勤勉是收集必要信息以便作出最佳决策活动的行为。在某公司收购另一家公司之前，应执行适度勤勉活动，这样收购公司就不会出现"意外"。公司应调查目标公司过去、现在和可预测的未来业务的所有相关方面。如果没有执行适度勤勉活动，收购新公司在财务上或法律上损害了公司，则股东可能认为决策层负有法律责任或管理责任，且存在过失。

在信息安全方面，应执行类似的数据收集，这样才不会在将来的某一时刻出现"意外"。在接受风险前，应充分了解风险。如果一家金融公司打算为其客户提供网上银行服务，该公司需要充分了解这项服务将导致公司面临的所有风险。例如，要了解网站攻击尝试、账户欺诈、数据库攻击、社交工程攻击这些风险的增长。公司在为客户提供新服务时，也让自己成为攻击方和律师的目标。在提供新服务前，公司需要实践适度勤勉，了解所有风险，以便作出最佳的商业决策。如果不采取适当的安全对策，公司将可能面临刑事指控、民事诉讼、监管处罚、市场份额损失等。

适度关注是指负责任的行动而且"做正确的事"。这是一个法律术语，定义了在执行某项特定任务时可通过合同或默认的方式实现预期的绩效标准。适度关注确保组织按照行业最佳实践提供最低程度的保护。

如果某个组织没有充分的安全策略、必要的安全对策以及适当的安全意识宣贯培训，该组织就没有践行适度关注且存在疏忽。例如，如果提供在线银行业务的金融机构未对账户交易实施 TLS 加密，则该银行未采取适度关注措施。

很多时候，在正确履行适度关注(谨慎行动)之前必须首先实践适度勤勉(数据收集)。

高级管理层有义务保护组织免受可能对其产生负面作用的一系列活动的影响，其中包括防止恶意代码、自然灾害、侵犯隐私和违反法律等。保护措施的成本与收益应以货币和非货币的方式评价，确保安全的成本不超过预期收益。安全性应与潜在损失估算成正比，该估算涉及潜在损害的严重性、可能性和程度。

如图 3-4 所示，涉及安全违规时要考虑多项成本，包括业务损失、事后响应活动、通知客户和合作伙伴以及检测和升级措施。组织应通过实践适度勤勉理解此类成本，以便采取适当的适度关注，实施必要的控制措施降低风险和成本。组织应采用安全机制减少与安全相关的损失的频率和严重性，建立完善的安全计划是明智的商业实践。

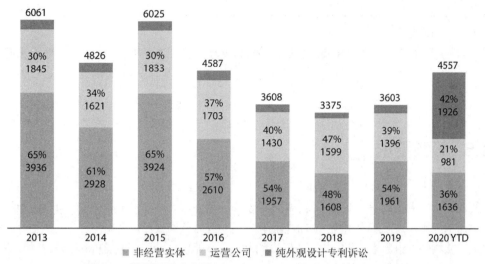

图 3-4　数据泄露成本(来源：Ponemon Institute 和 IBM Security)

　　高级管理层需要确定可接受的与计算机和信息安全相关的风险程度，并以经济的和负责任的方式实施安全控制措施。风险并非总是局限于组织内部，很多组织和第三方合作且必须共享敏感数据，然而即使数据位于另一家组织的网络中，作为数据拥有方的主要组织仍应负责保护这些敏感数据。这就是越来越多法规要求组织评价合作的第三方公司的安全措施有效性的原因。

　　如果某个组织没有提供必要的保护，而且该组织的过失影响了合作伙伴，那么受影响的组织可起诉上游组织。例如，假设公司 A 和公司 B 建立了外联网，由于公司 A 没有采取控制措施检测和处理病毒导致破坏性病毒感染了公司 A 并通过外联网传播到公司 B，最终该病毒破坏了关键数据并严重影响了公司 B 的生产，那么公司 B 就可起诉公司 A 的过失。两家公司都需要确保尽到自己的职责，保证自身的活动或过失不会造成下游责任(Downstream Liability)：对另一家公司产生了负面影响。

　考试提示

　　责任(Responsibility)通常是指特定方的义务以及预期的活动和行为。某项义务可能具有一组明确要求的已定义的特定活动，或是一种更笼统和开放的方法，以帮助当事方决定如何履行特定义务。可问责性(Accountability)是指要求一方对某些活动或不作为负责的能力。

　　每家公司有不同的适度关注责任要求。如果公司不采取这些措施并因此造成损害，则可能因过失而遭受指控。原告必须在法庭上证明被告有法律认可的义务(Legally Recognized Obligation)或责任保护原告免于承担不合理的风险，同时证明被告未能保护原告免于承担不合理的风险(失职)是导致原告遭受损害的直接原因(Proximate Cause)，从而证明被告的过失。对过失的处罚可以是民事或刑事的，从因疏忽行为导致对原告的经济赔偿，到因违法而锒铛入狱。

考试提示

直接原因是指自然直接产生结果的行为或过失。这是事件的表面现象或明显原因，是指直接导致(或以不间断顺序导致)特定结果的原因。可作为在法庭上起诉过失行为的元素。

3.5　调查要求

调查是出于非常具体的原因而启动的。原因可能是组织怀疑个别员工在下班后使用服务器挖比特币，大多数情况下这违反了组织的资产使用许可策略；也可能是组织有理由预见民事诉讼的发生，或已发现系统中的犯罪证据。组织有时是调查目标而非调查方。例如，当政府监管机构怀疑组织存在不合规行为时。无论出于何种原因，调查过程(Process)都是相似的，但区分可能遇到的调查类型非常重要。

3.5.1　行政调查

行政调查(Administrative Investigation)专注于违反组织策略的行为，是对组织影响最小的一种调查类型。如果行政调查结果证实了指控，则可能触发行政性活动。例如，组织可能针对违反 PCI DSS 等自愿性行业标准，特别是导致组织产生损失或不良后果的违规行为发起行政调查。行政调查的最坏结果是组织因某人违规而将其解雇，不过通常只是告诫，避免重蹈覆辙。无论采取何种处置手段，都应让组织的人事部门员工参与整个行政调查过程。

3.5.2　刑事调查

然而，看似行政上的事情可能很快变得更棘手。假设组织因某人可能违反策略而展开调查，并在调查过程中发现此人涉嫌犯罪活动。刑事调查(Criminal Investigation)的目的是确定是否有理由相信某人犯罪，而非仅限于合理怀疑。谨记，信息系统安全专家并没有资格确定是否有人违法，这是执法机构(Law Enforcement Agency，LEA)的工作。一旦有理由相信可能发生犯罪，信息系统安全专业人员应保护证据，确保组织内的指定人员联系适当的执法机构，并以适当的方式为执法机构提供帮助。

3.5.3　民事调查

与法规相关的调查并不都是刑事调查。涉嫌违反民法或政府法规最可能引发除刑事调查以外的另一种调查：民事调查(Civil Investigation)。民事调查通常在即将或已经发起的诉讼中执行。与刑事调查相似，安全专家除了与执法机构(LEA)合作外，也可与双方代表律师合作(原告是提出指控的一方，而被告是受到指控的一方)。与刑事调查相比，民事调查的另一个关键差异是举证标准较低：原告只需要提交对指控有利的证据，而不必证明该证据已排除所有的合理怀疑。

3.5.4　监管调查

组织还应了解介于行政调查、刑事调查和民事调查之间的第四种调查。当政府监管部门有理由相信组织不合规时,会发起监管调查(Regulatory Investigation)。监管调查在适用范围上有很大的不同,基于指控的严重性有可能与其他三种调查相似。与刑事调查一样,组织应记住的最关键一点是,组织的工作是保护证据并适当地协助监管机构的调查人员。

3.6　本章回顾

网络不是法外之地,Internet 作为全球媒介工具这一事实与政府拥有针对 Internet 制定和执行法律的权力并不矛盾,这些法律管理并规范着各国网络上参与方的行为。法律问题可能会给那些任职于在多个司法管辖权区域内拥有客户、合作伙伴或活动的组织的网络安全专家带来挑战。作为一名 CISSP 专家,至关重要的是与所在组织的法务团队建立起良好关系,确保了解可能与网络安全有关的所有法律法规和监管合规要求,并在实施必要的控制措施后再次与法务团队核实,以确保正确履行了适度勤勉的实践。因为法律和法规会随着时间的推移而变化,安全专家应保持警惕并实时跟进,当组织在多个国家/地区开展业务的情况下更要如此。

3.7　快速提示

- 法律是规则体系,由政府通过书面或其他形式制定,并平等地适用于该国的全体国民。
- 法规是由执行机构发布的涵盖特定问题的书面规则,仅适用于由该机构管理的特定实体。
- 民法体系:使用预先编写的规则,而不是基于先例。与普通法系下的民事(侵权)法律有所不同。
- 普通法体系:由刑法、民法和行政法组成。
- 习惯法体系:主要处理个人行为,并将地方传统和习俗作为法律的基础。通常与其他类型的法律体系混合使用,而不是在某个地区使用的唯一法律体系。
- 宗教法体系:法律源于宗教信仰,并处理个人的宗教责任;常见于伊斯兰国家或地区。
- 混合法体系:使用两个或更多法律系统。
- 刑法涉及处理个人违反政府法律行为,为保护公众而制定。
- 民法处理对个人或公司造成伤害或破坏的错误行为。民法的惩罚措施并不是判定某人的刑期,而通常是判罚经济赔偿。
- 行政或监管法律涵盖了政府机构对公司、行业和部分特定官员预期表现或行为的标准。

- 很多攻击行为由于跨越国际边界而难以发起诉讼，因为发起诉讼需要消除相关国家之间的法律冲突；而攻击方则有意利用这些法律冲突并受益于此。
- 跳板攻击是指攻击方破坏与最终目标具有可信连接的更容易入侵的目标的攻击方法。
- 高级持续威胁(Advanced Persistent Threat，APT)是指一伙专业攻击者，这些攻击方有手段和意愿投入非凡的资源破坏特定目标并且在很长一段时间内保持隐蔽。
- 数据泄露是一种会导致未经授权的人员对受保护信息的机密性或完整性构成实质或潜在破坏的安全事件。
- 个人身份信息(Personally Identifiable Information，PII)指可用于识别唯一身份，联系或定位个人，或与其他资源一起用于标识唯一个人的数据。
- 每个国家都有特殊规定控制可合法进出口的物品，尤其适用于一些密码工具和技术。
- 跨境数据流(Transborder Data Flow，TDF)是机器可读数据跨越国境等政治边界的移动。
- 数据本地化法律要求某些类型的数据在该国家/地区存储和处理，甚至在规定的专门位置处理。
- 知识产权(Intellectual Property，IP)是一种人类智慧的产物。知识产权由某人独创的想法、发明或表达方式组成，可防止他人未经授权使用。
- 许可证是知识产权所有方(许可方)和其他人(许可持有方)之间的协议，许可方授予许可持有方以非常特定的方式使用知识产权的权利。
- 商业秘密通常包括提供竞争优势的信息，是公司专有的。当所有方采取必要的保护措施时，信息就会受到保护。
- 版权保护思想的表达方式，而非思想本身。
- 商标保护用于识别产品或公司的文字、名称、产品形状、符号、颜色或上述各项的组合。商标用于区分竞争对手之间的产品。
- 专利将所有权授予个人或组织，并帮助该专利所有方能够合法地行使其权力，以禁止他人使用该专利所涵盖的发明。
- 适度勤勉可定义为在个人或团队的权力范围之内尽一切努力防止坏事发生，通常与领导层、法律和法规有关。
- 适度关注意味着特定人员在特定情况下要采取预防措施，通常适用于组织内的每个人，如果缺失则说明组织或个人存在疏忽。
- 行政调查是专注于违反策略的调查。
- 刑事调查的目的是确定某人是否真正犯罪。
- 通常在即将发起的诉讼或正在进行的诉讼中执行民事调查。民事调查与刑事调查相似，除了与执法机构合作外，也可与双方代表律师合作。
- 当有理由相信组织不合规时，政府监管部门会发起监管调查。

3.8　问题

请记住这些问题的表达格式和提问方式是有原因的。注意，CISSP 考试在概念层次上提出问题。问题的答案可能不是特别完美，建议考生不要寻求绝对正确的答案。相反，考生应当寻找最合适的答案。

1. 高管什么时候可能会因疏忽而受到起诉？

  A. 假定高管遵守跨境法律

  B. 假定高管没有正确地报告和起诉攻击方

  C. 假定高管正确地通知用户则可能受到监测

  D. 假定高管在保护资源时没有履行适度关注

2. 为更好地处理计算机犯罪，立法机构已采取了哪些措施？

  A. 扩展了一些隐私法

  B. 扩大资产的定义，将数据纳入资产范围

  C. 要求公司具有计算机犯罪保险

  D. 重新定义跨境问题

3. 关于数据泄露的描述以下哪项是正确的？

  A. 数据泄露非常罕见

  B. 数据泄露总是涉及个人身份信息(PII)

  C. 数据泄露可能触犯法律法规或监管合规要求

  D. 美国没有与数据泄露相关的法律

请使用以下场景回答第 4~6 题。某公司业务发展良好，并且正在将运营扩展到欧洲。由于将处理欧盟公民的个人信息，因此公司将受到 GDPR 的约束。该公司已有经过国际标准化组织(International Organization for Standardization，ISO)认证的成熟安全计划，因此有信心满足新的安全要求。

4. 得知公司进军欧洲的计划后，安全专家首先要做的事情之一是？

  A. 咨询公司的法务团队

  B. 任命数据保护官(Data Protection Officer，DPO)

  C. 对属于欧盟公民的数据添加标签

  D. 没有事情需要做，因为公司已有的 ISO 认证涵盖了所有的新要求

5. 安全专家已确定好所有 GDPR 相关的新要求，并估算公司将需要额外的 250 000 美元才能满足这些要求。安全专家应怎么做才能更妥善地向公司的高级业务领导证明这项投资的合理性？

  A. 这项投资是应做的事情。

  B. 法律要求业务部门提供这笔钱。

  C. 公司将在新市场中收获到大于这笔投资的利润。

  D. 违规成本很可能高于为满足安全需求而提出的这笔额外预算。

6. 安全运营中心(Security Operations Center，SOC)负责人通知安全专家发生了数据泄露事件，组织的所有客户列表可能已遭到窃取。作为数据控制方，组织应遵守的通知要求是什么？

    A. 不迟于企业遏制住数据泄露行为后的 72 小时

    B. 数据泄露事件发生后的 30 天内

    C. 尽快，但不迟于发现数据泄露事件后的 60 天

    D. 不迟于发现数据泄露事件后的 72 小时

请使用以下场景回答第 7~9 题。面对指控专利侵权的诉讼，某公司的 CEO 成立了一个工作组负责处理整个公司的授权许可和知识产权(Intellectual Property，IP)问题。此举旨在确保公司在其权力范围内尽力保护知识产权，包括公司自身的和他人的权利。CEO 要求安全专家带头从内外部寻找一切表明该公司侵犯了他人的知识产权，或公司自身的知识产权遭到未经授权的各方使用的迹象。

7. 下列哪个术语最好地描述了 CEO 的做法？

    A. 适度关注

    B. 适度勤勉

    C. 合规

    D. 下游责任

8. 安全专家发现另一个组织正在网站上发布安全专家所在公司的一些受版权保护的博客，看起来就像这些博客内容是属于该组织自己的一样。此时安全专家最佳的行动方案是什么？

    A. 什么都不做；因为博客不是特别有价值，安全专家还有更大的问题需要处理

    B. 直接联系该网站的负责人，要求其撤下博客

    C. 让法务团队向侵权组织发出停止要求

    D. 向 CEO 报告这个发现

9. 安全专家发现在与 Internet 隔离的虚拟网络中有数十个工作站正在运行没有软件许可证的生产效率软件。请问该发现为什么是一个问题？

    A. 用户不应具备安装应用程序的能力。

    B. 只要虚拟机不联网就没有问题。

    C. 软件盗版可能导致重大的财务甚至刑事后果。

    D. 如果设备无法访问 Internet，则无法注册软件许可证。

10. 安全专家可使用下列哪项知识产权来控制由该组织员工所编制的原始白皮书的公开发布、复制、展示和修改？

    A. 版权

    B. 商标

    C. 专利

    D. 商业秘密

11. 隐私法规定了以下哪条规则？

A. 个人有权删除不希望他人知道的任何数据。

B. 各机构不必确保数据准确无误。

C. 各机构需要允许所有政府机构访问数据。

D. 除了用于收集数据的目的之外，机构不能将收集的数据另作他用。

12. 以下哪些定义对应的表达不正确？

I. 民法(法典)：基于对先前法律的解释

II. 普通法：法律基于规则而不基于先例

III. 习惯法：主要处理个人行为和行为模式

IV. 宗教法：基于该地区的宗教信仰

A. i，iii

B. i，ii，iii

C. i，ii

D. iv

3.9　答案

1. D。高管会遵守一定的标准，并应在运营和保护公司时负责任地行事。这些标准和期望等同于法律下的"适度关注"概念。适度关注是指在同样的情况下任何有理性的人都应执行的活动。如果一位高管以某种方式不负责任地行事，该高管就没有履行适度关注且存在疏忽。

2. B。很多时候，遭受损坏和泄露，或从计算机中失窃的都是数据，因此当前法律已经更新进而提供包括数据等无形资产在内的保护。多年来，数据和信息已成为很多公司最宝贵的资产，必须受到法律保护。

3. C。法律或法规要求遭到数据泄露的组织采取某些行动。例如，很多国家/地区都有披露要求，即遭到数据泄露的公司需要在特定时间范围内，通知受影响的各方和/或监管机构。

4. A。面对法律或监管的新环境或新问题时，向公司的法务团队咨询是最明智的选择。法务团队的工作是告诉安全专家需要做什么，以及如何做。几乎可以肯定的是，公司需要任命一名数据保护官(Data Protection Officer，DPO)，并可能需要用标记或其他方式对属于欧盟公民的数据实施分类。但在采取措施前，安全专家仍然需要先与法务团队核实。

5. D。对于不遵守 GDPR 的违规行为，罚款最高可达 2000 万欧元(约合 2250 万美元)至公司全球年收入的 4%，且以较高值为准。虽然告知违规成本是正确做法，但对于那些以为股东创造价值为职责的企业领导层而言，这样的回答并不那么令人信服。

6. D。GDPR 具有全世界数据保护法律中最严格的数据泄露通知要求。组织应在发现泄露行为后的 72 小时内通知相关欧盟成员国的监管机构。监管机构的示例包括爱尔兰的数据保护委员会、希腊的希腊数据保护局和西班牙的西班牙数据保护局等。

7. B。适度勤勉(Due Diligence)是指在个人或团队的权力范围内尽力防止坏事发生，通常与组织的领导层有关。鉴于 CEO 的意图，适度勤勉是最佳选项。合规或许是可选项，但考虑到为实现合规需要付出努力的范围似乎非常广泛，且没有提及首席执行官希望遵守的具体法律或法规，所以合规不是本题的最佳选项。

8. C。公司必须保护其声称属于知识产权的资源，包括受版权保护的材料等，而且公司必须证明在保护知识产权资源的过程中予以适度关注，即采取了合理的保护措施。如果安全专家忽略本题中如此明显的侵权行为，那么当涉及更有价值的知识产权纠纷时，公司可能更难行使合法权利。最后，应该由法务团队而非安全专家自己发出停止侵权的要求。

9. C。运行无授权许可软件的计算机能否访问 Internet 无关紧要。重点在于公司正在使用未经授权的软件产品，这种行为就是软件盗版。

10. A。版权非常适合这种情况。专利可用于保护论文中描述的新发明，但与本题的情况不符。商业秘密不能公开传播，因此不适用。最后，商标仅保护单词、符号、声音、形状、颜色或这些的组合。

11. D。1974 年颁布的《联邦隐私法》和《通用数据保护条例(GDPR)》都是用来保护个人数据的。这些法案有很多条款，包括信息只能用于收集目的。

12. C。以下是正确的定义对应关系。

I. 民法(法典)：基于规则的法律，不基于先例

II. 普通法：基于对先前法律的解释

III. 习惯法：主要处理个人行为和行为模式

IV. 宗教法：基于该地区的宗教信仰

第4章

框　　架

本章介绍以下内容：

- 框架总览
- 风险框架
- 信息安全框架
- 企业架构框架
- 其他框架

地基不牢，难起高楼。

——Gordon B. Hinckley

前面的章节涵盖了有关治理、风险以及合规的内容。那么应如何将治理、风险与合规融合成可执行的流程？这正是框架发挥作用的地方。可将框架视为构建风险管理计划、安全控制措施(Security Control)以及其他安全计划的坚实基础。框架可帮助安全专家们保持适度的严谨，以防安全计划在设计时堆砌过多内容而不堪重负；同时为安全专家们提供很大的发挥余地，以便基于组织的特有情况自定义框架。尽管安全专家克服重重困难并独立构建成功的安全计划是可能的，但明明能借鉴业内其他专家得之不易的经验，又何必重新发明轮子呢？

本章将讨论安全专家在工作中和参加 CISSP 考试时可能遇到的各种框架。可将这些框架划分为三个类别：风险框架、信息安全框架和企业架构框架。风险管理是所有信息安全计划成功的基石，因此本章将按顺序先介绍风险框架和信息安全框架，然后介绍企业架构框架，最后将介绍安全专家还应知道的其他一些框架和概念。

4.1　框架总览

所谓框架(Framework)，是指体系、概念或文本的基础结构。因此，信息技术和网络安全框架的目的是为安全专家管理风险、制定企业架构和保护组织内所有资产提供一套结构化的方法论。框架是关于安全专家应如何处理安全管理相关问题的各种共识和最佳实践。

正如本章接下来将介绍的，各种营利性和非营利性组织已制定了自己的风险管理、安全计划、安全控制措施、流程管理和企业研发框架。本章将审视各种框架的相似和差异之处，并说明每种框架在行业中的用途。初步的分解说明如下。

风险框架

- **NIST 风险管理框架(NIST RMF)：** 由美国国家标准与技术研究院(National Institute of Standards and Technology，NIST)制定的风险管理框架(Risk Management Framework，RMF)，由 SP800-39、SP800-37 和 SP800-30 这三个相互关联的 NIST 特别出版物(Special Publications，SP)组成。
- **ISO/IEC 27005：** 由国际标准化组织/国际电工委员会(International Organization for Standardization/International Electrotechnical Commission)制定的专注于风险处理(Risk Treatment)的框架，与 ISO/IEC 27000 系列标准结合使用时最合适。
- **OCTAVE：** 由 Carnegie Mellon University 制定的运营关键威胁、资产和漏洞评价(Operationally Critical Threat, Asset, and Vulnerability Evaluation，OCTAVE)框架专注于风险评估。
- **FAIR：** FAIR 研究所的信息风险要素分析(Factor Analysis of Information Risk，FAIR)框架侧重于更精确地衡量事故的概率及其影响。

安全计划框架

- **ISO/IEC 27000 系列(ISO/IEC 27000 Series)：** 由 ISO 和 IEC 制定的关于如何制定和维护信息安全管理体系(Information Security Management System，ISMS)的一系列国际标准。
- NIST 网络安全框架(NIST Cybersecurity Framework，NIST CSF)：NIST 受保护政府系统的需求驱动，制定了这个综合框架并普遍适用于由风险驱动的信息安全计划。

安全控制措施框架

- **NIST SP 800-53：** NIST SP 800-53 提供了一套控制措施目录以及从该目录中选择安全控制措施的流程，该出版物的目标是保护美国联邦系统。
- **CIS 控制措施(CIS Controls)：** Internet 安全中心(Center for Internet Security，CIS)控制措施框架是各种规模的公司选择和实施正确控制措施的最简单方法之一。
- **COBIT 2019：** 由信息系统审计和控制协会(Information Systems Audit and Control Association，ISACA)制定，是用于实现 IT 企业管理和治理的业务框架。

企业架构框架

- **Zachman 框架(Zachman Framework)：** 由 John Zachman 制定的企业架构研发模型。
- **TOGAF：** TOGAF (The Open Group Architecture Framework，The Open Group 架构框架)是用于研发企业架构的模型和方法论。

- **美国国防部架构框架(DoDAF)**：DoDAF 的制定旨在确保系统的互操作性，以满足军事任务目标。
- **SABSA**：用于研发信息安全企业架构的舍伍德业务应用安全架构(Sherwood Applied Business Security Architecture，SABSA)模型和方法论由 SABSA 研究所制定。

注意

第 1 章已介绍过舍伍德业务应用安全架构模型。

4.2　风险框架

通过将上一节中对框架的定义与第 2 章中对风险管理的定义结合，可将风险管理框架(Risk Management Framework，RMF)定义为允许组织识别和评估风险，将风险降低到(并保持在)可接受水平的结构化流程。从本质上讲，RMF 是一种结构化的风险管理方法。

业内并不缺乏风险管理框架。作为一名安全专家，重要的是确保组织选择并采用适合其业务的特定风险管理框架。如前所述，有不少框架获得普遍认可和采用。组织的安全专家应了解这些框架，并最好采用(或修改)其中一套框架以满足组织的特定安全需求。由于 NIST RMF 框架是安全专家在职业生涯中最可能遇到的风险管理框架，下文将更详细地介绍该框架，确保安全专家们能够熟悉 NIST RMF 框架的组件。

4.2.1　NIST 风险管理框架

NIST 在下列三个相互关联的核心特别出版物中对 NIST 风险管理框架(Risk Management Framework，RMF)予以说明(还有其他专门描述 RMF 各个步骤的关键出版物)。

- SP 800-37 第 2 版：《信息系统和组织风险管理框架(Risk Management Framework for Information Systems and Organizations)》
- SP800-39：《管理信息安全风险(Managing Information Security Risk)》
- SP800-30 第 1 版：《风险评估执行指南(Guide for Conducting Risk Assessments)》

NIST 风险管理框架包含作为安全专家需要知道的风险管理相关的各种关键元素。但注意，该框架是面向美国联邦政府实体的，如果要满足安全专家所在组织的特定风险管理需求，可能需要调整原有框架。

NIST RMF 描述了风险管理流程的七个步骤(如图4-1所示)，每个步骤将在稍后依次介绍。值得注意的是，由于组织的信息系统不断演变，风险管理的循环过程也将永无止境。安全专家需要分析系统的每个更改以确定是否应触发新的风险管理循环。

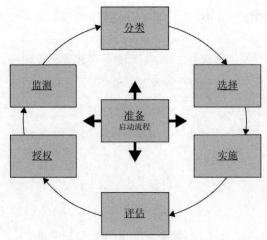

图 4-1　NIST 风险管理框架流程

1. 准备

NIST 风险管理框架的第一步是确保战略和运营层面的顶级管理层和高级领导们在整个组织中保持同步，包括就角色、优先级、约束条件和风险容忍度(Risk Tolerance)等方面达成一致。准备阶段的另一项关键活动是实施有组织的风险评估活动，为整个团队沟通战略风险提供共同的参考点。风险评估活动的成果之一是识别出后续所有风险管理工作重点关心的高价值资产。

2. 分类

NIST 风险管理框架的第二步是基于由组织内的信息系统所处理、存储或传输信息的关键和敏感程度，对组织的信息系统分类。此举的初衷是基于重要程度为组织的系统创建类别，帮助组织优先考虑需要投入防御的资源。为此，所有美国政府机构都应使用 NIST SP 800-60 的以下两份文档实施信息系统分类。

- 《卷一：信息类型及系统与安全类别的映射指南(Volume I: Guide for Mapping Types of Information and Information Systems to Security Categories)》
- 《卷二：信息类型及系统与安全类别的映射指南——附录(Volume II: Appendices to Guide for Mapping Types of Information and Information Systems to Security Categories)》

NIST SP 800-60 将敏感和关键程度同时运用于机密性、完整性和可用性这三个安全目标(Security Objective)以确定系统的重要程度。假设公司有一个客户关系管理(Customer Relationship Management，CRM)系统。若系统的机密性受破坏，尤其是当系统中的信息落入竞争对手的手中时，势必对公司造成严重危害。另一方面，系统的完整性和可用性对于业务或许没那么重要，因此将这两个安全目标归入较低的级别。描述此 CRM 安全类别(Security Category，SC)的格式如下：

$$SC_{CRM} = \{(机密性，高)，(完整性，低)，(可用性，低)\}$$

NIST SP 800-60 使用低、中、高这三个级别的影响程度划分安全类别。将所有三个安全目标都较低的信息系统定义为低影响度(Low Impact)系统。如果系统中至少有一个安全目标是"中"，且没有其他大于"中"的安全目标，则将该系统定义为中影响度(Moderate Impact)系统。最后，如果至少有一个安全目标是"高"，则将该系统定义为高影响度(High Impact)系统。因为基于最高安全目标类别确定系统的全局类别，所以称这种分类方法为"高水位标记法(High Water Mark)"。考虑到在上述示例中的 CRM 系统中至少有一个安全目标(机密性)的评估结果为"高"，于是该 CRM 系统安全类别的评估结果也为"高"。

3. 选择

一旦完成系统分类，便可着手选择即将用于保护该系统的安全控制措施，这些安全控制措施可能需要经过定制才能适用于系统。NIST RMF 定义了三种安全控制措施类型：通用控制措施、系统特定控制措施和混合控制措施。通用控制措施(Common Control)是指适用于多个系统并独立存在于各系统边界之外的控制措施。回到前述示例的 CRM 系统，如果在 CRM 以及所有其他 Web 应用程序前面放置了 Web 应用程序防火墙(Web Application Firewall，WAF)，则放置 WAF 就是通用控制措施的示例。WAF 处于 CRM 的系统边界之外并保护 CRM 和其他系统。

系统特定控制措施(System-Specific Controls)在特定系统边界内实施，而且显然只保护该特定系统。系统所有方对特定于系统的控制措施责无旁贷。以 CRM 系统的登录页面为例，该页面强制使用传输层安全(Transport Layer Security，TLS)加密用户凭证。如果身份验证(Authentication)子系统是 CRM 系统的组成部分，那么该身份验证子系统就是应用程序(即系统)特定控制措施的示例。

现实世界不是非黑即白的，混合控制措施模糊了通用控制措施和系统特定控制措施之间的界线。NIST RMF 将混合控制措施(Hybrid Control)定义为一种部分通用、部分系统特定的控制措施。继续 CRM 系统的示例，混合控制措施可以是安全意识宣贯培训(Security Awareness Training，SAT)。安全意识培训中既有通用内容(例如，禁止共享口令)，也有特定于系统的内容(例如，禁止员工为便于在假期内联系客户而保存客户信息，并通过电子邮件将客户信息发送至其个人账户)。

NIST SP 800-53 第 5 版《信息系统和组织的安全和隐私控制措施(Security and Privacy Controls for Information Systems and Organizations)》中记录了各种将风险降至可接受水平所需的特定控制措施。NIST SP 800-53 提供了一种映射关系，将 NIST RMF 的分类步骤中分配给信息系统的"安全类别"与减轻这些系统风险的特定"安全控制措施"相关联。稍后将详细讨论 NIST SP 800-53。

4. 实施

实施安全控制措施这一步骤有两个关键任务：实施(Implementation)和文档记录(Documentation)。第一部分"实施"直截了当：假设在之前的步骤中决定在 WAF 中添加规则以过滤 SQL 注入攻击，现在就是在实施该规则。这部分足够简单，然而安全专家们难以做到的是记录组织所执行的变更。

有两个显而易见的原因可说明文档工作的重要性。首先，文档让组织了解当前安全控制措施的内容、位置和原因。想象以下场景：安全专家接手了一套以某种看似荒谬的方式配置的系统，当试图去分析为什么会存在某些特殊参数或规则时，却因为担心系统故障而不敢尝试更改。这种情况很可能是文档记录不正确甚至是一次成功的攻击所导致的后果。文档记录工作之所以重要的第二个原因在于文档记录可将安全控制措施完全集成到全局评估和持续监测计划中。如果没有文档体系，安全控制措施往往会随着时间的推移而悄然过时和失效，并导致没有文档记录的风险。

5. 评估

组织实施的安全控制措施只在可评估时才对全局风险管理工作有用。组织绝对有必要针对各类安全控制措施(通用、混合和系统特定)以及相应风险制定全面的评估方案。该评估方案必须经由授权的管理层人员实施审查(Review)和批准并贯彻执行。

理想情况下，为执行评估方案，应确定一名能胜任并独立于实施控制措施团队的评估师。该评估师必须具有诚信的品质，不仅要评估控制措施的有效性，还要保证正确记录了评估细节。因此，在方案中包含所有必要的评估资料非常重要。

评估将确定安全控制措施是否有效。如果有效，则将结果记录在报告中作为下一次评估的参考。如果无效，报告也将如实记录结果，并记录为弥补缺陷而采取的补救措施和重新评估后的结果。最后，将本次评估的结果和建议更新到安全方案中。

注意

对安全控制措施的评估也称为审计，审计相关内容将在第 18 章详细讨论。

---

6. 授权

如前所述，没有哪个系统是 100%无风险的。在风险管理框架的授权阶段，信息系统的风险和控制评估结果将呈送给适当的决策方，以获得将该系统连接到组织全局架构中运行的批准。此决策方(个人或团体)将对运行中的系统负有法律责任，因此必须做出真正基于风险的决策，确定组织是否可接受报告中的风险暴露水平。这通常需要审查行动计划，确定组织将如何处理信息系统中剩余的弱点和缺陷。在多数组织中，授权是有时间期限的，该期限通常与操作方案和对应的里程碑(Plan of Action and Milestones，POAM 或 POA&M)有关。

7. 监测

上述里程碑是风险管理框架的持续监测或持续改进阶段的关键组成部分。组织至少应定期查看并确定所有控制措施的有效性。威胁方是否改变了其战术、技术和工作程序(Tactics, Techniques, and Procedures，TTP)？是否发现了新漏洞？对配置的未记录/未批准的变更是否会改变组织的风险等级？这些只是组织通过持续监测和持续改进解决的一部分问题。

4.2.2　ISO/IEC 27005 信息安全风险管理指南

ISO/IEC 27005 于 2018 年更新,是另一套普遍使用的信息安全风险管理框架。ISO/IEC 27005 与 NIST RMF 类似,为组织中的信息安全风险管理提供了准则,但并未规定具体的实施方法。换言之,框架仅指明应做什么,而不说明如何去做。就像 NIST RMF 搭配 NIST SP 800-53 中的安全控制措施,ISO/IEC 27005 也最好与 ISO/IEC 27001 结合使用。稍后将介绍 ISO/IEC 27001,该信息安全管理体系提供了更多用于制定信息安全计划的结构。

ISO/IEC 27005 定义的风险管理流程如图 4-2 所示。流程的第一步是设置场景(Context Establishment)。这与第 2 章中讨论的业务影响分析(Business Impact Analysis,BIA)类似,但 ISO/IEC 27005 增加了风险评估标准和组织风险偏好等新元素。图 4-2 中间的风险评估框也与第 2 章中讨论的流程类似,尽管术语略有不同。

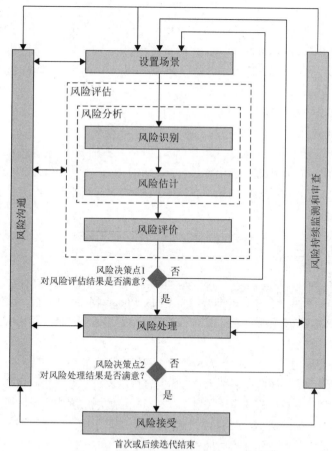

图 4-2　ISO/IEC 27005 风险管理流程

风险处理(Risk Treatment)类似于 NIST RMF 中选择和实施控制措施步骤，但范围更广。ISO/IEC 27005 并不专注于降低风险的控制措施，而是描述了处理风险的以下四种对策。

- **缓解(Mitigate)**：通过实施控制措施将风险降至可接受的水平以缓解风险。
- **接受(Accept)**：如果风险发生后产生的影响小于实施安全控制的成本，则选择接受风险并寄希望于该风险不会发生。
- **转移(Transfer)**：将风险转移给其他实体(包括保险公司或业务合作伙伴等)。
- **规避(Avoid)**：通过放弃实施造成风险的信息系统以规避风险，或通过改变业务实践以消除风险的存在或降低到可接受的水平。

注意

NIST RMF 也在其风险管理框架流程内的授权步骤中简要介绍了上述处理对策。

ISO/IEC 27005 中的风险接受(Risk Acceptance)与 NIST RMF 中的授权(Authorize)步骤非常相似，两者的风险监测(Risk Monitoring)步骤也很类似。另一方面，这两套风险管理框架之间的一项显著差异是 ISO/IEC 27005 明确将风险沟通(Risk Communication)确定为重要过程。如果不能有效地将信息传达给各种受众，就无法获得高级管理人员、合作伙伴或其他利益相关方的支持。因此风险沟通是风险管理方法论的重要组成部分。切忌只因风险沟通过程未在 NIST RMF 或其他风险管理框架中指明，就认为其无足轻重。

ISO/IEC 27005 只是重新调整了风险管理流程中各步骤的顺序，并未就风险管理的讨论引入新内容。当然，尽管顶层设计有相似之处，但 NIST RMF 和 ISO/IEC 27005 这两套基于风险的框架在实施方式上并不一致。应将 ISO/IEC 27005 风险管理与 ISO/IEC 27001 安全计划结合起来以获得最佳效果。

4.2.3　OCTAVE

OCTAVE(Operationally Critical Threat, Asset, and Vulnerability Evaluation，运营关键威胁、资产和漏洞评价)并不是一套真正的框架，而是由 Carnegie Mellon University 创建的一种风险评估方法。虽然 OCTAVE 不是框架，却在私营部门中普遍运用。作为网络安全专家，应了解 OCTAVE 并知道何时使用。

OCTAVE 由组织内的 IT 部门代表和业务部门代表组成的小型团队实施分析，是自我指导的团队方法，促进了各团队在识别风险方面的合作以及与业务领导们就这些风险展开的沟通。OCTAVE 在风险分析中聚焦于最关键资产，对关注领域的优先级予以排序，并遵循二八定律(80/20 Pareto Principle)将 80%的结果归结于 20%的原因。专注于速度是 OCTAVE 的主要优势之一，毕竟对大多数企业而言时间就是金钱。

OCTAVE 风险评估方法分为三个阶段。第一阶段是组织化视图，分析团队基于对业务至关重要的资产定义威胁概况(Threat Profile)。然后第二阶段查看组织的技术基础架构，识别可能遭这些威胁利用的漏洞。最后，在第三阶段，团队分析每个风险并将这些风险划分为高、中或低三类后，为每个风险制定缓解策略。这种分类模式掩盖了 OCTAVE 本质上是一种定性风险评估方法的事实，至于这是优点还是缺点，就见仁见智了。

4.2.4　信息风险要素分析

如果安全专家想采用更严格的定量方法管理风险，可能需要阅读 FAIR (Factor Analysis of Information Risk，信息风险要素分析)的相关资料。FAIR 是用于理解、分析和衡量信息风险的专有框架。事实上，如果想寻求一种定量的风险管理方法，FAIR 几乎是唯一可用的国际标准框架。回顾一下，定量方法是将风险转化为货币价值等数字的方法，而定性方法则使用类似于低、中、高的风险类别对风险实施分类。

使用 FAIR 有一个主要前提条件：相比于威胁发生的可能性，安全专家更应关注威胁发生的量化概率。于是，FAIR 的定量性质就很有意义。在 FAIR 框架中，将风险定义为"未来损失的可能频率和度量"，可将损失量化为生产效率降低、更换或响应成本、罚款或失去竞争优势等。请注意，上述损失中的每一项都可通过某些方法转化为货币价值。如果对 FAIR 方法感兴趣，请结合第 2 章中对定量风险评估的综合探讨。

4.3　信息安全框架

凭借从风险管理框架中获得的知识，安全专家现已准备好妥善保护组织的信息系统。毕竟，安全专家的主要目标是制定具有成本效益的防御措施以保证组织即使面临风险也能蓬勃发展。因此，大多数信息安全框架(Information Security Framework)都与风险管理具有明确的联系。

从广义上讲，信息安全框架可分为两大类：从全局审视整个安全计划的框架和专注于安全控制措施的框架。二者并不互斥，即将介绍的 NIST 网络安全框架(NIST Cybersecurity Framework)就与 NIST SP 800-53 安全控制措施互相兼容。信息安全框架也不必以批发的方式实施，框架的美妙之处就在于安全专家可挑选出对各自组织最有意义的部分，然后基于特定的组织需求定制。

4.3.1　安全计划框架

安全计划(Security Program)是由众多组件构成的框架(Framework)，包括逻辑性(技术性)、行政性和物理性保护机制，也包括工作程序、业务流程及人员；所有组件共同发挥作用，为业务环境提供特定安全水平的保护。每个组件在框架中都占据一席之地，某个组件的缺失或不完整将影响整个框架。安全计划是一项层次化工作：每一层为上层提供支持，同时为下层提供保护。安全计划仅是一套框架，因此，组织在运用该框架时，可自由灵活地组合不同类型的技术、方法和工作程序，实现必要的保护水平。

基于灵活框架的安全计划，听起来很棒，但该如何建立呢？在修建城堡前，建筑师会给出建筑结构的蓝图。安全专家们同样需要给出详细方案以妥善搭建组织的安全计划。好在相关行业标准已经建立，接下来将详细讨论两套最常用的信息安全计划框架：ISO/IEC 27000系列和 NIST 网络安全框架(NIST Cybersecurity Framework)。

ISO/IEC 27000 系列

国际标准化组织(International Organization for Standardization，ISO)和国际电工委员会(International Electrotechnical Commission，IEC)的 ISO/IEC 27000 系列是世界上通盘考虑安全控制措施管理的行业最佳实践，构成这一系列标准的清单每年都在变长。总体而言，这些标准描述了一整套信息安全管理体系(Information Security Management System，ISMS)，但每个标准都有各自的关注点(如度量、治理及审计等)。目前已经公布的标准如下(略有删节)：

- **ISO/IEC 27000** 总览和词汇
- **ISO/IEC 27001** 信息安全管理体系要求
- **ISO/IEC 27002** 信息安全管理控制措施实践守则
- **ISO/IEC 27003** 信息安全管理体系实施指引
- **ISO/IEC 27004** 信息安全管理体系持续监测、度量、分析和评价
- **ISO/IEC 27005** 信息安全风险管理
- **ISO/IEC 27007** 信息安全管理体系审计准则
- **ISO/IEC 27014** 信息安全治理
- **ISO/IEC 27017** 云服务安全控制措施
- **ISO/IEC 27019** 能源行业安全流程控制措施
- **ISO/IEC 27031** 业务持续
- **ISO/IEC 27033** 网络安全(Network Security)
- **ISO/IEC 27034** 应用程序安全
- **ISO/IEC 27035** 安全事故管理
- **ISO/IEC 27037** 数字证据收集和保存
- **ISO/IEC 27750** 电子取证
- **ISO/IEC 27799** 医疗卫生组织

组织通常会通过第三方机构评估的方式获取 ISO/IEC 27001 认证。该第三方机构基于 ISO/IEC 27001 制定的 ISMS 要求实施评估，并证明组织的合规水平。第三方机构将证明该组织的安全实践在评价范围内符合信息安全管理体系的要求；正如一旦通过了 CISSP 认证考试，(ISC)² 就会证明该考生具备了信息安全专家应有的知识一样。

了解 ISO/IEC 27000 系列各标准之间的差异以及相互关系十分有用。图 4-3 展示了通用要求、通用准则和具体行业准则之间的差异。

 考试提示

考生无须记住整个 ISO/IEC 27000 系列的所有标准，仅需要了解即可。

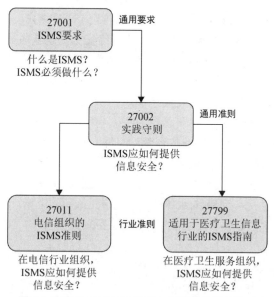

图 4-3　ISO/IEC 27000 系列中各标准之间的关系

对大多数组织而言，ISO 27001 是这些标准中最重要的。要获取认证，仅购买文档并在组织环境中实施是不够的；实际上，组织需要外部第三方(即所谓的认证机构)审核并证明组织符合标准。ISO 27001 认证有助于向组织的客户以及合作伙伴证明自身没有安全风险，这在某些情况下可能是合同义务。此外，获取 27001 认证可证明组织在保护信息系统方面实践了适度勤勉从而避免监管罚款。认证过程所花费的时间取决于组织的安全计划成熟程度，可能要一年甚至更久，但这对于很多大中型企业而言是值得投资的。

NIST 网络安全框架

2013 年 2 月 12 日，美国总统奥巴马签署了第 13636 号行政令，呼吁为经营关键基础架构(Critical Infrastructure)的组织制定一套自愿遵守的网络安全框架。该框架的建设目标是灵活、可重复且具有成本效益，能更好地与业务流程和目标保持一致，从而获得组织的青睐。一年后，通过与来自政府、行业和学术界的成员们积极合作，NIST 发布了《改善关键基础架构网络安全框架(Framework for Improving Critical Infrastructure Cybersecurity)》，简称为 NIST 网络安全框架(Cybersecurity Framework，CSF)。NIST 网络安全框架由下列三个主要部分组成。

- **框架核心(Framework Core)** 由所有组织共有的各种活动、成果和参考资料组成。可分解为五个职能、22 个类别和 98 个子类别。
- **实施层级(Implementation Tiers)** 对网络安全实践的严格和复杂程度实施分类：部分的(Partial)-第 1 级(Tier 1)、风险知情(Risk Informed)-第 2 级(Tier 2)、可重复(Repeatable)-第 3 级(Tier 3)，自适应(Adaptive)-第 4 级(Tier 4)。划分四个层级的目的并非强制要求组织将网络安全实践程度提升到更高层次，而是为组织的决策提供参考信息，以便在具有商业价值的情况下帮助组织向更高目标迈进。

- **框架概况(Framework Profile)** 描述组织落实 NIST 网络安全框架各个类别和子类别的状态。框架概况帮助组织的决策层将网络安全的现状与一个或多个目标状态比较，帮助决策层以对特定组织有意义的方式调整网络安全与业务之间的流程和优先级。组织的框架概况可基于其所在行业的要求和组织的需求定制。

框架核心将网络安全活动归纳为安全专家们应熟悉的五个高度概括的职能。安全专家的所有工作都可归纳到下列职能之一：

- **识别(Identity)** 了解组织的业务环境、资源和风险。
- **保护(Protect)** 制定适当的控制措施，以合理的方式降低风险。
- **检测(Detect)** 及时发现对组织信息安全产生威胁的事情。
- **响应(Respond)** 快速遏制对组织信息安全产生威胁的影响。
- **恢复(Recover)** 在事故发生后恢复到能帮助业务活动运行的安全状态(Secure State)。

 考试提示

为参加考试，考生应记住 NIST 网络安全框架的五个职能以及该框架由各组织自愿采纳这一事实。

4.3.2　安全控制措施框架

ISO/IEC 27000 系列和 NIST CSF 阐述了组织安全计划的必要组成部分。现在，需要关注如何实施控制目标，以达成安全计划和企业安全架构所列出的目标。这就是安全控制措施框架(Security Control Framework)的用武之地了。本节介绍三个常见框架：NIST SP 800-53、CIS 控制措施(CIS Controls)和 COBIT(信息系统和技术控制目标)。

NIST SP 800-53

NIST SP 800-53，即《信息系统和组织的安全和隐私控制措施(Security and Privacy Controls for Information Systems and Organizations)》，当前为第 5 版，是由 NIST 负责制定的标准之一，描述了美国联邦机构为符合美国联邦信息处理标准(Federal Information Processing Standards，FIPS)需要实施的控制措施。值得注意的是，尽管本出版物最初是针对美国联邦政府组织的，但如今很多其他组织也自愿采用 NIST SP 800-53 以更好地保护自己的系统。

NIST SP 800-53 提供了关于如何选择安全控制措施的具体指引，并规定了实施安全控制措施的四个步骤：

(1) 选择适当的安全控制措施基线(Baseline)。

(2) 定制基线。

(3) 记录安全控制措施的选择过程。

(4) 实施安全控制措施。

第一步假设安全专家已基于组织信息系统所处理、存储或传输信息的关键和敏感程度，确定了信息系统的安全类别(Security Categories，SC)。NIST SP 800-53 使用低、中、高三个

级别的影响程度划分安全类别。感觉似曾相识？因为本章在前面讨论 NIST RMF 和 SP 800-60
时介绍了同样的分类方法。

对信息系统实施分类能帮助安全专家们确定工作的优先级，还能确定需要实施 NIST SP
800-53 中所列出的 20 个系列，总计 1000 多项控制措施中的哪一项，所以非常重要。表 4-1
列举了 SP 800-53 第 5 版涉及的控制措施类别。

表 4-1　NIST SP 800-53 控制措施类别

标识符	系列
AC	访问控制(Access Control)
AT	意识宣贯和培训(Awareness and Training)
AU	审计和可问责性(Audit and Accountability)
CA	安全评估、授权和持续监测(Assessment, Authorization, and Monitoring)
CM	配置管理(Configuration Management)
CP	应急规划(Contingency Planning)
IA	标识和身份验证(Identification and Authentication)
IR	事故响应(Incident Response)
MA	维护(Maintenance)
MP	介质保护(Media Protection)
PE	物理和环境保护(Physical and Environmental Protection)
PL	规划(Planning)
PM	项目集管理(Program Management)
PS	人员安全(Personnel Security)
PT	个人身份信息处理和透明度(PII Processing and Transparency)
RA	风险评估(Risk Assessment)
SA	系统和服务获取(System and Services Acquistion)
SC	系统和通信保护(System and Communications Protection)
SI	系统和信息完整性(System and Information Integrity)
SR	供应链风险管理(Supply Chain Risk Management)

回到讨论 NIST RMF 时使用的 CRM (客户关系管理)系统示例。回顾一下，由于机密性受
到破坏的影响很大，于是确定 CRM 系统的安全类别(SC)为高。安全专家可浏览整个控制措
施目录，搜寻其中哪些控制措施适用于该 CRM 系统。为简便起见，现在只查看事故响应
(Incident Response，IR)系列中的前三项控制措施(IR-1、IR-2 和 IR-3)。通过表 4-2 可看到这些
控制措施如何运用于不同的 SC。由于 CRM 系统的 SC 为高，因此这三项控制措施都应予以
实施。从表 4-2 中还可看到 IR-2 和 IR-3 列出了增强控制项。

表 4-2　SP 800-53 中的安全控制措施与三个安全类别的映射示例

控制措施号	控制措施名称	控制措施基线		
		低	中	高
IR-1	策略与工作程序	X	X	X
IR-2	事故响应培训	X	X	X
IR-2(1)	模拟事件			X
IR-2(2)	自动化培训环境			X
IR-2(3)	泄露			
IR-3	事故响应测试		X	X
IR-3(1)	自动化测试			
IR-3(1)	与相关计划的协调		X	X

现在深入探讨第一项控制措施的用法。NIST SP 800-53 的第 3 章是一套详述每项安全控制措施具体内容的目录。如果查看基线 IR-1 控制措施的描述，会发现该基线要求组织执行以下操作。

IR-1.a 制定、记录和传播给待定项，组织定义的人员或角色。

IR-1.a.1 "选择(一项或多项)：组织级别；任务/业务流程级别；系统级别"。事故响应策略。

(1) 涉及目的、范围、角色、职责、管理承诺、合规以及组织实体之间的协调。

(2) 符合适用的法律、行政命令、指令、法规、政策、标准和准则。

IR-1.a.2 促进事故响应策略和相关事故响应控制措施实施的工作程序。

IR-1.b 指定一个"待定项：组织正式定义的负责人"，管理事故响应策略与工作程序的制定、记录和传播。

IR-1.c 审查并更新当前的事故响应。

IR-1.c.1 策略"待定项：组织定义的频率"和以下"待定项：组织定义的事件"。

IR-1.c.2 工作程序"待定项：组织定义的频率"和以下"待定项：组织定义的事件"。

注意，IR-1 中有五个要求包含引用(加引号)部分中的待定项(Assignment)参数。这些参数帮助组织按自己独特的状况和需求定制基线控制措施。例如，在第一个待定项(IR-1.a)中，可指定接收事故响应的策略和工作程序的人员；在第二个待定项(IR-1.a.1)中，可指定事故响应策略所适用的级别；在第三个待定项(IR-1.b)中，可识别出负责该策的人员(按角色而非姓名)；在最后两个待定项，即 IR-1.c.1 和 IR-1.c.2 中，可指定对事故响应策略与工作程序实施审查的频率和触发事件。这是通过"填空"方法定制安全控制以满足组织的独特条件。

 考试提示
考生不需要记住 NIST SP 800-53 中的安全控制措施、增强控制或待定项。引用控制措施的详细描述只是为了说明框架的结构以及框架参数可自定义的灵活性。

CIS 控制措施

Internet 安全中心(Center For Internet Security，CIS)是一个非营利组织。除了处理着众多信息安全相关事务外，CIS 还维护着一份包含 20 项关键安全控制措施(Security Control)的清单，旨在减轻大多数常见网络攻击的威胁。与 NIST SP 800-53 类似，CIS 控制措施(CIS Control)也是安全控制措施框架。图 4-4 显示了当前 CIS 控制措施 7.1 版中的内容。

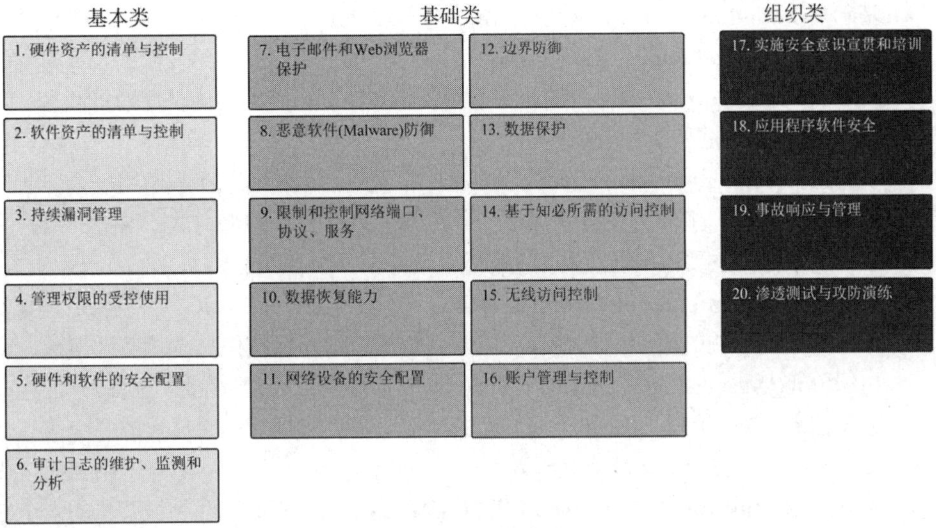

基本类	基础类		组织类
1. 硬件资产的清单与控制	7. 电子邮件和Web浏览器保护	12. 边界防御	17. 实施安全意识宣贯和培训
2. 软件资产的清单与控制	8. 恶意软件(Malware)防御	13. 数据保护	18. 应用程序软件安全
3. 持续漏洞管理	9. 限制和控制网络端口、协议、服务	14. 基于知必所需的访问控制	19. 事故响应与管理
4. 管理权限的受控使用	10. 数据恢复能力	15. 无线访问控制	20. 渗透测试与攻防演练
5. 硬件和软件的安全配置	11. 网络设备的安全配置	16. 账户管理与控制	
6. 审计日志的维护、监测和分析			

图 4-4　CIS 控制措施

尽管 CIS 使用了"控制措施(Control)"一词，但应将 CIS 中的控制措施视为 NIST SP 800-53 中的 20 个控制措施系列(Family)。与 NIST 的粒度相似，在 CIS 的 20 项控制措施下共有 171 项子控制措施(Subcontrols)。以第 13 项控制措施(数据保护)为例，表 4-3 列出了其九项子控制措施。

表 4-3　映射到实施组的数据保护子控制措施

子控制措施	标题	IG1	IG2	IG3
13.1	维护敏感信息清单	X	X	X
13.2	移除组织不常访问的敏感数据或系统	X	X	X
13.3	监测并阻止未经授权的网络流量			X
13.4	仅允许访问授权的云存储或电子邮件提供商		X	X
13.5	监测和检测未经授权的加密技术使用			X
13.6	加密移动设备数据	X	X	X
13.7	管理 USB 设备		X	X
13.8	管理系统的外部可移动媒体的读/写配置			X
13.9	加密 USB 存储设备上的数据			X

CIS 知道并非每个组织都拥有实施所有控制措施所需的资源，也不是每个组织都面临所有的风险。因此，将 CIS 控制措施分为以下三个类别。虽然每个组织都应尽可能全面实施，但对 CIS 控制措施实施分类则提供了帮助组织首先解决最紧迫需求的方法，然后可随着时间的推移在此基础上完善。

- **基本类(Basic):** 每个组织都应实施基本类的关键控制措施，实现最低限度的必要安全。
- **基础类(Foundational)：** 基础类控制措施体现了提升组织安全水平的技术最佳实践。
- **组织类(Organizational)：** 组织类控制措施侧重于维护和改进网络安全的人员和流程。

实施组(Implementation Group，IG)是帮助组织将各控制措施的实施程度与资源水平匹配的工具。CIS 控制措施框架 7.1 版描述了以下三个 IG。

- **实施组 1(Implementation Group 1，IG1)：** 具有有限信息技术和网络安全专业知识的中小型组织，主要关注点是保证业务正常运营。IG1 的组织试图保护的数据的敏感程度很低，主要围绕员工和财务信息。
- **实施组 2(Implementation Group 2，IG2)：** 相对于 IG1 而言，IG2 的组织是具有多个部门的稍大一些的组织，其中有部门专门负责管理和保护信息技术基础架构。每个组织单元(Organizational Unit)的规模较小。IG2 的组织经常存储和处理敏感的客户或公司信息，并可能有监管和合规方面的担忧。发生违规行为所导致的公众信心丧失是这类组织的主要的关注点之一。
- **实施组 3(Implementation Group 3，IG3)：** 雇用具有不同专业领域背景的安全专家的大型组织。IG3 组织的系统和数据包含受监管的敏感信息或功能。对此类组织的成功攻击可能对公共福祉造成重大损害。

表 4-3 描述了如何将子控制措施映射到这些实施组。实施组的映射有助于确保将有限的资源集中在最关键的需求上。

COBIT 2019

COBIT 2019，即信息系统和技术控制目标(Control Objectives for Information and related Technology，COBIT)2019 版是由信息系统审计和控制协会(Information Systems Audit and Control Association，ISACA)与 IT 治理协会(IT Governance Institute，ITGI)制定的用于治理与管理的一套框架[1]。COBIT 2019 通过平衡资源利用率、风险水平和收益实现以帮助组织优化 IT 价值。为此，需要明确将利益相关方驱动因素、利益相关方需求、组织目标(为满足那些需求)以及 IT 目标(为实现或支持组织的目标)依次联系起来。COBIT 2019 是一种基于治理体系六项关键原则的全局方法：

(1) 为利益相关方提供价值

(2) 全局方法

(3) 动态治理体系

(4) 有别于管理的治理

(5) 基于企业需求量身定制

---

[1] 译者注：最近 ITGI 已变成 ISACA 的下属机构。

(6) 端到端的治理体系

COBIT 框架中的每项内容都通过一系列"自上而下"的目标转换,最终与各利益相关方关联。概念很简单:在 IT 治理或管理过程的所有节点上,组织都应自问"为什么要这样做?"而答案则应是某项与企业目标相关联的 IT 目标,这个企业目标也相应联系着利益相关方的某项具体需求。COBIT 设定了 13 项企业目标和 13 项一致性目标,确保组织在决策过程中能考虑所有维度,而非凭空猜测。

这两组"13 项目标"彼此不同但相互关联。通过在治理和管理两个维度上明确地将企业目标和 IT 目标联系起来,这两组"13 项目标"能确保组织达成第六个原则"端到端的治理体系",也能帮助组织实现第四个原则"有别于管理的治理"。这些目标是从大量大型组织的共性(或是通用特性)中识别出来的,目的在于为组织提供一整套工作方法,这也正是 COBIT 中的第二个关键原则。

COBIT 框架包括企业治理和管理。两者的差异在于:治理是一套更高层面的流程,旨在平衡利益相关方的价值主张;而管理则是实现企业目标的一系列活动。简而言之,可认为治理是 CXO 级别的领导层所做的事,而管理则是组织内其他领导层所做的事。图 4-5 说明了 COBIT 如何定义这五个治理目标和 35 个管理目标并划分到五个域中。所有治理目标都属于评价、指导和监测(Evaluate, Direct and Monitor,EDM)域。另一方面,管理目标则划分为如下四个域:共识、计划和组织(Align, Plan and Organize,APO),构建、获取和实施(Build, Acquire and Implement,BAI),交付、服务和支持(Deliver, Service and Support,DSS)以及监测、评价和评估(Monitor, Evaluate and Assess,MEA)。

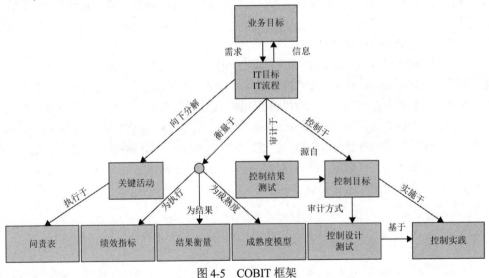

图 4-5　COBIT 框架

在行业中,目前使用的大部分安全合规性审计实践都基于 COBIT。所以,要与审计师达成一致并顺利通过合规性评价(Compliance Evaluation),则安全专家应学习、践行并实现 COBIT 中列出的控制目标(Control Objective),这是业内的最佳实践。

提示

在安全行业，很多安全专家错误地认为 COBIT 纯粹以安全为目标。但实际上，COBIT 涉及信息技术的各个方面，安全性只是组成部分之一。IT 治理中要求有适当的安全实践部分，而 COBIT 是一套实践，可通过遵循 COBIT 实施 IT 治理。

4.4　企业架构框架

组织试图从全局保证环境安全时，往往需要谨慎抉择。第一种方式是使用单一或单向的解决方案，随处部署安全产品，期望通过临时方法魔术般地保护环境安全并消除组织中的所有漏洞。大多数组织(特别是中小企业)不考虑先建立一套安全架构，而是关注主营业务的安全需求，只实施必要的安全控制措施维持运营，然后基于业务的增长逐步调整。这种原始增长模型造就了一种需要"不断救火的短期模式"。对高级管理层而言，与批准重新构建信息系统所需的时间、金钱以及可能造成的业务影响相比，批准一个新安全工具的预算会更经济，也更简便。

加强组织环境安全的第二种方式是定义一套企业安全架构(Enterprise Security Architecture，ESA)，并将其作为实施解决方案时的指南，确保在满足业务需求的同时针对组织环境提供标准化的保护措施，降低组织发生安全意外事件的概率。难点在于，假设某个组织已基于上述第一个个案处理方式实施安全控制措施，那么，若想在不造成影响的情况下对安全现状实施基础架构的重建将非常困难且昂贵。尽管实施企业安全架构后也不会达到完美的境界，但企业安全架构的确能在全局层面应对安全问题时抑制混乱，帮助安全团队和组织更积极主动并形成成熟的观念模式。

从零开始制定架构并非易事。在大方框里画一些小方框当然容易，但每个方框代表什么？各方框之间有何关系？信息流如何流转？谁需要审视这些方框？在做决定时需要考虑哪些方面？架构是一种概念性结构，是一种帮助组织以"化整为零"的方式理解像企业那种复杂事物的工具。OSI (Open Systems Interconnection，开放系统互连)网络模型就是架构的示例，OSI 模型是一种用于阐明网络栈架构的抽象模型。计算机内部使用的网络栈非常复杂，包含很多协议、接口、服务和硬件规范。而若以模块框架(七层)考虑网络系统，就能更清晰地从整体上理解网络栈及各个组件间的关系。

提示

第 11 章将重点讲解 OSI 网络栈。

企业架构(Enterprise Architecture)中包含组织的基本组件及一体化组件。企业架构表达了企业结构(形式)和行为(功能)，包含各项企业组件、彼此间的关系以及与环境的关系。

本节涉及几个不同的企业框架，虽然每个框架各有侧重，但都提供了如何建立一整套架构体系的指引，因此对于建立不同的架构都十分有用。要注意架构框架(Framework)和实际架构(Architecture)是有差异的。公司可使用框架作为准则以建立一套最适合自身需求的架构。

每家公司的架构有所差异，原因在于各个公司由不同类型的业务驱动，有不同的安全与监管要求、文化氛围和组织结构，但如果每家公司都以同样的架构框架(Framework)为指导，那么这些公司的架构将有相似的结构和目标。这种情况就像三个家庭基于同一张农场建筑设计图建房子一样。第一个家庭有三个孩子，因此选择了四个卧室的房子。第二个家庭选择建一个大的起居室和三个卧室，还有一家人选择建两个卧室和两个起居室。每个家庭都从同样的设计图(框架)出发，并基于自身的需求修改设计图，以符合个体的特定需求(架构)。

在制定架构时，首先要识别关注和使用这个架构的利益相关方(Stakeholder)。然后需要确认各利益相关方所关注的视图(View)，视图能以最有效的方式解释不同利益相关方最关注的信息。NIST 曾制定了一套框架，用于展示公司内不同员工的独特视角(Viewpoint)，如图 4-6 所示。管理层人员需要从业务运营角度理解公司，制定业务流程的人员要理解需要收集什么类型的信息用于支撑业务活动，应用程序研发人员需要理解维护和处理信息的系统需求，数据建模人员需要理解如何构建数据元素，技术团队人员则需要理解支撑各层面的网络组件。大家都在通过方便各自理解并与其职责直接关联的视图关注同一组织的架构。

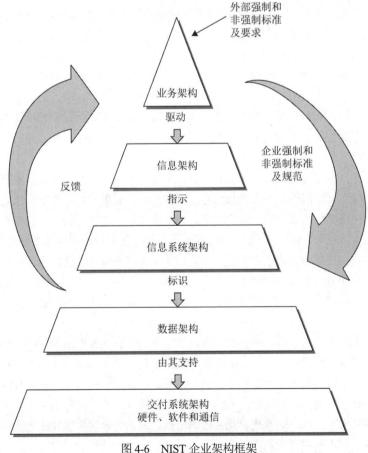

图 4-6　NIST 企业架构框架

企业架构(Enterprise Architecture，EA)不仅提供用于理解公司的各种视图，还说明当公司的某个层面发生变化时将如何影响其他层面。例如，假设有一个新的业务需求，企业的各个层面将如何支撑这个需求？必须收集和处理什么类型的新信息？是否需要新购或变更应用程序？需要新的数据元素吗？需要新的网络设备吗？架构有助于理解需要更改的所有事情，从而支持新的业务功能。

架构同样能从反方向起作用。如果一家公司计划实行技术革新，在技术层面上新系统是否仍能支持所有必需的功能？架构有助于将组织理解为完整的有机体，也阐明了某个内部组件的变化会如何直接影响另一个组件。

4.4.1　为何需要企业架构框架？

正如组织所经历的那样，业务人员和技术人员有时看起来是两个完全不同的专业群体。业务人员使用"纯利润""风险空间""投资组合策略""对冲"和"商品"等术语；技术人员则使用"深度包监测(Deep Packet Inspection)""三层设备""跨站脚本攻击(Cross-site Scripting, XSS)"和"负载均衡(Load Balancing)"等术语，缩写词时有耳闻，例如，TCP、APT、ICMP、RAID、UDP、L2TP、PPTP、IPSec 和 AES 等。专业相同的人员之间仅用术语就可顺畅沟通，无需赘言。而业务和技术人员即便使用完全相同的词语和术语(指书写相同的词或缩略语)，对双方而言却有完全不同的意义。例如，对于业务运营人员而言，"协议(Protocol)"指为完成任务而必须遵循的一套工作流程。对于技术人员而言，"协议"指计算机或应用程序间通信的一种标准方式。业务人员和技术人员都使用术语"风险(Risk)"，但双方针对的是公司面临的截然不同的风险：市场份额和安全泄露。甚至，即便双方都使用了"数据(Data)"这个含义相对一致的术语，业务人员也是从功能角度关注"数据"，而安全人员则从风险角度关注"数据"。

业务人员和技术人员对同一问题的看法分歧不仅会引发思想交流的混乱和障碍，还会造成沟通成本直线上升。假设业务人员想为客户提供某种新服务，以在线账单支付为例，则必然会在当前的网络系统基础架构、应用程序、Web 服务器、软件逻辑、密码功能、身份验证方法以及数据库结构等方面产生较大变化。业务人员的提议看似是一个微不足道的需求变化，在实现过程中却往往需要花费大量资金，需要购买和实施新技术、更新应用程序代码以及重构网络系统等。业务人员经常感到 IT 部门是业务革新和发展过程中的障碍，反过来，IT 部门也感到业务人员经常提出一些稀奇古怪且不切实际的要求，而且这些要求往往没有足够的预算支持。

因为业务人员和技术人员之间存在沟通混乱，导致世界各地的组织无法正确转换业务功能和技术规范要求，进而实施了错误的解决方案。结果不得不重购新方案、执行返工并浪费大量时间。组织不仅要为此支付比原方案更多的资金，甚至可能错失商机，最终减少市场份额。因此，需要一个工具，帮助业务人员和技术人员减少困惑并消除误会，优化业务系统功能，避免浪费时间和金钱，这就是企业架构的用武之地。企业架构能让业务人员和技术人员以各自理解的方式审视同一个组织。

进入医生的办公室时，会看到一面墙上挂着一张骨骼系统的示意图，在另一面墙上挂着一张循环系统的示意图，还有一面墙上挂着人体器官的示意图。这些都是同一事物(人体)的不同视图。企业架构框架(Enterprise Architecture Framework，EAF)提供了类似的功能：从不同视角关注同一事物。在医疗领域，包括足科、脑外科、皮肤科、肿瘤科和眼科等各类专科医生。每个组织也都有自己的专家，包括人力资源、市场营销、财务会计、IT 运营、产品研发和管理层人员等。但组织也需要全面理解各个实体(无论是人员还是公司)，这就是企业架构试图解决的问题。

4.4.2　Zachman 框架

Zachman 框架(Zachman Framework)是最早出现的企业架构框架，由 John Zachman 制定。Zachman 框架是通用模型，非常适合构建组织在信息系统安全方面的工作。表 4-4 是 Zachman 框架的一个简化示例。

表 4-4　企业架构的 Zachman 框架

观点 (角色)		问题					
		什么问题	如何解决	何地	谁	何时	为何
观点 (角色)	环境(高级管理人员)	资产和责任	业务线	业务区域	合作伙伴、客户和员工	里程碑和重要事件	业务战略
	概念(业务经理)	产品	业务流程	采购和沟通	工作流	重要时段	业务计划
	架构(系统架构师)	数据模型	系统架构	分布式系统架构	使用案例	项目时间安排表	业务规则模型
	技术(工程师)	数据管理	系统设计	系统界面	人工界面	流程控制	流程输出
	实施(技术人员)	数据存储	程序	网络节点和链接	访问控制	网络和安全运营	性能度量
	企业员工	信息	功能	网络	组织	时间表	战略

Zachman 框架是由六个基本的疑问词(什么问题、如何解决、何地、谁、何时及为何；What、How、Where、Who、When 及 Why)与不同角色(高级管理人员、业务经理、系统架构师、工程师、技术人员和企业员工)的角度相交所组成的二维模型，提供对企业的全局理解。该框架制定于 20 世纪 80 年代，内容基于典型的业务架构，包含用于治理一套有序关系的规则。其中有一条规则要求每一行(Row)的角色都应基于自身的角度完整地描述企业。例如，IT部门的工作需要基于数据存储、应用程序、网络系统、访问控制、日常运营和度量活动理解组织；虽然 IT 部门已经意识到(或至少应意识到)其他角度和事项的存在，但该部门在组织中履行本岗位职责，只关注本职范围之内的事项。

使用 Zachman 框架旨在让同组织内的人员能从不同的视角理解组织。组织中不同类型的人员需要一致的信息，但这些信息分别以和岗位职责直接相关的方式表述。首席执行官(CEO)

需要财务报表、绩效考核和资产负债表。网络管理员需要网络拓扑图，系统工程师需要接口需求，运营部门需要配置需求。负责网络漏洞测试的安全专家无须告知 CEO 有些系统在基于竞态条件(Time-of-Check to Time-of-Use，TOC/TOU)的攻击方面存在隐患，也不必说明公司软件存在客户端浏览器注入攻击漏洞。CEO 虽然需要了解这些信息，但安全专家应该用 CEO 可理解的语言汇报。组织中，各层面工作人员所需的信息应通过最实用的语言和格式描述。

　　企业架构常用于将碎片化流程(包括人工的和自动化的)优化到统一的集成环境中，该环境能响应各类变化，支持业务战略。Zachman 框架已问世多年，并成功集成在大量组织中，主要用于建立或更好地定义组织的业务环境。这个框架虽然不是为安全量身定制的，但确实是一个经过实践检验的、运行良好的模板，对如何以模块化方式理解真实环境下的企业提供了指导方向。

4.4.3　TOGAF

　　TOGAF (The Open Group Architecture Framework，The Open Group 架构框架)是最初由美国国防部制定的企业架构框架，提供了设计、实施和治理企业信息架构的方法。

　　TOGAF 架构框架用于研发以下架构类型：

- 业务架构
- 数据架构
- 应用程序架构
- 技术架构

　　组织可通过 TOGAF 架构框架及其架构开发方法(Architecture Development Method，ADM)创建单个架构类型。ADM 是一个迭代和循环过程，允许不断地反复审视需求，按需更新单个架构。这些不同的架构允许技术架构师通过四张不同的视图(业务、数据、应用程序和技术)全面理解企业，确保研发出环境及组件所需的技术，最终实现业务需求。该技术需要跨越不同类型的网络，实现各种软件组件间的互联并在不同业务单元内交互工作。例如，在建造一座新城市时，不会马上在各处建房，而是先由城市设计师们规划出道路、桥梁、供水管路、商业及居民区等。大型组织环境往往具有支持大量不同业务功能的分布式异构环境，就像城市建设一样复杂。因此，在程序员开始写代码前，需要基于组织的业务背景研发软件架构。

注意

很多技术人员对诸如 TOGAF 等模型持有本能的负面抵触反应。这可能是由于技术人员感觉要做的工作太多、过于繁杂且架构没什么直接的实质意义等。但是，如果安全专家给这些技术人员一张绘有防火墙、入侵检测系统和虚拟私有网络(Virtual Private Network，VPN)系统的示意图，这些技术人员会说"现在才是讨论安全工作!"但正因为安全技术已存在于组织的结构中，技术人员更应通过架构理解组织以确保各种技术的正确运行。

4.4.4　面向军事的架构框架

组织构建企业级解决方案和技术体系的难度非常大，更何况是需要跨越多个不同的复杂政府机构的架构框架，还要实现这些复杂政府机构之间的互操作性和合理安全级别的通信信道，而这些正是美国国防部架构框架(Department of Defense Architecture Framework，DoDAF)的作用。在美国国防部购买技术产品和武器系统时，必须依据 DoDAF 标准先起草企业架构文档，这些文档将用于阐述购买的产品、系统如何正确地集成到当前基础架构中。这个架构框架的焦点集中在指令、控制、通信、计算机、情报、监视和侦察系统与过程。重要的是，保证不同设备之间使用同一协议类型的可互操作组件通信，而且使用一致的数据元素。如果间谍卫星抓取了一张图片，图片将下载到中央数据存储库(Data Repository)，然后将该图片加载到软件系统指挥无人机，军事人员不能因软件之间无法相互读取数据而导致行动中断。DoDAF 架构能确保所有系统、过程和人员协调一致地共同完成任务。

注意

DoDAF 架构框架不仅支持军事任务，也适用于商业领域的扩张和革新。

要找到最适合组织的系统架构，就需要明确有哪些利益相关方以及这些利益相关方需要从架构中获得什么信息，并且这个架构能以最实用的方式把组织整体展现给最想了解组织的人员。例如，有些利益相关方想从业务运营的角度了解公司，架构就要从业务流程相关的角度展示各层需要的信息视图；有些人想从应用程序的角度了解公司，架构就要从研发、数据和应用系统的相关角度展示各层需要的信息视图；有些人想从安全的角度了解公司，架构就要从业务安全、数据安全和运营安全的相关角度展示各层需要的信息视图。所以，各种企业架构框架的主要差异在于各自能提供什么类型的信息以及如何提供信息。

4.5　其他框架

确保部署适当的控制措施后，组织往往还希望以结构化和可控的方式，逐步构造和不断完善组织的业务运营、IT 运维以及安全保护的有关流程。可将安全控制措施视作“工具”，而流程则是使用这些工具的方法。组织希望可正确、有效和高效地使用这些安全控制措施和流程。

4.5.1　ITIL

信息技术基础架构库(Information Technology Infrastructure Library，ITIL)是由英国政府中央计算机与电信管理中心(20 世纪 90 年代后期并入英国政府商务部办公室)于 20 世纪 80 年代制定的。ITIL 现归 Axelos 公司所有，Axelos 是英国政府和私人公司 Capita 共同成立的合资企业。ITIL 是 IT 服务管理最佳实践的事实标准，ITIL 的产生源于业务需求对信息技术的依赖不断增加。如前所述，大多数组织中的业务人员和 IT 人员之间存在着天然的鸿沟，因为双方在组织中使用不同术语，有不同的工作侧重点。由于彼此所在领域(业务和 IT)之间缺乏共同语言和相互理解，很多公司不能合理有效地融合商业目标和 IT 职能。通常，会产生混乱、沟通不顺畅、错过最终期限、机会流失、增加时间和劳动成本以及导致业务和技术部门员工的情绪沮丧。

　　ITIL 使用的围绕利益相关方价值概念构建的四维模型融合了组织的方方面面。如图 4-7 所示，该模型中的四个维度分别是组织和人员(Organizations and People)、价值流和流程(Value Streams and Processes)、信息和技术(Information and Technology)以及合作伙伴和供应商(Partners and Suppliers)。这些维度在大环境下受政治、经济、社会、技术、法律或环境等要素的影响。如果要提供价值，成功的组织在规划、研发和提供产品和/或服务时必须在大环境下考虑这四个维度[1]。

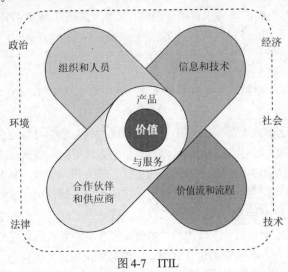

图 4-7　ITIL

4.5.2　六西格玛

　　六西格玛(Six Sigma)是一种过程改进方法论，目标是通过使用统计学测量运营效率，减少变异、缺陷和浪费，改善过程质量。某些情况下，安全保险行业(Security Assurance Industry)用六西格玛度量不同控制措施和工作程序的成功要素。六西格玛由摩托罗拉公司(Motorola)制定，目标是在生产过程中识别和消除缺陷。由西格玛评级(Sigma Rating)所描述的过程成熟度表示过程中包含缺陷的百分比。在生产中，六西格玛已运用于包括信息安全和可信性保证在内的多种类型的业务运营职能中。

4.5.3　能力成熟度模型

　　虽然企业知道需要不断改进安全计划从而变得"更好"，但并不总是容易做到，因为"更

---

　　[1]　译者注，本图源自 ITIL 最新版本 ITIL v4，有调整。

好"是一个模糊和不可计量的概念。可真正得到提高的唯一方法是：知道从什么程度开始，需要达到什么程度，以及需要在这两者之间采取的步骤。能力成熟度模型(Capability Maturity Model，CMM)如图 4-8 所示：每个安全计划都有成熟度级别，从不存在到高度优化，而在这两个极端之间，存在不同的层次。CMM 模型里的每个成熟度等级代表一个改进阶段。有些安全计划是混乱的、临时的、不可预测的，而且通常是不安全的。有些安全计划创建了文档，但在实际流程中并没有生效。而另一些安全计划却非常先进、精简和高效。

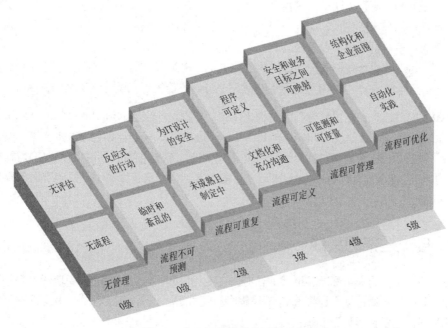

图 4-8　安全计划的能力成熟度模型

考试提示
与 ITIL 和六西格玛相比，CISSP 考试更重视 CMM，因为 CMM 已在安全行业普遍使用。

建立安全计划

没有哪个组织打算在内部建立安全计划的过程中使用前面提及的所有标准及架构框架(NIST RMF，OCTAVE，FAIR，ISO/IEC 27000，NIST CSF，NIST SP 800-53，CIS 控制措施，COBIT 2019，Zachman 框架，ITIL，六西格玛以及 CMM)。这些标准和架构框架是非常好的工具箱，只要打开，安全专家总会找到一些适合组织的工具。当组织的安全计划日趋成熟时，这些不同标准、框架和管理组件都会发挥作用。虽然这些标准和框架都是独立和独特的，但对于安全计划和相应的控制措施而言又都是要确立的基本事项。这是因为，无论部署在公司、政府机构、企业、学校还是非营利组织中，安全的基本原则都是通用的。每个组织实体都由人员、流程、数据及技术组成，这些元素都需要得到保护。

自上而下的方法

安全计划应采用自上而下的方法(Top-down Approach)，这意味着启动、支持和指导都来自于最高管理层(Top Management)；中级管理层(Middle Management)传达最高层意图，最后下达到一线工作人员。与此相反，自下而上的方法(Bottom-up Approach)指工作人员(通常是IT 人员)在没有得到足够的管理支持和指导的情况下，制定并建立安全计划。自下而上的方法通常是低效的，而且无法全面解决所有安全风险，最后注定要失败。自上而下的方法确保公司资产保护的最终责任人，即高级管理层(Senior Management)，能主导推动安全计划。高级管理层人员不仅是保护组织的最高责任人，而且有必需的财政大权，有权分配所需的资源，并且是唯一可保证安全规则和策略真正执行的人员。高级管理层的支持是安全计划的最重要部分之一。在实际工作中，简单的点头和眼神交流并不能提供安全计划所需的支持。

CMM 的关键是制定出可遵循的结构化步骤，依据这些步骤，组织就可从一个层次提升到下一层次，并不断改进流程和安全态势(Security Posture)。安全计划包含很多元素，但如果期待在部署的第一年所有组件就全面落实是不现实的。某些组件(包括取证能力等)需要在一些基本工作(包括事故管理等)建立起来后才可能部署到位。这正如孩子学习跑步之前要先学会走路一样。

4.6　各类框架的集成

虽然这些不同的安全标准和框架的核心内容是相似的，但更重要的是要理解，为了周期性地评价和改进，每种安全计划都具有不断循环的生命周期。任何流程的生命周期都可用不同方式描述。通常使用如下步骤：

(1) 计划和组织

(2) 实施

(3) 操作和维护

(4) 监测和评价

如果安全计划和安全管理没有设定生命周期，那么组织只是像对待普通项目那样对待安全计划。凡是项目都有开始和结束日期，在到达结束日期时各个资源将重新分配到其他项目中。很多组织都雄心勃勃地启动安全计划，但由于没有设定正确的生命周期以确保安全管理的持续运行和不断改进，造成多年来周而复始地启停安全计划。重复性工作的开销比正常情况下高得多，但效果却不断降低。

下面列出每个阶段的主要工作任务。

计划和组织

- 确认管理承诺
- 创建监督指导委员会
- 评估业务驱动要素

- 制定组织的威胁概况
- 实施风险评估
- 在业务、数据、应用程序及基础架构层面制定安全架构
- 确定每个架构层面的解决方案
- 获得管理层的批准后，按计划推进

实施

- 分配角色和职责
- 制定和实施安全策略、工作程序、标准、基线和准则
- 识别静止状态和传输状态的敏感数据
- 实施下列蓝图：
  - 资产识别和管理
  - 风险管理
  - 漏洞管理
  - 合规
  - 身份管理和访问控制
  - 变更控制
  - 软件研发生命周期
  - 业务持续规划(Business Continuity Planning，BCP)
  - 安全意识宣贯、培训和教育
  - 物理安全
  - 事故响应
- 每个蓝图的实施解决方案(行政性、技术性和物理性控制措施)
- 为每个蓝图制定审计和持续监测解决方案
- 为每个蓝图建立目标、服务水平协议(SLA)和度量指标
- 运营和维护
  - 遵循工作程序，确保在每个已实施的蓝图满足所有基线
  - 执行内部和外部审计
  - 落实每个蓝图所述的任务
  - 管理每个蓝图的 SLA
- 监测和评价
  - 审查日志、审计结果、收集的度量值和每个蓝图的 SLA
  - 评估每个蓝图的目标完成情况
  - 指导委员会的季度汇报会议
  - 制定改进步骤，并融入计划和组织阶段

上面列出的多数任务贯穿本书，展示了如何以有序可控的方式推进所有这些任务项。

虽然前面介绍的标准和框架非常有用，但也是高度概括性的。例如，如果某标准简要声明组织必须确保数据的安全性，虽然只有一句话，实际上却需要投入大量工作。这也是安全专家通过制定安全蓝图可撸起袖子大干一场的地方。为特定业务需求识别、制定和设计安全需求时，蓝图(Blueprints)是一个重要工具。如果组织基于管理责任、业务驱动和法律义务提出自己的安全需求，则必须定制蓝图满足这些需求。例如，Y 公司有数据保护策略，安全团队也已制定该公司应遵循的数据保护战略的标准和程序。这时，就需要设计出更细化的蓝图，列出必要的流程和组件满足策略中所述的标准和需求。其中至少应包括公司的网络示意图，在图上可知晓如下内容：

- 敏感数据存放在网络的什么位置
- 敏感数据跨越的网络分段
- 为保护敏感数据采用不同的安全解决方案(包括 VPN、TLS 和 PGP 等)
- 共享敏感数据的第三方连接
- 为第三方连接采用的安全措施
- 以及更多内容……

要制定和遵循哪些蓝图取决于组织的业务需求。例如，Y 公司要使用身份管理，就要有一张蓝图勾勒出角色、注册管理、授权来源、身份信息库和单点登录解决方案等。如果 Y 公司不使用身份管理，就没必要为此建立蓝图。

因此，蓝图需要列出安全解决方案、流程和组件，供组织满足自身的安全和业务需求。蓝图必须运用在组织内的不同业务部门，例如，在不同部门实行身份管理都应遵循绘好的蓝图。在整个组织中遵循统一的蓝图，将方便实施标准化，更容易实施度量数据收集和治理工作。图 4-9 说明了制定安全计划时，蓝图会在哪里发挥作用。

为将这些紧密联系在一起，可参考 NIST 网络安全框架，该框架主要在策略层工作，就像是想要建造的房屋类型(牧场式、五间卧室和三间浴室)的描述。企业安全框架像房子的建筑布局(地基、墙壁和天花板)。蓝图好比房子特定组件(窗户类型、安全系统、电气系统和管道等)的详细说明。控制目标好比为保障安全而规定的建设规范和条款(电气接地、布线、建材、保温和防火)。建筑检查员将使用检查列表(建筑规范)确保安全地建造房子，这就如同审计师使用检查列表(NIST SP 800-53)确保安全地建立和维护安全计划。

一旦房子建成，全家人就会搬入，并以可预测和高效的方式为日常生活设置时间表和流程(例如，父亲接送孩子上学放学、母亲做饭、未成年子女洗衣服、父亲支付账单，每个人都参与打扫院子)。这类似于 ITIL——流程管理和改进。假如，家庭由一些优秀工作人员组成，而目标是尽可能高效地优化日常活动，则很可能采用以持续过程改进为重点的六西格玛方法。

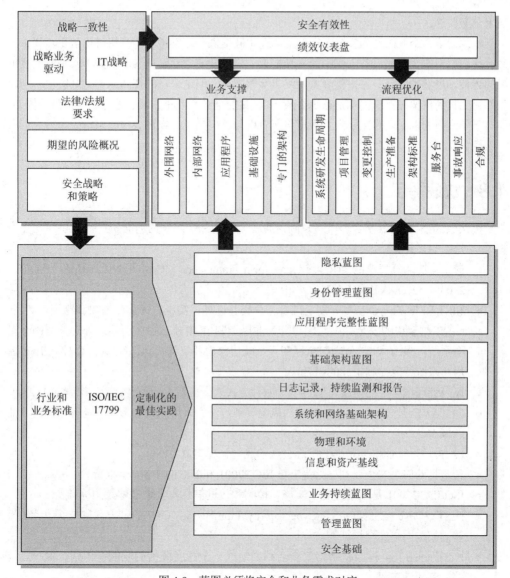

图 4-9　蓝图必须将安全和业务需求对应

4.7　本章回顾

本章至少应达成了两个目的。首先，帮助考生熟悉为通过 CISSP 考试所需了解的各种框架。尽管将其中部分框架归为一类并不完全合适，但本章尽量以有助于考生记忆的方式对各个框架分组，于是就有了风险管理、信息安全、企业架构和"其他"框架。在信息安全中，将框架进一步细分为关注安全计划相关问题的框架和以安全控制为主的框架。考生不必知道每个框架的各个细节也能通过考试，但知道每个框架的至少一两个关键点以区分各种框架还是十分必要的。

　　本章的第二个目的是为安全专家们的职业生涯提供一份参考。本章将讨论的重点集中在最可能出现于安全专家日常工作中的各种框架上，以便安全专家从容应对关于其中某一套框架的咨询。虽然为安全专家提供参考始终贯穿整本书，但这个目的在本章中尤其突出：考虑到作为工具的框架在组织内部是很少更改的，因此安全专家可能非常熟悉组织内常用的框架，但对于不常用的框架则略感陌生。本章将所有框架分门别类，或许会在将来对安全专家们有所帮助。

4.8　快速提示

- 框架是为安全专家管理风险、制定企业架构和保护组织内所有资产而提供结构化方法论的指导文档。

- 最常见的风险管理框架(Risk Management Framework，RMF)是 NIST RMF、ISO/IEC 27005、OCTAVE 和 FAIR。

- NIST RMF 的七个步骤分别是准备、分类、选择、实施、评估、授权和监测。

- NIST 框架中的安全控制措施可分为通用控制措施(独立存在于系统外部并适用于多个系统)、系统特定控制措施(存在于系统边界内并仅保护该系统)或混合控制措施(通用和系统特定控制措施的组合)。

- 风险管理框架中的风险可通过以下四种方式之一应对：缓解、接受、转移或规避。

- OCTAVE 是一种以团队为导向的风险管理方法，采用研讨会形式，通常适用于商业领域。

- FAIR 风险管理框架是唯一国际公认的风险管理定量方法。

- 最常见的信息安全计划框架是 ISO/IEC 27001 和 NIST 网络安全框架。

- ISO/IEC 27001 是用于建立、实施、控制和改进信息安全管理体系的标准。

- NIST 网络安全框架(NIST Cybersecurity Framework，CSF)的官方名称是《改善关键基础架构网络安全框架》。

- NIST 网络安全框架将网络安全活动归纳成五个高度概括的职能：识别、保护、检测、响应和恢复。

- 最常见的安全控制措施框架是 NIST SP 800-53、CIS 控制措施(CIS Control)以及 COBIT。

- NIST SP 800-53《信息系统和组织的安全和隐私控制措施》将超过 1000 种安全控制措施归纳为 20 个系列。

- Internet 安全中心(Center for Internet Security，CIS)控制措施框架由 20 项控制措施和 171 项子控制措施组成，这些控制措施和子控措制组织在实施组中，可满足从小型到企业级的各种规模组织的安全需求。

- COBIT 是适用于 IT 治理的控制目标框架。

- 企业架构框架通过各种视图制定用于向特定利益相关方展示信息的架构。

- 蓝图是将技术集成到业务流程中的功能性定义。
- 企业架构框架用于构建将各个组织需求与业务驱动因素映射起来的最佳架构。
- 最常见的企业架构框架是 Zachman 和 SABSA 框架，但安全专家对 TOGAF 和 DoDAF 也应有一定的了解。
- Zachman 框架是企业架构框架，SABSA 是安全企业架构框架。
- ITIL 是一套 IT 服务管理的最佳实践。
- 六西格玛用于识别过程中的缺陷，以便持续改进过程。
- CMM 是一种成熟度模型，适用于以递进和标准化的方式改进流程。

4.9　问题

请记住这些问题的表达格式和提问方式是有原因的。注意，CISSP 考试在概念层次上提出问题。问题的答案可能不是特别完美，建议考生不要寻求绝对正确的答案。相反，考生应当寻找最合适的答案。

1. 以下哪个标准在确保信息安全管理系统遵循行业最佳实践方面最有用？
   A. NIST SP 800-53
   B. 六西格码
   C. ISO/IEC 27000 系列
   D. COBIT

2. COBIT 是什么？COBIT 在什么情况下适用于制定信息安全体系和安全计划？
   A. 用于安全计划制定中标准、工作程序和策略的列表
   B. ISO 17799 的当前版本
   C. 一套以防止组织内部欺诈为目的而制定的框架
   D. 用于控制目标的公开标准

3. 下列哪个出版物提供了信息系统安全控制措施的目录？
   A. ISO/IEC 27001
   B. ISO/IEC 27005
   C. NIST SP 800-37
   D. NIST SP 800-53

4. ISO/IEC 27001 描述了下述哪一项？
   A. 风险管理框架
   B. 信息安全管理体系
   C. 工作产品保留标准
   D. 国际电工委员会标准

5. 以下哪项关于 OCTAVE 的描述是不正确的？
   A. OCTAVE 是唯一国际公认的定量风险管理框架。
   B. OCTAVE 由 Carnegie Mellon University 制定。

C. OCTAVE 只关注风险评估。

D. OCTAVE 是一种采用研讨会方式，以团队为导向的风险管理方法。

6. 使用 Zachman 框架的主要优点是什么？

A. 确保所有系统、流程和人员可互操作，以协同努力完成组织任务

B. 使用迭代和循环架构开发方法(Architecture Development Method，ADM)

C. 关注 IT 部门与其服务的"客户"之间的内部服务水平协议

D. 允许组织内的不同类型的人员从不同的视角理解组织

7. 以下哪项描述了 Internet 安全中心(Center for Internet Security，CIS)控制措施框架？

A. 由 1000 多个项控制措施组成，分为 20 个系列，映射到信息系统的安全类别

B. 通过明确地将利益相关方需求、组织目标以及 IT 目标依次联系起来，平衡资源利用率、风险水平和收益实现

C. 为确定组织过程的成熟度而制定

D. 由 20 项控制措施组成并分为三组以帮助组织逐步改善其安全态势

8. 以下哪一项不是 NIST 风险管理框架(RMF)中的七个步骤之一？

A. 监测安全控制措施

B. 设置场景

C. 评估安全控制措施

D. 授权信息系统

9. 信息安全行业由各种最佳实践、标准、模型和框架组成。其中有些并非是在优先考虑安全的情况下制定的，但也可整合到组织的安全计划中，这有助于提高有效性和效率。了解各种方法是很重要的，这样组织就可选择最适合业务需求和文化的方法。如果组织想在一段时间内通过遵循某种方法用于改进安全流程，那么应选择整合哪些安全方案？

Ⅰ. 因为可将 IT 服务流程管理、业务驱动和安全改进映射起来，所以应整合信息技术基础架构库(ITIL)。

Ⅱ. 因为适用于识别和改进安全过程的缺陷，所以应整合六西格玛。

Ⅲ. 因为提供了有所区别的成熟度级别，所以应整合能力成熟度模型(CMM)。

Ⅳ. 因为提供了流程改进的结构，所以应整合 The Open Group 架构框架(TOGAF)。

A. Ⅰ、Ⅲ

B. Ⅱ、Ⅲ、Ⅳ

C. Ⅱ、Ⅲ

D. Ⅱ、Ⅳ

使用以下场景信息，回答第 10~12 题。

一家中型研发公司新聘用了一名首席信息安全官(CISO)。该公司用于保存研究资料的文件服务器近期遭到破坏并导致了严重的知识产权泄露。由于即将启动一项重要的研究项目，公司希望确保避免类似泄露事件。公司目前没有风险管理或信息安全计划，CISO 得到一笔适度的预算用于雇用一个小团队开展工作。

10. 下列哪项风险管理框架可能不太适合该组织？

　　A. ISO/IEC 27005

　　B. NIST 风险管理框架(RMF)

　　C. 运营关键威胁、资产和漏洞评价(OCTAVE)

　　D. 信息风险要素分析(FAIR)

11. CISO 决定采用 NIST 风险管理框架(RMF)，并且正在对信息系统分类。应如何确定研究资料文件服务器(Research File Servers，RFS)的安全类别(SC)？

　　A. SCRFS = (可能的频率)×(可能的未来损失)

　　B. SCRFS = {(机密性，高)，(完整性，中)，(可用性，低)} = 高

　　C. SCRFS = {(机密性，高)，(完整性，中)，(可用性，低)} = 中

　　D. SCRFS = 威胁×影响×概率

12. 在为研究资料文件服务器选择控制措施时，下列哪种安全控制措施框架最合适？

　　A. NIST SP 800-53，信息系统和组织的安全性和隐私控制措施

　　B. ISO/IEC 27002 信息安全管理控制措施实践指南

　　C. Internet 安全中心(CIS)控制措施

　　D. COBIT 2019

4.10　答案

1. C。ISO/IEC 27000 系列是制定和维护信息安全管理体系(ISMS)的唯一最佳实践。NIST SP 800-53 和 COBIT 都是安全控制框架，安全控制虽然是 ISMS 的关键之一，但不是唯一的组成部分。

2. D。COBIT 是由 ISACA 和 ITGI 制定的框架，定义了用于正确管理 IT 并确保 IT 映射到业务需求的控制目标。

3. D。NIST 在 SP 800-53，即《信息系统和组织的安全和隐私控制措施》中列出了 1000 多项安全控制措施。ISO/IEC 27005 和 NIST SP 800-37 都是风险管理框架，而 ISO/IEC 27001 则侧重于信息安全管理体系(ISMS)。

4. B。ISO/IEC 27001 提供了 ISMS 相关的最佳实践建议。

5. A。OCTAVE 不是定量方法。本章中讨论过的唯一的定量风险管理方法是 FAIR。

6. D。Zachman 框架的主要优点之一，是该框架帮助组织通过提供不同视角并以一种可向各种受众展示的方式，把业务和 IT 基础架构需求统一起来。这有助于将业务和 IT 的观点保持同步。其他答案分别对应 DoDAF(A)、TOGAF(B)和 ITIL(C)。

7. D。CIS 控制措施框架中包含 20 个控制措施和 171 个子控制措施，以便各种规模的组织都可专注于适用于其自身的最关键的控制，并可随着时间的推移和资源的可用而改进。其他答案描述了 NIST SP 800-53(A)、COBIT 2019(B)和能力成熟度模型(C)。

8. B。设置场景是 ISO/IEC 27005 而非 NIST RMF 中的步骤。虽然该步骤类似于 NIST RMF 中的准备步骤，但两者之间存在一定差异。其他所有选项都是 NIST RMF 流程中的步骤。

9. C。此清单中列出的最佳流程改进方法是六西格玛和能力成熟度模型。以下是此问题中所有术语的定义。

- TOGAF：由 Open Group 制定的用于研发企业架构的模型和方法论。
- ITIL：适用于 IT 服务管理使用的流程，由英国政府商务部办公室制定。
- 六西格玛(Six Sigma)：商业管理战略，可用于执行过程改进。
- 能力成熟度模型(CMM)：用于在组织内制定流程改进。

10. D。FAIR 框架使用定量方法实施风险评估。正如第 2 章中所讨论的，这种方法比定性方法需要更多的专业知识和资源。考虑到本题场景中的组织刚开始实施风险管理和信息安全，且资源有限，因此 FAIR 框架并不适用。

11. B。NIST RMF 基于 FIPS 199 中的分类标准，将系统的关键性按照机密性、完整性和可用性这三个安全目标予以分解，然后取三个目标中最高的安全类别(即"高水位标记法")确定系统的全局安全类别。

12. A。NIST RMF 与 NIST SP 800-53 紧密集成，由于使用的风险管理框架是 NIST RMF，所以 NIST SP 800-53 是最佳答案。其他选项不一定是错的，只是对于特定场景，SP 800-53 更适合。

第 II 部分

资 产 安 全

第 5 章

资　产

本章介绍以下内容：

- 信息和资产的识别与分类分级
- 信息和资产的处理要求
- 安全资源调配
- 数据生命周期
- 数据合规要求

只有失去才知道拥有过什么。

——Joni Mitchell

顾名思义，"资产"是任何针对组织有价值的事物，包括人员、合作伙伴、设备、基础设施(Facility)、声誉和信息等。在第 2 章中讨论风险时，已触及其中一些资产的重要性。虽然每个资产都需要予以保护，但本章和下一章中对于第二个 CISSP 知识域的覆盖将更有针对性地集中在保护信息资产上。这是因为，除了人员外，信息通常是组织最宝贵的资产。信息是每个信息系统的核心，因此组织关注信息保护的意义重大。

当然，此处提到的信息指在特定时间点、通过特定流程获取或创建的数据，通常有特定的业务用途。信息在组织内部的信息系统中流转，有时为流程增加价值，有时等待发挥作用。最终，信息的寿命超过其效用(或成为一种负担)，应得到适当处置。本章讨论资产安全，首先要解决两个基本问题："我们有什么？"和"我们为什么要关心？"第一个问题可能相当明显，因为安全专家无法保护其未意识到的问题。第二个问题可能听起来有些轻率，但该问题确实触及了资产对于组织的重要性的核心。安全专家们已在 NIST 风险管理框架的第 4 章的分类分级步骤中解决了这个问题(至少在数据方面)。正如接下来即将看到的，数据和资产分类分级与本书已探索过的分类非常相似。

考试提示

信息资产可以是数据，也可以是数据存储和运用的设备，或兼而有之。在考试中，当考生看到术语"资产(Asset)"时，该术语通常仅表示设备。

5.1　信息和资产

资产(Asset)可定义为任何有用或有价值的事物。在产品和服务的背景下，这个价值通常是从财务角度考虑的：某人会为该资产支付的资金减去该事物的成本。如果该值为正，该事物称为资产。但是，如果该值为负(即，该事物的成本高于为其支付的费用)，那么将该事物称为负债(Liability)。显然，资产既可以是有形的东西，例如，计算机和防火墙，也可以是无形的东西，例如，数据或声誉。出于 CISSP 考试的目的，缩小定义范围是很重要的，因此在这个领域，安全专家将资产视为有形的东西，并针对数据单独处理。

信息是一组放在上下文中具有某种意义的数据项。数据只是一项。数据可能是"Yes"这个词，可能是"9:00"这个时间，也可能是"Fernando's Café"这个名字，但数据本身没有任何意义。将这些数据放在一起，回答"明天早上想喝咖啡吗？"这个问题时，人们获取了信息。也就是说，人们明天早上将在某个特定的地点喝一杯饮料。数据处理会生成信息，这就是为什么本书在谈论安全问题时经常交替使用这两个术语的原因。

5.1.1　识别

无论安全专家关心的是数据安全还是资产安全(或兼而有之)，首先组织必须知道其拥有什么。身份识别就是简单地确定某物是什么。当安全专家看到占用服务器机架中的一个插槽的计算设备时，可能想知道该设备是什么。安全专家可能希望识别该设备。最常见的方法是在用户的资产和数据上放置标签。这些标签可以是物理标签(例如，贴纸)、电子标签(例如 RFID 标签)，也可以是逻辑标签(如软件许可证密钥)。使用标签对于建立和维护其资产的准确库存至关重要。

但是数据呢？安全专家是否需要像对待有形资产那样识别和跟踪这些数据？答案是：视情况而定。大多数组织至少有一些数据非常重要，如果这些数据丢失或损坏，甚至公开，影响将十分严重。想想银行的财务记录，或医疗保健提供商的患者数据。如果这些记录中的任何一个丢失、不准确或发布在暗网上，其组织将经历非常糟糕的情况。为防止这种情况，这些组织不遗余力地识别和跟踪敏感信息，通常是通过使用嵌入文件或记录中的元数据(Metadata)。

虽然对于许多组织而言，识别其所有信息可能并不重要(甚至不可行)，但对于大多数人而言，至少决定应该投入多少精力保护不同类型的数据(或资产)是至关重要的。这就是分类分级的用武之地。

5.1.2　分类分级

分类分级(Classification)只是意味着某物属于某个类别。例如，安全专家可以说，用户的人事档案属于名为"私人(Private)"的类，而组织最新设备的营销手册属于"公共(Public)"类。安全专家很快将意识到，用户的文件比宣传册对组织更有价值。为不同的资产和数据分配值的原理是，使组织能衡量可用于保护每个类的资金和资源的数量，因为并非所有资产和数据对组织都具有相同的价值。确定所有重要数据后，应开展适当的分类分级。组织复制并创建大量必须维护的数据，因此分类分级是一个持续的流程，而不是一次性工作。

1. 数据分类分级

分类分级水平(Classification Level)是应该添加到所有信息的一个重要元数据项。此分类分级标记在数据的整个生命周期中添加(并且可能更新)，对于确定人们针对数据使用的保护性控制措施非常重要。

信息可通过敏感度、关键性或两者皆有来执行分类分级。无论哪种方式，分类分级都旨在量化组织的信息一旦丢失，组织可能遭受的损失。如果将信息透露给未经授权的个人，信息的敏感度(Sensitivity)与给组织造成的损失相称。近年来，随着诸如 Equifax、新浪微博和万豪酒店集团的组织遭受信息损失，这种攻击成为头条新闻。在每个案例中，由于敏感数据遭到泄露，这些组织失去信任，不得不承担昂贵的响应费用。

另一方面，信息的关键性(Criticality)是信息丢失将如何影响组织基本业务流程的指标。换句话说，关键信息是组织继续运营所需的。例如，Code Spaces 公司提供代码存储库服务，因为身份不明的个人或团体删除了代码存储库而在 2014 年倒闭。这些数据对组织的运营至关重要，一旦丢失，组织除了倒闭别无他法。

根据数据的敏感度或关键性级别对数据分类后，组织可决定保护不同类型的数据所需的安全控制措施(Security Controls)，从而确保信息资产获得适当级别的保护，并且分类分级指示了该安全保护的优先级。数据分类分级的主要目的是为每种类型的数据集设定机密性(Confidentiality)、完整性(Integrity)和可用性(Availability)保护水平。许多人错误地只考虑了数据保护的机密性方面，但也需要确保数据不会以未经授权的方式修改，并且在需要时可用。

数据分类分级有助于确保以最经济高效的方式保护数据。持续防护和持续维护数据需要支付费用，但是在真正需要保护措施的信息上付费将十分重要。如果某些安全专家负责确保A 国不知道在 B 国的间谍卫星之间传输信息时使用的加密算法，那么该安全专家将花费比防止花生酱和香蕉三明治食谱泄漏到邻居手中的安全措施更极端(并且代价高昂)的安全措施保护这些信息。

每个分类分级都应具有与如何访问、使用和销毁数据相关的单独处理要求和流程。例如，在组织中，机密信息只能由高级管理层和整个公司中少数几个受信任的员工访问。访问信息可能需要两个或两个以上人员输入其访问代码。审计工作可非常详细，并每天监测审计结果，信息的纸质副本可保存在保险库中。要从介质中完全擦除此数据，可能需要执行消磁或覆盖程序。该公司的其他信息可能归类为敏感信息，允许范围稍大的人群查看。对分类分级为敏感级

(Sensitive)信息的访问控制(Access Control)可能只需要一组凭证(Credential)。审计工作通常每周只开展一次，纸质副本保存在锁定的文件柜中，并可在需要的时候使用常规措施删除数据。然后，其余信息标记为公开。所有员工都可访问该信息，并且不需要特殊的审计或销毁方法。

 考试提示
每个分类分级水平都应有自己的处理和销毁要求。

2. 分类分级水平

对于组织应该使用的分类分级水平，并没有严格的规则。表 5-1 解释了可用的分类分级的种类。组织可选择使用表 5-1 中列出的任何分类分级水平。一个组织可选择仅使用两层分类分级标准，而另一个组织可选择使用四层分类分级标准。请注意，某些分类分级更常用于商业，而其他则用于军事分类分级。

以下是商业业务从最高到最低的常见敏感度级别：

- 机密级(Confidential)
- 私密级(Private Sensitive)
- 秘密级(Sensitive)
- 公开级(Public)

表 5-1 是出于军事目的，从最高到最低的敏感度级别。

表 5-1　商业和军事数据分类分级

分类分级	定义	案例	适用组织
公开级	• 披露信息是不受欢迎的，但不会对公司或人员造成不利影响。	• 有多少员工在做一个具体项目 • 即将到来的项目	商业
敏感级	• 需要采取特殊的预防措施，通过保护数据免遭未经授权的修改或删除，以确保数据的完整性和机密性 • 需要高于正常的准确性和完整性保证	• 财务信息 • 项目详情 • 利润收益和预测	商业
私密级	• 在公司内部使用的个人信息 • 未经授权的披露可能对人员或公司造成不利影响	• 工作经历 • 人力资源信息 • 医疗信息	商业
机密级	• 仅供公司内部使用 • 根据《信息自由法(Freedom of Information Act)》或其他法律法规免于披露的数据 • 未经授权的披露可能严重影响公司	• 商业秘密 • 医疗保健信息 • 编程代码 • 保持公司竞争力的信息	商业军事

(续表)

分类分级	定义	案例	适用组织
无密级	• 数据不敏感或无分类	• 电脑手册和保修信息 • 招聘信息	军事
控制非机密信息 (Controlled Unclassified Information，CUI)	• 敏感，但不是秘密 • 不能合法公开的信息	• 健康记录 • 测试秘密的答案	军事
秘密级	• 如果披露，可能会对国家安全造成严重损害	• 部队部署计划 • 单位准备信息	军事
绝密级	• 如果披露，可能会对国家安全造成严重损害	• 新武器的蓝图 • 间谍卫星信息 • 间谍数据	军事

表 5-1 中列出的分类分级是业界常用的，但存在很大差异。组织首先必须确定最适合其安全需求的数据分类分级的数量，其次选择分类分级命名方案，然后定义方案中的名称所表示的内容。公司 A 可能使用保密级别"机密级(Confidential)"，该术语表示最敏感的信息。公司 B 可能使用"绝密级(Top Secret)""秘密级(Secret)"和"机密级(Confidential)"，其中机密级表示最不敏感的信息。每个组织都应研发最适合其业务和安全需求的信息分类分级方案。

 考试提示

术语"无密级(Unclassified)"，"秘密级(Secret)"和"绝密级(Top Secret)"通常与政府组织关联。术语"私人(Private)""专有(Proprietary)"和"敏感(Sensitive)"通常与非政府组织关联。

重要的是不要走极端，不要提出一长串的分类分级列表，这只会给将要使用该系统的个人带来困惑和沮丧。分类分级也不应过于严格，因为可能需要对许多类型的数据执行分类分级。与安全性方面的其他所有问题一样，安全专家应平衡业务和安全需求。

每个分类分级都应该是唯一的，与其他的分开，且不具有任何重叠的影响。分类分级流程还应概述信息在生命周期(从创建到终止)中如何控制和处理信息。

 注意

组织必须确保任何从事备份涉密数据的员工，以及其他任何可访问涉密备份数据的人员都有必要的权限。一旦没有足够安全许可的低安全级别技术人员在执行某项任务时，可访问那些高安全级别的数据，将带来极大的安全隐患和风险。

一旦确定方案，组织应尽快制定标准，决定将哪些数据归入哪项分类分级。下面列出一些组织可能用来确定数据敏感性的标准参数：

- 数据效能
- 数据价值
- 数据老化周期
- 数据泄密可能造成的损害程度
- 篡改或破坏数据可能造成的损害程度
- 数据保护的法律、法规或合同约束
- 数据对安全性的影响
- 谁可访问数据
- 谁应该维护数据
- 如果数据不可用或损坏，可能导致的机会成本损失

有时应用程序(甚至是整个系统)可能需要执行分类分级。对于存储和加工分类分级信息的应用程序应当评估其提供的安全保护措施的水平。用户不希望充满安全漏洞的程序处理和"保护(Protect)"最敏感的信息。应用程序分类分级应基于组织对软件的保证(置信度)以及该软件可存储和处理的信息类型。

警告:

无论数据采用何种格式，分类分级规则都必须适用于数据：数字、纸张、视频、传真和音频等。

3. 资产的分类分级

信息并不是安全专家们唯一应该分类分级的东西。信息必须驻留在某个位置。如果机密文件存储在首席执行官(CEO)的笔记本电脑中并处理，那么该设备(以及其硬盘驱动器，如果该硬盘驱动器可拆卸)也应得到更多保护。通常，用于存储或处理信息的资产(如可移动驱动器或笔记本电脑)的分类分级水平应与其中最有价值的数据的分类分级水平一致。如果资产包含公开、敏感级和机密级信息，则该资产应归类为机密级(三种分类分级中最高的)，并受到相应保护。

数据分类分级工作流程

一个正确的分类分级程序所需的步骤如下：

(1) 定义分类分级水平或敏感度水平。

(2) 制定用来确定数据如何分类分级的标准。

(3) 识别负责数据分类分级的数据所有方(Data Owner)。

(4) 识别负责维护数据及划定数据密级的数据托管方(Data Custodian)。

(5) 明确每个分类分级水平或敏感度所需的安全控制措施或保护机制。

(6) 记录历史分离分级问题的例外情况。

(7) 不同数据所有方交接数据托管权的方法。

(8) 制定一套周期性审查分级及所有权(Ownership)的程序，并与数据托管方沟通所有的

变更方法。

(9) 指示数据解密的程序。

(10) 将这些问题集成到安全意识宣贯培训计划中，以便所有员工了解如何处理不同分类分级水平的数据。

5.2 物理安全注意事项

第 10 章将详细讨论数据安全性。但这些数据物理上存在于设备和打印文档中，这两者也需要保护。物理安全组件可抵御的主要威胁是盗窃、服务中断、物理损坏、系统和环境完整性受损以及未经授权的访问。实际损失取决于更换失窃物品的成本、对产品的负面影响、对声誉和客户信心的负面影响、可能需要引入的顾问费用以及恢复丢失的数据和生产水平的成本。很多时候，组织只是清点硬件，并提供价值估算，将这些估算插入风险分析中，以确定设备一旦失窃或损毁，组织的成本是多少。然而，设备中保存的数据可能比设备本身更有价值，还需要将适当的回收机制和程序插入风险评估(Risk Assessment)中，以便对成本实现更现实和公平的评估。看一下安全专家们为降低数据及其所在介质的风险，可使用的一些控制措施。

5.2.1 移动设备安全保护

移动设备几乎是不可或缺的。对大多数人而言，个人生活和工作生活的大部分都记录在智能手机或平板电脑上。在出差途中使用这些设备的员工的系统中可能存有极其敏感的公司或客户数据，这些数据很容易落入不法分子之手。通过确保员工在工作中使用公司的设备，可在一定程度上缓解这个问题，这样就可实施策略和控制措施保护移动设备。尽管如此，许多组织还是允许员工自携设备(Bring Your Own Device，BYOD)到工作场所或在工作中使用。这些情况下，不仅是安全，隐私也应该受到同等重视。

在保护组织的安全问题上没有通用的解决方案，更不用说个人的移动设备。尽管如此，下面仍列出一些可保护这些设备和设备中存储的数据的方法：

- 列出所有移动设备清单，包括序列号，以便在失窃后找回时可正确识别并恢复数据。
- 通过配置安全基线加固操作系统。
- 保持最新的安全升级和补丁。
- 设置移动设备使用强身份验证。
- 注册所有移动设备的供应商信息，并将失窃移动设备的情况通告供应商。在组织将情况同步给供应商后，如果失窃设备到供应商处维修，供应商将发现这些失窃的设备。
- 乘飞机时随身携带移动设备，不要托运。
- 切勿将移动设备置于无人看管的环境中，请放在不惹人注意的背包里面。
- 使用符号、数据标记移动设备，以便准确地识别。
- 将移动设备上的所有数据备份到组织控制下的存储库中。

- 加密移动设备上的所有数据。
- 开启设备远程擦除数据功能。

可安装跟踪软件，这样如果他人拿走了用户的设备，该设备就可"打电话回家(Phone Home)"。当前已有几种提供跟踪功能的产品。安装和配置跟踪软件后，软件会定期向追踪中心发送信号，或允许组织通过网站或应用程序追踪该信号。如果组织通过跟踪软件报告移动设备失窃事件，有些跟踪软件的供应商可能与服务提供商和执法部门合作，帮助组织跟踪并找回组织的笔记本电脑。

5.2.2　纸质记录

大多数组织仍在使用纸质记录的方式处理信息，安全专家们或许忘记了这一点。当带有敏感信息的打印电子邮件的纸质记录落入坏人之手，并可能造成同样严重的损害时，这一事实与电子邮件的数量相比是比较罕见的。以下是保护纸质记录时需要考虑的一些原则：

- 培训员工正确处理纸质记录的方式。
- 减少使用纸质记录。
- 确保工作空间的整洁，以便快速判断敏感纸质信息的暴露情况，并定期开展检查以确保办公环境中不暴露敏感文档。
- 使用结束后立即将所有纸质敏感信息锁入柜中。
- 禁止将纸质敏感信息带回家。
- 基于敏感数据分级方案对所有纸质记录定级并贴上标签(Label)。在理想状态下，还包括纸质信息所有方的联系方式和废弃说明(如留存期)等。
- 员工离开办公环境时，随机搜查员工的公文包，确保员工不会将含有敏感信息的纸质材料带离。
- 使用粉碎机销毁不再需要的敏感纸质信息。考虑与文件销毁公司签订合同。

5.2.3　保险柜

组织很可能需要使用保险柜。保险柜通常用于存储备份的数据、磁带、原始合同或其他类型的贵重物品。保险柜应能防止液体渗透，并提供防火保护功能。组织可选择下列类型的保险柜：

- **壁嵌保险柜(Wall Safe)**　嵌入墙壁，易于隐藏。
- **地板保险柜(Floor Safe)**　嵌入地板，易于隐藏。
- **箱型保险柜(Chests)**　独立的保险柜。
- **寄存处(Depository)**　带有插槽的保险柜，可轻松存入贵重物品。
- **保险库(Vaults)**　人员可进入的大型保险柜。

如果保险柜配有密码锁(Combination Lock)，则应定期更改口令，并且只有少部分人员能知晓口令或接触钥匙。保险柜应位于显眼的位置，这样任何与保险柜互动的人员都可由他人看到。保险柜还应该有一个视频监视系统，记录周围的所有活动。其目的是发现所有未经授权的访问尝试。部分保险柜还应具有被动重锁功能。当有人试图篡改保险柜时，可检测到该攻击；这种情况下，额外的内部螺栓将进入相应位置，以确保保险柜不会受损。如果保险柜具有热重锁功能，当达到一定温度时(可能来自钻孔)，保险柜会实施额外的锁定，确保贵重物品得到适当保护。

5.3　管理资产的生命周期

生命周期模型描述实体在生存期中经历的更改。虽然将资产称为具有"生命"似乎很奇怪，但事实上，生命周期模型对于组织(和内部的存在)的效用可通过明确的起点和终点来描述。这是该组织内资产的生命周期(即使资产在其他地方翻新和使用)。资产离开组织后，原有资产的效用通常会转移给其替代品，即使新资产在某些方面与原始资产。新资产也将由其他资产所取代，以此类推。

生命周期如图 5-1 所示，从识别新需求开始。无论谁确定了新需求，要么成为该需求的拥护者，要么找到其他人成为该需求的拥护者。然后，此需求的拥护者用一个业务案例来说明现有资产无法满足该需求。这位拥护者还解释为什么组织应获得新资产，这通常包括关于风险和投资回报率(Return On Investment，ROI)的对话。如果需求通过，高级管理层将验证需求并确定所需的资源(人员、金钱和时间)。

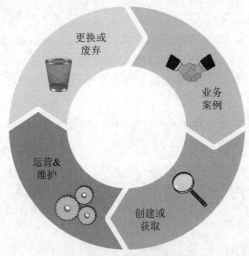

图 5-1　IT 资产生命周期

然后，将经过验证的需求提交给变更管理委员会，由不同的组织利益相关方(Stakeholder)针对获取资产的内容、方式和时间发表意见。变更管理委员会的目标是确保这一新资产不会破坏任何流程，引入不必要的风险或破坏任何正在实施的项目。在成熟的组织中，变更管理流程还试图从基础着手，并查看该资产的长期影响可能是什么。在变更管理委员会确定如何开展后，新资产要么在内部研发，要么从供应商处获得。

资产管理的第三阶段也是最长的阶段：运营和维护(Operate & Maintain，O&M)。在资产投入运营前，IT 和安全运营团队实施配置以平衡三个(有时是相互竞争的)目标：资产必须能执行满足获取目的的任何操作，必须能在不干扰或破坏其他任何内容的情况下执行该操作，且必须是安全的。这种配置几乎肯定会需要随着时间的推移而改变，这就是本书第 20 章讨论配置管理的原因。

注意

O&M 阶段的初始部分通常是新资产问题最大的部分，并且是使用集成产品团队(Integrated Product Team，IPT)，如研发和运营的主要驱动因素，本书将在第 24 章开展讨论。

最终，资产不再有效(就功能或成本而言)或必需。此时，资产退出了 O&M 并停用。正如用户可能已经猜到的那样，这一举动会触发变更管理委员会的另一次审查，因为停用资产可能对其他资源或流程产生影响。一旦停用流程执行完毕，资产就会从生产中移除。在这一点上，组织需要弄清楚如何处理这个问题。如果资产存储了任何数据，则可能必须清除这些数据。如果资产含有任何对环境有害的材料，则必须正确丢弃。如果该资产可能对其他人有用，则可能会捐出或出售。无论如何，该资产的损失可能导致确定新的要求，从而再次启动整个资产管理生命周期，如图 5-1 所示。

5.3.1　所有权

大多数情况下，资产最终属于为资产提出商业案例的人员，但情况并非总是如此。资产所有权(Ownership)指一旦资产出现，只要资产仍然留在组织中，就需要负责在其整个生命周期内有效地管理资产。从这个意义上讲，所有权与严格法律意义上的所有权有些不同。服务器的合法所有方可能是购买该服务器的公司，而生命周期所有方将是日常负责该服务器的员工或部门。

5.3.2　库存

资产所有方(Asset Owner)的基本责任之一是跟踪资产。虽然跟踪硬件和软件的方法各不相同，但都认为这些方法是关键控制措施。至少，保护用户拥有的未知资产是非常困难的。尽管这听起来很明显，但许多组织缺乏准确和即时的软硬件清单。

1. 追踪硬件

从表面看，保持对组织中哪些设备的了解应该比跟踪软件更容易。可以看到、触摸和扫描硬件设备。一旦硬件设备连接到网络，该硬件设备也可由电子方式感知到。如果用户有合适的工具和流程，那么跟踪硬件应该不会过于困难。事实证明，这组问题的范围包含从供应链安全到内部威胁以及介于两者之间的一切。

为应对这些和其他的威胁，国际标准化组织发布了 ISO 28000:2007，作为组织使用一致的方法保护其供应链的一种手段。从本质上讲，安全专家希望确保从受信任的来源购买，使用受信任的网络传输，并拥有有效的检查流程，以降低盗版、篡改或盗窃硬件的风险。

但是，即使安全专家可保证所购买的所有硬件都是合法的，怎么知道是否有其他人将设备添加到私有网络中？资产监测不仅包括跟踪已知设备，还包括识别可能偶尔在私有网络中弹出的未知设备。基于 Roger 的个人经验想到的示例包括流氓无线接入点、个人移动设备，甚至是电话调制解调器。每一种都引入了未知的(因此是未减轻的)风险。解决方案是具有全面的检测流程，该流程会主动搜索这些设备并确保符合组织的安全策略。

许多情况下，持续监测本地的设备可以很简单，只需要令安全或 IT 团队的成员在组织中的每个空间中随机巡视，寻找运转不正常的事务。如果此人在下班后监测本地设备，并在这个过程中查找无线网络，这将变得更有效。或者，大部分监测可使用设备管理平台和各种传感器完成。

2. 追踪软件

显然，安全专家不能只是四处走动并清点所有软件。跟踪软件的独特挑战与管理硬件的挑战相似，但有一些重要区别。与硬件不同，软件资产可多次复制或安装。从许可的角度看，这可能是一个问题。商业应用程序通常对可安装单个许可证的次数有限制。从一次性使用到企业级使用，这些许可协议的条款差异很大。值得指出的是应该追踪哪些系统上安装了哪些软件以及哪些用户是软件资产管理的重要组成部分。否则，用户将面临违反软件许可证的风险。

使用未经许可的软件不仅是不道德的，还使组织面临合法产品供应商的财务追责。这种责任可通过多种方式表现出来，包括心怀不满的员工向供应商举报组织。当某些软件包"回传信息"到供应商的服务器或下载软件补丁和更新时，也可能出现这种情况。根据许可证的数量和类型，这最终可能花费大量的追溯许可费。

盗版软件的问题更严重，因为盗版软件的许多版本都包括安装的后门(Back Door)或特洛伊木马(Trojan Horse)。即使情况并非如此，几乎可肯定的是，更新或修补该软件是不可能的，这使得该软件本质上更不安全。由于没有 IT 人员会将使用盗版软件作为组织性策略，因此软件在网络上的存在表明至少某些用户的特权不受控制，并且用户可能无权获得这些特权。

除了未经许可或盗版的软件之外，用户可在多个系统上复制和安装软件这一事实造成的另一个问题是安全性。如果用户忘记了系统上有多少个软件的副本，则很难确保这些副本都已更新和修补。漏洞扫描程序和补丁管理系统在这方面很有帮助，但根据这些系统的运行方式，用户最终可能遇到会存在一段时间(也许是无限长时间)的漏洞。

软件跟踪问题的解决方案是多方面的，这些解决方案从评估组织的合法应用程序要求开始。也许有些用户需要一个昂贵的照片编辑软件套件，但其配置应该仔细控制，且只提供给这组用户，以最大限度地降低许可成本。一旦知道了需求并按用户类别细分，就有几种方法可用于处理哪些系统上存在哪些软件。以下是一些最广泛接受的最佳实践：

- **应用程序白名单(Application Whitelisting)** 白名单是允许在一台或一组设备上执行的软件列表。实施此方法不仅可防止安装未经许可或未经授权的软件，还可防止许多类别的恶意软件。

- **使用标准主版本(Gold Master)** 标准主版本是包括正确配置和授权的软件的标准映像工作站或服务器。组织可能有多个代表不同用户集的映像。使用标准主版本简化了新设备的调配和配置，尤其是在不允许用户修改新设备的情况下。

- **强制执行最小特权原则(Enforcing the Principle of Least Privilege)** 如果典型用户无法在其设备上安装任何软件，流氓应用程序在网络中就更难出现。此外，如果安全专家使用这种方法，则可减轻大量攻击带来的风险。

- **设备管理软件(Device Management Software)** 统一终端管理(Unified Endpoint Management，UEM)系统允许全面远程管理大多数设备，包括智能手机、平板电脑、笔记本电脑、打印机，甚至物联网(Internet of Thing，IoT)设备。

- **自动扫描(Automated Scanning)** 应定期扫描网络上的每台设备，以确保仅运行具有正确配置的已批准的软件。IT 或安全团队应记录和调查与此策略的偏差。

授权许可(Licensing)问题

组织有道德义务仅使用合法购买的软件应用程序。软件制造商及其行业代表组织，如软件联盟(BSA)，采取激进的策略瞄准使用盗版(非法)软件副本的组织。

组织有责任确保企业环境中的软件不成为盗版，并且许可证(即许可证计数)得到遵守。运营或配置管理部门通常在公司中负责该功能。自动资产管理系统，或更通用的系统管理系统，能报告整个环境中安装的软件，包括每个软件的安装数。应定期(也许是每季度)比较这些计数与许可应用程序的清单以及为每个应用程序购买的许可证数。应调查在环境中发现且公司未购买许可证的应用程序，或发现超出已知已购买的许可证数量的应用程序。

如果在未遵循授权变更控制和供应链流程的环境中找到应用程序，则需要执行控制；对于在批准流程之外获取应用程序的业务区域，必须进行宣传和教育，使其了解行为可能对公司构成的法律和信息安全风险。很多时候，业务部门经理需要签署一份文件，表明了解这种风险并亲自接受该风险。

如果找不到有效的业务需求，则应删除该应用程序，并应警告安装该应用程序的人员，未来此类操作可能导致更严重的后果，如终止合同。这可能听起来很极端，但安装盗版软件不仅是违反道德规范的，而且既是责任风险，也是引入恶意软件的潜在媒介。使用或容忍未经许可的产品的组织有时会导致心怀不满的员工举报，作为一种报复行为。

组织应具有可接受的使用策略(Agreed-Upon Procedures，AUP)，该策略指示用户可安装哪些软件，并通知用户将不时对环境展开调查以验证合规性。应设置技术控制装置，以防止未经授权的用户能在环境中安装未经授权的软件。

软件资产管理中的一个基本最佳实践是防止用户安装软件，并要求用户提交请求，由系统管理员安装软件。这允许管理员确保软件获得适当的许可并添加到适当的管理系统中。软件资产管理还支持在整个企业中开展有效的配置管理。

控制网络上现有的硬件和软件应该是配置新服务和功能的先决条件。否则，风险就会使本已不堪一击的处境变得更糟。

5.3.3 安全资源调配

在技术领域，术语"资源调配(Provisioning)"是重载的，也就是说对不同的人意味着不同的操作。对于电信服务提供商而言，这可能意味着布置电线、安装客户场所设备、配置服务以及设置账户以提供特定服务(如 DSL)的流程。对于 IT 部门而言，"资源调配"可能意味着在更广泛的企业环境中获取、配置和部署信息系统(如新服务器)。最后，对云服务提供商而言，资源调配可能意味着自动启动 IT 部门交付的物理服务器的新实例。

就 CISSP 考试而言，资源调配是向用户或用户组提供一个或多个新信息服务需要的所有活动的集合("新"是指以前对该用户或组不可用)。正如考生将在以下各节中看到的那样，各种类型的资源调配中包含的特定操作差异很大，但同时仍完全符合安全专家给定的定义。

资源调配的核心是必须以安全的方式提供这些信息服务。换句话说，安全专家应确保信息服务所依赖的服务和设备都是安全的。第 2 章中已经讨论了资产收购中的供应链风险。因此，假设用户拥有受信任的供应链，那么一旦收到设备，就希望从设备的标准主版本开始。理想情况下，用户可根据业务中定义的需求配置这些设备，并适应所支持的各种用户类别。最后，扫描漏洞并部署在网络上。

好吧，当安全专家与远程员工打交道时，这件事会变得更棘手，对许多组织来说，远程员工所占的比例越来越大。下面列出一些需要考虑的额外问题：

- 将设备安全地运送给用户
- 安全地向用户发送凭证(Credential)
- 虚拟专用网络(VPN)连接的要求
- 远程监测设备是否在 VPN 上
- 实行远程配置更改
- 设备断开连接时的多因素身份验证(Multifactor Authentication)

显然，问题列表将在很大程度上取决于特定情况。可能没有任何远程用户，但可能拥有数据中心或数据所存储的托管运营商。这就提出一系列问题，安全专家需要在安全配置方面展开思考。最后，也许是不可避免的，安全专家中的许多人在处理云资产时必须考虑独特的问题。

云资产资源调配

通常，云资源调配是向用户或用户组提供一个或多个新云资产所需的所有活动的集合。那么，这些云资产究竟是什么呢？正如安全专家们将在第 7 章中看到的，云计算通常分为三种类型的服务：基础架构即服务(Infrastructure as a Service，IaaS)，平台即服务(Platform as a Service，PaaS)和软件即服务(Software as a Service，SaaS)。每种类型的服务的资源调配都会带来一系列问题。

当安全专家处理 IaaS 资产资源调配时，其用户群仅限于 IT 部门。要了解为什么会这样，安全专家们只需要考虑一个非云(即物理)等价物：新的服务器或路由器的资源调配。由于这些资产通常会影响组织中的大量用户，因此在规划和测试资源调配时必须非常小心。因此，这些资源调配操作通常需要得到高级领导或变更控制委员会的批准。只有极少数 IT 人员能执行此类资源调配。

PaaS 在组织影响方面与 IaaS 相似，但通常范围更有限。在此上下文中，平台通常是 Web 或数据库管理服务等服务。虽然 IT 团队通常处理资源调配，但某些情况下，组织中的其他人可能处理该平台。例如，考虑一个研发 Web 服务(仅限 Intranet)的情况，该服务正在调配资源以测试编码团队正在研发的 Web 应用程序。根据范围、上下文和可访问性，此资源调配可委派给任何一个研发人员，尽管 IT 人员会首先约束平台，以确保只有该团队才能访问该平台。

最后，SaaS 可由更大的用户池在 IT 团队根据组织策略建立的约束范围内调配资源。如果特定的用户组可授权使用客户关系管理(Customer Relationship Management，CRM)系统，则这些用户应能登录到账户并自行调配该账户以及用户有权访问的任何其他应用程序。

应基于组织影响和特定资产的风险状况，进一步控制云资产的资源调配。安全资源调配的关键是精心设置云计算环境，以便授权用户能随时随地快速访问正确配置的应用程序、平台和基础架构。毕竟，云计算的好处之一是承诺近乎实时地实现自助服务资源调配。

5.3.4　资产留存

资产通常会一直使用，直到过时(不再需要)，或者资产的 O&M 成本超过其对组织的价值。如果资产不再需要，可能仍会保留一段时间，以满足未来的需求，或可能用于紧急使用。资产留存(Asset Retention)应是一项深思熟虑的决定，应记录在案并定期重新审议。理想情况下，这是作为变更管理流程的一部分完成，以免留存的资产(不再使用的资产)造成不必要的风险。

假设用户的组织制定了每三年为其员工更新一次笔记本电脑的策略。最近一次更新后，用户最终会得到十几台不再需要的笔记本电脑。有人建议用户为防止紧急情况将这些电脑留在身边，所以用户便如此执行了。几个更新周期后，用户最终发现数十台笔记本电脑(其中一些可能无法运行现代软件)将其存储空间占满。这是一个问题，至少有四个原因。首先，用户的存储空间不足。其次，存在失窃的风险，因为没有人关注壁橱里的笔记本电脑。第三，当紧急情况最终发生且用户决定把敏感数据取出使用时，这些电脑可能不再工作。最后，也许是最严重的，除非针对这些电脑执行正确的退役流程，否则其磁盘驱动器中可能存在无人知晓的敏感数据。

用户的资产留存决策应考虑这样一个事实，即用户的资产生命周期可能与其制造商的预期生命周期不同。原始设备制造商(Original Equipment Manufacturers，OEM)仅在特定时间段(通常为一到三年)内销售特定产品。之后，产品将进入下一个版本，或可能完全停止制造。无论哪种方式，该产品都不再销售。但是，原始设备制造商将在这一时间点后一段时间继续支持其产品，通常为期三到六年。更换部件仍可能售出，客户支持资源仍将可供注册所有方使用。资产终止(End-of-life，EOL)是 OEM 既不制造也不维持资产的时间点。换句话说，用户无法将资产送去维修、购买备件或从 OEM 获得技术援助。在宣布停产后使用资产的风险是更难以合理的成本排除硬件故障。

有一个相关的术语是支持终止(End-of-support，EOS)，有时也称为服务寿命终止(End-of-service-life，EOSL)，这意味着制造商不再修补产品中的错误或漏洞。通常，制造商将在产品到达停产期后几年继续发布补丁。然而，有时，EOL 和 EOS 是重合的。无论哪种方式，在产品到达 EOS 后，安全专家都面临重大风险，因为无论发现什么漏洞都将无法修补，这意味着该资产更可能遭受攻击方利用。

无论业务需求变化还是资产达到 EOL 或 EOS，最终都是时候将资产退役了，这可能推动新的业务案例。但是，在将资产放入回收站之前需要正确停用。

资产退役

资产在组织中达到使用寿命后，停用该资产请务必遵循完善的流程。退役(Decommissioning)是从操作环境中永久移除现有资产需要的所有活动的集合。在某种程度上，退役与资源调配相反。

停用资产所需的特定任务因资产的不同而存在很大差异。但在拔掉众所周知的插头之前，需要总体考虑一些事项，包括：

- **仅在变更管理流程中退役**。当用户拔掉插头时，将意外(不利)后果的风险降至最低的唯一方法是确保可能与资产有利害关系的每个人都参与决策。
- **确保资产不再使用**。这似乎是显而易见的，但可能存在从未正确记录过的资产的未知用户(或用途)。安全专家可能并不想拔掉插头，却意外发现自己已经终止了一个至关重要的业务流程。
- **查看数据留存的影响**。本章后面将讨论数据留存，但用户应确保资产中没有任何需要保留的数据。
- **安全地擦除资产上的所有数据**。似乎每种资产都有在非易失性存储器或磁盘中保存敏感数据的可能性。请确保用户了解资产中的持久性数据存储功能，并擦除所有数据。
- **安全处置硬件**。许多资产都有危险组件，例如，需要特殊处理的锂电池。在检查环境或安全隐患前，不要只是将旧计算机扔进垃圾箱。

5.4　数据生命周期

数据生命周期在某些重要方面与资产生命周期不同。首先，数据生命周期获取组织使用的大部分数据通常不需要任何成本。虽然也有明显的例外，但总体而言，安全专家并不需要展示投资回报率(Return On Investment，ROI)或让首席财务官(Chief Financial Officer，CFO)同意或知道每个客户在电子商务网站上购买了什么。另一个重要区别是，安全专家能与尽可能多的人共享其数据，而不会丢失数据。最后，当数据不再有用时，数据往往会归档而不是处置。当然，安全专家可将工作站放在储藏室中，以备将来需要时使用，但这是例外，而不是处理有形资产时的常态。

市面上有许多数据生命周期模型。本书将在讨论中使用的方法相当简单，但在考虑到数据的变化性质和这些动态的安全影响时仍然有效。在宏观层面上，数据的生命周期可分为六个阶段：采集(Acquisition)、存储(Storage)、使用(Use)、共享(Sharing)、归档(Archival)和销毁(Destruction)，如图 5-2 所示。

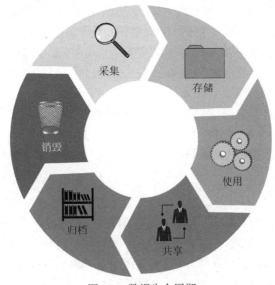

图 5-2　数据生命周期

5.4.1　数据采集

一般来说，组织通过以下三种方式之一获取数据：直接采集，从其他地方复制或从头开始创建。

当组织的环境中安装传感器后，可实现数据的采集。例如，电子商务网站有一个 Web 服务器，可采集访问方的 IP 地址并将其引导到该网站的页面。应用程序服务器可进一步采集每个客户的身份，客户探索了哪些产品，以及最终购买了什么。所有这些数据都可通过从广告代理商处购买客户数据并复制到本地数据存储中来增强。最后，营销部门可分析所有数据并创建报告和预测。

数据采集

安全专家应确保采集到的数据(尤其是具有个人性质的数据)对其工作是必要的。一般来说，组织应采集履行其业务职能所需的最少的私人数据。许多情况下，这不是一个选择问题，而是法律问题。截至 2020 年，超过 128 个国家/地区已颁布了影响其司法管辖权内组织的隐私保护法。值得注意的是，各国的隐私保护差异很大。欧盟是隐私方面限制最严格的地区之一。美国对非政府组织在国家层面采集私人数据的限制很少，但加利福尼亚州等州的保护措施与欧盟类似。关键是安全专家必须了解与组织存储或使用数据的地区相关的特定隐私法。当安全专家将服务(可能需要访问用户的数据)外包给其他国家/地区的第三方时，这一点尤其重要。

除了适用的法律和法规外，用户所在的组织采集的个人数据类型及其生命周期考虑因素必须是明确的书面策略。用户的隐私策略需要涵盖其组织针对员工和客户数据的采集、使用、披露和保护。许多组织将其隐私策略分为两份文档：一个涵盖员工数据的内部文档和一个涵盖客户信息的外部文档。在编写策略时，安全从业者至少需要回答以下问题。

- 采集哪些个人数据(例如，姓名、网站访问和电子邮件等)？
- 安全专家为什么要采集这些数据以及要如何使用这些数据(例如，提供服务、安全)？
- 安全专家与谁共享这些数据(例如，第三方提供商、执法机构)？
- 谁拥有采集的数据(例如，主体、组织)？
- 这些数据的主体对其拥有哪些权利(例如，选择退出，限制)？
- 安全专家何时销毁数据(例如，五年后、永远不会)？
- 有哪些与这些数据相关的具体法律或法规(例如，HIPAA、GDPR)？

5.4.2　数据存储

在采集到数据之后以及使用之前，数据必定存储在某个地方。安全专家应采取其他步骤确保这些信息能够使用。通常，人们将添加系统元数据(如作者、创建日期/时间和权限)和业务流程元数据(如分类分级、项目和所有方)。最后，对数据实行索引以方便搜索，并分配给一个或多个数据存储。在较小的组织中，此流程的大部分内容对用户不可见。这些人所知道的只是，在 CRM 系统中创建联系人、在采购系统中创建订单或在工作流系统中创建凭证时，组织中需要访问该信息的每个人都可神奇地获得这些条目。在较大的组织中，需要仔细地构建流程。

最后，安全专家应使用一些策略控制措施。例如，无论在什么地方存储信用卡号和某些其他个人身份信息(Personally Identifiable Information，PII)，必须加密。安全专家还必须严格控制哪些用户可访问敏感信息。此外，安全专家应提供某种回滚功能，以便将数据恢复到以前的状态，尤其是在用户或进程可能损坏数据的情况下。工作人员在存储数据时必须有意识地解决这些因素和许多其他重要考虑因素，而不是事后才想到。

数据在世界哪个地方？

数据位置可能是一个特别重要的问题，尤其是在处理个人、医疗保健或国家安全数据时。正如第 3 章所讨论的，一些国家/地区的数据本地化法律要求在该国/地区存储和处理某些类型的数据。其他州已经颁布了数据主权法，规定任何存储或处理某些类型数据(通常是其公民的个人数据)的人员，无论是否在当地，都必须遵守这些国家的法律。如果没有数据分类分级，就不太可能满足这些要求。数据位置也可由云服务启用或阻碍。如果使用得当，云服务提供商可通过将数据的某些分类分级限制为某个地区甚至特定国家/地区，帮助确保满足数据本地化要求。另一方面，如果在构建云解决方案时没有考虑数据位置，那么敏感数据很可能在某个时间最终出现在某个随机位置，可能给所有方带来麻烦(也许还有法律和财务责任)。

1. 数据留存

对于组织应将数据留存多长时间，没有统一的共识。法律和监管要求(如果存在)因国家和商业部门而异。普遍的做法是需要确保用户所在的组织具有并遵循有案可稽的数据留存策略(Data Retention Policy)。否则就是在与灾难赌博；在处理未决或正在开展的诉讼时，尤其如此。当然，仅制定一项策略是不够的；组织必须确保遵循这些策略，且必须通过定期的审计记录这一点。

注意

外包数据存储时，重要的是要在合同中明确指定，在组织停止与存储提供商的业务往来后，存储提供商将保留组织的数据多长时间，以及存储提供商将使用什么流程从其系统中删除组织的数据。

一种非常简单且可能很有吸引力的方法是，查看针对组织施加的最长的法律或法规留存要求，然后针对所有数据留存运用该时间框架。这种方法的问题在于可能使用户保留的数据集比所需的数据集大几个数量级。这不仅会带来额外的存储成本，还使遵守电子取证令(E-discovery Order)更加困难。当用户收到法院的电子取证令时，通常需要在特定的时间范围内(通常非常短)生成特定数量的数据(通常非常大)。显然，用户留存的数据越多，此流程就越困难和昂贵。

更好的方法是隔离具有强制性留存要求的特定数据集，并相应地处理这些数据集。其他所有内容都应具有至少满足业务需求的留存期。通常，大中型组织中的不同业务部门有不同的留存要求。例如，在一家组织中，研发(Research and Development，R&D)部门数据的留存时间要比客户服务部门数据的留存时间长得多。研发项目的数据在今天可能不会有什么帮助，但可能在以后起到相当大的作用，但客服电话的语音记录可能不必保存好几年。

注意

在研发或修改数据留存和隐私策略时确保拥有法律顾问的支持。

---

2. 制定数据留存策略

每个数据留存策略的核心都回答了三个基本问题：

- 组织留存哪些数据？
- 组织将数据留存多久？
- 组织应把这些数据保存在哪里？

大多数安全专家理解后两个问题。毕竟，组织中的许多人都习惯了保存三年的税务记录，以备审计所需。"留存哪些数据(What)"和"将数据留存多久(How Long)"问题很简单。然而，第一个问题让组织中的许多员工感到惊讶。问题的关键不在于存在什么位置，而在于数据保存在该位置的方式。为对组织可用，留存的数据必须易于定位和检索(Retrieve)。

假设组织与 Acme 公司有业务交易，组织在交易中了解到该公司向另一个国家的客户销售特定服务。两年后，组织收到一份第三方传票，要求组织提供有关上述销售的所有信息。组织明确知晓所有数据的留存期为三年，但不知道这个交易的相关数据的存放位置。是一封电子邮件、一次电话录音、一次会议记录，或者还是其他形式？组织去哪里才能找到这些数据和文件？或者，安全专家如何向法院证明查找和提供数据对组织来说成本过于高昂？

组织留存哪些数据？ 留存数据的原因有很多。其中最常见的是数据分析(绘制趋势并预测)、历史知识(过去是如何处理这个问题的？)和监管要求。同样，法律顾问必须参与这一流程，确保履行所有法律义务。除了这些义务外，还有一些由于各种原因对于业务很重要的特定信息。根据业务安排、合作伙伴关系和第三方交易，哪些数据可能有价值也是值得考虑的。

留存数据的决定必须是深思熟虑的、具体的和可执行的。安全专家只想保留其有意决定留存的数据，同时希望确保可强制执行该留存。重要的是，安全专家应该有办法确保及时和适当地处置不应留存的数据。如果这听起来很痛苦，安全专家只需要考虑没有正确完成此流程的后果。许多组织因为无法制定、实施和执行适当的留存策略而经历了严重困难。该领域面临的最大挑战之一是业务需求与员工或客户隐私之间的平衡。

组织将数据留存多久？ 从前，对于数据留存持久性有个两个流派："全都不保留(Keep Nothing)"派和"全都保留(Keep Everything)"派。随着法律程序逐渐跟上现代计算机技术的步伐，很明显，除了极个别情况，这两种方法都是不可接受的。首先，无论是全都不保留，还是全都保留，遵循这两种极端方法之一的组织发现很难在法律诉讼中为自己辩护。例如，第一个流派没有任何体现安全专家适度勤勉的信息，而第二个流派则存储了太多信息可供原告对付自己。那么，正确的数据留存策略是什么呢？请认真咨询法律顾问。

大数据时代的数据留存

术语"大数据(Big Data)"是指表现出五个特征的数据集合：数量、速度、多样性、准确性和价值。数量是指数据收集的绝对规模，超过了常规数据服务器或传统数据库管理系统等传统系统中可合理存储的内容。速度描述了新数据添加的高速，而多样性意味着数据不是全部采用相同的格式，甚至不是涉及相同的事物。由于数据来自多个来源，因此很难确定其准确性，但安全专家通常通过寻找趋势和聚簇而不是单个数据点处理这个问题。最后，人们期望所有数据都能为组织增加价值，这首先证明了存储和处理这些数据的成本是合理的。

最后一点是大数据时代数据留存的关键：仅因为安全专家可保留每个业务部门的每个数据点，偶尔获得有价值的见解，并不足以成为保留数据的理由。制定留存策略要容易得多(并且更具成本效益)，该策略允许安全专家根据需要构建大数据存储，但需要平衡风险、成本和价值。是否存在数据的隐私或机密性问题？数据是否会给组织带来法律责任？是否有数据可能受到电子取证？如果是这样，遵守电子取证令的难度有多大？

除了任何法律或监管问题外，还有一个实际问题，即决定哪些数据有价值，哪些只是占用存储空间。即使存储的价格标签现在看起来并不过分，如果不予以控制，安全专家不断地输入数据，则可能比预期更快到达极限。当到达极限时，安全专家将如何删除不再需要的数据？

这一切都强调了在构建大数据存储、制定支持有效组织要求的策略和流程的同时，在合理的成本内降低风险的重要性。

有无数的法定和监管留存要求,这些要求因司法管辖权而异(有时甚至在同一国家/地区内)。还有最佳实践和判例法需要考虑,所以这里不会试图具体描述。尽管如此,表 5-2 提供了一些足以开始与律师对话的一般准则。

表 5-2　不同类型数据的典型留存期

数据类型	一般留存期
商业文件(例如:会议记录)	7 年
发票	5 年
应付账款和应收账款	7 年
人力资源档案	7 年(对于离职员工)或者 3 年(对于未雇佣员工)
税务记录	缴税后 3 年
法律信函	永久的

如何留存数据? 能够及时获取留存数据是体现留存数据价值的关键。如果需要耗费大量(可能是令人望而却步的)精力才能查询到数据,这对于组织而言确实没有好处。为确保留存数据的可访问性,安全专家们需要考虑各种数据访问场景,以及可能面对的问题和解决方案,包括但不限于:

* **分类(Taxonomy)** 分类是一种对数据归类的方法。这种分类可使用多种类别(Category),包括功能性(如人力资源和产品研发)、时序性(如 2015 年)或组织性(如经理和员工),也可使用这些类别或其他类别的任意组合。

* **分类分级(Classification)** 数据的敏感性分级将决定组织在使用期间和归档时的控制措施。这一点尤为重要,因为许多组织仅在使用过程中保护敏感信息,但是在归档后就不再重视这些信息了。

* **标准化(Normalization)** 留存的数据有多种格式,包括文字处理文档、数据库记录、平面文件、图像文件、PDF 文件和视频文件等。除了最简单的情形外,仅以原始格式存储数据是不够的。相反,组织需要制定使数据可搜索的标签规格(Tagging Schema)。

* **索引(Indexing)** 如果组织想要快速搜索感兴趣的特定条目,那么留存的数据必须是可搜索的。使数据可搜索的最常见方法是为其构建索引(Indexing)。许多归档系统都可使用索引技术,但也有些系统没有实现这一特性。无论哪种方式,索引方法都应支持未来针对归档数据可能的查询。

理想情况下,归档以集中的、有组织的和同质的(Homogenous)方式开展。但实际上,在任何组织中,这种理想状况很难实现。组织可能不得不由于某些特定原因而妥协,以便在资源有限的情况下找到满足组织最低需求的解决办法。尽管如此,当组织规划和执行数据留存策略时,安全专家应继续关注在数月或数年后如何有效地访问归档数据。

3. 电子取证

电子化存储信息(Electronically Stored Information,ESI)取证也称为电子取证(E-discovery),

是为法院或外部律师生成与法律程序相关的所有 ESI 的流程。例如，如果组织因生产包含缺陷的产品而遭到起诉，原告的律师可向法庭申请获得电子取证令，强制组织在 QA 团队和高级管理层范围内提取所有讨论产品缺陷的电子邮件。如果组织的数据留存策略和流程的搭建足够完善，电子取证不会花费过多精力。另一方面，如果组织的数据留存策略或程序松懈，这样的电子取证令将给组织带来较大损失。

电子取证参考模型(Electronic Discovery Reference Model，EDRM)使用了 8 个步骤，尽管这些步骤不是必需的，也不是以线性方式执行，但参考意义重大，具体步骤如下：

(1) **识别(Identification)**　识别并确认法院电子取证令上指定的数据。

(2) **保存(Preservation)**　保存数据，确保在符合电子取证令要求时，不会因意外或日常操作而销毁数据。

(3) **收集(Collection)**　从各种存储中收集数据。

(4) **处理(Processing)**　处理数据，确保为数据及其元数据使用正确的格式。

(5) **审查(Review)**　审查数据以确保证据相关性。

(6) **分析(Analysis)**　基于背景环境分析数据。

(7) **生成(Production)**　为请求方生成最终数据集。

(8) **展示(Presentation)**　向外部展示数据以证明或反驳某个主张。

图 5-3 显示了电子取证参考模型。

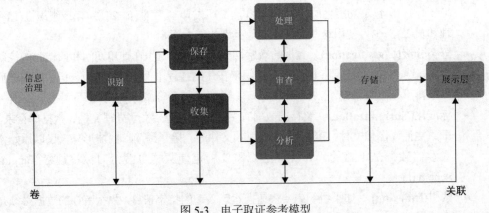

图 5-3　电子取证参考模型

5.4.3　数据使用

获取和存储数据后，将花费大量时间使用数据。也就是说，具有必要访问水平的各种用户可读取和修改数据。从安全角度看，在确保机密性、完整性和可用性方面，数据生命周期的使用阶段将面临最大的挑战。用户希望信息可用，但仅限于正确的人员，然后这些人员应能以授权的方式修改信息。

一致性也是一个与政策和法规合规性方面有关的问题。当信息在使用和聚合时，可能触发必须自动强制执行的要求。例如，使用代码词语或名称指代项目的文档可能是不保密的，且可免费获得，但如果该单词/名称与其他详细信息(地点、目的和团队成员的姓名)结合使用，就会使整个文档成为机密文件。信息在使用状态更改时必须映射到适当的内部策略，或者映射到法规或法律。

数据维护

使用数据过程中，安全专家必须确保数据保持准确和内部一致。假设 Sally 是所在组织的一名销售人员。遇到一位名叫 Charlie 的潜在客户，并将 Charlie 的联系信息和其他详细信息输入 CRM 系统中。交换电子邮件，安排会议，并提交包含 Charlie 数据的文档。有一天，Charlie 得到晋升，搬到公司总部。就这样，Charlie 的头衔、电话号码和地址都更改了。安全专家如何确保更新这些数据并在整个组织中执行更新？当然，CRM 部分很容易，但若现在无数位置存在过时数据呢？需要制定一个方案保持正在使用的数据的准确性，因为这些数据可能对其业务流程至关重要。

安全专家还必须考虑当首次获取数据不正确时可能出现的情况。最近新闻中有一篇关于一名警察误输入一名已定罪的杀人犯的个人信息的故事，该杀人犯刚转移到该警察所在的警局。这些信息实际上是一名无辜公民的信息，该公民当天早些时候申请了许可证。这些错误信息在全国范围内与地方、国家甚至私人组织共享。当发现信息录入错误时，无法全局更正该条目。直到今天，这个无辜的人经常遭受剥夺就业或服务的情况，因为一些系统显示他是一名已经定罪的杀人犯。除非提供有效的方法维护数据，否则这种情况下大多数组织可能面临巨额罚款或重大诉讼。

数据维护的另一个案例涉及损坏和不一致。例如，如果出于性能或可靠性目的，使用多个数据存储，则必须确保复制对数据的修改。还需要有自动消除不一致的机制，例如，在修改数据后，但是在复制数据前，服务器断电时会发生的不一致。这在具有回滚功能的动态系统中尤其重要。

5.4.4　数据共享

所有人都可独自完成任何重大任务的日子已一去不返。实际上，世界上每个组织，特别是那些拥有信息系统的组织，都是供应链的一部分。信息共享是现代供应链的关键推动因素。没有信息共享，人们将无法登录系统(特别是如果用户有 Google 或 Facebook 等第三方身份管理服务)、发送电子邮件、接收电子邮件或在线销售小部件(如果不与支付处理方共享支付卡信息，则很难出售某些东西)。

虽然 IT 基础架构提出一些数据共享要求，但出于特定的业务原因，数据所有方也愿意与他人共享数据。例如，电子商务网站将与数字广告公司合作宣传业务，并与物流公司一起交付有形的货物。电子商务网站也可能与其他提供补充商品或服务的公司合作，并相互收取介绍费。共享数据还有许多其他原因，但这里的重要概念是，这种共享需要深思熟虑。如果用户共享了错误数据，或以错误方式共享了数据，可能失去竞争优势，甚至违反法律。

为避免数据共享噩梦，请务必尽早让所有必要的员工(业务、IT、安全和法律)参与对话。讨论共享数据的业务需求，并将该数据限制在满足该需求的最低限度。在经法律顾问批准的具有法律约束力的合同中记录协议。该协议需要规定各方在整个共享数据生命周期方面的义务。例如，将共享哪些数据、各方将如何存储和使用这些数据、可与谁共享、如何归档、归档期限、何时销毁数据以及如何销毁数据。

5.4.5　数据归档

系统中的数据可能在某种情况下定期停止(或完全停止)使用。发生这种情况时，可能出于各种原因需要留存该数据。也许安全专家预计数据将在以后再次发挥作用，或者安全专家需要将数据(如某些财务信息)保留一段时间。无论将此数据移到一边的原因是什么，不再经常使用这些数据的事实可能意味着，如果安全专家不实施适当的控制措施，未经授权或意外的访问和更改可能在很长一段时间内无法发现。当然，如果有正确的控制措施，将更容易检测到这种威胁。

留存的另一个驱动因素是需要备份。无论讨论的是用户备份还是后端备份，在决定保护哪些备份以及如何保护备份时，考虑风险评估是很重要的。由于终端用户备份是针对可移动磁盘驱动器执行的，很难想象这些备份不加密的情况。每个主要操作系统都提供了一种执行自动备份以及加密这些备份的方法。

这一切都将人们引向一个问题，即需要将数据留存多长时间。如果安全专家们过早地丢弃数据，就可能无法从故障或攻击中恢复过来。安全专家们还可能无法遵守电子取证请求或传票。如果将数据保留太久，安全专家将承担成本过高以及负债增加的风险。所以答案仍然是：这都是风险管理流程的一部分，需要纳入到策略。

"备份"与"归档"

术语"备份(Backup)"和"归档(Archive)"有时可互换使用。实际上，二者具有不同的含义，使用本节中描述的生命周期模型可最好地说明这些含义。数据备份是当前正在使用的数据集的副本，目的是从原始数据的丢失中恢复。备份数据通常随着时间的推移而逐渐失效。

数据归档是不再使用的数据集的副本，会保留以备将来需要时使用。归档数据时，通常将其从原始位置删除，以便存储空间可存储正在使用的数据。

5.4.6　数据销毁

所有组织都要处置(废弃)数据。这通常(但并不总是)意味着数据销毁(Destruction)。在特定条件下，组织必须销毁特定数据集，如旧邮箱、前员工记录和过去的金融交易等。此时需要考虑两个重要问题：数据确实销毁了，而且数据正确地销毁了。本章后面讨论角色和责任时，将看到谁负责确保这两个问题得以彻底解决。

销毁数据的一个常见难题是如何确定已经销毁数据。一个十分常见的场景是，组织需要先将数据转移至别处，再执行销毁。例如，当客户从一家外包托管服务提供商迁移到另一家外包托管服务提供商时，通常伴随着大量数据导出的需求。公司之间会相互交换数据(如房屋抵押贷款信息)；这种情况下，需要转移数据，在到达强制数据留存期后最终销毁原公司系统里的数据。

无论如何，组织都要确保正确地销毁数据。如何销毁数据还要与组织的风险管理关联。最重要的是，必须让攻击方难以恢复数据，这样组织就能接受风险。对于组织需要处置的物理设备(如硬盘驱动器等介质)，这并非难事。安全专家会使用清除(Wipe)、消磁(Degauss)或粉碎(Shred)等多种控制措施处置物理设备或介质，特别是政府部门这类对于风险极度敏感的组织，往往选择综合使用上述所有控制措施。当组织处理单个文件(或文件的一部分)或数据库记录(如电子邮件系统)时，数据销毁流程可能稍微复杂一些。更棘手的问题是，一个数据项关联了多个副本，这是组织信息系统的常见场景。如何确保所有版本都已销毁？关键在于数据存储方式和存储位置的技术细节，这对于能否确保正确销毁数据至关重要。

数据残留

即使存在确保隐私保护的策略(并得到有效执行和全面审计)，技术方面也可能威胁到隐私保护问题。众所周知，大多数数据删除(Delete)操作实际上不会擦除(Erase)任何数据；通常，这些操作只是将内存标记为可用于其他数据，而并不清除(Wipe)甚至擦除原始数据。不仅文件系统如此，数据库也是如此。很难想象数据存储不适合这两种结构中的任何一种，因此很明显，简单地"删除"数据很可能导致一个严重问题：数据残留(Data Remanence)。

注意

2014 年 12 月发布的 NIST SP 800-88r1《介质脱敏指南 (Guidelines for Media Sanitization》中描述了对抗数据残留的最佳实践。

请安全专家们考虑一下使用文件分配表(File Allocation Table，FAT)文件系统创建文本文件时可能发生的各种情况。尽管这种原始形式的 FAT 已过时，但其核心构造(如磁盘块、空闲块列表/表和文件元数据表)也是其他所有现代文件系统的核心。FAT 的简单性使其成为解释文件创建和删除的一个优秀培训工具。

假设组织在文本编辑器中输入著名的伊索寓言"狮子和老鼠(The Lion and the Mouse)"，并将其保存到磁盘中。操作系统会要求组织输入文件名，此例中的文件名为 Story2.txt。然后，系统将检查文件分配表，查找存储文本文件的可用块。如图 5-4 所示，系统为包含名称(Story2.txt)、第一个块的位置(163)和文件大小(714)的文件创建了一个目录条目。在组织的简单示例中，每个块的大小为 512 字节，组织需要两个字节。幸运的是，164 块就在开始块的旁边，而且是可分配的。系统将使用 163 块(文件的第一个块)的条目指向包含该条目的下一个块(164)。如果存在大量的磁盘碎片(Fragment)，这允许文件占用不连续块。如果文件足够大，并且组织没有耗尽磁盘空间，那么这个块链可能相当长。然而，在组织的简单示例中，组织只需要两个块，因此 164 块是最后一个使用的块，并写入一个 EOF 特殊标签表示文件的结尾。

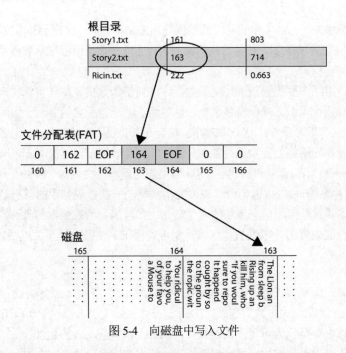

图 5-4　向磁盘中写入文件

假设组织决定删除该文件。FAT 文件系统不会清理表，而将目录表中文件名的第一个字符替换为保留字符(图 5-5 中显示为问号)，指示该文件已删除。起始块保留在目录中，但文件分配表中的相应条目将清零，显示这些块可用于其他文件。如图 5-5 所示，磁盘上文件的内容保持不变。这就是为什么数据残留(Data Remanence)是一个大问题的原因：因为文件系统在删除文件时几乎从不安全地擦除数据。

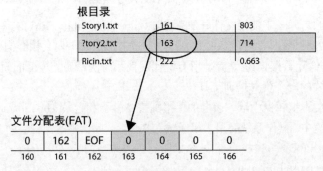

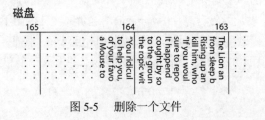

图 5-5　删除一个文件

　　但某些时候,用户将创建新文件并将保存到磁盘,这可能导致原始数据部分或完全覆盖。如图 5-6 所示。这种情况下,新文件只需要一个磁盘空间块,因为新文件只包含文本“Hello World!”假设用户将此文件称为“hello.txt”,系统将其存储在块 163 中,该块曾是以前的 Story2.txt 文件的起始块。该块将由新文件的内容覆盖,并且几乎肯定会用空字符填充整个块。但下一个块包含已删除文件的其余部分,因此任何拥有正确恢复工具的人都可使用部分内容。另外注意,原始文件的元数据将保留在目录表中,直到另一个文件需要该块为止。

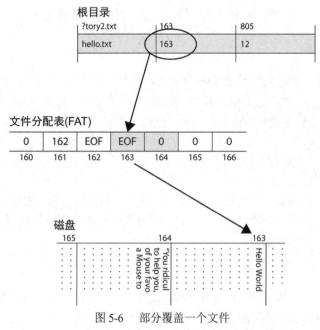

图 5-6　　部分覆盖一个文件

　　此示例虽然简单,但说明了几乎每个文件系统在创建和删除文件时使用的流程。在现代版本的 Windows、Linux 和 macOS 中,数据结构的名称可能有所不同,但其目的和行为基本保持不变。实际上,许多数据库使用类似的方法“删除”条目,只是将原始数据标记为已删除,而不擦除原始数据。

　　为应对数据残留,重要的是要确认保证私有数据正确删除的流程。一般来说,有四种方法可消除数据残留:

- **覆写(Overwriting)**　数据覆写技术需要将存储介质上表示数据的 1 和 0 替换为 1 和 0 的随机或固定组合模式,使原始数据不可恢复。覆写至少应该执行一次(例如,用 1、0 或组合模式覆写介质),但可能需要执行多次。多年来,美国国防部(Department of Defense,DoD)标准 5220.22-M 要求介质覆写次数为 7 次。这一标准已由其他标准取代。现在,国防部存储敏感数据的系统必须执行消磁(Degauss)。

- **消磁(Degaussing)**　这是移除或减少传统磁盘驱动器或磁带上的磁场模式的流程。从本质上讲,消磁技术是在介质上使用强磁场,用于消除介质上的数据,甚至有时会损坏磁盘的驱动马达。在极端情况下,使用消磁技术处理过的数据仍可恢复过来,但这样做的恢复成本非常高。

- **加密(Encryption)** 许多移动设备采用这种方法快速、安全地使数据不可用。前提是数据已使用强密钥加密的格式存储在介质上。为使数据不可恢复,系统只需要安全地删除加密密钥,这比删除加密数据快很多倍。在此场景中,从计算角度看,通常无法恢复数据。
- **物理销毁(Physical Destruction)** 也许对抗数据残留的最佳方式是单纯地销毁物理介质。物理销毁介质时,两种最常用的破坏介质的方法是将其粉碎(Shred)或暴露在腐蚀性/侵蚀性化学物质中,使其无法使用。另一种方法是焚烧(Incineration)。

5.4.7 数据角色

数据生命周期中同样重要的是保护,保护是由每个组织内负责任和可问责的个人推动的。人们已经看到数据泄露如何对其他成功的组织造成严重破坏,甚至导致这些组织(或其主要领导者)破产。虽然这不是一个详尽的列表,但以下各节按角色介绍了保护数据时的一些关键职责。

1. 数据控制方

数据控制方(Data Controller)决定为什么以及如何处理不同类型的数据。这些是高级管理人员,制定有关数据生命周期管理的策略,特别是有关个人信息等敏感数据的策略。组织成员应遵守数据控制方制定的策略。

2. 数据托管方

制定解决数据生命周期的策略是件好事,但需要有人员在技术层面实现该策略。这些个人是数据托管方(Data Custodian),负责控制对数据的访问,实施所需的安全控制措施,并确保可审计数据及其使用方式。数据托管方还参与到与数据生命周期相关的所有变更管理流程中。

3. 数据处理方

最适合保护(或破坏)数据的用户组由那些定期处理该数据的用户组成:数据处理方(Data Processor)。数据处理方可在组织内的各种地方找到,具体取决于关注的特定数据。

这里的关键问题是,数据处理方了解可接受行为的界限,并且(同样重要的是)知道当数据意外或故意地以不符合策略的方式处理时该做什么。

解决此问题的最佳方法是培训和审核。一方面,数据处理方必须经过适当培训,以承担自己的职责。另一方面,必须实施例行检查,确保其行为符合所有适用的法律、法规和政策。

4. 数据主体

所有个人数据都涉及真实的个人。接收数据的人员是数据主体(Data Subject)。虽然数据主体很少参与组织数据生命周期,但人们将数据主体的数据用于自己的目的时都必须严格保护隐私。尊重数据主体是确保数据保护和隐私的基础。

5.5 本章回顾

保护资产(特别是信息)对于任何组织而言都是至关重要的，必须纳入第 2 章中描述的全面风险管理流程。针对资产的保护可能需要在数据生命周期的不同阶段使用不同的控制措施，因此在选择控制措施时考虑特定阶段的风险非常重要。安全专家所在的组织不是试图平等地保护所有信息，而是需要借助分类分级标准，帮助根据信息的敏感性和重要性识别、处理和保护数据。安全专家还必须考虑组织中各种成员所扮演的角色。从高级管理人员到团队中新员工和初级员工，信息互动的每个人都具有(并且应该了解)保护资产的具体责任。

一项关键责任是保护个人信息的隐私性。出于各种法律、监管和运营原因，人们希望限制个人信息的保留时间。数据留存没有通用方法，因此组织领导层有责任在制定隐私和数据留存策略时考虑多种因素。反过来，这些策略应推动用于保护数据的基于风险的控制措施、基线和标准。使用控制措施的一个关键元素是正确使用强大的加密技术。

5.6 快速提示

- 数据的生命周期从采集开始，到销毁结束。
- 对于数据生命周期的每个阶段，评估风险和选择控制措施的时候都需要考虑不同因素。
- 通过添加元数据(包括分类分级标签)，准备供使用的新信息。
- 在使用数据复制的各个组织中，确保数据的一致性应是一个深思熟虑的流程。
- 加密技术可在数据生命周期的所有阶段实行有效控制。
- 数据留存策略决定了数据从其生命周期的归档阶段过渡到处置阶段的时间范围。
- 信息分类分级对应于信息对组织的价值。
- 每种分类分级应有与数据访问、使用和销毁相关的单独处理要求和程序。
- 高管最终要对公司的成败(包括安全问题)和股东负责。
- 数据所有方是负责特定业务部门的经理，最终负责保护和使用特定的信息子集。
- 数据所有方指定数据的分类分级，数据托管方(Data Custodian)实施和维护控制措施以强制实施设置的分类分级水平。
- 数据留存策略必须考虑法律、法规和运营要求。
- 数据留存策略应涉及保留哪些数据、在哪里保留、如何保留以及保留多长时间。
- 电子取证(E-discovery)是为法院或外部律师提供与法律程序有关的所有电子化存储信息(ESI)的流程。
- 正常删除文件不会将其从介质中永久删除。
- NIST SP 800-88 修订版 1，《介质脱敏指南(Guidelines for Media Sanitization)》，描述了解决数据残留的最佳实践。
- 覆写数据需要将存储介质上表示数据的 1 和 0 替换为随机或固定的 1 和 0 模式，使原始数据无法恢复。

- 消磁是在传统的磁盘驱动器或磁带上清除或减少磁场的模式。
- 隐私涉及企业员工和客户的个人信息。
- 一般而言，各组织为执行其业务功能应收集最少数量的个人数据。
- 移动设备很容易丢失或失窃，应主动配置，降低数据丢失或泄漏的风险。
- 纸制品通常值得使用与其所含信息敏感性和关键性相称的控制措施。

5.7 问题

请记住这些问题的表达格式和提问方式是有原因的。必须了解到，CISSP 考试在概念层次提出问题。问题的答案可能不是特别完美，建议考生不要寻求绝对正确的答案。相反，考生应当寻找最合适的答案。

1. 以下哪项陈述对于数据生命周期是正确的？

   A. 数据生命周期从归档开始，到分类分级结束。

   B. 大多数数据必须无限期留存。

   C. 数据生命周期从采集/创建开始，到其处置/销毁结束。

   D. 准备要使用的数据通常不涉及向其添加元数据。

2. 确保数据一致性对于以下事项都很重要，除了：

   A. 复制数据集可能失去同步

   B. 执行一个事务通常需要多个数据项

   C. 数据可能存在于组织信息系统中的多个位置

   D. 多个用户可尝试同时修改数据

3. 下列哪一项对单个组织的数据分类分级水平最有意义？

   A. 无密级、秘密级、绝密级

   B. 公开的、可发布的、无密级

   C. 敏感、敏感但无密级(Sensitive But Unclassified，SBU)、专有的

   D. 专有的、商业秘密(Trade Secret)、私人的

4. 下列哪项是决定数据分类分级时最重要的标准？

   A. 数据泄露可能造成的损害程度

   B. 数据意外或恶意披露的可能性

   C. 组织不在司法管辖权范围内运营的监管要求

   D. 实施数据控制措施的成本

5. 谁承担保护组织内资产的最终责任？

   A. 数据所有方

   B. 网络保险提供商

   C. 高级管理层

   D. 安保专业人员

6. 在数据生命周期的哪个阶段或哪几个阶段，加密可以是一个有效控制措施？

    A. 使用

    B. 归档

    C. 废弃

    D. 以上所有内容

7. 一般数据生命周期过渡到销毁阶段的触发原因是：

    A. 高级管理层

    B. 存储不足

    C. 可接受的使用策略

    D. 数据留存策略

8. 信息分类分级与以下哪一项的关系最密切？

    A. 信息的来源

    B. 信息的目的地

    C. 信息的价值

    D. 信息的年限

9. 数据所有方通常由以下所有情况描述，除了：

    A. 业务部门负责人

    B. 最终负责数据保护

    C. 对数据丢失承担财务责任

    D. 最终负责数据的使用

10. 谁对确定信息的保密级别负有主要责任？

    A. 职能经理

    B. 高级管理层

    C. 所有方

    D. 用户

11. 如果具有不同安全访问级别的不同用户组需要访问相同的信息，管理层应采取以下哪些措施？

    A. 降低信息的安全级别，确保可访问性和信息的可用性。

    B. 每次个人需要访问信息时，都需要特定的书面批准。

    C. 加强对信息的安全控制措施。

    D. 减少信息上的分类分级标签。

12. 管理层在数据分类分级时最应该考虑什么？

    A. 将访问数据的员工、承包商和客户类型

    B. 可用性、完整性和机密性

    C. 评估风险水平和禁用策略

    D. 用于保护数据的访问控制措施

13. 数据留存策略应满足以下哪些要求？

    A. 法律

    B. 监管

    C. 业务

    D. 以上所有内容

14. 数据留存策略未解决以下哪一项问题？

    A. 要保留哪些数据

    B. 为谁保留数据

    C. 数据保留多长时间

    D. 数据的保存位置

15. 以下哪项最能描述物理销毁流程？

    A. 将表示存储介质上数据的 1 和 0 替换为随机或 1 和 0 的固定模式

    B. 将表示数据的 1 和 0 转换为加密输出功能

    C. 去除或减少传统磁盘驱动器上的磁场模式或磁带

    D. 将存储介质暴露于腐蚀性化学品中，使其无法使用

16. 以下哪项最能描述消磁销毁流程？

    A. 将表示存储介质上数据的 1 和 0 替换为随机或 1 和 0 的固定模式

    B. 将表示数据的 1 和 0 转换为加密输出功能

    C. 去除或减少传统磁盘驱动器上的磁场模式或磁带

    D. 将存储介质暴露于腐蚀性化学品中，使其无法使用

17. 以下哪项最能描述通过覆写流程？

    A. 将表示存储介质上数据的 1 和 0 替换为随机或 1 和 0 的固定模式

    B. 将表示数据的 1 和 0 转换为加密输出功能

    C. 去除或减少传统磁盘驱动器上的磁场模式或磁带

    D. 将储存介质暴露于腐蚀性化学品中，使其无法使用

5.8 答案

1. C. 尽管存在各种数据生命周期模型，但这些模型都始于创建或采集数据并以最终处置(通常是销毁)结束。

2. B. 虽然通常情况下交易需要多个数据项，但与其他三个选项相比，这与数据一致性的相关性小很多。数据一致性很重要，因为组织经常会保存数据项的多个副本。

3. A. 这是一个典型的政府和军事组织的分类分级水平。每个其他选项至少有两个同义或几乎同义的术语。

4. A. 有许多对信息分类分级的标准，但最重要的是注重数据的价值或数据披露可能造成的损失。泄露的可能性、不相关的司法管辖权和成本考虑不应成为分类分级流程的核心。

5. C. 高级管理层始终对组织负有最终责任。

6. D. 密码术是可在数据生命周期的每个阶段实行的有效控制措施。在数据采集期间，加密哈希可证明其完整性。当敏感数据正在使用或归档时，加密可保护其免受未经授权的访问。最后，加密可成为销毁数据的有效手段。

7. D. 数据留存策略应是处理信息的主要原因。高级管理层和资源匮乏应该很少，如果有的话，成为处置数据的原因，而可接受的使用策略与此几乎没有关系。

8. C. 信息分类分级与信息的价值和/或风险密切相关。例如，作为企业成功关键的商业秘密非常有价值，这将导致更高的分类分级水平。可能严重损害公司声誉的信息具有很高的风险，并且同样在较高水平展开分类分级。

9. C. 数据所有方是负责特定业务部门的经理，最终负责保护和使用特定的信息子集。大多数情况下，此人对数据丢失不承担经济责任。

10. C. 公司可有一个特定的数据所有方，也可有不同的数据所有方，公司委派该数据所有方负责保护特定数据集。保护此信息的责任之一是对该信息正确分类分级。

11. C. 如果要将数据提供给广泛的人群，则应实施更精细的安全性，确保只有必要的人员才能访问数据，并且执行的操作受到控制。实现的安全性可采用身份验证和授权技术、加密和特定访问控制机制的形式。

12. B. 这个问题的最佳答案是 B，因为要对数据实行正确分类分级，数据所有方应评估数据的可用性、完整性和机密性要求。完成评估后，数据所有方将指示哪些员工、承包商和用户可访问，这些数据在答案 A 中表示。这项评估还将有助于确定应采取的控制措施。

13. D. 数据留存策略应遵循组织数据所在的任何司法管辖地的法律。数据留存策略必须同样符合任何法规要求。最后，策略必须满足组织的操作要求。

14. B. 数据留存策略应解决要保留哪些数据、保留位置、如何存储数据以及保留多长时间。该策略不关心"为谁"保留数据。

15. D. 物理销毁数据的两种最常见方法涉及粉碎存储介质或将其暴露在腐蚀性化学品中。在某些高度敏感的政府组织中，这些方法协同使用，使数据残留的风险可忽略不计。

16. C. 消磁通常是通过将磁性介质(如硬盘驱动器或磁带)暴露于强大的磁场中完成，用以改变物理上代表 1 和 0 的粒子的方向。

17. A. 数据残留可通过覆盖存储介质上的每个位缓解。这通常是通过编写所有 0，或所有 1，或其固定模式、随机序列实现的。通过多次重复不同模式的流程可获得更好的结果。

第6章

数据安全

本章介绍以下内容：
- 数据状态
- 数据安全控制措施
- 数据保护方法

> 数据是一种宝贵资产，其流传时间比信息系统更久远。
>
> ——Tim Berners-Lee

前一章中介绍了资产的基本情况，本章将着重介绍如何保护最宝贵的资产之一——"数据"。数据保护变得如此困难的一个原因是，数据几乎可在世界上的任何地方传播和存储。除非采取控制措施，数据内容几乎可存储在世界的任何地方，即使是家用电脑桌面上提醒用户喝点牛奶的虚拟便笺也能自动备份。当安全专家考虑其所在组织的 IT 系统中的数据时，也会出现同样的问题，而且 IT 系统中的数据会产生更严重的后果。

显然，安全专家们保护数据的方式取决于数据所在位置及针对数据正在执行的操作(或针对数据已完成的操作)。桌面上的便笺与在两个政府组织之间传输的机密消息具有不同的安全影响。决策的一部分涉及第 5 章中讨论的数据分类分级，但另一部分涉及数据状态：数据只是存放在某个位置、在某个位置之间移动，还是正在积极地投入处理。数据状态决定了随着时间的推移，哪些安全控制措施依旧有效。

6.1 数据安全控制措施

如第 5 章所述，每个分类分级应实现哪些类型的控制措施，取决于管理层和安全团队所确定的保护水平。本书将讨论众多可用的控制措施类型。但与敏感数据和应用程序相关的一些注意事项在大多数组织中都是类似的：

- 对所有级别的敏感数据和程序实施严格、精细的访问控制(Access Control)

- 存储和传输过程中的数据加密技术
- 持续审计和持续监测(确定需要什么级别的审计以及日志留存多长时间)
- 职责分离(确定访问敏感信息是否必须有两个或两个以上的人员参与,以防止欺诈活动;如果是,定义并记录程序)
- 定期审查(审查分类分级水平,以及与之相关的数据和应用程序,确保其仍然与业务需求保持一致;数据或应用程序可能还需要依据具体情况,重新分类分级或解除分类分级)
- 备份和恢复程序(定义和记录)
- 变更控制程序(定义和记录)
- 物理安全保护(定义和记录)
- 信息流通道(敏感数据驻留在哪里以及如何在网络中传输)
- 适当的处置措施,如粉碎、消磁等(定义和记录)
- 标志、标记和处理程序

显然,上面所列不是一个详尽无遗的清单。不过,当用户深入研究适用于组织的任何特定的合规性要求时,这应该是一个良好开端。请记住,构成充分数据保护的控制措施因司法管辖权而异。在合规性方面,请务必咨询法律顾问。

6.1.1 数据状态

安全专家选择使用哪些控制措施降低信息风险,不仅取决于为该信息赋予的价值,还取决于该信息的动态状态(State)。一般来说,数据处于以下三种状态之一:静止状态(At Rest)、移动状态(In Motion)或处理状态(In Use)。这些状态及相互关系如图 6-1 所示。

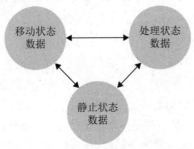

图 6-1 数据的状态

每个状态的风险差异很大,如下所述。

1. 静止状态数据

信息系统中的信息大部分时间都在等待处理。术语"静止状态数据(Data at Rest,DaR)"指驻留在外部或辅助存储设备,如硬盘驱动器(Hard Disk Drive,HDD)、固态驱动器(Solid State Drives,SSD)、光盘(CD/DVD)甚至磁带上的数据。在静止状态下保护数据的一个挑战是,数据容易受到那些试图通过用户的系统和网络访问数据的威胁行为方(Threat Actor)的攻击,而且数据对于任何可获得设备物理访问权限的人而言都是脆弱的。盗取笔记本电脑或移动设备导致的数据泄露(Data Breaches)并不罕见。事实上,2009 年 9 月,最大的个人健康信息(Personal Health Information,PHI)泄露事件之一发生在圣安东尼奥市。一名员工把包含大约 490 万患者的个人健康信息的备份磁带遗留在一辆无人看管的车上,一个小偷闯进车内并拿走数据。这种情况下,保护数据的解决方案既简单又无处不在:加密技术。

现在,每个主流的操作系统都提供了加密单个文件或整个卷的方法,对于用户而言几乎完全透明。第三方软件也可用于加密压缩文件或执行全磁盘加密。更重要的是,目前的处理器能力意味着使用加密保护数据的计算机的性能没有明显下降。遗憾的是,加密技术还不是任何主要操作系统的默认配置。然而,启用加密技术的过程非常简单。

现在,许多大中型组织都有策略,要求在信息系统存储信息时实施加密。虽然加密通常适用于个人身份信息(Personally Identifiable Information,PII)、受保护健康信息(Protected Health Information,PHI)或其他受监管的信息,但一些组织正在采取主动措施,要求在所有便携式计算设备(如便携式计算机和外部硬盘驱动器)上使用全磁盘加密技术。除了明显易于盗取的设备外,安全专家还应该考虑通常不认为是移动设备的计算机。加利福尼亚州萨特健康中心在 2011 年报告了另一个有关 PHI 的重大违规行为,当时,小偷砸碎一扇窗户,偷走一台笔记本电脑,电脑中包含超过 400 万名患者的未加密记录。安全专家应该下定决心加密存储在任何地方的所有数据,而现代技术使数据加密比以往任何时候都更容易。这种"到处加密(Encrypt Everywhere)"的方法降低了用户意外将敏感信息存储在未加密卷中的风险。

注意

NIST 特别出版物 800-111 "Guide to Storage Encryption Technologies for End User Devices"为这个主题提供了一个好方法,虽然有些过时(2007 年)。

2. 移动状态数据

移动状态数据(Data in Motion,DiM)是在网络(如 Internet)上的计算节点之间移动的数据。对于组织的数据而言,这或许是最危险的时间节点:数据离开组织所保护的领地,进入数字化蛮荒西部,即 Internet。不幸的是,加密技术再次面临挑战。对于移动状态数据(无论是否在受保护的网络内),最佳的保护方法是使用强加密技术,如传输层安全性(TLS v1.2 或更高版本)或 IPSec 提供的加密。第 8 章将讨论强加密和弱加密,但现在用户应该知道 TLS 和 IPSec 支持多个密码套件,其中一些不如其他密码套件强大。弱点通常是由确保向后兼容性的尝试引起的,会导致不必要(或可能是未知的)风险。

注意

术语"移动状态数据""传输状态数据"和"飞行状态数据"可互换使用。

总的来说,TLS 依赖于数字证书(在第 8 章中介绍)验证一个或两个终端的身份。通常,服务器使用证书,但客户端不使用。这种依赖于用户来检测潜在冒名顶替者的单向身份验证可能存在问题。通常称此漏洞为中间人(Man-in-the-middle，MitM)攻击。攻击方拦截从客户端到服务器的请求并模拟服务器，例如，伪装成 Facebook 服务器。攻击方向客户端呈现一个看起来完全像 Facebook 的虚假网页，并请求用户提供凭证(Credential)。一旦用户提供这些信息，攻击方就可将登录请求转发到 Facebook，然后继续通过安全连接在客户端和服务器之间相互转发信息，在这个过程中拦截所有流量。精明的客户端将通过 Web 浏览器报告的有关服务器证书的问题监测上述情况。但是，大多数用户仅单击此类警告，而不考虑后果。这种忽视警告的倾向强调了安全意识在保护信息和系统中的重要性。

保护移动状态数据的另一种方法是在关键节点之间采用可信通道。虚拟专用网络(Virtual Private Networks，VPN)经常用于在远程用户和企业资源之间提供安全连接。VPN 还用于安全地连接校园或物理距离较远的其他节点。因此，安全专家们创建的可信通道允许通过共享或不受信任的网络基础架构(Network Infrastructure)实现安全通信。

3. 处理状态数据

处理状态数据(Data in Use，DiU)是驻留在主存储设备中的数据。这些主存储设备包括易失性内存(如 RAM)、缓存或 CPU 寄存器等。通常，在进程使用数据时，数据会在主存储设备中保存很短一段时间。但请注意，某些情况下，存储在易失性内存中的任何数据都可能在易失性内存中持续很长时间(直到电源关闭)。关键是处理状态数据正在由计算机系统中的 CPU 或 ALU 访问，最终恢复为静止状态数据，或者删除。

如前所述，应该加密静止状态数据。挑战在于，在当今的大多数操作系统中，数据在使用前必须先解密。换句话说，处理状态数据通常不能通过加密技术保护。许多用户认为这是安全的，其想法是，"如果在静止状态和传输状态中，已经加密了数据，为什么还要考虑在 CPU 使用数据的短暂时间内保护数据？毕竟，如果有人能访问自己的易失性内存，还可能会遇到比保护这些数据更大的问题，对吗？"事实上，并非如此。

各种独立研究人员已经证明了针对多个进程共享的内存的有效侧信道攻击。侧信道攻击利用密码系统泄露的信息。

正如第 8 章所述，密码系统连接两个通道：明文通道和加密通道。一种侧信道是所有信息流，侧信道是信息流的电子副产品。作为这方面的例证，想象一下自己坐在一辆没有窗户的面包车的后座上，不知道要去往哪里，但可在面包车转弯或沿弯道行驶时感受到的离心力来大致推断路线；还可在爬山或下山时关注发动机噪音或耳鼓膜受到的压力。这些都是侧信道。同样，如果用户尝试恢复用于加密数据的密钥，则可注意 CPU 消耗了多少电量，或者其他进程从内存读取和写入需要多长时间。 研究人员已能采用这种方式从共享系统中恢复 2048 位密钥。

但威胁并不仅限于密码系统。2014 年臭名昭著的心脏出血(Heartbleed)安全漏洞展示了如果不检查用户请求的边界，将导致一个进程的信息暴露给运行在同一系统上的其他进程。在这个漏洞中，主要问题是与服务器通信的进程都可从服务器请求任意长度的"心跳(Heartbeat)"消息。心跳消息通常是短字符串，可让另一端知道终端节点仍存在并希望通信。这个程序库的研发团队从未想到有人会要求一个长度为数百个字符的字符串。但攻击方确实想到了这一点，也的确能访问密钥和属于其他用户的敏感数据。

2018 年曝光的 Meltdown(熔毁)、Spectre(幽灵党)和 BranchScope(分支范围)攻击表明，聪明的攻击方可利用大多数现代 CPU 的硬件特性。Meltdown 会影响 Intel 和 ARM 微处理器，其工作原理是利用内存映射发生的方式。由于缓存内存比主内存快得多，大多数现代 CPU 都包含在更快的缓存中保存常用数据的方法。另一方面，Spectre 和 BranchScope 利用了一种称为推测执行(Speculative Execution)的特性，这意味着根据当前可用的数据猜测未来的指令来提高进程的性能。这三种攻击都采用侧信道攻击(Side-channel Attack)来追踪处理状态数据。

那么，安全专家能保护处理状态数据吗？简短的回答是，不能，至少现在不能。但理想情况下，可在数据加载到 CPU 以及离开存储器的时候实施加密，从而保护处理状态的数据。这种方法意味着即使在内存中也会加密数据，但这是一种昂贵的方法，需要加密协同处理器(Co-processor)。如果组织使用的系统的安全性要求极高，但系统位于敌方攻击的位置，如自动取款机(Automated Teller Machines，ATM)和军事武器系统，则可能遇到这种情况。

一种有前景，且还没有完全步入黄金时段的方法，称为同态加密(Homomorphic Encryption)。同态加密是一系列加密算法，允许针对加密数据执行某些操作。想象一下，用户有一组采用同态加密保护的数字，并将该集合交给安全专家处理。然后，安全专家可对数字执行某些操作，如常见的加法和乘法运算，而不必解密所有数字。安全专家将加密的数字加在一起，并将总和发回给用户。解密时，用户会得到一个数字，该数字是加密前原始集的总和。安全专家们要使得这项技术更实用，还有很长的路要走。

6.1.2 安全标准

如第 1 章所述，安全标准(Standard)是组织内正式记录并实施的强制性活动、操作或规则。组织必须慎重选择资产安全标准，因为资产安全标准有着高昂的财务成本和机会成本。安全标准要求将数据分类分级方案与安全控制措施结合起来。因为安全专家已了解组织的数据和其他信息资产的相对价值，并清楚组织已经实施的诸多安全控制措施，因此，安全专家就如何保护数据资产做出符合成本效益的决策。汇总这些决策可形成组织的资产安全保护标准。

确定保护信息资产的标准时，最重要的是平衡信息资产价值与保护成本的矛盾。资产清单(Asset Inventory)和分类分级标准(Classification Standard)将帮助组织选择合适的、正确的安全控制措施。

范围界定和剪裁

选择对于安全专家所在组织而言有意义的标准的一种方法是调整现有标准(可能属于另一个组织)并使之适应特定情况。范围界定(Scoping)是采用更广泛的标准并修剪掉不相关或其他不需要部分的流程。例如，假设安全专家所在公司由另一家公司收购，并且该公司要求根据母公司使用的标准重写所在公司的一些标准。安全专家所在公司不允许员工携带自己的设备上下班，但该标准与母公司相关标准相冲突。安全专家可从标准中删除这些部分，并将范围缩小到适用的大小。另一方面，定制(Tailoring)指安全专家更改特定条款，以便更好地满足要求。假设安全专家所在的新母公司采用特定的解决方案完成集中式备份管理，该解决方案与其公司一直使用的解决方案不同。当安全专家为了平台而调整部分标准时，就是在根据需求予以定制。

6.2 数据保护措施

数据以多种形式存在并存储在多种地理位置。即使是移动状态数据和处理状态数据也可临时存储或缓存在用户整个系统中的设备上。鉴于典型企业中丰富的数据，用户必须将数据保护范围缩小到真正重要的数据。数字资产以数字形式存在，对于组织而言具有内在价值，并且应该以某种方式限制访问。由于这些资产是数字化的，用户还必须关注资产依赖的存储介质。这些资产和存储介质需要各种控制措施，以确保数据得到适当保留，并确保其完整性、机密性和可用性不受影响。为便于讨论，"存储介质"可包括电子(磁盘、光盘、磁带和闪存设备，如 USB "U 盘"等)和非电子形式(纸质)的信息。

与数字资产相关的操作控制措施有多种风格。第一种是防止未经授权的访问(保护机密性)的控制措施；像往常一样，这些控制措施可以是物理性的、管理性的和技术性的。如果要正确保护公司的备份磁带免受未经授权的访问，则必须存储在只有授权人员才能访问的位置，该位置可能是锁定的服务器机房或异地设施。如果需要保护存储介质免受环境问题(例如，湿度、热、冷、火和自然灾害)的影响(以保持可用性)，则应将介质保存在受管制环境的防火保险箱中或控制环境的异地设施中，以使数据处理组件可供使用。

组织可能有一个数字资产库，由管理员负责保护数字资产。如果是这样，本章中描述的保护介质的机密性、完整性和可用性的大部分或全部责任都落在管理员的肩上。用户可能需要从库中签出特定资源，而不是让任何人都可随时访问这些资源。当库中包含许可软件时，这种情况很常见。数字资产库提供了资产使用的账单(审计日志)，有助于证明组织在遵守许可协议和保护包含这些类型数据资料库中的机密信息(如 PII、财务/信用卡信息和 PHI)方面履行了职责。

存储介质应明确标志和记录，以验证其完整性，并在不再需要时正确擦除数据。完成大量投资以保护网络及其组件后，一个常见错误是更换旧计算机(包括硬盘驱动器和其他磁性存储介质)，并将过时的设备连同组织刚花费大量时间和金钱保护的所有数据一起从后门运出。这使得有关过时设备和介质的信息面临泄露的风险，并违反了组织的法律、法规和道德义务。因此，需要安全覆写算法，参见图 6-2。每当无法清洗或清除包含高度敏感信息的存储介质时，必须实行物理销毁。

当擦除存储介质(清除其内容物)时，称为数据擦除(Sanitize)。在军事/政府机密系统术语中意味着擦除信息，因此使用常规操作系统命令或市售的取证/数据恢复软件不容易检索到信息。当存储介质将在同一物理环境中由具有相同访问级别的人员出于相同目的(在分隔信息安全的同一隔离区中)重复使用时，擦除是可以接受的。

并非所有数据清洗(Data Clear)/数据清除(Data Purge)方法都适用于所有存储介质。例如，光学介质不易消磁，且在覆写固态设备时可能无效。绝不能低估或随意猜测有足够动机和能力的敌对方恢复信息的能力。对于最珍贵的数字资产，以及受政府或军事分类分级规则监管的所有数据，请阅读并遵守相关规则和标准。

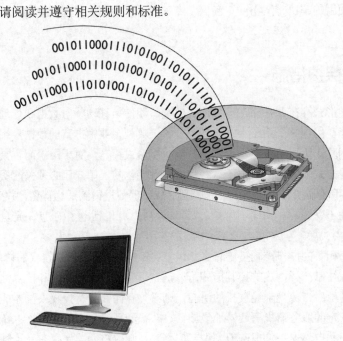

图 6-2　覆写存储介质以保护敏感数据

决定数据擦除的必要方法(和成本)的指导原则是：确保敌人恢复数据的成本超过数据的价值。"搞垮公司"(或"搞垮国家")信息的价值如此之高，以至于存储设备的销毁(既涉及销毁成本，也涉及完全丧失存储介质的所有潜在可重用价值)是合理的。对于大多数其他类别的信息，多次或简单的覆写就足够了。每个组织都必须评估数字资产的价值，然后选择适当的擦除/处置方法。

第 5 章讨论了安全清洗、清除和销毁电子介质的方法。其他形式的信息，如纸张、缩微胶卷和缩微胶片，也需要安全处理。"垃圾箱潜水(Dumpster Diving)"是在家庭和企业中找到有价值的信息，而这些信息只是简单地扔掉，没有首先通过粉碎或燃烧安全地销毁。

原子和数据

消磁设备会产生强磁场，将存储介质的磁感应强度降到零。这种强磁力擦除了介质上的数据，磁性介质以原子极化的方式保存数据。消磁(Degauss)通过使用一个强磁体改变这种极性，使极性恢复到最初的磁感应(磁性对准，Magnetic Alignment)。

6.2.1　数字资产管理

数字资产管理(Digital Asset Management)是组织确保其数字资产得到正确存储、良好保护且易于授权用户访问的流程。虽然具体的实现各不相同，但通常涉及以下任务：

- **跟踪每个数字资产在特定时刻由谁保管(审计日志记录)**。这将创建与审计日志记录活动相同的审计跟踪类型,允许调查确定信息在特定时间的位置,拥有方是谁,使用者为什么访问特别敏感的信息。这能帮助调查人员在怀疑或已知发生违规行为时,将工作重点放在特定的人员、地点和时间上。

- **有效实施访问控制措施**。将可访问特定资产的人员限制为仅由所有方定义的人员,并根据数字资产的分类分级执行适当的安全措施。某些类型的介质,由于其灵敏度和存储介质而需要特殊处理。例如,政府机密信息可能要求资产只能在配备警卫的情况下从库或常见存储场所内移走,即使这样也不得从建筑物中移走。访问控制措施将包括物理的(锁定的门、抽屉、橱柜和保险箱)、技术的(检索库中信息内容的任何自动化系统的访问和授权控制)和管理的(谁应该对每条信息做什么的实际规则)。最后,数字介质可能需要改变格式,就像将电子数据打印到纸张一样。无论采用何种格式,仍然需要在必要的水平上实行保护。程序应包括如何继续提供适当保护。例如,需要邮寄的敏感材料应装在可密封的内部信封中,且只能通过指定的服务发送。

- **跟踪备份版本的数量和位置(现场和非现场)**。这是为了确保在信息达到生命周期终点时正确处置信息,在审计期间考虑信息的位置和可访问性,以及在信息的主要来源丢失或损坏时查找信息的备份副本。

- **记录更改历史**。例如,当保存在库中的应用程序的特定版本视为过时的时候,应记录此事实,以免使用该应用程序的过时版本(除非需要该特定的过时版本)。即使实际资产不再需要留存,以前存在的记录以及删除的时间和方式也有助于证明做了尽职调查。

- **确保环境条件不会危及存储介质**。如果将数字资产存储在本地存储介质上,则每种介质类型都容易受到一个或多个环境影响而受损。例如,所有类型都易受火灾影响,大多数都易受液体、烟雾和灰尘的影响。磁性存储介质容易受到强磁场的影响。磁性和光学介质容易受到温度和湿度变化的影响。应建立介质库和存储参考资料副本的任何其他空间,以便所有类型的介质都保留在其环境参数范围内,且应监测环境以确保条件不会超出该参数的范围。当应存储大量信息并开展物理/环境保护时,介质库效益显著,这样环境控制和介质管理的高成本就能集中在少数物理位置,且成本分散在库中存储的大量项目上。

- **清点数字资产**。检测是否有任何资产丢失或更改不当。可通过尽早检测此类违规行为来减少违反其他保护责任可能造成的损害;这也是数字资产管理生命周期的必要部分,通过该生命周期可验证控制措施是否足够。

- **开展安全废弃活动**。废弃活动通常从信息不再有价值并成为负担的那一刻开始。安全废弃介质/信息会显著增加介质管理成本。一定比例的信息在使用结束时应安全擦除,以显著降低组织的长期运营成本。同样,需要了解如何安全地废弃某些信息,以减少这样的可能性:由于未恰当地处理这些信息,存在数据安全漏洞,丢弃的存储设备被他人获得后,他人公开羞辱或勒索组织。在做出这些决定时,企业应考虑信息对企业有用的生命周期、法律和监管限制,以及留存和归档的要求。如果法律或法规要求信息的保存时间超过其对业务的正常使用寿命,那么处置可能涉及归档——将信息从现有库稳定(可能更昂贵)的可访问性转移到具有较低存储成本的、长期的、稳定的、可检索的格式。

- **内部和外部标记**。如图6-3所示，库中每件资产的内部和外部标记应包括：
  - ◆ 创建日期
  - ◆ 留存期
  - ◆ 分类分级水平
  - ◆ 创建者
  - ◆ 销毁日期
  - ◆ 名称和版本

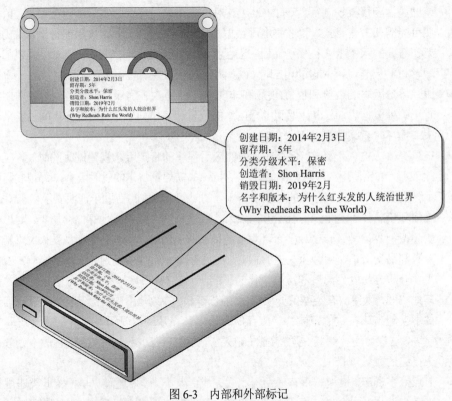

创建日期：2014年2月3日
留存期：5年
分类分级水平：保密
创造者：Shon Harris
销毁日期：2019年2月
名字和版本：为什么红头发的人统治世界
(Why Redheads Rule the World)

图6-3 内部和外部标记

6.2.2 数字版权管理

那么，当数字资产离开安全专家的组织时该如何保护呢？例如，如果用户与客户共享敏感文件或软件系统，如何确保只有授权用户才能访问？数字版权管理(Digital Rights Management，DRM)是一组技术，用于控制对受版权保护的数据的访问。技术本身并不需要专门为此目的研发。正是对技术的使用而不是设计令其成为 DRM。事实上，目前使用的多种 DRM 技术都是标准的加密技术。例如，当用户购买 Office 365 的软件即服务(Software as a Service，SaaS)许可证时，Microsoft 使用标准用户身份验证和自动技术确保用户仅安装和运行允许数量的软件副本。如果在安装过程中(以及之后)定期开展这些检查,大多数功能将在一段时间后停止工作。此方法的一个潜在问题是终端用户设备可能没有连接至 Internet。

不需要连接至 Internet 的 DRM 方法是使用产品密钥。安装应用程序时基于专有算法检查用户输入的密钥;如果匹配,则激活安装。有人将该方法等同于对称密钥加密(Symmetric Key Encryption),但实际上,采用的算法并不总是符合加密标准。由于用户可访问算法的密钥和可执行代码,因此可通过一些努力对代码开展逆向工程。这可能允许恶意用户研发产品密钥生成器,以有效地绕过 DRM。消除此威胁的常见方法是要求一次性联机激活密钥。

DRM 技术还用于保护文档。Adobe、Amazon 和 Apple 都有方法限制用户下载和阅读的电子书(E-book)的副本数量。DRM 的另一种方法是使用数字水印,将水印嵌入文件中,可记录文件所有方、受许可人(用户)和购买日期等详细信息。虽然水印不会阻止某人非法复制和分发文件,但可帮助所有方跟踪、识别和起诉肇事者。实现水印的示例技术称为隐写术(Steganography)。

隐写术

隐写术是一种将数据隐藏在另一种介质类型中的方法,因此数据的存在是隐藏的。常见步骤如图 6-4 所示。只有发送方和接收方才能看到消息,因为数据秘密隐藏在图形、音频文件、文档或其他类型的介质中。消息通常只是隐藏的,不一定是加密的。加密消息可能引起他人注意,因为加密会告诉坏人:"这是敏感的东西"。如果将相同的秘密信息嵌入祖母照片中,则隐藏在其中的信息不会引起注意。隐写术是一种通过模糊性获得安全保障的现象。

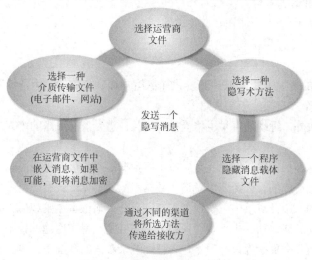

图 6-4　隐写术的主要组成部分

隐写术包括将信息隐藏在计算机文件中。在数字隐写术中,电子通信可包括文档文件、图像文件、程序或协议内部的隐写编码。介质文件体积大,是隐写术传输的理想选择。举个简单的示例,发件人可能从一个无害的图像文件开始,调整每 100 个像素的颜色,对应于字母表中的一个字母,这种变化如此微妙,以至于不是具体寻找该图像文件的人不太可能注意到。看一下隐写术涉及的组件：

- **载波(Carrier)** 一种保护隐藏信息(有效负载)的信号、数据流或文件
- **Stego Medium** 隐藏信息的介质
- **有效负载(Payload)** 要隐藏和传输的信息

将消息嵌入某些类型的介质中的一种方法是使用最低有效位(Least Significant Bit，LSB)。许多类型的文件都有一些可修改的位，修改不会影响所在的文件。这是可隐藏秘密数据的地方，不必以可见的方式更改文件。在 LSB 方法中，具有高分辨率的图形或具有多种不同类型声音(高比特率)的音频文件对于隐藏信息最成功。通常没有明显的失真，并且文件增加的大小一般无法检测。24 比特的位图文件将有 8 比特代表颜色值，分别是红色、绿色和蓝色。这 8 比特位于每个像素内。如果只考虑蓝色，就会有 28 个不同的蓝色值。11111111 和 11111110 在蓝色强度值上的差异很可能是人眼无法察觉的。因此，最低有效位可用于颜色信息以外的其他内容。数字图形只是一个显示不同颜色和光强的文件。文件越大，可修改的位就越多，越不会引起太多的注意或失真。

6.2.3 数据防泄露

除非使用安全控制措施保护组织的数据，否则只能期盼数据不会落入坏人之手。事实上，即使实施了所有正确的安全防护措施，出现安全问题的风险也永远不会消除。组织发生泄露个人信息的事故可能造成巨大的经济损失，通常包括：

- 事故调查和问题补救
- 联系受影响的个人，通知其有关事件
- 执法机构的处罚和罚金
- 合同义务
- 风险缓解的费用(例如，向受影响的个人客户提供免费的信用持续监测服务)
- 对受影响个人直接给予损害赔偿

除了经济损失外，组织的声誉也将受损。而且，遭受信息泄露的个人也面临身份盗用的风险。

安全意识淡薄和员工缺乏纪律性是导致组织数据泄露的最常见原因，绝大部分数据泄露都是因为疏忽大意造成的。因疏忽大意造成数据泄露的常见形式有：将数据由公司的安全系统转移到不安全的家用计算机中以实现员工在家办公；笔记本电脑或磁带在出租车、机场安检处或包装箱内遗失或失窃。由于疏忽使用了不适合某一特定用途的技术，也会发生数据泄露，例如，在没有安全地确保该介质不包含任何剩余数据的情况下，重新分配了包含一个或多个对象的介质(如页面、磁盘扇区和磁带)，用于不相关的目的。

简单地指责员工对信息的不当使用，导致信息处于风险之中，继而导致信息泄露，这种做法并不合理。员工需要完成本职工作，对于工作的理解几乎完全基于雇主提供的信息。管理层并不仅限于主要通过"职责描述(Job Description)"向员工说明工作内容。相反，应在每天及每年发送给员工的工作反馈中提供这些信息。如果组织在发给员工的例行通知中以及反

复开展的培训、业绩考核以及工资/奖金发放过程中没有明确体现出安全意识的重要性，员工就不会把安全当作其工作的一部分。

由于环境变得日益复杂，在环境中经常使用的介质类型日益增多，需要通过与员工开展更多的交流和培训确保环境得到良好保护。此外，除了政府和军事环境外，组织策略(甚至是安全意识宣贯培训)并不能阻止员工充分利用最新的消费设备和技术，包括那些尚未集成到企业环境的技术以及那些没有针对企业环境或企业信息加以适当保护的技术。公司应及时了解新的消费设备和技术以及员工希望如何在企业环境使用这些新的消费设备和技术。一味拒绝并不能阻止员工使用智能手机、U 盘或电子邮件将公司数据发送到家庭电子邮箱，以便在离开办公室后继续处理数据。公司应通过技术性安全控制措施(如锁定计算机)检测或防止此类行为。阻止在非公司的存储设备(如 U 盘)上写入敏感信息，以及阻止通过电子邮件将敏感信息发送到未经许可的电子邮箱。

数据防泄露(Data Leak Prevention，DLP)是组织为防止未授权的外部访问敏感数据而采取的安全控制措施。该定义有一些关键术语。首先，应定义敏感数据，其含义在本章前面已有较多讨论。安全专家们无法将每个数据安全地锁定在组织的系统内，因此应该将注意力、精力和资金集中在真正重要的数据上。其次，数据防泄露牵涉外部各方。例如，会计部门的某个人获得内部研发数据的访问权，从技术角度看，这不是数据泄露。获取访问组织敏感数据的第三方都必须经过授权。如果以前的业务合作伙伴在拥有授权时获取了组织的敏感数据，这也不是数据泄露。虽然这种对语义的强调似乎有些过分，但适当地处理组织面临的巨大威胁是必要的。

考试提示

大多数安全专家都会混淆数据丢失(Data Loss)和数据泄露(Data Leak)的概念。然而，从技术角度看，数据丢失意味着组织不知道数据的位置(例如，笔记本电脑失窃之后)，而数据泄露意味着数据的机密性受到损害(例如，盗窃笔记本电脑的小偷通过 Internet 发布了组织的数据)。

数据防泄露面临的真正挑战在于组织对于数据泄露事件的整体看法，该理念应涵盖组织的员工、流程和信息。使用数据防泄露的一个常见错误是，组织认为数据防泄露仅是一项技术工作。如果组织只是购买或研发一套数据防泄露的最新技术，组织的数据仍面临泄露风险。另一方面，如果组织能认识到 DLP 是一项长期的运营计划(Program)而不是一个一次性短期项目(Project)，并且对于业务流程、方针策略、组织文化和人员安全给予应有的关注，组织就有了一个良性机制降低数据泄露的风险。最终，就像有关信息系统安全的其他领域工作一样，组织和安全专家必须承认，尽管组织付出了最大努力，但仍会遇到问题。组织所能做的就是坚持下去，尽量减少问题的出现频率和严重程度。

1. 通用数据防泄漏实施方案

实际上，对于数据防泄露并没有一劳永逸的通用方案，但有一些可靠的原则可供参考。一个重要原则是将数据防泄露与组织的风险管理流程结合，使组织能平衡所面临的全部风险，这是一个可同时减轻多个风险领域的控制措施，不仅有助于充分利用组织的资源，还可帮助组织避免只考虑单一方面的因素，而忽视其他方面的影响。接下来将介绍实施数据防泄露方法时的关键因素。

数据资产清单(Data Inventory) 防御一个未知的目标是困难的，同样，组织很难防止其不知道的或敏感性未知的数据泄露。一些组织试图保护所有数据免遭泄露，但这并非正确之举。在实施数据防泄露的初期，获取保护全部数据所需的资源可能对大多数组织而言成本过于高昂。即使组织能承担这种水平的保护成本，在检查组织系统中的每一项数据时，也可能侵犯员工和/或客户的个人隐私。

一个有效的方法是在查看 DLP 解决方案之前查找组织中的所有数据并对其执行特征描述。这项任务刚开始看起来很艰巨，但有助于确定事情的优先级。用户可首先确定什么是组织最重要的数据类型。这些资产的破坏可能导致直接的财务损失，或使竞争对手在行业中占据优势。是医疗记录、财务记录、产品设计还是军事计划？弄清楚这一点后，用户可开始在服务器、工作站、移动设备、云计算平台以及其他可能的任何地方查找相应的数据。请记住，数据可以各种格式(例如，数据库管理系统记录或文件)和介质(例如，硬盘驱动器或备份磁带)存在。如果用户是第一次执行上述方法，可能会对发现敏感数据的地方感到惊讶。

一旦掌握高价值数据及其所在位置，安全专家就可逐步扩大梳理范围，继续梳理价值较低但敏感的数据。例如，如果组织拥有下一代无线电的关键设计数据，那么可能需要实施一些安全策略，保护组织的设计信息(IPR 类)免于泄露。例如，如果组织有专利申请、联邦通信委员会(FCC)的许可申请以及与电子元件供应商签订的合同，那么即使攻击方没有直接访问组织的专利设计，也可通过这些数据分析出组织的设计。这就是为什么 Apple 公司在推出新型号 Apple 手机前的保密如此困难。通常，很少有组织可降低这种风险，但有些组织为了迷惑攻击方，隐藏自己的真实意图，甚至申请了不打算使用的专利。显然，正如任何其他安全决策一样，这些决策的成本应与组织试图保护的信息价值相当。随着组织不断扩大范围，组织的收益将递减，这种情况下，组织保护数据的成本可能超过数据的实际价值。

注意
第 7 章将介绍攻击方通过汇总(聚合，Aggregation)公开信息并使用这些信息获取(推测，Inference)他人隐私信息的威胁。

一旦用户列出敏感数据，下一步就是描述该敏感数据。本章的前面部分讨论了信息的分类分级，所以用户应该知道所有关于数据标签的内容。这种角色塑造的另一个要素是所有权。谁拥有一组特定的数据？此外，谁应该有权阅读或修改这些数据？取决于用户的组织，用户的数据可能具有对 DLP 工作非常重要的其他特征，例如，哪些数据受管理，以及数据留存的周期。

数据流(Data Flow) 对大部分人而言，存储的数据通常用处不大。大部分数据将根据特定的业务流程通过特定的网络路径传输。理解业务和 IT 接口的数据流分布，对于实施数据防泄露至关重要。许多组织认为网络边界更容易发生数据泄露，所以将 DLP 传感器放在网络边界。但如果网络边界成为放置这些传感器的唯一位置，则可能无法检测或阻止大量数据泄露事件。此外，正如下面的"网络数据防泄露"小节将介绍的那样，攻击方可轻松绕过放在网络边界的传感器。

更好的方法是使用各种传感器适应特定的数据流。假设组织有一个软件研发团队，该团队定期将完成的代码传递给 QA(质量保证)团队测试。组织将代码定义为敏感数据，QA 团队有权阅读(并可能修改)代码。但 QA 团队无权访问正在研发的代码或历史项目的代码。如果攻击方破坏 QA 团队成员使用的计算机，并试图访问不同项目的源代码，则未包括该业务流程的数据防泄露方案将无法检测到这种风险。攻击方可重新打包数据，绕过组织部署在边界的监测器并成功提取数据。

数据保护战略(Data Protection Strategy) 刚才描述的示例强调了全面的、基于风险的数据保护战略的必要性。组织在多大程度上减少这些出口取决于组织对其风险的评估。显然，随着组织对越来越多的数据项开展审查，成本将不成比例地增长。安全专家不太可能一直盯住所有事情，那该怎么办？

一旦组织有了数据资产清单并掌握了组织的数据流，就有足够的信息完成风险评估。回顾一下，第 2 章详细描述过评估流程。其中的关键是将数据丢失纳入该流程。因为安全专家无法保证组织能成功抵御所有攻击，所以应假设有时攻击方会进入组织网络。组织的数据保护战略不仅要涵盖阻止攻击方的方法，还应描述组织如何保护数据免受已经存在的威胁载体影响。在制定数据保护策略时，以下是需要考虑的一些关键领域。

- **备份和恢复(Backup and Recovery)** 虽然组织一直更多地关注数据泄露事件，但也应考虑采取控制措施，防止因电器故障或人为故障造成的数据丢失事件。安全专家在处理这个问题时，还需要考虑这样一种风险：当组织将注意力集中在防止主数据存储的数据泄露风险，攻击方可能已将注意力集中在窃取备份数据上。

- **数据生命周期(Data Life Cycle)** 大多数安全专家都可直观地理解数据生命周期各阶段的安全问题。但当数据从一个阶段过渡到另一个阶段时，组织往往忽略了对转化过程的保护。例如，如果组织使用非现场数据归档，安全专家如何确保数据在传输时的安全？

- **物理安全(Physical Security)** 虽然 IT 部门提供了大量工具和资源协助安全团队保护数据，但组织还应考虑当攻击方在非安全区域窃取硬盘的场景，就像 2015 年 8 月在美国 Virginia 州 Norfolk 市 Sentara 心脏病医院所发生的泄密事件。

- **安全文化(Security Culture)** 如果组织的信息系统用户受到适当的宣贯培训和激励，就可成为一项强有力的"控制措施"。组织通过在内部宣贯安全文化，不仅可降低用户点击恶意链接和打开附件的发生率，还可将用户转变为"安全传感器"，识别安全团队无法检测的风险隐患。

- **隐私(Privacy)** 每一项数据保护策略都应慎重权衡数据持续监测的需求和保护用户隐私的监管要求。如果组织允许用户在非工作时间查看私人电子邮件或在休息时段访问社交媒体网站，系统会悄无声息地持续监测私人通信吗？

- **组织变革(Organizational Change)** 许多大型组织都是通过兼并和收购发展起来的。当发生这些变化时，组织应确保所有相关的数据保护方法是一致且充分的。否则，变更后组织的整体安全状况将有别于其他成员。

实施、测试和调优(Implementation, Testing, and Tuning)　本节到目前为止讨论的数据防泄露流程涉及的所有元素(即数据资产清单、数据流和数据保护战略等)都是行政(管理)性的组件。最后讨论大多数安全专家都熟悉的数据防泄露组件:部署和运行工具集。到目前为止,本节的讨论顺序是经过深思熟虑的,因为技术部分需要安全专家了解整个流程中涉及的各个要素。许多组织在所谓的解决方案上浪费了大笔资金,虽然这些方案很有名且备受推崇,但未必适合组织所处的特定环境。

假设组织已经完成了行政管理方面的措施,且对真实的数据防泄露需求有了充分的理解,那么组织可基于自己的标准评估产品,而不是简单抄袭其他同类组织的标准。以下是大多数组织在制定数据防泄露方案并比较同类竞争产品时希望考虑的事项:

- **敏感数据意识(Sensitive Data Awareness)**　不同工具将使用不同方法分析文档内容的敏感性以及文档内容的使用环境。一般来说,产品提供的分析深度和技术范围越广越好。查找和跟踪敏感数据的典型方法包括关键字、正则表达式、标签和统计方法。

- **策略引擎(Policy Engine)**　策略是任何数据防泄露方案的核心。遗憾的是,并非所有策略引擎都是平等的。有些策略允许极细粒度的控制措施,但需要使用难以理解的方法定义这些策略。而其他方案虽然能力欠佳,但易于理解。每个组织的环境各异,所以没有通用的正确答案,只有最适合组织实际情况的"最佳"答案,因此,每个组织都会以不同方式衡量一组方案的策略有效性。

- **互操作性(Interoperability)**　数据防泄露工具应很好地与现有基础架构整合,这就是大多数供应商向组织保证其产品可互操作的原因。诀窍就是安全专家应清楚且明确地知晓集成的方法。有些产品在技术上具有互操作性,但在实践中需要付出很多努力才能实现与现有平台的集成,因此这些产品变得不可行。

- **准确性(Accuracy)**　最终,数据防泄露方案会避免组织的数据落入未经授权的实体手中。因此,正确的方案是准确识别和预防导致敏感数据泄露的事故。评估此标准的最佳方法是在模拟组织实际情况的环境中测试候选方案。

一旦组织选定了数据防泄露方案,接下来的任务就是集成、测试和调优。显然,组织希望确保上线使用的新工具不会破坏组织任何原有的系统或流程,但测试需要涵盖的范围远不止于此。测试任何数据防泄露时最关键的因素是验证 DLP 是否只允许授权的数据处理,并确保 DLP 可防止未经授权的数据处理。

如果组织已经梳理了数据和授权流程,那么验证授权流程是否不受 DLP 解决方案的阻碍就很简单了。特别是数据流将告诉组织应该如何测试。例如,如果组织有一个从软件研发团队到 QA 团队的源代码数据流,那么组织应该测试一下新的数据防泄露工具是否允许上述情况发生。组织可能没有足够的资源详尽测试所有流程,这意味着组织应该根据数据对组织的重要程度确定优先级并完成排序。只要时间允许,组织总可在发布给用户使用之前测试剩余的不太常见或不太关键的流程(在组织的用户测试之前)。

测试的第二个关键要素是数据防泄露方案可阻断未经授权的数据流量,这需要做更多工作,也需要更大的创造力。从本质上讲,组织尝试想象威胁因素可能会导致数据泄露的方式。

记录这些类型活动的工具称为误用案例(Misuse Case)。误用案例描述了威胁源及其想要在系统上执行的任务。误用案例与用例相关，系统分析员使用这些案例记录授权人员想要在系统上执行的任务。通过编制误用案例清单，组织可记录哪类数据泄露的可能性最高、最危险或者两者兼而有之。就像组织在测试授权流程时所做的那样，组织可优先考虑在资源受限的情况下首先测试哪些误用案例。在组织测试这些潜在的误用场景时，确保数据防泄露系统满足需求并以预期的方式运行。也就是说，DLP可阻断数据泄露而不仅是报警。令一些组织感到震惊的是，组织使用的数据防泄露方案已提醒组织发生了数据泄露事件，但组织依然没有采取任何控制措施阻止数据继续泄露，从而使攻击方轻松地获取数据。

注意

本书将在第18章详细讨论误用的问题。

最后，安全专家应牢记：一切都在变化。如果组织不持续维护和优化方案，那么这个方案在不久的将来可能失效。除了工具本身的功效外，组织也要随着人员、产品和服务的变化而调整方案。随之而来的文化和环境变化也将改变组织的数据防泄露方案的有效性。显然，如果组织没有意识到用户正在安装恶意接入点，使用不受限制的移动存储设备或单击恶意链接，那么攻击方绕过组织昂贵的数据防泄露方案只是时间问题。

2. 网络数据防泄露

网络数据防泄露(Network DLP，NDLP)将数据保护策略用于移动状态的数据。NDLP产品通常部署在组织的网络边界，还可部署在内部子网的边界，并可作为模块部署在模块化的安全设备中。图6-5展示了如何在网络外围的单个设备上部署NDLP方案，并与DLP策略服务器通信。

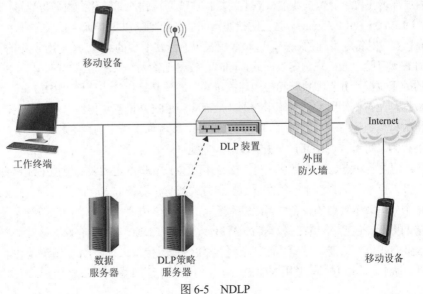

图6-5 NDLP

数据防泄露的韧性

韧性(Resiliency)是指在短时间内应对挑战、损害和危机并恢复正常或接近于正常状态的能力。韧性通常是安全架构的重要因素，在数据防泄露方案中也是一样需要考虑的。假设组织信息系统已发生数据泄露事件(但组织并未检测到)；攻击方接下来会做什么，以及组织应该如何检测并处理？令人遗憾的是，几乎大多数组织都遭受过攻击或已发生了数据泄露事件。一个关键区别是，那些在攻击中相对毫发无损的组织，和那些遭受巨大伤害的组织，在有争议的环境中维持运营的态度。如果一个组织的整体安全策略目标是让攻击方远离网络，那么当攻击方成功入侵时，组织可能灾难性地全面失败。另一方面，如果战略建立在韧性概念的基础上，并考虑到关键业务持续性，即使攻击方进入其网络，带来的故障和破坏性也较小，业务恢复速度可能会快很多。

在实际中，NDLP 设备的高成本导致大多数组织将其部署在流量进出点而不是整个网络中，因此 NDLP 设备无法检测未安装设备的网段。例如，假设攻击方能连接到无线接入点并对未受 NDLP 工具保护的子网开展未经授权的访问。假设攻击方正在连接到 WAP 设备。虽然这似乎是一个明显错误，但许多组织在规划数据防泄露方案时未能考虑无线网络。或者，恶意的内部人员可将工作站直接连接到移动存储设备或外部存储设备，复制敏感数据，再将工作站从完全未检测到的场所中移除。

NDLP 方案的主要缺点是无法保护不在组织网络上的设备上的数据。移动设备用户面临的风险最大，因为移动设备用户一旦离开办公场所就很容易受到攻击。由于组织预计未来移动用户的数量将继续增加，这对于 NDLP 而言将是一项持久挑战。

3. 终端数据防泄露

终端数据防泄露(Endpoint DLP，EDLP)将保护策略用于静止状态数据和处理状态数据。EDLP 通过部署在每个受保护终端节点上的软件实现。该软件通常称为数据防泄露代理(DLP Agent)，DLP 代理(DLP Agent)与数据防泄露策略服务器通信以更新策略并报告事件。

EDLP 实现对特定目标的保护，这通常是 NDLP 无法实现的。因为在创建数据时，EDLP 就可及时发现风险。当用户与客户面谈，同时在设备上输入个人身份信息时，EDLP 代理会检测新的敏感数据，并立即执行相应的保护策略。即使是静止状态数据，EDLP 也会在设备上加密数据，在需要使用数据时解密数据，从而实现 EDLP 检查和持续监测。最后，如果用户尝试将数据复制到非联网设备(如移动存储设备)，或者如果未正确删除数据，EDLP 将发现这些违规行为。可看到，NDLP 无法实现这些功能。

EDLP 的主要缺点是过于复杂。与 NDLP 相比，EDLP 方案需要在组织中配置更多接入点，每个接入点都可能具有唯一的配置、执行方式或身份验证方式。此外，由于必须将代理部署到每个处理敏感数据的设备，因此成本远高于 NDLP 方案。另一个问题是要确保所有代理都能定期更新，包括软件补丁和策略。最后，由于纯 EDLP 方案没有保护移动状态数据的策略，因此攻击方可规避这些策略(如通过恶意软件禁用代理来规避)并使组织无法察觉数据泄露事件。通常，攻击方很难禁用 NDLP，因为 NDLP 往往部署在攻击方无法访问的设备中。

图 6-6 展示了 EDLP。

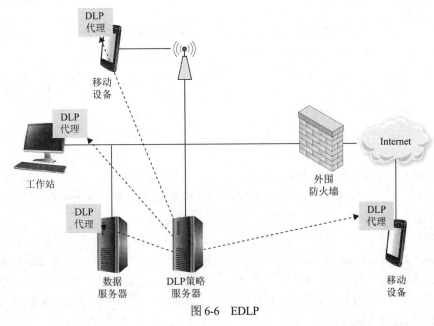

图 6-6　EDLP

4. 混合数据防泄露

另一种数据防泄露方案是在整个企业中同时部署 NDLP 和 EDLP 方案。显然，这是成本最高且最复杂的方案。但对于能负担得起的组织而言，混合 DLP 提供了最佳的风险控制措施。图 6-7 展示了混合 NDLP/EDLP 的部署情况。

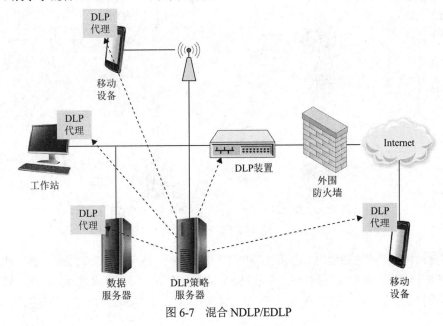

图 6-7　混合 NDLP/EDLP

6.2.4 云访问安全代理

到目前为止,所描述的 DLP 方法在具有明确定义的边界的传统网络环境中效果最好(或可能只是有效)。但是,使用云服务(尤其是员工可从自己的设备访问的服务)的组织该怎么办?无论在云中发生什么,通常都无法由组织看到(或控制)。云访问安全代理(Cloud Access Security Broker,CASB)是为云服务提供可见性和安全控制措施的系统。CASB 监测用户在云中的操作,并采取适用于该活动的策略和控制措施。

例如,假设医疗保健组织的护士在接待新患者时使用 Microsoft 365 做笔记。该文档创建并仅存在于云中,且明显包含必须受 HIPAA 保护的敏感医疗保健信息。如果没有 CASB 解决方案,组织将完全依赖于护士是否做正确的事情,包括确保数据是加密的,且不与任何未经授权的各方共享。CASB 可自动更新敏感数据的清单,采用文档元数据中的任何标签跟踪数据,加密数据并确保只与特定的授权实体共享。

大多数 CASB 通过利用以下两种技术之一完成其工作:代理或应用程序编程接口(Application Programming Interfaces,API)。代理技术将 CASB 放置在终端和云服务提供商之间的数据路径中,如图 6-8 左侧所示。例如,用户的网络中可能有一个设备,该设备自动检测用户对云服务的连接请求,拦截该用户连接,并创建到服务提供商的隧道。通过这种方式,所有到云的流量都通过 CASB 路由,以便检查并采取适当的控制措施。

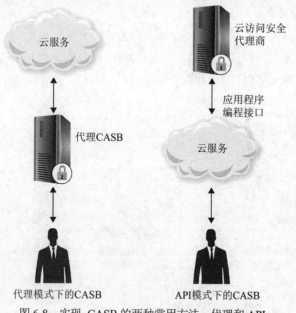

图 6-8　实现 CASB 的两种常用方法:代理和 API

但是,如果组织的远程用户未通过 VPN 连接到组织,该怎么办?如果员工尝试通过个人设备访问云服务(假设允许这样做)该怎么办?此类情况下,用户可设置反向代理。其工作方式是用户登录到云服务,配置为立即路由回 CASB,然后 CASB 完成与云的连接。

使用 CASB 代理存在许多挑战。对于初学者来说，需要拦截用户的加密流量，这将生成浏览器警告，除非浏览器配置为信任代理。虽然这适用于组织的计算机，但在个人拥有的设备上执行此操作有点棘手。另一个挑战是，根据流向云服务提供商的流量，CASB 可能成为一个阻塞点，从而降低用户体验。CASB 还可能呈现单点故障形式，除非用户部署了冗余系统。然而，也许最大的挑战与云服务创新和更新的快节奏有关。随着新功能的添加以及其他功能的更改或删除，CASB 同样需要更新。问题不仅在于 CASB 会错过一些重要的东西，而且实际上可能因为不知道如何正确处理导致功能受到破坏。出于这个原因，一些供应商(如 Google 和 Microsoft)建议不要在代理模式下使用 CASB。

实现 CASB 的另一种方法是利用服务提供商公开的 API，如图 6-7 右侧所示。API 是一种让一个软件系统直接访问另一个软件系统功能的方法。例如，经过正确身份验证的 CASB 可要求 Exchange Online(云电子邮件解决方案)提供过去 24 小时内的所有活动。大多数云服务都包含支持 CASB 的 API；更令人放心的是，这些 API 由供应商自行更新，确保了 CASB 不会在新功能出现时破坏任何东西。

6.3 本章回顾

与保护大多数其他资产类型相比，保护数据资产的前景更加充满变化且困难。造成这种状况的主要原因是数据流动性强。数据可存储在意想不到的地方，同时流向多个方向(并流向多个接收方)，最终以意想不到的方式使用。数据保护战略应考虑到数据可能处于的各种状态。对于每个状态，安全控制措施必须缓解多种独特的威胁。

尽管安全专家尽了最大努力，数据最终还是可能落入坏人之手。安全专家希望实施保护方法，最大限度地降低发生这种情况的风险；如果发生这种情况，请尽快提醒安全专家，并允许安全专家跟踪且在可能的情况下有效地恢复数据。安全专家特别注明了三种保护数据的方法，用户应该记住这些方法，以便参加考试和工作：数字版权管理(DRM)、数据防丢失/防泄露(DLP)和云访问安全代理(CASB)。

6.4 快速提示

- 静止状态数据(Data at Rest，DaR)是指驻留在外部或辅助存储设备(如硬盘驱动器或光盘)中的数据。
- 每个主要操作系统都支持全磁盘加密，这是保护静止状态数据的行之有效的方法。
- 移动状态数据是通过数据网络(如 Internet)在计算节点之间移动的数据。
- TLS、IPSec 和 VPN 是使用加密技术保护动态数据的典型方法。
- 处理状态数据是指驻留在主存储设备中的数据，例如，易失性内存(如 RAM)、内存缓存和 CPU 寄存器。
- 范围界定正在采取更广泛的标准，并剔除掉不相关或其他不需要的部分。
- 定制是修改标准中的特定条款，以便更好地满足用户的要求。

- 数字资产是以数字形式存在的对组织具有内在价值的东西，应该以某种方式限制对数字资产的访问。
- 数字资产管理是组织确保其数字资产得到正确存储、保护且易于授权用户访问的流程。
- 隐写术是一种将数据隐藏在另一种介质类型中的方法，隐藏了数据的存在。
- 数字版权管理(DRM)是指一组技术，用于控制对受版权保护的数据的访问。
- 数据泄露指敏感信息流向未经授权的外部各方。
- DLP 包括组织为防止未经授权的外部方访问敏感数据而采取的操作。
- 网络 DLP(NDLP)将数据保护策略用于移动状态数据。
- 终端 DLP(EDLP)将数据保护策略用于静止状态的数据和处理状态的数据。
- 云访问安全代理(CASB)提供对云服务上用户活动的可见性和控制。

6.5　问题

请记住这些问题的表达格式和提问方式是有原因的。必须了解到，CISSP 考试在概念层次提出问题。问题的答案可能不是特别完美，建议考生不要寻求绝对正确的答案。相反，考生应当寻找最合适的答案。

1. 静止状态数据通常：
   A. 使用 RESTful 协议完成传输
   B. 存储在寄存器中
   C. 通过网络传输
   D. 存储在外部存储设备中

2. 移动状态数据通常：
   A. 使用 RESTful 协议完成传输
   B. 存储在寄存器中
   C. 通过网络传输
   D. 存储在外部存储设备中

3. 处理状态数据通常：
   A. 使用 RESTful 协议完成传输
   B. 存储在寄存器中
   C. 通过网络传输
   D. 存储在外部存储设备中

4. 以下哪项最贴切地描述了保护静止状态数据的加密应用程序？
   A. 虚拟专用网络
   B. 消磁
   C. 全磁盘加密
   D. 最新的防病毒软件

5. 以下哪项最贴切的地描述了保护移动状态数据的加密应用程序？

    A. 针对侧信道攻击测试软件

    B. TLS

    C. 全磁盘加密

    D. 终端数据防泄漏

6. 以下哪项不是数字资产管理任务？

    A. 跟踪备份版本的数量和位置

    B. 确定数据资产的分类分级

    C. 记录变更历史

    D. 开展安全处置活动

7. 哪种数据保护方法能最好地检测试图访问企业基础架构中的数据资产的恶意内部人员？

    A. 数字版权管理(DRM)

    B. 隐写术

    C. 云访问安全代理(CASB)

    D. 数据防泄露(DLP)

8. 哪个术语最能描述数据资产流向未经授权的外部方？

    A. 数据泄露

    B. 移动状态数据

    C. 数据流

    D. 隐写术

6.6　答案

1. D. 静止状态数据的特征是驻留在辅助存储设备(如磁盘驱动器、DVD 或磁带)中。寄存器是 CPU 中的临时存储，仅在使用数据时用于数据存储。

2. C. 移动状态数据的特点是网络或离开主机传输。RESTful 协议虽然与网络上的数据子集有关，但不如选项 C 恰当。

3. B. 寄存器仅在 CPU 使用数据时使用。当数据驻留在寄存器中时，根据定义，数据正在使用中。

4. C. 最好使用用户工作站或移动计算机上的全磁盘加密保护静止状态数据。其他选项都不适用于静止状态数据。

5. B. 移动状态数据最好由网络加密解决方案(如 TLS、VPN 或 IPSec)保护。其他选项都不适用于移动状态数据。

6. B. 数据资产的分类分级在开始管理之前由资产所有方确定。否则，管理员怎么知道如何处理呢？所有其他答案通常都是数字资产管理的一部分。

7. C. CASB 提供对云服务上用户活动的可见性和控制。如果相关资产位于云中，这将是用户的最佳选择。DLP 系统主要关注的是防止未经授权的外部方访问敏感数据。

8. A. 数据泄露是敏感信息流向未经授权的外部各方。

第 III 部分

安全架构与工程

系 统 架 构

本章介绍以下内容:

- 通用系统架构
- 工业控制体系
- 虚拟化系统
- 基于云的系统
- 普适系统
- 分布式系统

> 分析计算机系统就像创办企业:很可能搞砸,无法确保成功。
>
> ——Tom DeMarco

在前几章中已经看到,大多数系统无论是通过相互共享数据还是通过共享服务的方式,都在以某种方式利用其他系统。每个系统不仅自身有一系列漏洞,而且各系统之间的相互依赖性会生成必须解决的新漏洞。本章将讨论安全架构的评估和漏洞的缓解、设计、以及解决方案的要素(element)。 通过研究一些最常见的系统架构来消除相关的漏洞。本章对于每一种架构,根据组件的特点以及这些组件与其他组件交互的方式对组件分类。接下来,本章将研究每种架构中的潜在漏洞,以及这些漏洞可能以何种方式影响其他相联的组件。

7.1 通用系统架构

系统(System)是为实现某个目的而协同工作的一组事物。架构(Architecture)是用来描述某个目标的结构设计。因此,系统架构(System Architecture)是对如何设计特定组件并组合在一起执行某些操作的描述。回顾第 4 章对 TOGAF 和 Zachman 框架的讨论,根据受众的不同,可从不同角度或抽象层次呈现系统架构。本章将介绍 TOGAF 所称的应用程序架构,即描述在一个或多个计算设备中运行的应用程序之间如何交互以及如何与用户交互。

7.1.1 客户端系统

首先介绍最简单的计算系统架构，这种架构在早期的个人计算机时期处于统治地位。客户端系统(Client-based Systems)通常是完全运行在用户设备(如工作站或智能手机)上的应用系统。用户可在没有网络的情况下与系统交互。客户端应用程序可安装软件补丁和升级软件版本，也能实现文件检索和存储功能，但核心功能不会在远程设备上执行。几乎每个操作系统都有文本和图形应用程序，这些就是客户端系统的示例。客户端系统可将文档存储到远端服务器上；但就算没有网络，客户端系统的应用程序也可实现包括文档存储在内的全部功能。

客户端系统的一个主要漏洞是使用了较弱的身份验证机制(如果有)，意味着获得应用程序访问权的敌对方还可访问本地甚至远程数据存储。此外，这些数据通常以明文形式存储(除非操作系统底层加密了)，意味着即使不使用该应用程序，敌对方也可轻松读取数据。

7.1.2 服务端系统

与客户端系统不同，服务端系统(Server-based System，也称为客户/服务端系统，C/S 架构)要求两个或更多的独立应用程序通过网络连接完成交互从而实现系统功能。一个应用程序(客户端)通过网络向另一个应用程序(服务器)请求实现功能。基于服务器的应用程序的最常见示例是 Web 浏览器，使用 Web 浏览器连接到 Web 服务端。当然，浏览器也可用来阅读本地文档，但这并不意味着就应该这样用。大多数用户使用浏览器连接客户端和服务端两个层级，因此称为两层架构(Two-tier Architecture)。

一般来说，服务端系统称为 n 层软件体系架构，其中 n 是一个可取任意数值的变量。原因在于，大多数时候即使从用户的角度看只有两层，但研发团队才知道架构的实际层数(可能会随着时间的推移而改变)。思考一下 Web 浏览器的示例，如果浏览器用户在一个小型 Web 服务器上读取静态网页，可能是一个双层架构。另一方面，如果正在浏览的是一个典型的商业网站，用户可能经历更多层次。例如，客户机(第 1 层)可能正在连接到提供静态 HTML、CSS 和一些图像的 Web 服务器(第 2 层)。而动态内容是由 Web 服务器从应用程序服务器(第 3 层)中提取的，而应用程序服务器又从后端数据库(第 4 层)中获取必要的数据。图 7-1 显示了这种四层架构的模型。

如图 7-1 所示，基于服务端系统架构中有多个潜在的安全问题需要解决。首先，对每一层的访问都需要严格控制目的地。从客户端获取用户身份验证是完全合理的，但也不能忘记，每一层都需要与其他层建立和维护信任。确保这一点的常见方法是制定访问控制列表(Access Control List，ACL)，控制允许的连接。例如，图 7-1 中的数据库管理系统可能正在监听端口 5432(PostgreSQL 的默认端口，PostgreSQL 是一种流行的开源数据库服务器)，因此第三层上的应用程序服务器连接到数据库服务器上的 5432 端口就是一个合理的连接。然而，服务器不应该允许通过端口 3389 连接并建立 RDP(Remote Desktop Protocol，远程桌面协议)会话，因为服务器通常不通过这种方式传输数据。

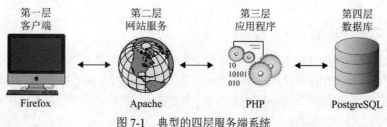

图 7-1　典型的四层服务端系统

以下是保护基于服务器的系统的一些指导原则。但请记住，这个列表并不全面；只是给出一些参考。

- 默认情况下阻止任何组件之间的通信，设置只允许明确的目标连接。
- 确保软件已安装所有补丁、及时更新软件。
- 维护好所有服务器的备份(最好是离线备份)。
- 对客户端和服务端使用强身份验证。
- 加密所有网络通信，包括服务器之间的通信。
- 加密所有存储在系统中的敏感数据。
- 记录系统所有的相关事件，最好是保存到远程服务器。

7.1.3　数据库系统

大多数交互式(不同于静态)Web 内容都需要 Web 应用程序能与某种数据源交互，比如本章之前看到的四层体系架构示例。在电子商务网站上查看产品目录，在客户关系管理(Customer Relationship Management，CRM)系统上更新客户数据，或者只是在线阅读博客。任何情况下，都需要有一个系统用于管理产品、客户或博客数据。这就是数据库系统的用武之地。

数据库管理系统(Database Management System，DBMS)是一种软件系统，可高效地对任何给定的数据集执行创建、读取、更新和删除(Create、Read、Update and Delete，CRUD)操作。当然文本文件也可保存所有数据，但这种方式会使得在多个用户之间共享数据的组织、搜索和维护变得非常困难。DBMS 使一切变得简单。DBMS 针对数据的存储实现了高效优化，意味着与平面文件[1]不同，DBMS 在提供信息存储的优化方法的同时还提供快速搜索的能力，例如，通过使用索引加快搜索。DBMS 提供一种防止操作数据时发生意外损坏的机制，这是另一个关键特性。通常将一系列变更称为“事务(Transaction)”，这是一个用于描述变更数据库状态所需的一系列操作的术语。

数据库事务中的基本原则是 ACID 属性，即原子性(Atomicity)、一致性(Consistency)、隔离性(Isolation)和持久性(Durability)。原子性意味着在 DBMS 中要么整个事务成功，要么将事务回滚到以前的状态(可理解成单击“撤销”按钮)。假设在两个银行账户之间转账，此交易由两个不同的操作(operation)组成。首先，从第一个账户中转出资金，然后将相同金额的资金

---

[1]译者注：　平面文件(Flat File)是一种包含没有相应关系结构的记录的文件。

转入第二个账户。如果在提款完成但转入前出现大规模停电，会发生什么？这种情况下，钱可能就消失了。如果这是一个原子交易，系统将检测到故障并将资金放回原账户。

一致性(Consistency)意味着事务各方都严格遵守适用规则，并作用于所有数据(例如，不能提取不存在的资金)。隔离(Isolation)意味着，如果允许事务并行发生(大多数事务都是并行的)，那么这些事务将彼此隔离，这样一个事务就不会对另一个事务产生破坏影响。换句话说，孤立的交易无论是并行发生还是相继发生都具有相同的效果。最后，持久性(durability)确保已完成的事务能永久存储(如非易失性内存)，保证在发生断电或其他此类故障时不会出现数据丢失的情况。

保护数据库系统需要关注的要点与之前列出的保护基于服务端系统的关注点相同。数据库有两个独特的安全问题需要特别关注：聚合(Aggregation)和推理(Inference)。聚合是指用户不具有访问特定信息的安全许可或权限，仅有访问其中一部分信息的权限，用户设法得到其他的受限信息，进而获得保密信息。用户从不同渠道获得信息的多个部分，然后汇总分析出该用户原本无权获取的信息。

通过学习一个简单示例可更好地理解聚合这一概念。假设数据库管理员 Tom 不希望用户组 TY 中的任何人能找到某句话，因此将该句子分成不同部分，并限制用户组 TY 访问这句话，如图 7-2 所示。但用户 Emily 可访问部分 A、C 和 F，并通过分析所有收集到的信息，获知隐藏的受限秘密级信息。

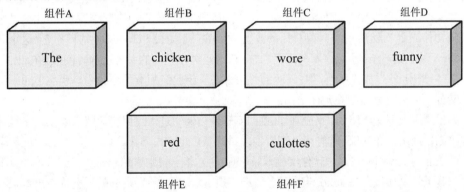

图 7-2　因为 Emily 可访问组件 A、C 和 F，所以 Emily 能通过聚合的方法发现秘密级信息

因此，为防御聚合攻击，主体以及代表主体的任何应用程序或进程都不能访问全部信息，包括独立的部分信息。客体信息可置于较高安全级别的容器中，防止来自低级别权限主体的访问。同时，应跟踪主体的查询活动，并实施基于上下文语境的访问控制机制。这将保存主体访问过的客体的历史记录，并在有迹象表明正在实施聚合攻击时限制访问。

考试提示

聚合是将来自不同渠道的信息组合在一起的行为。数据组合(Combination)形成主体无权访问的新信息。组合后信息的敏感级别高于每部分单独信息的敏感级别。

另一个安全问题是推理(Inference)，推理是聚合的结果。主体通过聚合攻击获得信息片段，再推断出完整信息，这就是推理。推理攻击多发生在较低安全级别的数据能间接描述较高级别数据的时候。

考试提示

推理是一种能获取不明确可用信息的能力。

例如，限制办事员了解驻扎在某个国家的部队调动计划，但办事员能获得食品运输表和分配帐篷的文档，这样就能确定部队正在前往一个特定地点，因为部队驻扎地是食品和帐篷运输的目的地。食品运输和分配帐篷的文档是机密级，部队调动则是绝密级。由于分类分级不同，办事员可访问并确认本不应该知道的绝密级信息。

防止推理发生的关键是防止主体或代表该主体行事的任何应用程序或进程间接获得对可推断信息的访问。在数据库开发中，通常通过与内容和上下文相关的访问控制规则来解决推理问题。上下文语境的访问控制(Context-dependent Access Control)应基于数据的敏感性：数据越敏感，可访问数据的个体子集就越小。

上下文语境的访问控制意味着软件应该"理解"根据请求的状态和顺序允许哪些操作。这意味着软件必须跟踪用户之前的访问尝试，并了解允许的访问顺序。可这样理解基于内容的访问控制："Julio 是否有权访问文件 A？"系统查看文件 A 的 ACL 并返回"是的，Julio 可访问该文件，但只能读取"。在依赖于上下文的访问控制情况下，则是这样的："Julio 是否有权访问文件 A？"然后系统会查看几条数据："Julio 还尝试了哪些其他访问？""这个请求是否与一系列安全的请求顺序不一致？""此请求是否在允许的系统访问时间段内(如上午 8 点到下午 5 点)？"如果所有这些问题的答案都在一组已经配置的参数中，那么 Julio 可访问该文件。如果没有，则不允许访问。

如果使用上下文语境的访问控制，数据库软件需要通过跟踪用户的请求防止发生推理攻击。比如，系统允许 Julio 首先请求查看字段 1，然后是字段 5，最后是字段 20；但数据库不允许 Julio 查看字段 15。对软件实施预编程序(通常基于规则引擎)，可确定 Julio 能查看的顺序和数据量。如果允许 Julio 查看更多信息，则 Julio 就可能有足够的数据推断出本来不允许其知道的事情。

由于需要系统处理的工作更多，因此基于上下文语境的访问控制要比基于内容的访问控制更复杂。

防止推理攻击的其他一些常见尝试分别是单元抑制(Cell Suppression)、数据库分区(Partitioning the Database)、噪声(Noise)和干扰(Perturbation)。单元抑制是一种用于隐藏包含可用于推理特定字段信息的技术。对数据库实施分区是将数据库划分为不同的部分，从而增加未经授权的个体找到可组合在一起的数据片段进而推断出或发现越权信息的难度。噪声和干扰是插入虚假信息的技术，目的是误导攻击方或混淆信息，使实际攻击无法奏效。

通常情况下，安全性并未集成到数据库的规划和研发中。研发一个受信任的前端与数据库一起使用。数据库安全是事后才考虑的。这种类型导致数据库安全在细粒度和功能方面都受到限制。

安全领域常见的一个主题是安全和功能之间的平衡。许多情况下，保护得越多，可用的功能就越少。尽管这可能是安全的理想结果，但更重要的是在引入安全功能时不要过度阻碍用户的生产效率。

7.1.4　高性能计算系统

到目前为止，本章中讨论的所有架构都支持大量计算。从用于高分辨率视频处理的高端工作站，到每天支持数亿笔交易的全球大型电子商务网站，今天这些系统的可用能力确实令人印象深刻。正如接下来将看到的，使用高度可扩展的云服务也可为这些架构提供助力。但如果这还不够呢？那就不得不放弃这些架构，追求一些完全不同的东西。

高性能计算(High Performance Computing，HPC)采用有别于通用计算机的方式，将计算能力集成用于处理大型的特定问题。如果读过有关超级计算机的文章，可能遇到过这样的架构。高性能计算的设备性能是特别优化的，可让电子以接近光的速度沿线缆移动，工程师花费大量的设计努力，就是为让这些线缆更短一些。这在某种程度上是通过将一个典型系统中的数千或数万个处理器划分为若干个紧凑的集群实现的,每个集群都有自己的高速存储设备。大型问题可分解为单个作业任务，并由中央调度器分配到不同的集群。一旦这些较小的任务完成，就将和其他任务逐渐合并在一起(反过来，分解也是一个任务)，直到计算出最终结果。

人们很少能有机会参与 HPC 的工作,向大数据分析的转变可能要求人们尽快实现高性能计算。因此，人们至少需要了解 HPC 面临的最大的一些安全问题。第一个问题很容易想到，就是 HPC 存在的目的：效率。大型组织花费数百万美元构建这些定制系统，其目的是获取高速计算。几乎所有安全措施都会在一定程度上降低速度，所以安全专家已经准备面对这个难题。幸运的是，由于 HPC 系统昂贵且复杂这一事实，可帮助人们确立保护 HPC 的第一条正确规则：把 HPC 放在自己独立的飞地里。许多情况下，完全隔离是不可行的，因为某些时刻需要输入原始数据，另一些时刻需要输出解决方案。安全专家的目标是准确识别这些流量应该如何发生，并严格指定 HPC 系统通信流量通过网关，限制在什么条件下谁可以和 HPC 通信。

实际上帮助人们保护 HPC 系统的还有一种方式，HPC 系统在正常操作(operation)期间遵循一些非常特定的行为模式：作业进入调度器，然后调度器将作业分配给特定集群，以特定格式返回结果。在 HPC 系统中，除了一些内部管理功能外，几乎都是这种作业方式。这种行为在 HPC 里最常见！这意味着 HPC 环境比典型 IT 环境中检测成千上万用户的各种异常检测容易得多。

最后，由于性能对 HPC 至关重要，大多数攻击对 HPC 的性能可能产生明显影响。因此，对系统性能实施简单的持续监测就可能发现恶意行为。正如将在接下来看到的，控制工厂、炼油厂和电网这些专业系统对性能变化十分敏感。

7.2　工业控制体系

工业控制体系(Industrial Control Systems，ICS)由设计专用于控制工业流程中物理设备的信息技术组成。ICS 存在于工厂中，控制着传送带和工业机器人。ICS 存在于电力和供水基础架构中，控制着这些公用设施的流量。ICS 与大多数其他 IT 系统不同，控制着可能直接对人类造成身体伤害的东西，所以在运营和安全保护 ICS 时，人身安全(Safety)必须是最重要的。效率是另一个要考虑的重要因素。鉴于工控系统在制造和基础架构中通常扮演的角色，对 ICS 而言，保证"正常运行时间(Uptime)"或可用性至关重要。基于以上两点(人身安全与可用性)，保障 ICS 安全与传统 IT 安全会略有差异。

考试提示

人身安全是运营和保护工业控制体系的首要问题。

工业控制体系这一术语实际上是一系列技术的总称，涵盖了为解决不同问题而独立研发的技术。该术语包括用于打开或关闭阀门的可编程逻辑控制器(Programmable Logic Controller，PLC)、用于转发读数和执行命令的远程终端单元(Remote Terminal Unit，RTU)和用于捕获所有流程数据以便分析的称为历史数据系统的专用数据库。ICS 根据所用技术、协议和设备通常可分为两大类系统：

- 控制基本在同一个局部地区发生的物理流程，是所谓的分布式控制体系(Distributed Control Systems，DCS)。
- 控制多个地区发生的物理流程，通过数据采集与监视控制系统(Supervisory Control and Data Acquisition，SCADA)解决。

本章将深入研究这两类系统。

注意

如何确保 ICS 安全性和可用性，可参考 NIST 特别出版物 800-82：工业控制体系安全指南(第 2 版)，英文名称为 Guide to Industrial Control Systems (ICS) Security, Revision 2。本节稍后将对此做进一步讨论。

另一个常见的术语是运营技术(Operational Technology，OT)，包括 ICS 和部分传统 IT 系统。OT 的目的是确保所有 ICS 设备都能相互通信。图 7-3 显示了这些术语之间的关系。注意，DCS 和 SCADA 之间存在重叠，图中显示为 PLC，PLC 同时支持这两种类型的系统。在讨论工控系统的这两大类之前，以 PLC 为例，先快速了解一下这些系统工作所需的一些设备。

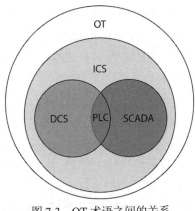

图 7-3　OT 术语之间的关系

7.2.1　设备

OT 系统中使用各种类型的设备。随着新设备中功能的融合，OT 设备之间的类型界线越来越模糊。但大多数 OT 环境都具有 PLC、人机界面(Human-machine Interface，HMI)和历史数据系统这几类系统，下面将分别介绍这三类系统。请注意，CISSP 考试不会关注以下任何设备的具体功能。但是，熟悉这些设备、系统可更好地了解 ICS 的安全性以及 OT 和 IT 系统在现实世界中的相互融合。

7.2.2　可编程逻辑控制器

自动化(主要指工业自动化，而不是计算机自动化)第一次出现在工厂时，不仅体积庞大、易碎，而且很难维护。比如，如果想用锤子给传送带上的箱子敲入钉子，需要设计一系列继电器，这一系列继电器会按顺序执行如下动作：启动锤子，敲入钉子，取回锤子，然后等待下一个箱子。无论何时要更改流程或重新调整锤子的用途，都会经历一个复杂且易出错的再配置流程。

可编程逻辑控制器(Programmable Logic Controller，PLC)是用于控制装配线、电梯、过山车以及核离心机等机电设备的计算机设备。如今的理念是，可在应用程序中使用 PLC，并且将来，可通过简单的重新编程控制其他设备。通常 PLC 通过以太网接受指令，再通过标准串联接口(Standard Serial Interface，如 RS-232)控制其他设备。这些通信协议本身并不是统一的标准。当前，主要的协议是 Modbus 和 EtherNet/IP，但这两个协议并不是通用协议。虽然这给保护可编程逻辑控制器带来额外挑战，但能看到这些串行连接协议有标准化的趋势。尤其重要的一点是，虽然早期的 PLC 设备几乎没有连接网络，但现在 PLC 设备基本都连接到网络了。

PLC 设备会带来一些严峻的安全挑战。与许多人更熟悉的 IT 设备不同，这些 OT 设备往往有很长的使用寿命。对于生产系统而言，10 年以上的 PLC 设备是很常见的。根据 ICS 的设计架构，PLC 的更新或修补是一件很困难的事。将修复 PLC 与停机时间对工业关键流程的风险放在一起考虑时，就能理解为什么可在数年内不修复那些 PLC 设备。更糟的是，很多 PLC 设备都在使用文档中的默认口令。虽然现代 PLC 设备具有更好的安全特性，但 OT 环境中可能有一些控制器遗留在不为人知的地方。最好的办法是确保所有 PLC 网段与所有非必要设备严格隔离，并密切监测异常流量。

7.2.3　人机界面

人机界面(Human-Machine Interface，HMI)通常是运行专有监测系统的常规工作站，允许运营团队监测与控制 ICS。HMI 通常有一个仪表盘，显示由 HMI 控制的系统图表、任何传感器的读数以及用来操作执行器的按钮。图 7-4 显示了小型燃油分配系统 HMI 的简化界面。每个油箱都显示各自所含的燃油量。三个阀门控制油罐之间的流量，当前三个阀门都处于关闭状态。如果运营人员想要转移燃料，只需要切换按下"关闭"按钮，对应的阀门就会变为打开状态，燃料就可转移了。类似地，切换按下罐体上的"停止"按钮将打开罐体，就可输送燃油。

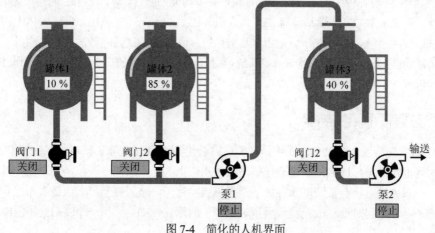

图 7-4　简化的人机界面

HMI 的另一个功能是持续监测警报。每个传感器(就像示例中用于持续监测油罐液位的传感器)都可配置成在达到某个特定值时发出警报。当涉及管道中的压力、储罐中的温度或输电线上的负载时尤其如此。HMI 通常包括自动化功能，可由警报条件触发，自动指示 PLC 采取某些行动，例如在负载过高时跳闸、断路。

由于 HMI 简化 ICS 工作的无数细节，因此运营团队不会应接不暇。在图 7-4 中的简单示例中，罐体 1 通常具有一个安全功能：在储罐 3 中的容量不是 100%，且阀门 1 和/或阀门 2 打开时，才能打开罐体 1。这些功能由电厂工作人员在系统安装时手动编程，并定期执行审计程序。请记住，在 OT 环境中，人身安全比安全防护更重要。

从技术角度看，对 HMI 的保护与其他任何 IT 系统的保护基本相同。HMI 通常只是一个正常的工作站，恰好这个工作站上运行这个专有软件。安全专家面临的挑战是，由于 HMI 是工业系统关键的一部分，人身安全和效率至关重要，因此 OT 员工可能强烈抵制做出任何可能导致改变的行为。这些行为可能包括典型的安全措施,如安装 EDR(Endpoint Detection and Response,终端检测与响应)系统、扫描漏洞、实施渗透测试和为每个用户强制提供具有强身份验证的唯一凭证[1]。

7.2.4　历史数据系统

顾名思义,历史数据系统是一个数据存储库,保存着 ICS 中看到的每一个历史事件的数据。所有这些数据都带有时间戳,包括所有传感器值、警报和发出的命令。历史数据系统可直接与其他 ICS 设备(如 PLC 和 HMI)通信。有时,数据历史记录与 HMI 集成在一起(或至少与 HMI 在同一工作站上运行)。现实中,大多数 OT 环境专用的历史数据系统(HMI 除外)放置在一个独立的网段中。这样做的主要原因是,历史数据系统通常与企业 IT 系统通信,以便完成规划和核算。例如,燃油系统示例中的历史数据系统将提供油罐 3 中输送的燃油量数据。

确保历史数据系统安全的一个关键挑战来自这样一个现实,即历史数据系统经常必须与 PLC(以及类似设备)和企业 IT 系统(例如,出于记账目的)通信。最佳做法是将数据历史记录放在一个特别加固的网段,如非军事区(Demilitarized Zone,DMZ)中,并实施限制性 ACL,确保从 PLC 到历史记录系统以及从历史记录系统到企业 IT 系统的单向通信。这可通过使用传统的防火墙(甚至路由器)实现,但一些组织会使用称为单向网闸(Data Diodes)的专用设备,这些设备经过安全加固,只允许流量朝一个方向流动。

7.2.5　分布式控制体系

分布式控制体系(Distributed Control System,DCS)是一个或多个工业流程的一部分,是在相当近的范围内由控制设备组成的网络。DCS 在制造厂、炼油厂和发电厂中非常普遍,其特点是系统中的不同节点通过协调一致的方式做出决策。

DCS 可看作设备的层次结构,最底层是由系统控制的物理设备或向系统提供输入的物理设备。往上一层,是微控制器和 PLC,这些 PLC 不仅直接与物理层交互,同时和更高层的控制器通信。PLC 再往上一层就是监控系统,例如,监控一条生产线。继续向上还有一个更高层处理工厂范围的控制器,需要在不同生产线之间做一些协调。

通过以上介绍可知,DCS 是为控制一定区域内的物理流程而诞生的。正因为如此,DCS 所用的通信协议并没有针对广域通信或安全性优化。这种区域化方法的一个副作用是,DCS 用户多年来一直认为,只需要提供物理安全就能确保系统的安全性。有破坏企图的人员不能进入工厂从而不能对系统进行破坏,这是因为 DCS 通常由同一工厂内的设备组成。然而,技术的发展融合也让 DCS 和 SCADA 之间的界线越来越模糊。

7.2.6　SCADA

如果说 DCS 从未涉及远程控制,比较适用于制造工厂等本地化部署的流程控制系统,那

---

[1] 想象一下,如果在出现紧急情况时 HMI 处于锁定状态,且已经登录的用户处于休息状态,将会发生什么。

么数据采集与监视控制系统(Supervisory Control and Data Acquisition，SCADA)则是针对分布距离比较远、较大规模的物理流程研发的系统。在这些物理流程中，作为分布节点的各个系统之间距离较远。DCS 和 SCADA 在概念上的主要区别就是规模和距离。例如，大型发电厂的控制非常适合传统的 DCS，但在整个电网中分配产生的电力将需要 SCADA 系统。

SCADA 系统通常由三种组件构成：终端、后端以及客户端。远程终端单元(Remote Terminal Unit, RTU)是直接连接到传感器或执行器的终端。虽然仍有大量 RTU 在使用，但许多已由 PLC 取代。数据采集服务器(Data Acquisition Server，DAS)是通过遥测系统从终端接收所有数据，并执行必要的关联和数据分析的后端。最后要介绍的是客户端；用户通过人机界面(Human-Machine Interface，HMI)与系统交互，客户端显示来自终端设备的数据，并允许用户向执行器发出命令(如关闭或开启阀门)。

远程控制的最大挑战就是有效通信，尤其是在电信基础架构有限、分布零散以及人烟稀少的地区实施流程控制和监测。针对这些区域，SCADA 系统通常会部署专线和无线点线路(Radio Link)实现通信覆盖。许多传统的 SCADA 依然依赖于较旧的专有通信协议和设备，这使社区多年来感到安全。因为只有详尽掌握并了解晦涩难懂的协议知识以及使用专门通信设备的人才能破坏系统。在某种程度上，这种假设是 SCADA 通信缺乏有效安全控制措施的原因之一。这种做法在过去虽有争议但有一定的合理性，但如今基于大规模融合使用 IP 协议能清楚地表明这种做法不是一种安全的工作方式。

7.2.7 ICS 安全

工业控制体系(ICS)的最大的漏洞是在与传统 IT 网络的互联日益增强时，存在两个明显的副作用。第一，加速了向标准通信协议的融合；第二，增加了私有系统暴露给任何 Internet 用户的可能性。因此，建议使用 NIST 特别出版物 800-82《工业控制体系安全指南(第 2 版)》[1]作为工控系统安全合规指引，其中最关键的内容有：

- 在 ICS 中启动风险管理流程。
- 实施网络隔离，并在子网边界部署入侵检测系统/入侵保护系统(IDS/IPS)。
- 在所有 ICS 设备上禁用不需要的端口和服务。
- 在 ICS 中实现最小特权。
- 尽可能使用加密技术。
- 确保执行补丁管理流程。
- 定期监测审计轨迹。

分析图 7-5 中的一个具体示例(尽量简化后的情况)。图中只展示了少数 IT 和 OT 设备，但这些区域代表了真实环境。从右侧开始，可看到 OT 网络中由 PLC 控制的阀门和罐体。PLC 直接连接到 HMI，因此运营人员可监测和控制 PLC 设备。PLC 和 HMI 通过防火墙连接到位于 OT DMZ 中的 OT 历史数据系统。这样就可记录和分析 OT 网络中发生的一切。OT 的历史数据系统还可与 IT 网络中的企业服务器通信，规划、记账、审计和报告所需的任何数据。

---

[1] 英文名为 Guide to Industrial Control Systems(ICS) Security, Revision 2。

如果会计部门的用户想要任何数据，就可从企业服务器获取这些数据，但是无法直接连接到OT 的历史数据系统。如果客户想通过 Internet 查看得到多少燃油配给，可登录公共服务器查询相关数据。

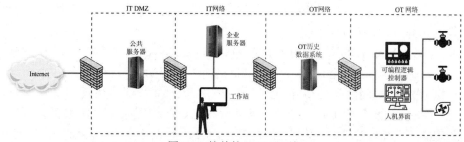

图 7-5　简单的 IT/OT 环境

注意，每个网段都受到防火墙(或单向网闸)的保护，该防火墙只允许以非常严格的方式连接一个临近区域中的特定设备，并且只获取特定数据。任何设备都不能同时连接左右两侧的网段。

网络分段还有助于减轻许多 OT 环境中的一种常见风险：未打补丁的设备。多种原因导致出现多年未打补丁的设备。首先，ICS 设备的使用周期非常长，多数可使用十年以上的时间，因此可能收不到制造商的更新。其次，这些设备也可能非常昂贵，这种情况下组织可能不愿意或无法建立一个单独的实验室测试补丁，以免补丁对生产系统造成意想不到的影响。这是 IT 环境中一种非常标准的做法，但在 OT 环境中却很少见。如果没有事先测试，部署补丁可能导致系统宕机或人身安全问题。而且，正如本章前面提及的，保证人身安全和可用性是 OT 环境的两个前提条件。

因此，运营人员不得不使用未打补丁的设备就不奇怪了。解决方案是尽可能隔离未打补丁的设备。至少，不应该从 Internet 访问 ICS 设备。按照之前所述，再好一点的方式是严格控制从一个区域到相邻区域的访问。但对于未打补丁的控制设备，安全专家必须极度关注并且不断监测用于这些设备的保护屏障。

考试提示

保护 OT 系统最重要的原则是：无论在逻辑上或物理上，将 OT 系统与 Internet 隔离。

7.3　虚拟化系统

以前的电脑游戏和现今的游戏在画面复杂度和逼真度方面是无法比拟的。当时流行的两款游戏 Pong 和 Asteroids 运行在 16 位的 MS-DOS 环境中。当 Windows 操作系统从 16 位升级到 32 位时，32 位操作系统设计成向后兼容的，所以 16 位的游戏仍可在新环境中加载运行，尽管 16 位游戏并不知晓当前的操作系统环境。用户的快乐体验得以持续的原因是操作系统为游戏的运行创建了虚拟环境。同样，64 位操作系统中也引入了向后兼容的能力。

当 32 位应用程序需要与 64 位操作系统交互时,应用程序必须以 32 位操作系统的工作方式,而不使用 64 位操作系统的运行方式与计算机内存完成系统调用和交互。因此,虚拟环境模拟了一个 32 位操作系统,操作系统将应用程序发出的 32 位请求转换为 64 位请求(这称为形实转换,即 Thunking),并对请求做出适当响应。操作系统发回响应时,先将 64 位的响应转换为 32 位响应,以方便应用程序理解。

今天,虚拟环境技术更先进。虚拟化系统(Virtualized System)存在软件模拟出的环境。在之前的 Pong 示例中,16 位游戏"认为"自身在 16 位计算机上运行的,而实际上这是由一层虚拟化软件造成的幻觉。这种情况下,虚拟化系统提供向后兼容性。其他许多情况下,虚拟化允许在同一硬件上同时运行多个服务甚至整台计算机,从而大大提高资源利用率(如内存、处理器),降低运营成本,甚至提供更高的安全性,以及其他一些好处。

7.3.1　虚拟机

虚拟机(Virtual Machine,VM)是指在虚拟化环境中运行的完整计算机系统。这意味着,可在 Linux 服务器上运行一个 Windows 工作站,不仅可运行来自 Microsoft 的自动更新,也能运行其他各种应用程序。同时,Windows 虚拟机的运行性能也与"裸机"性能类似。通常把这个 VM 称为主机环境中的客户机,在这个示例中,主机环境就是 Linux 服务器。

虚拟化技术允许单个主机环境同时运行多台客户机,多台虚拟机动态共享来自同一个物理系统的资源。计算机资源(如 RAM、处理器和存储等)通过主机环境实现仿真。虚拟机不直接访问这些资源,而通过主机环境中负责管理系统资源的虚拟机管理程序(Hypervisor)通信。虚拟机管理程序是中央程序,控制各访客操作系统的执行,提供客户机和主机环境之间的抽象层,如图 7-6 所示。

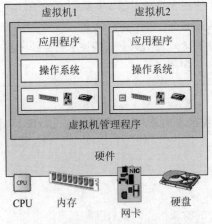

图 7-6　虚拟机管理程序控制虚拟机实例

有两种类型的虚拟机管理程序。类型 I 的虚拟机管理程序直接在硬件或"裸机"上运行,并通过虚拟机管理程序管理虚拟机。这是在服务器机房和云环境中使用的设置方式。类型 I 虚拟机管理程序示例有 Citrix/Xen Server 和 VMware ESXi。类型 II 的虚拟机管理程序在操作系统上作为应用程序运行。例如，允许用户在 macOS 计算机上托管 Windows 虚拟机。类型 II 的虚拟机管理程序通常由研发团队和安全研究人员在受控环境中完成测试工作，或者使用主机操作系统不支持的应用程序。类型 II 的虚拟机管理程序示例包括 Oracle VM VirtualBox 和 VMware Workstation。

虚拟机管理程序允许一台计算机上同时运行多个不同的操作系统。例如，在一台计算机上运行同时 Windows 10、Linux 和 Windows 2016 的系统。想一想有多间屋子的住所，每个操作系统都有自己的房间，但每个操作系统都共享房屋提供的基础资源——地基、电力、水和屋顶等。"居住"在特定房间中的操作系统不需要知道另一个房间中的操作系统如何利用住所提供的资源。同样的概念也发生在计算机中：每个操作系统共享物理系统提供的资源(内存、处理器和总线等)。操作系统在自己的"房间"中"生活"和"工作"，这些房间是客户虚拟机，物理计算机本身就是主机。

为什么要实施虚拟化？一个原因是虚拟化可节约硬件成本，由多个系统共享一套硬件环境。这也是人们找室友的原因，租金可由多个租户分摊，且所有人可共享相同的房屋和资源。使用虚拟化的另一个原因是安全性。为每个操作系统提供"干净"环境以在其中工作减少了各种操作系统相互负面交互的可能性。

此外，由于虚拟机的每个方面，包括磁盘驱动器甚至内存的内容，都作为文件存储在主机中，因此恢复备份很容易。

备份虚拟机要做的就是将一组备份文件放到一个新的虚拟机管理程序上，就可将立即将虚拟机还原到任何备份时的状态。相比之下，从备份中重建物理计算机会需要更长时间。

从安全角度看，虚拟机管理程序中的任何漏洞都会赋予攻击方最高权限，从而破坏在其上运行的 VM 的机密性、完整性或可用性。这并非危言耸听，VirtualBox 和 VMware 在最近几年都报告并修补了此类漏洞。从这些发现中得出的结论是，应该假设所有信息系统的任何组件都可能受到破坏，并提出"安全专家将如何检测虚拟管理程序的漏洞"和"安全专家怎样才能减轻虚拟管理程序漏洞的危害"这样的问题。

7.3.2 容器化

随着虚拟化的成熟，出现了一个新分支：称为容器化(Containerization)。容器是在自己独立的用户空间中运行的应用程序。虚拟机在虚拟机管理程序上运行自己的完整操作系统，共享由主机提供的硬件资源；而容器位于操作系统之上，共享由主机操作系统提供的资源。容器软件不为客户机(Guest)操作系统抽象硬件，而为应用程序提供操作系统的抽象内核。因为不必为每个应用程序启动整个 VM，从而可降低运行多个应用程序的开销，提高部署实例的速度。更确切地说：可将应用程序、服务、流程、库以及其他任何依赖项打包到一个容器中。

此外每个容器都运行在一个沙箱中，只有通过用户界面或应用程序编程接口(Application Programming Interface，API)调用才能实现交互。在这个领域的代表产品有商业化的 Docker 和开源的 Kubernetes。容器实现了研发的快速迭代，研发团队只需要更改容器中必要的组件就可完成部署，从而更快地测试代码。

保护容器需要一种与虚拟机不同的方法。首先，需要强化主机操作系统。此外，还需要注意每个容器与客户端以及其他容器的交互。请记住，在快速迭代中经常使用容器。这意味着，除非在研发团队中构建适当的安全研发，否则最终可能得到不安全的代码。稍后，第 24 章和第 25 章将讨论 DevSecOps，那时将讨论研发、安全和运营人员的集成。但现在请记住，保护非安全方式研发的容器是一件很困难的事情。

NIST 特别出版物 800-190《应用容器安全指南(Application Container Security Guide)》中提供了一些关于保护容器的最佳指引。重要的建议如下：

- 容器要减少攻击面，需要使用特定的主机操作系统而不是通用的主机操作系统。
- 仅将具有相同目的、敏感性和威胁态势的容器分组到单个主机内核上，用于加强深度防御(Defense in Depth)。
- 对镜像采用基于容器的漏洞管理工具和流程，防止受到破坏。
- 使用能感知容器的防御工具，如入侵防御系统。

7.3.3　微服务

容器的一个常见用途是托管微服务，这是一种软件研发方法。在这种方法中，不是构建一个大型企业级应用程序，而是通过多个较小的组件，以分布式方式协同工作，实现所有功能。微服务可视为与以前的"分而治之"方法对应的软件研发方法。微服务是一种架构风格，而不是一种标准，但人们普遍认为微服务由围绕业务能力构建的小型、分散的和可独立部署的服务组成。各服务之间大多数是没有强依赖的松耦合关系。因此，微服务可快速研发、测试和部署，且可在不影响更多系统的情况下实现更替。对于许多业务应用程序，微服务也比基于服务器一体化的体系架构更高效、更易扩展。

注意

容器和微服务一起使用比较常见，但不是必须这么做。

去中心化的微服务会带来安全的挑战。如何跟踪每一个单独运行的微服务系统？通过日志聚合(Log Aggregation)实现。尽管微服务是分散的，但安全专家希望以集中的方式记录这些微服务，以便安全专家可跨越多个服务查询并找出恶意行为。安全专家通过数据分析、人工智能的方法自动检测恶意事件。如果没有日志聚合，安全专家将无法发现这些恶意事件。

7.3.4　无服务器架构

如果能通过将一个大型服务分解成一系列微服务的方式获得效率和可伸缩性，那么能否通过进一步分解这些微服务获得更高效率和更大的可伸缩性？很多情况下这是可行的。因为托管一个服务(即使是一个微型服务)也意味着必须配备资源，进行管理和更新才能运行。因此，如果还要分割成更小的粒度，下一个粒度级别是单个函数。

托管服务通常意味着购置硬件、配置和管理服务器、定义负载管理机制、按需求设置和运行服务。无服务器架构可为最终用户提供所需的服务，例如，计算、存储或消息传递，以及所需的配置和管理，同时不需要用户设置任何服务器基础架构。无服务器架构关注的重点是单个功能。这些无服务器模型主要是为大规模扩展和高可用性而设计的。从成本的角度看也更具吸引力，因为是根据实际使用的周期(而不是预设周期)计费。

将安全机制集成到无服务模型中并不像底层加固那样简单。由于无服务器架构对主机基础架构的操作限制，远程代码执行或修改访问控制列表的安全对策并不像传统服务器那样简单。在无服务器模型中，安全分析师只能在应用程序或功能这一级别部署控制措施，同时密切关注网络流量。

当前，无服务器架构具有自动的、安全的、可运行的和按需取消计算资源的能力。这种能力实现了无服务器架构的经济性：仅需要为所需的功能付费。无服务器系统的可伸缩性也是必不可少的。这种能力也是云计算的特点。

比较基于服务器的架构、微服务和无服务器架构

典型的服务包含一系列功能。想象一个非常简单的电子商务 Web 应用程序服务器。Web应用程序允许客户登录、查看待售商品和下订单。下单时，服务器会调用许多功能。例如，可能需要向支付卡收费、减少库存、安排装运以及发送确认消息。以下是基于服务器的架构、微服务和无服务器架构这三种架构是如何分别处理这个问题的。图 7-7 比较了这三种架构。

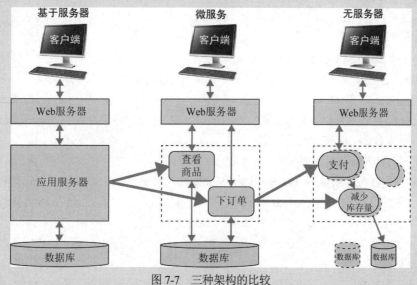

图 7-7 三种架构的比较

基于服务器的架构：在同一物理或虚拟服务器中提供 Web 功能一体化应用程序(及其组件功能)的服务器。服务器必须始终可用(意味着开机并连接到 Internet)。如果订单激增，需要有足够的带宽、内存和进程处理能力处理。否则，就需要构建一台新服务器，不管是用更强大的新服务器替换原始服务器，或者对这两台服务器使用负载均衡技术。无论哪种方式，都会有更多的基础架构持续运行。

微服务架构: 可为 Web 应用程序中的每个主要功能创建一个微服务,如查看项目和下订单。每个微服务都位于自己的容器中,并在需要时调用。如果看到订单激增,就可能在另一台主机上部署一个新容器(在几秒钟内),并在不需要时销毁。当然,这需要一些监管进程确定何时以及如何启动新容器,动态响应不断增长的需求。

无服务器架构: 会将每个服务分解为基本功能,然后根据需要动态配置这些功能。换句话说,既不会运行一个大型的 Web 应用程序服务器(如基于服务器的方法),也不会运行一个用于订单进程的微服务。在需要相关流程处理银行卡时,任何可用的基础架构都能调用 charge_payment_card 函数予以处理。如果 charge_payment_card 函数成功,接着会在任何可用的基础架构中调用 reduction_inventory 函数,以此类推。在每个函数终止后,这些函数就会消失,这样就绝对不会消耗超过需要的资源。如果需求激增,编排器会启动所需的额外资源应对。

7.4　云计算系统

当组织需要新建数据中心时,不但需要很长时间,并且有大量的工作需要完成,如电源和环境的控制、采购硬件,以及软件的安装、配置及构建等;这些任务往往令人望而却步。现在想象一种情况,组织能在几分钟内,通过一个简单的图形界面或简短的脚本就能提供所有需要的服务器等资源,而且一旦组织不再需要这些资源,还可快速销毁。这是云计算的一个优点。

云计算(Cloud Computing)通过使用共享的远程计算设备,获得更高的效率、性能、可靠性、可伸缩性及安全性。云计算设备通常基于虚拟机,可运行在第三方的云服务提供商(Cloud Service Provider,CSP)提供的公有云上,也可运行在内部的私有云上。如果不愿意与陌生人共享基础架构(尽管这样做也是安全的),那么还有一个虚拟私有云(Virtual Private Cloud,VPC)模型,可在公有云中拥有自己的特定区域。

通常,云计算有三种服务模式。

- **软件即服务(Software as a Service,SaaS)** 用户可使用在 CSP 环境中运行的特定应用程序。SaaS 的示例是 Microsoft 365 和 Google Apps,使用者通过 Web 界面就可使用这些应用程序,不必关注配置和维护(SaaS 供应方会做这些)。

- **平台即服务(Platform as a Service,PaaS)** 在这种模型中,用户能访问平台服务商部署在服务器上的计算平台,例如创建一个 Windows Server 2019 的实例提供 Web 服务。服务提供商通常负责平台的配置和安全,但用户通常不具有整个平台的管理权限。

- **基础架构即服务(Infrastructure as a Service,IaaS)** 如果用户需要完全、无约束(包括安全责任)的云服务,可使用 IaaS 模型。基于上述 PaaS 中的示例,用户需要管理 Windows Server 2019 实例的补丁更新等任务。云服务提供商不再承担安全责任,而由用户全部负责。

对于 IaaS 用户而言,对系统的安全防护与自建网络基本相同,仅有的不同是无法物理访问托管(host)设备。如果是 SaaS 或 PaaS 模式的用户,系统的安全通常依赖于用户签署的策略和合同内容。策略指定了用户和云服务的交互方式，包括允许存储处理的信息密级、使用条款以及其他策略。合同将指定服务质量(Quality of Service，QoS)及安全事件响应处理流程。

警告:

云计算用户务必仔细评价和审查云服务合同中的服务条款，并考虑用户自身组织的安全环境。尽管业界在不断提高技术和管理水平，但合同中往往缺乏与安全相关的条款。

7.4.1 软件即服务

大多数企业普遍使用 SaaS。据一些估算，每家公司平均使用近 2000 种独特的云服务(从编写备忘录到管理销售渠道)。SaaS 的思想是，除了允许的少量定制，只需要支付许可费用，无论用户在哪里，供应商都会确保所有用户可访问该软件。

鉴于 SaaS 解决方案的流行，Microsoft、Amazon、Cisco 和 Google 等云服务提供商通常会有独立的大型团队保护其服务的基础架构的各个方面。然而，越来越多的安全事故发生在 SaaS 的数据处理级别，而这些基础架构公司不需要为此类事件承担责任。例如，当一名员工与未经授权的第三方共享机密级文件时，如何要求 CSP 承担责任？

因此，在 SaaS 方面，可见性是安全专家的主要担忧之一。安全专家知道拥有什么资产以及如何使用这些资产吗？"McAfee 2019 云计算使用和风险报告(McAfee 2019 Cloud Adoption and Risk Report)"指出组织认为用户正在使用的云服务数量与实际使用的云服务数量之间存在较大差异。该报告显示，这种差异可达到几个数量级。如之前所述，安全专家不能保护不知道的东西。云访问安全代理商(Cloud Access Security Broker，CASB)和数据防丢失(Data Loss Prevention，DLP)系统等解决方案有助于解决这些问题。

注意

已在第 6 章介绍了 CASB 和 DLP 系统。

7.4.2 平台即服务

如果用户没有使用他人授权许可的应用程序，而是自己研发了应用程序，并需要有一个地方托管这个应用程序，该怎么办？在托管的环境配置方面，用户希望有相当大的灵活性，但也需要在配置和保护方面得到一些帮助。用户当然可保护应用程序的安全，但也希望其他人协助处理，如加固主机、修补底层操作系统，甚至持续监测对虚拟机的访问。这就是 PaaS 的用武之地。

PaaS 具有与 SaaS 类似的一系列功能及优势，因为 CSP 通过管理一系列技术栈，以透明的管理方式提供给最终用户。用户只需要告诉提供商"想要一个拥有 64 GB 内存和 8 核处理器的 Windows Server 2019"。无需用户自己构建基础架构，就可在基于云的基础架构上直接访问代码或部署和托管自己的解决方案。PaaS 提供了专注于软件研发的价值。就本质而言，PaaS 旨在为组织提供直接与其最重要资产(源代码)交互的工具。

PaaS 模式中，服务提供方承担物理基础架构的维护和保护责任，采用多种方式阻止成功利用物理基础架构漏洞。这通常意味着 PaaS 提供商需要可靠的硬件资源，使用坚固的设备为数据提供安全保护，并对物理服务器的访问以及与物理服务器的连接实施监测。此外，PaaS 提供商通常在网络层提供了对分布式拒绝服务(Distributed Denial-of-Service，DDoS)攻击的保护，无需用户额外配置。

虽然 PaaS 模型减少了用户在资源调配、维护和安全方面的很多工作，但值得注意的是，PaaS 模型并没有保护托管在其中的软件系统。如果客户构建和部署的代码不安全，CSP 无法保护客户的软件。PaaS 提供商专注于运行服务的基础架构，但客户仍必须确保软件是安全的，且有适当的控制措施。第 24 章和第 25 章将深入探讨如何构建安全代码。

7.4.3　基础架构即服务

有时，用户需要从头构建自己的服务器。也许用户研发的应用程序和服务需要用户的 IT 团队和安全团队在操作系统级别安装和配置，从而可访问在 PaaS 模型中无法访问的组件。用户不需要有人提供管理平台；而是自己从头开始搭建平台。IaaS 提供了这样的环境。用户可将镜像上传到 CSP 的环境中，并根据需要构建自己的主机。

IaaS 作为一种循环利用硬件资源的方法，为组织提供了一种有效且经济实惠的方式，管理自己的硬件，不会产生与采购、存储和报废硬件相关的大量成本。在此服务模型中，供应商提供用户所需的硬件、网络和存储资源，满足用户对操作系统、依赖关系和应用程序的要求。供应商处理所有硬件问题，让用户专注于虚拟主机。

在 IaaS 模型中，大多数安全控制措施(物理控制措施除外)都是用户的责任。显然，用户需要一个强大的安全团队管理这些。尽管如此，仍有一些风险超出用户控制范围的底层缺陷，需要依赖供应商。例如，攻击方利用硬盘、内存、CPU 缓存和 GPU 中的漏洞发动攻击；在 IaaS 云服务提供商的裸机中植入后门，偷取数据；支持租户系统的虚拟机管理程序的漏洞，或正在使用的硬件固件中存在的漏洞。客户很难检测到这种攻击，因为从更高的技术栈看，所有服务都不受影响。

尽管成功利用底层漏洞的可能性非常低，但此级别的缺点和错误可能导致大量成本。以亚马逊云服务(Amazon Web Services，AWS)在 2014 年实施的虚拟机管理程序升级为例，实质上迫使 AWS EC2(Elastic Compute Cloud，EC2)完全重启(EC2 是 AWS 最主要的云计算产品)。Amazon 为解决开源虚拟机管理程序 XEN 中发现的一个严重安全缺陷，保证客户不受此漏洞的影响，在全球范围内强制重启了 EC2 实例，确保能正确执行补丁。大多数情况下，与许多其他云服务一样，客户端配置错误也可能对 IaaS 的环境产生攻击。

7.4.4　一切皆服务

请回顾一下云服务的基本前提：只需要为实际使用的资源付费，根据需要随时增减云计算资源。再仔细想想，这个模型也适用于应用程序和计算机以外的事物。一切皆服务(Everything as a Service，XaaS)契合了云模型一系列产品的趋势，从娱乐(如电视节目和长篇电影)，到网络安全(如安全即服务)，再到无服务器计算环境(如函数即服务)。准备好迎接大量 X 即服务(XaaS)产品的涌现。

7.4.5　云部署模型

到目前为止，IT 人员可能已经对云计算的前景非常有信心，但可能还是想知道"云计算到底在哪里？"就像信息安全领域的许多问题一样，答案是"视情况而定"。部署云计算资源有四种常见的模型，每种模型都有自己的特点和局限性：

- **公有云(Public Cloud)**是最流行的模式，像 AWS 这样的供应商拥有所有资源，并将其作为服务提供给所有客户。重要的是，资源以透明和安全的方式在所有客户之间共享。公有云供应商通常还提供虚拟私有云(Virtual Private Cloud，VPC)作为一种选择。在这种选择中，增加了用户之间的隔离度从而提高了安全性。
- **私有云(Private Cloud)**由使用其服务的组织拥有和运营。这里，该组织拥有、运营和维护提供服务所需的服务器、存储和网络。这意味着组织不会与任何人共享资源。这种方法能提供最好的安全性，但代价可能是更高的成本和有上限的可伸缩性。
- **社区云(Community Cloud)**是由一组特定的合作伙伴组织共同拥有(至少共享)的私有云。这种方法通常在大型集团企业中实施，多家公司向同一总部报告。
- **混合云(Hybrid Cloud)**将本地基础架构与公有云结合，将大量精力投入如何管理好每个解决方案中的数据和应用程序，以实现组织的目标。使用混合模型的组织通常会从公有和私有模型中获得好处。

7.5　普适系统

云计算是关于计算能力的集中，以便算力能在客户之间动态重新分配。在相反的方向上，普适计算(也称为普存计算，英文为 Ubiquitous Computing 或 Ubicomp)是这样一种概念：即具有少量(甚至微量)的计算能力设备分布在各处，且计算嵌入日常彼此通信的对象中；通常，与用户只有很少的或没有交互，只为特定的目的，做非常具体的事情。在这种模型中，计算机无处不在，计算机之间相互通信，带来了非常酷的新功能，但也带来了非常棘手的安全挑战。

7.5.1　嵌入式系统

嵌入式系统(Embedded System)是为特定目的而设计的独立计算机系统(即，拥有自己的处理器、内存和输入/输出设备)。嵌入式设备(Embedded Device)是某些机械或电气设备或系统的一部分，或嵌入其中的设备。嵌入式系统通常价格便宜、坚固耐用、体积小而且功耗极低。嵌入式系统通常围绕微控制器(Microcontroller)构建，微控制器是由 CPU、内存和外围控制接口组成的专用设备。微控制器有一个非常基本的操作系统(如果有)。数字温度计是一个非常简单的嵌入式系统的示例。嵌入式系统的其他示例包括交通信号灯和工厂装配线控制器。从这些示例可看出，嵌入式系统经常用于感知和/或作用于物理环境。出于这个原因，嵌入式系统有时也称为网络物理系统(Cyber-physical System)。

　　保护嵌入式系统的主要挑战是确保驱动嵌入式系统软件的安全性。许多嵌入式厂商采用商用微处理器构建和研发嵌入式系统，但是这些嵌入式厂商都使用自己的专有代码，给客户的审计带来很大难度，甚至有时无法审计。根据组织的风险容忍度，如果嵌入式系统是单机系统，某种程度上这些风险是可接受的。问题是这些系统越来越多地与各种看不见的网络连接在一起。例如，最近某个组织发现，组织使用的一种嵌入式设备有一项"自动上报(Phone Home)"功能，而这项功能没有出现在文档中。某些情况下会导致潜在的敏感信息未加密地传输给制造商。如果无法对嵌入式设备的安全性实施全面审计，那么至少应该确保监测在网络中进出的任何数据流。

　　许多嵌入式系统面临的另一个安全问题涉及安全更新和修补能力。许多嵌入式设备部署在没有 Internet 连接的环境中。即便能连接到 Internet，设备能检查更新，在廉价设备上也可能无法建立安全的通信或确认数字签名，这两者都需要处理密集型的密码术。

7.5.2　物联网

　　物联网(Internet of Things，IoT)是全球性的嵌入式系统互联的网络。物联网的特点在于，每个节点都连接到 Internet，且是唯一可寻址的。有人预计，到 2025 年，这一网络预计将达到 310 亿台设备，使之成为全球经济中一个蓬勃发展的部门。最火爆的产业当属智能家居领域，如电灯、烤箱甚至冰箱等家电协同工作，为人们营造了最便捷和舒适的家居体验。

　　这种对物理设备的连接和访问，带来了许多安全挑战。任何即将采用物联网设备的组织都需要注意如下问题：

- **身份验证(Authentication)**　嵌入式设备并不以包含强大的身份验证支持而闻名，大多数物联网设备的身份验证机制即便有，也都非常脆弱。
- **加密技术(Encryption)**　密码术通常对处理能力和内存要求很高，在物联网设备中这两个方面都非常有限。结果是，在物联网许多部分中的静止状态数据和传输状态数据都可能受到攻击。
- **更新(Update)**　即便物联网是联网的，但在这一飞速发展的产业中，大多数供应商并不能即时提供对软件或固件补丁的自动更新。

　　迄今为止最引人注目的示例可能是 Mirai 僵尸网络，攻击方利用数百万不安全的物联网设备。Mirai 是一种感染物联网设备的恶意软件，是史上最大、最有效的僵尸网络之一。Mirai 僵尸网络通过使用数十万个受感染的 IoT 设备对多个站点和服务提供方实施大规模 DDoS 攻击，从而导致主要网站关闭。2016 年 10 月，Mirai 针对流行的 DNS 提供商 Dyn 实施攻击，Dyn 为 Airbnb、Amazon、GitHub、HBO、Netflix、PayPal、Reddit 和 Twitter 等许多流行的网站提供名称解析。Dyn 关闭后，Mirai 导致数百万用户数小时无法访问这些网站。

7.6　分布式系统

分布式系统(Distributed System)是指多台计算机一起工作完成某个任务的系统。前面讨论过的四层系统就是分布式系统的一个示例,是广泛意义上的分布式系统。基于服务器的系统是一种特殊形式的分布式系统,其中一个组(或层)中的设备充当相邻设备组的客户端。第一层客户端无法直接使用第四层的数据库(如图 7-1 所示)。因此,分布式系统是任何包括多个计算节点的系统,节点间通过网络互连,交换信息并共同完成任务。

并非所有分布式系统都按照图 7-1 示例那样分层。分布式计算的另一种方式是对等系统,在这些系统中,每个节点与其他所有节点都是相等(而不是客户端或服务器)的。节点能自由地向任何其他节点请求服务。结果是形成一个极具弹性的结构,即使在大量节点断开连接或不可用时,系统也能很好地运行。如果处在一个典型的客户端/服务器模型且服务器下线,系统就会失效。对等系统可能接受多个节点下线,但仍能完成需要完成的任何任务。显然,并非每个应用程序都适合这种模型,因为某些任务本质上是分层的或集中的。点对点系统的流行示例是像 BitTorrent 这样的文件共享系统,洋葱路由器(The Onion Router,TOR)这样的匿名网络,以及比特币这样的加密货币。

保护分布式系统的最重要问题之一是网络通信,这对分布式系统至关重要。显而易见的方法是加密所有流量,但要确保所有节点都使用足够强大的密码术是具有挑战的。当系统包含可能不具有与传统计算机相同加密功能的 IoT 或 OT 组件时更是如此。

即使在分布式系统中加密所有通信量,仍然会有信任问题。信息安全人员如何确保每个用户和每个节点都是可信赖的?怎么知道系统的一部分是否遭到了破坏?身份和访问管理(Identity and Access Management,IAM),以及将受攻击节点与系统隔离的能力,都是需要解决的关键领域。

注意

第 16 章将讨论 IAM。

边缘计算系统

物联网设备激增带来的一个有趣挑战:如何以更具成本效率的方式快速构建可扩展服务。为理解这个问题,先考虑一下基于服务器架构的示例。假设在 Web 浏览器上玩大型多人在线游戏(Massively Multiplayer Online Game,MMOG)。游戏公司可能将后端服务器托管于云计算环境中,实现大规模的可伸缩性,因此处理能力不是问题。现在假设所有这些服务器都配置在美国东部。纽约的玩家在玩游戏时不会有任何问题,但日本的玩家可能遇到明显的网络延迟问题(日本玩家的每一个操作指令都必须跨越半个地球送到美国的服务器处理,结果再跨越半个地球传回日本的玩家)。日本玩家可能很快对游戏失去兴趣。假设,现在该公司将其主要服务器保留在美国,但提供了区域服务器,其中一台位于新加坡。大多数操作指令在区域服务器中处理,这意味着日本玩家将获得更好的用户体验,而全球积分榜则在美国集中维护。这是边缘计算的一个示例。

边缘计算(Edge Computing)是内容分发网络(Content Distribution Networks，CDN)的一种演变，目的是让网站内容更接近客户。CDN 有助于网站国际化，同时有助于缓解 DDoS 攻击的影响。边缘计算是一个将计算和存储部署在靠近终端位置的分布式系统，减少网络延迟和流量。如图 7-8 所示，边缘计算架构通常有三层：终端设备、边缘设备和云基础架构。终端设备可以是任何东西，从智能温度计到自动驾驶汽车。这些设备需要实时处理数据，意味着对时间有严格的要求。如果数据中心里有一个热传感器，检测到温度上升或过热，IT 人员希望几分钟内收到一次警报？

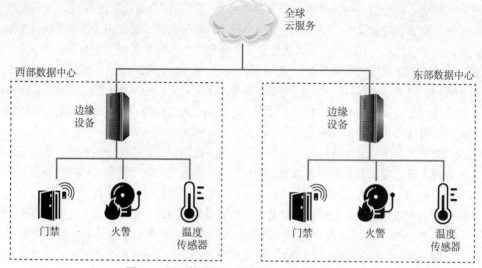

图 7-8　用于管理基础设施的边缘计算架构示例

为缩短传输时间，服务商会在更接近终端设备的地方部署边缘设备。某些情况下，这些边缘设备直接嵌入终端设备中。回到温度计的示例，假设这两个数据中心都有这些设备；还有其他一些传感器，如火警和门禁。此时将这些传感器集成起来了解基础设施的情况，而不是配置数据中心过热告警。例如，可能有人在炎炎夏日打开后门而导致温度升高。如果温度持续上升，但只要制冷系统还能将环境温度保持在允许范围的时间段内，应该触发门状态的警报，而不一定需要触发温度警报。传感器(包括温度传感器)会将数据发送到位于附近或同一基础设施内的边缘设备。这不仅减少了生成解决方案所需的时间，而且在一定程度上提供了网络中断保护。在本地的边缘设备上确定是否响起门警报(以及何时响起)。来自两个数据中心的所有传感器的所有或部分数据将发送到全球云服务基础架构。服务商在云端的数据分析发现有用的模式，这些模式告诉服务商如何更有效地使用全球各地的资源。

注意

随着物联网设备的计算能力提高，这些物联网设备在某些情况下也正在成为边缘设备。

7.7 本章回顾

确保系统安全的核心是了解相关组件以及这些组件如何相互作用。虽然架构术语似乎有很多重叠，但实际上，每种方法都会带来一些独特的挑战和一些不那么独特的挑战。作为安全专家，需要了解各种架构之间的相似之处和不同之处。当然，可将不同架构混合搭配，但必须清楚理解问题的根本。本章对常见的系统架构实施了分类，并讨论了这些系统架构的独特之处以及带来的安全挑战。本章介绍了安全专家可能在大多数架构中遇到的设备和系统。

7.8 快速提示

- 客户端系统在用户设备上执行所有核心功能，不需要有网络连接。
- 服务器系统要求客户端通过网络连接向服务器发出请求。
- 事务是正确更改数据库状态的操作序列。
- 数据库事务必须具有原子性、一致性、隔离性和持久性(ACID)。
- 聚合指组合来自不同来源的信息的行为，一旦允许未经授权的个体将敏感信息拼凑在一起，就会出现安全问题。
- 推理从聚合的信息中推导出一套信息。一旦允许未经授权的个体推断出敏感信息，就会出现安全问题。
- 高性能计算(HPC)以超出通用计算机能力的方式聚合计算能力，用于解决大型的特定问题。
- ICS 专门针对工业控制流程中的物理设备。
- 任何通过输入和输出完成交互协作，用于完成任务的计算机和物理设备系统都是嵌入式或网络物理系统。
- ICS 主要分成两大类：分布式控制体系(DCS)和数据采集与监视控制系统(SCADA)系统。二者之间的主要差异在于 DCS 用于本地控制，而 SCADA 用于远程控制。
- ICS 在逻辑上或物理上应该始终与公共网络隔离。
- 虚拟化系统是存在于软件模拟环境中的系统。
- 虚拟机(VM)是运行在由软件虚拟的硬件中的操作系统。
- 容器是为运行应用程序而虚拟化操作系统的系统。
- 微服务是一种软件架构，按照功能分成多个独立的组件，这些组件以分布式的方式通过网络协同工作。
- 容器和微服务经常一起使用，但不是必需的。
- 在无服务器架构中，不必设置任何专用服务器基础架构即可为最终用户提供服务。
- 云计算通过使用共享的远程设备，提高了效率、性能、可靠性、可伸缩性和安全性。
- 软件即服务(SaaS)是一种云计算模型，可让用户访问在服务提供方环境中执行的特定应用程序。

- 平台即服务(PaaS)是一种云计算模型,为用户提供对计算平台(而不是操作系统或虚拟机)的访问。
- 基础架构即服务(IaaS)是一种云计算模型,为用户提供对云设备的直接访问。
- 服务器实例包括对操作系统和虚拟机的访问。
- 嵌入式系统通常是一个独立的、坚固耐用的计算机系统,具有自己的处理器、内存和输入/输出设备,且为特定用途而设计。
- 物联网(IoT)是全球的嵌入式系统互联的网络。
- 分布式系统是通过网络互连的多个计算节点,通过交换信息以完成任务的系统。
- 边缘计算是一种分布式系统,将计算和数据存储资源就近部署,减少延迟和网络流量。

7.9　问题

请记住这些问题的表达格式和提问方式是有原因的。必须了解到,CISSP 考试在概念层次提出问题。问题的答案可能不是特别完美,建议考生不要寻求绝对正确的答案。相反,考生应当寻找最合适的答案。

1. 以下哪项是数据库事务的两个基本属性?
   - A. 聚合和推理
   - B. 可伸缩性和持久性
   - C. 一致性和性能
   - D. 原子性和孤立性

2. 以下关于容器的说法不正确的是?
   - A. 是嵌入式系统
   - B. 是虚拟化系统
   - C. 通常包含微服务
   - D. 在沙盒中运行

3. 在数据库中,用于描述未经授权用户通过组合来自不同来源的信息,了解用户原本不应访问的敏感信息的攻击术语是什么?
   - A. 聚合
   - B. 容器化
   - C. 序列化
   - D. 收集

4. 分布式控制体系(DCS)与数据采集与监视控制系统(SCADA)之间的主要差异是什么?
   - A. SCADA 是一种工业控制体系(ICS),而 DCS 是一种总线。
   - B. SCADA 控制较近距离的系统,而 DCS 控制较远物理距离的系统。
   - C. DCS 控制较近距离的系统,而 SCADA 控制较远物理距离的系统。
   - D. DCS 使用可编程逻辑控制器(PLC),而 SCADA 使用远程终端单元(RTU)。

5. 虚拟机管理程序的主要目的是什么？

    A. 虚拟化硬件资源和管理虚拟机

    B. 虚拟化操作系统和管理容器

    C. 对虚拟机的访问控制和日志记录提供可见性

    D. 对容器的访问控制和日志记录提供可见性

6. 哪种云服务模型可让客户直接访问硬件、网络和存储？

    A. SaaS

    B. PaaS

    C. IaaS

    D. FaaS

7. 如果想让研发团队可访问以便编写自定义代码，同时为全体员工提供远程办公室的访问权限。推荐以下哪种云服务模型？

    A. PaaS

    B. SaaS

    C. FaaS

    D. IaaS

8. 以下哪项不是保护嵌入式系统面临的主要问题？

    A. 专有代码的使用

    B. "自动上报"的设备

    C. 缺乏微控制器

    D. 能更新和部署安全补丁

9. 关于边缘计算，下列哪项是正确的？

    A. 不使用集中的计算资源，在边缘端完成所有计算

    B. 将计算推向边缘端，同时集中留存数据管理

    C. 通常由两层组成：终端设备和云基础架构

    D. 是内容分发网络的演进

使用以下情景回答问题 10~12。Wilson 刚被聘为一家全国性电力公司的网络安全总监。Carmen 是运营总监，Carmen 会带 Wilson 看看 OT 上的安全措施。

10. 将使用什么系统控制发电、配电和向所有客户的输送？

    A. 数据采集与监视控制系统(SCADA)

    B. 分布式控制体系(DCS)

    C. 可编程逻辑控制器

    D. 边缘计算系统

11. Wilson 看到一位资深员工通过远程指导一位新员工使用人机界面(HMI)。Carmen 告诉 Wilson，高级工程师能在家中的个人电脑访问 HMI，用于指导解决突发问题。Carmen 问 Wilson 如何看待这项策略。Wilson 应该如何回应？

    A. 改变策略。不允许使用个人计算机访问 HMI，但可使用公司笔记本电脑通过公司

VPN 访问。

    B. 改变策略。ICS 设备应始终与 Internet 隔离。

    C. 因为 HMI 仅用于管理目的，并不提供操作功能，所以这是能接受的。

    D. 可接受，人身安全是 ICS 最根本的问题。所以最好能让高级工程师在家中培训其他员工。

12. Wilson 注意到有几个 ICS 设备从未打过补丁。当 Wilson 问为什么，Carmen 告诉 Wilson 这些设备是关键设备，Carmen 的团队无法在修补这些生产系统补丁之前实施测试。由于担心修补这些关键任务设备可能导致意外宕机，甚至造成人员伤害，Carmen 已授权团队对这些设备保持原样。Carmen 问 Wilson 是否同意。Wilson 怎么回应？

    A. 同意。但需要记录风险并确保设备尽可能隔离和密切监测。

    B. 同意。在 ICS 关注的安全性问题中，人身安全和可用性胜过其他所有问题。

    C. 不同意。应该建立一个测试环境，安全地测试补丁，然后将补丁部署到所有设备。

    D. 不同意。这些是关键设备，应尽快修补。

7.10　答案

1. D。数据库事务的基本属性是原子性、一致性、隔离性和持久性(ACID)。

2. A。容器通常是容纳微服务并在沙箱中运行的虚拟化系统。将容器实现为嵌入式系统不合适。

3. A。当用户没有访问特定信息的安全许可或权限，但确实有权访问此信息的组成部分时，就会发生聚合。最终，用户可弄清楚其余部分并获得受限信息。

4. C。主要差异在于 DCS 控制较近距离的设备，而 SCADA 控制较远物理距离的大规模物理节点的流程。DCS 和 SCADA 都能使用(且经常使用)PLC，但 RTU 几乎总出现在 SCADA 系统中。

5. A。虚拟机管理程序几乎总是用于虚拟机硬件的虚拟化。此外可提供可视化和日志记录(这些是次要功能)。容器与虚拟机管理程序类似，但容器通过虚拟化运行在操作系统的更高级别上。

6. C。IaaS 为组织提供一种有效且经济实惠的方式管理自己的硬件，不会发生与采购、物理存放和硬件报废相关的大量成本开销。

7. A。PaaS 专注于提供软件研发的价值，提供对研发环境的直接访问，使组织能在云基础架构上构建自己的解决方案，而不是完全由自己提供基础架构。

8. C。嵌入式系统通常围绕微控制器构建，微控制器是由 CPU、内存和外围控制接口组成的专用设备。其他所有答案都是保护嵌入式系统的主要问题。

9. D。边缘计算是内容分发网络的演变，旨在使网络内容更接近其客户。边缘计算是一个分布式系统，将计算和数据存储就近部署，以减少延迟和网络流量。因此，计算和数据管理由三个不同的层级的每一层分别处置：终端设备、边缘设备和云基础架构。

10. A。SCADA 旨在控制涉及相距很远的大规模节点(如电力供应商)的物理流程。

11. B。ICS 设备与 Internet 访问完全隔离是一种最佳实践。有时出于操作原因无法将 ICS 设备与 Internet 完全隔离，此时允许通过 VPN 实现远程访问。

12. A。通常情况下，组织既无法承担将未经测试的补丁推送到 ICS 设备的风险，也无法承担建立测试环境的成本。这些情况下，最佳策略是尽可能隔离和检测设备。

第8章

密 码 学

本章介绍以下内容：

- 密码术的定义与概念
- 对称密钥密码术
- 非对称密钥密码术
- 公钥基础架构
- 密码攻击技术

只有死人才能保守秘密。

——Benjamin Franklin

熟悉了第 7 章中的系统架构后，安全专家将在本章学习系统架构防护的一个核心主题——密码术(Cryptography)。密码术是用只有授权方才能理解的形式，对信息实施存储和传输的实践。通过妥善的设计和实施，密码术是能在敏感数据的整个生命周期里提供有效保护的方法。当然，只要有足够的时间、资源和动机，攻击方就能成功地攻击大多数密码体系并破解信息。所以对密码术而言，一个更贴近实际的目标是使获取信息的过程变得非常费力、耗时，不值得去破解。

密码分析(Cryptanalysis)是旨在削弱或破解密码术的技术统称。这也是敌对方试图挫败防御方使用的密码术的方法。密码学和密码分析共同构成了密码术。在本章中，安全专家将分别研究密码术的两部分。这是本书的重要一章，如果不了解如何利用密码术[1]，就无法有效地保护信息系统。

---

[1]译者注：Cryptography 在国内一般译作密码学，和另一个表示密码学的 Cryptology 经常混用。普遍认为 Cryptology 比 Cryptography 包含的内容多。本书根据上下文将 Cryptology 译成密码(编码)学、密码(编码)技术或密码术等不同词汇，将 Cryptography 译为密码编码术，简称密码术。另外，本书后面不再特意区分密码分析和密码编码，也不再特意区分密码术、密码编码术、密码分析学，将这些统称为密码术或密码技术。

8.1 密码术的历史

密码术自古有之。公元前 600 年左右，有一种希伯来语的加密方法(Cryptographic Method)是将字母表顺序翻转或移位，将原字母表中的每个字母映射成调换顺序后的字母表中的另一个字母，这种加密方法称为 Atbash。下面给出 Atbash 加密方法中使用的密钥示例：

```
ABCDEFGHIJKLMNOPQRSTUVWXYZ
ZYXWVUTSRQPONMLKJIHGFEDCBA
```

"HVXFIRGB"是单词"SECURITY"的密文。Atbash 是替换密码(Substitution Cipher)的一个示例，因为每个字符都由另一个字符替换。由于只使用一张字母表，因此这种替换密码又称为单字母表替换密码(Monoalphabetic Substitution Cipher)，而多字母表替换密码(Polyalphabetic Substitution Cipher)则使用多个字母。

提示

密码(Cipher)是"算法(Algorithm)"的另一个术语。

大约公元前 400 年，斯巴达人使用这样一种信息加密系统：将消息写在一张缠绕在木棒上的莎草纸上，然后将莎草纸传递给接收方。只有当莎草纸缠绕在正确直径尺寸的木棒上时，才能使字母正确匹配，读出消息(如图 8-1 所示)。当莎草纸没有缠绕在正确直径尺寸的木棒上时，看起来只是一堆随机的字符。这种 Scytale 密码(Scytale Cipher)是移位密码的一个示例，通过改变字符的顺序来掩盖消息的含义。只有知道如何重新排列字符的人才能恢复出原始消息。

后来，罗马的 Julius Caesar(公元前 100 年~公元前 44 年)发明了一种类似于 Atbash 的对字母表移位的加密方法，Julius Caesar 将字母表里的字母顺序移了 3 位。下例说明了一张标准的字母表和一张移位后的字母表。这里的算法就是字母表，密钥则是加密前后移动的位数。

● 标准字母表：

ABCDEFGHIJKLMNOPQRSTUVWXYZ

● 移位后字母表：

DEFGHIJKLMNOPQRSTUVWXYZABC

假设需要加密的消息为"MISSION ACCOMPLISHED"。取出该消息的第一个字母 M，将 M 移动 3 个位置后就得到密文的第一个字母 P；下一个要加密的字母为 I，移动 3 个位置后得到密文 L。不断重复这个流程，直至完成整条消息的加密。消息加密后，使者就将其送往目的地，之后逆向执行上述流程。

● 原文：

MISSION ACCOMPLISHED

● 密文：

PLVVLRQ DFFRPSOLVKHG

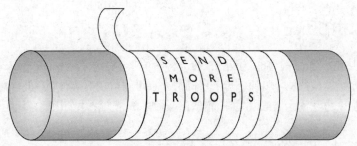

图 8-1　斯巴达人使用密码棒解密和加密消息

在现在看来，字母位移的技术过于简单，起不到保护消息的作用。但在 Julius Caesar 的时代，只有很少人能理解，因此这种方法提供的保护级别也算比较高了。凯撒密码(Caesar Cipher)和 Atbash 一样都是单字母表密码的一个示例。当更多民众能够阅读并逆向这种加密流程后，当时的密码学家(Cryptographer)就创建了更复杂的多字母表密码。

在 16 世纪的法国，Blaise de Vigenère 为亨利三世(Henry III)发明了一种多字母表替换密码。这种称为 Vigenère 的密码以凯撒密码为基础，增加了加密和解密流程中的难度。如图 8-2 所示，需要加密的消息为 SYSTEM SECURITY AND CONTROL，密钥为 SECURITY。使用 Vigenère 表(算法)，Vigenère 算法实际上是超级版本的凯撒密码。凯撒密码使用单张移动后的字母表(字母移动 3 个位置)，而 Vigenère 密码使用 27 张移动后的字母表，其中每个字母表的字母仅移动一个位置。

图 8-2 中，先取密钥的第一个字母 S，从算法中的第一个字母表开始，找到 S 列。然后，查找需要加密的明文消息的第一个字母，这个字母为 S，于是找到 S 行。S 列与 S 行交叉处的值为 K，K 就是密文的第一个值。接着取密钥中的第二个字母 E，明文的第二个字母为 Y，E 列和 Y 行的交叉位置为字母 C，C 是密文的第二个值。继续上述流程，对整条消息加密(注意需要重复使用密钥，因为明文比密钥长)。收到密文的一方必须使用相同的算法(Vigenère 表)和密钥(SECURITY)才能正确逆向上述流程，得到有意义的消息。

密码术在各国使用新方法、新工具的实践中得以发展并获得不同程度的成功。在 16 世纪，因为敌方截获了一条由苏格兰女王 Mary 发送的加密信息而导致女王丧生。在美国独立战争期间，Benedict Arnold 使用密码本加密有关军队调动和军事战略进展的信息。到了 19 世纪末，军事领域已普遍采用密码技术实现通信。

随着机械和机电技术的发展，出现了电报和无线电通信，在第二次世界大战期间军事通信中使用的加密装置已得到极大改进。转轮密码机(Rotor Cipher)通过机器内的不同转轮来替换字母，具有很高的复杂度，很难攻破，这是军事密码编码技术上的一个巨大突破。历史上最著名的转轮密码机是德国的英格玛(Enigma)密码机。Enigma 密码机有分离的转子、一个连接板和一个反射转子。

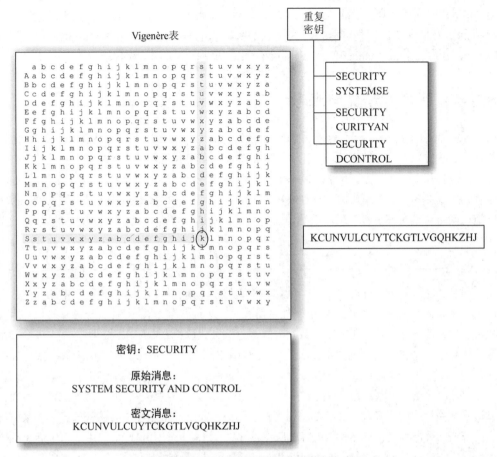

图 8-2 多字母表密码提高了加密的复杂度

在开始加密前，先将 Enigma 密码机调整到初始设置。运营人员键入消息的第一个字母，密码机用另一个字母替换原字母并显示出来。当转子旋转次数达到预设值时，加密就结束了。所以，假如运营人员键入的第一个字符为 T，Enigma 机可能显示的替换字母是 M，运营人员就在纸上记下 M。接着，运营人员旋转转子并输入下一个字母。每次要加密新的字母时，运营人员都将转子旋转至新设置。这个流程持续到整条消息完成加密。随后，加密的文本通过电波传输，大部分传送至德国军队的 U 型潜水艇。每个字母替换成什么字母取决于转子的设置，因此该流程是最关键和秘密的部分，即密钥(Key)，就是初始设置以及如何旋转转子。为使德国的军事单位能正确地通信，收发两端的运营团队必须知道每个转子旋转的增量序列。

发明计算机后，各种可能的加密方法和设备形式呈指数级增长，人们在密码术上的投入显著增加。这个时代给密码设计师研发新的加密技术带来了前所未有的机会。其中一个著名且成功的项目是 IBM 发明的 Lucifer。Lucifer 引入了复杂的数学方程和函数，后来由美国国家安全局(National Security Agency，NSA)采用和修改，最终在 1976 年确定了美国联邦政府标准的数据加密标准(Data Encryption Standard，DES)。当时 DES 广泛用于全球范围的金融等交易事务，同时内嵌在众多商业应用程序中。尽管 DES 算法在 20 世纪 90 年代后期遭到破解并且不再认为是安全的，但 DES 算法代表了密码术的重大进步。数年后，高级加密标准(Advanced Encryption Standard，AES)取代了 DES 算法，继续用于保护敏感数据。

8.2　密码术的定义与概念

加密是将明文(Plaintext，可读的数据)转换为密文(Cliphertext，看似随机、不可读的数据)的方法。明文以人或计算机理解的形式存在，如文档或可执行代码。密文在解密之前，任何人或计算机都无法正确处理。这使得机密信息在通过不安全通道传输时不会造成未授权泄露。当敏感数据存储在计算机中时，往往采用逻辑的和物理的访问控制措施加以保护。这些控制措施在网络传输时不再起作用，敏感信息将处于更易遭受攻击的状态。

提供加密和解密功能的系统或产品称为密码体系，由硬件组件或应用程序中的软件代码构成。密码体系包括加密算法(决定了加密流程是简单还是复杂)、密钥以及必要的软件组件和协议。大多数加密算法是复杂的数学公式，这些公式以特定顺序作用于明文。大多数加密算法依赖于一个称为密钥的秘密值(通常是一长串位)，密钥和算法一起作用于数据实现加密或解密。

算法(Algorithm)也称为密码(Cipher)，是一个规则集合，规定了如何加密和破译。目前计算机系统中使用的许多数学算法都广为人知，因而不属于加密流程中的秘密部分。如果算法的内部机制并非秘密，必然有些内容就应该是秘密，这就是密钥(Key)。可用从五金店购买锁来类比。假设有 20 个人购买了同一品牌的锁，虽然这些人都使用同类型、同品牌的锁，但并不表示购买了同一品牌锁的人能打开别人的锁从而接触到别人的私有财产。相反，每把锁都有各自的钥匙，每把钥匙只能打开特定的一把锁。

在加密中，密钥(又称为密码变量，Cryptovariable)是包含一长串随机位的值。并不是任何一长串随机位凑在一起都能成为密钥的。每个算法包含一个由一定范围的数值组成的密钥空间(Keyspace)，这些数值可用于构造密钥。当算法需要生成一个新密钥时，算法就使用来自该密钥空间的随机数。密钥空间越大，能用于表示不同密钥的数值就越多，密钥的随机性就越大，攻击方就越难破解。例如，如果某个算法允许长为两个位的密钥，那么其密钥空间为 4，这表示可能的密钥数量为 4(使用二进制，2^2=4)。这不是一个很大的密钥空间，攻击方不需要多少时间就能穷举出正确的密钥。

大的密钥空间有更多的密钥。目前，业界通常使用 128、256、512、1024 位，甚至更多位的密钥空间。512 位的密钥可提供的密码(密钥空间)为 2^{512} 个。加密算法应当包括整个密钥空间，并尽可能随机地选择构成密钥的值。如图 8-3 所示，如果使用较小的密钥空间，生成密钥时可供选择的组合就少，这将增加攻击方计算出密钥并破译保密信息的概率。

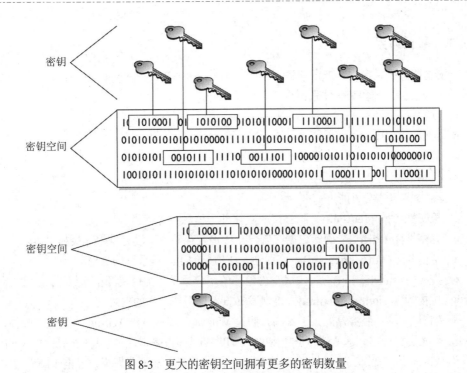

图 8-3　更大的密钥空间拥有更多的密钥数量

　　如果攻击方截获了双方传递的消息，就能查看该消息。如果是加密的消息，攻击方就无法看到消息内容。在不知道密钥的情况下，即使攻击方知道双方用于加解密的算法，获取到的消息仍然是无用的(如图 8-4 所示)。

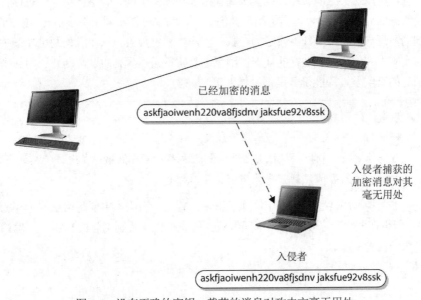

图 8-4　没有正确的密钥，截获的消息对攻击方毫无用处

8.2.1　密码体系

一套密码体系包含用于加密和解密的所有必需组件。PGP(Pretty Good Privacy)就是密码体系的一个示例。一套密码体系至少包含以下组件：

- 软件
- 协议
- 算法
- 密钥

密码体系可提供下列服务：

- **机密性(Confidentiality)**　除已授权实体外，信息不可读。
- **完整性(Integrity)**　确保数据在创建、传输及存储中，没有发生非授权篡改。
- **身份验证(Authentication)**　鉴别创建该信息的用户或系统的身份。
- **授权(Authorization)**　为完成身份验证的用户或系统提供资源访问权限。
- **抗抵赖性(Nonrepudiation)**　确保发送方无法否认发送的信息。

下例将说明这些服务是怎么工作的。假设 Wilson 的老板发给 Wilson 一封电子邮件，告诉 Wilson 工资将加倍。这条消息是加密的，所以 Wilson 很确定这条消息的确是 Wilson 的老板发给 Wilson 的(身份验证)，在消息到达 Wilson 的计算机之前没有人更改过电子邮件内容(完整性)，消息在网络上传输的时候别人也不能读到消息的内容(机密性)，Wilson 的老板回过神后也不能抵赖(抗抵赖性)。

不同类型的消息和交易所需要的密码等级、种类各不相同。军事和情报机构非常注重信息的机密性，所以这类组织会选择能提供高保密性的加密机制。金融机构关注机密性，但也关注传输数据的完整性，所以这类组织选择的加密机制很可能不同于军事机构。在金融领域，如果收到的消息导致弄错小数点或零的个数，将产生严重后果。法律机构则可能最关注所收到消息的真实性。作为呈上法庭的证据，消息的真实性必然受到质疑，因此所用加密方法需要确保消息的真实性，即能确认是谁发送的消息。

注意

如果 David 发送了一条消息，后来又矢口否认，这种行为叫"否认"或"抵赖"。当一种密码机制提供抗抵赖性时，发送方不能事后抵赖曾发送过消息的事实(发送方一旦试图否认，则密码体系将揭示真相)。

密码术的类型和用途已在这些年增加了很多。曾经，密码术主要是用来保护秘密不泄露(机密性)，但现在安全专家使用密码术确保数据的完整性、鉴别消息的真实性、确认收到了消息并提供访问控制等。

8.2.2 Kerckhoffs 原则

Auguste Kerckhoffs 于 1883 年发表了一篇论文，称一个密码体系唯一需要保密的部分应当是密钥。Auguste Kerckhoffs 宣称算法应当公开，并且断言：如果安全基于过多的秘密，就会有更多的漏洞可供利用。

那么，当代的安全专家们为什么要在意约 140 年前说过的话呢？因为争议仍然存在。某些特定领域的密码学家赞同 Kerckhoffs 原则，因为公开算法意味着更多人能查看源代码，测试算法，发现任何缺陷或弱点。俗话说："三个臭皮匠，胜过一个诸葛亮。"一旦有人发现某种缺陷，研发人员就能修复，提供安全性更强的算法。

但并非所有人都赞同这个观点。由世界各国政府创建的算法就没有对外公开过。各国政府的观点是，知道算法实际工作机制的人越少，知道如何破解算法的人也就越少。私有企业领域的密码学家并不同意这一做法，并且通常不相信自己无法检验的算法。上述辩论与当今盛行的开源代码和闭源软件之间的辩论基本相似。

8.2.3 密码体系的强度

加密方法的强度(Strength)源自算法、密钥的保密性、密钥的长度以及在密码体系内的协同工作。加密方法的强度指的是在算法或密钥未遭到公开的情况下破解出算法或密钥的难度。要破解一个密码体系，通常要处理惊人的数据量，从各种可能中找到一个能解密某条特定消息的数值(密钥)。加密方法的强度与破解密码体系或计算出密钥所需的处理能力、资源和时间相关。

破解密码体系可使用暴力破解攻击(Brute Force Attacking，BFA)，即穷举所有可能的密钥取值，直至得到有意义的明文。根据具体使用的算法和密钥的长度，这可能是一项简单任务，也可能是一项几乎无法完成的任务。如果一个密钥在 Intel i5 处理器上用 3 小时就能破解，那么这个密码算法的强度可以说很弱小。如果一个密钥需要 1000 个多处理系统用 120 万年才能破解，那么这个密码算法的强度就相当大。云计算的普及实际上增加了暴力破解攻击的威胁。

加密方法的设计目标是使破解过于昂贵或过于耗时。密码强度也称为工作要素(Work Factor)，是对攻击方破解一个密码体系需要付出的努力和资源的估算。

即使算法非常复杂和全面，其他方面的问题仍可能弱化加密方法。因为密钥通常是实际加密和解密消息所用到的秘密，所以对密钥的保护不当会降低加密方法的强度。即使用户使用一个强度非常高的密码算法，比如具有一个庞大的密钥空间和一个很长且随机性很高的密钥，但是如果用户与别人分享了密钥，那算法强度就无从谈起了。

加密的重要元素包括使用没有缺陷的算法、使用长密钥、尽可能随机地从全部密钥空间中选取密钥和保护实际使用的密钥等。如果其中任何一个元素做得不够强，都会降低整个加密流程的安全性。

8.2.4　一次性密码本

　　一次性密码本(One-time Pad)是一种完美的加密方案，这是因为，一旦其正确实现，往往视为是无法破解的[1]。一次性密码本由 Gilbert Vernam 于 1917 年发明，因此有时也称为 Vernam 密码。

　　Vernam密码算法并不像前面讨论过的 Caesar 密码和 Vigenère 密码那样使用移位字母表，而是使用一个由随机数组成的密码本，如图 8-5 所示。需要加密的明文消息已转换为位，而一次性密码本使用的密码本也由随机位组成。这个加密技术使用名为"异或(exclusive-OR)"的二进制数学函数，通常简写为 XOR。

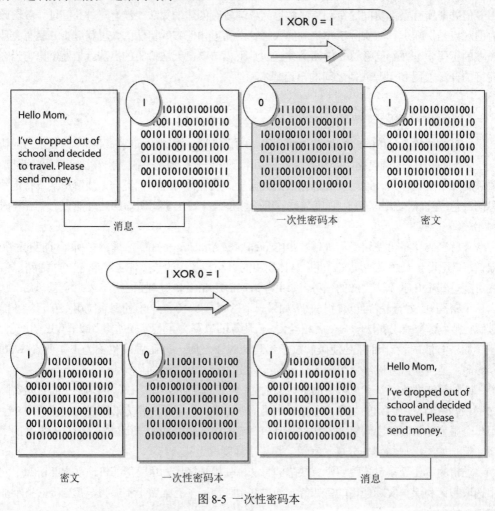

图 8-5　一次性密码本

---

[1]译者注：One-time Pad 也称作一次一密算法。

XOR 是一种作用于两个位的运算，是二进制数学和加密方法中常用的函数。如果两个位值相同，那么结果为 0(1 XOR 1 = 0)；如果两个位值不同，那么结果为 1(1 XOR 0= 1)。例如：

消息流：1 0 0 1 0 1 0 1 0 1 1 1

密钥流：0 0 1 1 1 1 0 1 0 1 0

密文流：1 0 1 0 1 1 1 1 1 0 1

在上例中，将消息的第一个位与一次性密码本的第一个位实施异或运算，得到的结果为密文值 1。将消息的第二个位与一次性密码本的第二个位实施异或运算，得到的结果为密文值 0。这个流程持续实施，直至整条消息加密完成。得到的结果(密文流)就是要发送给接收方的加密消息。

在图 8-5 中，可看到接收方必须使用相同的一次性密码本，才可通过逆转流程来解密消息。接收方取出密文消息的第一个位，并与一次性密码本的第一个位实施异或运算，得到的结果就为明文值。接收方继续针对整条密文消息执行上述流程，直至将完整的消息解密出来。

一次性密码本加密方案的实现仅在满足下列条件时，才能认为是无法破解的。

- **密码本必须且仅能使用一次**。如果多次使用密码本，则可能在加密流程中引入可识别的特征规律，有助于攻击方破解加密。
- **密码本至少与消息一样长**。如果密码本长度比消息短，那么需要重复使用密码本才能覆盖整条消息。这种情况与多次使用密码本类似，同样可能引入特征规律。
- **密码本必须安全分发，并在目的地加以妥善保管**。这是一个非常繁杂的流程。因为密码本通常只是几页纸，需要由可靠的安全情报员传送，并在每个目的地都得到适当保护。
- **密码本必须由真正的随机数构成**。这个条件看上去不难满足，但是即使是今天的计算机系统也没有真正的随机数生成器，而是使用伪随机数生成器。

注意

生成真正的随机数是非常困难的。大多数系统使用算法伪随机数生成器 (Pseudorandom Number Generator，PRNG)，生成一个数作为种子值输入，创建伪随机数流。给定的种子相同，PRNG 将生成相同值的序列。真正的随机数必须基于自然现象，如热噪声和量子力学。

虽然一次性密码本的加密技术方式能提供非常高的安全性，但由于其实现上的条件限制，所以在很多情况下并不实用。如果要以这种方式加密，每对通信实体必须事先以非常安全的方式接收密码本，且密码本必须与实际消息一样长，或者更长。这种方式下的密钥管理实现起来工作量巨大，所产生的开销可能远大于其价值。密码本的分发也是一个挑战，且发送方和接收方必须保持完全同步以使用相同的密码本。

考试提示

虽然对大多数现代应用程序来说，一次性密码是不切实际的，但一次性密码却是唯一完美的密码体系。

一次性密码本的需求

业界认为一次性密码本加密方案是无法破解的，因此该方案中的密码本必须满足以下需求：

- 由真正的随机数构成
- 只使用一次
- 安全分发至目的地
- 在发送方和接收方处都受到安全保护
- 至少与消息一样长

8.2.5　密码生命周期

大多数时候不太可能会用一次性密码本(唯一的"完美"系统)来保护网络，必须认识到使用的密码术如同食物一样是有限的。只要给定有足够的时间和资源，通过分析或蛮力破解的方式，任何密码体系都可破解。密码体系生命周期(Cryptographic Life Cycle)是一个持续的流程，包括识别密码需求，选择合适的算法，提供所需的功能和服务，管理密钥。最后，当组织判断密码体系快到达使用期限了，又开启新一轮的密码体系生命周期。

如何判断组织使用的算法(或选择的密钥空间)即将达到使用期限呢？安全专家需要跟踪密码研究领域的进展，这是及时获得警告的最好源头。通常，首先会出现提出算法有弱点的研究论文，之后会出现在受控条件下破解算法的学术实践，接着出现在一般条件下如何破解该算法的论文。当第一篇论文出现时，就是开始考虑替换算法的时候。

8.2.6　加密方法

到目前为止，当今最常用的加密方法是对称密钥加密(Symmetric Key Cryptography)和非对称密钥加密(Asymmetric Key Cryptography)。对称密钥加密使用对称密钥(Symmetric Key，或秘密密钥(Secret Key)；非对称密钥加密使用两个不同的非对称密钥，也称为公钥(Public Key)和私钥(Private Key)。非对称密钥密码术也称为公钥密码术(Public Key Cryptography)，因为其中一个密钥是能公开的。正如稍后所述，公钥密码术通常使用素数的幂，完成加密和解密运算。这种方法的一个变体是利用椭圆曲线，由更短的密钥提供相同的安全程度，称为椭圆曲线密码术(Elliptic Curve Cryptography，ECC)。尽管你现在可能还不清楚 ECC，但很可能已经在 Web 的安全通信(稍后将详细介绍)中使用过了。虽然这三种加密方法在今天认为是安全的(假设使用良好的密钥)，但量子计算(Quantum Computing)在密码术中的应用极可能改变这种情形。下面解释这四种加密方法的关键点。

8.3 对称密钥密码术

在使用对称密钥密码算法的密码体系中，发送方和接收方使用完全相同的密钥来加密和解密(如图 8-6 所示)。因此，这种密钥具有双重功能，既可完成加密，也可完成解密。这种加密方法依赖于每个用户都能正确地保护密钥、不泄露密钥，所以对称密钥也称为秘密密钥(Secret Key)。如果密钥落到攻击方之手，攻击方就能解密任何已截获并采用该密钥加密的消息。

对称加密使用相同的密钥

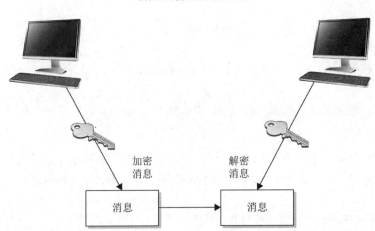

图 8-6 当使用对称算法时，发送方和接收方使用相同的密钥来加密和解密

使用对称密钥加密来交换数据的每对用户必须具有完全相同的密钥。这就是说，如果 Dan 和 Iqqi 希望通信，两人就必须获得相同密钥的副本。如果 Dan 还希望使用对称密钥与 Norm 和 Dave 通信，那么 Dan 需要 3 个不同的密钥分别与 3 个不同的朋友通信。这看起来似乎没有什么问题。然而，当 Dan 要在几个月时间内与数百名朋友通信时，Dan 就会意识到，要跟踪记录这些密钥并正确地使用对应于每个接收方的密钥将是多么困难的事情。如果有 10 名朋友要使用对称密钥安全地相互通信，就需要跟踪 45 个不同的密钥；如果有 100 名朋友要相互通信，就需要 4950 个密钥。计算所需对称密钥数的公式为：

$$密钥数=N(N-1)/2$$

对称加密方法的安全性完全依赖于用户对共享密钥的保护程度。如果组织不得不依靠全体人员保守一个秘密，就要提高警惕。一旦用户密钥遭到破坏，那么攻击方能解密所有已经使用该密钥加密的消息。对称密钥需要在必要时共享和更新，这使情况变得更复杂。如果 Dan 与 Norm 是第一次通信，那么 Dan 不得不了解怎样才能让 Norm 安全地得到正确密钥。使用电子邮件发送密钥不安全，因为密钥未受保护，攻击方很容易中途截获。因此，Dan 必须通过一种带外方法(Out-of-band)使 Norm 获得密钥。Dan 可将密钥存在闪存盘上再亲自送给 Norm，或让一个可靠信使传送给 Norm。这种做法存在很大争议，并且每种方式都很笨拙且不安全。

对称密钥密码体系总结

下面列出对称密钥系统的优点和缺点。

优点:

- 比非对称系统快得多(计算强度更低)。
- 密钥足够长时，难于攻破。

缺点:

- 需要一个安全的密钥分发机制。
- 每对用户之间都需要一个唯一的密钥，密钥数量随着用户数增长而增长，密钥管理任务繁重。
- 能提供机密性，但是不能提供真实性(Authenticity)或抗抵赖性(Nonrepudiation)。

示例:

- 高级加密标准(Advanced Encryption Standard，AES)
- ChaCha20

由于双方使用相同的密钥来加解密消息，因此对称密码体系能提供机密性，但不能提供身份验证或抗抵赖性。双方使用相同密钥的情况下，无法通过密码术判断到底是谁发送的消息。

既然对称密码体系存在这么多问题和缺点，那么为什么还在使用呢？这是因为，对称算法的运算速度快，强度大、不容易攻破。与非对称密码体系相比，对称算法速度快得惊人。对称算法可加解密大量数据；同样的数据量，如果使用非对称算法，需要的时间将长到令人难以接受。如果使用足够长的密钥，那么破解对称算法是非常困难的。因此，对于有大量数据加密需求的应用程序来说，对称密码体系是唯一的选择。

对称算法的两种主要类型是分组密码和流密码。顾名思义，分组密码每次同时作用于一组位，流密码则每次处理一个位。

8.3.1　分组密码

当分组密码(Block Cipher)用于加解密时，将消息划分为若干组，随后用数学函数处理这些分组，每次处理一个分组。假设 Wilson 需要加密发送给 Echo 的消息，并使用 64 位分组密码。此时，Wilson 的长为 640 位的消息就划分为 10 个 64 位的分组。每个分组都经过一系列数学公式处理，最后得到 10 个加密文本分组。然后，将这条加密消息发送给 Echo。同样，Echo 也必须拥有相同的分组密码和密钥，以相反顺序对 10 个密文分组使用前面的算法，最终得到明文消息。

Wilson 要把这个加密信息发给妈妈，如图 8-7 所示。妈妈就必须拥有相同的分组密码和密钥，将这 10 组密文以相反的顺序通过算法反算，得出明文消息。

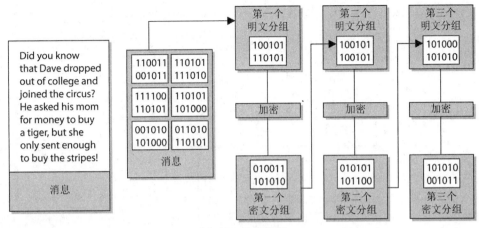

图 8-7　加密信息

一个强健的密码算法在两个主要属性上具有较高级别：混淆和扩散。混淆(Confusion)通常通过替换实现，扩散(Diffusion)则通过转置实现。要实现强健的密码算法，就必须包含这两个属性，造成攻击方在逆向工程分析上基本不可实现。密钥的随机性和数学函数的复杂度决定了混淆和扩散的级别。

在算法中，将一个分组中的各个位打乱或分散到整个分组内，即可实现扩散。混淆则通过执行复杂的替换函数实现，这样攻击方就无法弄清楚如何替换正确的值来得到原始的明文消息。假设 Wilson 有 500 块写有字母的积木，将这些积木排列起来拼出一封电报(明文)。然后使用另外 300 块积木替换原来的 300 块(通过替换实现混淆)。接下来，Wilson 将所有积木打乱(通过置换实现扩散)，并将积木散成一堆。如果攻击方想要得到原始的消息，就必须替换正确的木块，并将积木按正确顺序排列。

混淆的目标是使密钥和密文之间的关系尽可能复杂，从而令攻击方无法从密文中发现密钥。每个密文位都应依赖于密钥的多个部分，但在观察者看来，密钥位和密文位之间的映射关系应当看上去是完全随机的。

另一方面，扩散指的是每一个明文位会影响到多少个密文位。改变一个明文位应当引起多个而不是单个密文位的改变。实际上，在一个强分组密码算法中，如果改变一个明文位，那么每一个密文位都会以50%的概率发生改变。也就是说，如果改变一个明文位，那么大约有一半的密文位会发生变化。

与扩散非常类似的一个概念称为雪崩效应(Avalanche Effect)。如果一个算法符合严格雪崩效应准则，就意味着算法输入值的轻微变化会引起输出值的显著变化。所以密钥或明文的少量变化都会引起密文的显著变化。扩散概念和雪崩效应概念基本一样，只是提出者不同。Horst Feistel 提出了雪崩效应，而 Claude Shannon 提出"扩散"一词。如果一个算法的雪崩效应不明显，说明这个算法的随机化能力较差，攻击方能更容易地破解这个算法。

分组密码在方法上使用了扩散和混淆。图 8-8 用一个简单的分组密码为例说明了分组密码的概念，4 个分组输入，每个分组都具有 4 个位。这个分组密码具有两层 4 位的替换盒，即 S-盒(S-box)。每个 S-盒都包含一个查找表，算法使用查找表上的指令对加密位。

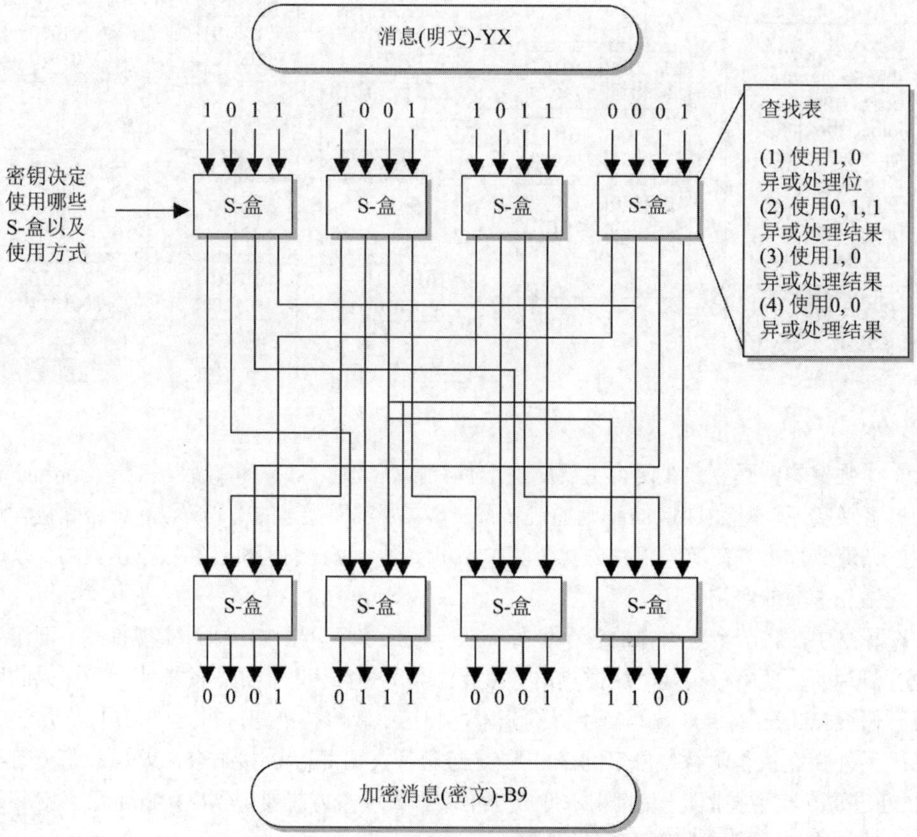

图 8-8　消息分为若干组，在这些分组上执行替换和置换函数

图 8-8 说明，将可读的明文混淆成加密的、不可读的密文时，密钥决定了使用哪些 S-盒，每个 S-盒有不同的替换方法，这些方法可作用于每个分组。这个示例很简单，事实上大部分分组密码都使用 32、64 或 128 位的分组以及更多 S-盒。

8.3.2　流密码

如前所述，分组密码是在一组位上运行数学函数。流密码并不将消息划分为若干组，流密码(Stream Cipher)将消息当作位流处理，数学函数分别作用在每一个位上。

使用流密码时，一个明文位在每次加密时会转换为不同的密文位。流密码使用密钥流生成器(Keystream Generator，KG)，KG 生成的位流与明文位实施异或运算，从而生成密文(如图 8-9 所示)。

注意

流密码加密流程类似于前面介绍的一次性密码本。一次性密码本中的每个位是通过 XOR 运算来加密消息位；在流密码中，由密钥流生成器生成的每个位通过 XOR 运算对消息位加密。

在分组密码中，密钥决定了将哪些函数按什么顺序作用在明文上。密钥提供了加密流程的随机性。如前所述，大多数加密算法都是公开的，人们知道加密的工作方式。因此，独门秘籍就是密钥。在流密码中，也是密钥提供随机性，保证和明文异或的位流尽可能随机。如图 8-10 所示，为正确地加解密，发送端和接收端都必须由相同的密钥生成相同的密钥流。

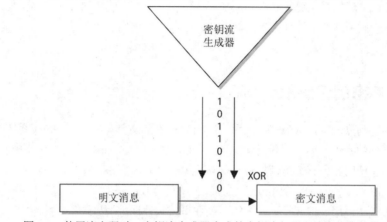

图 8-9　使用流密码时，密钥流生成器生成的密钥流与明文消息位实施异或运算

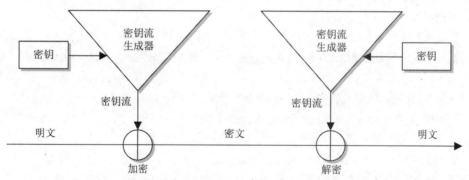

图 8-10　发送端和接收端都必须由相同的密钥生成相同的密钥流

8.3.3　初始化向量

初始化向量(Initialization Vector，IV)是一串随机数，在算法中用于确保加密流程中不会产生某些可识别的特征规律。IV 与密钥一同使用，而且在传输时不需要加密。如果不使用 IV，那么两个用相同密钥加密的相同明文将生成相同的密文。攻击方利用这些特征规律就能更轻松地破解出密钥。例如，假设明文消息中出现两次"See Spot run"，就需要保证在密文中不会出现相同的特征规律。因此，算法会使用 IV 和密钥提高加密流程的随机性。

一个高强度且有效的流密码算法应具有以下特征：

- **容易在硬件中实现**   如果硬件设计较复杂，将难以确认实现的正确性，且造成运算速率低下。
- **生成的密钥流具有长周期且无规律**   大多数情况下，密钥流并不是真正随机的，将最终导致特征规律的出现；要尽量避免此类规律的出现。
- **生成的密钥流与密钥线性无关**   有人破解了密钥流，并不意味着这个人知道了密钥。
- **生成的密钥流是统计无偏差的(0 和 1 几乎一样多)**   密钥流中 0 和 1 的数量没有明显区别。

流密码需要很多随机数，而且一次只加密一个位。与分组密码相比，这需要更强的处理能力，同时是流密码更适合于硬件实现的原因。由于分组密码不需要太多处理能力，因此易于在软件层实现。

8.4   非对称密钥密码术

在对称密钥密码算法中，两个实体之间使用相同的单个秘密密钥，而在公钥系统中，每个实体都具有不同的密钥，即非对称密钥(Asymmetric Key)。非对称密钥的两个密钥是数学相关的。如果消息使用其中一个密钥加密，就需要另一个密钥解密。在公钥系统中，两个密钥分别称为公钥(Public Key)和私钥(Private Key)。公钥可公开给任何用户知道并使用，而私钥只能由所有者知道和使用。很多时候，公钥可列在电子邮件地址的目录和数据库中，以便任何用户公开获取和使用，向密钥所有者传输加密数据。图 8-11 示例说明了非对称算法中不同密钥的使用方式。

非对称密钥体系的公钥和私钥是数学相关的。如果有用户获得了 Bob 的公钥，那么任何用户都应该无法据此推断出相应的私钥。这意味着，即便攻击方得到 Bob 的公钥副本，无论如何也不能运用数学方式得到 Bob 的私钥。但攻击方一旦窃取 Bob 的私钥，就会出现大麻烦(除密钥所有者外，任何人员均不应该接触到私钥)。

如果 Bob 用自己的私钥加密数据[1]，那么接收方必须具有 Bob 的公钥的副本才能解密[2]。接收方能解密 Bob 的消息，并决定是否采用加密方式实现回复。接收方需要做的就是用 Bob 的公钥加密回复，这样 Bob 就可用自己的私钥来解密回复。使用非对称密钥技术时，不能使用相同的密钥加密又解密，这是因为这两个密钥虽然数学相关，但并不相同。因此 Bob 可使用自己的私钥加密数据，接收方使用 Bob 的公钥解密，并因此确定消息来自 Bob。因为 Bob 是唯一应该接触到其私钥的人，只有当消息是由对应的私钥加密时，才能使用与之匹配的公钥解密，这就提供了身份验证功能。但这种方式并不能真正提供机密性，因为任何拥有公钥(公钥是公开的)的人都可解密密文。如果接收方想保证只有 Bob 才能阅读给 Bob 的回复，就使用 Bob 的公钥加密回复。因为只有 Bob 知道私钥，所以只有 Bob 能解密回复的消息。

---

[1] 译者注：也可理解为"使用私钥对数据实现数字签名"。
[2] 译者注：也可理解为"验签"。

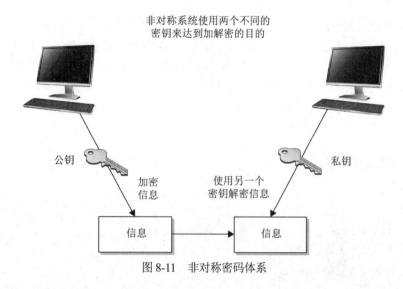

非对称系统使用两个不同的
密钥来达到加解密的目的

图 8-11　非对称密码体系

接收方还可选用自己的私钥(而不是 Bob 的公钥)加密数据。为什么这样做呢？目的是提供身份验证——因为想让 Bob 知道消息来自接收方而不是其他人。如果接收方使用 Bob 的公钥加密数据，因为任何人都可得到 Bob 的公钥，所以并不能提供真正的身份验证。如果接收方使用自己的私钥加密数据，那么 Bob 就能确信消息来自接收方而不是其他人。对称密钥并不提供身份验证，因为收发两端使用相同的秘密密钥，其中一方使用密钥并不能确保消息源自特定个体。

对发送方来说，如果机密性是最重要的安全服务，就应使用接收方的公钥加密文件。因为只有真正拥有相应私钥的所有者才能实施解密，所以这称为安全消息格式(Secure Message Format)。

对发送方来说，如果身份验证是最重要的安全服务，那么应使用自己的私钥加密数据。这就向接收方保证了只有真正拥有相应私钥的所有者才能加密这些数据。如果发送方使用接收方的公钥加密数据，就不能提供身份验证，因为任何人都能获得接收方的公钥。

使用发送方的私钥加密数据称为公开消息格式(Open Message Format)，因为拥有相应公钥副本的任何人都可解密消息。机密性得不到保证。

每种密钥类型都能用于加密和解密，因此不要误认为公钥只用于加密，而私钥只用于解密。公钥和私钥都具有加密和解密数据的能力。如果使用私钥加密数据，就不能使用私钥解密。如果数据是使用私钥加密的，就必须使用对应的公钥解密[1]。

非对称算法比对称算法慢得多，这是因为对称算法在加密和解密流程中对位执行相对简单的数学运算。对称算法的替换和置换运算不会过度复杂，也不是处理器密集型运算。这种加密方法难以破解的原因是对称算法反复执行这些运算，将要加密的消息位将经历一长串的替换和置换。

---

[1] 译者注：也可从签名角度理解。

非对称算法比对称算法慢，这是因为非对称算法使用更复杂的数学运算执行其功能，这要求更多处理时间。尽管较慢，但非对称算法能提供身份验证和抗抵赖性。与对称算法系统相比，非对称算法系统还能提供更简单、更易于管理的密钥分发，并且不存在对称算法系统出现的可伸缩性问题。存在这些差异的原因是：使用非对称算法系统时，用户可将自己的公钥发放给所有自己想要与之通信的人，而不必跟踪为每个人发放的独特密钥。8.4.5 节将说明这两种密码体系是如何一起使用使两者都发挥最佳功能的。

非对称密钥密码体系总结

下面概述了非对称密钥算法的优点和缺点。

优点：

- 具有比对称密钥系统更好的密钥分发功能。
- 具有比对称密钥系统更好的可伸缩性。
- 能提供身份验证和抗抵赖性。

缺点：

- 比对称密钥系统运行慢许多。
- 是数学计算密集型任务。

示例：

- Rivest-Shamir-Adleman (RSA)。
- 椭圆曲线密码体系(ECC)。
- 数字签名算法(DSA)。

提示

公钥密码术就是非对称密码术，这两个术语可互换使用。

表 8-1 总结了对称密钥系统与非对称密钥系统之间的差异。

8.4.1　Diffie-Hellman 算法

Whitfield Diffie 和 Martin Hellman 首先研发出非对称的密钥协商算法，解决了对称密钥密码技术中安全分发密钥的问题。该算法称为 Diffie-Hellman 算法。

通过下面的示例，理解 Diffie-Hellman 算法的工作方式。假设 Tanya 和 Erika 希望通过 Diffie-Hellman 算法实现在加密通道上的通信。Tanya 和 Erika 各自生成一对私钥和公钥对，彼此交换公钥。Tanya 的软件将使用 Tanya 的私钥(只是一个数值)和 Erika 的公钥(另一个数值)，运用 Diffie-Hellman 算法。Erika 的软件将使用 Erika 的私钥和 Tanya 的公钥，运用 Diffie-Hellman 算法。Tanya 和 Erika 得到相同的输出值，用于生成共享的对称密钥。

表 8-1　对称系统与非对称系统之间的差异

属性	对称系统	非对称系统
密钥	两个或多个实体共享同一个密钥	一个实体拥有公钥,另一个实体拥有相应的私钥
密钥交换	通过安全机制实现带外交换	每个人都能获得公钥,只有所有者知道私钥
运行速度	算法更简单,速度更快	算法较复杂,且运行缓慢
用途	批量加密,包括文件加密和通信加密	密钥分发和数字签名
提供安全性	机密性	机密性、身份验证和抗抵赖性

Tanya 和 Erika 通过不受信任的网络交换了不需要保护的信息(Tanya 和 Erika 的公钥),进而在每个系统上生成完全相同的对称密钥。Tanya 和 Erika 现在都可在相互通信时使用这些对称密钥来加密、传输和解密信息。

注意

上述示例描述的是密钥协商的过程，与其他非对称算法使用的密钥交换不同。密钥交换指的是发送方使用接收方的公钥加密对称密钥，然后发送给接收方。

Diffie-Hellman 算法使两个系统能安全地共享对称密钥, 而不需要预设值。Diffie-Hellman 算法可用于密钥分发, 但不提供加密或数字签名功能。该算法基于有限域内离散对数的计算难度建立。

最初的 Diffie-Hellman 算法容易受到中间人攻击, 是因为在交换公钥之前没有身份验证。在上例中, 当 Tanya 将自己的公钥发送给 Erika 时, Erika 怎么确定这是 Tanya 的公钥呢? 如果 Lance 假冒 Tanya 的身份, 且将 Lance 的公钥发送给 Erika, 那会怎么样呢? Erika 会以为 Lance 的密钥是 Tanya 的, 而存储下来。下面列出这种攻击的具体步骤。

(1) Tanya 向 Erika 发送自己的公钥, 但 Lance 截获在传送过程中的公钥, 没能抵达 Erika 手中。

(2) Lance 假冒成 Tanya, 将自己的公钥发送给 Erika。此时 Erika 认为自己持有 Tanya 的公钥。

(3) Erika 向 Tanya 发送自己的公钥, 但 Lance 截获在传送过程中的公钥, 没能抵达 Tanya。

(4) Lance 假冒成 Erika 的身份, 将自己的公钥发送给 Tanya。此时 Tanya 认为自己持有 Erika 的公钥。

(5) Tanya 使用 Tanya 的私钥和 Lance 的公钥, 生成对称密钥 S1。

(6) Lance 利用 Lance 的私钥和 Tanya 的公钥, 生成对称密钥 S1。

(7) Erika 利用 Erika 的私钥和 Lance 的公钥, 生成对称密钥 S2。

(8) Lance 利用 Lance 的私钥和 Erika 的公钥, 生成对称密钥 S2。

(9) 现在 Tanya 和 Lance 共享一个对称密钥(S1), Erika 和 Lance 共享另一个对称密钥(S2)。

但 Tanya 和 Erika 误认为彼此共享了一个密钥，且并不知道 Lance 已经介入。

(10) Tanya 写了一条消息，使用对称密钥 S1 加密消息，随后发送给 Erika。

(11) Lance 截获这条消息，使用对称密钥 S1 解密消息，阅读或修改消息内容，并使用对称密钥 S2 重新加密，发送给 Erika。

(12) Erika 使用对称密钥 S2 解密，阅读消息内容。

如图 8-12 所示。

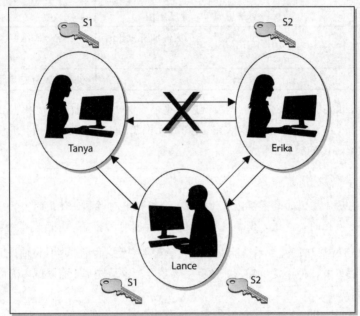

图 8-12　针对 Diffie-Hellman 密钥管理的中间人攻击

对抗这种攻击的安全对策就是在接受公钥前验证身份。基本思想是：在信任双方收到数据之前，彼此先用证书之类的文件证明发送方和接收方的身份。实现身份验证最常见的方法之一是使用 RSA 密码体系，稍后将描述 RSA。

8.4.2　RSA

RSA，其名来源于发明人 Ron Rivest、Adi Shamir 和 Leonard Adleman，是一种公钥算法，也是最流行的非对称算法。RSA 是事实上的全球标准，能用于数字签名、密钥交换和加密。RSA 于 1978 年在麻省理工学院诞生，用于提供身份验证和加密密钥。

这个算法的安全性来自大整数素因子分解的困难性。公钥和私钥分别是一对大素数的函数，如果没有私钥，则将密文解密成明文所需的运算与将一个大整数乘积分解成两个素数的难度相当。

注意

素数是只有 1 和这个数本身这两个因子的正整数。

使用 RSA 的一个优势是 RSA 可用于加密和数字签名。RSA 使用单向函数提供加密和确认签名，反向计算则可解密和生成签名。

RSA 已广泛用于众多的应用程序和操作系统，还用于网络适配器、安全电话和智能卡等硬件设备。RSA 可用作密钥交换协议(Key Exchange Protocol)，即可用来加密对称密钥并发送至目的地。RSA 最常与对称加密算法 AES 一起使用。因此，当 RSA 作为密钥交换协议时，密码体系使用 AES 算法生成一个对称密钥，随后该系统使用接收方的公钥加密对称密钥，再将其发送给接收方。由于只有拥有相应私钥的人才能解密和提取对称密钥，因此对称密钥就受到保护。

数字的奥秘　密码术实际上就是使用数学方法将位打乱成为无法破译的形式，然后使用相同的数学方法完成逆向处理，再将这些混乱的位变成计算机和人们能理解的形式。RSA 的数学原理基于将一个大整数分解成两个素因子的难度。开动脑筋，接下来就开始了解这个算法的原理。

RSA 算法通过两个大素数生成一对公钥和私钥。当使用公钥加密数据时，只有相应的私钥才能解密密文。解密基本上相当于将两个素数的乘积分解成因子。因此，假设 Ken 有一个秘密(加密消息)，如果攻击方想揭示这个秘密，就必须分解一个特定的大整数，得到和 Ken 事先写好的两个素数一样的数字。这听起来可能非常简单，但是攻击方必须分解的数字可能有 2^{2048} 这么大。这并非像想象的那么容易。

下面是 RSA 算法生成密钥的步骤：

(1) 随机选择两个大素数，p 和 q。

(2) 计算这两个数的乘积：$n = pq$。n 用做模。

(3) 随机选择一个大于 1 但小于 $(p-1)(q-1)$ 的整数 e 作为公钥。确保 e 和 $(p-1)(q-1)$ 互为素数。

(4) 计算私钥 d，使得 $de-1$ 是 $(p-1)(q-1)$ 的倍数。

(5) 公钥 = (n, e)。

(6) 私钥 = (n, d)。

(7) 安全丢弃开始选择的素数 p 和 q。

现在得到了公钥和私钥，但怎么用呢？

如果需要使用公钥 (n, e) 加密消息 m，根据下面的公式生成密文 c：

$$c = m^e \bmod n$$

如果需要使用私钥 (d) 解密，就运用下面的公式：

$$m = c^d \bmod n$$

通过将明文消息乘以自身 e 次(取模)加密明文消息，然后通过将密文乘以自身 d 次(再次取模数)解密密文。只要 e 和 d 的值足够大，攻击方将不得不花费非常长的时间试图通过反复

试验找出 d 的值(记住，全世界都已经知道了 e 的值)。

人们可能会想"哦，我不懂这些方程式，但这些方程式看起来相当简单，为什么没人能破解这些简单的公式找到密钥呢？"也许有一天有人能做到。随着人类对数学的理解进一步加深，以及处理能力的增强和密码分析技术的发展，RSA 算法可能有一天会遭到破解。如果业界能找到如何快速将大整数分解成素因子的方法，RSA 的基础就崩塌了，就不再像今天这样安全了。但那一天还没有到来，因此业界还在安心地使用 RSA。

单向函数　单向函数(One-way function)是一种数学函数，在一个方向上容易计算，但在反方向上却难以计算。这类似于玻璃掉在地板上的情况。虽然一块玻璃掉在地板上很容易，但将所有碎片组合起来还原成完整的玻璃几乎是不可能的事情。密码术中也是这样使用单向函数的，单向函数是 RSA 算法以及其他非对称算法的基础。

在 RSA 算法中，单向函数中易于计算的方向就是将两个大素数相乘的流程。如果将两个素数相乘，比如 79 和 73，输入计算器就能得到结果(5767)。是不是很简单。但是，假设要找出哪两个数字相乘后的值是 5767，这是因式分解。当涉及的因数是大素数时，这将是一个非常困难的问题。这种分解大素数乘积的困难为 RSA 密钥对提供了安全性。

如前所述，工作要素指的是破解一种加密方法需要花费的时间和资源。在非对称算法中，工作要素与在容易方向执行单向函数和在困难方向执行单向函数所花费时间及努力的差异有关。多数情况下，密钥越长，敌对方在困难方向执行单向函数(解密消息)所需的时间就越长。

关键在于，所有非对称算法的安全性都来源于使用一种在一个方向上容易计算，但在另一个方向上几乎不可能计算出来的数学函数。"困难"方向基于一个"困难"的数学问题。RSA 的数学难题是将大整数分解成素数。

8.4.3　椭圆曲线密码体系

RSA 中的单向函数已在密码分析中存活了 40 多年，最终会因为越来越快的计算机出现而遭到破解。总有一天，计算机将能在合理时间内分解越来越大的素数的乘积，那时就要放弃 RSA 或找到生成更大密钥的方法。鉴于可见的未来，密码学家在椭圆曲线中发现了一个更好的加密方法。椭圆曲线(Elliptic Curve)具有一组满足特定数学方程的点，例如：

$$y^2 = x^3 + ax + b$$

椭圆曲线有两个属性对密码术有用。首先椭圆曲线是关于 X 轴对称。这意味着曲线的顶部和底部是彼此的镜像。第二个有用的属性是一条直线与椭圆曲线的交点不超过三个点。考虑到这些属性，就可定义一个"点(dot)"函数，根据给定曲线上的两个点，可在曲线的另一侧找到第三个点。图 8-13 显示了 P dot $Q=R$。只需要沿着通过 P 和 Q 的线找到在曲线上的第三个交点(可能在两者之间)，然后下降到 X 轴下方的镜像 R 点上(图中情况)。此时 R 和 P 会提供另一个点，该点位于曲线上 Q 点的左上方。如果不断对原始点 P 实施 N 次的点(dot)运算(对于一些相当大的 n 值)。如果不知道 n 的值，最终会得到一个很难猜测或能暴力破解的点。如果知道 n 的值，那么计算最终点非常容易。这就是椭圆曲线成为出色单向函数的原因。

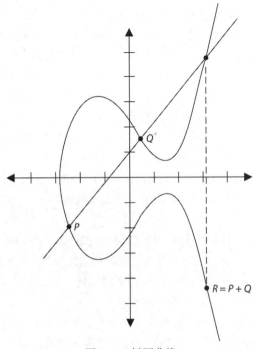

图 8-13　椭圆曲线

椭圆曲线密码体系(Elliptic Curve Cryptosystem，ECC)是一种公钥密码体系，可用素数(相当于 RSA 中的模值)、曲线方程和曲线上的公共点来描述。私钥是某个数字 d，对应的公钥 e 是椭圆曲线上的公共点，"点"了 d 次。在这种密码体系中从公钥计算私钥(即反转单向函数)需要计算椭圆曲线离散对数函数，是非常困难的。

ECC 提供了 RSA 提供的许多相同功能：数字签名、安全密钥分发和加密。不同点是 ECC 的效率。ECC 比 RSA 或其他任何非对称算法更有效。举例来说，一个 ECC 的 256 位密钥与 RSA 的 3072 位密钥提供等效的保护。在无线设备和移动电话等某些设备的处理能力、存储、电源和带宽有限时，这就特别适用。对于这些类型的设备，资源使用效率非常重要。ECC 提供加密功能，与 RSA 和其他算法相比，所需资源的百分比更小，因此适用于这些类型的设备。

8.4.4　量子加密

RSA 和 ECC 都依赖于反转单向函数的难度。但是，如果能提出一个不可能(不是因为困难而不可能)完成单向函数反转的密码体系呢？尽管目前还在起步阶段，但量子加密(Quantum Cryptography)是可能做到的。量子加密是用量子力学来执行密码功能的科学领域研究。密码术领域是量子力学最有前途的，也是可能最快应用的领域。量子加密为对称密钥密码体系的密钥分发问题提供了解决方案。

　　量子密钥分发(Quantum Key Distribution，QKD)是一种在两方之间生成并安全分发任意长度加密密钥的系统。虽然原则上可使用任何符合量子力学原理的东西，但光子(构成光的微小粒子)是用于 QKD 的最方便粒子。事实证明，光子的偏振或自旋方式能描述为垂直、水平、左对角线(-45°)和右对角线(45°)。如果在探测器前面放置一个偏振过滤器，任何进入该探测器的光子都将具有其过滤器的偏振态。QKD 中常用的过滤器有两种。第一个是直线的，允许垂直和水平偏振光子通过。另一个是对角过滤器，对角过滤器允许对角左和对角右偏振光子通过。要重点注意的是，测量光子偏振的唯一方法是从根本上破坏光子：偏振不同，过滤器会阻挡光子通过，或由传感器吸收通过的光子。

　　假设 Alice 想使用 QKD 安全地将加密密钥发送给 Bob。Alice 和 Bob 将使用以下流程。

　　(1) Alice 和 Bob 事先约定，具有垂直或对角线右极化的光子代表数字 0，而具有水平或对角线左极化的光子代表数字 1。

　　(2) 每个光子的偏振是随机生成的，但 Alice 知道这些光子的偏振状态。

　　(3) 由于 Bob 不知道正确的自旋是什么，Bob 通过过滤器，随机检测每个光子的偏振，并记录结果。如图 8-14 所示，因为 Bob 只是在猜测极化，平均会猜错一半。然而，无论是对还是错，Bob 都会知道每个光子用了哪个过滤器。

　　(4) 一旦 Alice 完成发送位，Bob 将通过不安全的通道向 Alice 发送一条消息(Bob 和 Alice 均不需要为此加密)，Bob 告诉 Alice，Bob 所记录的极化序列。

　　(5) Alice 会将 Bob 的序列与正确的序列比较，并告诉 Bob 哪些极化是正确的，哪些是错误的。

　　(6) Alice 和 Bob 都丢弃 Bob 的错误猜测并保留剩余的位序列。现在通过这个流程拥有一个共享的秘密密钥，这称为密钥精化(Key Distillation)。

Alice的比特	0	1	1	0	1	0	0	1
Alice的基准	+	+	×	+	×	×	×	+
Alice的偏振	↑	→	↖	↑	↖	↗	↗	→
Bob的过滤器	+	×	×	×	+	×	+	+
Bob的测量结果	↑	↗	↖	↗	→	↗	→	→
共享秘密密钥	0		1			0		1

图 8-14　Alice 和 Bob 之间的密钥精化

　　如果有第三方恶意窃听密钥交换，会发生什么？假设 Eve 想嗅探到秘密密钥，以便拦截 Alice 和 Bob 的任何加密消息。由于在过滤或测量光子时会破坏光子的量子态，因此 Eve 必须遵循Bob想要的流程，生成一个新的光子流转发给Bob。问题是Eve会像Bob一样得到 50% 的测量错误，但是和 Bob 不同的，Eve 必须猜测 Alice 采用怎样的随机方式并按照这些猜测发送给 Bob。当 Alice 和 Bob 比较偏振时，Alice 和 Bob 会注意到比正常情况高得多的错误率，并能由此推断出有人在窃听。

看到这里如果还没迷糊，接下来可能会想知道，"为什么首先要使用偏振过滤器？为什么不直接捕捉光子，看看光子是如何旋转的？" 回答这个问题会很复杂。简单来说，在迫使光子通过过滤器并在两个偏振之间"做出决定"前，偏振都是一种随机的量子态。Eve 不能像使用传统数据那样重建光子的量子态。请记住，量子力学非常奇怪，但它能无条件地为共享密钥提供安全。

基于对 QKD 的工作原理有了一个基本了解，现在回顾一下对唯一完美且牢不可破的密码体系的讨论：一次性密码。还记得那五个在很大程度上不切合实际但是很关键的要求吗？下面列出这些要求，并展示 QKD 如何很好地解决了每一个问题：

- **由真正随机的值组成** 量子力学真正随机的处理物质和能量属性，这与在传统计算机上通过算法生成的伪随机数不同。
- **仅使用一次** QKD 解决了密钥分发的问题，允许传输任意数量的唯一密钥，减少重复使用密钥的必要性。
- **安全地分发到目的地** 有人试图窃听密钥交换时，攻击方必须以某种主动的方式获取密钥，这会提供足够的窃听证据。
- **在发送方和接收方的站点上得到保护** 这个问题并不完全是由 QKD 直接解决，但是所有人都会尽力提供安全保护。
- **至少和消息一样长** QKD 能用于任意长的密钥流，可轻松地生成至少与要发送的最长消息一样长的密钥。

在兴奋起来并尝试为组织购买 QKD 系统之前，请记住，这项技术还没有完全准备好。需要知道的是，商业 QKD 设备可作为"即插即用"的选项。瑞士日内瓦的一些银行使用 QKD 来保护银行间的流量，日内瓦州使用 QKD 来保护在线投票。在这一点上，广泛采用 QKD 最大的挑战是光子受限的可靠传输距离。目前，QKD 在光纤上的最大范围刚刚超过 500 公里。虽然已有卫星和地面站演示了空对地 QKD，大大增加了覆盖范围，但由于大气干扰，维持仍然非常困难。一旦大气问题得到解决，应该能建成一个基于卫星的全球 QKD 网络。

8.4.5　混合加密方法

到目前为止，已了解到这样一个情况：对称加密算法速度很快，但存在一些缺点(可伸缩性差、密钥管理难和仅提供机密性)；非对称加密算法没有对称加密算法的这些缺点，但非对称加密算法的运算速度非常慢。两种加密算法都有不尽如人意之处。于是，业界转而考虑结合对称与非对称加密算法的混合密码体系。

1. 对称与非对称算法结合使用

非对称加密系统和对称加密系统经常一起使用。在这种混合模式中，两种技术以互补的方式使用，每种技术执行不同的功能。对称算法创建用于加密大量数据的密钥，非对称算法创建用于自动化分发的密钥。每种算法都有优点和缺点，因此将非对称加密系统和对称加密系统结合起来使用可充分利用两者的优势。

当使用对称密钥加密大量数据时，对称密钥用来加密 Wilson(发送方)想要发送的消息。当 Echo(接收方)收到 Wilson 的加密消息时，Wilson 希望 Echo 能解密，因此，Wilson 还应该给 Echo 发送解密所需的对称密钥。当然，Wilson 不希望这个对称密钥是明文发送的，否则攻击方一旦窃听到这条消息，就可获取对称密钥，从而解密 Wilson 发送的消息。如果没有对用来解密的对称密钥保护，一开始的加密就失去意义了。因此，Wilson 应该使用非对称算法加密对称密钥(如图 8-15 所示)。为什么将对称密钥用在消息上而将非对称密钥算法用在保护对称密钥上呢？如前所述，非对称算法因为所用的数学运算相对复杂，所以执行速度也很慢。由于消息一般都比密钥要长，因此 Wilson 将快速算法(对称算法)用在加密消息上，而将缓慢算法(非对称算法)用在加密密钥上。

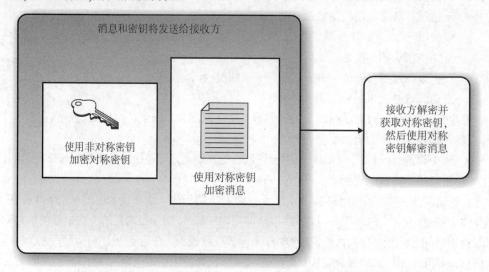

图 8-15　在混合系统中，非对称密钥用于加密对称密钥，对称密钥用于加密消息

那么，到底是怎么工作的？来分析一个示例，假设 Bill(发送方)要给 Paul(接收方)发送消息，希望只有 Paul 能够读到。Bill 使用秘密密钥加密消息，于是就有了密文和相应的对称密钥。对称密钥需要得到保护，因此 Bill 使用非对称密钥加密这个对称密钥。非对称算法使用公钥和私钥，因此 Bill 使用 Paul 的公钥加密这个对称密钥。此时，Bill 有了消息的密文和对称密钥的密文。为什么 Bill 使用 Paul 的公钥而非自己的私钥来加密对称密钥呢？因为如果 Bill 使用自己的私钥加密，那么任何知道 Bill 公钥的攻击方都可解密并得到这个秘密密钥。然而，Bill 并不想让攻击方能读到消息，Bill 希望只有 Paul 能读到该消息。因此，Bill 使用 Paul 的公钥加密对称密钥。如果 Paul 的私钥保护工作做得好的话，那么 Paul 就是唯一能阅读 Bill 消息的人。

Paul 收到 Bill 的消息，Paul 使用自己的私钥解密对称密钥。然后 Paul 使用对称密钥解密消息。然后，Paul 阅读了 Bill 非常重要和机密的信息，询问 Paul 今天过得怎么样。如图 8-16 所示。

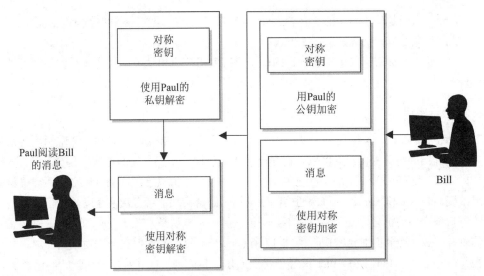

图 8-16　Paul 与 Bill 通信

示例中说到 Bill 使用对称密钥加密而 Paul 使用对称密钥解密时，二人并没有必要知道怎样在硬盘上寻找密钥，也不必知道怎么样使用。大量现成的套装软件可完成一切工作。

如果是第一次接触这些知识，不必担心，只需要记住下列要点：

- 非对称算法通过使用数学上相关的公钥和私钥来加密和解密。
- 对称算法通过使用一个共享的秘密密钥来加密和解密。
- 对称密钥用于加密和/或解密发送方传递的消息。
- 公钥用于加密对称密钥，以实现安全的密钥交换。
- 秘密密钥和对称密钥是同义词。
- 非对称密钥指的是公钥或私钥。

这就是混合加密系统的工作方式。对称算法创建一个用于加密大量数据或消息的秘密密钥，非对称密钥则用于加密要传输的秘密密钥。

为保证完全理解这些概念，请先不看答案回答以下问题：

(1) 如果使用接收方的公钥来加密对称密钥，那么能提供哪些安全服务？

(2) 如果使用发送方的私钥来加密数据，那么能提供哪些安全服务？

(3) 如果发送方使用接收方的私钥来加密数据，那么能提供哪些安全服务？

(4) 为什么使用对称密钥加密消息？

(5) 为什么不能使用另一个对称密钥来加密对称密钥？

答案如下：

(1) 机密性。因为只有接收方的私钥可用于解密对称密钥，且只有接收方才能使用自己的私钥。

(2) 发送方的身份验证与抗抵赖性。如果接收方能使用发送方的公钥解密出数据，那么接收方就知道数据是用发送方的私钥加密的。

(3) 无。原因是除了私钥的所有者之外，没有人能够使用这个私钥。欺骗性问题。

(4) 因为非对称密钥算法运行太慢。

(5) 需要让对称密钥安全传输到目的地，只有使用公钥和私钥提供的非对称加密机制才能实现。

2. 会话密钥

会话密钥(Session Key)是用于两个用户之间单次通信时加密的一次性对称密钥。会话密钥与前面介绍的对称密钥没有区别，但是会话密钥仅用于用户之间的单次通信会话。

如果 Tanya 和 Lance 通信一直使用一个对称密钥来加密消息，这个对称密钥不会重新生成或改变，Tanya 和 Lance 的每次通信都使用相同的密钥加密。多次使用同一个密钥会增大攻击方攻破密钥的机会，安全通信得不到保证。另一种方法是，在 Tanya 和 Lance 每次想要通信时都生成一个新的对称密钥(如图 8-17 所示)，那么这个密钥仅在一次对话中使用，之后销毁。一小时后，Tanya 和 Lance 又需要再次通信，就应当生成并共享一个新的会话密钥。

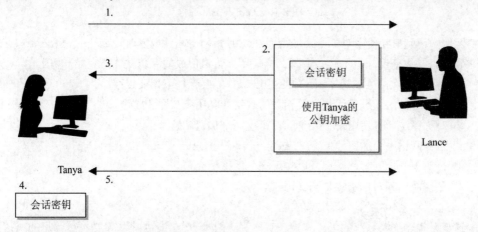

1) Tanya将自己的公钥发给Lance
2) Lance生成一个随机会话密钥，并使用Tanya的公钥加密
3) Lance将使用Tanya的公钥加密的会话密钥发送给Tanya
4) Tanya使用自己的私钥解密Lance的消息，从而拥有了会话密钥的副本
5) Tanya和Lance使用会话密钥来加密、解密双方发送的消息

图 8-17 生成的会话密钥用在一次特定的用户会话中，用于加密本次会话中的所有消息

会话密钥比静态的对称密钥提供了更多保护，因为会话密钥只是在两台计算机的单次会话中有效。即便攻击方截获了会话密钥，那么攻击方只有很短的时间间隙来解密传输的加密消息。

在密码体系中，几乎所有数据加密都通过会话密钥完成。当 Tanya 写下一封电子邮件，加密然后发送出去时，实际上加密了会话密钥。如果 Tanya 在一分钟后给同一个收件人发送另一封电子邮件，系统将创建一个全新的会话密钥来加密该电子邮件。因此，即使攻击方碰巧破译了一个会话密钥，也并不表示攻击方能查看 Tanya 发送的其他所有消息。

当两台计算机希望对通信加密时，必须先通过一个握手流程，就所要使用的加密算法达成一致并交换要使用的会话密钥。从某种意义上讲，这两台计算机之间建立了一个虚拟连接，称为建立会话(In Session)。当会话通信完成时，两台计算机就拆除这次会话所建立的数据结构，释放资源，销毁会话密钥。这些工作由后台运行的操作系统和应用程序实现，用户不必担心用错了密钥类型。虽然由软件处理，但对于安全专家来讲，理解各种密钥类型之间的差异以及与之相关的问题是非常重要的。

警告：

私钥和对称密钥不得为明文格式。这一点似乎显而易见，但是在某些实现中，这类违规(compromise)情况时有发生。

然而，事情似乎并不总是能做到名副其实。在许多技术中，完全相同的事物可能有好几个名称。例如，对称密码技术也称为：

- 秘密密钥密码术(Secret Key Cryptography)
- 会话密钥密码术(Session Key Cryptography)
- 共享密钥密码术(Shared-Key Cryptography)
- 私钥密码术(Private Key Cryptography)

安全专家们都清楚秘密密钥(静态)和会话密钥(动态)之间的差异，但为何使用"共享密钥"和"私钥"？使用术语"共享密钥"有一定道理，因为发送方和接收方需要相互共享密钥。用"私钥"描述对称密码，只会对对称密码(只使用一个对称密钥)与非对称密码(使用一个私钥和一个公钥)的差异性造成更多混淆。只需要记住这个细微差异，就能理解对称密码与非对称密码的差异。

8.5 完整性

密码术主要关注保护信息的机密性，同时能确保完整性。换句话说，接收方如何确定收到的消息或下载的文件没有遭到修改？为抵御这种攻击，需要使用哈希算法成功检测出有意或无意对数据的未授权更改。后续将看到，攻击方有可能修改数据、重新计算哈希并欺骗接收方。某些情况下，接收方需要一种更健壮的方法确认消息的完整性。接下来从哈希算法及其特征开始。

8.5.1 哈希函数

单向哈希(One-way Hash)是一种将可变长字符串(消息)变换成固定长度输出的函数，其输出值称为哈希值(Hash Value)。例如，Kevin 想要给 Maureen 发送一条消息，Kevin 不希望消息在传输中遭到未授权的篡改，那么 Kevin 会计算出消息的哈希值并将其附在消息后面。当Maureen 接收到消息时，使用同一个哈希函数计算出一个哈希值，将其和附在消息后的哈希值比较。如果两个值相同，Maureen 就能确定消息在传输中没有遭到篡改。如果两个值不同，

Maureen 就知道消息是否在有意或无意间更改过，消息不再可信了。

哈希算法(Hashing Algorithm)本身不是秘密，而是公开的。单向哈希函数的秘密是"单向性"，即函数只能从一个方向计算，不能从反方向计算。哈希函数与公钥密码术中的单向函数不同。公钥加密技术中的单向函数的安全性在于：不知道陷门的情况下，反向计算得到可读明文是非常困难的。单向哈希函数没有陷门，从不反向计算，只是用来计算出一个哈希值而已。接收方也不需要在另一端逆向执行这个流程，而是再次运行相同的哈希函数，然后比较两个结果。

 考试提示

请记住，哈希与加密不同。无法"解密"一个哈希。只能对同一段文本运行相同的哈希算法，以尝试生成相同的哈希或文本指纹。

1. 常见哈希算法

如前所述，使用单向哈希函数的目的是提供消息的指纹。如果两条不同的消息生成相同的哈希值，攻击方就能根据揭示出来的规律较轻松地攻破这个安全机制。

一个高安全强度的单向哈希函数应当为两条或多条不同的消息生成不同的哈希值。如果一个哈希算法采取了措施确保两条或多条不同的消息不会生成相同的哈希值，就称其为抗碰撞(Collision Free)。

高安全强度的密码哈希函数应当具有下列特征：

- 应当对整条消息计算哈希值。
- 哈希应当是单向函数，避免哈希值泄露消息。
- 给定一条消息及其哈希值，要找出另一条具有相同哈希值的消息应该是不可能的。
- 哈希函数应当能抵御生日攻击(Birthday Attack，将在"对单向哈希函数的攻击"中解释生日攻击)。

表 8-2 以及后续小节简要描述在当前密码体系中使用的一些哈希算法。

表 8-2　现行的常见哈希算法

算法	描述
消息摘要算法 5(MD5)	生成 128 位的哈希值，比 MD4 复杂
安全哈希算法(SHA)	生成 160 位的哈希值，运用在数字签名算法 DSA 中
SHA-1, SHA-256, SHA-384, SHA-512	SHA 的升级版。SHA-1 生成 160 位的哈希值，SHA-256 生成 256 位的哈希值，以此类推

MD5　MD5 由 Ron Rivest 在 1991 年创建，作为其之前创建的消息摘要算法(MD4)的升级版本。MD5 生成一个 128 位的哈希，但该算法会受到碰撞攻击，因此不再适用于数字证书和签名等需要抗碰撞攻击的应用程序。MD5 仍然常用于文件完整性校验，例如入侵检测系统，以及取证的完整性。

SHA SHA 是由 NSA 设计、NIST 发布，与数字签名标准(Digital Signature Standard，DSS)一起使用的哈希函数。SHA 的设计初衷是用于数字签名，为满足美国政府对安全性更强的哈希技术需求而开发的。SHA 生成一个 160 位的哈希值或消息摘要，随后结果输入一个非对称算法，输出消息的签名。

SHA 类似于 MD5。SHA 使用了更多的数学函数，并生成 160 位(而不是 128 位)的哈希值，这使得 SHA 更能抵御暴力破解攻击。该算法的较新版本(统称为 SHA-2 和 SHA-3 系列)已研发完成和发布：SHA-256、SHA-384 和 SHA-512。SHA-2 和 SHA-3 系列认为其安全性适用于任何场景。

对单向哈希函数的攻击

一个高安全强度的哈希算法对两条不同的消息输入不会输出相同的哈希值。如果哈希算法为两条有区别的不同消息生成相同的哈希值，则认为发生了碰撞(Collision)。攻击方可试图制造碰撞，即实施生日攻击(Birthday Attack)。这种攻击基于标准统计学中存在的生日悖论(Birthday Paradox)。下面列出这种攻击方法的原理。

在同一个房间内，至少需要有多少人，才有至少 50%的概率保证其中有一个人的生日与某个特定人(如 Wilson)的生日相同？

答案：253 人。

在同一个房间内，至少需要有多少人，才有至少 50%的概率保证其中至少有两个人的生日是相同的？

答案：23 人。

这两个问题的差异在于：第一个问题寻找的是一个生日为某个特定日期(Wilson 的生日)的人，第二个问题寻找的是任意两个生日相同的人。找到生日相同的两个人的概率要比找出生日与 Wilson 相同的人的概率高得多。换句话说，在海量数据中找到两个相同的值比找到一个特定值要容易得多。

密码专家们为什么关心这两个问题呢？因为生日悖论也可用到密码术上。既然任何 23 个人中都可能(至少有 50%的概率)有两个人的生日相同，扩展开来，如果一个哈希算法输出的是 60 位的消息摘要，那么敌对方仅使用 2^{30} 个输入就可能找到一个碰撞。

攻击方找到碰撞消息的主要方法是暴力破解攻击。如果攻击方发现了一条具有特定哈希值的消息，就相当于找到了一个生日是某个特定日期的人。如果攻击方找到了具有相同哈希值的两条消息，就相当于找到了两个生日相同的人。

如果一个哈希算法的输出长度为 n，那么要想通过暴力破解攻击找到一个和特定哈希值碰撞的消息，就需要计算 2^n 次哈希值。更进一步，如果要找到两条碰撞到一起的消息，那么只需要计算 $2^{n/2}$ 次。

2. 生日攻击如何发生的呢？

Sue 和 Joe 准备结婚，但首先二人要签订一份婚前协议。协议规定：如果两人离婚，Sue 和 Joe 将得到二人各自的婚前财产。为确保协议不会遭到篡改，将协议导入一个哈希算法，生成一个消息摘要值。

婚后一个月，Sue 和 Joe 产生了矛盾。Sue 偷偷复制了消息摘要值，重新拟订了一份协议，规定如果两人离婚，则两人的所有婚前财产都将归 Sue 所有。Sue 对这份新协议运行哈希运算，并将新的消息摘要值与原始协议的消息摘要值比较，但是两份协议并不匹配。于是，Sue 调整协议，重新生成一个消息摘要值，并和原始摘要值比较。Sue 不停地调整协议，直到找到一个碰撞，即 Sue 拟订的新协议产生与原始协议完全相同的消息摘要值。Sue 用新协议替换掉原始协议，迅速与 Joe 离婚。当 Sue 去接收 Joe 的财产受到 Joe 的反对时，Sue 向 Joe 表明：原始文档不可能遭到篡改，因为协议的哈希值没有任何变化。

哈希算法通常使用足够长的消息摘要(n)，以使碰撞很难找到，但仍有可能找到。输出为 160 位的算法(如 SHA-256)大概需要计算 2^{128} 次才能攻破。这意味着，生日攻击成功的概率会小于 $1/2^{128}$。

上述讨论主要是说明输出足够长的哈希值是多么重要。哈希算法的输出位越长，对暴力破解攻击(如生日攻击)的抵抗能力就越强。这是新版 SHA 算法选择输出更长的消息摘要的首要原因。

8.5.2　消息完整性确认

无论消息是否加密，人们都希望确保消息到达目的地都没有(有意或无意的)改动。接下来使用本章中讨论过的原则，通过三种越来越强大的方法，确保不同安全级别上信息流的完整性。先从简单的消息摘要开始。

1. 消息摘要

单向哈希函数不使用任何密钥。例如，如果 Cheryl 编写一条消息，计算出消息摘要，将摘要附加到消息中，然后将其发送给 Scott，Bruce 能拦截该消息，更改 Cheryl 的消息，重新计算另一个消息摘要，将其附加到消息，并将其发送给 Scott。当 Scott 收到消息时，验证了消息摘要，但从不知道消息实际上是由 Bruce 更改的。Scott 认为消息直接来自 Cheryl，并且从未修改过，因为两个消息摘要值相同。图 8-18 描述了其中的步骤。

(1) 发送方写一条消息。

(2) 发送方对消息运算哈希函数，生成一条消息摘要。

(3) 发送方将消息摘要附加到消息后发送给接收方。

(4) 接收方对收到的消息运算哈希函数，生成接收方的消息摘要。

(5) 接收方比较两个消息摘要值。如果两个摘要相同，说明消息没有遭到更改。

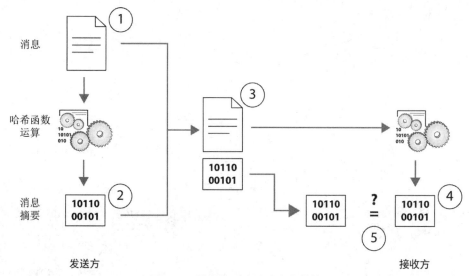

图 8-18　消息摘要确认消息完整性

2. 消息验证码

如果 Cheryl 想要获得比消息摘要更多的保护，需要使用消息验证码(Message Authentication Code，MAC)。MAC 是一种通过将秘密密钥应用到消息上以确保消息内容真实性的身份验证方案。但这并不意味将对称密钥用于加密消息。利用哈希函数是 MAC 的一种很好示例，称为哈希 MAC(Hash MAC，HMAC)。

在前面的示例中，如果 Cheryl 要使用 HMAC 函数代替单纯的哈希算法，Cheryl 需要将一个对称密钥和消息拼接在一起，然后输入哈希算法，计算出的哈希值就是 MAC 值，再将 MAC 值附在消息后面发给 Scott。假设 Bruce 在中途截获了该消息并篡改，因为没有对称密钥就无法像 Scott 那样计算出新的 MAC 值。图 8-19 描述了其中的步骤。

(1) 发送方写消息。

(2) 发送方将对称密钥与消息合并起来，将合并后的信息输入哈希函数，生成发送方的 MAC。

(3) 发送方将 MAC 值附加到消息后发送给接收方。只发送带有附加 MAC 值的消息。发送方不会随消息一起发送对称密钥。

(4) 接收方将秘密密钥副本与消息合并起来，将合并后的信息输入哈希函数，生成接收方的 MAC。

(5) 接收方比较两个 MAC 值。如果这两个摘要相同，说明消息没遭到修改。

当说到将一个对称密钥和消息拼接时，并不是指使用一个对称密钥加密消息。消息并没有使用 HMAC 函数加密，因此 HMAC 并不提供机密性保护。想象一下，将一条消息扔进碗内，再向碗里扔一个对称密钥，如果将碗内的东西一起倒入哈希算法中，得到的输出就是一个 MAC 值。

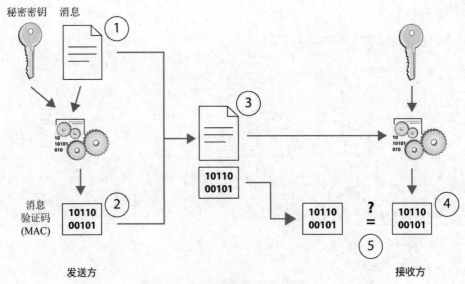

图 8-19　消息摘要确认消息完整性

3. 数字签名

　　MAC 能确保消息没有遭到更改，但不能确保消息是来其自称的来源实体。这是因为 MAC 使用共享的对称密钥。任何有权访问此共享密钥的内部威胁，都能不易察觉地修改消息。要防范这类威胁，安全专家会希望确认完整性验证机制与特定个体关联，这就是公钥加密派上用场的地方。

　　一个数字签名(Digital Signature)其实就是一个哈希值由发送方私钥加密后的输出[1]。由于任何拥有相应公钥的接收方都能解密此哈希，因此数字签名能验证消息来自自称的发送方，并确保消息没有遭到更改。签名就是用私钥对消息哈希值执行加密的动作，如图 8-20 所示。

　　继续前一节中的示例，如果 Cheryl 想要确保发送给 Scott 的消息没有经过修改，并且 Cheryl 希望 Scott 能确保该消息来自 Cheryl，那么 Cheryl 要对消息实施数字签名。这意味着将对消息运行单向哈希函数，然后 Cheryl 将使用自己的私钥加密该哈希值。

　　当 Scott 接收到消息时，将在该消息上执行哈希函数运算，计算出消息的哈希值。然后，Scott 使用 Cheryl 的公钥验证解密发送过来的哈希值(数字签名)。如果验证通过，Scott 就能确定消息在传输时没有遭到更改，还能确定消息确实来自 Cheryl，因为发送的签名是使用其私钥生成的[2]。

---

　　[1] 译者注：更准确地讲，应当是数字签名先对消息生成哈希摘要，再对摘要生成一段数字，即签名；签名不包括哈希摘要。

　　[2] 译者注：更确切地讲，一般带签名的消息不需要传输消息的哈希值，因为完全可从消息原文中生成，所以也不会有比较两个哈希值的步骤，那是验证消息完整性的步骤，不是数字签名的步骤。

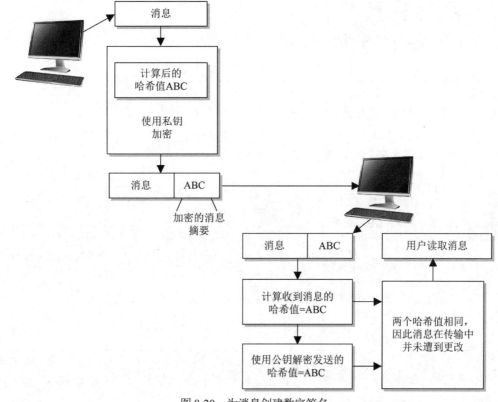

图 8-20 为消息创建数字签名

　　哈希函数确保了消息的完整性，对哈希值的签名则提供了身份验证和抗抵赖性。签名这个动作只表示值是通过私钥加密得到的。

　　因为数字签名在消息发送方的身份验证方面发挥着非常重要的作用，所以美国政府决定制定有关数字签名功能、用法的标准。1991 年，NIST 提议了一个名为数字签名标准(Digital Signature Standard，DSS)的联邦标准。DSS 是为美国联邦政府和机构发明的，但大多数厂家也按这些规范设计自己的产品。美国联邦政府要求政府部门使用 DSA、RSA 或椭圆曲线数字签名算法(Elliptic Curve Digital Signature Algorithm，ECDSA)与 SHA。SHA 生成 160 位的消息摘要输出，然后这些输出再输入上述 3 种数字签名算法中。SHA 用于确保消息的完整性，其他算法则用于对消息实施数字签名。这是将两种不同算法结合以提供合适的安全服务的范例。

　　RSA 和 DSA 是最广为人知的、运用最广泛的数字签名算法。DSA 由 NSA 研发。与 RSA不同的是，DSA 只能用于数字签名，且 DSA 在确认签名时比 RSA 要慢。RSA 能用于数字签名、加密以及对称密钥的安全分发。

哈希、HMAC 和数字签名

哈希、HMAC 和数字签名。表 8-3 简要说明了差异。

表 8-3　哈希、HMAC 和数字签名的比较

功能	步骤	提供的安全服务
哈希	(1) 发送方将消息输入一个哈希算法,生成一个消息摘要(Message Digest,MD)值 (2) 发送方将消息和 MD 值发送给接收方 (3) 接收方将消息输入相同的哈希算法,计算出一个 MD 值 (4) 接收方比较这两个 MD 值。如果两者相同,表示消息未遭到更改	完整性;不提供机密性或身份验证,只能检测无意的更改
HMAC	(1) 发送方将消息和秘密密钥拼接,输入一个哈希算法,输出一个 MAC 值 (2) 发送方将 MAC 值附在消息后,发送给接收方 (3) 接收方取出消息,和自己的对称密钥拼接,计算出一个 MAC 值 (4) 接收方比较这两个 MAC 值。如果两者完全相同,就表示消息未遭到更改	完整性和数据源身份验证;不提供机密性
数字签名	(1) 发送方计算消息的哈希值并用发送方的私钥对其加密 (2) 发送方将加密的消息摘要附加到消息中,并发送给接收方 (3) 接收方计算接收到的消息的哈希值 (4) 接收方使用发送方的公钥解密收到的消息摘要 (5) 接收方比较两个摘要。如果二者相同,则接收方知道消息没有遭到修改并且知道消息来自哪个系统	完整性、发送方身份验证和不可否认;不提供机密性

8.6　公钥基础架构

经过前面的章节,现在你应该已经了解了现代密码术的主要方法,接下来看看这些密码技术如何结合起来提供一个在实际工作中帮助安全专家保护组织的基础架构。公钥基础架构(Public Key Infrastructure,PKI)由协同在一起的应用程序、数据格式、步骤(procedure)、通信协议、安全策略以及公钥密码体系等构成,为大范围内的个体提供安全、可预测的通信方式。换句话说,PKI 在环境内建立一个信任级别。PKI 提供消息交换的机密性、完整性、抗抵赖性、身份验证以及授权。PKI 是一套综合系统,混合使用了前面介绍的对称与不对称密码体系。

公钥加密和 PKI 之间存在差异。公钥密码术是非对称算法的另一个名称,而 PKI 是部分建立在公钥密码术之上的基础架构。PKI 的核心概念是数字证书,但 PKI 也需要证书颁发机构、注册机构和有效的密钥管理。

8.6.1　数字证书

回顾一下，在非对称密钥加密中，私钥得到保护，同时广泛共享私钥对应的公钥。这允许任何人向持有私钥的人发送只有私钥能解密的加密消息。现在，假设 Wilson 从老板那里收到一条消息，要求 Wilson 发送一些用 Wilson 老板的公钥加密的敏感信息，并将其附加到消息中。Wilson 怎么确定这真的是老板？毕竟，任何人都能生成密钥对并向 Wilson 发送一个自称是 Wilson 老板的公钥。

数字证书是一种用于将公钥及其组件与其声称所有者的唯一标识实现关联验证的机制。数字证书最常用的标准是国际电信联盟的 X.509，规定了证书中使用的不同字段以及用于填充这些字段的有效值。证书包括序列号、版本号、身份信息、算法信息、有效期和颁发机构的签名，如图 8-21 所示。

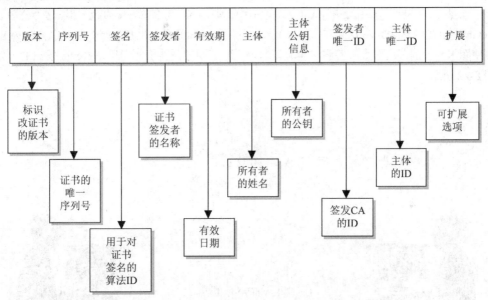

图 8-21　每个证书的结构都包含所有必需的身份标识信息

注意，证书指定了主体，即证书的所有者和相应私钥的持有方，以及颁发方，即证明主体是其声称身份的实体。颁发者在证书上附加一个数字签名，以证明是由该实体颁发的且没有遭到他人更改。没有什么能阻止任何人颁发自签名证书，其中主体和颁发者可以是同一个人。虽然这可能是允许的，但在与外部实体打交道时应该非常可疑。例如，银行如果提供自签名证书，客户根本不应该信任这张证书。相反，银行需要有信誉的第三方来确认主体的身份和颁发给银行的证书。

8.6.2　证书颁发机构

证书颁发机构(Certificate Authority，CA)是受信任的第三方，能保证主体的身份，向该主体颁发证书，然后对证书签署数字签名以确保证书的完整性。当 CA 签发证书时，已将个人的身份和公钥绑定在一起，并负责该对象身份的真实性。这个可信第三方(即 CA)使得从未有过接触的对象之间能互相验证身份并以安全方式通信。如果 Kevin 从未见过 Dave，却想与之安全地通信，假设二人都信任同一个证书颁发机构，Kevin 就可获得 Dave 的数字证书，从而开始与 Dave 通信。

CA 是负责维护和发布数字证书的可信机构(或服务器)。当 Kevin 申请证书时，注册机构(Registration Authority，RA)先验证 Kevin 的身份，然后将证书申请转发给 CA。随后，CA 创建证书、签名，将证书发送给申请方，并管理证书的整个生命周期。当 Dave 想要和 Kevin 通信时，CA 要为 Dave 的身份担保。当 Dave 接收到 Kevin 的数字证书时，Dave 将通过流程对 Kevin 进行身份验证。一般来说，通过向 Dave 提供数字证书，Kevin 就是在宣称："我知道你不认识我，也不信任我，但这里有一个你认识和信任的 CA 创建的文档，这个文档里表明我是好人，你能信任我，因为我就是文档里说的那样!"。

一旦 Dave 验证了数字证书，Dave 从证书中提取出 Kevin 的公钥。Dave 知道这个公钥与 Kevin 绑定在一起。Dave 还知道：如果 Kevin 使用 Kevin 的私钥创建一个数字签名，Dave 就可使用 Kevin 的公钥对数字签名实施验证，如果验证通过，能确定消息是 Kevin 发出的。如图 8-22 所示。

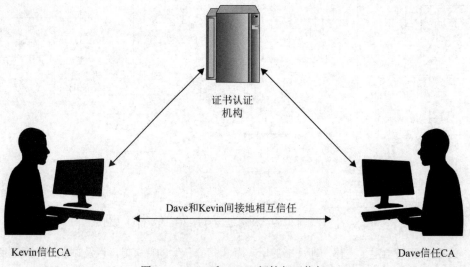

图 8-22　Dave 和 Kevin 间接相互信任

有些 CA 位于一个组织内部。这种方式可使组织控制 CA 服务器，自行配置身份验证的方式，维护证书并在必要时撤销证书。有些是专门的 CA 服务提供商，个人和住址付费就可获取服务。著名的 CA 有 Symantec 和 GeoTrust 等。所有浏览器默认都配置了若干个著名的CA，大部分浏览器则配置了数十、上百个 CA。

注意

越来越多的组织开始建立自己的内部 PKI。两个独立的 PKI 如果需要连接实现跨部门或跨公司的安全通信，必须有某种方法让这两个根 CA 互相信任。这两个 CA 之上并没有一个彼此都信任的 CA，必须通过交叉认证实现信任。交叉认证(Cross Certification)是不同 CA 之间建立信任关系的流程，承认彼此的数字证书和公钥，如同自己签发的一样。一旦建立起这种关系，那么一个组织的 CA 就可验证另一个组织签发的数字证书，反之亦然。

CA 负责创建、分发、维护证书以及在必要时撤销证书。CA 将已撤销证书的信息存储在证书撤销列表(Certificate Revocation List，CRL)中，并定期更新 CRL。证书撤销的原因可能是密钥持有者的私钥遭到破坏，也可能是因为 CA 发现证书签发给错误的人等。打个比方，使用 CRL 的方法就像警察对司机驾驶执照的管理。如果警察让超速的 Sean 把车开到路边，警察会首先要求 Sean 出示驾驶执照，检查执照以查看 Sean 是否有违法记录，驾照是否过期。当一个人将某个证书与 CRL 比较时，也在做同样的事情。如果证书由于某种原因而撤销，CA 就通过 CRL 机制通知干系人。

注意

出于很多原因，CRL 的实现很棘手，很有挑战性。默认情况下，Web 浏览器并不检查 CRL 以确认某个证书未撤销。因此，如果组织通过安全连接访问电子商务网站，可能遇到对方使用一个已撤销的证书，这可不是什么好事情。

相对于繁杂的 CRL 方法，人们越来越多地使用在线证书状态协议(Online Certificate Status Protocol，OCSP)。只使用 CRL 时，需要用户浏览 CRL 中心以查询认证是否已撤销，或者需要 CA 不断向客户端推送更新的 CRL。如果部署了 OCSP，那么 OCSP 会在后台自动完成上述工作，对证书实时验证，将证书状态(有效、无效或未知)报告给用户。OCSP 也是查询 CA 维护的 CRL，是专门用于在证书验证流程中查询 CRL 的协议。

8.6.3 注册机构

之前介绍过注册机构(Registration Authority，RA)的职责是认证注册。RA 创建、鉴别用户的身份，代表最终用户向 CA 发起认证流程，执行证书生命周期管理功能。RA 不能签发证书，而是作为最终用户和 CA 之间的中间人。当最终用户需要新证书时，最终用户向 RA 发送申请，RA 验证完所有必需的标识信息后，将该申请发送给 CA。很多情况下，CA 和 RA 由同一个组织的不同团队来实现。

8.6.4 PKI 步骤

现在已经了解 PKI 的主要组成部分以及这些组成部分是如何一起工作的，下面来看一个示例。首先，假设 John 需要为自己获取一个数字证书，这个过程由以下步骤组成：

(1) John 向 RA 发送一个申请。

(2) RA 会向 John 索要某些身份标识信息，如 John 的驾驶执照副本、电话号码、地址以及 John 的身份标识信息。

(3) RA 接收到所要求的信息并验证，一旦通过，就将 John 的证书申请发送给 CA。

(4) CA 创建一个嵌入了 John 的公钥及其身份标识信息的证书。公/私密钥对可由 CA 生成或在 John 的设备上生成，这取决于 CA 系统的配置。如果由 CA 生成，需要通过安全的方式将私钥发送给 John。通常，用户生成这个密钥对，在注册流程中将公钥发送给 RA。

John 注册完成后就可参与到 PKI 中。John 和 Diane 要实现一次通信，二人会采取下列步骤(如图 8-23 所示):

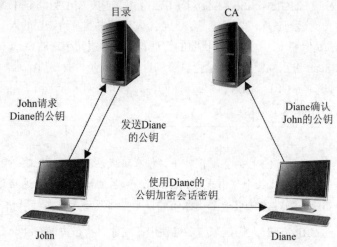

图 8-23　CA 和用户的关系

(1) John 从一个公共目录请求 Diane 的公钥。

(2) 这个目录(有时也称为存储库)将 Diane 的数字证书发送给 John。

(3) John 验证数字证书并提取 Diane 的公钥。John 使用该公钥加密一个会话密钥，这个会话密钥将用于加密二人之间传递的消息。John 将加密的会话密钥发送给 Diane，然后将自己的包含公钥的证书也发送给 Diane。

(4) 当 Diane 收到 John 的证书时，Diane 查看是否信任该证书的签发 CA。如果 Diane 信任该 CA，Diane 用自己的私钥解密 John 发出的会话密钥，验证证书。证书验证通过，John 和 Diane 就能使用对称密钥和会话密钥实现安全的通信。

PKI 可由下列实体和功能组成:

- 证书认证机构 CA
- 注册机构 RA
- 证书存储库
- 证书撤销系统
- 密钥备份和恢复系统

- 自动密钥更新
- 密钥历史记录管理
- 时间戳
- 客户端软件

PKI 提供下列安全服务:

- 机密性
- 访问控制
- 完整性
- 身份验证
- 抗抵赖性

PKI 必须留存密钥历史记录,以跟踪每个用户过去和当前使用的全部公钥。例如,如果 Kevin 用 Dave 的一个旧公钥加密了一个对称密钥,那么应该让 Dave 仍然能访问这个数据。只有 CA 保存 Dave 用过的证书和密钥的历史记录,这种功能才会实现。

注意

另一个必须集成到 PKI 的重要组件是能提供安全时间戳的可靠时间源。在需要真正的抗抵赖性时,这个组件就能发挥作用。

8.6.5 密钥管理

密码术可提供机密性、完整性和身份验证等安全机制。如果密钥由于某种原因而遭到破坏,那么上述安全机制将无法实现。密钥可能遭到截获、篡改、损坏或泄露给未授权个体。密码术建立在信任模型之上,个体必须信任彼此,保护好各自的密钥;信任签发密钥的 CA;信任存储、维护和分发密钥的服务器。

许多管理员都知道,密钥管理是密码实施中最棘手的问题之一。维护密钥比使用密钥麻烦得多。密钥必须安全地分发给正确的实体并不断更新。无论是在传输中,还是存储在工作站和服务器上时,密钥都需要受到恰当保护。密钥的生成、销毁和恢复必须使用合适的方法。密钥管理工作可人工或自动处理。

密钥在分发前后都需要存储。当一个密钥分发给某位用户时,并不是将密钥放在桌面上,而需要存储在文件系统的某个安全位置,并以受控方式使用。使用密钥的算法、配置以及各种参数所在的模块也需要受到保护。如果攻击方能获得这些组件,就能假冒成另一个用户,对消息解密、读取和重新加密。

使用 Kerberos 协议(将在第 17 章阐述)实施身份验证时,使用密钥分发中心(Key Distribution Center,KDC)存储、分发和维护会话密钥与秘密密钥。这种方式提供了自动分发密钥的方法。如果某台计算机想访问其他计算机上的服务,就要通过 KDC 发送访问请求。KDC 会生成一个会话密钥,用于在请求服务的计算机和提供服务的计算机之间使用,这个自动化流程减少了人工处理流程可能出现的错误。但是,如果 KDC 因某种原因遭破坏,那么所有计算机及其服务都会受到影响，而且可能遭到破坏。

　　某些情况下，密钥仍通过人工方式管理。尽管许多公司都使用加密密钥，但基本很少，甚至从不更换密钥，原因包括密钥管理太麻烦了，或网络管理员其他任务负担过重，或没有人意识到这是确实需要做的工作。加密密钥的使用频率和密钥更换的频率有直接关系。密钥使用的频率越高，遭到破坏的可能性越大。如果密钥很少使用，那么这种风险会明显下降。需要的安全级别以及密钥的使用频率决定了密钥更新的频率。一个小餐馆可每月更换一次密钥，而一个信息战军事单位则可能需要每天更换密钥。重要的是，用安全方式更换密钥。

　　密钥管理是密码技术中最有挑战性、最关键的部分。研发一个非常复杂难懂的密码算法和密钥系统是一回事，能不能用好是另一回事。如果密钥没有安全地存储和传输，那么不管算法安全性多么强健都毫无用处。

1. 密钥管理原则

　　密钥不应当以明文形式保存在密码设备之外。如前所述，许多密码算法都是公开的，这更增加了保护密钥机密性的压力。如果攻击方知道实际算法是怎样工作的，很多情况下只需要找出密钥就能破坏系统。因此，密钥不能以明文形式保存，密钥为加密带来了保密性。

　　上述步骤以及所有密钥分发和维护工作都应该自动完成，人机隔离。这些程序应该集成到软件或操作系统中。如果这些流程由人工完成或依赖于最终用户执行某些功能，那么只会增加密钥管理的复杂度，增加出错概率。

　　密钥的丢失、销毁和损坏都存在风险。密钥备份应当保持可用，需要时易于获取。如果数据已经加密了，用户意外丢失了用于解密的密钥，且没有密钥备份，数据将永远丢失。密码术的应用程序应当具有密钥恢复选项，或将密钥备份保存在安全的地方。

　　许多不同的场景都对密钥恢复或密钥备份有强烈的需求。例如，Bob 拥有所有关键报价计算信息、股票价值信息以及次日高管演讲需要的公司趋势分析信息，但 Bob 不幸撞上了一辆车而丧生，那么肯定有人希望得到这些数据。再看另一个示例，如果一位员工在离职前将其计算机上的重要文件做了加密，那么公司可能希望能访问这些数据。类似地，如果副总裁不幸将保存其私钥的 USB 盘和一块大磁体放在一起，副总裁可能希望立刻替换密钥，而不是听取关于电磁场以及电磁场如何重写介质上数据的报告。

　　当然，密钥备份也增大了密钥泄露的机会，所以组织需要决定是否备份密钥；如果备份，需要决定应采取何种防范措施来保护备份密钥。该组织可选择在紧急密钥恢复流程中采用多方控制。这就是说，如果需要恢复密钥，那么需要多个人参与其中。密钥恢复流程可能需要参与者出示自己的私钥或身份验证信息。这些人不应该都来自 IT 部门，比如一人来自管理部门，一人来自安全部门，一人来自 IT 部门。所有这些要求都是为了减少滥用权力的潜在风险，迫使欺诈行为需要合谋才能完成。

2. 密钥和密钥管理的规则

　　密钥管理是正确保护的关键。下面列出密钥管理的职责：
- 密钥长度应足够长，以达到必要级别的保护。

- 密钥应当以安全方式保存和传输。
- 密钥应该极其随机，算法应当使用密钥空间的所有值。
- 密钥的生命周期应与其保护的数据的敏感度相对应(敏感度较低的数据的密钥生命周期可较长，而敏感度较高的数据则需要较短的密钥生命周期)。
- 密钥的使用频率越高，其生命周期就应该越短。
- 为应对紧急情况，密钥应该备份或托管。
- 密钥的生命周期结束时，应该正确销毁。

密钥托管(Key Escrow)是一个能恢复丢失或者受损加密密钥的流程或实体，因此是密钥恢复实施中的一个常见组件。密钥恢复流程中，如果要求两个或者更多实体参与，叫做多方密钥恢复(Multiparty Key Recovery)。多方密钥恢复实施双重控制，即一项重要任务必须由两人或多人参与。

当然，如果需要两个人(或三个人，或更多的人)才能实现密钥恢复，但其中一个人不见了，就会产生一些问题。如果 Carlos 正在太平洋中部的邮轮上游玩，却又是恢复钥匙所需的一个人，此时应该怎么做？为解决这个问题，安全专家能使用一种称为 m-of-n 控制(m-of-n Control)或仲裁身份验证(Quorum Authentication)的方法，在这种方法中，需要指定一组(n)人作为恢复代理，只需要其中的一个子集(m)来实现密钥恢复。因此，安全专家可在组织中选择三个人(n=3)作为关键恢复代理，但其中只有两个人(m=2)需要参与实际的恢复流程。这种情况下，m-of-n 控制就应该是 2-of-3。

网络信任

另一种使用证书颁发机构的方法称为信任网(Web of Trust)，由 Phil Zimmermann 提出，用于 PGP(Pretty Good Privacy)密码体系。在一个信任的网络中，如果人们已经验证了自己的身份并信任对方，就会互相签署彼此的证书。例如，人们在密钥签署处见面并签署彼此的证书。此后，任何已签署证书的人都受到信任并与他人共享该证书，或在有需要时为该证书提供担保。这种分散的方法在许多安全从业人员中很受欢迎，但对于大多数商业应用程序并不实用。

注意

更多关于密钥管理最佳实践的详细信息，请参见 NIST 特别出版物 800-57 第五版的第一部分 Recommendation for Key Management(密钥管理建议)。

8.7 密码攻击技术

本章中多次提到对密码体系的攻击，但攻击方究竟如何实施这些攻击？有时，只需要监听网络流量，尽可能地获取任何信息。窃听和嗅探流经网络的数据视为被动攻击(Passive Attack)，因为攻击方并没有影响协议、算法、密钥、消息或加密系统的任何部分。被动攻击很难检测，因此大多数情况下采用的方法是预防，而非检测阻止。

篡改消息、更改系统文件及假冒他人等行为是主动攻击(Active Attack)，因为攻击方实施了破坏行为，而不是坐在那里收集数据。主动攻击前，通常利用被动攻击收集信息。

密码术中常见的攻击向量(Attack Vector)包括密钥、算法、实现、数据和人员。组织应该假定攻击方知道组织所使用的算法，攻击方能访问所有已经生成的密文。接下来将介绍一些与密码技术相关的主动攻击。

8.7.1　密钥和算法攻击

针对密码体系的第一种攻击类型是针对算法本身或算法所使用密钥空间的攻击。除了暴力破解外，这些方法要求破解者对支持密码术的数学原理有很深入的了解。除非是具有强大情报能力的国家行动方，否则很少采用这种攻击方式。当然，一种新算法在采用之前会提交给加密社区对其分析。

1. 暴力破解

破解密码体系有时只需要逐一尝试所有可能的密钥，直到找到正确的密钥。这种方法称为暴力破解(Brute-force Attack)。密码专家当然知道这一点并研发出能抵抗暴力破解的系统。密码专家需要计算并确保攻击方尝试暴力破解并获得成功在时间上是不可行的。但要注意，由于技术改进，算力的有效性每年都在增长。安全专家可假设在五年或十年后，算力会达到什么程度，但无法确定需要多长时间，突然破解了之前看起来足够强大的钥匙。

唯密文攻击

在唯密文攻击(Ciphertext-only Attack)中，攻击方拥有若干消息的密文。每条消息都由相同的算法和密钥加密。攻击方的目标是找出加密流程中使用的密钥。一旦攻击方找到密钥，就可解密出由该密钥加密的其他所有消息。

唯密文攻击是最常见的主动攻击，因为密文很容易通过嗅探网络流量获得。唯密文攻击也最难获得成功，因为攻击方掌握的加密流程信息太少了。除非攻击方拥有国家级资源，否则这种方法不太可能奏效。

已知明文攻击

已知明文攻击(Known-plaintext Attack)，攻击方拥有一条或多条消息的明文和相应的密文，并希望发现用于加密消息的密钥，以便能破译并阅读其他消息。这种攻击会利用到消息复合。例如，许多公司电子邮件以标准的保密免责声明结尾，攻击方通过从该组织的任何人那里获取未加密的电子邮件来轻松获取该免责声明。这种情况下，攻击方拥有一些明文(每条消息上的数据相同)，并可捕获加密消息，知道一些密文对应于这个已知的明文。攻击方不必对整个消息实施密码分析，而是专注于已知的那部分。早期计算机网络中使用的一些加密算法会在用相同密钥加密相同明文时，生成相同的密文。第二次世界大战中，美国就曾用已知明文攻击对付德国和日本。

选择明文攻击

选择明文攻击(Chosen-plaintext Attack)，攻击方拥有明文和密文，还可选择性地查看明文及加密后的密文。这赋予了攻击方更强大的攻击力，也使得攻击方能更深入地理解加密流程，从而获得有关该密钥的更多信息。一旦攻击方获得密钥，使用该密钥加密的其他消息就迎刃而解。

这种攻击是怎样实现的呢？Doris 发给 Echo 一封电子邮件，想让 Echo 相信其中的内容，而且诱使 Echo 因为激动(或其他急迫场景，如恐惧或喜欢)而将邮件加密后再发给其他人。假设 Doris 给 Echo 发送的电子邮件内容为 "The meaning of life is 42"。[1]Echo 可能认为自己收到了一条非常重要的消息；谁都不应该知道，当然 Echo 的朋友 Bob 除外；于是，Echo 对消息加密，然后发送给 Bob。同时 Doris 正在嗅探网络流量，因此拥有了消息的明文(因为消息是 Doris 写的)和密文。

选择密文攻击

在选择密文攻击中，攻击方选择将要解密的密文，并可获得解密后的明文。同样，攻击目标是找出密钥。这种攻击比前几种执行起来都更难，攻击方可能需要控制密码体系所在的系统。

注意

上述所有攻击方法都有相应的衍生形式，其名称就是在基本攻击名称前面加上"自适应"一词，如自适应选择明文攻击和自适应选择密文攻击。自适应的意思是，攻击方可执行其中一种攻击，根据攻击方第一次攻击所收集到的信息修正下一次攻击。这就是逆向工程或密码分析攻击的流程：用攻击方所了解到的信息逐步改进每一次攻击。

差分密码分析

这是一种以找出加密密钥为目标的攻击方法。差分密码分析攻击(Differential Cryptanalysis Attack)关注由具有特定差异的明文对加密后生成的密文对，并分析这些差异的影响和结果。1990 年，发明了一种针对 DES 的差分密码攻击方法，后来证实这种攻击对其他分组算法也有效。

公开算法与秘密算法

公众所使用的算法主要是已知和熟悉的算法，而不是那些没有公布内部流程和函数的秘密算法。一般来说，公共领域的密码学家认为最强大、最好的算法是那些公布出来并经过结对评审以及公众审查的算法，因为众人的智慧高于个人的智慧，而且在很多时候，公众中的一些聪明人士能发现算法中存在而研发者没有想到的问题。这也是为什么厂家和公司会开展竞赛，看谁能破解已知算法的代码和加密流程。如果有人成功破解，那就意味着研发团队必须重新回到设计阶段，对其加固。

---

[1] 译者注：出自道格拉斯·亚当斯的科幻小说《银河系漫游指南》。

并非所有算法都是公开的，例如 NSA 研发的算法。因为所加密信息的敏感级别太重要，所以 NSA 希望加密流程尽可能秘密。NSA 不公开算法，不接受公开的查验和分析，并不意味着其算法是脆弱的。NSA 的算法是由许多顶级的密码专家所研发、评审和测试的，质量很高。

攻击方使用两条明文消息，并在明文消息经过不同 S-盒时跟踪各分组的变化(每条消息都以相同的密钥加密)。在密文中识别出的差异用于推测不同可能密钥值的概率。攻击方使用更多消息重复上述流程，并检查共同的概率值。总有一个密钥作为加密流程中可能性最大的密钥持续出现。由于攻击方选择不同的明文消息实施攻击，因此是一种选择明文攻击。

2. 频率分析

频率分析(Frequency Analysis)，也称为统计攻击(Statistical Attack)，可识别密码体系生成的密文中具有统计意义的模式。例如，零的数量可能显著高于一般数量。这可能表明使用中的伪随机数生成器(Pseudorandom Number Generator，PRNG)可能存在偏差。如果直接从 PRNG 的输出中获取密钥，那么密钥的分布也会有偏差。关于偏差的统计知识可用于减少关键字的搜索时间。

8.7.2　实施攻击

到目前为止，本章介绍的所有攻击都主要基于密码术的数学知识。众所周知，某事物应该如何工作的理论与实际生产的小部件如何工作之间存在巨大差异。实施缺陷(Implementation Flaw)是能破坏真实系统的系统研发缺陷，实施攻击(Implementation Attack)是利用这些缺点的技术。由于所有重点都放在研发和测试强大的加密算法上，因此密码体系更容易出现实施缺陷而不是算法缺陷也就不足为奇了。

最著名的实施缺陷之一是 2014 年在 OpenSSL 加密软件库中发现的 Heartbleed 漏洞，估计全球三分之二的服务器都在使用该漏洞。本质上，程序员使用了一个不安全的函数调用，允许攻击方从受害计算机的内存中复制任意数量的数据，包括加密密钥、用户名和口令。

无论是试图利用缺陷的攻击方还是试图阻止利用缺陷的防御方都有多种方法能找到实施缺陷。接下来将介绍一些需要牢记的最重要技术。

1. 源代码分析

在密码体系中寻找实现缺陷的第一种最常见、最理想的方法是在一个大型研究团队里分析源代码(Source Code Analysis)并寻找错误。通过各种软件审计技术(将在第 25 章中介绍)，对源代码分析，检查每一行代码和执行分支，来确认这些源代码是否容易受到利用。当代码是开源的，或者能访问到源代码时，这是最实用的。这种方法可能很多年都无法揭示重大缺陷，就如"心脏滴血"(OpenSSL Heartbleed)一样可悲。

2. 逆向工程

在密码体系中发现实施缺陷的另一种方法是拆开一个产品,看看这个产品是如何工作的,这称为逆向工程(Reverse Engineering)。这种方式可用于软件和硬件产品。在购买软件时,通常会获得二进制可执行程序,因此不适用于上一节中讨论的源代码分析。但可通过多种方式反汇编这些二进制文件并获得非常接近源代码的代码。软件逆向工程比常规的源代码分析需要更多的努力和技能,却更常见。

适用于硬件和固件实现的相关实践涉及硬件逆向工程(Hardware Reverse Engineering)。这意味着研究人员正在直接探测集成电路(Integrated Circuit,IC)芯片和其他电子元件。某些情况下,芯片实际上逐层剥离以显示内部互连,甚至是设置在内存结构中的各个位。这种方法通常需要在解剖、探测和分析设备时破坏设备。所需的努力、技能和费用有时会产生难以发现甚至不可能发现的实施缺陷。

侧信道攻击

使用明文和密文涉及发现加密流程中使用的密钥所需的强大数学工具。但如果采取不同方法呢?如果在开展业务时关注密码体系周围发生的事情会怎样?打个比方,窃贼通过转动表盘时感受阻力的变化并监听锁内的机械咔嗒声来确定其密码并解锁保险箱。

类似地,在密码术中,可查看现实情况并推断出加密密钥的值。例如,能检测加密和解密使用了多少功耗(电压的波动)。还可截获释放的辐射,然后计算加密和解密的流程需要多长时间。通过观测密码体系或密码体系的属性和特征击败密码体系,与研究密码体系并试图通过数学计算击败密码体系是不同的。

如果 Omar 想弄清楚 Wilson 的工作是什么,但 Omar 不想让 Wilson 知道 Omar 在做这种侦察工作,Omar 不会直接询问 Wilson。相反,Omar 会查明 Wilson 什么时候去上班,什么时候回家,穿什么样的衣服,携带什么样的物品,和谁说话——或者 Omar 跟着 Wilson 去上班。这些是侧信道(Side Channel)的示例。

在密码技术中,通过收集"外部"信息来破解加密密钥只是另一种攻击密码体系的方法。攻击方可测量耗电量、辐射排放、特定类型数据处理耗费的时间等。借助这些信息,攻击方可通过逆向工程倒推出加密密钥或敏感数据。功耗攻击(Power Attack)查看所排放的热量,攻击方已使用这种攻击成功从智能卡中获取了机密信息。

1995 年,攻击方通过测量和比较密码运算所花费的时间找出 RSA 的私钥。这种类型的侧信道攻击也称为时序攻击(Timing Attack),因为时序攻击使用时间测量来确定密码体系内的内部工作、状态甚至数据流。时序攻击还可能导致敏感信息盗取(包括密钥)。尽管 2017 年的 Meltdown 和 Spectre 攻击在技术上不是密码分析的示例,但可用于窃取密钥,是当前最知名的时序攻击示例。

侧信道攻击(Side-Channel Attack)的原理是:不直接攻击目标,而是通过监视其运行状态找出其工作机制。生物学中,科学家可选择一种非侵入方式,即观察某种生物的饮食、睡眠、交配等行为认识这种生物,而不是杀死这种生物,然后从内到外看个遍。

3. 故障注入

密码分析者故意引入旨在导致系统以某种方式失败的条件；可结合已有的技术来完成，也可单独完成。故障注入攻击(Fault Injection Attack)试图在加密系统中造成错误，以试图恢复或推断加密密钥。尽管这种攻击相当罕见，但在 2001 年使用中国剩余定理(Chinese Remainder Theorem)[1]对 RSA 仅实施一次注入攻击就证明有效后，受到广泛关注。根据一些专家的说法，故障注入攻击是侧信道攻击的一种特殊情况。

8.7.3　其他攻击

除非用户或用户的敌对方是熟练的密码分析员，或受雇于国家级情报机构，否则就不太可能成为先前攻击方法的对象之一。但是，如果像"心脏滴血"所发生的那样，就可能会是广泛攻击中的一名受害者。接下来将注意力转向一系列更可能针对一般用户或一般组织的攻击。

1. 重放攻击

重放攻击(Replay Attack)是分布式环境中存在的一个较严重的问题，攻击方捕获到数据后重新提交，企图欺骗接收设备以为这些数据是合法信息。很多时候，重放的数据是身份验证信息，此时攻击方试图假冒其他人以获得对资源的未授权访问能力。

哈希传递(Pass the Hash)是一种众所周知的重放攻击，哈希传递以 Microsoft Windows Active Directory(AD)单点登录环境为目标。正如将在第 16 章和第 17 章中更深入地探讨的那样，单点登录(Single Sign-on，SSO)是一种身份验证方法，仅要求用户完成一次身份验证，然后根据请求自动提供网络资源的访问，而无需用户重新身份验证。Microsoft 在本地存储用户口令的哈希值来实现 SSO，然后自动将其用于未来的服务请求，而无需任何用户交互。本地安全机构子系统服务(Local Security Authority Subsystem Service，LSASS)是 Microsoft Windows 中的一个进程，负责确认用户登录、处理口令更改以及管理访问令牌(如口令哈希)。任何具有本地管理员权限的用户都可从 Windows 计算机转储 LSASS 内存，并为最近登录该系统的任何用户恢复口令哈希。

如图 8-24 所示的示例中，User1 在本地登录系统。LSASS 使用域控制器(Domain Controller，DC)验证用户身份，然后将用户名和 NTLM(New Technology LAN Manager)口令哈希后存储在内存中供将来使用。User1 稍后浏览文件服务器上的文件，LSASS 不必重新输入凭证，而是使用缓存的用户名和哈希自动向文件服务器验证 User1。域管理员还远程登录以更新主机，因此 User1 的用户名和哈希也缓存在内存中。

---

[1]　也称孙子剩余定理(RSA-CRT)。

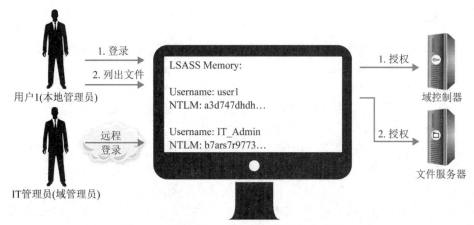

图 8-24　微软 Windows 活动目录的单点登录

如图 8-25 所示，假设攻击方向 User1 发送了一个恶意附件，User1 打开了恶意附件进而破解了主机。攻击方现在使用 User1 的权限与受破坏的系统交互，并且由于 User1 是本地管理员，因此能从 LSASS 内存中转储哈希。现在攻击方拥有域管理员口令的哈希值，这使攻击方不必破解任何口令即可访问域控制器。

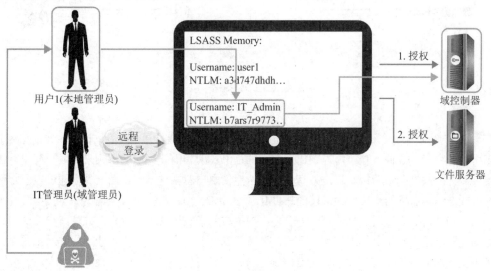

图 8-25　哈希传递攻击

时间戳(Timestamp)和序列号(Sequence Number)是两种防御重放攻击的安全对策。数据包可包含序列号，这样每一台计算机都预期接收到的每个数据包都具有一个特定的序列号。如果某个数据包的序列号是前面已用过的，就暗示这是一个重放攻击。数据包也可添加时间戳。每台计算机都可设置一个阈值，只接收时间戳在阈值内的数据包。如果接收的数据包超过该阈值，说明这很可能是一个重放攻击。

2. 中间人攻击

如果能监控网络流量，哈希并不是能拦截的唯一有用的东西。如果攻击方不能破坏密码体系的算法或实施，那么最好的办法就是将自己插入到建立安全连接的流程中。在中间人(Man-in-the-Middle，MitM)攻击中，威胁行为方拦截来自客户端的出站安全连接请求，并将攻击方自己的请求中继到目标服务器，终止两者连接并充当代理。这允许攻击方在不必发现算法或其实施中的漏洞的情况下击败加密通道。

图 8-26 显示了网络钓鱼活动中使用的中间人攻击。首先，攻击方发送一封电子邮件，诱使受害者单击一个看似合法的链接，实际是指向攻击方控制的服务器。然后，攻击方将自己的请求发送到受害者的目标服务器，并与受害者建立安全连接。接下来，攻击方完成受害者的连接请求，但使用攻击方自己的证书而不是目标服务器的证书。攻击方现在隐身在两个独立的安全连接的中间。从这个角度看，攻击方既能将信息从一端传递到另一端，也能复制其中的一些信息(如凭证、敏感文档等)供以后使用。攻击方还可选择性地修改从一端发送到另一端的信息。例如，攻击方更改资金转移的目标账户。

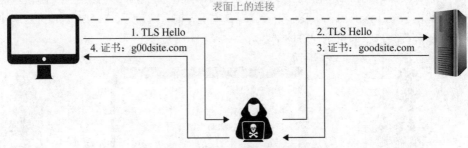

图 8-26　基于 Web 的中间人攻击

在图 8-26 中，合法站点(goodsite.com)的证书与攻击方使用的证书(g00dsite.com，有两个零而不是字母 o)不同。攻击方需要出示自己的证书，因为需要相应的私钥来完成与客户端的连接，并能共享会话密钥。攻击方有几种方法能使用户忽视这一点。第一种是通过电子邮件将链接发送到服务器给用户。链接的 HTML 显示的是合法站点，而实际(隐藏)链接指向几乎相同但恶意的域名。更老练的攻击方会使用多种技术来破坏 DNS 解析，并让客户端访问恶意站点而不是合法站点。无论哪种方式，浏览器都可能生成一个警告，让用户知道某些事情是不正确的。对攻击方来说幸运的是(对安全专家来说是不幸的)，大多数用户不太注意或主动忽视此类警告。

3. 社交工程攻击

受害者会受到聪明的攻击方愚弄，这些攻击方能通过各种社交工程攻击类型，诱骗受害者提供加密密钥。如前几章所述，社交工程攻击是以人为对象，以诱骗人们泄露敏感信息为目的的攻击。例如，攻击方可能让受害者相信攻击方是安全管理员，需要受害者的密钥数据来完成某种类型的操作。然后，攻击方会使用这些数据解密并获得对敏感数据的访问。常见的社交工程攻击手段包括欺诈、说服、胁迫(大棒密码分析，Rubber-hose Cryptanalysis)或贿赂

(购买密钥攻击，Purchase-key Attack)等。

4. 勒索软件

勒索软件(Ransomware)是一种恶意软件，通常会加密受害者的文件，直到向攻击方控制的账户付款。当受害者付款时，攻击方通常(但不总是)提供解密文件所需的秘密密钥。勒索软件不是对密码术的攻击，而是利用密码术的攻击。勒索软件通常通过包含恶意附件的钓鱼电子邮件来实现攻击。在最初的破坏之后，勒索软件可能能够在受害者的网络中横向移动，感染其他主机。

8.8 本章回顾

密码术为当今基础架构中使用的大多数安全协议提供了底层工具。因此，密码术是安全专家不可或缺的工具。密码术使用数学函数，并提供各种类型的功能和安全级别。每种算法各有优缺点，因此安全专家倾向于混合使用密码算法，如 PKI。网络安全专家使用哈希函数、对称密钥和非对称密钥加密为构建安全架构(将在下一章讨论)提供了坚实基础。

有很多方法能攻击这些密码体系。高级的敌对方可能在底层算法中发现漏洞。其他人可能针对这些算法在软件和硬件中实施攻击。大多数攻击方只是试图通过重放身份验证数据、将自己插入受信任的通信渠道中或简单地通过社交工程瞄准相关人员来绕过密码术。

8.9 快速提示

- 密码术是提供只有授权方能理解的形式存储和传输信息的实践。
- 可读消息称为明文，一旦加密就称为密文。
- 密码算法是规定加密和破译功能的数学规则。
- 密码分析是旨在削弱或破解密码术的技术的统称。
- 抗抵赖性是一种确保发送方无法否认发送的信息的服务。
- 密钥的可能范围称为密钥空间。密钥空间越大，允许创建的随机密钥就越多，从而提供更多保护。
- 对称密码中使用的两种基本加密机制是替换和转置。替换密码使用不同字符(或位)替换原来的字符(或位)，转置密码则打乱原来的字符(或位)。
- 多字母密码使用多个字母来破坏频率分析。
- 密钥是插入加密算法的随机位串。结果决定了将对消息执行哪些加密功能以及以什么顺序执行。
- 在对称密钥算法中，发送方和接收方使用相同的密钥来加密和解密。
- 在非对称密钥算法中，发送方和接收方使用不同的密钥来加密和解密。
- 使用对称密钥加密的最大挑战是密钥分发的安全和可伸缩性。但对称密钥算法的执行速度比非对称密钥算法快得多。

- 对称密钥算法提供机密性，但不能提供身份验证或抗抵赖性。
- 对称密钥算法的示例包括 AES 和 ChaCha20。
- 非对称算法通常用于加密密钥，对称算法通常用于加密批量数据。
- 非对称密钥算法比对称密钥算法慢得多，但能提供身份验证和抗抵赖性服务。
- 非对称密钥算法的示例包括 RSA、ECC 和 DSA。
- 对称算法的两种主要类型是流密码和分组密码。流密码使用密钥流生成器，每次对消息加密一位。分组密码将消息分成多个位组并对其加密。
- 许多算法是公开的，因此秘密的部分是密钥。密钥为加密提供了必要的随机化。
- RSA 是由 Rivest、Shamir 和 Adleman 研发的一种非对称算法，是数字签名的事实标准。
- 椭圆曲线密码体系(ECC)用于非对称算法，能提供数字签名、安全密钥分发和加密功能。ECC 使用更少的资源，这使得 ECC 更适合无线设备和手机加密使用。
- 量子加密是使用量子力学来执行密码功能的科学研究领域。最直接的应用方式是量子密钥分发(QKD)，QKD 能在两方生成并安全地分发任意长度的加密密钥。
- 当对称和非对称密钥算法一起使用时，这称为混合系统。非对称算法加密对称密钥，对称密钥加密数据。
- 会话密钥是消息的发送方和接收方用于加密和解密目的的对称密钥。会话密钥仅在当次通信会话处于活动状态才有效，会话结束时销毁。
- 公钥基础架构(PKI)是流程、工作程序(procedure)、通信协议和公钥密码术的框架，使分散在各处的个体能安全地通信。
- CA 是可信任的第三方，用于生成和维护用户证书，用户证书持有其公钥。
- CA 使用证书撤销列表(CRL)来跟踪已撤销的证书。
- 证书是 CA 用来将公钥与个人身份相关联的机制。
- 注册机构(RA)验证用户的身份，然后向 CA 发送证书请求。RA 无法生成证书。
- 单向函数是一个方向比相反方向运算容易得多的数学函数。
- RSA 基于将大数分解为素数的单向函数。只有私钥知道如何适用陷阱，以及解密用相应公钥加密的消息。
- 哈希算法仅提供数据完整性。
- 当哈希算法用于消息时，会生成消息摘要，该值用私钥签名生成数字签名。
- 哈希算法的一些示例包括 SHA-1、SHA-2、SHA-3 和 MD5。
- SHA 生成 160 位的哈希值，用于 DSS。
- 生日攻击通过暴力破解哈希函数。攻击方试图创建两条具有相同哈希值的不同消息。
- 一次性密文使用具有随机值的密文，这些随机值与消息运行异或运算以生成密文。密码本至少与消息本身一样长，并且只使用一次然后丢弃。
- 数字签名是用户使用私钥对哈希值进行签名的结果。数字签名能提供身份验证、数据完整性和抗抵赖性。签名的行为是使用私钥加密哈希值。
- 密钥管理是密码术中最具挑战性的部分之一，涉及加密密钥的创建、维护、分发和销毁。

- 对密码体系的暴力破解攻击是对给定的密文尝试所有可能的密钥,以期猜测所使用密钥的攻击方式。
- 对密码体系的纯密文攻击分析用相同算法和密钥加密的一条或多条消息的密文,以发现所使用密钥的攻击方式。
- "已知明文攻击"是攻击方拥有一条或多条消息明文和相对应的密文,并希望发现所使用密钥的攻击方式。
- "选择明文攻击"类似于已知明文攻击,但攻击方可选择性地查看明文和加密后的密文。
- "选择密文攻击"类似于选择明文攻击,攻击方选择将要解密的密文,并可获得相应的解密明文。
- "频率分析"也称为统计攻击,可识别密码体系生成的密文中具有统计意义的模式。
- 实施攻击是用于利用密码体系实施中缺点的技术。
- 侧信道攻击分析密码体系周围环境的变化,试图推断出导致这些变化的加密密钥。
- 定时攻击是侧信道攻击,使用时间测量来确定密码体系的内部工作情况、状态甚至数据流。
- 故障注入攻击试图在密码体系中造成错误,以恢复或推断加密密钥。
- 中间人(MitM)攻击指威胁行为方拦截来自客户端的出站安全连接请求,并将攻击方的请求中继到目标服务器,终止两者连接并充当代理。
- 哈希传递是针对 Microsoft Windows Active Directory 的一种攻击,攻击方在其中重新提交缓存的身份验证令牌以获得对资源的非法访问。
- 勒索软件是一种恶意软件,会对受害者文件的加密并要求赎金,直到向攻击方控制的账户付款才解密。

8.10　问题

请记住这些问题的表达格式和提问方式是有原因的。必须了解到,CISSP 考试在概念层次提出问题。问题的答案可能不是特别完美,建议考生不要寻求绝对正确的答案。相反,考生应当寻找最合适的答案。

1. 密码分析的目标是什么?

A. 确定算法的强度

B. 增加密码算法中的替换函数

C. 减少密码算法中的转置函数

D. 确定使用的排列

2. 为什么暴力破解攻击成功的频率增加了?

A. 算法中排列和转置的使用增加了。

B. 随着算法变得更强大,暴力攻击变得不那么复杂,因此更容易受到攻击。

C. 处理器速度和功率增加。

D. 密钥长度随着时间的推移而减少。

3. 以下哪一项不是单向哈希函数的属性或特征？

    A. 将任意长度的消息转换为固定长度的值。

    B. 给定摘要值，找到相应的消息在计算上应该是不可行的。

    C. 从两条不同的消息中得出相同的摘要应该是不可能的或很少见的。

    D. 将固定长度的消息转换为任意长度值。

4. 哪些表明消息遭到更改？

    A. 公钥遭到更改。

    B. 私钥遭到更改。

    C. 消息摘要遭到更改。

    D. 消息已正确加密。

5. 以下哪项是美国联邦政府为创建安全消息摘要而研发的算法？

    A. 数据加密算法

    B. 数字签名标准

    C. 安全哈希算法

    D. 数据签名算法

6. RSA 相对于 DSA 的优势是什么？

    A. 提供数字签名和加密功能。

    B. 因为 RSA 使用对称密钥，所以 RSA 使用更少的资源和更快的加密。

    C. 是分组密码而不是流密码。

    D. 采用一次性密码本。

7. 下面哪项是用来创建数字签名的？

    A. 接收方的私钥

    B. 发送方的公钥

    C. 发送方的私钥

    D. 接收方的公钥

8. 以下哪项最能描述数字签名？

    A. 将手写签名转移到电子文档的方法

    B. 一种加密机密信息的方法

    C. 提供电子签名和加密的方法

    D. 一种让消息的接收方证明消息的来源和完整性的方法

9. 为什么证书颁发机构会吊销证书？

    A. 如果用户的公钥遭到破坏

    B. 如果用户改用使用信任网络的 PEM 模型

    C. 如果用户的私钥遭到破坏

    D. 如果用户移动到新的物理位置

10. 以下哪项最能描述证书颁发机构？

    A. 发行私钥和相应算法的组织

    B. 验证加密流程的组织

    C. 验证加密密钥的组织

    D. 颁发证书的组织

11. 以下关于数据加密用于保护数据的说法正确的是？

    A. 验证数据的完整性和准确性

    B. 需要仔细地管理密钥

    C. 不需要太多的系统资源开销

    D. 需要托管密钥

12. 算法的工作要素的定义是什么？

    A. 加密和解密相同明文所需的时间

    B. 破解加密所需的时间

    C. 实现 16 轮计算所需的时间

    D. 替代函数所需的时间

13. 用户口令使用单向哈希的主要目的是什么？

    A. 最大限度地减少存储口令所需的主要和辅助存储

    B. 能防止任何人以明文形式读取口令

    C. 避免了非对称算法所需的过度处理

    D. 防止重放攻击

14. 以下哪项基于很难将大数分解为两个原始素数的事实？

    A. ECC

    B. RSA

    C. SHA

    D. MD5

15. 什么攻击会分析密码体系周围环境的变化，以推断导致这些变化的加密密钥？

    A. 侧信道攻击

    B. 定时攻击

    C. 执行攻击

    D. 故障注入攻击

8.11　答案

1. A。密码分析是尝试对密码体系实施逆向工程的流程，其可能的目标是发现所使用的密钥。一旦发现此密钥，就能访问使用此密钥加密的所有其他消息。密码分析由白帽执行以测试算法的强度。

2. C。暴力破解攻击是资源密集型的。会尝试所有值，直到获得正确的值。随着计算机添加更强大的处理器，攻击方能实施更强大的暴力破解攻击。

3. D。哈希算法将采用可变长度的字符串(消息可以是任意大小)并计算固定长度的值。固定长度值是消息摘要。MD 系列创建 128 位的固定长度值，而 SHA 创建 160 位固定长度值。

4. C。哈希算法生成消息摘要以检测是否发生了修改。发送方和接收方独立生成自己的摘要，接收方比较这些值。如果摘要不同，则接收方就知道消息已更改。

5. C。创建 SHA 是为了生成安全的消息摘要。数字签名标准(DSS)是创建数字签名的标准，规定了必须使用 SHA。DSS 还概述可与 SHA 一起使用的数字签名算法：RSA、DSA 和 ECDSA。

6. A。RSA 可用于数据加密、密钥交换和数字签名。DSA 只能用于数字签名。

7. C。数字签名是使用发送方的私钥加密的消息摘要。发送方或其他任何人都不应该访问接收方的私钥。

8. D。数字签名提供身份验证(知道谁真正发送了消息)、完整性(因为涉及哈希算法)和抗抵赖性(发送方不能否认发送消息)。

9. C。撤销证书的原因是警告使用该人的公钥的其他人，不应再信任该公钥，因为出于某种原因，该公钥不再与该特定个人的身份绑定。这可以是因为员工离开公司或改名并需要新证书，但很可能是因为该人的私钥遭到破坏。

10. D。注册机构(RA)接受某人的证书请求并验证该人的身份。然后 RA 将此请求发送到 CA，证书颁发机构生成并维护证书。

11. B。数据加密总是需要细致的密钥管理。如今，大多数算法都非常强大，以至于攻击密钥管理比发起暴力破解攻击要容易得多。哈希算法用于数据完整性，加密确实需要大量资源，并且密钥不必为加密而托管。

12. B。密码体系的工作要素是破解密码体系或其加密流程所需的时间和资源量。目标是使工作要素如此之高，以至于攻击方无法成功破解算法或密码体系。

13. B。口令通常通过单向哈希算法运行，因此实际口令不会通过网络传输或以明文形式存储在系统中。这大大降低了攻击方获取实际口令的风险。

14. B。RSA 算法的安全性基于将大数分解为其原始素数的难度。这是一个单向函数。计算产品比识别用于生成该产品的素数更容易。

15. A。侧信道攻击是最佳答案。该问题还能描述为时序攻击，这是一种侧信道攻击，但由于没有具体提及时序，因此该选项不是最佳答案。也有人认为这是一次故障注入攻击，但同样，没有具体提到攻击方故意试图导致错误。这个问题代表了 CISSP 考试中较难的问题，提供了一个或多个可能正确但不是最好的答案。

第 9 章

安全架构

本章介绍以下内容:

- 威胁建模(Threat Modeling)
- 安全架构设计原则
- 安全模型
- 满足安全需求
- 信息系统的安全能力

> 安全是流程,而不是产品。

——Bruce Schneier

讨论了各种信息系统架构(第 7 章)和密码学(第 8 章)后,安全专家的下一步是在构建企业安全架构时将二者结合在一起。第 4 章讨论了信息系统架构的各种框架,现在需要应用这些经过验证的正确原则、模型和系统能力。在此之前,本章将在细节上深入探索威胁建模,因为威胁建模指导了后续的所有内容。

9.1 威胁建模

在部署有效的安全防御之前,安全专家首先需要弄清组织所重视的资产,以及针对资产的威胁。尽管威胁建模(Threat Modeling)这一术语存在多种定义,但为了便于讨论,本书将威胁建模定义为一个流程,描述特定威胁源可能对资产造成的不利影响。这个描述比较拗口,接下来详细说明一下。

为组织面临的威胁建立模型时,安全专家通常将这些威胁放入现实场景中考虑,所以只考虑合理的威胁非常重要,否则会分散组织有限的资源,无法有效地保护重要资产。接下来的重点是分析威胁对组织资产的潜在影响,换句话说,对组织中有价值的事物和人员的潜在影响。最后,如果要部署有效的方法阻止威胁,模型还需要指定特定的威胁源。要理解攻击的行为，安全专家应了解攻击方的能力和动机。

9.1.1 攻击树

攻击树(Attack Tree)是一个图表，显示攻击方的单个操作如何链接在一起达成目标。该方法论基于观察法，通常有多种方式实现特定目标。例如，如果一位心怀不满的员工想窃取总裁邮箱的内容，有入侵电子邮件服务器、获取口令和窃取总裁的智能手机等多种方式。而入侵电子邮件服务器可通过使用管理凭证(Administrative Credential)或入侵方式实现。而获取管理凭证，可通过暴力破解(Brute Force)或社交工程(Social Engineering)的方式实现。攻击方可用的选项在攻击树中创建了分支，如图9-1 所示。其中每个叶节点代表一个特定条件，应满足这些条件才能使父节点生效。例如，为获取邮箱凭证，心怀不满的员工可窃取网络访问令牌。假设该员工已满足获取凭证的条件，就能窃取总裁邮箱的内容。所以成功的攻击是攻击方从叶节点一直遍历到树根，即最终目标。

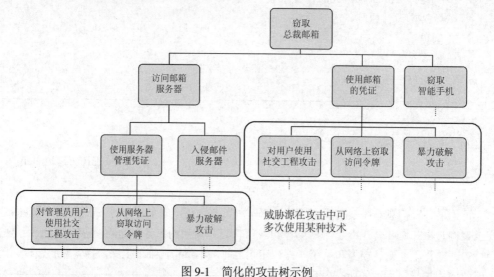

图9-1　简化的攻击树示例

注意

"攻击链(Attack Chain)"和"杀伤链(Kill Chain)"是常用术语，指的是一种特定类型的攻击树，没有分支，只是从一个阶段或操作到下一个阶段或操作。使用攻击树能显示攻击方攻击目标的多种方式，更具表现力。

1. 简化分析

为组织生成攻击树通常需要非常大的资源投入。每个"漏洞-威胁-攻击路径(Vulnerability-Threat-Attack)"三元组都可使用攻击树的方式详细描述，所以最终会生成和三元组一样多的树状结构。而要击败识别出的每一种攻击，通常需要在每个叶节点上实施控制措施或安全对策(Countermeasure)。由于每次攻击会生成多个叶节点，这具有乘法效应，导致整个分析工作变得非常困难。因此，一种称为"简化分析(Reduction Analysis)"的方法论应运而生。

在威胁建模中，简化分析涉及两个方面：一方面是减少组织考虑的攻击数量，另一方面是减少攻击造成的威胁。第一方面在图 9-1 的示例中得到印证。为满足登录邮箱服务器或用户邮箱的条件，攻击方使用三种完全相同的技术。这意味着可找到其中的共性，减少需要缓解的条件数量。考虑到这三个示例的条件也适用于其他攻击，分析人员就可将其数量迅速减少到可接受的水平。

第二方面是找到缓解或消除这些攻击的技术。使用攻击树真正有益的就是这一点。回顾一下，每棵树只有一个根，但有多个叶节点和内部节点。控制措施离根节点越近，就越能有效地缓解针对叶节点的攻击，也就能容易地找到保护整个组织的最有效技术。这些技术通常称为控制措施(Control)或安全对策(Countermeasure)。

2. STRIDE

STRIDE 是一个威胁建模框架，使用流向图、系统实体和与系统相关的事件评价系统的设计。STRIDE 不是首字母缩略词，而是表 9-1 中列出的六类安全威胁的助记词。Microsoft 于 1999 年开发此工具，用于保护研发中的系统。作为使用最广的威胁建模框架之一，STRIDE 适用于逻辑和物理系统等。

表 9-1　STRIDE 威胁类别

威胁	受影响的属性	定义	示例
欺骗	验证	冒充某人或某事	外部发件人在电子邮件中伪装成 HR 员工
篡改	完整性	修改磁盘、内存或其他地方的数据	修改关键系统文件内容的程序
否认	不可否认性	声称没有执行某项操作或不知道谁执行了操作	用户声称没有收到请求
信息泄露	机密性	将信息暴露给无权查看的各方	一位分析师不小心向外界泄露了网络的内部细节
拒绝服务	可用性	通过耗尽服务所需的资源拒绝或降级对合法用户的服务	僵尸网络每秒数千个请求淹没网站，导致网站崩溃
特权提升	授权	在没有适当授权的情况下获得能力	用户绕过本地限制，以获得对工作站的管理访问权限

3. 洛克希·德马丁网络杀伤链

威胁建模不是什么新鲜事，可能最早起源于军事行动，用于预测敌人的意图和行动，然后制定计划进入敌方的决策循环并击败敌方。杀伤链(Kill Chain)一词逐渐演变为描述识别目标、确定攻击最佳方法、集中攻击资源、实施攻击和摧毁目标的流程。2011 年，洛克希德·马丁(Lockheed Martin)公司发表了一篇论文，在此基础上定义了网络杀伤链(Cyber Kill Chain)，阐述了威胁行为方为实现其目标应完成的步骤。该模型指定了网络攻击的七个不同阶段：

(1) **侦察(Reconnaissance)**　攻击方选择目标，研究并试图找到目标网络中的漏洞。

(2) **武器化(Weaponization)**　攻击方适配现有的远程访问恶意软件武器，或创建新武器，专门针对上一个步骤中找到的一个或多个漏洞。

(3) **传送(Delivery)**　攻击方将武器传送到目标(例如，电子邮件附件、指向恶意网站的链接或 USB 驱动器)。

(4) **利用(Exploitation)**　触发恶意软件武器，利用一个或多个漏洞对目标采取行动并破坏主机。

(5) **安装(Installation)**　恶意软件武器安装可供攻击方利用的接入点(例如，后门)。

(6) **命令和控制(Command And Control)**　恶意软件使得攻击方通过"把手放在键盘上"的方式永久访问目标网络。

(7) **采取行动(Actions On Objective)**　攻击方采取行动达到目标，如泄露数据、销毁数据或加密勒索。

洛克希德·马丁公司研发此模型的主要目的之一是帮助防御方将防御措施映射到各个阶段，用于检测(Detect)、拒绝(Deny)、破坏(Disrupt)、降级(Degrade)、欺骗(Deceive)或遏制行动(Contain The Attack)。在敌对方没有达到目标前，保护措施越早越好。该模型的另一个关键思想是防御方通过识别网络攻击每个阶段对抗活动的指标，监测活动，并评估各个阶段的防御措施是否有效。网络杀伤链虽然是一个高级框架，却是威胁建模最常用的框架之一。

9.1.2　MITRE ATT&CK 框架

MITRE 公司研发了一个名为 ATT&CK 的对抗性战术、技术和通用知识库，作为威胁行为方使用的战术和技术综合矩阵。ATT&CK 是一种广泛使用的工具，使用可重用的通用组件构建包含复杂活动和操作的模型。与网络杀伤链一样，ATT&CK 通常将行动分解为一些称为战术(Tactics)的序列组，这些序列组分别映射到洛克希德·马丁模型中的各个阶段。这 14 种战术中的每一种都包含一些技术(Technique)，敌对方可通过这些技术达到特定目的。技术也包含威胁行为方使用的特定子技术(Sub-technique)。

例如，第 11 种战术(T0011)"命令与控制(Command and Control)"描述了敌对方尝试使用某种技术，与遭受破坏的系统通信达到控制目的。其中一种技术(T1071)利用应用层协议通过离散的方式建立通信。T1071 中的一项子技术(T1071.004)使用域名系统(Domain Name System, DNS)秘密地发送和接收消息。反过来，该子技术也包含威胁行为方使用的程序示例。例如，OceanLotus(也称为 APT32)使用 DNS 隧道对 Denis 木马执行命令和控制。

9.1.3　为什么使用威胁建模

科学模型是对难以理解的事物的一种简化表示方法。模型的构建使得主体的某些部分更容易观察和分析。安全人员使用模型研究复杂现象，例如，疾病的传播、全球金融市场，当然还有网络安全威胁。威胁建模可简化敌对方的一些活动，这样防御方就能深入了解真正重要的部分。威胁行为方在很多领域做了太多相对独立的事情，提供很多可供研究的素材。如果安全专家能研究攻击方和其模式的共同部分，找到击败攻击方的通用技术，就可防范一系列不同的攻击了。

继续之前利用 DNS 隧道的 Denis 木马示例。安全专家应关注吗？其实这取决于安全人员所属的组织。威胁建模的力量在于：安全人员能基于其所属的组织和组织所在的区域，密切关注特定的行动方和特定的技术。

一个典型的威胁建模工作从识别针对组织的威胁行为方开始。威胁行为方可以是一般类别的，例如，投机取巧的勒索软件团伙，或更具体的行动方，如 OceanLotus。安全人员能从哪里得到信息呢？也许可通过新闻寻找攻击方。或者，还可订阅威胁情报服务。无论采取哪种方式，首先都需要回答一些问题：

- 为什么有人要针对组织？(动机)
- 如何才能实现攻击方的目标？(方法)
- 攻击方会在何时何地发起攻击？(机会)

第一个问题的答案来自于组织的资产清单。组织有对其他人有价值的东西吗？如知识产权对竞争对手是很有价值的。网络犯罪分子热衷于金融数据，而外国政府热衷于国家安全情报。一旦找到什么样的威胁行为方对组织感兴趣，就可开始研究此类攻击方的攻击方法了。回到示例，假设安全人员所在的组织对 OceanLotus 感兴趣，就可研究所有的公开或私人资源，了解攻击方的战术、技术和程序(Tactic, Technique and Procedure，TTP)。例如，MITRE ATT&CK 框架列出了 OceanLotus 使用的 40 多种技术和至少 13 种工具。通过了解这些动机和手段，安全专家可检查组织的系统并确定这些技术在哪里使用。这就是威胁建模的力量：只将注意力集中在组织最可能受到的威胁上。在世界各地敌对方使用的无数 TTP 中，安全人员只需要关注最重要的即可。

9.2 安全设计原则

了解威胁是构建安全架构的基础，如何运用安全社区的集体智慧也是如此。安全专家一致认同一些安全设计原则为最佳实践，而集体智慧就存在于这些安全设计原则中。下面介绍在 CISSP 考试中应了解的安全设计原则。请将这些原则视为一个坚实的起点，而不是一个包罗万象的列表。

考试提示

考生应能详细描述 11 条安全设计原则(包括前面介绍的威胁建模)中的每一条，并识别在特定场景中何时遵循或不遵循这些设计原则。

9.2.1 深度防御

设计安全架构的一个基本原则不是确定系统是否会受到破坏，而是为即将到来且不可避免的攻击做好准备。因此，安全人员需要运用深度防御(Defense in Depth)，即分层协调使用多个安全控制措施，如图 9-2 所示。多层防御系统能降低成功渗透和破坏的可能性，因为攻击方需要越过系统中多种不同类型的保护机制才能访问到关键资产。攻击方可能成功地突破外围，在环境中站稳脚跟，但安全控制措施会延缓攻击方的速度，提高发现攻击方的概率，同时提供击败攻击或在攻击后迅速恢复的手段。

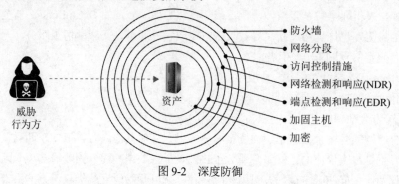

图 9-2 深度防御

一个设计良好的安全架构会考虑物理、技术和管理控制措施之间的相互作用。例如，A 公司可通过使用以下物理安全控制措施保护其基础设施：

- 外围围栏
- 外部照明
- 上锁的外部门和内部门
- 保安
- 监控摄像头

许多情况下，这些措施迫使攻击方开展网络攻击。这就要求公司实施技术控制措施为各种资产提供充分保护。与实体控制类似，可将这些技术控制措施视为围绕组织的资产而创建的同心保护环。如图 9-2 所示，在外环设置外围防火墙。如果绕过这一点，攻击方还将不得不在一个分段网络中航行，那里到处都有严格的访问控制措施。此外，攻击方还应击败用来检测和阻止网络攻击的网络检测和响应(Network Detection and Response，NDR)系统。在更深层次上，还有部署在加固主机上的终端检测与响应(Endpoint Detection and Response，EDR)系统。最后，所有数据都是加密的，因此从公司环境中泄露有价值的东西更困难。

物理和技术控制措施通过策略、程序和标准等管理措施得到整合和增强。实际实施的控制方式应映射到公司面临的威胁上，而且实施层数也应映射到资产的敏感性上。通常的经验是资产越敏感，需要实施的保护层数就越多。

9.2.2 零信任

运用深度防御原则当然有用，但有些人可能据此认为攻击总是遵循一个模式，即外部威胁行为方依次渗透每个防御圈，直到抵达受保护的资产。实际上，攻击可来自于任意方向(甚至是内部)，并且是非线性的。一些敌对方在网络中潜伏数天、数周甚至数月，等待从内部完成攻击。这一现实情况，再加上存在恶意或粗心的内部人员，导致安全专业人员寝食难安。

零信任(Zero Trust)模型认为每个实体都怀有敌意，直到得到证明。而且零信任模型认为信任是一种漏洞，并试图减少或消除这种漏洞，这使得威胁行为方(外部或内部)更难实现其目标。如果深度防御是从外向内看安全，那么零信任架构则是从内到外构建安全。这些方法并不相互排斥。在设计系统时，最好将这两个原则结合起来。

问题在于，在整个企业环境中实施零信任模型非常困难，实施过程会阻碍生产力和效率。出于这个原因，这种方法通常只关注一小组关键资产，对访问资产定义一个"保护面(Protect Surface)"，部署最严格的控制措施。

9.2.3 信任但要验证

设计安全架构的另一个原则是信任但要验证(Trust But Verify)，这基本上意味着，即使实体及其行为是可信的，也应执行双重检查。这似乎是零信任模型的另一种选择(甚至与之不兼容)，但事实未必如此。例如，可采用零信任的方法保护最关键的资产，同时在其他地方采取验证过的信任策略。当然，也需要经常验证零信任资产。这样，这两种方法就可共存。另一方面，也可强制只采用其中一种方法，并围绕这种方法构建整个安全架构。不过这取决于组织的具体情况。

信任但验证原则的核心是允许审计系统上的所有事件，别无他法。此外，同样重要的是研发流程，安全人员通过这些流程对环境中的不同组件开展审计。没有人有能力一直检查所有内容，因此安全人员应明白在大多数情况下如何做，在特定情况下如何做。这样做的风险在于，环境里没有检查到的部分为攻击方创造了一个安全的避风港。所以程序(Procedure)和技术同样重要。

9.2.4 责任共担

虽然前面三个原则(深度防御、零信任和信任但要验证)同样适用于传统、云计算和混合环境，但云计算在防御角色方面复杂性会更高。责任共担(Shared Responsibility)是指服务提供商负责某些安全控制措施，而客户负责其他安全控制措施。通常，服务提供方负责提供"事物"的安全性。回顾一下第 7 章讨论的三种主要的云计算模型：软件即服务(SaaS)、基础架构即服务(IaaS)和平台即服务(PaaS)。图 9-3 中显示了各个模型中职责的分解。

用户管理

软件即服务(SaaS)　　　　平台即服务(PaaS)　　　　基础架构即服务(IaaS)

图 9-3　不同云计算服务的责任共担

当然，这个图表是概括性的。应仔细阅读服务协议中的细则，与服务提供商详细讨论供应商将为组织做什么，以及服务提供商认为组织将为自己做什么。然后，定期确保这些参数没有因为环境的变化、协议修订或供应商提供的新功能而发生变化。对云计算环境的破坏可追溯到一些组织不了解自身应提供哪些方面的安全。

9.2.5　职责分离

无论物理或逻辑架构如何，人们都将基于在组织中的角色执行各种业务、基础架构和安全功能。在设计安全架构时，考虑人的因素很重要。授予团队成员访问权限应基于组织对成员的信任程度以及知必所需(Need to Know)和行必所需(Need to Do)标准。仅因为一家公司完全信任 Joyce 提供的文件和资源，并不意味着 Joyce 符合获取公司纳税申报表和利润率的知必所需准则。如果 Maynard 访问员工的工作历史符合"知必所需"的标准，并不意味着公司信任 Maynard 可访问公司的所有其他文件。所以，应识别出问题并整合到访问标准中。不同的访问标准可基于角色、组、位置、时间和事务类型强制执行。

使用角色(Role)是一种将权限分配给执行特定任务的用户类型的有效方式。角色可基于工作分配或职能。如果公司内部有审计事务和审计日志的职位，那么这个角色只需要读取这些类型的文件。如果多个用户需要类似的访问权限，那么可将用户放入一个组(Group)中，然后为该组分配权限即可，这比分别为每个人分配权限更容易管理。如果特定打印机仅对会计组可用，当用户试图打印时，系统将检查用户的组成员身份，确定此用户是否在会计组中。

基于事务类型的限制可进一步控制特定功能可访问的数据，以及对数据执行的命令。公司采购员可最多购买 2000 美元的商品，需要得到主管的批准才能购买更昂贵的物品。相反，公司可能不允许主管购买任何物品，主管只能批准下属提交的采购申请。这就是职责分离(Separation Of Duties，SoD)原则的一个示例，重要的职能分配给多个人，以确保没有人有能力有意或无意给组织造成严重损失。

9.2.6　最小特权

一个相关的原则是最小特权(Least Privilege)，指授予员工完成工作所需的访问和授权，仅此而已。比如，上一节示例中的采购主管在日常工作中不需要刷公司信用卡，那么为什么还要配信用卡呢？采购员预计会定期小额采购，但购买超过 2000 美元的东西就相当罕见了，为什么有更高的采购限额呢？

"知必所需(Need-to-know)"原则类似于"最小特权(Least-privilege)"原则，即用户应仅获得履行工作职责应的访问权限。而向用户授予更多权限只会带来麻烦，并可能导致该用户滥用分配的权限。管理员希望给予用户尽可能少的权限，足以让该用户高效地执行任务即可。管理层决定用户需要知道什么，或者需要哪些访问权限，管理员配置访问控制机制，允许该用户拥有这一级别的访问权限，而不再拥有更多权限。因此，该用户获得最小特权。

例如，如果管理部门决定实习生 Dan 只需要知道复制的文件在哪里，并能打印出来，就满足了 Dan 的知必所需的准则。现在，管理员可让 Dan 完全控制需要复制的所有文件，就不是在实践最小特权的原则。管理员应限制 Dan 的权利和权限，只允许读取和打印必要的文件，而不是所有文件。另外，如果 Dan 不小心删除了整个文件服务器上的所有文件，最终由谁负责呢？是的，就是管理员。

授权蔓延

随着员工在部门内部轮换，组织通常会授予员工越来越多的访问权限和许可。这种情况通常称为授权蔓延(Authorization Creep)。对于组织而言，授权蔓延可能是一个很大的风险，因为很多用户对组织资产有过多访问特权。过去，网络管理员通常更容易提供更多访问权限，以免用户后面再多次申请，管理员也不用再做多次的配置工作。其实知道不同个体需要的确切访问级别很困难。这就是为什么用户管理和用户配置在今天的身份管理产品中变得越来越普遍，以及为什么组织越来越倾向于实施基于角色的访问控制(Role-based Access Control)的原因。对用户账户执行最低权限应是一项持续的工作，这意味着应审查各个用户的权限，确保组织不会将自己置于危险之中。

理解这一点很重要，即管理层的职责是确定个人的安全需求以及如何授权访问。安全管理员配置安全机制满足这些需求，但确定用户的安全需求不是管理员的职责。这些工作应留给业主。如果存在安全漏洞，最终将由管理层负责，因此管理层应首先做出决定。

9.2.7　最简法则

到目前为止，本章讨论的安全设计原则可能给信息系统带来复杂性。正如许多人所经历的那样，系统越复杂，就越难以理解和保护。这就是简单原则(Simplicity)的由来，让一切尽可能简单，并定期检查，确保没有增加不必要的复杂性。

这一原则在软件研发社区中早已为人所知，其中一个常规跟踪的指标是每 1000 行代码的错误，也称为每 KLOC(千行代码)的缺陷。其思想是，编写的代码越多，人们在不知不觉中下犯错的可能性就越大。类似地，主机、基础设施或策略越多，无意中引入漏洞的可能性就越大。

显然，不能强迫一个全球性企业使用一个小型网络，但可通过标准化配置来简化。比如组织可在世界各地拥有 10000 个终端，所有终端都以少数几种方式配置，不允许有例外。这样可确保所有基础设施使用类似的安全协议，使得策略数量少，简单易懂，并统一执行。需要跟踪的变量越少，系统就越简单，也就越容易得到保护。

9.2.8　默认安全

技术领域的许多人都知道，开箱即用的实现通常远远不够安全。大多数系统在开箱即用时就处于不安全状态，所以需要配置系统参数，才能将系统正确集成到不同环境中，这是为用户安装产品的一种更友好方式。例如，Mike 正在安装一个新的软件包，并试图对其进行配置以便与其他应用程序和系统互操作，此时如果不断显示"拒绝访问(Access Denied)"消息，Mike 的耐心可能逐渐消退，进而对厂商产生厌恶。

然而，研发人员和架构师处于一个艰难境地。当安装安全应用程序或设备时，应默认设置为"禁止访问(No Access)"。这意味着 Laurel 安装防火墙时，不应允许流量进入未明确授予访问权限的网络。安全性、功能性和用户友好性之间需要一个很好的平衡。如果一个应用程序对用户非常友好，或有很多特性，那么可能就不那么安全了。安全专业人员有责任帮助组织平衡这三种相互竞争的需求。

注意

现在大多数操作系统都提供了相当安全的默认设置，但用户仍然可修改大部分设置。这促使操作系统更接近"默认无访问权限(Default With No Access)"，但达到这个目标其实还有很长的路要走。

默认安全(Secure Defaults)原则意味着每套系统都是在安全性高于用户友好性和功能的状态下开始的。之后，安全人员经过深思熟虑，可放松一些限制，启用额外功能，这通常使系统对用户更友好。决策通常通过配置管理流程(将在第 20 章讨论)集成到风险管理计划中(参见第 2 章)。默认安全的目标是在一个极度安全的地方开始一切，然后放松控制，直到用户可完成工作为止。

9.2.9　失效关闭

与默认安全相关的设计原则与处理故障的方式有关。在错误发生时，应设计信息系统以一种可预测和不可妥协的方式运行。这通常也称为失效关闭(Failing Securely)。在前一章讨论密码分析的方法时，已看到违反这一原则将给敌对方带来优势。如果敌对方在密码系统中引发故障，就可恢复部分密钥或破坏系统。其他信息系统也存在同样的问题。

失效关闭系统在遇到故障时默认为最高安全级别。例如，意外关闭的防火墙在重新启动时可能阻止所有流量，直到管理员验证防火墙仍然配置有效并在安全运行。如果 EDR 系统遇到某些严重错误，可能会锁定系统。最后，如果连接不安全或数字证书存在不匹配、不受信任、过期或撤销的情况，网络浏览器可能阻止用户访问网站。仅通过实施最后这一个示例就可阻止大量网络钓鱼活动！

9.2.10 隐私设计

确保用户数据隐私的最好方法是将数据保护作为信息系统设计的一个组成部分，而不是事后考虑或作为后期功能。简而言之，这就是隐私设计(Privacy By Design)的原则。除了有意义之外(符合安全专家的期望)，这一原则是欧盟通用数据保护条例(General Data Protection Regulation，GDPR)的一部分，意味着组织已开始要求遵从这些条例了。

隐私设计并不是一个新概念，最初在 20 世纪 90 年代引入，并在 2010 年由荷兰(Dutch)数据保护局和安大略省信息专员发布的一份名为《设计隐私：兑现承诺(Privacy by Design: Delivering the Promises)》的联合报告正式描述。本文档描述了隐私设计的七个基本原则，如下所示：

(1) 主动而非被动；预防而非补救

(2) 隐私作为默认设置

(3) 隐私嵌入设计

(4) 全功能——正和而非零和

(5) 端到端安全——全生命周期保护

(6) 可见性和透明度——保持开放

(7) 尊重用户隐私——以用户为中心

9.3 安全模型

安全模型是一种更正式地描述安全原则的方法。虽然原则是适应不同情况的经验法则，但此处描述的安全模型非常具体且可验证。安全模型通常以数学和分析思想表示，并映射为系统规范，由产品研发人员在软件和/或硬件中实现。从安全策略出发，安全策略包含很多安全目标，如"访问客体之前，应对每个主体执行身份验证和授权"。安全模型满足这一需求，并提供必要的数学公式、关系和逻辑结构，以实现这一目标。然后，基于操作系统类型(例如，UNIX、Windows、macOS 等)研发规范，各个供应商可决定如何实现满足这些必要规范的机制。

已研发了几种安全模型来执行安全策略。下面阐述参加 CISSP 考试应熟悉的安全模型。

9.3.1 Bell-LaPadula 模型

Bell-LaPadula(BLP)模型强制执行访问控制中的机密性(confidentiality)要求。BLP 是 20 世纪 70 年代由美国军方提出的，用于防止未授权的主体访问秘密信息的场景。BLP 是第一个用于定义访问安全模式和访问规则的多级安全策略数学模型。BLP 的研发由美国政府资助，目的是提供一个用于存储和处理敏感信息的计算机系统框架。采用 Bell-LaPadula 模型的系统称为多级安全系统(Multilevel Security System)，因为使用该系统的用户具有不同级别的许可权限，而该系统处理的数据具有不同的密级。

 考试提示

> Bell-LaPadula 模型是为了防止机密泄露而研发的，因此 BLP 仅能解决机密性问题，无法解决系统中数据的完整性问题，也就是说，Bell-LaPadula 模型只决定谁可或不可访问数据以及可执行哪些操作。

Bell-LaPadula 模型实施如下三条规则：
- 简单安全规则(Simple Security Rule)
- *-型属性(星属性)规则(*-Property, Star Property Rule)
- 强星型属性规则(Strong Star Property Rule)

简单安全规则规定具有某个安全级别的主体不能读取位于更高安全级别的信息。比如，如果 Bob 获得了秘密级(Secret)安全许可，则该规则声明 Bob 不能读取绝密级(Top Secret)数据。如果组织想让 Bob 能读取绝密级数据，应先赋予 Bob 相应级别的安全许可。

-型属性(星属性)规则规定某个安全级别的主体不能在位于较低安全级别的客体上写入信息。通常称简单安全规则为"不上读(No Read Up)"规则，称-型属性规则为"不下写(No Write Down)"规则。

强星型属性规则规定具有读写权限的主体只能在相同安全级别的客体上执行读或写操作，不能高也不能低。所以，如果一个主体要能对一个客体执行读写操作，主体的许可级别和客体的分类级别应一致。

9.3.2　Biba 模型

Biba 模型是解决系统中数据的完整性问题的安全模型。Biba 模型并不关心安全级别和机密性。Biba 模型用完整性级别防止数据从低完整性级别流向高完整性级别，并使用三条规则提供完整性保护。

- ***-型完整性公理(*- Integrity Axiom)**　完整性级别低的主体不能向完整性级别高的客体写入数据。称为"不上写(No Write Up)"。
- **简单型完整性公理(Simple Integrity Axiom)**　完整性级别高的主体不能从完整性级别低的客体读取数据。称为"不下读(No Read Down)"。
- **请求调用属性(Invocation Property)**　完整性级别低的主体不能向完整性级别高的其他主体请求调用服务。

这是 Biba 模型在真实应用场景中的一个示例。假设 Lucy 和 Erik 在同一个项目组，分别起草不同的文档：Lucy 正在起草内部会议记录，Erik 正在为首席执行官写一份报告。Erik 在撰写报告时使用的信息应非常准确和可靠，也就是说应具有很高的完整性。另一方面，Lucy 只是记录团队所做的内部工作，包括想法、意见和灵感，Lucy 可使用未经证实的可能不够可靠的信息。基于*-型完整性公理，Lucy 不能向 Erik 的报告提供材料，却可在自己的文档中使用 Erik 的文件信息(高完整性)。另一方面，简单完整性公理不允许 Erik 读取 Lucy 的文档，因为 Lucy 的文档可能给 Erik 的高完整性报告引入低完整性信息。

请求调用属性声明低完整性级别的主体不能调用更高完整性级别的主体的程序或服务。这条规则与 Biba 的其他两个规则有什么不同呢？*-型完整性公理(不上写)规定主体如何才能修改客体；简单型完整性公理(不下读)规定主体如何才能读取客体；请求调用属性规则规定一个主体如何与其他主体进行通信并进行初始化。主体请求调用其他主体的示例是一个进程给一个程序发送请求以完成某项任务。在 Biba 模型中，主体只允许调用低完整性工具。请求调用属性保障低完整性的主体不会调用高完整性工具从而污染高完整性的客体。

Bell-LaPadula 模型与 Biba 模型

Bell-Lapadula 模型和 Biba 模型都是信息流模型(Informational Flow Model)，两者都主要关注信息从一个级别流到另一个级别。Bell-Lapadula 模型使用安全级别保障数据的机密性，Biba 模型使用完整性级别保障数据的完整性。

对于 CISSP 考生而言，熟知 Bell-LaPadula 模型和 Biba 模型的规则非常重要。两者规则看上去很相似，都有简单型规则和*-型规则，一个用于读，一个用于写。一个记忆小窍门是如果规则名称中使用了"简单"字样，这个规则指的就是"读"操作，如果规则名称里使用了"*"字样，这个规则指的是"写"操作。所以 CISSP 考生只需要记住每个模型中读或写的方向。

9.3.3 Clark-Wilson 模型

Clark-Wilson 模型是在 Biba 模型之后研发的，Clark-Wilson 模型采用另一种方式保护信息的完整性。Clark-Wilson 模型包含以下元素：

- 用户　活跃的代理。
- 转换程序(Transformation Procedure，TP)　对抽象操作的编程，如读、写或修改。
- 受限数据项(Constrained Data Item，CDI)　只可用于转换操作处理的数据项。
- 非受限数据项(Unconstrained Data Item，UDI)　用户可通过基础读写操作处理的数据项。
- 完整性确认程序(Integrity Verification Procedure，IVP)　基于外部实际情况检查 CDI 数据项的一致性。

Clark-Wilson 模型的显著特点是关注良构事务和职责分离。良构事务(Well-formed Transaction)是将数据从一个一致性状态变换到另一个一致性状态的一系列操作，而一致性状态中的数据是可靠的。一致性状态确保数据的完整性，是 TP 的工作。该模型中的职责分离则通过 IVP 审计 TP 的工作并验证数据的完整性。

当系统使用 Clark-Wilson 模型时，会将数据分为两个子集，一个子集需要高级别的保护，称为 CDI，另一个子集不需要高级别的保护，称为 UDI。用户不能直接修改 CDI，但通过软件 TP 代表用户可完成修改操作。这个规则可用访问三元组表示：主体(即用户)、程序(TP)和客体(CDI)。没有通过转换过程，用户不可修改 CDI 数据。UDI 数据不需要高级别保护，用户可直接修改。

Clark-Wilson 模型是一个完整性模型，因此应有能确保完整性规则得以实施的组件，这个组件就是 IVP。IVP 确保对所有关键数据(CDI)的操作遵循应用程序定义的完整性规则。

9.3.4　非干扰模型

多级安全属性具有多种表现形式，非干扰模型(Noninterference Model)就是其中之一。非干扰模型是为了保障在较高安全级别上发生的活动不会影响或干扰较低安全级别上发生的活动。非干扰模型的关注点不在数据流上，而是主体对系统状态的了解。所以较高安全级别的主体执行某项活动时，不应改变较低安全级别实体的状态。如果较低安全级别的实体意识到较高安全级别实体的某个活动，且这个较低安全级别实体的系统状态发生改变，这个较低安全级别的实体就可能推理出更多关于较高安全级别实体的活动，即信息泄露。

假设 Tom 和 Kathy 同时在同一台多级安全的大型机上工作，Tom 拥有秘密级许可，Kathy 则拥有绝密级许可。由于这是一个中心化大型机，Tom 工作使用的终端处理秘密级内容，而 Kathy 工作的终端具有绝密级内容。在非干扰模型下，Kathy 在其终端上的操作都不应直接或间接地影响 Tom 所在的域(包含可用资源和工作环境)，Kathy 执行的命令或交互的资源不应影响到 Tom 使用该大型机的体验。

非干扰模式实际是要解决隐蔽通道(Covert Channel)的问题，非干扰模式关注系统中不同用户都要访问的共享资源，试图识别出信息是如何从高安全许可级别的进程传送给低安全许可级别的进程。既然 Tom 和 Kathy 同时在同一个系统上工作，很可能需要共享某种类型的资源。因此该模型的规则就是确保 Kathy 不能通过隐蔽通道给 Tom 传递信息。

隐蔽通道

隐蔽通道(Covert Channel)是实体以未授权方式获取信息的一种渠道，这种通信很难察觉到。隐蔽通道包括两种类型：存储和时间。在隐蔽存储通道(Covert Storage Channel)中，进程间能通过系统中的存储空间通信。例如，假设 Adam 打算把一些机密信息泄露给 Bob。Adam 可在 Web 系统上创建一个账户，而 Bob 也假装在同一个系统上创建账户，并检查这个用户名是否可用。如果用户名可用，相当于 0(账户不存在)，否则 Bob 就记录下 1，并退出账户创建。然后 Bob 等待既定时长。Adam 要么将账户删除，相当于写了 0；或保留账户，相当于写了 1。Bob 再次尝试，记录下一个位值。

在一个隐蔽时间通道(Covert Timing Channel)中，一个进程通过调制对系统资源的使用将信息传递给另一个进程。上例中，Adam 可占用一个共享资源(例如，通信总线)。当 Bob 试图访问该资源时，如果成功，记录 0(不必等待)；否则，记录 1 并等待既定时长。这样，Adam 选择性地占用或释放共享资源编码信息。可将隐蔽通道看作一种莫尔斯码，只是使用的是特定系统资源。

9.3.5 Brewer-Nash 模型

Brewer-Nash 模型规定：当且仅当一个主体不能读取另一个数据集中的客体时，这个主体才能写入一个客体。这个模型用于提供基于用户以前的行为而动态变化的访问控制措施，主要目标是预防利益冲突。假设 Maria 是投资公司 TY 的投资经纪人，这家投资公司还为 Acme 公司提供其他服务。假设 Maria 能从为 Acme 公司提供的其他服务中获得 Acme 公司的信息，如即将发布的重大收益报告；有了这些信息，能确认股价很快就会上涨，Maria 于是可鼓励客户购买 Acme 的股票。Brewer-Nash 模型旨在降低这种情况发生的风险。

9.3.6 Graham-Denning 模型

以上介绍只是模型，所以本质上并不具体。每个厂商或供应商应自行决定如何切实满足所选模型中的规则。Bell-LaPadula 模型和 Biba 模型并没有明确规定如何定义、修改安全级别和完整性级别，也没有提供代理或转移访问权限的方法。Graham-Denning 模型有效解决了其中一些问题，用主体能对客体执行哪些命令的方式定义一个基本权限集。Graham-Denning 模型有 8 个基本保护权限或规则，规定这些功能应如何安全地执行：

- 如何安全地创建客体
- 如何安全地创建主体
- 如何安全地删除客体
- 如何安全地删除主体
- 如何安全地提供读权限
- 如何安全地提供授予权限
- 如何安全地提供删除权限
- 如何安全地提供转移权限

这些看似微不足道的功能对于建设安全的系统至关重要。如果软件研发人员未能以安全的方式集成这些功能，就可能遭受攻击方的破坏，将整个系统置于危险之中。

9.3.7 Harrison-Ruzzo-Ullman 模型

Harrison-Ruzzo-Ullman(HRU)模型处理主体的访问权和访问权的完整性。主体只能对客体执行有限的操作。基于安全的简单原则考虑，如果限制某个命令为单一操作，那么操作系统实现起来就很容易，只需要设置允许或不允许这个操作的授权。例如，如果主体发送命令 X，只需要执行 Y 操作，系统可很容易地决定允许或拒绝执行该操作。而若主体发送命令 M，为完成这个命令，系统应执行 N、B、W 和 P 操作，那么系统决定授权这个命令就很复杂了。

同时要确保访问权的完整性，在本例中，如果一个操作未能正确执行，整个命令就失败了。因此，尽管规定主体 A 只能读取客体 B 很容易，但确保每个函数都支持这个高级语句未必那么容易。软件设计人员使用 HRU 模型确保不引入未预见到的漏洞，并达成规定的访问控制目标。

安全模型总结

以上介绍的安全模型都很抽象，不易掌握，甚至很难理解，如下是各模型的核心概念，可方便 CISSP 考生更好地理解不同模型的特点。

Bell-LaPadula 模型　是第一个基于多级安全策略的数学模型，定义了安全状态和必要的访问模式，确保信息以遵守系统策略的方式流动，关注机密性。

- 简单安全规则(Simple Security Rule)：主体不能读取高安全级别客体内的数据(不上读)。
- *-型属性规则(*-Property)：主体不能向低安全级别的客体写入(不下写)。
- 强星型属性规则(Strong Star Property Rule)：主体要对客体读写，需要满足主体许可级别和客体分类级别相同的条件。

Biba 模型　描述确保数据完整性的访问控制规则。

- 简单型完整性公理(Simple Integrity Axiom)：主体不能从低完整性级别的客体读取数据(不下读)。
- *-型完整性公理(*-Integrity Axiom)：主体不能修改完整性级别高的客体(不上写)。

Clark-Wilson 模型　保护数据完整性，确保执行格式正确的交易。解决完整性的所有三个目标。

- 主体只能通过已授权程序访问客体(访问三元组)。
- 执行职责分离。
- 执行审计实务。

非干扰模型(Noninterference Model) 形式化的多级安全模型，规定在一个安全级别中执行的命令和活动不应呈现或影响其他安全级别的主体或客体。

Brewer-Nash 模型　该模型允许动态变更访问控制措施，以防止利益冲突。

Graham-Denning 模型　该模型规定应如何创建、删除主体和客体，还解决如何分配访问权限。

Harrison-Ruzzo-Ullman 模型　该模型规定一个有限的程序集如何设置主体的访问权限。

9.4　安全需求

无论构建企业安全架构还是软件系统或介于两者之间的系统，总是从需求开始的。安全需求应来自于组织的风险管理流程，以威胁模型为依据，以本章前面讨论的原则和模型为基础，再以在第 4 章中讨论的框架处理这些需求，并使用成熟度模型(也如在第 4 章中讨论的 CMMI)基于时间线评估整个事件。

在企业架构中满足安全要求的关键任务之一是为每个需求选择正确的控制措施，然后实施、记录和验证这些控制措施。具体流程基于选择的框架有所不同，可能需要查看第 4 章中讨论的运用 NIST SP 800-53 的 CRM 示例(具体参见表 4-2)。

9.5 信息系统的安全能力

多年来，大多数供应商已将先进的安全特性集成到产品中，特别是物理产品中，满足安全需求就更容易了。因此，组织能尽可能确保研发的软件是安全的，运行在已部署安全控制措施加固的操作系统上，并使用先进的安全工具实施监测。但如果运行系统的物理设备靠不住，那么所有努力都是徒劳的。下面将讨论信息系统的一些基于硬件的功能。

9.5.1 可信平台模块

可信平台模块(Trusted Platform Module，TPM)是安装在现代计算机主板上的一种硬件，专门用于加密密钥和数字证书的存储、对称和非对称加密以及哈希运算等安全功能。TPM 是由可信计算组织(Trusted Computing Group，TCG)设计的。TCG 是一个促进开放标准的组织，致力于增强计算平台抵御安全弱点和攻击的能力。

TPM 本质是一个受保护和封装的微控制器安全芯片，为存储和处理关键安全数据(例如，密钥、口令和数字证书)提供了一个安全的避风港。TPM 使用专用的、基于硬件的编码平台，极大地提高了计算系统的信任度，有利于安全特性的实现和集成。TPM 的引入使得在没有适当授权的情况下访问计算设备上的信息更加困难，同时可有效检测对计算平台配置的恶意更改。

使用可信平台模块

TPM 最常见的使用场景是绑定硬盘驱动器，而硬盘驱动器的内容与特定的计算系统绑定在一起。加密硬盘驱动器的内容，解密密钥存储在 TPM 芯片中。为确保解密密钥的安全存储，另一个加密密钥进一步"包装"了解密密钥。由于绑定了硬盘驱动器，其他系统基本上无法访问其内容。将硬盘驱动器连接到另一个系统读取其内容的尝试是非常困难的。但一旦 TPM 芯片发生故障，除非备份的密钥已托管，硬盘驱动器的内容将无法使用。

TPM 的另一个应用程序是将系统的状态密封到特定的硬件和软件配置里。通过 TPM 密封计算系统可防止篡改系统的配置。在实践中，这类似于使用哈希(Hash)验证在 Internet(或其他不受信任的介质)上共享的文件的完整性。密封系统是相当简单的，TPM 基于系统的配置文件生成哈希值，将哈希值存储在内存中。只有当 TPM 与原始"密封"值比较，验证系统配置的完整性后，才会激活密封的系统。

TPM 本质上是一个安全设计的微控制器，带有执行加密功能的模块。模块可加速加密密钥、哈希值以及存储和处理伪数序列。TPM 的内部存储是基于随机存取存储器 (Random Access Memory，RAM)的；当电源关闭时，RAM 会保留其信息，因此称其为非易失性 RAM (Nonvolatile RAM，NVRAM)。TPM 模块的内部内存分为两部分：永久(Persistent)或静态(Static)内存，和通用(Versatile)或动态(Dynamic)内存，如图 9-4 所示。

永久内存(Persistent Memory) 在静态内存中存在两种密钥：

- **背书密钥(Endorsement Key，EK)** 制造时安装在 TPM 中且无法修改的公/私钥对。私钥始终存在于 TPM 内部，而公钥用于验证 TPM 本身的真实性。安装在 TPM 上的

EK 是 TPM 及其平台所特有的。

- **存储根密钥(Storage Root Key，SRK)**   主包装密钥，用于保护存储在 TPM 中的密钥。

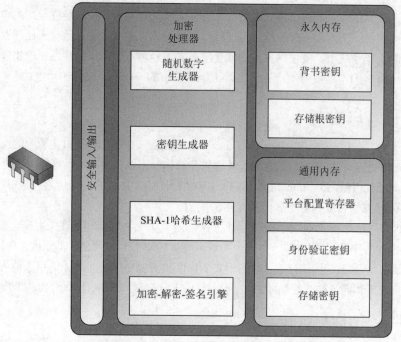

图 9-4   可信平台模块的功能组件

通用内存存储器(Versatile Memory)   在通用内存中有三种密钥(或值)：

- **平台配置寄存器(Platform Configuration Register，PCR)**   存储用于 TPM 密封功能的数据的加密哈希。
- **身份验证密钥(Attestation Identity Key，AIK)**   用于向服务提供商证明 TPM 芯片本身。AIK 在研发时与 TPM 的身份关联，而后者又与 TPM 的 EK 相关联。因此，AIK 保证了 EK 的完整性。
- **存储密钥(Storage key)**   用于加密计算机系统的存储介质。

9.5.2   硬件安全模块

TPM 是安装在主板上的微芯片，而硬件安全模块(Hardware Security Module，HSM)是可拆卸的扩展卡或生成、存储和管理加密密钥的外部设备。HSM 通常将这些功能卸载到专用模块来提高加密/解密性能，从而释放通用微处理器的资源来处理通用任务。HSM 已成为数字业务交易中保障数据机密性和完整性的关键组件。美国联邦信息处理标准(U.S. Federal Information Processing Standard，FIPS) 140-2 可能是评估 HSM 安全性最认可的标准。这种评估很重要，因为如今太多的数字商务都依赖于 HSM 提供的保护。

与其他网络安全技术一样，TPM 和 HSM 之间的界线很模糊。TPM 通常是焊接到主板上，但可通过接头扩展。HSM 几乎总是外部设备,但偶尔会将 HSM 视为外围组件互连(Peripheral Component Interconnect,PCI)卡。然而,一般而言,TPM 是永久安装的,用于硬件保障和密钥存储任务,而 HSM 是可移动的(或完全外部的),用于硬件加速加密和密钥存储任务。

9.5.3 自加密驱动器

全磁盘加密(Full-disk Encryption,FDE)是指加密磁盘驱动器上的全部静态数据的方法,可在软件或硬件中实现。自加密驱动器(Self-Encrypting Drive,SED)是一种基于硬件的 FDE 方法,其中加密模块是集成在存储介质中的。通常,该模块直接内嵌在磁盘控制器芯片中。大多数 SED 都是按 TCG Opal 2.0 标准规范构建的。

注意

虽然 SED 可使用板载 TPM,但这不是标准。

存储在 SED 中的数据使用对称密钥加密,并在设备读取时动态解密。写操作以另一种方式工作,即明文数据在到达驱动器并存储到磁盘之前自动加密。因为 SED 有自己的硬件加密引擎,所以往往比软件加密的方法更快。

加密通常使用高级加密标准(Advanced Encryption Standard,AES)和 128 位或 256 位的密钥。密钥存储在加密模块内的非易失性内存中,并使用用户选择的口令加密。如果用户更改了口令,会用新口令加密这个密钥,意味着整个磁盘不需要解密然后重新加密。如果需要安全擦除自加密驱动器(Self-Encrypting Drive,SED)的内容,只需要告诉加密模块生成一个新的密钥即可。由于驱动器的内容是用以前的密钥(现在已覆盖)加密的,因此能有效地清除数据。可以想象,清除 SED 几乎是瞬间完成的。

9.5.4 总线加密

自加密驱动器会保护存储在驱动器上的数据,但在数据传输到内存之前,自加密驱动器会解密数据。这意味着攻击方有三次机会访问明文数据:将驱动器连接到主板的外部总线上(有时是一根外部电缆),或在内存中,或在内存和 CPU 之间的总线上。如果把密码模块从磁盘控制器移到 CPU 上呢?攻击方将无法访问 CPU 外部的明文数据,攻击会更困难。

总线加密(Bus Encryption)意味着加密进入内部总线之前的数据和指令,即数据的加密除了在处理时进行外,其他地方也会发生。这需要一种专门芯片,即密码处理器(Cryptoprocessor)。密码处理器将传统的 CPU 特性、加密模块和专门保护密钥的内存结合在一起。这通常就是 TPM 的功能。

在通用计算机中不会看到总线加密,这主要是因为加密处理器比普通 CPU 更昂贵,且功能(在性能方面)更差。但是,总线加密常用于保护高度敏感系统,如自动柜员机(Automated Teller Machine,ATM)、卫星电视盒和军事武器系统。总线加密也大量运用于智能卡。所有示例都是专门的系统,不需要很强的处理能力,但需要采取很多保护措施,防止攻击方攻击系统。

9.5.5　安全处理

回顾一下，数据的存在有三种状态：静止状态(At Rest)、传输状态(In Transit)或使用状态(In Use)。虽然加密技术可在前两种状态下保护数据，但在使用时，如何保护就有点棘手了。原因是处理器几乎总是使用未加密的代码和数据才能工作。

有三种常用方法可在数据使用时保护数据。第一种方法是在计算机中创建一个特别受保护的部分，其中只有受信任的应用程序才可运行，而彼此之间或受信任环境之外的应用程序之间很少或根本不能交互。另一种方法是在处理器中构建扩展，为应用程序创建微型的受保护环境(而非将应用程序放在一个受信任的环境中)。最后，安全人员可编写临时锁定处理器和/或其他资源的应用程序，确保在完成特定任务之前没有干扰。下面依次分析这些方法。

1. 可信执行环境

可信执行环境(Trusted Execution Environment，TEE)是一种软件环境，其中特殊的应用程序和资源(如文件)需要经过严格检查，确保是可信并受到保护的。Apple 产品将可信执行环境称为安全飞地(Secure Enclave)，这两个术语在其他方面是可互换的。可信执行环境与不可信的富执行环境(Rich Execution Environments，REE)并行存在于同一个平台上，如图 9-5 所示。移动设备广泛使用 TEE，嵌入式和物联网设备中使用 TEE 也越来越多，确保某些关键应用程序及其数据具有机密性(Confidentiality)、完整性(Integrity)和可用性(Availability)。TEE 也开始出现在其他地方，比如共享硬件资源的微服务和云服务。

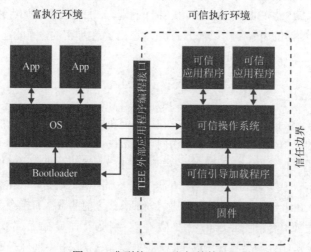

图 9-5　典型的 TEE 和相关的 REE

TEE 在自身周围创建信任边界，并严格控制不受信任的 REE 与受信任的应用程序交互。TEE 通常有自己的硬件资源(例如，处理器核心、内存和永久存储)，这些资源对 REE 是不可用的。TEE 还运行内部可信的操作系统，该操作系统独立于 REE 中的操作系统。这两个环境通过受限的外部应用程序编程接口(Application Programming Interface，API)实现交互，API

允许富操作系统调用 REE 提供的一组有限的服务。

注意

"安全飞地(Secure Enclave)"一词通常与 Apple 产品(例如, iPhone)联系在一起, 但在其他方面, 安全飞地等同于"可信执行环境(Trusted Execution Environment)"。

那么, 可信平台模块(Trusted Platform Module, TPM)、硬件安全模块(Hardware Security Module, HSM)和可信执行环境(Trusted Execution Environment, TEE)之间有什么不同呢？TPM 通常是焊在主板芯片上的系统(SoC), 提供有限的密码功能。HSM 是一个大的 TPM, 可插入计算机系统中, 可在更大范围内使用。TEE 可执行 TPM 的功能, 但与 TPM 和 HSM 不同的是, TEE 专门设计用于运行与加密无关的可信应用程序。

可信执行从安全引导开始, 在安全引导时, 固件在执行之前需要验证可信操作系统引导加载程序的完整性。事实上, TEE 中的可执行文件和驱动程序都要经过硬件信任根的验证, 并仅限于自己分配的资源。只有经过受信任方严格安全评估的特定应用程序才会由设备制造商部署在 TEE 中。这使加密、身份和支付系统等受信任的应用程序能享受高水平的保护, 否则保护是不太可能实现的。

考试提示

TEE(以及安全飞地)不实现基于硬件的信任根, 而通过软件实现。但是, TEE 通常依赖于设备上的 TPM 提供的底层信任根。

2. 处理器安全扩展

TEE 需要硬件支持, 所有主要芯片制造商都在芯片组中提供这些支持。其安全性已融入大多数现代微处理器的芯片中。这些 CPU 共同组成一个安全边界, 在此边界之外, 所有数据和代码都以加密的格式存在。在加密的数据或代码进入安全边界之前, 可执行解密和/或完整性检查。即使允许进入边界内部, 数据和代码也会受到特殊控制, 确保得到使用或处理。但是, 要使所有功能正常运行, 需要通过特殊的步骤启用功能。

处理器安全扩展(Processor Security Extension)是在 CPU 中提供的安全功能, 可用于支持 TEE 的指令。例如, 程序员可在内存中指定某些区域作为特定进程的加密和私有区域。这些区域在使用时由 CPU 动态解密, 这意味着未经授权的进程, 包括操作系统或管理程序, 都无法访问存储在其中的明文。此功能由 TEE 的构建块实现, 确保受信任的应用程序拥有自己的受保护内存。

3. 原子执行

原子执行(Atomic Execution)是一种控制程序某些部分运行方式的方法, 这部分代码不能在开始和结束之间发生中断, 从而防止其他进程干扰受保护进程正在使用的资源。为此, 程序员要在一段代码周围设定一个锁, 指定为原子代码。然后, 编译器利用操作系统库, 在执行锁定的代码段时调用硬件保护。问题是, 如果频繁这样做, 在现代的多线程操作系统中,性能会明显下降。所以尽可能少地使用原子执行，只保护关键资源和任务。

　　原子执行可防止一类称为"检查时间到使用时间"(Time-Of-Check To Time-Of-Use，TOC/TOU)的攻击。这类攻击利用了多任务操作系统对事件发生时间的依赖性。当运行程序时，操作系统应执行指令 1，然后是指令 2，指令 3，以此类推。这是通常编写程序的方式。如果攻击方能在指令 2 和 3 之间执行操作，就可控制活动的结果。假设指令 1 验证用户读取作为一个链接传递的不重要文件(如帮助文件)的权限，指令 2 打开链接所指向的文件，指令 3 在用户读取文件后再关闭文件。如果攻击方能在指令 1 后中断此执行流程，将链接更改为指向敏感文档，然后允许指令 2 执行，则攻击方即使没有授权还是能读取敏感文件。通过合并指令 1 和 2 的原子执行，安全专家就可防止 TOC/TOU 攻击。

注意

　　这类攻击也称为异步攻击(Asynchronous Attack)。异步描述了一个过程，其中每个步骤的时间可能有所不同。攻击方在这些步骤之间修改某些内容。

综上所述：数据可在哪里加密？

　　计算机系统中的数据可存放在三个不同位置：处理器、内存和辅助存储器(如磁盘驱动器)。默认情况下，标准系统不会在这三个位置加密数据。可使用 FED(例如，自加密驱动器)加密辅助存储中的数据，但数据还会暴露在系统的其他地方，包括外部总线。第三种选择是使用总线加密，这需要一个相对昂贵且性能不足的加密处理器。除非真的要应对硬件入侵场景下的数据保护，否则一般不太可能这样做。最后，保护、性能和成本之间最灵活(也是最常见)的平衡是使用与不可信的应用程序共存的 TEE。只有 TEE 中的数据才会由 CPU 做加解密处理，其他数据则在常规的处理器内核上运行。图 9-6 显示了加密数据的方式。

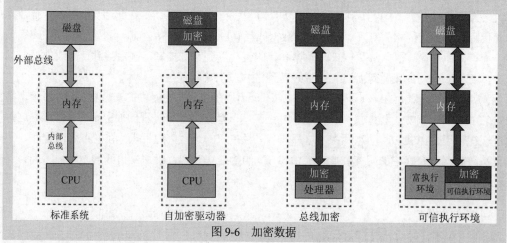

图 9-6　加密数据

9.6　本章回顾

实现最佳安全的关键之一是基本了解针对组织的敌对方的情况，敌对方的能力，以及动机。本章描述了多种实现方法，其中 MITRE ATT&CK 框架可能需要更深入的探讨，许多专业人士和组织都将其作为描述敌对行为的通用语言(Lingua Franca)。

一种击败威胁行为方的合理方法是运用安全设计的基本原则，本章介绍了(ISC)²在 CISSP 认证考试大纲中强调的 11 条原则。可能还需要遵循其他原则，但这些是需要为考试准备的。同样，本章讨论过的安全模型使得安全研究更加严格，肯定会在考试中出现。特别需要注意 Biba 和 Bell-LaPadula 模型。总之，这些原则和模型为安全专家基于系统的安全需求选择控制措施，以及构建可靠的安全架构提供了坚实基础。

9.7　快速提示

- 威胁建模是描述特定的威胁源针对资产所产生的不利影响的流程。
- 攻击树是显示链接攻击方的单个操作以实现其目标的图表。
- STRIDE 是 Microsoft 研发的一个威胁建模框架，使用流向图、系统实体和与系统相关的事件评估系统的设计。
- 洛克希德·马丁公司的网络杀伤链确定了网络攻击的七个阶段。
- MITRE ATT&CK 框架是一个综合的战术矩阵和模拟网络攻击的技术。
- 深度防御在分层方法中协调使用多个安全控制措施。
- 零信任是一个模型，在此模型中，认为每个实体都是敌对的，直到证明并非如此，而且这种信任也是有限的。
- 信任但验证的原则是，即使一个实体及其行为是可信的，安全专家也应对两者开展双重检查。
- 责任共担是指服务提供商负责某些安全控制措施，而客户负责其他安全控制措施的情况。
- 职责分离将重要职能划分给多个人，确保没有一个人有能力有意或无意地给组织造成严重损失。
- "最小特权"指的是只授予员工工作所需的访问权限和权力，仅此而已。
- "知必所需"原则与"最小特权"原则类似，概念是应只允许员工访问履行工作职责而绝对需要的信息。
- "保持简单"的原则是尽可能让一切变得简单，并定期开展检查工作，确保没有添加不必要的复杂度。
- 默认安全(Secure Defaults)原则意味着每套系统都是在安全性高于用户友好性和功能的状态下开始的。
- 失效关闭原则指明，在发生错误的情况下，信息系统应以可预测和不妥协的方式开展设计工作。

- 隐私设计原则指明,确保用户数据隐私的最佳方法是将数据保护作为信息系统设计的一个组成部分,而不是作为事后考虑或后期的功能。
- Bell-LaPadula 模型加强了访问控制的机密性。
- Biba 模型是一个安全模型,Biba 模型处理系统内数据的完整性,但与安全级别和机密性无关。
- 在 Brewer-Nash 模型中,当且仅当一个主体不能读取另一个数据集中的客体时,这个主体才能写入一个客体。
- 可信平台模块(TPM)用于执行安全功能,包括加密密钥(Cryptographic Key)和数字证书(Digital Certificate)的存储、对称加密、非对称加密和哈希运算。
- 硬件安全模块(HSM)是一种可移动的扩展卡或外部设备,可生成、存储和管理加密密钥,以提高系统的加解密性能。
- SED 通过集成到存储媒介中的加密模块提供全磁盘加密(FDE)功能。
- SED 中的数据使用对称密钥加密。
- 总线加密系统在将数据和指令放到内部总线之前,使用 TPM 加密,这意味着除了处理数据的时候,数据在其他地方也是加密的。
- 可信执行环境(TEE)或安全飞地是一种软件环境。在该环境中,系统会严格地检查特殊的应用程序和资源(例如,文件),确保是可信任并受到保护的。
- 处理器安全扩展是在 CPU 中提供额外安全特性的指令,可用于支持 TEE。
- 原子执行(Atomic Execution)是一种控制程序某些部分运行方式的方法,程序的这部分在开始和结束之间不能中断。

9.8　问题

请记住这些问题的表达格式和提问方式是有原因的。必须了解到,CISSP 考试在概念层次提出问题。问题的答案可能不是特别完美,建议考生不要寻求绝对正确的答案。相反,考生应当寻找最合适的答案。

1. 由 Microsoft 研发的哪种威胁建模技术适合运用于逻辑和物理系统?
    A. 攻击树
    B. STRIDE
    C. MITRE ATT&CK 框架
    D. 网络杀伤链

2. 哪个威胁建模框架提供了网络威胁行为方遵循的详细程序?
    A. 攻击树
    B. STRIDE
    C. MITRE ATT&CK 框架
    D. 网络杀伤链

3. 下列哪个安全模型与信息的机密性而不是完整性有关？

    A. Biba

    B. Bell-LaPadula

    C. Brewer and Nash

    D. Clark-Wilson

4. 下列哪个安全模型与信息的完整性而不是机密性有关？

    A. Biba

    B. Bell-LaPadula

    C. Graham-Denning

    D. Brewer and Nash

5. 在一个自加密的驱动器系统中，数据在哪里加密？

    A. 在磁盘驱动器上

    B. 在内存中

    C. 在总线上

    D. 以上都是

6. 在总线加密系统中，数据在哪里加密？

    A. 在磁盘驱动器上

    B. 在内存中

    C. 在总线上

    D. 以上都是

7. 可信平台模块(TPM)和硬件安全模块(HSM)有什么区别？

    A. HSM 通常位于主板上，而 TPM 是外部设备。

    B. 只有 HSM 可存储多个数字证书。

    C. 没有区别，因为这两个术语指的是同一类型的设备。

    D. TPM 通常位于主板上，而 HSM 是外部设备。

8. 以下哪一项不是 TPM 中的必需功能？

    A. 哈希

    B. 证书吊销

    C. 证书存储

    D. 加密

9. 以下关于更改自加密驱动器口令的说法正确的是？

    A. 需要对存储的数据重新加密。

    B. 新口令用现有的密钥加密。

    C. 对加密数据没有影响。

    D. 会生成一个新密钥。

10. 关于处理器安全扩展，哪些是正确的？

　A. 处理器安全扩展是第三方在售后市场添加的。

　B. 应禁用处理器安全扩展才能建立可信的执行环境。

　C. 处理器安全扩展使研发人员能加密与进程相关的内存。

　D. 加密通常不是处理器安全扩展的特征之一。

9.9　答案

1. B。STRIDE 是一个威胁建模框架，使用与系统相关的流向图、系统实体和事件评价系统的设计。

2. C。MITRE ATT&CK 框架将网络威胁行为方的策略映射到相应的技术以及特定威胁行为方在网络攻击期间使用的详细程序。

3. B。Bell-LaPadula 模型强制执行访问控制的机密性。

4. A。Biba 模型是一种安全模型，Biba 模型处理系统内数据的完整性，但不关心安全级别和机密性。

5. A。自加密驱动器包含一个硬件模块，可在将数据放入外部总线之前对其解密，因此数据仅在驱动器本身受到保护。

6. D。在包含总线加密的系统中，数据仅在加密处理器上解密。这意味着数据是在系统的其他地方加密的。

7. D。通常，TPM 永久安装在主板上，用于基于硬件的安全保证和密钥存储，而 HSM 是可移动的或外接的，用于基于硬件的加密加速和密钥存储。

8. B。证书吊销不是 TPM 中的必需功能。TPM 应提供加密密钥和数字证书存储、对称加密、非对称加密以及哈希运算。

9. C。更改自加密驱动器上的口令时，会保留现有的密钥，但会使用新口令加密。这意味着磁盘上的加密数据保持不变。

10. C。处理器安全扩展是在 CPU 中提供安全功能的指令，用于支持受信任的执行环境。例如，处理器安全扩展使得研发人员将内存中的特殊区域指定为特定进程的加密和私有区域。

第 10 章

场所和基础设施安全

本章介绍以下内容:
- 基础设施设计的安全原则
- 基础设施设计的安全控制措施

> 一栋建筑至少有两种生命——一种是建造者想象的生命,另一种是建造后的生命——而且这两种生命永远不会相同。
>
> ——Rem Koolhaas

结束了 CISSP 通用知识体系(Common Body of Knowledge,CBK)的第三个领域后,现在请将注意力转向网络安全专业人士没有给予足够重视的一个话题:基础设施和建筑的安全。大多数人关注的是人和技术,但是如果没有安全的物理环境,所有努力可能都是徒劳的。如果敌对方可随意染指所有人的电脑,那么阻止信息泄露就非常困难了。

本章将详细介绍保护人员、设备和信息设施的措施。无论是从头开始创建场所,还是选择现有场所,或是已经使用的场所,都应了解并能运用这些安全原则。本章将从规划和设计流程开始,探讨如何将安全设计原则(在前一章中讨论过)运用到场所或基础设施的总体设计中,然后探讨如何选择特定的控制措施优化设计,从而将风险降到可容忍的水平。尽管本章不会明确地介绍所有方面(就像安全性的其他方面一样),但应定期审查并验证计划和控制措施,使其保持有效并不断得到改进。

10.1 场所和基础设施安全

场所(Site)和基础设施(Facility)这两个术语经常可互换使用,虽然 CISSP 考试没有明显地区分,但为了便于讨论,应阐明这些术语各自的含义。场所是一个具有固定边界的地理区域,通常包含至少一座建筑及其支撑结构(例如,停车场或变电站)。基础设施是用于特定用途的建筑物或建筑物的一部分,例如,企业总部或数据中心。因此,一个场所包含一个或多个基础设施。有时，组织会在其他人的场所甚至建筑内拥有一项基础设施，例如，组织在写字楼(场所)租用了一些相邻的办公室(基础设施)。

考试提示

不必担心考试会区分术语"场所"和"基础设施"。

场所规划并无特别，都是从一组良好的需求开始，与各种资产以及整个组织所需的保护级别相关。所需的保护级别是由第 2 章中讨论的风险管理流程，特别是风险评估决定的。物理安全是保护资源的结构(Structure)、人员(People)、流程(Process)、程序(Procedure)、技术(Technology)和设备(Equipment)的结合。一个可靠的物理安全计划的设计应有条不紊，并权衡计划的目标和可用资源。虽然每个组织有所不同，但构建和维护物理安全计划的方法是类似的。组织应首先定义漏洞、威胁、威胁代理和目标，这可能与网络安全的关注点有所不同。

注意

请记住，漏洞是弱点，而威胁是利用已识别出的漏洞的事件或机制。威胁代理是针对已识别的漏洞发起威胁的人或物。

10.1.1　安全原则

回顾一下第 9 章中介绍的安全原则，这些原则同样适用于设计安全网络和安全基础设施。下一节将简要举例说明这些原则是如何在实际组织中运用的。当然本书也可提供更多示例，但重点是展示如何运用这些原则，而不是包罗万象。

考试提示

考生应准备好在考试给出的特定场景中识别出如何运用安全设计原则。

1. 威胁建模

保护任何东西，包括物理基础设施，应从一个问题开始：保护其免受什么破坏？基于组织的性质和环境，安全人员关注的范围可能从小偷直到恐怖分子。如果举行一次头脑风暴，可能想到一大批潜在的威胁行为方正在实施大量的危害行动。考虑最可能的威胁和最危险的威胁对缩小范围是有帮助的。例如，组织研发并销售一款办公软件。在威胁建模时，安全专家认为最可能的物理安全威胁是员工的电路过载(例如，使用便携式加热器)意外引发的火灾，而最危险的物理威胁是竞争对手潜入组织的基础设施并复制其源代码。因此，安全专家需要把注意力集中在降低这两种威胁带来的风险，从而把有限的资源用在对组织最重要的威胁上。

然而，情况会发生变化，因此威胁建模(就像风险管理一样)活动也会一直持续。安全人员应定期重新评估威胁模型，确保威胁模型是准确和最新的。威胁建模不仅包括风险的来源(即威胁行为方)，还包括风险显现的方式(即威胁行为方的具体行动)。继续之前的示例，假设考虑到竞争对手更可能贿赂内部人员，窃取可移动驱动器上的源代码，而不是潜入组织的设施并偷走源代码，那么需要更新威胁模型，确保能实施正确的控制措施。或者公司的首席执行官发布一个有争议的声明，那么最危险的敌对方的行动方案就可能是愤怒的示威者破坏组织的基础设施了。无论哪种方式，威胁模型都需要定期更新，安全控制措施也需要定期调整。

2. 深度防御

就像对组织的逻辑资产考虑同心保护圈一样，对物理资产也是如此。无论组织已有现成的基础设施还是正在计划新的基础设施，最外层的保护是什么？可能是栅栏或只是一排混凝土花盆。也许组织位于一栋建筑物中，而大厅是第一层。无论哪种情况，通常都需要平衡相互竞争的需求，帮助基础设施保持吸引力，能接待合法游客，同时能彰显组织对待安全的认真态度。

除了外部边界的保护，还需要其他安全设计。比如，访客应签到并有人陪同。所有工作人员应佩戴不同于访客的工作证。摄像机应随处可见。"限制区域"的标志也需要可见。工作人员在进入区域时应佩戴工作证，有进出人员的审计记录。本章后面将讨论具体的控制措施，重点是当人们从设施外部前往最敏感的区域时，安全控制措施应是可见的，并且越来越严格。

3. 零信任

即使在相当安全的环境中，安全专家经常忽视的一个威胁是恶意的内部人员。无论恶意内部人员来自于组织，或是承包商、合作伙伴，甚至冒名顶替者，他们从内部实施破坏的故事在新闻报道中屡见不鲜。运用零信任原则保护设施意味着需要判断某人是否应在设施的某个指定区域做该做的事情。为此，可使用不同颜色或图标的工作证。例如，组织可将场所划分为黑色、灰色和金色部分，然后用适当的颜色标记房间、走廊和工作证。如果遇到某人的工作证与所在的区域不匹配，工作人员就可上前询问或报告事件。类似地，也可在工作证上使用表示其他授权的图标。下面列出让考生了解真实组织中用于显示限制、权限或状态的员工工作证图标的类型：

- 需要护送
- 允许护送访客
- 保管人员
- 数据中心(或运营中心，或最高管理层)访问权限
- 绝密安全许可
- 允许携带武器

零信任运用于物理安全的另一个方面是"看到某事，说出某事"的概念。工作人员应按策略要求接受培训，能注意到可疑情况并作出适当反应。例如，在走廊里挑战没有工作证的人员，关上撑开的门，以及举报行为古怪的同事。一些组织故意设置可疑情况，看哪些员工对这些情况做出正确反应。那些反应正确但没有接受额外培训的员工获得了一些象征性奖励。

4. 信任但要验证

与逻辑安全一样，当涉及物理安全时，零信任和信任但验证原则经常可在同一个组织中共存。信任但要验证原则最常见的实现可能是记录物理事件的日志，然后其他人定期检查。例如，如果一个保险箱或区域需要在下班后上锁，则一个人负责上锁(可能是最后一个人)，另一个人负责验证是否已上锁(可能是保安人员或负责下班后检查的轮班人员)。

该原则的关键是验证员工是否各司其职。例如，是否有人定期检查物理访问日志并与预期比较？正在休假的员工是否戴着工作证进入？这可能表明出现了盗窃工作证的情况。工作人员是否无缘无故地在奇怪的时间进入？在多个有记录的案例中，发生这种情况是因为员工正在做一些不希望其他人注意到的事情。回想一下自己的组织，关于物理安全，是否应定期验证呢？如果没有，应有吗？

5. 责任共担

当然，作为安全专业人员，并非场所和基础设施安全的每个方面都要落在肩上。许多情况下，组织与合作伙伴、房东和服务提供商需要共担这一责任。如果是共享建筑物中的办公空间，那么该建筑物的所有方对安全负有一定责任。建筑物的所有方可能提供大厅守卫，确保周边除了通往授权访问点的门，其他的都上锁。或者，安全公司为组织提供警卫。职责将在合同或服务协议中明确规定。

然而，经常出现的情况是，所有应分担责任的员工都没有清楚地理解责任的划分。发现问题的好办法是定期开展物理渗透测试和涉及所有责任实体的桌面演习等物理安全演习，并可酌情扩展到当地执法部门。

6. 职责分离

在物理安全方面实施职责分离，可减少盗窃和未经授权的物理访问等风险。例如，组织通常要求一个人(通常是接待员或警卫)为客人签到，另一个人护送这批客人。这降低了恶意内部人员与外部共谋方勾结的风险，意味着每个访客都有两双眼睛注视着，这能减少让冒充者混入的意外。职责分离的另一个示例涉及货物接收的情况。如果这个过程中只有一个员工参与，如何核实该员工报告的货物缺失，还是这个员工自己偷窃了货物？为预防这种情况的发生，一些组织要求只一个人签收，但在打开包裹并将财产添加到库存时要求至少有另一个人在场。

7. 最小特权

本书之前提到了需要平衡安全性和功能性，在涉及员工授权时尤其如此。员工应拥有工作绝对必要的最小特权，同时能高效地完成工作。在场所和基础设施安全方面，通常采取进入受限区域的形式。如果员工进出不同的设施都需要佩戴工作证，那么确保每个员工能轻松地通过自己的工作区域，而非其他的区域就很重要了。例如，如果员工在 A 场所工作，除非有必要，此员工的工作证不应允许进入 B 场所。

另一个示例是访问服务器室或数据中心。通常，基础设施中用来存放计算和存储设备的机架，可以锁上而且应锁上。基于设备及用途，不同的组通常需要访问不同的机架。例如，IT 团队可能需要访问包含域控制器和邮件服务器的机架。产品团队可能需要访问位于不同机架和子网上的研发服务器。安全团队可能需要访问安全设备，如网络检测和响应系统。显然，这些组不应访问设施中的所有设备，而应只访问本组工作所需的设备。只向工作人员提供工作所需资源的最小访问权限，而不能图方便，机架不上锁或使用同样的钥匙。

8. 简单性

第 9 章讨论了复杂性是如何导致缺陷，进而导致产生漏洞。当涉及场所和基础设施时，简单性的需求至少体现在两方面：布局和程序。工作场所的布局越简单，产生的隐藏点就越少，需要的摄像头就越少，自然会有更多的目光关注全局。只要有选择，就选择更简单、更开放的布局从而提高组织的物理安全性。

无论是否控制场所和基础设施的布局，安全人员几乎总可影响安全程序的实施。当然，安全人员希望将程序简单化，使其成为组织中所有员工的第二天性。从签到、护送访客到紧急情况的安全撤离，组织需要尽可能简单的程序。程序通常会在演习中得到验证和实践，同时提供了很好的机会确认没有引入不必要的复杂性。

9. 默认安全

正如第 9 章所讨论的，默认安全意味着一切都从一个极度安全的地方开始，然后开始放松，直到人们可完成工作为止。接着，安全专家再绘制场所示意图。在户外区域设置围栏，阻止所有车辆在周围行驶，锁上所有的门，让所有人远离。换句话说，尽可能把这个地方锁得严严实实。现在，找一个团队(如 IT 团队)回顾生活中的一天。当一个人走进房间时，记下这个人是如何开车进来的，需要使用哪些门，打开哪些锁，坐在哪里。安全专家为组织每个团队重复此过程，然后为合作伙伴、供应商和一般访问者重复此过程。组织最终将获得员工完成工作的极其严格的安全方案。这就是场所安全规划的默认安全。

10. 失效关闭

这是区分两个听起来很相似，但含义非常不同的原则的好方法。回顾一下，失效关闭(Fail-secure)是这样一种配置：如果电源出现问题，门默认是锁着的，因为这是该系统(锁)的最高安全级别。如果人们在紧急情况下不需要使用特定的门逃生，此门很可能默认设置为失效关闭。另一方面，失效开启(Fail-safe)设置意味着，如果发生电力中断触发了自动锁定系统，门默认是解锁的。失效开启直接涉及人员保护。如果工作的地方发生火灾或停电，把人们锁在里面是一个糟糕的主意。带有自动锁的门道可配置任一模式，但在执行失效开启设置时，需要谨慎地决定哪种模式是合适的，以及如何降低剩余风险。

 考试提示

保护人的生命胜过一切。注意考试中涉及失效开启配置和失效关闭配置的问题。

11. 隐私设计

最后，在规划场所和基础设施安全时，应牢记隐私需求。这涉及多个领域，坦率地说，不同组织之间的差异很大。一方面，军事和情报机构由于工作的性质，物理空间的隐私需求非常有限。另一方面，在医疗保健这类组织中，隐私是绝对必要的。无论组织属于哪种类型，隐私肯定要在设计场所(例如，洗手间)安全中发挥作用。至少，安全人员应考虑场所中会出现哪些私人对话(例如，员工咨询、患者接收等)以及这些对话会在何处出现。

10.1.2　场所规划流程

场所和基础设施规划涉及的不止物理安全。组织还应解决功能、效率、成本、合规和美学等问题，不一而足。然而，由于规划团队负责统一解决这些问题和其他问题，最好考虑这些方面与物理安全的关系。例如，功能和效率常常会阻碍安全性(反之亦然)。因此，规划团队应平衡各种需求，确保组织能正常运行，同时能保护组织免受建模中的各种威胁。威胁包括：

- **自然环境威胁(Natural Environmental Threats)**　例如，洪水、地震、风暴、火山爆发和流行病等。
- **供电系统威胁(Supply System Threats)**　例如，配电中断、通信中断、水、气和空气过滤等其他资源中断。
- **人为威胁(Manmade Threats)**　人类故意或意外的行为，包括火灾、盗窃、设备丢失/破坏、主动射击，甚至恐怖主义。

任何情况下，生命安全(Life Safety)都是首要考虑的因素。当安全专家们讨论生命安全时，应将如何保护人员生命安全放在第一位。一个理想的安全规划会权衡人员的生命安全与其他安全控制措施的关系。举例而言，为预防未经授权的物理入侵，组织会把门封锁起来，不过这妨碍了人员在发生火灾时逃脱。保障人员生命安全这一目标应永远在其他目标之上。因此，这扇门应允许门内人员转动紧急把手后离开，但不允许门外人员进入。

与任何类型的安全措施一样，人们大多数的关注和意识都在令人兴奋的头条新闻上，比如正在实施的大规模犯罪和抓获罪犯的行动。在信息安全领域中，大多数人都知道病毒和攻击方，但对企业的安全计划却一无所知。物理安全也是如此。很多人在日常闲聊中会讨论当前的抢劫、谋杀和其他犯罪行为，却没有注意到应建立和维持必要的制度减少这些行为。

一个组织的物理安全计划应当包括下列目标：

- **通过威慑预防犯罪和破坏(Crime and Disruption Prevention through Deterrence)**　例如，栅栏、保安和警示牌等。
- **通过使用延迟机制降低破坏(Reduction of Damage through the Use of Delaying Mechanisms)**　分层防御可减缓破坏性的行动，例如，锁、安保人员和障碍物等。
- **检测犯罪和破坏(Crime or disruption detection)**　例如，烟感器、监测感应器和闭路电视等。
- **事件评估(Incident Assessment)**　安保人员对发现事件的响应和破坏程度的评估。

- **流程响应(Response Procedures)**　灭火装置、应急响应处置、执法通告或第三方外部专业机构提供的协助。

因此，组织应试图预防犯罪和破坏事件的发生，并制定应对事件的处置计划。在犯罪分子访问某项资源前，应迫使其通过多层安全控制措施，从而延缓犯罪进度。物理安全计划应能检测所有类型的犯罪和破坏。一旦发现入侵，安保人员应评估态势。安保人员应知晓如何处理可能发生的大规模危险活动。组织内部的安全团队或外部专家应执行应急响应活动。

这听起来相当简单，但负责制定物理安全计划的团队要了解所有可能的威胁、团队所拥有的有限资源，以及选择正确的对策组合并保证组合运行时没有保护的空白，事情就变得复杂了。在设计物理安全计划前，应进行深入了解。

与所有安全计划一样，只有通过基于绩效的方法(Performance-based Approach)对物理安全计划开展监测，才能确定物理安全计划的收益和效率。也就是说，安全专家应当制订度量和标准来评测所选安全对策的有效性，以便管理部门为组织的物理安全保护做投资时做出更明智的决策。最终目标是以最具成本效益的方式更好地利用物理安全计划以减少组织面临的风险。组织应当建立一个绩效基线，然后不断评估绩效，确保组织的保护目标得以实现。下面列出一些可能的绩效指标。

- 成功的犯罪次数
- 经历的破坏次数
- 尝试的犯罪次数
- 预防的破坏次数
- 检测、评估和恢复所需的时间
- 破坏造成的业务影响
- 错误告警的次数
- 罪犯破解控制的时间
- 恢复操作环境的时间
- 成功犯罪造成的经济损失
- 成功破坏造成的经济损失

持续捕获并监测指标帮助组织识别缺陷、评价改进措施并执行成本/效益分析。

注意
度量指标在安全的各个领域越来越重要，因为组织在节约成本的基础上采取必要的控制措施和安全对策是很重要的。但如果组织无法衡量这些安全措施，就无法管理安全措施。

物理安全团队需要执行风险分析，识别组织的漏洞、威胁和业务影响。团队需要将这些发现向管理层汇报，并配合管理层定义物理安全计划可接受的风险水平。团队需要制订基线(最低安全水平)和度量(Metric)，并评价和确定所实现的对策是否满足基线。一旦团队确定和实现了具体的安全对策，就应当采用先前创建的度量不断评价和描述安全对策的表现。然后，比较表现值(绩效指标)与设定的基线。如果基线持续得到维护，物理安全计划就是成功的，这是因为组织的可接受风险水平仍在可控范围内。详细过程请参考图 10-1。

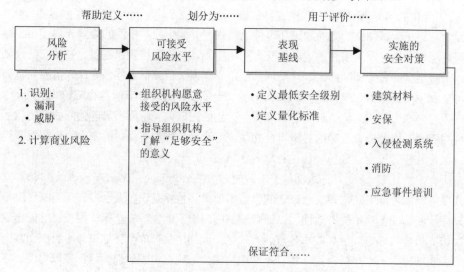

图 10-1　风险、基线和安全对策的关系

方法相似性

　　建立物理安全计划需要开展风险分析，这与建立企业安全计划和业务影响分析相似。因为每个过程(研发信息安全计划、物理安全计划和业务持续方案)与其他两个过程相似，都致力于完成其目标，只是侧重点不同。每个过程都需要开展风险分析，识别组织的所有威胁和风险。信息安全计划应通过业务流程和技术手段，处理对所有资源和数据的内外部威胁。业务持续方案关注自然灾害和破坏如何损害组织，而物理安全计划关注组织资源的内外部物理威胁。

　　每一个流程都需要开展全面的风险分析。请回顾第 2 章理解风险分析的各个要素。

　　在发布一个有效的物理安全计划之前，应采取以下步骤：

(1) 组建一个团队，包括内部员工或外部咨询顾问，能按以下步骤构建物理安全计划。

(2) 定义工作范围和职责：场所安全或基础设施安全。

(3) 执行风险分析识别漏洞和威胁，计算每种威胁的业务影响。

(4) 分析组织应遵循的法律法规需求。

(5) 配合管理层制定用于物理安全计划的组织可接受的风险水平。

(6) 基于组织可接受的风险管理水平，建立绩效考核基线需求。

(7) 建立应对措施的绩效考核指标。

(8) 基于风险分析结果建立相关制度和标准，概括当前的保护水平，列出对安全计划以下内容的考核需求。

● 威慑(Deterrence)

● 延迟(Delaying)

- 检测(Detection)
- 评估(Assessment)
- 响应(Response)

(9)　建立和实施每一种类型的应对控制措施。

(10)　基于基线要求持续评价应对控制措施,确保没有突破组织的可接受风险水平。

法律要求

　　物理安全领域有很多应遵循的法规要求和高层次的法律要求,但大多数要求只是高屋建瓴的表述,要求实施相关的措施保护人身安全,没有具体步骤。因此组织需要找到一些切实可行的方法满足法律法规的要求。在美国,很多法律条文包含物理安全的要求,具有很高的优先级。而且已经有了很多涉及物理安全的诉讼案例,做出了赔偿责任的判决。例如,法律并没有规定地板湿滑时应设立黄牌警示。很多年前,有人在湿地板上滑倒了,然后发起了诉讼,法庭判决该组织管理失职并负责赔偿损失。现在很多组织的管理流程都包括在擦过地板或地板上有泼洒的水迹时,应放置黄色警告牌,确保不再有人员因滑倒而起诉组织。然而因为没有一个具体清单可供遵照,所以要想考虑周全非常困难。在制定物理安全计划时,最好咨询一下物理安全专家的意见。

　　一旦完成这些步骤,团队就可在实际的设计阶段继续前进了。设计将包含项目类别所需的控制措施:威慑、延迟、检测、评估和响应。第 10.1.4 一节将更深入地挖掘这些类别和相应的控制措施。

　　下一节将介绍物理安全程序研发最常用的一种方法。

10.1.3　通过环境设计预防犯罪

　　通过环境设计预防犯罪(Crime Prevention Through Environmental Design,CPTED)是一门专业学科,概括了通过合理的物理环境设计直接影响人员行为降低犯罪率。CPTED 通过合理的基础设施建设以及环境组件和流程,在预防损失和预防犯罪方面提供指引。

　　CPTED 概念在 20 世纪 60 年代提出。随着环境设计和犯罪类型的发展,这个概念已进一步扩充和发展。CPTED 不仅能用于组织的物理安全计划,还可用于一些大规模场所的安全规划,如小区、小镇或城市。CPTED 包括蓝图规划、入口设计、基础设施布局、社区布局、灯光设计、道路设计及交通循环模式。CPTED 也可实现微观环境的安全设计,如办公室和卫生间,也可囊括宏观环境安全设计,如校区和城市等。CPTED 的关键点是物理环境通过影响或控制人群的行为降低犯罪或使犯罪分子感到恐惧。CPTED 侧重于影响人员和环境之间关系的因素。包括不同环境用户的生理、社会及心理等方面的因素,以及预测用户和入侵者的行为。

　　CPTED 也可作为一份指南,提示组织未考虑过的一些因素。例如,建筑物周围的树篱和植物不能高于 2.5 英尺,这样攻击方就不能通过窗户进入建筑物。数据中心应位于建筑物的中间,这样建筑物的墙壁能抵挡外部力量的破坏。街道上的便民设施(例如,长凳和桌子)会引导人们坐下来并观察周围的情况,而这些都能阻止犯罪行为的发生。组织的安全设计蓝图不应包含树林和其他入侵者能藏身的地方。CCTV 摄像头应部署在视野开阔的环境，让犯罪分子知道其行为已在持续监测之中，并让普通人群知道这个环境处于全面持续监测之下，因此更有安全感。

CPTED 和目标强化(Target Hardening)是两种不同的方法，使目标难以攻击的重点在于通过物理或人工设施(警报、锁或护栏等)阻止进入。传统的目标强化会存在使用、环境愉悦和美学设计方面的限制。当然，组织可部署不同等级的安全控制措施，如护栏、锁以及具有威慑力的标志和障碍，但能否做得更好？如果是监狱，这些看起来非常有必要。但如果是办公楼，组织肯定不想看起来戒备森严。尽管如此，组织还是需要提供必要的保护机制，但这些机制应是不易察觉且不张扬的。

如何保护建筑物的侧门？传统的方法会在门上加装门锁、警报器或摄像头，设置访问控制机制(例如，近距离读卡器)，派遣安保人员监测这扇门。但 CPTED 方法会有不同，如果不想让客户使用这个门，就确保没有路从建筑物通往这个门。如果用树木或灌木丛作为护栏，会使入侵者在试图突破僻静的门时感到安全和舒适。

最好的方法是使用 CPTED 设计周边环境，然后在顶层设计中使用需要强化目标的组件。

如果在建设停车场时使用 CPTED 方法，那么楼梯间和电梯间应设计成使用玻璃窗户而非金属墙，这样能使人有安全感，在视野透明的环境下，潜在的犯罪行为也不会发生。行人通道应能让人群的视线穿过停车位并观察到可疑活动。每排停车位之间应用矮墙和柱子而不是用固定的墙分隔，这样能让人们观察到停车场里面的活动。设计目标是不能让犯罪分子有犯罪的隐身区域；这需要提供一个开阔的视野区域，当犯罪分子试图犯罪时，其他人能很容易看到。

CPTED 提供了四种主要策略，结合物理环境和社会行为，提升全局的保护效果：自然访问控制(Natural Access Control)、自然监视(Natural Surveillance)和自然区域加固(Territorial Reinforcement)和维护(Maintenance)。

1. 自然访问控制

自然访问控制(Natural Access Control)是指引人们通过设置的门、护栏、灯光甚至景观进入或离开一片区域。例如，办公楼外部会设置护栏和灯光，如图 10-2 所示，护栏实际上行使了不同的安全及安保服务。护栏通过预防人们驾车闯进大楼保护建筑物免于物理破坏。灯光确保犯罪分子不会有一个黑暗区域用以藏身。而灯光和护栏又能替代指示牌和护栏，指示人们沿着人行道通往大楼入口。如图 10-2 所示。景观、人行道、灯光、护栏和清晰的视线都用于自然访问控制。这些要素组合在一起给人一种环境安全的感觉，通过威慑方法帮助阻止犯罪。

注意

护柱是一种低矮的装置，通常用于预防机动车通行和保护建筑物，或不让人行道上的行人受到车辆的伤害。护柱也能用于引导步行交通。

图 10-2　人行道、灯光和景观用于物理安全

　　清晰的视线和透明度能阻止潜在的犯罪，因为攻击方缺少藏身或实施犯罪的空间。

　　CPTED 模型展示了如何建立安全的自然区域。基于谁需要使用这个区域和相关的风险，环境的空间可分成几个安全等级不同的区域。区域可标记为受控区域、受限区域、公共区域或敏感区域，如图 10-3 所示。从概念上讲，这类区域标记类似于第 2 章中论述的分类分级标识。数据分类分级程序会基于所需的数据处理程序和保护水平创建不同的密级。物理区域也一样。每个区域应有不同的保护水平，部署不同的安全控制措施。

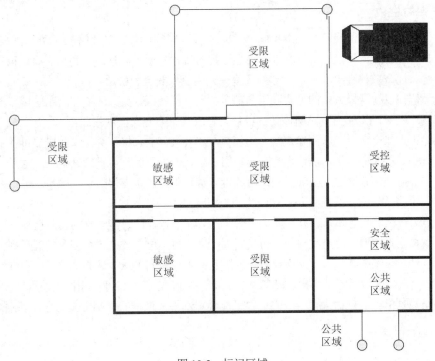

图 10-3　标记区域

应设置访问控制措施，控制和限制人员从一个安全区进入另一个安全区。所有出入口也应部署访问控制措施。此外，安全计划研发团队还应考虑入侵者进入大楼的其他方法，例如，攀上楼旁的大树爬进大楼的天窗、高层的窗户或阳台。以下控制措施常用于不同的组织。

- 限制入口数量。
- 强制访客进入建筑物前通过前台登记。
- 当没有很多员工工作时，减少在非工作时间和周末的入口数量。
- 建设景观和人行道指引公众前往主入口。
- 在建筑物的后面，开辟供应商运输使用的专用行车道，谢绝公众使用。
- 提供灯光照明，公众能沿着人行道通过唯一的入口进入建筑物。
- 设计道路和绿地，引导机动车通过唯一的入口进入指定位置。
- 在建筑物前面而不是在后面和旁边提供停车位，人们能直接进入指定入口。

组织一直在使用类似的访问控制措施，只是人们没有特殊关注而已。访问控制措施内嵌在自然环境中，用来引导人群按照设施所有方的规划行事。人们走在通往办公室前门的人行道上时，看到两边有赏心悦目的花草，应意识到把花种在那里的目的是让大家不要去踩踏花草，要沿着人行道的方向走。这些控制措施巧妙且不明显，却很实用。

很多明显的访问障碍物可能是自然的(例如，悬崖、河流和山川)，也有人工的(例如，火车轨道或高速公路)，还有一些人工设计的用于阻止通行的设施(例如，护栏或封闭的街道)。这些控制措施一起使用(或单独使用)来提供必要的访问控制级别。

2. 自然监视

组织使用的监视措施包括组织措施(安全人员)、技术措施(CCTV 闭路电视)和自然战略(直射的灯光、低矮的景观和升高的入口)。自然监视的目标是便于观察者看到犯罪而让犯罪分子感到不适，而开放的视野和精心设计的环境使人们感到安全和舒适。

自然监视以视野最大化的方式利用和部署物理环境特征、员工通道和活动区域。图 10-4以停车场中的一段楼梯为例说明该场景设计为开放式，方便人们观察。

当路人走在街道上，看到建筑物旁的长椅，或公园里的长椅，会知道政府提供资金放置长椅不仅是为让人们累了可以休息。长椅也用于让人们坐下而且可观察其他人。这是一个非常好的自然监视体系。当人们观察周围时并没有意识到自己正在保护这片区域，但很多犯罪分子明白这些基础设施的用处并在试图实施犯罪时显得畏首畏尾。

设置人行道和自行车道，往往是为了人车能有序前行，同时能识别出恶意活动。基于同样的考虑，建筑物通常会有大窗户，可俯视人行道和停车位。矮护栏可使人们观察到护栏两边发生了什么。某些高风险区域应设置更多照明设施，人们可从很远的地方就能观察到发生的事情。高风险区域可能是楼梯、停车场、公交车站、洗衣房、儿童游乐区及垃圾回收站等。这些安全控制措施会保护大家，但人们很可能根本都不知道这些控制措施的存在和意图。

3. 自然区域加固

第三种 CPTED 策略是自然区域加固(Territorial Reinforcement)，建立的物理设计强调或延伸组织物理影响范围，让合法用户在那个空间具有归属感。实施自然区域加固可通过使用墙壁、栅栏、绿化、照明设备、标志、清晰标记的地址以及装饰性的人行道实现。这些要素实施后会给入侵者一个印象：入侵者不属于这里，其非法行为有很大可能曝光，人们不会容忍和忽视其非法行为。自然区域加固的目标是创造一种专用社区的意识。组织实施这些元素是为让员工对其所处的环境感到自豪，并有一种归属感，以至于在有需要的时候会捍卫这种归属感。实施这些元素也是为给潜在违法者一种印象，即潜在违法者不属于那里，其活动有受到监视的危险，人们不会容忍或忽视非法活动。

图 10-4　开放区域降低了犯罪行为发生的可能性

大多数组织会混合使用 CPTED 和目标强化(Target Hardening)的方法设计环境。CPTED 主要用于建设基础设施、内部和外部的设计以及景观和灯光等建筑物外部设计。如果一个环境是基于 CPTED 设计的，目标强化就类似于蛋糕上的糖果。目标强化的方法往往用于更细微的保护机制，如锁和动作检测。本章其余部分将包括使用两种模型的物理控制措施。

4. 维护

20 世纪 80 年代中期，纽约地铁犯罪猖獗。为寻找有创意的解决方案，大都会运输署(Metropolitan Transit Authority，MTA)聘请 George L. Kelling 担任顾问。Kelling 写了一本很有影响力的书，名为《破碎的窗户》，书中提出了 Kelling 理论，即可见的犯罪迹象会创造一个鼓励更多犯罪的环境。这些迹象消失，理论上犯罪也就消失了。在一项延续到 2001 年的涉及"破窗"理论的大规模实验中，纽约市的犯罪率大幅下降，这有力地证明了该理论的有效性。

第四个也是最后一个 CPTED 策略，维护(Maintenance)，是破窗理论的延伸。基本上是说，罪犯会更喜欢那些看起年久失修的基础设施，因为罪犯会认为居住者不太关心，也可能缺乏资源适当地维护和保护。面对一个没有烧坏的灯，没有破碎的窗户，还有修剪整齐的草坪的设施，罪犯会认为里面的人更细心，资源更丰富，更有警惕性。

10.1.4　设计一个物理安全计划

如果准备评估物理基础设施的保护水平，那么需要调查下列内容。

- 墙和天花板的建筑材料
- 配电系统
- 通信线路和类型(铜线、电话线或光纤)
- 周围危险物质
- 外部因素
  - 地形
  - 是否靠近机场、高速公路和铁路
  - 从临近设备发出的、潜在的电磁干扰
  - 气候
  - 土壤
  - 已经存在的护栏、探测感应器、CCTV 摄像头或障碍物
  - 依赖于物理资源的业务活动
  - 机动车的活动
  - 邻居

为合法地获取上述信息，需要开展物理环境勘查并采访不同的员工。收集的所有信息都用来评价当前控制措施的合理性、识别漏洞并避免将要实施的新控制措施对生产效率造成负面影响。

尽管通常书面的策略和程序已告诉人们如何保持物理安全，但策略和实际情况并非总是吻合。设计者观察基础设施如何使用很重要，要关注能引发漏洞的日常活动，决定如何保护设施。这些信息需要记录下来，与书面策略和程序比较。大多数情况下，已存在的差距应记录和修复。仅制定出策略但实际并不遵照执行的做法是没有好处的。

每个组织都应遵守多种法律法规及合规要求，包括安全或卫生法规、消防守则、国家与本地建筑规定、国防部、能源部或劳工部的法规，以及其他机构的法规。如果组织在美国(或有相似需求的国家)范围内营业，那么还应遵守美国职业安全和医疗卫生管理局(Occupational Safety and Health Administration，OSHA)和美国国家环境保护局(Environmental Protection Agency，EPA)的规定。物理安全计划的设计团队应懂得与组织相关的所有法律法规及合规要求，以及如何通过物理安全和安全措施实现合规性。

法律问题也应得到正确理解和遵从。问题可能包括残障设施可用性、责任问题和未能妥善保护资产等。如果该做的事没有做到，将有一系列事件使组织陷入法律纠纷。有时，法律纠纷还可能导致刑事案件。例如，大门在停电状况下自动锁闭，导致员工在火灾中遇害，从而判定组织存在过失杀人行为。法律纠纷还可能导致民事诉讼，例如，如果组织没有清理人

行道上的冰而导致行人滑倒伤了脚踝，行人也可能起诉组织，组织要承担严重失职的责任，而且要承担经济损失。

每个组织应设立基础设施安全官(Facility Safety Officer，FSO)岗位，FSO 的主要工作是熟悉基础设施内的所有组件和组织需要保护的资产，并确保遵从合规要求。FSO 还需要监督基础设施的日常管理事务，与设计团队深入合作，评价组织物理安全计划的有效性。

物理安全计划是实施和维护的控制措施集合，按需提供保护并确保符合物理安全策略所需的保护等级。物理安全策略应遵循所有的法律法规及合规要求，而且需要设立组织对于风险的可接受水平。

基于上述要求，团队已经执行风险分析，包括识别组织的漏洞、威胁以及与所标识威胁有关的业务影响。计划设计阶段应从结构化大纲开始，然后演变为一个框架。框架需要必要的控制措施和安全对策。大纲需要包含计划分类和必要的安全对策。下面列举一个简单示例。

I. 对犯罪活动的威慑的是

    A. 护栏

    B. 警示牌

    C. 安保人员

    D. 警犬

II. 阻碍入侵者并确保抓住入侵者的是

    A. 锁

    B. 深度防御控制措施

    C. 访问控制措施

III. 入侵者检测包括

    A. 外部入侵传感器

    B. 内部入侵传感器

IV. 现状评估包括

    A. 安保程序

    B. 损害评估标准

V. 入侵和破坏响应有

    A. 通信结构(呼叫树)

    B. 响应决策

    C. 应急响应程序

    D. 警察、消防及医疗人员

方案设计团队开始实施安全计划的各个阶段，通常从基础设施开始。

1. 基础设施

当组织决定建造一座大楼，在奠基前应考虑多个因素。当然，应考虑土地价格、顾客流量和市场策略，但安全专家更感兴趣的是私密性和特定地点能提供的保护。一些要处理高度机密和隐私信息的组织应使自己的建筑物不受人注意，从而避免一些可能的攻击。建筑物要很难从周围的马路上观察到，组织的招牌和标识不要太明显且不会受到关注，建筑物上的标志不应给出包含建筑物内部活动的信息。这种城市伪装类型使敌人很难把组织作为攻击目标。对于包含关键基础架构交换机和其他支持技术的通信设施，这种保护是非常普遍的。当人们在路上开车时，很可能会路过很多这样的建筑，因为没有突出的特征，人们可能连想都不会想到这就是目标。

组织需要评估距离警察局、消防站和医院的距离。很多时候，距离这些机构越近，房价就会越高。一家化工厂会有很多易燃易爆品，在选择一个新厂址时要考虑靠近消防站(尽管消防站可能因此很不高兴)。一家生产和销售昂贵的电子设备的工厂在考虑扩张或迁址时，警察响应时间应是选择新厂址的一个重要因素。如果厂址距离警察局、消防站和医院等机构都很近，甚至会减少保险费用，因此应慎重考虑。需要记住，物理安全的终极目标是人员的人身安全。因此要牢牢记住，当实施物理安全控制措施时，首先要保护的是组织的员工。

有些位于群山之间的建筑物能很好地预防电子窃听。在一些案例中，有些组织自己建造小山或用其他景观伪装技术防止窃听。有些组织考虑建到地下或山边，利用自然环境隐匿并防止雷达监测和间谍行动，甚至是防止空中炸弹袭击。

在美国，空军基地建在科罗拉多州的 Cheyenne 山脉中，利用山地复杂的地形建造了楼房、房间和隧道。基地有自己的物资供应体系，包括水、燃料、下水管道以及自己的空气储备。这就是北美空军防御司令部执行任务的地方；从很多著名电影中可看到，假设世界将要爆炸，这就是人们该去的地方。

2. 建筑

组织需要评估建筑材料和建筑结构的组成部分，包括对于周边环境的适用性、防护特征、效用以及成本和收益。不同的建筑材料可提供不同防火水平和不同的可燃性，这都与防火等级有关。在确定建筑的结构时，基于建筑物的用途决定使用哪种类型的建筑材料(例如，木材、混凝土和钢材)。用于存放文件和旧设备的厂房和供员工日常工作的场所，在合规需求和法律要求上都有极大区别。

安全专家需要估计建筑物的墙壁、地板和天花板的负载(Load，也就是能承载的重量)，确保在各种情况下这座建筑物都不会坍塌。大多数情况下，这种负载可能由当地的建筑法规规定。墙壁、地板和天花板一定要包含必要的材料，以提供必需的防火级别和防止遭受水灾损害。

基于窗户的位置和建筑物的用途决定窗户(内部和外部)是否需要提供紫外线防护。玻璃可能需要防碎，也可能是半透明或不透明的。门(内部和外部的)可能需要是单向开关的，与周围的墙壁有类似的防火等级，以防止强行进入；需要有紧急出口标志；基于布置，可能还需要有监测和附加的报警装置。大多数建筑中使用架空地板隐藏与保护电线和管线，但所有因架空而升起的插座应接地。

建筑标准会监管这些情况。然而，每个类别还有多个选项，因此设计团队需要审查额外的安全保护要求。正确的选择既应满足组织的安全与功能需要，还应具有成本效益。

当设计和建造设施时，以下是需要注意的重要物理安全事项。

墙：

- 材料的易燃性(木头、钢或混凝土)
- 防火等级
- 安全区域强化

门：

- 材料的可燃性(木头、压缩板或铝材)
- 防火等级
- 阻止强行进入
- 应急标识
- 位置
- 带锁和安全控制的入口
- 警报器
- 安全合页
- 开门方向
- 电子门锁，停电时应恢复至无效状态以确保员工安全离开
- 玻璃类型——防碎和防弹需求

天花板：

- 材料的易燃性(木头、钢和混凝土)
- 防火等级
- 承重等级
- 天花板坠落的意外情况

窗户：

- 半透明或不透明的需求
- 防碎
- 警报器
- 位置
- 入侵者进入的可能性

地板：

- 承重等级
- 材料的易燃性(木头、钢和混凝土)
- 防火等级
- 架空地板
- 防静电的表面和材料

暖气通风和空调：

- 空气正压

- 保护进气口
- 专用电源线
- 应急关闭阀门和开关
- 布局

电源供应：
- 备用和可替换的电源供应商
- 清洁、稳定的电源
- 供特别区域使用的专用电线
- 分布式面板和断路开关的布局与访问控制

水和气的管道：
- 关闭阀——为提高可见性而添加标记并着亮色
- 正向流动(从建筑物里流出而不是流入)
- 布局——正确定位并添加标记

火灾检测和防御：
- 传感器和探测器的位置
- 防火系统的位置
- 检测器和灭火器的类型

当准备建造一个新建筑时，风险分析的结果会帮助设计团队决定使用哪类建筑材料。有几个等级的建筑材料可供使用。例如，轻型建筑材料(Light Frame Construction Material)提供了防火和防止强行进入方面的最低保障。这包括在火灾中极易燃烧的未处理的旧家具。轻型建筑材料常用于住宅，主要是因为价格便宜，也因为住宅通常不像办公大楼那样面临较大的火灾和入侵威胁。

重型木建筑材料(Heavy Timber Construction Material)通常用于建造办公大楼。易燃性木材仍在建筑中使用，但要对其厚度和材料构成提出要求，以提供更强的防火保护。这种建筑材料应 4 英寸厚，更厚重，用金属栓和金属板加固。轻型建筑材料阻燃时间是 30 分钟，重型木建筑材料的阻燃时间能达到 1 小时。

建筑物也可使用钢材等抗燃材料建造，与前面提到的材料相比，钢材能提供更强的防火保护，但在高温下会失去强度，可能导致建筑物倒塌。所以尽管钢材无法燃烧，但会熔化和弱化。如果某建筑使用耐高温材料(Fire-resistant Material)和防火建筑材料，并在混凝土墙壁和支撑架中植入钢条，那么该建筑就可为防火和阻止强行进入提供最大的保护。

设计团队应基于组织识别的风险和防火标准选择建筑材料。如果组织只需要一个供员工工作的办公楼，而且没有竞争对手想要破坏组织的建筑，那么可使用轻型木建筑材料或重型木建筑材料。如果是政府组织的基础设施，并伴有国内外恐怖组织袭击的风险，需要使用防火建筑材料。金融机构也应在建筑中使用防火和加固材料；特别是外墙，盗贼可能试图驾车撞穿外墙闯入金库。

应基于混凝土墙壁和所用钢筋(植入混凝土的钢条)的规格计算各种爆炸物和攻击的大致

渗透时间。即使混凝土遭到破坏，切断或穿过钢筋也要更长时间。在混凝土中使用更粗的钢筋，且放置方法恰当，可提供更多保护。

加固墙、钢筋和双层墙都可用作延迟机制。坏人需要用更长时间才能穿透两层加固墙，这样响应人员便有充足的时间到达现场阻止攻击方。

3. 入口

理解组织需求和特定建筑入口的类型非常重要。入口的类型包括门、窗、屋顶、消防通道、烟囱以及货运入口。第二和第三入口也应予以认真考虑，例如，通向组织其他部分的内部入口、外部入口、电梯和楼梯间。一层的窗户因为很容易突破，所以应予以加固。防火通道、通往屋顶的楼梯井和烟囱作为潜在的入口需要持续监测。

注意

入侵者经常利用通风管和公共通道，因此应采用传感器和访问控制机制等予以妥善保护。

建筑物最不牢固的部分通常是门和窗，最有可能首先受到攻击。以门为例，通常最薄弱的地方是门框、合页和门的材料。门的门栓、门框、合页和材料需要提供同样等级的强度和保护。例如，安装一扇厚重的、实心的钢门，但使用了很不结实、能轻易拆除的合页，那么这个组织就是在浪费金钱。攻击方只需要拆除合页把厚重而且坚固的门移走就可以了。

同样，门和周围的墙也需要提供相同级别的保护。如果一个组织安装一个极其坚固的门，但四周的墙的材料使用普通的轻型木质材料，这也是浪费金钱。如果将巨资投入某种应对措施上，而入侵者能很轻松地破坏附近的另一种脆弱的应对措施，那么这种控制措施毫无意义。

门　不同功能的门的类型如下：

- 金库门
- 人员出入门
- 工业用门
- 机动车入口的门
- 防弹门

门可以是空心的也可以是实心的。设计团队需要理解不同的入口类型和潜在的闯入威胁，这有助于设计团队决定安装门的类型。攻击方可轻易踢破或凿开空心门，因此空心门通常用于内部门。设计团队还需要选择各种不同材料制成的实心门，提供不同的防火等级和保护，避免闯入。如上文所述，防火等级和门的保护等级需要和周围墙的保护等级匹配才行。

如果存在枪击威胁则要考虑安装防弹门。防弹门在木板或钢板之间使用了防弹材料，这样既获得一定的美化效果，也提供了必要的保护等级。

合页和防冲击板应足够安全，外部门或用于保护敏感区域的门尤其应当如此。这要求合页上的钉子不能移除，门框需要和门本身一样结实。

消防法规规定了带有保险栓的门的数量和布置位置。保险栓是指启动内锁的横闩，可用于打开上锁的门。保险栓可用在常规的入口门上，也可用在紧急出口门上。紧急出口门上一般都有标志，指明这扇门不是一个出口，如果打开，报警器就会告警。打开这种门看看报警器是否真的会响似乎很有趣，也有些诱人，但请不要轻易尝试，安全专家们可不喜欢开这种玩笑。

双重门(Mantrap)和旋转门(Turnstile)可用于阻止未授权人员的进入。双重门是一个有两道门的小房间，第一道门是锁着的，若需进入，需要通过安保人员、生物识别系统、智能读卡器或刷卡器执行身份识别和身份验证。一旦确认访问者的身份，则可授权进入。第一道门打开，访问者进入小房间里，然后第一道门锁上。在第二道门打开前，访问者的身份需要再次确认，通过后，才能允许访问者进入相应的基础设施。有些双重门还使用生物识别系统称量访问者的体重，确保每次只有一个人进入小房间，用来防御尾随(Piggybacking)攻击。

窗户类型　虽然人们通常认为门是明显的入口，但在基础设施的安全设计中，窗户应得到同样多的关注。窗户和门一样也有不同的类型及不同的防护等级。下面总结了可使用的窗户类型：

- **普通玻璃(Standard)**　没有额外保护，最便宜也最低端。
- **钢化玻璃(Tempered)**　玻璃加热后快速冷却，增加了安全性和强度。
- **丙烯酸纤维(Acrylic)**　一种替代玻璃的塑料，聚碳酸酯丙烯酸比普通丙烯酸的强度更大。
- **钢丝玻璃(Wired)**　在玻璃中间夹了网状金属丝。这些金属丝能预防玻璃破碎。
- **夹层玻璃(Laminated)**　在玻璃两面的外层压了一层塑料膜，塑料膜有助于提高玻璃的打抗击强度。
- **太阳能涂层玻璃(Solar window film)**　通过有色玻璃涂层提供额外的安全性，同时通过涂层的材料加大玻璃强度。
- **安全涂层玻璃(Security film)**　在玻璃上增加透明涂层提高玻璃强度。

10.2　场所和基础设施控制措施

探讨了在规划场所和基础设施安全时应使用的一般流程和原则后，现在应考虑将注意力转向具体控制措施的示例。下面讨论在考试和工作中应知道的最常见或最重要的控制措施。

10.2.1　工作区安全

组织设施中最大的区域通常是员工的工作空间。在基础设施安全方面，空间构成了组织最大的攻击面。这里是恶意的内部人士、小偷和活跃的攻击者发现最多目标的环境。出于这个原因，安全专家需要考虑空间内员工面临的威胁，并实施控制措施保护员工及其资产。就像将网络分割以限制数字入侵者的活动范围一样，也应将员工的工作空间分开，使物理入侵者的目的更难实现。内部分区(Internal Partition)用于在一个区域和另一个区域之间创建障碍。这些分区可用于分割独立的工作区，但不应用于存放敏感系统和设备的受保护区域，因为分区会限制系统检测恶意活动的能力。

理想情况下，从一个区域到另一个区域的移动应使用钥匙卡登录系统(Keycard Entry System)，这是由钥匙卡解锁的电子锁。钥匙卡是带有磁性或 RFID(射频识别)组件的塑料卡片，就像特殊电子锁上的物理钥匙。或者，区域之间的门可由安全警卫远程上锁和解锁以限制攻击方的移动，保护居住者，或方便疏散。为方便远程操作，所有工作区域都应安装安全摄像头，自动记录所有活动并将视频文件至少保存几天。

要注意办公楼的吊顶，可能导致内部隔板甚至墙壁无法延伸到真正的天花板，仅延伸到吊顶。入侵者可抬起天花板并爬过隔板。入侵示例如图 10-5 所示。很多情况下，这不需要强制进入、专门工具或太多工作(在某些办公楼里，甚至可在公共通道里实现)。不应依赖这些类型的内部隔板为敏感区域提供保护。

图 10-5　入侵者能掀开天花板轻易进入敏感区域

工作区的另一个常见控制措施是干净的办公桌策略。这意味着，工作人员长时间离开办公桌(例如，午餐、下班)之前，要取出所有文件和易被偷窃的物品，并锁在抽屉里。这可确保到处游荡的眼睛(或相机)不会看到散落的敏感文件。在轮班或工作日结束时，要分配员工检查办公桌的任务，确保遵守策略。

限制区域

某些情况下，工作区域可能非常敏感，因此应采取极端措施，确保只有经过授权的人员才能进入。这类工作区域的示例是由政府用来保护绝密信息的隔离信息基础设施(Compartmented Information Facilities，SCIF)，证据完整性最重要的警方犯罪实验室，执行特别敏感工作的研究和发展实验室，还有很多数据中心。在敏感领域实施的控制措施与之前讨论的类似，但执行起来更严格。

10.2.2　数据处理设施

随着云计算的发展,服务器室和数据中心等数据处理基础设施已经不像以前那样常见了。尽管如此,很多组织(更不用说云服务提供商)无法摆脱这些基础设施。由于大多数服务器、路由器、交换机、大型机和数据中心都可远程控制,很少需要物理交互,因此数据处理基础设施内很少出现有人走动并打翻咖啡的情况。数据中心不需要工作人员长时间坐在里面,这意味着数据中心可以一种对设备(而不是对人)更有效的方式建设。

另一方面,有时人员应长时间待在数据中心(例如,设备安装/升级、数据中心基础设施升级和重置、事件响应及数据取证等)。因此,当有上述人员在机房工作时,需要考虑不适宜的情况(例如,寒冷、干燥的环境、缺乏舒适的工作空间或极端的高分贝噪音)。

数据中心和服务器机房应位于基础设施的核心区域,并设置严格的访问控制机制和流程。访问控制机制可以是智能读卡器、指纹识别器或组合锁。严格限制访问的区域只有一个入口,但防火标准一般要求数据中心和服务器机房应至少有两扇门。因此日常进出应只使用一扇门,而另一扇门应只用于紧急情况。第二扇门不应是入口,这意味着工作人员不能从这个门进入,第二扇门应保持锁闭,并有应急门栓,当按下锁扣的时候门才能打开。

受限区域最好不能从公共区(例如,楼梯间、走廊、卸货区、电梯和洗手间)直接进入。这有助于确保通向安全区域的人应拥有进入的充分理由,这与其通向休息室或在公共区域与CEO 闲聊有明显的不同。

由于数据中心通常都运行着昂贵的设备且存有组织的重要数据,因此在建造前,应谨慎考虑部署的安全保护措施。数据中心不应位于大楼顶层,因为一旦发生火灾,救援队伍将很难及时进入数据中心。基于同样的原因,数据中心不能位于地下室,因为洪水可能损毁系统。另外,如果基础设施位于丘陵地带,数据中心应位于比地面更高的位置。数据中心最好位于大楼中心;如果大楼受到攻击,大楼的外墙和结构体有助于缓冲攻击,避免数据中心遭到损害。

需要基于数据中心数据的敏感程度和保护水平实施访问控制措施和安全措施。在非工作时间,数据处理中心门上的报警器需要处于启动状态,并应针对如何在工作时间、下班时间以及紧急情况下使用访问控制措施设立相应的流程。如果使用组合密码锁(Combination Lock)进出数据中心,那么组合密码(Combination)应至少每六个月更换一次,并在知悉组合密码的员工离开组织后及时更换组合密码。

接下来要探讨的各类控制措施如图 10-5 所示。负责设计新数据中心或评估当前数据中心的团队应理解图 10-6 的所有安全控制措施,并能基于需要做出选择。

数据处理中心应建成一个大房间,而不是一个个独立的房间。房间应远离大楼的水管,以防止水管破裂引起水灾。数据处理中心内 HVAC 系统的通风口和管道需要特定类型的栅栏保护起来,栅栏应足够小,以至于攻击方不能通过通风口和管道爬进爬出数据中心。数据中心还应保持正气压,这样不会将污染物吸进房间或计算机风扇中。

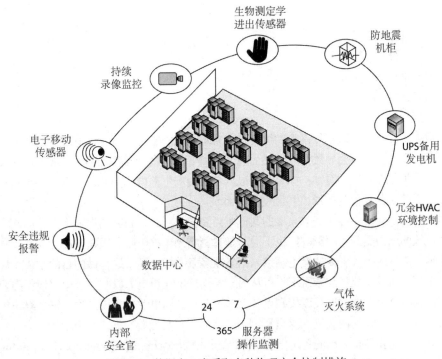

图 10-6　数据中心应采取多种物理安全控制措施

数据中心应安装烟雾探测器或火灾传感器，将手提式灭火器放置在设备附近，以便查看和使用。因为机房使用的线缆都部署在高架地板下面，因此应在高架地板下面放置水流传感器，并保护各类线缆不会遭到水浸的危害。一旦水流到地板下面，水流传感器检测到液态水，则会发出警告。

提示

如果数据中心或基础设施发生水患，那么很容易导致发霉腐坏。千万不要任其自然干燥，大多数情况下建议使用工业除湿机、排水装置和净化器，确保不会发生二次损坏。

水可对设备、地板、墙面、计算机和基础设施造成严重损害。因此组织持续监测漏水和废水很重要。探测器应放在架空的地板下方或吊顶上方(用于检测楼上的漏水情况)。探测器的位置应记录下来并张贴标记，以便检查。就像烟雾和火灾探测器应绑定报警系统一样，水流探测器也应绑定告警系统。警报通常只会提醒重要的工作人员而非大楼里的所有人员。负责跟进警报响起的工作员工应接受适当培训，减少发生潜在的水灾损害。在巡视以了解什么地方出现水患或水流流向其他地方之前，应临时切断大楼特定区域的电力供给。

水流探测器有助于预防以下基础设施遭到破坏：

- 设备
- 地板

- 墙体
- 计算机
- 基础设施的地基

水检测器应放在以下位置：

- 高架地板下方
- 吊顶上方

在数据中心里保持适宜的温度和湿度是非常重要的，这也是为该房间专门实现 HVAC 系统的原因。太高的温度会导致元件过热而烧毁，太低的温度会导致元件运行缓慢。如果湿度过高，计算机零件会遭到腐蚀；如果湿度过低，就会产生静电。因此，数据中心应具有自己的、独立于建筑其余部分的温度和湿度控制系统。

如有可能，数据中心最好与大楼的其他电力系统分开，是独立的电力系统。如此一来，如果主建筑的电力受到负面影响，也不会蔓延并影响到数据中心。数据中心还需要建立备用电源系统，应从两个或更多的变电站接入两条或多条支线电缆。这样做的目的是，如果发电厂的一个变电站发生故障，该组织仍可从另一条支线上获得电力以维持供电。但仅因为一家组织有两条或以上的电力支线连接到设备上并不意味备用电源也真正到位。很多组织付费使用两条支线，却发现这两条支线来自于同一个变电站，导致整个冗余机制失败。

数据中心需要拥有自己的备用电源，不管是不中断电源系统(Uninterrupted Power Supply，UPS)还是发电机。稍后会探讨各类不同的备用电源，目前最重要的是要知道备用电源应能支持数据中心的负荷。

多个组织的数据中心选用大的玻璃墙作为墙壁，这样能一直监视数据中心内部人员。因为玻璃要作为外墙，因此应是防碎的。数据中心的门不能是中空的，要使用非常坚固的实心门。门需要向外开而非向内开，以免在开门时损坏门内的设备。最佳实践方法表明门框要用钉子固定在旁边的墙上，每扇门上至少有三个合页。这些性质会确保门更坚固，不易破坏。

10.2.3　配线器

配线器(Distribution Facility)是分配通信线路的系统，通常把高带宽的线路分成多个低带宽的线路。一栋建筑物通常有一个主配线架(Main Distribution Facility，MDF)，其中一条或多条外部数据线会接入服务器、数据中心和/或其他较小的中间配线基础设施(Intermediate Distribution Facility，IDF)。IDF 通常提供独立的线路或直接连接到多个终端上，需要时菊花链状的配线架也是可使用的。

安装在小房间里的稍大的 IDF 通常称为配线柜(Wiring Closet)。所有的无人机房和数据中心都需要使用这类基础设施。因此把 IDF 作为一种敏感的 IT 基础设施而不仅是柜子非常重要。当然，也有组织将配线柜作为大楼管理员的办公室。

小型的 IDF 安装在网络汇聚节点的机房里，IDF 的尺寸和一台独立交换机或小插线板类似。与 MDF 不同，IDF 通常不会放在独立房间内，因此更容易受到篡改和意外破坏，所以 IDF 应保存在一个上锁的区域里。理想情况下，IDF 应加强保护，降低水患和碰撞的风险，并持续监测免遭篡改。还要特别注意 IDF 应远离自动灭火装置、水管或 HVAC 的管路。

10.2.4　存储基础设施

当考虑存储基础设施的安全时，除了上锁，别无他法。当储存办公用品和基本工具时，一把简单的锁可能就是考虑到的全部内容，但真正应考虑的是保护什么。很多情况，使用的物理锁要么是低级的(换句话说，很容易撬开)，要么钥匙是多人共享的。与现代电子锁不同的是，这些锁没有内置的审计工具可查看谁在何时使用过。如果需要存储重要的东西，可能需要仔细考虑谁有钥匙，钥匙是如何借用的，以及如何定期清点存储区域。

这对于存储计算设备的存储设施而言尤其如此。基于组织的程序，计算机可能存储在尚未安全擦除或基线化的存储设备中。这意味着，如果盗窃或有人拿到计算机，就会产生安全风险。除此之外，安全专家还需要关注存储设施的环境条件，因为计算机长时间在炎热、潮湿的地区会运行不良。

这些只是需要思考的一些示例。设施里储存的内容也会影响到采用的安全控制措施。有两种类型的存储设施需要特别注意，即存储介质和存储证据设施。下面逐一阐述。

1. 介质存储

第 5 章中讨论了信息的生命周期中包括归档阶段，在这个阶段中信息不经常使用，但仍然需要留存。例如，当关闭员工的账户但仍然需要将记录保存一定年限，或者实施数据备份时，就会发生这种情况。任何情况下，组织应长时间保存磁盘、磁带，甚至纸质文件，直到需要或丢弃这些东西。存储应在满足服务器机房和数据中心要求的地方实施。不幸的是，存储介质有时没有得到应有的重视，可能导致重要信息丢失或泄露。

2. 证据存储

证据存储基础设施(Evidence Storage Facility)更敏感，因为任何破坏，无论是真实的还是想象的，都可能导致法庭不接受其证据。第 22 章将讨论取证调查，但拥有专门 IT 人员的组织可能都应有一个安全的基础设施存储证据。证据存储基础设施的两个关键要求是适当的安全保护，所有的访问和传输都要记录在案。理想情况下，只有指定的事件处理人员和取证调查员才能访问此基础设施。除非取证调查是组织工作的一部分，否则可能只需要一个坚固柜子，配上一把好的锁头和一个登记本，记录谁打开或关闭了柜子以及在里面所做的事情。这是技术控制措施(例如，橱柜或保险箱)无法完成任务的另一个示例。此外，还应有严格执行的良好策略(例如，记录对内容的所有访问)。

10.2.5　公共设施

与存储一样，公共设施(Utility)是另一个很多人没有花时间考虑安全的领域。尽管如此，公共设施仍可能对场所和基础设施构成重大风险。当地的建筑规范可能会解决安全问题，但这些规范在保护组织方面作用甚微。

1. 水和废水

俗话说，水就是生命。如果没有清洁的供水和废水处理服务，基础设施就无法长期运行。因此，这些服务的中断可能需要疏散部分或全部人员，导致安全降级，为不法活动创造了机会。

错误的地方存在大量的水也会导致严重问题。正如之前讨论的关于数据中心和分配基础设施的问题，重要的是确定水管的路线(或者更贴近实际地说，确定资产的位置)，不会使破裂或泄漏的管道造成设备损坏。

在基础设施建设过程中，物理安全团队应确保水、蒸气和燃气管道有适当的关闭阀(如图10-7 所示)和正排水管，即管道内的物质不是流入，而是流出。如果主水管出现破裂，那么用来切断水流的阀门应易于触及。同样，在建筑物发生火灾时，关闭煤气管道的阀门应易于触及。在发生洪水的情况下，组织希望确保材料不能通过水管向上流动，从而进入供水或基础设施。基础设施、运营和安全人员应知道关闭阀在哪里，以及这些类型的紧急情况下应遵循的严格程序。这将有助于减少潜在的损害。

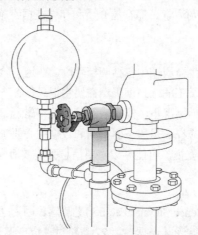

图 10-7　水、蒸气和燃气管道应有紧急关闭阀

2. 电力

电力供应故障，特别是长期的故障，对没有准备的组织而言是灾难性的。制定好的备用计划对于确保企业不会受到暴雪、大风、闪电、硬件故障或其他可能导致电力供应中断事件的严重影响至关重要。持续供电确保了公司资源的可用性；因此，安全专家应熟悉电力系统的相关威胁和安全对策。

备用电源(Power Backup)　存在几种类型的电源备用能力。在选择前，应计算预期停机时间的总成本及其影响。这些信息可从过去的记录和同一电网同一区域的其他企业中收集，并计入在第2章中讨论的 ALE 公式中。从本质上讲，安全专家需要在损失收入、恢复成本等方面计算电力宕机的年度预期成本。这个数字将表明，运行一条由不同电网供电的辅助线路还是购买一台备用发电机，这两项重大投资的哪项有意义。

如果计划购买一台发电机，安全专家还应确定每年的预期运行时间，这将表明需要多大的油箱以及预期的燃料成本。请记住，应定期运行发电机以保持就绪状态，同时要注意，一些燃料放置几个月后就会变坏。以免得不偿失。

仅在后院有一台发电机不会提供温暖及模糊的保护感觉。替代电源应定期测试，确保其工作并达到预期的程度。应定期开展电力中断演习，避免出现令人不快的意外。如果组织购买了发电机，然而在紧急情况下发现发电机太小，无法为所有设备供电，只是一堆耗电的资产，这绝不是一件好事。

电力问题(Electric Power Issue)　电力使组织可在很多领域内开展生产活动，但如果没有正确地安装、监测和管理电力，将给组织带来极大危害。当提供清洁电力时，电力不存在干扰或电压波动。可能的干扰或线路噪声(Line Noise)类型有电磁干扰(Electromagnetic Interference，EMI)和射频干扰(Radio Frequency Interference，RFI)，对电流穿越电力线时造成干扰，如图 10-8 所示。

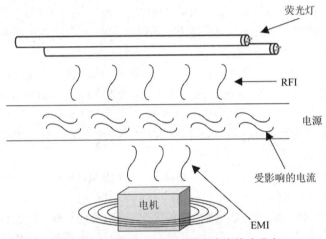

图 10-8　RFI 和 EMI 可在电线上产生线路噪声

电磁干扰是指一个电力系统的辐射产生的能量对附近另一个电力系统的影响。电磁干扰可通过三种导线(例如，火线、零线和地线)及其磁场的差异产生。闪电和电动机可引起电磁干扰，可能干扰建筑物附近电流的正常流动。只要产生无线电波的东西都可能产生 RFI。荧光照明是当今建筑内产生 RFI 的主要原因之一，这是否意味着组织需要把所有荧光照明都拆除掉？这是一个可供选择的办法，不过组织还可使用不受荧光照明影响的屏蔽布线方式。如果有人在阅读休息时，爬上天花板，环顾四周，可能看到捆在天花板上的电线。如果在办公室使用荧光灯，电线和数据线不应经过荧光灯，也不应在荧光灯上方。这是因为荧光灯发出的无线电频率可能干扰数据或功率电流。

干扰阻断了正常电流的流动，而波动实际上可传递与预期不同的电压水平。每次波动都会对设备和人员造成伤害。以下阐明了不同类型的电压波动。

电压过高：
- **尖峰(Spike)**　瞬间高压

- 浪涌**(Surge)**　长时间的高压

电力供应停止：

- 故障**(Fault)**　瞬间断电
- 停电**(Blackout)**　长时间断电

电力降低：

- 衰变**(Sag/Dip)**　瞬间低压，持续一个周期到几秒钟不等
- 电压过低**(Brownout)**　供电电压长时间低于正常电压
- 浪涌电流**(In-rush Current)**　需要启动负载时的电流初始浪涌

当电子设备打开时，瞬间可吸取大量电流，这称为浪涌电流(In-rush Current)。如果设备吸收了大量的电流，会导致周围设备的有效电力衰减。这可能对性能产生负面影响。如前所述，如有可能，最好将数据处理中心及其设备放在与其他设备不同的电线段上，这样设备就不会受到这些问题的影响。例如，在一个没有有效电线的建筑物或房子里，一旦打开吸尘器或微波炉，可能会看到灯很快变暗。在其他环境中，当使用这些类型的电子设备时，浪涌电流造成的电力损耗仍会发生——只是可能无法看到其后果。引起大的浪涌电流的装置不应与数据处理系统在同一电网中使用。

由于这些情况十分常见，因此应设置一些机制检测不需要的功率波动，并保护数据处理环境的完整性。电压调节器(Voltage Regulator)和线路调节器(Line Conditioner)可用来保证电力的清洁和平稳分配。主用电力通过稳压器或调节器运行。发生瞬间高压时有能力吸收过剩的电流，发生瞬间低压时释放储存的能量增加线路中的电流。目的是使电流保持在良好、稳定的水平，以免给主板元件和员工造成伤害。

数据中心在建设时都会考虑到电力敏感设备。由于浪涌、瞬间低压、断电、停电和瞬间高压常导致数据损坏，所以建设数据中心要针对这些事件提供高级别保护。其他类型的环境通常不必考虑此问题，也没有提供这种级别的保护。办公室通常有个设备连接并插入同一插座。插座的电线又插入另一个插座，最后连接到一根延长的电线上。这会产生更多的线路噪声，导致增加电压下降。图 10-9 描述了一个产生线路噪声、电压问题和火灾危险的环境。

图 10-9　这种配置可产生大量线路噪声并引发火灾

电力保护(Power Protection) 可通过在线式 UPS、备用式 UPS 和电力线连接器三种方式

保护电力。UPS 使用大小和容量范围不一样的电池组。在线式 UPS 系统使用交流线路电压为 UPS 的电池充电。在使用时,UPS 有一个逆变器,可将电池的直流输出转换成所需的交流形式,并将电压调节为计算机设备工作时所需的大小。转换流程如图 10-10 所示。

在线式UPS

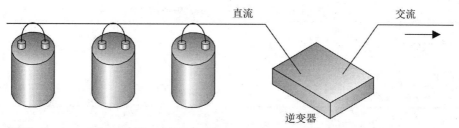

图 10-10 UPS 设备通过使用逆变器将内部或外部电池的直流电流转换为可用的交流电流

在线式 UPS(Online UPS)系统每天都保持正常的主电流,不间断地给逆变器提供电力,即使当电力正常工作时也是如此。由于环境中的电力一直在 UPS 中流动,所以 UPS 设备能快速检测到电力故障。在电力故障后,在线式 UPS 可提供必要的电力并承担负载,比离线式 UPS 快得多。

备用式 UPS(Standby UPS)设备保持非活跃状态,直到出现电力线故障才开始工作。该系统有传感器,检测到电力故障后,将负载切换到电池组。电池组的切换会造成供电轻微延迟。因此,在线式 UPS 能比备用式 UPS 更快地承担负载,当然成本也更高昂。

组织应识别需要保护的关键系统,避免出现电力中断。然后估算备用电力需要支撑多长时间以及每台设备需要多少电量。一些 UPS 设备提供的电力刚好可让系统正常关机,而另一些 UPS 设备则可让系统运行更长时间。组织需要决定是仅提供正常关机所需的电量,还是要保持系统持续运行,使关键业务运营仍然可用。

3. 暖气、通风和空调

不合适的环境控制措施会对服务、硬件和员工生命造成损害。某些服务的中断可能导致无法预料的不幸和后果。暖通空调系统和空气质量的控制措施十分复杂,并存在大量的不确定因素。因此,有必要执行规范操作并接受定期监测。

大多数电子设备应在一个温控的环境中运行。虽然保持适当的工作温度很重要,但更重要的是要明白,即使在温控环境下,如果内部的计算机风扇没有清洗或发生堵塞,设备内的部件也可能发生过热现象。当设备过热时,部件会膨胀或收缩,从而改变部件的电子特性,最终降低工作效率或破坏整个系统。

注意

数据处理环境中涉及的气候问题是需要独立的 HVAC 系统的原因。维护措施应详细记录并严格遵守。此外,应每年记录和审查 HVAC 活动。

在建筑中,特别是与计算机系统相关的基础设施,保持适当的温度和湿度十分重要。二者水平不当都会对计算机和电子设备造成损害。湿度过高会导致腐蚀，湿度过低会导致过多静电。静电会导致设备短路，造成信息的丢失。

　　温度过低可能导致机械装置减速运行或停止，温度过高可能导致设备使用过多的风扇功率并最终关闭。表 10-1 列出了各种组件及相应的损坏温度等级。

表 10-1　各种组件及其对应的损坏温度

材料或组件	损坏温度
计算机系统和外围设备	175°F
磁存储设备	100°F
纸制品	350°F

10.2.6　消防安全

　　没有消防安全，物理安全就不能完全实现。所有场所和基础设施应遵守防火、探测和灭火方法的国家和地方标准。火灾预防(Fire Prevention)包括培训员工在面对火灾时作出适当反应，提供适当的灭火设备并确保设备可供正常使用，确保有易于获取的灭火源，以及易燃元素以适当方式储存。防火还可包括使用适当的抗燃建筑材料，并在设计基础设施时采取防护措施，减慢火灾和烟雾的蔓延速度。隔热或防火屏障可由抗燃类型不同的、涂有防火涂层的建筑材料组成。

　　火灾探测(Fire Detection)响应系统有多种不同形式。手动探测响应系统是人们在很多建筑墙壁上看到的红色推拉箱。自动探测响应系统配有传感器，当传感器探测到火灾或烟雾时会作出反应。

　　灭火(Fire Suppression)是使用灭火剂灭火。可通过手提式灭火器手动灭火，也可用喷淋系统或二氧化碳排放系统等自动灭火。稍后将介绍不同类型的灭火剂，以及最适合灭火剂的使用场所。自动喷淋灭火系统运用广泛，高效保护建筑物及里面的基础设施。在决定安装的灭火系统类型时，组织需要评估多种因素，包括估计火灾的发生率、造成的损失以及备选的灭火系统类型。

　　消防流程应包括启用早期烟雾或火灾探测设备。在喷淋灭火前，烟雾或火警探测器可能发出警告信号，这样一来，如果是错误报警或者是不需要自动灭火系统处理的小火灾，人们有时间关闭灭火系统。

1. 火灾探测类型

　　火灾是一种重大的安全威胁，会损坏硬件和数据，并对人员的生命造成威胁。火灾产生的烟雾、高温和腐蚀性气体会造成严重后果。评价建筑物及其不同区域的消防安全措施是很重要的。

　　火灾是由于物品引燃造成的。火源可能是某台电子设备故障、可燃材料储存不当、烟头随意丢弃、供暖设备故障或纵火。火需要燃料(例如，纸、木材和液体等)和氧气才能继续燃烧和扩张。每平方英尺的燃料越多，火势就越猛。因此，在基础设施的建立、维护和运行过程中，应尽量减少可能引起火灾的燃料堆积。

火灾分为六种类型(A、B、C、D、E 和 F)，这些内容将在"灭火"一节中阐述。安全专家需要知道不同类型火灾的区别，如何正确地熄灭每种类型的火灾。如图 10-11 所示，手提式灭火器有适用于何种类型火灾的标记。这些标记表明灭火器内的化学物质种类，以及这些化学物质已获准用于何种类型的火灾。手提式灭火器应放置在电子设备 50 英尺以内的地方，同时应靠近出口。灭火器上的标示应清楚，放在视野开阔的地方。员工应很容易找到和使用灭火器，并定期检查。

图 10-11　手提式灭火器上的标记说明了适用的火灾类型

多计算机系统是由不可燃的部件组成的，但如果温度过热，这些部件会熔化或烧焦。大多数计算机电路只使用 2~5 伏的直流电，通常直流电不会引起火灾。如果计算机房发生火灾，那么很可能是电线绝缘过热或塑料元件过热引起的电气火灾。在燃烧前，通常会长时间产生烟雾。

2. 耐火等级

耐火等级是在实验室中应用环境设置的特定配置执行测试的结果。美国测试与材料协会(American Society for Testing and Materials，ASTM)是一个制定应如何执行这些测试，以及解释测试结果的组织。ASTM 认证的测试中心按照这些标准开展评估，并分配耐火等级，然后将这些标准用于联邦和州消防法规。测试中要评估不同类型的材料在不同环境配置下的耐火性能。耐火性能是指实验室建造的装置在特定时期内控制火灾的能力。例如，安装在木钉两侧的 5/8 英寸厚的干墙板耐火等级是一小时。如果这种墙的厚度增加一倍，就可达到两小时的耐火等级。评级系统用于分类不同的建筑构件。

检测器分为多种类型，每种检测器的工作方式不同。烟雾或热都可触发探测器。

烟雾激发探测器(Smoke Activated)　烟雾激发探测器适用于早期警报装置。在火灾系统启动前，可用来发出声音警报。光电设备(Photoelectric Device)也称为光探测器(Optical Detector)，可检测光线强弱的变化。探测器产生一束穿过保护区的光，如果存在光束阻挡，就会响起警报。图 10-12 说明了光电设备的工作原理。

　　另一种光电装置通过把空气吸入管道取样。如果光源模糊不清，警报器就会响起。

图 10-12　光电设备使用光发射器和接收器

　　热激发探测器(Heat Activated)　热激发探测器可配置为达到预定温度(固定温度)或温度在一段时间内持续上升(上升速率)时发出警报。升温速率传感器通常比固定温度传感器更敏感，因此警告速度更快，但也可能引发更多错误警报。传感器可均匀分布在整个设备中，也可通过热敏感电缆线性安装。

　　在基础设施中，仅有火灾和烟雾探测器是不够的，而应将其安装在正确位置。探测器应安装在吊顶上和架空地板下，因为组织在这两个地方预埋了多种类型的电线，可能引发火灾。如果没有在这些区域放置探测器，在冲破地板或天花板掉落前，没有人知道发生了火灾。探测器还应安装在封闭空间和通风管道中，因为烟雾可能在蔓延到其他空间之前聚集在这些区域内。重要的是，人们要尽快听到火灾警报，迅速启动灭火系统，减少人身财产损失。图 10-13 说明了如何合理地分布烟雾探测器的位置。

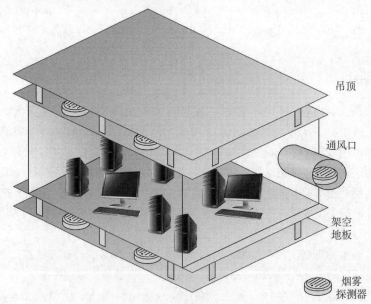

图 10-13　烟雾探测器应安装在吊顶上、架空地板下和通风口中

3. 灭火

重要的是要知道不同类型的火灾，以及应做什么适当地抑制每种类型的火灾。每种火灾类型都有一个类别，用于指示燃烧的材料以及如何灭火。不幸的是，如今在世界各地(如美国、欧盟和澳大利亚)都在使用三种稍有不同的分类方式。表 10-2 显示了欧盟分类火灾及其灭火剂。这个分类提供了最大粒度。比记住每个类别分配的字母更重要的是知道哪种灭火方法对哪种类型的火灾最有效。

表 10-2　欧盟六种火灾类型及其灭火方法

火灾等级	火灾类型	火灾中的燃烧物	扑灭方法
A	普通易燃物	木制品、纸张和层压板	水、泡沫、干粉、湿化学品液体
B		石油产品和冷却剂	二氧化碳、泡沫、干粉
C	气体	丁烷、丙烷或甲烷	干粉
D	可燃金属	铝、锂或镁	干粉
E	电气	电气设备和电线	二氧化碳，干粉
F	食用油和脂肪	通常出现在食物准备和储存区域	湿化学品

为避免混淆，表 10-3 这里列出了美国的火灾分类以供参考。

表 10-3　美国的火灾分类

美国级别	火灾类型
A	普通可燃物(与欧盟相同)
B	液体和气体(欧盟 B 类和 C 类组合)
C	电气(欧盟 E 级)
D	金属(与欧盟相同)
K	食用油和脂肪(欧盟 F 级)

灭火的方法有很多种，所有这些方法都需要采取相应的防范措施。灭火剂是用来灭火的物质，可通过多种方式输送，如便携式灭火器或架空分配系统(如喷淋头)。在设计和实施火灾控制措施时，将正确的灭火剂与试图保护的特定设施匹配至关重要。架空喷水器可能适用于常规工作区域，但在数据中心将是灾难性的。二氧化碳等气体将减少对数据资产的损害，但可能导致人在密闭空间中窒息。如果使用二氧化碳，则抑制释放装置内应有一个延迟机制，确保在声音警报响起且人们有时间撤离之前不会开始向该区域喷射二氧化碳。二氧化碳是一种无色无味的物质，具有潜在的致命性，因为会去除空气中的氧气。防毒面具无法防止二氧化碳。这种类型的灭火机制最好用于无人看管的设施和区域。

除了涉及食用油和脂肪的火灾外，所有类型的火灾都可使用特定类型的干粉，包括碳酸氢钠或碳酸氢钾、碳酸钙或磷酸一铵。前三种粉末阻断了火的化学燃烧。磷酸一铵在低温下融化，将燃料中的氧气除掉。

泡沫主要是由水构成，含有一种发泡剂，漂浮在燃烧的物质上隔离氧气。

湿式化学灭火器含有一种钾溶液，可冷却火焰。还有一个额外好处，就是钾溶液与热油或脂肪发生化学反应，在这些燃料的表面形成一层肥皂膜，从而使火熄灭。因此，湿式化学灭火器是扑灭与烹饪用油和脂肪相关火灾的首选方法。这些灭火器对扑灭 A 类火灾也很有用。

火灾的发生需要燃料、氧气和高温。灭火方法针对这三个必需元素，或化学反应本身。表 10-4 显示了不同的抑制物质如何干扰起火的要素。

表 10-4　不同物质如何抑制火灾

燃烧要素	抑制方法	工作方式
燃料	酸碱	移除燃料
氧气	二氧化碳	去除氧
温度	水	降温
化学燃烧	哈龙替代品	干扰元素间的化学反应

HVAC 系统应与火灾报警和灭火系统连接，以便在发现火灾时正常关闭。火灾的发生需要氧气，这类系统可提供氧气。此外，HVAC 系统可将致命的烟雾扩散到建筑物的所有区域。消防系统可在火警触发时关闭 HVAC 系统配置。

4. 喷水装置

喷水装置通常更简单、更便宜，但也可导致水损害。在电气火灾中，水可增加火势，因为水可作为导电体，导致情况更糟。如果在使用电设备的情况下用水灭火，应在放水前切断电力。在喷淋器启动前，应使用传感器切断电力。每个喷头应单独启动，以避免大面积损坏，并应有关闭阀门，以便在必要时切断水源。

高压区

电线和电缆通过的区域称为高压区(Plenum Area)，如天花板上方、墙洞内以及架空地板下的空间。高压区应有火灾探测器。此外，还应使用阻燃电缆，这些电缆在燃烧时不会释放有害气体。

组织在选择最适合自己的灭火剂和灭火系统时应非常谨慎。主要的喷水灭火系统有四种：

- **湿管式(Wet Pipe)** 湿管式系统的管道中总是有水，通常由温度控制传感器控制排水。湿管式系统的一个缺点是管道中的水在寒冷气候中可能结冰。此外，如果喷嘴或管道破裂，可能造成水损害。这些类型的系统也称为闭头系统(Closed-head System)。

- **干管式(Dry Pipe)** 在干管式系统中，水管中并没有水。水在释放前一直放在一个"储水器"中，管道中则为高压气体，气体压力在火灾或烟雾报警发生后降低，水阀在水压作用下打开。在发现真正的火灾前，不允许水进入水管给喷淋头供水。作用过程为：首先，激活一个热或烟雾传感器；然后，通向喷头的管道充满了水，火警警报响起，切断电力供应，最后水从喷头中喷洒而出。因为管道不会结冰，因此这些管道最适合在寒冷气候中使用。图 10-14 描述了一个干管式系统。

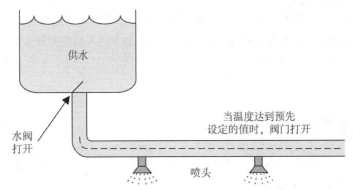

图 10-14 干管系统并不在水管中储水

- **提前作用式(Preaction)** 提前作用式系统与干管式系统相似，水并非固定在管道中，而是水管中的高压气体压力降低时才会放水。压力降低时，管道会充满水，但不会马上释放。只有喷头上的热熔连接头熔化，才会放出水来。将这两种技术结合起来的目的是给人们更多时间应对错误警报或通过其他方式处理可能发生的小火。用手持式灭火器扑灭一场小火，总比由于水损坏大量电子设备好。这些系统通常只用于数据处理环境而不是整个建筑，因为这些类型的灭火系统成本较高。
- **泛滥式(Deluge)** 泛滥式系统喷头是打开的，以便在较短时间内释放出更大量的水。由于释放的水量非常大，该系统通常不用于数据处理环境。

10.2.7 环境问题

在干燥的气候中，或在冬天，空气中含有较少水分。此时，两个不同的物体相互接触时就会产生静电。电流通常穿过人体，并从人的手指产生火花，可释放几千伏特的电压。这可能比想象中破坏性更大。通常情况下，电荷在系统外壳上释放，并不会产生问题，但有时电荷会直接释放到内部计算机部件上，造成损坏。因此，操作计算机内部部件的工作人员通常会佩戴防静电的臂环，减少这种情况的发生。

在更潮湿的气候中，或在夏天，空气中的湿度较大，这也可能影响部件。铜电路和连接器是粘在插座中的，银粒可以从连接器转移到铜电路上，可能对连接的电路性能产生不利影响。通常用湿度计监测湿度。湿度可人工读取，也可设置自动报警器，当超过阈值时自动报警。

10.3 本章回顾

场所和基础设施的物理安全需要深思熟虑的计划、执行和审查流程。本章讨论了考生需要了解的最重要主题，确保组织的物理空间是安全的，但如何运用这些方法取决于具体情况。确保基础设施安全最重要的是控制进出设施的访问。基于经验，审计师(例如，物理渗透测试员)通常能通过社交工程、开锁或简单地尾随的方式突破边界。这强调了运用深度防御的重要性，以及本章前半部分讨论的其他原则。

实际运用安全设计原则是通过安全控制措施实现的。虽然重点是物理安全，但控制措施类型也可以是行政(例如，策略和程序)、技术(例如，钥匙卡进入系统和安全摄像机)或物理(例如，栅栏和警卫)的。通过谨慎地平衡威胁、资源和控制措施，安全专家可实现场所和基础设施的安全。

10.4　快速提示

- 场所是一个具有固定边界的地理区域，通常包含至少一个建筑物及其支撑结构(例如，停车场或变电站)。
- 设施是一个建筑或建筑的一部分，专用于一个特定的目的，如作为企业总部或数据中心。
- 在第 9 章中涉及的信息系统的安全设计原则同样适用于物理安全的设计。
- 需要查明基础设施内部财产的价值和基础设施本身的价值，以确定物理安全的适当预算，使安全控制措施具有成本效益。
- 物理安全控制措施可能与人身安全冲突。这些问题需要解决；人的生命总是比保护基础设施或里面的资产更重要。
- 为基础设施寻找位置时，需要考虑的事项有：当地犯罪，自然灾害的可能性，与医院、警察局、消防站、机场和铁路的距离。
- 通过环境设计预防犯罪(Crime Prevention Through Environmental Design，CPTED)结合了物理环境和社会学因素，以降低犯罪率和对犯罪的恐惧。
- CPTED 提供了四种主要策略，即自然访问控制、自然监视、自然区域加固和维护。
- 自然访问控制指引人们进入和离开空间门，还涉及栅栏、照明甚至景观的布置。
- 自然监视的目标不仅是通过提供观察者可能看到犯罪的方式让犯罪分子感到不适，而且提供开放的视野和精心设计的环境使人们感到安全和舒适。
- 自然区域加固使用物理设计(例如，使用墙壁、围栏和景观美化)，强调或扩大组织的物理影响范围，使合法用户感受到该空间的所有权感。
- CPTED 的维护原则侧重于通过使场所看起来维护良好而遏制犯罪活动，这意味着场所人员更专注、资源更充足以及警惕性更高。
- 目标强化侧重于通过物理或人工设施(警报、锁或护栏等)阻止访问。
- 如果内部隔板没有达到真正的天花板，入侵者可移除吊顶板，爬过隔板进入设施的关键部分。
- 主电源是日常操作中使用的，备用电源是在主电源发生故障时备用的。
- 烟雾探测器应安装在吊顶或吊顶上方、架空地板下方和通风管道内，以最大限度地探测火灾。
- 火需要高温、氧气和燃料。为了抑制，需要减少或消除其中的一个或多个因素。
- 手提式灭火器应位于电气设备 50 英尺以内，并应每季度检查一次。
- 二氧化碳是一种无色、无味和可能致命的物质，因为灭火会隔绝氧气。

● 应了解的窗户类型有普通玻璃、钢化玻璃、丙烯酸纤维、钢丝玻璃和夹层玻璃等。

10.5　问题

请记住这些问题的表达格式和提问方式是有原因的。必须了解到，CISSP 考试在概念层次提出问题。问题的答案可能不是特别完美，建议考生不要寻求绝对正确的答案。相反，考生应当寻找最合适的答案。

1. 什么时候应使用二氧化碳灭火器？
   A. 当电气设备着火时
   B. 当气体着火时
   C. 当可燃金属着火时
   D. 在有纸制品的工作空间里

2. 什么时候应使用喷水灭火系统？
   A. 当电气设备着火时
   B. 当气体着火时
   C. 当可燃金属着火时
   D. 在有纸制品的工作空间里

3. 下列哪项不是 CPTED 的主要组成部分？
   A. 自然访问控制
   B. 自然监视
   C. 自然区域加固
   D. 目标强化

4. 在有电气设备的区域，湿度可能导致哪些问题？
   A. 高湿引起电过剩，低湿引起腐蚀。
   B. 高湿引起腐蚀，低湿产生静电。
   C. 湿度高，功率波动大；湿度低，产生静电。
   D. 高湿腐蚀，低湿功率波动。

5. CPTED 的第四项原则是维护。这一原则意味着什么？
   A. 确保目标强化控制保持工作状态
   B. 定期评估设计以确保其保持有效
   C. 保持环境设计中所有元素的可见性
   D. 让网站看起来保护良好来阻止犯罪活动

6. 下列哪个答案包含不属于物理安全程序的控制措施类别？
   A. 威慑和延迟
   B. 响应和检测
   C. 评估和检测
   D. 延迟和照明

请用以下场景回答问题 7~9。安全专家作为一家数据分析公司的 CISO，在阅读了本章后，决定对基础设施开展物理安全检查。安全专家现在租赁了大城市里一栋高层建筑最上面的三层。顶层设有行政套房和会议设施。下一层是数据中心、研发(R&D)和软件研发团队。较低的一层是行政和销售人员工作空间的所在地。

7. 作为租赁协议的一部分，业主在大堂提供接待区，配备接待人员、保安、门禁卡和监控摄像头。这种安排是什么安全设计原则的示例？

　　A. 零信任(Zero Trust)

　　B. 信任但要验证

　　C. 责任共担

　　D. 职责分离

8. 当乘电梯上去的时候，安全专家注意到公司的员工可用自己的门卡进入顶层中的任何三层。这违反了什么安全设计原则？

　　A. 责任共担

　　B. 简单性

　　C. 深度防御

　　D. 默认安全

9. 基于初步调查结果，安全专家担心工厂的基础设施安全，决定重新制定整个计划。首先会做什么？

　　A. 确定可用的资源

　　B. 对当前态势开展审计

　　C. 运用安全设计原则

　　D. 开展风险评估

10.6　答案

1. A。二氧化碳灭火器的工作原理是隔绝氧气，使火窒息。这种方法也可能导致人的生命窒息的危险，所以这种方法不应在工作空间中使用，也不适用于气体或金属火灾。然而，这种方法非常适用于电气火灾，因为最大限度地减少了触电和设备损坏的风险。

2. D。喷淋器对于防止木材和纸张着火非常有效，对人类也是安全的，所以在常规工作场所使用是一个很好的选择。然而，用于其他类型的火灾(例如，电力、天然气和金属)是特别糟糕的选择。

3. D。目标强化与部署锁、保安和邻近的设备有关。自然访问控制是利用环境控制访问入口，如使用景观美化和护柱。自然监视的一个示例是修建人行道，这样能清楚地看到周围的所有活动。自然区域加固给人们一种财产的所有权感，让人们更倾向于保护财产。这些概念都是 CPTED 的组成部分。

4. B。湿度过高会引起腐蚀，湿度过低会引起静电。静电会导致设备短路或信息丢失。

5. D。CPTED 的维护原则侧重于使场地看起来得到很好的维护遏制犯罪活动，这意味着场所人员更专注、拥有充足资源以及警惕性更高。

6. D。构成物理安全程序的控制措施类别包括威慑、延迟、检测、评估和响应。照明本身是一种控制措施，而不是控制措施类别。

7. C。责任共担通常涉及有服务协议的不同组织，如租赁办公空间和让房东在入口提供安全。职责分离与此类似，但适用于员工个人的职责划分，威慑和预防任何一方损害公司。虽然在该场景中存在零信任和信任但要验证的元素，但不是重点元素。

8. C。深度防御意味着应围绕组织最关键的资源创建同心圆保护。这种情况下，应只有特定的个人可访问工作空间和数据中心楼层，除非在这两层楼还设置有额外的安全控制措施。

9. D。场地和基础设施的安全，就像其他类型的安全一样，应从了解组织面临的风险开始。这些风险决定了工作所需的资源，以及如何基于特定情况运用安全设计原则。

第 IV 部分

通信与网络安全

第11章

网 络 基 础

本章介绍以下内容：
- 数据通信基础
- 网络协议
- 局域网、城域网和广域网

Internet 就是一系列管道。

——Ted Stevens

在深入探讨通信和网络安全之前，需要先回顾数据通信网络的基础知识(温故而知新)。因为数据通信和网络是复杂的主题，涉及多种技术。技术在不断发展，似乎每个月都有"新兴"技术需要学习、理解、实施和确保安全。作为安全专家，需要扎实掌握网络软件、协议、服务和设备知识。应能识别和处理互操作性问题(最好在研发或获取新系统之前完成)。凭借所有这些知识和技能，安全专家需要预测或发现单个组件及交互中的漏洞，并为这些漏洞设计有效的控制措施。这是一项具有挑战性的任务。但是，如果 CISSP 考生知识渊博，拥有扎实的实践技能，并且愿意继续学习，则可拥有更佳的职业生涯，而不仅是应付现有工作。

本章将从数据通信和网络的基础知识开始，在此基础上讲解所涉及的安全问题。并将在下一章继续讨论取代本章所述线缆的无线技术。接着，第 13 章将深入探讨驱动 Internet 的协议。本章将为理解如何保护这个技术大杂烩奠定基础，而第 14 章和第 15 章的重点就是介绍如何保护的问题。

11.1 数据通信基础

数据通信在较短的时间内取得了惊人的进步。在计算机时代(Computer Age)初期，大型机是游戏的名称，是孤勇者，很多都挂着"哑(Dumb)"终端，这称不上真正的网络。在 20 世纪 60 年代末和 70 年代初，一些技术人员想出了连接所有大型机和 UNIX 系统建立通信的方法。这是 Internet 的雏形。

虽然网络发展的主要驱动力来自于资源共享，但实际上，提供资源共享服务的基础架构才是真正的秘密武器。这些基础架构由网络路由器、交换机、服务器、代理、防火墙、入侵检测/预防系统(Intrusion Detection/Prevention System，IDS/IPS)、存储系统、虚拟私有网络(Virtual Private Network，VPN)集线器、公钥基础架构和专用交换机(Private Branch Exchange，PBX)等构成。功能固然重要，但在构建网络时还需要了解其他重要要求，如可伸缩性、冗余、性能、安全性、可管理性和可维护性。

基础架构提供了支持人类生活方方面面的基础能力。大多数人想到技术时，往往会关注常用的终端系统——笔记本电脑、手机、平板电脑和工作站等——或常用的应用程序，如电子邮件、Facebook、网站、即时消息、Twitter 和网上银行。大多数人甚至没有想过这些事物在幕后是如何运作的，而且很多人完全没有意识到依赖于技术的其他事物：医疗设备、关键基础架构、武器系统、交通、卫星和电话等。人们说是爱让世界运转，那就体验一下没有 Internet的一天。CISSP 考生们其实绕不开众所周知的电影《黑客帝国(The Matrix)》。作为安全专家，不仅需要了解，在现实中还需要保护这个万物互联的矩阵(Matrix)。

在深入了解实际的设备、系统和服务前，拥有一个参考模型会大有助益。参考模型可将类似部分放在同一容器中，并能比较处理相似功能的事物，以便更好地了解事务之间的差异以及这些差异对安全性的影响。接下来，请参见网络系统的两个最常见的模型：OSI 模型和TCP/IP 模型。

11.1.1 网络参考模型

20 世纪 80 年代初期，国际标准化组织(International Organization for Standardization，ISO)致力于研发一套供全球所有供应商共用的协议集，以实现网络设备的互连。同时，为确保所有供应商的产品和技术能跨越国际和技术边界交流和互动。实际协议集并未作为标准流行起来，但开放系统互连(Open Systems Interconnection，OSI)参考模型开始大量用于操作系统和协议所遵循的抽象框架。

很多人认为，OSI 参考模型在计算时代之初就出现了，并为很多网络技术的形成提供了方向。然而，事实并非如此。实际上，OSI 是在 1984 年引入的，彼时 Internet 的基础已经研发并实现，基本的 Internet 协议也已经用了很多年。

实际上，传输控制协议/Internet 协议(Transmission Control Protocol/Internet Protocol，TCP/IP)套件有自己的模型，比 OSI 模型早几年。作为背景知识，Internet 是从 20 世纪 60 年代后期开始的高级研究计划署网络(Advanced Research Project Agency Network，ARPANET)计划发展而来的。到 1978 年，ARPANET 技术人员意识到一体化的网络方法无法很好地扩展。那时技术人员就将传输控制程序(Transmission Control Program，包括从 A 点到 B 点获取数据的所有方面)拆分为有区别的两个层：TCP 和 IP。IP 以下发生的一切都是网络访问工程师的领域，而 TCP 以上发生的一切都是应用程序研发团队的领域。这个想法流行起来后，TCP/IP 参考模型诞生了。现在检查和理解网络问题时常利用 TCP/IP 参考模型。图 11-1 显示了 OSI 和 TCP/IP 网络模型之间的差异。本章将重点关注 OSI 模型。

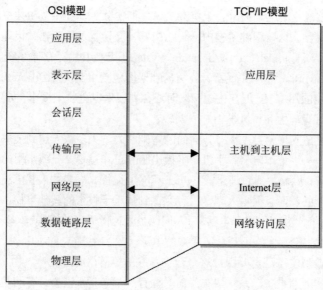

图 11-1　OSI 和 TCP/IP 网络模型

注意

TCP/IP 模型中,主机到主机层有时称为传输层。TCP/IP 架构模型中的应用层相当于 OSI 模型中的应用层、表示层和会话层的组合。

11.1.2　协议

在深入探讨 OSI 模型每一层的细节前,需要探讨网络协议的概念。网络协议(Network Protocol)是一组标准规则,决定系统跨网络通信的方式。使用相同协议的两个不同系统可相互通信和理解,尽管双方存在差异,但就像两个人使用相同的语言可相互通信和理解一样。

如 ISO 标准 7498-1 所述,OSI 参考模型提供了供应商、工程师、研发团队和其他人共用的重要准则。OSI 模型将网络任务、协议和服务划分为不同的层。对于在网络上通信的两台计算机,每一层都有自己的职责。每一层都有特定功能,并且在每层内工作的服务和协议都可实现这些功能。

OSI 模型的目标是帮助供应商研发可在开放网络架构中工作的产品。开放式网络(Open Network)架构既不属于供应商也不是专属的,可轻松集成各种技术和提供这些技术的供应商。供应商也已将 OSI 模型用作研发自己的网络框架的起点。这些供应商以 OSI 模型为蓝图研发自己的协议和服务,提供与其他供应商不同或类似的功能。由于这些供应商使用 OSI 模型作为起点,因此集成其他供应商产品变得更容易了,而且与供应商从头开发各自的网络框架相比,互操作性问题的负担也更小。

尽管计算机是在物理意义上通信的(电信号通过电线从一台计算机传递到另一台计算机),但也通过逻辑通道通信,如图 11-2 所示。一台计算机上特定 OSI 层上的每个协议都与另一台计算机上同一 OSI 层上运行的相应协议通信。这个流程是通过封装(Encapsulation)实现的。

逻辑数据传输

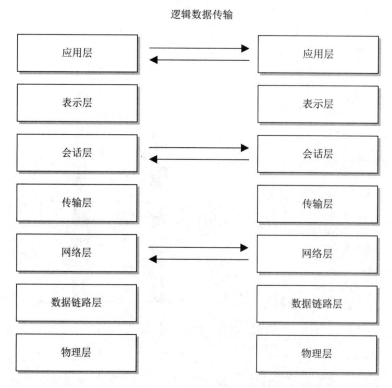

图 11-2　通过逻辑通道通信

以下是封装的工作原理：报文(Message)在一台计算机上的程序中构建，然后通过网络协议的栈向下传递。每一层的协议都将自己的信息添加到报文中，从而创建协议数据单元(Protocol Data Unit，PDU)。因此，报文的大小会随着协议栈的向下传递而增长。随后将报文发送到目标计算机，此时数据包将依据当初源计算机的封装顺序倒序拆开。在数据链路层，分解与数据链路层相关的 PDU，并且数据包发送到下一层。然后到达网络层，PDU 剥离和处理网络层 PDU，报文再次向上传递到下一层，以此类推。这就是计算机逻辑通信的方式。目标计算机提取的信息将说明如何正确理解和处理数据包。数据封装如图 11-3 所示。

每一层的协议都有其执行的特定职责和控制功能，以及数据格式语法。每一层都有一个特殊接口(连接点)，允许与其他三层交互：①与上一层的接口通信，②与下一层的接口通信，以及③与目标数据包地址接口中的同一层通信。每一层协议的控制功能都以报头和报尾的形式添加。

模块化这些层以及层内的功能的好处很明显，各种技术、协议和服务可交互并提供适当的接口实现通信。这意味着计算机可利用 Microsoft 研发的应用程序协议、Apple 研发的传输协议和 Cisco 研发的数据链路协议，在网络上构建和发送报文。在 OSI 模型中运行的协议、技术和计算机称为开放系统(Open System)。开放系统能与其他开放系统通信，因为这些系统实现了国际标准协议和接口。每一层接口的规范都非常结构化，而对构成软件层内部的实际代码没有定义。供应商很容易以模块化方式编写插件。系统能将插件无缝地集成到网络栈中，从而获得特定于供应商的扩展和功能。

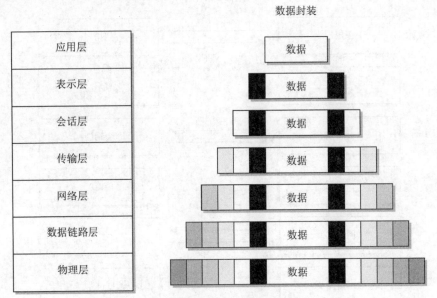

图 11-3　OSI 每层协议都将自己的信息添加到数据包中

不同层次的攻击

在探讨网络栈的不同层时，还需要探讨每一层可能发生的特定攻击类型。此时要理解的一个概念是，网络可用作攻击的通道，也可成为攻击的目标。网络用作攻击的通道，意味着攻击方正在利用网络作为资源。例如，当攻击方将病毒从一个系统发送到另一个系统时，病毒会通过网络通道传播。如果攻击方执行拒绝服务(Denial-of-Service，DoS)攻击，通过网络链接发送大量虚假流量致其陷入困境，那么网络本身就是目标。本书还会继续介绍，尤其是要了解攻击是如何发生的以及发生在哪里，这样才能采取正确的应对措施。

理解发生在 OSI 各层的功能以及在这些层上工作的相应协议有助于理解计算机之间的通信流程。一旦理解这个流程，细究就会发现每个协议提供的全部选项以及这些选项中嵌入的安全弱点。

11.1.3　应用层

应用层(Application Layer)是第 7 层，离用户最近，提供文件传输、报文交换和终端会话等。这一层不包括实际的应用程序，只有支持应用程序的协议。当应用程序需要通过网络发送数据时，应用程序将指令和数据发送到应用层上支持应用程序的协议。应用层处理和适当地格式化数据，并向下传递至 OSI 模型的下一层。应用层构造的数据包含每一层网络传送数据所需的基本信息之后才会向下传递。最后数据传送到网络电缆上，直至到达目标计算机。

　　打个比方，假设 Bob 写了一封信，想寄给国会议员。Bob 的工作是写信，Bob 助手的工作是设法把信交给国会议员，国会议员的工作是阅读 Bob 的信并做出回应。Bob(应用程序)创建内容(报文)并将其交给助手(应用层协议)。助手将内容放入信封中，将国会议员的地址写在信封上(插入报头和报尾)，然后将信放入邮箱(传递给网络栈中的下一个协议)。一周后，Bob 的助手检查邮箱时，有一封来自于国会议员(远程应用程序)给 Bob 的信。助手打开信封(剥离报头和报尾)并给 Bob 消息(将报文传递给应用程序)。

　　在应用层工作的协议的示例有简单邮件传输协议(Simple Mail Transfer Protocol，SMTP)、超文本传输协议(Hypertext Transfer Protocol，HTTP)和行式打印机后台程序(Line Printer Daemon，LPD)协议。图 11-4 显示了应用程序如何通过应用程序编程接口(Application Programming Interface，API)与下层协议通信。如果用户想通过电子邮件客户端 Outlook 发送电子邮件报文，则电子邮件客户端会将此信息发送到 SMTP。SMTP 将信息添加到用户的报文中，并传递给表示层。

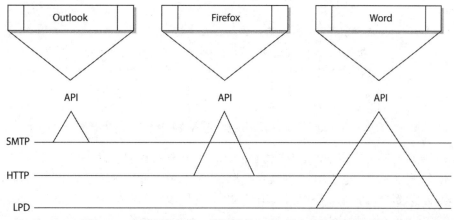

图 11-4　应用程序向 API 发送请求，API 是支持协议的接口

11.1.4　表示层

　　表示层(Presentation Layer)即第 6 层，接收来自于应用层协议的信息，并转换成一种格式，便于遵循 OSI 模型的目标计算机在同一层上运行的进程都能理解这种格式。表示层提供了在结构中表示数据的通用方法，终端系统可正确处理。这意味着当用户创建一个 Word 文档并发送给几个人时，接收计算机是否有不同的文字处理程序并不重要。每台计算机都能接收并理解，并作为文档呈现给用户。这就是在表示层处理实现的。例如，当 Windows 10 计算机从另一台计算机系统接收文件时，文件标题中的信息会指示这是什么类型的文件。Windows 10 操作系统有可理解的文件类型列表，以及描述应利用什么程序打开和操作这些文件类型的表格。例如，假设发件人通过电子邮件发送在 Word 中创建的 PDF 文件，而收件人用 Linux 系统。接收方可打开此文件，因为发送方系统上的表示层基于多用途 Internet 邮件扩展(Multipurpose Internet Mail Extensions，MIME)标准对文件编码并添加了描述性报头，接收方的计算机解释了报头的 MIME 类型(Content-Type: application/pdf)，接着对文件解码，并知

道用 PDF 查看器应用程序打开文件。

表示层关心的不是数据的含义，而是数据的语法和格式。表示层充当翻译器，将应用程序使用的格式转换为网络上传递报文的标准格式。例如，如果用户用图形应用程序保存文件，则图形为标记图像文件格式(Tagged Image File Format，TIFF)、图形交换格式(Graphic Interchange Format，GIF)或联合图像专家组(Joint Photographic Experts Group，JPEG)格式。表示层添加信息，告诉目标计算机文件的类型以及处理和显示文件的方式。这样，如果用户将此图形发送给没有图形应用程序的用户，接收用户的操作系统仍然可呈现图形，因为图形已以标准格式保存。图 11-5 说明了文件在不同标准文件类型间的转换。

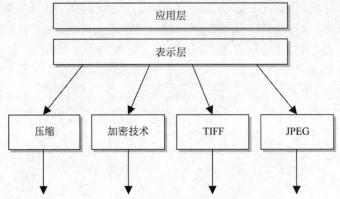

图 11-5　表示层从应用层接收数据并将其转换为标准格式

表示层还处理数据压缩和加密技术问题。如果程序要求通过网络传输之前对某个文件压缩和加密，则表示层会为目标计算机提供必要的信息。表示层提供有关文件如何加密和/或压缩的信息，以便接收系统知道解密和解压缩文件所需的软件和流程。假设 Sara 用 WinZip 压缩文件并发送给 Bob。当 Bob 的系统收到此文件时，表示层会查看报头中的数据(Content-Type: application/zip)并知道哪个应用程序可解压缩文件。如果 Bob 系统安装了 WinZip，则可将文件解压缩并以原始形式呈现出来。如果 Bob 系统没有理解压缩/解压缩指令的应用程序，文件将显示为一个不相关的图标。

11.1.5　会话层

当两个应用程序需要通信或传输数据时，需要在两者之间建立连接。会话层(Session Layer)是第 5 层，负责在两个应用程序之间建立连接，在数据传输期间维护并控制此连接的释放。对这一层中的功能的一个恰当类比是电话交谈。Kandy 想给朋友打电话时就会拿起电话。电话网络电路和协议通过电话线建立连接并维持通信路径，Kandy 挂断电话时会释放所有资源。

与电话电路的工作方式类似，会话层工作有三个阶段：连接建立、数据传输和连接释放。会话层在必要时提供会话重新启动和恢复，并提供会话的全局维护。当对话结束时，这条路径就断了，所有参数都回归原设置。此流程称为对话管理(Dialog Management)。图 11-6 描述了会话的三个阶段。在这一层工作的协议有第 2 层隧道协议(Layer 2 Tunneling Protocol，L2TP)、点对点隧道协议(Point-to-Point Tunneling Protocol，PPTP)和远程过程调用(Remote Procedure Call，RPC)。

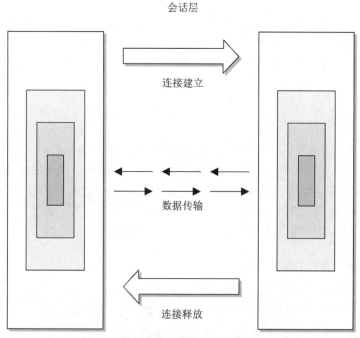

图 11-6 会话层建立连接、维护，在通信完成后将其断开

会话层协议在两个应用程序之间的通信，有下列三种模式：

- **单工模式(Simplex)** 通信只能单方向发生，现实中不多见。
- **半双工模式(Half-duplex)** 双向通信，但一次只有一个应用程序能发送信息。
- **全双工模式(Full-duplex)** 双向通信，两个应用程序能同时发送信息。

很多人很难理解会话层和传输层之间的区别，因为会话层和传输层的定义听起来很相似。会话层协议控制应用程序到应用程序的通信，而传输层协议处理计算机到计算机的通信。例如，Bob 用的是工作方式为客户端/服务器模型(Client/Server Model)的产品，实际上 Bob 计算机上有一小部分产品(客户端部分)，而软件产品的较大部分(服务器部分)在另一台计算机上运行。而会话层协议存在的原因就是要控制同一软件产品这两部分之间的通信。会话层协议具有中间件的功能，允许两台不同计算机上的软件通信。

会话层协议提供进程间通信通道，允许一个系统上的软件调用另一个系统上的软件。程序员不必知道接收系统上软件的细节，就可编写函数调用的子程序。子程序既可部署在系统本地也可部署在远程系统上。如果子程序位于远程系统上，则请求通过会话层协议传送。然后远程系统提供的结果通过同样的会话层协议返回给请求系统。这就是 RPC 的工作原理。一个软件可执行驻留在另一个系统上的组件。这是分布式计算的核心。

注意

对于 RPC(以及类似的进程间通信系统)而言，一个常见的安全问题是身份验证配置不当或使用未加密的通信。

会话层协议是网络环境中使用最少的协议；因此，应在系统上尽可能的禁用会话层协议以减少攻击方利用的机会。RPC、NetBIOS 和类似的分布式计算调用通常只需要在网络内开展；因此，应配置防火墙，以防止此类流量进出网络。应有防火墙过滤规则阻止这种不必要和危险的流量。

11.1.6　传输层

当两台计算机要通过面向连接的协议沟通时，首先要商量每台计算机一次发送多少信息、如何确认接收到的数据的完整性，以及数据包是否在流程中丢失。两台计算机通过第 4 层传输层(Transport Layer)的握手流程就这些参数达成一致。在传输数据之前就这些问题达成一致有助于提供更可靠的数据传输、错误检测、纠正、恢复和流量控制，并优化网络执行这些任务所需的服务。传输层提供端到端的数据传输服务，并在两台通信计算机之间建立逻辑连接。

注意

与无连接协议(如 UDP)相比，面向连接的协议(如 TCP)提供可靠的数据传输。本章后面的 "Internet 协议网络" 一节将更详细地介绍这种区别。

会话层和传输层的功能是相似的，因为都设置了某类会话或虚拟连接通信。不同之处在于，在会话层工作的协议在应用程序(Application)之间建立连接，而在传输层工作的协议在计算机系统(Computer System)之间建立连接。例如，计算机 A 上的三个不同应用程序可与计算机 B 上的三个应用程序通信。会话层协议跟踪这些不同的会话。可将传输层协议视为总线。传输层不知道也不关心哪些应用程序正在相互通信。传输层只提供了一个系统获取另一个系统的数据的机制。

传输层从很多不同的应用程序接收数据，并将数据组合成流，以便在网络上正确传输。在这一层工作的主要协议是传输控制协议(Transmission Control Protocol，TCP)和用户数据报协议(User Datagram Protocol，UDP)。信息从更高层不同的实体向下传递到传输层，传输层应将信息组合成一个流，如图 11-7 所示。流由传递来的各种数据段组成。就像公共汽车可承载各种各样的人一样，传输层协议可承载多种应用程序的数据类型。

注意

不同的参考文献可能将特定协议归于不同的层上。例如，很多参考文献将传输层安全(Transport Layer Security，TLS)协议归入会话层，而其他参考文献则将其归入传输层。不能说谁对谁错。OSI 模型试图将这些协议做明确拆分，但有些协议本身就是跨越不同层的。

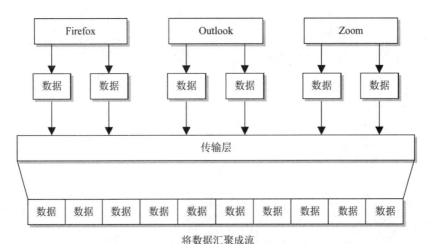

将数据汇聚成流

图 11-7　TCP 将数据从应用程序转换为流格式，以便传输

11.1.7　网络层

网络层(Network Layer)是第 3 层，主要职责是将信息插入数据包的报头，以便正确寻址和路由，然后将数据包实际路由到正确的目的地。因为在一个网络中，多条路由可通向同一个目的地。网络层的协议应确定数据包的最佳路径。路由协议建立和维护路由表。路由表是网络的映射，当数据包从计算机 A 发送到计算机 M 时，协议会检查路由表，将必要信息添加到数据包的报头中，然后继续发送。

在这一层工作的协议不能确保数据包的成功传递。还需要依赖传输层的协议发现问题，并在必要时重新发送数据包。尽管其他路由和路由协议也在网络层工作，但 Internet 协议(Internet Protocol，IP)是在网络层工作的主要协议。其他协议是指 Internet 控制报文协议(Internet Control Message Protocol，ICMP)、路由信息协议(Routing Information Protocol，RIP)、开放最短路径优先(Open Shortest Path First，OSPF)协议、边界网关协议(Border Gateway Protocol，BGP)和 Internet 组管理协议(Internet Group Management Protocol，IGMP)。图 11-8 显示了一个数据包可采用多条路由，并且网络层将路由信息输入到报头中，帮助数据包到达目的地。

11.1.8　数据链路层

继续沿着协议栈往下走，就到达了所有数据通过的实际传输通道(例如，网络线路)。网络层已经弄清楚如何通过各种网络设备将数据包路由到最终目的地，但仍然需要将数据传递到下一个直接连接的设备。这发生在第 2 层，即数据链路层(Data Link Layer)。

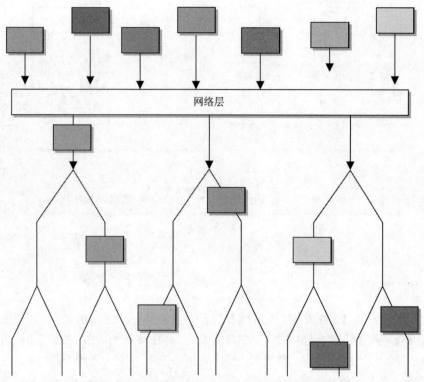

图 11-8   网络层为每个数据包确定最有效的路径

不同的网络技术可用不同的协议、网络接口卡(Network Interface Card，NIC)、电缆和传输方法。这些组件中的每一个都具有不同的报头数据格式结构，并以不同方式理解电磁信号。数据链路层告诉网络栈数据帧应采用何种格式才能通过以太网、无线或帧中继链路传输到正确位置。例如，如果网络是以太网络，所有计算机都会期望数据包报头有一定的长度，标志定位于报头内的特定字段位置，并且报尾信息位于具有特定字段的特定位置。与以太网相比，帧中继网络技术具有不同的帧头长度、标志值和报头格式。

数据链路层可进一步分为两个功能子层：逻辑链路控制(Logical Link Control，LLC)，其工作是与上面的网络层连接；以及介质访问控制(Media Access Control，MAC)，与下面的物理层连接。LLC 子层是在以太网的 ISO/IEC 8802-2 标准中定义的，从第 3 层接收报文(例如，IP 数据包)，并协商网络链路发送报文的方式。包括跟踪用了哪种第 3 层协议，确定将用哪种服务(例如，无连接或面向连接)，以及执行流量控制以防链路饱和。然后，LLC 子层将数据移交给 MAC 子层，MAC 子层基于物理层用的网络技术将其封装成正确类型的帧。通常，LLC 是在软件中实现的(作为设备驱动程序)，而 MAC 内置在物理设备上的固件中。图 11-9 显示了构成数据链路层的这两个子层。

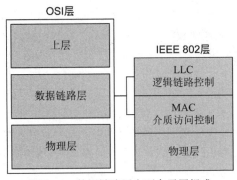

图 11-9　数据链路层由两个子层组成

当数据向下传递到网络栈时，应从网络层传递到数据链路层。网络层的协议不知道下层网络是以太网、无线还是帧中继——网络层协议不需要有这种洞察力。网络层协议只是将报头和报尾信息添加到数据包中，并传递给下一层，即 LLC 子层。LLC 子层负责流量控制和错误检查。来自于网络层的数据通过 LLC 子层向下传递到 MAC 子层。MAC 子层的技术知道网络是以太网、无线还是帧中继，因此知道如何在数据包"上线"传输之前将最后的报头和报尾添加在数据包上。

在数据链路层工作的一些协议有点对点协议(Point-to-Point Protocol，PPP)、异步传输模式(Asynchronous Transfer Mode，ATM)、第 2 层隧道协议(Layer 2 Tunneling Protocol，L2TP)、光纤分布式数据接口(Fiber Distributed Data Interface，FDDI)、以太网(Ethernet)和令牌环(Token Ring)。

每种网络技术(以太网、无线和帧中继等)都定义了启用网络通信所需的兼容物理传输类型(同轴、双绞线、光纤和无线)。每种网络技术还定义了电子信号和编码模式。例如，如果通过以太网传输一个值为 1 的位，MAC 子层会告诉物理层创建一个+0.5 伏的电信号。在"以太网语言"中，0.5 伏特是值为 1 的位的编码值。如果 MAC 子层接收的下一个位是 0，则MAC 层将告诉物理层传输 0 伏特。不同网络类型有不同的编码方案。

NIC 数据链路和物理层的桥梁。数据通过前六层向下传递，并到达数据链路层的 NIC。基于所用的网络技术，NIC 对数据链路层的位编码，然后在物理层转换为电流状态并在电线上传输。

 考试提示
当数据链路层将最后的报头和报尾用于数据报文时，称为帧封装(Framing)。数据单位称为帧(Frame)。

11.1.9　物理层

第 1 层物理层(Physical Layer)将位转换为电磁信号传输。如前所述，信号和电压方案对不同的 LAN 和 WAN 技术有不同的含义。如果用户通过智能手机上的无线电收发器发送数据，则数据格式、电信号和控制功能与用户通过以太网 NIC 和非屏蔽双绞线(Unshielded Twisted Pair，UTP)通过 LAN 通信发送的数据有很大的不同。控制数据进入无线电波或 UTP 线路的机制在物理层工作。物理层控制同步、数据速率、线路噪声和传输技术。物理层的规范包括电压变化的时序、电压电平以及用于电气、光学和机械传输的物理连接器。

 考试提示

要以正确顺序记住 OSI 模型中的所有层，熟记"所有人都需要数据处理(All People Seem To Need Data Processing)"。请记住，从第 7 层开始，即应用层位于顶部。

11.1.10　OSI 模型中的功能和协议

CISSP 考生需要了解 OSI 模型不同层的功用，以及在每一层工作的特定协议。以下是每层及其组件的快速概览。

1. 应用层

应用层协议处理文件传输、虚拟终端、网络管理和满足应用程序的网络请求。在本层工作的一些协议包括：

- 文件传输协议(File Transfer Protocol，FTP)
- 网络时间协议(Network Time Protocol，NTP)
- 简单邮件传输协议(Simple Mail Transfer Protocol，SMTP)
- Internet 报文访问协议(Internet Message Access Protocol，IMAP)
- 超文本传输协议(Hypertext Transfer Protocol，HTTP)

2. 表示层

表示层处理标准格式的转换、数据压缩和解压缩以及数据加密和解密。在本层没有协议工作，只有服务。下面列出了一些表示层标准：

- 美国信息交换标准码(American Standard Code for Information Interchange，ASCII)
- 标签图像文件格式(Tagged Image File Format，TIFF)
- 联合照片专家组(Joint Photographic Experts Group，JPEG)
- 动态图片专家组(Motion Picture Experts Group，MPEG)
- 乐器数字接口(Musical Instrument Digital Interface，MIDI)

3. 会话层

会话层协议在应用程序之间建立连接；保持对话控制；协商、建立、维护和拆除沟通渠道。在本层工作的一些协议包括：

- 第 2 层隧道协议(Layer 2 Tunneling Protocol，L2TP)
- 网络基本输入输出系统(Network Basic Input Output System，NetBIOS)
- 口令身份验证协议(Password Authentication Protocol，PAP)

- 点对点隧道协议(Point-to-Point Tunneling Protocol，PPTP)
- 远程过程调用(Remote Procedure Call，RPC)

4. 传输层

传输层协议处理数据流的端到端传输和分段。以下协议在本层工作：

- 传输控制协议(Transmission Control Protocol，TCP)
- 用户数据报协议(User Datagram Protocol，UDP)
- 流控制传输协议(Stream Control Transmission Protocol，SCTP)
- 资源预留协议(Resource Reservation Protocol，RSVP)
- QUIC(不是首字母缩写词)

5. 网络层

网络层协议的职责包括互连服务、寻址和路由。下面列出了在本层工作的一些协议：

- Internet 协议(Internet Protocol，IP)
- Internet 控制报文协议(Internet Control Message Protocol，ICMP)
- Internet 组管理协议(Internet Group Management Protocol，IGMP)
- 路由信息协议(Routing Information Protocol，RIP)
- 开放最短路径优先协议(Open Shortest Path First，OSPF)

6. 数据链路层

数据链路层的协议将数据转换为 LAN 或 WAN 帧传输，并定义计算机如何访问网络。

- RS/EIA/TIA-422、RS/EIA/TIA-423、RS/EIA/TIA-449 和 RS/EIA/TIA-485
- 10Base-T 、 10Base2 、 10Base5 、 100Base-TX 、 100Base-FX 、 100Base-T 、 1000Base-T、和 1000Base-SX
- 综合业务数字网(Integrated Services Digital Network，ISDN)
- 数字用户线路(Digital Subscriber Line，DSL)
- 同步光纤网(Synchronous Optical Networking，SONET)

11.1.11 OSI 各层综述

OSI 模型用作很多基于网络的产品框架，很多类型的供应商都用。各种类型的设备和协议在七层模型的不同部分工作。Cisco 交换机、Microsoft Web 服务器、Barracuda 防火墙和 Belkin 无线接入点都可在一个网络上正常通信的主要原因是这些设备都在 OSI 模型中工作。这些产品不需要自己独特的数据发送方式；只需要遵循标准化的通信方式，允许互操作性，网络互联才可实现。如果产品不遵循 OSI 模型，将无法与网络上的其他设备通信，因为其他设备无法理解其专有的通信方式。

不同的设备类型在特定的 OSI 层工作。例如，计算机可在七层中的每一层解释和处理数据，但路由器只能理解网络层的信息，因为路由器的主要功能是路由数据包，不需要了解数据包中的进一步信息。路由器剥离报头信息，直到获得路由和 IP 地址信息所在的网络层数据。路由器查看此信息以决定应将数据包路由到何处。网桥和交换机只了解数据链路层，中继器只了解物理层的流量。因此，如果听到有人提到"第 3 层设备"，则指的是在网络层工作的设备。"第 2 层设备"工作在数据链路层。图 11-10 显示了每种类型的设备工作在 OSI 模型的哪一层。

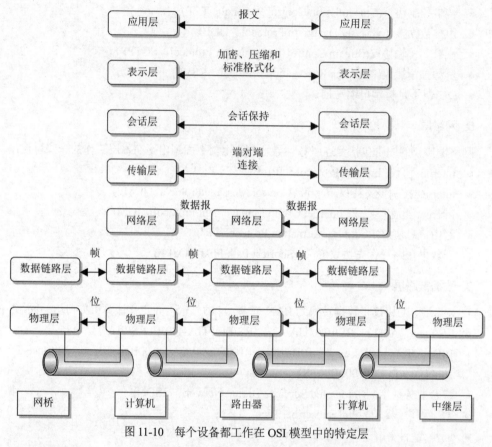

图 11-10　每个设备都工作在 OSI 模型中的特定层

注意

技术人员喜欢开玩笑说所有计算机问题都出现在第 8 层。OSI 模型没有第 8 层，第 8 层其实指的是计算机用户。所以，如果说第 8 层出了问题，实际上是在说"用户才是问题所在"。

例如，Karen 刚刚登录到一个网站，且登录页面包含网络浏览器自动从服务器请求的图像。Web 服务器现在应通过网络将此文件传送到 Karen 的计算机，Web 服务器会生成一个包含文件句柄的 HTTP 响应，并交给表示层编码。HTTP 不像 JPEG 图像那样直接处理二进制文件，因此应首先将文件"序列化(Serialize)"或转换为可打印字符序列，这就是表示层所做的。

一旦响应是"可展示的(Presentable)"(双关语)，表示层将交给会话层，确定当前哪个与服务器通信的客户端应接收此图像；会话层发现这是为 Karen 准备的，并且 Karen 已通过身份验证。会话层接着将响应转发给传输层，告诉传输层应在哪个连接(或网络套接字)上发出。基于这个连接标识符，传输层将刚从会话层获得的负载封装在 TCP 数据报中(这是 HTTP 运行的内容)，将协议和端口号写入报头，然后传递到第 3 层。

Karen 请求的图像非常大，因此网络层将其分解为有编号序列的块，将每个块封装在自己的 IP 数据包中，确定如何路由数据包，然后将每个块交给数据链路层。第 2 层接收每个数据包，并基于目标 IP 地址确定传输的下一跳，这可能是 DMZ 防火墙。DMZ 防火墙将数据包封装成以太网帧，将防火墙的 MAC 地址写入其中，然后向下发送到物理层，物理层将 1 和 0 变成网络电缆上的电流。

11.2 局域网

现在已经快速学习了 OSI 模型的七层，一起从头开始更详细地回顾一下。如果连接两台彼此相邻的通用计算机，即创建了一个局域网。局域网(Local Area Network，LAN)是一组相互连接的计算机，在物理上彼此非常接近。LAN 是大多数组织网络的基本构建块。有多种方法可在物理上和逻辑上构建 LAN。下面将讨论各种能够物理互连设备的技术。

11.2.1 网络拓扑

计算机和设备的排列称为网络拓扑(Network Topology)。拓扑是指网络物理连接的方式，并显示资源和系统的布局。物理网络拓扑和逻辑拓扑之间存在差异。网络可配置为物理星状(Physical Star)，但在逻辑上像环一样工作，例如，令牌环(Token Ring)技术。

最好的拓扑结构取决于节点交互方式、使用的协议类型、可用的应用程序类型、基础设施的可靠性、可扩展性和物理布局、现有的线路，以及实施的技术。错误的拓扑或拓扑组合会对网络的性能、生产效率和增长空间产生负面影响。

本节介绍网络拓扑的基本类型。但大多数网络要复杂得多，通常用拓扑组合实现。

1. 总线拓扑

在简单的总线拓扑(Bus Topology)中，单根电缆贯穿整个网络。节点通过此电缆上的分接点连接到网络。数据通信传输距离就是介质的长度，所有节点都有"查看"传输的每个数据包的能力。每个节点接受或忽略数据包，具体取决于数据包的目标地址。

总线拓扑有两种主要类型：线性和树状。线性总线拓扑(Linear Bus Topology)具有连接节点的单根电缆。树状拓扑(Tree Topology)具有来自于单根电缆的分支，每个分支包含很多节点。在总线拓扑的简单实现中，如果一个工作站出现故障，由于相互依赖的程度，其他系统可能受到负面影响。此外，由于所有节点都连接到一根主电缆，因此电缆本身就成为潜在的单点故障。

几年前，在最初的以太网网络上总线拓扑很常见，现如今已不太可能在局域网中遇到了。然而，这种拓扑结构在车载网络中仍很普遍，其中控制器局域网(Controller Area Network, CAN)总线是迄今为止最流行的标准。

2. 星状拓扑

在星状拓扑(Star Topology)中，所有节点都连接到中央设备，如交换机。每个节点都有到中央设备的专用链路。中央设备需要提供足够的吞吐量，这样才不会成为整个网络的有害瓶颈。因为需要一个中央设备，这时中央设备成为一个潜在的单点故障，所以可能需要冗余。交换机可在平面或分层实施中配置，以便用于更大组织。

当星状拓扑上一个工作站出现故障时，不会影响其他系统，就像在总线拓扑中一样。在星状拓扑中，每个系统对其他系统的依赖程度不如对中央连接设备的依赖程度。这种拓扑通常比其他类型的拓扑需要更少的布线。因此，切断电缆的可能性较小，并且检测电缆问题是一项更容易的任务。

3. 网状拓扑

在网状拓扑(Mesh Topology)中，所有系统和资源都以一种不遵循先前拓扑的统一方式相互连接，如图 11-11 所示。这种安排通常是互连路由器和交换机的网络，为网络上的所有节点提供多条路径。在全网状拓扑中，每个节点都直接连接到每个其他节点，提供了很大程度的冗余。利用 ZigBee 的典型物联网(Internet of Things, IoT)家庭自动化网络是全网状拓扑的一个示例。在部分网状拓扑中，每个节点都不是直接连接的。Internet 就是部分网状拓扑的一个示例。

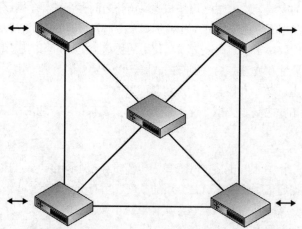

图 11-11　在网状拓扑中，每个节点都连接到所有其他节点，提供了冗余路径

4. 环状拓扑

环状拓扑(Ring Topology)是一系列设备通过单向传输链路连接起来，如图 11-12 所示。这些链接形成一个闭环，并不像星状拓扑那样连接到中央系统。在物理环状中，每个节点都依

赖于前面的节点。在简单网络中，如果一个系统发生故障，所有其他系统都可能由于这种相互依赖性而受到负面影响。为补偿此类故障，加上首次安装环状网络的困难，环状拓扑变得比其他拓扑更昂贵。尽管环状拓扑是考生准备 CISSP 考试应了解的，但在现实世界中所见寥寥。不过，也许有一天环状拓扑会卷土重来。

图 11-12　环状拓扑形成闭环连接

5. 网络拓扑总结

表 11-1 总结了不同网络拓扑及其重要特性。

表 11-1　网络拓扑总结

拓扑	特征	存在问题
总线型	对所有连接的计算机用单根线性电缆。所有流量都通过整个电缆传输，所有其他计算机均可查看	如果一个站点出现问题，可能会对同一电缆上的周围计算机产生负面影响
环状	所有计算机都通过单向传输链路连接，电缆处于闭合回路中	如果一个站点出现问题，可能会对同一环上的周围计算机产生负面影响
星状	所有计算机都连接到一个中央设备，为网络提供了更大韧性	中央设备存在单点故障
树状	主电缆分支的总线拓扑	多个单点故障
网状	计算机相互连接，从而提供冗余	需要更多的布线费用和额外的努力追踪电缆故障

11.2.2　介质访问控制机制

网络的物理拓扑是网络的较低层或基础，决定了将用哪种类型的物理介质连接网络设备以及这些连接的样子。介质访问控制(Medium Access Control，MAC)机制处理计算机系统如何通过这些介质通信并内置于网络接口中。MAC 机制设置了计算机如何在 LAN 上通信、如何处理错误、帧的最大传输单元(Maximum Transmission Unit，MTU)大小等规则。这些规则让所有计算机和设备能通信并从问题中恢复，且用户能高效地完成各自的网络任务。每个参与实体都需要知道如何正确通信，以便其他所有系统都能理解传输、指令和请求。

LAN 及 MAC 机制位于 OSI 模型的数据链路层。请记住，当报文通过网络栈向下传递时，每一层的协议和服务都会封装。当数据报文到达数据链路层时，数据链路层的协议会添加必要的报头和报尾，允许报文穿过特定类型的网络(以太网、令牌环和 FDDI 等)。

无论采用何种介质访问技术，网络上所有系统和设备都应共享的主要资源是网络传输通道。网络传输通道为同轴电缆、UTP 电缆、光纤或自由空间(如无线电波)。应有适当方法确保每个系统都获得对通道的公平访问份额，系统的数据在传输流程中不会损坏，且有一种方法可控制高峰时段的流量。下面介绍三种最常见的 MAC 方法：载波侦听多路访问、令牌环和轮询。

1. 载波侦听多路访问

到目前为止，最常见的 MAC 方法称为载波侦听多路访问(Carrier Sense Multiple Access，CSMA)，提供了访问共享介质、通信和可能发生的错误中恢复的标准方法。传输称为载波(Carrier)，因此如果计算机正在传输帧，也就是计算机正在执行载波活动。联网的计算机有时会互相交谈，并产生所谓的冲突(Collision)。电磁信号从 A 点(一个发射器所在的位置)移动到 B 点(另一台计算机也想要传输)需要时间。两台计算机都侦听介质，并在没有检测到其他流量的情况下同时传输报文。一段时间后，这些报文在介质上相遇并相互冲突或相互破坏。考生应熟悉 CSMA 的两种变体：CSMA/CD(Carrier Sense Multiple Access with Collision Detection，带有冲突检测的载波侦听多路访问)和 CSMA/CA(Carrier Sense Multiple Access with Collision Avoidance，带有冲突避免的载波侦听多路访问)。

当计算机利用带有 CSMA/CD 协议时，CSMA/CD 会监测线路上的传输活动或载波活动，以便确定传输数据的最佳时间。每个节点持续监测线路并等待线路空闲后再传输数据。例如，几个人聚集在一个小组中谈论。如果 Sara 想说话，通常会听听当前的对话并等待中断时才继续说话。如果 Sara 不等第一个人停止说话就和另一个人同时说话，周围的人可能无法理解每个人想说什么。如果计算机 A 将帧放在线路上，且计算机 A 的帧与计算机 B 的帧发生冲突，计算机 A 将中止传输并警告其他所有站点刚刚发生了冲突。所有站都将启动一个随机冲突计时器，以在所有站尝试传输数据之前强制延迟。这种随机冲突计时器称为退避算法(Back-off Algorithm)。在以太网 LAN 的早期，CSMA/CD 非常重要，彼时集线器和网桥很流行，但现在已基本弃用。

CSMA 的另一个变体是 CSMA/CA，其中所有要传输数据的站首先检查介质，查看介质上是否有传输。如果没有传输就发送数据。否则就会在启动的随机计时器到时间后再次检查。一些实施方式希望发送数据的站首先向控制器或目的地发送一个 RTS(Request To Send，请求发送)帧，然后在发送数据之前等待 CTS(Clear To Send，清除发送)帧。目前，CSMA/CA 最常用于无线网络。

2. 令牌传递

北美原住民设计了一种巧妙方法确保一次只有一个人在会议上发言(且没有人打断发言)。称为会说话的棍子,只有拿着棍子的人才能说话。那个人一旦说完就会把棍子放下,让下一个人拿起说话。这个令牌确保所有参与方都有机会不间断发言。一些 MAC 技术也用令牌,这是 24 位控制帧,用于控制哪些计算机以什么间隔通信。令牌在计算机之间传递,只有拥有令牌的计算机才能真正将帧传到线路上。令牌授予计算机通信的权利。令牌包含要传输的数据以及源和目标地址信息。当系统有数据需要传输时,应等待接收令牌。然后计算机将报文连接到令牌并放在网络上。每台计算机都会检查此报文确定是不是接收方,直到目标计算机接收到报文为止。目标计算机复制报文并告诉源计算机确实收到源计算机的报文。一旦报文返回源计算机,源计算机就会从网络中删除这些帧。目标计算机复制报文,但只有报文的发起方才能从令牌和网络中删除报文。

载波感知和令牌传递访问方法

总体而言,载波侦听访问方法比令牌传递访问方法更快,但前者确实存在冲突问题。网段中有很多设备可能导致过多冲突并降低网络的性能。令牌传递技术不存在冲突问题,但执行速度不如载波传感技术。网络路由器可显著帮助隔离 CSMA/CD 和令牌传递方法的网络资源。

如果接收令牌的计算机没有要传输的报文,就会将令牌发送到网络上的下一台计算机。一个空令牌有一个报头、数据字段和报尾,但有实际报文的令牌具有一个新的报头、目标地址、源地址和一个新的报尾。令牌环和 FDDI 技术都用这种类型的介质共享方法。

注意

如果某些应用程序和网络协议能以确定的时间间隔而不是“每当数据到达时”才通信,工作效果会更佳。在令牌传递技术中,流量按预期到达。并非所有系统都可同时通信;只有控制令牌的系统才能通信。

注意

当只有一种传输介质(即 UTP 电缆)应由网络中的所有节点和设备共享时,称为基于竞争的环境(Contention-based Environment)。每个系统都应“竞争(Compete)”才能使用传输线,可能导致争用。

3. 冲突域和广播域

如前所述,当两台计算机同时传输数据时,以太网上会发生冲突。网络上的其他计算机可检测到这种冲突,因为冲突的重叠信号将信号电压增加到特定阈值以上。基于竞争的网络上的设备越多,发生冲突的可能性就越大,会增加网络延迟(数据传输延迟)。冲突域(Collision Domain)是一组设备,这组设备正在竞争同样的共享通信介质。例如,连接到特定无线接入点(Wireless Access Point，WAP)的所有设备都属于同一个冲突域。

注意

当集线器比交换机更流行时，冲突域曾经是有线网络的一个难题。当今的真实网络中有可能仍然遇到这些示例，但已极为罕见。

有时，网络设备会希望向所有邻居发送报文。例如，向 Priya 发送报文，会问"谁是 Priya？"在以太网中，广播地址是由全 1 组成的地址，十六进制如下所示：FF:FF:FF:FF:FF:FF。广播域(Broadcast Domain)由可接收第 2 层(数据链路层)广播报文的所有设备组成。如果一组设备在同一个冲突域中，那么这组设备也应在同一个广播域中。但某些情况下，这两个域是不同的。例如，如图 11-13 所示，可在混合网络中拥有无线和有线客户端，其中所有设备都在同一个广播域中，但会有不同的冲突域。注意，网络交换机会为每个端口创建一个单独的冲突域。如果每个端口上只有一个设备，则可完全避免冲突。

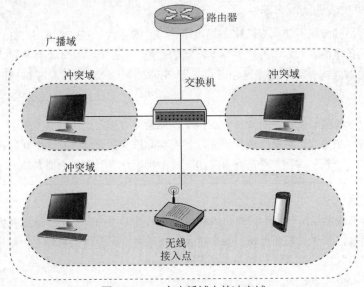

图 11-13　一个广播域内的冲突域

考试提示

广播域是一组计算节点，广播域都接收第 2 层广播帧。这些通常是互连的所有节点，之间没有路由器。冲突域是在传输数据时可能产生冲突的计算节点集，通常是由集线器、中继器或无线接入点连接的节点。

限制和控制广播域和冲突域的另一个好处是，攻击方在穿越网络时更难以嗅探网络和获取有用信息。攻击方的常用战术是安装特洛伊木马，在受破坏的计算机上设置网络嗅探器(Sniffer)。嗅探器通常配置查找特定类型的信息，例如，用户名和口令。如果广播域和冲突域有效，则受感染系统将只能访问特定子网或广播域内的广播和冲突流量。受感染系统将无法侦听其他广播和冲突域上的流量，可大大减少攻击方可用的流量和信息量。

4. 轮询

除了 CSMA 和令牌传递外，第三种介质共享方法是轮询。轮询(Polling)是一种介质访问控制机制，依赖于定期轮询冲突域中的所有其他站点的主站。每个接受轮询的设备通过说明自己是否有其他东西要发送来响应。在一些实施方式中，从站(Secondary Station，指设备)还可让主站(Primary Station)知道从站(设备)想要发送多少数据、要去哪里以及有多紧急。在轮询所有从站后，主站基于遵循的策略分配信道。例如，可优先考虑来自一个站点的流量或类型，或在所有请求访问的站点之间平均分配信道。

关于轮询 MAC，要记住的主要事情是每个设备都需要等到主站完成轮询，然后告诉设备可用多少信道。只有这样，从站才能传输数据。这种方法在 LAN 中非常少见，轮询尽管在某些无线网络中会用到，但在广域网中更常见。

11.2.3　第 2 层协议

现在已经讨论了 LAN 拓扑和 MAC 机制，但在现实中是如何实现的呢？CISSP 考生应了解三个第 2 层协议：以太网、令牌环和 FDDI。实际上，大多数人只用以太网及无线 Wi-Fi。令牌环和 FDDI 在 LAN 中极为罕见，FDDI 仍用作城域网(MAN)的骨干网。

1. 以太网

以太网(Ethernet)是一组让多个设备能在同一网络上通信的技术。以太网通常用总线或星状拓扑。如果用线性总线拓扑，所有设备都连接到一根电缆。如果用星状拓扑，则每台设备都连接一根线缆，线缆连接到集中设备(如交换机)上。以太网研发于 20 世纪 70 年代，于 1980 年用于商业，并通过 IEEE 802.3 标准正式定义。

以太网在其短暂的历史中经历了相当大的发展，从工作速度为 10mbps 的纯同轴电缆安装到工作速度为 100mbps、1000mbps(1Gbps)、甚至高达 40gbps 的双绞线安装。以太网的定义有以下特点：

- 基于竞争的技术(所有资源用同样的共享通信媒介)
- 用广播域和冲突域
- 使用 CSMA 访问方法
- 支持全双工通信
- 可用同轴、双绞线或光纤电缆类型，但最常用的是 UTP 电缆
- 由 IEEE 802.3 系列标准定义

以太网解决了计算机如何共享公共网络以及如何处理冲突、数据完整性、通信机制和传输控制的问题。这些是以太网的共同特征，但以太网在布线方案的类型和可提供的传输速率方面确实有所不同。如表 11-2 所述，有几种类型的以太网实现可供选择。

表 11-2　以太网实现类型

以太网类型	IEEE 标准	电缆类型(最小)	速度
10Base-T	802.3i-1990	Cat3 UTP	10 Mbps
100Base-TX, Fast Ethernet	802.3u-1995	Cat5 UTP	100 Mbps
1000Base-T, Gigabit Ethernet	802.3ab-1999	Cat5 UTP	1000 Mbps
10GBase-T	802.3an-2006	Cat6a UTP	10000 Mbps

网络世界在 10Base-T 刚出现时认为是天赐之物，但很快很多用户就要求更快的速度和更大的功率。10base-T 现在成为一个遗留标准，在组织网络中很少见。然而，目前正在努力研发这种过时标准的变体，用于汽车和物联网应用程序。如今，组织网络中部署最多的以太网类型是 1000Base-T。

2. 令牌环

令牌环(Token Ring)技术最初由 IBM 研发，然后由 IEEE 802.5 标准定义。起初，令牌环技术能以 4 Mbps 的速度传输数据。后来，经过改进后以 16 Mbps 的速度传输，使用具有星状拓扑的令牌传递技术。令牌环中的环(Ring)与信号传播方式有关，是一个逻辑环。每台计算机都连接到一个中央集线器，称为多站访问单元(Multistation Access Unit，MAU)。物理上，拓扑是星状，但信号和传输在逻辑环中传递。

如前所述，令牌传递技术(Token-passing Technology)当设备没有令牌(Token)的情况下无法将数据放在网络线路上，令牌这一控制帧在逻辑循环中传播并在系统需要通信时需要"拾取(Pick Up)"。这与以太网不同。在以太网中，所有设备都尝试同时通信。这就是为什么将以太网称为"健谈协议(Chatty Protocol)"且存在冲突的原因。令牌环不会承受冲突，因为一次只能由一个系统通信，但这也意味着与以太网相比，通信更慢。

令牌环采用几种机制来处理此类网络上可能出现的问题。主动监测(Active Monitor)机制会移除在网络上持续循环的帧。如果计算机由于某种原因锁定或脱机且无法正确接收发来的令牌，则可能发生这种情况。利用信标(Beaconing)机制，如果计算机检测到网络出现问题，会发送一个信标帧。此帧生成一个故障域，位于发出信标的计算机与其下游的邻居之间。此故障域中的计算机和设备将尝试重新配置某些设置以尝试解决检测到的故障。图 11-14 描绘了物理星状配置中的令牌环网络。令牌环网络在 20 世纪 80 年代和 90 年代很流行，虽然有些仍然存在，但以太网更受欢迎。

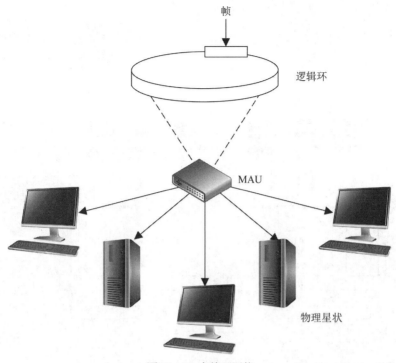

帧

逻辑环

MAU

物理星状

图 11-14 令牌环网络

3. FDDI

光纤分布式数据接口(Fiber Distributed Data Interface，FDDI)技术由美国国家标准协会(American National Standards Institute，ANSI)研发，是一种高速、令牌传递的介质访问技术。FDDI 的数据传输速度高达 100 Mbps，通常用作光纤电缆的骨干网络。FDDI 还通过提供第二个反向旋转光纤环提供容错。主环的数据顺时针传输，用于定期数据传输。从环以逆时针方式传输数据，只有在主环出现故障时才会调用。传感器监视主环，如果主环出现故障，则调用环包(Wrap)，以便将数据转移到从环。FDDI 网络上的每个节点都有连接到两个环的中继(Relay)，因此如果环发生中断，则可连接两个环。

FDDI 作为骨干网时，通常连接多个不同的网络，如图 11-15 所示。

在快速以太网(Fast Ethernet)和千兆以太网(Gigabit Ethernet)进入市场前，FDDI 主要用作园区和服务提供商的骨干网。由于 FDDI 可用于长达 100 公里的距离，因此经常用于 MAN。FDDI 的好处是可在长距离和高速下以最小的干扰工作，并可让多个令牌同时出现在环上，从而同时传输更多的通信，且能预测延迟，帮助连接的网络和设备知道想要的内容和时间。

注意

FDDI 的一个版本，铜线分布式数据接口(Copper Distributed Data Interface，CDDI)，可通过 UTP 布线工作。

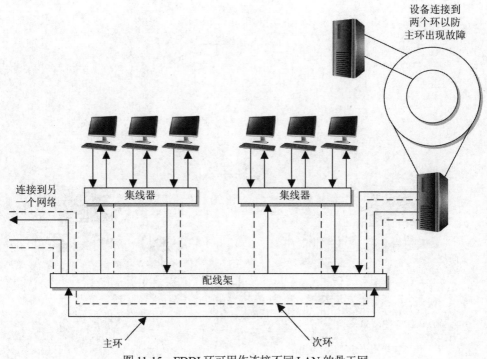

图 11-15　FDDI 环可用作连接不同 LAN 的骨干网

连接到 FDDI 环的设备分为以下几种：

- 单连接站(Single-Attachment Station，SAS)通过集中器仅连接到一个环(主环)上
- 双连接站(Dual-Attachment Station，DAS)有两个端口，每个端口提供一个主环和从环的连接
- 单连集中器(Single-Attached Concentrator，SAC) 将 SAS 设备连接到主环的集中器
- 双连接集中器(Dual-Attached Concentrator，DAC)将 DAS、SAS 和 SAC 设备连接到两个环的集中器

不同的 FDDI 设备类型如图 11-16 所示。

注意

环状拓扑具有确定性，意味着可预测流量的速率。由于只有在有令牌的情况下流量才能流动，因此可确定节点应等待接收流量的最长时间。这对于时间敏感的应用程序可能是有益的。

4. 第 2 层网络协议总结

表 11-3 总结了前几节中描述的技术的重要特征。

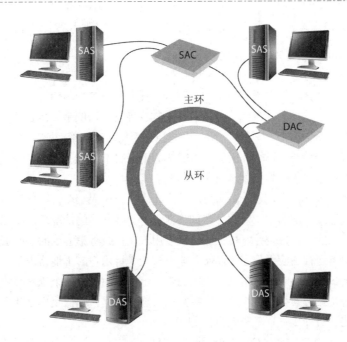

图 11-16　FDDI 设备类型

表 11-3　LAN 介质访问方法

局域网实施	标准	特征
以太网	IEEE 802.3	用广播域和冲突域。 用 CSMA 介质访问控制方法。 可用同轴、双绞线或光纤介质。 传输速度为 10 Mbps 至 10 Gbps
令牌环	IEEE 802.5	令牌传递介质访问方法。 传输速度为 4 Mbps 到 16 Mbps。 用主动监测和信标。 实际上不再用
FDDI	ANSI 标准 基于 IEEE 802.4	用于容错的双反向旋转环。 传输速度为 100 Mbps。 以高速长距离运行，因此常用作骨干网。 CDDI 在 UTP 上工作。 在企业中很少见到

11.2.4　传输方式

　　一个数据包可能只需要发送到一个工作站、一组工作站或特定子网上的所有工作站。如果数据包需要从源计算机发送到一个特定系统，则用单播(Unicast)传输方法。如果数据包需要发送到特定的一组系统，则需要用多播(Multicast)方法。如果系统希望子网中的所有计算机都接收报文，则可用广播(Broadcast)方法。

单播非常简单，因为单播有一个源地址和一个目标地址。数据从 A 点传到 B 点，是一对一的传输，大家都很开心。多播有点不同，因为多播是一对多的传输。多播可把一台计算机上的数据发送到一组选择的计算机。多播的一个容易理解的示例是调谐到计算机上的广播电台。例如，一些计算机具有一些软件，用户可选择是否想收听摇滚、拉丁语或谈话广播电台。一旦用户选择其中一种类型，软件应告诉 NIC 驱动程序不仅要拾取寻址到其特定 MAC 地址的数据包，还要拾取包含特定多播地址的数据包。

广播和多播的区别在于，在一对多传输的广播中，每个人都获得数据，而在多播中，只有某些节点接收数据。那么，一台服务器如何在没有其他网络的情况下，将三种状态的多播传送到特定网络上的一台特定计算机上呢？假设用户正在收听最喜欢的 Internet 广播电台。在用户的计算机上运行的应用程序(如 Web 浏览器)应告诉用户的本地路由器，用户希望通过获取具有此特定多播地址的帧。本地路由器应告诉上游路由器，这个流程继续下去，所以源和目标之间的每个路由器都知道将这个多播数据传递到哪里。确保用户可获得自己的摇滚音乐，而其他网络不会受到这些额外数据的困扰。

IPv4 多播协议用 D 类地址(224.0.0.0 到 239.255.255.255)，这是为多播保留的特殊地址空间。IPv6 多播地址以八个 1 开头(即 1111 1111)。多播可用于发送信息、多媒体数据，甚至是实时视频、音乐和语音片段。

Internet 组管理协议(Internet Group Management Protocol，IGMP)用于向路由器报告多播组成员的身份。当用户选择接受多播流量时，将成为特定多播组的成员。IGMP 是允许用户的计算机通知本地路由器用户作为多播组的一部分并将具有特定多播地址的流量发送到用户系统的机制。IGMP 可用于在线流媒体视频和游戏活动。IGMP 协议在支持这些类型的应用程序时允许有效利用必要的资源。

像大多数协议一样，IGMP 已经经历了几个不同的版本，每个版本都在早期版本的基础上做了改进。在版本 1 中，多播代理(Multicast Agent)定期向所负责网络上的系统发送查询并更新数据库，指示哪个系统属于哪个组成员。版本 2 提供了更精细的查询类型，并允许系统在要离开组时向代理发出信号。版本 3 允许系统指定要从中接收多播流量的源。每个版本都向后兼容，因为版本 1 和 2 仍用于旧设备中。

注意

前面关于 IPv4 的陈述是正确的。IPv6 不仅是对原始 IP 协议的升级；并在很多方面的功能都不同，包括如何处理多播，这导致了很多互操作性问题和全面部署的延迟。

11.2.5　第 2 层安全标准

当帧从一个网络设备传递到另一个设备时，攻击方可嗅探数据、修改标题、重定向流量、假冒流量，也可开展中间人攻击、DoS 攻击和重放攻击，并沉迷于其他恶意活动。所以，有必要在帧级别(OSI 模型的第 2 层)保护网络流量。

802.1AE 是 IEEE MAC 安全(MAC Security，MACSec)标准，定义了一个安全基础架构，提供数据机密性、数据完整性和数据源身份验证。VPN 连接在更高的网络层提供保护，MACSec 在第 2 层提供逐段保护，如图 11-17 所示。

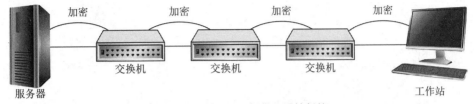

图 11-17 MACSec 提供 2 层帧保护

MACSec 将安全保护集成到有线以太网中，保护基于 LAN 的流量。只有网络上经过身份验证和信任的设备才能相互通信。防止未经授权的设备通过网络通信，有助于防止攻击方安装恶意设备并以未经授权的方式在节点之间重定向流量。当帧到达配置了 MACSec 的设备时，MACSec 安全实体(Security Entity，SecY)会对帧解密，并在帧上计算一个完整性检查值(Integrity Check Value，ICV)，将其与随帧发送的 ICV 比较。如果 ICV 匹配，则设备处理帧。如果不匹配，则设备基于预先配置的策略处理帧，例如，丢弃。

IEEE 802.1AR 标准规定了唯一的设备标识符(Device Identifier，DevID)以及设备(路由器、交换机和接入点)与其标识符的管理和密码绑定。可验证的唯一设备身份可建立设备的可信赖性，从而方便设备的安全供应。

安全管理员实际上只希望将网络上允许的设备接入自己的网络。但是，如何正确且唯一地识别设备？制造商的序列号不可用于协议审查。MAC 地址、主机名和 IP 地址很容易遭受假冒。802.1AR 定义了一个全球唯一的设备安全标识符，通过使用公共加密和数字证书以加密方式绑定到设备。这些基于硬件的独特凭证可与 EAP-TLS(Extensible Authentication Protocol-Transport Layer Security，可扩展身份验证协议-传输层安全)身份验证框架一起使用。每个符合 IEEE 802.1AR 的设备都带有一个内置的初始安全设备身份(Initial Secure Device Identity，iDevID)。iDevID 是 DevID 这个概念的一个实例，旨在与 IEEE 802.1X 支持的 EAP 等身份验证协议一起使用。

因此 802.1AR 为设备提供了唯一的 ID。802.1AE 提供数据加密、完整性和原始身份验证功能。802.1AF 对用于数据加密的会话密钥执行密钥协商功能。这些标准中的每一个都提供了在 802.1X EAP-TLS 框架内工作的特定参数，如图 11-17 所示。

如图 11-18 所示，当新设备安装在网络上时，不能马上开始与其他设备通信，还需要从 DHCP(Dynamic Host Configuration Protocol，动态主机配置)服务器接收 IP 地址，以及使用 DNS(Domain Name System，域名系统)服务器等。获得授权前，新设备无法执行网络活动。因此 802.1X 端口身份验证启动，意味着仅允许身份验证数据从新设备传输到身份验证服务器。身份验证数据是与设备(802.1AR)关联的数字证书和硬件身份，由 EAP-TLS 处理。一旦设备通过身份验证，通常由 RADIUS(Remote Authentication Dial-In User Server，远程身份验证拨入用户服务器)执行身份验证,加密密钥材料将在周围网络设备之间协商并达成一致。一旦安装密钥材料,就可在流量从一个网络设备流向下一个网络设备时执行数据加密和帧完整性检查(802.1AE)。

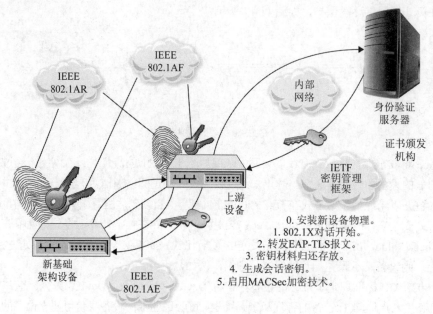

图 11-18　二层安全协议

这些 IEEE 标准是全新的和不断发展的,不同的供应商实施不同。而将唯一硬件身份和加密材料嵌入新网络设备的一个方法是使用可信平台模块(Trusted Platform Module,TPM;将在第 9 章中介绍)。

11.3　Internet 协议网络

除非网络由少数设备组成,并与 Internet 隔离(这就没有用处了),否则将需要从第 2 层移动到第 3 层及更高层才能做出有意义的事情。回顾一下,数据链路层关注的是在彼此直接连接的设备之间交换数据(换句话说,在同一个冲突域中)。此外,还需要第 3 层(网络层)和第 4 层(传输层)协议,如 TCP/IP。

TCP/IP(Transmission Control Protocol/Internet Protocol,传输控制协议/Internet 协议)是一套协议,用于管理数据从一个设备传输到另一个设备的方式。IP 是网络层协议,提供数据报路由服务。IP 的主要任务是支持 Internet 网络寻址和数据包路由。IP 是一种无连接协议,封装了从传输层传递过来的数据。IP 协议使用源 IP 地址和目标 IP 地址对数据报寻址。TCP/IP 套件中的协议协同工作,将应用层传递的数据分解为可沿网络移动的片段,与其他协议一起将数据传输到目标计算机,然后将数据重新组合成应用层可理解和处理的形式。

IP

IP 是一种无连接协议，可为每个数据包提供寻址和路由功能。数据、IP、网络的关系可比作一封信和邮政系统的关系：

- 数据 = 字母
- IP = 寻址信封
- 网络 = 邮政系统

报文是由 IP 封装和寻址的信件，网络及其服务将报文从来源发送到目的地，就像邮政系统一样。

传输层有两种主要协议：TCP 和 UDP。TCP 是一种可靠且面向连接的协议 (Connection-oriented Protocol)，意味着 TCP 可确保将数据包传递到目标计算机。如果数据包在传输流程中丢失，TCP 能识别此问题并重新发送丢失或损坏的数据包。TCP 还支持数据包排序(确保接收到每个数据包)、流量控制、拥塞控制以及错误检测和纠正。另一方面，UDP 是一种尽力而为(Best-effort)的无连接(Connectionless)协议。UDP 既没有对数据包排序，也没有流量和拥塞控制，并且目的地不会确认接收到的每个数据包。

11.3.1 TCP

TCP 是面向连接的协议，因为在实际发送用户数据之前，要通信的两个系统之间会握手 (Handshake)。握手成功后将在两个系统之间建立虚拟连接。UDP 是无连接协议，因为 UDP 不经历这些步骤。相反，UDP 在不首先联系目标计算机的情况下发送报文，且不考虑数据包是正确接收还是丢弃。图 11-19 显示了面向连接协议和无连接协议之间的区别。

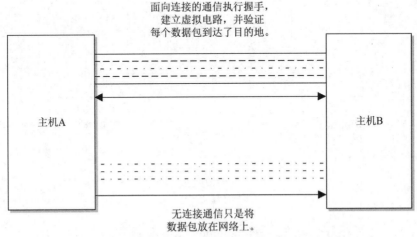

图 11-19　面向连接的协议与无连接的协议的功能

UDP 和 TCP 一起位于传输层，研发团队可在研发应用程序时选择使用哪个。很多时候，TCP 是首选的传输协议，因为 TCP 提供可靠性并确保数据包传达。TCP 提供全双工、可靠的通信机制，如果有数据包丢失或损坏则重新发送；但与 UDP 相比，TCP 需要大量的系统开销。

如果研发团队知道在传输流程中丢失的数据不会对应用程序造成损害，那么可能选用UDP，因为 UDP 速度更快且需要的资源更少。例如，当服务器向网络上的所有监听节点发送状态信息时，UDP 是比 TCP 更好的选择。如果某个节点没有收到此状态信息，并不会受到负面影响，因为每 60 秒重新发送一次信息。

UDP 和 TCP 是应用程序通过网络获取数据的传输协议。两者都使用端口(Port)与上层 OSI通信，并跟踪同时发生的各种对话。端口也是用于识别其他计算机如何访问服务的机制。当形成 TCP 或 UDP 报文时，源和目标端口与源和目标 IP 地址一起包含在报头信息中。协议(TCP或 UDP)、端口和 IP 地址的组合构成一个套接字(Socket)，并且数据包知道去向(通过地址)以及如何与另一台计算机上正确的服务或协议通信(通过端口号)。IP 地址充当计算机的入口，端口充当实际协议或服务的入口。为正确通信，数据包需要知道这些入口。图 11-20 显示了数据包如何通过端口与应用程序和服务通信。

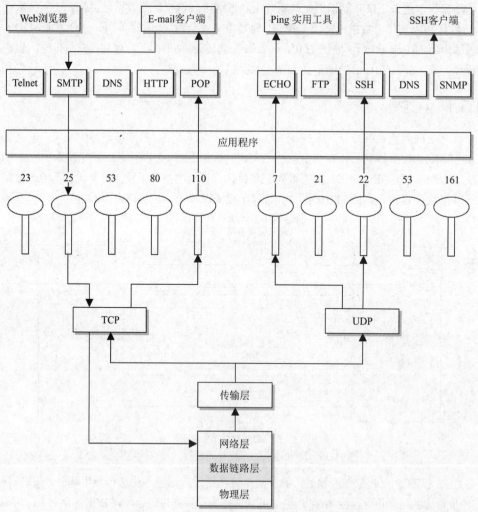

图 11-20　报文可通过端口与上层协议和服务通信

TCP 和 UDP 之间的区别也可从报文格式中看出。由于 TCP 提供的服务比 UDP 多，TCP 应在数据包报头格式中包含更多信息，如图 11-21 所示。表 11-4 列出了 TCP 和 UDP 之间的主要区别。

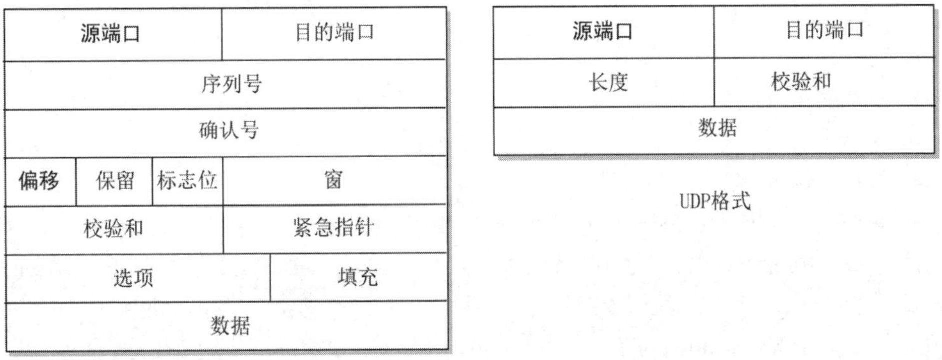

TCP格式

UDP格式

图 11-21 TCP 在网段内携带更多信息，因为 TCP 提供的服务比 UDP 多

表 11-4 TCP 和 UDP 的主要区别

属性	TCP	UDP
可靠性	确保数据包到达目的地，在收到数据包时返回 ACK，是一种可靠的协议	不返回 ACK 并且不保证数据包将到达目的地。是一个不可靠的协议
连接	面向连接。TCP 执行握手并与目标计算机建立虚拟连接	无连接。UDP 不握手，也不建立虚拟连接
数据包排序	使用报头中的序列号来确保接收到传输中的每个数据包	不使用序列号
拥塞控制	目标计算机可告诉源是否不堪重负，从而降低传输速率	目标计算机不会与源计算机就流量控制通信
用法	在需要可靠交付时使用。用于相对少量的数据传输	当不需要可靠交付并且需要传输大量数据时使用，例如，在流式视频和状态广播中
速度和开销	使用大量资源且比 UDP 慢	使用更少的资源并且比 TCP 更快

端口类型

从 0 到 1023 的端口号称为已知端口(Well-known Port)，世界上几乎每台计算机都将完全一样的协议映射到完全一样的端口号。这就是已知的由来——每个人都遵循同样的标准化方法。这意味着在几乎每台计算机上，端口 25 映射到 SMTP，端口 80 映射到 HTTP，等等。这种低编号端口和特定协议之间的映射是事实上的标准，是约定俗成的，并且没有一个标准机构规定应这样做。所有人都遵循这种方法，俨然成为全球系统之间互操作性的事实。

因为这是一个事实上的标准，而不是应遵循的标准，所以管理员可随意将不同的协议映射到不同的端口号。但需要注意的一点是，端口 0 到 1023 只能由特权系统或根进程使用。

下面展示了一些最常用的协议以及这些协议通常映射的端口：

- SSH(Secure Shell)端口 22
- SMTP 端口 25
- DNS 端口 53
- HTTP 端口 80
- NTP 端口 123
- IMAP 端口 143
- HTTP 安全(HTTP Secure，HTTPS)端口 443

注册端口(Registered Port)为 1024 到 49151，可在 Internet 号码分配机构(Internet Assigned Numbers Authority，IANA)注册以用于特定用途。供应商注册特定端口以映射到供应商的专有软件。动态端口(Dynamic Port)也称为临时端口，从 49152 到 65535，应用程序都可"按需"使用。通常，这些端口用于连接的客户端。例如，如果查看 Web 浏览器和访问的网站之间的特定连接，会发现目标端口是 80，源端口(在客户端上)是 53042。但某些情况下，服务器可能正在监听一个众所周知的端口(如 RPC 的 135)并将服务器端口移交给一个临时端口。这意味着，客户端和服务器端口的连接范围在 49152 到 65535 之间。

1. TCP 握手

在发送数据前，TCP 应在两台主机之间建立虚拟连接。这意味着两个主机应就某些参数、数据流、窗口、错误检测和选项达成一致。这些问题在握手阶段协商，如图 11-22 所示。

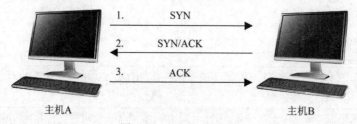

图 11-22　TCP 三次握手

发起通信的主机向接收方发送一个同步(Synchronization，SYN)数据包。接收方通过发送一个 SYN/ACK 数据包确认这个请求。此数据包翻译为"已收到请求并准备开始沟通。" 发送主机通过确认(Acknowledgment，ACK)数据包对此确认，数据包转换为："收到了确认，开始传输数据。"完成握手阶段后，建立虚拟连接，现在可传递实际数据了。此时已建立的连接是全双工的，意味着可使用同一条传输线双向传输。

如果攻击方向目标系统发送带有欺骗地址的 SYN 数据包，则受害系统会使用 SYN/ACK 数据包回复假冒地址。每次受害系统收到一个 SYN 数据包时，都会预留资源管理新连接。如果攻击方用 SYN 数据包淹没受害系统，最终受害系统分配完所有可用的 TCP 连接资源并且不能再处理新请求。这是一种称为 SYN 洪水的 DoS 攻击。为阻止这种类型的攻击，可使用多种缓解措施，其中最常见的缓解措施在国际互联网工程任务组(Internet Engineering Task

Force，IETF)的征求意见稿(Request for Comments，RFC)4987 的描述中。RFC 4987 中描述的最有效技术之一是使用 SYN 缓存，延迟套接字的分配，直到握手完成。

现在需要了解的另一个攻击向量是 TCP 序列号。在两个系统之间的 TCP 握手期间商定的值之一是将插入数据包报头的序列号。一旦就序列号达成一致，如果接收系统从发送系统接收到的数据包不具有此预定值，则会忽略。这意味着攻击方不能仅通过假冒发送系统的地址假冒接收系统；攻击方还应欺骗发件人的地址并使用正确的序列号值。如果攻击方能正确预测两个系统将使用的 TCP 序列号，就能创建包含这些数字的数据包，并欺骗接收系统认为数据包来自于授权的发送系统。然后攻击方能接管两个系统之间的 TCP 连接。这种方法称为 TCP 会话劫持(TCP Session Hijacking)。

2. 数据结构

如前所述，形成报文并从程序传递到应用层，通过协议栈向下发送。每一层的每个协议都将自己的信息添加到报文中以创建 PDU 并向下传递到下一层。此活动称为封装(Encapsulation)。当报文在栈中向下传递时，会经历一种演变，每个阶段都有一个特定的名称指示正在发生的事情。当应用程序格式化要通过网络传输的数据时，PDU 称为报文(Message)或数据。发送报文到传输层，TCP 对其施展魔法。PDU 当前是一个段(Segment)。发送段到网络层。网络层增加了路由和寻址，PDU 称为数据包(Packet)。网络层将数据包传递给数据链路层，数据链路层将数据包用报头和报尾组成帧(Frame)。图 11-23 说明了这些阶段。

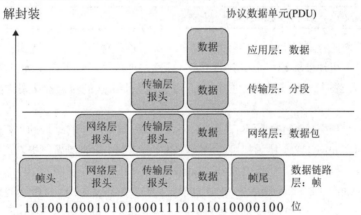

图 11-23 数据在通过网络栈中的各个层时会经历自身的演化阶段

 考试提示

如果报文通过 TCP 传输，则称为"段(Segment)"。如果报文通过 UDP 传输，则称为"数据报(Datagram)"。

有时，当 Bob 引用一个段时，说明的是协议栈中数据所在的阶段。如果文献描述的是在网络层工作的路由器，Bob 可能使用"数据包(Packet)"这个词，因为网络层的数据添加了路由和寻址信息。如果 Bob 正在描述网络流量和流量控制，Bob 可能使用"帧(Frame)"这个词，因为所有数据实际上在进入网络线路前都以帧格式结束。重要的是需要了解数据包在协议栈上下移动时所经历的各个步骤。

11.3.2　IP 寻址

网络上的每个节点都应有唯一的 IP 地址。如今,最常用的 IP 版本是 IP 版本 4(IPv4),目前,约 70%的 Internet 主机都在使用 IPv4。然而,IP 版本 6(IPv6)的创建部分是为了解决 IPv4 地址的短缺问题(IPv6 还内置了很多不属于 IPv4 的安全功能),但 IPv6 正在稳步取得进展。稍后将介绍 IPv6。

IPv4 使用 32 位作为地址,而 IPv6 使用 128 位;因此,IPv6 提供了更多可能的工作地址。每个地址都有一个主机部分和一个网络部分,分配地址到类(Class)中,然后到子网(Subnet)中。地址的子网掩码区分定义网络子网的地址组。IPv4 地址类别在表 11-5 中列出。

表 11-5　IPv4 寻址

类型	地址范围	描述
A	0.0.0.0 至 127.255.255.255	第一个字节是网络部分,剩下的 3 个字节是主机部分
B	128.0.0.0 至 191.255.255.255	前 2 个字节是网络部分,其余 2 个字节是主机部分
C	192.0.0.0 至 223.255.255.255	前 3 个字节是网络部分,剩下的 1 个字节是主机部分
D	224.0.0.0 至 239.255.255.255	用于多播地址
E	240.0.0.0 至 255.255.255.255	留作探讨

对于组织内的特定 IP 网络,连接到网络的所有节点都有不同的主机地址,但有一个同样的网络地址。主机地址标识每个单独的节点,而网络地址是所有节点连接到的网络的标识;因此对同一网络的每一个节点都是同样的。用于网络上节点的流量都将发送到规定的网络地址。

从 IP 地址的主机部分创建子网以指定"子"网络。这进一步将地址的主机部分分成两个或多个逻辑组,如图 11-24 所示。可对网络逻辑分区以减少管理难题、提高流量性能并潜在地加强安全性。打个比方,假设 Bob 在 Toddlers R Us 工作,负责照看 100 个幼儿。如果把所有 100 个蹒跚学步的孩子都留在一个房间里,Bob 最终可能发疯。为更好地管理,Bob 可将孩子们分成几组。三岁的孩子进入黄色房间,四岁的孩子进入绿色房间,五岁的孩子进入蓝色房间。这就是网络管理员会做的事情——分解和分离计算机节点以方便管理。管理员不是放入物理房间,而是放入逻辑房间(子网)。

继续打个比方,当 Bob 把孩子们放在不同房间时,会有将孩子们隔开的物理屏障——墙壁。网络子网划分不是物理的;这是合乎逻辑的。这意味着不会有分隔各个子网的物理墙,那么如何分开呢? 这就是子网掩码发挥作用的地方。子网掩码(subnet mask)定义较大网络中的较小网络,就像在建筑物内定义单个房间一样。

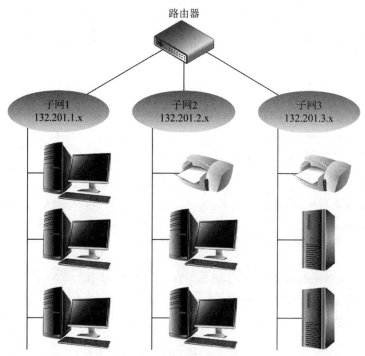

图 11-24 子网创建逻辑分区

子网划分(Subnetting)允许将较大的 IP 地址范围划分为更小、更符合逻辑、更实用的网段。考虑一个具有多个部门的组织，例如，IT、会计、人力资源等。为每个部门创建子网将网络分成逻辑分区，将流量直接路由到接收方，而不会将数据分散到整个网络。这极大地减少了整个网络的流量负载，减少了网络拥塞和网络中广播数据包过多的可能性。与大型、杂乱和复杂的网络相比，在具有划定边界的逻辑分类子网中实施网络安全策略也更有效。

子网划分在减小路由表大小方面特别有用，因为外部路由器可直接将数据发送到实际网段，而不必担心网络的内部架构并将数据发送到各个主机。这项工作可由内部路由器处理，内部路由器可确定子网环境中的各个主机。外部路由器省去分析 IP 地址所有 32 位的麻烦，只需要查看"屏蔽"位即可。

 提示

考生不必为 CISSP 考试计算子网，但要更好地了解子网等在后台是如何工作的，请访问 https://www.lifewire.com/internet-protocol-tutorial-subnets-818378，查阅文章"IP 教程：子网掩码和子网"(请记住，URL 可能会不时变更)。

如果使用的是传统的子网掩码，传统子网掩码为有类(Classful)路由或经典(Classical)IP 地址。如果一个组织需要创建不遵循传统大小的子网，那么可使用无类(Classless)IP 地址。这只是意味着将使用不同的子网掩码定义地址的网络和主机部分。随着越来越多的个人和公司加入 Internet，可用的 IP 地址逐渐用完后，无类别域间路由(Classless InterDomain Routing，CIDR)

应运而生。对大多数组织而言，B 类地址范围通常太大，而 C 类地址范围太小，因此 CIDR 提供了根据需要增加或减少类别大小的灵活性。CIDR 是指定更灵活的 IP 地址类别的方法。CIDR 也称为超网(Supernetting)。

提示

为更好地理解 CIDR，可访问 www.tcpipguide.com/free/t_ipclassessandressingclass lesinterdomainroutingci.htm，查阅 "IP 无类寻址: 无类域间路由(CIDR)/Supernetting"。

虽然每个节点都有一个 IP 地址，但人们通常指的是主机名而不是 IP 地址。主机名(如 www.mheducation.com)比 IP 地址(如 198.105.254.228)更容易让人记住。但使用这两种命名法需要在主机名和 IP 地址之间映射，因为计算机只能理解编号方案。此流程将在本章后面的 "域名服务" 一节中介绍。

注意

IP 提供寻址、数据包分段和数据包超时。为确保数据包不会永远在网络上传输，IP 提供了一个 TTL(Time To Live，生存时间)值，生存时间值在数据包每次通过路由器时递减。

11.3.3 IPv6

IPv6 也称为 IP 下一代(IP Next Generation，IPng)，比 IPv4 拥有更大的地址空间，可支持更多 IP 地址；IPv6 具有 IPv4 所没有的一些功能，并且 IPv6 以不同方式完成了一些同样的任务。IPv6 中新功能的所有细节都超出了本书的范围，但因为 IPv6 是未来的发展方向，本书将介绍其中一些。IPv6 允许使用范围地址，例如，管理员可限制特定服务器或文件和打印共享的特定地址。IPv6 将 Internet 协议安全(Internet Protocol Security，IPSec)集成到协议栈中，提供端到端的安全传输和身份验证。IPv6 具有更大的灵活性和路由功能，并允许将服务质量(Quality of Service，QoS)优先级值分配给对时间敏感的传输。IPv6 协议提供自动配置，管理变得更容易，且不需要使用网络地址转换(Network Address Translation，NAT)扩展地址空间。

研发 NAT 是因为 IPv4 地址快用完了。尽管 NAT 技术非常有用，但已造成很多开销和传输问题，因为 NAT 打破了当今很多应用程序使用的客户端/服务器模型。几年前，业界没有加入 IPv6 潮流的原因之一是研发了 NAT，NAT 降低了 IP 地址耗尽的速度。

尽管在世界某些地区从 IPv4 到 IPv6 的转换速度很慢并且实施流程相当复杂，但由于 IPv6 带来的所有好处，行业正在做出转变。

注意

NAT 将在后面的 "网络地址转换" 一节中介绍。

RFC 8200 中阐述的 IPv6 规范列出了 IPv6 相对于 IPv4 的差异和优势。一些差异如下:

- IPv6 将 IP 地址大小从 32 位增加到 128 位,支持更多级别的寻址层次结构、更多的可寻址节点以及更简单的地址自动配置。

- 通过向多播地址添加"范围(Scope)"字段提高多播路由的可伸缩性。此外,定义了一种称为任播(Anycast Address)的新型地址,用于向一组节点中的一个节点发送数据包。

- 丢弃一些 IPv4 报头字段,或使其成为可选字段,减少数据包处理的处理成本并限制 IPv6 报头的带宽成本。如图 11-25 所示。

- IP 报头选项编码方式的变化允许更有效的转发、对选项长度的更严格限制以及未来引入新选项的更大灵活性。

- 添加了一项新功能,可标记属于发送方请求特殊处理的特定"流量(Flow)"的数据包,例如,非默认 QoS 或"实时(Real-time)"服务。

- 还为 IPv6 指定了支持身份验证、数据完整性和(可选)数据机密性的扩展。

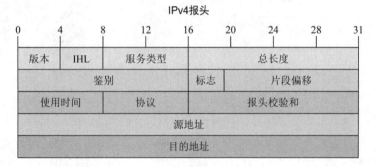

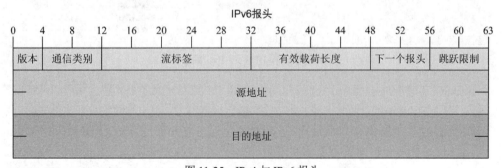

图 11-25　IPv4 与 IPv6 报头

IPv4 将数据包的有效负载限制为 65 535 字节,而 IPv6 将此大小扩展到 4 294 967 295 字节。这些较大的数据包(现在称为 Jumbograms)提升了高 MTU(High-MTU)链路的性能。目前世界上大部分地区仍在使用 IPv4,但 IPv6 的部署速度更快。这意味着存在仍然需要通信的使用 IPv4 的网络"口袋(Pocket)"和使用 IPv6 的网络"口袋"。这种通信通过不同的隧道技术开展,这些技术要么将 IPv6 数据包封装在 IPv4 数据包中,要么执行自动化地址转换。自动隧道(Automatic Tunneling)技术是一种路由基础架构自动确定隧道端点的技术，因此不必预先配置就可成为协议隧道。在 6to4 隧道方法中，隧道端点是通过在远程端使用众所周知的 IPv4 任播地址并将 IPv4 地址数据嵌入本地端的 IPv6 地址中确定的。Teredo 是另一种使用 UDP 封装的自动隧道技术，因此 NAT 地址转换不受影响。站内自动隧道寻址协议(Intra-Site Automatic Tunnel Addressing Protocol，ISATAP)将 IPv4 网络视为虚拟 IPv6 本地链路，每个 IPv4 地址映射到链路本地 IPv6 地址。

6to4 和 Teredo 是站点间(Intersite)隧道机制，而 ISATAP 是站点间(Intrasite)机制。所以前两个用于不同网络之间的连接，而 ISATAP 用于特定网络内系统的连接。注意，在图 11-26 中，6to4 和 Teredo 用于 Internet，而 ISATAP 用于内联网。

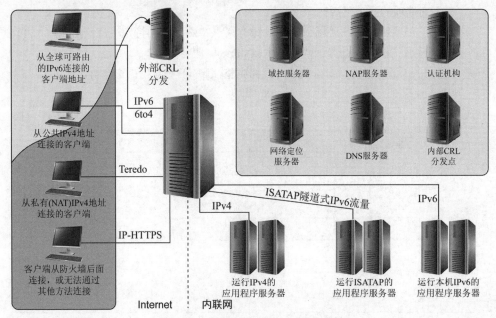

图 11-26　各种 IPv4 到 IPv6 隧道技术

虽然很多自动隧道技术减少了管理开销，但由于网络管理员不必为每个系统和网络设备配置两个不同的 IP 地址，因此需要了解安全风险。很多时候，用户和网络管理员不知道启用了自动隧道功能，因此不能确保这些不同的隧道是否安全和/或是否正受到监测。如果 Bob 是网络管理员且拥有仅配置为监测和限制 IPv4 流量的入侵检测系统(Intrusion Detection System，IDS)、入侵防御系统(Intrusion Prevention System，IPS)和防火墙，那么所有 IPv6 流量都可不安全地通过 Bob 的网络。攻击方使用这些协议隧道和错误配置绕过这种类型的安全设备，这样恶意活动就可在没有人注意的情况下发生。如果 Bob 是用户且拥有仅支持 IPv4 的基于主机的防火墙，并且 Bob 的操作系统具有双 IPv4/IPv6 网络栈，则流量可能绕过 Bob 的防火墙而未经监测和记录。使用 Teredo 实际上可打开 NAT 设备中的端口，从而允许意外流量进出网络。

负责配置维护系统和网络的人员应了解 IPv4 和 IPv6 之间的差异以及各种隧道机制的工

作原理，以便识别和正确解决所有漏洞。产品和软件可能需要更新以处理这两种流量类型，可能需要部署代理以安全地管理流量通信。如果不需要，应禁用 IPv6。还需要配置安全专用工具包以监测所有流量类型。

11.3.4　地址解析协议

在 TCP/IP 网络上，每台计算机和网络设备都需要唯一的 IP 地址和唯一的物理硬件地址。每个 NIC 都有一个唯一的 48 位物理地址，制造商将地址编程到卡上的 ROM 芯片中。物理地址也称为 MAC(Media Access Control，介质访问控制)地址。网络层使用并理解 IP 地址，而数据链路层使用并理解物理 MAC 地址。那么，这两种类型的地址如何在不同层运行时协同工作？

注意

MAC 地址是唯一的，因为前 24 位代表制造商代码，后 24 位代表制造商分配的唯一序列号。

数据来自于应用层时，会进入传输层做序列号，用于会话建立和流传输。然后数据将传递到网络层，在网络层路由信息将添加到每个数据包中，源 IP 地址和目标 IP 地址也将添加到数据包中。然后进入数据链路层，应找到 MAC 地址并添加到帧的报头部分。当帧连接到网络时，帧只知道正朝着哪个 MAC 地址前进。在 OSI 模型的较低层，这些机制甚至不理解 IP 地址。因此，如果一台计算机无法将从网络层向下传递的 IP 地址解析为相应的 MAC 地址，就无法与目标计算机通信。

注意

帧(Frame)是完全封装的数据，具有所有必要的报头和报尾。

MAC 和 IP 地址应正确映射，才能正确解析。这通过地址解析协议(Address Resolution Protocol，ARP)解决。当数据链路层接收到一个帧时，网络层已附加了目的 IP 地址，但是数据链路层无法理解 IP 地址，因此调用 ARP 寻求帮助。ARP 广播一个帧，请求与目标 IP 地址对应的 MAC 地址。广播域中的每台计算机都会收到此帧，除了具有请求 IP 地址的计算机之外的所有计算机都会忽略帧。具有目标 IP 地址的计算机使用其 MAC 地址响应。现在 ARP 知道与特定 IP 地址对应的硬件地址。数据链路层获取帧，将硬件地址添加到其中，然后传递给物理层，帧将通过线路到达目标计算机。ARP 映射硬件地址和关联的 IP 地址，并将此映射存储在表中一段预定义的时间。完成此缓存后，当发往同一 IP 地址的另一个帧需要连接时，ARP 不需要再次广播其请求，只需要在表中查找此信息。

有时，攻击方会变更系统的 ARP 表，这样就会包含不正确的信息。这称为 ARP 表缓存中毒(ARP Table Cache Poisoning)。攻击方的目标是接收发往另一台计算机的数据包。这是一种伪装攻击。例如，假设 Bob 的计算机的 IP 地址为 10.0.0.1，MAC 地址为 bb:bb:bb:bb:bb:bb，Alice 的计算机的 IP 地址为 10.0.0.7，MAC 地址为 aa:aa:aa:aa:aa:aa，攻击方的 IP 地址为 10.0.0.3，

MAC 地址为 cc:cc:cc:cc:cc:cc，如图 11-27 所示。假设 Bob 想向 Alice 发送一条报文。报文在 IP 层封装，包含 Alice 的 IP 地址等信息，然后传递给数据链路层。如果这是发给 Alice 计算机的第一条报文，Bob 计算机上的数据链接进程无法知道 Alice 的 MAC 地址，因此会发起一个 ARP 查询"谁拥有 10.0.0.7？"(字面意思)，将这个 ARP 帧广播到网络，Alice 的计算机和攻击方的计算机都接收到帧。双方都声称自己是 IP 地址的合法所有方。Bob 的计算机在面对多个不同的响应时会做什么？大多数情况下是使用最新响应。如果攻击方想要确保 Bob 的 ARP 表仍处于中毒状态，将不得不持续输出虚假的 ARP 回复。

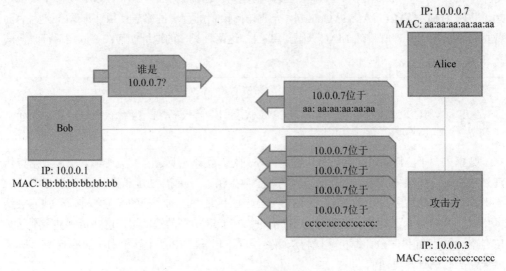

图 11-27　ARP 投毒攻击

因此 ARP 对于系统通信至关重要，但操纵 ARP 可将流量发送到非预期系统。ARP 是一种基本协议，没有内置安全措施保护自己免受这些类型的攻击。网络应有 IDS 传感器监测这种类型的恶意活动，以便管理员在攻击开展时收到告警。这并不难检测，因为如前所述，攻击方将不得不持续(或至少经常)传输虚假的 ARP 回复。

11.3.5　动态主机配置协议

计算机在首次启动时可通过几种不同的方式接收 IP 地址。如果计算机具有静态分配的地址，则不需要，因为已经具有在预期网络上通信和工作所需的配置设置。如果计算机依赖 DHCP(Dynamic Host Configuration Protocol)服务器分配正确的 IP 地址，则会启动并向 DHCP 服务器发出请求。DHCP 服务器分配 IP 地址，万事大吉。

DHCP 是一种基于 UDP 的协议，允许服务器实时为网络客户端分配 IP 地址。与手动配置 IP 地址的静态 IP 地址不同，DHCP 服务器会自动检查可用的 IP 地址并相应地为客户端分配一个 IP 地址。这消除了两个系统分配了同样的 IP 地址而发生 IP 地址冲突的可能性，因为 IP 地址冲突可能导致服务丢失。总体而言，DHCP 大大减少了管理大型 IP 网络的工作量。

当客户端连接到网络时，DHCP 服务器从指定范围之内实时分配 IP 地址。这与静态地址不同，在静态地址中，每个系统在联机时都会单独分配一个特定的 IP 地址。在标准的基于 DHCP 的网络中，客户端计算机在网络上广播 DHCPDISCOVER(DHCP 发现)报文以搜索 DHCP 服务器。一旦相应的 DHCP 服务器收到 DHCPDISCOVER 请求，就会以 DHCPOFFER(DHCP 提供)数据包响应，为客户端提供 IP 地址。服务器根据 IP 地址的可用性并遵循其网络管理策略来分配 IP 地址。服务器响应的 DHCPOFFER 数据包包含分配的 IP 地址信息和客户端服务的配置设置。

一旦客户端通过 DHCPOFFER 数据包接收到服务器发送的设置，就会使用 DHCPREQUEST(DHCP 请求)数据包响应服务器，确认接受分配的设置。服务器现在使用 DHCPACK(DHCP 确认)数据包确认，其中包括分配参数的有效期(租期)，如图 11-28 所示。

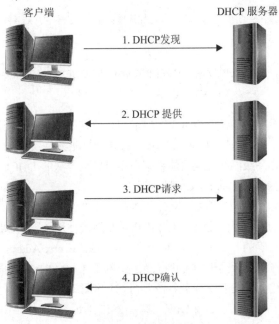

图 11-28 ARP 投毒攻击

如图 11-29 所示，DHCP 客户端向网络大喊："谁能帮忙获取地址？" DHCP 服务器响应一个提议："这是一个地址及附带的参数。" 客户端通过 DHCPREQUEST 报文接受这个慷慨的提议而服务器确认这个报文。现在客户端可开始与网络上的其他设备交互，用户可上网并查看电子邮件。

遗憾的是，DHCP 的客户端和服务器段都易受到伪造身份的攻击。在客户端，攻击方可伪装这些系统，显示为有效的网络客户端。于是，不法系统就成为组织网络的一部分，并可能渗透到网络上的其他系统。攻击方可能在网络上创建未经授权的 DHCP 服务器，并开始响应客户端搜索 DHCP 服务器的请求。由攻击方控制的 DHCP 服务器可破坏客户端系统配置、执行中间人攻击、将流量路由到未经授权的网络等，最终危害整个网络。

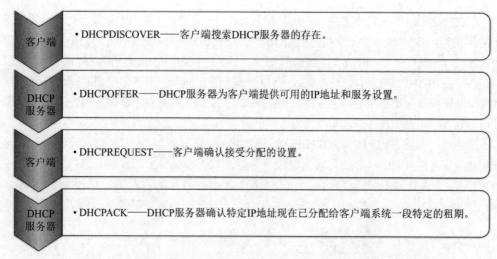

图 11-29　DISCOVER(发现)、OFFER(提供)、REQUEST(请求)和 ACK(确认)
(D-O-R-A)流程的四个阶段

保护网络免受未经身份验证的DHCP客户端的有效方法是在网络交换机上使用DHCP侦听(DHCP Snooping)。DHCP 侦听可确保 DHCP 服务器只能将 IP 地址分配给由 MAC 地址标识的选定系统。此外,高级网络交换机能将客户端引导至合法的 DHCP 服务器以获取 IP 地址并限制恶意系统成为网络上的 DHCP 服务器。

无盘工作站没有完整的操作系统,但有足够的代码知道如何启动和广播 IP 地址,还有一个指向保存操作系统的服务器的指针。无盘工作站知道硬件地址,所以广播这个信息以便监听服务器可为其分配正确的 IP 地址。与 ARP 一样,RARP(Reverse Address Resolution Protocol,反向地址解析协议)帧会发送到子网上的所有系统,但只有 RARP 服务器响应。一旦 RARP 服务器收到此请求,就会在表中查看哪个 IP 地址与广播硬件地址匹配。然后,服务器将包含 IP 地址的报文发送回请求计算机。系统现在有一个 IP 地址且可在网络上运行。

BOOTP(Bootstrap Protocol,引导协议)是在 RARP 之后创建的,增强 RARP 为无盘工作站提供的功能。无盘工作站可从 BOOTP 服务器接收 IP 地址、用于将来名称解析的名称服务器地址和默认网关地址。BOOTP 通常为无盘工作站提供比 RARP 更多的功能。

11.3.6　Internet 控制报文协议

Internet 控制报文协议(Internet Control Message Protocol,ICMP)基本上是 IP 的"信使"。ICMP 传递状态报文、报告错误、回复某些请求和报告路由信息,并用于测试连接性和解决 IP 网络上的问题。

ICMP 最常用于 ping 实用工具。当 Bob 想要测试与另一个系统的连接性时,可能执行 ping 操作,并发送 ICMP Echo Request 帧。在 Bob 的屏幕上返回 ping 实用工具的回复称为 ICMP Echo Reply 帧,并响应 Echo Request 帧。如果在预定义的时间段内没有返回回复,ping 实用工具发送更多 Echo Request 帧。如果尚未回复,ping 将表示主机不可达。

ICMP 还指示网络上的特定路由何时出现问题，并基于各种路径的健康状况和拥塞情况告诉周围的路由器要采用的更好的路由。路由器使用 ICMP 发送报文以响应无法传递的数据包。路由器选择正确的 ICMP 响应并发送回请求主机，表明传输请求遇到了问题。

其他无连接协议也使用 ICMP，而不仅是 IP，因为无连接协议无法像面向连接的协议那样检测和响应传输错误。在此情况下，无连接协议可使用 ICMP 将错误报文发送回发送系统以指示网络问题。

如表 11-6 所示，ICMP 用于很多不同的网络目的。此表列出了可通过 ICMP 发送到系统和设备的各种报文。

表 11-6　ICMP 报文类型

类型	名称
0	返回应答
1	未分配
2	未分配
3	目的地不可达
4	源站抑制
5	重定向
6	备用主机地址
7	未分配
8	返回请求
9	路由器通告
10	路由器请求
11	超时
12	参数问题
13	时间戳
14	时间戳回复
15	信息请求
16	信息回复
17	地址掩码请求
18	地址掩码回复
19	保留(用于安全)
20~29	保留(用于稳健性实验)
30	路由跟踪
31	数据报转换错误
32	移动主机重定向
33	IPv6 在哪里
34	IPv6 在这里

(续表)

类型	名称
35	移动注册申请
36	移动注册回复
37	域名请求
38	域名回复
39	SKIP
39	跳过(SKIP)
40	Photuris(消除歧义)
41	实验性移动协议(如 Seamoby)使用的 ICMP 报文

使用 ICMP 的攻击

研发 ICMP 是用于发送状态报文，而不是保存或传输用户数据。但有人想出了如何在 ICMP 数据包中插入一些数据，这些数据可用于与已经受到破坏的系统通信。这种技术称为 ICMP 隧道(ICMP Tunneling)，是一种较旧但仍有效的客户端/服务器方法，攻击方可用来建立和维护与受感染系统的隐蔽通信通道(Covert Communication Channel)。攻击方将瞄准一台计算机并安装隧道软件的服务器部分。服务器部分将"侦听"端口，这是攻击方可用来访问系统的后门。为获得访问权限并打开此计算机的远程 shell，攻击方将在 ICMP 数据包内发送命令。这通常是成功的，因为很多路由器和防火墙基于 ICMP 流量是安全的这一假设，配置为允许 ICMP 流量进出网络，因为研发 ICMP 是为了避免保存数据或有效负载。

正如可用于善意的工具也可用于作恶一样，攻击方通常使用 ICMP 重定向流量。重定向的流量可进入攻击方的专用系统，也可进入"黑洞"。路由器使用 ICMP 报文更新网络链路状态。攻击方可发送带有错误信息的虚假 ICMP 报文，可能导致路由器将网络流量转移到攻击方指示的位置。

ICMP 还用作称为 Traceroute 的网络工具的核心协议。Traceroute 用于诊断网络连接，但由于收集了大量重要的网络统计信息，攻击方使用 Traceroute 工具绘制受害方的网络。这类似于窃贼"套住关节(Casing The Joint)"，意味着攻击方对环境了解得越多，就越容易利用一些关键目标。因此，虽然 Traceroute 工具是一个有效的网络程序，但安全管理员可能会配置 IDS 传感器监测 Traceroute 工具的使用，因为可能表明攻击方正在尝试绘制网络架构。

对 Traceroute 攻击的安全对策是使用防火墙规则，只允许必要的 ICMP 数据包进入网络，并使用 IDS 或 IPS 监视可疑活动。还可安装和配置基于主机(Host-based)的保护(主机防火墙和主机 IDS)识别此类可疑行为。

11.3.7　简单网络管理协议

简单网络管理协议(Simple Network Management Protocol，SNMP)于 1988 年发布到网络世界，帮助满足管理网络 IP 设备不断增长的需求。组织使用多种类型的产品，这些产品使用

SNMP 查看其网络、流量和网络中主机的状态。由于这些任务通常使用基于图形用户界面 (Graphical User Interface, GUI)的应用程序执行, 因此很多人对协议的实际工作方式并不完全了解。了解 SNMP 协议很重要, 因为 SNMP 可为攻击方提供大量信息, 考生应了解那些希望造成伤害的人可获得的信息量, 攻击方如何访问这些数据, 以及怎么利用。

　　SNMP 中的两个主要组件是管理器和代理。管理器(Manager)是服务器部分, 轮询不同的设备并检查状态信息。服务器组件还从代理接收陷阱(Trap)报文, 并提供一个集中的位置保存所有网络范围的信息。代理(Agent)是在网络设备上运行的软件, 通常集成到操作系统中。代理有一个要跟踪的对象列表, 对象列表保存在称为管理信息库(Management Information Base, MIB)的类似数据库的结构中。MIB 是托管对象的逻辑分组, 其中包含用于特定任务管理和状态检查的数据。

　　当 SNMP 管理器组件轮询安装在特定设备上的代理时, 代理会拉取从 MIB 收集的数据并发送给管理器。图 11-30 说明了从不同设备提取的数据如何聚合到一个集中位置(SNMP 管理器)。这样一来, 网络管理员就可全面了解网络和构成网络的设备。

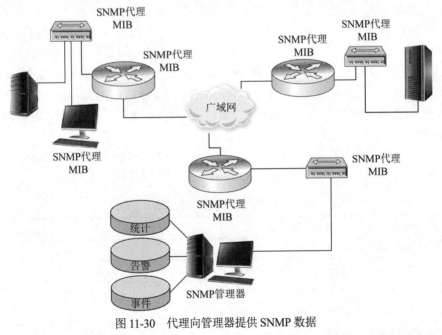

图 11-30　代理向管理器提供 SNMP 数据

注意

陷阱(Trap)行动可代理通知管理器事件, 而不必等待轮询。例如, 如果路由器上的接口出现故障, 代理可向管理器发送陷阱报文。这是代理不必先轮询即可与管理器通信的唯一方式。

可能有必要限制哪些管理器可请求代理的信息,因此研发了社区(Community)以在特定代理和管理器之间建立信任。社区(Community)字符串基本上是管理器用来向代理请求数据的口令,且存在两个具有不同访问级别的主要社区字符串:只读和读写。顾名思义,只读社区字符串允许管理器读取设备 MIB 中保存的数据,而读写字符串允许管理器读取数据并修改。如果攻击方能发现读写字符串,就能变更 MIB 中保存的值,从而重新配置设备。

由于社区字符串是口令,因此应难以猜测并受到保护。口令应包含不是字典单词的混合大小写字母数字字符串。这种做法在很多网络中并不总是如此。通常默认的只读社区字符串是 Public,读写字符串是 Private。很多组织不会变更这些,因此可连接到端口 161 的人都可读取设备的状态信息并可能重新配置。不同供应商可能输入自己默认的社区字符串值,但组织可能仍然没有采取必要的步骤变更。攻击方通常拥有默认供应商社区字符串值的列表,因此很容易发现并针对网络使用。

更糟的是,社区字符串在 SNMP v1 和 v2 中以明文形式发送,因此即使公司通过变更默认值做了正确的事情,使用嗅探器的攻击方仍可轻松访问这些字符串。如果使用 v1 或 v2(最好别用,因为 v1 或 v2 已经过时了),请确保不同的网段使用不同的社区字符串,如果破坏了一个字符串,攻击方也无法访问所有设备网络。SNMP 端口(161 和 162)不应向不受信任的网络(例如,Internet)开放。如有必要,应过滤以确保只有授权的个人才能连接到。如果这些端口需要可用于不受信任的网络,请将路由器或防火墙配置为仅允许 UDP 流量从预先批准的网络管理站进出。虽然此协议的版本 1 和 2 以明文形式发送社区字符串值,但版本 3 具有密码功能,可提供加密技术、报文完整性和身份验证安全性。因此,应实施 SNMP v3 以获得更细粒度的保护。

如果没有采取适当的安全对策,那么攻击方可访问大量可用于后续攻击的面向设备的数据。表 11-7 列出攻击方可能感兴趣的 MIB SNMP 对象中保存的一些数据集。

表 11-7　一些示例数据集

.server.svSvcTable.svSvcEntry.svSvcName	运行服务
.server.svShareTable.svShareEntry.svShareName	共享名称
.server.sv.ShareTable.svShareEntry.svSharePath	共享路径
.server.sv.ShareTable.svShareEntry.svShareComment	共享注释
.server.svUserTable.svUserEntry.svUserName	用户名
.domain.domPrimaryDomain8	域名

收集此类数据允许攻击方绘制目标网络并枚举构成网络的节点。

与所有工具一样,SNMP 可用于运维目的(网络管理)和恶意目的(目标映射、设备重新配置),是一把双刃剑。

11.3.8　域名服务

想象一下,如果需要记住实际的特定 IP 地址才能访问各种网站,那么使用 Internet 将多么困难。域名服务(Domain Name Service，DNS)是一种将主机名解析为 IP 地址的方法，因此可在网络环境中用域名代替 IP 地址。

Internet 的第一次迭代由大约 100 台计算机(现在超过 220 亿台)组成，并保存了一个列表，将每个系统的主机名映射到 IP 地址。此列表保存在 FTP 服务器上，因此每个人都可访问。维护此列表的任务很快就变得不堪重负，计算社区(Computing Community)希望将维护工作自动化。

当用户在 Web 浏览器中键入统一资源定位符(Uniform Resource Locator，URL)时，URL 由有意义的单词或字母组成，如 www.google.com。然而，这些词只适用于人类——计算机使用 IP 地址。因此，在用户输入此 URL 并按回车键后，用户的计算机实际上定向到 DNS 服务器，DNS 服务器把 URL 或主机名(Hostname)解析为计算机可理解的 IP 地址。一旦解析主机名为 IP 地址，计算机就知道如何访问所请求网页的 Web 服务器。

很多组织都用自己的 DNS 服务器解析内部主机名。这些组织通常还使用互联网服务提供商(Internet Service Provider，ISP)的 DNS 服务器解析 Internet 上的主机名。内部 DNS 服务器可用于解析整个 LAN 上的主机名，但通常会使用多个 DNS 服务器，这样可拆分负载，从而实现冗余和容错。

在 DNS 服务器中，管理上将 DNS 命名空间划分为区域(Zone)。一个区域可能包含营销和会计部门的所有主机名，另一个区域可能包含管理、技术和法律部门的主机名。保存这些区域之一的文件的 DNS 服务器称为特定区域的权威(Authoritative)名称服务器。一个区域可能包含一个或多个域，保存这些主机记录的 DNS 服务器是这些域的权威名称服务器。

DNS 服务器包含将主机名映射到 IP 地址的记录，这些记录称为资源记录(Resource Record)。当用户的计算机需要将主机名解析为 IP 地址时，会查看网络设置以找到 DNS 服务器。计算机然后向 DNS 服务器发送包含主机名的请求以便解析。DNS 服务器查看资源记录并找到具有此特定主机名的记录，检索地址，并使用相应的 IP 地址回复计算机。

建议一个主 DNS 服务器和一个辅助 DNS 服务器覆盖每个区域。主 DNS 服务器包含区域的实际资源记录，辅助 DNS 服务器包含这些记录的副本。用户可使用辅助 DNS 服务器解析名称，从而减轻主服务器的负担。如果主服务器因其他原因宕机或脱机，用户仍然可使用辅助服务器解析名称。同时拥有主 DNS 服务器和辅助 DNS 服务器可提供容错和冗余，确保其中一个服务器发生问题时用户可继续工作。

主 DNS 服务器和辅助 DNS 服务器通过区域传输(Zone Transfer)同步信息。主 DNS 服务器变更后，应将这些变更复制到辅助 DNS 服务器。配置 DNS 服务器以允许仅在特定服务器之间开展区域传输非常重要。多年来，攻击方一直在执行未经授权的区域传输，以从受害方的 DNS 服务器收集非常有用的网络信息。

未经授权的区域传输为攻击方提供了网络中几乎每个系统的信息，包括每个系统的主机名和 IP 地址、系统别名、PKI(Public Key Infrastructure，公钥基础架构)服务器、DHCP 服务器、DNS 服务器等，从而允许攻击方对特定系统开展针对性攻击。如果攻击方对 DHCP 软件有新的利用，就知道了公司 DHCP 服务器的 IP 地址，并可将攻击参数直接发送到系统。此外，由于区域传输可提供网络中所有系统的数据，因此攻击方可绘制网络图。攻击方知道正在使用哪些子网,每个子网中有哪些系统,以及关键网络系统所在的位置。这类似于 Bob 允许窃贼进入自己的房子,并且可自由找到存放珠宝、昂贵的音响设备、存钱罐和汽车钥匙的位置,这样一来,窃贼在 Bob 度假时更容易盗窃。如果未正确配置 DNS 服务器限制此类活动,则可能发生未经授权的区域传输。

1. Internet DNS 和域

Internet 上的网络以层次结构连接,不同 DNS 服务器也是如此,如图 11-31 所示。在执行路由任务时,如果路由器不知道到所请求目的地的必要路径,则路由器会将数据包向上传递到上层的路由器。上层的路由器知道下面所有的路由器。上层路由器对 Internet 上发生的路由有更多的了解,且更可能将数据包发送到正确的目的地。这也适用于 DNS 服务器。如果一台 DNS 服务器不知道哪个 DNS 服务器拥有解析主机名所需的资源记录,可将请求传递到上层的 DNS 服务器。

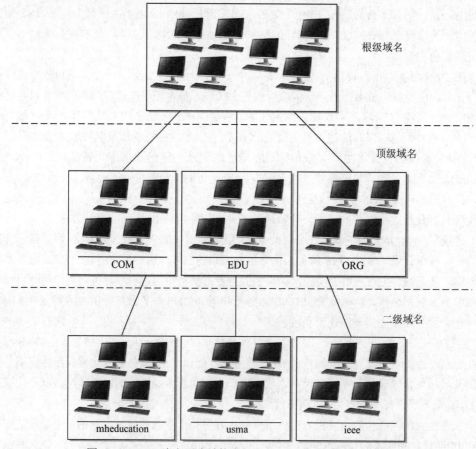

图 11-31 DNS 命名层次结构类似于 Internet 上的路由层次结构

Internet 的命名方案类似于一棵倒置的树，根服务器位于顶部。树的较低分支分为顶级域名，每个域下都有二级域。最常见的顶级域名如下：

- **COM** 商业
- **EDU** 教育
- **MIL** 美国军事组织
- **INT** 国际条约组织
- **GOV** 政府
- **ORG** 组织
- **NET** 网络

那么所有这些 DNS 服务器如何在 Internet 上协同工作？例如，当用户输入 URL 访问销售计算机书籍的网站时，用户的计算机会询问本地 DNS 服务器是否可将此主机名解析为 IP 地址。如果主 DNS 服务器无法解析主机名，则应查询更高级别的 DNS 服务器，最终直到指定域的权威 DNS 服务器。由于网站很可能不在公司网络上，本地 LAN DNS 服务器通常不会知道网站所需的 IP 地址。DNS 服务器不会拒绝用户的请求，而是将其传递给 Internet 上的另一台 DNS 服务器。对主机名解析的请求继续通过不同的 DNS 服务器，直到到达知道 IP 地址的服务器。请求的主机的 IP 信息会回报用户的计算机。然后，用户的计算机尝试使用 IP 地址访问网站，很快用户就开始购买计算机书籍了。

DNS 服务器和主机名解析在企业网络和 Internet 使用中极为重要。如果没有 DNS 服务器和主机名解析，用户将不得不记住并输入每个网站和单个系统的 IP 地址而不是名称。那将是一团糟。

DNS 解析组件

计算机有一个 DNS 解析器(Resolver)，负责向 DNS 服务器发送请求以获取主机 IP 地址信息。如果系统没有此解析器，在浏览器中输入 www.google.com 时将无法访问网站，因为系统实际上并不知道 www.google.com 的含义。输入这个 URL，系统的解析器有一个 DNS 服务器的 IP 地址，并发送主机名到 DNS 服务器的 IP 地址去请求。解析器可向 DNS 服务器发送非递归查询或递归查询。非递归查询(Nonrecursive Query)意味着请求只发送到指定的 DNS 服务器，并且要么将答案返回给解析器，要么返回错误。递归查询(Recursive Query)意味着请求可从一台 DNS 服务器传递到另一台 DNS 服务器，直到识别出具有正确信息的 DNS 服务器。

在图 11-32 中，可跟踪发生的一系列请求。系统的解析器首先检查是否已经缓存或者是否在本地 HOSTS 文件中保存了必要的主机名到 IP(Hostname-to-IP)地址映射。如果解析器没有找到必要的信息，请求将发送到本地 DNS 服务器。如果本地 DNS 服务器也没有找到，请求将发送到不同的 DNS 服务器。

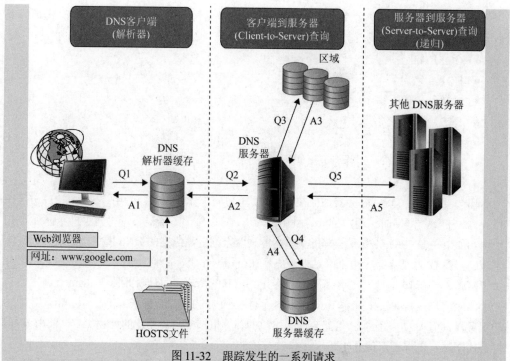

图 11-32　跟踪发生的一系列请求

　　HOSTS 文件位于本地计算机上，可包含静态主机名到 IP(Hostname-to-IP)地址的映射信息。如果不希望系统查询 DNS 服务器，可在 HOSTS 文件中添加必要的数据，系统将在访问 DNS 服务器前检查内容。HOSTS 文件就像一把双刃剑：一方面，通过确保某些主机解析到特定 IP 地址来提供一定程度的安全性；另一方面，对于想要将流量重定向到特定主机的攻击方，HOSTS 文件是有吸引力的目标。关键在于仔细分析和降低 HOSTS 文件风险。

2. DNS 威胁

　　如前所述，并非每个 DNS 服务器都知道需要解析的主机名的 IP 地址。当主机名到 IP 地址映射的请求到达 DNS 服务器(服务器 A)时，服务器 A 会检查资源记录以查看是否具有满足此请求的必要信息。如果服务器 A 没有主机名的资源记录，会将请求转发到另一个 DNS 服务器(服务器 B)。服务器 B 反过来检查其资源记录，如果有映射信息，则将信息发送回服务器 A。服务器 A 将此主机名到 IP 地址的映射缓存在内存中(以防另一个客户端请求)并将信息发送到请求客户端。

　　记住前面的信息，再考虑一个示例场景。攻击方 Andy 想要确保每当竞争对手的一位客户试图访问竞争对手的网站时都指向 Andy 的网站。因此，Andy 安装了一个工具监听离开 DNS 服务器 A 的请求，询问其他 DNS 服务器是否知道如何将竞争对手的主机名映射到自己的 IP 地址。一旦 Andy 看到服务器 A 向服务器 B 发送请求以解析竞争对手的主机名，就迅速向服务器 A 发送一条报文，表明竞争对手的主机名解析为 Andy 的网站 IP 地址。服务器 A 的软件接受收到的第一个响应，因此服务器 A 缓存此不正确的映射信息并发送给请求客户端。

现在，当客户试图访问 Andy 的竞争对手的网站时，却指向 Andy 的网站。使用服务器 A 将竞争对手的主机名解析为 IP 地址的用户随后都会发生这种情况，因为此信息缓存在服务器 A 上。

以前允许此类活动发生的漏洞已得到解决，但此类攻击仍在发生，因为当服务器 A 收到对其请求的响应时，不会验证发送方。

缓解 DNS 威胁包括很多措施，其中最重要的是使用更强大的身份验证机制，例如，DNSSEC(DNS Security，是很多当前 DNS 服务器软件实施的一部分)。DNSSEC 实施 PKI 和数字签名，允许 DNS 服务器验证报文的来源，确保不存在假冒和潜在的恶意。如果服务器 A 上启用 DNSSEC，则服务器 A 将在收到响应后验证报文上的数字签名，然后接受信息，确保响应来自于授权的 DNS 服务器。因此，即使攻击方向 DNS 服务器发送报文 a，DNS 服务器也会丢弃报文 a，因为报文 a 不包含有效的数字签名。DNSSEC 允许 DNS 服务器之间发送和接收授权报文，并阻止攻击方向 DNS 缓存表投毒。

这听起来很简单，但要正确部署 DNSSEC，Internet 上的所有 DNS 服务器都应参与 PKI 才能验证数字签名。事实证明，在 Internet 范围内同时无缝地实施 PKI 是很困难的。

尽管 DNSSEC 比传统 DNS 需要更多资源，但全球越来越多的组织选择使用 DNSSEC。在撰写本书时，91%的顶级域名实施了 DNSSEC。然而，在整个 Internet 上，只有不到 3%的域实施了。因此，虽然前路漫漫，但终将抵达。

DNS 拆分

组织应实施 DNS 拆分(Split DNS)，这意味着 DMZ 中的 DNS 服务器处理外部主机名到 IP 地址的解析请求，而内部 DNS 服务器仅处理内部请求。这有助于确保内部 DNS 服务器具有多层保护，并且不会因"面向 Internet"而暴露。内部 DNS 服务器应只包含内部计算机系统的资源记录，而外部 DNS 服务器应只包含组织希望外部世界能连接到的系统的资源记录。如果破坏了外部 DNS 服务器，且外部 DNS 服务器拥有所有内部系统的资源记录，那么现在攻击方就有了很多"内部知识"，可开展有针对性的攻击。外部 DNS 服务器应仅包含组织希望 Internet 上的其他人能与之通信的 DMZ 系统(Web 服务器、外部邮件服务器等)的信息。

现在讨论保护 DNS 流量的另一个间接相关的困境——伪造 HOSTS 文件，这是恶意软件常用的技术。如前所述，操作系统使用 HOSTS 文件将主机名映射到 IP 地址。HOSTS 文件是一个纯文本文件，在 Windows 中位于%systemroot%\system32\drivers\etc 文件夹中，在 UNIX/Linux 系统中位于/etc/hosts 中，在 macOS 中位于/private/etc/hosts 中。HOSTS 文件只包含一个 IP 地址列表及对应的主机名。

基于配置，计算机在向 DNS 服务器发出 DNS 请求之前会参考 HOSTS 文件。大多数操作系统优先考虑 HOSTS 文件返回的 IP 地址的详细信息，而不是查询 DNS 服务器，因为 HOSTS 文件通常受本地系统管理员的直接控制。

如前所述，在 Internet 的早期和采用 DNS 之前，HOSTS 文件是基于主机名确定主机网络地址的主要来源。随着连接到 Internet 的主机数量的增加，维护 HOSTS 文件几乎是不太可能的，最终导致了 DNS 的创建。

由于 HOSTS 文件的重要作用，经常成为恶意软件在本地网络上连接的系统中传播的目标。例如，一旦恶意程序接管了 HOSTS 文件，就可将流量从预期目的地转移到托管恶意内容的网站。恶意软件执行伪造 HOSTS 文件的一个常见示例包括阻止用户访问防病毒更新网站。这通常通过将目标主机名映射到环回接口 IP 地址 127.0.0.1 完成。防止 HOSTS 文件入侵的最有效技术是将其设置为只读文件，并实施基于主机的 IDS 监视对关键文件的修改尝试。

攻击方不必总是经历所有这些麻烦将流量转移到不法目的地。攻击方还可使用一些非常简单的技术，这些技术在将天真的用户路由到意外目的地方面非常有效。最常见的方法称为 URL 隐藏。超文本标记语言(Hypertext Markup Language，HTML)文档和电子邮件报文允许用户在特定文本中添加或嵌入超链接，例如，在电子邮件报文或网页中看到的 "单击此处(Click Here)" 链接。攻击方滥用超链接欺骗毫无戒心的用户单击恶意链接。

假设恶意攻击方创建了一个毫无疑义的网站 www.good.site，但嵌入了指向不法网站 www.bad.site 的链接。人们可能会单击 www.good.site 链接而不知道实际上已来到不法站点。此外，攻击方还使用字符编码隐藏可能引起用户怀疑的网址。

11.3.9　网络地址转换

当计算机需要相互通信时，应使用类似类型的寻址方案，以便每个人都了解如何找到彼此并相互通信。Internet 使用本章前面讨论的 IP 地址方案，想要与网络上的其他用户通信的计算机或网络都应符合 IP 地址方案；否则，那台计算机将坐在一个虚拟房间里，自言自语。然而，IP 地址已变得稀缺(除非全面采用 IPv6)且价格昂贵。所以一些聪明人想出了网络地址转换(Network Address Translation，NAT)，NAT 让不遵循 Internet 寻址方案的网络能通过 Internet 通信。

正如 RFC 1918 所述，私有 IP 地址已保留供内部 LAN 地址使用。这些地址可在组织的边界内使用，但不能在 Internet 上使用，因为无法对其正确路由。NAT 让组织能使用这些私有地址，且仍能与 Internet 上的计算机透明通信。

下面列出当前的私有 IP 地址范围：

- 10.0.0.0~10.255.255.255　A 类网络
- 172.16.0.0~172.31.255.255　B 类网络
- 192.168.0.0~192.168.255.255　C 类网络

NAT 是位于网络和 Internet(或另一个网络)之间的网关，执行透明路由和地址转换。由于 IP 地址快速耗尽，IPv6 于 1999 年研发，旨在长期解决地址短缺问题。NAT 作为一种短期解决方案研发，方便了更多组织参与 Internet。然而，迄今为止，IPv6 在接受和实施方面进展缓慢，而 NAT 却像野火一样蔓延开来。很多防火墙供应商已在各自的产品中实现了 NAT，且发现 NAT 实际上提供了很大的安全优势。当攻击方想要入侵网络时，首先会尽其所能了解网络及其拓扑、服务和地址的所有信息。当 NAT 部署到位时，攻击方无法轻易找出组织的地址方案及拓扑结构，因为 NAT 就像一个大型夜总会保镖，站在网络前面并隐藏真正的 IP 方案。

NAT 通过将内部地址集中在一台设备上隐藏内部地址，离开网络的帧都只有设备的源地址，而没有发送报文的实际内部计算机的源地址。因此，例如，当一条报文来自于地址为 10.10.10.2 的内部计算机时，报文将在运行 NAT 软件的设备上停止，设备的 IP 地址恰好为 1.2.3.4。NAT 将数据包的报头从内部地址 10.10.10.2 变更为 NAT 设备的 IP 地址 1.2.3.4。当 Internet 上的计算机回复此报文时，会回复地址 1.2.3.4。NAT 设备将此回复报文的报头变更为 10.10.10.2，并将报文放在网络上供内部用户接收。

有三种基本类型的 NAT 实现方式：

- **静态映射** NAT 软件有一个公共 IP 地址池配置。每个私有地址都静态映射到一个特定的公共地址。所以计算机 A 总是接收公共地址 x，计算机 B 总是接收公共地址 y，以此类推。这通常用于需要始终保持同一公共地址的服务器。

- **动态映射** NAT 软件有一个 IP 地址池，但不是将公共地址静态映射到特定的私有地址，而是以先到先得的方式工作。因此，如果 Bob 需要通过 Internet 通信，系统会向 NAT 服务器发出请求。NAT 服务器取第一个列表中的 IP 地址并映射到 Bob 的私有地址。平衡方法是估算一次内部网络中最可能需要与外部通信的计算机数量。此估算是组织采购的公共地址数量，而不是为每台计算机采购公共地址的数量。

- **端口地址转换(Port Address Translation，PAT)** 组织拥有并使用对所有需要在内部网络之外开展通信的系统，只有一个公共 IP 地址。世界上怎么可能所有的计算机都使用完全一样的 IP 地址？好问题。下面是一个示例：NAT 设备的 IP 地址为 127.50.41.3。当计算机 A 需要与 Internet 上的系统通信时，NAT 设备会记录这台计算机的私有地址和源端口号(10.10.44.3；端口 43887)。NAT 设备将计算机数据包报头中的 IP 地址变更为 127.50.41.3，源端口为 40000。当计算机 B 也需要与 Internet 上的系统通信时，NAT 设备记录私有地址和源端口号(10.10.44.15；端口 23398)，并将报头信息变更为 127.50.41.3，源端口为 40001。因此，当系统响应计算机 A 时，数据包首先到达 NAT 设备，NAT 查找端口号 40000 并看到映射到计算机 A 的真实信息。于是 NAT 设备将头信息修改为地址 10.10.44.3 和端口 43887 发送给计算机 A 处理。一个组织可通过使用 PAT 节省经费，因为只需要购买几个公共 IP 地址，这些地址可用于网络中的所有系统。

大多数 NAT 实现都是有状态的，这意味着 NAT 会跟踪内外部主机之间的通信，直到会话结束。NAT 设备发送回复报文需要记住内部 IP 地址和端口。这种状态特征类似于状态检测(Stateful-inspection)防火墙，但 NAT 不对传入数据包执行扫描以查找恶意特征。相反，NAT 通常是在组织的屏蔽子网内的路由器或网关设备上运行的服务。

尽管研发 NAT 是为了快速解决 IP 地址耗尽的问题，但 NAT 实际上把这个问题推迟了很长一段时间。实施私有地址方案的组织越多，IP 地址变得稀缺的可能性就越小。这对 NAT 和实施 NAT 技术的供应商很有帮助，但这样一来，IPv6 的接受和实施更遥远了。

11.3.10   路由协议

Internet 上的各个网络称为自治系统(Autonomous System，AS)。这些 AS 由不同的服务提供商和组织独立控制。AS 由路由器组成，这些路由器由单个实体管理，并在 AS 的边界内使用通用的内部网关协议(Interior Gateway Protocol，IGP)。这些 AS 的边界由边界路由器划定。这些路由器连接到其他 AS 的边界路由器，并运行内部和外部路由协议。内部路由器连接到同一 AS 内的其他路由器并运行内部路由协议。所以，实际上，Internet 只是一个由 AS 和路由协议组成的网络。

注意
打个比方，就像世界由不同的国家组成一样，Internet 也由不同的 AS 组成。就像国家一样，每个 AS 都划定了边界。国家有自己的语言(如西班牙语、阿拉伯语和俄语)。同样，AS 也有自己的内部路由协议。说不同语言的国家需要有一种相互交流的方式，可通过口译员实现。AS 需要有一种标准化的通信和协同工作方法，这就是外部路由协议发挥作用的地方。

支持这些不同 AS 的 Internet 架构已创建。这样一来，需要连接到特定 AS 的实体都不必知道或理解正在使用的内部路由协议。相反，为让 AS 开展通信，只需要使用类似的外部路由协议(见图 11-33)。打个比方，假设 Bob 想给住在另一个州的朋友送一个包裹。Bob 把包裹交给弟弟，弟弟会乘火车去两州交界，然后把包裹交给邮政系统。因此，Bob 知道弟弟如何乘火车到达州界。但 Bob 不知道邮政系统如何将包裹送到朋友的家里(卡车、汽车或者公共汽车)，因为这不是 Bob 关心的问题。不需要 Bob 的参与，包裹会到达目的地。类似地，当一个网络与另一个网络通信时，第一个网络将数据包放在一个外部协议(火车)上，当数据包到达边界路由器(状态边缘)时，数据传输到接收网络正在使用的内部协议上。

注意
路由器使用路由协议识别源系统和目标系统之间的路径。

1. 动态路由与静态路由

路由协议有动态的或静态的。动态路由协议可发现路由并建立路由表。路由器使用这些表决定接收的数据包的最佳路由。动态路由协议可基于发生在不同路由上的变更，来变更路由表中的条目。当使用动态路由协议的路由器发现路由已关闭或拥塞时，会向周围的其他路由器发送更新报文。其他路由器使用此信息更新其路由表，提供有效的路由功能。静态路由协议需要管理员手动配置路由器的路由表。如果链路出现故障或网络拥塞，路由器将无法自行调整以使用更佳的路由。

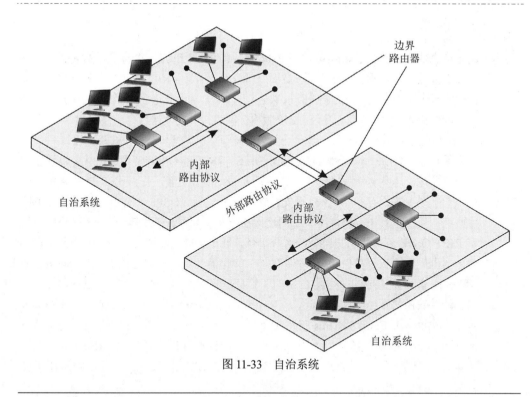

图 11-33　自治系统

注意

路由震荡(Route flapping)指路由可用性的不断变化。此外，如果路由器没有收到关于链路已断开的更新，继续将数据包转发到路由，这称为黑洞(Block Hole)。

2. 距离矢量与链路状态

路由协议有两种主要类型：距离矢量和链路状态路由。距离矢量路由协议(Distance-vector Routing Protocol)基于距离(或跳数)和矢量(方向)做出路由决策。距离矢量路由协议将这些变量与算法一起使用，确定数据包的最佳路由。链路状态路由协议(Link-state Routing Protocol)构建了更准确的路由表，完成了网络的拓扑数据库。这些协议着眼于更多变量，而不仅是两个目的地之间的跳数，且使用数据包大小、链接速度、延迟、网络负载和可靠性作为算法中的变量确定数据包的最佳路由。

因此，距离矢量路由协议只查看两个目的地之间的跳数，并认为每一跳是相等的。链路状态路由协议不仅能解决跳数的问题，还能了解每个跳的状态，并基于这些因素做出决策。如下一节所述，RIP 是距离矢量路由协议的一个示例，而 OSPF 是链路状态路由协议的一个示例。OSPF 是首选，用于大型网络。RIP 仍然存在，但只应在较小的网络中使用。

3. 内部路由协议

内部路由协议(也称为内部网关协议)在同一 AS 内路由流量。就像旅客在国内或国际旅行时从一个机场飞往另一个机场的流程不同一样，路由协议的设计也不同，具体取决于在 AS

边界的哪一侧运行。如今正在使用事实上的和专有的内部协议。以下只是其中的一部分:

- **路由信息协议(Routing Information Protocol,RIP)**　RIP 是一个标准,阐述了路由器如何交换路由表数据。为什么这是距离矢量协议? 因为 RIP 会计算源和目的地之间的最短距离。RIP 由于性能缓慢且缺乏功能,作为历史遗留协议,只用于小型网络。RIP 版本 1 没有身份验证,RIP 版本 2 以明文形式发送口令或使用 MD5 哈希。RIPng 是这个古老协议的第三代。与第 2 版非常相似,但专为 IPv6 路由设计。

- **开放最短路径优先(Open Shortest Path First,OSPF)**　OSPF 使用链路状态算法发送路由表信息。这些算法可支持更小、更频繁的路由表更新,提供比 RIP 更稳定的网络,但需要更多内存和 CPU 资源支持这种额外处理。OSPF 可建立一个层次化的路由网络,用一条骨干链路将所有子网连接在一起。如今,OSPF 已在很多网络中取代了 RIP。OSPF 可使用明文口令或哈希口令开展身份验证,或可选择在使用此协议的路由器上配置不执行身份验证。最新的 OSPF 是第 3 版。虽然旨在支持 IPv6,但也支持 IPv4,其中最重要的改进是 OSPF v3 的身份验证使用 IPSec。

- **内部网关路由协议(Interior Gateway Routing Protocol,IGRP)**　IGRP 是一种距离矢量路由协议,由 Cisco Systems 研发并为 Cisco Systems 专有。RIP 使用一个标准找到源和目标之间的最佳路径,而 IGRP 使用五个标准做出"最佳路由(Best Route)"决策。网络管理员可设置这些不同度量的权重,以便协议在特定环境中发挥最佳效果。

- **增强的内部网关路由协议(Enhanced Interior Gateway Routing Protocol,EIGRP)**　EIGRP 是 Cisco 专有的高级距离矢量路由协议。EIGRP 允许比其前身 IGRP 更快的路由器表更新,并最大限度地减少拓扑变更后可能发生的路由不稳定性。路由器交换的报文包含有关带宽、延迟、负载、可靠性和到每个目的地的路径的 MTU 信息,由通告路由器(Advertising Router)获悉。EIGRP 的最新版本是 4。

- **虚拟路由器冗余协议(Virtual Router Redundancy Protocol,VRRP)**　VRRP 用于需要高可用性的网络中,路由器不能成为故障点。VRRP 通过将"虚拟路由器"作为默认网关而提高了默认网关的可用性。两个物理路由器(主要和次要)映射到一个虚拟路由器。如果其中一个物理路由器发生故障,另一个路由器将接管工作负载。

- **中间系统到中间系统(Intermediate System to Intermediate System,IS-IS)**　IS-IS 是一种链路状态(Link-state)协议,允许每个路由器独立地构建网络拓扑数据库。与 OSPF 协议类似,IS-IS 计算流量通过的最佳路径。IS-IS 是供应商中立的无类别和分层路由协议。IS-IS 与其他协议(如 RIP 和 OSPF)不同,IS-IS 不使用 IP 地址。与之相反,IS-IS 使用 ISO 地址,意味着不必重新设计协议即可支持 IPv6。

注意

尽管大多数路由协议都具有身份验证功能,但很多路由器并未启用此功能。

4. 外部路由协议

连接不同 AS 的路由器所用的外部路由协议通常称为外部网关协议(Exterior Gateway Protocol，EGP)。边界网关协议(Border Gateway Protocol，BGP)方便不同自治系统上的路由器共享路由信息，确保不同自治系统网络之间的有效和高效路由。互联网服务提供商通常使用 BGP 将数据从 Internet 上的一个位置路由到另一个位置。

注意

一种外部路由协议称为外部网关协议，但目前 BGP 已取而代之，现在术语"外部网关协议"和首字母缩写词 EGP 泛指一种协议，而不是指代过时的协议。

BGP 使用链路状态和距离矢量路由算法的组合。BGP 通过使用链路状态功能创建网络拓扑，并定期而不是连续地传输更新，这就是距离矢量协议的工作方式。在确定最佳路由时，网络管理员可对链路状态路由协议使用的不同变量施加权重。这些配置统称为路由策略(Routing Policy)。

5. 路由协议攻击

通过路由协议可在路由器上发生几种类型的攻击。大多数攻击是使用假冒 ICMP 报文误导流量。攻击方可伪装成另一个路由器并将路由表信息提交给受害路由器。受害路由器集成这些新信息后，可能将流量发送到错误的子网或计算机，甚至发送到不存在的地址(黑洞)。这些攻击主要在未启用路由协议身份验证时取得成功。当不需要身份验证时，路由器可在不知道发送方是不是合法路由器的情况下接受路由更新。攻击方可转移公司的流量以泄露机密信息或仅破坏流量，这也是 DoS 攻击。

11.4 内联网和外联网

Web 技术及其使用在功能、能力和流行度方面呈爆炸性增长。组织建立内部网站以获取集中的业务信息，例如，员工电话号码、政策、事件、新闻和操作说明。很多组织还实施了基于 Web 的终端。这样一来，员工可执行日常任务，访问集中式数据库、交易、协作项目，访问全球日历，使用视频会议工具和白板应用程序，并获得常用的技术或营销数据。

基于 Web 的客户端不同于登录到网络并拥有自己桌面的工作站。使用基于 Web 的客户端，用户不能方便地访问计算机系统文件、资源和硬盘空间，不能方便地访问后端系统以及执行其他任务。基于 Web 的客户端可配置为仅提供用户执行任务所需的按钮、字段和页面的 GUI，为所有用户提供了具有类似功能的标准通用界面。

当组织使用仅在网络内部可用的基于 Web 的技术时，使用的就是内联网(Intranet)，即"私有(Private)"网络。组织拥有使用 Web 浏览器的 Web 服务器和客户端计算机，并使用 TCP/IP 协议套件。网页以 HTML 或 XML(eXtensible Markup Language，可扩展标记语言)编写，并通过 HTTP 访问。

使用基于网络的技术有很多好处。不仅容易实现，且不会发生重大的互操作性问题。用户只需要单击一个链接就来到所请求资源的位置。基于 Web 的技术不依赖于平台，意味着所有网站和页面都可在各种平台上维护，并且不同风格的客户端工作站都能访问——只需要一个 Web 浏览器。

外联网(Extranet)延伸到组织网络的边界之外，方便了两个或多个组织共享公共信息和资源。业务合作伙伴通常设置外联网以适应企业间的通信。外联网方便了业务合作伙伴共同开展项目，分享营销信息，就问题沟通和协作，发布订单，分享目录、定价结构和预期活动的信息。贸易伙伴经常使用电子数据交换(Electronic Data Interchange，EDI)，EDI 为电子文档、订单、发票、采购订单和数据流提供结构和组织。EDI 已发展为基于 Web 的技术，提供更方便的访问和通信方法。

对于组织而言，如果未正确实施和维护外联网，外联网可能在安全性方面造成弱点或漏洞。需要适当配置防火墙，控制外联网通信的通道。外联网过去主要基于专用传输线，攻击方难以渗透。如今很多外联网都建立在 Internet 上，需要正确配置 VPN 和安全策略。

11.5 城域网

城域网(Metropolitan Area Network，MAN)通常是将 LAN 相互连接以及将 LAN 连接到 WAN、Internet 以及电信和电缆网络的骨干网。当今大多数 MAN 是由电信服务提供商提供的同步光网络(Synchronous Optical Network，SONET)或 FDDI 环和城域以太网。SONET 和 FDDI 环网覆盖的区域很大，企业可通过 T1、分式 T1 和 T3 线路连接到环网。图 11-34 展示了通过 SONET 环连接的两家公司以及让这种通信通用的设备。这是一个简化的 MAN 示例。实际上，几个业务通常连接到一个环。

图 11-34 城域网覆盖大面积，企业之间能相互连接，能连接到 Internet 或其他 WAN

SONET 是通过光纤电缆开展电信传输的标准。运营商和电话公司已为北美部署了 SONET 网络，如果正确地遵循 SONET 标准，这些不同的网络可轻松互通。SONET 是自愈 (Self-Healing)的，意味着如果线路发生中断，SONET 可使用备用冗余环确保传输继续。所有 SONET 线路和环都是完全冗余的。冗余线路在时刻等待着，以防主环有问题。

SONET 网络可通过光网络传输语音、视频和数据。速度较慢的 SONET 网络通常会接入更大、更快的 SONET 网络，如图 11-35 所示，方便不同城市和地区的企业之间的交流。

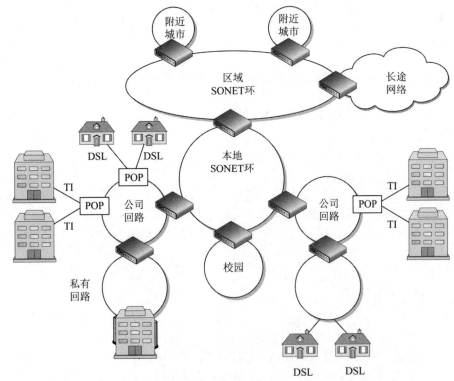

图 11-35　较小的 SONET 环连接到较大的 SONET 环以构建单独的 MAN

MAN 由无线基础架构、光纤或以太网连接组成。以太网已从仅作为一种 LAN 技术发展到在 MAN 环境中使用。由于以太网在组织网络中的普遍使用，很容易扩展并连接到 MAN 网络。服务提供商通常使用第 2 层和第 3 层交换机连接光纤，这些光纤可构建为环状、星状或部分网状拓扑。

城域以太网

以太网已存在很多年了，几乎嵌入每个 LAN 中。以太网 LAN 可连接到前面提到的 MAN 技术，或可扩展到覆盖一个城域，这就是所谓的城域以太网(Metro Ethernet)。

MAN 上的以太网可用作纯以太网或与其他网络技术集成的以太网，如使用多协议标签交换(Multiprotocol Label Switching，MPLS)。纯以太网成本较低，但可靠性和可扩展性较差。基于 MPLS 的部署成本更高，但高度可靠且可扩展，通常由大型服务提供商使用。

MAN 架构通常建立在三层之上：接入层、汇聚/分布层和核心层。接入层直接向客户提供服务，通常数据速率为 10 Gbps 或更低。汇聚层为客户数据提供路由，其中大部分传递到核心层，核心层以 100 Gbps 或更高的数据速率运行，如图 11-36 所示。

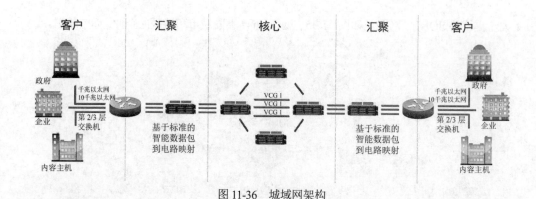

图 11-36 城域网架构

接入设备存在于客户的场所,并将客户的设备连接到服务提供商的网络。服务提供商的分发网络汇聚流量并发送到提供商的核心网络。从那里,流量转移到离目的地最近的下一个汇聚网络。这类似于较小的高速公路通过上下坡道连接到较大的州际公路,方便人们快速地从一个地点前往另一个地点。

11.6 广域网

LAN 技术在较小的地理区域内提供通信能力,而广域网(Wide Area Network,WAN)技术用于较大的地理区域内的通信。LAN 技术包括计算机如何将数据放到网络电缆上、如何格式化和传输数据、如何处理错误以及目标计算机如何从电缆中获取这些数据的规则和协议。当网络上的计算机需要与国内另一端或完全不同国家的网络通信时,WAN 技术就会发挥作用。

WAN 应有一些通往其他网络的途径,很可能是与组织服务提供商的交换机或电话公司设施通信的路由器。正如 LAN 领域中存在多种技术一样,WAN 领域中也存在多种技术。下面讨论通常将 LAN 连接到 WAN 的专用链路以及 WAN 中使用的各种技术。

11.6.1 专用链路

专用链路(Dedicated Link)也称为专线(Leased Line)或点对点链路(Point-to-Point Link)。专用链路是为两个目的地之间的 WAN 通信目的预先建立的单个链接。专用链路是专用的,意味着只有目标点可相互通信。其他实体在其他时候都不会共享此链接。这是组织过去沟通的主要方式,因为可选项没有现在那么多。专用链路适合经常通信并需要快速传输和特定带宽的两个位置,但与多个组织共享同一带宽并分担成本的其他技术相比,专用链路成本很高。这并不意味着不推荐使用专线。专线肯定会有用武之地,只是还有很多其他选项可用,包括 X.25、帧中继和 ATM 技术。

1. T-载波

T 载波(T-carrier)是通过干线传输语音和数据信息的专用线路。T 载波由 AT&T 研发,最初在 20 世纪 60 年代初实施,支持脉冲编码调制(Pulse-code Modulation,PCM)语音传输。T 载波首先用于专用的、点对点、大容量连接线路对语音数字化。最常用的 T 载波是 T1 线和 T3 线。两者都是数字电路，可将多个单独的通道复用到一个更高速度的通道中。

这些线路可通过时分复用(Time-Division Multiplexing，TDM)实现复用功能。多路复用到底意味着什么？ 意味着每个通道只能在特定时段内使用。就像在海滩上拥有分时共享物业；每个共同所有方都可使用，但一次只能使用一个，且只能保留固定的天数。一条 T1 线路可多路复用多达 24 个通道。如果公司一台 PBX 连接到 T1 线路，而 T1 线路又连接到电话公司交换局，则可将 24 个呼叫截断并放置在 T1 线路上并传送到交换局。如果这家公司不使用 T1 线路，则需要 24 根单独的双绞线处理这么多电话。

如图 11-37 所示，输入数据到这 24 个通道并传输。每个通道最多可在已建立的时间槽中插入 8 位。这些 8 位时间槽中的 24 个组成一个 T1 帧。这听起来不像是太多信息，但每秒可构建 8000 帧。由于这种情况发生得如此之快，因此接收端不会注意到延迟，也不知道正在与多达 23 个其他设备共享连接和带宽。

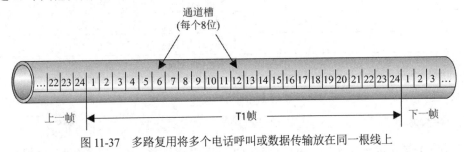

图 11-37　多路复用将多个电话呼叫或数据传输放在同一根线上

原本运营商主要使用 T1 和 T3 线路，现在换成光线路了。现在，T1 和 T3 线路将数据传输到这些强大且超快速(Super-fast)的光线路中。T1 和 T3 线路租给需要大容量(High-capacity)传输能力的组织和 ISP。有时，T1 通道会在不需要 1.544 Mbps 全带宽的组织之间拆分。这称为分式 T 线(Fractional T)。不同的载波线路及对应的特性如表 11-8 所示。

表 11-8　T-载波层次结构总结表

载波	T1 数量	通道数	速度(Mbps)
分式	1/24	1	0.064
T1	1	24	1.544
T2	4	96	6.312
T3	28	672	44.736
T4	168	4032	274.760

如前所述，专线有其缺点，昂贵且不灵活。如果一家公司搬到另一个地点，T1 线不能轻易迁移。专用线路很昂贵，因为组织应为具有大带宽的专用连接付费，即使不使用带宽也要付费。没有多少组织需要每天 24 小时提供这种级别的带宽。与之相反，组织可能不时有数据要发送，但不是连续的。

专线的费用取决于到目的地的距离。从一栋大楼到 2 英里外的另一栋大楼的 T1 线路比覆盖 50 英里或整个州的 T1 线路便宜得多。

2. E-载波

E 载波(E-carrier)类似于 T 载波电信连接，其中单个物理线对可用于通过时分复用传输很多同时进行的语音对话。在这项技术中，30 个通道在一帧中交错 8 位数据。虽然 T 载波和 E 载波技术相似，但彼此不能互操作。通常，欧洲国家使用 E-载波。E 载波信道和相关速率如表 11-9 所示。

表 11-9　E 载波特性

信号	速率
E0	64 Kbps
E1	2.048 Mbps
E2	8.448 Mbps
E3	34.368 Mbps
E4	139.264 Mbps
E5	565.148 Mbps

最常用的信道是 E1 和 E3 以及分式 E 载波线。

3. 光载波

高速光纤连接以光载波(Optical Carrier，OC)传输速率衡量。传输速率由数字信号比特流的速率定义，并由速率基本单位的倍数的整数值指定。通常称为 OCx，其中 x 表示基本 OC-1 传输速率的倍数，即 51.84 Mbps。载波级别和速度见表 11-10。

表 11-10　OC 传输率

光载波	速度
OC-1	51.84 Mbps
OC-3	155.52 Mbps
OC-9	466.56 Mbps
OC-12	622.08 Mbps
OC-19	933.12 Mbps
OC-24	1.244 Gbps
OC-36	1.866 Gbps
OC-48	2.488 Gbps
OC-96	4.977 Gbps
OC-192	9.953 Gbps
OC-768	40 Gbps
OC-3072	160 Gbps

需要高速 Internet 连接的中小型组织可使用 OC-3 或 OC-12 连接。需要大量带宽的服务提供商可能使用一个或多个 OC-48 连接。OC-192 和更大的连接通常用于 Internet 骨干网,将全球最大的网络连接在一起。

11.6.2 广域网技术

当今组织可使用多种广域网技术。组织用于评估并确定最适合其 WAN 技术的信息通常包括功能、带宽需求、服务水平协议、所需设备、成本以及服务提供商提供的服务。下面介绍当今可用的一些 WAN 技术。

1. CSU/DSU

当使用数字设备将 LAN 连接到 WAN 时,需要通道服务单元/数据服务单元(Channel Service Unit/Data Service Unit,CSU/DSU)。这种连接可利用 T1 和 T3 线路,如图 11-38 所示。CSU/DSU 是必要的,因为服务提供商使用的 LAN 设备和 WAN 设备上信号和帧存在差异。

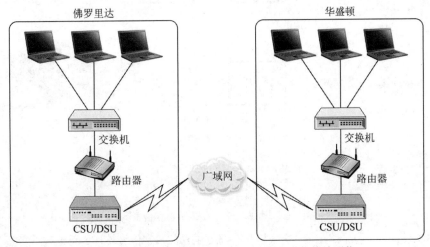

图 11-38   数字设备需要 CSU/DSU 才能与电信线路通信

更多复用

以下是需要注意的一些其他类型的多路复用功能。

统计时分复用(Statistical time-division multiplexing,STDM):

- 通过一次传输同时传输多种类型的数据电缆或线路(例如,T1 或 T3 线路)。
- 分析与每个输入设备(打印机、传真机和计算机)的典型工作负载相关的统计数据,并实时确定每个设备的数据传输应分配多长时间。

频分复用(Frequency-division Multiplexing,FDM):

- 用于移动数据的可用无线频谱。
- 划分可用频段为窄频段并拥有多个用于传输数据的并行通道。

可参见图 11-39。

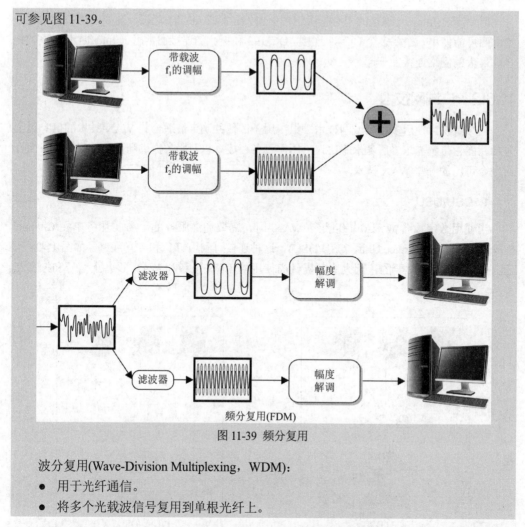

图 11-39　频分复用

波分复用(Wave-Division Multiplexing，WDM)：

- 用于光纤通信。
- 将多个光载波信号复用到单根光纤上。

　　DSU 设备将来自于路由器、交换机和多路复用器的数字信号转换为可通过服务提供商的数字线路传输的信号。DSU 设备确保电压电平正确，且信息在转换流程中不会丢失。CSU 将网络直接连接到服务提供商的线路。CSU/DSU 并不总是一个单独的设备，也可作为网络设备的一部分。

　　CSU/DSU 为数据终端设备(Data Terminal Equipment，DTE，例如，终端、多路复用器或路由器)提供数字接口，并为数据电路终端设备(Data Circuit-terminating Equipment，DCE，如运营商的交换机)提供接口。CSU/DSU 的工作基本上是翻译，有时也用作线路调节器。

2. 交换

　　专用链接只有一条路径可遍历；因此，在确定如何将数据包发送到不同的目的地时并不复杂。当数据包离开一个网络并前往另一个网络时，只需要两个参考点。当数千个网络相互连接时，情况会变得更复杂，这通常是交换发挥作用的时候。

有两种可使用的主要类型的交换：电路交换和数据包交换。电路交换(Circuit Switching)建立了一个虚拟连接，其作用类似于两个系统之间的专用链路。ISDN 和电话呼叫是电路交换的示例，如图 11-40 的下半部分所示。

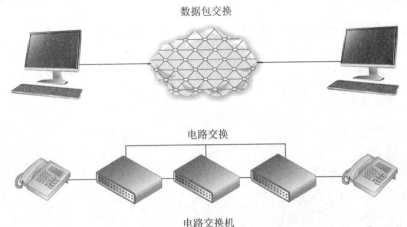

数据包交换

电路交换

电路交换机

图 11-40　电路交换为通信路径提供了一条路径，而数据包交换提供了很多不同的可能路径

当源系统与目标系统建立连接时会建立一个通信通道。如果两个系统彼此本地，则设置此通道需要较少的设备。两个系统之间的距离越远，就越需要更多设备参与设置通道和连接这两个系统。

一个电路交换系统工作的示例是使用日常电话。当一个人呼叫另一个人时，建立了类似的专用虚拟通信链路。一旦建立连接，支持通信信道的设备就不会通过不同的设备动态移动呼叫，在数据包交换环境中同样如此。通道保持在原始设备上的配置，直到呼叫(连接)完成并拆除。

另一方面，数据包交换(Packet Switching)不建立专用的虚拟链路，来自于一个连接的数据包可通过很多不同的单独设备(参见图 11-40 上半部分)，而不是一个接一个通过一样的设备。数据包交换技术的一些示例是 Internet、X.25 和帧中继。支持这些方法的基础架构由不同类型的路由器和交换机组成。这些基础架构提供到同样目的地的多条路径，从而提供了高度的冗余。

在数据包交换网络中，数据分解成包含帧校验序列(Frame Check Sequence，FCS)编号的数据包。这些数据包通过不同的设备，路径可由路由器或交换机动态变更，从而为特定数据包确定更佳的路由。一旦目标计算机上接收到数据包，所有数据包都会基于各自的 FCS 编号重新组合并处理。

由于数据包在数据包交换环境中所采用的路径并不是一成不变的，因此与电路交换技术相比，可能存在可变延迟。这没关系，因为数据包交换网络通常承载数据而不是语音。语音连接可清楚地检测到这些类型的延迟，所以在很多情况下电路交换网络更适合语音连接。语音通话通常提供稳定的信息流，而数据连接本质上是"突发的(Burstier)"。当 Bob 打电话时，谈话会保持一定的节奏。Bob 和朋友完全没必要说得太快，然后花几分钟停止说话，创造一个完全沉默的空白。然而，这通常就是数据连接的工作方式。大量数据从一端发送到另一端，然后出现死寂时间，直到需要发送更多数据。

电路交换与数据包交换

以下几点简要总结了电路交换和数据包交换技术之间的差异。

电路交换：
- 面向连接的虚拟链接
- 流量以可预测和持续的方式传播
- 固定延迟
- 通常携带面向语音的数据

数据包交换：
- 数据包可使用很多条不同的动态路径到达同样的目的地
- 流量通常具有突发性
- 可变延迟
- 通常携带面向数据的数据

---

3. 帧中继

长期以来，很多组织使用专用链接与其他组织通信。A 公司有一条通往 B 公司的管道，每天 24 小时提供一定的带宽，没有其他实体使用。因为只有两家公司可使用这条线路，所以带宽够用，但很昂贵，且大多数组织并没有在链路可用的每个小时都使用全部带宽。因此，组织花了很多钱购买并不一直使用的服务。后来，组织为避免这种不必要的成本，转向使用帧中继而不是专线。

 考试提示
帧中继是一种过时的技术，仍然在少量使用，但 CISSP 考生应熟知。

帧中继是一种在数据链路层运行的 WAN 技术。帧中继是一种 WAN 解决方案，使用数据包交换技术让多个组织和网络共享同样的 WAN 介质、设备和带宽。直接点对点链路的成本基于端点之间的距离，而帧中继成本基于使用的带宽。由于多个组织和网络使用同样的介质和设备(路由器和交换机)，因此与专用链路相比，每个组织的成本可大大降低。

如果一家公司很清楚每天需要的带宽，就可支付一定的费用确保足够的带宽始终供自己专用。如果另一家公司知道自己不会有很高的带宽要求，就可支付较低的费用，但不会得到更高的带宽分配。无论如何，第二家公司至少在链路忙碌之前将拥有更高的可用带宽，而忙碌时带宽水平会降低。组织为确保更高级别的带宽始终可用而支付更多费用，称为支付承诺信息速率(Committed Information Rate，CIR)。

帧中继连接使用了两种主要类型的设备：DTE 和 DCE,这两种设备都在之前的 CSU/DSU 讨论中介绍过。DTE 通常是客户拥有的设备，例如，路由器或交换机，可在组织自己的网络和帧中继网络之间提供连接。DCE 是服务提供商的设备，或电信公司的设备，在帧中继云中开展实际的数据传输和交换。因此，DTE 是组织进入帧中继网络的通道，而 DCE 设备实际上在帧中继云中完成工作。

帧中继云是提供交换和数据通信功能的 DCE 设备的集合。一些服务提供商提供这类服务，一些提供商使用其他提供商的设备——这一切都会让人感到困惑，因为一个数据包可采用很多不同的路由。这个集合称为云(Cloud)，便于与其他类型的网络区分开来，因为数据包到达这个云时，用户通常不知道帧将采用的路由。帧将通过 DCE 中定义的永久或交换虚拟电路或通过运营商交换机发送。

注意

"云"一词用于多种技术：Internet 云、ATM 云、帧中继云、云计算等。云就像一个黑匣子——知道数据的进出，但通常并不关心内部发生的复杂事情。

帧中继是由很多用户共享的任意对任意服务。如前所述，这是有益的，因为成本远低于专用租用线路的成本。因为帧中继是共享的，如果一个用户没有使用自己的带宽，就可供其他用户使用。另一方面，当流量水平增加时，可用带宽会减少。这就是想要始终使用特定带宽的用户需要支付更高 CIR 的原因。

图 11-41 显示了通过专线连接的五个站点与通过帧中继云连接的五个站点。第一种解决方案需要很多昂贵且不灵活的专线。第二种解决方案更便宜，并且为组织提供了更大的灵活性。

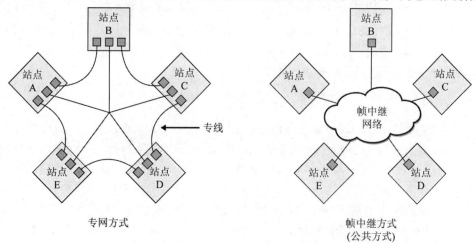

图 11-41 专用网络连接需要多个昂贵的专用链路。帧中继帮助用户共享公共网络

4. 虚拟电路

帧中继(和 X.25)跨虚拟电路转发帧。这些电路可以是永久性(Permanent)的，表示是预先编程的，也可以是可切换的，意味着在需要时快速构建电路并在不再需要时拆除。PVC(Permanent Virtual Circuit，永久虚拟电路)的工作方式类似于客户的专用线路，具有商定的带宽可用性。当客户决定为 CIR 付费时，运营商会为客户编程 PVC，确保客户始终接收一

定数量的带宽。

与 PVC 不同，SVC(Switched Virtual Circuit，交换虚拟电路)需要类似于拨号和连接程序的步骤。不同之处在于 PVC 帧建立永久路径，而使用 SVC 时应建立电路。这类似于通过公共网络拨打电话。在设置程序中，请求所需的带宽，联系目标计算机且应接受呼叫，确定路径，并将转发信息编程到 SVC 路径上的每个交换机中。SVC 用于电话会议、建立与远程站点的临时连接、数据复制和语音呼叫。一旦不再需要连接，电路就会拆除，交换机会忘记这个连接曾经存在过。

虽然 PVC 提供了有保证的带宽水平，但 PVC 不具备 SVC 的灵活性。如果客户想要使用 PVC 做临时连接(如前所述)，应致电运营商并做设置，这可能需要数小时。

5. X.25

X.25 是一种较旧的 WAN 协议，X.25 定义了设备和网络如何建立和维护连接。与帧中继一样，X.25 是一种交换技术，使用运营商交换机为很多不同的网络提供连接。X.25 还提供任意对任意连接，意味着很多用户同时使用同样的服务。订户基于使用的带宽量收费，这与收取固定费用的专用链接不同。

数据分为 128 个字节并封装在高级数据链路控制(High-level Data Link Control，HDLC)帧中。然后，寻址这些帧并通过运营商交换机转发。这在很大程度上与帧中继类似；但与 X.25 相比，帧中继要先进和高效得多，因为 X.25 协议是在 20 世纪 70 年代研发和发布的。在此期间，很多连接到网络的设备是哑终端和大型机，彼时 Internet 的基础稳定性和抗错误能力不如今天，网络没有内置功能和容错能力。当这些特性不是 Internet 的一部分时，需要 X.25 弥补这些缺陷并提供多层错误检查、纠错和容错。协议因而变得臃肿，这在当时是必需的，但现在却降低了数据传输速度，提供的性能也比帧中继或 ATM 更低。

6. ATM

异步传输模式(Asynchronous Transfer Mode，ATM)是另一种交换技术，但 ATM 不是数据包交换的方法，而是使用信元交换的方法。ATM 是一种高速网络技术，用于 LAN、MAN、WAN 和服务提供商连接。与帧中继一样，ATM 是一种面向连接的交换技术，创建和使用固定的信道。IP 是无连接技术的一个示例。在 TCP/IP 协议组中，IP 是无连接的，而 TCP 是面向连接的。这意味着 IP 段可快速轻松地路由和交换，每个路由器或交换机不必考虑数据是否真的到达了目的地——这是 TCP 的工作。TCP 在源端和目标端工作，确保正确传输数据，并重新发送遇到某类问题且未正确传输的数据。当使用 ATM 或帧中继时，源和目标之间的设备应确保数据到达要去的地方，这与使用纯无连接协议不同。

由于 ATM 是一种信元交换技术而不是数据包交换技术，因此将数据分成 53 字节的固定大小的信元，而不是可变大小的数据包。ATM 提供了对通信路径的更有效和更快的使用。ATM 设置虚拟电路，其作用类似于源和目标之间的专用路径。这些虚电路可保证带宽和 QoS。出于这些原因，ATM 是一种很好的语音和视频传输载体。

技术运营商和服务提供商是使用 ATM 技术的主力，ATM 是 Internet 的核心技术，不过

ATM 技术也可用于组织在骨干网和与服务提供商网络的连接中的私人用途。

传统上，组织使用专线(通常是 T 载波线路)连接到公共网络。然而，组织也开始在网络上实施 ATM 交换机，将其连接到运营商基础架构。因为 ATM 的费用是基于使用的带宽而不是持续连接，所以便宜得多。一些组织已经用 ATM 取代了快速以太网和 FDDI 主干。当一个组织使用 ATM 作为专用骨干网时，组织使用 ATM 交换机，这些交换机接收以太网帧或正在使用的数据链路技术，并将其帧化为 53 字节的 ATM 信元。

服务质量　服务质量(Quality of Service，QoS)可允许协议区分不同类别的报文并分配优先级。某些应用程序(例如，视频会议)对时间敏感，意味着延迟会导致应用程序的性能无法接受。提供 QoS 的技术允许管理员为时间敏感的流量分配优先级。然后，协议可确保这种类型的流量具有特定或最小的传递速率。

QoS 允许服务提供商向其客户保证服务水平。QoS 始于 ATM，然后集成到负责将数据从一个地方移到另一个地方的其他技术和协议中。目前，有四种不同类型的 ATM QoS 服务(如下所列)可供客户使用。每个服务都映射到将要传输的特定类型的数据。

- **恒定比特率(Constant Bit Rate，CBR)**　一种面向连接的通道，可为时间敏感的应用程序(例如，语音和视频应用程序)提供一致的数据吞吐量。客户在连接设置时指定必要的带宽要求。

- **可变比特率(Variable Bit Rate，VBR)**　一个面向连接的通道，因为数据吞吐流量不均匀，最适用于延迟不敏感的应用程序。客户指定所需的峰值和持续数据吞吐量速率。

- **未指定比特率(Unspecified Bit Rate，UBR)**　不承诺特定数据吞吐率的无连接通道。客户不能也不需要控制流量。

- **可用比特率(Available Bit Rate，ABR)**　一个面向连接的通道，允许调整比特率。在达到保证的服务率后，客户将获得剩余带宽。

ATM 是第一个提供真正 QoS 的协议，但随着计算社区越来越希望通过多种类型的网络发送对时间敏感的数据，研发团队已将 QoS 集成到其他技术中。

QoS 具有三个基本级别：

- **尽力而为的服务(Best-effort Service)**　不保证吞吐量、延迟或交付。具有优先级分类的流量优先于已被分配此分类的流量。在 Internet 上传输的大多数流量都是这种分类。

- **差异化服务(Differentiated Service)**　与尽力而为的服务相比，分配了此分类的流量具有更大的带宽、更短的延迟和更少的丢帧。

- **有保证的服务(Guaranteed Service)**　以有保证的速度确保特定的数据吞吐量。对时间敏感的流量(语音和视频)属于这一分类。

管理员可为不同的流量类型(或使用策略管理器产品)设置分类优先级，然后由协议和设备执行。

控制网络流量以允许优化或保证某些性能水平称为流量整形(Traffic Shaping)。使用具有 QoS 功能的技术可实现流量整形，改善延迟并增加特定流量类型的带宽、带宽限制和速率限制。

7. HSSI

高速串行接口(High-Speed Serial Interface，HSSI)是用于将多路复用器和路由器连接到高速通信服务(例如，ATM 和帧中继)的接口。HSSI 支持高达 52 Mbps 的速度，例如，在 T3 WAN 连接中，通常与路由器和多路复用设备集成以提供到 WAN 的串行接口。这些接口定义了 DTE/DCE 设备要使用的电气和物理接口。因此，HSSI 工作在物理层。

8. 广域网技术总结

前面介绍了几种 WAN 技术。表 11-11 提供了每个重要特征的快照。

表 11-11　广域网技术特点

广域网技术	特征
专线	连接两个地点的专用租用线路 与其他 WAN 选项相比价格昂贵 安全，因为只有两个位置使用同样的介质
帧中继	使用数据包交换技术的高性能 WAN 协议，可在公共网络上运行 组织间共享介质 使用 SVC 和 PVC 基于使用的带宽收费
X.25	第一个研发用于在公共网络上工作的数据包交换技术 由于额外开销，速度低于帧中继 使用 SVC 和 PVC 基本已经过时并由其他 WAN 协议取代
ATM	具有低延迟的高速带宽切换和复用技术 使用 53 字节固定大小的单元格 非常快，因为开销低
HSSI	DTE/DCE 接口可通过 WAN 链路实现高速通信

11.7　本章回顾

在深入探讨通信和网络安全之前，考生应首先了解网络是如何从头开始组合在一起的。本章从 OSI 参考模型的概要阐述开始，因为这将是接下来讨论网络安全的框架。对于 CISSP 考试和日常工作而言，也确实需要熟悉将技术和协议映射到 OSI 参考模型。

然后探讨了能从头开始构建网络的各种技术。考试时需要记住三种类型的 LAN：以太网、令牌环和 FDDI。回顾一下，LAN 的地理范围有限，但可使用专用链路、帧中继、SONET 和 ATM 等技术链接在一起，形成 MAN 和 WAN。一旦扩展到本地区域(通常都在本地区域内)，会需要路由器来分解广播域并将 MAN 或 WAN 的各个部分链接在一起。

11.8 快速提示

- 协议是规定计算机在网络上通信的一组规则。
- 应用层在第 7 层，具有用户应用程序所需的网络功能服务和协议。
- 表示层在第 6 层，将数据格式化为标准格式，并且处理数据的语法而非含义。
- 会话层在第 5 层，负责在两个应用程序之间建立、维护和中断对话(会话)。会话层控制对话的组织和同步。
- 传输层在第 4 层，提供端对端的传输。
- 网络层在第 3 层，提供路由、寻址和数据包分段。网络层可通过改变路由来避免网络拥塞。路由器工作在网络层(第三层)。
- 数据链路层在第 2 层，为网络介质准备数据帧。第二层是采用不同 LAN 和 WAN 技术的位置。
- 物理层在第 1 层，为传输提供物理连接，并提供数据的电信号编码。物理层将位值转换为电信号。
- 网络拓扑结构描述了计算机和设备的布局。
- 在总线拓扑结构中，一根电缆贯穿整个网络，节点通过分接点连接到网络上。
- 在星状拓扑中，所有节点都使用专用链路连接到中央设备，如交换机。
- 在网状拓扑中，所有节点以非统一方式相互连接，为网络上的大多数或所有节点提供多条路径。
- 环状拓扑具有一系列单向传输链路连接的设备，这些设备形成闭环并且不连接到中央系统。
- 以太网使用 CSMA/CD，这意味着所有计算机都在竞争共享的网络电缆，倾听何时可传输数据，且易受数据冲突的影响。
- IEEE 802.5 定义的令牌环是一种较旧的 LAN，使用令牌传递技术。
- FDDI 是一种 LAN 和 MAN 技术，通常用于骨干网，使用令牌传递技术并具有冗余环，以防主环出现故障。
- TCP/IP 是一套协议集，是 Internet 上传输数据的事实标准。TCP 是可靠的、面向连接的协议，IP 则是不可靠的、无连接的协议。
- 数据在源计算机端按 OSI 模型向下逐层封装，这个过程在目标计算机上正好相反(向上逐层去封装)。在封装期间，每一层都会添加自己的信息，使目标计算机的对应层知道如何处理数据。
- 传输层上的两个主要协议是 TCP 和 UDP。
- UDP 是无连接的协议，在接收数据报时并不发送或接收应答。UDP 不能确保数据到达目的地，提供"尽力而为"的传送。
- TCP 是一种面向连接的协议，用于发送和接收确认。确保数据到达目的地。

- ARP 将 IP 地址转换为 MAC 地址(物理以太网地址)，而 RARP 将 MAC 地址转换为 IP 地址。
- ICMP 在网络层工作，将网络或计算机问题通知主机、路由器和设备。ICMP 是 Ping 实用工具的主要组件。
- DNS 将主机名解析为 IP 地址，在 Internet 上由分布式数据库提供名称解析。
- 改变 ARP 表可让一个 IP 地址映射到一个不同的恶意 MAC 地址，这种情况称为 ARP 投毒，ARP 投毒可将数据流量重定向至攻击方的计算机或无人值守的系统。
- 路由器连接两个或多个网段，每个网段可作为一个独立网络。路由器工作在网络层，与 IP 地址一起工作，并且比网桥、交换机或中继器拥有更多的网络知识。
- IPv4 地址使用 32 位，而 IPv6 使用 128 位；因此 IPv6 提供了更多可能的工作地址。
- 当组织不希望系统知道内部主机的地址时使用 NAT，NAT 支持私有的、不可路由的 IP 地址。
- 子网划分允许将较大的 IP 地址范围划分为更小、更符合逻辑且更易于维护的网段。
- 专用链路通常是最昂贵的 WAN 连接方法，因为费用是基于两个目的地之间的距离而不是使用的带宽量。T1 和 T3 是专用链路的示例。
- 帧中继和 X.25 是使用虚拟电路而不是专用电路的包交换 WAN 技术。
- ATM 在固定信元中传输数据，是一种 WAN 技术，以非常高的速率传输数据。ATM 支持语音、数据和视频应用程序。
- 电路交换技术建立了可在数据传输会话期间使用的电路。数据包交换技术不建立电路。与之相反，数据包可沿着很多不同的路线到达同一个目的地。
- 复用的三种主要类型是统计时分、频分和波分。

11.9　问题

请记住，CISSP 考试都是有格式的，以特定的方式问出来是有原因的。CISSP 考试是在概念层面提出问题的。建议考生不要一味寻找完美的答案。相反，考生只需要寻找最佳答案。

1. 以下哪些协议是面向连接的？

    A. IP

    B. ICMP

    C. UDP

    D. TCP

2. 以下哪项显示序列为 2、5、7、4 和 3 的层？

    A. 数据链路层、会话层、应用层、传输层和网络层

    B. 数据链路层、传输层、应用层、会话层和网络层

    C. 网络层、会话层、应用层、网络层和传输层

    D. 网络层、传输层、应用层、会话层和表示层

3. 城域以太网是一种城域网协议，可在由接入层、汇聚层、城域层和核心层组成的网络基础架构中工作。以下哪项最能描述这些网络基础架构层？

    A. 接入层将客户的设备连接到服务提供商的汇聚网络。汇聚发生在核心网络上。城域层是城域网。核心连接不同的城域网。

    B. 接入层将客户的设备连接到服务提供商的核心网络。汇聚发生在核心的分销网络上。城域层是城域网。

    C. 接入层将客户的设备连接到服务提供商的汇聚网络。汇聚发生在分销网络上。城域层是城域网。核心连接不同的接入层。

    D. 接入层将客户的设备连接到服务提供商的汇聚网络。汇聚发生在分销网络上。城域层是城域网。核心连接不同的城域网。

4. 建立在 OSI 模型上的系统是开放系统。这是什么意思？

    A. 默认情况下，开放系统没有配置身份验证机制。

    B. 开放系统存在互操作性问题。

    C. 开放系统采用国际公认的协议和标准构建，因此可轻松与其他系统通信。

    D. 开放系统采用国际协议和标准构建，因此可选择将与哪些类型的系统通信。

5. 以下哪些协议适用于这些层：应用层、数据链路层、网络层和传输层？

    A. FTP、ARP、TCP 和 UDP

    B. FTP、ICMP、IP 和 UDP

    C. TFTP、ARP、IP 和 UDP

    D. TFTP、RARP、IP 和 ICMP

6. 数据链路层用于？

    A. 端到端连接

    B. 对话控制

    C. 框架

    D. 数据语法

7. 会话层用于？

    A. 对话框控制

    B. 路由

    C. 数据包排序

    D. 寻址

8. 哪个描述 IP 协议最恰当？

    A. 处理对话建立、维护和销毁的无连接协议

    B. 处理数据包寻址和路由的无连接协议

    C. 一种面向连接的协议，用于处理数据包的寻址和路由

    D. 一种面向连接的协议，处理排序、错误检测和流量控制

9. 以下哪一项不是 DHCP 租用过程中交换的报文？

i. 发现

　　ii. 提供

　　iii. 请求

　　iv. 确认

　　　A. 全部交换

　　　B. 全部不交换

　　　C. i, ii

　　　D. ii, iii

10. 保护网络免受未经身份验证的 DHCP 客户端的有效方法是在网络交换机上使用_____。

　　　A. DHCP 侦听

　　　B. DHCP 保护

　　　C. DHCP 屏蔽

　　　D. DHCP 缓存

11.10　答案

　　1. D。TCP 是列出的唯一面向连接的协议。面向连接的协议提供可靠的连接和数据传输，而无连接的协议提供不可靠的连接且不承诺或保证数据成功传输。

　　2. A。OSI 模型由七层组成：应用层(第 7 层)、表示层(第 6 层)、会话层(第 5 层)、传输层(第 4 层)、网络层(第 3 层)、数据链路层(第 2 层)和物理层(第 1 层)。

　　3. D。接入层将客户的设备连接到服务提供商的汇聚网络。汇聚发生在分销网络上。城域网层就是城域网。核心连接不同的城域网。

　　4. C。开放系统是基于标准化协议和接口研发的系统。遵循这些标准允许系统与遵循同样标准的其他系统更有效地互操作。

　　5. C。不同协议有不同的功能。OSI 模型试图从概念上描述这些不同功能在网络栈中发生的位置。OSI 模型试图围绕现实绘制，帮助人们更好地理解栈。每一层都有一个特定功能，并且有几个不同的协议可存在于同一层并执行特定功能。这些列出的协议在以下相关层工作：TFTP(应用层)、ARP(数据链路层)、IP(网络层)和 UDP(传输层)。

　　6. C。大多数情况下，数据链路层是唯一了解系统工作环境的层，无论是以太网、令牌环、无线还是到 WAN 链路的连接。数据链路层将必要的报头和报尾添加到帧中。使用同样技术的类似类型网络上的其他系统仅了解数据链路技术中使用的特定报头和报尾格式。

　　7. A。会话层负责控制应用程序而不是计算机的通信方式。并非所有应用程序都使用在会话层工作的协议，因此会话层并非总是用于网络功能。会话层协议在逻辑上建立与其他应用程序的连接并控制来回对话。会话层协议允许应用程序跟踪对话。

　　8. B。IP 协议是无连接的，工作在网络层。IP 协议在数据包通过数据封装流程时将源地址和目标地址添加到数据包中。IP 还可基于目标地址做出路由决策。

9. B。DHCP 租用流程的四步是：

(1) DHCPDISCOVER 报文：用于向 DHCP 服务器请求 IP 地址租用。

(2) DHCPOFFER 报文：是对 DHCPDISCOVER 报文的响应，由一个或多个 DHCP 服务器发送。

(3) DHCPREQUEST 报文：客户端将此报文发送给响应其请求的初始 DHCP 服务器。

(4) DHCPACK 报文：由 DHCP 服务器发送给 DHCP 客户端，是 DHCP 服务器向 DHCP 客户端分配 IP 地址租约的过程。

10. A。DHCP 侦听可确保 DHCP 服务器只能将 IP 地址分配给由 MAC 地址标识的选定系统。此外，高级网络交换机现在能将客户端引导至合法的 DHCP 服务器以获取 IP 地址并限制恶意系统成为网络上的 DHCP 服务器。

第12章

无线网络

本章介绍以下内容：

- 无线网络
- 无线局域网安全
- 蜂窝网络
- 卫星通信

当完美实施无线技术时，整个地球将变成一个巨大的大脑。

——Nikola Tesla

无线通信发生的频率高于大众的普遍认知，无线通信涉及多种无线电频率范围内的技术，例如，无线电信号使用的频段可能与微波、卫星、雷达、无线电用途共享。如图 12-1 所示，无线通信技术用于卫星通信、手机、城域网和局域网，甚至用于智能家居中的锁门和灯光控制。互联网依赖不同的通信技术，使用不同的无线电频率和协议。复杂的生态系统导致多项现代化的便利成为可能，同时带来了重大的安全挑战。

本章涵盖无线电通信技术的基本原理、安全专家需了解最重要的协议并结合现实环境探讨理论知识中的机遇和挑战。还将探讨安全威胁以及缓解措施。

12.1 无线通信技术

无线通信通过空间中的无线电波传输信号。频率和振幅用于描述无线电信号。信号的频率(frequency)表示每秒经过固定位置的无线电波数量(即每个无线电波与之前无线电波的距离)。频率以赫兹(Hertz, Hz)为单位，规定传送数据的数量与距离。频率越高，信号运载的数据越多，传输的距离越短。

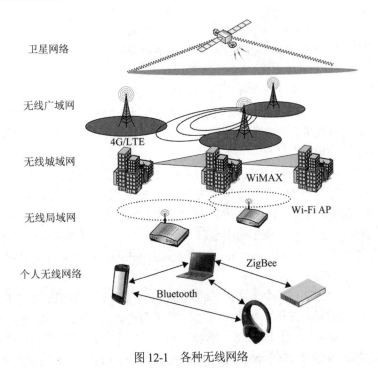

图 12-1 各种无线网络

无线电信号的振幅(Amplitude)表示功率，功率决定了传输距离。振幅通常以瓦特或毫瓦(千分之一瓦特)为单位，也可用分贝毫瓦(dBm 或 dBmW)表示，分贝毫瓦是相对一毫瓦功率的绝对值。例如，无线接入点允许配置 0 dBm(1 mW)到 23 dBm(200 mW)的增量发射功率。

在有线网络中，每台计算机和设备通过线缆以某种形式连接到网络。在无线技术中，每台设备应与需要实施通信的无线设备共享无线电频谱。而频谱数量有限，不能因更多设备需要而扩大使用。以太网也是如此(同网段的计算机共享类似的介质)，在指定时间里只有一台计算机能发送数据，否则将产生冲突。使用以太网的有线网络部署了 CSMA(Carrier Sense Multiple Access)技术(见第 11 章)。无线局域网(Wireless LAN，WLAN)技术与以太网类似，但使用了 CSMA/CA(Carrier Sense Multiple Access with Collision Detection)技术。无线设备发出一个广播声明自己将开始传输数据，共享介质中的其他设备收到广播后，会暂缓发送信息，以消除或减少冲突。

专家已研发大量技术，用于允许无线设备访问和共享受限制的通信介质。无线技术旨在将受限制的频段拆分为可用的区块，用于设备有效地使用。正交频分复用(Orthogonal Frequency Division Multiplexing，OFDM)得到普及，但最流行的方法是扩频。扩频技术非常流行，将在下一节详细探讨。

12.1.1 扩频

无线电频率覆盖宽泛的频率范围或频谱(Spectrum)。该频谱的某些部分由国家政府或国际协议分配用于特定目的。无线电频带(Frequency Band)是指定用于特定用途的无线电频谱的子集。例如，普遍认为 1.8~29.7MHz(兆赫)之间的无线电频率范围是业余无线电频段。众所周知的频段通常只使用一个频率标记，例如，当提到多种 Wi-Fi 系统使用的 2.4GHz 频段时，实际上对应 2.4~2.5GHz 的频率范围。将各个频率动态分配给特定的发射机和接收机组的方法是一种挑战，不让这些频率相互重叠就是扩频技术派上用场的地方。

扩频(Spread Spectrum)意味着以某种方式在分配的频率上分发单个信号。因此，当使用扩频技术时，发送方有权将数据传输到通信的频率上。发送系统一次可使用多个频率，因此扩频技术可更有效地使用可用频谱。

从投资角度看，在传统的无线电传输中，调制所有数据位到一个特定频率的载波上(例如，AM 无线电系统)或在一个狭窄的频率范围内(例如，FM 广播)，这类似于只投资一个股票，虽然简单有效，但可能存在一定风险。另一种选择是分散投资组合，将资金投入多个不同行业的股票，这样做虽然复杂和低效，但当客户投资的股票中有一个暴跌时可为客户守住损失底线。这个示例类似于 DSSS(Direct Sequence Spread Spectrum，直接序列扩频)，稍后探讨DSSS。

理论上还有一种方法可减少动荡市场的风险影响。假设购买和销售的成本忽略不计，Peter 可将所有的钱都投资在一个股票上，但只持有短暂时间，一旦盈利就抛售，然后把所有收益投资到另一个股票上。通过在市场上倒卖，Peter 受到来自于一家公司风险的影响可最小化。这种方法类似于跳频扩频(Frequency Hopping Spread Spectrum，FHSS)技术，稍后将探讨。扩频通信主要用于减少无线电频带的拥挤、干扰和窃听等不利因素的影响。

1. 跳频扩频

跳频扩频(Frequency Hopping Spread Spectrum，FHSS)使用整个频谱并将其分成更小的通道。发送方和接收方在每个通道上工作一段特定的时间，然后转移到另一个子通道。发送方将第一组数据放置在一个频率上，将第二组数据放置在另一个频率上，以此类推。跳频扩频算法用于确定各自的频率和顺序，即为发送方和接收方的跳频序列。

干扰是无线传输中的一个严重问题，可破坏传输的数据。干扰可能来源于类似频率下工作的其他设备，设备传输的信号发生重叠，传输的数据会失真。FHSS 解决这一问题的方法是在不同频率间跳跃，其他设备不会因为在类似频率下运行而受到严重影响。例如，假设George 和 Marge 在同一个房间工作，可能会干扰对方并影响彼此，若定期更换房间，相互干扰的可能性会降低。

除了 WLAN 技术，在其他技术中使用跳频，可导致窃听方更难侦听和重建传输的数据。FHSS 已在军事无线通信设备中普及，因为敌方只有知道跳频序列才能截获和理解情报。接收方应知道跳频序列才能获得有效数据。在当今 WLAN 设备中跳频序列是已知的，因此不能确保安全性。

FHSS 的工作机制是由发送方和接收方基于预先确定的跳频序列从一个频率跳跃到另一个频率。多组发送方和接收方可使用各自不同的跳频序列在同一组频率上传输数据。假设安全专家和 Marge 共用跳频序列 1、5、3、2、4，而 Nicole 和 Ed 共用跳频序列 4、2、5、1、3。Marge 在频率 1 上发送第一条消息，同时 Nicole 在频率 4 上同时发送第一条消息。然后，Marge

使用频率 5 发送下一条消息，再使用频率 3，直到消息都到达目的地，即无线设备。安全专家的设备在频率 1 上监听半秒钟，然后监听频率 5，直至接收到这些频率上传送的所有消息。Ed 的设备也在监听类似的频率，因为与预先确定的序列不同步，所以接收的时间和序列不同。Ed 的设备从未收到 Marge 的消息。由于不知道正确序列，这时 Ed 将 Marge 的消息当作背景噪声不予处理。

2. 直接序列扩频

直接序列扩频(Direct Sequence Spread Spectrum，DSSS)采用在消息上实施子位的一种不同方法。在传输数据前，发送系统使用子位生成一种不同的数据格式。接收端再应用这些子位将信号重新组合成原始数据格式，该子位称为碎片(Chip)，碎片的应用序列称为平码(Chipping Code)。

当发送方的数据由碎片组成时，对不知晓碎片序列的攻击方而言这些信号只是随机的噪声，也称为伪噪声序列。一旦发送方将数据与碎片序列组合起来，新形式的信息就会通过无线电载波信号实施调制，并转换成需要的频率传输。这该如何理解呢？在使用无线传输时，数据实际上以特定频率的无线电信号实施传输。传输的数据应有一个载波信号，载波信号在特定范围(即某种频率)内工作。设想一种场景：数据与平码组合后会装在一辆小汽车(载波信号)上，然后小汽车经由特定道路(频率)到达目的地。

> **扩频类型**
>
> 扩频技术通过在大量频率上"扩展"数据用于实现数据传输：
> - FHSS 通过改变频率传输数据。
> - DSSS 采用不同方式，将子比特应用于消息并同时使用有效频率传输数据。

接收方基本上逆向执行这个过程，首先从载波信号中解调数据(从小汽车里卸下)，接收方只有知道正确的碎片序列才能将接收到的数据还原成原始格式，发送方和接收方应实现正确同步。

子位提供错误恢复指示，类似 RAID 技术的奇偶校验。如果实施 FHHS 的数据出现错误就应重新发送，但使用 DSSS，即使信息出现一定程度的失真，信号仍能还原，原理是 DSSS 能从平码位中重构信息。因此 DSSS 具有抗干扰、跟踪多条传输通道和提供一定级别的错误纠正能力。

3. FHHS 与 DSSS

FHHS 只使用一部分有效频谱，DSSS 技术连续使用有效频谱。DSSS 将信号扩散到一个更大的频带上，FHSS 使用一种窄带载波，在宽频带内频繁变化。

因为 DSSS 可通过所有频率发送数据，所以数据传输速率比 FHSS 高。第一个 WAN 标准 802.11 使用 FHSS，但随着数据需求的增加，后来改用 DSSS。使用 FHSS 时，802.11 仅能提供 1~2Mbps 的数据吞吐量，在使用 DSSS 时，802.11b 可提供高达 11Mbps 的数据吞吐量。

12.1.2　正交频分复用

除了扩频技术，另一种通过无线频率信号传输更多数据的常用方法称为正交频分复用(Orthogonal Frequency Division Multiplexing，OFDM)。OFDM 是一种数字多载波调制方案，通过紧密结合几个调制的载波减少所需的频谱。调制的信号正交(垂直)传输，互不干扰。OFDM 使用一组窄通道波段提高在高频率波段的性能。OFDM 是一种官方认可的复用技术，不是一种扩频技术，但用法和扩频技术类似。

OFDM 技术使用大量紧密间隔的正交副载波信号，分隔的数据进入几个平行的数据流或通道，每个副载波都有一个数据流或通道。OFDM 使用多项慢速的调制窄带信号，而非快速的调制宽带信号，因此信道均衡得以简化。

OFDM 实施于多个宽带数字通信类型中，例如，数字电视、音频广播、DSL 宽带 Internet 访问、无线网络和 4G/5G 移动通信。

12.2　无线网络基础

到目前为止，探讨涉及了设备之间创建无线链路的技术，暂未涉及链路上创建网络的技术。基本上，构建无线网络有三种拓扑结构：星状、网状和点对点。目前最流行星状拓扑结构，星状拓扑结构应用于无线局域网和蜂窝网络中，这两种网络的端点都连接到一个专门的网络设备，网络设备处理第二层转发，某些情况下还处理第三层路由。网状拓扑结构对于彼此非常接近的低功率设备(例如，智能家居中使用的设备)以及跨越大面积的设备(例如，野生动物保护区中的环境传感器)是常见的。作为城域网(Metropolitan Area Network，MAN)的一部分连接建筑物时，点对点无线拓扑是常见的。

在深入了解各类无线网络协议之前，需要仔细学习典型 WLAN(Wireless Local Area Network)的工作原理。

12.2.1　WLAN 组件

无线局域网(WLAN)使用的收发器，称为接入点(Access Point，AP)，也称为无线接入点(Wireless Access Point，WAP)，通过连接以太网线缆，无线设备利用这条链路访问有线网络中的资源(如图 12-2 所示)。当 AP 通过一根线缆连接到以太网局域网时，它成为连接有线和无线世界的组件。AP 位于网络的固定物理位置，类似于一个通信信标。假设无线用户拥有无线网络接口卡(Network Interface Card，NIC)的设备，它将用户的数据调制成 AP 能接收和处理的无线射频信号。无线 NIC 接收 AP 传输的信号，再将其转换成设备能理解的数字格式。

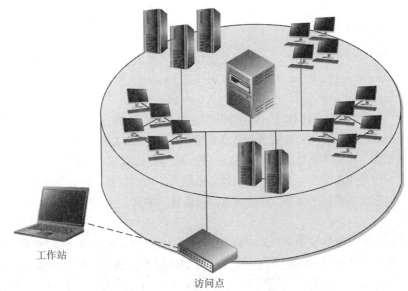

图 12-2 访问点使得无线设备可接入有线局域网

当使用 AP 连接无线和有线网络时，称为基础架构 WLAN(Infrastructure WLAN)，用于扩展现有的有线网络。如果只有一个 AP，且没有连接到有线网络，则网络处于单一模式，仅是一个无线集线器。自组网 WLAN(Ad-hoc WLAN)没有使用 AP，无线设备通过 NIC 彼此通信，而非一个集中化设备。

 考试提示

自组网 WLAN 本质上不如基础架构无线局域网安全。

要与 AP 实施通信，无线设备应配置到类似的通道实施通信。通道(Channel)指一个特定频段中的某个频率。配置 AP 为通过特定通道传输信号，无线设备自动"调整"与类似的频率建立通信。

希望加入某个特定 WLAN 的主机应配置一个恰当的服务集 ID(Service Set ID，SSID)。可使用不同的 SSID 将主机划分到不同网段里。将一个 WLAN 划分成不同网段的原因与划分有线网络中的原因类似：具有访问不同的资源需求，具有不同的业务功能，具备不同的信任级别。

 注意

当无线设备在基础架构模式下运行时，AP 和无线客户端组成一个基本服务集(Basic Service Set，BSS)的组，并将 BSS 组命名为 SSID 值。

WLAN 技术首次问世时，身份验证非常简单，对攻击方而言基本上是无效的。随着无线通信在使用中的增加和网络中的多种缺陷，安全专家研发和标准化了一系列改进方法，其中包括性能问题和安全问题。

461

12.2.2　WLAN 标准

制定研发标准使不同供应商生产的产品能协同工作，特定行业通常由多个供应商共同制定标准。IEEE(Institute of Electrical and Electronics Engineers)负责为一系列技术(包括无线技术)制定标准。

第一个 WLAN 标准 802.11 于 1997 年研发成功，802.11 标准提供 1~2Mbps 的传输速率且在 2.4GHz 频率范围内工作，这是国际电信联盟(International Telecommunication Union，ITU)建立的免费工业、科学和医疗(Industrial Scientific and Medical，ISM)频段之一。大多数国家/地区的组织和用户不需要许可证就可使用该频率范围。802.11 标准阐述了无线客户端和 AP 的通信方式，列出其接口的规范，规定开展信号传输的方式，并描述实现身份验证、关联和安全性的方法。

如今安全专家可能见过 802.11a、802.11b、802.11i、802.11g 和 802.11h 等字母系列，一系列标准都属于 802.11 主标准。虽然最初的 802.11 标准创造了 WLAN，但随着时间的推移和技术的改变和进度，标准需要更新换代。2018 年 Wi-Fi 联盟创建了一种 802.11 标准历代编号的方案，帮助消费方基于特定设备支持的 802.11 技术区分产品。

表 12-1 列出了六代 Wi-Fi。

表 12-1　历代无线网络技术

技术支持	无线网络代数
802.11b	Wi-Fi 1
802.11a	Wi-Fi 2
802.11g	Wi-Fi 3
802.11n	Wi-Fi 4
802.11ac	Wi-Fi 5
802.11ax	Wi-Fi 6

注意

Wi-Fi 联盟并未正式定义第 1 代至第 3 代 Wi-Fi，通常理解的技术如表 12-1 所示。

1. 802.11b

802.11b 标准是 802.11 WLAN 标准的第一个扩展，是目前最常用的标准。虽然 802.11a 标准是最早提出并获得批准，但由于提案涉及的技术过于复杂，因此并未成为最早发布的标准。802.11b 提供高达 11Mbps 的传输速率，在 2.4GHz 频率范围内工作，使用 DSSS 且向下兼容 802.11 标准。

2. 802.11a

WLAN 标准使用不同方法将数据调制成所需的无线电载波信号，802.11b 使用 DSSS，而 802.11a 使用 OFDM 并在 5GHz 频段下工作。由于存在差异，因此 802.11a 不能向下兼容 802.11b 或 802.11。一些供应商已研发出同时在 802.11a 和 802.11b 工作的产品，这些设备在使用时应正确配置，或感知相应的技术从而自动配置。

如前所述，OFDM 调制方案在几个窄带通道上分解信号，然后将通道调制并通过特定频率发送。因为将数据划分在不同的通道之间，环境干扰只会衰减一小部分信号，实现了更大的吞吐量。与 FHSS 和 DSSS 一样，OFDM 也是一种物理层规范，可用于传输高清晰的数字音频和视频广播甚至 WLAN 流量。

这种技术具有两方面的优点：速率和频率。802.11a 支持高达 54Mbps 的传输速率，不占用 2.4GHz 频谱。由于已有多类设备在 2.4GHz 频段工作，例如，微波、无线电话和婴儿监测等，故称这个频率为"脏"频率。多种情况下，访问和使用 2.4GHz 可能造成数据丢失或不充分的服务。802.11a 在更高频率下工作，因此不提供类似 802.11b 和 802.11g 标准的频率。与 AP 的距离最长不超过 25 英尺时，802.11a 能提供最大速率。

3. 802.11g

802.11g 标准提供高达 54Mbps 的数据传输速率，这是对 802.11b 标准在速率方面的扩展。如果一款产品满足 802.11b 标准规范，那么数据传输率最高可达 11Mbps。如果一款产品基于 802.11g 标准，那么这个产品就能向下兼容，并在更大的传输速率下工作。

4. 802.11n(第四代无线网络技术)

802.11n 标准的设计速率比 802.11g 快得多，吞吐量可达 100Mbps，与 802.11a 在类似的频段(5GHz)工作。802.11n 旨在整合当前技术的同时维持 Wi-Fi 标准的向下兼容性。802.11n 标准使用 MIMO(Multiple Input Multiple Output，多输入多输出)概念用于增加吞吐量，需要分别使用两根接收天线、两根发送天线和 20MHz 的通道实现并行广播。

5. 802.11ac(第五代无线网络技术)

802.11ac 标准是 802.11n 的扩展，也在 5GHz 波段上工作，吞吐量增至 1.3Gbps。802.11ac 向下兼容 802.11a、802.11b、802.11g 和 802.11n，在兼容性模式下，速率将减缓到低标准。一项重大改进是使用多用户 MIMO(Multiuser MIMO，MU-MIMO)技术，该技术最多支持四个数据流，允许多个终端同时使用一个信道。另一项改进是对波塑形(Beamforming)的支持，即对无线电信号实施塑形以改善在特定方向上的性能。简而言之，这意味着 802.11ac 比之前的版本更能保持较高的数据传输率。

6. 802.11ax(第六代无线网络技术)

更高的数据传输率并不总是最佳方案，在推动标准的过程中，采取了多种捷径却导致了效率变低。802.11ax 标准旨在解决效率问题而不是速率。一项重大改进是一种新的多用户

OFDM 技术，取代了以单用户为中心的 802.11a/g/n/ac 技术，多个站点可更有效地使用可用信道。此外，新标准将多用户 MIMO(MU-MIMO)支持的流数量增加了一倍，因此更多站点可同时使用。技术的改进使 802.11ax 能够更快、更好地处理拥挤的环境。

12.2.3　其他无线网络标准

目前为止，主要探讨了基于无线电的 WLAN，安全专家还应知道其他无线网络标准。包括基于光传输的无线局域网和基于无线电的 MAN 和 PAN，下面将探讨这些标准中最重要的部分。

1. Li-Fi

Li-Fi 是一种通过光(而不是无线电波)传输和接收数据的无线网络技术，也可看作没有光纤的光纤通信(例如，在自由空间上)。事实证明，光和无线电都是一种电磁波，差异是光的频率范围更高，理论上光可携带更多信息。想象一下，如果用户的家里或工作场所的每个灯具都能将数据调制到所产生的光上，用户的计算设备(例如，笔记本电脑、智能手机和其他设备)也能感应到光，并使用自身的光源(可能是智能手机上的闪光灯)将数据发送回灯具。用户的眼睛无法感知光的高频率微小波动和在红外线下工作的 Li-Fi。

速率和普遍性之外，Li-Fi 主要优势还局限于特定空间。每个灯泡都有一个照明锥，在锥内 Li-Fi 与特定的设备通信，不必担心攻击方会用精密的天线在一英里外接收到安全专家的信号。在 Li-Fi 光源下，安全专家也可非常自信地与每个人交流，这些较小服务区域(由特定光源提供)称为渺蜂窝(Attocells)。前缀 atto-意味着十的三十幂分之一，是一个非常小的数字，atto-是在 femto-之后的下一个前缀，与毫微微蜂窝(Femtocells)类似，毫微微蜂窝是蜂窝网络中使用的微小单元。

在撰写本章时，Li-Fi 技术还处于起步阶段，但前景广阔。虽然有多种挑战需要克服，例如，同频干扰(多个光源相互重叠)、漫游(如果用户离开支持区域，则将通信信道无缝转移到相邻的原子蜂窝或基于射频的系统)和终端接口设备(应内置在每台笔记本电脑、智能手机等中的传感器和光源)。但 Li-Fi 好处仍然很多，除了上一段提到的，Li-Fi 支持更高密度的端点、更低的延迟和射频技术存在问题的地方(例如，医疗设施、机舱和发电厂)。

2. 802.16

IEEE 802.16 标准是一种 MAN 无线标准，允许无线电通信覆盖更宽泛的地理区域，基站之间的距离可长达 70 公里。802.16 标准使用了与 WLAN 标准类似的频段，特别是 2.4GHz 和 5GHz，但使用多达 256 个具有可变数据传输率的子载波用于高效处理远距离的大量流量，这项技术也称为宽带无线接入(Broadband Wireless Access)。

基于 802.16 标准的一种商业技术是 WiMAX，普遍的 WiMAX 为第二代(2G)数字蜂窝网络的替代品，尤其在农村地区。虽然 802.16 标准没有全面实现，并且在很大程度上输给了长期演进技术(Long Term Evolution，LTE)，但仍在美国以外地区普及，尤其是 WiMAX 技术。802.16 常见的技术实施方式如图 12-3 所示。

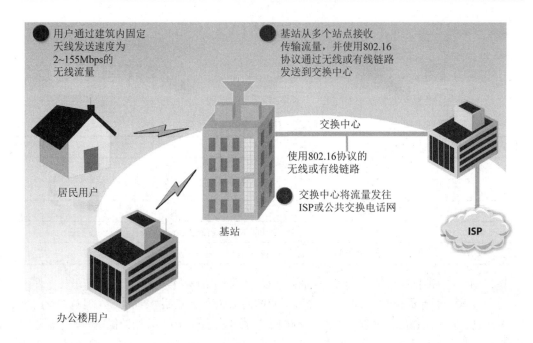

图 12-3　城域网中的宽带无线

注意

供应商遵循 IEEE 802.16 标准以实现宽带无线连接的互操作，但 IEEE 并不检测标准合规的情况。WiMAX 论坛执行一个认证流程用于确保标准合规，也确保各供应商设备之间的互操作性。

3. 802.15.4

IEEE 802.15.4 标准支持一个更小的地理网络，称为无线个人局域网(Wireless Personal Area Network，WPAN)。该技术允许在"劣势"设备(如第 7 章探讨的嵌入式设备)之间开展连接，这些设备的特征是低成本、低数据率、低功耗和长寿命。如果安全专家正在使用的是有源射频识别(Radio Frequency Identification，RFID)或工业物联网(Industrial Internet of Things，IIoT)设备，则很可能使用 802.15.4 标准。802.15.4 标准优化了设备在较短距离(通常不超过 100 米)之内与其他设备的通信，因此，802.15.4 标准是物联网(Internet of Things，IoT)的关键促成因素。在物联网中，从恒温器到门锁(相对地)变得智能化和互联。

802.15.4 标准定义了 OSI 模型中物理层(Physical，PHY)和数据链路层的介质访问控制(Media Access Control，MAC)子层。物理层使用 DSSS，MAC 使用 CSMA-CA。在拓扑结构方面，802.15.4 标准支持星状、树状和网状结构。无论哪种拓扑结构，802.15.4 标准都需要一个全功能设备(Full-Function Device，FFD)作为网络的中心节点(即使在逻辑上或物理上没有放置在中心)，该中央设备称为一个或多个连接的精简功能设备(Reduced-Function Devices，RFD)的协调器(Coordinator)。将一台常规计算机作为集线器或根节点，在星状或树状拓扑结构中很有意义。虽然在网状结构(例如，智能家居网络)中不太直观，但会在下一节的 ZigBee 技术深入探讨。

802.15.4 标准有多个扩展，可针对特定地理区域或应用程序实施优化。安全专家可能遇到如表 12-2 所示的情况。

表 12-2　802.15.4 标准的多个扩展

扩展名	使用范围
802.15.4c	供中国使用
802.15.4d	供日本使用
802.15.4e	用于工业实施
802.15.4f	用于有源(例如，电池供电)射频识别(Radio Frequency Identification，RFID)
802.15.4g	用于智能公共设施网络(Smart Utility Networks，SUN)

802.15.4 标准旨在支持彼此临近的嵌入式设备，典型的支持范围约 10 米(在最佳条件下可达 1 公里)，且数据传输率非常低。虽然节点的通信速率经常高达 250kbps，但对于使用小型电池且长时间工作的小型设备，也有 100kbps、20kbps 甚至 10kbps 的较低速率。尽管数据传输率较低，但实现该标准的设备能通过使用保证时隙(Guaranteed Time Slot，GTS)预留用于支持实时应用程序(例如，需要极低延迟的应用程序)。注意，当使用 GTS 时，使用的信道接入技术应是时分多址(Time Division Multiple Access，TDMA)，而不是 CSMA/CA。TDMA 是一种将每个通信信道划分为多个时隙的技术，利用每个站点不是持续传输的状态以提高数据传输率。

在安全方面，802.15.4 标准默认实现访问控制列表(Access Control Lists，ACL)，因此节点可基于其声明的物理地址决定是否与其他节点通信，但物理地址假冒技术是微不足道的。802.15.4 标准还提供(但不要求)两种安全机制，第一种是使用高级加密标准(Advanced Encryption Standard，AES)支持对称密钥加密技术，802.15.4 标准具有 128 位密钥，用于保护消息的机密性和完整性。第二种是帧计数器功能，跟踪另一个节点接收的最后一条消息，确保新消息及时更新，以防止重放攻击。

4. ZigBee

ZigBee 是 802.15.4 标准中最受欢迎的协议之一，位于 802.15.4 标准提供的第一层和第二层服务，增加了网络层(Networking)和应用层(Application Layer)支持，如图 12-4 所示。

ZigBee 旨在比大多数 WPAN 协议更简单、更便宜，在嵌入式设备市场非常流行。ZigBee 在家庭自动化、工业控制、医疗和传感器网络等领域普及。图 12-5 显示了 ZigBee 在智能家居中控制灯光的典型案例。所有灯泡和交换机都可直接通过网桥相互通信，或为了距离源节点太远的目标节点，实施中继流量。注意，网桥和控制器之间的连接可通过串行链路实现，也可通过 Wi-Fi、蓝牙和其他方式实现。

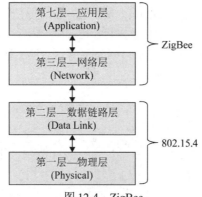

图 12-4　ZigBee

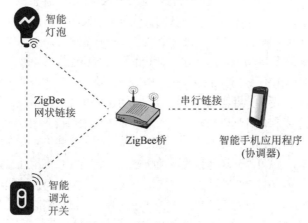

图 12-5　智能家居中的 ZigBee

ZigBee 旨在用于没有(也负担不起)大量操作系统开销的嵌入式设备,因此 ZigBee 采用了开放信任模型(Open Trust Model)。设备内的所有应用程序都相互信任,也间接扩展到网络中的所有设备,因此在物理层和逻辑层上实现周边保护至关重要。物理层上,ZigBee 设备应具备防篡改能力,以防止攻击方简单地读取加密密钥或以其他方式获得对节点的物理控制权,并将其用作后续攻击的前线阵地。在逻辑层面,ZigBee 主要通过密钥管理控制对网络的访问。

ZigBee 协议定义了三种不同的 128 位对称密钥:

- **网络密钥(Network Key)** 所有节点共享支持广播。
- **链接密钥(Link Key)** 用于单播的每对连接设备都是唯一的。
- **主密钥(Master Key)** 每对连接的设备都是唯一的、用于派生其他密钥的 SKKE(Symmetric-Key Key Establishment,对称密钥建立)协议。

由于嵌入式设备通常缺乏用户界面,ZigBee 标准允许以多种方式分发并管理密钥。最安全的方式是基于协调节点充当信任中心的集中式安全模型,该节点负责对尝试加入网络的新设备实施身份验证,然后安全地向新设备发送所需的密钥。为此,ZigBee 设备制造商可在工厂安装唯一的证书,信任中心实施证书身份验证,并按 CBKE(Certificate-Based Key

Establishment，基于证书的密钥建立)协议分发密钥。除了高安全性的商业系统，该方法并不常见。更常见的是，制造商在每个设备中安装唯一密钥，然后通过 SKKE 协议使用该密钥用于派生密钥，类似第 8 章中探讨的 Diffie-Hellman 算法。第二种方法缺乏安全性，因为不需要信任中心，故在消费方系统中很常见。

 考试提示

当协调节点充当信任中心时，ZigBee 最安全。

5. 蓝牙无线技术

蓝牙无线(Bluetooth Wireless)技术的传输速率为 1~3Mbps，工作范围为 1 米、10 米或 100 米。蓝牙无线技术最初是作为电缆连接设备的替代方案而发明的，如今蓝牙无线技术最常见的应用是智能手机的无线耳机。然而，蓝牙无线技术还有其他用途。如果安全专家的手机和平板都支持蓝牙且具有日历功能，那么这些设备不需要物理连接就可彼此更新。如果安全专家在手机的联系人列表和任务列表中添加了一些信息，那么只需要将手机放在平板旁，平板会"感知"附近的其他设备，并尝试建立连接。成功建立连接后，两台设备信息同步更新，平板将自动更新联系人和任务列表数据。蓝牙通过 802.11 设备(2.4 GHz)在部分频带中工作。

在早期版本的蓝牙中，协议漏洞导致实际的安全风险，这些风险已在很大程度上得到缓解。尽管如此，攻击方也可能破坏蓝牙设备的机密性、完整性和可用性。蓝牙设备容易受到蓝牙侵吞(Bluesnarfing)攻击，即通过蓝牙连接从无线设备实施未经授权的访问，攻击方可读取、修改或删除日历事件、联系人、电子邮件和短信等。虽然最新版本的蓝牙标准使蓝牙侵吞变得困难，但攻击方仍可通过诱骗粗心的用户完成连接尝试。

另一种针对蓝牙设备的攻击称为蓝牙劫持(Bluejacking)，攻击方可向支持蓝牙的设备发送一条未经请求的消息，蓝牙劫持方寻找一台接收设备(电话、平板和笔记本电脑)发送一条消息。这种攻击方法的安全对策是将支持蓝牙的设备设置为"不可发现"模式，以便无法识别这台设备。蓝牙仅在 10 米范围之内有效，如果安全专家收到此类消息，只需要查看附近即可找到发送方。

12.2.4　其他重要标准

到目前为止，本书探讨的无线网络标准涵盖了设备间的连接方式和创建无线链路发送数据的方式。多年来，安全专家们发现，除了无线网络自身使用的通信标准，无线网络还有多种功能，包括服务质量(Quality of Service，QoS)、漫游和频谱管理。接下来探讨另一组标准。

1. 802.11e

802.11e 标准在无线传输中提供 QoS 和多媒体流量支持。语音、流视频和其他类型的时效敏感应用程序对数据传输延迟的容忍度较低。而 802.11 标准对所有流量一视同仁，这意味着一封需要几分钟才能安全通过的电子邮件的优先级与一个视频包的优先级类似，视频包的可容忍延迟是以几分之一秒衡量的。为解决这个问题，802.11e 标准通过优先级定义了四个访问类别(Access Categories，AC)：背景、尽力、视频和语音。QoS 具备实施流量优先级排序和保证交付的能力。802.11e 标准及其功能为不同类型的以无线连接方式传输的数据提供了新技术。

2. 802.11f

当用户在 WLAN 网络范围内移动时，用户的无线设备需要与不同 AP 建立通信。每个 AP 只能覆盖一定范围，当用户离开第一个 AP 的范围时，需要由另一个 AP 接替和维持信号以保证网络的连通性，这称为漫游(Roaming)。AP 之间需要彼此通信以支持无缝漫游。如果第二个 AP 接替用户的通信，那么需要通过适当的身份验证确定用户身份，也应了解用户连接的必要设置，这意味着第一个 AP 需要将信息传送给第二个 AP。在漫游过程中，不同 AP 间的信息传输由 802.11f 标准负责处理，一个 AP 与另一个 AP 之间的传输过程称为切换 (Handoff)。802.11f 标准描述了合理地共享数据的方法。

3. 802.11h

由于 ISM 频段未经许可，因此在其中运行的设备有望较好地处理来自其他设备的干扰。在无线局域网和蓝牙设备爆炸性增长前，一切运行良好，但随着拥挤程度的增加，很快成为一个问题。更糟的是，5GHz 频段不仅用于 Wi-Fi，还用于某些雷达和卫星通信系统，在这段日益繁忙的频谱中，应采取一些措施来处理干扰。

802.11h 标准最初是为了解决欧洲的问题而制定。在欧洲，5-GHz 频段的干扰问题严重，然而，802.11h 标准实现的技术适用于全球多个国家。802.11h 标准包括两项具体技术：动态频率选择(Dynamic Frequency Selection，DFS)和发射功率控制(Transmit Power Control，TPC)。DFS 通常在 WLAN AP 中实现，并自动选择干扰较小的信道，尤其是来自于雷达的干扰。当 TPC 检测到其他网络的干扰时，设备会自动降低功率输出。

4. 802.11j

日本对无线电频谱的监管与多个国家不同，尤其是在 4.9GHz 和 5GHz 频段。具体而言，日本使用不同的频率、无线电通道宽度和无线操作设置。为使国际设备能在日本实现互操作，IEEE 制定了 802.11j 标准。802.11j 标准强调了每个国家拥有适当管理无线电频谱的主权权利。

12.3　无线网络安全的演化

与多种新技术类似，无线网络技术也是匆忙地推向市场，故更专注于功能，甚至牺牲了安全性。无线安全是在 WLAN 出现后才有的话题，随着时间的推移，供应商和标准组织都在努力地纠正遗漏。虽然在无线网络安全方面已取得重大进展，但作为安全专家，应承认，使用电磁波谱传输数据时，意味着攻击方基本上可轻易获取传输的数据。

12.3.1   802.11

WLAN 问世时，业内达成了共识，即对采取措施确保空间传输的数据与有线 LAN 传输的数据获得同等程度的保护。接着出现了 WEP(Wired Equivalent Privacy)技术，原始 IEEE 802.11 标准的一部分编入了第一个 WLAN 标准，但存在大量的安全缺陷。802.11 标准的早期缺陷存在于自身的核心标准中，也存在于以此标准部署的不同场景中。在深入探讨这些缺陷之前，有必要先了解 802.11 标准的基础知识。

考试提示

如果安全专家曾经在无线安全环境中遇到 WEP，就会知道 WEP 是错误的答案，除非问题是要求最不安全的标准。

AP 通过两种方式对无线设备实施身份验证：开放系统身份验证(Open System Authentication，OSA)和共享密钥身份验证(Shared Key Authentication，SKA)。OSA 实施身份验证时无线设备不需要向 AP 提供特定的加密密钥，只需要提供正确的 SSID 值。OSA 以明文形式传输数据，而非加密技术。因此，入侵方能嗅探流量、捕获必要的身份验证步骤，同时，只要参照类似身份验证步骤完成 AP 的身份验证即可建立连接。

当 AP 配置为 SKA 时，AP 会向无线设备发送一个随机值，设备使用预共享密钥(Preshared Key，PSK)加密此值并将其返回。AP 解密并提取响应后，如果这个值和原始值相同，无线设备即可通过身份验证。这种方法中，基于无线设备的加密密钥，实施网络身份验证。通常称 PSK 为 Wi-Fi 口令，是一个 64 位或 128 位的密钥。

WEP 的三种主要缺陷是使用静态加密密钥、初始化向量使用率低和缺乏数据包完整性保证。WEP 使用的 RC4 算法是一种流对称密码。对称(Symmetric)意味着发送方和接收方应使用完全相同的密钥才能实施加密技术和解密。802.11 标准并未规定自动化过程实施密钥更新的方法。在大多数环境中，RC4 对称密钥从不更换。通常，所有无线设备和 AP 共享完全相同的密钥，如同公司所有员工都使用完全相同的口令，这可不是一个好主意。这是第一种缺陷，即所有设备都使用静态 WEP 加密密钥。

第二种缺陷是初始化向量(Initialization Vector，IV)的使用方式。IV 是一个数字种子值，与对称密钥以及 RC4 算法一起作用，为加密技术过程提供更大的随机性。随机性对于加密技术而言极其重要，因为加密模式会为攻击方提供线索以探究出所用的加密密钥。密钥和 24 位 IV 值插入 RC4 算法以生成一个密钥流，将密钥流的值(1 和 0)与单个数据包的二进制值执行异或运算，所得结果是密文或加密的数据包。

在大多数 WEP 部署中，加密过程重复使用相同的 IV 值，因为使用相同的对称密钥(或共享密钥)，所以这个算法无法在生成的密钥流中提供有效的随机性保护。重复 IV 缺陷使得攻击方可对出现的模式执行逆向工程，从而发现原始的加密密钥，然后使用密钥解密将来的加密流量。

第三种缺陷是完整性保证问题。仅使用 802.11 标准的 WLAN 产品存在一个一直未清晰理解的漏洞。攻击方可通过移动特定的位和改变完整性校验值(Integrity Check Value，ICV)从而修改无线数据包中的数据，接收方无法察觉这些变化。ICV 就像一个循环冗余检验(Cyclic Redundancy Check，CRC)函数，发送方计算一个 ICV 并将其插入数据帧的首部，接收方计算自己的 ICV，将其与随同数据帧发送的 ICV 比较。如果这两个 ICV 值相同，接收方可确保数据帧在传输过程中未修改。如果这两个 ICV 值不同，那么表明数据帧遭到篡改，接收方将丢弃该数据帧。使用 WEP 时，某些情况下接收方无法检测数据帧是否遭到篡改，因此无法真正提供完整性保证。

因此，802.11 标准中存在的缺陷包括：弱身份验证、攻击方轻易截获的静态 WEP 密钥、可重复使用而不能提供随机性的 ICV 和缺乏数据完整性。下一节将探讨缺陷的补救措施。

注意

几年前就已弃用 802.11 标准和 WEP，802.11 标准和 WEP 本质上是不安全的，不应使用。

12.3.2　802.11i

IEEE 在 2004 年出台了 802.11i 标准用于解决 802.11 标准存在的安全问题，802.11i 标准也称为 WPA2(Wi-Fi Protected Access 2)。使用编号 2 是因为 IEEE 正在核准正式标准时，Wi-Fi 联盟在标准草案的基础上推出第 1 个 WPA 版本。基于这个原因，WPA 也称为 IEEE 802.11i 草案。这个仓促推出的 WPA 需要重用 WEP 元素，因此 WPA 容易受到与 WEP 类似的攻击。下面先深入探讨 WPA，该协议尽管存在弱点但仍在使用。

WPA 采用了与 WEP 不同的技术，比最初的 802.11 标准中使用的技术提供了更多的安全性和保护。首先，PSK 的长度增加到 256 位，并与 WLAN 的 SSID 混合，使其更难破解。通过特定的协议、技术和算法来增强安全性。第一个协议是临时密钥完整性协议(Temporal Key Integrity Protocol，TKIP)，与原始 802.11 标准的 WLAN 设备向后兼容。TKIP 通过向 WEP 提供密钥元素与 WEP 一起工作，密钥元素是用于生成新的动态密钥的数据。TKIP 为传输的每一帧生成一个新密钥，这些变化构成了面向消费方的 WPA Personal 标准的多样性。

注意

TKIP 是由 IEEE 802.11i 标准任务小组和 Wi-Fi 联盟共同研发，旨在增强 WEP 或在不需要更换硬件的前提下完全替换 WEP。TKIP 提供密钥混合函数，允许 RC4 算法提供更高程度的保护。TKIP 也提供序列计数器用于对抗重放攻击，并实施消息完整性检查机制。

还有一个更强大的版本，称为 WPA 企业版。主要差异在于，WPA 企业版还集成了 802.1X 端口身份验证和可扩展身份验证协议(Extensible Authentication Protocol，EAP)身份验证方法。802.1X 技术的使用(将在稍后探讨)通过限制网络访问提供访问控制，直到完成完整的身份验证和授权，同时提供一个强大的身份验证框架，允许插入不同的 EAP 模块。802.1X 和 EAP

协同工作,在无线设备和身份验证服务器之间实施相互认证。那么静态密钥、IV 值和完整性问题呢?

TKIP 解决了静态 WEP 密钥和 IV 值错误使用的缺陷。AirSnort 和 WEPCrack 攻击工具可帮助攻击方利用 WEP 的弱点和密钥调度算法的低效轻松解密 WEP。如果一家公司使用的产品仅实现了 WEP 加密且未使用第三方加密解决方案(如 VPN),那么 AirSnort 和 WEPCrack 能在几分钟内破解加密流量。无论使用 40 位或 128 位密钥,AirSnort 和 WEPCrack 工具都可实施解密,这是原始 802.11 标准最严重和最危险的漏洞之一。

TKIP 能循环调用加密密钥,有助于阻止以上类型的攻击。TKIP 增加了 IV 值的长度,并保证每个数据帧都有一个不同的 IV 值,IV 值结合了传送方的 MAC 地址和原始 WEP 密钥,因此即使 WEP 密钥是静态的,生成的加密密钥也因数据帧而不同(WEP 密钥+IV 值+MAC 地址=新的加密密钥)。给加密过程增加了更多随机性,而随机性是成功阻止密码分析和攻击密码体系。不断改变 IV 值和生成的密钥导致密钥流更难以预测,因此攻击方对加密过程执行逆向工程更难,找出最初的密钥也更难。

TKIP 也通过消息完整性检查(Message Integrity Check,MIC)而非 ICV 功能用于处理完整性问题。消息验证码(Message Authentication Code,MAC)函数与 MIC 类似。结合使用类似于 CRC 函数的对称密钥和哈希函数,功能将更强大。如果数据帧在传输过程中发生变化,使用 MIC 而非 ICV 能确保接收方实施了适当通告。发送方和接收方会计算各自的 MIC 值,如果接收方生成的 MIC 值与数据帧传送的 MIC 值不同,则认为数据帧遭到破坏并将其丢弃。

针对依赖 WEP 的设备和网络实施的攻击类型不胜枚举且令人不安,例如,容易嗅探无线流量、在接收方未知情况下修改传输的数据、建立流氓 AP(用户可验证其身份并与之通信,却不知道这是一个恶意实体)和便捷地解密和加密无线流量。更令人遗憾的是,这些漏洞通常给真正的有线网络提供入口,导致更具破坏性的攻击。

相对于 WPA,完整 802.11i(WPA2)具有一个很大的优势,可提供 AES 算法与 CBC-MAC(CCM)计数器模式的加密保护,这称为计数器模式密码块链接信息验证码协议(Counter Mode Cipher Block Chaining Message Authentication Code Protocol,CCM Protocol 或 CCMP)。AES 是一种比 RC4 更适用于无线网络的算法,提供更高水平的保护。WPA2 默认为 CCMP,但可切换到 TKIP 和 RC4 为 WPA 设备和网络提供向下兼容性。

12.3.3　802.11w

WPA2 是无线局域网安全的一大进步,为大多数无线通信提供了有效加密。但有些帧无法加密,而每个站点(即使是尚未加入网络的站点)都应能接收帧。这些功能称为管理框架(Management Frame),负责信标、关联和身份验证等工作。虽然安全专家不能加密所有帧,但安全专家可采取安全措施确保完整性。IEEE 802.11w 标准提供了管理帧保护(Management Frame Protection,MFP),可防止重放攻击、拒绝服务(Denial-of-Service,DoS)等攻击。

　　针对 WLAN 的一种特殊 DoS 攻击称为解除身份验证攻击(Deauthentication Attack 或 Deauth Attack)，它利用 Wi-Fi 的一项功能，即允许 WAP 发送解除身份验证管理帧断开恶意设备的连接。安全专家发现，在没有 MFP 的环境中，攻击方可轻易地假冒解除身份认证管理帧，并声称自己是真正的 WAP。802.11w 为尚未使用 WPA3 的 WLAN 解决了这个漏洞。

12.3.4　WPA3

　　与其他安全机制一样，WPA2 在不断加剧的攻击下开始遭受破解，2018 年 Wi-Fi 联盟宣布推出 WPA3 安全标准，尽管 WPA3 需要 802.11w 标准用于保护管理帧，但并不直接等同于 IEEE 标准。与 WPA2 类似，WPA3 有两种版本：个人版和企业版。

　　WPA3 个人版面向消费市场并试图让安全性对普通用户透明。WPA3 最重要的创新之一是允许用户选择口令，尽管存在弱密码的可能性，但仍能提供足够的安全性。WPA3 是通过 IEEE 802.11s 标准中定义的等值同时身份认证(Simultaneous Authentication of Equals，SAE)完成的，不依赖 WPA2 的预共享密钥。SAE 使用 Diffie-Hellman 密钥交换方法，同时添加了基于(可能较弱的)口令的身份验证元素，其结果是加密会话层密钥，可显著对抗密码爆破攻击。

　　WPA3 企业版与 WPA2 企业版类似，但使用了更强的密码术，WPA3 企业版通过将算法限制为使用 192 位密钥的强算法实现，还需要 AP 和无线设备上的证书实施相互身份验证。部署 WPA3 企业版面临的挑战是多个较旧的无线接口(尤其是大多数嵌入式设备上的无线接口)无法支持 WPA3，这意味着可能需要升级多个终端或全部终端。

12.3.5　802.1X

　　802.11i 标准可理解为两个特殊层上的三个主要组件。较低一层包含改进后的加密算法和技术(CCMP 和 TKIP)，上一层为 802.1X，它们协同工作以提供比原始 802.11 标准更强大的多层保护。

　　802.1X 标准是一个基于端口的网络访问控制协议，确保用户只有通过正确的身份验证后才能建立一个完整的网络连接。这意味着在用户通过正确的身份验证前，不能访问网络资源，也不允许传递流量，当然验证流量除外。这好比在大门安装一条锁链，在有人敲门时将门开一条缝，等看清楚敲门的人是谁才准许进屋。

注意

802.1X 不是无线协议而是一个访问控制协议，可用于有线和无线网络。

　　结合 802.1X，新标准能对用户实施身份验证，而仅使用 WPA 则只能提供系统身份验证(System Authentication)。用户身份验证比系统身份验证提供更高级别的机密性和防护。802.1X 技术实际上提供了一个身份验证框架和一个动态分发加密密钥的方法。802.1X 技术框架中的 3 个主要实体为：请求方(无线设备)、身份验证方(AP)和身份验证服务器(通常是一台 RADIUS

服务器)。

AP 控制所有通信，只有在成功执行身份验证步骤后才允许无线设备与身份验证服务器和有线网络实施通信。也就是说，直到用户通过正确的身份验证，无线设备才能发送和接收 HTTP、DHCP、SMTP 或其他类型的流量。WEP 并不提供这类严格的访问控制。

802.11 标准的另一个缺点是不支持双向身份验证。只使用 WEP 时，无线设备可对 AP 实施身份验证，但身份验证服务器不需要对无线设备实施身份验证。这意味着攻击方能建立一个流氓 AP 用于截获用户的凭证与流量，用户甚至可能感觉不到这种攻击的存在。802.11i 使用 EAP 处理这些问题，EAP 允许身份验证服务器和无线设备实施双向身份验证，能使用口令、令牌、一次性口令、证书、智能卡和 Kerberos 对用户实施身份验证，故 EAP 提供了很大的灵活性。EAP 允许使用当前基础架构已有的技术对无线用户实施身份验证，兼容 802.11i 的无线设备和身份验证服务器拥有植入的不同身份验证模块，这些模块可实现不同选项。因此，802.1X 提供允许网络管理员添加不同 EAP 模块的框架。请求方和身份验证方在最初握手过程中协商同意使用其中一种身份验证方法(EAP 模块)。

802.11i 标准并不处理整个协议栈，只解决在 OSI 模型数据链路层中出现的协议。身份验证协议位于更高一层，因此 802.11i 并不指定特定的身份验证协议。然而，使用 EAP 允许不同供应商应用不同协议，例如，Cisco 使用一个名为 LEAP(Lightweight Extensible Authentication Protocol，轻量级可扩展身份验证协议)的纯口令身份验证框架。其他供应商(包括 Microsoft)使用 EAP 和传输层安全(EAP and Transport Layer Security，EAP-TLS)，通过数字证书执行身份验证。另一个选项是保护性 EAP(Protective EAP，PEAP)，其中只有服务器使用数字证书。

EAP-TLS(EAP-Tunneled Transport Layer Security，EAP 隧道传输层安全)是一个扩展了 TLS 的 EAP，目的是提供与 EAP-TTLS 同样强大的身份验证，但不要求向每个用户颁发证书，而只向身份验证服务器颁发证书。用户身份验证通过口令实施，但这些口令凭证在一个安全的、基于服务器证书而建立的加密隧道中传输。

如果使用 EAP-TLS，那么身份验证服务器和无线设备就会基于身份验证的目的交换数字证书。如果使用 PEAP，无线设备的用户则会向身份验证服务器发送一个口令，服务器再基于数字证书对无线设备实施身份验证。这两种情况下都需要使用某类公钥基础架构(Public Key Infrastructure，PKI)。如果一家公司尚未部署 PKI，仅为了保障无线传输的安全而配置 PKI 便会成为一项极其困难和高成本的任务。

当使用 EAP-TLS 时，服务器对无线设备实施身份验证所采用的步骤与在 Web 服务器和 Web 浏览器之间建立 TLS 连接时所采用的步骤类似。一旦无线设备收到并验证服务器的数字证书后，就会建立一个主密钥；使用服务器的公钥加密这个主密钥，再将其发送给身份验证服务器。至此无线设备和身份验证服务器都有一个主密钥，使用这个密钥生成不同的对称会话层密钥。两个实体使用这些会话层密钥开展加密和解密，从而在两台设备之间建立安全通道。

　　组织可用 PEAP 替代 EAP-TLS，以避免在每台无线设备上都安装和维护数字证书的麻烦。在购买一款 WLAN 产品之前，安全专家应当了解每种方法的需求和复杂程度，以清楚即将面临的问题，确定是否适合所处的环境。

　　仅使用 WEP 的 WLAN 存在的主要风险是：如果盗窃个别无线设备，那么攻击方能轻松地通过有线网络的身份验证。802.11i 已增加了一些步骤，不仅要求无线设备通过身份验证，也要求用户通过网络的身份验证。在使用 EAP 时，用户应提供与身份相关联的凭证集。如果仅使用 WEP，无线设备通过证明拥有一个手动编制的对称密码对自身实施身份验证。由于用户并不需要使用 WEP 实施身份验证，因此盗窃无线设备可能允许攻击方轻松访问组织的宝贵网络资源。

这是祈祷的所有结果吗？

　　使用 EAP、802.1X、AES 和 TKIP 能实现安全和高度可信的 WLAN 部署吗？也许是的，但需要了解所面对的情况。建立 TKIP 是为了尽快解决 WEP 中越来越多的问题。TKIP 并不对无线标准实施全面修复，因为 WEP 和 TKIP 仍然基于 RC4 算法，TKIP 不是适合于这种技术的最佳算法。使用 AES 更接近于实际的全面修复，但 AES 并不向下兼容当前的 802.11 应用程序。此外还应了解，采用所有这些新组件并与当前的 802.11 应用组合使用将大大增加身份验证过程的复杂度和步骤。安全和复杂度通常并不相伴。使用简单直接的解决方案有助于实现最高的安全，从而保证清楚了解和明确保护所有入口。新技术增加了供应商对用户和身份验证服务器实施身份验证的灵活性，但由于不是所有供应商都选择类似的方法，所以也可能导致互操作性问题。例如，某企业从公司 A 购买了一个 AP，那么从公司 B 和 C 购置的无线网卡就可能无法与 AP 协同工作。

　　这是否表明上述工作都没有意义呢？并非如此。802.11i 比 WEP 提供更多的保护和安全。相关的工作小组由知识渊博的专家组成，制定的新解决方案也得到一些主要大型公司的支持。购买新产品的消费方在购买后应了解需要做些什么。例如，使用 EAP-TLS，每台无线设备都需要各自的数字证书。当前的无线设备是否编写了程序处理证书？如何在所有无线设备上正确部署这些证书？如何开展维护？无线设备和身份验证服务器会通过检查证书撤销列表(Certificate Revocation List，CRL)确认证书依然有效吗？出现使用有效数字证书建立的流氓身份验证服务器或流氓 AP 会导致什么结果？无线设备会确认证书并信任该服务器就是通信的实体。

　　当今 WLAN 产品以遵守 802.11i 无线标准规定的方式部署，多个产品通过 TKIP 提供对 WLAN 部署的向下兼容，同时考虑针对使用无线组件扩展有线环境的公司提供 AES。在购买无线产品之前，消费方应审查 Wi-Fi 联盟的认证结果，Wi-Fi 联盟基于 802.11i 标准对系统开展评估。

12.4　无线网络安全最佳实践

　　其实，并没有什么高招用于保护所有设备或网络。但可做很多努力增加敌对方的攻击成本。下面探讨一些针对 WLAN 部署的最佳实践：

- 更改默认 SSID。每个 AP 都含有预配置的默认 SSID 值，SSID 值可能显示制造商甚至模型号，可能通告具有已知漏洞系统的信息。
- 部署 WPA2 和 802.1X 提供集中式用户身份验证(例如，RADIUS 和 Kerberos)，在用户访问网络前要求实施身份验证。
- 与有线局域网类似，对每类用户使用独立的 VLAN。
- 如果支持未经身份验证的用户(例如，访客)，确保连接位于网络边界外的不可信 VLAN。
- 部署无线入侵检测系统(Wireless Intrusion Detection System，WIDS)。
- 将 AP 放置在建筑物的中心，限制信号到达基础设施外部的距离并且可达，AP 只能覆盖特定区域。
- 在逻辑上将 AP 放在 DMZ 中，并在 DMZ 和内部网络间部署防火墙。流量进入有线网络前，允许防火墙对其开展检查。
- 部署无线设备使用的 VPN，为传输的数据增加一层保护。
- 配置 AP，只允许已知的 MAC 地址进入网络，只允许对已知设备实施身份验证。谨记，MAC 地址以明文形式发送，因此攻击方可截获 MAC 地址，并将攻击方伪装成一个通过身份验证的设备。
- 在 WLAN 上执行渗透测试，使用本节探讨的工具探测 AP，尝试破解当前使用的加密方法。

12.5　移动无线通信

移动无线现已发展成一个价值万亿美元的产业，在行业、国际标准协议和一系列新技术的推动下，全球移动设备数量已超 140 亿。手机的概念是一种可通过无线电链路传输语音和数据的设备。手机连接到蜂窝网络，蜂窝网络再连接到公共交换电话网(Public Switched Telephone Network，PSTN)，用户的电话不再需要一个物理连接线连接 PSTN，而是通过无线信号设备，当用户在一个很大的地理区域移动时，可让用户间接连接到 PSTN。

蜂窝网络在划定区域内分发和传播无线电信号，划定的区域称为蜂窝(Cell)。每个蜂窝具有至少一个固定物理位置的无线电收发机(基站)，并可在一大块地理区域内连接到其他蜂窝以提供连接。所以，当用户使用手机通话且移到蜂窝范围外时，原始蜂窝的基站发送连接信息到下一个基站，保持通话不掉线和持续通话。

在移动通信中，并没有无限数量的频率可供使用。在安全专家学习本书时，全球各地数以百万计的用户正在使用手机。大量的通话是如何运行在仅有的一组频率下呢？只要多个蜂窝不相邻，就可使用类似的频率范围，这将大大减少所需的频率范围数量。图 12-6 显示了蜂窝网络的基本描述，其中非相邻的蜂窝重复使用频率集 F0、F1、F2、F3 和 F4。

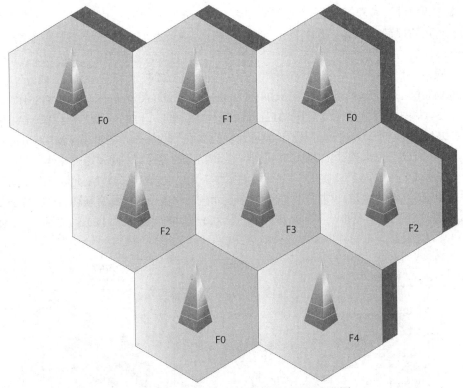

图 12-6 不相邻的蜂窝可使用类似的频率范围

12.5.1 多址技术

通信专家们不得不想出更多方法让数百万用户能灵活使用有限的资源，例如，频率范围。随着时间的推移，移动无线已越来越复杂，由功能更强大的"多址"技术组成，如下：

- 频分多址(Frequency Division Multiple Access，FDMA)
- 时分多址(Time Division Multiple Access，TDMA)
- 码分多址(Code Division Multiple Access，CDMA)
- 正交频分多址(Orthogonal Frequency Division Fultiple Access，OFDMA)

这些技术是各种蜂窝网络时代的基础概念，下面将简要描述这些技术的特点。

FDMA 是最早付诸实践的多址访问技术。划分可用的频率范围为子频带(信道)，每个信道分配给每位用户或手机。当通话开始时，用户一直占有该信道，直到通话终止或手动挂断。在此期间，该信道上不会有其他呼叫或通话。以这种方式使用 FDMA，多个用户可共享频率范围，避免同时呼叫所产生的干扰风险。FDMA 用于第一代(1G)蜂窝网络中。各种 1G 移动应用程序，例如，高级移动电话系统(Advanced Mobile Phone System，AMPS)、全入网通信系统(Total Access Communication System，TACS)和北欧移动电话(Nordic Mobile Telephone，NMT)都使用 FDMA 技术。

TDMA 通过将无线电频谱信道分成多个时隙用于增加蜂窝网络的速度与效率。在不同时段，多个用户可共享同一通道。在此蜂窝网络中的系统从一个用户切换为另一个用户，有效地重用可用的频率。TDMA 提升了速度和服务质量，通话是 TDMA 的一个常见示例，一个人打一段时间的电话后挂机，然后另一个人打电话。在 TDMA 系统中，时间分成帧，每一帧分成时隙，时分多址需要每个时隙的开始与结束时间是已知的，不考虑通信源头或者目的地。移动通信系统，如全球移动通信系统(Global System for Mobile Communication，GSM)、数字 AMPS(D-AMPS)和个人数字蜂窝系统(Personal Digital Cellular，PDC)，都使用了 TDMA 技术。

CDMA 是在 FDMA 之后研发的，其中包含的术语"码(code)"意味着 CMDA 分配唯一的代码到每个语音呼叫或数据传输中，用唯一标识区分通过蜂窝网路发送的其他所有传输。在一个 CDMA 的"扩频"网络中，通话可遍布整个无线电频带，CDMA 允许网络中的用户同时使用网络的每个信道，同时，一个特定蜂窝可同时与多个其他蜂窝互动。这些特征使得 CDMA 变得非常强大，是推动移动蜂窝网络主导无线空间的主要技术。图 12-7 显示了 FDMA、TDMA 和 CDMA。

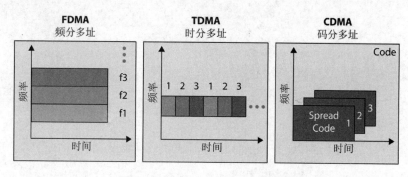

图 12-7　FDMA、TDMA 和 CDMA

正交频分多址(Orthogonal Frequency Division Multiple Access，OFDMA)来源于 FDMA 和 TDMA 的组合。在早期的 FDMA 实现中，隔开了每个信道的不同频率以允许模拟电路硬件分隔不同的信道。在 OFDMA 中，每个信道细分为一组紧密隔开的子信道的正交频率。每个不同的子信道可通过 MIMO(Multiple Input Multiple Output，多个输入和输出)形式同时发送和接收。正交频率和 MIMO 的使用使得信号处理技术可减少不同子信道之间的干扰，并可修正信道损伤，例如，噪声和选频衰减。4G(第四代通信技术)和 5G(第五代通信技术)需要使用 OFDMA 技术。

12.5.2　历代移动技术

全球移动用户的急剧增长推动了多址技术的发展，移动无线技术经历了快速发展的混乱时代。第一代通信技术(1G)通过电路交换网络处理语音数据的模拟信号传输，提供了大约 19.2Kbps 的传输率。第二代通信技术(2G)允许在无线设备(例如，手机和内容提供商)之间传输数字编码的语音和数据。TDMA、CDMA、GSM 和 PCS 都属于 2G。2G 技术可在电路交换网络传输数据，并支持数据加密、传真数据和短消息服务(Short Message Services，SMS)。

第三代通信技术(3G)网络是 20 世纪末和 21 世纪初出现的。3G 结合了 FDMA、TDMA

和 CDMA，灵活支持种类繁多的应用程序和服务。此外，3G 用分组交换取代了电路交换，模块化的设计实现了可扩展性，向前兼容 2G 网络，并强调移动通信系统间的互操作性。3G 服务极大地为用户提供了扩展应用程序，例如，全球漫游(而不必更换手机或手机号码)、Internet 和多媒体服务。

此外，考虑到用户对传输速率需求的不断增长，在传输速率提高后，3G 网络的延迟大大降低了。3G 网络更多的增强功能在第三代合作伙伴计划(Third Generation Partnership Project，3GPP)的名义下研发，也称为 3.5G 网络或移动宽带。3GPP 产生了多个新的或增强的技术，这些技术包括增强型数据传输率 GSM 演进技术(Enhanced Data Rates for GSM Evolution，EDGE)、高速下行链路分组接入(High-Speed Downlink Packet Access，HSDPA)、CDMA2000 和微波接入全球互通(Worldwide Interoperability for Microwave Access，WiMAX)。

历代移动技术

与其他技术一样，移动通信技术也经历了几代的发展。

第一代通信技术(1G)

- 模拟服务
- 仅语音服务

第二代通信技术(2G)

- 主要是语音，一些低速数据(电路交换)
- 手机尺寸更小
- 增加了电子邮件、寻呼和来电显示功能

第 2.5 代通信技术(2.5G)

- 数据传输率高于 2G
- 电子邮件和页面的“始终开启”技术

第三代通信技术(3G)

- 语音和数据的集成
- 包交换技术，而不是电路交换

第 3.5 代通信技术(3GPP)

- 更高的数据传输率

第四代通信技术(4G)

- 基于全 IP 包交换网络
- 100 Mbps ~ 1 Gbps 的数据交换

第五代通信技术(5G)

- 更高的频率范围，但传输范围更短更容易受到干扰
- 数据传输率可能高达 20 Gbps
- 支持高速、低延迟服务的密集部署

在撰写本书时，4G 移动网络占据主导地位，不过正如即将看到的，这种情况很快就会改

变。最初有两种相互竞争的技术属于 4G 的范畴：移动 WiMAX 和长期演进技术(Long-Term Evolution，LTE)。然而，LTE 最终胜出，WiMAX 不再用于移动无线网络。但是正如之前探讨，仍将 WiMAX 用作广域网中传统 ISP 服务的替代品。3G 支持传统的电路交换电话服务，而 4G 基于分组的网络上工作。4G 设备基于 IP、OFDMA，而不是多载波接入技术，理论上 4G 设备应能达到 2Gbps 的数据传输率，但很少会在现实中发生。

5G 是目前最流行的技术。用户的角度认为 5G 超过 4G 的最大优势是速度。5G 能达到惊人的 20 Gbps，接近最新的 Wi-Fi 6 标准。5G 的缺点是为了实现令人瞠目结舌的速度，使用了更高频率，会导致传输范围更短，更易受到干扰，运营商将不得不建造更多蜂窝基站。

每一代的移动通信技术都基于硬件技术和处理器能力的提升。硬件技术的改进使得用户之间可传输更复杂的数据，使更多用户使用移动通信。

表 12-3 所示的是 2G 到 5G 网络的一些主要特点。注意，由于篇幅有限，表 12-2 未能涵盖每一代移动技术的各个方面。前几代移动通信技术在不同国家差异较大，主要是因为在国际标准建立前，各国的实现方式不同，现在国际电信联盟(ITU)和各个国家都在努力减少差异。

注意

假如能清晰地定义各代移动无线技术，确实大有益处，但很难做到。原因在于全球各地都在使用不同的基础技术，且有几个相互竞争的供应商分别拥有专利技术。

表 12-3　移动技术的不同特点

	2G	3G	4G	5G
频谱	1800 MHz	2 GHz	各种	各种 3~86 GHz
带宽	25 MHz	25 MHz	100 MHz	30~300 MHz
多路复用类型	TDMA	CDMA	OFDMA	OFDMA
新增功能	数字语音、短信和彩信	手机Internet 访问、视频	移动宽带、高清视频	超高清和 3D 视频
数据传输率	115~128 Kbps	384 Kbps	100Mps(移动)/1Gbps(静止)	高达 10Gbps
推出年份	1993	2001	2009	2018

入侵手机

2G 网络(无论安全专家信不信，它仍然存在)缺乏向手机验证信号塔的能力，换句话说，攻击方可轻易地建立一个比附近合法塔更强大的流氓塔，并让目标手机连接到它，这种类型的攻击允许攻击方拦截所有手机流量。尽管 3G 和 4G 网络纠正了这一严重漏洞，但有时仍可通过干扰 3G、4G 和 5G 信号塔强迫手机切换到 2G 模式。为保持某种形式的连接，手机可能切换到易受攻击的 2G 模式，从而可能再次造成攻击。

设计用于执行此类攻击的设备称为国际移动用户身份(International Mobile Subscriber Identity，IMSI)捕获器。IMSI 捕获器最初用于执法和情报机构，越来越多的黑市罪犯利用 IMSI 捕获器。此外，正如 Chris Paget 在 2010 年的 DefCon 上的演示，安全专家可使用低于 1500 美元的价格构建一个攻击平台，这是向后兼容性如何使旧协议中的漏洞永久化的又一个示例。

12.6　卫星

当今，卫星用于提供远程站点之间的无线连接。如果两个不同物理位置想通过卫星链路建立通信，就应位于卫星的视线和足迹(卫星覆盖的区域)内，即使对于近地轨道卫星，覆盖范围也往往很大。信息的发送方(地面站)将数据调制成传送给卫星的无线电信号。卫星上的收发器接收并放大信号，此后转发给接收方。接收方应安装一种天线，就是在建筑物顶部看到的圆形碟状装置。基于该天线能接收的卫星的数量多少，天线中可能包含一个或多个微波接收器。

卫星提供用于电视频道和 Internet 接入的数据宽带传输。如果用户接收电视信号，那么建立的传输是单向(广播)网络。如果用户使用卫星连接 Internet，那么这种传输就属于双向网络。可用带宽取决于天线和终端类型以及服务提供商提供的服务。对时效敏感的应用程序，例如，语音和视频会议，使用卫星传送数据时可能出现延迟现象。

卫星通信网络中常用的轨道有两种：地球同步轨道和低地球轨道。传统网络，例如，为运营商广播电视和承载跨洋数据链路层的网络，轨道高度为 22 236 英里，角速度与地球自转角速度类似，称为地球同步轨道(Geosynchronous Orbit)。卫星在地面上的同一点上看起来是静止的，主要好处是地面站天线不需要移动，主要缺点是在这种范围内，需要一个相当大的天线，且应等待大约一秒钟，无线电波才能到达卫星并返回地球，这种延迟会给视频会议等实时通信带来挑战。

其他卫星使用低地球轨道(Low Earth Orbit，LEO)，通常在地球表面上方 99~1243 英里之间，地面站和卫星之间的距离没有其他类型的卫星远，继而可使用更小的接收器，这使 LEO 卫星成为国际蜂窝通信和 Internet 使用的理想选择。但问题在于，数据传输速率往往比地球同步卫星小得多而且服务计划相当昂贵。

大多数情况下，组织会使用一个称为甚小口径卫星通信终端(Very Small Aperture Terminal，VSAT)的系统，该系统通过服务提供商运行的卫星网关基础设施将站点(例如，远程办公室)连接到 Internet，如图 12-8 所示。另外，VSAT 也可部署在独立网络中，组织将 VSAT 放在这个网络的中心物理位置，所有远程用户都可连接而不需要网关基础设施。可用的数据传输速率范围从几 Kbps 到几 Mbps。价格的下降也使得大量的中等规模组织负担得起这种技术，尽管价格还不够便宜。

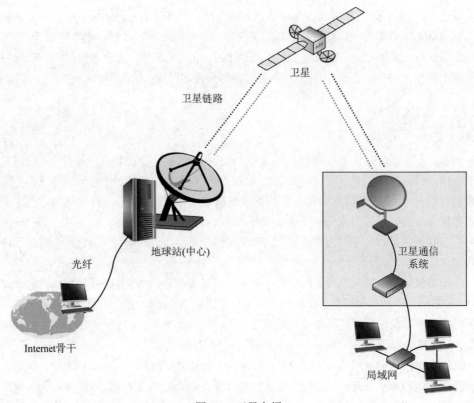

卫星

卫星链路

地球站(中心)

光纤

Internet骨干

卫星通信系统

局域网

图 12-8 卫星宽频

12.7 本章回顾

无线网络无处不在,长期以来安全界为使用无线网络技术的系统实施保障,在机密性、完整性和可用性方面取得了长足的进步。尽管如此,无论安全专家使用无线电波还是光波向自由空间传输信息,风险永远不会降为零。保护无线网络安全的最佳实践包括使用强密码术、控制访问和定期测试控制的有效性。

作为安全专家应始终了解正在研发和销售的新无线技术。对于每一种技术都应将优点(供应商总是吹嘘)与风险(可能不那么明显,也更难以识别)比较。市场将不断推出新特性和功能的产品,即使以牺牲安全为代价。需要明确的是,大多数新技术都会包含一些基本的安全功能,有时还包含高级安全功能,但产品使用方并不一定通过系统化的方式实施这些安全功能,安全专家需要考虑这类问题。

12.8 快速提示

- 无线通信系统将数据调制到无线电和光波等电磁信号上。
- 通常,较高频率可承载更多数据,但距离更短,更容易受到干扰。

- 无线通信系统通常使用带有 CSMA/CA 技术作为 MAC 协议。
- 无线电频带是指定用于特定用途的无线电频谱的子集。
- Wi-Fi 系统在 2.4GHz 和 5GHz 频段运行。
- 大多数无线通信系统使用两种调制技术：扩频或正交频分复用(OFDM)。
- 扩频调制技术包括 FHSS 和 DSSS。
- DSSS 将数据传输到比克服干扰所需频谱更宽的频谱上，并依靠芯片序列让接收站知道如何重建传输的数据。
- FHSS 一次使用一个子信道，但会以特定的跳跃序列快速改变信道。
- 无线局域网(WLAN)有两种模式：基础架构和自组网。
- 通过使用不同的 SSID 可将环境划分为不同的 WLAN。
- 802.11a 提供高达 54Mbps 的速率并在 5GHz 频段运行。
- 802.11b 提供高达 11Mbps 的传输速率并在 2.4GHz 频率范围内工作。
- 802.11g 在 2.4GHz 频段运行，并支持高达 54Mbps 的数据传输率。
- 802.11n 也称为第四代无线网络技术，支持高达 100Mbps 的吞吐量并在 5GHz 频段工作。
- IEEE 802.11ac(第五代无线网络技术)是 802.11n 的扩展，可将吞吐量提高到 1.3 Gbps，并向下兼容 802.11a、802.11b、802.11g 和 802.11n。
- 802.11ax 旨在提高效率，而不是提高速度。
- Li-Fi 是一种无线网络技术，使用光传输和接收数据而不是使用无线电波。
- 802.16 是一种城域网(MAN)无线标准，允许无线流量使用 2.4GHz 和 5GHz 频段覆盖大范围的地理区域，区域中站点可相距 70 公里。
- 802.15.4 定义了 WPAN 的物理层和介质访问控制子层。
- ZigBee 是建立在 802.15.4 上的第三层(网络层)和第七层(应用层)标准，最常用于物联网(IoT)和工业物联网系统。
- 蓝牙是 WPAN 的另一个标准，常用于取代将外围设备连接到计算机和移动设备的电缆。
- 802.11e 标准提供服务质量(QoS)并支持无线传输中的多媒体流量。
- 802.11f 标准化了接入点之间传输活动的连接过程，使用户能在接入点之间漫游。
- 802.11h 标准旨在通过 DFS 和 TPC 技术解决 5GHz 频段的干扰问题，尤其是与雷达和卫星系统有关的干扰问题。
- 802.11j 是一个标准示例，允许当地法规与更多标准(例如，802.11)部分冲突的国家(例如，日本)使用 WLAN 等通用技术。
- 802.11 是最初的 WLAN 标准，包括 WEP，但现在已经过时。
- 802.11i 定义了 WPA2，是现代无线局域网中最常用的标准。
- IEEE 802.11w 标准提供了 MFP，可防止重放攻击、拒绝服务(DoS)等攻击。
- WPA3 由 Wi-Fi 联盟(而非 IEEE)研发，正在迅速取代 WPA2 供个人和企业使用。
- 802.1X 是一种可在有线和无线网络上实施访问控制的协议，用于用户身份验证和密钥分发。

- 移动电话经历了历代和多种接入技术：1G(FDMA)、2G(TDMA)、3G(CDMA)、4G(OFDM)和5G(OFDM)。
- 卫星通信链路提供了超长距离的连接，在原本无法到达的地方提供连接，可能带来延迟挑战。

12.9　问题

记住这些问题的表达格式和提问方式是有原因的。CISSP 考试在概念层次上提出问题，问题的答案可能不是特别完美，建议考生不要寻求绝对正确的答案。相反，应当寻找最合适的答案。

1. 以下哪一项不是 IEEE 802.11a 标准的特征？

    A. 在 5GHz 范围之内工作

    B. 使用 OFDM 扩频技术

    C. 提供 52Mbps 的带宽

    D. 覆盖的距离小于 802.11b

2. 多年来，无线局域网技术经历了不同的版本以解决原始 IEEE 802.11 标准中固有的一些安全问题。以下哪项提供了企业模式下 WPA2 的正确特征？

    A. IEEE 802.1X、WEP 和 MAC

    B. IEEE 802.1X、EAP 和 TKIP

    C. IEEE 802.1X、EAP 和 WEP

    D. IEEE 802.1X、EAP 和 CCMP

3. 以下哪一项不是 Li-Fi 网络的特征？

    A. 支持高客户密度

    B. 高延迟

    C. 受限制的覆盖范围

    D. 可在红外光谱上工作

4. 如何最好地确保 ZigBee 系统的安全性？

    A. 确保协调器充当信任中心

    B. 使用 256 位加密密钥

    C. 部署在为每个设备预先分配插槽的环状拓扑中

    D. 使用 SKKE 协议来派生密钥

5. 以下哪一项是允许从无线设备实施未经授权的读/写访问的针对蓝牙的攻击？

    A. 蓝牙劫持

    B. 重放攻击

    C. Smurf 攻击

    D. 蓝牙侵吞

6. IEEE 802.1X 标准涵盖哪些内容？

　　A. 防止重放攻击和拒绝服务(DoS)攻击的管理帧保护(MFP)

　　B. WPA2

　　C. OSI 模型中数据链路层的物理层(PHY)和介质访问控制(MAC)子层的安全扩展

　　D. 用于用户身份验证和密钥分发的访问控制协议

7. 与地面网络相比，以下哪一项不是卫星网络的劣势？

　　A. 延迟

　　B. 成本

　　C. 带宽

　　D. 视频会议

　　使用以下情景回答问题 8~10。你正规划在其中一个制造基地升级无线网络，并希望以此为契机提高网络安全性。目前的系统基于使用了 10 年的无线接入点(WAP)实现 802.11g，有多个工业物联网(IIoT)设备，故可使用 WAP2 个人模式。可更新 WAP 上的固件，并且你也认为是时候升级了。

8. 什么原因会让你难以从 WPA2 个人模式切换到企业模式？

　　A. 企业模式需要昂贵的许可证

　　B. WAP 可能不支持企业模式

　　C. IIoT 设备可能不支持企业模式

　　D. 投资回报率不足

9. 应考虑升级到的最佳技术是什么？

　　A. IEEE 802.16

　　B. IEEE 802.11w

　　C. IEEE 802.11f

　　D. IEEE 802.11ax

10. 最近的无线网络变得无法使用，你怀疑可能成为持续 Wi-Fi 解除身份验证攻击的目标，该采取什么措施才能最好地减轻这种威胁？

　　A. 在整个基础设施中部署 WPA3 接入点

　　B. 执行 MAC 地址过滤，使恶意站点远离网络

　　C. 立即更新接入点上的固件以支持 802.11w

　　D. 更改 WAP 使用的通道

12.10　答案

　　1. C。IEEE 标准 802.11a 使用 OFDM 并在 5GHz 频率段下工作，提供高达 54 Mbps 的带宽，工作频率较高，故工作范围较小。

　　2. D。WPA2 需要 IEEE 802.1X 或用于访问控制的预共享密钥、EAP 或用于身份验证的预共享密钥，以及具有 CCMP 计数器模式的 AES 算法加密。

3. B。数据传输的延迟在 Li-Fi 网络中非常低。

4. A。使用信任中心提供了一种集中验证设备和安全管理 128 位(不是 256 位)加密密钥的方法。如果没有信任中心,可使用 SKKE 协议派生密钥,但这种方法并不安全。ZigBee 不支持环状拓扑。

5. D。蓝牙侵吞(Bluesnarfing)允许攻击方读取、修改或删除日历事件、联系人、电子邮件和短信等。蓝牙劫持(Bluejacking)是唯一的另一种蓝牙攻击选择,但这是指有人向设备发送未经请求的消息。

6. D。802.1X 是一种访问控制协议,可在有线和无线网络上实施,用于用户身份验证和密钥分发。MFP 包含在 802.11w 中,WPA2 包含在 802.11i 中,而另一个选项(安全扩展)则是一个干扰选项。

7. C。如果预算充足,卫星网络上的数据传输速率可与其他通信模式相媲美。然而卫星网络通常更昂贵,且具有高延迟,这意味着卫星网络不太适合时效敏感的应用程序,例如,语音和视频会议。

8. C。如果 WAP 支持 WPA2,就可在个人模式或企业模式下实施更换。只要它可连接到所需的后端服务(如 RADIUS 服务器),就不需要额外的授权许可。因此,模式变化通常不会产生投资回报率问题。但包括 IIoT 在内的多个嵌入式设备不支持企业模式,因此应实施更换。

9. D。802.11ax 是选项列表中唯一描述 WLAN 的标准。802.16 用于城域网(MAN),802.11w 涵盖无线网络中的管理帧保护(MFP),802.11f 处理在接入点之间漫游的用户。

10. C。802.11w 提供 MFP 功能,可缓解此类攻击,包含在 WPA3 中,因此每个答案都正确。但最优选择 802.11w 升级更快、更便宜和更安全,不会对网络产生负面影响,同时会探讨和规划如何在整个企业中采用最合理的方式实施 WPA3 解决方案。这是将在 CISSP 考试中看到的模棱两可问题类型的一个显著示例。

第13章

网 络 安 全

本章介绍以下内容:
- 安全网络
- 安全协议
- 多层协议
- 聚合协议
- 微分段

更多设备的互联意味着更多漏洞。

——Marc Goodman

安全专家对网络技术有了基本了解后,本章将探讨如何构建安全网络。第 11 章曾介绍核心网络和服务协议,探讨核心网络和服务协议面临的威胁和缓解办法。第 9 章介绍过安全设计原则,采用类似的方法将探讨范围从这些核心协议和服务扩展到对现代网络至关重要的其他服务(如电子邮件)。

现代网络越来越依赖于多层协议和聚合协议,并不像 OSI 模型那样具有整齐的层次结构。多层协议和聚合协议的概念来自于 OSI 不同层甚至是不同网络组件的重叠,这种重叠具有重要的安全影响。本章旨在探讨如何通过成熟的应用层安全协议和最佳实践来保护网络和服务。

13.1　安全设计原则运用于网络架构

网络架构是一个网络模型。与其他模型一样,网络架构并非用来 100%反映网络的真实情况,而是抽象多个细节以便关注核心部分。通过暂时忽略不重要的内容,在更重要元素上做出决策。例如,在企业确定 Web 服务器数量和运行的操作系统及软件需求前,应首先确定服务器的分类和部署的区域。企业可能使用一组面向外部访问、用于发布的 Web 服务器,也可能使用面向内部全体员工的服务器,甚至有另一组服务器提供给 Web 研发团队使用。这些服务器部署在哪个位置,需要哪些管控手段?也许需要一个非军事区(Demilitarized Zone,

DMZ)、一个内部共享集群(Cluster)、一个虚拟局域网(Virtual Local Area Network，VLAN)并配备相应的控制措施以缓解各种风险组合。网络架构帮助安全专家实施具体配置前回答较高层面的问题。

企业实施一个可行性架构克服所有可能存在的问题后，便可将其作为架构的模板用于未来系统上，以此提高效率。此外，可将工作编撰成最佳实践，分享给类似的企业帮助减少其工作量。一个经典的架构可多次重复使用，即使在细节上存在一定差异也是如此。

以上提到的最佳实践的多个方面与安全相关。既然需要可重复使用的架构，那么在部署时就需要满足企业的安全设计原则。接下来将探讨企业在部署符合安全设计原则的网络架构时会使用的网络互联概念和技术，同时穿插探讨一些重要的安全设计原则。需要注意，不存在万能的解决方案，所以安全专家要能视具体情况选择合适的原则；作为一名 CISSP 专家，应对此做到了然于胸。

首先回顾第 9 章中探讨的运用于网络架构的 11 个安全设计原则。

- **威胁建模(Threat Modeling)** 网络安全应建立在良好的威胁理解基础之上。在本章中重点关注网络安全，探讨运营和保护网络的各种技术和协议所面临的威胁。

- **最小特权(Least Privilege)** 为满足有效的企业要求，应允许流量仅能在需要通信的两个节点之间流动，而不能在其他地方流动。稍后将深入探讨网络分段。

- **深度防御(Defense In Depth)** 一些 IT 和安全专家将此原则等同于为面向公众的服务器配置 DMZ，但该原则适用于整个网络，并要求围绕最有价值的资产构建同心防御。

- **默认安全(Secure Defaults)** 该原则适用于企业网络，最简单的案例是确保防火墙的默认配置是"拒绝源到目的地的所有流量(全部拒绝)"。该原则应适用于企业的整个网络并与最小特权原则保持一致。

- **故障关闭(Fail Securely)** 该原则的关键是两点：当这个网络系统出现故障时会发生什么？当数据包无法匹配防火墙上的"允许"规则时会发生什么？(提示：不应允许通过)。

- **职责分离(Separation of Duties)** 企业中由谁负责防火墙和其他安全专用工具包的规则？为员工分配敏感的职责都应经过审查。如果企业没有足够的员工，每个员工的敏感工作都应由其他员工实施定期检查。

- **最简法则(Keep It Simple)** 除非是为跨国公司构建全球网络，否则应尝试研发一种单张幻灯片就可描述所有重要组件的体系架构。

- **零信任(Zero Trust)** 网络上的服务和流量都应经过身份验证和加密。当两台服务器是整个系统的一部分时(例如，Web 服务器及其后端数据库)，它们应相互验证，并针对允许彼此提出的请求制定规则。

- **隐私设计(Privacy by Design)** 加密网络流量是保护隐私良好的方式，但需要明确收集的数据的储存位置以及数据使用的目的。例如，当企业为可审计性做准备时(参见下一个原则)，需要确保不会过度收集数据。

- 信任但要确认(Trust but Verify)网络上发生的一切都应是可审计的，应记录主体、时间以及原因。需要确保正确配置日志并防止篡改或意外丢失。
- 责任共担(Shared Responsibility) 企业的网络架构可能包含少量服务提供商。无论是互联网服务提供商、云服务提供商还是托管服务提供商，企业都应对相关的责任达成一致。

 考试提示

应将各种安全设计原则映射到特定场景。

依据以上安全设计原则，将继续探讨安全地评估和实施网络架构的具体方法。

13.2 安全网络

目前最流行的网络标准和协议(如以太网、TCP/IP 等)诞生于几十年前。那时，网络相对友善和温和(至少在数字领域)，涉及计算机和网络几乎不考虑安全问题。随着互联网爆炸式增长，守法人员和犯罪分子都有了巨大机会，安全网络需求也显而易见，但为时已晚。此后，企业一直试图将安全性附加在不安全的技术上。保护网络的最常见方法之一是加密技术，特别是在使用不可信网络的可信隧道中。

13.2.1 链路加密与端到端加密

本章探讨的每种网络技术里，加密技术都可运行在不同通信级别上，每种通信级别都有不同的保护类型和含义。两种常见的加密技术实现模式是链路加密和端到端加密。链路加密(Link Encryption)将沿着特定通信通道(如卫星链路、地面 T3 专线，甚至同一局域网内的主机之间)传输数据并对数据实施加密。由于链路加密发生在第一层和第二层，因此不仅用户信息是加密的，而且数据包中的(第三层及更高层)标头、尾部、地址和路由数据也实施了加密。链路加密技术中唯一未加密的通信流量是数据链路层控制消息，包括不同链路设备用于同步通信方法的指令和参数。获取数据链路控制消息并不会让攻击方深入了解正在传输的数据内容或数据的最终去向。

端到端加密(End-to-end Encryption，E2EE)发生在会话层或更高层，数据包的头部、尾部、地址、路由信息都不加密，这导致攻击方能从捕获的数据包中获得更多信息并知道数据的目的地。稍后探讨的传输层安全(Transport Layer Security，TLS)是 E2EE 最常见的示例。路由信息以明文形式发送，因此攻击方可执行流量分析以了解相关网络的详细信息，例如主机在网络中扮演的角色。

链路加密(Link Encryption)有时称为在线加密(Online Encryption)，通常由服务提供商提供，并纳入网络协议。所有信息都是加密的，且数据包在每一跳中都应实施解密，这样路由器或其他中间设备将知道下一个数据包的发送目标地址。路由器应解密数据包头部，读取头部中的路由和地址信息，然后重新加密并发送它。

使用端到端加密，因为数据包的头部和尾部没有实施加密，所以数据包不需要解密，也不需要在每一跳中重新加密。位于起点和目的地之间的设备只需要读取必要的路由信息，然后将数据包继续向前传输。

端到端加密通常由发送端计算机的用户发起，为用户提供了更大的灵活性，以便确定某些信息会得到加密。称为"端到端加密"的原因是信息从一端传输到另一端的过程中保持加密状态。链路加密应在两端之间的每个设备上对数据包实施解密。

不同层中加密技术

通常情况下可在操作系统和网络栈的不同层中执行加密技术。下面仅列举其中一些示例：

- 端到端加密(End-to-End Encryption)发生在应用层
- TLS 加密(TLS Encryption)发生在会话层
- 点对点隧道协议(Point-to-Point Tunneling Protocol，PPTP)加密技术发生在数据链路层
- 链路加密(Link Encryption)发生在数据链路层和物理层

链路加密发生在数据链路层和物理层，如图 13-1 所示，硬件加密技术设备与物理层连接，并加密所有通过物理层的数据。攻击方无法获得数据包信息，因此攻击方无法了解有关数据如何流经这些设备的基本信息，这就是信息流量安全(Traffic-Flow Security)。

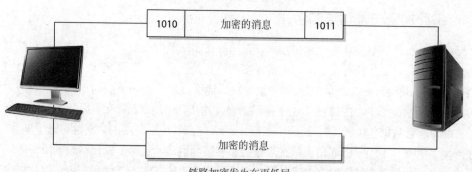

端到端加密发生在更高层，
并不加密数据包的头部和尾部

| 1010 | 加密的消息 | 1011 |

加密的消息

链路加密发生在更低层，
并且加密数据包的头部和尾部

图 13-1　链路加密和端到端加密发生在 OSI 模型的不同层

注意

跃点(Hop)是一种帮助数据包到达目的地的设备。通常路由器会通过查看数据包地址用于确定数据包下一步要去往哪里。数据包通常在发送和接收计算机之间经过很多跳。

端到端加密的优点如下：

- 为用户选择加密的内容和方式提供了更大的灵活性。
- 由于每个应用程序或用户都可选择特定配置，因此功能的粒度更细。

- 网络中每一跳的设备都不需要解密数据包的密钥。

端到端加密的缺点如下：

- 未加密数据包头部、地址和路由信息，因此数据不受保护。

> **硬件和软件密码系统**
>
> 可通过软件或硬件实施加密技术，软硬件通常需要权衡使用。一般而言，软件比硬件设备更便宜，但吞吐量也更小。与硬件机制相比，软件加密方法可更容易地修改和禁用，它取决于应用程序和硬件产品。
>
> 如果一家公司需要高速执行高端加密功能，该公司很可能实施硬件解决方案。

链路加密的优点如下：

- 所有数据都实施加密，包括数据包头部、地址和路由信息。
- 链路加密运作在 OSI 模型的较低层，不需要用户实施开启。

链路加密的缺点如下：

- 每个跃点设备应接收一个密钥，当密钥更改时，每个密钥都应更新，所以密钥分发和管理更复杂。
- 数据包在每一跳跃点都实施解密，因此存在更多漏洞。

13.2.2 传输层安全

最普遍的端到端加密是传输层安全(Transport Layer Security，TLS)。TLS 是一种为网络通信提供机密性和数据完整性的安全协议，取代了不安全的安全套接字层(Secure Sockets Layer，SSL)标准。这两种协议共存多年，安全专家们认为 SSL 和 TLS(TLS 目前是 1.3 版本)的差异很小。然而，2014 年的 POODLE(Padding Oracle On Downgraded Legacy Encryption)攻击给 SSL 敲响了警钟，并证明了 TLS 在安全方面的优越性。为保障互操作性，攻击的关键是强制降级 SSL 的安全性。

 考试提示

由于 SSL 和 TLS 在一段时间内密切相关，有时仍可互换使用，用于描述网络加密。但 SSL 协议一直不安全，不应是加密措施的最优解决方案(除非要求不安全的协议)。

长期以来，向后兼容性一直是试图改善网络的安全专家们的眼中钉。TLS 1.3 代表了对安全性关注的转换，体现在支持的密码套件数量有限制(只有五个)，攻击方不能再在连接建立协商期间欺骗服务器使用不安全的密码体系。TLS 1.3 的关键特性之一是用于建立新连接的握手，该握手只需要向服务器发送一条客户端消息和来自于服务器的一条响应。以下是 TLS 1.3 握手的总结。

(1) 客户端发送"Hello"消息，消息包括：

- 客户端支持的密码套件和协议列表
- 密钥交换的客户端输入

(2) 服务端回复"Hello"消息，消息包括：

- 服务端选择的密码套件和协议版本
- 密钥交换的服务端输入

(3) 服务端身份验证，包括：

- 服务端的数字证书
- 证明服务端拥有证书的私钥

(4) (可选)客户端身份验证，包括：

- 客户端的数字证书
- 证明客户端拥有证书的私钥

注意

虽然 TLS 1.3 最大限度地减少了主机之间传输的明文信息，但 TLS 1.2(及更早版本)以明文形式传输了更多信息，包括服务器名称，如 www.goodsite.com。

如前所述，TLS 1.3 已将推荐密码套件的数量从 37 个(在以前的版本中)减少到 5 个。这是一项重要改进，因为已知或怀疑 37 个套件中的一些套件容易受到密码分析的攻击。TLS 1.3 将套件减到 5 个并确保提供强大保护，攻击方更难通过强制服务器使用较弱的套件用于降低系统的安全性。最新版本的 TLS 允许的套件如下：

- **TLS_AES_256_GCM_SHA384**　该加密算法是在伽罗瓦/计数器模式(Galois/Counter Mode，GCM)中具有 256 位密钥的 AES。GCM 是一种提供消息身份验证的运营模式，哈希算法是 SHA-384。该套件提供最好的保护机制，也需要最多计算资源。

- **TLS_AES_128_GCM_SHA256**　该套件与 TLS_AES_256_GCM_SHA384 套件类似，通过使用更小的 128 位密钥实施加密技术，通过 SHA-256 实施哈希技术处理以节省资源，该套件非常适合硬件支持加密的系统。

- **TLS_AES_128_CCM_SHA256**　在该套件中，AES(同样，使用 128 位密钥)以计数器模式与 CBC-MAC(Counter Mode with CBC-MAC，CCM)运行，CCM 使用 16 字节标记提供消息身份验证(与 GCM 非常相似)。

- **TLS_AES_128_CCM_8_SHA256**　该套件与 TLS_AES_128_CCM_SHA256 套件类似，但带有 CBC-MAC 的计数器模式使用 8 字节标签(而不是 16 字节标签)，更适合嵌入式设备。

- **TLS_CHACHA20_POLY1305_SHA256**　ChaCha 流密码(执行 20 轮)与 Poly1305 消息验证代码(Message Authentication Code，MAC)相结合，是一个密码套件，是基于软件的加密系统的不错选择。多种现代系统依赖于基于硬件的加密，因此 TLS 1.3 的研究专家希望确保推荐的套件支持多个设备。此外，至少有一个不是 AES 的加密算法才有意义。

已在第 8 章探讨了 AES 并简要提到 ChaCha20、第 12 章讨论了 CCM 和本章第一次提出的 GCM 和 Poly1305，都是提供身份验证的对称密钥加密的方法。认证加密(Authenticated Encryption，AE)保证在传输中未修改消息，同时发送方应知道秘密密钥。类似于第 8 章讨论的 MAC，但适用于流密码。TLS 1.3 将 AE 概念提升到一个新阶段，即带有附加数据的身份验证加密(Authenticated Encryption with Additional Data，AEAD)。AEAD 本质上是在密文和明文同时发送时计算 MAC，例如，在发送网络流量时，某些字段(如源地址和目的地址)无法加密，攻击方可使用不同的数据包重放加密消息，但如果使用 AEAD(正如 TLS 1.3 所要求的)，将自动丢弃这类伪造数据包。

TLS 1.3(在 TLS 1.2 及之前版本中是可选的)的另一个关键特性是使用临时密钥(Ephemeral Key)，临时密钥仅用于一个通信会话，然后使用 DHE(Diffie-Hellman Ephemeral)算法丢弃。TLS 1.3 提供了前向保密性(Forward Secrecy)，有时称为完美前向保密性(Perfect Forward Secrecy)，如果攻击方能以某种方式破解或以其他方式获得秘密密钥，那么攻击方只能解密一部分密文，无法解密密文的全部内容。

攻击方也使用 TLS！

虽然 TLS 通常是企业保护网络流量免遭嗅探的第一道防线，攻击方也会出于同样的原因使用 TLS。有多个使用 TLS 的恶意软件示例：银行特洛伊木马(例如，TrickBot、Emotet 和 Dyre 等)、利用 TLS 将数据传回其主服务器、勒索软件家族(例如，Jigsaw、Locky 和 Petya 等)和 TLS 感染机器以及传输信息。然而，攻击方使用 TLS 的方式通常与在合法连接中的使用 TLS 方式不同。分析网络流量可指明其中一些差异，例如：

- 提供较弱或过时的密码套件
- 很少提供一个以上的扩展(企业客户最多使用九个)
- 使用自签名证书

虽然本节中关注 TLS 1.3，但值得注意的是，截至撰写本书时，互联网协会报告称，全球排名前 1000 网站中只有 58%支持此最新版本。这对企业意味着应平衡此协议增强安全性与利益相关方的需求。如果企业尚未使用 TLS 1.3，企业会思考，如果实施切换，企业用户群中将有多大比例无法安全通信。如果所有主流浏览器都支持 TLS 1.3，企业的状态可能会很好。请记住，即使企业仍在使用 TLS 1.2，本节中描述的大多数更适合使用 1.3 版本的功能在以前的版本中都是可选的。这将提供一条在考虑利益相关方的同时逐步提高安全性的途径。无论企业的情况如何，TLS 都可能是保护网络安全的最重要的加密技术，对于虚拟专用网络而言尤其如此。

注意

从未正式弃用 TLS 1.0 和 TLS 1.1，但普遍认为 TLS 1.0 和 TLS 1.1 是不安全的。

13.2.3 虚拟私有网络

虚拟私有网络(Virtual Private Network，VPN)是在不可信的网络环境中建立的安全专用连接，如图 13-2 所示。因为加密技术和隧道协议用于确保传输状态数据的机密性和完整性，所以是专用连接。请务必记住，VPN 技术需要隧道才能工作，同时会实施加密技术。

VPN提供的专用网络接入层

远程用户

服务器

图 13-2　VPN 在公共网络上的两个实体之间提供虚拟专用链路

企业需要 VPN 是因为企业在系统与系统、网络与网络之间传递大量的机密信息，这些信息可能是凭证、银行账户数据、个人身份信息和医疗信息，或者不想让他人知道的其他类型的数据。随着网络复杂度的提高，保护数据传输过程安全的需求在过去几年逐渐增加，对 VPN 解决方案的需求也随之增加。

1. 点对点隧道协议

构建 VPN 的早期方法之一是 Microsoft 的点对点隧道协议(Point-to-Point Tunneling Protocol，PPTP)、PPTP 通用路由封装(Generic Routing Encapsulation，GRE)和 TCP 封装点对点协议(Point-to-Point Protocol，PPP)连接，并通过 IP 网络(默认在 TCP 端口 1723 上运行)扩展。由于大多数基于 Internet 的通信最初是通过电信链路开展的，因此需要一种方法保护当时流行的 PPP 连接。PPTP 最初的目标是提供一种通过 IP 网络隧道连接 PPP 的方法，大多数实现也包括安全功能，因为安全保护在当时已成为网络传输的重要需求。PPTP 与多项安全协议类似，使用时间不长，现在公认是不安全和过时的。

2. 二层隧道协议

二层隧道协议(Layer 2 Tunneling Protocol，L2TP)目前处于第 3 版，是 Cisco 的第 2 层转发(Layer 2 Forwarding，L2F)协议和 Microsoft 的 PPTP 的组合。L2TP 通过各种网络类型(例如，IP、ATM、X.25 等)建立隧道传输 PPP 流量，L2TP 不像 PPTP 仅限于 IP 网络。PPTP 和 L2TP 具有非常相似的侧重点，即将 PPP 流量转移到一个连接到某种不支持 PPP 的网络上的端点。与 PPTP 不同，L2TP 在 UDP(默认端口 1701)上运行，这使其效率更高。与 PPTP 类似，L2TP 在 PPP 流量的传输过程中并未提供更多保护，但与提供安全功能的协议集成在一起。L2TP 继承了 PPP 身份验证，整合 IPSec 以提供机密性和完整性，并可提供其他层的身份验证。

当多个协议涉及不同级别的封装时，可能造成混淆，如果不理解协议是如何协同工作，就无法确定某些流量连接是否缺乏安全性。安全专家们应理解这些协议协作的方式和原因，同时回答如下问题：

(1) 如果 Internet 是一个基于 IP 的网络，为什么还需要 PPP？

(2) 如果 L2TP 本身并不保护数据安全，为什么会存在？

(3) 如果一个连接使用 IP、PPP 和 L2TP，IPSec 在哪里起作用？

下面一起来看看答案。假设安全专家是居家办公的一个远程用户，从安全专家的家里到公司的网络没有专用连接，安全专家的流量需要通过 Internet 才能与公司网络通信。家和 ISP 之间的线路是一个点对点电信连接，一个点是安全专家的家庭路由器，另一个点是 ISP 的交换机，如图 13-3 所示。点对点的电信设备不理解 IP，所以安全专家的路由器应将安全专家的流量封装在 ISP 设备能理解的协议，即 PPP。现在，安全专家的流量不是去往 Internet 上的某个网站，目的地是公司的企业网络。流量应通过一个隧道经由 Internet 到达最终目的地。Internet 不理解 PPP，所以 PPP 流量应该用一个能在 Internet 上工作并创建所需隧道的协议封装起来。

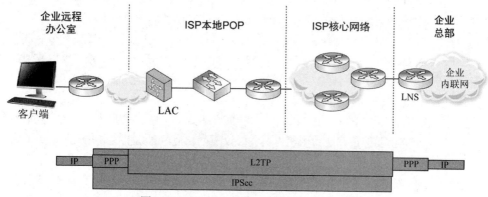

图 13-3　IP、PPP、L2TP 和 IPSec 协同工作

因此，在 PPP 中封装 IP 数据包，然后在 L2TP 中封装 IP 数据包。此时仍然没有涉及加密技术，因此数据没有受到应有的保护。IPSec 能加密通过 L2TP 隧道的数据，一旦流量到达企业网络的外围设备，IPSec 将解密数据包，删除 L2TP 和 PPP 标头，添加必要的以太网头，并将这些数据包发送到最终目的地。

下面回答提出的问题：

(1) 如果 Internet 是一个基于 IP 的网络，为什么还需要 PPP？

答：连接单个系统到 Internet 的点对点电信线路设备不理解 IP，因此流经这些链路的流量应封装在 PPP 中。

(2) 如果 L2TP 实际上并不保护数据本身，为什么会存在？

答：L2TP 通过提供一条经由不理解 PPP 的网络隧道用于延伸 PPP 连接。

(3) 如果连接使用 IP、PPP 和 L2TP，IPSec 在哪里起作用？

答：IPSec 提供加密技术、数据完整性和基于系统的身份验证。

还有一个问题，Internet 上使用的每个 VPN 都实施 PPP、L2TP 和 IPSec 封装吗？不，只有在涉及点对点连接的情况下才实施此类封装。当两个网关路由器通过 Internet 连接并提供 VPN 功能时，它们只需要使用 IPSec。

3. 互联网安全协议

互联网安全协议(Internet Protocol Security，IPSec)是一套专门为保护 IP 流量而研发的协议。IPv4 没有集成安全功能，研发 IPSec 用于"拴住" IP 并保护协议传输的数据安全。L2TP 工作在 OSI 模型的数据链路层，IPSec 工作在 OSI 模型的网络层。

IPSec 包含的主要协议及基本功能如下：

- **身份验证头(Authentication Header，AH)** 提供数据完整性、数据源身份验证和免受重放攻击的保护。
- **封装安全有效载荷(Encapsulating Security Payload，ESP)** 提供机密性、数据源身份验证和数据完整性。
- **Internet 安全连接和密钥管理协议 (Internet Security Association and Key Management Protocol，ISAKMP)** 提供安全连接创建和密钥交换的框架。
- **Internet 密钥交换(Internet Key Exchange，IKE)** 提供验证的密钥材料和ISAKMP一起使用。

在 IPSec VPN 配置中，AH 和 ESP 可单独使用，也可一起使用。AH 协议提供数据源身份验证(系统身份验证)和防止未经授权的修改，但不提供加密技术功能。如果 VPN 需要提供机密性，应正确地启用和配置 ESP。

当两个路由器需要建立一个 IPSec VPN 连接时，需要一个通过握手过程达成一致的安全属性列表。两个路由器应在算法、密钥材料、协议类型和使用方式上达成一致，以上都将用于保护传输的数据。

假设 Angela 和 Juan 是路由器，需要保护在二者之间来回传递的数据。Juan 发给 Angela 一个物品清单，Angela 用它处理发给 Angela 的数据包。清单包括 AES-128、SHA-1 和 ESP 隧道模式。Angela 获取这些参数并将它们存储在安全关联(Security Association，SA)中。Juan 一小时后给 Angela 发送数据包，Angela 将进入这个 SA，遵循这些参数，Angela 就知道如何处理流量。Angela 知道使用什么算法确认数据包的完整性，使用什么算法解密数据包，以及以什么方式激活哪个协议和采用什么模式。图 13-4 说明了如何将 SA 用于存储进出的流量。

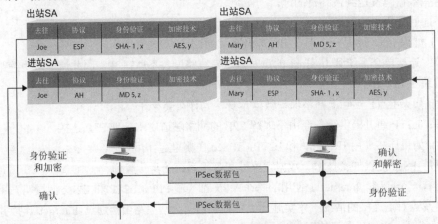

图 13-4　IPSec 使用安全关联存储 VPN 参数

注意

美国国家安全局(National Security Agency，NSA)使用基于 IPSec 协议的加密。高保障 IP 协议加密(High Assurance Internet Protocol Encryptor，HAIPE)是在 IPSec 的基础上额外添加限制和改进功能的 Type1 加密技术设备。HAIPE 通常是一个安全网关，允许两个飞地通过不可信或低级别的网络交换数据。由于该技术在网络层工作，因此可在异构环境中实现安全的端到端连接，在很大程度上取代了链路层加密技术。

IPSec

IPSec 可配置为提供传输层邻接(Transport Adjacency)，这意味着不止一种安全协议(ESP 和 AH)运用于 VPN 隧道中。IPSec 也可配置为提供隧道迭代(Iterated Tunneling)，其中 IPSec 隧道通过另一个 IPSec 隧道开展隧道传输，如图 13-5 所示。如果流量在其路径的不同连接处需要不同级别的保护，那么可使用隧道迭代。例如，如果 IPSec 隧道从内部主机开始，到内部边界路由器结束，那么此时并不需要加密技术，只需要使用 AH 协议。但当数据从内部边界路由器经 Internet 到达另一个网络时，数据就需要得到更多保护。因此，数据包首先经过一个中等安全的隧道，直至准备连接 Internet，然后进入另一个非常安全的隧道。

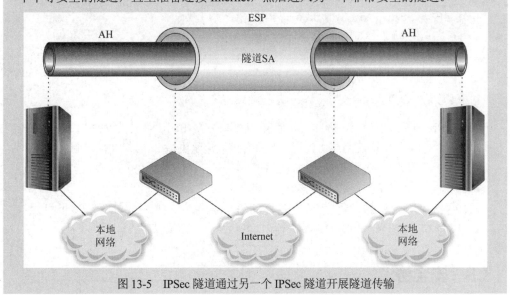

图 13-5　IPSec 隧道通过另一个 IPSec 隧道开展隧道传输

TLS VPN 最常见的实践方式如下：

- **TLS 门户 VPN**　个体使用一个标准 TLS 连接到网站上，安全地访问多个网络服务。需要访问的网站通常称为门户(Portal)，因为它通过单个物理位置提供对其他资源的访问。远程用户使用 Web 浏览器访问 TLS VPN 网关，经过身份验证后，显示一个 Web 页面作为访问其他资源的门户。

- **TLS 隧道 VPN**　个体使用 Web 浏览器通过 TLS 隧道安全地访问多个网络服务,包括非 Web 型应用程序和协议。这通常需要开展个性化编程,以允许通过 Web 型的连接访问服务。

隧道协议总结

二层隧道协议(Layer 2 Tunneling Protocol,L2TP):

- L2F 和 PPTP 的混合
- 延伸和保护 PPP 连接
- 在数据链路层上工作
- 不仅在 IP 网络,可在多种网络中传输
- 与 IPSec 相结合以提高安全性

IPSec:

- 能同时处理多个 VPN 连接
- 提供安全的身份验证和加密技术
- 只支持 IP 网络
- 关注 LAN 网络间通信,而非用户之间的通信
- 在网络层上工作,实现 IP 安全

传输层安全(Transport Layer Security,TLS):

- 在会话层工作,主要保护 Web 和 E-mail 流量
- 提供细粒度的访问控制和配置
- 由于 TLS 已嵌入 Web 浏览器中,所以容易部署
- 仅能保护少数协议类型,因此不是基础架构级别的 VPN 解决方案

TLS VPN 更接近应用层,因此与其他 VPN 解决方案相比,可提供粒度更细的访问控制和安全功能。但由于依赖应用层协议,因此只有少数流量类型可通过 VPN 实施保护。

上述 VPN 解决方案各有千秋,侧重点不同:

- 当需要通过网络扩展 PPP 连接时,使用 L2TP。
- IPSec 保护 IP 流量,通常用于网关之间的连接。
- 特定应用层流量类型需要保护时使用 TLS VPN。

13.3　安全协议

在网络安全方面,TLS 可能是最受关注的技术之一。不过,还应了解其他协议和 TLS 的其他应用程序。本节探讨主要的网络服务、Web、DNS 和电子邮件,接下来探讨保护 Web 服务。

13.3.1　Web 服务

安全专家们听到"Web 服务",就会想到在幕后工作的网站和 Web 服务器。然而,在现

实中，这只是该术语实际涵盖的一部分。Web 服务是一种客户/服务端系统，其中客户端和服务器通过网络(如 Internet)使用 HTTP 通信。当然，这个定义涵盖了用 HTML 编写的静态网页，这些网页由某个旧的 Apache 服务器提供服务，但还可涵盖更多内容。

例如，假设有一个零售商不想为可能很快就会销售或者不会销售的商品支付巨大的存储空间，那么可建立一个即时物流系统，跟踪库存和过去的销售模式，然后自动订购商品，这样商品在库存不足之前到货。这种系统通常使用企业对企业(Business-To-Business，B2B)Web服务实现，如图 13-6 所示，图中的每个图标代表一个有区别的 Web 服务组件。

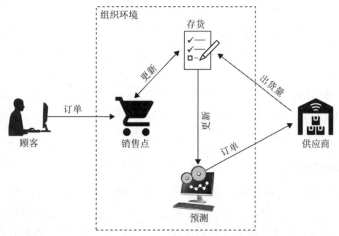

图 13-6　即时物流 B2B Web 服务示例

当以这种方式看待 Web 服务时，需要担心的不仅是客户与网站之间的交互，示例可参照一些安全设计原则。以下列表旨在说明一些问题：

- **最小特权(Least Privilege)**　预测服务应对库存系统中的某些数据具有只读访问权限，不需要额外的访问权限。

- **默认安全(Secure Defaults)**　库存服务应拒绝除明确授权(销售点和预测)之外端点的连接请求。如果需要其他连接，则应仔细审查后将其添加为例外。

- **故障关闭(Fail Securely)**　预测服务有能力向供应商下订单，不应处理格式错误或未通过检查的订单。

- **职责分离(Separation of Duties)**　预测服务可下订单，但不能接收货物和更新库存。为降低欺诈风险，订购和接收应是由不同的员工或系统执行的两项独立职责。

- **零信任(Zero Trust)**　在两个组件协作之前，都需要相互验证并加密所有通信。在与客户和供应商等外部方沟通时尤其如此，且身份验证协议应更加严格。

- **隐私设计(Privacy By Design)**　不应在销售点(Point-of-Sale，PoS)系统之外共享客户信息，尤其是库存和预测的内部系统与外部第三方通信。这个示例虽然简单，但是客户数据的使用应满足知其所需原则。

- **信任但要确认(Trust But Verify)**　所有组件(用户可能除外)都应生成用于检测攻击或错误的日志。理想情况下采用集中日志收集，因此更容易关联和更难篡改。

- **共担责任(Shared Responsibility)** 组织和供应商的安全保障义务应当编纂成具有法律约束力的合同并定期实施审计。

以上列表并不详尽，但可了解如何将安全设计原则实施于 Web 服务场景。针对 CISSP 考试的各种其他场景，也应做好同样的准备。

这些 Web 服务的交付关键是要关注提供服务的内容，而不是如何实现或者在托管位置。面向服务的体系架构(Service-Oriented Architecture，SOA)将系统描述为一组相互连接但自包含的组件，这些组件通过标准化的协议相互通信并与客户端通信。API 协议建立了一种"语言"，使组件能从另一个组件发出请求，然后解释第二个组件的响应。API 定义的请求对应于独立的业务功能(例如，估算运输成本)，这些功能可单独使用，也可组装成更复杂的业务流程。SOA 有三个关键特征：自包含组件、用于请求/响应的标准化协议(API)和实现业务功能的组件。

SOA 通常使用依赖 HTTP 作为标准通信协议的 Web 服务标准构建，过去代表简单对象访问协议(Simple Object Access Protocol，SOAP)和表征状态转移(Representational State Transfer，REST)应用架构的示例。接下来依次探讨 HTTP、SOAP 和 REST。

1. 超文本传输协议

超文本传输协议(Hypertext Transfer Protocol，HTTP)是一种基于 TCP/IP 的通信协议，用于在服务端和客户端之间传输资源(例如，HTML 文件和图像)，还允许客户端向服务器发送查询。HTTP 的两个基本特性是无连接和无状态。无连接协议显然不会建立连接，而是以尽力(best-effort)模式发送消息。依赖于其他协议(例如，TCP)确保消息传递。无状态(Stateless)意味着服务端是健忘的，不记得以前与客户的对话。因此，每个请求都应提供服务器"记住"所需的内容，这是会话标识符和 cookie 通常扮演的角色。

注意

cookie 只是一个小文本文件，其中包含只有一个网站可写入或读取的信息。

统一资源标识符(Uniform Resource Identifiers，URI) HTTP 的一个基本组成部分是使用 URI，URI 唯一标识 Internet 上的资源，典型的 URI 如下所示：http://www.goodsite.com: 8080/us/en/resources/search.php?term=cissp。组成部分如下。

(1) 模式(Scheme) 正在使用的协议的另一个名称，例如，HTTP 或 HTTPS，以冒号 ":" 结尾。

(2) 授权(Authority) 有三个可能的组成部分，但第二个是最普遍的：

- 用户名(可选)，口令可选，以冒号 ":" 分隔，后跟一个 "@" 符号。
- 任意主机名的主机(例如， www.goodsite.com)或 IP 地址格式。
- 端口号(可选)，前面有一个冒号 ":" ，例如， ":8080"。需要注意，HTTP 协议一般设定为 80 端口，HTTPS 协议一般设定为 443 端口。

(3) 路径(Path) 服务器上请求的资源的路径。如果客户端未指定路径，则假定路径为单斜杠"/"，这是网站根目录(例如，主页)处的默认文档。在 Linux/UNIX 中，子目录通过连续的斜杠来指示(例如，/us/en/resources/search.php)。

(4) 查询(Query)(可选) 前面有问号"?"的属性值对，例如，"?term=cissp"。每一属性值对都用"&"与前一属性值对分开。

请求方法(Request Methods) HTTP 使用一种请求-响应模型，其中客户端向服务端请求一个或多个资源，服务端提供请求的资源(当然，假设客户端可使用这些资源)。HTTP 协议定义了两种请求方法：GET 和 POST。主要差异在于 GET 请求应包含 URI 中的所有参数，POST 允许在请求包中包含附加信息(如参数)，而这些附加信息不会在 URI 中显示。因此，在前面的示例中，可猜测使用的请求方法是 GET，因为在 URI 中包含"term=cissp"参数。

超文本传输安全协议(Hypertext Transfer Protocol Secure，HTTPS) HTTPS(HTTP Secure)是在传输层安全协议(Transport Layer Security，TLS)上运行的 HTTP，确保用户的所有 Web 服务都需要 HTTPS 是最重要的安全控制措施。回顾一下，未加密的请求可能提供大量敏感数据，包括凭据、会话 ID 和 URI。理想情况下，所有 Web 服务器都需要 TLS 1.3 且杜绝未加密的通信。

在跳转到 HTTPS 前，一个重要的考虑因素是是否要对所有内部流量执行深度数据包分析。如果强制使用 HTTPS，需要部署 TLS 解密代理，这将非常昂贵，需要在所有端点上仔细配置。这些代理的工作方式的执行本质上是良性的中间人攻击，在这种攻击中，它们终止客户端的安全会话，并建立到预期服务器的后续会话。这允许代理监测所有 HTTPS 流量，提供了一种深度防御措施，但可能对隐私设计原则造成挑战。为应对挑战，多个组织将与特定类型服务端(例如，医疗保健和金融服务组织)的连接列入白名单，同时拦截其他服务端。

2. 简单对象访问协议

简单对象访问协议(Simple Object Access Protocol，SOAP)是一种消息传递协议，通过 HTTP 使用 XML，客户端能以与平台无关的方式调用远程主机上的进程。最早普遍采用的 SOA 之一是 SOAP，由三个主要组件组成：

- 消息信封，用于定义允许的消息以及收件人处理消息的方式。
- 定义数据类型的一组编码规则。
- 可调用远程程序的范围和解释其响应的约定。

可扩展标记语言

可扩展标记语言(Extensible Markup Language，XML)术语不断出现是有充分理由的，如果要标记文本文档的某些部分，可使用 XML 语言。如果看过原始 HTML 文档，安全专家会注意到使用标签标记页面标题的开头和结尾，例如，<title>CISSP</title>。人和机器可使用标签按意图解释和处理文本，例如，在 Web 浏览器中呈现。类似地，文本文档的用户可使用 XML 向接收计算机"解释"文件的每一部分的含义，以便接收进程知道如何开展处理。在 XML 出现之前，没有标准的方法执行此操作，但现在有多种选择，包括 JSON 和 YAML。

SOAP 安全性由一组称为 Web 服务安全(WS-security 或 WSS)规范的协议扩展启用，该规

范提供消息机密性、完整性和身份验证。注意，为与 HTTP 的无状态性质保持一致，重点是消息级别的安全性。通过 XML 加密技术提供机密性，通过 XML 数字签名提供完整性，通过安全令牌提供单一消息身份验证。这些令牌可采用各种形式(此处为广义的规范)，包括用户名令牌、X.509 数字证书、SAML 断言和 Kerberos 票据(将在第 17 章中探讨最后两种)。

SOAP 的关键特性之一是消息信封允许请求方描述期望从响应的各个节点执行的操作，此功能支持类似路由表的选项，这些选项指定一系列 SOAP 节点对特定消息实施操作的顺序和方式。可实现对访问的精细控制，并在过程中有效地从故障中恢复。然而，这些丰富功能是有成本的，SOA 系统往往相当复杂，这就是 Web 服务研发团队更喜欢选择轻量级的原因，例如，REST。

3. 表征状态转移

与 SOAP 不同，表征状态转移(Representational State Transfer，REST)是一种用于使用多种语言研发 Web 服务的架构模式。在 REST 中，HTTP 用于提供一个 API，允许客户端从服务器发出编程请求。例如，RESTful 服务的客户端可通过发送以下 URI，使用 HTTP POST 方法在请求正文中发送附加信息来插入新的用户记录：https://www.goodsite.com/UserService/Add/1。服务端将知道如何读取 POST 的正文以获取新用户的详细信息，创建它，然后返回 HTTP 确认或错误信息。REST 本质上创建了一种编程语言，其中每个语句都是一个 HTTP URI。

由于与系统的每次交互都在 URI 中详细说明，因此使用 HTTPS 作为安全的默认通信协议。为遵守零信任原则，客户端和服务端应实施相互验证，并限制每个客户端的可用资源。适用于软件系统 RESTful 服务的另一个良好安全实践是在响应输入之前实施验证，可缓解注入攻击，包括敌对方故意提供格式错误的输入以触发系统缺陷。

13.3.2　域名系统

第 11 章中详细探讨了域名系统(Domain Name System，DNS)，本章探讨 DNS 在保护网络方面的作用。早期 DNS 常成为攻击方劫持请求的目标，将未知的请求重定向到恶意主机，而不是合法主机。虽然稍后会探讨类似问题，还应考虑使用 DNS 协助威胁行为方，而不是将 DNS 作为攻击目标。

DNS 中最有问题的对抗性用途取决于系统的工作方式，此处将复习一下 DNS 执行递归查询的过程。回顾第 11 章，递归查询(Recursive Query)可将请求从一个 DNS 服务器传递到另一个 DNS 服务器，直到识别出具有正确信息的 DNS 服务器，如图 13-7 所示。首先，客户端查询其本地 DNS 服务器，本地 DNS 服务器可能是客户端的权威源，也可能是在其他客户端请求后的缓存。通常会从根 DNS 服务器开始请求。根 DNS 服务器(有一些是为了冗余)可能会说"不，是 all.com 域名的服务器地址。"然后，本地服务器将查询 all.com 域名服务器，这可能导致响应"不，这是负责 ironnet.com 域名的服务器地址。"最后，本地服务器将查询其他服务器，该服务器将返回一条包含 www 主机 IP 地址的 A 记录。

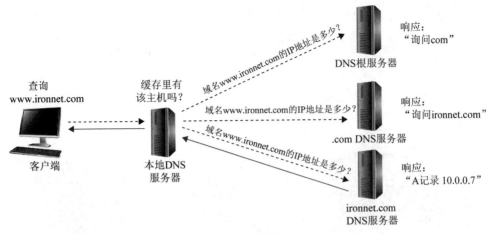

图 13-7　DNS 递归查询

1. 防范常见的 DNS 攻击

DNS 是互联网的信使，DNS 查询和响应无处不在，没有 DNS 互联网将无法运行。考虑到 DNS 对大多数网络系统的重要性，防火墙或路由器很少阻止 DNS 流量。DNS 普遍性成为攻击方一种操纵和用于恶意目的的首选工具。也许 DNS 最聪明的应用程序是出于非预期目的，用伪随机生成的域名以难以阻断的方式接触主机。

 考试提示

考试不会涵盖以下 DNS 攻击内容，但注意，这些 DNS 攻击对于了解和说明在保护网络安全方面面临的挑战都很重要。如果只准备考试，请跳转至"DNS 安全扩展 (DNSSEC)"一节。

域名生成算法(Domain Generation Algorithms，DGA)　即使目标系统植入了恶意软件，攻击方仍需要与恶意主机通信。由于防火墙易阻断入站连接的尝试，大多数恶意软件都会向攻击方的命令和控制(Command and Control，C2)基础架构发起出站连接。攻击方面临的问题是，如果在恶意软件中提供了主机名或 IP 地址，防御方最终会溯源并将 C2 作为入侵指标 (Indicator Of Compromise，IOC)共享，会降低或否定 C2 系统的有效性。

为绕过使用 IOC 的入侵检测系统(Intrusion Detection Systems，IDS)和入侵防御系统 (Intrusion Prevention Systems，IPS)的签名检测，恶意软件开发者研发了一种看似随机方式生成不同域名的算法，知道算法的攻击方生成一个可预测的域名序列。假设一名攻击方想要隐藏真实 C2 域名以防止阻断或删除，攻击方研发了一种域名生成算法(Domain Generation Algorithm，DGA)，每次运行时都生成一个看似新的随机域名，在非常长的域名列表中的某列是攻击方真正想要使用的域名。受感染的主机尝试使用 DNS 将每个域名解析为对应的 IP 地址，大多数域名不存在，部分域名可能是良性的，因此无论哪种方式都不会出现恶意 C2 通信。但由于攻击方知道 DGA 生成的域名序列和恶意软件生成域名的速度，攻击方可大致确定受感染的主机何时会查询特定域名，攻击方可在前一天注册该域名，并与该域名上的恶意软件绑定,这样攻击方就可接收请求和/或发出命令。防御方不知道哪些域名是攻击方的恶意域名,哪些只是为了混淆注意力的噪声。

图 13-8 显示了受感染主机生成的三个域名。请求的前两个域名不存在,服务器响应状态码为 NXDOMAIN,意味着找不到该域名。第三个解析为恶意域名,当该域名的权威(恶意)服务器收到请求时,知道该请求来自于受感染系统,并发送一个响应,解码后显示"休息 7 小时"。

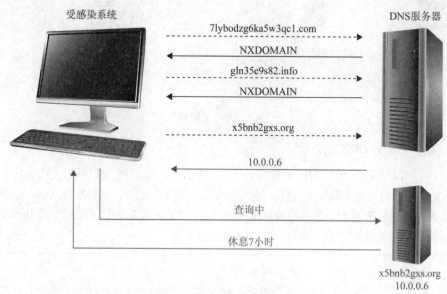

图 13-8　受感染系统使用 DGA

如何检测和阻断这种对抗行为?通常有两种方法,第一种方法是捕获恶意软件并对其 DGA 实施逆向工程,然后将其向前回溯(就像攻击方那样)以确定生成域名的信息和时间。了解此时间轴,安全专家可将域名列入黑名单,并利用主机尝试访问这些域名的情况推断是否已成功入侵查询系统。请记住,不同受感染的系统将在不同的时间生成域名,即使对于足够成熟的组织而言,实施恶意软件逆向工程也是非常繁重的任务。

检测和阻断 DGA 的第二种方法是分析每个查询中的域名,以确定查询域名的合法性。图 13-8 可看出,DGA 算法生成的域名看似随机。如果发现一个高度可疑的域名,可查看主机是否感染,阻断或监测 DNS 查询和响应,查询是否存在可疑内容。例如,某些情况下,响应将以 TXT 记录中的编码或加密消息的形式出现。这种方法只在拥有一个相当复杂的人工智能分析系统时才实用,该系统可检查每个 DNS 请求,并随着时间的推移分析哪些请求可能是恶意的。

注意

DGA 有合法用途,例如,一些系统使用 DGA 测试是否可访问 Internet,并跟踪该系统的所属。这可供研发团队出于授权许可、更新或诊断目的而使用。

DNS 隧道(DNS Tunneling) 除非拥有高级功能，否则很难阻断恶意使用 DGA。幸运的是，这种用途仅限于受感染主机和外部威胁行为方之间的简单消息传输，但如果使用 DNS 传输更多信息呢？事实证明，可使用编码的主机和资源标签将数据隐藏在 DNS 查询中。DNS 隧道在一个或一系列 DNS 查询或响应中对消息实施编码，将数据过滤或渗透到目标环境中。

图 13-9 列举了一个简单的 DNS 隧道示例，该示例探讨图 13-7 的递归查询，受感染的系统使用 Base64 编码混淆包含标识符的消息与恶意 C2 服务器连接。假设这是 Acme 公司的一个受感染主机，ID 是 1234@acme，将递归 DNS 查询发送到拥有恶意域名 g00dsite.com 服务器。安全专家通用域名对主机名字段解码，查看自动程序的来源，并决定是否清除受感染主机的文件系统。控制命令以 TXT 记录响应的形式出现，且使用 Base64 编码。

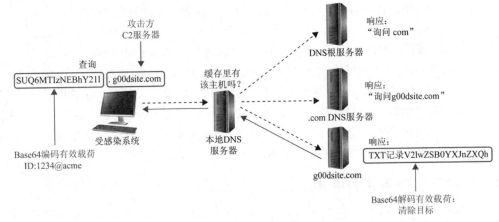

图 13-9　DNS 隧道上的隐蔽通信

DNS 隧道较隐蔽的一类用途是从受感染的系统中缓慢地泄露数据。由于 DNS 允许每个点之间的名称最多为 63 个字符，攻击方可分解较长的文件(例如，机密级文档)，并以 DNS 查询的顺序将其导出到同一服务器或不同的服务器。

防御 DNS 隧道与对抗 DGA 一样困难，可使用人工智能的网络检测和响应(Network Detection and Response，NDR)解决方案监测 DNS 隧道。与 DGA 不同，DNS 隧道攻击往往仅依赖几个域名，因此安全专家可使用域名信誉工具确定系统是否查询可疑或恶意域名。

分布式拒绝服务(Distributed Denial of Service，DDOS) 第三种 DNS 攻击是使用 DNS 服务器攻击他人的基础架构。攻击方使用大量受感染系统(自动程序)对目标服务器发出大量的请求实施域名解析响应，导致目标 DNS 服务器崩溃或拒绝服务。探讨攻击的工作原理，应首先考虑到 DNS 是基于 UDP 的，所以是否使用源地址欺骗不重要。

DNS 反射攻击(DNS Reflection Attack)中，威胁行为方会指示控制的每个自动程序向全球开放的 DNS 服务器发送查询，同时在查询中假冒源地址，响应服务器随后会用流量轰炸受害方系统。如果有足够多的自动程序和服务器快速响应这项工作，可能导致受害方系统宕机。即使目标不是 DNS 服务器，仍应处理每秒数百万或更多到达的 UDP 数据包，这可能导致服务器不堪重负。如果放大攻击呢？

DNS 反射放大攻击(DNS Amplification Attack)的特点是小的查询会导致非常大的响应。一个典型的查询大约是 30 字节，响应平均大约是 45 字节，以下是用于将查询与响应数据包大小的要素比率提高多达 50 倍的三种技术：

- **DNS ANY 查询**　DNS 具有一种查询功能(2019 年已弃用，但仍在使用)，允许客户端请求服务器响应域名上的所有信息。通过发送 ANY 类型的查询，攻击方可造成服务器发送该域中的所有记录达到 DNS 消息的最大数值(512 字节)。一个 30 字节的 DNS 查询产生一个 512 字节的响应，放大了 17 倍。

- **EDNS(0)**　有几种情况导致 UDP DNS 消息的 512 字节限制出问题，特别是，不太可能使用此约束实施 DNSSEC。因此，国际互联网工程任务组(Internet Engineering Task Force，IETF)研发了 EDN(0)，即 DNS 的扩展机制，允许最多 4096 字节的响应。如果攻击方正确使用，这个新的数值代表了 30 字节的请求查询将大约放大 136 倍。

- **DNS 安全扩展(Domain Name System Security Extensions，DNSSEC)**　讽刺的是，利用 EDNS(0)中定义的最大数值最实用的方法之一是使用 DNSSEC。回到图 13-7，当本地 DNS 服务器从该域的权威服务器(左下角)请求 A 记录时，也请求与该区域关联的 DNSSEC。这样做是为了确保权威服务器的身份和响应，但会导致更大的响应(因为包含数字签名)。因此，攻击方需要做的就是找到启用了 DNSSEC 的 DNS 服务器，并将自动程序指向这些服务器。

2. DNS 安全扩展(DNSSEC)

DNSSEC 是一套 IETF 标准，旨在保护 DNS 免受各种攻击。具体而言，DNSSEC 专注于确保 DNS 记录的完整性，而不是机密性和可用性。在旧的 DNS 中，客户端递归查询，最终由声称具有权威性并提供 IP 地址的服务器响应。然而，正如在第 11 章中所探讨的，这导致欺骗攻击，未知的客户端会定向到恶意主机。为应对这种威胁，IETF 提出了 DNSSEC。

DNSSEC 的工作原理是基于 DNS 区域中的记录名称和类型(例如，a 记录、NS 记录、MX 记录)将其分组到资源记录集(Resource Record Sets，RRSet)中并实施数字签名，生成的签名进入 RRSig(Resource Record Signature，资源记录签名)记录，相应的公钥在 DNSKey 记录中发布。因此，想要使用 DNSSEC 解析全限定域名(Fully Qualified Domain Name，FQDN)时，首先检索包含该名称的 RRSet，然后请求该集合的 RRSig，最后确认该记录是否篡改。虽然这种方法可防止欺骗攻击和缓存中毒攻击，但 DNSSEC 也为 DNS 放大攻击打开了大门。

3. DoH

DNSSEC 确保 DNS 数据的完整性，但没有保护查询的机密性或隐私，可确信返回的 IP 地址是正确的。如果网络上的用户都可看到 Amber 访问了 embarrassingmedicalcondition.com 域名，该怎么办？从本章对 TLS 1.3 的探讨中可了解到，URL 不会通过 HTTPS 以明文形式发送(顺便说一句，它会在 TLS 1.2 和更早版本中出现)，但在 DNS 查询发出时，TLS 握手之前，仍然是明文传输。当连接到公共网络(如当地咖啡馆的 Wi-Fi 网络)时，这一问题尤其严重。

DoH(DNS over HTTPS)是一种通过 HTTPS/TCP/IP(而不是不安全的 UDP/IP)发送 DNS 查

询保护隐私和机密性的方法。DoH 尚待批准；在撰写本书时，DoH 在大多数平台上都可用，但 DoH 是一个可配置的可选功能。请记住，与 DNSSEC 不同，DoH 提供机密性，不提供完整性保护，DoH 在使用公共网络时视为一种隐私机制。如果回顾本章前面探讨的 DNS 攻击，尤其是 DGA 和 DNS 隧道，除非有 TLS 解密代理，否则 DoH 使攻击变得更难检测。所以在 2021 年，美国国家安全局建议 DoH 在企业网络中不要使用外部解析器。

4. DNS 过滤

关于 DNS 安全的最后一个主题是与其允许 DNS 请求离开组织的网络，不如先实施过滤、阻断解析已知的恶意或不允许的域名。DNS 过滤的作用类似于阻断内容不适当的 Web 代理，只使用 DNS 而不是 HTTP 流量。有多种提供此功能的商业解决方案，这些方案应作为更普遍的纵深防御方法的一部分以保护 DNS。

13.3.3 电子邮件

现在将注意力转移到几乎所有主要组织都需要的第三项主要服务(Web 服务和 DNS 服务)：电子邮件；尽管电子邮件已在 Slack、Microsoft Teams 和 Google Hangouts 等其他商业通信平台上失去一些优势，但在组织中电子邮件仍是一项关键服务。电子邮件信息在成功发送前是无用的，这是 SMTP 的用武之地。电子邮件客户端中，SMTP 作为邮件传输代理，客户单击发送按钮时将邮件从用户的计算机发送到邮件服务器，如图 13-10 所示，SMTP 也支持电子邮件服务器间的邮件传输协议。SMTP 有一个邮件交换寻址标准，用户普遍都熟悉的寻址形式是 something@somewhere.com。

图 13-10　SMTP 作为电子邮件消息的传输代理

大多数情况下，邮件在到达目标邮件服务器前需要通过 Internet 和不同的邮件服务器。SMTP 是在 TCP 上工作的传递邮件的协议，是一个可靠的协议并提供排序和确认以确保电子邮件成功送达目标。

电子邮件客户端应符合 SMTP 协议，且应正确配置和使用。电子邮件客户端提供使用界面帮助用户按需创建和修改邮件，接着客户端将邮件传送到 SMTP 应用程序层协议。与邮局发送信件类似，电子邮件客户端是用户写信息的打字机，SMTP 是邮递员并负责收取邮件送到邮局，邮件服务器是邮局。邮件服务器负责理解邮件要去往哪里并准确地将邮件传输到目的地。

值得注意的是，基本的 SMTP 不包含安全控制措施，这是 IETF 发布 ESMTP(Extended SMTP，SMTP 扩展)的原因。除了其他功能，ESMTP 还允许服务器协商用以交换消息的 TLS 会话，这种实现称为 SMTP 安全(SMTP Secure，SMTPS)，可为邮件传输提供身份验证、机密性和完整性保护。

邮件服务器通常称为 SMTP 服务器，最常见的 SMTP 服务器软件是 Exim，是一种开源邮件传输代理(Mail Transfer Agent，MTA)。接下来探讨 SMTP 与 POP 和 IMAP 邮件服务器协议共同工作。

电子邮件威胁

电子邮件欺骗(E-mail Spoofing)是一种恶意用户将电子邮件伪装成合法来源的技术。通常来讲，这种电子邮件伪装成来自于一个已知的或可信的电子邮件地址，而实际上来自于恶意地址。攻击方使用电子邮件欺骗技术的目的是推送垃圾邮件和网络钓鱼。攻击方会尝试获取目标的敏感信息，如用户名、口令和银行账号凭证。有时，电子邮件信息会包含一个已知网站的链接，而实际上是一个用于欺骗用户泄露信息的钓鱼网站。

电子邮件欺骗(E-mail Spoofing)可篡改电子邮件的标签字段，例如，发件人、回复路径和回复字段，导致电子邮件伪装成一个可信的或已知的电子邮件地址。大多数情况下发件方是伪造的，但有些场景中会将回复字段修改为攻击方的电子邮件地址。电子邮件欺骗是因为 SMTP 缺少安全功能；安全专家在研发 SMTP 技术时，电子邮件欺骗的概念尚不存在，因此应对电子邮件欺骗的安全对策没有嵌入 SMTP 协议中。用户可使用 SMTP 通过任意电子邮件地址给任意收件人发送邮件。稍后探讨电子邮件安全时，会涉及电子邮件威胁。

1. 邮局协议

邮局协议(Post Office Protocol，POP)是一种用于支持收发邮件的 Internet 邮件服务器协议，当前是版本 3，故还称为 POP3。使用 POP 的邮件服务器除了存储和发送电子邮件，还会配合 SMTP 在邮件服务器间传输邮件。POP 服务器默认监听 TCP 110 端口。

小型组织可使用一个 POP 服务器容纳所有员工的邮箱，而大型组织可能拥有多个 POP 服务器，组织中的每个部门都可有一个 POP 服务器。全球可通过 Internet POP 服务器交换邮件，直到用户准备下载邮件前，邮件都储存于服务器中而不是直接将邮件推送到可能关闭或脱机的个人计算机中，因而这个系统十分重要。

电子邮件服务器可实施不同身份验证方案以授权个人访问特定邮箱，通常通过设定用户名和口令实现。使用 POP 的安全版本可实现 TLS 加密与客户端连接，即 POP3S，通常监听995 端口。

2. Internet 消息访问协议

Internet 消息访问协议(Internet Message Access Protocol，IMAP)是一个 Internet 协议，可

使用户访问邮件服务器中的邮件，默认 TCP 端口为 143。IMAP 包含 POP 的所有功能，还包含额外功能。如果一个用户使用 POP，当访问邮件服务器查看邮件时，所有邮件会自动下载到用户的计算机中。基于配置，当邮件从 POP 服务器下载后，通常会从服务器中删除。POP 会给移动用户造成困扰，因为当这些邮件自动推送下载到用户的计算机或设备中时，可能没有足够空间存储。对于可访问电子邮件服务器的移动设备而言尤其如此，想在别人计算机上查看个人邮件的用户也不方便。如果 Christina 在 Jessica 的计算机上查看电子邮件，Christina 的所有新邮件都会下载到 Jessica 的计算机上。

用户使用 IMAP 而非 POP，可下载所有邮件或将邮件留在邮件服务器上的远程邮件文件夹中，即邮箱中。用户也可对邮件服务器邮箱中的邮件执行操作，与邮件在本地计算机里类似，可创建或删除邮件、寻找特定邮件、设置旗标或删除旗标。给用户很大的自由并将邮件保存在中央存储库里，直到用户选择从邮件服务器下载所有信息。

IMAP 是一种"存储-发送"邮件服务器协议，是 POP 的继承方。在管理和维护用户消息时，IMAP 还为管理员提供了更多功能。如同 SMTP 和 POP，IMAP 可通过 TLS 运行，此时服务器监听 TCP 993 端口。

3. 电子邮件授权

POP3 可集成 SASL(Simple Authentication and Security Layer，简单身份验证和安全层)。SASL 是一个独立于协议的框架，用于执行身份验证，即知道如何与 SASL 交互的协议都可使用多种身份验证机制，而不必将身份验证机制实际编入代码中。

要使用 SASL，协议中需要包含指令，用于在身份验证服务器上识别和验证用户，以及选择性协商保护后续协议交互。协商会将安全层插入协议与连接之间，安全层可提供数据完整性和数据机密性以及其他服务。SASL 旨在允许新协议重新使用已有机制，而不需要重新设计机制，并允许现有协议使用新机制而不是重新设计协议。

SASL 不仅适用于 POP。其他一些协议，例如，IMAP、Internet 中继聊天(Internet Relay Chat，IRC)、轻量级目录访问协议(Lightweight Directory Access Protocol，LDAP)和 SMTP，也可使用 SASL 及其功能。

4. 发送方策略框架

处理电子邮件伪造问题的常用方法是使用发送方策略框架(Sender Policy Framework，SPF)。SPF 是一种电子邮件验证系统，通过确认发件人的 IP 地址来检测电子邮件欺骗，从而避免垃圾邮件。SPF 允许管理员在 DNS 中创建特定的 SPF 记录以指定主机从特定域发送电子邮件。邮件交换使用 DNS 确认邮件是不是从域管理员批准主机的特定域发来的。

5. 域名密钥识别邮件

可利用公钥基础架构(Public Key Infrastructure，PKI)验证每条信息的来源和完整性。RFC 6376 中的域名密钥识别邮件(Domain Keys Identified Mail，DKIM)标准允许电子邮件服务器对邮件实施数字签名，从而给收件服务器提供一个衡量邮件发件域可信度的方法。这些数字签名通常对用户是不可见的，仅供发送和接收的服务器所用。接收 DKIM 签名的邮件时，服务器会通过 DNS 请求发送域的证书并验证签名。只要私钥不受损害，接收服务器就可确保信息来自于所声称的域且没有篡改。

6. 基于域的邮件身份验证

SPF 和 DKIM 共同制定了 DMARC(Domain-based Message Authentication, Reporting and Conformance，基于域的邮件身份验证、报告和一致性)系统。DMARC 定义了域与全球通信的方法，无论使用 SPF、DKIM 或两者皆有。如今，DMARC 预计已保护了全球 80%的邮箱，DMARC 也规定了接收服务器向发送方反馈关于各个邮件验证结果的机制。尽管保护电子邮件已取得长足发展，钓鱼邮件依然是最常见和最有效的攻击向量。

7. 安全的多用途 Internet 邮件扩展

多用途 Internet 邮件扩展(Multipurpose Internet Mail Extensions，MIME)是一个用于说明传输多媒体数据和电子邮件二进制附件的技术规范。Internet 规定格式化、封装、传输和打开邮件的标准。如果消息或文档包含二进制附件，MIME 规定如何处理该部分消息。

当附件包含音频剪辑、图像或其他类型的多媒体组件时，电子邮件客户端发送带有描述文件类型头部的文件，例如，标题可能指示 MIME 类型为 Image，子类型为 jpeg。虽然此信息出现在头部文件中，但很多时候，系统会使用文件的扩展名来标识 MIME 类型。因此，在前例中，文件名可能是 stuff.jpeg。用户的系统看到扩展名".jpeg"或头部字段中的数据，并查看关联列表，用于确认打开特定文件的初始化程序。如果系统有与 Explorer 应用程序关联的 JPEG 文件，Explorer 打开并向用户显示图像。

有时，系统没有与特定文件的类型关联，或没有必要的辅助程序查看和使用文件的内容。当赋予文件非关联图标时，可能要求用户选择 Open With(打开方式)命令，并在列表中选择一个应用程序将文件与程序关联。因此，当用户双击文件时，关联的程序初始化并显示文件。如果系统没有必需的程序，网站可能提供必要的辅助程序，例如，Acrobat 或播放 WAV 文件的音频程序。

MIME 是一种规定了文件类型传输和处理的规范。该规范有若干类型和子类型，使不同计算机能以不同格式交换数据，并提供一种标准化的数据显示方式。因此，如果 Sean 审视一张有趣的 GIF 格式图片，Sean 可肯定，发送给 Debbie 后看起来完全一样。

安全 MIME(Secure MIME，S/MIME)是一种用于对电子邮件实施加密技术和数字签名，并提供安全数据传输的标准。S/MIME 对电子邮件和附件提供加密技术支持，扩展了 MIME 标准。加密和哈希算法可由邮件应用程序的用户指定，而不是由邮件应用程序指定。S/MIME 遵循公钥加密技术标准(Public Key Cryptography Standards，PKCS)。S/MIME 通过加密算法提供机密性，通过哈希算法提供完整性，通过使用 X.509 公钥证书实施身份验证，通过加密签名消息摘要提供不可否认性。

13.4 多层协议

并非所有协议都适用 OSI 模型的分层。某些特殊设备和网络从未打算与 Internet 交互，因此缺乏强大的安全功能用于保护可用性、完整性和数据传输的机密性。然而随着传统 Internet 发展到物联网(Internet of Things，IoT)时代，孤立的设备和网络与终端连接面临的威胁越来越多。

作为安全专家，应知道非传统协议接入网络时对安全的影响，特别是识别到不明显的网络物理系统时更应警惕。在 2015 年 12 月，攻击方对 SCADA(Supervisory Control And Data Acquisition，数据采集与监视控制系统)的攻击切断了乌克兰超过 8000 个家庭的供电。业界认为"乌克兰电网攻击"是首次由于网络攻击导致的系统性电力停电事件。2017 年攻击方利用未知漏洞，对一个未公开目标的施耐德电气安全仪表系统(Safety Instrumented System，SIS)重新编程，导致基础设施关闭。在电力和自来水等公共设施中大量使用的 SCADA 系统的核心是 DNP3 协议。

13.4.1 分布式网络协议3

分布式网络协议 3(Distributed Network Protocol 3，DNP3)是一种用于 SCADA 系统的通信协议，多用于电力领域。DNP3 与 IP 通用协议不同，不具备路由功能。SCADA 系统通常是一个非常扁平的层次架构，传感器和执行器直接连接到远程终端单元(Remote Terminal Units，RTU)，RTU 从一个或多个设备汇总数据传递到 SCADA 管理单元，管理单元包含人机界面(Human-Machine Interface，HMI)组件。控制指令和配置的变化会从管理单元发送到 RTU，然后到达传感器和执行器。

在设计 DNP3 的年代，并不需要在各组件间路由数据，大部分是点对点的电路连接，因此网络不需要支持 DNP3。研发团队未使用 OSI 七层模型，而选择了一个称为增强性能架构(Enhanced Performance Architecture，EPA)的简单三层模型，大致对应于 OSI 模型的二层、四层和七层。EPA 没有加密技术或身份验证，是因为研发团队没有考虑设备互连的架构可能遭受网络攻击。

长久以来，基于各种业务的需要，SCADA 系统先是连接到其他网络再连接到 Internet，遗憾的是，安全成为后续才考虑的要素。添加加密技术和身份验证功能仅作为事后补救控制措施，甚至在一些关键部署中，网络分段也不是常规选项。入侵防御系统(Intrusion Prevention System，IPS)和入侵检测系统(Intrusion Detection System，IDS)在理解 DNP3、IP 网络间的互联和识别基于 DNP3 的攻击方面存在不足。

13.4.2 CAN 总线

控制器域网(Controller Area Nerwork，CAN)总线是一种运行在大多数汽车上的协议。早期 CAN 总线几乎不具备安全特性，CAN 总线协议允许微控制器和其他嵌入设备在共享总线上通信。随着时间的推移，控制设备的功能不断多样化，包括转向、制动和节流，除了机械维护计算机，CAN 总线不需要与汽车之外的设备通信，这也是 CAN 总线一直以来不考虑安全特性的原因。

随着汽车开始连接 Wi-Fi 和蜂窝数据网络，设计师没有考虑新产生的攻击向量，导致系统因此变得不设防。事实也是如此，2015 年 Charlie Miller 和 Chris Valasek 对一辆吉普车实施了一次著名的黑客攻击，Charlie Miller 和 Chris Valasek 通过蜂窝数据网络和桥接头单元(控制音响系统和 GPS)接入了 CAN 总线(控制所有车辆的传感器和执行器)，成功控制了行驶中的汽车，使其偏离方向。随着汽车变得更趋自动化，CAN 总线的安全性变得越来越重要。

13.4.3 Modbus

与 CAN 总线类似，Modbus 系统的研发目的是将功能置于安全之上。Modbus 是在 20 世纪 70 年代末 Modicon(现在的施耐德电气公司)创建的一种通信系统，能便捷地在 SCADA 设备之间通信。自诞生以来，Modbus 已迅速成为可编程逻辑控制器(Programmable Logic Controllers，PLC)之间通信的标准。但由于没有内置安全功能，Modbus 几乎无法抵御攻击。驻留在网络上的攻击方可简单地使用 Wireshark 等工具收集流量，找到目标设备，并直接向设备发出命令。

13.5 聚合协议

聚合协议(Converged Protocols)初期相互独立且有区别的，但随着时间推移逐步合并。这是怎么回事？想想电话和数据网络，从前是两个不同实体，有各自的协议和传输介质。在 20 世纪 90 年代，数据网络有时会利用数据调制解调器在语音网络上运行，这并非理想方式，因此需要改变，于是开始使用数据网络作为语音通信的载体。语音协议随着时间的推移融入数据协议，为基于 IP 的语音(Voice over IP，VoIP)铺平了道路。

IP 聚合(IP Convergence)解决了特定类型的聚合协议，是服务从不同传输介质和协议到 IP 的过渡。IP 已成为网络的主导标准，因此新协议都将利用现有的基础架构而不是创建单独的基础架构。

从技术角度看，聚合(Converged)意味两个协议合为一体。然而通常情况下，这个术语用于描述一个原本独立的协议封装在另一个协议中或嵌入隧道。

13.5.1 封装

第 9 章探讨了数据传输如何在 OSI 模型七层下实现封装。本章已探讨了将一个协议的流量封装到另一个协议中的技术时，再次实施了封装，接下来的两节列举了两个示例。封装有助于构建网络，也可能存在重大安全隐患。

在介绍 DNS 隧道时，有一种不太有用的封装应用程序。威胁行为方研发了独有的协议用于控制受感染的主机，可将协议封装在合法系统中。因此，不要因为拥有一个传输特定协议数据的网络链路，就认为不会嵌入其他东西。无论封装是恶意还是非恶意，需要知道什么流量应在哪里，并有措施对流量实施检查。

13.5.2 以太网光纤通道

光纤通道(Fibre Channel，FC)在美国也称为光纤通道，于 1988 年由美国国家标准协会 (American National Standards Institute，ANSI)研发的一种使用光纤连接超级计算机的方法。FC 目前用于将服务器连接到数据中心和其他高性能环境中的数据存储设备。FC 的最佳功能之一 是可在长达 500 米的距离内支持高达 128Gbps 的速度，在较低的数据速率下，距离可达 50 公里。虽然 FC 的速度和其他功能对于数据中心和存储区域网络(Storage Area Network，SAN) 应用程序而言非常棒，但同时维护以太网和光纤电缆增加了企业的成本和复杂度。

以太网光纤通道(Fibre Channel over Ethernet，FCoE)是一种允许 FC 帧通过以太网传输的 协议封装。FCoE 允许数据中心几乎完全使用以太网电缆开展布线。然而，需要注意，FCoE 位于以太网之上，因此是一种不可路由的协议，仅适用于设备彼此靠近且效率至关重要的 LAN 环境。

13.5.3 Internet 小型计算机系统接口

Internet 小型计算机系统接口(Internet Small Computer Systems Interface，iSCSI)是一种迥 然不同的封装方法，将 SCSI 数据封装在 TCP 段中。SCSI 是一组允许外围设备连接到计算机 的技术。原来的 SCSI 范围有限，连接一个远程外设(例如，相机和存储设备)通常是不太可能 的，解决方法是让 SCSI 在 TCP 数据报文上运行，就可在全球使用外围设备，并且仍然像本 地计算机一样在本地显示。

13.6 网络分段

曾几何时，网络是扁平的，例如，组织内几乎所有员工都在同一个第二层广播域中，因 此每个员工都可轻松地与"可信"边界内的员工通信。网络防御大多数(或全部)面向外部， 导致了网络的"外强中干"，无论是否相信，这就是多个组织多年来的设计信条。组织意识到 这是个非常糟糕的设计，首先认识到至少有一些攻击方会突破组织的外围防御。组织还了解 到，内部威胁可能和外部威胁具有同样的危险，而这些内部威胁在相对脆弱的内部网络中移 动不会有阻碍。组织意识到大多数网络不再有"内部"和"外部"的简洁概念，相反，组织 越来越依赖外部系统，例如，云服务提供商提供的系统。

网络分段(Network Segmentation)是将网络划分为更小的子网络的实践。将网络按部门划 分的示例中，财务部和市场营销部在各自的局域网中。如果部门之间需要直接通信，应通过 网关，例如，路由器或防火墙。该网关允许网络管理员阻断或检测可疑流量，这是零信任安 全设计原则的经典实现。

组织决定使用网络分段引发了几个思考。组织需要多少个子网？子网越多越好吗？没有 万能的答案，但一般而言，子网越小且越多越好。事实上，多个组织正在实施微分段

(Micro-Segmentation)，这是一种在受保护的网络环境中隔离单个资产(例如，数据服务器)的做法。将其视为一个子网，唯一的设备是受保护的资产和安全网关。

那么，组织如何分割网络呢？组织可通过物理方式(例如，使用交换机和路由器等设备)或逻辑方式(例如，使用虚拟化软件)实现。下一章将详细探讨设备，本节涉及实现分段和微分段的最重要技术。

13.6.1 虚拟局域网

用于划分局域网的最常用技术之一是虚拟局域网(Virtual Local Area Network，VLAN)。LAN 可定义为第二层数据链路层(Data Link Layer)广播域上的一组设备。这通常意味着主机物理(Physically)连接到第二层交换机。VLAN 是一组设备，VLAN 的行为就像直接连接到同一个交换机，而实际上并非如此。例如，即使分散在多个国家，也可确保财务团队的所有成员都在同一个虚拟局域网上。考虑到功能和安全，以 VLAN 划分用户网络的能力至关重要。

几乎所有现代企业级交换机都能使用 VLAN，管理员能基于资源需求、安全性或业务需求(而不是系统的标准物理位置)对计算机实施逻辑分组。在使用中继器、网桥和路由器时，系统和资源按物理位置分组。图 13-11 说明了如何将物理上彼此相邻的计算机逻辑分组为不同的 VLAN。管理员可基于用户和组织的需要，而不是系统和资源的物理位置，形成分组。

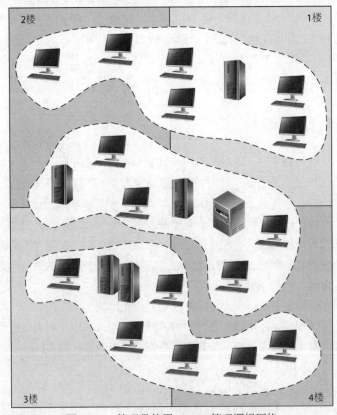

图 13-11   管理员使用 VLAN 管理逻辑网络

管理员也许想将市场部用户的计算机分段在同一个 VLAN 中，以便用户能接收到同样的广播消息，访问同样类型的资源。如果一些用户在另一个大楼或楼层，该任务就有难度，但 VLAN 恰好为管理员提供了这种灵活性。VLAN 还支持管理员对相应的区域或分段实施特定的安全策略，如果薪资管理部门需要更严格的安全性，管理员就可研发一种策略，将所有薪资管理系统放在一个特定的 VLAN 中，且仅将这种安全策略实施于薪资管理 VLAN。

如图 13-12 所示，VLAN 位于物理网络的顶层。每个以太网帧前面都有一个 VLAN 标识符(VLAN Identifier, VID)，VID 是一个 12 位字段。可在同一网络中定义多达 4095 个 VLAN(保留第一个和最后一个 VID 值)；如果工作站 P1 想与工作站 D1 通信，就完成了路由消息。虽然两台工作站物理上彼此相邻，但它们位于不同的逻辑网络中。

注意

IEEE 标准定义了构造 VLAN 的方法，IEEE 802.1Q 定义了标注的方法用于允许互操作性。

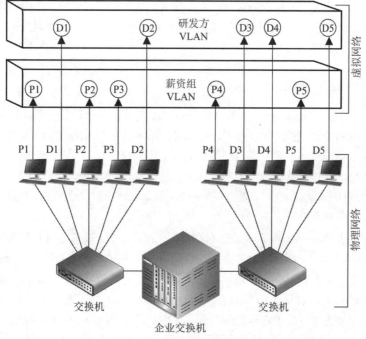

图 13-12　VLAN 存在于比物理网络更高的层次，且不受其约束

虽然 VLAN 用于分段流量，但攻击方仍能访问本该隔离到另一个 VLAN 分段中的流量。VLAN 跳跃攻击(VLAN Hopping Attacking)使得攻击方可访问各种 VLAN 分段中的流量。攻击方能让系统起到交换器的作用。系统理解网络中正在使用的标记值和中继协议，攻击方可在 VLAN 设备之间访问来往的流量，称为交换机欺骗攻击(Switch Spoofing Attack)。攻击方还可插入 VLAN 标记用于操控数据链路层的流量控制，这就是双重标记攻击(Double Tagging Attack)。正确配置所有交换机可缓解 VLAN 跳跃攻击。

13.6.2　虚拟可扩展局域网

然而，VLAN 有一些明显的限制。对于初学人员请记住，因为 VID 是 12 位，故最多只能支持 4000 多个 VLAN，虽然听起来很多，但如果组织是一家支持数百家客户的云服务提供商，情况就不一样了。另一个挑战是 VLAN 是由第 3 层路由器分隔的第二层结构，意味着特定 VLAN 上的所有主机应位于同一路由器的同一端口上。换句话说，如果主机位于不同的国家，那么将主机连接到同一个 VLAN 就变得非常困难。

虚拟可扩展局域网(Virtual eXtensible Local Area Network，VxLAN)是一种网络虚拟化技术，将第二层帧封装到 UDP(第四层)数据报上，以便在全球分发。VLAN 有 VID，而 VxLAN 有 24 位的虚拟网络标识符(Virtual Network Identifier，VNI)，VNI 提供了超过 1600 万个分段。VxLAN 主要用于虚拟化主机和网络的云环境中。

VxLAN 是 UDP/IP 底层网络之上的覆盖网络。作为 VxLAN 一部分的每个网络交换机或路由器都有一个虚拟隧道端点(Virtual Tunnel End Point，VTEP)，VTEP 提供底层网络和覆盖网络之间的接口。当 VTEP 接收到帧时，会在覆盖网络上建立一条虚拟隧道，将其连接到目标 VTEP，其长度刚好足以传送该帧。VTEP 将此覆盖帧封装在 UDP 数据报中，然后将这些数据传递到底层实施网络传输。

13.6.3　软件定义网络

软件定义网络(Software-Defined Networking，SDN)是一种依赖于分布式软件提供高度灵活性和效率的网络方案。使用 SDN 方便了新分配的服务和平台的动态路由通信。这意味着通过云服务提供商很快地配置一个新的服务器以响应尖峰的服务请求，而底层网络可很快适应新的网络传输。这也意味着一个服务或平台可快速从一个物理位置移到另一个物理位置，SDN 也将很快更新流量规则用于响应这种变化。毋庸置疑，驱动使用 SDN 的三大动力是云计算、大数据和移动计算的发展。

SDN 与传统网络有何不同？传统的网络依赖于网络设备，设备之间通常以分散方式相互协调，SDN 则集中设备的配置和控制。在分散环境中，路由器相互通信协商是需要时间的。当网络环境发生变化时，这些设备通常应手动配置，这也是一项耗时的工作。而使用 SDN，所有变化都会默认推送到设备上(即响应来自于设备的请求)或主动推送到设备上(因为管理员知道一项变更正在开展，如 100 台服务器加入了网络)。因为 SDN 是集中控制，SDN 导致通信更加有效和安全，也许 SDN 最重要的元素是控制平面和转发平面的抽象。

1. 控制平面和转发平面

控制平面(Control Plane)决定网络路线，可看成运行路由协议，例如，研发运行 OSPF(Open Shortest Path First，最短路径优先)的路由器的一部分，这一类比并不完美，但是有用。控制平面负责发现相邻网络的拓扑并负责维护路由向外发送的数据包列表。因为大多数网络是动态区域，沿着不同的途径拥堵总在不断变化，控制平面是也一个非常活跃的区域。正如安全专家所看到的，控制平面主要对超过一跳路由的效果感兴趣。

相反，转发平面(Forwarding Plane)是做出通信转发决定的位置。转发平面是快速决定数据包走向的路由模块，例如，转发平面可决定从网络接口 eth0 接收到的数据包转发到网络接口 eth3。转发平面利用控制平面研发的产品实施决定。控制平面是策略化的、系统的通信路径规划方，而转发平面是战术的快速执行方。转发平面通常在专用集成芯片(Application-Specific Integrated Chip，ASIC)类似的硬件中实施。

注意

因为传统的路由决策由 SDN 架构的控制器做出，所以交换机用作网络设备。

在传统网络架构中，每个网络设备都有自己的控制平面和转发平面，两者都在某种专属操作系统(例如，Cisco IOS)中运行。对这些传统设备实施重新配置的正常途径是通过某种终端连线。如果改变配置，管理员应远程登录到每台设备。假设想要对新用户支持一个有区别的 QoS，需要调整所有能为这个用户提供服务的网络设备的每个配置。即使在这一过程中不犯错误，当合同条款规定发生变化、设备更换或升级、网络架构发生变化时，仍面临着手动更改参数的繁重任务。虽然有意外存在，但关键是频繁而琐碎的配置变更是困难的。

那么自动化呢？

网络管理的挑战之一是大多数网络设备(除了支持 SDN 的)没有以编程方式远程改变设备配置的机制，这就是管理员应手动登录到每台设备用于更新配置的原因。因为设备通常支持 SNMP，阅读信息很容易，但对设备写入信息几乎需要手动交互，或使用一些有限制的第三方工具。

实施动态变化会使问题进一步复杂化，供应商通常使用有专利的操作系统，这使得更难编写脚本。显然，在一个拥有多个供应商产品的异构环境中，想要写入一个能适应所有产品的脚本会非常困难。因此，很多组织都选择了部署同构的网络架构，且所有设备都由相同供应商制造，缺点是对供应商的依赖。因为更换供应商非常困难和昂贵，安全专家应更换网络上的每个设备。此外，这一问题对安全性不利，因为利用网络操作系统中的同一个漏洞，可能影响网络中的所有设备。

相比之下，在 SDN 环境中，控制平面在一个中心节点实施，负责管理网络中的所有设备。考虑到冗余和效率，这个节点实际上是一个行动互相协调的节点联合体。网络设备则可用于从事它们最擅长的工作：高效转发数据包。因此转发平面活跃在网络设备中，控制平面活跃在一个集中的 SDN 控制器中。与 Windows 将硬件设备从工作站中运行的应用程序细节中抽离出来的方式类似，这可将网络设备(异质或同质)从应用程序中抽离出来并依靠它们通信。

2. SDN 实现方法

网络抽象的概念是实施 SDN 的核心，然而，抽象方式的不同又使不同种类的 SDN 之间产生了显著区别。至少有三种常见的 SDN 实现方法，每种都有特定的技术，也获得不同团体的推崇。

- **开放式(Open)**　开放网络基金会(Open Networking Foundation，ONF)推崇开放式 SDN[1]，也得到普遍认可。开放式基于开放源代码和标准研发 SDN 解决方案的构建块/组件。控制器通过 OpenFlow 协议与交换机通信。OpenFlow 协议是一种在 SDN 架构中处于控制器与网络设备之间的标准化的、开源的通信接口，使得网络设备可通过转发平面向控制器提供信息(例如，设备利用率数据)，同时允许控制器更新设备的流表(类似于传统的路由表)。应用程序通过 RESTful 或 Java API 与控制器实现通信。
- **API**　是 SDN 的另一种实现方法，为思科所推崇。API 基于以下假设：OpenFlow 协议不足以充分利用在企业中 SDN 承诺的能力。除了 OpenFlow 协议外，此方法在专利交换器上实施了丰富的 API，可更好地控制 SDN 通信。其中有一项 OpenFlow 的弱点(即无法对数据包实施深度包检测和伪造)在 API 实现中得以改正。同时，API 有一个可信赖的集中控制平面。实现 SDN 的专用 API 方法，可理解为是对开放式 SDN 的强化，而不是取代。
- **叠置(Overlays)**　可将其想象为一个虚拟化的网络架构叠置在传统的网络架构之上。在这种方法中，将网络中所有节点(包括交换机、路由器、服务器等)虚拟化，并将它们从整个物理网络中抽离出来独立看待，这是虚拟化结构存在的基础架构。SDN 简单叠置于底层物理网络上的虚拟网络。

13.6.4　软件定义广域网

软件定义的广域网(Software-defined Wide Area Networking, SD-WAN)是使用软件(而非硬件)控制远程站点之间的连接、管理和服务。可将其视为 SDN 在 WAN(而不是 LAN)实施。与 SDN 类似，SD-WAN 将控制平面与转发平面分开，无论是租用线路还是 5G 无线网络，网络链路都得到更好利用。由于控制平面是集中式的，因此安全策略可在整个过程中始终如一地实施。

SD-WAN 的另一个优势是具有应用程序感知能力，SD-WAN 了解支持视频会议(低延迟、丢失容忍)、支持文件传输(延迟容忍、丢失容忍)或支持其他类型的流量之间的差异。SD-WAN 使用正确的流量路径，且能在链路拥塞或降级时切换。

13.7　本章回顾

首先了解底层技术，然后将安全设计原则实施于网络选择和集成，那么保护组织的网络会更有效。本章基于前两章的基础，探讨了构建和运营安全网络架构的常用方法，专注于网

---

[1]ONF 的网址为 https:// opennetworking.org。

络加密技术和服务安全技术，也涵盖处理分散网络和使用云服务组件网络的方法，讨论的一个关键方面是安全设计原则在多方面的实施。下一章将继续本主题，将探讨保护网络的组件。

13.8　快速提示

- 链路加密将沿着特定通信通道传输数据且对数据实施加密。

- 端到端加密(End-to-End Encryption，E2EE)发生在会话层或更高层，且不加密路由信息。攻击方能从捕获的数据包中获得更多信息并知道目的地。

- 传输层安全(Transport Layer Security，TLS)是一种 E2EE 协议，为网络通信提供机密性和数据完整性。

- 安全套接字层(Secure Sockets Layer，SSL)是 TLS 的前身，已弃用并视为不安全。

- 虚拟私有网络(Virtual Private Network，VPN)是在不可信的网络环境中建立的安全专用连接。

- 点对点隧道协议(Point-to-Point Tunneling Protocol，PPTP)是一种过时且不安全的 VPN 连接方式。

- 二层隧道协议(Layer 2 Tunneling Protocol，L2TP)通过各种网络类型(例如，IP、ATM、X.25 等)建立隧道传输 PPP 流量，但不加密用户流量。

- 互联网安全协议(Internet Protocol Security，IPSec)是一套协议，为网络层的数据提供身份验证、完整性和机密性保护。

- TLS 可用在 OSI 模型的第五层提供 VPN 连接。

- Web 服务是客户/服务端系统，客户端和服务端通过网络(例如，Internet)使用 HTTP 通信。

- 面向服务的体系架构(Service-Oriented Architecture，SOA)将系统描述为一组相互连接但自包含的组件，组件通过标准化协议相互通信并与客户端通信。

- 应用程序编程接口(Application Programming Interfaces，API)建立一种"语言"，使系统组件能从另一个组件发出请求，然后解释第二个组件的响应。

- 超文本传输协议(Hypertext Transfer Protocol，HTTP)是一种基于 TCP/IP 的通信协议，以无连接和无状态的方式在服务端和客户端之间传输数据。

- 统一资源标识符(Uniform Resource Identifier，URI)唯一标识 Internet 上的资源。

- HTTP 安全(HTTP Secure，HTTPS)是在 TLS 运行的 HTTP。

- 简单对象访问协议(Simple Object Access Protocol，SOAP)是一种消息传递协议，通过 HTTP 使用 XML，客户端能以与平台无关的方式调用远程主机上的进程。

- SOAP 安全性由一组称为Web 服务安全(Web Services Security，WS-Security 或 WSS)规范的协议扩展启用，规范提供消息机密性、完整性和身份验证。

- 表征状态转移(Representational State Transfer，REST)是一种架构模式，用于在不使用 SOAP 的情况下研发 Web 服务。

- 域名生成算法(Domain Generation Algorithm，DGA)以了解该算法的用户都可预测的方式生成看似随机的域名。

- DNS 隧道(DNS Tunneling)是在一个或一系列 DNS 查询或响应中对消息编码的实践，将数据过滤或渗透到目标环境中。

- DNS 反射攻击(DNS Reflection Attack)涉及向服务器发送查询，同时将源地址假冒成目标地址。

- DNS 反射放大攻击(DNS Amplification Attack)的特点是小的查询会导致大的响应。

- DNS 安全扩展(Domain Name System Security Extensions，DNSSEC)是一套 IETF 标准，确保 DNS 记录的完整性，但不能确保机密性和可用性。

- 安全的 HTTPS 协议运行 DNS(DNS over HTTPS，DoH)是一种通过 HTTPS/TCP/IP(而非不安全的 UDP/IP)发送 DNS 查询用于保护隐私和机密性的方法。

- 电子邮件欺骗(E-mail Spoofing)是一种恶意用户将电子邮件伪装成看似有合法来源的技术。

- 简单身份验证和安全层(Simple Authentication and Security Layer，SASL)是一个独立于协议的框架，通常用于 POP3 电子邮件系统执行身份验证。

- 发送方策略框架(Sender Policy Framework，SPF)是一种电子邮件验证系统，通过确认发件人的 IP 地址检测电子邮件欺骗从而避免垃圾邮件。

- 域名密钥识别邮件(Domain Keys Identified Mail，DKIM)标准允许电子邮件服务器对邮件开展数字签名，为收件服务器提供一个衡量邮件发件域可信度的方法。

- 基于域的邮件身份验证、报告和一致性(Domain-based Message Authentication, Reporting and Conformance，DMARC)系统结合 SPF 和 DKIM 用于保护电子邮件。

- 安全的多用途 Internet 邮件扩展(Secure Multipurpose Internet Mail Extensions，S/MIME)是一种对电子邮件实施加密和数字签名，提供安全数据传输的标准。

- 分布式网络协议 3(Distributed Network Protocol 3，DNP3)是一种设计用于 SCADA 系统的多层通信协议，尤其是电力领域。

- 控制器局域网(Controller Area Network，CAN)总线是一种多层协议，旨在允许微控制器和其他嵌入式设备在共享总线上相互通信。

- 聚合协议(Converged Protocols)初期彼此相互独立且有区别，但随着时间推移逐步合并的协议。

- 以太网光纤通道(Fibre Channel over Ethernet，FCoE)是一种协议封装，允许 FC 帧通过以太网传输。

- Internet 小型计算机系统接口(Internet Small Computer Systems Interface，iSCSI)协议将 SCSI 数据封装在 TCP 中，以便计算机外围设备可位于计算机所支持的物理距离内。

- 网络分段(Network Segmentation)是将网络划分为更小的子网络的实践。

- 虚拟局域网(Virtual LAN，VLAN)是一组设备，VLAN 的行为就像直接连接到同一个交换机，而实际上并非如此。

- 虚拟可扩展局域网(Virtual eXtensible LAN，VxLAN)是一种网络虚拟化技术，将第二层帧封装到 UDP(第四层)数据报文中，以便在全球分发。
- 软件定义网络(Software-Defined Networking，SDN)是一种依赖分布式软件分离网络控制和转发平面的网络方法。
- 软件定义广域网(Software-Defined Wide Area Networking，SD-WAN)使用软件而不是硬件)控制远程站点之间的连接、管理和服务，其方式类似于 SDN，但适用于 WAN。

13.9 问题

记住这些问题的表达格式和提问方式是有原因的。CISSP 考试在概念层次上提出问题，问题的答案可能不是特别完美，建议考生不要寻求绝对正确的答案。相反，应当寻找最合适的答案。

1. 以下哪项提供安全的端到端加密？

   A. 传输层安全(TLS)

   B. 安全套接字层(SSL)

   C. 二层隧道协议(L2TP)

   D. DNS 安全扩展(DNSSEC)

2. 如果攻击方能将标签插入基于网络或交换的协议中，从而操纵对数据链路层流量的控制，这种行为是什么？

   A. 开放中继伪造攻击

   B. VLAN 跳频攻击

   C. 虚拟机管理程序拒绝服务攻击

   D. DNS 隧道

3. 以下哪项关于组成 IPSec 特定组件或协议的定义是不正确的？

   A. 身份验证头(AH)协议提供数据完整性、数据源身份验证和抵御重放攻击

   B. 封装安全有效载荷(ESP)协议提供机密性、数据源身份验证和数据完整性

   C. ISAKMP 提供安全关联创建和密钥交换的框架

   D. IKE 提供经验证的密钥材料与 ISAKMP 一起使用

4. Alice 想给 Bob 发送一条消息，两人所在网络不相邻，保护消息机密性的最合理方法是什么？

   A. PPTP

   B. S/MIME

   C. 链路加密

   D. SSH

5. 哪种技术最能为 RESTful Web 服务提供机密性？

   A. Web 服务安全(WS-Security)

　　B. 传输层安全(TLS)

　　C. HTTP 安全(HTTPS)

　　D. 简单对象访问协议(SOAP)

6. DNSSEC 提供以下哪些保护?

　　A. 保密性和完整性

　　B. 完整性和可用性

　　C. 完整性和身份验证

　　D. 保密和身份验证

7. 哪种方法可最好地防止电子邮件欺骗?

　　A. Internet 消息访问协议(IMAP)

　　B. 基于域的邮件身份验证、报告和一致性(DMARC)

　　C. 发送方策略框架(SPF)

　　D. 域名密钥识别邮件(DKIM)

8. 以下哪项是为数据采集与监视控制系统(SCADA)研发的多层协议?

　　A. 控制器局域网(CAN)总线

　　B. 简单身份验证和安全层(SASL)

　　C. 控制平面协议(CPP)

　　D. 分布式网络协议 3(DNP3)

9. 以下所有陈述中除了哪一项,都适用于聚合协议?

　　A. 分布式网络协议 3(DNP3)是一种聚合协议

　　B. 以太网光纤通道(FCoE)是一种聚合协议

　　C. IP 聚合解决了特定类型的聚合协议

　　D. 该术语包括相互封装的某些协议

10. 假设 Alice 在一家全球拥有数千名客户的大型云服务提供商工作,哪种技术最能支持客户环境的细分?

　　A. 虚拟局域网(VLAN)

　　B. 虚拟可扩展局域网(VxLAN)

　　C. 软件定义广域网(SD-WAN)

　　D. 二层隧道协议(L2TP)

13.10　答案

　　1. A。TLS 和 SSL 是仅有的两种提供端到端加密的解决方案,但 SSL 是不安全的,所以 SSL 不是一个良好的解决方案。

　　2. B。VLAN 跳频攻击指攻击方访问各个 VLAN 分段上的流量。攻击方可让系统像交换机一样工作。系统理解网络中使用的标记值和中继协议,然后将自己插入其他 VLAN 设备中以访问来往流量。攻击方也能插入标记值用于实现对数据链路层上流量的控制。

3. D。AH 协议提供数据完整性、数据源验证和抵御重放攻击。ESP 协议提供机密性、数据源验证和数据完整性。ISAKMP 提供安全关联创建和密钥交换的框架。IKE 提供经身份验证的密钥材料与 ISAKMP 一起使用。

4. B。S/MIME 是一个加密和数字签名电子邮件的标准，也是 PKI 提供安全数据传输的标准。

5. C。TLS 或 HTTPS 都是正确答案，但由于 Web 服务通常需要 HTTP，而 RESTful 服务尤其需要 HTTP，因此 HTTPS 是最佳选择。请记住，可能遇到类似的问题，其中多项答案是正确的，但只有一项是最佳选择。SOAP 是提供 Web 服务的另一种方式，使用 WS-Security 保证机密性。

6. C。DNSSEC 是一套 IETF 标准，确保 DNS 记录的完整性和真实性，但不保证机密性和可用性。

7. B。DMARC 系统结合了 SPF 和 DKIM 保护电子邮件。IMAP 没有针对电子邮件欺骗的内置保护。

8. D。分布式网络协议 3(DNP3)是一种设计用于 SCADA 系统的多层通信协议，尤其是电力领域。

9. A。DNP3 是一种多层通信协议，用于 SCADA 系统，尚未与其他协议聚合。其他选项都是对聚合协议的描述。

10. B。由于需要支持成千上万的客户，VxLAN 是最佳选择。因为 VxLAN 可支持超过 1600 万个子网，传统 VLAN 的上限为 4000 多个子网，无法为每个客户提供多个网段。

第14章

网 络 组 件

本章介绍以下内容:
- 安全网络
- 安全协议
- 多层协议
- 聚合协议
- 微分段

计算机专家不因老练而成功。相反,在一扇没有上锁的门前,专家在一些可疑位置试探着,试图通过这扇门。专家一直坚持着试探,就通过了那扇门,而不用靠奇迹。

——Clifford Stoll, The Cuckoo's Egg

上一章描述了安全专家如何为网络提供防御措施。本章将讨论安全专家应如何保护网络组件。所有组件都需要关注,例如,电缆、网络设备和终端等,因为攻击方会一一试探所有网络组件,寻找入侵网络的方式。防御方需要将组件都配置正确;而攻击方仅需要找到盔甲上的一个裂缝就可破坏系统。本章主要关注物理设备,下一章将重点关注运行在这些物理设备上的软件。

14.1 传输介质

前面已讨论过多种关于将数据从点 A 传送到点 B 的协议,但未提及承载信息的是什么。传输介质(Transmission Medium)是承载数据传输的物理部分。当一个人与别人交谈时,从肺部呼出的空气导致声带振动,此时空气便是传输介质。一般而言,传输介质为以下三种类型:
- **电线(Electrical Wire)** 电线通过电流中电压水平的变化表达编码信息。最具代表性的是电缆,电缆将两束或更多束电线包裹在线鞘中。

- **光纤(Optical Fiber)** 光纤通过光的波长(颜色)、时序和偏振编码完成数据传输。LED
或激光二极管可产生光。就像电线一样，一般将多个光纤捆绑到线缆中以便长距离
传输。

- **空间(Free Space)** 第12章中已提到空间可作为介质用于无线通信。电磁信号可在空
间甚至在外太空中传输。安全专家会倾向于利用可在空间中传输的无线电信号,但偶
尔会遇到用光作为介质的系统,如红外激光。

14.1.1 传输类型

物理数据的传输可采用不同的方式(模拟或数字),通过不同的控制机制(同步或异步),在
一条线路上使用单个信道(基带)或多个不同信道(宽带),如传输电压、无线电波、微波或红外
信号。下面将阐述主要的物理传输类型及特征。

1. 模拟和数字

信号(Signal)是让信息移动的各种方式,能将信息物理地从一点传送到另一点。点头、招
手或眨眼都是传递信息的方式,也就是说,人们可通过这些方式传递数据。在技术领域,在
系统间传输数据会采用特定的载波信号。载波信号好比一匹马,载着骑手(数据)从一个地方
到另一个地方。数据可采用模拟(Analog)信号或数字(Digital)信号的格式传输。如果使用模拟
传输技术传输数据(如无线电),数据就以波的特征呈现。例如,广播电台用发射机将数据(音
乐)放到载波上,传递到天线,收音机中的接收器剥离出信息,并以最初形式(一首歌)展现给
听众。载波信号上承载着编码完成的数据,数据会以不同振幅和频率值表示,如图14-1所示。

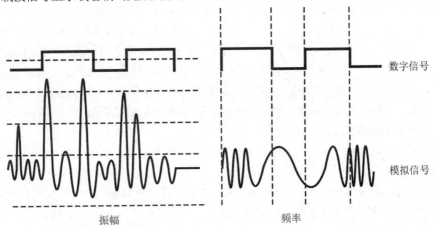

图14-1　模拟信号可通过振幅和频率测量,数字信号则将二进制数值表达为电脉冲

用电波值的大小表示的数据(模拟)不同于用离散电压值表示的数据(数字)。拿模拟时钟和
数字时钟做个对比,模拟时钟的指针不断在表盘上旋转,要知道是几点钟,Tom需要读准表
针的位置和这些位置对应的数值,所以Tom应知道当大针指着1和2之间的位置,而小针指
着6时,时间是1:30,表针的每个位置对应于一个特定数值。而数字时钟没那么麻烦。Tom

只需要看一眼便能知道时间，数字时钟不需要 Tom 做对应数值的工作，而以简单明了的数字形式向 Tom 提供时间。

对一个模拟时钟而言，指针的移动代表不同时间：1 点 35 分 1 秒、1 点 35 分 2 秒和 1 点 35 分 3 秒。指针的每次移动都代表一个特定时间，就像每个数据在模拟传输中都指向载波上的一个点一样。数字时钟没有这种对应关系，只提供离散的数值。数字传输也是如此：数值总是 1 或 0，所以 Tom 不需要建立对应关系即可知道当前时间。

计算机总以二进制数字的形式(1 或 0)工作。当电信基础架构是模拟系统时，每个需要在电信线路上通信的系统都需要一个调制解调器(Modem)，即调制器或解调器(Modulator or Demodulator)；调制解调器负责将数字数据调制成模拟信号。发送系统的调制解调器将数字数据调制到信号上，接收系统的调制解调器从信号中解调出数字数据。

在远距离传输中，数字信号比模拟信号更可靠，由于电压或有(1)或无(0)，因此数字信号提供了比模拟信号更清晰有效的信号传递方法。从噪声中提取数字信号比较容易，而从噪声中提取模拟信号则难得多，因为波形的振幅和频率是渐变的。模拟信号可具有无限多的数值或状态，而数字信号则以离散状态存在。数字信号是一种方波，因而不太可能具有模拟信号那样的不同幅度和频率值。数字系统可用压缩机制提高数据吞吐量，通过使用具有"过滤"作用的中继器提供信号的完整性，还能把不同类型的数据(声音、数据和图像)多路复用到类似的传输信道上。

2. 异步和同步

将数据从一个系统传输到另一个系统所需的物理载体具有各种不同的特质，模拟和数字传输技术需要处理的就是这些特质。异步(Asynchronous)和同步(Synchronous)传输类型与用于会话同步(Synchronization)的特定规则十分相似。异步和同步网络技术提供相应的同步规则管理多种系统彼此之间的通信。如果安全专家曾用过卫星电话，那么可能经历通信同步的问题。通常情况下，新的卫星电话用户在通话时不会意识到卫星通信会产生延迟，因此在交谈时会出现谈话相互重叠的现象。当用户知道连接延迟时间是多少后就可自我调整说话时间，以便每次只传输一名用户的语音数据，这样双方都能完全理解谈话内容了。适当的停顿、分隔用词都有助于理解双方的意思。

通信过程中的同步也发生在通信双方彼此发信息的时候。发送方恰当地使用逗号、顿号和分号分隔文本，能帮助阅读方更好地理解信息。如果阅读方看见的都是不带标点符号的句子，如"stickwithmekidandyouwillwerdiamonds"，句子就会变得难以理解。这就是需要语法规则的原因。如果发信人从信纸的底部和右边为开头写了一封信，而收信人根本不知道这一点，那么收信人就无法读懂信息。

通信协议在传输数据时，技术上也使用协议的语法与同步规则。如果两个系统部署异步时序的网络协议通信，会用到开始位和停止位。发送端系统先发送一个"开始"位后再发送整条消息，然后发送一个"停止"位，依次对所有消息如此操作。这样接收端系统就知道消息在什么时候开始，在什么时候结束，并知道如何理解消息中的每一个字符。这类似于前面提到的，在书面通信中使用标点符号表示停顿的例子。如果系统使用部署同步时序的网络协议通信，就不存在开始位和停止位了。整条消息的发送不会出现人为中断，但会有一个通用的定时信号，能让接收端系统知道如何在没有开始位和停止位的情况下理解信息。这类似于使用定时信号(如在大脑中读秒)的卫星电话，能确保不会在其他人讲话时相互重叠。

如果两个系统采用同步传输技术通信，则系统不会用开始位和停止位，而是通过由时钟脉冲发起的时间序列同步传输数据。

数据链路层协议中包含同步规则，所以当一条消息进入系统的网络栈时，如果使用的是数据链路层协议，如高级数据链路控制(High-level Data Link Control，HDLC，稍后将介绍)，就需要一个时钟序列用于同步传输数据(接收端系统也应使用这种协议才能理解这些数据)。如果消息进入网络栈且数据链路层使用的是异步传输模式(Asynchronous Transfer Mode，ATM)协议，就需要为消息添加开始和停止标记。

部署有同步计时机制的数据链路层协议通常用于预测会传输大批量数据的系统(如数据中心环境)中。而如果某环境中的系统以不可预测的方式传输数据(如 Internet 连接)，那么往往会使用异步计时机制协议。

表 14-1 列出了异步和同步传输的主要差异。

表 14-1　异步和同步传输的主要差异

异步	同步
可低成本的、简便的部署	部署更复杂，成本更高
没有计时组件	存在数据传输同步计时组件
用校验位控制错误	强大的错误检测，通常通过循环冗余校验(Cyclic Redundancy Checking，CRC)实现
可用于不规则传输模式中	用于高速高容量传输
每个字节需要三位指令(开始、停止和校验)	比异步通信的协议开销更小

因此，采用同步传输的通信协议以数据流这一方式传输数据，而非将数据封装在开始位和结束位之间。两个系统可通过使用时钟机制实现同步，也可将同步信号编入数据流中，通知接收方与发送方保持消息同步，这类同步应在发送第一个消息前完成。发送方系统可发出一个数字时钟脉冲到接收方系统，意思是"现在开始使用这种同步机制工作"。多种现代大容量通信系统(如高带宽卫星链路)都在使用全球定位系统(Global Positioning System，GPS)的时钟信号实现同步通信，而不需要具备单独的定时信道。

3. 宽带和基带

可见，模拟传输意味着数据以波的形式传输，数字传输意味着以抽象的电子脉冲的形式传输数据。同步传输指两个设备通过时钟机制控制对话，异步指系统使用开始位和停止位实现通信同步。现在，安全专家应探讨在一条线路上，同一时间能承载多少个通信会话的问题。

基带(Baseband)技术的传输需要占用整个通信信道，而宽带(Broadband)技术将一个通信信道分为若干不同且独立的子信道，从而能同时传输不同类型的数据。基带只允许一次传输一个信号,而宽带在不同信道上运载多个信号。例如,CATV(Coaxial Cable TV,同轴电缆电视)系统是一种宽带技术,在同一条线缆上传送多个电视频道。宽带技术还可为家庭用户提供Internet 访问,但数据与电视频道是在不同频率范围传送的。

打个比方,基带技术只为数据从一处传输到另一处提供单车道高速公路,宽带技术提供一个由多个不同车道组成的数据高速公路。这样,宽带技术不但可在全局上传输更多数据,还可通过每条线路传输不同类型的数据。

把一个通信信道拆分成多个信道的传输技术即可认为是宽带技术。通信信道一般会有特定的频率范围;宽带技术划分频率,并提供把这些数据调制到各个子频率信道的技术。以一条可容纳 8 条独立车道的高速公路为例,在定义这 8 条车道并为 8 条车道指定规则之前,整条高速公路可比喻为基带传输。如果在这条高速公路上绘制白线,设置交通信号灯和上下坡道,制定司机应遵守的交通规则,这就是所说的宽带。

多种技术如何一起工作?

如果安全专家刚接触网络领域,会难以理解 OSI 模型、模拟和数字、同步和异步以及基带和宽带技术如何相互关联和相互区分。可将 OSI 模型想象成一个能构建不同语言的架构。如果 Panda 和 Luigi 用英语交流,那么二人应遵循英语的语言规则才能明白对方的意思。如果 Tom 打算说法语,就要遵循法语的语言规则(OSI 模型),相对于英语而言,法语构成单词的每个字母的顺序不同。OSI 模型是一个通用结构,可定义多种不同的语言,便于设备能彼此交流。一旦 Tom 和 Luigi 同意用英语通信,Tom 可直接对 Luigi 说话,信息通过持续的电波(模拟)传送,也可选择通过使用离散值(数字)的摩斯代码向 Luigi 发送消息。Tom 可向 Luigi 发送所有信息而不带有停顿或标点符号(同步),也可选用停顿和标点符号(异步)。如果在某个时刻 Tom 只能对 Luigi 说话,这就是基带,如果同时有 10 个朋友和 Luigi 说话,这就是宽带。

数字用户线路(Digital Subscriber Line,DSL)通过一根电话线建立一套可传输 Internet 数据的高频信道。线缆调制解调器用有线电视运营商提供的可用频谱将 Internet 流量送入和送出用户家庭。移动宽带设备通过蜂窝连接传输信号,Wi-Fi 宽带技术通过特定频率集承载数据从访问点传入和传出。本章将深入讨论这些技术,目前只需要知道这些技术都将一个信道拆分成若干信道,从而允许高速数据传输,并能同时传输不同类型的数据。

4. 布线

所有已经讨论过的传输技术最终都要通过电缆或空间传输信号。第 12 章中已提到无线通信,那么现在讨论一下布线(Cabling)问题。

电子信号以电流方式沿线缆传播的过程中可能受到多种环境要素(如发动机、照明设备、磁力和其他电子设备等)的影响。环境因素可能破坏在线缆上传送的数据,所以需要使用布线标准规定线缆类型、屏蔽防护、传输速率和线缆特定传输距离。

同轴电缆

同轴电缆(Coaxial Cable)有一个铜芯，屏蔽层和接地线围绕铜芯(如图 14-2 所示)，且都由外面的保护套包裹。与双绞线相比，同轴电缆更能抵抗电磁干扰(Electromagnetic Interference，EMI)，提供更大的带宽，并支持更长的线缆布线。那为什么双绞线更流行？原因是双绞线更便宜，更易用，且在环境变化时，能提供层次化的布线方案解决双绞线的布线长度问题。

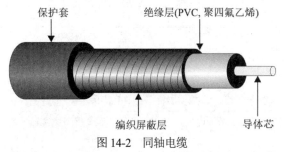

保护套　　　　　　绝缘层(PVC, 聚四氟乙烯)

编织屏蔽层　　　　导体芯

图 14-2　同轴电缆

同轴电缆用于传输无线射频信号。如果家里安装了有线电视，就会有同轴电缆入户直到电视机后面。各电视频道通过不同的无线电频率传输信号。而调制解调器可以用"空闲"的电视频率连接 Internet。

双绞线

双绞线由含绝缘层的铜线和外层护套组成。如果线缆具备铝箔屏蔽外层，则称为屏蔽双绞线(Shielded Twisted Pair，STP)，增加这种屏蔽层是为了阻止无线电频率干扰和电磁干扰。另一种双绞线没有外部屏蔽层，称为非屏蔽双绞线(Unshielded Twisted Pair，UTP)。

双绞线内有互相缠绕的铜线，如图 14-3 所示。这种缠绕方式能保护承载信号的完整性和强度。每根线可形成平衡电路，因为每对线的电压具有相同的幅度，只是相位相反。线缆缠绕得越紧，越能抵御干扰和衰减。UTP 具有多种布线类型，每种布线类型都有自己独有的特点。

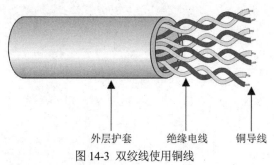

外层护套　　　绝缘电线　　　铜导线

图 14-3 双绞线使用铜线

线缆的缠绕方式、绝缘层类型的选择、导电材料的质量和线缆的屏蔽层共同决定了数据传输速率。UTP 分级表明制造线缆时所用的组件。某些特殊的 UTP 类型更适用于特定的用途和环境。表 14-2 列出了 UTP 线缆的分类。

表 14-2　UTP 线缆的分类

UTP 分类	特点	用途
1 类	语音级电话线，传输速率最高可达 1Mbps	数据和电话线路已不再采用 1 类 UTP
2 类	数据传输，最高可达 4Mbps	曾用于大型主机和微机终端连接，并已经不再使用
3 类	10Mbps 用于以太网	曾用于旧的 10Base-T 网络安装和老式电话线中
4 类	16Mbps	常用在令牌环网络中
5 类	100Mbps；双股双绞线	一般用在 100Base-TX；在 2001 年时，这类网线不再用于数据传输，但仍用在电话和视频中
5e 类	1Gbps；四股双绞线，能减少串扰	在现代网络中仍普遍存在
6 类	1Gbps；但可在 55 米长度内提供高达 10Gbps 的速率	用在要求超高速传输的新型网络中，是千兆以太网的标准

　　铜线出现已有多年，价格便宜、易于使用。目前大多数电话系统都使用语音级铜线。网络线缆首选双绞线，但双绞线也有缺点。铜线对电流的阻抗大，电流传播一段距离后，阻抗就会引起信号衰减。这就是为什么铜线会有一个建议长度要求的原因。如果在布线时仍选择铜线，网络可能出现信号丢失和数据损坏。铜线还会辐射能量，这意味着攻击方可能监听和截取信息。与同轴电缆和光纤相比，UTP 是最不安全的网络互联线缆。如果组织需要更高的速度、更高的安全性，需要的距离比铜线所能达到的更长，那么光纤应是更好的选择。

光纤

　　双绞线和同轴电缆都用铜线作为数据传输介质，但光纤(Fiber-optic Cable)则使用一种可供光波传输的玻璃，将需要传输的数据调制为光波后才可传输。玻璃芯由金属保护层包裹，再封装在外层套中。

光纤组件

光纤由光源、光纤电缆和光探测器构成。

光源

将电信号转换成光信号。

- 发光二极管(LED)
- 二极管激光器

光纤电缆

数据以光形式传输。

- 单模　小玻璃芯，用于远距离高速数据传输。相比多模，这种模式不易衰减。
- 多模　大玻璃芯，比单芯光纤承载更多数据。因为衰减大，所以适用于短距离传输。

光探测器

将光信号转换回电信号。

光纤(Fiber-optic)采用了玻璃介质,具有更高的传输速率,允许将信号传送至更远距离。与铜线相比,光纤不受衰减和 EMI 的影响。光纤不像 UTP 线那样辐射信号,攻击方难以窃听。因此,光纤比 UTP、STP 和同轴电缆更安全。

光纤看上去正是安全专家想要的选择,组织可能问为何还要使用 UTP、STP 或同轴电缆呢?因为光纤极其昂贵、易用性差。光纤通常在主干网络和需要高速传输数据的环境中使用。大多数网络均使用 UTP,然后连接到光纤主干网络中。

提示

组织需要的带宽越来越大,同时光纤价格及安装成本不断下降。越来越多的组织和服务提供商直接将光纤安装至最终用户。

布线问题

线缆对于网络极其重要。当线缆出现问题时,整个网络会遇到麻烦。本节将说明一些在网络布线中会普遍遇到的问题。

1)噪声

线路噪声(Line Noise)这一术语指的是沿物理介质传播的电磁脉冲的随机波动。线路上的噪声往往由线缆周围的设备和环境特征引起。背景噪声可由电动机、计算机、复印机、荧光灯和微波炉等引起。背景噪声可与线缆上传输的数据混合,从而使信号失真(如图 14-4 所示)。作用在线缆上的噪声越多,接收端接收到的与原始发送的数据不一致的可能性越大。

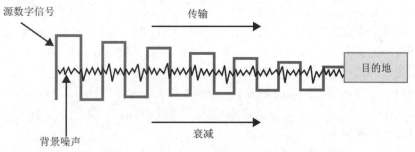

图 14-4　背景噪声可与电子信号合并,改变信号的完整性

2)衰减

衰减(Attenuation)是信号强度在传送过程中的损失。衰减类似于在地板上滚动一个球,在滚动过程中,空气造成阻力减慢球的运动并最终停止。对电流而言,电线中的金属也会对电流产生阻力。尽管一些材料(例如,铜和金)具有很小的阻力,但这种阻力仍然存在。线缆越长,衰减越多,并会导致运载数据的信号失真。这也是为什么这些标准都给出了对线缆的使用长度的建议。

衰减的效果随频率的增加而增大。因此 80MHz 的 100Base-TX 比 10MHz 的 10Base-T 产生更高的衰减。这意味着,传输数据的频率越高,线缆的长度就应越短,以免出现衰减问题。

如果网络线缆太长,衰减问题就会出现。基本上数据是以电子形式传输,这些电子需要"游过"铜线。只是更像是逆流而上,因为铜线介质给电子施加了"游动"阻碍。经过一段距离后，电子速度开始减慢，编码格式也会变形。如果变形过于严重，接收系统将无法理解编码格式。如果网络管理员需要使用超过建议距离的布线方案，就需要在其中使用中继器或者能放大信号的设备，帮助信号以正确编码格式送达目的地。

衰减也可能由线缆断裂和故障引起，这就是为什么要做线缆测试。线缆测试人员可在线缆中注入信号，同时在线缆的另一端读取结果，以便确认线缆是否存在衰减问题。

考试提示

大多数采用 UTP 线缆的以太网在部署时，会有最大线缆长度为 100 米的限制，部分原因是为了应对衰减。

3)串扰

串扰(Crosstalk)是指一根电线上的电信号溢出到另一根线路上的现象。当电流通过电线时，电线周围会产生磁场，如果与另一根电线靠得太近，第二根电线就等同于将这种磁场转变为电流的天线，当不同电信号混合时，串扰会降低数据完整性、并破坏数据。UTP 采用两股线缆相互缠绕的方式减少串扰，因为串扰在线缆相互平行时最大，相互缠绕可让串扰更难以产生。同样，因为没有外部屏蔽层的保护，所以 UTP 比 STP 和同轴电缆更易发生串扰。

4)线缆耐火等级

正如建筑物应符合特定的防火规范一样，布线方案也应如此。多个公司都在吊顶(天花板和上一层楼地板之间的空间)内或地板下铺设网线。隐藏线缆可防止将行人绊倒，但将电缆铺设在这些地方时却更容易出现线缆着火却无人知晓的情况。有些线缆燃烧时会释放有害气体，气体很快在整个建筑物内弥漫。安置在增压空间区域内的网线应符合一定的阻燃性能，保证着火时不会产生和散发有害化学物质。建筑物的通风系统常位于增压空间中，因此如果有害化学物质进入通风系统，很容易在短时间内扩散至整栋建筑物。

非增压线缆(Nonplenum Cable)往往具有聚氯乙烯(Polyvinyl Chloride，PVC)套层，而阻燃线缆的套层由含氟聚合物制成。安全专家在搭建网络或扩展现有网络时，了解在什么场合使用哪种线缆非常重要。

线缆应安装在不暴露的区域，以免绊倒行人、受到破坏或遭到窃听。线缆应捆扎在墙后，并在天花板和上一层楼地板之间的受保护空间内走线。在某些需要更高安全保障的环境里，线路封装在密封管道内。如果有攻击方试图接触电线，管道内的压力就会变化，系统会拉响警报并向管理员发送消息。使用光纤是应对高安全需求的更好方案，因为攻击方很难偷偷接触到光纤。

提示

虽然世界上很多基础架构都是有线电缆，但要记住，如今越来越多的基础架构正转而使用无线技术，使用不同形式的无线技术(蓝牙、Wi-Fi 和卫星等)以连接终端设备。

14.1.2 带宽和吞吐量

无论采用何种线缆，无论采用何种传输方式，对信息的编码量均有限制。在计算机网络中，采用两种不同但有相关性的单位衡量这种限制。带宽(Bandwidth)是指理论上在一秒钟时间内，线路上能传输的信息量。从理论上讲，一条线路的数据传输能力，通常与可用频率的数量和连接速率相关。数据吞吐量(Throughput)是指在一条实际线路中，线路能传输的数据量。同一线路上，吞吐量一般小于或等于带宽。事实上，最常见的情况是吞吐量明显小于带宽，为什么出现这种情况？

带宽的理论极限是通过分析介质(如五类双绞线)和物理层协议(如百兆以太网)以及数学计算得出的最大可能数据量得到的。当然，在真实环境中，采用这类介质和协议会出现各种情况，导致难以达到最佳的数据传输速率。

网络吞吐量(Throughput)会受到多种要素的影响。介质中会出现电磁干扰(Electro-Magnetic Interference，EMI)或线路噪声。然而，在设施良好的基础设施和网络中，这类干扰不会是个大问题。通常，更需要担心的是包的延迟和丢失。包的延迟(Latency)是包本身从源头到目的地所需的时间。延迟能通过基于首字节响应时间(Time to First Byte，TTFB)或往返时延(Round-trip time，RTT)衡量。延迟可能受到多种因素影响，包含：

- **传输介质(Transmission Medium)** 尽管电流和光纤具有光的速度，但仍然需要时间从一点传输到另一点。如果线路足够长，或者线路有很多瑕疵，介质本身仍旧会导致延迟。

- **网络设备(Network Devices)** 路由器和防火墙需要时间以便确定数据包需要使用哪条出口。如果在路由器或者安全设备中配置了太多检测规则，就不可避免地会导致数据包延迟。

为减少数据包延迟，应保持物理链路尽可能的短。同时应检查包到达目的地所经过的跳数是多少。虚拟局域网(Virtual LAN，VLAN)能让保持频繁通信的设备更"近"。在国际组织中，采用内容分发网络(Content Distribution Network，CDN)可让绝大多数数据保存在频繁需要这些数据的地方附近(稍后将介绍 CDN)。最后，使用代理服务可通过把高频数据放在需要数据的用户附近来减少延迟。

拥塞(Congestion)是另一个导致数据吞吐量(与链路额定带宽相比)下降的因素。网络中会有多条共享链路，如果有太多包持续传输，延迟就不可避免地出现了。设想一条带宽为 1GBps 的线路通到小区，如果所有邻居都要分享这一条线路。这条线路从本地交换机到第一台路由器，吞吐量将远低于线路通告的带宽，除非所有邻居已经入睡，而有位用户还在使用。最好的方法是通过良好的网络设计和实施避免拥塞的发生。保持自身的广播域越小越好，这样能确保共享的链路能支持峰值流量率，同时考虑优先处理某些类型的流量，这样如果员工决定直播新闻，就不会降低其他用户为完成各自工作时所需的网络速度。

14.2　网络设备

有几类设备可在局域网、城域网和广域网中提供计算机和网络之间的相互通信。组织需要在整个网络中使用物理设备实现迄今为止涵盖的所有协议和服务。这些设备的使用基于功能、性能、智能程度和网络布局而变化。本节将介绍下列设备：

- 中继器
- 网桥
- 交换机
- 路由器
- 网关
- 代理服务器
- PBX
- 网络访问控制设备

典型的网络中会出现多种设备，不同设备的功能以及相应的操作会很快让人迷失其中。因此，安全专家需要采用网络拓扑图技术，在复杂环境中创建不同的(简单)视图。同时，需要考虑如何实施问题，如电力需求，以及保证和支持协议。

14.2.1　中继器

中继器(Repeater)提供最简单的连通性，在物理层工作，只复制电缆段之间的电信号用于扩展网络，是将网络连接扩展到更长距离的附加设备。信号经过长距离的传输会衰减，中继器用于放大信号，使信号传输更远。

某些中继器工作时是在整理信号，所以也可作为线路调节器(Line Conditioner)使用。与放大模拟信号相比，使用中继器放大数字信号的效果更佳。因为数字信号是离散的，能让放大器更容易分离背景噪声。如果设备放大模拟信号，伴随信号的噪声也会因此放大，会进一步扭曲信号。

集线器(Hub)是一种多端口的中继器。集线器通常也称为集中器(Concentrator)，因为集线器允许多个计算机和设备彼此间通信。集线器无法理解或使用 IP、MAC 地址。当一个系统向与其连接的另一个系统发送信号时，这个信号会广播至集线器的所有端口，进而广播到所有连接至集线器的系统。

提示

集线器现在已经基本没有了，但安全专家还是有可能在现实环境中碰到。

网桥

网桥(Bridge)是一种用于连接不同 LAN 网段(或 VLAN 网段)，并能扩展 LAN 范围的 LAN 设备。网桥工作在数据链路层，因此使用 MAC 地址。中继器不处理地址，只转发中继器接收到的所有信号。当数据帧到达网桥时，网桥会判断 MAC 地址是否在本地网段。如果 MAC

地址不在本地网段，网桥就将数据帧转发至另一个网段。网桥同中继器一样能放大电信号，但比中继器更智能，能用于扩展局域网并允许管理员通过过滤数据帧的方式控制数据帧的流向。

使用网桥时，安全专家需要仔细考虑广播风暴(Broadcast Storm)问题。当网桥通过端口拆分一个冲突域时(例如，在同一个网桥端口的计算机都属于同一个冲突域)，所有端口都处在同一个广播域中。网桥会转发所有流量，因此会转发所有广播包。这种情况会让网络负担过重，导致广播风暴。广播风暴会降低网络的带宽和性能。

在以太网络中的网桥遵循 IEEE 802.1Q 国际标准，标准中描述了网桥工作的主要元素：

- 中继和过滤帧(基于 MAC 地址和端口号)
- 维护作出帧过滤和转发决策所需的信息(即转发表)
- 管理各元素列表(如使转发表条目过期)

考试提示

不要混淆路由器与网桥。路由器在网络层上工作，基于 IP 地址过滤数据包。网桥在数据链路层上工作，根据 MAC 地址过滤数据帧。通常，路由器并不传递广播信息，但网桥会转发广播信息。

转发表

网桥应知道如何将数据帧送到目的地，也就是说，网桥应知道数据帧需要发送到哪个端口以及目标主机在什么位置。多年前，网络管理员不得不将路由路径输入网桥中以维护网桥中的静态路径表，这样才能让网桥指示数据帧去往帧头指向的目的地。这是一项非常繁杂的任务，极易出错。现在，大多数网桥使用透明桥接(Transparent Bridging)技术。

连接两个局域网：网桥与路由器

使用网桥和使用路由器连接的两个局域网有何差异？如果两个局域网使用网桥连接，局域网就得到扩展，因为两个局域网在同一个广播域中。路由器可将广播域分开，因此如果两个局域网用路由器连接，那么会形成两个互联的网络。互联网络(Internetwork)是允许网络中的节点与其他节点通信的一组网络。Internet 是互联网络的一个示例。

如果采用透明桥接技术(Transparent Bridging)，那么网桥在连接电源后就立即开始了解网络环境，并跟踪网络变化。透明桥接技术通过查看数据并在网桥转发表中添加条目实现。当 A 网桥从一台新的源计算机那里接收到数据帧时，会将这个新的源地址与 A 网桥到达的端口相互关联。透明桥接技术会针对所有到达的数据帧的发送计算机和到达计算机做记录。如果 A 网桥收到一个请求，该请求需要将一个数据帧发送到不在 A 网桥转发表中的目的地，则 A 网桥会在除源段之外的每个网段上发出查询帧。目标主机是回复查询帧的唯一计算机。随后，A 网桥使用目标主机的地址，用目标主机连接的端口更新 A 网桥的路由表，进而转发要发送的数据帧。

大多数网桥使用了生成树协议(Spanning Tree Protocol，STP)，STP 能帮助网桥变得更智能。STP 确保数据帧不会永远在网络上漫无目的地传递，也可提供冗余路径以防止网桥故障，并为每个网桥都分配唯一的标识符，STP 还能为这些网桥分配优先数值，并计算路径成本让每个网桥转发数据帧的流程更高效。管理员也能在 STP 中设定是否想让网络流量沿特定路径传输。新式的网桥都遵循 SPB(Shortest Path Bridging，最短桥接路径)协议，最短桥接路径协议在 IEEE 802.1aq 标准中已有定义，比 STP 更有效，也更容易扩展。

14.2.2　交换机

　　交换机(Switch)本质上是具有额外管理功能的多端口网桥。因为网桥可连接和扩展虚拟 Internet(而不一定是单独的主机)，所以往往只有少量端口。但是，如果在网桥上保留这些功能并增加很多端口，这些端口就能连接每一个单独的主机或其他交换机。图 14-5 表示一个典型的分层网络配置，可让计算机近距离(100 米或更短)直接连接到交换机。接入层交换机连接到分发层交换机，分发层交换机可连接到一栋楼中的不同房间或者楼层。这种分发层结构更容易部署访问控制列表(Access Control List，ACL)，并可通过过滤功能提供访问的安全性。最后，组织中处于更高层级的核心交换机提供高速率的包交换并作为主干路由，核心交换机要求能越快处理网络流量越好。在这一层仅有交换机相互连接(不会有计算机直接连接到这些交换机)。

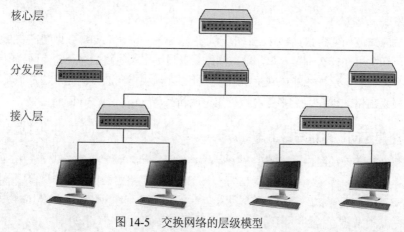

图 14-5　交换网络的层级模型

　　在以太网络上，计算机需要竞争同一个共享的网络介质。每台计算机都会侦听网络上的活动，并在认为网络空闲时将数据发送出去。这种连接和随之而来的冲突会导致流量的延迟，并会耗尽宝贵的带宽。使用交换机时，竞争和冲突将不再成为问题，结果是计算机能更有效地利用网络带宽、缩短了数据传输的等待时间。交换机减少或消除了网络介质的共享以及由此引发的问题。

　　交换机是一种多端口的桥接设备，且每个端口都为与之相连的设备提供了专门的带宽。交换机通过一个端口与另一个端口桥接，能在两个设备之间建立一条端对端的专用链路。交换机利用了全双工通信，因此一对线路用于发送，另一对线路用于接收。这确保了相连的两个设备不必竞争同一条带宽。

基础交换机在数据链路层上工作，并基于 MAC 地址转发流量。然而，现在出现了比第 2 层交换机的功能更强的第 3 层、第 4 层交换机以及其他层的交换机。这些较高层交换机提供路由选择功能、包检测、数据流优先排序和 QoS 功能。因为组合了数据链路层、网络层和其他层的功能，这些交换机也称为多层交换机(Multilayered Switch)。

多层交换机使用基于硬件的处理能力，这样有助于多层交换机更深入地检查数据包，能基于包内的信息做更多决策，然后提供路由选择和流量管理任务。通常，这些工作会增加开销并导致流量延迟，但多层交换机会在专用集成电路(Application-Specific Integrated Circuit，ASIC)中执行这些任务。也就是说，多层交换机执行的大多数功能在硬件和芯片级别(而不是在软件级别)完成，因此会比路由器快得多。

警告：
不能因为攻击方难以在交换式网络上嗅探流量就认为交换机是安全的。攻击方往往会让交换机上的缓存中毒，从而把流量引导至目标地点。

第 3 层和第 4 层交换机

第 2 层交换机仅有基于数据帧的 MAC 地址转发的能力，并不能深入理解整个网络。第 3 层交换机具有路由器的功能，不仅能基于 IP 地址路由数据包，还能基于可用性和性能，自行选择路由路径。第 3 层交换机基本上是一个路由器，可将路由查找功能转移到更高效的负责交换功能的硬件上。

第 2 层、第 3 层和第 4 层交换机之间的根本区别，在于设备会查看已作出转发或路由决策的头部信息(数据链路层、网络层或传输层)。然而，第 3 层和第 4 层交换机能使用标记，可标记每个目标网络或子网。当数据包到达交换机时，交换机会比较目标地址与第 3 层和第 4 层交换机的标记信息库(Tag Information Base，TIB)，标记信息库是所有子网及其对应标记号的列表。交换机将标记附加到数据包，然后发送至下一个交换机。第一个交换机和目标主机之间的所有交换机只需要查看这个标记信息，不必分析整个数据包头部就能确定需要路由到哪里。最后一个交换机会在数据包到达时删除标记并将数据包发送至目的地。这个流程提高了将数据包从一个位置路由至另一个位置的速度。

这种标记使用的方法称为多协议标签交换(Multiprotocol Label Switching，MPLS)，MPLS 不仅提高了路由速度，而且解决了不同类型数据包的服务需求。某些时效性流量(如视频会议)需要特定的服务级别(QoS)用于保证最小的数据递送速率，以满足用户或应用程序的使用需求。在使用 MPLS 时，标记中放入不同优先级信息，有助于确保高时效性流量比低时效性流量拥有更高的优先级(如图 14-6 所示)。

因为安全需求能控制哪些人可访问特定资源，所以更多智能设备能做出有关哪些人能访问资源的更具体决策，从而提供更高的保护级别。当设备能更深入地检查数据包时，就能获得更多访问决策信息，从而提供更细粒度的访问控制。

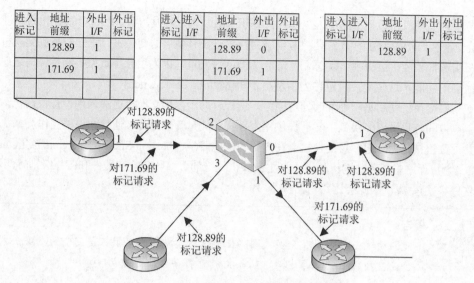

图 14-6　MPLS 使用标记和表来实现路由功能

如上所述，因为整个网络中没有持续的广播和冲突信息，所以交换机会让入侵者更难嗅探和监测网络流量。交换机提供了其他设备不能提供的安全服务。虚拟局域网(在第 13 章中有详细描述)也是交换式网络的一个重要部分，虚拟局域网能帮助管理员在环境中拥有更多控制权，并能将用户和用户组重组为若干合乎逻辑的、便于管理的实体。

路由器

安全专家在讨论各种网络设备时，需要将 OSI 各层串联在一起考虑。中继器工作在物理层，网桥工作在数据链路层，而路由器工作在网络层。每往上走一层，对应的每个设备对数据查看得更深入，就会更智能，并拥有更多功能。中继器只查看电信号。网桥可查看头部内的 MAC 地址。路由器能剥开第一个头部信息，深入查看数据包，并找出 IP 地址和其他路由信息。

路由器(Router)是工作在第 3 层(即网络层)的设备，用于连接类似的网络(例如，可将两个以太网类型的局域网连接，或将以太网类型局域网连接到帧中继链路)。路由器设备拥有两个或更多接口以及一个路由表，因此路由器知道如何将数据包送到目的地。路由器能基于访问控制列表(ACL)过滤流量，在必要时将数据包分片。因为路由器有更多网络层信息，所以能执行更高级的功能，例如，能计算发送主机和接收主机之间最短和最经济的路径。

路由器通过路由协议(RIP、BGP 或 OSPF 等，在第 11 章中讨论过)发现网络中的路由路径和变化信息。这些协议告诉路由器链路是否关闭、路由是否拥塞，以及其他路由是否更经济。路由协议还更新路由表并指明路由器是否出现问题或是否已关闭电源。

路由器可以是专用工具包，也可以是运行双宿主网络操作系统的计算机。当数据包到达其中一个接口时，路由器逐一比较这些数据包和路由器的 ACL。ACL 列表指明了应允许哪些数据包进入，拒绝哪些数据包。访问决策基于源 IP 地址和目标 IP 地址、协议类型以及源端口和目标端口。例如，管理员可阻断来自 10.10.12.0 网络的所有包、所有 FTP 请求或指向特定主机特定端口的所有包。这种控制由 ACL 提供,管理员在必要时应设置和更新 ACL。

当路由器接收到数据包时,到底发生了什么?可参考以下步骤:

(1) 数据包从路由器的一个接口进入。路由器会查看所路由的数据。

(2) 路由器从数据包中检索目标 IP 网络地址。

(3) 路由器查看路由表,发现哪个端口与请求的目标 IP 网络地址匹配。

(4) 如果路由器的路由表内没有目标地址信息,路由器会向源计算机发出一个表明消息未到达目的地的 ICMP 错误消息。

(5) 如果路由器的路由表内有到达目标地址的路由,路由器会递减 TTL 值,查看 MTU 是否与目标网络不同。如果目标网络需要更小的 MTU,路由器会将数据包分段。

(6) 路由器改变数据包的头部信息,帮助数据包能到达下一台正确的路由器。如果目标计算机和路由器在同一网络,那么这个更改能让数据包直接到达目标计算机。

(7) 随后,路由器将数据包发送至对应接口的输出队列中。

表 14-3 阐述了路由器和网桥之间的差异。

表 14-3　路由器和网桥之间的主要差异

网桥/交换机	路由器
读取头部信息,但并不修改	为每个数据包都创建一个新的头部
基于 MAC 地址构建转发表	基于 IP 地址构建路由表
没有网络地址的概念	为每个端口分配不同的网络地址
基于 MAC 地址过滤流量	基于 IP 地址过滤流量
转发广播包	不转发广播包
如果网桥不知道目标地址,那么转发流量	路由器不转发含未知目标地址的流量

中继器、网桥或路由器在什么情况下使用最好?如果管理员需要扩展网络并放大信号,则使用中继器,以便在较长电缆上信号不会衰减。但中继器也会扩展冲突和广播域。

网桥在数据链路层工作,且比中继器更智能。网桥可简单的过滤并隔离冲突域,但不能隔离广播域。当管理员希望将网络划分为多个网段以减少流量拥塞和过度冲突时,应使用网桥。

路由器将网络拆分为不同的冲突域和广播域。与中继器和网桥相比,路由器对网段有更清楚的划分。当管理员想更细化的控制网络流量时,就应当使用路由器,因为路由器能执行更复杂的过滤,使用路由器划分网段时,各个网段会更容易控制。

1. 网关

网关(Gateway)是一个通用术语,是一种可运行软件的设备,用于连接两个不同的网络环境,通常充当了不同网络环境的翻译器,或可在某种程度上限制在两个不同网络环境中的设备交互。当 A 网络环境使用不同语言(意味着 A 网络环境使用 B 网络环境无法理解的某种协议)时,通常会需要网关。网关能翻译某种邮件服务器的邮件并对其格式化,以便另一种邮件服务器能接受并理解同一封邮件,或连接和转换不同的数据链路层技术(例如,FDDI 到以太网,这两种网络都在第 11 章中讨论过)。

网关需要处理的任务比路由器和网桥这些连接设备需要处理的任务复杂得多。不过,在路由器连接两个不同网络(令牌环和以太网)时,因为路由器能在不同数据链路层技术之间转换,所以有人会将路由器当作网关。图 14-7 说明了一个网络访问服务器(Network Access Server,NAS)如何在电信和网络连接之间起到网关的作用。

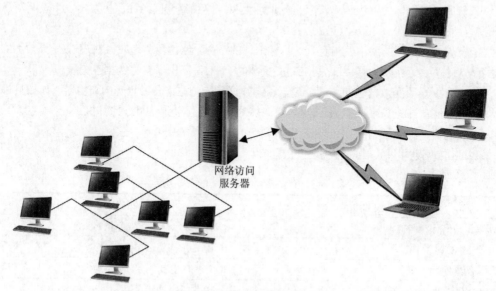

图 14-7 网络中使用若干类型的网关,以 NAS 为例

当网络连接到主干网时,网关可将骨干网上使用的不同技术和帧格式与连接的局域网协议帧格式相互转换。如果在一个 FDDI 主干网和一个以太网 LAN 之间建立一个桥接,以太网 LAN 中的计算机就不理解 FDDI 协议和帧格式。这种情况下,需要一个 LAN 网关翻译不同网络之间使用的不同协议。

电子邮件网关(E-Mail Gateway)是一种很常见的网关。因为市面上的电子邮件供应商都有自己的语法、消息格式以及处理消息传输的方式,不同的电子邮件服务器软件之间在消息传递时,需要电子邮件网关做消息格式的转换。例如,假设 David 写了一封电子邮件给 Dan,David 所在的公司网络使用 Sendmail,而 Dan 所在的公司网络使用 Microsoft Exchange。电子邮件网关会将 David 写的电子邮件转换为所有邮件服务器都能理解的标准格式(通常为 X.400),然后传递到 Dan 的邮件服务器。

2. 代理服务器

代理服务器(Proxy Server)介于想访问某些服务的客户端和提供这些服务的服务器之间。安全专家不希望内部系统在没有控制和保护措施的情况下直接连接到外部服务器。例如,如果组织所在网络上的用户可不经过滤直接连接到各种网站,就可能造成恶意流量进入内部网络,用户也可能访问公司认为不恰当的网站。因此,为预防这些状况,应将所有内部 Web 浏览器配置为首先向 Web 代理服务器发送 Web 请求。如果代理服务器验证 Web 请求是安全的，就会代表用户向网站发送一个独立请求。图 14-8 所示是一个基本的代理服务器架构。

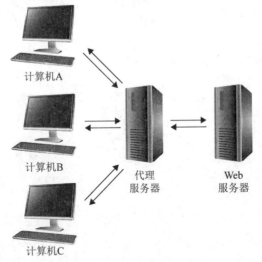

图 14-8　代理服务器控制客户端和服务器端之间的流量

代理服务器可先缓存服务器对先前客户端访问请求的响应数据，那么当其他客户端有同样的请求时，代理服务器就不会再请求连接实际的 Web 服务器，由代理服务器直接返回客户端请求的数据。这就大大减少了访问资源的延迟，从而帮助客户端更快地得到需要的数据。

代理服务器还可提供不同类型的特定服务。转发代理(Forwarding Proxy)是一个需要客户端指定代理服务器地址的代理。开放代理(Open Proxy)是一种可开放给所有人使用的转发代理服务器。一个匿名的开放代理允许用户在浏览网站或使用其他 Internet 服务时隐藏用户自己的 IP 地址。对客户端而言反向代理(Reverse Proxy)就是一个普通的 Web 服务器。客户端向自己认定的服务器(实际上是反向代理)发送一个请求，而反向代理服务器会将访问请求发送到实际的服务器并响应客户端。转发代理和反向代理的功能看似一样，但如图 14-9 所示，转发代理服务器通常是在内部网络上控制离开网络的流量，而反向代理服务器通常是满足客户访问网络的请求，并处理进入内部网络的流量。反向代理可实现负载均衡、加密技术的加速、安全和缓存等功能。

Web 代理服务器通常用于内容过滤，确保 Internet 的使用符合组织的使用要求和管理策略。Web 代理服务器可实现以下功能：阻止不允许的网络流量流入内网、提供有关特定用户访问网站详细信息的日志、监测带宽使用统计情况、阻止用户对受限制网站的访问和针对特定关键字过滤流量(包括色情内容、机密和个人敏感信息)。代理服务器可配置为缓冲服务器，可将那些经常用到的资源保存在代理服务器上，以便帮助组织在显著提高性能的同时明显降低上行带宽的占用并降低带宽占用成本。

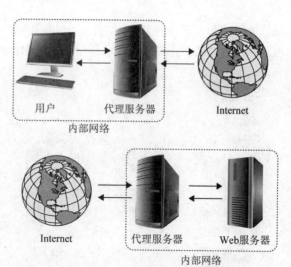

图 14-9　转发与反向代理服务

安全专家使用代理服务器时，除了用于管理网络流量，还可用于其他网络功能，例如，可作为 DNS 代理服务器使用。今天的代理服务器几乎是每个网络中的重要组成部分，需要得到妥善放置、配置和监测。

提示

多年以来，代理服务器的使用导致在线匿名访问大大增加了。有些人本着保护个人自由和隐私的目的，用代理服务器隐蔽自己的浏览行为，不让其他人看到，但攻击方也正是使用类似的功能确保人们无法从攻击方的攻击活动追踪到攻击方的本地系统。

洋葱网络

Tor(最初作为洋葱路由器为人所知)是一种由志愿者运作的网络，通过全球的计算机协同工作，能路由加密过的网络流量。Tor 的目标是保持上网用户的身份在上线时始终保密，或者最少能接近保密状态(在本地计算机上的错误配置或者安装在本机上的具有潜在威胁的软件仍可能导致身份暴露)。在 Tor 中，每台计算机(或网络节点)会接收其他节点的数据并把数据传至下一节点。每个节点仅知道加密数据从何而来，要往何处去。在经历几个跳转后，当数据最终重新出现在公共网络时，将没人知道是谁发起的连接。

Tor 还可以提供一种称为"隐匿服务"的访问方式，这种服务是仅在 Tor 内部运行的深层网络。臭名昭著的毒品市场"丝绸之路"就是这样一个隐匿服务的例子。

都放在一起：网络设备

前面阐述的所有网络设备，都是几乎所有网络架构的组件。表 14-4 列出并指明这些网络设备的特性。

表 14-4 网络设备的主要差异

设备	OSI 层	功能
中继器	物理层	放大信号以及扩展网络
网桥	数据链路层	基于 MAC 地址转发和过滤数据包；转发广播流量，但不转发冲突流量
交换机	数据链路层	在通信设备之间提供私有虚拟链路；允许虚拟局域网；降低冲突；阻止网络嗅探
路由器	网络层	分隔和连接局域网，创建内部网络；可基于 IP 地址过滤
网关	应用层	连接不同类型的网络；执行协议以及格式转换
Web 代理	应用层	在客户端和服务器之间，一般可提升安全性和/或性能

3. PBX

电话公司使用交换技术向目的地传输电话呼叫请求。电话公司的交换中心会放置交换机，交换机通过使用光纤环将乡镇、城市和大都市这些区域连在一起。例如，当 Dusty 在家里打有线电话时，呼叫首先到达为 Dusty 提供服务的电话公司的本地交换中心，本地交换中心的交换机需要确定是本地呼叫还是长途呼叫以及呼叫需要送达何处。专用交换分机(Private Branch Exchange，PBX)是电话公司的私有财产，这个交换机执行的交换任务与电话公司交换中心执行的某些任务类似。PBX 有一条专门的连接，可连接到本地电话公司交换中心，同时交换中心中有更智能的交换设备可继续执行电话呼叫的传递。

PBX 能和几种设备相连，并提供多种电话服务。数据采用多路复用技术连接电话公司交换中心的专门线路。图 14-10 显示了如何将来自不同数据源的数据放在 PBX 的一条线路上，并发送至电话公司的交换设备基础设施。

PBX 使用了能控制模拟和数字信号的数字交换设备。同时，这些现代交换设备相比那些使用模拟信号的老设备更加安全，但这绝不意味着 PBX 系统没有漏洞。很多 PBX 系统的默认系统管理员口令很少改变。这些口令是默认设置的。如果 100 家公司从 PBX 供应商 ABC 那里购买并部署了 100 套 PBX 系统，且没有重置口令，那么知道默认口令的飞客(Phreaker，即电话攻击方)就可访问这 100 套 PBX 系统。一旦飞客闯进 PBX 系统，就可重设路由呼叫，重新配置交换机或系统，帮助飞客和飞客的朋友们可以免费拨打长途电话。这种类型的欺诈比公司意识到的发生得更多，然而很多公司并不会密切监测电话账单。尽管这种欺诈现在已经不多见，飞客们仍旧是电话通信系统的一大问题。美国通信欺诈管制委员会(Communications Fraud Control Association，CFCA)在 2019 年欺诈损失的调查中称，PBX 系统中出现的电话费欺诈(叫法依飞客们的行为而定)已导致全球每年损失估算超过 30 亿美元。

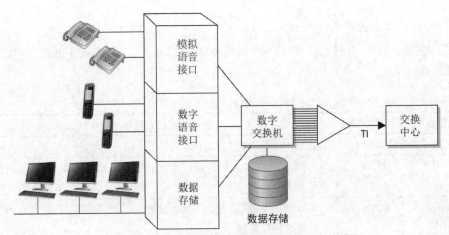

图 14-10 PBX 将不同类型的数据合并至同一条线缆上

PBX 系统也容易遭受暴力破解或其他类型的攻击。在这些攻击中，飞客使用脚本攻击或词典猜测攻击的方法获取系统访问权限所需的凭证。某些情况下，飞客会侦听和改变人们的语音消息。例如，人们打电话给 Bob 并听到 Bob 的语音信箱声音时，打电话给 Bob 的人们也许没有听到熟悉的带有 Bob 声音的信息，反而听到的信息中满是脏话和侮辱。

可惜的是，安全专家在评估网络漏洞和安全级别时甚至未曾想过 PBX。这是因为从一开始电信设备都是由服务提供商或者通晓电话业务的人员管理的。网络管理员通常与管理 PBX 的人员是不同的，所以，往往遗漏了对 PBX 系统的评估。PBX 是一种交换机，可直接与公司基础架构相连，因此成为攻击方利用和潜入的途径。PBX 系统需要和其他网络设备一样获得评估和监测。

所以，如何保证 PBX 系统的安全呢？现今多数系统都采用 IP 网络，基本的安全措施都大同小异。先要了解系统中的所有账户，确保这些账户的口令足够强壮。然后确保 PBX 系统能定期更新，把系统放在防火墙后面，并配置合适的访问控制列表。其他安全措施需要根据 PBX 而定。例如，要考虑通过不同的虚拟局域网将语音流量和数据流量分开。如果攻击方潜入一个虚拟局域网，其他虚拟局域网仍可确保安全。同时，限制 IP 电话局域网的流量速率能减缓外部攻击。

14.2.3 网络访问控制设备

网络访问控制(Network Access Control，NAC)是一组控制措施，是能控制网络准入的策略集。这个术语暗示着：在允许一个设备进入网络前，需要验证这个设备是否符合特定要求。最简单的网络准入控制就是用户身份验证，前面讨论无线网络安全问题时，说到的 IEEE 802.1X 标准就是用户身份验证的一个实例。在确认用户的入网凭证有效前，802.1X 协议仅允许设备通过非常有限的方式(例如，只能连接到网络身份验证器)连接网络。

然而，要完全释放 NAC 的能力，安全专家需要付出更多努力。首先应验证设备。安全专家对终端/设备的身份验证并不陌生，实际上，在使用 HTTPS 协议连接到 Web 服务器时已经用到 NAC 了。当一位客户请求一个安全连接时，服务器将自己的证书作为响应回复给客户，这个证书包含服务器的公钥(由可信第三方 CA 发布)。然后，客户用服务器的公钥加密会话密钥(此时只有服务器能解密会话密钥)，随后客户用会话密钥建立一个对称加密的安全连接。安全专家也可配置一个 NAC 设备用类似方式验证 NAC 本身，同时要求客户端做类似的事情(指上述的服务器端工作，如提供证书等)。显然，安全专家需要一个安装在客户端设备上的证书(并匹配私钥)完成这项工作。适应证书的另一个替代方案是使用一种可信平台模块(Trusted Platform Module，TPM)，但前提是终端安装有可信平台模块。第 9 章已讨论过 TPM。

NAC 一般需要先确保终端能正确配置，然后接入网络。例如，通常会检查操作系统的版本以及防病毒软件的特征库。如果其中一项内容不是最新的，会将终端安置在一个不可信的 LAN 中，在这个 LAN 里，终端可下载安装需要的更新。一旦终端达到准入策略要求，就可接入受保护的网络了。

1. 网络拓扑图

事实上，由于多数组织的网络复杂度，不太可能把完整网络绘制在一张图表中。有时，组织绘制出一幅美观的网络拓扑图(Network Diagram)且引以为傲时，便会有一种错误的安全感。需要深入讨论一下为什么这样的网络拓扑图会骗人。应从哪些方面探讨网络呢？方式如下：

- 一幅电缆铺设图以及包含描述 WLAN 结构的无线部分，告诉安全专家每个部件是如何连接在一起的(同轴电缆、UTP 或光纤)。
- 一幅网络拓扑图，说明网络在访问、聚合、边缘和核心的基础架构层中的情况(图 14-11 是一个示例)。
- 一幅图，说明各种网络路由器是如何连接在一起的(VLAN、MPLS 连接、OSPF、IGRP 和 BGP 链路)。
- 一张图表，说明不同数据流是如何流动的(FTP、IPSec、HTTP、SSL、L2TP、PPP、以太网、FDDI 或 ATM 等)。
- 一张图表，把工作站和几乎每个网络使用的核心服务器类型(DNS、DHCP、Web farm、存储器、打印、SQL、PKI、邮件、域控制器和 RADIUS 等)分开展示。
- 基于信任区探讨一个网络，信任区由过滤路由器、防火墙和 DMZ 结构组成。
- 基于 IP 子网结构探讨网络。

但是，如果从 Microsoft 的角度看待一张网络图表时怎么办呢，能用森林、树、域和 OU 容器表述这么多内容吗？需要展示远程访问连接、VPN 集线器、外联网和各种 MAN 和 WAN 连接。如何展示 IP 电话结构呢？如何将移动设备管理服务器绘制到一张图表上呢？如何用文档展示新的云计算基础架构？如何展示数据库中的虚拟层？如何标记冗余线路和容错解决方案？网络如何与执行平行处理的备用地点相互关联和交互呢？有时 Microsoft 甚至不能描述出安全组件(防火墙、IDS、IPS、DLP、防恶意软件和内容过滤器等)。在现实中，无论一个公司拥有什么样的网络图，往往都是过时的，因为安全专家的精力都放在创建和维护网络和网络中的设备上了。

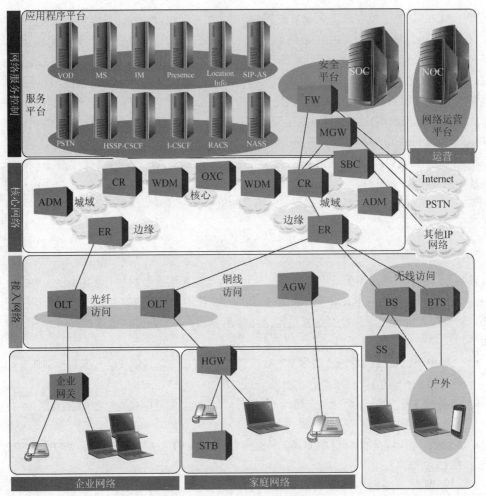

图 14-11　网络拓扑图

重点在于网络太复杂,不太可能绘制在一张纸上。与人体结构做一下对比。在进入医务室时,患者会看到贴在墙上的各种人体剖面图。一张是循环系统,一张是肌肉图,一张是骨架图,一张是器官图,另一张是肌腱和韧带图。牙医办公室有各种有关牙齿的图;如果患者需要针灸,会看见有关针灸和按摩点的图。另外有好多部件无法画出,例如,毛囊、皮肤、指甲和眉毛,而这些只不过是一个系统的一部分。

说这么多,对于安全专家而言有什么意义呢?安全专家如果确实想保护一个网络的安全,那么需要从多种不同方面了解网络。安全专家可按模块学习有关网络的知识,但需要快速理解网络的各部分是如何协作的。安全专家可能完全了解目前所处环境中所有设备的工作方式,却可能并不完全理解当一个员工把 iPhone 接到连接着公司网络的笔记本上,并把 iPhone 当成一个调制解调器时,员工已经构成了一个不受监测的 WAN 连接,这可能会成为攻击方的进入途径。安全很复杂,要求也苛刻,所以永远不要沾沾自喜。记住,网络图只展示了网络的一个方面,而非整个网络。

2. 硬件的运行

设计并建设网络后，安全专家需要确保网络能持续运行。要时刻牢记，安全的一个重要因素就是可用性。断电、设备缺点、人为错误甚至竞争对手都会导致可用性的破坏。应牢记所有的风险不仅都是人为因素导致的，因此所有风险都应由组织中的风险管理项目处理。这能保证组织可选择成本效益更优的控制措施以减缓风险。下面将讨论三种类型的控制措施，能保护网络组件的可用性。这些控制类型是在网络组件的运行中创建冗余电源，保证设备运行以及维护 SLA。

1) 电力

IT 硬件的作用是运行软件，为组织提供 IT 服务，而电力是 IT 硬件赖以运行的关键。第 10 章已介绍过，但需要再次强调，这里的电力是指为了确保关键系统可以有冗余电力可用。为理解这些电力设施，需要先熟悉以下三个描述电力的重要术语：

- **电压(Voltage)** 单位是伏特，表明在电路中两点之间的潜在电力。可将电压想象成水在管道中的压力。

- **电流(Current)** 单位是安培，表明在电路中流动的电量。若将电压想象成水在管道中的压力，可将电流看作管道阀门管径；阀门越大，水的流速越大。

- **功率(Power)** 有两种方法能测量功率。测量电力功率用瓦特，用电压乘以电流计算得到。换句话说，如果服务器机柜要运行在 240 伏特电压和 9 安培电流环境下，那么功率就是 2160 瓦特或者 2.16 千瓦。还有一种术语是千瓦时(Kilowatt-Hours，kWh)，可描述 1 小时内消耗的电量。所以，前面提到的服务器机柜运行 1 小时需要消耗 2.16 千瓦的电量，或者一天消耗 51.84 千瓦(假设电流是稳定的)。

安全专家最需要关注的是，是否有足够的电力运行设备。测量电力有两种方式：视在(Apparent)功率和实际(Real)功率。可将视在功率(Apparent Power)看作能完美运行线路上设备的最大负载，通过系统的电压和电流的简单计算即可得出，可以用伏特-安培(Volt-Amps，VA)作为单位。所以，如果有一台 120 伏特的计算机需要 3 安培电流，那么这台计算机的视在功率就是 360VA。

然而，一般而言，一个系统实际功率会小于系统的视在功率。这是因为交流电(Alternating Current，AC)有一定的复杂性，在此不多做讨论。可以说，几乎每一个插座上的交流电都在不断变化。这种变化意味着一台服务器的实际功率(Real Power)将是以瓦特为单位的某个值，大多数情况下等于或者小于视在功率。幸运的是，安全专家并不需要计算这个值；大多数计算设备都标明了用瓦特(或千瓦)为单位的实际功率。

为什么要关注实际功率？因为实际功率(瓦特)将决定需要从电力公司购买多少度电，决定备份发电机的大小以及设备的发热量。视在功率(VA)用于决定线路的容量以及断路器(Circuit Breaker)的大小。只要不会导致电线熔化(或更糟，例如，着火)，断路器就不会断开。实际功率和视在功率的比值称为做功系数(Work Factor)，永远不会大于 1(因为分母是理想的视在功率)。

讨论了这么多，终于可以谈一下冗余电源了。第 10 章中提到了两种方式：不间断电源

(Uninterruptable Power Supply，UPS)以及备份电源。假设组织中的设施已持续多天出现长时间停电(最终都会出现)。业务持续方案(BCP，第 2 章中讨论过)应识别关键性业务系统，确定组织能承受损失的最长时间。而备份电源的实施也要体现在基础设施计划(第 10 章中讨论过)中。一般而言，从断电开始到备份电源启动上线有一段时间。这段时间就是 UPS 系统需要保持关键性业务系统运行的时间。

为确定备份电源需要储备多少电力，可直接把关键设施的功率简单相加，还需要加上空调以及其他辅助设备和系统的功率。假定需要 6kW，且备份电源是一台发电机。如果发电机最佳工作负载是 75%~80%的额定负载，则需要一台额定负载为 8kW 或更大的发电机。还需要考虑到设备的增长空间这一要素，不应小于 25%，所以安全专家最终应考虑一台 10kW 的发电机。现在，假定又需要一个自动切换开关启动发电机，在发生断电时，60 秒后从关键电路切换到发电机负载，UPS 容量需要多大？

用于估算发电机功率的实际功率基本来自于关键服务器上标注的千瓦数，而视在功率可能更高，因为包含了峰值，而消耗平均了实际功率的读数。要记住，视在功率最少要等于(一般都大于)实际功率。如果查看设备的技术描述(或铭牌)，应能看到一个用 VA 或者 kVA 做单位的数值。需要做的就是将这些数值相加，相加后的数值就是 UPS 的容量了。另一种简单的做法就是用 1.4kWA(千瓦-安培)乘以实际 kVA 数。这样得出的 kVA 应足以满足发电机介入前的 UPS 容量问题。

2) 设备质保(Equipment Warranty)

当然，除了断电问题，设备同样有其他问题出现。遗憾的是，因制造工艺的缺点导致的设备故障，从长远看是不可避免的。好消息是大多数原始设备制造商(Original Equipment Manufacturers，OEM)能提供三年质保以应对这类缺点。但安全专家仍需要仔细阅读质保细则，必要时可能需要升级质保。假设有一台关键服务器故障，而组织仅能容忍宕机 24 小时，当前的标准质保包含下一个工作日上门的替换服务，看上去质保可以覆盖，对吗？但重新配置服务器的时间、重新载入所需数据的时间要素和重新上线生产环境的时间要素没有考虑在内。鉴于比下一工作日支持服务更好的支持服务会更贵、更难以获得，应将一台(或者两台)备用服务器的质保也计入成本中，确保能达到最大容许停机时间(Maximum Tolerable Downtime，MTD)。

多数原始设备制造商同样提供一个另外付费的延保。基于硬件更新周期(例如，当前设备能使用多少年即可替换为新系统)，可能需要购买基于已有的三年质保外的一年、两年或者三年及以上的延保。延保一般比一年或两年后购买新的硬件更便宜。在七到八年后，当质保要过期时，原始设备制造商也不会继续对这些老旧的硬件提供技术支持了。

3) 支持协议

即使硬件还没有出现故障，也可能出现不再能够(或不足以)支持组织业务的情形。例如，假设一台服务器慢到已让用户等待响应超过数秒钟(甚至几分钟)。这就不仅是令人沮丧的问题，而变成因生产力丧失而导致重大财务损失的问题。如果组织足够强大，且有足够精良的人员，或许有专家能排查服务器并让服务器性能重回峰值。要是没有专家，该怎么办？

多个组织都会和第三方实体签订外派 IT 或安全专家的支持协议。有时，外派或支持协议在向 OEM 购买设备的同时已经签署。有时，组织会雇用一个管理服务提供商(Managed Services Provider，MSP)，服务商不仅要响应设备故障，还要持续监测系统的性能并能尽快解决系统问题。大多数管理服务提供商都会依据设备数量收取包月费用，提供 24/7 小时的远程监测、维护、必要时的现场支持服务。安全专家可将支持协议看作丧失可用性时的保险策略。

14.3 终端安全

终端(Endpoint)是一台在网络内通信的计算设备，主要作用通常并不是协调其他设备在网络中的通信。换句话说，如果一个连接在网络中的设备并不执行路由、转发或流量管理等工作，就可认为这是一台终端。实际上，这个定义将前文讨论的所有网络设备都排除在外。终端一般包括终端设备，例如，台式机、笔记本电脑、服务器、智能手机和平板电脑等。然而，终端的范畴同样包含其他一些很多人并不认为是终端的设备，例如，零售点的 POS 机终端、恒温控制器之类的智能控制设备和其他物联网(Internet of Things，IoT)设备，以及传感器、执行器等工业控制体系(Industrial Control System，ICS)设备。

处理并保护终端设备最大的挑战之一就是确认这些设备是否还放在原位。对于路由器而言，预期之外的突然加入或离开网络都是极不寻常的；而对于终端而言，临时加入或离开网络正是这些移动设备的本质所在。如果正确配置移动设备且安装正确的固件、操作系统和软件是安全专家的一个问题，那么移动设备时断时续的连接同样会成为一个问题。依本章前面所述，网络访问控制(Network Access Control，NAC)是处理上述问题的一个解决方案。

保护终端

终端安全实际上可归结为一类最佳实践。当然，安全专家应能彻底分析终端的风险，并采用具有成本效益的控制措施实施更广泛的风险管理计划，但如果不注意基本的"阻挡和抢断(Tackling and Blocking)"问题，那么无论做了什么都不会有太大的区别。按下列清单执行是保护终端的一个开始：

- 知道每一个终端是什么，在哪里，谁使用，可做(不做)什么。
- 严格执行最小特权(例如，普通用户没有本地管理员权限)。
- 保持更新(理想情况下，设置为自动更新)。
- 采用终端保护和响应(Endpoint Protection and Response， EDR)解决方案。
- 备份所有信息(理想情况下，采用攻击方难以破坏的方式)。
- 导出终端日志到安全信息与事件管理平台(Security Information and Event Management，SIEM)。

但移动设备并不是终端设备的唯一问题。对嵌入式系统(例如，物联网、工控系统)日渐增长的依赖性同样是一个挑战。首先，嵌入式系统通常比其他终端设备拥有的运算能力低。安全专家通常无法在上面安装安全软件，导致多数组织只是在这些终端周围建立安全边界，然后就自求多福了。更糟的是，物联网(IoT)和工控系统(ICS)又常能控制 HVAC 等物理设备，而这些设备恰都能对组织中的人员产生健康和安全方面的影响。

14.4　内容分发网络

到目前为止，讨论的网络似乎仅包含单个 Web 服务器、单个数据库服务器等。这种网络模型可在讨论时简化网络基础、协议和服务，但众所周知，这种网络是非常罕见的，只会在小型网络中出现。安全专家在实际实施中会倾向于每项服务提供多套服务器，无论是为了系统隔离、提供冗余或者皆而有之。有时也会让多个服务器通过负载均衡器(Load Balancer)与多个后端数据库服务器接口连接。这些冗余部署可提高性能，但来自世界各地的各类客户仍然需要访问同一个网络位置。如果欧洲的用户不必经过跨大西洋电缆或卫星连线连接到位于美国的服务器，转而使用一个更接近欧洲的服务器，那不是更好吗？

内容分发网络(Content Distribution Network，CDN)由分布在一大片区域内的多台服务器组成，每台为距离 CDN 最近的用户提供优化后的内容。这种优化有多种类型，以 Netflix 这样规模很大的视频发布实体为例，由于每次跳转都会对数据包造成延迟和潜在损失(可能导致视频抖动)，则 Netflix 可能想要避免电影文件到达用户设备前穿越多个路由器。减少视频包的网络跳数通常意味着在另一个地理位置部署一个为那个区域用户提供服务的服务器。基于视频的示例，可把那些中文译制电影保存在亚洲或接近亚洲的服务器上，将那些法文译制电影保存在更靠近欧洲的服务器上。所以当谈到优化内容时，有很多东西可供讨论。

使用 CDN 的另一个好处是帮助网络平台在对抗分布式拒绝服务(Distributed Denial-of-Service，DDoS)攻击时，网络平台会更具承受能力。这些攻击的实质都是通过将大量服务请求涌入目标服务器，导致目标服务器失去对合法请求的响应能力。如果一个攻击方能集中攻击资源，每秒向目标服务器发送包含 100 万个数据包的 DDoS 攻击(诚然，以今天的标准这个体量太小了)，这种攻击通常都是有效的。然而，如果攻击方试图攻击的服务器属于 CDN 的一部分，客户只需要向网络上的其他服务器发送请求即可。如果攻击方将攻击流分成多个部分指向 CDN 每个服务器并希望将整个网络拖垮，那么进攻显然会扩散，因为这种攻击需要数以倍计的数据包。毋庸置疑，CDN 是很多组织联合起来保护自己并抵御 DDoS 攻击的有效方式。

14.5　本章回顾

构成网络的物理组件是信息系统的基础。没有线缆、交换机和路由器，其他组件都无法工作。这看上去显而易见，但安全专家最后一次检查这些组件确保安全且处于正常状态，最后一次正确配置以及找到合适的第三方支持，是在什么时候？在这样的前提下，需要关注两种威胁因素：攻击方和自然环境。关于攻击方，采用贯穿本书的安全设计原则，尤其是第 10 章中讨论的物理性措施保护线缆和设备。而安全专家考虑自然环境时，需要关注随着时间推移而产生的自然磨损，这可能放大产品的微小缺陷，而这些缺陷在最初的新产品检查中无法显现。这就要求第三方提供质保和支持服务，必要时还需要提供合格的员工。

14.6　快速提示

- 模拟信号表达的数据是持续变化的波动值，而数字信号将数据编码为离散的电压值。
- 数字信号比模拟信号在长距离传输时更可靠，因为与解释模拟信号的波形相比，数字信号电压要么是 1 要么是 0，有清晰、高效的信号模式。
- 同步通信需要一个时钟组件，但能保证可靠性和高速率传输；异步通信不需要时钟组件，但更容易部署。
- 基带技术使用整条通信线路通信，而宽带技术将通信线路分隔为独立的子线路，能让不同类型的数据同时传输。
- 同轴电缆有铜芯，外面包裹着屏蔽层和接地线，可以不受电磁干扰(EMI)的影响，有更高的带宽，也支持使用更长的电缆距离。
- 就双绞线而言，线缆相互缠绕的方式、绝缘的方式、导电材料的质量和屏蔽层决定了数据的传输速率。
- 光缆用光波传输数据，但十分昂贵，光缆能以高速率传输数据，难以接入，且能抵挡 EMI 和 RFI。如果安全极度重要的话，就应采用光缆。
- 因为使用了光纤，光缆能以较高速度传输，并能将信号传得很远。
- 基于使用材料的不同，网络线缆可能易受噪音、衰减和串扰影响。
- 线路噪声是一种通过物理介质传播的、随机的电磁信号波动。
- 衰减是信号强度在传输过程中的损失。
- 串扰是当一条线路上的电信号外溢到另一条线路的信号上的现象。带宽是理论上在一条链路上一秒钟能传输的数据量。
- 数据吞吐量是一条实际链路上实际传输的数据量。
- 中继器提供最简单的连接性，因为中继器仅转发电缆段中的电信号，这样能够扩展网络。
- 网桥是一个局域网设备，连接不同的局域网段(或虚拟局域网段)，同样能扩展局域网。
- 透明网桥会在电源开启后马上学习所在网络的环境，并用检测数据帧和在转发表中添加条目的方式持续学习网络的变化。
- 生成树协议(STP)能确保转发的数据帧不会一直在网络中轮转，能在网桥宕机时提供冗余路径，为每个网桥分配一个唯一的标识符，配置各网桥的优先权并计算路径成本。
- 最短桥接路径(SPB)协议由 IEEE 802.1aq 标准定义，比生成树协议更高效、更具扩展性；用在最新的网桥设备中。
- 交换机是多端口的网桥，一般都有额外的管理功能。
- 路由器是工作在第 3 层(即网络层)的设备，用于连接相似的网络。

- 路由器链接两个或多个网段，每个网段都可以是一个独立的网络。路由器工作在网络层，处理 IP 地址，比中继器、网桥和交换机更了解当前网络情况。
- 网关是一个通用术语，用于连接两个不同环境的设备上运行的软件，很多时候充当了这些环境的翻译器，或可在某种程度上限制不同环境中设备的交互。
- PBX 是用户公司所有的专用电话交换机，这个交换机执行的交换任务与电话公司交换中心执行的某些任务类似。
- 代理服务器介于想访问某些服务的客户端和提供这些服务的服务器之间。
- 网络访问控制(NAC)是一组限制访问网络的控制策略。
- 终端是一台在网络内通信的计算设备，主要作用通常并不是协调其他设备在网络中的通信。
- 内容分发网络(CDN)由分布在一大片区域内的多台服务器组成，每个 CDN 为距离最近的用户提供优化后的内容。

14.7　问题

请记住这些问题的表达格式和提问方式是有原因的。应了解到，CISSP 考试在概念层次提出问题。问题的答案可能不是特别完美，建议不要寻求绝对正确的答案。相反，应当寻找最合适的答案。

1. 下列哪一项对异步传输信号的描述是正确的？
   A. 采用高速率、大容量传输
   B. 强大的错误检查
   C. 用于不规则传输模式
   D. 更复杂、实施成本高

2. 下列哪种技术将通信信道分成独立的子信道？
   A. 基带
   B. 宽带
   C. 电路交换
   D. 串扰

3. 如果需要构建一个便宜的网络，但环境中容易受到电磁干扰，应选择哪种线缆？
   A. 光纤
   B. 非屏蔽双绞线(UTP)
   C. 压力
   D. 同轴电缆

4. 当有相当多条电缆并排排列并极为贴近，更容易导致以下哪种问题？
   A. 热噪声
   B. 线路噪声
   C. 串扰

D. 衰减

5. 当线缆长度一直在增长时，哪种问题不可避免？

　　A. 热噪声

　　B. 线路噪声

　　C. 串扰

　　D. 衰减

6. 描述指定网络链接中，实际能够传输的最大数据量的术语是？

　　A. 潜伏

　　B. 带宽

　　C. 吞吐量

　　D. 最大传输单元(MTU)

7. 下列哪种协议能防止从交换机中转发的数据帧，不会再网络中轮转？

　　A. 开放式最短路径优先(OSPF)

　　B. 边界网关协议(BGP)

　　C. 中间系统到中间系统(IS-IS)

　　D. 生成树协议(STP)

8. 下列哪种协议能解决网络访问控制的问题？

　　A. IEEE 802.1Q

　　B. IEEE 802.1aq

　　C. IEEE 802.AE

　　D. IEEE 802.1X

9. 下列哪种设备不是终端？

　　A. POS 机终端(POS)

　　B. 工业控制体系(ICS)

　　C. 物联网设备(IoT)

　　D. 多协议标签交换系统(MPLS)

10. 下面所列都是实施内容分发网络的理由，除了？

　　A. 减少潜伏期

　　B. 减少总拥有成本(TCO)

　　C. 抵御 DDos 攻击

　　D. 为世界上的用户量身定制内容

14.8　答案

1. C。异步通信一般在数据传输量较小时使用，会出现不可预测的时间间隔。其他答案描述的是同步信号，更适合定时的高流量传输。

2．B。宽带(Broadband)技术将一个通信信道分为若干不同且独立的子信道，从而能同时传输不同类型的数据。基带技术占用整个通信信道传输。

3．D。同轴电缆有铜芯，外面包裹着屏蔽层和接地线，可抵御电磁干扰的影响(EMI)，比光纤电缆便宜得多。而光缆是另一个可抵御 EMI 的答案，同时拥有更大的带宽。

4．C。串扰是当一条线路上的电信号外溢到另一条线路的信号上的现象。越多线路靠在一起，串扰情况越严重。要避免串扰，除非采用屏蔽线缆。

5．D。衰减是信号强度在传送过程中的损失。无论使用哪种线缆，在长距离的场景下，衰减都不可避免，这也是发明中继器的原因。

6．C．数据吞吐量是指在一条实际线路中，线路能传输的数据量。而带宽，换句话讲，是指理论上在一秒钟时间内，线路上能传输的信息量。

7．D。STP 确保数据帧不会永远在网络上漫无目的地传递，为防网桥故障而提供冗余路径，为每个网桥都分配唯一的标识符，为这些网桥分配优先数值，并计算路径成本。其他答案都是路由(第三层)协议。

8．D。802.1X 协议仅允许设备通过非常有限的方式(例如，只能连接到网络身份验证器)连接网络。其他标准均与第二层桥接和安全有关。

9．D。终端是一台在网络内通信的计算设备，主要作用通常并不是协调其他设备在网络中的通信。MPLS 功能则构建在网络设备内部，帮助在终端间更高效地传输数据包。

10．B。内容分发网络(CDN)由分布在一大片区域内的多台服务器组成，CDN 为距离最近的用户提供优化后的内容。这能改善延迟和本地化。这种分布式的特点能抵御 DDoS 攻击。内容分发网络需要付出巨大成本，部署系统和内容复杂度也在增加，可能除了服务本身以外，还需要组织提供额外资源。

第**15**章

安全通信信道

本章介绍以下内容：
- 语音通信
- 媒体协同
- 远程访问
- 数据通信
- 虚拟网络
- 第三方接入

> Watson 先生，来这里，我想见你。
>
> ——Alexander Graham Bell

到目前为止，安全专家应一视同仁地处理所有数据。诚然，无论数据包当中承载的是什么，都叫数据包。但多数情况下，通信的目的也非常重要。如果用户要从一个服务器下载一个文件，用户通常不在乎甚至不知道所下载的文件会分割成连续的数据包，也不在乎在传输时数据包间不同的传输延迟。这种延迟称为"包抖动(Packet Jitter)"，意味着有些数据包会相互保持着紧密的队形(传输间隔保持一致)顺序到达，而另一些数据包会到达得更晚一些(或更早一些)。因此，对于用户下载的文件，很大一部分数据包不是按顺序到达的；对于语音、视频或其他需要实时交互的应用程序而言，在处理数据包时会更麻烦。

部署安全的通信信道对多数组织而言十分重要。然而，Covid-19 让远程办公的需求突然增加，合法用户增加的同时，威胁行为方的攻击目标也相应增加了，这会让通信信道的安全问题变得十分关键。本章将关注网络中使用最普遍的通信信道。包含语音、多媒体协同、远程访问以及第三方信道。就从安全专家最熟悉的语音通信(Voice Communication)开始。

15.1　语音通信

自从 Alexander Graham Bell 在 1876 年成功拨打第一个电话，语音通信已经有了长足进步。据估计，全球 95%的人口使用过电话服务，这类电话服务绝大部分为蜂窝系统(Cellular System)。全球的语音网络使用多种不同技术，有些已在前面介绍过(例如，第 11 章中的 ATM 和第 12 章中的 LTE)，还有一些是专家们现在需要关注的。

15.1.1 公共交换电话网

常规的电话系统是基于电路交换、以语音为中心的网络，即公共交换电话网 (Public-Switched Telephone Network，PSTN)。PSTN 使用电话交换而非数据包交换。用户拨打电话时，呼叫在 PSTN 接口(即用户的电话机上)完成。这个 PSTN 通过电线、光纤或者无线电频道连接到电话公司的本地回路。一旦电话信号到达电话公司的交换中心(本地回路的终点)，就变成电话公司电路交换系统的一部分。电话交换系统在源地址和目的地之间建立一个连接，只要电话会话仍在通信之中，数据就需要从前序交换机通过。

打电话时，电话号码需要转译，电话连接需要建立，电话信令(Signaling)需要控制，最后还需要撤销电话会话。这个会话流程通过 7 号信令系统(Signaling System 7，SS7)协议完成。图 15-1 展示了在公共交换电话网中，一个电话连接是如何通过 7 号信令系统建立的。假设 Meeta 打给了 Carlos，Meeta 的电话直接连接到一个为 Meeta 提供服务的电话公司的信号交换点(Signal Switching Point，SSP)，这个 SSP 就要去找到为 Carlos 提供服务的电话公司的 SSP，然后协商搭建电话通道。这个电话通过在两个 SSP 相互连接的两个信号转移点(Signal Transfer Points，STP)之间路由。STP 在电路交换网络中的作用与路由器在 IP 网络中的作用类似。如果 Meeta 需要打电话(或拨入一个会议)给 Nancy，Meeta 的 SSP 会查询服务控制点(Service Control Point，SCP)，SCP 控制着更高级的功能，例如找到手机号码持有人的 SSP，然后开启涉及多个网络的会议电话。

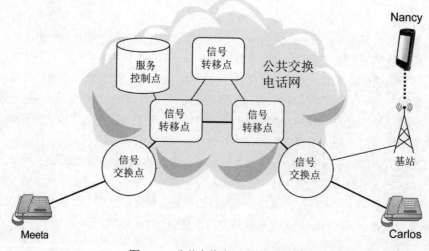

图 15-1 公共交换电话网的主要组件

提示

IP 电话已经替代了公共交换电话网。例如在英国，服务提供商 BT 宣布会在 2025 年关闭公共交换电话网。

15.1.2　DSL

相比语音通信提供的少量带宽，DSL 能让 PSTN 本地的环路支持更多带宽。20 世纪 80 年代，电话公司意识到在语音通话线路的不同频率上传输数据时，这些数据不会相互干涉。这促进了 DSL(Digital Subscriber Line)的诞生，DSL 是一种高速通信技术，可将家庭或企业与服务提供商的交换中心相连，同时传输模拟语音和数据。

图 15-2 展示了一个典型的 DSL 网络。在用户的家庭中，一个 DSL 调制解调器能建立一个供计算机和无线接入点连接的局域网。如果用户家中还有模拟的电话机，那么调制解调器和电话机会轮流连接 DSL 分频器(DSL Splitter)。用户的 DSL 分频器和很多其他邻居家的 DSL 分频器一起再与位于交换中心的 DSL 接入复用器(DSL Access Multiplexer，DSLAM)相连，线路中的模拟信号即可输送到电话交换机(在公共交换电话网上)中，同时数字信号将路由到 Internet。棘手的是，位于交换中心的 DSLAM 和位于用户家中的 DSL 分频器的最大距离不能超过 2.5 英里，否则需要增加延长器(Extender)以保证信号强度。

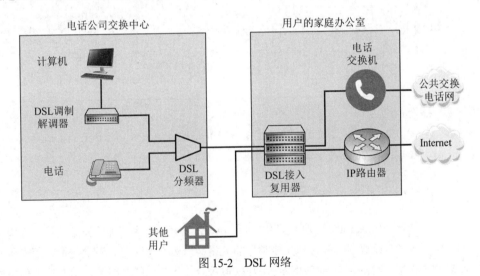

图 15-2　DSL 网络

DSL 提供了若干种服务。就对称服务(Symmetric Service)而言，数据流以相同速度上行和下行(往返于 Internet 或目的地)。就非对称服务(Asymmetric Service)而言，下行速度远高于上行速度。现在，绝大多数 DSL 线路采用的都是非对称服务，因为在 Internet 中，通常大多数用户下载的数据比上传的要多得多。以下是一些最常见的 DSL 服务类型。

- **非对称 DSL(Asymmetric DSL，ADSL)**　线路的数据下行速度比上行快很多，ADSL 在技术上已经有了多次升级，采用了最新的 ADSL2+(ITU 标准 G.992.5)技术，速度更快。传输速率达到下行 24Mbps 和上行 1.4Mbps，但仅能支持与交换中心距离不超过大约 1 英里的范围。家庭用户一般采用 ADSL 服务。

- **超高速 DSL(Very high-data-rate DSL，VDSL)**　超高速 DSL 提供比 ADSL 更高的传输速率(下行 300Mbps 和上行 100Mbps)。能在同一条线路上支持需要更高带宽的应用程序，例如，HDTV、电话服务(IP 电话)以及 Internet 接入。
- **G.fast**　DSL 面临的最大挑战是与用户的距离限制。为什么从交换中心到靠近家庭的分发节点之间不使用光纤，然后在最后一段距离使用已经铺设好的铜芯电缆？这就是 G.fast(ITU 标准 G.9700 和 G.9701)会做的事，能将传输速录提升到 1Gpbs。

拨号连接

在 Internet 初期，使用 PSTN 的拨号调制解调器是远程访问的主要形式。尽管这项技术看上去已经过时了，但一些组织仍然在使用调制解调器，有时网络管理员甚至不知道这些调制解调器的存在。例如，曾发现有学校的设备管理者在某个大型校区中安装了一个调制解调器，让设备管理者可以在天气恶劣时远程管理 HVAC 系统。所以，安全专家找到这些设备并确保仍在工作的调制解调器都已授权就变得十分重要。

如果组织仍在使用调制解调器，应采用以下一些安全措施保证拨号连接：

- 关闭并移除非关键的调制解调器。
- 配置远程访问服务器，回拨拨号的电话号码，确保这个号码有效并已授权。
- 尽可能将所有调制解调器集中到一个地方并统一管理。
- 在远程访问连接时，尽可能采用双因素身份验证(Two-factor Authentication)、VPN 和网络访问控制。

提示

尽管 DSL 还在继续使用，但已经是一种即将过时的技术。世界上的主流电话公司已宣布将在 2025 年前逐步淘汰 DSL。

15.1.3　ISDN

综合业务数字网(Integrated Services Digital Network，ISDN)是另一种能充分利用老旧电话线路的技术。ISDN 让数据、语音和其他类型的流量能以数字方式在介质上传输，而这类介质以前只用于模拟语音的传输。ISDN 使用与模拟拨号技术类似的线路和传输介质，但以数字形式工作。如果计算机使用调制解调器与 ISP 通信，调制解调器将数据从数字形式转换为模拟形式，然后通过电话线传输。如果安全专家在配置一台计算机时，同时部署能利用 ISDN 的设备，调制解调器就不需要将数据从数字形式转换为模拟形式，而数据可一直保持数字形式。当然，这意味着接收端也需要必要的设备来正确接收和解释这种类型的通信。纯数字形式的通信提供了更高的比特率，可更经济地发送数据。

ISDN 常识

ISDN 会将电话线路分成不同的通道，按照数字(而非模拟)形式传输数据。目前正在使用的三种 ISDN 技术如下：

- **基本速率接口(Basic Rate Interface，BRI) ISDN**　这种技术在本地现有的铜线线路上使用，并提供数字语音和数据通道。BRI ISDN 使用两个 B 信道(每个 64Kbps)和一个 D 信道(每个 16Kbps)，总带宽为 144Kbps，通常用于家庭和小型办公用户。
- **主速率接口(Primary Rate Interface，PRI) ISDN**　这种技术有多达 23 个 B 信道和 1 个 D 信道，每个信道 64Kbps。总带宽相当于 1.544 Mbps 的 T1。与 BRI ISDN 相比，PRI ISDN 更适合需要更高带宽的公司使用。
- **宽带综合业务数字网(Broadband ISDN，BISDN)**　这种技术能同时处理不同的服务，主要用在电信运营商的骨干网络中。这种情况下，ATM 通常用于链路层的数据封装，并通过 SONET 网络传输。

ISDN 是一组可在公共或专有电信网络上使用的电信服务。ISDN 提供一种数字的、点对点的电路交换媒介，能在两个通信设备之间建立连接。调制解调器能连接的线路，ISDN 也可连接，但 ISDN 能提供更多功能和更高带宽。这种数字服务基于需求提供带宽，并可用于从 LAN 到 LAN 的按需连接，而不必使用昂贵的专用链路。

模拟通信的信号使用一个完整的信道通信，但 ISDN 可将一个完整信道分成多个信道用于传输各种类型的数据，从而实现全双工通信和更高层次的控制和差错处理。ISDN 提供两种基本服务：BRI 和 PRI。

BRI 有两个 B 信道，可用于数据传输，一个 D 信道，可用于呼叫建立、连接管理、错误控制和呼叫者 ID 管理等。BRI 可用的带宽为 144 Kbps，BRI 服务针对小型办公室和家庭办公(Small Office and Home Office，SOHO)。与拨号连接相比，D 信道提供了更快的呼叫设置和连接进程。ISDN 连接时可能只需要 2~5 秒的启动连接时间，而调制解调器可能需要 45~90 秒的时间。这个 D 通道是本地环路设备和用户系统之间的带外通信链路，是"带外的(Out-of-Band)"，因为控制数据没有与用户通信数据混在一起。这会让潜在的欺诈方更难向服务提供商的设备发送虚假指令以试图发起 DoS(Denial of Service)攻击、获得未付费服务或者采取其他类型的破坏性行为。

PRI 有 23 个 B 信道和一个 D 信道，在公司中使用 PRI 更普遍。总带宽相当于 T1，即 1.544 Mbps。

ISDN 通常不是公司主要的通信连接模式，但在主要连接中断的情况下可用作备份。组织还可选择在 ISDN 上实现拨号路由选择(Dial-on-Demand Routing，DDR)。DDR 允许组织通过现有的电话线路传送 WAN 数据，并使用公共交换电话网(Public-Switched Telephone Network，PSTN)作为临时 WAN 链路。一般情况下，组织只需要发送少量 WAN 流量，即可实现 DDR，而且比实际的 WAN 成本低得多。DDR 连接可在需要时激活，在不需要时关闭。

提示

多年前 ISDN 已不再流行，如今已经是过时的科技且鲜有人用。但一些组织还在用 ISDN 作为通信的备用手段。

15.1.4　有线调制解调器

有线电视公司多年以来一直在为家庭提供电视服务，在用户已有有线调制解调器并希望能高速访问 Internet 的情况下，开始为用户提供数据传输服务。有线调制解调器(Cable Modems)通过现有的同轴电缆或光纤线路提供对 Internet 的高速访问。有线调制解调器提供上行和下行的转换。

同轴电缆和光纤可向用户提供上百个电视频道，这些线路上的一条或多条信道用于专门传输数据。宽带在本地用户之间共享，因此传输速率不是一成不变的。例如，如果 Mike 试图从网络下载一个程序，下午 5:30 下载比上午 10:00 下载要慢得多，因为在下午 5:30 时很多人已经下班回家，并在同一时间访问 Internet。随着本地访问 Internet 人数的增多，Mike 在访问 Internet 时，网络的性能就会下降。

大多数有线供应商都遵守有线数据传输接口规范(Data-Over-Cable Service Interface Specification，DOCSIS)，这是一个国际电信标准，允许在现有有线电视系统(Cable TV，CATV)中增加高速数据的传输。DOCSIS 在其基准隐私接口/安全(Baseline Privacy Interface/Security，BPI/SEC)规范中包含了 MAC 层安全服务。这样当用户的数据流经提供商的基础设施时，DOCSIS 能通过加密数据保护每个用户的流量。

15.1.5　IP 电话

Internet 协议(IP)电话是一类涵盖性术语，用于描述在 IP 网络上加载的电话流量。所以，假设有了这些高速数字通信服务，并有能力通过 IP 网络传输语音，那么世界上还需要模拟电话吗？答案当然是否定的。支持语音、数据和视频的网络正在取代 PSTN 网络。新的 IP 电话网络采用了安全的交换机、协议和通信链路，但目前仍需与旧的网络并存，但与 PSTN 相比更加高效。这意味着，VoIP 还需要挺过一个困难的过渡期，让旧系统和基础架构能与新系统通信，直至完全取代旧系统。

IP 电话技术克服了当前 PSTN 所面临的一些障碍。PSTN 接口设备(电话机)只有非常有限的内嵌功能和逻辑，而且因为接口设备无法轻易更新新的功能，所以 PSTN 的全局环境并不灵活。在 VoIP 环境中，网络的接口可以是计算机、服务器、PBX 或运行电话应用程序的其他设备。特别是在增加新服务以及为接口设备提供更多控制和智能时，VoIP 提供了更大的灵活性。传统 PSTN 基本都使用简易接口(电话没有太多功能)，但电信基础架构应能提供所有的功能。在 VoIP 中，接口都很"聪明(Smart Ones)"，网络只需要将数据从一端传递到另一端即可。

因为 VoIP 是面向数据包交换的技术，所以不同的数据包到达时间可能是不规律的。会出现一堆数据包密集到达，然后经过一段随机的延迟，下一个包才到。这种到达率的不规律性称为抖动(Jitter)，抖动可能会丧失会话的同步性。这通常意味着，包含另一个人的语音信息的数据包在网络中的某个地方排队或路由到不同的网络路径。VoIP 包含的协议能帮助这类问题更顺利地解决，并提供一个更具持续性的通话体验。

 考试提示

时效性的应用程序(例如，语音和视频信号)的传输需要通过同步网络完成。同步网络包含必要的协议和设备，从而保证规律的数据包间隔时间。

VoIP 共有 4 个主要组件：IP 电话设备、呼叫处理管理器、语音邮件系统以及语音网关。IP 电话设备(IP Telephony Device)就是一部电话，只是这部电话拥有软件功能，可以像网络设备一样工作。传统的电话系统需要一个“聪明的网络”和一部“笨电话”。在 VoIP 中，电话需要变得更“聪明”，安全专家需要安装必要的软件，帮助电话接收模拟信号，将模拟信号转化为数字信号，再把数字信号拆分为一个个数据包，然后创建必要的包头和包尾以方便数据包找到目的地。语音邮件系统(Voicemail System)是消息的存放位置，提供用户目录查找和呼叫转发功能。语音网关(Voice Gateway)执行数据包的路由，提供对老式语音系统的访问功能并备份通话过程。

当用户拨打电话时，IP 电话会向呼叫处理管理器(Call-processing Manager)发送一条消息，表明需要建立一个呼叫连接。当位于目的地的接听用户拿起话筒时，呼叫处理管理器就知道用户已接受呼叫连接。随后，呼叫处理管理器会通知通话双方电话已经接通，而语音数据将通过传统的数据网络线路相互传送。

通过数据包传送语音数据比通过数据包传送普通数据更复杂，原因在于语音(和视频)数据需要作为一个持续的数据流传输，而其他类型的数据通常更能容忍数据传输的突发性和抖动性。数据传输中的延迟不像语音传输中的延迟那样引人注意。VoIP 系统具有更高级的特性，支持更高带宽上的语音数据传输，同时降低延迟的变化性、减小往返延迟以及减少数据包丢失问题。这些特性能通过两种相关的标准实现：H.323 和会话初始化协议(Session Initiation Protocol，SIP)。

 提示

媒体网关负责不同电信网络之间的数据转换。例如，VoIP 媒体网关(VoIP Media Gateway)在时分多路复用(Time Division Multiplexing，TDM)语音和 IP 语音之间转换。

VoIP 和 IP 电话(IP Telephony)

术语“IP 电话”和 VoIP 可互换使用，但仍有差异。

- VoIP 这一术语还经常用于指代实际提供的服务：呼叫 ID、QoS、语音邮件和其他内容等。

- IP 电话是所有在 IP 网络上运行的实时应用程序的总称，包括实时语音信息(Instant Messaging，IM)和视频会议(Video Conferencing)。

所以，"IP 电话"意味着电话和电信交互活动发生在 IP 网络上，而不是在传统的 PSTN 上。VoIP 意味着语音数据在 IP 网络上传输，而不是在 PSTN 上传输。IP 电话和 VoIP 基本上就是同一事物，但 VoIP 更关注通话服务。

H.323

ITU-T H.323 是一个通过分组网络处理语音和视频电话的标准。H.323 标准定义了四种组件：终端、网关、多点控制单元以及看门程序。终端(Terminal)可以是专用的 VoIP 电话、视频会议设备或者运行在传统计算机上的软件。位于 H.323 和非 H.323 网络之间的网关(Gateway)接口提供需要的协议转换。网关在这里是必要的，例如，用 PSTN 连接 H.323 系统时就需要网关。多点控制单元(Multipoint Control Unit，MCU)允许三个或更多终端相互接入会议，有时可当作电话会议的桥接设备使用。最后，H.323 看门程序(Gatekeeper)是系统的核心组件，向所有已注册的终端提供会话控制服务。

会话初始化协议

另一种语音和视频通话的标准是会话初始化协议(Session Initiation Protocol，SIP)，用于建立和断开会话连接，就像 SS7 在 PSTN 中所做的一样。SIP 是一个应用层协议，能工作在 TCP 或 UDP 环境中。SIP 提供基础的电话线路特性，也和 SS7 能提供的服务一样，例如，让电话振铃、拨号、产生忙音以及其他。应用程序也可使用 SIP 标准，比如，视频会议、多媒体、即时通信和网络游戏等软件都在使用 SIP 标准。

SIP 由两个主要组件组成：用户代理客户端(User Agent Client，UAC)和用户代理服务器(User Agent Server，UAS)。UAC 是一个为了能初始化通信会话而创建 SIP 请求的应用程序。UAC 是收发信息的工具，也是具有 VoIP 呼叫功能的电话软件。UAS 是 SIP 服务器，负责处理 VoIP 涉及的所有路由和信令。

SIP 通过三步握手流程初始化会话。为说明基于 SIP 的呼叫如何开始，可分析这样一个示例。假设 Bill 和 John 试图使用 VoIP 电话通信。Bill 的系统首先向 John 的系统发送一个 INVITE 包。因为 Bill 的系统不知道 John 系统的位置，所以 INVITE 包会发送至 SIP 服务器，服务器在 SIP 注册服务器中查找 John 系统的地址。一旦确定 John 的系统所在的位置，SIP 服务器会将 INVITE 包转发给 John 的系统。在整个呼叫过程中，SIP 服务器持续向呼叫者(Bill)发送表明流程正在持续的 TRYING 包，让 Bill 始终保持呼叫状态。一旦 INVITE 包到达 John 的系统，就开始振铃。在振铃以及等待 John 响应时，John 的系统会向 Bill 的系统发送一个 RINGING 包，从而通知 Bill，John 的系统已接收到 INVITE 包，且 John 的系统正在等待 John 接受呼叫。只要 John 应答了 Bill 的呼叫，John 的系统就会通过 SIP 服务器向 Bill 的系统发送一个 OK 包。Bill 的系统此时会发出一个 ACK 包，从而开始建立连接。需要重点注意的是，SIP 本身不用于传送会话，而是一种信令协议。实际的语音流遵循诸如实时传输协议(Real-time Transport Protocol，RTP)的媒体协议，RTP 提供在 IP 网络上传递音频和视频的标准化包格式。一旦 Bill 和 John 完成呼叫，系统就会发送一条 BYE 消息终止通话。另一个系统用 OK 包回应，确认会话结束。图 15-3 展示了这个握手流程。

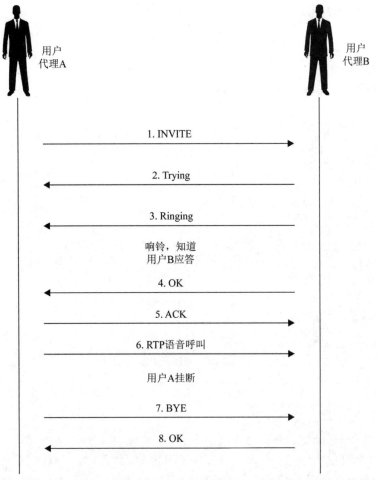

图 15-3　SIP 握手

图 15-4 显示了 SIP 架构。SIP 架构由 3 种不同类型的服务器组成，这些服务器在 VoIP 系统的整个通信流程中起到全局性作用：

- **代理服务器(Proxy Server)** 用于在 UAC 和 UAS 之间转发数据包，也会向预计的接收方转发呼叫方生成的请求。代理服务器也常用于名称映射(Mapping)，允许代理服务器连接外部 SIP 系统和内部 SIP 客户端。

- **注册服务器(Registrar Server)** 集中保存网络中所有用户的最新位置记录。这些位置记录存储在一个位置服务器中。

- **重定向服务器(Redirect Server)** 允许 SIP 设备保留 SIP 标识，不用考虑地理位置的变化。这样，即便设备的位置发生了物理变化并在不同网络间移动，设备仍能保持可访问的状态。在使用重定向服务器时，即使客户端在物理移动时，经过了多个不同网络的覆盖区域，重定向仍能确保客户端可达。这样的配置方法通常称为组织内部

(Intra-organizational)配置。组织内部路由(Intra-organizational Routing)可让 SIP 流量能在一个 VoIP 网络内路由，而不必在 PSTN 或外部网络上传输。

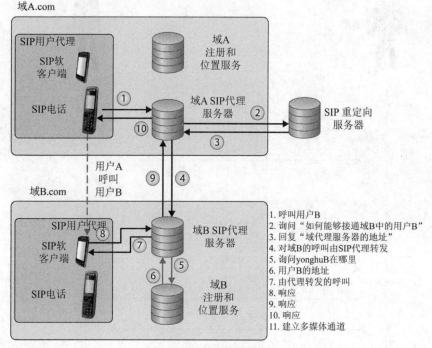

图 15-4　SIP 架构

流协议

实时协议(Real-time Protocol，RTP)是一个会话层协议，以流媒体格式(例如，音频和视频)传输数据，也同样用于 VoIP、电话、视频会议和其他多媒体流技术。RTP 提供端对端的分发服务，通常运行在传输层协议 UDP 上面。RTP 控制协议(RTP Control Protocol，RTCP)与 RTP 结合使用，也认为是一个会话层协议。RTP 提供带外统计数据和控制信息，从而可就每个流媒体会话的服务质量提供反馈。

IP 电话的一些问题

VoIP 与 TCP/IP 的集成产生了很多安全挑战，因为这种集成方式导致威胁行动方将在 TCP/IP 中获得的攻击经验也用在 VoIP 系统上，以方便威胁行动方探测系统架构和 VoIP 系统在实施时产生的缺陷。此外，这种集成还会产生与网络相关的传统安全问题，例如，未授权访问、通信协议的利用以及恶意软件的传播。窃取呼叫时间以获得收益是大多数人发动攻击的原因。简而言之，VoIP 电话网络会面临传统计算机网络再加上老旧电话系统中已经面临的所有缺陷。

因为缺乏加密的呼叫通道以及缺乏对控制信号的身份验证，所以基于 SIP 的信令容易遭受攻击。攻击方可偷偷溜进网络，通过 SIP 服务器和客户端的通信嗅探登录 ID、口令/PIN 和电话号码。一旦攻击方获得这些信息，就能在网络上实施未授权的呼叫。VoIP 网络面对的重大威胁是费用欺诈，但非法监视对一些组织而言也是一种威胁。如果攻击方能截留语音包，就能偷听到组织中的一些实时通话。

攻击方可通过将 SIP 控制包从呼叫方重定向至伪造的目的地以伪装身份，伪装身份可导致呼叫方错误地和与预期不符的终端系统通信。与其他网络互联设备相似，VoIP 设备也容易遭受 DoS 攻击。在 TCP/IP 网络中，攻击方使用 SYN 包对 TCP 服务器实施泛洪攻击，以耗尽设备的资源。与之类似，为耗尽 RTP 服务器的处理能力，攻击方会使用大量呼叫请求对 VoIP 实施泛洪攻击。此外，有时攻击方还会用笔记本电脑模拟 IP 电话使用的以太网接口。这些模拟系统随后用于执行入侵和 DoS 攻击。攻击方甚至可拦截包含通信会话流的 RTP 包，从而注入令人讨厌的音频/视频。

攻击方还可假冒服务器，然后向 VoIP 客户端发出 BYE、CHECKSYNC 或 RESET 等命令。BYE 命令帮助 VoIP 设备关闭正在接通的对话，CHECKSYNC 命令用于重启 VoIP 终端，而 RESET 命令会让服务器重启并重新建立连接，这会消耗相当长的时间。

应对 VoIP 安全威胁需要一个经过深思熟虑的、针对基础架构的实施计划。随着传统网络和 VoIP 网络的融合，在确保业务不受影响的同时，如何保证网络的安全性就变得至关重要。VoIP 通话能采用 TLS 加密。在网络中使用授权，是限制网络中出现欺诈和未经授权实体的一个重要方法。对独立 IP 终端的授权应确保只有预先配置的设备才能访问网络。虽然不是绝对万无一失，但这种方法是一种防御措施，可防止欺诈设备用非法数据包连接并泛洪攻击网络。

使用 TLS(Transport Layer Security，传输层安全)等加密协议可确保所有 SIP 数据包都在加密安全的通道中传输。使用 TLS 为 VoIP 客户端/服务器通信提供了一个安全通道，可防止窃听和操纵数据包的行为发生。

VoIP 安全措施分解

黑客可拦截进出电话、执行 DoS 攻击、恶搞电话呼叫以及偷听敏感对话。针对这类攻击的应对策略与传统的面向数据的网络所使用的策略类似。

对提供 VoIP 的服务设备及网络设备随时更新最新的补丁程序，例如：

- 呼叫处理管理服务器
  - 语音邮件服务器
  - 网关服务器
- 保持对 VoIP 流量的加密
- 标识不明的或非法的电话设备
  - 实施身份验证，只有经授权的电话设备在网络中工作
- 安装和维护
  - 基于状态的防火墙
  - 用于敏感语音数据的 VPN
  - 入侵检测

- 在路由器、交换机、PC 和 IP 电话上过滤不必要的端口和服务
- 通过 IDS/IPS 查找攻击、隧道传输和攻击性呼叫模式的实时监控
  - 采用内容监控
  - 当数据(语音、传真、视频)通过不可信的网络时，使用加密
  - 使用双重身份验证技术
  - 限制通过媒体网关的呼叫数量
  - 完毕后关闭媒体会话

15.2　多媒体协同

多媒体协同(Multimedia Collaboration)这个术语包含相当多的内容，例如，在一个互动会话中，多媒体协同技术可远程共享一些数据组合，这些组合可由语音、视频、消息、遥测技术以及文件构成。多媒体协同还可包含会议程序，例如，Zoom、WebEx 以及 Google Meetings，以及很多其他应用领域，例如，项目管理、线上教育、科学、远程医疗以及军事用途等。多媒体协同应用程序区别于其他应用程序的特征是需要同时共享各种数据格式，每种格式都有不同的损失、延迟、抖动和带宽要求。当然，在安全专家努力满足性能要求并允许授权用户(可能在全球各地)最大程度的参与时，还需要确保通信信道的安全性。

15.2.1　会议程序

请安全专家想象这样一个场景：Peter 作为一场在线峰会的主持人，与全球各地的合作者讨论未来一年的规划。突然，一个 Peter 未能识别的参与者开始与所有与会者分享色情图片并发表仇恨言论。这时，Peter 就在遭遇"Zoom 轰炸"(这个术语不是特指 Peter 正在使用的会议程序名称)。这种情况的发生就意味着 Peter 的线上会议没有部署足够的访问控制措施。相当一部分天真的会议程序使用方会简单地将会议链接分享给其他与会者，通常分享会以电子邮件或其他即时通信的方式完成。其他人就可获得这个会议链接，然后在没有预警的情况下加入会议。

随着会议程序的日益流行，会议程序对组织业务的重要性也凸显无疑，会议程序已经成为除了前面提到过的 Zoom 轰炸之外的各类攻击方的目标。为防御这类攻击，安全专家可以考虑采取以下最佳实践保证在线会议程序的安全：

- 不要使用消费级产品。"一分钱一分货"这句老话蕴含着丰富的智慧。消费级产品比企业级产品更便宜(甚至免费)，但缺少足够的安全控制措施，而这些措施是绝大多数组织在召开会议时必要的安全保障。
- 采用 AES 256 位加密。真正的在线会议对端对端加密的支持是十分少见的，因为大多数服务提供商还需要保留其他流量，例如，访问录制、关闭字幕以及消除回声等。不过，安全专家仍需确保所有呼叫流量能在每个参与者和服务提供商之间加密。

- 控制每一个会议的访问权限。企业级的会议服务能集成身份和访问管理服务并保证身份验证的强度。如果会议程序做不到，那么至少确保每个会议都有密码保护。

- 有外部参与者时，打开等候室功能。在主持人未到时，很多会议程序会将已进入会议的参与者安排在一个虚拟等候室中。这样的做法让主持人在允许与会者进入会议前，有机会验证每个人的身份。至少，等候室能确保与会者在主持人到会之前不会进入会议。

- 适当的限制与会者的共享屏幕或摄像头功能。这在会议邀请了外部合作者或客户时尤其重要。虽然由于各种原因会开启摄像头，但很少需要所有与会者全都共享屏幕。安全专家需要确保可由主持人和组织者决定采用哪种方式的限制，并在会议程序上实施指定的限制。

远程呈现

有时，仅在会议中看到或听到彼此在远程共享的幻灯片还远远不够。远程呈现 (Telepresence)是综合多种科技的应用程序，可让与会者以虚拟化形式出现在某个特定位置而不仅是与会者所在的真实位置。请想象一个拆弹专家试图通过可远程操纵的机器人拆除一个爆炸装置，或一个外科医生在无法接近患者的情况下完成一次精细的手术。远程呈现有无限多种可能性，包含了大多数组织都能想象到的普通场景，例如交易演示、管道检查以及虚拟现实(Virtual Reality，VR)培训等。

远程呈现系统还不够普及，目前对如何更好地保护这类系统尚未达成共识。但是，本书提到的安全设计原则(稍后介绍)仍可用在这类系统中。

- 保持软件更新。在线会议软件与其他软件一样都需要升级版本，也要打补丁。即使不采用专用的客户端，转而采用网页链接，仍需要确保网页所用的软件已经升级。

- 非必要不要录制会议。录制会议可有效地帮助那些应参会但没有参加的人在会议结束后观看。但录制会议时，可能录制到敏感数据，会议视频会导致偷窃或其他类型的赔偿责任。如果与会者录制了会议视频，需要确保与会者有合适的理由并保证加密视频数据。

- 知道如何踢出非必要的参会者。如果出现 Zoom 爆炸，那么临时找出如何踢出一个正在攻击会议的参会者(并阻止其参与会议)的方法是没有意义的。确保所有主办方第一时间知道怎么做。可以的话，学习如何使麦克风(和摄像头)静音。

15.2.2　统一通信

如今，像视频会议系统这样的应用程序得到很多关注。还有一种广泛使用的多媒体协同服务叫做统一通信(Unified Communication，UC)。UC 是实时和非实时通信技术在一个平台上的集成。实时通信是瞬时的、交互式的，例如，电话和视频会议。换句话说，非实时通信并不需要即时关注。例如，电子邮件和文字消息。图 15-5 展示了一个 UC 的构成，整个体系集成了多种通信模式。

图 15-5　统一通信组件

UC 的一个重要特性是状态信息(Presence Information)概念，这一概念是一个主体的空闲状况和沟通意愿的体现。如果用过 Slack 或微软的 Teams 等平台，就会看到同事的 Teams 程序中有一个状态标志。这个标志能表现出同事是空闲的、休眠的、在电话中或在会议中。状态信息可让人选择是否与同事互动。如果 Peter 需要向 Mohammed 发信息，而 Mohammed 正在一个会议中，Peter 可转而向 Mohammed 发送文字信息。同时，如果 Peter 看到了 Carmen 空闲，就可直接语音或者视频 Carman。状态信息还能知道同事正在世界上的哪个位置。例如，如果 Peter 需要与 Bob 开会，并看到 Bob 和自己在同一个城市，Peter 就可向 Bob 发送一个面对面会议的邀请。

为保护 UC，安全专家可采用类似于其他通信平台的安全控制措施，但有几个重要的说明。首先，UC 依赖于集中式数据和访问控制服务。这就是说，无论组织在营业场所还是云端提供服务，UC 都有一个运营中心作为支持。安全专家需要确保运营中心有足够的保护以便防护物理上的和逻辑上的威胁。显而易见，数据也同样需要保护。无论是已存储的数据还是数据流，都要有足够强的加密，但要是允许所有人都能访问这些数据，那实施的保护也就没有意义了。其次，安全专家还需要增加严格的访问控制措施以便保证业务流程的有效实施。最后，安全专家还要确保要求的峰值足以满足需求，不会因自我处理能力受限而导致出现拒绝服务的问题。相反，安全专家需要确保有足够的备用容量处理不可预见的峰值出现(尽管这种情况很少出现)。

15.3　远程访问

远程访问涵盖了多种技术，这些技术能帮助远程用户和家庭用户连接到网络中，方便用户能访问执行任务所需的资源。大多数情况下，用户应首先通过 ISP 访问 Internet，ISP 则负责建立与目标网络的连接。对于不同类型的公司而言，远程访问是必要的，因为远程访问能让用户获取集中的网络资源；远程访问使用 Internet 而不是昂贵的专用线路作为访问媒介，降低了网络成本；远程访问将工作场所扩展到雇员的家用电脑、笔记本电脑或移动设备上。远程访问可通过 Internet 连接，简化对资源和信息的访问方式，并可让合作伙伴、供应商和客户拥有紧密的联系从而获得竞争优势。

15.3.1　VPN

第 13 章中提到过 VPN 的一般概念，但现在需要重新讨论如何能更好地部署 VPN，以便安全专家能为同事们提供安全的远程连接。组织中的 VPN 一般都会采用客户端连接到 VPN 服务器的模式(通常称为集中器)。在理论环境中，带宽和集中器的容量应能使所有的远程接入用户能够同时使用 VPN 服务。安全专家还需要通过系统配置强制自动使用 VPN 连接设备(Always-on VPN)，这样就不需要用户交互连接了。显然，这种情况仅当设备属于组织的时候才可行，但如果安全专家可有效配置 VPN，就能提供足够强的访问控制。为取得更好的效果，还可部署一个 VPN 终止开关(Kill Switch)，除非 VPN 会话已经建立，否则 VPN 能自动切断 Internet 连接。

遗憾的是，事情总会变得更复杂。组织内也许并没有足够的 VPN 容量服务全体同事，或组织还允许使用个人设备。如果安全专家不能强制要求一直采用 VPN 的方式接入组织内部网络，那么后面要做的就是确保使用多因素认证(Multifactor Authentication，MFA)以及网络访问控制(Network Access Control，NAC)。NAC 十分重要，因为 NAC 需要在允许用户设备接入公司网络之前，检查设备的安全性。既然不是所有人都要使用 VPN 连接，安全专家还需要确保远程用户仅对需要的资源有访问权限，且无其他权限，安全专家可将远程用户放入正确的虚拟局域网中，同时在内部路由器中配置好访问控制列表(Access Control List，ACL)。

无论怎样，安全专家需要确保 VPN 系统(客户端和集中器)按时更新并正确配置。有多种客户端允许安全专家选择密码策略以尽可能增加安全性。最后，安全专家还需要谨慎考虑是否允许采用分离隧道模式。

将 VPN 配置为 VPN 分离隧道模式(VPN Split Tunnel)时，VPN 会将特定流量(例如，通过公司数据中心的流量)指向 VPN 路由，同时允许其他流量(例如，网络搜索流量)直接访问 Internet(不通过 VPN 隧道)。这种模式的好处是，用户不会体验到因集中器过载导致的响应延迟增加。同时，可让用户在家里通过 VPN 访问本地打印机。对安全不利的是，如果用户感染了恶意软件或者其他在 Internet 上容易受到威胁的软件，恶意行为方就能自动通过 VPN 免费进入公司网络。为防止这类情况发生，需要强制设置为 VPN 全隧道模式(VPN Full Tunnel)，将所有流量都路由到集中器。

15.3.2　VPN 验证协议

讨论 VPN 配置时，需要回顾可能遇到的一些验证协议，这样就能知道哪种协议会提供什么功能。

PAP　远程用户在 PPP 线路上的身份验证采用口令身份验证协议(Password

Authentication Protocol，PAP)的方式，如同在一些 VPN 中使用的认证一样。PAP 要求用户在通过身份验证前输入口令。通过 PPP 建立连接后，口令和用户名组成的凭证通过网络发送到身份验证服务器。身份验证服务器有一个用户凭证数据库，数据库会比较提供的凭证和保存的凭证以验证用户身份。PAP 是最不安全的身份验证方法之一，因为口令凭证以明文形式发送，导致网络嗅探者很容易截获凭证。PAP 对防范中间人攻击也同样是脆弱的。虽然 PAP 不再推荐使用，但某些(未有效配置的)系统在不能采用其他身份验证协议时，还会继续使用 PAP 协议。

考试提示

数十年间，PAP 早已认为是不安全的。如果在考试中看到 PAP，这会是个错误答案。

CHAP　挑战握手身份验证(Challenge Handshake Authentication Protocol，CHAP)解决了在 PAP 中发现的一些漏洞。CHAP 不让用户通过网络发送口令，而使用一种挑战/响应机制验证用户身份。当用户希望建立一个 PPP 连接，且双方都同意使用 CHAP 验证身份时，用户的计算机就向身份验证服务器发送一个登录请求。服务器向用户发送一个挑战(Nonce)，这是一个随机值。用户计算机使用预定义的口令作为加密密钥对此挑战加密，并将加密的挑战值返回给服务器。身份验证服务器使用预定义的口令作为加密密钥，并解密挑战值，将其与发送的原始值比较。如果两个结果相同，身份验证服务器推断用户必定输入了正确口令，并认定身份验证通过。图 15-6 描述了挑战握手身份验证中执行的步骤。与 PAP 不同，CHAP 对中间人攻击而言不存在漏洞，因为协议需要在连接中持续保持挑战/响应活动，确保验证服务器始终与持有必要凭证的用户保持通信。

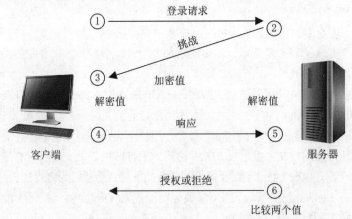

图 15-6　CHAP 使用挑战/应答机制，而不是让用户发送口令

考试提示

MS-CHAP 是 CHAP 的微软版本，提供双向身份验证功能。MS-CHAP 有两个版本，但彼此不兼容。

EAP PPP 还支持可扩展身份验证协议(Extensible Authentication Protocol，EAP)。实际上，EAP 不像 PAP 和 CHAP 那样属于身份验证机制。相反，EAP 提供了一个框架，允许在建立网络连接时使用多种类型的身份验证技术。顾名思义，EAP 将身份验证方法从常规方法(PAP 和 CHAP)扩展到其他方法，例如，一次性口令、令牌卡、生物信息验证、Kerberos、数字证书和未来的其他验证机制。因此，当用户连接到一个身份验证服务器而且两者都具有 EAP 功能时，用户和验证服务器可在更长的可能的身份验证方法列表之间协商。

提示

EAP 可用于各种技术和协议，包括 PPP、点对点隧道协议(PPTP)、第二层隧道协议(L2TP)、IEEE 802 有线网络、802.11 和 802.16 等无线技术。

EAP 有多种不同变体，如表 15-1 所示。EAP 是一个可扩展的框架，适用于不同的环境和需求。

表 15-1　EAP 变体

协议	描述
EAP-TLS	基于数字证书实施身份验证，是最安全的 EAP 标准之一
EAP-PSK	提供相互身份验证，使用预先共享的密钥生成会话密钥
EAP-TTLS	隧道 TLS，要求服务器具有 CA 签发的证书，可作为客户端的一个选项
密钥交换版本 2	提供相互身份验证，使用非对称密钥、对称密钥或口令建立会话密钥
PEAPv0/EAP-MSCHAPv2	设计上与 EAP-TTLS 相似，然而，只要求服务器端的数字证书
PEAPv1/EAP-GTC	开发的 GTC(Generic Token Card，通用令牌卡)身份验证的一个变体
EAP- FAST	基于 FAST (Flexible Authentication Via Secure Tunneling，通过安全隧道灵活验证)开发的 LEAP 的专属替代品
EAP-SIM	为全球移动通信系统(Global System for Mobile Communication，GSM)设计，基于用户识别模块(Subscriber Identity Module，SIM)，是 PEAP 的一个变体
EAP-AKA	为 UMTS(Universal Mobile Telecommunication System，通用移动通信系统)用户识别模块设计，提供身份验证和密钥协议(Authentication and Key Agreement，AKA)
EAP-GSS	基于通用安全服务(Generic Security Service，GSS)，使用 Kerberos

15.3.3　桌面虚拟化

桌面虚拟化(Desktop Virtualization)技术允许用户远程与计算机交互，就像坐在计算机前一样。本质上，这类技术是显示一个虚拟桌面，这个桌面运行在网络的计算机(物理的或者虚拟化的)中。IT 人员需要经常使用虚拟桌面管理机柜上的服务器(而不必再开一个显示器，也不使用键盘和鼠标)，登录堡垒机，或解决用户工作站上问题。在组织中，远程桌面的解决方案能让支持人员在家工作，通过个人设备安全地使用组织的计算机。虚拟桌面的好处是组织能依靠安全的架构保护资产，且能从其他地方访问这些资产。虚拟桌面有两种主要使用方式：远程桌面和虚拟桌面基础架构。

提示

堡垒箱(Jump Box)也称堡垒机(Jump Host)或堡垒服务器(Jump Server)，是一个加固过的主机。在网络中，作为一个安全接入节点或敏感网段的一个网关。

1. 虚拟桌面

市面上最常见的两种提供远程桌面的软件是微软的远程桌面协议(Remote Desktop Protocol，RDP)以及开源的虚拟网络计算(Virtual Network Computing，VNC)系统。总体而言，两种软件很相似，都要求在远程控制的计算机上运行一个特定服务器，并且在远程设备上安装一个客户端软件用于连接服务器。软件使用默认的端口连接服务器，RDP 用 3389 端口，VNC 用 5900 端口。虽然每种操作系统都有客户端和服务器，但 RDP 在 Windows 环境中更普遍，而 VNC 更多用于 Linux 环境。

当安全专家部署 RDP 或 VNC 时，最重要的安全考虑是确保连接是加密的。这些系统没有可靠的安全控制措施，需要采用安全的通道来保证传输安全。如果需要为组织网络外的远程用户提供这类服务，则需要确保远程用户都采用 VPN 形式连接。拥有外部的 RDP 或 VNC 服务器会导致安全灾难，因此服务器对应的端口应在防火墙中设置为阻止。

RDP 和 VNC 的一个优势或劣势(取决于从哪个角度看)是允许客户端远程控制特定的计算机。特定计算机需要在网络中存有记录，并特别配置为允许远程访问，而且需要保证特定计算机的可用性。如果特定计算机已关机或因其他情况而变得不可用了，那么远程控制就无从谈起了。

2. 虚拟桌面基础架构

借助虚拟化和远程桌面技术的结合，安全专家能构建出用户访问虚拟主机桌面的环境，这个环境中，虚拟桌面和用户自己配置的桌面一样，但虚拟桌面可按照需求启停、迁移、清除及重建。虚拟桌面基础架构(Virtual Desktop Infrastructure，VDI)技术可集中支持多个虚拟桌面，可让授权用户访问这些虚拟桌面。每个虚拟桌面都可直接对应一台虚拟机(和前面章节介绍的虚拟桌面类似)或多个虚拟组件的组合，如桌面模板和运行在多个不同虚拟主机上的虚拟应用程序的组合。这种灵活性让组织能在可扩展和资源有效配置的情况下为不同的部门、角色或个人配置不同的桌面。

虚拟桌面基础架构可部署为持久性 VDI 或非持久性 VDI。持久性 VDI(Persistent VDI)是每次使用时给予用户相同的虚拟桌面，且能通过组织策略定制虚拟桌面。在持久性模型中，用户的桌面在开始使用时和上一次关闭时是一样的，随之带来的连贯性能帮助用户长期使用并有助于简化复杂的工作流。相反，非持续性 VDI(Nonpersistent VDI)会呈现一个在每次结束会话时，使用痕迹都已清除干净的标准桌面。非持续性基础架构一般在特殊需求或极端安全环境中提供偶尔的访问连接。

　　VDI 在有监管的环境中十分有用。因为可以方便地支持数据留存、配置管理以及事件响应。如果一个用户的系统受损，VDI 可快速地隔离用户系统，并开始修复或检查问题。与此同时，另一个干净的桌面几乎可立刻呈现给用户继续使用，这个过程可仅用几秒钟完成。当用户在高速移动并需要在不同地点登录多个物理设备时，VDI 也十分具有吸引力。显然，使用 VDI 高度依赖网络连接。就这个原因而言，当要考虑如何部署或是否部署 VDI 时，组织需要慎重考虑自身网络的速度以及延迟问题。

15.3.4　安全外壳

　　组织不会一直采用图形用户接口(Graphical User Interface，GUI)与设备交互。实际上对于经验老到的管理员用户而言，有很多高级的用法可用于设备交互。例如，管理员使用命令行接口(Command-line Interface，CLI)，工作就会更有效率。在多种使用场景中，采用的工具(尤其是在 Linux 环境下)叫做安全外壳(Secure Shell，SSH)，在功能上类似于一种隧道机制，提供对远程计算机的终端访问。SSH 相当于远程桌面但没有 GUI。例如，SSH 可让 Paul 在计算机 A 上访问计算机 B 上的文件，在计算机 B 上运行应用程序，并检索计算机 B 中的文件，而不需要物理接触计算机 B。SSH 通过 Internet 等易受攻击的通道提供身份验证和安全传输。

　　提示
　　SSH 还可用作文件传输和端口重定向的安全通道。

　　Telnet、FTP、rlogin、rexec 或 rsh 都应当替换为 SSH，这些程序与 SSH 的功能类似，但安全程度要低得多。SSH 由一个程序和一组协议组成，程序和协议协同工作，在两台计算机之间提供一个安全通道。两台计算机通过握手进程交换会话密钥(通过 Diffie-Hellman)，会话期间使用会话密钥加密数据并保障数据的安全传输。图 15-7 阐述了 SSH 连接的步骤。

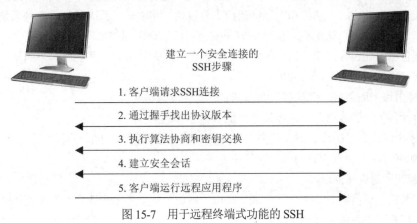

图 15-7　用于远程终端式功能的 SSH

考试提示

从全局看，Telent 的使用目的与 SSH 类似，但不提供安全特性。Telnet 是不安全的，大概率是个错误答案。

一旦开始握手过程并建立了安全通道，两个计算机就有了交换数据的途径，在加密信息的同时，消息完整性也得到保证，如图 15-8 所示。

图 15-8　建立安全通道

15.4　数据通信

本节将讨论聚焦于用户使用的通信信道，同时考虑机器之间的数据通信问题。第 7 章中阐述过有多种系统架构在系统组件之间需要大量的后端通信。例如，多级系统架构中应用程序服务器经常与数据库通信。这里还需要规划和保护所有不太明显的数据通信信道。

15.4.1　网络套接字

网络套接字(Network Socket)对数据通信信道而言是一个终端。套接字运行在第四层(传输层)，并构造了五个参数：源地址、源端口、目的地址、目的端口以及协议(TCP 或 UDP)。在特定时间内，一个典型工作站会有大量开放的套接字，每个套接字都代表一个已存在的数据通信信道(服务器可以有数千甚至上万这样的通信信道)。每个信道都可称为攻击方攻陷系统的机会。安全专家会知道自己拥有的所有数据信道都是什么吗？

对安全专家而言，了解组织的系统架构十分重要。其中一个原因就是，多种系统在安装时使用默认配置，而默认配置可能本身就不安全。除了众所周知的默认(弱)密码之外，一个全新的服务器可能包含组织不需要的多种服务，并可能为攻击方敞开大门。下面是一些保护基于套接字的通信信道的最佳实践：

- 标出每个服务器之间的授权数据通信信道。
- 采用 ACL 屏蔽除已授权连接之外的其他连接。
- 采用网络分段的模式确保需要定期相互通信的服务器都在同一网段。
- 如有可能，加密所有的数据通信信道。
- 验证所有连接请求。

保护数据通信信道的其中一个挑战，是保护所依赖的服务账户通常都有更高的特权。一般而言，用户账户是需要强制执行密码策略的，而服务账户并不在此列。因此，服务账户的密码很少更改，有时还会以不安全的方式记录。举个例子，组织在 Sharepoint 或 Confluence

页面上为 IT 团队保存了一个服务账户和密码清单。这些密码应像其他特权账户一样，需要安全地放进密码保险箱(Password Vault)中。

15.4.2　远程过程调用

再上一层，在会话层(第五层)中，一个远程过程调用(Remote Procedure Call)允许网络中的程序在其他主机上执行一个功能或者过程。RPC 通常用在分布式系统中，因为 PRC 允许系统将一个大的任务拆分为小任务，然后让其他系统处理这些小的任务。尽管 IETF 为开放网络计算(Open Network Computing，ONC)定义了 RPC 协议，但 RPC 概念在实践中具有不同含义。在大多数网络(特别是 Windows 网络)中，RPC 服务监听 TCP 端口 135。因为 RPC 功能强大，在多数企业环境中都在使用。但默认情况下，RPC 除了基本的身份验证之外不提供安全性。

如果组织使用了 RPC，那么应认真考虑升级 RPC 的安全性。安全 RPC(Secure RPC，S-RPC)能向用户、主机和流量提供验证服务。2021 年 2 月 9 日，Windows 活动目录(Active Directory，AD)系统要求使用 S-RPC 服务。IETF 在几年前也发布了一个 RPC 安全标准(RPCSEC)，但是因 RPCSEC 很难实现，所以从来没有真正推广过。相反，多个组织采用 TLS 验证主机身份和加密 RPC 通信。另外，基于特定供应商的 RPC 安全部署是有先例的，因此需要探讨组织环境中采用了哪个版本并确保这些版本的安全性。

15.5　虚拟网络

到目前为止，前面讨论过的多种网络功能都可放到虚拟网络中。第 7 章中曾经提到，宿主系统上可运行虚拟的客户系统，这说明多个操作系统可同时运行在同一个硬件平台上。说到虚拟化，工业领域的虚拟化应用程序的先进程度早就不是现有商用虚拟机可比拟的。路由器和交换机也可虚拟化，这意味着安全专家不需要购买硬件(路由器或交换机)并把这个硬件安装在网络中，实际上，只需要部署一个具备路由和交换功能的软件产品即可。很明显，组织仍然需要一个强壮的硬件基础架构，并在其上运行 VM，但虚拟化技术可为安全专家节省很多投资、电力消耗和机房空间，也可减少热量的排放。

无论是用于部署终端还是网络设备，这些 VM 都在虚拟网络内相互通信。除了少数例外，VM 的行为与实体机没有差异。为理解这些虚拟机的工作原理，请见图 15-9 所示的一个简单虚拟机架构。假设 VM-1 是一个终端(也许是一台服务器)，VM-2 是一个防火墙，VM-3 是防火墙外部的一个 IDS。这三个设备中的两个(VM-1 和 VM-3)有着单一的虚拟网卡(vNIC)，而另一个设备(VM-2)有两个虚拟网卡。每个 vNIC 都会连接到一个虚拟交换机的虚拟端口上。与真实世界不同，从一个 vNIC 流到另一个 vNIC 的数据实际上只是从物理主机上的一个内存区域拷贝到另一个内存区域，只是假装穿越了虚拟网络。

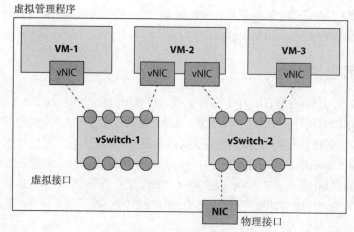

图 15-9 虚拟网络

示例中的单物理网卡连接到 vSwitch-2(虚拟交换机 2)上，但如果直接把单物理网卡连接到一台虚拟机的 vNIC 上会更简单。在这个虚拟网络里，VM-2 和 VM-3 在物理网络里有连接，但 VM-1 在物理网络里没有。管理程序在内存中存储了到达物理 NIC 的所有数据，询问虚拟交换机把这些数据发送到哪里，然后把数据拷贝到目标 vNIC 所对应的物理内存中。这意味着，无论数据是否接触物理网卡，管理程序都能清楚看到所有这些经过虚拟机网络的数据。

所以，不难想象，虚拟化技术的最强力量之一是虚拟管理程序，但这同样是这项技术最大的缺陷。破坏虚拟管理程序的攻击方可能获取到对应主机上所有虚拟设备和网络的访问权。所以，无论是好人还是坏人都将注意力聚焦在寻找这些环境的漏洞上。那么为了保护虚拟网络和设备，安全专家应当做什么呢？首先，就像安全专家需要为其他软件所做的事情一样，确保虚拟化软件的安全补丁已更新到最新。其次，要警惕那些第三方扩展功能插件，特别是那些能扩展虚拟管理程序和虚拟机基础架构功能的插件。最后，还要关注虚拟化基础架构提供商和维护商，确保这些提供商和维护商是有能力的、尽责的，同时要检查这些提供商和维护商的工作。多种漏洞都是因为系统错误配置导致的，虚拟管理程序也一样。

15.6 第三方接入

如果不讨论第三方问题，那么有关系统中多种通信信道的安全问题的讨论就还没有结束。第 2 章中讨论了第三方带到组织中的风险以及如何减轻风险。第三方涵盖的范围很广，包括供应商、服务提供商和合作伙伴。第三方中的每个人都可能以合理的需求，要求以自动化方式与组织开展数字化沟通。那么如何在不牺牲自身安全的前提下，向第三方提供所需的连接呢？可通过采用本书中反复提到的安全设计原则找到答案：

- **威胁建模(Threat Modeling)** 永远从识别威胁开始。那些恶意的(或粗心的)第三方会对组织提供的通信信道做出哪些伤害组织的事情？第三方最有可能和最危险的行为是什么？用于理解这些威胁所做的专门练习可作为建模基础。

- **最小特权(Least Privilege)** 组织应给到第三方提供最小的合法连接。如果合同方需要远程监测并控制组织的 HVAC 系统，那么需要将这些系统放入特定的 VLAN 中，并确保仅有特定主机到特定设备的特定调用可用，其他都应禁止。

- **深度防御(Defense in Depth)** 基于威胁模型，实施控制措施减缓风险。但如果第一层控制措施未能控制住威胁，那会发生什么？如果 HVAC 系统的合同方在越岛攻击(Island-hopping Attack)中受到损害，而对手能从 VLAN 中逃脱，需要如何检测漏洞并遏制攻击？

- **默认安全(Secure Defaults)** 通常确保默认设置安全是一个最佳实践，尤其在第三方使用的系统中，尤为重要。其中一个关键就是强制实施严格的配置管理。对第三方可能访问的系统，应测试每一个默认配置以确保安全。

- **失效安全(Fail Securely)** 谈到测试，应测试在一定条件下的系统，检查当系统攻破时会发生什么。例如，压力测试(在大负载下)、模糊测试以及电力和网络故障测试可以显示出系统故障时发生的情况。顺便说一下，这并不仅限于第三方系统。

- **职责分离(Separation of Duties)** 安全专家在授权第三方需要的最小特权前，需要先做好职责分离。例如，HVAC 的合同方一般不会启动或停止空调设备，但这种情况偶尔也会发生。因为这样做会对组织中的设备造成影响，因此应由组织的现场经理批准后才能实施。

- **保持简单(Keep It Simple)** 这一原则集中描述与第三方协议的工作陈述(Statement of Work，SoW)，以及组织为支持工作而构建的过程。"默认拒绝，允许是例外"这样的策略能让事情变得简单，支持最小特权原则然后为例外情况的处理准备一个简单流程。

- **零信任(Zero Trust)** 这并不意味着当第三方访问组织系统时，不信任第三方。对每一次第三方和组织系统的互动，应确保满足身份认证要求、有足够的不可抵赖性以及实施充足的审计控制措施，已检测并减缓第三方故意(或者非故意)带进组织环境中的威胁。

- **隐私设计(Privacy by Design)** 如果使用这一原则指导组织的整个安全架构研发(确实应这样做)，特别是当将隐私与最小特权放在首位时，安全专家不应再为使用组织中系统的第三方做其他事情了。

- **信任但验证(Trust but Verify)** 在零信任的上下文环境中已讨论过可审计性问题，但登录行为和定期(或持续)分析这些登录行为的日志是有区别的。安全人员能通过哪些适当的程序去验证第三方的行为？如何处理可疑或恶意的活动？

- **责任共担(Shared Responsibility)** 最终，合同上应说明谁对哪些情况负责？常言道，亲兄弟明算账。在服务或合作协议中明确责任很重要，这样就不会有误解。如果有人不能承担责任，组织可采取经济或法律行动弥补损失。

15.7　本章回顾

本章通过讨论能在组织中建立安全通信信道的各类技术，最终覆盖了 CISSP 知识体系的第四个知识域——通信和网络安全。虽然大多数人(尤其是在技术领域的人)不会将语音作为通信的主要手段，但因为各种原因的存在，语音仍然重要。事实上，现如今的传统语音信道更常用于数字数据通信。

新冠病毒的大流行，导致世界上的大多数组织需要快速地支持大量员工居家远程办公(或提升技术能力)。虽然新闻媒体经常报道多媒体系统和远程访问的系统受到攻击的故事，但仍需要知道这些技术是如何帮助组织有效应对突发的攻击技术的。希望本章内容能更好地呈现当安全专家在需要支持远程工作团队和第三方接入的同时，是如何持续改进系统安全的。

15.8　快速提示

- 公共交换电话网(PSTN)使用电话交换而非数据包交换。
- 7 号信令系统(SS7)协议用于建立和结束 PSTN 中的通话。
- 信号交换点(SSP)是 PSTN 网络的主要组件，用于结束用户的环路，信号传输点(STP)连接 SSP 和其他 STP 在网络中路由通话。同时，服务控制点(SCP)控制高级特性。
- 数字用户线路(DSL)是一种高速通信技术，用于将家庭或者企业与 PSTN 服务提供商的交换中心相连接，同时传输模拟语音和数据。
- 非对称 DSL 的传输速率达到下行 24Mbps 和上行 1.4Mbps，但在没有信号放大器时，传输仅能支持从交换中心距离不超过大约 1 英里的范围。
- VDSL 是 ADSL 的更高速率版本(支持下行 300Mbps 和上行 100Mbps)。
- G.fast 是一种 DSL，使用光纤连接从交换中心到靠近家庭的分发节点，然后在到家或办公室的最后一段几百米距离中使用已铺设的铜芯电缆，能将传输速录提升到 1Gpbs。
- 综合业务数字网(ISDN)是一种能充分利用老旧电话线路的技术。这种技术让数据、语音能在传统电话线上传输。
- 基本速率接口(BRI)ISDN 能使用两个信道支持单一用户，数据吞吐量为 64Kbps。
- 主速率接口(PRI)ISDN 有多达 23 个信道，每个信道 64Kbps。总带宽相当于 T1 专线。
- 电缆调制解调器通过现有的同轴电缆或光纤线提供对 Internet 的高速访问，但共享介质的本质导致了吞吐量的不稳定。
- IP 电话是一类涵盖性术语，用于描述在 IP 网络上加载的电话流量。
- IP 电话和 IP 语音这两个术语常可互换使用。
- 抖动是连续的数据包不规律的到达时间导致的，这是交互式语音和视频通信的问题。
- H.323 是一个通过分组网络处理语音和视频电话的标准。

- 会话初始化协议(SIP)是一种应用层协议，用于 IP 电话、视频和多媒体会议、即时消息和在线游戏中的呼叫建立和解除。

- 实时协议(RTP)是一个会话层协议，以媒体流格式传输数据，例如，音频和视频，并多用于 VoIP、电话、视频会议和其他多媒体流技术。

- RTP 控制协议(RTCP)与 RTP 结合使用，也认为是一个会话层协议。RTP 提供带外统计数据和控制信息，从而可就每个流式多媒体会话的服务质量提供反馈。

- 多媒体协同这个术语包含相当多的内容，可远程和同步地共享语音、视频、消息、遥测技术以及文件。

- 远程呈现是多种科技综合起来的应用程序，可让与会者以虚拟化的形式出现在其他地方而不仅是与会者所在的真实位置。

- 统一通信(UC)是一个平台上实时和非实时通信技术的集成。

- 将系统配置为始终开启 VPN，能自动将设备连接到 VPN 网络中而无需人为干预。

- 将系统配置为打开 VPN 终止开关，能自动切断 Internet 连接，除非一个 VPN 会话已经建立。

- 配置 VPN 为分离隧道模式，会将某些流量通过 VPN 路由，同时允许其他流量直接访问 Internet。

- 口令身份验证协议(PAP)是一种过时的、不安全的验证协议，这是因为口令凭证以本不应允许的明文形式发送。

- 挑战握手身份验证(CHAP)使用一种挑战/响应机制，使用密码作为加密密钥验证用户身份，替代了用户在线路上发送密码的方式。

- 可扩展身份验证协议(EAP)提供了一个框架，允许在建立网络连接时使用多种类型的身份验证技术。

- 虚拟桌面技术，例如远程桌面和虚拟桌面，允许用户像坐在计算机前一样远程与计算机互动。

- 提供远程桌面的两种最常见用法就是微软的远程桌面协议(RDP)以及开源的虚拟网络计算(VNC)系统。

- 虚拟桌面基础架构技术可以集中支持多个虚拟桌面，可让授权用户访问这些虚拟桌面。

- SSH 是一种隧道机制，提供对远程计算机的终端式访问。

- 网络套接字对数据通信信道而言是一个端点，并定义了五个参数：源地址、源端口、目的地址、目的端口以及协议(TCP 或 UDP)。

- 远程过程调用允许网络中的一个程序在其他主机上执行一个功能或过程。

15.9 问题

请记住这些问题的表达格式和提问方式是有原因的。安全专家应了解 CISSP 考试会基于概念提出问题。问题的答案可能不是特别完美，建议不要寻求绝对正确的答案。相反，应当寻找最合适的答案。

1. 下列哪一种网络采用 7 号信令系统(SS7)?

    A. 综合业务数字网(ISDN)

    B. IP 电话网络

    C. 实时传输协议(RTP)网络

    D. 公共交换电话网(PSTN)

2. 下列关于会话初始化协议(SIP)描述,哪一项是正确的?

    A. 用于建立 VPN 会话

    B. 是验证网络连接的框架

    C. 用于带外统计的会话层协议

    D. 用于网络游戏通信的应用层协议

3. 下列哪项不是保护多媒体协同平台的最佳实践?

    A. 非必要不录制会议

    B. 采用消费级产品

    C. 采用 AES 256 位加密

    D. 适时限制参与者共享屏幕或摄像头

4. 下列哪项是作为保护统一通信(UC)平台的最佳实践?

    A. 和其他系统一样的安全保护

    B. 启用口令身份验证协议(PAP)

    C. 为每个新会话采用会话初始化协议(SIP)

    D. 确保中心不受物理和逻辑威胁

使用以下场景回答问题 5~7。Peter 是一个研发型公司的 CISO,目前正在实行 100%的居家办公措施,所以所有员工都要居家工作,Peter 没有足够的笔记本发给所有员工,所以需要一些员工使用个人电脑和打印机。公司的 VPN 集中器足够支持整个公司员工接入,而且要求员工应通过 VPN 访问公司内网。

5. 使用下列哪个协议对 VPN 连接最好?

    A. 口令身份验证协议(PAP)

    B. 挑战握手身份验证(CHAP)

    C. 可扩展身份验证协议(EAP)

    D. 会话初始化协议(SIP)

6. 下列哪种额外的 VPN 配置也需要开启?

    A. 分离隧道模式

    B. 全隧道模式

    C. VPN 终止开关

    D. 混合隧道模式

7. 下列哪项能最好地保护敏感的研究数据的机密性?

    A. 安全外壳(SSH)

B. 虚拟网络

C. 虚拟桌面基础架构

D. 远程过程调用(RPC)

8. 在最近对公司架构的审查中，Peter 发现很多核心系统依赖于远程过程调用(RPC)。哪种方式可确保远程过程调用的安全？

A. 部署 ITU H.323 标准

B. 采用 TLS 隧道

C. 采用口令身份验证协议(PAP)验证

D. 强制客户端验证

9. 下列哪项不是虚拟桌面的优点？

A. 在事故响应时，能减少用户停机时间

B. 支持持久性或者非持久性的会话

C. 支持物理和远程登录

D. 更好地执行数据保留标准

15.10　答案

1. D。7 号信令系统(SS7)协议用于建立、控制和结束 PSTN 中的通话。

2. D。会话初始化协议(SIP)是一种应用层协议，用于 IP 电话、视频和多媒体会议、即时消息和在线游戏中的呼叫建立和解除。

3. B。消费级产品一直存在安全控制和管理功能缺失的问题，从而不能有效保护多媒体协同平台。

4. D。要保护 UC，可包含可用于其他通信平台的类似的安全控制措施，但有几个重要的说明。UC 依赖于集中式中心，中心可以集成、协调和同步多种技术。还需要确保中心有足够的保护能防范物理和逻辑威胁。

5. C。EAP 比 PAP 和 CHAP 更安全，SIP 完全不支持验证机制。

6. A。因为员工会在家庭网络中使用打印机，需要采用分离隧道模式，能允许部分流量通过 VPN，同时其他流量直接通过本地网络或 Internet。

7. C。即便用户能通过虚拟桌面工作，VDI 仍可让敏感数据保留在受到保护的网络中。通过适当的配置，这种基础架构能防止将敏感的研究数据保存在远程用户的计算机中。

8. B。由于很多远程过程调用的部署都缺乏安全控制措施，很多组织都采用 TLS 方式验证主机并加密 RPC 流量。

9. C。VDI 在有监管的环境中十分有用。因为通过持久性和非持久性会话，可以方便地支持数据留存、配置管理以及事件响应。然而由于 VDI 依赖于数据中心的虚拟主机(VM)，所以用户不能物理地登录计算机。

CISSP 信息系统安全专家认证 All-in-One

(第 9 版) (下册)

[美] 费尔南多·梅米(Fernando Maymí)
肖恩·哈里斯(Shon Harris)　　　著

栾浩　姚凯　王向宇　　　　　　　译

清华大学出版社
北　京

北京市版权局著作权合同登记号图字：01-2022-6393

图书在版编目(CIP)数据

CISSP信息系统安全专家认证All-in-One：第9版 / (美) 费尔南多 • 梅米 (Fernando Maymí)，(美) 肖恩 • 哈里斯 (Shon Harris) 著；栾浩，姚凯，王向宇译. —北京：清华大学出版社，2023.1（2025.1重印）

(网络空间安全丛书)

书名原文：CISSP All-in-One Exam Guide, Ninth Edition

ISBN 978-7-302-62323-6

Ⅰ. ①C… Ⅱ. ①费… ②肖… ③栾… ④姚… ⑤王… Ⅲ. ①信息系统—安全技术—资格考试—自学参考资料 Ⅳ. ①TP309

中国版本图书馆 CIP 数据核字(2022)第 253350 号

责任编辑：王 军
装帧设计：孔祥峰
责任校对：成凤进
责任印制：刘 菲

出版发行：清华大学出版社
　　　网　　　址：https://www.tup.com.cn, https://www.wqxuetang.com
　　　地　　　址：北京清华大学学研大厦 A 座　　　邮　　　编：100084
　　　社 总 机：010-83470000　　　邮　　　购：010-62786544
　　　投稿与读者服务：010-62776969，c-service@tup.tsinghua.edu.cn
　　　质 量 反 馈：010-62772015，zhiliang@tup.tsinghua.edu.cn
印 装 者：北京同文印刷有限责任公司
经　　销：全国新华书店
开　　本：170mm×240mm　　　印　　张：61.25　　　字　　数：1533 千字
版　　次：2023 年 2 月第 1 版　　　印　　次：2025 年 1 月第 2 次印刷
定　　价：228.00 元

产品编号：096717-01

第 V 部分

身份和访问管理

第 16 章

身份和访问基础

本章介绍以下内容:

- 身份标识、身份验证、授权与可问责性
- 凭证管理
- 身份管理
- 使用第三方服务的联合身份

身份自身所伴随的目的,是其价值所在。

——Richard Grant

身份是控制人们对资产访问的基础,因为接触资产的每个人(和物)都有合理目的。访问控制之所以会变得棘手,是因为大多数人都有多个身份,这些身份取决于个人所处的环境。某人可同时是资产的所有方、托管方和处理方(在第 5 章中讨论的角色),这取决于考虑的资产以及时间。除了处理多个身份的挑战之外,安全专家们还应确保每个身份都属于其声称的人。

本章将探讨用户身份标识、身份验证和授权的基本原理,在探讨这些基本原理的同时也需要考虑到现实世界的各种背景,如复杂的企业环境和与第三方交互。当然,安全专家们还需要确认各项操作是否正确完成,所以本章也将探讨操作中的可问责性(Accountability)。本章内容作为下一章的铺垫,下一章将深入探讨现实中管理身份和访问的方式。

16.1　身份标识、身份验证、授权与可问责性

为访问资源,用户首先应证明自己是所声明的那个人,拥有必要的凭证,并需要授予执行请求操作的必要权限。一旦成功完成这些步骤,用户就能访问并使用网络资源;然而,组织还需要跟踪用户的活动并实现对其操作的可问责性。身份标识(Identification)描述了主体(用户、程序或进程)声明具有特定身份(用户名、账户或电子邮箱地址)的方法。身份验证(Authentication)是系统验证主体身份的流程,该流程通常需要一条只有声明的身份才拥有的

信息，这条信息可以是口令(Password)、口令短语(Passphrase)、加密密钥(Cryptographic Key)、个人身份识别码(Personal Identification Number，PIN)、生物特征或令牌。身份标识和身份验证信息(如用户名和口令)组合在一起可作为主体的凭证(Credential)。这些凭证将与先前存储的主体信息比较。如果凭证与存储的信息匹配，主体就通过了身份验证。但安全专家的工作不止于此。

一旦主体提供了凭证并通过身份验证，主体试图访问的系统就需要判断主体是否具有执行所请求操作的权限。系统将查询访问控制矩阵或比较安全标签，确认主体是否确实能访问所请求的资源和能否执行操作。如果系统判断主体可访问特定资源，就会为主体授权(Authorize)。

尽管身份标识、身份验证、授权与可问责性的定义很接近，也有互补性，但每一个定义在访问控制流程中都有各自明确的作用。用户通过网络可正确地识别并验证身份，但可能无权访问文件服务器上的某些文件。另一方面，用户有权访问文件服务器上的文件，但在未顺利通过身份标识和身份验证之前将无法获取这些资源。图 16-1 阐述了只有全部完成这四个步骤后，主体才能访问客体。

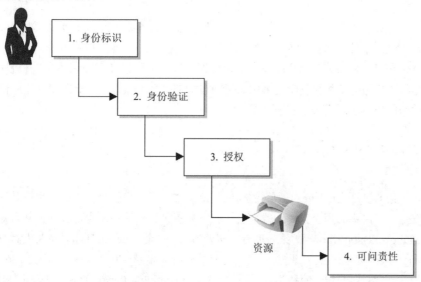

图 16-1　主体访问客体所需的四个步骤：身份标识、身份验证、授权和可问责性

竞态条件

多个进程以错误的顺序在某个共享资源上执行各自任务时，即会出现竞态条件(Race Condition)。当两个或多个进程使用一个共享资源(如一个变量内的数据)时，就可能造成竞态条件。进程应按正确的顺序执行其功能。如果进程 2 在进程 1 之前对数据执行处理任务，其结果将大大不同于进程 1 在进程 2 之前对数据执行处理的结果。

在软件中，如果身份验证和授权步骤拆分为两个功能，攻击方则可能利用竞态条件迫使授权步骤在身份验证之前完成。这将成为软件中攻击方能利用的一个漏洞。当两个或两个以上进程使用相同的资源，且软件执行了错误的步骤顺序，就会发生竞态条件，从而对输出造成极大影响。因此，攻击方可强制授权步骤在身份验证步骤之前发生，从而获得对资源的未授权访问。

主体在某系统或区域内的操作应当可问责。确保可问责性的唯一方法是主体可唯一标识，且主体的所有操作均记录在案。

逻辑访问控制(Logical Access Control)是用于身份标识、身份验证、授权与可问责性的技术工具，是对系统、程序、进程和信息实施访问控制措施的软件组件。逻辑访问控制能嵌入操作系统、应用程序、附加安全包或数据库与通信管理系统内。在不产生功能重叠的情况下，同步所有访问控制措施并确保覆盖所有的漏洞，将极具挑战性。当然，如果这项工作很容易，那么安全专家就赚不了大钱了！

考试提示

　　"逻辑"和"技术"在此处可互换。CISSP 考试中可能会互换使用"逻辑性控制措施"和"技术性控制措施"。

个体的身份应在身份验证流程中确认。身份验证流程通常涉及两个步骤：输入公共信息(用户名、员工号、账户或部门 ID)，然后输入私有信息(静态口令、智能令牌、认知口令、一次性口令或 PIN)。输入公共信息是身份标识步骤，而输入私有信息则是两个步骤流程中的身份验证步骤。身份标识和身份验证采用的每项技术都有其优缺点，因此需要恰当地评估，以便在合适的环境中采用正确的机制。

16.1.1　身份标识和身份验证

某人一旦通过用户 ID(或类似值)的标识，就需要完成用户的身份验证，也就是说用户必须证明就是自己声称的那个人。一般而言，有下列三种因素能用于身份验证：某人知道的东西(Something a Person Knows)、某人拥有的东西(Something a Person Has)以及某人具有的特征(Something a Person Is)。有时，这些因素会与另外两种因素结合：某人所在的地方(Somewhere a Person Is，逻辑或物理位置)和某人所做的事情(Something a Person Does，行为因素)。这些位置和行为因素用作身份验证本身可能并不那么强大，但与其他因素结合时，可显著提高身份验证流程的有效性。

"某人知道的东西"是基于知识的身份验证(Knowledge-Based Authentication，KBA)，可以是口令、PIN、母亲的原姓氏或锁的密码等。通过"某人知道的东西"实现身份验证往往是成本最低的。但这种方法的缺点是其他人也可能获取身份验证信息，从而实施对资源的未授权访问。

"某人拥有的东西"是基于所有权的身份验证，可以是钥匙、磁卡、访问卡或工作证。这种方法常用于对基础设施的访问，不过也可用于访问敏感区域或身份验证系统。基于所有权的身份验证方法的缺点是这类验证物品容易失窃，从而导致未授权访问。

"某人具有的特征"(生物识别技术身份验证)比前两者更有趣。这种方法并不基于某个人是美国人、极客或运动员，而是基于身体特征。基于唯一的身体特征验证个体身份的方式称为生物识别技术(Biometric)。

强身份验证(Strong Authentication)包含下列三种身份验证方法中的至少两种方法："某人知道的东西""某人拥有的东西"以及"某人具有的特征"。使用生物识别系统本身并不提供强身份验证，生物识别系统只提供其中一种身份验证方法。生物识别技术只是证明某个人的身份，但没有验证某人知道的内容或者拥有的物品。为正确实施强身份验证，生物识别系统需要与其他两种身份验证方法中的一种或两种结合使用。例如，在多数情况下，某个人必须在执行生物识别扫描技术前先输入 PIN 码。这就满足了"某人知道的东西"的要求。相反，如果某个人在执行生物识别扫描技术之前需要通过读卡器刷一下磁卡，这就满足了"某人拥有的东西"的要求。不考虑使用哪种身份标识系统，强身份验证都必须至少包含多个身份验证因素。

1:1 和 1:N

1:1 确认(Verification 1:1)指用一个身份标识对比核实某一个声称的身份。此时的相关概念性问题是"这个人就是其所声称的那个人吗？"因此，如果 Bob 提供了自己的身份和凭证集，那么这些信息将与身份验证数据库中保存的数据比较。如果信息与数据匹配，就可确认是 Bob 本人。如果身份标识为 1:N(1 对多)，则会将单个身份与多个身份比较。此时的相关概念性问题是："这个人是谁？"例如，如果在犯罪现场发现指纹，那么警察会在警方的数据库中查找相同的指纹以确认嫌犯。

提示

强身份验证有时也称为多因素身份验证(Multi-factor Authentication，MFA)，即运用一种以上的身份验证方法。虽然双因素身份验证(Two-factor Authentication，2FA)已很常见，但有时也使用三因素身份验证(如智能卡、PIN 和视网膜识别)。

身份是一个复杂概念，从哲学层面到实践层面都有许多细微的差异。某人可具有多个数字身份。例如，一位用户可能在 Windows 域环境中称为 JPublic，在 UNIX 服务器中称为 JohnP，在大型机中称为 JohnPublic，在即时通信中称为 JJP，在认证机构称为 JohnCPublic，在 Facebook 中称为 JohnnyPub。如果组织希望集中管理自己的所有访问控制，那么这些代表同一个人的不同身份名称可能让安全管理员抓狂。

注意

双向身份验证是指两个通信实体在传输数据之前必须验证彼此的身份。例如，在开始数据传输之前，身份验证服务器可能会要先完成针对用户系统的身份验证。

本章大部分内容都是有关用户身份验证，但需要认识到对系统实施身份验证也是可能的，并且是重要的。对于计算机和设备而言，可基于其硬件地址(介质访问控制地址)和/或 IP 地址实施身份标识、身份验证、监测和控制。网络系统也可通过网络访问控制(Network Access

Control，NAC)技术实现在允许系统访问网络之前对其实施身份验证。每个网络设备都有一个集成在其网络接口卡(Network Interface Card，NIC)中的硬件地址和一个基于软件的地址(IP 地址)，基于软件的地址由动态主机配置协议(Dynamic Host Configuration Protocol，DHCP)服务器分配或由本地配置。

身份标识组件要求

向用户颁发身份标识时，应确保以下几点：

- 每个值应当是唯一的，便于用户问责。
- 应当遵循一个标准的命名方案。
- 标识值不应描述用户的职位或任务。
- 标识值不应在用户之间共享。

16.1.2　基于知识的身份验证

当开始讨论身份验证的方法时，首先看一下最常用的方法：使用某人知道的东西。这种基于知识的验证方法通常使用口令、口令短语或认知口令。下面将详细探讨每种方法。

口令

用户身份与可重用口令结合是最常见的系统身份标识和授权机制之一。口令(Password)是一个受保护的字符串，通常用于验证个人身份。如前所述，身份验证因素基于"某人知道的东西""某人拥有的东西"或"某人具有的特征"。口令就属于"某人知道的东西"，为确保身份验证的有效性，必须将口令保密。

口令策略(Password Policy)　尽管口令是身份验证机制中最常用的方法之一，但口令也认为是现有安全机制中最脆弱的机制之一。这是为什么呢？用户往往会使用很容易猜测到的口令(如配偶的姓名、用户的生日或宠物的名字)，或者将口令告知给其他人，而且很多时候会将口令写在便签纸上并藏在键盘下面。对于大多数用户而言，安全通常不是用户在使用计算机时最重要或感兴趣的事情，除非攻击方入侵了用户的计算机并窃取了机密信息。然后，安全问题才变得非常重要。

这时，组织就需要引入口令策略。如果能恰当地生成和更新口令，并保护口令的机密性，那么口令就能提供有效的安全保障。口令生成器可用于为用户生成口令，这样就可确保用户不会使用简单字符(如 Bob 或 Spot)作为口令。但口令生成器若是生成了口令"kdjasijew284802h"，那么用户毫无疑问会将口令写在纸上，并贴在显示器上，这就与安全的初衷背道而驰了。口令生成器若要发挥作用，就应创建不复杂的、可发音的、非字典类的口令以帮助用户记忆，使用户不会试图将口令写在纸上。

如果用户可选择自己的口令，操作系统应强制执行特定的口令要求。操作系统可要求口令包含一定数量的字符、与用户 ID 无关且不易猜测。操作系统可跟踪特定用户生成的口令，确保口令不会重复使用。2020 年 3 月，美国国家标准与技术研究院(National Institute of Standards and Technology，NIST)在 SP 800-63B 中更新了有关口令的准则。其中包括以下建议：

- **增加口令长度(Increased password length)**　口令越长，越难猜测。这条准则建议用户可选口令的最小长度为8个字符，计算机生成口令的最小长度为6个字符。建议的最大长度为 64 个字符。
- **允许特殊字符(Allow special characters)**　应允许用户在口令中使用任意特殊字符，甚至表情符号。但特殊字符不应作为必需项。
- **不允许口令提示(Disallow password hints)**　从表面看，口令提示似乎是有意义的，因为口令提示可让用户记起复杂的口令，减少对口令重设功能的依赖。然而，口令提示主要帮助的是攻击方。

如果攻击方正在寻找口令，那么攻击方可尝试如下不同的技术：

- **电子持续监测(Electronic monitoring)**　通过监听网络流量来捕获信息，特别是在用户向身份验证服务器发送口令期间。攻击方复制并在其他时间重用捕获的口令，这称为重放攻击(Replay Attack)。
- **访问口令文件(Access the password file)**　这个动作通常会在身份验证服务器上执行。口令文件包含许多用户的口令；如果攻破口令文件，就会造成巨大破坏。口令文件应当采用访问控制机制和加密技术保护。
- **暴力破解攻击(Brute-force attacks)**　使用工具，通过组合大量可能的字符、数字和符号反复地猜解口令。
- **字典攻击(Dictionary attacks)**　使用含有成千上万个单词的字典文件与用户的口令比较，直至发现匹配的口令。
- **社交工程攻击(Social engineering)**　攻击方让某些用户误认为攻击方具有访问特定资源的必要授权。
- **彩虹表(Rainbow table)**　攻击方使用一张已包含所有可能口令哈希值的表。

某些技术可为口令及其使用提供额外安全保护。用户每次成功登录后，系统都会显示一条信息，告诉用户上次成功登录的日期和时间、登录的位置以及是否存在登录失败的记录。这条信息可警告用户任何可疑活动，是否有人试图使用用户的凭证登录。管理员可设置系统参数，允许一定次数的失败登录，但超出设定次数后用户的账户就会锁定，这视为一种阈值水平(Clipping Level)。当超过阈值(Threshold)，那么可能将用户锁定 5 分钟或一天，具体取决于管理员的配置。审计轨迹也可用于跟踪口令的使用以及成功和失败的登录。这些审计信息应当包含日期、时间、用户 ID 以及用户登录时所在的工作站。

注意

阈值水平(Clipping Level)这个术语以前经常使用，其意思为阈值。如果把可接受的登录失败数量设置为 3，那么阈值(阈值水平)就是 3。

策略还可指定其他条件，让攻击方更难利用口令。许多组织都会保留口令历史记录，因此用户在一定时间范围内无法重复使用口令。这种方法的一个变种是让系统记住最后的 n 个(其中 n 是大于或等于 1 的数字)口令，以防止口令的重复使用。策略还可指定口令的最长期限(即过期)和最短期限(因此不能立即更改口令以绕过其他策略)要求。

正如生活中的许多事情一样，安全教育是关键。安全意识宣贯计划应解决口令的要求、保护和生成问题，以便用户了解组织的期望，保护自己口令的重要性，以及口令窃取的方式。用户应是安全团队的延伸，而非对立面。

注意

彩虹表(Rainbow Table)包含口令的哈希值。攻击方只是将捕获的口令哈希值与彩虹表中的值比较，从而找出明文口令。与字典攻击或暴力破解攻击相比，这种攻击方法花费的时间更短。

口令检查器(Password Checkers) 某些组织使用检测工具，通过执行字典和/或暴力破解攻击，测试用户选择的口令是否为弱口令；这有助于整个系统环境不易遭受字典攻击和暴力破解攻击这类窃取用户口令的攻击。很多时候，网络管理员使用与攻击方破解口令相同的工具，确认口令是否具有足够强度。大多数安全工具都具有这种双重性质。安全专家和 IT 员工使用这些检测工具测试系统环境内的漏洞，并希望在攻击方发现之前发现和修复这些漏洞；而攻击方使用相同的工具在安全专家修复之前发现这些漏洞。攻防对抗是一个永无休止的"猫鼠"游戏。

如果某个工具称为口令检查器(Password Checker)，则是一种安全专家用于测试口令强度的工具。如果某个工具称为口令破解器(Password Cracker)，那么往往是攻击方在使用这种工具。然而，很多情况下，这两种工具会是同一款工具。

为了识别弱口令而对员工的口令实施测试(破解)之前，安全专家需要得到管理层的批准。在安全专家发现 CEO 的口令存在问题后，应解释自己的所为是试图改善这种状况，而非出于造成伤害的目的。

口令哈希与加密技术(Password Hashing and Encryption) 许多情况下，如果攻击方从网络中嗅探用户的口令，那么在实际获得用户口令之前，攻击方还有一些工作要做，因为大多数系统会利用某种哈希算法(通常为 MD5 或 SHA)计算口令哈希值，确保口令不以明文形式发送。

虽然某些人认为操作系统领域只有 Microsoft 的 Windows，然而还有其他操作系统存在，如 UNIX 和 Linux。这些系统并不使用注册表和 SAM(Security Account Manager)数据库，而是将用户口令存放于一个称为 Shadow 的文件中。这个 Shadow 文件并不包含明文形式的口令，而是先对口令执行哈希运算，再将得到的值存储在文件中。UNIX 系统会用盐给这个过程"调味"。盐(Salt)指的是添加到加密过程中的随机值，进一步提高加密过程的复杂度和随机性。添加到加密过程中的随机值的随机性越强，攻击方就越难解密和发现用户的口令。加盐(Salting)意味着相同的口令可加密为几千种不同的哈希值，即使敌对方利用类似彩虹表的攻击方法，也难以破解系统中的口令。

限制登录次数(Limit Logon Attempts) 可设置登录失败次数的阈值。达到这个阈值后，用户的账户就会锁定一段时间，或无限期锁定且需要由管理员手动解锁。登录失败次数限制可避免字典攻击和暴力破解攻击，这两种攻击手段就是不断地提交凭证，直至找出正确的用户名和口令组合为止。

1. 口令短语

口令短语(Passphrase)是一个比口令更长的字符串(因此称为"短语"),某些情况下,口令短语在身份验证流程中能代替口令。用户将口令短语输入某个应用程序,应用程序会将其转换为虚拟口令(Virtual Password),帮助口令短语满足应用程序所要求的长度和格式(例如,某个应用程序可能要求将虚拟口令作为 AES 算法中的 128 位密钥使用)。如果用户希望通过某个应用程序(如 PGP)的身份验证,那么需要输入一条口令短语 ,假设口令短语为"StickWithMeKidAndYouWillWearDiamonds"。应用程序将这个口令短语转换为用于实际身份验证的虚拟口令。在首次登入计算机时,用户生成口令短语的方式往往与用户创建口令的方式相同。因为口令短语更长,所以比口令更安全,攻击方也更难获得。许多情况下,用户更愿意记忆的是口令短语而不是口令。

2. 认知口令

认知口令(Cognitive Password)是基于事实或观点的信息,用于确认个人身份。用户登记注册时,需要基于自己的生活经历回答若干问题。口令可能难以记忆,但是对个人而言,几乎不太可能忘记自己吻过的第一个人,在 8 年级时最好朋友的名字,或喜欢的卡通人物。在完成登记流程后,用户就能通过回答这些问题完成身份验证,而不需要记忆某个口令。这种身份验证流程最适用于并非每天都需要使用的服务,因为与其他身份验证机制相比会耗费更长的时间。但在服务台场景下却十分有效,用户可通过认知口令方式完成身份验证。在认知口令的身份验证方式下,服务台人员可确保与其对话的就是真正的用户,而需要帮助的用户不必记忆可能 3 个月才用到一次的口令。

 考试提示

基于知识的身份验证(Knowledge-based Authentication)是指基于主体知道的信息验证其身份。这个信息可以是 PIN 码、口令、口令短语、认知口令、个人历史信息,或使用通过图形表示数据的验证码(CAPTCHA)。CAPTCHA 验证码是扭曲的字符串标识,某人需要输入验证码以证明自己是真实人类而非自动化工具。

16.1.3 生物识别身份验证技术

生物识别技术(Biometrics)通过分析个体唯一个人特征的方式确认个体身份,是最有效、最准确的身份确认方式之一。生物识别技术非常复杂,因此比其他类型的身份确认流程更加昂贵和复杂。生物识别系统基于身体属性(如虹膜、视网膜或指纹)作出身份验证决策,生物识别系统之所以能提供更高的准确性,是因为除非受到毁容性的伤害,否则身体属性一般不会发生变化,且难以仿冒。

生物识别技术一般可分为两种不同的类型。

- **生理性生物识别(Physiological)**　这类生物识别技术使用特定个体独有的身体属性确认个体的身份。指纹是生物识别系统中常用的一种生理特征。生理性生物识别确认的是"某人是谁"。
- **行为性生物识别(Behavioral)**　这种方法是基于某个人的某种行为特点确认其身份，例如，签名动态。行为性生物识别确认的是"某人做什么"。

生物识别系统可扫描个体的生理属性或行为特征，然后将其与前期登记流程中建立的记录比较。因为生物识别系统检查的是个体的指纹、视网膜图像或音调，所以需要极为灵敏。系统应对个体的生理或行为特征执行准确且可重复的测量。如此灵敏很容易导致假阳性(False Positive)或假阴性(False Negative)。生物识别系统应经过仔细校准，确保假阳性和假阴性不会经常发生，从而尽可能提高检测结果的准确性。

当生物识别系统拒绝了一个应获授权的个体时，就会出现 I 类错误(Type I Error)，这类错误出现的比率称为错误拒绝率(False Rejection Rate，FRR)；当系统接受了一个本应遭到拒绝的冒名顶替者时，就会出现 II 类错误(Type II Error)，这类错误出现的比率称为错误接受率(False Acceptance Rate，FAR)。生物识别系统的目标是减少每类错误发生的次数，但 II 类错误最危险，因此最重要的是要避免这类错误。

当使用许多不同的参数比较不同的生物识别系统时，最重要的度量之一是交叉错误率(Crossover Error Rate，CER)。这个评定值是一个百分数，代表错误拒绝率与错误接受率的值相等的那个点。在判定系统精确度时，交叉错误率是非常重要的评估指标。CER 等级为 3 的生物识别系统比 CER 等级为 4 的系统准确度要高。

注意

交叉错误率(CER)也称为相等错误率(Equal Error Rate，EER)。

CER 值的用途是什么呢？作为生物识别系统的一项公正指标，使用 CER 有助于建立公平判断和评估不同供应商产品的标准。如果组织准备购买一套生物识别系统，那么需要通过某种方法比较不同系统的精确性。可通过查阅不同供应商的销售资料(但一般都会说自己的产品最好)，也可通过比较不同的 CER 值确定某个产品是否比其他产品更精确。此外，通过 CER 值还可判断供应商的诚信度。某个供应商可能声称"自己的产品绝对不会出现 II 类错误。"这表明其产品绝对不允许一个冒名顶替者通过身份验证。但如果询问这款产品会出现多少 I 类错误，供应商可能会不好意思地回答："本款产品的 I 类错误大约为 90%"。这意味着这款产品会拒绝 90%的合法用户，从而影响组织的生产效率。因此，通过询问供应商产品的 CER 值，即当 I 类错误和 II 类错误相等时的值，可更准确地了解产品的精确性。

不同环境具有特定的安全级别要求，这些要求规定了能接受多少 I 类错误和 II 类错误。例如，某个军事机构由于高度关注机密性，可允许一定比例的 I 类错误，但绝对不允许接受任何 II 类错误。所有生物识别系统都可调校，如果调低 II 类错误率，就会导致 I 类错误的增加。军事机构明显希望将 II 类错误调到 0，也就是说，这家军事机构要承受更高的 I 类错误率。

　　生物识别身份验证技术是最昂贵的确认身份的方法,这项技术的广泛推广面临许多障碍。这些障碍包括用户接受程度、登记时间和工作效率。很多时候,人们并不愿意让一台机器扫描自己的视网膜或手部外形。这种排斥性延缓了生物识别系统在现实生活中广泛使用的步伐。登记阶段会要求用户多次测量以获得清晰、准确的参考记录。但因为用户已习惯了获得一个口令,然后迅速将其输入控制台,所以对这种费时费力的操作不感兴趣。当某个人试图通过生物识别系统完成身份验证时,系统可能需要对用户反复检查才能完成这个操作。如果系统不能读取清晰的虹膜扫描图像,或没有获得完整的声纹,用户就需要再重复一遍身份验证的动作。如此一来,用户的工作效率会降低,耐心逐渐消磨,应用系统的可用程度将大打折扣。

　　在登记阶段,用户提供生物识别数据(指纹、声纹或视网膜扫描),生物识别读取器将这些数据转换为二进制数值。读取器可能创建生物识别数据的一个哈希值,可能加密数据,还可能同时使用上述两种方法,具体因系统而异。随后,生物识别数据由读取器进入后端身份验证数据库(在数据库中已为用户创建了账户)。当用户后续需要通过身份验证进入系统时,需要提供必要的生物识别数据,这些信息的二进制数据会与身份验证数据库中的对应数据比较。如果两者匹配,用户就通过了身份验证。

　　在图 16-2 中,生物识别数据可存储在一张智能卡上并用于身份验证。此外,还会注意到,匹配率是 95%而非 100%。这是因为生物识别系统的灵敏度极高,所以每次都获得 100%的匹配率是非常困难的。读取器上的污迹、用户手指上的油渍以及其他细小的环境问题都可能妨碍达到 100%的匹配率。如果组织校准了生物识别系统,将匹配率提高到 100%,那么表示组织不允许任何 II 类错误的出现,这也往往导致用户不能及时通过身份验证。

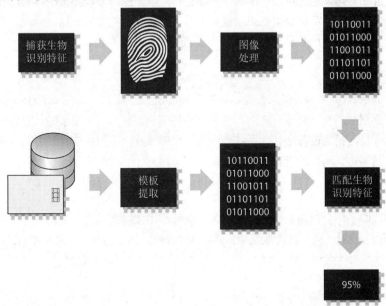

图 16-2　将生物识别数据转换为二进制数据,并与数据库中的对应数据执行比较以验证身份

处理速度

在采购生物识别设备时，系统对用户执行身份验证所花费的实际时间是一个需要考虑的重要因素。从用户将生物识别数据用于验证到收到接受或拒绝响应的时间应为 5~10 秒。

下面将概括介绍各类生物识别系统以及这些系统所检查的生理性或行为性特征。

1. 指纹

指纹(Fingerprint)由摩擦脊的末端和分叉以及其他一些称为细微特征的细节所组成，正是这些细微特征导致每个人都具有唯一的指纹特征。当某个人将手指放在读取指纹细节的设备上时，设备会读取指纹并与参考文件中的数据比较。如果两者非常吻合，这个人的身份就得到确认。

注意

指纹系统存储了完整指纹，这样会包含许多信息，占用大量的硬盘空间和资源。指纹扫描技术只提取和存储指纹中的某些特定特征，从而能占用较少的磁盘空间，并能更快地实现在数据库中的查找和比较。

2. 掌纹扫描

掌纹含有丰富信息，且很多方面的信息都可用于对某个人的身份予以标识。掌纹具有沟槽、脊状突起和折缝，这些特征对于每个人而言都是唯一的。掌纹扫描(Palm Scan)还包括扫描每个手指的指纹。将手放在生物识别设备上时，设备能扫描和捕获这些信息。将扫描捕获后的信息与参考文件中的数据比较，就能确认或拒绝用户的身份。

3. 手部外形

某人手的形状(手掌和手指的长度、宽度和外形)定义了手部外形(Hand Geometry)。手部外形特征对于不同的人具有显著区别，并可在某些生物识别系统中用于确认身份。一个人将手放在带有手指凹槽的设备上时，系统会读取手指以及整个手形的信息，并与参考文件中的数据比较，从而确认用户的身份。

4. 视网膜扫描

视网膜读取系统会扫描眼球后方视网膜上血管的图案，视网膜上的图案对于每个人都是不同的。摄像头投射一束光线进入眼睛，捕获这个图案，然后与参考文件中的原有信息比较。

注意

视网膜扫描(Retina Scan)极具侵入性，且涉及许多隐私问题。由于通过这类扫描所获得的信息可用于诊断疾病，因此很可能视为受保护健康信息(Protected Health Information，PHI)，受 HIPAA 等医疗信息隐私法规的约束。

5. 虹膜扫描

虹膜是眼睛中位于瞳孔周围的一圈彩色部分。虹膜具有独特的图案、分叉、颜色、环状、冠状以及勾状纹路。虹膜内每种特征的唯一性会由摄像头捕获,并与登记阶段所收集的信息比较。在生物识别系统中虹膜扫描最精确。虹膜在人成年后保持不变,这样就减少了身份验证流程中可能出现的错误。与其他生物识别技术类型相比,虹膜采集可获得更多参考维度。从数学角度看,这意味着虹膜采集的准确率比其他生物识别技术更高。

注意

当使用虹膜识别系统时,应合理放置光学模块,避免阳光射入光圈。因此这类基础设施应予以合理安置。

6. 签名动态

当某人签名时,通常这个人都会以同样的方式和速度完成签名。签名产生的电信号可由生物识别系统捕获。文件签名过程中的身体动作会引起电信号,这个信号提供了唯一特征,该特征可用于对人的区分。签名动态(Signature Dynamic)提供了比静态签名更多的信息,因此具有更多变量参数,能更准确地验证并确认某人是否就是其所声称的那个人。

签名动态与数字化签名不同。数字化签名只是某个人签名的电子副本,而不是生物识别系统能捕获的签名速度、签名者握笔方式以及签名者签名时所施加的压力。

7. 击键动态

签名动态获取的是人签名时所产生的电信号,而击键动态(Keystroke Dynamic)则是获取人输入具体短语时所产生的电信号。当输入特定的短语时,生物识别系统可捕获这个动作的速度和动态。每个人的击键都具有特定的方式和速度,这些信息将转换成唯一信号。与输入口令相比,这种身份验证方式更有效。这是因为口令很容易让他人获取,而重复一个人的击键方式要比获取口令困难得多。

8. 声纹

不同人讲话的声音和模式存在一些细微差异。这类生物识别系统设计为捕获声纹(Voice Print)并将其与参考文件中的信息比较,从而区分出不同的人。在登记阶段,会要求某人说几个不同单词。之后,当其需要身份验证时,生物识别系统会将这些单词混杂在一起并呈现出来,这个人将再次读出所给出的一系列单词。通过使用这种技术,其他人将无法寄希望于通过录音并回放的方式获得未授权访问。

9. 面部扫描

生物识别系统可通过扫描一个人的脸部捕获许多属性和特征。每个人具有不同的骨骼结构、鼻梁、眼眶、额头和下巴形状。这些特征会在面部扫描(Facial Scan)过程中捕获,并与参考文件内的早期扫描记录进行比较。如果信息匹配,就准确地标识了此人的身份。

如果以一种不成熟的方式实现面部扫描技术，就很容易通过使用合法用户照片的方式绕过验证。为解决此问题，扫描器通过面部红外线投射对用户面部实施三维测量。这种测量方式就是 Apple 公司 Face ID 的工作原理。

10. 手形拓扑

手部外形主要关注的是人手及手指的大小和宽度，而手形拓扑(Hand Topology)则主要关注的是整个手的不同高峰和低谷，以及手的整体形状和曲率。当一个人需要身份验证时，需将手置于系统上。摄像头在系统的一侧，以与手部外形扫描不同的视角和角度捕捉手的侧视图，从而获得不同数据。但手形拓扑属性本身的唯一性并不足以对一个人实施身份验证，因此手形拓扑方法常与手部外形结合使用。

生物识别技术的问题和担忧

生物识别系统并非完美无瑕。生物识别系统依赖于生物个体所具有的特定和唯一特征，而问题就出在这里。生物体总处于不断变化之中，这意味着生物个体在每次登录时所提供的生物识别信息不是静止不变的。因此，语音识别可能因为用户身患感冒而出现错误，怀孕可能改变一个人的视网膜图案，一些人可能失去手指，或者以上 3 种情况同时发生。毕竟，在这样一个急速发展的世界，什么事情都可能发生。

一些生物识别系统通过检查某个身体部位的跳动或热度确认生物体并未死亡。因此，如果计划通过砍下某人手指或挖出某人眼珠验证用户身份的合法性，这种方法是行不通的。虽然并未特别声明，但这类行为超出了 CISSP 的道德范畴。一旦考生获得了认证，就有责任遵守 CISSP 的道德范畴。

16.1.4　基于所有权的身份验证

身份验证也可基于主体所拥有的东西，几乎总是某种物理或逻辑令牌，可以是电话、身份证甚至是植入式设备，也可以是加密密钥，如公钥基础架构(Public Key Infrastructure，PKI)中的私钥。有时，对令牌的访问会受到其他一些身份验证流程的保护，例如，个人需要先解锁手机才能访问基于软件的令牌生成器。

1. 一次性口令

一次性口令(One-Time Password，OTP)也称为动态口令(Dynamic Password)，用于身份验证，且只能使用一次。一次性口令在使用后就会失效；因此，即使攻击方捕获了口令也无法再次使用。口令是由令牌设备生成的，令牌设备属于某人所有(或至少是随身携带)的范畴。令牌设备是最常见的 OTP 实现机制，为用户生成需要向身份验证服务器提交的一次性口令。令牌设备通常以三种形式实现：一种是具有显示 OTP 小屏幕的专用物理设备，一种是智能手机应用程序，还有一种是作为一个向用户的手机发送短信(Short Message Service，SMS)的服务。下面将阐述这项技术背后的概念。

注意

2017 年，NIST 反对将 SMS 作为提供 2FA(2 Factor Authentication，双因素身份验证)的一种方式。通常认为 SMS 是一种不安全的渠道，但不幸的是，SMS 仍然在普遍使用。

令牌设备(Token Device) 令牌设备(或口令生成器)通常是一个有显示屏的便携式设备，还可能有一个按键面板。令牌硬件设备与用户试图访问的计算机是分离的。令牌设备和身份验证服务应以某种方式同步，从而实现用户身份验证。登录计算机时，令牌设备为用户提供一串字符作为输入口令。只有令牌设备和身份验证服务才知道这些字符的含义。因为两者是同步的，因此令牌设备提供的实际口令应与身份验证服务期望的口令相符。这些字符就是一次性口令(也称为令牌)，在使用一次之后即失效。

同步(Synchronous) 同步型令牌设备(Synchronous Token Device)要求设备和身份验证服务彼此同步到下一个 OTP。这种变化可由时间触发(例如，每 30 秒就有一个新的 OTP)，或者简单地通过预先约定的口令序列触发，每个口令在设备和服务器进入下一个口令之前只使用一次。设备向用户显示 OTP，然后用户输入这个值和一个用户 ID。验证服务解密凭证，并将 OTP 与所预期的值比较。如果两者匹配，用户通过身份验证并允许访问系统。

RSA SecurID

RSA Security 公司设计的 RSA SecurID 是一款知名的时间型令牌产品，如图 16-3 所示。其中一类产品是对时间、日期和令牌卡的 ID 使用数学函数算法生成 OTP；另一类则要求在令牌设备中输入一个 PIN。

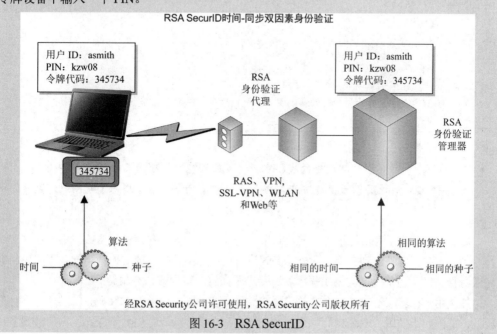

图 16-3 RSA SecurID

考试提示

同步令牌型一次性口令生成器既可基于时间，也可基于计数器。基于计数器的生成器又称为事件型生成器，这两个名称可互换使用。在 CISSP 考试中，有时会出现一个，有时两个都会出现。

异步(Asynchronous)　使用异步型令牌生成机制的令牌设备通过挑战/响应机制验证用户身份。这种情况下，身份验证服务器先向用户发送一个随机值作为挑战，此随机值也称为一次性随机数(Nonce)。用户将这个随机值输入令牌设备，令牌设备对随机值加密并向用户返回一个作为 OTP 的值。用户随后将这个口令值和用户名发送给身份验证服务器。如果身份验证服务器能解密出口令值，而且解密结果与先前发送给用户的挑战值相同，用户就通过了身份验证，如图 16-4 所示。

1. 在工作站上显示挑战值。
2. 用户将挑战值和PIN输入令牌设备。
3. 令牌设备向用户提供一个不同的值。
4. 用户将新值输入工作站。
5. 新值发送至服务器上的身份验证服务。
6. 身份验证服务器发送"允许访问"响应。

图 16-4　使用异步型令牌设备的身份验证包括工作站、令牌设备和身份验证服务

考试提示

同步型和异步型令牌设备的实际实现和流程可能因供应商而异。但重要的一点在于异步型令牌设备基于挑战/响应机制，而同步型令牌设备使用基于时间或计数器驱动的机制。

如果用户共享了身份标识信息(ID 或用户名)，并且令牌设备存在共享或盗用，那么这两种令牌系统都很容易遭到冒用。此外，令牌设备还可能由于断电或其他故障导致不能成功地完成身份验证。但是，这类系统不容易遭受电子窃听、嗅探或口令猜解。

如果用户在获取一次性口令之前需要在令牌设备中输入口令或 PIN 码，就实现了强身份验证，原因在于使用了双因素："某人知道的东西" (PIN)和 "某人拥有的东西" (令牌设备)。

注意

一次性口令也可在软件中生成，此时就不再需要令牌设备等硬件。这称为软令牌(Soft Token)，要求身份验证服务和应用程序包含相同的用于生成 OTP 的密钥。

2. 加密密钥

另一种证明自己身份的方法是使用非对称加密技术，通过用户私钥表明是所声称的人。私钥作为个人秘密保存，永远不应共享。因此，如果身份验证服务器拥有(或掌握)用户的公钥，服务器可使用这个密钥加密挑战并发送给用户。只有拥有相应私钥的用户才能解密并回应挑战。理想情况下，用户会使用服务器的公钥加密响应以提供相互验证。Secure Shell(SSH)通常使用加密密钥验证，而非口令验证，后者是最弱的身份验证形式，在网络上传输时很容易嗅探到。

3. 存储卡

存储卡与智能卡的主要差异在于处理信息的能力。存储卡(Memory Card)可保存信息，但不能处理信息。智能卡(Smart Card)不仅可保存信息，还具有实际处理信息的必要硬件和软件。存储卡能保存用户的身份验证信息，因此用户只需要输入用户 ID 或 PIN 并提交存储卡。如果用户输入的数据与存储卡上的数据匹配，就成功通过了身份验证。如果用户同时提交了 PIN 值，这就是一个双因素身份验证(某人知道的东西和某人拥有的东西)。读卡器能获取保存在存储卡中的身份识别信息。这些信息会和 PIN 一起发送至后端身份验证服务器。

与存储卡相关的示例是进入某幢建筑物时必须刷卡。用户首先输入自己的 PIN，然后在读卡机上刷一下卡。如果组合正确，读卡器就闪现绿灯，用户可进入房间。另一个示例是 ATM 卡。如果 Buffy 希望从存款账户中提取 40 美元，那么需要在读卡器上刷一下 ATM 卡(或存储卡)，同时输入正确的 PIN。

存储卡可与计算机一起使用，但需要一个读卡器处理信息。读卡器不仅增加了处理成本(特别是在每台计算机都需要一个读卡器时)，而且制作存储卡也增加了整个身份验证流程所需的成本和精力。因为攻击方只有获得存储卡并知道 PIN 才能达到目的，所以使用存储卡提供了一种比口令更安全的身份验证方法。管理员和管理层应权衡实现令牌型存储卡的成本与收益，以便确定这种身份验证机制是否适用于实际环境。

4. 智能卡

因为智能卡(Smart Card)本身包含微处理器和集成电路，所以智能卡具有处理信息的能力。存储卡并没有这类硬件，因此没有这种功能，存储卡能实现的唯一功能就是简单存储。因为用户可通过输入 PIN 解除智能卡的锁定，所以能处理所存储信息的智能卡还提供了双因素身份验证。这意味着用户需要提供自己知道的东西(PIN)以及拥有的东西(智能卡)。

智能卡通常分为接触式和非接触式两类，如图 16-5 所示。接触式(Contact)智能卡表面具有金手指。当这种卡片完全插入读卡器后，金属触条正好接插芯片触点所在位置，这样就可为芯片提供用于身份验证的电源和数据 I/O。非接触式(Contactless)智能卡四周绕有天线。这种卡片进入读卡器的电磁场范围后，卡片内的天线就会产生足够能量，从而为内部芯片提供电源。此时，智能卡的处理结果可通过同一天线广播，并能发起身份验证会话。通过使用一次性口令、采用挑战/响应值或在 PKI 环境内为用户提供私钥，即可完成身份验证。

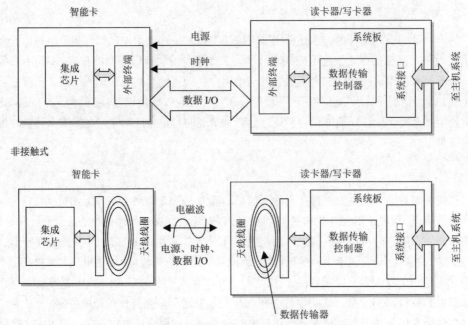

图 16-5　智能卡通常分为接触式和非接触式两类

　提示

非接触式智能卡具有两种类型：混合式与组合式。混合式智能卡拥有两块芯片，具有同时作为接触式和非接触式智能卡的能力。组合式智能卡拥有一个微处理器芯片，此芯片能与接触式或非接触式读卡器通信。

在没有输入正确 PIN 之前，存储在智能卡上的信息不可读取。这项功能以及智能令牌的复杂度将帮助智能卡抵御逆向工程和篡改攻击。如果 George 丢失了在工作区域用于身份验证的智能卡，那么捡到这张卡的人需要知道 George 的 PIN 才能开展真正的破坏活动。此外，智能卡还可编程将信息加密存储，并可检测针对卡片本身的篡改行为。当检测到篡改时，智能卡上存储的信息将能自动擦除。

与存储卡类似，使用智能卡的缺点也是读卡器的额外成本以及制作智能卡的开销(尽管这部分成本在不断下降)。由于使用了额外的集成电路和微处理器，因此智能卡本身比存储卡昂贵得多。从本质上讲，智能卡就是一种计算机。因此，影响计算机的许多操作挑战和风险同样存在于智能卡。

智能卡已经拥有多种不同功能，随着技术的发展和存储容量的增加，智能卡还会承载更多功能。智能卡能以防篡改的存储方式保存个人信息，因此，智能卡具有将关键安全计算与内部其他部分隔离的能力。智能卡可用于加密系统中的密钥存储，并且具有高级别的可移植性和安全性。内存和集成电路帮助在实际卡片上使用加密算法成为可能，从而通过智能卡的使用实现整个组织内的安全授权。

智能卡攻击(Smart Card Attacks)　与存储卡相比，智能卡具有更强的防篡改(Tamper-proof)能力。但由于其中包含敏感数据，因此某些人出于各种动机会千方百计绕开这些保护措施。近期，犯罪分子别出心裁地研究出各种攻击智能卡的方法。智能卡攻击通常是第 8 章讨论的密码分析技术的特例。例如，攻击方已想出办法在智能卡中产生计算错误，以此发现智能卡使用和存储的加密密钥。攻击方通过操纵智能卡的一些环境组件(改变输入电压、时钟频率和温度波动)让这些"错误"发生。向智能卡引入一个错误后，攻击方会观察某个加密函数的结果，并与没有出现错误时智能卡执行函数所得到的正确结果进行对比。分析这些不同的结果帮助攻击方对加密流程实施逆向工程，并有望获得加密密钥。这种攻击也称为故障生成攻击(Fault Generation Attacking)。

侧信道攻击(Side-channel Attack)是一种非侵入式攻击，在不利用任何形式的缺陷或弱点的情况下找出与组件运作方式相关的敏感信息。因此，非侵入式攻击(Noninvasive Attack)是指攻击方观察某个组件的运作方式以及在不同情况下的反应，不必采用更多入侵手段，就能达到攻击目的。侧信道攻击的示例有很多。例如，针对智能卡的差分功率分析(Differential Power Analysis)检查智能卡处理过程中释放的功率辐射，电磁分析(Electromagnetic Analysis)检查智能卡发射的频率，计时(Timing)确定完成特定流程所需的时间。这些攻击类型用于发现与某个组件运作方式有关的敏感信息，并且不必利用任何形式的缺陷或弱点。侧信道攻击的方式通常用于收集数据。攻击方能监测并捕获所有电源和接口连接上的模拟特征以及处理器正常运行过程中产生的任何电磁辐射。攻击方还能采集智能卡执行函数所需的时间。基于收集的信息，攻击方能推断出所寻求的特定信息，这些信息可能是一个私钥、敏感的财务数据或智能卡上存储的加密密钥。

互操作性

目前，缺乏互操作性是业内的一个严重问题。ISO/IEC 14443 标准涵盖了下述智能卡标准化分册：

- ISO/IEC 14443-1物理特征
- ISO/IEC 14443-2射频功率和信号接口
- ISO/IEC 14443-3初始化和防冲突
- ISO/IEC 14443-4传输协议

软件攻击(Software Attack)也归为非侵入式攻击。与执行数据处理的其他设备一样，智能卡中也存在有软件，而任何使用软件的地方都存在可利用的软件缺陷。这种攻击的主要目的是在智能卡中输入允许攻击方提取账户信息的指令，攻击方能使用这些信息实施消费欺诈。许多此类软件攻击可通过使用看似合法的读卡器予以伪装。

更具侵入性的智能卡攻击称为微探测(Microprobing)。微探测通过使用无针超声振动去除智能卡电路上的外部保护材料，随后就可通过直接连接智能卡的 ROM 芯片来访问和操纵其中的数据。

近场通信

近场通信(Near Field Communication，NFC)是在 13.56MHz 的基频上提供数据通信的短距离(几厘米)射频(Radio Frequency，RF)通信技术。近场通信设备的制造商遵循 ISO/ IEC 18092 国际互操作性标准。虽然这项技术最为人所知的可能是使用手机的非接触式支付，但 NFC 也运用于非接触式智能卡。

16.2　凭证管理

凭证管理(Credential Management)涉及在所有系统上创建用户账户、在必要时分配和修改账户信息和权限，同时能停用不再需要的账户。在多数环境中，IT 部门在不同系统中手动创建账户，用户通常会授予过多权限和许可。同时，当一名员工离开组织时，离职员工的大多数账户依然处于激活状态。在集中化凭证管理技术未能部署实施时，这是十分典型的情况。

凭证管理产品允许一名管理员管理多套系统中的账户，借此解决上述问题。当存在多个保存有用户配置或访问信息的目录时，账户管理软件通过在多个目录中复制这些信息以确保每个目录包含相同的最新信息。这类自动化工作流的能力不仅可减少账户管理中可能出现的错误，而且记录和跟踪每个步骤(包括账户批准)。这就实现了可问责性，并在发生问题时提供回溯所需的文档资料。自动化工作流还有助于确保仅向账户提供必要的访问权限，以及在员工离开组织后不存在仍处于活动状态的"孤立(Orphaned)"账户。此外，自动化工作流也是审计师乐于见到的。毕竟，安全专家们总是希望让审计师满意！

注意

这些类型的凭证管理产品常用于创建和维护内部账户。Web 访问控制管理则主要针对外部用户。

企业凭证管理产品往往非常昂贵，部署到整个企业可能需要数年的时间。然而，监管的要求有效地促使越来越多的公司出资购买此类解决方案，而这正是供应商所希望看到的！稍后将探讨一个良好的凭证管理解决方案应具备的各个方面。

16.2.1　口令管理器

两种基于口令的身份验证(Password-based Authentication)的最佳实践是设置足够复杂的口令，以及每个账户使用不同的口令。靠记忆同时完成以上两点是一项艰巨的任务。一种流行的解决方案是采用软件产品记住用户的凭证。这类产品称为口令管理器(Password Manager)或口令保险库(Password Vault)，并具有两种产品形态：作为独立应用程序，或作为特性集成在其他应用程序(如 Web 浏览器)中。在这两种产品形态中，应用程序将用户的识别码和口令存储于一个基于口令加密的数据库中。用户只需要记住主口令，其他口令则由应用程序维护。这类产品通常提供随机口令生成功能，并允许用户保存包括 URL 或注释等的其他信息。大多数现代 Web 浏览器提供为特定网站记住用户身份和口令的功能。

使用口令保险库的一个明显问题是，口令保险库也同样向恶意用户提供"一站式"攻击的可能性。如果恶意用户能发现和利用应用程序存在的漏洞，就能获得用户的所有凭证。这类应用程序的研发团队不遗余力地确保其产品安全，但众所周知，没有百分百安全的系统。实际上，已经有多条记录在案的漏洞案例表明，攻击方能通过漏洞盗取这些原本认为安全的凭证。

16.2.2　口令同步

另一项凭证管理方法是使用口令同步(Password Synchronization)技术，口令同步技术允许用户只需要在多个系统之间维护一个口令。这类产品会将口令同步至其他系统和应用程序，同步过程对用户是透明的。口令同步的目的是让用户只需要记住一个口令，从而帮助组织实施更健壮、更安全的口令要求。如果某位用户只需要记住一个口令，则用户就可能倾向于使用更长、更复杂的字串值作为口令。这样既可减少服务台(Help-desk)收到的求助电话数量，也为管理员节省了宝贵时间。

但这种方法也会受到质疑，其中一个质疑点就在于由于使用一个口令即可访问各种资源，因此攻击方现在只需要攻破一个口令凭证就能实现对所有资源的未授权访问。但是，如果对口令的要求更苛刻(12 个字符、不出现字典中的单词、具有 3 个符号以及大小写字母等)，并且定期修改口令，就可在安全性和易用性之间找到平衡。

16.2.3　自助式口令重置

某些产品允许用户重置自己的口令。这并不意味着用户拥有任何系统特权去修改自己的凭证。相反，在用户注册账户的过程中，系统会要求用户以问答形式提交几个个人问题(第一辆汽车、最喜欢的老师或最喜欢的颜色，等等)。如果用户忘记了自己的口令，系统会提供另一种身份验证机制(智能卡、令牌)，并要求用户回答这些以前回答过的问题以确定用户的身份。

许多产品都允许用户通过其他方法修改自己的口令。例如，如果用户忘记了口令，那么系统会要求用户回答一些在注册账户流程中回答过的问题(如认知口令)。如果正确回答了这些问题，系统就向用户发送一封电子邮件，其中包含一个需要单击的链接。口令管理产品会将用户的身份与用户在注册账户流程中给出的问题答案以及用户的电子邮件地址关联。如果用户正确完成了所有步骤，就会出现一个允许用户重新设置自己口令的界面。

警告:

口令管理产品不应当询问公开的信息(例如，用户母亲的原姓氏)，原因在于任何人都可找出这些信息，并基于这些信息伪装成用户。

16.2.4　辅助式口令重置

还有一些专门为需要处理口令遗忘问题的服务台工作人员所研发的产品。服务台工作人员不应知道或询问用户的口令，否则可能造成安全风险，因为只有口令所有方才应知道自己的口令。拨入电话求助的用户在未验证身份前，服务台工作人员同样不应修改用户的口令，否则可能出现社交工程攻击(Social Engineering Attacking，SEA)，即攻击方伪装成某位用户致电服务台。如果攻击成功，攻击方就可得到一个有效的员工口令，从而未经授权就能访问组织的敏感信息。

提供辅助式口令重置功能的产品允许服务台工作人员在重置口令前对拨入电话的用户实施身份验证。这个身份验证流程一般通过上一节所述的认知口令形式执行。在更改口令前，服务台工作人员和拨入电话的用户应先通过口令管理工具实施身份标识和身份验证。一旦口令更新，对用户执行身份验证的系统应当要求用户再次修改口令。这样做可确保只有用户(而不是用户和服务台工作人员)知道自己的口令。使用辅助式口令重置产品的目的在于：降低呼叫支持的成本，确保以一致和安全的方式处理所有呼叫。

16.2.5　即时访问

安全专家可能不希望组织中的普通用户在计算机上拥有管理权限。然而，如果组织实施最小特权的安全原则(第 9 章中描述)，用户可能会因缺乏授权导致在某些情况下无法执行组织期望的职能。例如，让用户的笔记本"忘记"已经连接过的无线网络或软件更新等类似场景下，普通用户可能需要具有管理权限(或以其他方式提权)的凭证。传统的方法是让用户提交一个工单，等待 IT 管理员为用户执行操作。这是一种成本高昂的业务方式，当组织规模较大时尤为明显。

即时(Just-in-Time，JIT)访问是一种资源调配方法，这种方法将用户提升到执行特定任务所需的特权访问。即时访问是一种允许用户处理日常任务的方法，否则需要 IT 人员干预(可能降低用户的生产效率)。这种方法通过减少威胁行为方访问特权账户的时间，降低特权账户滥用的风险。JIT 访问通常以细粒度的方式授予权限，适用于特定时间范围内的指定资源或操作。例如，如果用户需要管理权限允许视频会议应用程序访问桌面，则可授予一次性访问权限改变系统中的特定设置，然后回收权限。

16.2.6　注册与身份证明

现在思考一下如何创建账户。在许多环境中，如果一位新用户需要账户，那么网络管理员将为其创建账户并赋予某种特权和权限。但网络管理员如何知道这名新用户需要访问哪些资源，同时为新账户分配恰当的权限呢？大多数情况下，网络管理员并不知道答案，网络管理员只是执行创建账户和分配权限的动作，这个流程可能导致用户拥有过大的权限，并能访问各种资源。此时，正确做法应当是执行一个工作流，允许用户提交新账户申请。由于组织中很少有人会知道一名新员工，因此组织中需要有人证明这名新员工的身份。这个流程有时称为身份证明(Proofing of Identity)，出于税务和福利目的，确认新员工身份的工作通常由人力资源(Human Resources，HR)员工执行。新账户申请会发送至这名新员工的经理，由新员工的经理确认新员工所需的权限，随后生成工单并由技术人员创建账户。

如果涉及更改账户权限或账户停用的申请，组织会执行相同的流程。申请会发送至经理(或委派至审批任务的人员)，经理批准申请，对应的账户随之更改。

随着时间的推移，新用户将拥有各种用于身份验证的身份属性，这些信息分别存储在网络上的不同系统中。当用户请求访问某个资源时，用户的所有身份数据已经从其他身份存储库和人力资源数据库中复制并保存至一个中央目录中，中央目录有时也称为身份仓库(Identity Repository)。当员工由于某些原因离职时，一条新消息会从人力资源数据库发送至中央目录。随后会自动生成一封关于账户停用的邮件，并将邮件发送给经理。一旦审批通过，账户管理软件就会关停用户的所有账户。

用户资源调配(User Provisioning)指的是为响应业务流程而创建、维护和冻结(Deactivation)位于一个或多个系统、目录或应用程序中的用户对象和属性。用户资源调配软件可包括以下一个或多个组件：变更流转、自助式工作流、统一化用户管理、委派式用户管理以及联合变更控制。用户对象可以是员工、承包商、供应商、合作伙伴、客户或其他服务对象。服务可包括电子邮件、数据库访问、文件服务器或大型机访问等。

授权记录系统

授权身份信息的来源是"记录系统"，或最初创建和维护身份信息的地方。这类系统拥有最新、最可靠的身份信息。授权记录系统(Authoritative System Of Record，ASOR)是层次化的树状结构系统，记录了主体间的授权链。组织需要以自动化、可靠的方式检测和管理用户账户的非正常或可疑变更，并通过强大的审计能力收集这类数据。ASOR 应包括主体姓名、关联账户、每个账户的授权历史记录和资源调配细节。这种工作流和问责方式符合监管合规需求，并能让审计师了解一个环境内对访问实现集中管控的方式，因此 ASOR 越来越受欢迎。

现在已经做了一些成绩显著的努力。组织可按业务需求创建、维护和删除账户。这样做还意味着什么？创建账户也是创建对组织资产的访问权限，具体方式是通过资源调配赋予或取消用户的访问权限。在用户身份的整个生命周期中，应使用明确的、自动化的和可审计的流程，按需变更用户的访问权、权限和特权。

16.2.7　用户配置文件更新

大多数公司并不只为用户保存如"Bob Smith"这样的信息，也不会基于这样的信息作出所有访问决策。公司还会收集用户的一些额外信息(电子邮件地址、家庭住址和电话号码等)。如果这组数据与某位用户的身份关联，就将其称为用户配置文件(Profile)。

用户配置文件应集中保存在某个位置，以便管理员在必要时以自动方式创建、更改或删除这些用户配置文件。许多用户配置文件中包含用户可自行更新(称为自助服务)的非敏感数据。如果 George 搬到了新家，就应当有一个用户配置文件更新工具允许其进入自己的用户配置并更改地址信息。现在，George 的用户配置文件中还可能包含不允许 George 访问的敏感数据，例如，George 对资源的访问权限，或者周五 George 将收到辞退的信息。

如果某人曾在电子商务网站上申请更新自己的个人信息，就已经与某种用户配置更新技术产生过交互。这些公司允许用户登录并更新自己所同意的用户可访问信息，例如，用户的联系信息、家庭住址、购买喜好或信用卡资料。随后，这些用户信息会更新至客户关系管理(Customer Relationship Management，CRM)系统，这样公司就知道如何将广告邮件或垃圾邮件发送给用户了！

16.2.8 会话管理

会话(Session)是双方为实现互相通信而达成的协议。可将会话想象成一次通话：某人拨打朋友的电话号码，对方决定是否应答。如果对方决定应答，双方就开始交谈，直到因为某些情况的发生而结束通话。这里的"某些情况"可能是某人(或其朋友)因为时间原因不得不挂断电话，或双方中的一方将事情说完后产生了尴尬的沉默，或其中的一方开始表现得很奇怪、另一方对此感到不悦而挂断电话。从技术角度看，通话可永远持续下去，尽管这种情况在实际中并不会发生。

信息系统一直使用会话机制。当某人开始工作并登录到计算机时，将与操作系统建立一个经过身份验证的会话，用户可通过操作系统启动电子邮件客户端。当电子邮件客户端应用程序连接到邮件服务器时，客户端应用程序会建立另一个经过身份验证的会话(可能会使用与用户登录计算机相同的凭证)。因此，从信息系统安全性角度看，会话既可存在于用户和信息系统之间，也可存在于两个信息系统(如两个正在运行的程序)之间。如果会话需要经过身份验证(如前两个示例中所描述的)，那么在会话开始时会执行身份验证；然后，在会话结束之前，会话中的所有内容都会视为可信。

这种信任正是需要非常谨慎地处理会话的原因。威胁行为方经常会出于自己的目的劫持会话，尝试将自己注入已经过身份验证的会话中。会话管理是建立、控制和终止会话的流程，这些流程通常出于安全考量。会话建立通常需要对会话的一方或双方实施身份验证和授权。会话控制可记录开始、结束和会话期间的任何内容，还可跟踪恶意活动的时间、行为甚至特征。三种最常见的会话终止触发机制如下：

- **超时(Timeout)** 当建立会话时，会话终端往往会约定会话的持续时间。用户应谨慎地尽量缩短这个时间窗口，同时确保不会对业务造成不良影响。例如，VPN 集中器(VPN Concentrator)可将远程工作人员的会话限制在 8 小时以内。
- **不活动(Inactivity)** 对于某些会话，只要用户一直处于活动状态，那么会话就会长时间持续。通常而言，与因总持续时间(如超时)而触发终止的会话相比，因不活动而触发终止的会话时间更短。例如，许多工作站会设置屏幕锁定策略，如果用户在 15 分钟内未使用鼠标或键盘，将锁定屏幕。

- **异常(Anomaly)** 通常，会话本身可能已具有超时触发或不活动触发(或两者都有)的控制机制，而异常检测是在此基础之上额外添加到会话的一种控制措施。这种控制措施会寻找会话中的可疑行为，如请求异常大的数据，或与不同寻常的、已禁止的目标通信。这些行为可视为会话劫持的特征。

16.2.9　可问责性

审计能力可确保对用户操作的可问责，确认安全策略是否实施，并用作调查工具。网络管理员和安全专家希望确保启用并正确配置可问责机制的原因有：跟踪个体的恶意行为、检测入侵、重现事件和系统状态、提供法律追溯材料以及生成问题报告。审计文档和日志文件包含大量信息，而挖掘其中信息的诀窍通常需要破译这些文档和文件，并以有用且易于理解的形式呈现出来。

可通过记录用户、系统和应用程序的活动实现可问责性(Accountability)，审计记录通过操作系统或应用程序内的审计功能和机制完成。审计轨迹(Audit Trail)包含有关操作系统活动、应用程序事件和用户操作的信息。通过检查性能信息或特定类型的错误和条件，审计轨迹可用于确认系统的健康状态。系统崩溃后，网络管理员通常会审查审计日志，尝试将审计信息与系统状态信息拼接关联起来，试图了解可能导致系统崩溃的事件。

审计轨迹还可用于提供有关任何可疑活动的告警，以便日后开展调查工作。此外，审计轨迹在判断攻击范围及其造成的破坏程度方面具有极高价值。需要确保维持一条正确的证据保管链(Chain of Custody)，以便在日后将所收集到的任何数据用于法律诉讼或调查等情况时，能正确和准确地呈现这些数据。

在开展审计实务时，应记住以下几点：

- 安全地存储审计记录。
- 使用适当的审计工具控制日志大小。
- 为保护数据，应保护日志不受任何未经授权的更改。
- 培训员工以正确方式审查数据，并保护隐私。
- 确保仅有管理员拥有删除日志的权力。
- 日志应包含所有特权账户(Root、Administrator)的活动。

管理员配置需要审计和记录的操作与事件。在安全级别较高的环境中，管理员会配置需要捕获更多的活动，并为这些活动设置更敏感的阈值。通过审查事件以识别安全违规的出现位置，以及是否存在违背安全策略的情况。如果环境不需要较高的安全级别，需要分析的事件就会减少，对阈值的要求也会降低。

如果没有适当的全局视角，需要审计的项目和操作可能无穷无尽。安全专家需要对环境及安全目的予以评估，了解需要审计的操作，以及在捕获相关信息后所需的处理方式，以免造成磁盘空间、CPU 能效和员工工时的过多浪费。下面从总体上阐述需要执行审计和记录的项目与操作。

系统级事件：

- 系统性能
- 登录尝试(包括成功的或失败的)
- 登录 ID
- 每次登录尝试的日期和时间
- 用户和终端的锁定
- 管理工具的使用
- 使用的设备
- 执行的功能
- 更改配置文件的请求

应用程序级事件：

- 错误消息
- 打开和关闭文件
- 文件修改
- 应用程序内的安全违规

用户级事件：

- 身份标识和身份验证的尝试
- 使用的文件、服务和资源
- 执行的命令
- 安全违规

上述每个阈值(阈值水平)和参数都需要精心地配置。例如，管理员可审计每次登录尝试或只审计每次失败的登录尝试。在系统性能方面，可查看 8 小时内的内存使用总量，或查看一小时内的内存、CPU 和硬盘空间的使用情况。

入侵检测系统(Intrusion Detection Systems，IDS)持续扫描审计日志中的可疑活动。如果发生入侵或有害事件，通常会留存审计日志，并在后续必要时用作有罪证明或起诉材料。如果发生严重的安全事件，很多时候 IDS 会向管理员或工作人员发出告警，帮助管理员或工作人员采取适当措施制止破坏活动。如果识别为危险病毒，那么管理员可将邮件服务器离线。如果攻击方正在访问数据库中的机密信息，可临时断开这台计算机与网络或 Internet 连接。如果攻击正在持续，管理员可能希望监视正在发生的操作，从而追踪入侵方。IDS 可实时监测这类活动，也可扫描审计日志并监视特定的模式或行为。

16.2.10 审查审计信息

审计轨迹(Audit Trail)可通过人工或自动化方式审查。无论采用何种方式，都应审查和解释审计轨迹。如果组织以人工方式审查审计轨迹，则需要建立一套涵盖审查的方式、时间和原因的体系。通常，在发生安全违规、难以解释的系统动作或系统崩溃后，审计日志是非常重要的审查项。管理员或安全专家将迅速尝试还原导致事件发生的原因。此类审计检查以事件为导向。也可定期检查审计轨迹，监测用户或系统的异常行为，帮助了解系统的基线和运行健康状况。此外还有实时或准实时的审计分析，这种审计分析使用自动化工具在审计信息创建之时即实施审查。管理员应有一个审查审计数据的任务计划。审计材料通常需要分析处理并在其他位置保存指定时间。组织的安全策略和程序应包括对这类保存信息的说明。

人工审查审计信息可能导致庞大的工作量。有一些应用程序和审计轨迹分析工具可减少需要审查的审计日志量，提高人工审查程序的效率。绝大多数情况下，审计日志包含的都是多余信息，这类工具会分析出特定事件，并以可用性较高的格式呈现。

顾名思义，审计精简工具(Audit-reduction Tool)可减少审计日志中的信息量。这种工具会忽略普通的任务信息，同时记录对安全专家或管理员有用的系统性能、安全和用户功能信息。

如今，越来越多的组织正在实施安全信息与事件管理(Security Information And Event Management，SIEM)系统。这类产品从各种设备(服务器、防火墙和路由器等)收集日志，尝试关联日志数据并提供分析能力。通过人工方式持续审查日志并希望以此查找出可疑活动的方式，不仅令人感到无聊乏味，并且几乎难有所获。在网络中大量的数据包和网络通信数据在传输，人员无法实时或近乎实时地收集和分析所有这些数据，识别出当前的攻击并做出反应，实有难度。

组织在网络上还有不同类型的系统(路由器、防火墙、IDS、IPS、服务器、网关和代理)，这些不同系统的日志有各自的专有格式，因此还需要对日志执行集中化、标准化和归一化处理。不同产品类型和供应商的日志格式又有所不同。Juniper 网络设备创建的日志格式与 Cisco 系统创建的日志格式不同，而后者的格式与 Palo Alto 和 Barracuda 防火墙创建的格式又不同。收集环境中各种不同系统的日志非常重要，因为可实现某种类型的态势感知(Situational Awareness)。一旦日志完成收集，就需要对日志实施智能处理、数据挖掘和模式识别。这么做的目标是将看似无关的事件数据拼接关联起来，帮助安全团队充分了解网络中发生的情况，并做出正确反应。

注意

态势感知意味着组织了解当前的环境，即使是复杂、动态且由看似无关的数据点组成的环境。组织需要理解周围环境中每个数据点在其上下文场景的意义，从而帮助组织做出最佳决策。

保护审计数据和日志信息

如果不速之客闯入了私人住宅，那么闯入者会竭力掩盖踪迹，不留下指纹或任何其他可将自己与犯罪活动联系起来的线索。计算机欺诈和非法活动也是如此，攻击方会努力掩盖踪迹。攻击方通常会删除涉及犯罪活动信息的审计日志；删除审计日志中特定犯罪数据的行为称为"清洗(Scrubbing)"。删除这类信息能导致管理员收不到告警或无法意识到存在安全违规行为，并可能破坏有价值的数据。因此，审计日志应通过严格的访问控制保护，并存储于远程主机。

应当只有特定人员(管理员和安全专家)才能查看、修改和删除审计轨迹信息。其他任何人都不能查看这些数据,更不用说是修改或删除轨迹信息了。可通过使用数字签名、哈希工具和强大的访问控制机制确保数据的完整性。如有必要,组织可使用加密技术和访问控制措施保护其机密性,并存储在一次性写入介质(Write-once Media,光盘)以防止数据丢失或遭到修改。同时,应捕获并报告对审计日志的未授权访问尝试。

审计日志在庭审中可用于证实嫌疑人的罪行,阐释攻击的实现方式,或对陈述予以印证。这些日志的完整性和机密性会受到详细审查。因此,应采取适当措施确保审计信息的机密性和完整性不受任何形式的破坏。

注意
第 22 章中将介绍调查技术和证据处理。

16.3　身份管理

身份管理(Identity Management,IdM)是一个广义术语,包括使用不同产品对用户实施自动化的身份标识、身份验证和授权。通常,身份管理还包括用户账户管理、访问控制、凭证管理、单点登录(Single Sign-on,SSO)、用户账户权限和许可管理以及持续的审计与监测。对安全专家而言,有必要理解构成完整企业 IdM 解决方案的所有技术。IdM 要求管理唯一标识的实体、实体的属性、凭证和权限。IdM 允许组织以实时、自动的方式创建并管理数字身份的生命周期(创建、维护和终止)。企业 IdM 解决方案从内部系统至外部系统的范围内,均应满足业务的需求。本节将探讨这些技术及其协同工作的方式。

注意
身份和访问管理(Identity and Access Management, IAM)是另一个可与身份管理(IdM)互换的术语,尽管(ISC)[2]认为 IdM 是 IAM 的一个子集。

如今,身份管理产品已发展为一个繁荣的市场,这种产品着重于降低管理成本、提高安全性、满足监管合规以及提升整个企业的服务水平。网络环境复杂度和多样性的持续增长也提高了跟踪用户访问资源及访问时间的复杂度。组织拥有不同的应用程序、网络操作系统、数据库、企业资源管理(Enterprise Resource Management,ERM)系统、客户关系管理(Customer Relationship Management,CRM)系统、目录和大型机,所有这些都具有不同的业务用途。此外,组织还拥有合作伙伴、承包商、顾问、员工和临时员工(图 16-6 提供了大多数环境的简单视图)。在日常生活中,用户通常需要访问几种不同类型的系统,导致访问控制和对不同数据类型提供必要的保护级别变得非常困难,而且障碍重重。这种复杂度往往导致资产保护过程中无法预测和无法确定的漏洞、彼此重叠且相互矛盾的控制措施,以及出现违背策略和法规的情况。身份管理技术的目的就在于简化管理问题并平息混乱。

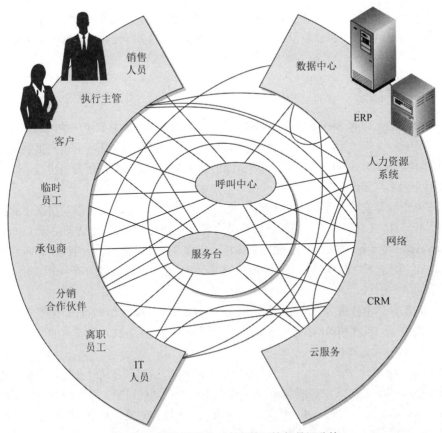

图16-6 就访问而言，大多数环境都是混乱的

下面列出企业目前在身份管理执行方面需要处理的常见问题：

- 每个用户应当能访问哪些内容？
- 由谁批准和准许访问？
- 访问决策如何与策略对应？
- 离职员工是否仍然拥有访问权？
- 组织如何与不断变化的动态环境同步？
- 撤销访问的流程是怎样的？
- 如何对访问实施集中控制和监测？
- 为什么员工需要记住8套口令？
- 组织有5个不同的操作平台。如果每个平台和应用程序都需要自己的凭证集，应如何集中控制？
- 组织如何控制员工、客户和合作伙伴的访问权限？
- 如何确保组织遵从了必要的法规？

传统的身份管理流程手动维护具有权限、访问控制列表(ACL)和配置文件的目录服务。

事实证明，这种劳动密集型方法无法满足日益复杂的要求，因此已由功能丰富的自动化应用程序整合的 IdM 基础架构所取代。IdM 技术的主要目标是简化对整个企业中多套系统内主体的身份标识、身份验证、授权以及审计的管理。异构企业的多样性导致正确实现 IdM 成为一项浩大工程。

16.3.1　目录服务

目录服务(Directory Service)与 DNS 非常类似，将资源名称映射到相应的网络地址，从而允许发现设备、文件、用户或任何其他资产并与其通信。网络目录服务为用户提供对网络资源的透明访问，这意味着用户不需要知道资源的确切位置或访问资源所需的步骤。网络目录服务在后台为用户处理这些问题。

大多数企业都使用包含公司网络资源和用户信息的目录。多数目录遵循层次化的数据库格式，基于 ITU X.500 标准，但现在最常用的实现是通过轻量级目录访问协议(Lightweight Directory Access Protocol，LDAP)，允许主体和应用程序与目录交互。应用程序可向目录发出一个 LDAP 请求，请求访问特定用户的相关信息，用户也可通过类似的请求访问指定资源的相关信息。

目录内的客体由目录服务管理。目录服务(Directory Service)允许管理员配置和管理身份标识、身份验证、授权和访问控制在网络和单个系统上的实现方式。目录内的客体通过命名空间(Namespace)标记和标识。

在 Windows 活动目录(Active Directory，AD)环境中，当用户登录时会登入一个域控制器(Domain Controller，DC)，域控制器数据库中具有一个层次化目录。域控制器数据库组织网络资源并执行用户访问控制功能。因此，一旦成功登入域控制器，基于 AD 的配置，用户可访问某些网络资源(如打印服务、文件服务器和电子邮件服务器等)。

目录服务如何让这些实体保持有序运行呢？就是使用命名空间(Namespace)。每种目录服务都采用某种方式标识和命名自身管理的客体。在 LDAP 中，目录服务为每个客体分配识别名称(Distinguished Name，DN)。每个 DN 代表与某个客体有关的一组属性，并作为一个条目存入目录。DN 通常由一个常用名(Common Name，CN)和域组件(Domain Component，DC)组成。因为这是一个层次化目录，所以 .com 位于顶层，.LogicalSecurity 位于 .com 下一层，.Shon Harris 则位于底层，如图 16-7 所示。

```
dn: cn=Shon Harris,dc=LogicalSecurity,dc=com
cn: Shon Harris
```

图 16-7　层次化目录

这是一个非常简单的示例。公司通常会具有大型的树结构(目录)，其中包含着代表不同部门、角色、用户以及资源的层级和客体。

目录服务管理其中的条目和数据，并通过执行访问控制和身份管理功能实施已配置的安全策略。例如，当用户登入域控制器(DC)时，目录服务(Directory Service，DS)将判定用户能访问网络中的哪些资源。

16.3.2　目录在身份管理中的角色

目录服务是可用于 IdM 的通用资源。以这种方式使用时，目录服务优化读取和搜索操作，并成为 IdM 解决方案的核心组件。这是因为所有资源信息、用户属性、授权配置文件、角色、访问控制策略等都存储在相同位置。当其他 IdM 功能需要执行各自的功能(授权、访问控制和分配权限)时，就有了一个集中的位置来获取需要的所有信息。

存储在 IdM 目录中的许多信息分散在整个企业中。用户属性信息(员工状况、工作描述和部门等)通常存储在人力资源数据库中，身份验证信息会保存在 Kerberos 服务器中，角色和组标识信息保存在 SQL 数据库中，面向资源的身份验证信息则存储在域控制器的活动目录中。这些通常称为身份存储库(Identity Store)，且位于网络的不同位置。

许多身份管理产品的主要作用是创建元目录或虚拟目录。元目录(Meta-directory)从多个来源收集必要的信息，并将这些信息保存在一个中央目录内。这为企业中所有用户的数字身份信息提供了统一的视图。元目录定期与所有身份存储库同步，确保企业中的所有应用程序和 IdM 组件所用的都是最新信息。

组织所有这些内容

在 LDAP 系统中，下列规则可用于客体管理：

- 目录具有树结构，使用父-子关系配置组织其条目。
- 每个条目都具有由某个特定客体的属性组成的唯一名称。
- 目录中所使用的属性由预定义模型规定。
- 唯一标识符称为识别名称(Distinguished Name)。

模型描述了包括目录结构和目录内可使用的名称在内的内容。图 16-8 说明了一个客体(Kathy Conlon)拥有下列属性的方式：ou=General，ou=NCTSW，ou=WNY，ou=locations，ou=Navy，ou=DoD，ou=U.S. Government，C=US。Kathy 的识别名称由列出的所有节点组成，从目录树的根部(C=US)开始一直到目录树的叶节点(cn=Kathy Conlon)，并用逗号隔开。

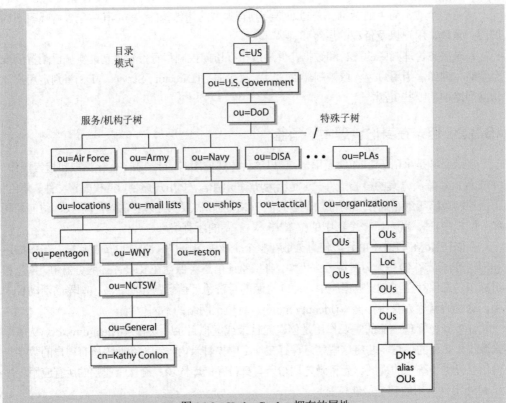

图 16-8 Kathy Conlon 拥有的属性

需要注意，OU(Organizational Unit)表示组织单元。OU 用作其他相似 OU、用户和资源的容器。CN(Common Name)表示常用名。

虚拟目录(Virtual Directory)的作用与元目录相似，可代替元目录。两者的差异在于，元目录的目录中含有身份数据，而虚拟目录中则没有数据，虚拟目录只是指向驻留实际数据的位置。当 IdM 组件调用虚拟目录收集一名用户的身份信息时，虚拟目录将指向信息实际所在的位置。

图 16-9 展示了使用中央 LDAP 目录的 IdM 服务(访问管理、资源调配和身份管理)。当其中一个服务收到用户或应用程序的请求时，服务从目录中提取出必要的数据执行这个请求。由于正确执行这些请求所需的数据存储在不同位置，因此元数据目录要从这些不同位置取出数据并更新 LDAP 目录。

16.3.3 单点登录

多数情况下，员工需要在一天内访问不同的计算机、服务器、数据库以及其他资源才能完成自己的工作。这往往要求员工记住不同计算机的多个用户 ID 和口令。理想状况下，用户只需要输入一个用户 ID 和一个口令，就能访问用户工作涉及的所有网络上的所有资源。实际上，这对于所有类型的系统都非常难以实现。

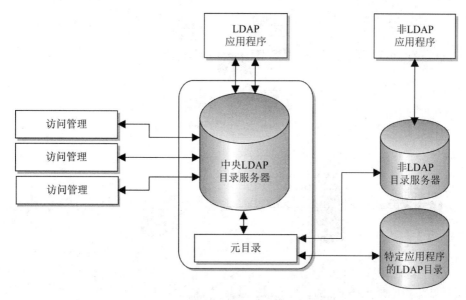

图 16-9　元目录从其他来源中提取数据来更新 IdM 目录

由于客户端/服务器技术广泛普及，网络已由集中式控制的网络发展成为异构、分布式网络环境。开放系统的发展以及大量应用程序、平台和操作系统的不断增加，导致最终用户不得不记住若干用户 ID 和口令，才能访问所在网络内的资源。尽管不同的 ID 和口令理应提供更高的安全水平，但最终损害了安全性(因为用户将口令记录在纸上)，并给网络的管理和维护人员带来更多工作量和开销。

正如网络人员或管理员证明的那样，网络人员或管理员的大多数时间都花费在为那些忘记口令的用户重置口令的工作上。当用户忘记口令并需要重置时，会同时影响其他员工的生产效率。重置口令的网络人员不能从事其他工作；在网络人员重置其口令之前，员工也不能完成自己的任务。根据 Gartner Group 提供的数据，基于企业的不同，所有 IT 服务台呼叫中有 20%~50%针对口令重置。据 Forrester Research 估计，在美国，每个此类呼叫的成本为 70 美元。系统管理员不得不在不同平台上管理多个用户账户，并且这些账户都需要以保持安全策略完整性的方式调整。有时，这种复杂度大到让人感到难以应对，并可能导致访问控制管理不佳，同时产生许多安全漏洞。即使安全专家在管理多个口令方面耗费了大量时间，但并未提供更高的安全性。

考虑到管理不同网络环境的成本、安全问题、用户习惯，以及用户希望只记忆一套凭证的强烈需求，单点登录(Single Sign-On，SSO)功能这一概念应运而生。如图 16-10 所示，单点登录功能允许用户只输入一次凭证，就能访问主网络域和二级网络域中的所有资源。单点登录大大减少了用户在访问资源时身份验证所花费的时间，并使管理员能够非常容易地控制用户账户的访问权限。单点登录通过降低用户写下口令的可能性、减少管理员添加/删除用户账户与修改访问权限所花费的时间，提高了安全性。如果管理员需要禁用或暂停某个特定的账户，可通过统一的方式执行操作，而不必在每个平台上逐个更改相应配置。

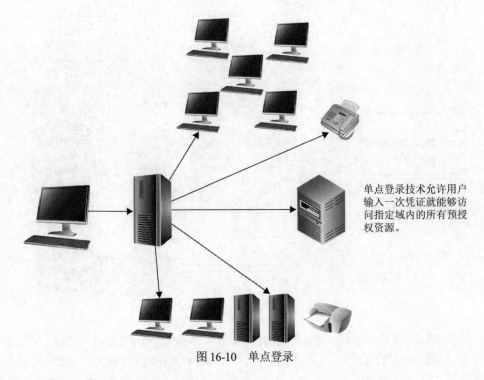

单点登录技术允许用户输入一次凭证就能够访问指定域内的所有预授权资源。

图 16-10　单点登录

　　因此，理想情况是：登录一次就可畅通无阻。但这个泡沫破灭的原因是什么？主要是互操作性问题。为实现 SSO，每个平台、应用程序和资源都需要接受相同的凭证类型、采用相同的凭证格式、以相同的方式解读凭证的含义。当 Steve 登入 Windows 工作站并通过由混合模式的 Windows 域控制器执行的身份验证时，还应对需要访问的 Apple MacBook、运行 NIS 的 Linux 服务器、PrinterLogic 打印服务器以及位于信任域内且与绘图仪连接的 Windows 服务器等资源执行身份验证。所以，这个主意听上去不错，直到沉重的现实将其击碎。

　　在 SSO 环境中，还需要考虑一个安全问题。一旦用户进入某个环境，将始终处于这个环境中。如果攻击方能发现一组凭证，就能访问盗用账户在其指定环境内可访问的所有资源。事实也的确如此。但这里的目标之一是：如果用户只需要记住一个口令，而不是 10 个口令，就会落实更健壮的口令策略。如果用户只需要记住一个口令，用户就倾向于使用更复杂、更安全的口令，因为用户不必再去记忆其余 9 个口令。

16.3.4　联合身份管理

　　技术拉近了人与各大公司间的距离，同时世界也似乎变得越来越小。很多时候，当用户与一个网站互动时，实际上正在与几家不同的公司互动，只是用户不知道而已。不知道的原因在于，这些公司在背后共享了用户的身份和身份验证信息。这不是出于恶意目的，而是为了提高便捷性，帮助商家能在用户什么都不需要做的情况下就能向用户出售产品。

例如，某人想要预订航空公司航班和酒店房间。如果航空公司和酒店使用联合身份管理(Federated Identity Management，FIM)系统，就意味着两家公司之间已经建立了信任关系，将共享客户身份标识，还可能共享身份验证信息。因此，当用户在联合航空(United Airlines)预订航班时，网站会询问用户是否还要预订酒店房间。如果用户单击"是"，那么网站可能将用户带到万豪酒店(Marriott)网站，酒店网站将提供离目的地机场最近的酒店的信息。此时，若用户还要继续预订房间，则不必再次登录。用户登录过联合航空网站，联合航空的网站会将用户信息发送到万豪酒店网站，而所有这一切对用户都是透明的。

联合身份(Federated Identity)是一种可转移的身份，联合身份及其关联的权限可跨越业务边界使用，如图 16-11 所示。联合身份允许用户在多个 IT 系统和企业中执行身份验证。联合身份将用户的不同身份链接至两个或更多位置，而不必同步或合并目录信息。联合身份为企业和消费者提供了更便捷地访问分布式资源的方式，是电子商务的关键组成部分。

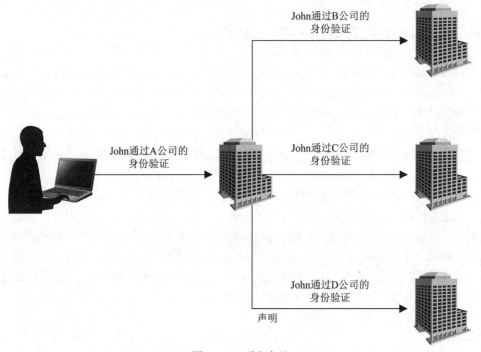

图 16-11　联合身份

Web 门户(Web Portal)功能是网站的一部分，充当信息的访问入口。门户网站以统一方式呈现来自不同来源的信息。Web 门户可提供各种服务，例如，电子邮件、新闻更新、股票价格、数据访问、价格查询、数据库访问和娱乐等。Web 门户为组织提供了一个风格一致的界面，呈现各种功能。例如，用户登录到公司门户网站，通过门户网站可访问多个不同的系统、使用不同的功能。但由于界面的整洁性和条理性，用户似乎只是在与一个系统交互。门户将来自于多个不同实体的 Web 服务(基于 Web 的功能)组合在一起，并将这些服务展现在一个集中化网站上。

Web 门户由各个门户组件(Portlet)组成，门户组件是一种插件式用户界面软件组件，用于显示来自其他系统的信息。门户组件是一种交互式应用程序，提供特定类型的 Web 服务功能(电子邮件、新闻源、天气更新和论坛等)。门户网站由各个门户组件组成，并通过一个界面提供大量服务。门户网站是集中提供一组 Web 服务的方式。用户可通过启用或禁用不同的门户组件功能配置自己的门户视图。

由于每个门户组件都可由不同实体提供，因此需要对用户身份验证信息的处理予以严格控制，同时这些不同实体之间应彼此高度信任。例如，一所大学为学生、家长、教职员工和公众提供一个 Web 门户。公众应只能查看和访问可用门户组件中的一小部分，而不能访问更强大的 Web 服务(如电子邮件和数据库访问)。学生可登录并获取自己的成绩、作业和学生论坛的访问权限。教师可访问所有这些 Web 服务，包括学校的电子邮件服务和包含所有学生信息的中央数据库。如果存在软件缺陷或配置错误，某些内容就会有未授权访问的可能。

16.4　使用第三方服务的联合身份

云服务提供商能提供身份服务，这不足为奇。身份即服务(Identity as a Service，IDaaS)是一种软件即服务(Software as a Service，SaaS)产品，IDaaS 产品通过配置提供 SSO、FIM 和口令管理服务。虽然大多数 IDaaS 供应商专注于以云和 Web 为中心的系统，但这些供应商的产品也可在企业网络传统平台上的 FIM 中使用。出于合规原因，许多组织正在向 IDaaS 提供商寻求帮助，因为这种方法允许整个企业范围内的集中访问控制和持续监测。这反过来又降低了风险并提高了可审计性，这意味着因为系统的某个不起眼的部分没有适当的访问控制措施，而导致根据通用数据保护条例(GDPR)处以巨额罚款的可能性要小得多。

构建身份管理服务有三种基本方法：本地部署、基于云和两者的混合。第一种方法是本地部署，所有系统和数据都位于企业内部。在基于云的模式下，大多数甚至所有的系统或数据将由外部方托管在云上。混合 FIM 系统包括企业内部和基于云的 IdM 组件，每个组件负责各自环境，但能相互协调。无论采用哪种方法，确保所有组件都能相互配合是很重要的。下面将探讨成功整合这些服务的一些常见注意事项。

集成问题

通常，对任何一组不同的技术或产品的集成，是所有部署中最复杂和最具风险的阶段之一。为减轻复杂性和风险，有必要仔细分析每一项产品或技术，以及将要集成这些产品或技术的系统和网络。无论最终决定使用本地部署还是基于云部署(或混合)的方案，都应仔细规划连通性、信任、测试和联合身份验证方面问题的解决方式。正如一条古老的至理名言所言，"三思而后行"。

1. 建立连通性

一项关键要求是确保组件之间能以安全方式彼此通信。本地模式和外包模式的巨大差异在于，前者的网络节点都位于组织网络的内部，而后者的网络节点存在于公共 Internet 中。为流量建立路径通常意味着需要在防火墙和 IDS/IPS 中创建新规则。这些规则应具有充分的限制性，仅允许 FIM 流量在各个节点之间传输。基于所使用的系统，可能还需要配置端口、协议和用户账户从而实现双向通信。

2. 建立信任

节点之间涉及身份服务的所有流量都应加密(若不对流量加密，可能导致整项工作前功尽弃)。从实践角度看，这意味着几乎肯定需要 PKI，尤其是证书认证机构(Certificate Authorities，CA)。这里的一个潜在问题是，所有节点在默认情况下可能都不信任 CA。如果企业在内部实施自己的 CA 并正在部署外包服务，就更可能发生这种情况。因此需要提前规划，如果这一问题在实际实施阶段才发现，就可能带来一些重大挑战。此外各个域之间也需要彼此建立信任。

3. 渐增测试

在处理复杂系统时，明智的做法是假设计划阶段会遗漏某些重要问题。这就是对身份服务集成实施渐增测试，而非一次性推出整个系统的重要原因。许多组织会先使用测试账户(即非真实用户)测试新推出的服务，然后选择一个部门或子公司测试，最后再推广到整个组织。对于关键部署(假设身份服务属于这一类别)，最好在测试平台或沙箱(Sandbox)环境中尽可能彻底地测试。只有测试通过后，才能将其与实际系统集成。

4. 传统系统

除非组织的整个基础架构都在云中，否则至少总会有几个传统系统与 FIM 服务或提供商不能顺利地整合。为减少这种风险，组织应首先确保有一份准确的资产清单，清楚地标识出不能顺利集成的系统(或系统依赖)。然后，应与所有利益相关方(如业务、IT、安全和合作伙伴)一起，确定这些系统中的哪些可退役、替换或升级。第 20 章将要探讨的变更管理流程是处理这一问题的有效方法。最后，对于任何需要保持原样的传统系统(因此，不能集成到 FIM 中)，组织要尽量减少其授权用户，并提供额外的控制措施，以确保对这些系统与 IdM 所属系统以相同的方式监测。

5. 本地部署

本地部署(On-premise)或内部部署(On-premises)的 FIM 系统指所有所需资源仍然在组织的物理控制之下的系统。这通常意味着组织需要采购或租赁必要的硬件、软件和授权许可证，并通过自己的团队构建、集成和维护系统。这种部署虽然罕见，但在不同组织间存在网络互联而又不直连 Internet 的情况下是有意义的，如某些关键基础架构和军事组织。虽然大多数本地部署 FIM 解决方案的提供商都提供安装、配置和支持服务，但系统的日常运营和管理将由团队负责。这要求团队不仅需要拥有必要的专业知识，而且需要时间管理系统的生命周期。

6. 云计算

可以说，在整个企业中实施 FIM 的最经济和安全的方式是使用纯云的解决方案。IDaaS 提供商享有的规模经济可转化为对客户的成本节约。即使企业中员工有能力在本地部署中实施 IdM，但将其外包给领域内的知名提供商，几乎肯定更节省成本。IDaaS 提供商不仅对单个组织的 IdM 具有可见性，而且对其客户的全局 IdM 具有可见性，因此基于云的 FIM 能够比其他方式更快更准确地检测和应对威胁。如果组织的基础架构都是基于云的，则这种优势会很容易实现。

7. 混合云

最可能的情形是，组织拥有一套基于云的和本地部署的混合系统。后者中有些可能不适合基于云的 FIM 解决方案，至少不会产生高昂的升级或集成成本。那么，组织需要怎么做呢？组织可实施一种混合方法，在这种方法中，基于本地部署和基于云的 FIM 平台可相互集成。一个是主平台，一个是次平台。只要两个平台是互操作的，且配置恰当，组织就可做到两全其美了。大多数主流的 IDaaS 提供商都有支持混合部署的解决方案。

16.5　本章回顾

用户和系统的身份标识、身份验证和授权对于网络安全至关重要。毕竟，除非知道谁是好人，否则怎么能一下子区分出好人和坏人呢？这也是本章花费大量篇幅探讨基于知识、基于生物识别技术和基于所有权的身份验证方法和技术的原因。这些身份验证方法和技术，再加上凭证管理产品和实践，帮助安全专家们确保知道自己系统在与谁交互。

本章的目的是让考生了解，无论是在个人层面还是在整个企业范围之内，促使身份管理成为可能的多种流程和技术。所有这些都为下一章奠定了基础。下一章将深入探讨如何将这些概念付诸实际，并在此基础上确保授权方(和其他方)能访问正确的资产(并且不能访问其他资产)。

16.6　快速提示

- 身份标识描述了主体(用户、程序或进程)声明具有特定的身份(如用户名、账户或电子邮箱地址)的方法。
- 身份验证是系统验证主体身份的流程，该流程往往需要主体提供只有声明的身份才拥有的信息。
- 凭证由标识声明(如用户名)和验证信息(如口令)组成。
- 授权是指确定主体是否可赋予必要的权利和特权实施所请求的操作。

- 用于身份验证的三种主要因素是某人知道的东西(如口令)、某人拥有的东西(如令牌)和某人具有的特征(如指纹)，这些因素可以和额外的两种因素结合：某人所在的地方(如地理位置)和某人所做的事情(如击键行为)。

- 基于知识的身份验证使用某人知道的信息，例如，口令、口令短语或生活经历。

- 盐指的是哈希计算前添加到明文口令中的随机值，以进一步提高复杂度和随机性。

- 认知口令是基于事实或基于观点的问题，通常是基于生活经历，用于确认个人的身份。

- 当某人的合法访问遭到拒绝时，就会发生 I 类生物识别身份验证错误；当冒名顶替者的访问得到批准时，就会发生 II 类错误。

- 生物识别身份验证系统的交叉错误率(CER)表示错误拒绝率(I 类错误)与错误接受率(II 类错误)相等的那个点。

- 基于所有权的身份验证是基于某人所拥有的东西，比如说令牌设备。

- 令牌设备或口令生成器，通常是一台手持设备，拥有一块显示屏(可能还有一个键盘)，以某种方式与验证服务器同步，并向用户显示一次性口令(One-Time Password，OTP)。

- 同步型令牌设备要求设备和验证服务彼此同步推进到下一个 OTP，异步令牌设备通过挑战/响应机制对用户实施身份验证。

- 存储卡可保存信息，但不能处理信息；智能卡不仅可保存信息，还具有实际处理信息的必要硬件和软件。

- 口令管理器或口令保险库是记住大量复杂口令的主流解决方案。

- 即时(Just-in-Time，JIT)访问是一种资源调配方法，这种方法将提升用户特权，从而用户可以执行特定任务。

- 用户资源调配(User Provisioning)指的是为响应业务流程而创建、维护和冻结(Deactivation)位于一个或多个系统、目录或应用程序中的用户对象和属性。

- 授权记录系统(ASOR)是层次化的树状结构系统，记录了主体和主体的授权链。

- 会话是双方为实现互相通信达成的协议。

- 审计能力可确保对用户操作的可问责、确认安全策略是否实施并能用作调查工具。

- 删除审计日志中特定犯罪数据的行为称为"清洗(Scrubbing)"。

- 身份管理(IdM)是一个广义术语，包括使用不同产品对用户实施自动化身份标识、身份验证和授权。

- 目录服务将资源名称映射到其相应的网络地址，从而允许发现设备、文件、用户或任何其他资产并与其通信。

- 最常用的目录服务，如 Microsoft Windows Active Directory (AD)，实现了轻量级目录访问协议(LDAP)。

- 单点登录(SSO)系统允许用户只身份验证一次，就能访问所有授权的资源，大大减少了用户在访问资源时身份验证所花费的时间，同时管理员能够精简用户账户并更有效地控制用户账户的访问权限。

- 联合身份是一种可转移的身份，联合身份及关联的权利可跨越业务边界使用，允许用户在多个 IT 系统和企业中执行身份验证。

- 身份即服务(IDaaS)是一种软件即服务(SaaS)产品，通常配置为提供 SSO、FIM 和口令管理服务。
- 构建身份服务有三种基本方法：本地部署、基于云和两者的混合。

16.7　问题

请记住这些问题的表达格式和提问方式。CISSP 考生应知晓，考试提出的问题是概念性的。问题的答案可能不特别完美，建议考生不要寻求绝对正确的答案。相反，考生应当寻找最合适的答案。

1. 下列哪个选项正确地描述了身份验证的生物识别方法？

   A. 最便宜，保护作用最强。

   B. 最昂贵，保护作用最弱。

   C. 最便宜，保护作用最弱。

   D. 最昂贵，保护作用最强。

2. 下列哪种说法正确地描述了口令用于身份验证的情况？

   A. 最便宜，最安全。

   B. 最昂贵，最不安全。

   C. 最便宜，最不安全。

   D. 最昂贵，最安全。

3. 令牌设备如何实现挑战/响应机制？

   A. 不使用该协议，应使用密码术技术。

   B. 身份验证服务产生一个挑战，智能令牌生成基于挑战的应答。

   C. 令牌要求用户输入用户名和口令。

   D. 令牌利用数据库存储的凭证挑战用户的口令。

4. 双向身份验证流程包括＿＿＿＿＿＿＿＿。

   A. 系统对用户验证身份，用户对系统验证身份

   B. 两个系统同时对用户验证身份

   C. 先由服务器对用户验证身份，再由进程对用户验证身份

   D. 用户验证身份，收到票据，然后服务对其验证身份

5. 生物识别技术在访问控制中扮演什么角色？

   A. 授权

   B. 真实性

   C. 身份验证

   D. 可问责性

6. 下列哪一项是对身份管理技术中使用目录的最恰当描述？

    A. 大多数是层次化的，并执行 X.500 标准

    B. 大多数具有扁平化架构，并执行 X.400 标准

    C. 大多数已不再使用 LDAP

    D. 很多使用 RADIUS

7. 下面哪一项不是用户资源调配(User Provisioning)的一部分？

    A. 用户账户的创建和冻结

    B. 业务流程实现

    C. 用户对象及属性的维护和冻结

    D. 委派式用户管理

8. 什么技术可让用户只记住一个口令？

    A. 口令生成

    B. 口令字典

    C. 口令彩虹表

    D. 口令同步

9. 下图覆盖了以下哪项内容？

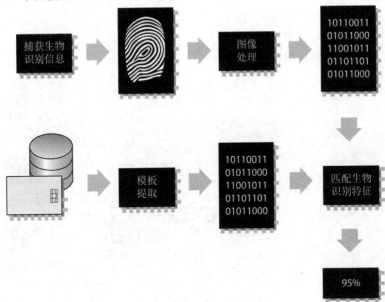

    A. 交叉错误率

    B. 身份确认

    C. 授权率

    D. 验证错误率

10. 下图解释了以下概念中的哪一项？

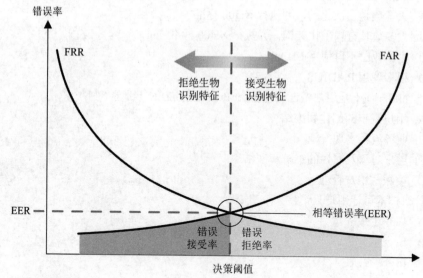

A. 交叉错误率。

B. III 类错误。

C. 在具有高交叉错误率的系统中，FAR 等于 FRR。

D. 生物识别技术是一项已高度认可的技术。

11. 下图说明了以下哪一种机制的工作情况？

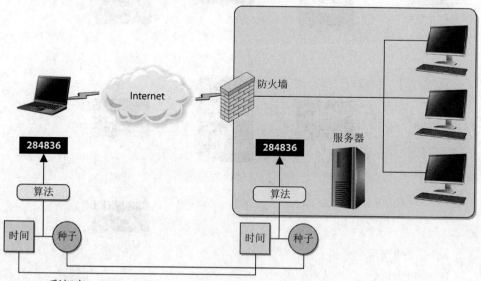

A. 彩虹表

B. 字典攻击

C. 一次性口令

D. 强身份验证

16.8 答案

1. D。与其他可用的身份验证机制相比，生物识别技术的方法提供了最高级别的保护，也是最昂贵的。

2. C。虽然口令提供的保护最弱，但也最便宜。因为口令不需要额外的读卡器(如智能卡或存储卡)，不需要设备(如生物识别技术需要额外设备)，也不需要额外的处理开销(如密码术)。口令是目前最常用的身份验证方法。

3. B。异步令牌设备基于挑战/响应机制。身份验证服务向用户发送一个挑战值，用户将这个值输入令牌设备。令牌对该输入值执行加密或哈希运算，得到的结果就是用户使用的一次性口令。

4. A。双向身份验证意味着在两个方向上执行身份验证。不仅是服务器需要对用户验证身份，用户也需要对服务器验证身份。

5. C。生物识别技术通过读取身体特征验证一个人的身份。某些情况下，生物识别技术也可用于身份标识，但这里并没有作为答案选项列出。

6. A。大多数企业都使用某种类型的目录，目录中包含与公司网络资源和用户有关的信息。大多数目录遵循基于 X.500 标准的层次化数据库格式以及一种允许主体和应用程序与目录交互的协议，如轻量级目录访问协议(LDAP)。应用程序可向目录发起 LDAP 请求，请求访问特定用户的相关信息；用户也可发出类似的请求，要求访问特定资源的相关信息。

7. B。用户资源调配是指为响应业务流程而创建、维护和冻结存在于一个或多个系统、目录和应用程序中的用户对象和属性。用户资源调配软件可能包括下列一个或多个组件：变更流转、自助式工作流、统一化用户管理、委派式用户管理以及联合变更控制。用户对象可能是员工、承包商、供应商、合作伙伴、客户或其他服务对象。服务可能包括电子邮件、数据库访问、文件系统或大型机访问等。

8. D。口令同步技术允许用户跨多个系统仅维护一个口令。这类产品将口令同步至其他系统和应用程序，且对用户是透明的。

9. B。执行以下步骤可将生物识别输入转化为身份验证相关信息：

i. 软件应用程序将特定数据点标识为匹配点。

ii. 使用某种算法处理匹配点，并将信息转换为数值。

iii. 将数据库中的值与最终用户输入扫描器的值比较，判断通过还是拒绝。

10. A。交叉错误率是一个百分数，代表了错误拒绝率与错误接受率等值的那个点。在判定生物识别系统精确度时，交叉错误率是非常重要的评估指标。

- I 类错误(Type I error)，错误拒绝率(FRR)：拒绝应授权的个体。
- II 类错误(Type II error)，错误接受率(FAR)：接受冒名顶替者。

11. C。很多种类型的一次性口令都可用于身份验证。图中示意了一个通过时间或计数器与验证服务同步的同步令牌设备的核心验证流程。

第17章

管理身份和访问

本章介绍以下内容：

- 授权机制
- 实施身份验证系统
- 管理身份和访问配置生命周期
- 控制物理和逻辑访问

锁，只防君子，不防小人。

——谚语

用户和系统的身份标识和身份验证是上一章的重点，而上述内容只是访问控制战斗的一部分。某人也许能确定面对的是真正的 Ahmed，但是应允许 Ahmed 访问哪些资产呢？这实际上取决于资产的敏感性、Ahmed 的角色，以及关于资产应如何使用的适用规则。访问控制也可取决于用户、资产和两者之间关系的任意其他属性。最后，访问控制也可基于风险。

一旦组织决定了最适合自己的访问控制模式，还需要实施正确的身份验证和授权机制。访问控制的实施会有多种选择，但本章将重点探讨在现实世界中(以及在 CISSP 考试中)最可能遇到的技术。本章将探讨用户访问生命周期的管理，多数组织没有与时俱进地变更授权，从而使自己陷入了困境。在论述完所有这些要点后，将看到在物理和逻辑资产访问控制背景中，身份验证和授权技术的结合方式。本章首先探讨授权机制。

17.1 授权机制

授权(Authorization)是确保经过身份验证的用户能够访问授权使用的资源，但不能访问任何其他资源的流程。当然，授权之前会先验证身份，但与之不同的是，身份验证流程往往是一次性活动，而授权则控制每位用户与每个资源的每一次交互。授权是一个持续的、全方位的访问控制机制。

访问控制机制(Access Control Mechanism)决定了主体(Subject)如何访问客体(Object)。访

问控制机制使用访问控制技术和安全机制实施访问控制模型(Access Control Model)的规则和目标。正如本节所述，有六种主要类型的访问控制模型：自主、强制、基于角色、基于规则、基于属性和基于风险。不同类型的模型使用不同方法控制主体访问客体的方式，每种方法都有自己的优点和局限性。组织的业务和安全目标，以及公司文化和业务开展习惯，都有助于确定应当使用的访问控制模型。有些组织可能只使用其中一种，而其他组织则可能通过组合使用多种模型提供必要的保护水平。

无论组织使用哪种模型或模型的组合，安全团队都需要一种机制始终如一地执行模型及其规则。访问监测(Reference Monitor)是一台抽象机器，协调所有主体对客体的访问，既确保主体有必要的访问权限，又保护客体免受未经授权的访问和破坏性修改。访问监测是访问控制概念，而不是一个实际的物理组件，这是其通常称为“访问监测概念”或“抽象机器”的原因。无论访问监测器是如何实现的，都应具备以下三个属性才能有效：

- **始终调用(Always Invoked)**　要访问一个对象，应先访问监测器。
- **防篡改(Tamper-resistant)**　应确保威胁行为方无法禁用或修改访问监测器。
- **可确认(Verifiable)**　应能彻底分析和测试，确保访问监测器始终正确工作。

下面将探讨实现和管理授权机制的不同方法，并解释这六种不同模型及实施场景。

17.1.1　自主访问控制

如果用户创建了一个文件，则用户是文件的所有方。用户的标识符将置入文件头和/或操作系统内的访问控制矩阵中。所有权也可授予特定个体。例如，某位部门经理可能成为部门内文件和资源的所有方。使用自主访问控制(Discretionary Access Control，DAC)的系统允许资源所有方指定可访问特定资源的主体。这种模型之所以称为“自主”，是因为访问控制权基于所有方的自主决策。很多时候，部门经理或业务经理都是特定部门内数据的所有方。作为所有方，部门经理或业务经理可指定具有访问权限的人员。

在 DAC 模型中，访问限制基于授予用户的权限。这意味着用户可指定所拥有的客体的访问类型。如果组织使用 DAC 模型，那么网络管理员可允许资源所有方控制有权访问自己文件的人员。DAC 最常见的实现是通过访问控制列表(Access Control List，ACL)，ACL 由所有方规定和设置，并由操作系统强制执行。

基于身份的访问控制

DAC 系统基于主体的身份授予或拒绝其访问。身份可以是用户身份或组成员资格。例如，数据所有方可选择允许 Bob(用户身份)和会计组(组成员资格)访问文件。如果 Bob 作为用户只授予了“读”权限，但 Bob 恰好是会计组的成员，而会计组有“变更”权限，那么 Bob 将得到两者中较大的“变更”权限。这条“更大访问权限”规则的例外情况是设置了“禁止访问”规则。这种情况下，用户作为个人或通过组成员获得的其他访问级别并不重要，因为“禁止访问”规则高于所有其他规则。

个人接触到的大多数操作系统可能都基于 DAC 模型，例如，Windows、Linux、macOS

系统以及大多数 UNIX 版本。当查看文件或目录的属性时，能看到控制允许用户访问资源及访问程度的选项，则该资源正是执行 DAC 模型的 ACL 实例。

DAC 既可应用于目录树结构，也可应用于目录树结构所包含的文件。Microsoft Windows 领域具有的访问权限包括：无访问权限、读取(r)、写入(w)、执行(x)、删除(d)、更改(c)和完全控制这几种。读取属性允许用户读取文件但不能更改；更改属性允许用户读取、写入、执行和删除文件，但不允许更改 ACL 或文件的所有方。显然，完全控制属性允许用户对文件及权限和所有方执行任何更改。

1. 访问控制列表

访问控制列表(Access Control List，ACL)是授权访问特定客体的主体的列表，并且访问控制列表定义了授权的程度。授权可具体到单个个体、组或角色。ACL 用在某些操作系统、应用程序和路由器配置中。

ACL 给出了访问控制矩阵中与客体有关的内容。能力对应访问控制矩阵中的行，而 ACL 对应访问控制矩阵中的列。文件 1 的访问控制列表如表 17-1 所示。

表 17-1　文件 1 的访问控制列表

用户	文件 1
Diane	完全控制
Katie	读和执行
Chrissy	读、写和执行
John	读和执行

2. 使用 DAC 面临的问题

虽然 DAC 系统为用户提供了很大的灵活性，且仅需要较少的 IT 管理工作，但 DAC 也是操作系统的阿喀琉斯之踵。恶意软件可将自己安装并运行于用户的安全背景之下。例如，如果用户打开感染了病毒的附件，那么恶意代码可在用户不知情的情况下在后台自行安装。恶意代码基本上继承了用户拥有的所有权限和许可，可在系统上执行用户可执行的所有活动。恶意代码可将自身的副本发送给用户电子邮件客户端中的所有联系人、安装后门、攻击其他系统和删除硬盘驱动器上的文件等。由于用户具有非常高的自主权且可认为是系统上大量客体的所有方，用户实际上赋予了病毒执行其恶意行为的权利。在那些给用户分配了本地管理员或 root 账户的环境中，这类问题尤为突出，因为一旦安装了恶意软件，恶意软件就可在系统上做任何事情了。

虽然总是希望为用户提供一些自由度，让用户可指定谁可访问创建的文件以及自己所拥有的系统上的其他资源，但却真的不希望在具有受保护资产的环境中用户能决定所有访问决策。安全专家只是不太信任用户，回顾一下零信任的原则，确实也不应太信任用户。在大多数环境中，用户配置文件在用户工作站上创建和加载，用户工作站指示用户具有或不具有某一控制水平。作为安全管理员，可配置用户配置文件，使用户无法更改系统时间、修改系统配置文件、使用命令提示符或安装未经批准的应用程序。这种类型的访问控制称为非自主(Non-discretionary)，非自主意味着访问决策不由用户自行决定。非自主访问控制由权威实体(通常是安全管理员)实施，目的是保护组织最关键的资产。

17.1.2　强制访问控制

不同于 DAC 模型，在强制访问控制(Mandatory Access Control，MAC)模型中，用户无权决定客体的访问人员。出于安全目的，基于 MAC 模型的操作系统极大地减少了用户所拥有的权限、许可和功能的数量。在大多数基于 MAC 模型的系统中，用户无法安装软件、更改文件权限和添加新用户等。这类系统用于非常专业和特定的目的，可保护高度机密数据。大多数人从未与基于 MAC 的系统交互过，因为基于 MAC 的系统多由政府机构使用，用于保护绝密信息。

然而，某些时候在一些环境中可能会遇到 MAC 是在后台使用的。例如，名为 AppArmor 的可选 Linux 内核安全模块允许系统管理员为某些内核资源实现 MAC。美国国家安全局(National Security Agency，NSA)还研发了一款名为 SELinux(Security-Enhanced Linux)的 Linux 版本，SELinux 实现了在灵活 MAC 模型下的安全性增强。

MAC 模型是一套基于安全标签的系统，比 DAC 模型更为结构化和严格。用户会得到一个安全许可(秘密、绝密和机密等)，并且数据以类似的方式分级。安全许可数据和分级数据均存储在安全标签中，安全标签绑定特定主体和客体。系统将基于主体的安全许可、客体的分级以及系统的安全策略，对访问客体的请求做出决策。这意味着，即使用户有阅读文件的安全许可，特定的策略(例如，要求"知必所需(Need to Know)")仍然能阻止其对文件的访问。主体如何访问客体的规则由组织的安全策略决定，由安全管理员配置，由操作系统强制执行，并通过安全技术支持。

注意

传统 MAC 系统基于多级安全策略，这些策略规定了如何保护不同分级的数据。多级安全性(Multi-level Security，MLS)系统允许不同安全许可级别的用户同时访问和交互不同分级的数据。

当使用 MAC 模型时，每个主体和客体都应具有敏感度标签(Sensitivity Label；更多称为安全标签，Security Label)。这个标签包含对象的安全分级和可能适用的类别。分级表示敏感度级别，按照"知必所需"规则分类。图 17-1 展示了敏感度标签的示例。

分级遵循层次化结构，一种级别可能比另一种级别更受信任。但类别并不遵循层次化方案，因为类别表示系统内信息的分隔。类别可对应于部门(情报、运营或采购)、项目代号(Titan、Jack Voltaic 或 Threatcasting)或管理级别。在军事环境中，分级可能是绝密(Top Secret)、秘密(Secret)、机密(Confidential)或无密级(Unclassified)。每个分级都比更低级别的分级具有更高的可信度。商业组织的分级可能使用机密(Confidential)、专有(Proprietary)、公司内部公开(Corporate)和敏感(Sensitive)。分级的定义取决于组织，并应在所使用的环境中具有意义。

标签中的类别实施"知必所需"原则。因为某人仅仅拥有绝密的安全许可并不意味着该人员可访问所有绝密信息。某人还应满足"知必所需"的原则。如图 17-1 所示，如果 Judy 有一个绝密的许可，代号 Jack Voltaic 是类别之一。因此，Judy 可访问包含 Jack Voltaic 的规划文档文件夹，因为 Judy 的安全许可至少是 Jack Voltaic 中对象的许可，并且对象中列出的所有类别都与 Judy 的类别匹配。相反，Judy 不能访问名册电子表格，因为虽然 Judy 有足够的安全许可，但是对于这些信息没有"知必所需"。之所以知道最后这一点，是因为无论谁给 Judy 分配了类别，都没有把 Threatcasting 包括在其中。

图 17-1　由分级和类别组成的安全标签

 考试提示

在 MAC 实现中，系统通过比较主体的安全许可和知必所需的级别与客体的安全标签，做出访问决策。在 DAC 中，系统比较主体的身份与资源上的 ACL。

可通过软件和硬件防护装置实现数据在可信(高保证度)和不太可信(低保证度)的系统和环境之间交换。例如，假设某人正在使用 MAC 系统(在秘密的专用安全模式下工作)，并需要让 MAC 系统与 MAC 数据库(工作于多级安全模式下，属于绝密)通信，这两个系统提供不同程度的保护。如果低保证度的系统可直接与高保证度的系统通信，则可能引入安全漏洞和入侵。

软件防护装置(Software Guard)实际上是一款位于前端的产品，软件防护装置允许工作于不同安全级别的系统之间互连。不同类型的防护装置可用于执行过滤、请求处理、数据阻断和数据脱敏。硬件防护装置(Hardware Guard)是一个具有两块网卡的系统，用于连接需要彼此通信的两个系统。防护装置可用于连接不同安全模式下的不同 MAC 系统，也可用于连接不同安全级别的不同网络。多数情况下，低信任度的系统可将消息发送到高信任度的系统，并且只能接收返回的确认消息。当电子邮件需要从低信任度的系统发送到具有更高信任度分级的系统时，这种情况很常见。

 提示

术语"安全标签"和"敏感度标签"可互换使用。

由于 MAC 系统实施严格的访问控制，因此可提供广泛的安全性，尤其是在对付恶意软件方面。恶意软件是 DAC 系统的命门。病毒、蠕虫和 rootkit 在 DAC 系统上可像应用程序一样安装和运行。由于使用 MAC 系统的用户无法安装软件，因此操作系统不允许用户处于登录状态时安装任何类型的软件(包括恶意软件)。虽然 MAC 系统似乎能解决所有的安全问题，却具有非常有限的用户功能，需要大量成本高昂的管理开销，且用户体验也不友好。DAC 系统是通用计算机，而 MAC 系统用于非常特定的目的。

考试提示

与 DAC 系统不同，MAC 系统看作是非自主的，这是因为在 MAC 系统中，用户无法基于自己的判断(选择)自行做出访问决策。

17.1.3　基于角色的访问控制

基于角色的访问控制(Role-based Access Control，RBAC)模型使用集中管理的控制集确定主体和客体的交互方式。RBAC 的访问控制水平由用户在组织内部履行职责时执行的必要操作和任务确定。RBAC 模型允许基于用户在组织中的角色访问资源。更传统的访问控制管理仅基于 DAC 模型，其中访问控制在客体级别用 ACL 确定。ACL 的方法更复杂，因为管理员应在配置时将组织的授权策略转换为权限。随着客体和用户数量的增长，必然会授予用户对某些客体不必要的访问权限，从而违反了最小权限原则并增加了组织面临的风险。RBAC 方法允许基于用户工作角色管理权限，由此简化了访问控制管理。

在 RBAC 模型中，角色的定义基于所需执行的操作和任务，而 DAC 模型则基于个体用户身份，指明主体对客体的访问。假设组织需要一个研发分析师的角色。组织设立这个角色的目的不仅是为了允许研发分析师访问所有产品和测试数据，更重要的是要指明这个角色可对数据执行的任务和操作。当分析师角色提交了一个对位于文件服务器上的新测试结果的访问请求时，操作系统会在允许执行此操作之前审查角色的访问级别。

注意

引入角色还会引入显式授权和隐式授权的差异。如果权限和许可是显式分配的，那么会直接分配给特定个体。如果权限是隐式分配的，则会分配至角色或组，而用户会继承这些属性。

对于员工流动率高的组织而言，RBAC 模型是最佳选择。如果映射到承包商角色的 John 离开组织，那么 John 的替代方 Chrissy 可很容易地映射到这个角色。这样，管理员不需要不断更改单个客体的 ACL。管理员只需要创建一个角色(承包商)，为此角色分配权限，并将新用户映射到此角色。另外，管理员还可定义从层次结构中更高级别的其他角色继承访问权限的角色。RBAC 的两个组件涵盖了这些功能：核心和层次化。

1. 核心 RBAC

核心 RBAC(Core RBAC)是 RBAC 模型的基础，核心组件会集成到每个 RBAC 实现中。

用户、角色、权限、操作和会话将基于安全策略予以定义和映射。核心 RBAC 具有以下特点:

- 用户个体和特权之间具有多对多关系;
- 使用会话作为用户与指定角色子集之间的映射;
- 提供传统且强大的基于组的访问控制。

许多用户可属于多个组,并拥有每个组所具有的权限。当用户登录(作为一个会话)时,用户已分配到的多种角色和组将立即对用户生效。如果用户属于 Accounting 角色、RD 组和 Administrative 角色的成员,则在登录后,用户可立即使用分配给这些不同组的所有权限。

由于核心 RBAC 模型在做出访问决策时可包含其他组件,而不是仅基于一组凭证做出决策,因此模型提供了强大选项。RBAC 系统的配置选项还可包括一天中的时间段、角色位置和星期几等。这意味着除了用户 ID 和凭证之外,其他信息也可用于访问决策。

2. 层次化 RBAC

层次化 RBAC 组件允许管理员建立一个组织化的 RBAC 模型,帮助模型对应到特定环境下组织的结构和职能。由于组织已经建立起人员层次化结构,因此这个组件非常有用。大多数情况下,用户在行政管理体系中的位置越高,获得的访问权限也可能越多。层次化 RBAC(Hierarchical RBAC)具有以下特点:

- 使用角色实现用户成员资格和权限继承的定义。例如,护士角色可访问某组文件,实验室技师角色可访问另一组文件。医生角色继承了这两个角色的许可和访问权利,同时具有分配给医生角色的更多权利。因此,层次化 RBAC 是其他角色权限和许可的累积。
- 反映组织的结构和职能。
- 支持两种层次类型:
  - 有限层次(Limited Hierarchies) 只允许一个层次级别(角色 1 可继承角色 2 的权限,但不能再继承其他角色)。
  - 通用层次(General Hierarchies) 允许多个层次级别(角色 1 可继承角色 2 和角色 3 的权限)。

层次是构建角色并反映组织授权和职责的一种自然方法。角色层次定义了角色之间的继承关系。通过 RBAC 模型,可提供不同的职责分离:

- 通过 RBAC 实现静态职责分离(Static Separation of Duty,SSD)关系　这种职责分离通过限制特权组合防止欺诈;例如,用户不能同时成为出纳员(Cashier)和应收账款(Accounts Receivable)组的成员。
- 通过 RBAC 实现动态职责分离(Dynamic Separation of Duty,DSD)关系　通过限制会话中激活的特权组合防止欺诈;例如,用户不能同时获得出纳员(Cashier)和出纳主管(Cashier Supervisor)角色,但用户可同时是两者的成员。这个问题值得多加解释一下。假设 Jose 同时是出纳员和出纳主管两个角色组的成员。如果 Jose 以出纳员身份登录,则在会话期间,其出纳主管角色无效。如果 Jose 以出纳主管身份登录,则在会话期间其出纳员角色无效。

- 可通过以下方式管理基于角色的访问控制。
  - 非 **RBAC(Non-RBAC)**：用户直接映射到应用程序，不使用角色。
  - 受限 **RBAC(Limited RBAC)**：用户映射到多个角色，并且直接映射至没有基于角色访问功能的其他类型应用程序。
  - 混合 **RBAC(Hybrid RBAC)**：用户映射到多个应用程序角色，并且仅为这些角色分配选定的权限。
  - 完整 **RBAC(Full RBAC)**：用户映射到企业角色。

RBAC、MAC 和 DAC

人们对于 RBAC 到底是一种 DAC 模型还是 MAC 类型存在很多困惑。不同文档有不同的说法，但实际上 RBAC 本身就是一种独立模型。在 20 世纪 60 年代和 70 年代，美国军方和国家安全局对 MAC 模型开展了大量研究。源于学术和商业研究实验室的 DAC 在 20 世纪 60 年代和 70 年代也崭露头角。RBAC 模型在 20 世纪 90 年代开始流行，可与 MAC 和 DAC 系统结合使用。有关 RBAC 模型的最新信息，可访问 https://csrc.nist.gov/projects/role-based-access-control。网站包含了描述 RBAC 作为标准和独立模型的文档，这些文档可解答人们长期以来的困惑。

实际上，操作系统以某种形式使用这些模型中的一个、两个或全部三个，但这些模型可在一起使用，并不意味着这些模型不是具有各自严格访问控制规则的单独模型。

17.1.4　基于规则的访问控制

基于规则的访问控制(Rule-based Access Control)使用特定规则指示主体和客体之间允许或不允许做什么。这种访问控制模型建立在传统 RBAC 之上，因此通常称为 RB-RBAC，避免重复使用 RBAC 首字母缩略词所引起的歧义。基于规则的访问控制是基于"如果这样，则那样"（"if this，then that"，IFTTT)编程规则的简单概念，可为资源提供更细粒度的访问控制。在特定情况下主体访问客体之前，应满足一组预先定义的规则。规则可简单明了，例如，如果用户 ID 与提供的数字证书中唯一用户 ID 值匹配，则用户可获得访问权限。或者在主体可访问一个客体之前需要满足一组复杂规则；例如，如果用户在星期一到星期五的上午 8 点到下午 5 点之间访问系统，用户的安全许可高于或等于客体的分级，并且用户符合必要的"知必所需"条件，那么用户可访问客体。

基于规则的访问控制允许研发人员详细定义各种具体场景，规定主体对客体的访问，以及一旦授予访问权限后，主体可执行的操作。过去，基于规则的访问控制一直用于 MAC 系统，用作 MAC 系统所提供的复杂访问规则的执行机制。如今，基于规则的访问也用于其他类型的系统和应用程序。许多路由器和防火墙使用规则决定允许或拒绝哪些类型的数据包进入网络。基于规则的访问控制是一种强制控制，因为管理员设置规则，而用户无法修改这些控制。

17.1.5　基于属性的访问控制

基于属性的访问控制(Attribute-Based Access Control，ABAC)使用系统中所具有的任何属性定义允许的访问。这些属性可属于主体、客体、操作或上下文环境。下面列出可在 ABAC 策略中使用的一部分属性:

- **主体(Subject)**　安全许可、职位、部门、入职年限、特定平台的培训认证、项目团队成员、位置。
- **客体(Object)**　分级、与特定项目相关的文件、HR 记录、位置、安全系统组件。
- **操作(Action)**　审查、批准、评论、归档、配置、重启。
- **上下文环境(Context)**　时间、项目状态(打开/关闭)、财年、持续审计。

正如所见，ABAC 提供了所有访问控制模型中最精细的控制。例如，可定义和实施一条策略，这条策略只允许总监评论(但不能编辑)与当前正在审计的项目有关的文件。这种特殊性也是一把双刃剑，因为这种特殊性可能导致策略过多且难以预测策略之间的相互作用。

17.1.6　基于风险的访问控制

目前为止，本章所探讨的访问控制模型都要求提前并准确地决定允许项与禁止项。无论这些决策是否涉及用户、安全标签、角色、规则或属性，管理员都会将决策涉及的因素编入系统中，除了偶尔的更新，这些策略是相当静态的。但是，如果系统基于主体请求的条件，动态地做出访问控制决策，会怎样呢?

基于风险的访问控制(Risk-Based Access Control)实时估算与特定请求的风险，如果风险不超过一个特定的阈值，则允许主体访问请求的资源。这是一种尝试，在尽力自由地共享客体的同时，更紧密地将风险管理和访问控制结合。例如，假设 David 为一家技术制造商工作，公司即将发布一款彻底改变世界的超级机密的新产品。如果这款产品的细节在发布前泄露了，将对公司收入和营销活动的投资回报率产生负面影响。显然，这款产品的规范表在发布之前是非常敏感的。是否应授予 David 访问规格表的权限呢?

基于风险的访问控制会从风险的角度看待这个问题，即事件发生的可能性与其影响的乘积。假设上面示例中关注的事件是在正式发布之前产品细节的泄露。这样，影响就很直观了，所以真正的问题是 David 的请求导致泄露的可能性有多大。这取决于几个要素，比如 David 的角色(是否参与了推广?)、可信赖性(以前是否涉嫌泄露过什么?)、背景(因为做什么需要访问规范表?)，以及可能的许多其他因素。系统将收集必要的信息，估算风险，并将其与最大允许阈值比较，然后做出决策。

图 17-2 说明了基于风险的访问控制的主要组成部分。风险要素一般分为用户背景、资源敏感度、操作严重性和风险历史等类别。在前面的示例中，已经接触了其中前三个，但人们还是希望从以前的决策中吸取经验。类似请求的风险历史是什么?如果组织没有保密性文化，而且过去曾发生过泄密事件，风险将大大增加。如果一个特定的主体有做出过错误决策的历史，这同样会指向拒绝访问。无论决策是如何得出的，都有一个监测用户活动的因素，以增

加这个风险历史。所以，随着时间的推移，风险估算的准确性也随之提高。

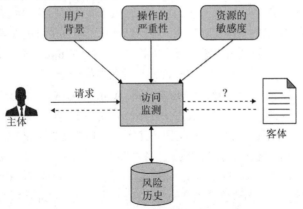

图 17-2 基于风险的访问控制的组成部分

访问控制模型

理解六种不同访问控制模型的主要特征非常重要：

- **DAC** 数据所有方决定谁有权访问资源，ACL 用于实施这些访问决策。
- **MAC** 操作系统通过使用安全标签实施系统的安全策略。
- **RBAC** 访问决策基于每个主体的角色和/或岗位职能定位。
- **RB-RBAC** 在 RBAC 基础之上实施进一步限制访问决策的规则。
- **ABAC** 访问决策基于系统任何组件或操作的属性。
- **Risk BAC** 实时估算与某一请求相关的风险。

17.2 身份验证和授权系统实施

现在已经知道了授权机制背后的理论和原理，接下来关注如何将这些理论和原理与第 16 章中探讨的身份验证系统相结合。身份验证和授权一起构成网络安全的核心。下面将介绍一些大家所熟悉的最常见技术的技术细节。但是，首先要讨论一下标记语言，正如很快就要呈现的，标记语言在身份验证和授权中起着重要作用。

17.2.1 访问控制和标记语言

如果某人还记得制作一个静态网页只需要使用超文本标记语言(Hypertext Markup Language，HTML)的时代，那说明其可能已成为技术领域的"老人"了。HTML 在 20 世纪 90 年代初问世，来自于标准通用标记语言(Standard Generalized Markup Language，SGML)，SGML 又来自于通用标记语言(Generalized Markup Language，GML)。HTML 现今仍在使用，因此 HTML 无疑仍具有生命力。业界只是对标记语言予以改进，帮助其满足当今的需求。

标记语言(Markup Language)是一种构建文本和数据集的方法，规定了如何查看和使用这些文本和数据集。当某人在文字处理工具中调整边距和设置其他格式时,使用的就是文字处理工具的标记语言标记文本。如果某人编写一个网页,就会使用某种类型的标记语言,控制网页的外观以及页面提供的某些实际功能。使用标准标记语言也可提供互操作性。如果编写一个网页并遵循基本的标记语言标准,那么无论使用何种 Web 服务器承载 Web 页面或用何种浏览器与之交互,页面都能提供基本相同的视觉效果和功能。

随着 Internet 规模的扩大、万维网(World Wide Web,WWW)功能的扩展以及越来越多的用户和组织依赖于网站和基于 Web 的通信,HTML 所提供的基础功能已越来越力不从心。为避免每个网站都需要使用自己的专有标记语言满足特定功能要求,业界需要有一种方法,在满足功能要求的前提下,仍能为所有 Web 服务器和 Web 浏览器提供互操作性。这就是研发可扩展标记语言(Extensible Markup Language,XML)的原因。XML 是一种通用的、基础性的标准,为其他独立标记语言的构建提供了一个结构,并且仍然可实现互操作性。虽然基于 XML 构建的具有各种功能的标记语言都提供自己独立的功能,但如果这些标记语言都遵循 XML 的核心规则,就可实现互操作,并在不同 Web 应用程序和平台上使用。

假设用汉语类比。李先生是生物科学家,王先生是会计师,张先生是网络管理员。三人都说汉语,因此三人有一套可相互交谈的共同沟通规则。但每个人都有自己的“衍生”语言,这些语言建立在汉语语言的基础之上。李先生会使用“线粒体氨基酸遗传菌株”和“DNA 聚合酶”等词语。王先生会使用“应计制会计”和“收购消化不良症”等词语。张先生会使用“多协议标签转换”和“子密钥创建”等词语。每个专业领域都会有满足这个领域需求的自己的“语言”,但这些语言都基于相同的核心语言——汉语——之上。在 WWW 世界中,各种网站需要通过使用各自的语言类型提供不同种类的功能,但仍需要使用一种一致的方式实现彼此之间以及与用户之间的通信,这就是这些网站需要基于相同的核心语言结构(XML)的原因。在 XML 的基础上,人们构建了数百种标记语言,但这里将重点关注以身份管理和访问控制为目的的标记语言。

服务配置标记语言(Service Provisioning Markup Language,SPML)允许在应用程序之间交换配置数据,这些应用程序可存在于一个或多个组织中。SPML 允许跨多个配置系统,实现与电子发布服务相关的自动化用户管理(账户创建、修改和撤销)和访问权限配置。SPML 可跨多种平台实现服务配置请求的集成和互操作。

组织雇用一位新员工时,新员工通常需要获取各种系统、服务器和应用程序的访问权限。在每个系统上设置新账户、正确配置访问权限然后在整个生命周期内维护这些账户既费时费力又容易出错。如果公司拥有 20000 名员工,并且需要开通员工访问权限的网络资源有数千个,应怎么办?这打开了混乱、错误、漏洞和标准化缺失的大门。

SPML 允许同时在各种系统和应用程序中设置和管理所有这些账户。SPML 由三个主要实体组成:请求机构(Requesting Authority,RA)是请求建立新账户或更改现有账户的实体,配置服务提供商(Provisioning Service Provider,PSP)是响应账户请求的软件,配置服务目标(Provisioning Service Target,PST)是在所请求系统上执行配置活动的实体。

　　因此，当雇用一位新员工时，需要在整个企业中的多个不同系统和应用程序上设置必要的用户账户和访问权限。该请求源自执行 RA 功能的软件。RA 创建 SPML 消息，并将 SPML 消息发送到执行 PSP 功能的软件。SPML 消息提供新账户需求。执行 PSP 功能的软件会审查请求并与组织批准的账户创建准则比较。如果允许这些请求，PSP 会将新的 SPML 消息发送到用户实际需要访问的目标系统(PST)。PST 上的软件将建立请求的账户并配置必要的访问权限。如果同一位员工在三个月后离职，则会执行相同的流程并删除所有必要的用户账户。这使得在复杂环境中实施一致的账户管理成为可能。这些步骤如图 17-3 所示。

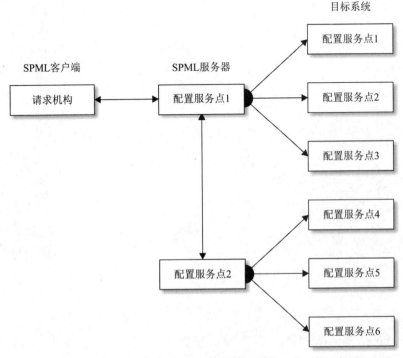

图 17-3　SPML 配置步骤

　　当希望用户通过一次登录便可获得各个互相独立的不同 Web 应用程序的访问权限时，就需要在运行那些 Web 应用程序的系统之间，以安全和标准化的方式共享这些真实身份验证数据。这是安全声明标记语言(Security Assertion Markup Language，SAML)所扮演的角色。安全声明标记语言是一种 XML 标准，允许在安全域之间交换共享的身份验证和授权数据。假设某人所在的公司 Acme 使用 Gmail 作为企业电子邮件平台。组织希望确保对用户访问凭证的控制以实施口令策略，例如，阻止刚解雇的员工访问电子邮件账户。组织可通过 SAML 与 Google 建立一种关系。每当组织的某位用户尝试访问公司 Gmail 账户时，Gmail 会将请求重定向到 Acme 的单点登录(Single Sign-on，SSO)服务，SSO 服务会验证用户身份并通过用户传递 SAML 响应。图 17-4 展示了这个流程，此流程的大部分步骤对用户基本上是透明的。

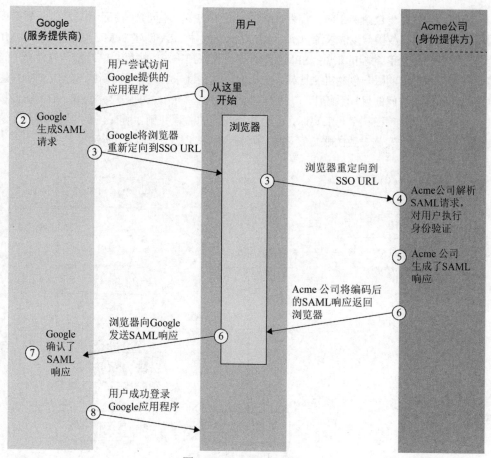

图 17-4　SAML 身份验证

SAML 向联合身份管理系统提供身份验证信息，从而实现 B2B(企业对企业)和 B2C(企业对消费者)交易。在前面的示例中，用户是委托人(Principal)，Acme 公司是身份提供方(Identity Provider)，Gmail 是服务提供商(Service Provider)。

这不是使用 SAML 语言的唯一方式。目前的数字世界已发展成能通过基于 Web 的机器间(Machine-to-machine)通信标准向用户提供大量服务和功能。正如第 13 章中探讨的，Web 服务(Web-services)是一系列技术和标准，允许由分布式系统提供服务(天气更新、股票行情、电子邮件和客户资源管理等)，并最终在一个地方"展现"。

SAML 数据的传输可在不同的协议类型上实现，但常见的是简单对象访问协议(Simple Object Access Protocol，SOAP)。回顾第 13 章的内容，SOAP 是一种规范，阐述了如何以结构化方式交换与 Web 服务相关的信息。SOAP 提供了基本的消息传递框架，在允许用户请求服务的同时，也会将服务提供给用户使用。假设某人需要与公司的 CRM 系统交互，CRM 系统由供应商托管和维护。以 Salesforce.COM 为例，用户将登录到公司的门户网站，然后双击 Salesforce 的链接。公司的门户网站会将用户的这一请求和用户的身份验证数据打包成 SAML

格式，并将数据封装到 SOAP 消息中。此消息将通过 HTTP 连接传输到 Salesforce 供应商站点，一旦用户通过身份验证，将看到一个显示公司客户数据库的屏幕。SAML、SOAP 和 HTTP 的关系如图 17-5 所示。

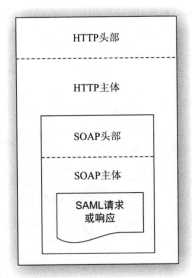

图 17-5　嵌入 HTTP 消息中的 SAML 信息

以这种方式使用 Web 服务还允许组织提供 SOA (Service Oriented Architecture，面向服务的体系架构)环境。SOA 以一致方式提供服务。这些服务互相独立，且位于不同业务域、不同系统之上。例如，如果公司有一个允许员工访问公司 CRM、员工通讯录和服务台工单应用程序的 Web 门户，那么这个门户很可能就是通过 SOA 提供的。CRM 系统可能位于营销部门，员工通讯录可能位于 HR 部门，而工单系统可能位于 IT 部门，但员工可通过一个界面与所有这些系统交互。SAML 是一种将身份验证信息发送到各个系统的方法，而 SOAP 允许以统一的方式呈现和处理这类信息。

最后要讨论的一个基于 XML 的标准是 XACML(Extensible Access Control Markup Language，可扩展访问控制标记语言)。XACML 用于表示资产的相关安全策略和访问权限，这些资产可由 Web 服务和其他企业级应用程序提供。SAML 只是一种以标准格式发送身份验证信息(包括口令、密钥或数字证书等)的方式。SAML 并不会告诉接收端系统如何解读和使用这些身份验证数据。两个系统应配置为使用相同类型的身份验证数据。如果某人通过口令登录到系统 A，并尝试访问仅使用数字证书执行身份验证的系统 B，其使用的口令将无法访问系统 B 所提供的服务。因此，两个系统都应配置为使用口令。但仅是将某人的口令发送到系统 B 并不意味着某人可完全访问系统 B 的所有功能。系统 B 具有自己的访问策略，这些策略规定了特定主体可对资源执行的操作。访问策略可采用 XACML 格式编制，并由系统 B 的软件强制执行。

XACML 既是一种访问控制策略语言，也是一种以标准方式解释和实施策略的处理模型。

当某人的口令发送到系统 B 时，系统 B 会通过一个规则引擎解析和实施 XACML 访问控制策略。如果访问控制策略是以 XACML 格式创建的，则可在系统 A 和系统 B 上同时安装这些策略，从而实现两个系统在安全执行和管理上的一致性。

XACML 使用主体(Subject)元素(请求实体)、资源(Resource)元素(请求的实体)和操作(Action)元素(访问类型)。因此，如果某人请求访问公司的 CRM，请求方是主体，CRM 应用程序是资源，请求方的访问参数包含在操作元素中。

注意

谁制定并跟踪所有这些标准化语言？是结构化信息标准促进组织(Organization for the Advancement of Structured Information Standards，OASIS)。OASIS 制定和维护有关构建和维护 Web 通信各个方面的标准。

由于具有很大的灵活性，Web 服务、SOA 环境以及这些基于 XML 的不同标记语言在实现上存在本质不同。同时由于目前世界上大部分通信都基于 Web 流程，因此安全专家了解这些问题和技术变得越发重要。

17.2.2　OAuth

OAuth 是一个面向第三方的开放授权(而非身份验证)标准。一般认为，OAuth 允许用户授权网站使用用户在其他网站控制的内容。例如，如果用户拥有 LinkedIn 账户，系统可能要求用户允许其访问用户在 Google 的通讯录，以便找到用户已在 LinkedIn 拥有账户的朋友。如果用户同意，则会看到 Google 的弹出窗口，询问用户是否要授权 LinkedIn 管理用户的联系人。如果用户同意这一点，在直到用户取消此授权之前，LinkedIn 都可访问用户的所有联系人。通过 OAuth，用户允许 Web 站点访问第三方。最新版本 OAuth 在 RFC 6749 中定义，其版本为 2.0。2.0 版本中定义了四种角色，如下所述。

- **客户端(Client)**　请求访问受保护资源的一个进程。值得注意的是，此术语描述了客户端/服务器架构中实体与资源提供方的关系。这意味着"客户端"实际上也允许是一个 Web 服务(如 LinkedIn)，该服务向另一个 Web 服务(如 Google)发起请求。
- **资源服务器(Resource Server)**　对客户端尝试访问的资源实施控制的服务器。
- **授权服务器(Authorization Server)**　跟踪记录允许哪些客户端使用哪些资源、并向客户端发放访问令牌的系统。
- **资源所有方(Resource Owner)**　拥有受保护资源并能授予他人使用资源权限的人。这些权限通常通过一个同意对话框授予。资源所有方通常是最终用户，但也能是应用程序或服务。

图 17-6 展示了资源所有方授予 OAuth 客户端对资源服务器中受保护资源访问权限的流程。例如，这可能是一位想要直接从 LinkedIn 页面发送推特(Twitter)的用户。资源所有方向客户端发送请求，请求会重定向到授权服务器。此服务器与资源所有方协商是否同意，然后将 HTTPS 安全消息重定向回客户端，在消息中包含授权码。客户端接下来直接通过授权码

与授权服务器交互，并获取受保护资源的访问令牌。此后，只要令牌未到期或资源所有方没有取消授权，客户端就能通过向资源服务器传递令牌的方式访问资源。注意，资源服务器和授权服务器可能位于同一计算节点上(实际上这可能相当普遍)。

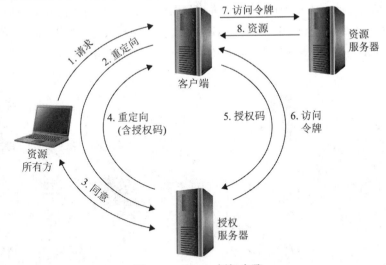

图 17-6　OAuth 授权步骤

OAuth 是一种授权框架，在当受保护资源的权限发生变化时，OAuth 依赖于某种确认资源所有方身份的身份验证机制。这种身份验证机制不在 OAuth 标准的范围之内，但正如下面将介绍的，OAuth 标准可隐含使用这种身份验证机制。

17.2.3　OpenID 连接

OpenID 连接(OpenID Connect，OIDC)是一个基于 OAuth 2.0 协议构建的身份验证层。如图 17-7 所示，OIDC 允许透明的身份验证和授权客户端资源请求。OIDC 最常见的用法是允许 Web 应用程序(依赖方)使用第三方身份提供方(Identity Provider，IdP)验证最终用户的身份，同时可从 IdP 获取有关用户的信息。当最终用户尝试登录 Web 服务时，最终用户会看到来自于 IdP(如 Google)的登录提示，并在正确通过身份验证后，要求同意与 Web 服务共享信息(例如，姓名、电子邮件地址)。只要满足以下条件，任何信息都可共享：信息已在 IdP 配置，依赖方对信息具有明确请求，最终用户同意共享信息。

OIDC 支持以下三种流程。

- **授权码流程(Authorization Code Flow)**　将授权码(或令牌)提供给依赖方，并且应由依赖方使用授权码(或令牌)直接请求 ID 令牌，此 ID 令牌包含来自于 IdP 的用户信息。

- **隐式流程(Implicit Flow)**　在完成用户身份验证并获取用户同意后，依赖方从来自于 IdP 的重定向响应中接收包含用户信息的 ID 令牌。由于令牌通过用户浏览器传递，可能存在因令牌信息暴露而导致的篡改风险。

- **混合流程(Hybrid Flow)**　本质上是前两种流程的组合。

图 17-7 说明了前两个流程，这两个流程也是最常用的流程。在授权码流程(Authorization Code Flow)中，用户请求依赖方服务器上的受保护资源，触发依赖方服务器将其重定向到 OpenID 提供方执行身份验证。OpenID 提供方对用户执行身份验证，然后要求用户同意共享特定类型的信息(例如，电子邮件、电话、个人资料和地址)，这些信息称为范围值(Scope Value)。接着，OpenID 提供方将用户浏览器重定向回依赖方，并将授权码包含其中。然后，依赖方将此授权码提供给 OpenID 提供方并请求用户信息，所请求的用户信息将以 ID 令牌方式传递给依赖方。

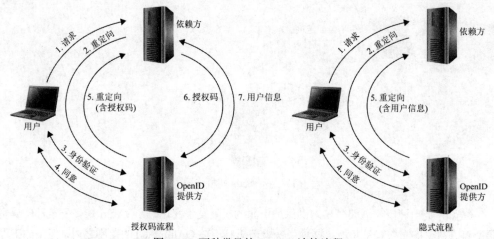

图 17-7　两种常见的 OpenID 连接流程

隐式流程(Implicit Flow)类似于授权码流程，但依赖方会在重定向给 OpenID 提供方的身份验证中包含请求范围值。在用户通过身份验证并同意共享信息后，OpenID 提供方将具有用户信息的令牌重定向回依赖方。

授权码流程更安全，所以成为首选。在这种方案中，依赖方的客户端应用程序直接从 IdP 获取 ID 令牌，这意味着用户无法篡改。授权码流程还允许 OpenID 提供方能够验证请求用户信息的客户端应用程序。此流程要求客户端应用程序具有后端服务器。如果客户端应用程序基于浏览器(如 JavaScript)且没有后端服务器，则可使用隐式流程。由于在隐式流程中，带有用户信息的 ID 令牌会传递给用户浏览器，而这些信息在浏览器侧具有泄露或操纵的可能，因此隐式流程认为不那么安全。

17.2.4　Kerberos

前面的访问控制技术集中在面向服务的体系架构和网络服务上。但不是每个系统都适合这些架构。当用户登录其工作计算机和在许多其他情况下，仍然需要身份验证和授权。本节将探讨 Kerberos。

Kerberos 是希腊神话中守卫在地狱门口的一条三头犬的名称。对于提供身份验证功能以及用于保护公司资产的安全技术，非常名副其实。Kerberos 是一个身份验证协议，在 20 世纪

80 年代中期作为 MIT "雅典娜" 项目(MIT's Project Athena)的一部分设计出来。Kerberos 工作在客户端/服务器模型中，且基于对称密钥加密。这个协议在 UNIX 系统中使用多年，目前已成为 Windows 操作系统的默认身份验证方法。此外，Apple 公司的 macOS、Oracle 公司的 Solaris 以及 Red Hat Enterprise Linux 也都使用 Kerberos 身份验证。支持 Kerberos 的商业产品越来越常见，因此 Kerberos 很可能真的成为 "看门狗"。

Kerberos 是分布式环境中 SSO 系统的一个示例，也已成为异构网络的一个事实标准。Kerberos 结合了大量安全功能。在组织需要制定包含安全的架构时，Kerberos 为组织提供了更大的灵活性与可伸缩性。企业访问控制需要四个要素：可伸缩性、透明性、可靠性以及安全性。但这种开放架构也会导致互操作性问题。当供应商有很大的自由度定制某个协议时，往往意味着两个供应商不会以相同方式定制协议。这就带来了互操作性和不兼容性问题。

Kerberos 使用对称密钥加密，并提供端对端的安全性。尽管允许使用口令的身份验证，但 Kerberos 在设计时专门取消了通过网络传输口令的需求。绝大多数 Kerberos 实现方案使用的是共享密钥。

1. Kerberos 的主要组件

密钥分发中心(Key Distribution Center，KDC)是 Kerberos 环境中最重要的组件。KDC 保存了所有用户和服务的秘密密钥(Secret Key)，并提供身份验证服务以及密钥分发功能。客户端和服务都信任 KDC 的完整性，这种信任是 Kerberos 安全的基础。

KDC 为委托人(Principal)提供安全服务，委托人或许是用户、应用程序或网络服务。KDC 应为每位委托人提供一个账户，并与之共享一个秘密密钥。用户口令转换为秘密密钥值，此秘密密钥用于在委托人和 KDC 之间往返发送敏感信息，目的在于完成用户身份验证。

KDC 上的票据(Ticket)由票据授予服务(Ticket Granting Service，TGS)生成，用于一位委托人(假设为用户)需要通过另一位委托人(假设为打印服务器)的身份验证。票据帮助一位委托人能通过另一位委托人的身份验证。如果 Emily 需要使用打印服务器，那么 Emily 应向打印服务器证明是自己声称的那个人，并且已获得授权使用打印服务。因此，Emily 向 TGS 请求一个票据。TGS 向 Emily 授予票据，Emily 随后将票据提交给打印服务器。如果打印服务器认可这个票据，Emily 就可使用打印服务。

KDC 为一组委托人提供安全服务，这个组称为 Kerberos 中的一个域(Realm)。在一个域内，KDC 对于所有用户、应用程序和服务都是可信任的身份验证服务器。一个 KDC 负责一个或多个域的身份验证工作。管理员使用域对资源和用户实行逻辑分组。

到目前为止，已经了解了委托人(用户、应用程序和服务)需要 KDC 的服务实现彼此间的身份验证；KDC 的数据库保存域内所有委托人的相关信息；KDC 保存和传送加密密钥与票据；委托人将票据用于彼此执行身份验证。那么，工作流程是怎样的呢？

2. Kerberos 身份验证流程

用户与 KDC 共享一个秘密密钥，而服务与 KDC 共享另一个秘密密钥。用户与请求的服务最初没有共享对称密钥。因为用户与 KDC 共享一个秘密密钥，所以用户信任 KDC。用户与 KDC 之间可加解密互相传递的数据,这样就拥有了一条受保护的通信路径。一旦用户通过了服务器对其的身份验证,将会共享一个用于身份验证目的的对称密钥(会话密钥)。

下面列出具体的工作步骤:

(1) Emily 上午 8 点开始上班,在工作站中输入自己的用户名和口令。Emily 计算机上的 Kerberos 软件将用户名发送至 KDC 上的身份验证服务(Authentication Service,AS),AS 随后向 Emily 发送一个使用 TGS 秘密密钥加密的票据授予票据(Ticket Granting Ticket,TGT)。

(2) 如果 Emily 输入正确的口令,就会解密这个 TGT,Emily 就能访问本地的工作站桌面。

(3) 如果 Emily 需要向打印服务器发送一个打印作业,Emily 的系统就会将 TGT 发送至在 KDC 上运行的票据授予服务(Ticket Granting Service,TGS)。Emily 通过 TGT 证明自己已通过身份验证,并可请求访问打印服务器。

(4) TGS 创建并发送给 Emily 另一个票据,Emily 将使用新创建的票据通过打印服务器的身份验证。这个票据(第二个票据)包含相同会话密钥的两个实例,一个实例用 Emily 的秘密密钥加密,另一个实例则用打印服务器的秘密密钥加密。这个票据中还包含一个身份验证符(Authenticator),身份验证符包含与 Emily 相关的身份标识信息及系统的 IP 地址、序列号和时间戳。

(5) Emily 的系统接收第二个票据,解密并提取会话密钥,在票据中添加包含身份标识信息的第二个身份验证符,并将票据发送至打印服务器。

(6) 打印服务器接收票据,解密并提取会话密钥,同时解密和提取票据中的两个身份验证符。如果打印服务器能解密并提取会话密钥,就会知道票据是 KDC 创建的,因为只有 KDC 才拥有用于加密会话密钥的秘密密钥。如果 KDC 和用户添加至票据的身份验证符信息互相匹配,打印服务器就知道自己接收的票据来自于正确的委托人。

(7) 完成上述步骤后,Emily 就已经正确通过打印服务器的身份验证,服务器开始打印 Emily 的文档。

上面阐述了 Kerberos 交换中的运作方式,从中可了解到,在一个使用 Kerberos 的环境中,任何网络服务交互时后台到底发生了些什么。图 17-8 简单阐述了这个流程。

身份验证服务是 KDC 中用于对委托人执行身份验证的部分,而 TGS 是 KDC 中用于生成票据并将票据发送给委托人的部分。使用 TGT 是为让用户不必在每次需要与另一位委托人通信时都输入自己的口令。用户输入口令后,口令会临时存储在用户的系统中,当用户在任何时候需要与另一位委托人通信时,只需要重用 TGT 即可。

 考试提示

应认识到,会话密钥(Session Key)与秘密密钥(Secret Key)是不同的。秘密密钥在 KDC 和委托人之间共享,本质上是静态的。会话密钥在两个委托人之间共享,在需要时生成,在会话结束时销毁。

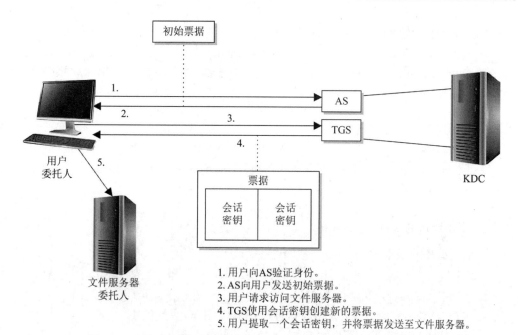

1. 用户向AS验证身份。
2. AS向用户发送初始票据。
3. 用户请求访问文件服务器。
4. TGS使用会话密钥创建新的票据。
5. 用户提取一个会话密钥，并将票据发送至文件服务器。

图 17-8　用户在能使用请求的资源之前应接收来自于 KDC 的一个票据

如果 Kerberos 配置为使用身份验证符(Authenticator)，用户就会向打印服务器发送使用双方共享的会话密钥加密的身份标识信息、时间戳和序列号。打印服务器解密这些信息，并与 KDC 发送的与请求发起用户相关的身份标识数据比较。如果两者相同，打印服务器就允许用户发送打印任务。时间戳用于防范重放攻击(Replay Attack)。打印服务器将发送过来的时间戳与自己的内部时间比较，可帮助判断是否存在以下情况：攻击方是否嗅探和复制票据，并在随后重新提交票据，从而伪装成合法用户并获取未授权访问。打印服务器还会检查序列号，从而确保票据之前未提交过。这是另一种防范重放攻击的对策。

 注意

重放攻击指攻击方捕获并重新提交数据(通常是一个凭证)，从而可未经授权地访问某个资产。

使用 Kerberos 的主要原因是委托人之间彼此不能充分信任对方，因而不能直接通信。在上述示例中，如果实体本身没有通过身份验证，打印服务器就不会打印任何人的打印作业。因此，没有任何委托人会彼此直接信任，委托人只信任 KDC。在委托人需要通信时，KDC 会创建票据以便为委托人提供证明。假设 Rodrigo 需要直接与 Tom 通信，但 Tom 对 Rodrigo 不完全信任，不会听取和接受 Rodrigo 所说的话。如果 Rodrigo 首先给 Tom 出具一个来自于其完全信任人员(KDC)的票据，该票据大致如下"看，KDC 说我是可信赖的人。KDC 让我将票据给你，以证明这一点。"这样一来，随后 Tom 就愿意与 Rodrigo 直接通信。

PKI 环境中也使用了相同类型的信任模型。在 PKI 环境中，用户并不直接信任对方，但都完全信任证书认证机构(Certificate Authority，CA)。CA 通过使用数字证书证明个体的身份，就如同 KDC 使用票据证明个体的身份一样。

那么，为什么需要讨论 Kerberos 呢？因为 Kerberos 是 SSO 技术的一个范例。用户需要输入一次用户 ID 和口令，而且只需要输入一次。管理员能对票据配置时间限制。很多时候，TGT 的生命期为 8~10 小时。因此，到了第二天，用户可能需要再次提交自己的凭证。

注意

Kerberos 是一个开放协议，意味着供应商可对协议定制修改，以便 Kerberos 适用于自己的产品和环境。因为不同的供应商需要不同的功能，因此，这个行业内会出现各种各样的 Kerberos。

3. Kerberos 的弱点

下面列举 Kerberos 可能存在的一些弱点：

- KDC 可能成为一个单点故障点。如果 KDC 出现故障，那么没有人能访问所需的资源。对于 KDC 而言，冗余是必要的。
- KDC 应能以实时方式处理接收到的大量请求。KDC 应具有可扩展性。
- 秘密密钥临时存储在用户的工作站上，这意味着入侵方有可能获得这些加密密钥。
- 会话密钥解密后会驻留在用户工作站的缓存或密钥表中。同样，入侵方也可能获取这些密钥。
- Kerberos 容易遭受口令猜测攻击。此时 KDC 无法知道是否正在发生字典攻击。
- 如果没有开启加密功能，那么 Kerberos 不能保护网络流量。
- 如果密钥过短，那么密钥可能易受暴力破解攻击。
- Kerberos 要求所有客户端和服务器的时钟同步。

Kerberos 和口令猜测攻击

使用 Kerberos 的环境并不意味着系统容易遭受口令猜测攻击(Password-Guessing Attack)。操作系统本身将跟踪失败的登录尝试，从而提供某种程度的保护。Kerberos 协议并不具有这种功能，因此需要通过其他组件防御这类攻击。在学习完这一部分后，不必在自己的网络环境中删除 Kerberos，因为操作系统本身提供了防范这类攻击的保护机制。

Kerberos 应是透明的(在后台运行，不需要用户知道)、可扩展的(在大型异构环境中运行)、可靠的(使用分布式服务器架构确保不会出现单点故障)和安全的(提供身份验证和机密性)。

17.2.5　远程访问控制技术

下面将列举集中式远程访问控制技术的几个示例。这些身份验证协议都称为 AAA 协议，代表身份验证(Authentication)、授权(Authorization)和审计(Auditing)；有些资料会认为最后一个 A 是计账(Accounting)，审计和计账都代表相同的功能，只是换了一个名称而已。

在客户端/服务器架构中，每种协议有不同的方法对用户执行身份验证。传统的身份验证协议有挑战握手身份验证协议(Challenge Handshake Authentication Protocol，CHAP)，但是许多系统现在使用可扩展身份验证协议(Extensible Authentication Protocol，EAP)。第 15 章中已经详细讨论这些身份验证协议中的每一个。

1. RADIUS

远程用户拨号身份验证服务(Remote Authentication Dial-In User Service，RADIUS)是一种网络协议，提供客户端/服务器身份验证和授权，并对远程用户执行审计。网络中可能包含接入服务器(Access Server)、DSL、ISDN 或专供远程用户通信使用的 T1 线路。接入服务器请求远程用户的登录凭证，并将登录凭证传回 RADIUS 服务器。RADIUS 服务器包含用户名和口令。远程用户是接入服务器的客户端，接入服务器是 RADIUS 服务器的客户端。

现今，大多数 ISP 在允许客户访问 Internet 之前，通过 RADIUS 执行身份验证。接入服务器和客户的软件通过握手程序相互协商，并就身份验证协议(CHAP 或 EAP)达成一致。客户向接入服务器提供用户名和口令。客户与接入服务器间的通信由基于点对点协议(Point-to-Point Protocol，PPP)的连接完成。接入服务器和 RADIUS 服务器通过 RADIUS 协议通信。一旦正确完成身份验证，客户的系统会获得一个 IP 地址和连接参数，并允许访问 Internet。出于计费原因，接入服务器会在会话启动和停止时通知 RADIUS 服务。

RADIUS 由 Livingston Enterprises 为其网络接入服务器产品系列编制，但随后作为一组标准(RFC 2865 和 RFC 2866)发布。这意味着 RADIUS 是任何供应商都可使用和操作的一个开放式协议，可在任何产品中运行。由于 RADIUS 是一种开放协议，因此可用在不同类型的实现中。配置格式和用户凭证可保存在 LDAP 服务器、各种数据库或文本文件中。图 17-9 展示了 RADIUS 实现的一些示例。

2. TACACS

终端访问控制器访问控制系统(Terminal Access Controller Access Control System，TACACS)的名称非常有趣。哦，不是有趣，而是可能显得有些搞怪？TACACS 已经历经了三代：TACACS、扩展 TACACS(XTACACS)和 TACACS+。TACACS 结合了身份验证和授权流程；XTACACS 分离了身份验证、授权和审计流程。TACACS+在 XTACACS 的基础上具有扩展的双因素用户身份验证能力。TACACS 使用固定口令执行身份验证，而 TACACS+允许用户通过使用动态(一次性)口令提供更有效的保护。虽然 TACACS+现在是一个开放标准，但 TACACS+和 XTACACS 最初都是 Cisco 的专有协议，受到 TACACS 的启发，但与之不兼容。

注意

TACACS+实际上并不是新一代的 TACACS 和 XTACACS；TACACS+是一个崭新协议，提供类似的功能并使用了相同的命名方案。因为 TACACS+是一个完全不同的协议，所以 TACACS+并不能向下兼容 TACACS 或 XTACACS。

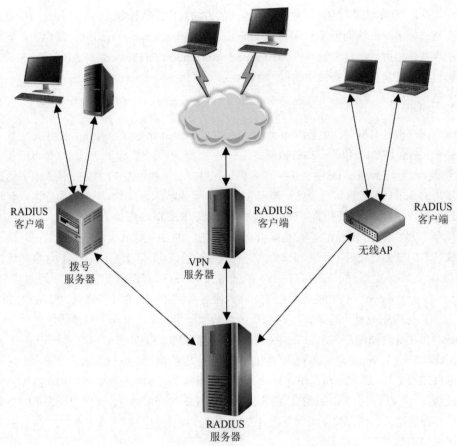

图 17-9　可实现不同 RADIUS 基础架构的环境

基本上，TACACS+提供了与 RADIUS 相同的功能，但在某些特性方面也存在一定差异。首先，TACACS+使用 TCP 作为传输层协议，而 RADIUS 使用 UDP。"那又怎样？"有人可能在想。好吧，任何将 UDP 作为传输层协议的软件都需要使用"更丰满"的智能代码，这些代码将实现 UDP 本身无法实现的部分。由于 UDP 是一种无连接协议，因此 UDP 不会检测或纠正传输错误。RADIUS 必须具有必要的代码来检测数据包损坏、超时或丢包。由于TACACS+研发人员选用 TCP，因此 TACACS+软件不需要额外代码查找和处理这些传输问题。TCP 是面向连接的协议，查找和处理传输问题是 TCP 本身的工作和职责。

RADIUS 仅对由 RADIUS 客户端传送到 RADIUS 服务器时的用户口令加密。其他信息都将以明文传送，例如，用户名、账户信息和已授权服务信息。这导致攻击方很容易截获会话信息，从而发起重放攻击。将 RADIUS 集成到产品的供应商需要了解这些弱点，并通过集成其他安全机制防范这类攻击。TACACS+会加密客户端和服务器之间的所有数据，因此并不存在 RADIUS 协议中固有的漏洞。

RADIUS 协议组合了身份验证和授权功能。TACACS+使用真正的 AAA 架构，可单独处理身份验证、授权和记账功能，帮助网络管理员更灵活地对远程用户执行身份验证。例如，如果 Tomika 是一位网络管理员，并分配到为用户建立远程访问的任务，那么 Tomika 需要决定使用 RADIUS 还是 TACACS+。如果当前环境已使用 Kerberos 通过域控制器对所有本地用户执行身份验证，Tomika 就可配置远程用户以相同方式执行身份验证，如图 17-10 所示。这样，Tomika 就不必同时维护保存远程用户凭证的远程接入服务器数据库以及活动目录中保存本地用户凭证的数据库，只需要配置和维护一个数据库。身份验证、授权和记账功能的分离提供了这种能力。TACACS+还可帮助网络管理员对用户配置予以更细粒度的定义和设置，从而控制用户能实际执行的命令。

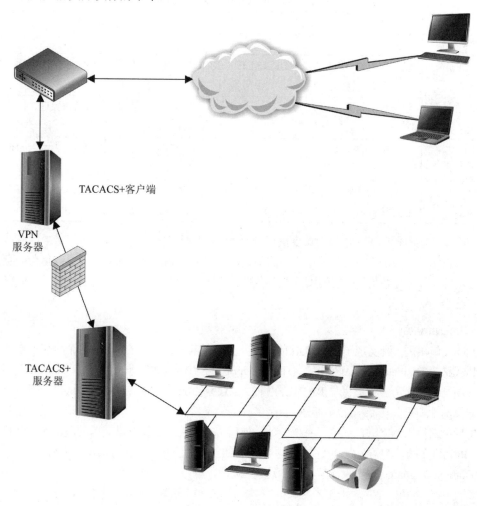

图 17-10　在客户端/服务器模型中工作的 TACACS+

需要记住，RADIUS 和 TACACS+都是协议，而协议只是获得一致认可的通信方式。当 RADIUS 客户端与 RADIUS 服务器通信时，会采用 RADIUS 协议，RADIUS 协议实际上就是一组已定义的接受特定值的字段。这些字段称为属性-值对(Attribute-Value Pair，AVP)。例如，假设 Ivan 给 Amy 发送一张纸，上面画了几个不同的方框。每个方框都有一个与之关联的标题：姓、名、头发颜色和鞋子尺码。Amy 在方框中填写相关值，然后将这张纸送还给 Ivan。协议的工作方式大致如此：发送系统只需要在方框(字段)中填写必要的信息，再由接收系统提取和处理这些信息。

由于 TACACS+可对用户的所有操作执行更细粒度的控制，因此 TACACS+具有更多的 AVP，从而允许网络管理员定义 ACL、过滤器和用户特权等。表 17-2 标明了 RADIUS 和 TACACS+之间的差异。

表 17-2　两种 AAA 协议之间的具体差异

	RADIUS	TACACS+
数据包传输	UDP	TCP
数据包加密	仅加密在 RADIUS 客户端与 RADIUS 服务器之间传送的口令	加密客户端与服务器之间的所有流量
AAA 支持	组合身份验证和授权服务	使用 AAA 架构，分离身份验证、授权和审计
多协议支持	在 PPP 连接上工作	支持其他协议，例如，AppleTalk、NetBIOS 和 IPX
响应	在对某位用户执行身份验证时使用单挑战响应；适用于所有 AAA 活动	对每个 AAA 进程都使用多挑战响应；每个 AAA 活动都应通过身份验证

所以，当简单地使用用户名/口令执行身份验证，并且只需要对用户的访问请求回应一个接受或拒绝时，RADIUS 就是一个恰当的协议，比如用在 ISP 中。当环境需要更复杂的身份验证步骤、需要对更复杂的授权执行更严格的控制时，TACACS+是更合适的选择，比如在公司网络中。

3. Diameter

Diameter 是一种实现了 RADIUS 的功能并克服了其许多限制的协议。这个协议的创建方将其戏称为 Diameter，原因在于直径(Diameter)是半径(Radius)的两倍。

Diameter 是另一种提供与 RADIUS 和 TACACS+相同类型功能的 AAA 协议，但具有更大的灵活性和更多功能，能满足现今复杂多样的网络新需求。如今，人们希望无线设备和智能电话能在接入网络时自动执行身份验证，使用传统 AAA 协议难以支持的漫游协议、移动 IP、PPP 以太网、IP 语音(VoIP)和一些看似疯狂的技术。因此，有聪明人设计了新的 AAA 协议 Diameter，Diameter 协议能解决包含这些问题在内的更多问题。

移动 IP

这项技术允许一名用户在从一个网络转移到另一个网络时，仍使用相同的 IP 地址。这项技术是对 IP 协议的改进，其原因在于移动 IP 技术允许一名用户拥有一个与家乡网络有关的家乡 IP 地址(Home IP address)以及一个转交地址(Care-of address)。当用户从一个网络转移到另一个网络时，转交地址也随之改变。此时，流经其家乡 IP 地址的所有流量都会转发到用户的转交地址。

Diameter 协议由两部分组成。第一部分是基本协议，提供 Diameter 实体之间的安全通信、特性发现和版本协商。第二部分是扩展协议，建立在基本协议之上，帮助各种技术能使用 Diameter 执行身份验证。

在 Diameter 概念出现前，国际互联网工程任务组(Internet Engineering Task Force，IETF) 已成立了专门的工作组定义 VoIP、IP 传真(Fax over IP，FoIP)、移动 IP 和远程身份验证协议的工作机制。在任何网络中单独定义和实现这些机制很容易导致混乱和互操作性问题。客户需要建立和配置几个不同的策略服务器，随着新服务的增加，成本也会随之增加。Diameter 提供了一种基本协议，协议定义了头部格式、安全选项、命令和 AVP。这个基本协议是可扩展的，可结合其他服务，例如，VoIP、FoIP、移动 IP、无线和移动电话验证。因此，Diameter 可作为适用于所有这些不同用途的 AAA 协议。

作为一个类比，考虑这样一个场景：有 10 个人需要前往同一家医院，因为这 10 个人在那里工作。这 10 个人的职业各不相同(例如，医生、实验室技术员、护士和大楼管理员等)，但这 10 个人都需要到达相同的地点。于是，这 10 个人可自己开车并按各自的线路到达医院，这会占用医院更多停车位，并需要门卫验证每一辆车。或者，这 10 个人也可乘坐公共汽车上班，公共汽车就是将要素(不同的服务)送达相同地点(联网环境)的共同元素(基本协议)。Diameter 提供了共同的 AAA 和安全框架，不同服务都可在其中运行。

RADIUS 和 TACACS+是客户端/服务器协议，意味着服务器侧不能主动向客户端侧发送命令，服务器侧无法主动响应。Diameter 是一个对等协议，允许任何一端发起通信。如果用户尝试访问某个安全资源，Diameter 服务器就可利用上述功能向接入服务器发送一条消息，要求用户提供另一个用于访问安全资源的身份验证凭证。

Diameter 不直接向下兼容 RADIUS，但提供了一种升级途径。Diameter 使用 TCP 和 AVP，并提供代理服务器支持。Diameter 拥有比 RADIUS 更强大的错误检测和纠正功能、更优良的容灾切换能力，因此可提供更高的网络韧性。

因为具有一组更庞大的 AVP 集，所以 Diameter 能为其他协议和服务提供 AAA 功能。RADIUS 拥有 2^8 个(256 个)AVP，而 Diameter 拥有 2^{32} 个 AVP。如前所述，通过类比 AVP 就像画在纸上的方框说明两个实体如何彼此通信。因此，更多 AVP 意味着可为系统间通信提供更多功能和服务。

Diameter 提供以下 AAA 功能。

身份验证

- CHAP 和 EAP
- 身份验证信息的端到端保护
- 重放攻击保护

授权

- 重定向、安全代理、中继和转接(Broker)
- 状态调节
- 主动中断连接

● 按需重新授权

记账

● 报告、漫游操作(Roaming Operations，ROAMOPS)记账、事件持续监测

17.3 管理身份和访问配置生命周期

一旦组织制定了访问控制策略并确定了合理的机制与技术，就需要通过程序，确保谨慎地、有条不紊对用户或系统授予(或取消)身份和访问权限。许多人听说或看到过那些数月或数年前已解雇员工的凭证依然在域控制器中处于激活状态。组织甚至还不得不处理属于某位离职很久员工的处于使用状态的账户。

如图 17-11 所示，身份和访问是一个完整的生命周期。这个周期开始于账户配置，这部分内容已经在第 16 章中提到。整个生命周期中账户的大部分时间都用于访问控制，正如本章和上一章中所探讨的，需要对账户实施识别、身份验证和授权。组织中不可避免地会发生变更，这些变更会影响身份和访问控制。例如，一名雇员得到晋升，则其授权就会相应变更。当变更发生时，需要确保访问控制配置保持最新且有效。在某些时候，需要确保符合所有适用的策略和法规，所以需要定期审查组织中的所有身份和这些身份的访问。如果所有的检查都合格，就可让这些身份继续用于访问控制。然而，不可避免的是，账户会通过撤销，最终从生命周期的模型中剔除。

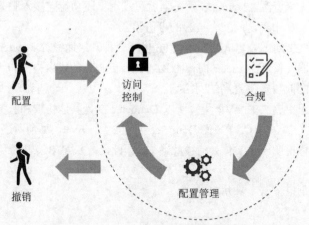

图 17-11　身份和访问控制管理生命周期

17.3.1 配置

正如第 5 章介绍的，配置(Provisioning)是向用户或用户组提供一个或多个新的信息服务需要的所有活动的集合("新"是指以前没有提供给用户或用户组)。在身份识别和访问管理方面，涉及用户对象或账户的创建以及对这些账户的权限分配。有时，此术语也用于描述整个生命周期，但此处仅关注第一个阶段，也就是账户创建。

一般而言，配置发生在组织中加入新用户或系统的时候。对于员工而言，正如第 1 章所述，这是入职流程的一部分。为确保只对正确的人员发放电子身份，创建一个特定的流程是相当慎重且重要的，也是需要严肃对待的。这个流程通常涉及员工、HR、主管和 IT 部门的审查与批准动作。由于该流程相当于回答了一个重要问题"组织为什么需要配置这个账户"，所以上述问题对生命周期余下的部分至关重要。这个问题的答案将在未来某个时间点决定账户是否需要保持激活状态或撤销(Deprovision)。请记住，有些账户可能已使用了很长时间，但随着时间的流逝以及人员的变更，账户配置的初衷可能已逐渐为人遗忘。

身份和访问配置也与系统账户有关，这些账户与服务和自动化代理相关联，且时常需要特权访问。这里的一个挑战是，大多数组织会有很多在日常工作中基本上很难发现的系统账户。就像对用户身份与访问管理做的那样，这里的窍门是对关键信息予以记录，例如，创建了账户、创建账户的位置以及创建的原因。

17.3.2 访问控制

前面已经介绍了生命周期的这一阶段所发生的大部分情况，但值得强调的是，访问控制是最大的风险所在。大多数安全事故都是由于不安全的身份验证(例如，可猜测的用户口令，允许攻击方冒用)或授权滥用(例如，用户具有合法访问权限的数据遭到不当使用或泄露)造成的。这就是为什么应持续监测访问控制、检测可疑或恶意事件并自动生成告警的原因。要做到这一点，最有效的方法之一是使用用户和实体行为分析(User and Entity Behavior Analytics, UEBA)，第 21 章将详细探讨。

17.3.3 合规

监测访问和及早发现感兴趣的事件对于确保遵守内部策略和程序，以及任何适用的外部法规至关重要。请记住，这些策略和法规的目的是确保信息系统安全，因此，能够证明自己正在"按部就班"地做事，对大家都是有利的。这让安全专家们安心，保护了组织的系统，并确保组织不会受到巨额罚款的打击。需要注意，权限和许可审查已整合进许多法规引导的流程中。例如，作为萨班斯-奥克斯利(SOX)法案(第 1 章中已介绍)的一部分，要求管理人员应每年开展员工数据访问权限的审查工作。

合规可归纳为三个主要组成部分：

- 应有书面标准，将责任分配给个人。这可能包括从可接受的使用策略到像 SOX 这样的国家法律。
- 应有一项计划，可将安全计划的适用方面与标准比较。在身份和访问管理方面，这项计划应以用户和系统访问审查为中心。
- 应以系统化的方式处理和解决标准和现实之间的任何差异，确保这些问题不在下个月再次出现。

前面已在第 3 章中介绍了第一部分(策略、法规等)，接下来探讨用户和系统访问审查(依次)和解决差异的问题。

1. 用户访问审查

总有一天，每个用户账户都会撤销，因为很多人都不会在一个组织永远工作下去。权限变更(例如，当用户角色变更时)或临时禁用账户(例如，某位用户长时间请假或受到行政处分)在某些情况下也很有必要。禁用或撤销账户的条件清单因企业而异，但组织需要一份这样的清单。组织需要建立流程，通过流程定期(或者基于某一特定条件)对照清单检查每个用户账户。用户访问审查的目的是确保不存在那些已不再需要却依然处于激活状态的账户。

理想情况下，组织周期性地(一般而言为每六个月)审查所有的账户(或至少抽样审查账户)。某些行政活动也应触发审查。最佳实践是将审查工作整合到 HR 程序中，因为 HR 总会参与行政管理活动。尽管用户账户只有在员工离职后才会禁用或撤销，但也存在一些不能如此一刀切的其他情况，比如下列这些情况，这些情况需要当事人的主管和/或 IT 部门仔细审查。

- 晋升
- 转岗
- 长期休假
- 住院
- 长期无工作能力(但在未来会回归)
- 调查违规行为
- 意外失踪

2. 系统账户访问审查

与用户访问一样，组织需要定期或在满足特定条件时审查系统账户访问。尽管 HR 不会参与这项工作，但原则是相同的：每个系统账户到最终都将禁用或撤销。比起用户账户，这些系统账户所面临的更麻烦问题是，在一开始会容易忘记这些账户的存在。一个服务会需要多个没有人会与之直接交互、但对系统至关重要的账户，这对于服务而言并非少见。更糟的是，有的软件在更新后会不再要求原本需要的旧系统账户，但对这些旧账户的撤销并没有包含在升级流程中，因此账户仍会存在，从而造成潜在的漏洞。一套体系化的系统账户访问审查方法是避免最终出现不再使用、具有潜在特权的账户的最佳途径。

虽然这两个术语对于大多数 IT 和安全专家而言是同义词，但 CISSP CBK 对"系统账户"和"服务账户"作了区分。从技术上讲，系统账户(System Account)由操作系统创建，供一个特定的流程而不是人员使用。大多数操作系统都有一个"系统"的上下文环境，操作系统在其中运行特权操作。服务账户(Service Account)是一个系统账户，用于作为服务运行的进程(即，服务账户听从并响应其他进程的请求)。

3. 解决差异

所以，当刚刚完成了一个账户访问的审查(用户、服务和/或系统)，并发现了一些差异。然后应做什么？一种可能的方法是对账号变更、禁用或撤销配置，然后继续快乐地生活。这解决了眼前的问题，但如果差异的原因是系统性的，可能导致相关人员在每次审查后都要重复这个流程。这就是为什么最好将差异视为问题的症状，而不是最终问题本身。

一个不错的方法是列出所有缺陷，并针对每一个缺陷，回答下面列出的四个指导性问题。为便于说明，对于每一个问题，都给出了一个答案的示例。

- **发生了什么？**　相关人员发现了一个服务使用的账户在几个月前的软件升级中删除了。服务已经没有了，但相关的账号仍然存在。
- **为什么会发生这种情况？**　因为团队没有完全理解软件更新的影响，也没有在软件更新后检查系统的状态。
- **可从中推断出其他地方和/或未来的差异是什么？**　环境中可能还有其他类似孤立服务的账户，所以应对这类账户实施全量审计。
- **怎样才能最好地全面纠正这种情况？**　应创建一个流程，在更新之前对所有服务予以定性，提前确定更新的影响和更新流程中对访问控制的任何变更。这些都应包含在组织未来的配置管理计划中。

这个示例不应让人感到惊讶，因为安全专家中很多都遇到过这种(或非常类似的)情况。当发现一个一年前就离开组织的工作人员的账户仍然处于启用状态，就急忙去修复这个账户，而不考虑这种情况首先是如何发生的。修复一个有问题的流程比修复由问题导致的单个差异要有效得多，在身份和访问生命周期中，没有比配置管理更重要的流程了。

17.3.4　配置管理

配置管理是一个宽泛的主题，会在第 20 章中详细探讨。然而，就身份和访问管理的生命周期而言，配置管理实际上可归结为牢牢把握(和控制)环境中的所有主体和客体以及这些对象之间的关联方式。如果安全专家以这种方式思考自己系统的身份和访问管理(Identity and Access Management，IAM)配置，则会发现系统的配置有三种变化的驱动因素：用户变更、对象变更和授权变更。其中的第一个因素(用户变更)在本章的配置和撤销配置部分已经涵盖。并且本章前面的系统账户访问审查的示例已经涉及第二个因素(对象变更)。接下来将把关注点转向到可能是三个因素中最棘手的问题上：授权变更。

1. 角色定义

当新员工入职并为其提供账户时，往往会比较缜密地为其分配正确的授权。通常情况下，组织会遵循很多流程，确保各种表格由正确的人员签署。然而，当某人在组织中的角色发生变更时，就往往不会那么缜密了。角色的变更可能是晋升、调任新角色或角色的合并(或拆分)。这种情况下，缜密地确保组织保持适当的访问控制同样重要。

一个不错的方法是，人力资源部门、IT 部门、安全部门和业务团队共同制定一个角色矩阵，规定谁应具有什么权限，并根据需要定期审查和更新角色矩阵。然后，每当有人事变动时，人力资源部门会通知 IT 人员。而后，IT 部门也会更新这个人的授权，这样就让所有人员都能感到愉悦。

然而，更常见的是，随着时间的推移，员工的角色发生变更，员工会从一个部门调转到另一个部门，往往会分配到越来越多的访问权限和许可。这种情况通常称为授权蔓延(Authorization Creep)。对组织而言，授权蔓延可能是一个重大风险，因为太多用户拥有访问组织资产的过多权限。过去，相对于权限缺乏的情况，网络管理员更可能授予了过多权限，这是因为即使发生了这种情况，用户也不会因此要求进一步修改自己的用户配置。除非存在类似的角色矩阵，否则也很难知道不同人所需的确切访问级别。针对用户账户实施最小特权应当是一项持续工作，这意味着这个动作应是正式配置管理流程的一部分。

2. 权限提升

如果组织有效地实施了最小特权原则，那么每个人都应以最小的权限运行以完成其日常任务。即使是系统管理员也只能临时提升其权限以执行敏感任务。在 Linux 环境中，通常通过 sudo 命令完成，该命令可暂时改变一个用户的授权，通常是更改为 root 用户。Windows 的图形用户界面则提供了"以管理员身份运行"选项，与 sudo 类似，但没有那么强大和灵活。如果在 Windows 系统上想要这种级别的权限，需要使用 Windows 命令行并运行 runas 命令。

尽管提权可能是必要的，但在任何环境中都应将其最小化。这意味着组织希望拥有管理员权限的用户数量尽可能少。这也意味着组织需要制定关于何时以及为何账户权限应提升的策略。最后，组织希望记录任何此类权限提升，以便审计新的权限提升操作。第 20 章将探讨特权账户的管理，但这些原则值得牢记(并重复多次)。

3. 托管服务账户

与权限提升密切相关的是管理员需要访问的服务账户的概念。服务账户之所以棘手，是因为这些账户是典型的特权账户，但又通常不是给人类用户使用的。管理员安装并配置服务，创建运行服务的账户，但随后便忘记了这个服务账户，这种情况太常见了。这些账户的口令通常不受强制执行口令策略(例如，复杂度、有效期)的限制，因此能让一些好心的管理员设置一个易于记忆的口令(因为如果管理员忘记口令，可能带来灾难性后果)；而对于一个几乎没有人知道其存在的特权账户，这些口令永远不会过期。这种情况相当危险。

Microsoft Windows 包含一项有助于解决这个问题的功能。托管服务账户(Managed Service Accounts，MSA)是活动目录(Active Directory，AD)域账户，由服务使用并提供自动口令管理。MSA 可由多个用户和系统使用，而无需任何用户和系统知道口令。MSA 的工作方式是，AD 为这些账户创建符合策略的口令，并定期更改口令(默认情况下每 30 天更改一次)。授权可使用这些账户的系统和用户只要在域控制器上通过身份验证，就会添加到 MAS 的 ACL 中。可将 MSA 视为 SSO 的扩展，用户能以自己的身份或作为任何自己有权访问的 MSA 执行身份验证。

17.3.5　撤销

如前所述，最理想的情况是，每个账户最终都将撤销。对于用户而言，可像第 1 章所描述的，将撤销工作作为解聘程序的一部分。对于系统账户而言，当组织下线一个系统或由于配置变更导致出现不必要的账户时会启动这一流程。记录这些变更非常重要，会让组织不必出于审查目的再跟踪这些账户。

撤销(Deprovision)账户权限所带来的一个潜在挑战是会留下孤立资源。假定 Jonathan 是共享文件夹中项目文件的所有方,这个共享文件夹除 Jonathan 以外没有人能够访问。如果 Jonathan 离开公司的同时撤销账户,那么这个共享文件夹将仍驻留在服务器上,除了管理员以外没有人能够访问。如果这些文件对后续工作非常重要,这种情况将会阻碍业务。因此,当撤销账户时,将资源的所有权转移给继任方是非常重要的。

17.4　控制物理与逻辑访问

到目前为止,前面的讨论主要集中在对信息、应用程序和系统的逻辑访问控制上。所涉及的访问控制机制可在网络的各层和各个系统中实现。某些控制措施是操作系统的核心组件,某些则嵌入应用程序和设备中,有些安全控制措施还需要第三方的附加软件包。尽管不同的控制措施提供不同的功能,但这些控制措施的协同工作可保证抵御攻击方、鉴别合法用户,并提供必要的安全保护。

安全专家们还需要考虑物理访问控制,保护这些资产所运行的设备及其所在的设施。没有组织想让外人随意进入自己的大楼,然后使用某位员工的计算机访问任意资产。虽然本章中探讨的机制大多不适用于物理安全,但大多数访问控制模式(基于风险的访问控制可能是个例外)都适用。

17.4.1　信息访问控制

控制对信息资产的访问尤为棘手。当然,可通过实现前几节中论述的机制,确保只有授权的主体才能读、写或修改数字文件中的信息。然而,信息可存在于许多地方。假设有一间豪华简报室,由玻璃墙和门组成。在里面,公司的一名员工正在演示公司即将发布的一款产品,而这款产品将扭转整个公司的命运。幻灯片正在放映,但演讲人为所有与会人员提供了打印稿,以便与会人员做笔记。请考虑此场景下的敏感产品信息可能存在的所有介质:

- **辅助存储(Secondary Storage)**　幻灯片存在于演讲人计算机或某个网络共享的某个文件中(尽管这可能是使用本章中探讨的机制保护的最简单介质)。
- **屏幕(Screen)**　任何经过这个房间的人都可看到(或拍照)正在演示的幻灯片。
- **讲义(Handout)**　如果与会人员不保护幻灯片的打印稿或处理不当(例如,把这些打印稿扔进垃圾桶或回收站),保洁员(或任何垃圾搜寻人员)可能得到信息。
- **声音(Voice)**　不仅演讲人的发言可能让未经授权的人听到,与会人员在休息区相互间的对话也可能遭到偷听。

问题是,实施的信息访问控制需要考虑敏感信息可能存在的各种介质和环境。这就是为什么要同时考虑其逻辑和物理控制的原因。此处已经深入介绍了逻辑访问控制方面的内容(尽管可能需要回顾一下第 6 章中数据安全相关内容);关于物理安全的相关内容,请参阅第 10 章关于场所和基础设施控制措施的探讨。

17.4.2　系统和应用程序访问控制

与刚涉及的信息资产相比，系统与本章中描述的逻辑控制措施结合得更紧密。当论及访问控制措施时，几乎将所有软件混为一谈。然而，值得指明的是，系统和应用程序之间有一个微妙区别，尤其是在 CISSP 的考试方面。从技术上讲，系统是一种为其他软件提供服务的软件。Web、电子邮件和身份验证服务都是系统的示例。应用程序则是一种直接与人类用户交互的软件类型。Web 浏览器、电子邮件客户端，甚至那些请求用户凭证的弹出式身份验证框都是应用程序的示例，文字处理和电子表格这类单独产品也是如此。

17.4.3　对设备的访问控制

存储在电子介质中的所有信息和所有软件都存在于硬件设备中。无论是口袋中的智能手机、桌子上的笔记本电脑、还是数据中心(或云上)的服务器，都需要关注谁可物理访问这些硬件设备，就像担心谁可逻辑访问这些设备上的信息一样。毕竟，如果攻击方可物理接触设备，那就相当于拥有了这些设备。安全专家通过控制对组织设备和资产的物理访问，大大增加了威胁行为方的工作难度。通过在每台计算机上安装和配置物理控制，例如，给盖子上锁以防内部部件失窃，移除 USB 和光驱以防止机密信息拷贝，安装保护装置和减少电子辐射以阻止通过电波收集信息的企图。

说到电信号，不同类型的电缆可用于在整个网络中传输信息。回顾第 14 章中一些电缆相关的问题，一些类型的电缆有护套，可保护数据不受其他发射电信号的设备的电气干扰的影响。一些类型的电缆在每根单独导线周围都有保护材料，以确保不同导线之间没有串扰。选择正确的电缆有助于保护所连接的设备免受意外或环境的干扰。当然，还有一个问题是对这些电缆的故意窃听。如果敌对方无法访问设备，但可窃听网线，除非所有流量都是端到端加密的，不然最终还是会陷入麻烦。回顾一下，配电设施需要安全控制措施，并且某些类型的电缆(UTP)比其他类型的电缆(光纤)更容易窃听。

17.4.4　基础设施访问控制

第 10 章中已经探讨了基础设施安全，但有必要回顾并扩展有关访问控制的探讨。基础设施访问控制的一个示例是让警卫在允许个人进入基础设施之前确认其身份。警卫应如何做出这一决定呢？在机密基础设施中，警卫可检查个人的安全许可是否达到或者超过其试图进入的设施的许可，以及人员是否有必要进入设施。这是 MAC 模型的简化实施。如果基础设施的不同楼层对应不同的部门，另一种方法是检查人员所属的部门，且只允许其进入对应的楼层，这是一种 RBAC 的形式。人们可通过制定一些规则完善这种访问控制，例如，只在工作时间授予访问权限，除非该人员是高管或经理。而这使用的是 RB-RBAC 模型。

这些示例只是为了说明，物理访问控制就像逻辑访问控制一样，应精心地设计和实现。为此，本章开头探讨的模型非常有帮助。这些模型可为具体控制措施的实施提供参考。接下来将仔细探讨在设计基础设施访问控制时的一些主要考虑因素。

1. 边界安全

边界安全如何实现取决于公司以及具体环境的安全要求。某个环境可能要求员工向警卫出示贴有本人照片的安全工作证才能进入特定区域。另一个环境可能不需要身份验证流程,任何人都可出入不同区域。边界安全也可包括扫视停车场或等待区域的闭路电路、建筑物周围的栅栏、走廊和大厅的照明灯、运动探测器、传感器、警报器以及建筑物的位置和外观。这些都是边界安全机制的示例,这些措施通过提供对个人、设备或设备中组件的保护实现物理性访问控制。

2. 工作区域分隔

一些环境规定只有特定人员才能访问基础设施的某些特定区域。例如,因为担心破坏实验或访问实验数据,研究型公司可能不希望行政人员进入实验室。大多数网络管理员只允许网络相关工作人员进入服务器专用机房和操作线路间,以降低错误和破坏活动发生的概率。在一些金融机构中,只有特定员工才能进入金库或其他受限区域。这些都是工作区分隔的示例,是用于支持公司全局安全策略的物理性访问控制。

3. 控制区域

组织基础设施应当基于每个区域所发生活动的敏感程度划分成不同的区域。前台可视为公共区域,产品研发区可视为绝密区域(Top Secret),行政办公室则视为秘密区域(Secret)。不考虑采用何种分级方法,重要的是要理解一些区域会比其他区域更敏感,要基于所需的保护水平实施不同的访问控制。组织网络同样如此。组织的网络也应划分区域,并基于设备的重要性和所处理数据的敏感程度为每个区域选择访问控制方法。

17.5　本章回顾

本章是本书较重要的一章,原因有许多。首先,访问控制是安全的核心。本章探讨的模型和机制是安全专家应非常了解并能在自己的组织中实现的安全控制措施。此外,众所周知,CISSP 考试涵盖了许多本章探讨的主题,特别是访问控制模型。

本章选择从访问控制模型开始,因为这些模型为后续探讨奠定了基础。可能有人会认为这些模型过于理论化,对自己的日常工作没有用处,却惊讶于在现实世界中会经常看到这些模型的出现。这些模型也为本书更详细探讨如 OAuth、OpenID 连接和 Kerberos 这类访问控制机制提供必要信息。虽然这些技术都侧重于逻辑访问控制上,但在本章的最后一节,介绍了物理控制和逻辑控制如何协调保护组织的安全。

17.6　快速提示

- 访问控制机制决定了主体访问客体的方式。

- 访问监测(Reference Monitor)是一台抽象机器，协调所有主体对客体的访问，既确保主体有必要的访问权限，又保护对象免受未经授权的访问和破坏性修改。
- 有六种主要的访问控制模型：自主、强制、基于角色、基于规则、基于属性和基于风险。
- 自主访问控制(Discretionary Access Control，DAC)允许数据所有方指定可访问自己所拥有文件和资源的主体。
- 访问控制列表与客体绑定，并指明可使用这些客体的主体。
- 强制访问控制(MAC)模型使用安全标签系统。用户拥有安全许可，而资源有包含数据分类分级的安全标签。MAC 系统比较这两个属性以确定访问控制能力。
- 术语"安全标签"和"敏感度标签"可互换使用。
- 基于角色的访问控制(RBAC)基于用户在公司中的角色和职责(任务)来控制访问。
- 基于规则的 RBAC(RB-RBAC)建立在 RBAC 的基础之上，添加了进一步限制访问的"如果这样，则那样"(IFTTT)的规则。
- 基于属性的访问控制(ABAC)是基于系统中任何组件的属性。ABAC 是最细粒度的访问控制模型。
- 基于风险的访问控制实时估算与特定请求相关的风险，并且，如果风险不超过特定的阈值，则允许主体访问请求的资源。
- 可扩展标记语言(XML)是一组用于以机器可读形式编码文档的规则，允许各种基于 Web 的技术之间的互操作性。
- 服务配置标记语言(SPML)允许自动执行用户管理(账户创建、修改和撤销)，以及与跨多个配置系统的电子发布服务相关的访问权限配置。
- 安全声明标记语言(SAML)允许在安全域之间交换共享的身份验证和授权数据。
- 可扩展访问控制标记语言(XACML)既是一种用于 XML 实现的声明性访问控制策略语言，也是一种描述如何解释安全策略的处理模型。
- OAuth 是一种开放标准，允许用户将某些 Web 资源(如联系人数据库)的权限授予第三方。
- OpenID 连接是一个基于 OAuth 2.0 协议构建的身份验证层，允许透明的身份验证和授权客户端资源请求。
- Kerberos 是一种基于对称密钥加密的客户端/服务器身份验证协议，可为分布式环境提供单点登录(SSO)。
- 密钥分发中心(KDC)是 Kerberos 环境中最重要的组件，因为 KDC 保存了所有用户和服务的秘密密钥，提供身份验证服务，并安全地分发密钥。
- Kerberos 用户收到一张票据授予票据(TGT)，TGT 允许用户通过票据授予服务(TGS)请求访问资源，而 TGS 又会生成一个带有会话密钥的新票据。
- 以下为 Kerberos 的弱点：KDC 是一个单点故障；容易受到口令猜测的影响；会话和秘密密钥是本地存储的；KDC 需要始终可用；以及需要秘密密钥管理。
- 远程访问控制技术的一些示例有：RADIUS、TACACS+和 Diameter。

- 身份与访问权限配置生命周期包括：配置、访问控制、合规、配置管理和配置撤销。
- 系统账户是由操作系统创建的，供特定进程使用，而不是由人类使用。服务账户是一个系统账户，用于作为服务运行的进程(即服务账户听从并响应其他进程的请求)。
- 当用户随着时间的推移获得过多的访问权限和许可时，就会发生授权蔓延。
- 托管服务账户(MSA)是活动目录域账户，由服务使用并提供自动口令管理。

17.7　问题

请记住这些问题的表达格式和提问方式。CISSP 考生应知晓，考试提出的问题是概念性的。问题的答案可能不特别完美，建议考生不要寻求绝对正确的答案。相反，考生应当寻找最合适的答案。

1. 哪些访问控制方法是用户导向的？
   A. 非自主型
   B. 强制型
   C. 基于身份型
   D. 自主型

2. 以下哪一项不是 Kerberos 身份验证的一部分？
   A. 消息验证码
   B. 票据授予服务
   C. 身份验证服务
   D. 用户、应用程序和服务

3. 如果一家公司的人员流动率很高，那么哪一个访问控制架构是最好的？
   A. 基于角色
   B. 分布式
   C. 基于规则
   D. 自主型

4. 在自主访问控制中，谁有权授予数据访问权限？
   A. 用户
   B. 安全官
   C. 安全策略
   D. 数据所有方

5. 是谁或是什么决定了一个组织是否要在自主、强制性或非自主访问控制模型下运行？
   A. 管理员
   B. 安全策略
   C. 文化
   D. 安全等级

6. 以下哪一项最好地描述了基于角色的访问控制能给公司减少管理负担?

    A. RBAC 允许实体更接近资源,从而决定谁能访问资源。

    B. RBAC 为访问控制提供了一种集中解决方案,从而解放了部门管理人员。

    C. 角色中的用户成员资格可很容易地取消,并可基于工作任务新建角色。

    D. RBAC 强制执行企业级别的安全策略、标准和准则。

使用以下的场景回答问题 7~9。Tanya 正在与公司的内部软件研发团队合作。一个应用程序的用户想要访问位于公司集中服务器上的文件之前,应先提交一个有效的一次性口令,这个口令通过挑战/应答机制生成。公司想要加强对这些文件的访问控制,并减少具有每个文件访问权限的用户数量。公司期待 Tanya 和其团队能提出更有效的解决方案用于保护这些已分级的、对公司业务至关重要的数据。Tanya 还需要为所有内部用户实施单点登录,但没有实施公钥基础架构的预算。

7. 下列哪项最恰当地描述了公司当前使用的方法?

    A. 基于能力的访问控制系统

    B. 生成一次性口令的同步令牌

    C. RADIUS

    D. Kerberos

8. 下面哪一项是 Tanya 应考虑的用于正确实现数据保护的最简单、最有效的解决方案之一?

    A. 实施强制访问控制

    B. 实施访问控制列表

    C. 实施数字签名

    D. 实施多级安全

9. 以下哪项是针对这种情况的最佳单点登录技术?

    A. PKI

    B. Kerberos

    C. RADIUS

    D. TACACS+

使用以下的场景回答问题 10~12。Harry 正在带领一个团队将公司不同部门提供的各种业务服务整合到一个 Web 门户中,并为内部员工和外部合作伙伴提供服务。Harry 的公司有多种异构的环境,还有提供客户关系管理、库存控制、电子邮件和服务台工单功能的不同系统。Harry 的团队需要允许用户以安全方式访问需要的服务。

10. 以下哪一项最能描述 Harry 团队需要建立的环境类型?

    A. RADIUS

    B. 面向服务的体系架构

    C. 公钥基础架构

    D. Web 服务

11. 以下哪一项最恰当地描述了 Harry 需要使用的语言和/或协议类型?

  A. 安全声明标记语言、可扩展访问控制标记语言、服务配置标记语言

  B. 服务配置标记语言、简单对象访问协议、可扩展访问控制标记语言

  C. 可扩展访问控制标记语言、安全声明标记语言、简单对象访问协议

  D. 服务配置标记语言、安全关联标记语言

  12. 公司的合作伙伴需要将兼容的身份验证功能集成到自己的 Web 门户中，以实现跨不同公司边界的互操作性。下列哪一项可处理这个问题？

  A. 服务配置标记语言

  B. 简单对象访问协议

  C. 可扩展访问控制标记语言

  D. 安全声明标记语言

17.8　答案

  1. D。自主访问控制(DAC)允许用户或数据所有方自主地将资源访问权授予其他用户。DAC 通过数据所有方所能配置的 ACL 实现。

  2. A。消息验证码(MAC)是一项加密功能，但不是 Kerberos 的关键组件。Kerberos 的组成部分包括：密钥分发中心(KDC)、委托人(用户、服务、应用程序和设备)、身份验证服务、票据以及票据授予服务。

  3. A。基于角色的访问控制管理对管理员而言更容易，因为管理员只需要创建一个角色，然后给角色分配所有必要的权限和许可，最后将必要的用户加入这个角色中。否则，管理员需要在所有系统上，为进入或离开公司的每个人分配和提取不同的许可和权限。

  4. D。尽管用户似乎是正确选择，但只有数据所有方才能决定谁有权访问其所拥有的资源，数据所有方可能是一名用户，也可能不是。用户未必是数据所有方，只有资源的实际所有方才能规定哪些主体可访问这些资源。

  5. B。安全策略确定了整个安全计划的基调。安全策略规定了管理层和公司能接受的风险级别，同时规定了为防止风险超出可接受范围而应采取的控制和机制。

  6. C。在基于角色的访问控制中，当用户改变工作时，管理员并不需要取消和重新分配单个用户的权限。管理员只是为不同角色赋予适当许可和权限，然后将用户加入适当角色中。

  7. A。基于能力的访问控制系统意味着主体(用户)应提供一些东西，以说明可访问的内容。这些东西或许是票据、令牌或密钥等。出于访问控制目的，能力与主体关联在一起。不使用同步令牌的原因是，此场景明确指明已在使用基于挑战/应答机制的异步令牌。

  8. B。提供强制访问控制(MAC)和多级安全性的系统非常专业，需要大量管理工作，价格昂贵且减少了用户的可用功能。实施这类系统并非是所有选项中最容易的方法。数字签名需要 PKI，由于没有 PKI 的预算，因此无法使用数字签名。在大多数环境中都可使用访问控制列表(ACL)，并可通过修改 ACL 执行更严格的访问控制。ACL 与客体绑定，描述了主体对客体能执行的操作。

9. B。场景中已指明不能使用 PKI，因此第一个选项不正确。Kerberos 基于对称加密，所以不需要 PKI。RADIUS 和 TACACS+是远程集中访问控制协议。

10. B。面向服务的体系架构(SOA)将允许 Harry 的团队创建一个集中的 Web 门户，并向内部员工和外部实体提供所需的各种服务。

11. C。满足场景要求的最合适语言和协议是可扩展访问控制标记语言、安全声明标记语言和简单对象访问协议。Harry 的小组不必监督账户配置，因此不需要使用服务供应标记语言。另外没有"安全关联标记语言"这种语言。

12. D。安全声明标记语言允许在安全域之间交换共享验证和授权数据。这是 Web 环境中实现单点登录能力的最常用方法之一。

第 VI 部分

安全评估与测试

第 18 章

安全评估

本章介绍以下内容:

- 测试、评估和审计战略
- 安全测试技术性控制措施
- 开展或简化安全审计工作

信任(Trust),但需要确认(Verify)。

——俄罗斯谚语

组织可雇用最优秀的人员,制定健全的策略组(Policy)和程序(Procedure),部署世界一流的技术用于确保信息系统的安全。但如果组织未定期评估这些措施的有效性,将无法保证长期的安全。遗憾的是,成千上万的组织在经历痛苦的教训后才理解这句话的真正含义。这些组织在安全事件发生后才意识到:最初实施的最先进的控制措施随着时间的推移已变得不么有效。因此,除非组织能持续评估和改善自身的安全态势(Security Posture),否则这种态势将随着时间的推移逐渐失效。

本章包含安全评估和测试中一些最重要的元素(Element)。第 8.1 节讨论评估、测试和审计战略,会特别讨论如何设计和评估这些战略。第 8.2 节具体介绍各个常见的安全测试类型,考生应对这些测试类型非常熟悉。第 8.3 节讨论各种正式的安全审计措施,以及如何能开展或简化这些审计工作。

18.1 测试、评估和审计战略

首先,本书在信息系统安全的背景(Context)下建立一些专业的定义。

测试(Test) 是在测试系统时记录一组属性或行为,并将这组属性和行为与预先确定的标准(Standard)比较的程序。组织如果在网络中安装了一个新设备,那么可能希望测试这个新设备的攻击面(Attack Surface):针对新设备运行网络层(Network)扫描器,记录开放的端口,然后与所在组织使用的安全标准比较。

评估(Assessment) 是一系列有计划的相互关联的测试。例如通过对新的软件系统实施漏洞(Vulnerability)评估，确定这些新软件系统的安全性。这个评估会包括一些具体的(最好是相关的)漏洞测试，以及对软件的静态和动态分析。

审计(Audit) 是对组织具有重要意义的系统性评估。组织可通过审计确定系统或流程是否满足某些外部标准。所谓"外部"，指标准不应由组织自行制定。

 考试提示

考生不必记住这些定义，这些定义仅为考生提供不同的视角。安全专家们经常不加区别地使用这些术语。

这三种系统评估类型都在确保组织的安全性上发挥着重要的作用。网络安全(Cybersecurity)领导人员的工作是将这三种系统评估类型整合到组织的全局战略中，在适当的时候实施，这样组织就可完整、准确地了解自身的安全态势。评估从第2章讨论的风险管理概念开始，请考生记住，风险决定了组织使用哪些安全控制措施(Security Control)，这些控制措施是测试、评估和审计的重点关注对象。因此，完善的安全评估战略能确认组织是否有足够的保护能力抵御正在跟踪的风险。

安全评估战略能指导标准测试和评估程序的开展。这种标准化程序能确保这些测试和评估以一致、可重复和高效的方式开展，所以就变得非常重要。稍后将介绍测试的程序，帮助安全专家们了解如何设计和验证(Validate)一次安全评估。

18.1.1　评估设计

设计程序的第一步是要先弄清楚组织想要达到什么目的。组织准备好接受外部审计(External Audit)了吗？是因为组织的控制措施没有正确实施才导致安全事故(Incident)的发生吗？这些示例问题的答案决定了所选取的截然不同的评估类型。对于第一个问题，评估的范围会非常广，评估需要确认(Verify)组织遵守外部标准的合规程度。而对于第二个问题，评估将聚焦于一个特定的控制措施，因此范围会小很多。接下来将基于第二个问题示例制定一个设想的评估方案。

假设有员工点击钓鱼邮件上的链接，随后下载了恶意软件(Malware)，这个恶意软件又是组织的终端检测与响应(Endpoint Detection and Response，EDR)解决方案能够阻断的，于是产生了安全事故的告警。终端检测与响应解决方案运行良好，但现在组织关注的是电子邮件的安全控制措施。因此，组织评估的目的就是确定电子邮件防御的有效性。

一旦组织识别了目标，就可确定实现目标的必要范围。评估范围就是指测试覆盖的特定控制措施。在这个示例中，组织可能希望查看邮件安全网关并实施评估，但也应关注员工的安全意识。下一步，组织需要确定在查看多少邮件的消息和用户数量后才能对评估结果充满信心。

评估范围反过来也会影响组织使用的评估方法。稍后会介绍一些测试技术，但需要注意的是，对于组织而言重要的不仅是做什么，还有如何做。组织应建立标准化的测试方法论，在此方法论下开展的测试便具有一致性和可比性。否则，组织就不能了解到在一次评估到下一次评估的时间里，安全态势是否恶化。

建立标准化的测试方法论的另一个原因是能确保组织将业务和操作性的控制分类影响考虑在内。例如，如果组织决定对邮件安全网关实施渗透测试(Pen Testing，或 Pentest，或 Penetration Testing)，就可能影响电子邮件服务的可用性，这可能带来操作性的控制分类的风险，组织需要缓解该风险带来的影响。此外，在评估过程中偶然会出现故障，组织应制定应急方案(Contingency Plan)，以便在故障发生后快速还原所有服务和功能。

由组织内部团队还是由外部第三方实施评估的决定非常关键。如果组织内部不具备相应的专家，那么做出这个决定会比较容易。然而，即使组织内部的团队具备了相应的专家，仍可能由于各种原因选择雇用外部审计师。例如，原因可能是监管要求使用外部团队测试系统；也可能是希望对比内部团队与外部团队评估的不同效果；还可能是由于内部团队人手不足以完成所有的审计要求而需要引入外部帮助。

最后，安全专家一旦制定完成评估方案，组织需要批准方案的实施。批准不仅涉及直接上司，还应涉及可能受影响的利益相关方(特别是会出现问题或服务中断的情况下)。批准不仅针对方案本身，也包括了所需的资源(例如，聘请外部评估师所需的资金)和调度(Scheduling)。当组织安排一次安全评估后，却发现安全评估和月末的核算、汇报这些重大事件在时间上产生了冲突，这就会非常糟糕。

18.1.2　评估验证

组织在完成测试、解读测试结果、识别漏洞的优总级这些工作后，管理层会得到一本说明组织可能遭受攻击的汇总手册。这本手册将是下一个周期——补救战略的输入。由于组织拥有的资金、时间和人员有限，因此所能缓解的风险也有限，就需要在以下方面取得一些平衡：组织面临的风险、风险偏好(Risk Appetite)、可能的风险规避方法的成本及该方法获得的价值等。管理层应指导系统和安全管理员合理利用这些有限的资源；组织应制定一个监察(Oversight)计划，确保缓解风险的工作按预期开展，基于每种缓解风险行为的估算成本，与实际追踪发生的实施成本比较。如果成本显著升高，或发现其远低于预计成本，整个流程就应暂停，并重新评价。也许，最初认为风险与成本对比不太理想的选择比继续实施当前选择更有意义。

最后，如果一切正常，缓解风险的行动也在开展中，那么相关成员都可松一口气，但这不包括负责持续监测漏洞公告和讨论邮件列表的安全工程师，以及提供早期预警服务的供应商(Vendor)。换句话说，风险环境在不断变化。在两次测试的间隙，持续监测可帮助组织发现新漏洞。这些漏洞原本在下次测试时才能发现，但由于风险过高而不允许组织等待那么长时间才修复。因此，这时组织应做出更短周期的缓解风险决策并采取相应行动。随后，又到再次需要实施测试的时间了。

表 18-1 提供了运营(Operation)和安全部门应制定和实施的测试时间安排表(Schedule)示例。

表 18-1 运营和安全部门的测试时间安排表示例

测试类型	频率	好处
网络层扫描	持续或每季度实施	•枚举网络结构,并确定活动主机和相关软件 •识别连接到网络的未授权主机 •识别开放端口 •识别未授权的服务
日志审查(Log Review)	每天对关键系统实施	• 验证系统基于策略运行
口令破解	与有效期策略的频率相同,持续实施	• 确认策略能有效生成难以破解的口令 • 确认用户选择了符合组织安全策略(Security Policy)的口令
漏洞扫描	每季度实施或每两月实施(通常针对的是高风险的系统),或在更新漏洞数据库时实施	• 列举网络结构,并确定活动主机和相关软件 • 识别一组目标计算机,专门开展漏洞分析 • 识别目标计算机上的潜在漏洞 • 验证操作系统和主要的应用程序安装了最新的安全补丁和软件版本
渗透测试	每年实施	• 确定渗透组织所利用的网络漏洞,以及可能导致的损失程度 • 测试 IT 人员如何响应已知的安全事故,测试 IT 人员的知识水平,并测试组织安全策略和系统安全要求的实现情况
完整性检查器	每月及在发生可疑事件时实施	• 检测未授权的文件修改

18.2 测试技术性控制分类

技术性控制分类(Technical Control)是通过使用 IT 资产实现的安全控制措施,这种资产通常是一些以特定方式配置的软件或硬件。当组织测试自己的技术性控制分类时,要确认的是这些控制措施降低风险管理流程(详见第 2 章)所识别的风险的能力。由于控制措施与要降低的风险之间紧密联系,因此安全专家们需要理解实施特定控制措施的背景。

一旦安全专家们理解了技术性控制分类的目的,就能选择合适的方法测试措施是否有效,更好地测试第三方软件的漏洞,而不是尝试实施代码审查(Code Review)。安全专家们应熟悉测试技术性控制分类的常用方法并具备相关经验,以便能为测试选择合适的方法。

18.2.1　漏洞测试

无论是手动、自动化或两种方式组合的漏洞测试(Vulnerability Testing),都需要由具有资深安全背景、极其可信的员工或顾问完成。即使最好的自动化漏洞扫描工具也会产生假阳性(False Positive,亦称误报),或告警(Alert)的漏洞确实存在但并不会危及组织的环境,或在其他地方已经得到充分保护。此外,还可能存在两个单独的漏洞,这两个漏洞各自并不特别重要,但结合在一起时则会对组织造成严重影响。当然,假阴性(False Negative,亦称漏报)也有可能会发生,例如某个隐蔽的漏洞可能对组织环境造成重大危害,而工具却没有发现这个漏洞。

注意

在实施漏洞测试(Vulnerability Testing)前,管理层(Management)需要拟定一份书面协议。这是为了防止组织因为该项工作起诉测试人员,同时组织通过书面形式向测试人员说明在测试中允许和禁止的行为,确保测试人员不会对工作职责产生误解。

评估目标是:

- 评价一个环境的真实安全态势(如前所述,避免误报)。
- 识别尽可能多的漏洞,对每个漏洞实施公正的评估,并排定优先级。
- 测试系统如何应对某些情况和攻击,不仅要了解已知的漏洞(例如数据库的版本、操作系统的版本或没有设置口令的用户 ID),还要了解在环境中滥用特定元素的方法(SQL 注入攻击、缓冲区溢出,和易于遭受社交工程攻击的设计缺陷)。
- 在决定测试范围并就此达成一致前,测试人员应说明测试可能造成的后果。某些测试可能导致易受攻击的系统离线,测试在系统上增加的负载也可能对生产造成负面影响。

管理层应了解,测试的结果只是一个“即时快照”,新漏洞可能随着环境的改变而出现。管理层还应了解,有很多可供使用的测试类型,每种类型都能揭示环境中存在的不同种类的漏洞,每种类型所能提供的结果的完备程度也存在一定限制。

- **人员测试(Personnel Testing)**：包括审视(View)员工的工作，从而识别要求员工遵循标准的实践和程序中存在的漏洞；展示社交工程攻击及培训用户检测和防止此类攻击的价值；审视员工策略组和程序，确保通过物理层(Physical)和逻辑层控制措施无法降低的安全风险最终能通过行政性控制措施(Administrative Control)控制。

- **物理测试(Physical Testing)**：包括审视基础设施(Facility)及周边保护机制。例如，门确实会自动关闭吗？如果门敞开太久，会引发警报吗？对服务器机房、配线柜、敏感系统和资产实施的内部保护机制适当吗(例如，工作证读卡器是否正常工作，是否确实能够限制只有授权人员才能访问内部设施)？垃圾搜寻攻击(Dumpster Diving)是一种威胁吗(换句话说，敏感信息没有经过销毁就丢弃)？针对人为、自然或技术威胁，组织实现了什么保护机制？组织是否配备了消防系统，消防系统是否正常运行，能保障大楼内的人员和设备安全吗？灵敏的电子元件是否放在高架地板上，在发生小规模水灾时能否保证安全？

- **系统和网络测试(System and Network Testing)**：在讨论信息安全的漏洞测试(Vulnerability Testing)时，大部分人想到的可能是系统和网络测试。为提高测试效率，组织应使用一种自动化(Automated)扫描产品识别已知的系统漏洞。如果管理层已经认可测试可能造成的性能影响和中断风险，组织还可使用某些产品尝试利用这些漏洞。

由于安全评估是环境状态的一个即时快照，因此评估应定期开展。优先级较低、保护较为完善、风险较小的环境区域可一年扫描一到两次。高优先级而且更脆弱的目标(例如电子商务 Web 服务器组，以及后面的中间件)应几乎持续不断地实施扫描。

自动化(Automated)工具能识别漏洞的程度不一，因此组织应使用几种不同工具，或者每次测试使用一种不同的工具。没有哪个工具能够发现所有已知的漏洞，各种扫描工具供应商更新其工具漏洞数据库的速度各不相同，添加特定漏洞的顺序也各不相同。因此，组织应在使用工具前更新工具的漏洞数据库。同样，组织应聘请不同的专家实施测试和解读测试结果，没有一个专家能从结果中发现所有问题。

大部分网络由多个不同的设备组成，每个设备都有特定的潜在漏洞，如图 18-1 所示。在边界路由器(图 18-1 中的 1)上发现的潜在问题，与在无线接入点(Wireless Access Point，WAP)(图 18-1 中的 7)上，或在后端数据库管理服务器(图 18-1 中的 11)上发现的问题截然不同。每个设备中的漏洞又取决于特定的硬件、软件和所使用的配置。即使能找到一个对于各种设备和特定设备的安全问题具有专家级知识的个人或工具，此人或工具也会有自身固有的局限。因此，最好利用团队和工具的多样性，提高覆盖各种盲点的可能性。

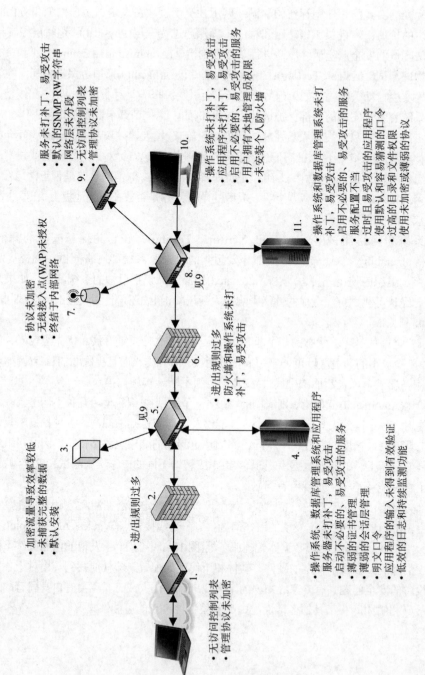

图 18-1　异构网络中的漏洞

18.2.2　其他漏洞类型

如前所述，漏洞扫描能发现潜在的漏洞。渗透测试能识别环境中可实际利用并造成损害的漏洞。

攻击方经常利用的漏洞包括：

- **内核缺陷(Kernel Flaw)：** 这些问题处在用户接口级别之下，并深入存在于操作系统内核中。攻击方一旦接触和利用内核中的缺陷，就可最大限度地控制系统。

    安全对策： 确保在经过充分测试后及时为环境中的操作系统安装安全补丁，尽可能减少出现漏洞的可能性。

- **缓冲区溢出(Buffer Overflow)：** 不良的编程习惯以及代码库中偶尔出现的缺陷，会导致相关的输入超出程序为这些输入分配的存储空间，继而造成重写或覆盖已分配缓冲区中的数据或程序内存，而这些重写或覆盖后的数据和区域可能包括攻击方注入的程序代码，并由处理器执行。这样，攻击方就拥有了与目标程序同样的访问权限。如果程序以管理员身份或由系统本身运行，就可能意味着攻击方能访问整个系统。

    安全对策： 良好的编程习惯、研发人员的培训、自动化的源代码扫描器、增强的编程库以及防止缓冲区溢出的强类型语言，都可减少这种常见的漏洞。

- **符号链接(Symbolic Link)：** 符号链接是一个将访问重定向至其他位置的文件，主要用于 UNIX 和 Linux 类型的系统。虽然攻击方无法查看或修改敏感系统文件和数据的内容，但是如果一个程序访问某个符号链接，则攻击方就可破坏这个符号链接，从而实施未授权访问，进而损坏重要的数据或获得系统的访问特权。例如，攻击方利用符号链接通过一个程序删除数据库中的口令，或使用一些字符替换数据库中与口令相关的某行数据，从而创建一个权限与 root 用户相当的、不需要口令的账户。

    安全对策： 编写程序(特别是脚本)时，确保无法绕过文件的完整路径。

- **文件描述符攻击(File Descriptor Attack)：** 文件描述符是多数操作系统用于表示在某个进程中打开的文件的编号。某些文件描述符是通用的，在所有程序中都指向同一个文件。如果程序以不安全的方式使用文件描述符，攻击方就能向程序提供无法预测的输入，或将输出转移到一个具有执行程序权限的、意想不到的位置。

    安全对策： 良好的编程习惯、研发人员的培训、自动化的源代码扫描器以及应用程序安全测试都可减少这种类型的漏洞。

- **竞态条件(Race Condition)：** 如果一个程序的设计导致这个程序处于某种易受攻击的状态，却未事先确保这些易受攻击的状态得到缓解，就会出现竞态条件。未首先阻止未授权用户或进程读写就打开临时文件、未首先确认动态链接库(Dynamic Link Library，DLL)路径是否安全就在特权模式(Privileged Mode)下运行或初始化库功能都是竞态条件的示例。攻击方可利用这些竞态条件提升权限，导致程序读取或写入无法预料的数据，或执行未授权的命令。本书第 2 章讨论的检查时间/使用时间(Time-of-check/Time-of-use)攻击就是竞态条件的示例。

　　　　安全对策：良好的编程习惯、研发人员的培训、自动化的源代码扫描器以及应用程序
　　　　安全测试都可减少这类漏洞。

● **文件和目录权限(File and Directory Permissions)**：前文描述的多种攻击主要利用不
　　恰当的文件或目录权限，也就是说，系统某些部分的访问控制(Access Control，AC)
　　出现了错误，而一个更安全的系统部件却依赖于此。并且，如果系统管理员犯下这
　　样的访问控制错误，导致某个关键文件权限的安全性降低，例如允许普通用户访问
　　口令数据库，那么攻击方就能利用这个问题将未授权用户添加到口令数据库中，或
　　将不可信的目录添加到动态链接库的搜索路径中。

　　　　安全对策：文件完整性检查器(还应检查预期的文件和目录权限)可及时检测出这类问
　　　　题，甚至可在攻击方注意并利用此类问题之前检测到。

　　系统中会存在多类漏洞，本书中已经讨论了部分类型，但未覆盖全部。前文列出的仅是
考生在准备考试时应了解的特定漏洞类型。

漏洞扫描总结

　　漏洞扫描提供了如下能力：

● 识别网络中处于活动状态的主机
● 识别主机上处于活动状态和易受攻击的服务或端口
● 识别操作系统
● 识别已发现的操作系统和应用程序的漏洞
● 识别错误的配置
● 测试主机应用程序"使用策略组和安全策略组"的合规性(Compliance)
● 建立渗透测试的基础

18.2.3 渗透测试

　　渗透测试是指基于资产所有方或高级管理层的要求，模拟对一个网络及其系统实施攻击
的流程。渗透测试使用一组专业的程序和工具，测试系统的安全控制措施并试图绕过。渗透
测试旨在评估组织抵御攻击的能力，并揭示环境中可利用的弱点(Weakness)。组织需要确定
安全控制措施的有效性，而不能只是信任安全供应商的承诺。良好的计算机安全建立在真实
基础之上，而不是建立在想象出的崇高目标之上。

　　渗透测试模仿攻击方使用的方法。攻击方可能很聪明、有创造力、诡计多端，因此渗透
测试攻击应利用最新的攻击技术和强大的基础测试方法。由于攻击方不一定只扫描一两台计
算机，也不一定一天只发动一次攻击，所以测试还应全面考虑网络中的每台设备，如图 18-2
所示。

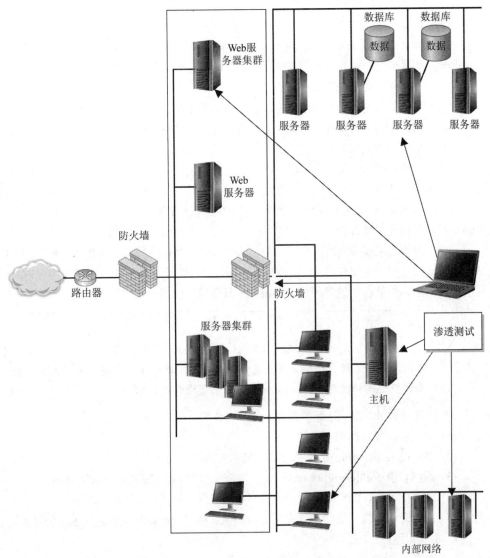

图 18-2　渗透测试用于证明攻击方确实能对系统造成破坏

　　安全专家们使用的渗透测试类型取决于组织、组织的安全目标和管理层的目标。一些组织使用不同类型的工具对自身定期实施渗透测试，其他组织则邀请第三方实施漏洞测试和渗透测试，以获得更客观的视图。

　　渗透测试能评价 Web 服务器、DNS 服务器、路由器配置、工作站漏洞、对敏感信息的访问、开放端口以及可用服务的属性，真正的攻击方可能利用这些破坏组织的全局安全。一些测试可能具有相当的入侵性和破坏性，安全专家们应事先就测试期限达成一致，以保障组织的生产效率不受影响，且工作人员在必要时可进行操作，使系统重新上线。

注意

渗透测试不仅限于信息技术，也可包括物理层安全和人员安全。渗透测试的目标是破坏一个或多个控制措施，这些控制措施可能是技术性控制分类、物理层控制措施或行政性控制措施。

渗透测试的结果是一份提供给管理层的报告，这份报告会说明识别出的漏洞、这些漏洞的严重性，描述测试人员如何利用漏洞，以及对处理这些漏洞的建议。这时，就由管理层决定如何处置漏洞，以及采取哪些安全对策(Countermeasure)应对。

在授权实施渗透测试前，关键的一点是高级管理层应意识到渗透测试可能包含的风险。在少数情况下，测试中所使用的工具和技术可能导致系统或应用程序发生意外故障。渗透测试的目的是识别漏洞、估算环境中安全机制所提供的保护程度，以及考虑如何报告可疑活动。但是，故障却可能意外发生。

安全专家们需要获得一份授权书，并在其中明确可测试的程度。在测试流程中，测试团队的成员需要使用这份授权书，这类授权书通常称为"免死金牌"。授权书中还应包括关键人员的联系信息，以便在出现意外事件和需要恢复系统时使用。

注意

"免死金牌"是一份文档，当有人认为安全专家在做"恶意"行为时，安全专家可出示这份文档，证明实际上在实施一个已批准的测试。更重要的是，安全专家和客户之间的法律协议可保护安全专家免除责任和起诉。

实施渗透测试时，测试团队要完成下列 5 个步骤。

(1) **发现**：收集目标的相关信息。

(2) **枚举(Enumeration)**：执行端口扫描和资源识别的方法。

(3) **漏洞映射(Vulnerability mapping)**：在已识别的系统和资源中识别漏洞。

(4) **利用(Exploitation)**：尝试利用漏洞实施未授权访问。

(5) **向管理层报告**：向管理层提交文档，该文档包含测试结果和建议的安全对策。

图 18-3 显示了这个过程。

在开始实际测试前，渗透测试团队可能对渗透目标有不同程度的了解。

- **完全不了解(Zero Knowledge)**　渗透团队不了解目标，将从零开始。

- **部分了解(Partial Knowledge)**　渗透团队对目标有一些了解。

- **完全了解(Full Knowledge)**　渗透团队非常了解目标。

组织可采用多种方式对一个目标环境实施安全测试，具体包括允许测试人员提前掌握测试环境的信息，或测试环境提前满足测试人员所用测试方法需要达到的要求。

测试可考虑是在外部或远程物理位置实施，还是在内部(意味着测试人员在内部网络中)实施。组织结合以上两种方式实施测试可更全面地了解内部和外部的威胁。

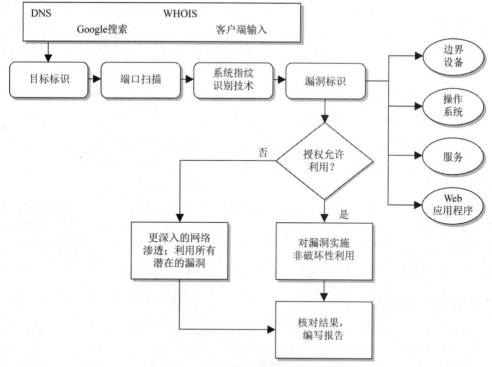

图18-3 实施渗透测试的过程

渗透测试的类型包括盲测、双盲测试或针对性测试。盲测(Blind Test)指的是测试人员只能利用公开可用的数据，也称为"完全不了解"的测试或黑盒测试。网络安全专家会收到通知，得知会有盲测发生，也会监视测试人员的活动。这类测试规划(Planning，PL)包括了确定防御方可采取什么措施，在没有事先预警的情况下，防御方每一次阻止检测到的攻击都将延缓渗透测试人员的攻击速度，并且测试人员也无法展示出原本可测试到的深度。

漏洞测试和渗透测试：盒子是什么颜色？

漏洞测试和渗透测试至少包括三种类型：黑盒测试、白盒测试和灰盒测试。颜色当然是一种比喻，安全专家们需要理解这三种类型。通常情况下，没有一种会明显优于其他两种，因此组织需要根据自己的目的选择合适的类型。

- **黑盒测试(Black Box Testing)：** 黑盒测试将目标测试系统视为完全不透明。这意味着测试人员事先对系统内部的设计或特征不了解，需要通过评估了解。这种方法最恰当地模拟了外部攻击方，并可洞察信息泄露，帮助组织更好地了解与敌对方攻击向量(Attack Vector)相关的信息。因为一些控制措施不太可能在审计流程中发现，所以黑盒测试的缺点是可能不会覆盖所有内部控制措施。另一个问题是在不了解系统内部的情况下，测试团队可能忽略对于各种日常运营至关重要的子系统。
- **白盒测试(White Box Testing)：** 在实施第一次扫描前，安全专家已完全了解系统的内部工作原理。这种方法能帮助测试团队锁定特定的内部控制措施和功能，并可对系统实施更完整的评估。尽管白盒测试可能对内部威胁有着更准确的描述，但无法代表外部攻击方的行为，这也是白盒测试的缺点。

- **灰盒测试(Gray Box Testing)**：这种方法介于前两种测试方法之间，给测试团队提供一部分(而非全部)内部工作信息，有助于将测试人员引导到要彻底测试的领域，也能在一定真实程度上识别系统的其他特性。这种方法减少了白盒测试和黑盒测试面临的问题。

双盲测试也称隐蔽评估(Stealth Assessment)，对评估师而言是一种盲测，且安全专家也不会收到测试通知。因此，这种测试能评价网络的安全级别，以及员工的响应能力、日志持续监测和上报流程，从而更真实地展示当发生某种攻击时成功或失败的可能性。

针对性测试(Targeted Test)指的是由外部顾问和内部员工共同对感兴趣的区域实施集中测试。例如，组织在发布一个新的应用程序前，测试团队可能在应用程序发布到生产环境之前就测试应用程序的漏洞。另一个针对性测试的示例是仅针对电子商务交易的系统实施测试，而不对组织的其他日常活动实施测试。

漏洞测试与渗透测试

漏洞评估能识别环境中的各种漏洞，通常采用一个扫描工具完成。这种评估方式是为了识别出所有可能破坏组织系统安全的漏洞。相比之下，在渗透测试中，安全专家利用一个或多个漏洞，向客户或安全专家的上司证明攻击方确实能访问组织的资源。

测试团队应从基本的用户级访问开始，适当地模拟各种攻击。由于现实中的攻击方只需发现一个防御方未发现的漏洞便能予以利用，因此测试团队要利用各种工具和攻击方法识别出所有可能存在的漏洞。

18.2.4　红队测试

虽然渗透测试旨在特定时间内尽可能发现更多可利用的漏洞，却不能很好地模拟威胁行为方。敌对方在攻击时总是会有非常明确的目标，所以组织仅通过了渗透测试并不代表攻击方没有一种更具创造性的方式入侵。红队测试(Red Teaming)是通过锁定一组特定的目标，模拟特殊威胁行为方的测试方式。当渗透测试回答了"攻击方有多少方式可入侵"这个问题时，红队测试则可回答"攻击方如何入侵并完成既定目标？"的问题。

红队测试更接近模仿高级威胁行为方的作战规划和攻击流程，这些攻击行动有时间、有方法、有目的，攻击方能入侵先进的防御措施，且组织在很长一段时间内都无法发现入侵。红队首先确定要模仿的敌对方和一系列目标。随后，红队实施侦查(Reconnaissance)，了解系统的工作方式(一般通过部分来自于组织内部的帮助)，并确定团队的目标。下一步，红队会制定一个如何在组织没有发现的情况下实现自己目标的方案。在更复杂的情况下，红队会在组织网络范围内创建一个目标环境的副本，在这个副本环境中实施目标系统演习，并确保行动不会触发告警。最后，红队会对真实目标系统发起攻击，并努力完成自己的目标。

可想而知，红队测试会花费很多成本，除了具有丰富资源的组织外，其他组织都无法实施这种测试。多数组织中最常见的是采取一种将渗透测试和红队测试混合的方式，这种方式比渗透测试更专注，却没有红队测试那么激烈。组织需要尽可能利用现有资源，这就是为什么多数组织(即使是规模较小的组织)都会建立一个内部的红队，定期聚在一起，像敌对方一样思考业务的某些方面(可能是一个新上线的关键系统，也可能是一个业务流程，甚至是一个营销活动)。组织内部红队的测试思路是："假设红队是攻击方，将如何利用业务的某一方面实施攻击"。

考试提示

考生不必担心在考试中需要区分渗透测试和红队测试。如果"红队"一词出现在考试中，很可能描述的是既实施渗透测试又实施红队测试的团队人员。

18.2.5 模拟入侵攻击

渗透测试和红队测试所面临的问题之一是这两种测试只反映了组织某一个时间点的快照状态。组织在上周的渗透测试中表现出色，并不意味着在今天对抗威胁行为方(Threat Actor)时也能表现出色。原因有很多，但最重要的两个原因是组织的情况会发生变化，以及无论多长时间的测试都无法做到 100%的彻底。作为人工测试的补充，周期性的甚至持续实施的自动化测试将非常有益。

模拟入侵攻击(Breach and Attack Simulations，BAS)是一个自动化系统，可对目标环境发起模拟攻击，并生成攻击发现的报告。这些攻击是真实的，但不会对目标系统造成不利影响。例如，一次模拟勒索软件(Ransomware)的攻击可能使用"无害"的恶意软件，这个软件在外表和传播方式看起来与真实的恶意软件一样，但攻击成功后却只加密目标主机上的样本文件以作证明。组织的网络或终端检测与响应解决方案应能捕获到这些恶意特征。恶意软件与Internet 上指挥控制系统的交互也和真实事件中类似。换句话说，每次模拟攻击都非常真实，旨在测试组织的检测和响应能力。

模拟入侵攻击通常以软件即服务(Software as a Service，SaaS)的形式提供解决方案，所有工具、自动控制和报告都部署在提供商的云上。为在假设的事件场景中实现更全面的覆盖，模拟入侵攻击提供方还可直接将入侵攻击的代理程序部署在目标环境中，这种解决方案也覆盖了敌对方通过使用零日攻击(Zero-day Exploit)或其他机制规避组织的防御措施并已成功入侵目标环境的场景。这种情况下，组织需要确认深度防御(Defense in Depth，DinD)运转的效果如何。

18.2.6 日志审查

日志审查(Log Review)通过对系统日志文件的查验，检测各种安全事件或确认各种安全控制措施的有效性。事实上，日志审查应在安全专家检查发生的第一个事件之前就开始。为确保事件日志能提供有价值的信息，日志应捕获非常具体但可能数据量庞大的信息，这些信息均基于行业的最佳实践和组织的风险管理流程。可帮助组织评估安全态势的一整套万能事件类型并不存在，相反组织需要不断调整系统，以应对持续变化的威胁环境。

组织实施有效日志审查的另一个元素是确保所有联网设备的时间都标准化。如果一个事故影响了三个设备，而这些设备的内部时钟相差几秒钟，那么确定事件的发生顺序和理解攻击的全局过程会变得非常困难。虽然能够规范化不同的时间戳，但这个额外步骤会增加组织理解敌对方在网络中挑战性行为过程的复杂度。时间的标准化和同步并非难事，RFC 5905 描述的网络时间协议(Network Time Protocol，NTP)第 4 版就是用于在联网设备之间同步计算机时钟的工业标准。

虽然组织已详细定义了要跟踪的各种事件，并确保所有时间戳在网络中都是同步的，但还需要确定事件日志的存储位置。默认情况下，大部分日志文件都存储在本地设备中。这种方法的问题在于：在发生事故时，组织很难跨设备关联各种事件，攻击方却很容易改变已破坏设备上的各种日志文件。集中存储整个组织所有日志文件能解决上述两个问题，也更容易归档日志以便长期保存。

由于这些日志可能很大，所以有效的归档十分重要。事实上，除非组织非常小，不然每天可能需要处理成千上万个事件，其中大部分又都是普通事件，可能并不相关。但除非组织已经做了一些分析，否则通常不知道哪些事件重要，哪些不重要。在多数调查中，那些几天、几周甚至几个月之前似乎并不重要的事件，却时常最终证明是理解安全事故的关键所在。因此，虽然组织留存尽可能多的事件日志是必要的，但仍需要有一种方法快速脱去"麦壳"，分离出"麦粒"。

网络时间协议

网络时间协议(Network Time Protocol，NTP)是在 Internet 上最早使用的协议之一，至今仍在普遍使用。该协议最初于 20 世纪 80 年代制定出来，用于解决同步跨大西洋网络通信的问题。目前该协议的第 4 版仍然利用的是针对一个客户端和一个或多个时间服务器之间往返延迟的统计分析，而时间本身是在端口 123 上以携带 64 位时间戳的 UDP 数据包形式发送。

尽管 NTP 是客户端/服务器的应用架构(Architecture)，但使用的是时间源的层次结构，第 0 层最权威。较低层上的网络设备充当较高层服务器的客户端，其本身也可是其下游节点的服务器。此外，同一层面上的各个节点时常彼此通信，以提高时间的准确性。第 0 层包括各种高度准确的时间源，例如原子钟、全球定位系统(Global Positioning System，GPS)时钟、无线电时钟。第 1 层则由各个主时间源组成，通常是具有高精准内部时钟且直接连接到第 0 层时间源上的网络专用工具包(Appliance)。第 2 层通常会在网络服务器上看到，例如各个本地 NTP 服务器和域控制器。第 3 层可视为其他服务器，以及网络上的各个客户端计算机，不过 NTP 标准并没有这样定义该层面。实际上，该标准允许有 16 层结构，且每一层都只能从上一层获取时间，并为下一层提供时间服务。如图 18-4 所示。

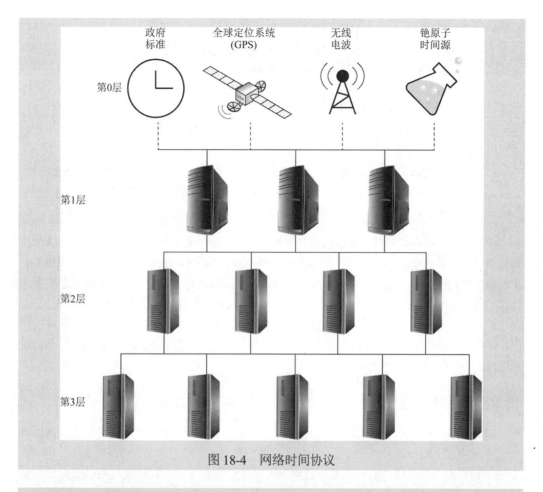

图 18-4　网络时间协议

防止日志篡改

日志文件通常是攻击方试图隐藏其操作的首选制品(Artifact)。对于安全专家们而言，只有知道这一点，才能尽力阻止，攻击方也就无法得逞，或至少能导致攻击方篡改日志文件变得更困难。组织可通过以下五个步骤提高防御等级。

- **远程日志(Remote Logging)**：当攻击方破坏一台设备时，时常获得足够的特权修改或清除该设备上的日志文件。如果将日志文件放到隔离的"盒子"里，攻击方还需要将该"盒子"作为攻击目标，至少为组织发现入侵争取取了时间。

- **单向通信(Simplex Communication)**：一些高安全性的环境在各个日志报告设备和中央日志存储库之间使用单向通信，可通过切断以太网电缆上负责"接收"的双绞线而轻松实现。而术语"数据二极管(Data Diode)"有时用于指代物理上确保单向路径的方法。

- 复制(Replication)：组织仅保存重要日志资源的一个副本不是一个好主意。通过保存多个副本，并保存在不同位置，特别是至少有一处移动设备等无法通过网络访问到的位置，攻击方将难以更改这些日志文件。

- 一次性写入介质(Write-once Media)：如果组织备份的日志文件位置之一只能一次性写入，攻击方将无法篡改该数据的副本。当然，攻击方仍可试图在物理上窃取介质。但组织现在将条件设定为攻击方能进入物理域，而多数攻击方(特别是那些海外攻击方)根本做不到。

- 加密哈希链(Cryptographic Hash Chaining)：使用加密哈希链是一种保证组织能注意到事件的修改或删除的强大技术。在该技术中，每个事件都附上了以前事件的加密哈希(如 SHA-256)。这就创建了一个链，证明其中每个事件的完整性和一致性。

幸运的是，现在有多种商业的和免费的解决方案，都可用于分析和管理日志文件以及其他重要事件制品。安全信息和事件管理器(Security Information and Event Managers，SIEM)能实现事件数据的集中、关联、分析和保存，目的是生成自动化告警。通常，安全信息和事件管理器提供了一个能突出显示可能的安全事故要点(Highlight)的仪表盘(Dashboard)界面。安全专家们可基于界面的显示调查每个告警，判定是否需要实施进一步的操作。当然，其挑战在于：要保证假阳性(False Positive，亦称误报)数量尽量少，并且假阴性(False Negative，亦称漏报)的数量应保持在较低水平。

18.2.7　合成交易

多种信息系统都是在交易基础上运作的。用户在一个特定网页上发起交易请求，例如将50 万美元电汇到瑞士账户。此交易可由很多服务器处理，并产生请求方想要的操作。这可视为一个真正的交易。现在假设交易不是由真人而是由脚本生成的，这就视为一个合成交易(Synthetic Transaction)。

合成交易的实用性在于允许组织系统地测试关键服务的行为和性能。最简单的示例莫过于确保主页能启动并运行。组织不必等到愤怒的客户发来电子邮件告知无法访问首页，也不必在平时花费大部分时间访问该页面。组织可编写一个脚本定期访问主页，并返回一个特定字符串。这个脚本就可在页面关闭或无法访问时立即向组织告警，以便在组织注意到问题之前就能着手调查。这将成为组织 Web 服务器受到攻击，或遭遇分布式拒绝服务(Distributed Denial-of-Service，DDoS)攻击的早期预警器。

合成交易不仅可向组织展示服务是启动还是停止，还可通过测量响应时间等性能参数向组织告警网络中的拥塞或服务器的过度使用情况，也可通过模仿典型用户的行为帮助组织测试新服务，确保系统能按预期工作。最后，合成交易也可写成跨站脚本攻击(Cross-Site Scripting Attack，XSS)等恶意用户行为，确保组织的控制措施有效。这是从外部测试软件的有效方法。

真实用户持续监测与合成交易

真实用户持续监测(Real User Monitoring，RUM)采用被动方式监测真实用户与 Web 应用程序或系统的交互。这种监测方式使用代理从用户的角度捕获延迟、抖动和错误等度量(Metric)。不同于合成交易，真实用户持续监测用的是真人操作而不是脚本命令。虽然真实用户持续监测能更准确地捕获实际的用户体验，但更可能产生噪声数据，因此可能需要有更多后端分析。例如，由于用户改变主意或移动连接中断而导致事务不完整。真实用户持续监测也缺乏可预测性和规律性，可能意味着在低使用率期间将不会检测到问题。

另一方面，合成交易的行为都是脚本化的，因而是可预测和非常规律的。合成交易相比等待用户实际触发其行为，能更可靠地检测出罕见事件。合成交易是一种积极的方法，不必等到用户不满意或遇到问题才开始处理问题。

值得重点注意的是，真实用户持续监测和合成交易是实现相同目标的不同方式。没有哪种方法会在所有情况下都适用，所以同时使用两者的情况十分普遍。

18.2.8 代码审查

到目前为止，本书已讨论的所有安全测试都着眼于系统的行为。这意味着，组织只评估了外部可见的特征，而没有看到系统的内部工作。如果组织想从内部测试软件系统，那么可实施代码审查(Code Review)，由代码研发人员以外的其他人实施审查，系统地查验软件各部分的指令。这种方法可谓是一种成熟的软件研发流程的标志。事实上，在多数组织中，只有实施了代码审查并确认后，组织才允许研发团队发布软件模块。这就像把一份重要文档发送给一位重要人物之前需要校对一样，如果组织试图自己校对，可能不会像其他人校对时那么容易地发现所有令人尴尬的拼写错误和语法错误。

虽然检查拼写错误是代码审查的一部分，但代码审查远不止此。代码审查从组织制定出的一套用于编写软件编码的标准开始，可由内部团队、外包研发人员或商业供应商实施。显然，除非软件是开源的，或者安全专家恰好在一个重要的政府机构，否则对商业软件实施代码审查一般非常罕见。不过，每个研发商都会有一个设计指南或一套成文的编码标准，标准包含如何缩进代码，乃至何时(以及如何)使用现有代码库等所有方面。因此，代码审查的预备步骤就是确保研发人员遵循团队的风格指南或标准。该步骤除了有助于软件的可维护性外，还帮助代码审查方预估工作量。一个粗心的程序员的代码中可能有其他一些难以发现的缺陷(Defect)。

检查代码的结构和格式后，审查方会着手寻找没有调用或不需要的函数或程序。这些函数或程序会导致"代码冗余"，导致应用程序更难维护和保护。出于同样的原因，审查方也会寻找那些过于复杂，应重构或拆分为多个例程的模块。最后，在降低复杂度方面，审查方还会寻找可重构的重复代码块。更好的结果是：这些移出的代码块能转换为库函数等外部可重用的组件。

对于那些不必要的且危险的程序，一个极端示例是研发团队经常在研发的软件中包含代码存根(Code Stub)和测试例程。研发团队在软件的最终版本中留下测试代码，有时甚至包括硬编码的凭证(Credential)。这样的情况比比皆是。一旦对手发现这种情况，就能轻而易举地利用软件绕过安全控制措施，这就产生了隐患。研发团队有时仅会注释掉最终测试的代码，以防测试失败时回到此处重新编写。研发团队本应牢记要重新打开该文件并删除这些危险的代码，却忘记了。虽然在编译程序后，攻击方除非有权访问源代码，否则不会得到注释代码，但常见的分布式应用程序脚本却不是这样。

防御性编程(Defensive Programming)是所有软件研发运营应采用的最佳实践。简而言之，防御性编程意味着当组织研发或审查代码时，要不断寻找那些会导致事情恶化的因素。防御性编程的最好示例可能是将来自于键盘、文件或网络的所有输入都视为不可信，直到证明其可信。用户输入验证的实现可能比听起来更微妙，组织应了解输入的环境。组织期望用户输入的是一个数值吗？如果是，该值的可接受范围是多少呢？这个范围能随时间变化吗？在组织决定输入是否有效前，需要回答这些问题以及其他多个问题。请记住，安全专家们经常看到的多种可利用的漏洞，其根本原因都是缺少输入验证。

代码审查流程

(1) 识别要审查的代码(通常是特定的函数或文件)。

(2) 团队领导组织检查，并确保每个人都可访问源代码的正确版本，并获得所有支持的制品。

(3) 团队中的每个人都通过阅读代码和做笔记的方式准备检查。

(4) 指定的团队成员在线下(而非会议上)核对所有明显的错误，所以不必等到会议期间才讨论(这将浪费时间)。

(5) 如果大家都认为已准备好检查代码了，那么会议便可继续召开。

(6) 团队领导通过投影仪显示带有行号的代码，以便每个人都可阅读。每个人都能讨论程序的缺陷、设计的问题，以及其他关于代码的问题。代码研发人员之外的记录员把这一切都记录下来。

(7) 会议结束时，大家都能对代码的"处置"达成一致。

● 通过(Passed)：代码适合使用。

● 返工后通过(Passed with rework)：只要稍加修改，代码便可使用。

● 重新检查(Reinspect)：修复各种问题后开展另一轮检查。

(8) 会议结束后，研发人员修改错误，并提交新版本。

(9) 如果步骤(7)是"返工后通过"，团队领导检查记录员所记录的缺陷，并确保这些缺陷都已修正。

(10) 如果步骤(7)是"重新检查"，则团队领导返回到步骤(2)，并重新开始。

18.2.9　代码测试

第 24 章和第 25 章会讨论多种类型的测试，这些测试是软件研发流程的一部分。然而，在完成代码研发并发布生产环境前，应确保代码符合安全策略组。传输状态数据(Data in

Transit，DiT)是否均已加密？是否可绕过身份验证(Authentication)或授权(Authorization)控制？是否将敏感数据存储在未加密的临时文件中？是否涉及未记录的外部资源(例如库的更新)？清单还可继续添加问题，但重点是，激励安全专家们的方式与激励软件研发团队不同。程序员获得报酬是因为在软件中实现了特性，而安全专家则是为了保证系统安全。

大部分成熟组织都有一个既定的流程认证软件系统足够安全，并可在网络上安装和运行。这个流程通常有一个后续流程，即高级经理应在阅读认证结果后授权(Authorize)或认可(Accredit)该系统。

18.2.10 误用案例测试

用例(Use Case)通常是用于描述信息系统中所需功能的结构化场景，可视为用户等外部角色需要在系统上完成特定目标的故事。用例描述了角色和系统之间的交互，以及导致期望结果的顺序。用例是文本化的，但通常使用统一建模语言(Unified Modeling Language，UML)概括和图形化描述。图 18-5 展示了一个非常简单的客户在线购物系统的视图。基于 UML，"用户"这样的角色用人物线条描绘；而角色的用例则描绘为椭圆内的动词短语。用例可用各种方式彼此相关，称为关联(Association)。与用例关联的最常见方式是包含另一个用例(即包含的另一个用例总随着前序用例的执行而执行)，或扩展一个用例(即第二个用例是否执行，由主用例的决策点决定)。在图 18-5 中，客户在尝试下订单时，如果还没有登录，可能收到提示。但无论如何，客户都需要提供信用卡信息。

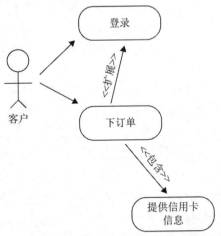

图 18-5　UML 用例图

虽然用例在分析系统正常或预期行为的需求时非常重要，但在评估安全性时就无法发挥作用，在评估安全性时就需要误用案例(Misuse Case)为组织做出贡献。误用案例包括各种威胁行为方和这些威胁行为方想要在系统上执行的任务用例。威胁行为方通常用阴影头像的人物线条画表示，威胁角色或误用案例的行动用阴影椭圆表示。如图 18-6 所示，攻击方在这种场景下想猜测口令和盗取信用卡信息。

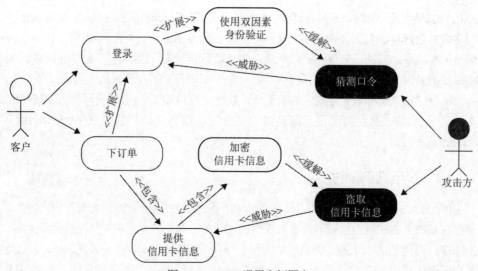

图 18-6   UML 误用案例图表

误用案例在 UML 图中引入一些新关联。威胁行为方的误用案例是指威胁系统的特定部分或系统的合法用例。通常安全专家们所看到的带阴影的椭圆通过带有标记为"威胁"的箭头连接到无阴影椭圆就表示了这种关系。另一方面，系统研发团队和安全专家们可实施控制措施缓解这些误用，这些控制措施就在无阴影与带阴影椭圆之间创建了新的、带有标记为"缓解"箭头的连接。

误用案例测试背后的思想是确保组织有效和全面地识别出系统中的每个风险，并确定风险管理流程中需要缓解的风险。这并不意味着误用案例的测试需要覆盖系统中所有可能的威胁，但至少应包括需要解决的威胁。这个流程帮助系统研发团队和集成商将风险管理流程的产品融入各种系统研发工作的早期阶段，还让快速调试复杂的系统变得更容易，确保不必深入到源代码就能将有效的安全控制措施置于正确位置，下面将描述这一流程。

18.2.11   测试覆盖率

测试覆盖率(Test Coverage)度量了一个特定测试或测试组对系统检查的覆盖程度，通常用百分比表示。例如，如果组织研发了一个有 1000 行代码的软件系统，而单元测试工具执行了 800 行代码，那么测试覆盖率是 80%。为什么该组织不做到 100% 呢？因为那样做可能代价太昂贵了。通常只有航空和医疗设备中使用的关键安全系统(Safety-critical System)才需要达到全面测试覆盖。

测试覆盖率也适用于软件以外的其他对象。假设组织中有 100 个安全控制措施，如果在一次评估或审计中对所有这些控制措施实施测试，可能造成较大的混乱或过高的成本，或者兼而有之。因此，组织在一年中安排了一些较小的评估。例如，每个季度，组织会对四分之一的控制措施实施测试评估。这样，组织的季度测试覆盖率为 25%，组织的年度测试覆盖率则为 100%。

18.2.12 接口测试

在安全专家们探讨各种接口(Interface)时，常想到的是一个应用程序的图形用户界面(Graphical User Interface，GUI)。虽然图形用户界面是接口的一种类型，但接口还有其他更重要的类型。事实上，接口是系统或用户之间的数据交换点。组织可在计算机的网卡(Network Interface Card，NIC)中看到，接口是计算机(一个系统)和局域网(另一个系统)之间的数据交换点。另一个示例是应用程序编程接口(Application Programming Interface，API)，接口是一个软件系统(如应用程序)与另一软件系统(例如调用库)交换信息的一组交换点。

接口测试(Interface Testing)是对特定的一组交换点实施系统性评估。这种评估应包括已知的有效数据和异常数据的交换，确保系统在交换范围两端的值都能正确运行。然而真正的障碍却在于发现两端值范围之内的测试用例。在软件测试中，有效数据和异常数据分界处称为边界条件(Boundary Condition)。例如，如果特定的数据包应包含不超过 1024 个字节的有效负载，那么当出现 1024 字节再加上一个比特或一个字节的数据时，系统会如何运作呢？如果恰好是 1024 个字节呢？或有 1024 个字节减去一个比特或一个字节的数据呢？如前所述，接口测试就是探究"好"与"坏"的边界，测试接近边界时会发生什么。

组织可考虑多种其他的测试用例，但最重要的原则是接口测试的主要任务是提前设想所有测试用例并做记录，然后将测试用例插入一个可重复的且最好是自动化的测试引擎中。这样可确保随着系统的发展，特定接口总能用正确的测试用例集测试到。第 24 章将进一步讨论软件测试，安全专家应记住的是：接口测试是集成测试的特例，接口测试评估的是系统的不同部分彼此之间如何完成交互。

18.2.13 合规检查

本书已从评估技术性控制分类(Technical Control)有效性的角度讨论了安全测试，评估有效性应是组织关心的首要问题。然而，很多安全专家会在一些应遵守某些监管规定的组织中工作，或者即使现在还不在一个应受监管的行业，仍有一些自愿遵守的法规和标准。最后，如果组织已经建立了在第 1 章中讨论过的 ISMS，就需要确保所列出的控制措施正常运转。在属于这三种情况之一时，组织都可用已经讨论过的测试技术证明其合规。

合规检查(Compliance Check)是对特定时间点的安全控制措施是否按预期实施和执行的确认。例如，组织可能要为客户处理支付卡交易，因此，PCI-DSS 要求组织由批准的供应商实施年度的渗透测试和季度的漏洞扫描。或者，组织可将发送方策略框架(Sender Policy Framework，SPF)记录的检查作为信息安全管理体系中电子邮件安全控制措施之一(回顾第 13 章中，发送方策略框架降低了伪造电子邮件来源的风险)。组织可通过实施日志检查，执行并记录此控制措施的合规检查。如果组织的电子邮件服务器对其日志中选定部分的所有电子邮件实施发送方策略框架检查，就能确认该控制措施是否已按预期运转。

18.3　实施安全审计

合规检查是对特定时间点的测试,但审计往往覆盖了更长时间。审计关心的问题不是"控制措施是否实施并起作用?",而是"这项控制措施在去年是否实施了?"当然,审计也可充分利用合规检查。在上一节最后的发送方策略框架记录检查示例中,审计师只需要查看合规检查,如果检查是定期执行并记录的,则在审计时可作为合规证明。

安全审计规划听起来好像很简单,但建立一套清晰的目标可能是规划一个安全审计最重要的步骤。由于测试通常无法面面俱到,因此组织应把精力集中到最关注的方面。审计的实施可能是由下列场景推动的:法律法规监管合规要求,信息系统架构(Architecture)发生重大变化,或组织面临的威胁有了新变化。还有其他多种可能的场景,但前文列出的这些示例已说明评估可能有完全不同的目标。

在组织确定目标后,还需要定义评估的范围,包括:

- 要测试哪些子网和系统?
- 是否要检查用户制品(如口令、文件和日志)或用户行为(如对社交工程尝试的反应)?
- 要评估哪些信息的机密性、完整性和可用性?
- 审计在隐私方面有何意义?
- 如何评价流程,评价到什么程度?

在组织清晰列出目标后,回答上述问题就会更容易。

安全专家应与业务经理一起协调确定审计范围。安全专家们常专注于信息技术,而忘记了业务案例。事实上,业务经理在审计规划的早期阶段就应介入,并应在整个审计期间一直保持参与,这不仅有助于消除安全专家与业务经理之间的隔阂,还有助于识别审计本身可能给组织带来的潜在风险。设想如果审计所做的评估干扰了一个不引人注意但其实非常关键的业务流程,最终让组织损失了大量资金,那么结果会怎样?这称为 RGE(Résumé-generating Event,摘要生成事件)。

组织在决定由谁真正开展审计实务后,就进入审计规划阶段。下列的各种原因展现了方案的重要性:

- 组织应确保能解决可能给业务流程带来的风险。如果没有方案,这些风险就是未知的,组织也不容易缓解风险。
- 通过记录方案确保满足每个审计目标。审计团队有时试图遵循自己的方案,然而这样做不一定能实现特定审计的所有目标。
- 记录方案有助于组织记住那些不在评估范围内的项目。由于测试不太可能覆盖所有方面,因此记录能指明组织在哪些方面没有做测试。
- 方案能确保审计流程(Audit Process)是可重复的。就像科学实验那样,组织应能通过重复流程重现结果,这点特别重要,因为组织可能遇到一些意想不到的结果,需要进一步讨论。

信息系统安全审计流程

(1) 确定目标，其他一切都取决于目标。

(2) 引入合适的业务经理，确保识别和解决业务需要。

(3) 确定范围，因为测试不太可能覆盖所有方面。

(4) 选择审计团队，该团队可能包含内部人员或外部人员，具体取决于目标、范围、预算和可利用的专业知识。

(5) 规划审计，确保组织在预算内按时实现所有目标。

(6) 开展审计实务，在坚守方案的同时记录产生的偏差。

(7) 记录结果，因为所产生的信息既有价值又是易变的。

(8) 传达结果给合适的领导，以实现和维持强有力的安全态势。

在组织制订详细的审计方案后，终于进入了有趣的环节。无论组织在规划中投入多少时间和精力，都不可避免地会发现应添加、删除、调整或修改的任务。虽然组织希望尽量减少这些更改的数量，但不得不接受这样一个现实：改变是这个流程的一部分。因此，组织应有意识地接受改变，同时记录改变。

注意

某些情况下(例如"监管合规")，审计参数可能需要由外部审计团队指定和实施。这意味着，组织的角色主要局限于为审计做准备，确保审计团队能获得必要的资源。

组织在规划流程中编写的文档应在所有审计活动中持续使用，直至活动结束。除了琐碎的评估外，审计过程还可能会产生大量数据和信息。这些数据和信息反映了当时的安全态势，非常有价值。如果没有其他数据和信息，这个过程产生的数据和信息将用于衡量控制措施的有效性，以便与审计内容比较并判断趋势。通常情况下，安全专家还能通过这个详细的文档挖掘出意想不到或难以解释的结果，接着开展进一步的根本原因分析。如果安全专家能捕获到所有信息，将更容易为目标受众提供审计报告，而不必担心可能删除或未能记录重要的数据点。

最后，审计所期望达到的最终状态都是将结果有效地传达给目标受众。安全专家将结果传达给高管的方式与传达给 IT 团队成员的方式一般截然不同。这就回到了前文的观点：捕获并记录方案、执行的细节和结果。相对而言，安全专家从一个大数据集中提取信息，比只基于存在于头脑中的事实得出小结(Conclusion)更容易。多个安全审计之所以最终没能成功，是因为审计团队没能与关键利益相关方开展有效的沟通。

18.3.1 内部审计

理想情况下，每个组织都有一个内部团队开展所需的审计实务。但实际情况并非如此，即使一些拥有最好资源的组织也缺乏这种能力。如果组织有这样的团队，且这个团队有持续改进组织安全态势的能力，那么组织将拥有很大优势。

使用组织的员工开展审计实务的好处之一就是员工熟悉组织内部的工作情况，因此能立即开始工作，而不必花费太多时间适应网络环境。有些人可能会说，对内部情况的了解会让这些人员有一些不现实的优势，因为很少有攻击方能像那些操作和防御内部系统的人员那样熟悉组织的系统。更准确地说，只有顶级攻击方才能达到内部审计(Internal Audit)团队对组织的了解水平。但无论如何，如果组织开展审计实务的目的是不遗余力地测试信息系统中最薄弱、最隐蔽的部分，那么内部团队很可能比其他团队更能实现这个目标。

使用内部资源还可给组织在评估工作中带来更多敏捷性。由于随时可使用内部团队，管理层需要做的就是重新确定测试的优先级以适应不断变化的需求。例如，假设一个业务部门计划每年开展一次审计，但一个月前的最新评估结果非常差，显示出组织面临的风险有增加趋势。此时，安全管理层能很容易地重新计划一次在三个月后再开展的审计。这种灵活性不会给组织带来额外成本，而如果采用第三方团队开展审计实务就不会这么灵活了。

使用内部团队的缺点是内部人员可能对保护和利用信息系统的其他方法了解不多。除非审计团队最近聘用了一些有经验的成员，否则这个团队可能只对所熟知的技术才有深入了解，仅拥有测试自己组织相关系统所需的技能，却不会更多地了解其他技术。

使用内部审计师的另一个不太明显的缺点是存在利益冲突的可能性。如果审计师认为上司或同事可能受到负面报告的影响，甚至由于审计记录存在缺陷而受到负面影响，那么可能不愿意准确地报告调查结果。组织文化可能是这种潜在冲突最有影响力的要素(Factor)，如果组织文化氛围是开放和信任的，那么无论审计师发现什么，都不认为这会对高层或同事产生风险。相反，在那些对失败容忍度较低、非常僵化的官僚组织中，利益冲突的可能性就会更高。

利益冲突的另一个方面是审计团队成员或其上司可能希望通过审计去追求某个秘密的目标。如果审计团队打算获得更多资金，则很可能夸大甚至捏造安全缺陷。类似地，如果审计团队认为需要"教训"另一个部门，或许是为了让对方提高与安全团队"紧密配合"的意愿，则可能故意或下意识地提供不客观的结果。因此，组织在决定是否使用内部审计团队时，应明确考虑政治因素和团队动力。

开展内部审计实务

以下是一些可帮助组织完成内部审计的最佳实践。

- **记录组织的日程表：** 安排好所有关键人员和资源可加快审计工作。所以，组织应尽早确定关键人员和资源。
- **确保审计师做好准备：** 与审计师一起演练审计流程，这样每个审计师都能理解应如何做。确保每个审计师都了解相关的策略组和程序。
- **记录所有内容：** 为审计师配备记录人员，记录审计师所做的工作和观察到的所有内容。
- **报告应易于阅读：** 请记住，审计报告至少有两类受众：管理人员和技术人员。报告应同时保证这两类受众均能方便地阅读。

18.3.2 外部审计

当组织以整合方式开展工作时应特别注意，确保每一方都能承诺提供必要程度的保护、义务和责任，并在合同中明确规定。通过开展审计实务和测试，确保每一方确实执行了相应的合同条款。外部审计(有时称为"第二方审计")由业务伙伴或其代表开展审计实务。

外部审计与合同相关。在如今的业务和威胁环境中，合同包含安全条款的情况变得越来越普遍。例如，一个计算机报废处置的合同可能要求服务提供商(Service Provider, SP)对其所有员工开展背景调查；将计算机存放在安全的地方，至少使用交替的1和0对所有存储设备实施三次覆盖，直到彻底删除计算机数据；同意对合同中的一项条款或全部条款开展审计实务。一旦合同实施，客户的组织可要求确认访问人员、地点和信息，核实承包商(Contractor)是否满足安全规定。

为理解为什么外部审计很重要，可简单了解2013年发生的Target超市数据泄露事故。在那次事故中，Target超市与Fazio公司开展业务合作，Fazio公司为Target超市提供供热通风与空调(Heating, Ventilation, and Air Conditioning，HVAC)服务。这两个组织的安全态势大不相同，因此攻击方将攻击目标放在Fazio公司这一薄弱环节。不可否认，Target超市为此犯下了代价高昂的错误，造成自己陷入困境。如果Target超市的IT安全专家了解其合作伙伴的信息系统安全管理实践，那么可能就能避免那次数据泄露。这些安全专家们怎么才能了解Fazio公司的弱点呢？这时就需要对Fazio公司开展审计实务。

开展并协助外部审计实务

由组织对承包商(Contractor)开展外部审计实务不常见。相反，组织会要求承包商基于合同规定的范围开展内部审计实务，或引入第三方审计师(在下一节描述)。无论组织在交易的哪一方，这里的一些提示都可考虑。

- 了解合同：基于定义，外部审计的范围仅包括组织合同中的义务，确保审计不会失控。
- 安排内部和外部简报：在审计开始前安排一次简报，以便将所有利益相关方聚在一起。在审计完成后立即安排一次外部简报，以便组织有机会消除审计中产生的误解或错误。
- 成对出行：确保组织有人伴随每组审计师，这会帮助审计的开展更加顺利，并有助于避免误解。
- 保持友好：这个流程的全局目标是形成信任。

18.3.3 第三方审计

有时，组织别无选择，只能让第三方审计信息系统的安全性。最常见的情况是组织需要证明遵守了政府规章或行业标准。即使组织有选择的余地，引入外部审计师也比使用内部团队更有优势。首先，外部审计师可能见过并测试过不同组织中的多种信息系统，这种经历意味着外部审计师会给这个组织带来新的审计经验。即使组织有一些有经验的内部审计师，也不太可能像那些定期测试各类组织的承包商那样具备这么丰富的经验。

第三方审计师的另一个优势是不了解目标组织的内情和政治，这个优势意味着除了"寻找各种缺陷"这一工作外，第三方审计师并无偏好或其他计划，这种客观性是在测试中的优势。而如果内部人员在实施控制措施时担任了一定的角色，则可能忽视或潜意识地阻碍自己在这些控制措施中寻找缺陷。

使用外部团队的明显缺点就是成本。即使是小型组织，数万美元的报价也并不罕见。这个缺点就意味着，除非万不得已，否则组织不能经常使用外部审计师。虽然外部审计师拿着高薪，但那些完全依赖高端扫描工具工作和判断的测试人员仍比比皆是。当组织花费了大量资金，却发现测试人员只是将其笔记本电脑连入网络、运行扫描工具，然后打印出报告，便会感到非常不幸。

即使组织找了一个有担当且能胜任的团队测试信息系统，仍然需要额外资源帮助团队人员熟悉组织，并监督这些人员的工作。即使签署过保密协议(Nondisclosure Agreement，NDA)，大部分组织也不会对外部审计师毫无监管。此外，外部审计师因为缺乏对组织内部工作的了解，通常在开始测试之前，需要花费更长的时间摸清方向。

注意

在组织允许第三方团队审计组织的系统之前，签署保密协议几乎已成为一个必要条件。

协助第三方审计

组织通常会向第三方支付开展审计实务的费用。但如果组织仅出于合规或合同原因开展审计实务，审计师并不会满足组织的所有要求。第三方审计师的工作是用自己的声誉，证明该组织符合审计范围之内的标准。尽管如此，以下是一些实用的提示。

- **了解需求**：逐行了解审计要求，确保组织确切地知道第三方审计师将查看什么。如果有疑问，就联系审计师。
- **预审(Pre-audit)**：使用相同的审计要求列表预先开展组织内部审计，尽量减少意外问题的数量。
- **预约时间安排表(Schedule)**：即使需要特定人员的概率很小，也要确保在审计师出现时相关人员有时间配合。
- **有效组织**：审计团队可能需要访问非常多的资源，而且这些资源多种多样，因此组织应确保将这些资源集合到一个地方并有效组织。
- **及时向上司报告**：基于定义，第三方审计对组织而言非常重要，但问题不会随时间变化自行消失，因此，安全专家应及时向高级经理报告，特别是可能有缺陷的领域。

虽然选择内部审计师和第三方审计师哪种方案更好没有定论，但是《萨班斯-奥克斯利法案(Sarbanes-Oxley Act)》等法规强制要求选择第三方审计。这种强制要求称为合规审计，审计应由外部团队开展。

考试提示

考生很可能在供应链风险管理的上下文语境(Context)中遇到外部审计(External Audit)的考题，第三方审计可能出现在处理合规问题的考题中。

18.4 本章回顾

对于安全专家们而言，评估组织的安全态势是一个迭代和持续的过程。本章讨论了各种技术，这些技术都有助于评价运用技术性和行政性控制措施降低风险的效果。无论是组织内部开展审计实务，还是验证第三方提供的审计方案(Audit Plan)，组织现在都应了解要收集的内容，以及如何评价各种方案。在此过程中，本章还介绍了一些特定威胁和机会，这些威胁和机会应在评估方案中发挥作用。重要的是，考生应理解本章中所有内容都基于第 2 章中所讨论的风险管理。如果考生未掌握组织所关注的具体威胁和风险，就很难正确地处理这些威胁和风险。

18.5 快速提示

- 审计是对信息系统安全控制措施的系统性评估。
- 在规划安全审计时，最重要的步骤是设定清晰的目标。
- 漏洞测试是对系统的查验，目的是识别和定义漏洞并予以定级。
- 渗透测试是基于资产所有方的要求，模拟对一个网络及其系统实施攻击的流程。
- 红队测试通过锁定一组特定的目标，模拟特殊威胁行为方的测试方式。
- 黑盒测试视待测系统为完全不透明的。
- 白盒测试中审计师在第一次扫描之前就完全了解系统的内部工作原理。
- 灰盒测试给予审计师的信息包括部分(但非全部)系统内部工作原理。
- 盲测指评估师在测试时只公开可用的数据，而网络安全专家已知道要实施该测试。
- 双盲测试也称为隐蔽评估，是在不通知网络安全专家的情况下实施的盲测。
- 模拟入侵攻击是一个自动化系统，可对目标环境发起模拟攻击，并生成攻击发现的报告。
- 日志审查通过查验系统的日志文件,检测各种安全事件或确认各种安全控制措施的有效性。
- 合成交易是模拟真实用户行为的脚本事件，允许安全专家们系统地测试关键服务的性能。
- 代码审查是由代码研发人员以外的其他人实施审查，系统地查验软件各部分的指令。
- 误用案例是包括各种威胁行为方和这些威胁行为方想要在系统上执行的任务用例。

- 测试覆盖率度量了一个特定测试或测试组对系统检查的覆盖程度。
- 接口测试是对系统和用户之间特定的一组交换点实施系统性评估。
- 合规检查是对特定时间点的安全控制措施是否按预期实施和执行的确认。
- 内部审计的优点是审计师熟悉系统，但可能受困于缺乏对其他攻击和系统防御的了解。
- 当组织签订包含安全规定的合同时，就会开展外部审计。合同方可要求对承包商开展审计实务，以确保符合这些规定。
- 第三方审计通常会带来丰富的经验，提供新见解，但可能价格昂贵。

18.6　问题

请考生记住这些问题的表达格式和提问方式。CISSP 考生应知晓，考试提出的问题是概念性的。问题的答案可能并不特别完美，建议考生不要寻求绝对正确的答案。相反，考生应寻找选项中的最佳答案。

1. 当以下哪一项为真时，内部审计是首选方法？
   A. 组织缺乏开展审计实务基本的专业知识
   B. 监管要求规定应使用第三方审计师
   C. 安全测试的预算有限或没有
   D. 担心专有或机密级(Confidential)信息泄露

2. 除了以下哪一项，其他都是安全审计流程的步骤之一？
   A. 记录结果
   B. 召集管理评审
   C. 让正确的业务部门领导参与
   D. 确定范围

3. 以下哪一项是使用第三方审计师的优势？
   A. 第三方审计师可能有组织不具备但需要用到的知识
   B. 成本
   C. 保密协议(Nondisclosure Agreement，NDA)和监督要求
   D. 使用自动化扫描工具和报告

4. 从下列选择一个描述审计的术语，说明组织遵守对另一组织的合同义务。
   A. 内部审计(Internal Audit)
   B. 第三方审计
   C. 外部审计(External Audit)
   D. 合规审计(Compliance Audit)

5. 在漏洞评估中，以下哪一项是正确的？
   A. 目的是识别尽可能多的漏洞
   B. 不关心评估对其他系统的影响

C. 是一个旨在评估系统未来性能的预测性测试

D. 理想情况下，评估是全自动化完成的，不需要人工干预

6. 有一项评估的目标是评估组织对于社交工程攻击的敏感性，这个评估最好归类为：

A. 物理层测试

B. 人员测试

C. 漏洞测试

D. 网络层测试

7. 实施测试前，以下哪项评估能为审计师提供系统架构的详细知识？

A. 白盒测试

B. 灰盒测试

C. 黑盒测试

D. 零知识测试

8. 漏洞扫描通常不包括以下哪种情况？

A. 识别网络上活动主机

B. 识别所有主机上的恶意软件

C. 识别错误的配置设置

D. 识别操作系统

9. 安全事件日志能通过以下哪种方式最好地防止篡改？

A. 使用非对称密钥加密技术加密其内容

B. 确保每个用户都拥有自己工作站的管理员权限

C. 在单工通信介质上使用远程日志记录

D. 在 DVD-RW 上存储各类事件的日志

10. 对合成交易的最佳描述是：

A. 真实用户持续监测(Real User Monitoring，RUM)

B. 不属于系统正常目的的事务

C. 通过多个用户与系统的交互组成的事务

D. 一种测试关键服务的行为和性能的方法

11. 假设组织想讨论敌对方可能试图对系统采取的行动，并测试组织已经设置的、用于降低相关风险的控制措施的有效性。以下哪种方法最适合实现此目标？

A. 误用案例测试

B. 用例测试

C. 真实用户持续监测

D. 模糊测试

12. 代码审查不包括以下哪个方面？

A. 确保代码符合适用的编码标准

B. 讨论程序缺陷、设计问题以及代码的其他问题

C. 同意"部署"代码

D. 代码模糊测试

13. 接口测试可能涉及以下哪一项?

A. 应用程序编程接口(Application Programming Interface,API)

B. 图形用户界面(GUI)

C. 以上都是

D. 以上都不是

18.7 答案

1. C。第三方审计师几乎总是相当昂贵的。因此,如果组织的预算无力支持,则可能需要安排内部人员开展审计实务。

2. B。管理评审不是审计的一部分。这种评审通常使用一个或多个审计结果做出战略决策。

3. A。因为第三方审计师常在多个组织开展审计实务,且知识不断更新,所以几乎总是有组织所不具备的知识和见解。

4. C。外部审计用于确保承包商履行其合同义务,因此这是最佳答案。合规审计适用于监管或行业标准,几乎肯定是第三方审计,因此答案 D 在多数情况下都不合适。

5. A。漏洞评估的一个主要目标是在特定系统中尽可能多地识别出安全缺陷,同时注意不要破坏其他系统。

6. B。社交工程专注于人,所以人员测试是最佳答案。

7. A。白盒测试告知测试人员关于当前系统的内部详细工作信息。灰盒测试只提供一些信息,所以不是这个问题的最佳答案。

8. B。漏洞测试通常不包括扫描主机的恶意软件,这种测试专注于寻找恶意软件可能利用的缺陷。

9. C。使用远程日志记录主机提高了攻击难度,因为如果对方能破坏一台主机,将不得不破坏远程日志记录的主机,才能篡改日志。而使用单工通道可进一步阻止攻击方。

10. D。合成交易模拟真实用户的行为,但不是真实用户与系统交互的结果。允许组织确保服务的正常运行,而不必等到用户投诉后再去检测问题。

11. A。误用案例测试允许组织记录敌对方在系统上的期望行动,以及可阻止该敌对方行动的控制措施。误用案例类似于研发用例,但考虑的是恶意用户而不是合法用户的行为。

12. D。模糊测试是一种通过运用大量随机数据"轰击"代码,检测代码中缺陷的一种技术。模糊测试不是代码审查的一部分,这种测试重点分析源代码,而不是对随机数据的响应。

13. C。接口测试涵盖系统不同组件内的交换点。API 是系统与其调用库之间的交换点,而 GUI 是系统和用户之间的交换点。这些测试组成了接口测试。

第 **19** 章

安 全 度 量

本章介绍以下内容:

- 安全度量
- 安全流程数据
- 报告
- 管理评审和批准

一次精准测量可抵上千名专家的意见。

——Grace Hopper

组织实施安全评估的原因是想要得到特定问题的答案。例如,防火墙是否阻断了危险流量?有多少系统易受攻击?组织能否检测(并阻断)网络钓鱼攻击?这些问题都很重要,但需要通过策略来体现。传统的董事会或高管层不会理解和关心这些问题,董事会或高管层真正关心的是组织如何为利益相关方(Stakeholder)创造价值。网络安全(Cybersecurity)领导者的部分工作是将战术观察转化为战略洞察,为做到这一点,安全专家们需要测量信息安全管理体系(Information Security Management System,ISMS)运转有效的部分并分析结果,通过可行的方式向组织其他领导展示,这个过程就是本章的主要内容。

19.1　量化安全

如何能了解组织是接近还是远离目标?在现实世界中,人们使用的是道路标志和地标等环境要素。通常,还可使用可视化的线索评估差旅中可能存在的风险。例如,如果旅行路径上的一个标志变松且绕轴转向了,则该标志所指的方向就不一定正确。如果地标是一个河流交叉口,其水位比正常水平高得多,则有把人冲到下游的风险。但当组织在谈论安全态势时,如何判断该组织是在改善安全态势,还是处于风险之中呢?

　　组织如试图运行一个没有充分度量的信息安全管理体系可能比根本没有安全管理更危险，就像路人跟随错误的路径指示一样，组织使用错误度量可能导致走向错误的路径。幸运的是，国际标准化组织(International Organization for Standardization，ISO)已发布了一个用于度量安全计划(Security Program)有效性的行业标准。题为"信息安全管理——持续监测、测量、分析和评价(Information Security Management-Monitoring, Measurement, Analysis and Evaluation)"的 ISO/IEC 27004 标准阐明了可用来度量安全控制措施和流程绩效的过程。安全专家们应记住的是：该标准的一个关键目的是支持持续改进组织的安全态势。

　　在此，定义一些术语将对考生非常有帮助。

- **要素(Factor)：** 体系(例如信息安全管理体系)的一个属性，可描述为一个随时间变化的值。例如入侵检测系统(Intrusion Detection System，IDS)生成的告警数量，或事故响应(Incident Response，IR)团队调查的事件数量。

- **测量(Measurement)：** 在一个特定时间点上要素的定量观察，是一个原始数据。例如，最近 24 小时内入侵检测系统生成了 356 个告警，事故响应团队在 1 月份调查了 42 个已确认事件。

- **基线(Baseline)：** 要素的一个值，向组织提供一个参考点，或表示达到某个阈值后满足了某个条件。基线可能是历史趋势，例如过去 12 个月中的入侵检测系统告警数量的历史趋势(一条参考线)。基线也可能是一个目标，如事故响应团队将在特定月份中调查不多于 100 个事件(阈值)。

- **度量(Metric)：** 在多个测量之间比较，或与基线比较而生成的派生值。度量本身具有比较性。基于前文的示例，有效度量标准就是 30 天周期内入侵检测系统告警中已确认的事故(Incident)比率。

- **指标(Indicator)：** 一个特别重要的度量，描述了体系(例如信息安全管理体系)有效性的一个关键元素。换言之，指标对组织管理层而言是有意义的。如果管理层的目标之一是尽量减少严重事故的发生,则指标是报告期内公布的此类事故与已建立基线的比率。

　　为直观地将这些术语放在一起介绍，图 19-1 显示了术语之间关系。假设组织有一系列安全控制流程组成了信息安全管理体系，但有两个要素对组织特别重要，就暂且称为要素 A 和要素 B，这两个要素能选取多种要素。但对于这个假设的场景，假设是网络检测与响应(Network Detection and Response，NDR)的系统告警和实际公布的事故，组织打算定期测量这些要素。在第一次测量时得到 A1(例如 42 个告警)和 B1(7 个事故)，将这些测量作为比值，得到第一个度量 A1:B1，即生成的告警与公布事故的比率(本例中等于 6)。这个度量可帮助组织了解网络检测与响应解决方案调整的适合程度；度量值越高，组织需要追踪的假阳性(False Positive，亦称误报)数量就越多，因此时间使用效率就越低。

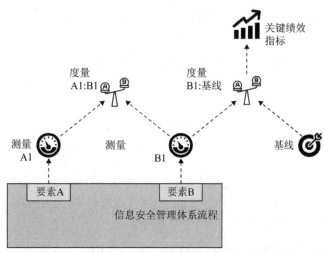

图 19-1　要素、测量、基线、度量和关键绩效指标之间的关系

第二个度量有些不同，这个度量是 B1(事故的测量)与基线的比值。假设管理层已经决定，每个报告期内只要超过 5 次事故便可视为较大风险，并且说明组织的风险评估(Risk Assessment，RA)不合格(即威胁高于预期)，或者组织的信息安全管理体系表现不佳(即控制措施未按照组织需要发挥作用)。这个度量对于跟踪组织战略目标尤为重要，因此成为关键绩效指标(Key Performance Indicator，KPI)。稍后将进一步讨论关键绩效指标。

19.1.1　安全度量

安全度量有时会因为乏味、繁重甚至无关紧要而名声不佳。多数组织是只说不做，实际只关注一些可简单衡量的工作，例如打开工单的数量，或分析人员关闭每张工单所需的时间。这种方式的问题是：该衡量并不能真正产生有价值的洞察，帮助组织了解正在开展的工作，以及如何能将这些工作做得更好。事实上，如果组织衡量了错误的度量，最终可能弊大于利。例如，多数组织基于一个轮次内分析人员关闭工单的数量给出评价，这种方式会刺激工单吞吐量，而不是激励分析人员仔细地分析，通常会导致分析人员错过正在实施攻击的证据。

优秀的信息安全专家们都使用度量“讲故事”，并且像其他优秀的故事讲述方一样，了解受众群体。组织需要什么样的度量，以及如何将这些度量联系起来，取决于想讲的故事是什么以及要讲给谁听。董事会成员通常喜欢听到组织面临的战略威胁和机遇，业务经理可能想知道自己的业务部门受到了多大的保护，安全运营(Operation)领导通常最感兴趣的是团队的表现怎么样。为有效地吸引每一位受众，安全专家们需要不同类型的安全度量。

在开始深入讨论不同类型的度量前，明确最佳的安全度量应满足什么要求很重要。最佳的度量有以下六个特点。

- **相关的(Relevant)**：度量是否与组织的目标保持一致？度量是否与改善的结果相关？度量应直接与组织的安全目标相关，且间接与组织的业务目标相关。

- **可量化(Quantifiable)**：度量能否通过统一的标准衡量？有人能操纵度量吗？一个合格的度量应能相对容易地通过工具衡量。
- **可执行(Actionable)**：组织能用度量做什么？度量是否能向组织展示做什么能让态势变得更好？一个合格的度量会帮助组织立刻采取行动，澄清要求，并直接导致结果的改善。
- **稳固的(Robust)**：度量能在一年内保持不变吗？组织能用同一个度量持续捕捉信息吗？一个合格的度量应能允许组织随着时间的变化不断追踪情况变化以便发现趋势，能持续获取有价值的信息。
- **简单的(Simple)**：度量是否足够直观？利益相关方都能理解这个度量吗？利益相关方会知道这个度量衡量了什么以及为什么这么重要吗？如果安全专家不能用一句话简单解释，这个度量就不是一个合格的度量。
- **可比较的(Comparative)**：度量能与其他要素比较吗？最佳的度量是将测量相互比较，或与某个基线或标准比较的结果。因此，最佳的度量是比率、百分比或随时间变化的值。

注意

另一种常见的要求是组织应确保度量是具体的、可衡量的、可实现的、相关的和有时限的(Time-bound)。

1. 风险度量

风险度量(Risk Metric)能识别组织的风险以及风险随时间的变化。由于该度量并非技术性度量，同时具有前瞻性，能解决未来可能发生的问题，所以安全专家在与管理层沟通时，最可能使用这些度量。基于这些原因，风险度量是支持组织战略分析的最佳度量。

组织的风险管理计划(Risk Management Program，RMP)可能已经定义了风险度量。考生可回顾第 2 章中的内容，定量风险管理要求识别并获取风险度量。即使组织使用定性分析方法，也可有一个适宜的起点。组织应找出可能导致风险变多或变少的变量，并开始追踪这些变量。下面列举一些常见风险度量的示例：

- 总残余风险(Residual Risk)的变化百分比
- 当前最糟糕情况风险的变化百分比
- 组织安全事故与其他对标组织所报告事故的比率

2. 防范度量

还有一种度量类型能表明组织对处理安全事故的准备程度。这些度量有时在与高管打交道时特别有用，但这种度量更常用于监测安全计划。防范度量(Preparedness Metrics)用于查看组织的所有控制措施，以及这些措施保持有效的态势。例如，组织的策略组和程序是否得到遵守？组织的员工是否了解组织的要求和禁令？组织的业务合作伙伴是否也了解组织的要求和禁令？

考虑到要确保组织供应链安全的重要性和难度，组织的防范度量应包括供应链中其他组织(换言之，组织的产品及服务供应商)的防范情况。基于组织自身和供应链其他组织的关系，组织若对供应链其他组织的安全计划很了解，就能更易于实施评估和衡量工作。即使供应链其他组织非常不透明，不愿意提供足够的信息，组织也应建立一套对安全性定级的机制。基于第 18 章中讨论过的内容，组织可通过外部或第三方审计的形式实施评估。

下面列举多数组织使用防范度量的示例：

- 系统更新平均时间的月度变化
- 已完成更新系统的百分比
- 安全意识宣贯培训(Security Awareness Training，SAT)员工覆盖情况的最新百分比
- 特权账户与非特权账户的比例
- 供应商安全评分的年度变化(即组织供应链的准备情况)

3. 绩效度量

如果风险度量具有足够的战略性，而防范度量是更具操作性的控制分类，那么绩效度量(Performance Metrics)就如同战术度量一样。绩效度量能衡量组织的团队和系统在检测、阻断和响应安全事故中的表现。换言之，绩效度量能展示出组织在日常中击败敌对方的能力有多强。

曾在安全运营中心工作或负责过安全运营中心(Security Operations Center, SOC)的专家可能最习惯看到的度量就是绩效度量。下面列举一些示例：

- 与上周/上月相比，本周/本月分析的告警数
- 与上周/上月相比，本周/本月宣布的安全事故数
- 平均检测时间(Mean Time to Detect，MTTD)的百分比变化
- 平均解决时间(Mean Time to Resolve，MTTR)的百分比变化

19.1.2 关键绩效和风险指标

行业中并不缺少安全度量，但并非所有度量都是平等的。有些度量对跟踪组织的流程和日常运营非常重要，然而，其他有些度量则可向组织展示是否达到了战略业务目标。

这些度量就是关键绩效指标(Key Performance Indicators，KPI)和关键风险指标(Key Risk Indicator，KRI)。关键绩效指标衡量的是当前情况如何，关键风险指标衡量的是未来情况如何。

1. 关键绩效指标

与既定目标相比，关键绩效指标是展示信息安全管理体系绩效特别重要的指标。各种关键绩效指标都精选于更大的指标池，从更高层面展示了信息安全管理体系能否跟上组织潜在威胁的发展速度，或展示信息安全管理体系在降低威胁方面的有效性。关键绩效指标应是业务和技术人员便于理解的内容，且与组织的一个或多个目标保持一致。

选择关键绩效指标的确可帮助组织解决"组织想要实现什么"的问题。组织选择关键绩

效指标的流程是由组织目标驱动的，理想情况下，高层领导为组织的安全设定或批准目标。然后，信息安全管理体系团队致力于厘清组织是在接近还是远离这些目标。该流程可总结如下。

(1) 选择可展示安全状态的要素。为此，组织要在数据源的总量和获取所有数据所需的资源之间取得平衡。

(2) 定义组织关注的一些或所有要素的基线(Baseline)。这样做时，组织要决定哪些测量将用于比较，哪些测量将用作基线，这个决定非常重要。安全专家们应记住：特定的基线可用于多个要素的测量。

(3) 制定一个计划，定期获得这些要素的值，并固定取样周期。理想情况下，组织可通过自动化(Automated)能力收集数据，以确保该流程的周期性和一致性。

(4) 分析和解释数据。虽然一些分析可自动完成且应自动完成，但仍存在一些需要人工干预的情况。某些情况下，组织能直接从表面得到的数据中获取信息，而在其他情况下，组织应深入挖掘并获得更多信息，此后才能进行小结。

(5) 将各项指标传达给所有利益相关方。最后，组织需要以一种便于利益相关方理解的方式整理发现的结果。一种常见方法是从非技术性总结开始，逐渐用更详细的信息作为支撑。在这个总结里，组织应选择并记录关键绩效指标。

这个流程不是通用的，却代表了安全行业的一种最佳实践。最后，关键绩效指标是提取了大量信息的产物，目的是回答这一具体问题：组织是否足够好地管理信息安全？世间没有绝对完美的安全，组织真正要努力做到的是找到一个最佳平衡点，帮助信息安全管理体系的成效满足组织需要，并且是可持续的，而占用的资源量又是可接受的。显然，鉴于不断变化的威胁和风险形势，这是一个变化的目标。

2. 关键风险指标

关键绩效指标能向组织展示自身当前相对于目标所处的位置，而关键风险指标能向组织展示当前的风险偏好。关键风险指标能衡量一项活动的风险值，以便管理层能在考虑潜在资源损失的情况下对该活动做出明智的决定。与关键绩效指标一样，关键风险指标也由高层领导基于对决策的影响做出选择。这意味着，关键风险指标通常不会特定于一个部门或业务职能，而会影响组织的多个方面。基于定义，关键风险指标对业务的影响非常大。

组织在确定关键风险指标时，将关键风险指标与单次预期损失(Single Loss Expectancy, SLE)关联是一种最佳实践。回顾第 2 章，如果出现特定威胁，单次损失期望就是该组织潜在的资金损失。关键风险指标是损失和威胁发生可能性的乘积。换言之，如果有一个专用生产部件，价值为 50 万美元，估算遭到攻击方盗窃的概率为 5%，那么单次损失期望就是 25 000 美元。很明显，5%的数值会受组织内各种活动的影响。这些活动包括入侵检测系统的配置、事故响应团队处置的熟练程度和最终用户的安全意识等。

随着时间的推移，组织察觉威胁的可能性将随着组织内活动而改变。随着该可能性的数值变化，风险也随之改变。当该可能性的数值超过了一个阈值，导致组织当前活动相对于预设的风险偏好的风险太大时，关键风险指标会获取信息并提醒组织注意。此触发条件帮助组织及时改变其行为，防止风险超过组织的风险偏好。例如，关键风险指标可帮助组织暂停相关活动并开展安全意识宣贯培训(Security Awareness Training，SAT)。

最后，关于关键风险指标，安全专家们应了解的重要一点是：关键风险指标像煤矿里的金丝雀一样，向组织告警何时可能出现问题，以便能够改变组织的行为，消除威胁[1]。

 考试提示
关键绩效指标和关键风险指标用于衡量实现组织战略业务目标的进度。

19.2 安全流程数据

组织大部分的度量和指标来自于信息安全管理体系的安全流程。当然，还有其他来源，但如果组织想要评估安全控制措施的有效性，显然需要先讨论这些度量和指标。为了确定组织的控制措施是否有效，组织需要从各个地方收集安全流程数据。从管理账户的方式，到确认备份的方式，再到员工的安全意识，行政性控制措施可能比技术性控制分类更加无处不在，却不显眼。威胁行为方经常会试图利用这些行政性控制措施，这一点毫不令人惊奇。本书之前介绍过一些技术流程，包括漏洞评估、各种形式的模拟攻击、日志审查等，下面将介绍一些更具管理性的流程，从中组织还可收集数据以便确定当前态势，这些数据还能帮助组织随着时间的推移实施改进措施。这并非一份详尽清单，只是(ISC)² 在 CISSP 考试目标中强调的示例。

19.2.1 账户管理

攻击方首选的一种技术是尽快成为所破坏系统的"普通"特权用户。可通过至少三种方法完成该操作：破坏现有特权账户、创建新的特权账户或提升普通账户的权限。组织要阻止第一种方法，可使用强身份验证(例如强口令或多因素身份验证)，以及仅在管理员执行特定任务时才使用特权账户。对于第二种和第三种方法，组织可密切注意账户的创建、修改或误用操作。这些控制措施都属于账户管理这一类别。

1. 增加账户

当新员工入职时，组织应有一个明确的流程指导这些员工。该流程的目的不仅是确保新员工理解自己的职责，还要保证组织分配给新员工的组织资产是正确配置、保护和记录的。虽然具体细节会因组织而异，但有一些具体的行政性控制措施却是通用的。

首先，组织应要求所有新员工阅读并确认理解了所有相关的策略组，通常的做法是新员工签名确认。每个组织至少应有可接受的使用策略(Acceptable Use Policy，AUP)，这个策略规定了经组织认可的员工对信息系统的使用行为，每个员工都应签名。例如使用工作计算机

---

[1] 译者注：17 世纪，英国矿井工人发现，金丝雀对瓦斯气体十分敏感。空气中哪怕有微量的瓦斯，金丝雀婉转悦耳的叫声就会停止；而当瓦斯含量超过一定限度时，虽然人类毫无察觉，金丝雀却早已毒发身亡。当时在采矿设备相对简陋的条件下，工人们每次下井都会带上一只金丝雀作为"瓦斯检测指标"，以便在危险状况下紧急撤离。

观看色情内容、发送内容偏激的电子邮件或攻击其他计算机，这些行为几乎在可接受的使用策略里都是明确禁止的。另一方面，多数组织允许员工有限地使用工作计算机用于个人目的，例如，查看私人电子邮件或在休息期间上网。可接受的使用策略是第一道有效的防线，因为该策略记录了每个员工应知道在工作时如何使用计算机和其他资源——哪些是组织可接受的行为，哪些是组织不能接受的行为。如果员工违反了可接受的使用策略，就很难说对自己的行为是否违反组织策略不知情了。

组织测试全体员工是否都了解可接受的使用策略和其他适用的策略组是审核员工账户的第一步。每个员工都应有一个签过名的可接受的使用策略。例如，安全专家需要得到组织中所有员工的列表，然后将其与包含签名文档的文件比较。多数情况下，新员工签过名的文档由人力资源(HR)部门保存，而计算机账户则由 IT 部门维护。交叉检查可接受的使用策略和员工账户还可确认这两个部门是否开展了有效沟通。

策略组还应规定账户的默认有效期和口令策略，以及员工应有权访问的信息。由于员工的信息需求一般会随时间的推移而变化，所以难以确定员工有权访问的信息。

2. 修改账户

如果一个新雇用的 IT 人员最初分配到的任务是管理一组服务器的备份，但过了一段时间，组织认为这个员工更适合从事内部用户支持工作，例如添加新账户、重置口令等。当角色所需的权限不同时，组织应如何处理呢？不幸的是，多数组织采取的做法是给予员工所有可能需要的权限。安全专家们经常看到或听到的是，在组织里，每个员工都是自己计算机上的本地管理员，并且 IT 部门的每个成员也都是域管理员。这是一个特别危险的做法，每个员工默认使用这些高级凭证时更是如此。这通常称为授权蔓延(Authorization Creep)，在第 17 章已做过讨论。

添加、删除或修改权限(Permission)应有一套明确的控制和记录流程。新权限何时生效？为什么需要新权限？谁给予授权？具有成熟安全流程的组织有适当的变更控制措施流程(Control Process)处理员工的权限。审计师通常会重点关注组织中具有管理特权的员工，但有些组织中，自定义的权限已达管理员级别。因此，对组织而言重要的是要建立一个评估权限的流程，并测试这个流程的有效性。

以 root 用户运行的问题

员工用同一个账户完成所有工作无疑更方便，该账户包含员工可能需要的所有权限时尤其如此。正如安全专家们所知，风险在于如果攻击方破坏组织的账户，恶意进程将以该账户的权限运行。如果组织习惯以 root 用户或 admin 用户运行程序，那么可确定的是，一旦攻击方攻破组织的"盒子"(有高权限的账户)，攻击方将立即有权做想做的事情。

对组织而言更好的方法是尽可能使用受限账户完成日常工作，仅在真正需要的时候才使用特权账户操作。执行提权操作的方式因操作系统而异：

- 在 Windows 操作系统中，安全专家可右击程序，选择"运行方式"(Run As)提升安全专家的权限。在命令行提示符下，可使用命令 runas/user:<AccountName>达到类似目的。

- 在 Linux 操作系统中,可在命令行中键入 sudo <SomeCommand>,以 super 用户或 root 用户身份运行程序。一些 Linux GUI 的桌面环境也为用户提供了使用 sudo 运行(通常使用勾选框)和提示输入口令的选项。
- 在 macOS 操作系统中,可在终端应用程序中使用 sudo,就像在 Linux 操作系统中的操作一样。而若安全专家要以提升权限的方式运行 GUI 应用程序,并没有 gksudo 或 kdesudo 命令,则需要使用 sudo open -a <AppName>。

3. 禁用账户

账户管理的另一个重要关注点是禁用不需要的账户。每个大型组织都会有一个或多个不再属于组织的账户。在极端情况下,组织可能发现几个月前离开的员工仍具有权限。这些账户在网络中不受约束地存在,导致敌对方有了成为合法用户的有效方式,也导致组织检测和击败敌对方的工作变得更困难。

有多种原因可导致账户变得不再必要,因此需要予以禁用,其中最常见的一种情况是组织已解雇该账户的员工,或该员工以其他方式离开了组织。其他暂停的原因包括:账户的默认有效期,以及员工短期或长期的缺勤(例如产假、服役)。无论什么原因,组织应确保禁用不再使用的账户,直到该员工返回,或满足留存策略的规定为止。

组织要测试已禁用账户的行政性控制措施,可遵循前两节中讲过的模式:组织查看每个账户或仅查看有代表性的账户,基于人力资源的记录,将这些账户与所有方的状态比较;组织也可获取临时或永久离开组织的员工名单,检查这些账户的状态。严格基于数据留存(Data Retention)策略删除账户对组织而言非常重要。当然,管理员过早删除用户账户或文件,也会对离职员工的调查造成阻碍。

19.2.2 备份确认

现如今,组织在处理大量数据的同时,又由于灾难恢复(Disaster Recovery,DR)在内的各种原因保护这些数据。组织至少都存在这种情况:数据丢失时需要恢复。部分员工往往在意识到数据已永久丢失时才如梦方醒,发现了备份的重要性。相比备份介质的特性,数据在组织需要时可用更重要。

如今,普通磁带可容纳超过 180TB 的数据,导致这个看似过时的技术在总体拥有成本(Total Cost of Ownership)方面表现最优。尽管如此,多数组织更喜欢在日常运营中使用其他技术,而将磁带作为备份数据的备份。换言之,更常见的做法是组织每天将用户和组织的数据备份到存储区域网络(Storage Area Network,SAN),每周再将这些备份转录到磁带。显然,组织备份的频率是定为每小时一次、每天一次还是每周一次由第 1 章中讨论过的风险管理流程(Risk Management Process)驱动决定。

无论组织采用哪种方法备份数据,都需要定期测试,确保在组织需要时备份是有效的。一些组织在发生事件或灾难时,想要从备份中还原部分或所有数据,却发现备份丢失、损坏或已过期。本节讨论的一些方法用于帮助组织评估数据能否在需要时可用。

注意

组织不应将备份数据与原始数据存放在同一设备上。

1. 数据的类型

组织创建的数据并非都是同一种类型的，不同类型的数据可能有不同的备份要求。下面讨论的是多数组织要处理的主要数据类别，以及组织在规划留存这些数据时的一些注意事项。安全专家们应记住，还有多种其他类型的数据。因篇幅有限，本书并未讨论全部类型。

用户数据文件：大部分组织熟悉的数据类型包括组织每天创建或使用的文档、演示文稿和电子表格。备份这些文件看似简单，但当用户将"备份"放在多个位置保存时就会产生问题。如果用户在自己的设备上保存备份，则备份文件可能与原始文件版本不一致，甚至可能违反组织留存的要求。这种数据类型所面临的挑战是组织应确保遵照所有适用的法律、法规和策略组要求持续备份。

数据库：数据库与常规文件不同，通常组织将整个数据库存储在具有专用文件系统的文件中。为使这个嵌入的文件系统能正常运行，数据库软件会使用系统中其他文件的元数据，这个架构可在数据库服务器上的文件之间创建复杂的依赖关系。幸运的是，所有主要的数据库管理系统(DBMS)都包括一个或多个备份其数据库的方法。但组织难以确保可在必要时基于备份重建数据库。为确认备份的有效性，多数组织会使用测试数据库服务器，定期地确认能否从备份中恢复数据库，以及能否从还原的数据中正确执行查询操作。

虚拟化(Virtualization)作为一种备份和安全战略

由于性能和维护(Maintenance，MA)的原因，多数组织已将服务器基础架构(Infrastructure)虚拟化了。有些组织还将客户端系统实施了虚拟化，将工作站转变为虚拟化基础架构上的瘦客户端。这个演进的下一步是使用虚拟机(Virtual Machine，VM)快照作为一种备份战略，这种备份战略的主要优点是几乎可即时还原。通常安全专家只需要单击按钮或发出脚本化的命令，虚拟机就能恢复到指定状态。另一个该备份战略的关键优点是该方法可实现自动化，并与其他安全系统集成。例如，如果由于用户单击一个链接而导致攻击方破坏了工作站，入侵检测系统(IDS)检测到了该事故，那么组织可立即隔离虚拟机以供后续分析，同时在最小影响生产效率的情况下，将该用户行为自动放入最近一次的快照里。

邮箱数据：据估算，在一般组织里，有高达 75%的数据存在于邮箱中。基于组织所运行的邮件系统的不同，备份流程可能有很大差异。然而，所有邮件系统都有一些共同点，例如，在邮件服务器配置的每个方面都需要记录细节。多数大型或中型组织都有多个可能互为备份的邮件服务器，因此组织最好不要同时备份数据。最后，组织为邮件服务器设置的备份机制都应合规，有助于电子发现(e-discovery)。

2. 确认

除非组织能用备份从错误、事故、攻击或灾难中成功恢复数据，否则仅拥有数据的备份并不能为组织带来帮助。确认备份恢复能力的核心是组织应理解可能出错的业务，以及哪些数据需要备份。回顾第 9 章中讨论过的威胁建模，理解风险的一个重要步骤是评估系统可能发生或执行的事件所具备的破坏、影响或中断组织业务的能力。组织在各种场景中获取这些可能的事件会非常有帮助，通过这些信息组织会了解如何做好准备以应对信息系统可能面临的各种威胁。对于一些大型组织，获取这些可能的事件也有助于组织尽可能自动完成各种测试，自动化测试确保了组织以一种有序且可预测的方式处理可能发生的意外情况。

某些测试可能导致组织的业务流程中断。组织完全测试用户的备份却不需要用户一定程度地参与是很困难的。例如，如果用户都在本地存储文件，而组织想要测试 Mary 的工作站的备份情况，一种方式是将备份还原到新计算机上，并让 Mary 登录并像使用原来那台计算机一样使用新计算机，Mary 会比其他人员更有权确认备份恢复后的一切是否按预期运作。虽然这种备份恢复方式能确保组织拥有的正是所需的数据，但这种彻底的测试非常昂贵，且会造成业务流程中断。显然，组织应谨慎选择何时以及如何影响组织的业务流程，以达到一种平衡。

然而，如果组织决定要确认备份的有效性，就要确保组织的备份能覆盖所有关键数据，并能在需要时还原这些备份数据。作为该计划的一部分，组织可能需要制定一份数据清单，以及测试的时间安排表。这份数据清单是一个动态文档，因此组织应有方法跟踪并记录数据备份的变更。幸运的是，邮件和数据库等主要服务器不会频繁发生变更，所以该项工作的挑战体现在确认用户数据的备份上。

组织要解决备份恢复的问题，就要关注组织策略组。本书已经讨论过组织数据留存策略的重要性，但同样重要的是指导如何备份用户数据的策略。多数组织要求员工在网络服务器和共享目录上保存文件，但安全专家们都知道用户未必总会这么做，常见的情况是员工将那些最重要的数据保存在本地文件夹。如果本地文件没有备份，组织可能面临丢失最重要文件的风险，如果备份机制可禁用则尤其如此。这个问题意味着组织需要仔细考虑和强制执行这些策略组，从而为最坏的情况做好准备。

测试数据备份

组织应制定正式的流程用于测试组织数据的备份，确保备份在需要时可用对组织而言非常重要。下面列出该流程应包含的一些元素：

- 讨论各种场景，获取那些组织所面临的代表性威胁的特定事件集。
- 制定一个计划，测试每个场景中所有关键目标系统(Mission)的数据备份。
- 实现自动化，尽可能减少审计师的工作量，并确保定期实施测试。
- 尽可能降低数据备份测试计划对业务流程的影响，以便定期实施测试。
- 确保覆盖面完整，测试能覆盖每个系统，但不必在同一测试中包含所有系统。
- 记录所有测试结果，以便确认有效的备份及需要加强的工作。
- 修复或改进记录下的所有问题。

19.2.3　安全培训和安全意识宣贯培训

考生在学习前文的内容后应能清楚地意识到：拥有一个在安全问题上受过良好培训的员工，对组织的安全至关重要。安全培训和安全意识宣贯培训(Security Awareness Training，SAT)这两个术语通常可交换使用，但含义有一些微妙的差别。安全培训是传授一种或一组技能，以便员工更好地执行特定安全职能。安全意识宣贯培训是让员工了解安全问题，从而更好地识别风险并响应。通常组织会对安全人员开展安全培训，而对组织的每个员工开展安全意识宣贯培训。

由于安全培训与特定的安全职能相关，因此评估安全培训计划的有效性则变得更直接。为了测试训练计划的有效性，组织要对比培训学员培训前后的绩效，如果绩效提高了，那么培训就是有效的。安全专家们应记住，因为技能会随着时间的推移而衰退，所以安全培训的有效性应在培训结束后立即衡量，否则组织评估的就是员工的长期记忆能力了。

安全意识宣贯计划(Security Awareness Program，SAP)的有效性更难评估。安全专家们应记住，安全意识宣贯最终是为了促进组织的员工能更好地识别和处理在每日工作中遇到的安全问题，这意味着安全意识宣贯计划有效性的一个关键衡量方式是当员工在面对某些情况时行为的改变程度。如果这种变化是朝着更好的安全态势发展，那么安全专家就可推断组织的全局计划是有效的。下面分析多数组织中常见安全意识宣贯培训计划包含的特定组成部分。

考试提示

安全意识(以及获得安全意识所需的培训)是所有信息安全管理体系中最关键的控制措施之一，考试中可能会出现这个主题。

1. 社交工程

在信息安全的背景下，社交工程(social engineering)是操纵员工执行违反安全协议行为的过程。无论该行为是泄露口令，或让某人进入建筑物，还是简单地单击链接，都是敌对方精心设计的，目的是利用组织的信息系统。一种常见的误解会认为社交工程是一种即兴行为，虽然即兴行为可帮助攻击方更好地应对挑战，但现实是最有效的社交工程都是针对特定目标(有时是特定员工)精心策划的。

一种比较流行的社交工程形式是网络钓鱼，网络钓鱼是通过数字通信开展的社交工程。图 19-2 描述了典型电子邮件的网络钓鱼攻击流程。虽然电子邮件的网络钓鱼备受关注，但实际上短信之类的文本消息的网络钓鱼也能起到类似效果。就像将带诱饵的鱼线投入鱼儿成群的池塘一样，网络钓鱼依赖的是足够多的员工接收到诱人的或看似可信的消息时，至少有一个人会单击其中嵌入的链接。

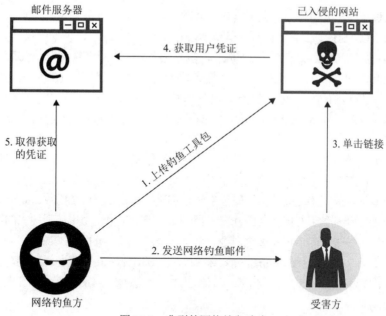

图 19-2　典型的网络钓鱼攻击

　　一些针对特定个人或群体的攻击，称为鱼叉式网络钓鱼(Spear-phishing)。其中有些攻击目标若是高级管理人员，则称为鲸钓(Whaling)。无论采取何种类型，网络钓鱼的预期结果通常是让目标单击一个网站链接，这个网站链接由攻击方控制。有时，该网站看起来像是可信网站的合法登入页面，就像用户的银行网站一样。在其他时候，该网站虽是合法的，但攻击方早已破坏这个网站，会将用户重定向到其他地方。在隐蔽强迫下载(Drive-by Download)情况下，网站会悄悄将用户重定向到恶意软件(Malware)分发服务器上，如图 19-3 所示。

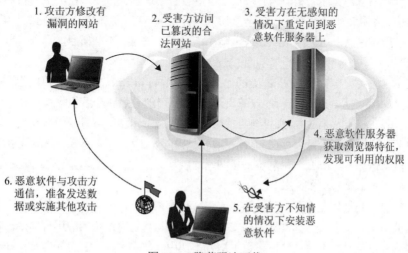

图 19-3　隐蔽强迫下载

　　冒充(Pretext)是一种社交工程形式，通常是攻击方创造一个可信的场景，亲自或通过电话的方式努力说服目标人员违反安全策略。一个常见示例是攻击方自称是客户服务或银行反欺诈部门打来电话，试图让目标人员提供其账号、个人识别号(PIN)、口令或一些有价值的信息。值得注意的是，在 2007 年之前，只要不是用于获取财务记录的冒充行为，在美国就是合法的。2006 年，惠普公司卷入了一起丑闻，该丑闻涉及惠普公司利用冒充技术查明董事会的泄密来源。美国国会随后通过了 2006 年电话记录和隐私保护法(Telephone Records and Privacy Protection Act of 2006)，对所有使用冒充方式获取机密级(Confidential)信息的人员予以严厉的刑事处罚。

那么，组织如何评估旨在打击所有形式社交工程的安全意识宣贯计划的效果呢？其中一种方法是跟踪员工在意识培训前后成为此类攻击受害方的次数。这种方法所面临的困难是受害方可能不愿承认受骗于这些伎俩，安全系统也不会检测到所有成功的攻击事件。另一种方法是内外部审计师对员工开展良性的社交工程活动。当员工单击由审计师插入的链接时，会收到行为错误的警告，随后可能重定向到一个网页或短视频，并向员工说明如何避免此类错误行为。一直以来，自动化(Automated)系统都在密切关注哪些用户最容易受到攻击，以及这些攻击得逞的频率。基于事实依据，如果有一些员工不愿参加纠正式培训，管理层就要决定如何处理这些反复做错事的员工。

2. 上网安全

通常，员工不是因为受欺骗做错事，而是因为忽视风险，安全意识宣贯就是对这种忽视的补救措施。有效的安全意识宣贯计划应包括各种不安全上网行为的相关内容，这些行为均代表了组织所面临的风险。

安全上网行为最重要的元素是员工应正确使用社交媒体。正确使用隐私(Privacy)设置是一个良好的起点，特别要关注所有主要的社交媒体网站都有限制与谁共享何种信息的方法。默认的设置并不总是关注隐私，因此，员工了解设置的选项很重要，在员工发布那些涉及工作场所的信息时就变得更重要了。安全意识宣贯计划的一部分应包括教育员工：如果员工的帖子暴露了敏感信息，可能给组织造成风险。信息一旦发布就不能撤回，会永远留在发布的位置。

员工不仅应关心传输到 Internet 上的信息，还应关心 Internet 传输给自己的信息。员工浏览了恶意网站(特别是在工作场所的计算机上浏览)，可能导致整个组织陷入瘫痪。隐蔽强迫下载(Drive-by Download)是一种只需要目标人员访问恶意网站即可触发的自动攻击。虽然两种机制有所不同，但无论是否存在额外的用户交互，效果都是在客户端计算机上执行恶意软件。虽然网络过滤器可降低一些浏览不当网站的风险，但对于一些本来合法却已遭到破坏的网站，意味着过滤器也可能无效。

虽然有些下载行为发生在员工不知晓或未交互的情况下，但有些下载却是员工有意执行的。天真的员工尝试在其计算机下载和安装未授权的、可能有风险的应用程序(Application)，这样的现象并不罕见。不幸的是，多数组织并不使用软件白名单，甚至允许员工在计算机上拥有管理员权限，允许员工安装想要的应用程序。即使是无害的应用程序也可能对系统安全产生影响，而当组织意识到软件可能来自于不可信和潜在恶意来源时，问题会变得更复杂。

评价那些"促进员工上网安全"的意识宣贯活动的有效性并不容易，而且组织通常需要采取多种方法评价。各种社交媒体的帖子可通过使用 Google Alerts 这样的工具检测，Google Alerts 通过 Google 机器人在线搜索感兴趣的词语予以触发。然后，一个简单的脚本可基于来源过滤掉告警，以便区分组织的新闻报告与负面社交媒体的内容。有意或无意的软件下载问题都可通过入侵检测系统(IDS)评估。随着时间的推移，通过开展有效的意识宣贯活动，组织应能看到事故数量下降，随后组织可把注意力集中到那些重复违规人员的身上。

3. 数据保护

第 6 章讨论了数据保护。出于评估安全意识宣贯计划的目的，组织应关注的是无论存储还是传输中的数据，所有敏感数据都应加密(Encrypt)。员工可能规避组织的控制措施并造成数据处于不受保护的状态，因此安全意识宣贯是防止此类行为的关键。未加密的数据如果存储在未授权的在线资源中或有意(也许并非恶意)与其他人共享，则容易泄露。另一个组织应重点关注的主题(Topic)是当组织不再需要敏感数据且该数据已超出强制留存期时，组织应用适当的方法销毁数据(详见第 5 章)。

组织应测试员工对数据保护要求和最佳实践(Best Practice)的了解程度，可在文件的元数据中使用标签进行测试。第 5 章中讨论的信息分类标签是跟踪数据位置的有效手段。类似地，数据防丢失(Data Loss Prevention，DLP)解决方案有助于组织阻止泄露并识别恶意或无意暴露敏感信息的员工。组织应针对此类员工开展额外的意识宣贯，或予以纪律处分。

4. 文化

最后，测试一个组织安全意识的最佳方法是评估安全文化。组织的文化环境是否有助于员工能安心举报？组织是否激励员工举报？员工在遇到奇怪或可疑情况时是否积极地收集信息并寻求指引(Guidance)？员工的报告和请求是一个良好的指标，该指标体现了组织文化是在帮助还是在阻碍安全专家保护组织系统的安全。

19.2.4　灾难恢复和业务持续

大部分组织都不允许业务流程发生长时间中断。基于组织的具体情况，可接受的停机时间(Downtime)可用分钟或小时衡量，某些非关键部门的业务流程可中断几天。因此，组织需要有适当的程序，确保无论发生什么都能继续工作。基于第 2 章所述，业务持续(Business Continuity)是一个术语，用于确保重要业务流程不受影响，或在严重事故后能帮助组织快速还原。业务持续从宏观上审视整个组织，业务持续工作的一部分是灾难恢复，其重点是在发生灾难性事件后恢复信息系统。与其他业务流程一样，组织应定期评估业务持续流程，以确保其有效性。

通常，组织对紧急事件的最初响应会影响最终结果。应急响应(Emergency Response)程序是已制定好的行动计划，帮助员工在危急情况下更好地应对业务遭受的破坏。应急响应程序是处理紧急情况的第一道防线，那些非常熟悉应急响应程序最新进展的员工总会表现得最好，这就是组织要重视培训和演练的原因。组织往往无法预知紧急事件，不能预先知道什么时候会召集员工执行任务。

保护生命往往极其重要，因此组织在拯救物品前应先抢救人员。组织应通过应急程序向负责人说明如何疏散人群(参见表 19-1)。所有员工也应知道指定的紧急出口和集合地点。紧急集合地点的设置应考虑季节性气候因素。一般情况下，每个小组应指定一个负责人疏散所有员工，需要另一个负责人通知警察局、保安人员、消防队、紧急救援部门和管理层等机构。员工经过适当的培训，就不会只顾着逃生，而能更好地处理紧急情况。

 考试提示

在人身安全受到威胁时，保护生命安全始终是头等大事。

如果出现的紧急情况不会危及生命，组织相关的员工就应按顺序关闭系统，并在疏散员工的同时带走关键数据文件或资源，以便这些文件或资源得以安全保存。与所有其他流程一样，组织在流程中执行的每一步之间都存在依赖关系，省略或增加步骤实际上都可能对组织造成更大的伤害，而非带来益处。

表 19-1　应急响应程序示例

程序：人员疏散 描述	物理位置	需要培训的 人员姓名	上次 执行日期
大楼的每一层都应安排两名人员，确保在发生灾难后所有人都能从大楼中疏散。这两名人员负责清点员工人数、与 BCP (Business Continuity Plan，业务持续方案)协调员联系，以及评估员工的应急响应需要	停车场西侧	David Miller Michelle Lester	2021 年 5 月 4 日开展演习
备注： 这些人员负责收集所在楼层员工的最新名单，应配备组织发放的无线步话机，并受过专门培训			

一旦紧急事态平稳后，组织很可能需要一个或几个员工与外界交流，联络新闻媒体、客户、股东和官员等。与外界交流的员工应回顾刚发生的灾难，以便作出统一回应，即对事件作出合理解释：组织如何应对这场灾难、客户和其他人员现在应对组织有什么期待，组织应立即向外界提供这些信息，而不是让外界随意得出小结(Conclusion)，并散布不利于组织的流言。组织应至少指定一个员工与新闻媒体交涉，以确保新闻媒体报道和发布恰当的消息。

此外，组织在紧急事件发生前应优先处理一些恶意行为，例如在物理层(Physical)和逻辑层上的潜在抢劫、故意破坏和欺诈行为。组织在经历一场大规模动乱或灾难后往往最容易遭受攻击，其他人员可能利用组织这个时候的漏洞。组织应仔细规划，以便合理处理这些漏洞，并随时提供必要的和预期级别的保护。

理想情况下，组织会在真正的紧急情况出现前收集评估灾难恢复和业务持续流程所需的大部分数据。这种行为能够帮助组织确保做好准备并提高组织应对这些不可预见事件的有效性。不过，最有用的数据是在实际紧急情况发生时获取的。在实战或演练事件之后，组织应立即复盘，这种行为又称为"热洗(Hot Wash)"，应在组织相关员工记忆还清晰的时候开展。"热洗"是一次特别的讨论，期间会讨论发生了什么，事件是如何处理的，进展如何，以及如何在未来做得更好。理想情况下，一旦利益相关方有机会仔细地思考事件和应对，便会开展更为深思熟虑的事后审查(After-action Review，AAR)，进一步详细分析事件。"热洗"记录和事后审查报告是灾难恢复和业务持续安全流程所需数据的绝佳来源。

19.3　报告

报告编写可能是安全专家们最不喜欢的工作之一，但报告编写通常也是组织最关键的工作之一。当安全专家们忙于把手放在键盘和配线架上加固网络时，通常没有及时记录做了什么，以及这些活动对组织意味着什么。报告编写可能是最容易区分真正的安全专家和普通安全从业人员的工作。安全专家能理解在其他更多的业务环境中信息系统安全所发挥的作用，并能与技术人员和非技术人员良好沟通。

多数安全从业人员在描述提议方案的技术细节、实施的控制措施或开展的审计时似乎没有困难(尽管可能有点勉为其难)。或许这些安全从业人员的报告有点乏味，但每个安全从业人员在职业生涯的某个阶段都可能写过这类报告。尽管这些技术报告很重要，但问题在于这些报告是由技术人员编写，并且是为了技术人员编写的。如果CEO是管理一家技术组织的技术人士，这种类型的报告自然没有问题。然而，大部分安全专家们迟早会与非技术出身的决策方共事。这些决策方可能不会对安全专家刚发现的一个隐蔽漏洞的细节感兴趣，因为这些决策方真正关注的是漏洞对业务的影响。如果安全专家的报告想要对业务产生影响，那么报告不仅应在技术上站得住脚，而且应使用业务语言编写。

19.3.1　分析结果

然而，在安全专家编写报告前，可能希望花些时间检查结果，确保受众能理解漏洞，然后推断漏洞对组织的意义。只有在分析结果后，安全专家才能提供保持或改善组织安全的见解和建议。

这个分析流程的目标是合理地将工作发现从事实数据转换为可用于编写报告的信息。对业务领导而言，漏洞和违反策略的清单除非置于适当环境中，否则无法体现价值。一旦安全专家以这种方式分析了所有结果，就可开始正式编写报告了。

安全专家可将分析结果看作用于确定以下三个步骤的内容：是什么？那又怎样？现在怎么办？首先，安全专家收集所有数据，汇总这些数据后仔细讨论，随后将明白发生了什么事。这时，安全专家确定了相关事实。例如，安全专家可能已经确定有12台服务器没有运行最新的软件版本。更糟的是，安全专家或许已发现其中3台存在可利用的漏洞。这时多数考生的本能反应是：安全专家的发现是一个应立即纠正的大问题。但是，请考生在做出判断前继续往下阅读。

分析的第二步是确定这些事实对组织的影响，即"那又怎样？"尽管安全专家倾向于关注场景中的技术和安全措施，但应在组织更广泛的环境中考虑这些影响。继续前文的示例，安全专家可能发现这 12 台服务器提供了关键的业务功能，并且由于组织拥有完全合理的运营理由，无法在短期内更新这些软件。安全专家还可能发现，这 3 台存在可利用漏洞的服务器也已经有了补偿性行政性控制措施或技术性控制分类，并能降低漏洞引发的风险。所以，前述安全专家的发现也许已经变得无关紧要了。

第三步是弄清楚现在怎么办。衡量安全性的目的是确保组织足够的安全，或通过改进达到足够的安全。安全专家在经过分析后会产生一些结果，而这些结果只有在可行的情况下才具备价值。安全专家应提出一个或多个合理的建议，以满足组织更广泛的需求。在这个示例中，安全专家显然不想无限期地将这些服务器束之高阁。也许安全专家已经考虑了两个方案：先不做处理，但每 30 天重新评估一次；或者尽管会对业务产生影响，但组织应立即更新服务器。安全专家使用风险和业务影响作为评估各种方案的标准，最终决定的最佳行动方案(Course Of Action，COA)是对这些未修补的服务器再密切关注几周，同时记录下一个决策时间点，等到这个时间点再行决策。安全专家的决定要基于对事实的合理分析，这一点很关键。

1. 补救措施

大部分评估都会发现漏洞。虽然有些网络安全从业人员认为漏洞是指需要修复的软件缺陷，但事实是，一般组织中的大部分漏洞往往是因为系统的错误配置、策略组的缺失、不完善的业务流程或意识不足的员工。要修复大部分此类漏洞，需要的不仅是 IT 或安全团队的参与；即使是用再普通的系统补丁修复漏洞，安全专家也应与组织内所有受影响的部门做好协调。漏洞修复协调的范围应覆盖所有利益相关方，尤其是那些在职务中没有"安全"一词的人员。

事实上，组织建立了一个多功能的扩展团队修复(Remediate)漏洞，这也突出了之前章节中描述的合理分析的必要性。安全专家需要得到从组织最高层到最底层所有员工的支持，这就是为什么安全专家想让其他人员理解"什么？那又怎样？现在怎么办？"。补救措施可能会影响到业务，所以制定应急方案(Contingency Plan)并能处置异常情况对组织而言也变得至关重要。

2. 异常处理

有时，漏洞无法简单地修复(至少在合理的时间内无法修复)。有些安全专家们处理过与非常大型和昂贵的医疗设备相关的问题，这些设备需要得到食品和药品管理局的认可，所以花费昂贵的费用和时间重认证会妨碍安全专家修复漏洞。解决这个难题的方案是组织可围绕产生的问题实施补偿性控制措施，记录例外情况，并随着时间的推移重新审视漏洞，判断能否在未来的某个时间直接修复。例如，一个医疗设备可能置于组织防火墙后的虚拟局域网(Virtual Local Area Network，VLAN)中并执行了微分段，组织的控制措施只允许另一个设备与该医疗设备通信，且通信仅能使用一个特定的端口和协议。

听众的语言

如果安全专家不了解听众，就无法成为一个有效的沟通方。学习使用目标听众所能理解的语言告知、建议或引导是非常重要的。常言道，财务核算是业务使用的语言，这意味着安全专家应能较好地表达出自己的发现对财务产生的影响。风险可表示为一定数量损失的概率，只要组织已制定风险管理计划，这种表达就会相当容易。

尽管如此，安全专家为了提高自身的沟通水平，还希望能够用多学科整合的业务语言交流。人力资源团队领导最关心的问题是员工流动和组织文化，营销(或公共事务)团队关注外部各方对组织的看法，产品经理不愿支持可能会减慢交付速度的提议，这些示例还可继续下去，但重点是，尽管安全专家所依据的事实和分析应是无懈可击的，但也应尝试用试图说服的对象所能理解的语言沟通。

道德披露

有时，安全专家在安全评估中会发现未知漏洞，该漏洞会影响其他组织。安全专家可能在对组织销售的某个产品实施代码审查时发现了漏洞，或者渗透测试团队在组织从供应商处采购的系统上实施渗透测试，并发现一种前所未知的方法利用该系统。无论通过何种方式发现的漏洞，安全专家都有道德义务向相关方适当披露该漏洞。如果组织自己的产品中存在漏洞，组织就需要尽快通知客户和合作伙伴。如果在其他组织的产品中存在漏洞，组织需要立即通知供应商或制造商，以便相关方能及时修复漏洞。道德披露的目标是在可行的情况下，安全专家应尽快通知可能受到漏洞影响的人员，以便在威胁行为方掌握该漏洞信息前研发出修复补丁。

由于在安全专家试图修复系统时常会发生系统故障，因此异常处理变得非常常见。尽管在补丁发布到生产系统前，安全专家应在沙箱环境中测试这些补丁，但这些测试也永远无法百分之百保证不会出问题。这种情况下，特别是当这个系统属于关键目标系统(Mission)时，安全专家就要恢复修复程序，尽可能快速、安全地让系统重新上线，并记录异常，然后继续修复其他系统。当然，另一方面，异常处理通常是一项时间紧张的工作，不应造成更大规模漏洞修复工作的延迟。

19.3.2 技术报告编写

安全专家在分析评估结果后，下一步就是记录。技术报告的内容应远超过自动化扫描工具或通用检查表输出的内容。有太多所谓的审计师只是按下扫描工具上的启动按钮，等待扫描完成，然后打印报告，却没有执行前面讨论过的分析环节。

对目标受众而言，优秀的技术报告会讲述一个引人入胜的有趣故事。如果安全专家不了解报告的受众，或者至少是最有影响力的受众，那么编写一份优秀的报告会非常困难。毕竟，安全专家的目标是说服受众采取必要的行动平衡风险和业务功能，帮助组织更好地发展。同时，安全专家应预料到可能破坏沟通的反对意见。最重要的是，安全专家应遵循诚信的原则，直接从事实中得出小结(Conclusion)。为提高报告的可信度，安全专家应始终在附录中提供相关的原始数据、技术详情和软件自动生成的报告原文。

以下是一份优秀技术性审计报告的关键元素。

- **执行摘要(Executive Summary)：** 下一节将讨论执行摘要，但安全专家们应始终记住，一些受众在报告上花费的时间不会超过几分钟，所以报告应以一个包含关键信息的具有强烈冲击力的总结作为序言。
- **背景(Background)：** 报告应首先说明安全专家开展实验、测试、评估或审计的原因，并描述工作的范围，范围应与该项工作开展的原因相联系。背景部分也是列出法规、行业标准、章程、组织策略组等相关参考资料的好地方。
- **方法论(Methodology)：** 大部分考生都在科学课上学过，实验和审计应是可重复开展的。在描述讨论过程时，安全专家可在报告中列出参与的人员、日期、时间、物理位置，以及排除的部分和原因，这部分将非常有帮助。
- **发现(Finding)：** 安全专家应分组管理自己的发现，以便搜索和阅读。如果受众大部分是高级经理(Senior Manager)，安全专家可能会基于业务影响对讨论结果分组，受众是技术人员则可能更偏向于按系统类别分组。每个发现的结果应包括对"怎么办"的回答，该答案来自于安全专家的分析。
- **建议(Recommendation)：** 这部分内容应能体现组织的真实写照，并基于安全专家的分析解答"现在怎么办？"问题。这是报告中可操作的部分，这部分应引人注目。在编写报告时，安全专家应考虑每个关键受众对建议会做出何种反应。例如，如果安全专家知道首席财务官不愿意付出新的资金投资，那么可建议提高操作性的控制分类(Operational)成本。
- **附录(Appendix)：** 安全专家应在报告中附上尽可能多的原始数据，而且必定希望报告能具备足够充分的数据证明安全专家的建议是合理的。安全专家应注意如何组织附录的内容，以便受众可轻松找到所需的数据。

如果安全专家是在报告流程的接收端，请警惕自动生成的报告。这些自动生成的报告通常表明审计小组的工作效率低下。安全专家还应小心那些未能发现重大漏洞或过分强调非重要缺陷(Flaw)重要性的报告。如果组织的安全态势良好，审计师就不应回避，大方承认组织做得很好即可。

19.3.3　执行摘要

对于在审计报告中描述的技术性内容，技术人员会感觉良好，但这些内容对业务人员而言就不太友好。要编写具备影响力的报告的下一步是将安全专家关键的发现和建议转换成便于组织高层领导理解的有意义的语言。毕竟，安全专家得到高层领导的支持才能实现必要的变更，高层领导才能提供安全专家所需的权限和资源。

通常，技术报告相较于其他报告更可能包含一个不超过一页或两页的执行摘要，这个摘要能突出报告中高层领导需要了解的事项，目标是引起高层领导的注意，并促成组织做出所需的改变。获得业务领导关注的一个方法是基于风险暴露面解释审计发现(Audit Finding)。安全几乎总是作为业务的成本中心，因此不产生利润的部门展示投资回报率(Return On Investment，ROI)的好方法是用具体金额量化那些可能挽救组织的变更建议。

一种量化风险的方法是用货币值表示。以美元计的风险等于资产的价值乘以该资产丢失的概率。换言之，如果客户数据价值是 100 万美元，并且这些数据有 10%的机会泄露，那么该数据泄露的风险将是 10 万美元。安全专家如何得出这些数值呢？虽然会计人员会有不同的方法对各种资产估值，但以下是一些最常见的方法。

成本法(Cost Approach)： 仅考虑获取或更换资产的成本。这是通常用来评价去除信息后的 IT 资产的方法。那么安全专家如何用这种方法评价信息资产呢？例如某个信息资产是一个包含威胁情报的文件，这个文件对组织的价值是 1 万美元，则成本法会将这个文件价值的数值加到资产估值中。

收入法(Income Approach)： 考虑的是资产对组织收入的预期贡献。一般公式是：价值=预期(或潜在)收入÷资本化率，资本化率=实际净收入÷资产价值。因此，假设这个 1 万美元的威胁情报在去年带来了 1000 美元的净收入(资本化率为 0.10)，预计今年将带来 2000 美元的净收入，那么其现值将是(2000 美元÷0.10)，也就是 2 万美元。正如安全专家看到的，这种方法的优点是考虑了过去和预期的业务情况。

市场法(Market Approach)： 基于其他组织在市场上为类似资产支付的费用，前提是其他组织的行为有相当大的透明度。例如，如果安全专家无法知道其他人为这个威胁情报报告支付了多少费用，就不能使用市场法估价。另一方面，如果安全专家发现该报告的现行市场价格实际上是 12000 美元，就可使用该数值表示组织的报告(资产)估值，并庆幸组织完成了一笔好买卖。

因此，只要安全专家所提出的控制措施的生命周期成本(例如 18 万美元)低于其所缓解的风险(例如 100 万美元)，那么显然应实施该控制措施，这种说法是否正确呢？答案是：不完全如此。控制措施毕竟不是完美的，不能完全消除风险，有时甚至还会失败。换言之，安全专家应了解控制措施有效阻止攻击的可能性。例如，安全专家正在考虑一个解决方案，这个方案已证明在约 80%的时间中是有效的，且成本为 18 万美元。安全专家知道会有 10%遭受攻击的可能，而且组织的控制措施有 20%的概率无法保护组织免受攻击。这就意味着，残余风险是 100 万美元的 2%，即 2 万美元。安全专家还应将其加上控制成本(18 万美元)，得到总有效成本为 20 万美元。

安全专家在与高层领导打交道时，以上介绍的内容均会产生影响。高层领导想知道这些问题的答案，例如，控制措施在多大程度上有效？能省多少钱？要花多少钱？可见，技术细节对信息安全管理体系团队的重要性是直接的，但对业务领导而言，重要性只是间接的。下一次安全专家在整理审计报告(Audit Report)供高层领导阅读时，请记住介绍的这些内容。

19.4 管理评审和批准

管理评审(Management Review)是高层领导参加的正式会议，用于确定管理体系是否有效地实现了目标。在 CISSP 语境中安全专家们对信息安全管理体系的绩效特别感兴趣。虽然本书的讨论局限于信息安全管理体系，但安全专家们应了解：管理评审的范围通常比信息安全管理体系的范围更广泛。

虽然管理评审已经存在很长时间，但如今使用这个术语基于 ISO 9000 系列等质量标准。这些标准定义了方案-执行-检查-行动(Plan-Do-Check-Act，PDCA)这一循环，如图 19-4 所示。这个持续改进的周期很好地说明了本书大部分主题的精华。方案阶段是信息安全管理体系中要做的一切工作的基础，决定了目标并驱动着策略组；执行阶段是本书第 VII 部分(安全运营)的重点；检查阶段是本章大部分内容及上一章的主题；最后，行动阶段是在管理评审中正式开展的，组织会评审从前面各阶段得到的所有信息，决定是否需要调整目标、标准或策略组，不断改善组织的安全态势。

图 19-4　方案-执行-检查-行动

管理评审无疑关注的是大局，帮助组织设定前进的战略。因此，一次优秀的评审不会详细讨论非常具体的技术主题，而会审视组织的全局视图并做出战略决策，这就是管理评审应包括组织中所有关键决策方的主要原因。这种顶层参与的方式给予信息安全管理体系正当性和所需的支持。

安全专家在与高层领导沟通时，请务必使用业务语言并保持简洁。上一节讨论了这种沟通方式，但此处再次重申。如果安全专家无法在第一次沟通尝试中清楚和迅速地领会高层领导的关注点，就可能再也没有机会这样做了。

19.4.1　管理评审之前

管理评审应定期开展。管理体系或组织越不成熟，这种评审就应越频繁。显然，在调度期间的一个限制要素就是关键领导是否有时间参与。这种周期性有助于培养一种符合高层决策流程的操作性的控制分类节奏。如果缺乏这种规律，评审就会成为被动应对而非主动出击。

管理评审会议的频率也应与组织执行上一次评审决定所需的时间同步。例如，如果管理层决定用一年的时间在研发、整合和测量方面作出彻底改变，那么在这一年结束前再次开展评审可能不会特别有效。如果此类评审太过频繁，管理层将无法基于所呈报的前期处理结果做出新决定。

19.4.2 评审的输入

管理评审的输入有多种来源。一种关键的输入是内部和外部相关的审计结果。这些审计结果就是前文所述的报告中的内容。安全专家除了提供审计报告供评审外，还应提供各种关键发现的描述、对组织的影响和可行的变更建议的执行摘要。请安全专家们记住，应使用业务的语言编写这些执行摘要。

管理评审的另一个重要输入是上一次管理评审中未解决问题和执行项目的清单。理想情况下，此时所有这些问题应已得到解决，所有执行都已完成并确认。如果不是这样，安全专家应突出呈现哪些因素(例如资源、法规、环境的变化)妨碍了执行项目的完成。高层领导通常不喜欢令人惊讶的消息，特别是那些令人不愉快的消息。因此，在组织正式召开评审之前，安全专家应提醒高层领导未尽事宜。

除了审计师和执行人员的反馈，客户的反馈也是管理评审的一个重要输入。实际上，几乎每个组织都有客户，客户通常是组织存在的首要原因，客户的满意与否对组织的成功至关重要。第 18 章已经提到了真实用户持续监测(Real User Monitoring，RUM)是衡量用户与信息系统交互的一种方式。组织也越来越依靠分析社交媒体衡量客户对组织一般情况和具体问题的感受。最后，组织可使用问卷或调查的形式收集反馈，虽然这种形式往往存在答复率低和受访人员有负面偏见之类的问题。

管理评审的最后一种输入是基于所有其他输入的改进建议，这是评审的关键。虽然从技术角度看，评审也可能不包括实质性的改进建议，但这毕竟是极不寻常的，意味着信息安全管理体系团队想不出改善组织态势的方法。信息安全管理体系团队提出的高级变更建议都需要得到高层领导的批准和/或支持。本书不讨论低级的战术变更，而是安全专家建议变更关键策略组或其他资源，这些建议逻辑上应基于提交给评审小组的其他输入。

在高层领导的决策阶段，通常安全专家有必要向高层领导提供一系列选项。基于问题的复杂度，多数安全专家们通常会提供三到五个选项。例如，一个选项是"不做改变"，并描述如果不做改变会发生什么；另一个选项是全力以赴，做出大刀阔斧但可能代价高昂的改变，保证顾及所有方面。在这两者之间，安全专家可提供一到三个其他选项，这些选项具有不同级别的风险、资源需求和业务诉求。

当安全专家提出各种选项时，还应提供客观的评价标准供管理层决策。在安全专家对评价标准的各种提案中，几乎总会用到的一个说明标准是变更所需的资金成本。这个要素应是该选项在整个生命周期的成本而不仅是执行成本。忽略系统或流程在整个生命周期中的维护成本是一种常见错误，这些受到忽视的成本通常远大于购买成本。组织可能需要考虑的其他要素还包括风险、对现有系统或流程的影响、各种培训的需求和复杂度。但无论组织选择何种评价要素，都应将这个评价因素用于每个选项，从而评估哪个选项最好。

19.4.3 管理层批准

高层领导在决策所有管理评审的输入时，通常会提一些相当尖锐的问题，然后决定批准或拒绝建议，或者推迟做出决定。高层领导询问或讨论的问题数量通常能有效地反映信息安全管理体系团队提出的那些嵌入和支持业务流程的变更是否合理。显然，领导的最终决定能证明信息安全管理体系团队的建议有多少说服力。

通常，高级管理层会做出几种决定：批准整个建议、批准建议但需做些修改、拒绝建议、要求信息安全管理体系团队提供更多支撑数据或重新提供选项。无论哪种决定，管理评审都会产出一份下一次评审将审核的可交付成果列表。在管理评审结束时，相关方应回顾待定和要执行的项目、谁来处理、何时完成，这些内容都会成为下一次管理评审的输入，这个过程将无限循环。

19.5　本章回顾

第 18 章的重点是评估和测试技术性控制分类，而本章讨论了管理控制措施、分析结果和有效沟通。本章还介绍了一些工具：安全度量、关键绩效指标和关键风险指标，这些工具帮助工作的开展变得更容易。本章内容加上之前章节中讨论过的主题可为安全专家提供实用的见解，帮助安全专家了解如何衡量和改进组织的信息安全管理体系，尤其是当改进取决于安全专家要说服组织中其他领导以获得支持。这一切都为本书的下一部分"安全运营"奠定了基础。

19.6　快速提示

- 要素(Factor)是信息安全管理体系的一个属性，可描述为一个随时间变化的值。
- 测量是在一个特定时间点上要素的定量观察。
- 基线(Baseline)是要素的一个值，向组织提供一个参考点，或表示达到某个阈值后满足了某个条件。
- 度量(Metric)是在多个测量之间比较，或与基线互相比较而生成的派生值。
- 最佳的度量是相关的、可量化的、可执行的、稳固的、简单的以及可比较的。
- 指标是一个特别重要的度量，描述了信息安全管理体系有效性的一个关键元素。
- 关键绩效指标(KPI)是展示信息安全管理体系绩效的特别重要的指标。
- 关键风险指标(KRI)衡量特定的一项或一系列活动的风险值。
- 特权用户账户对组织构成重大风险，应谨慎管理和控制。
- 当员工永久或长时间离开组织时，应立即禁用其账户。
- 除非数据备份已确认可用于还原数据，否则不应将其视为可靠的。
- 业务持续(Business Continuity)是一个术语，用于描述组织制定的流程，确保其重要业务流程不受影响，或在发生严重事故后能够快速还原。
- 灾难恢复侧重于在灾难性事件发生后恢复信息系统，是业务持续的一个子集。
- 安全培训是传授一项技能或一组技能的流程，培训后员工能更好地履行特定职能。
- 安全意识宣贯培训是让员工了解安全问题，从而更好地识别风险并响应。

- 在信息安全的背景下，社交工程是操纵员工实施违反安全协议行为的过程。
- 网络钓鱼(Phishing)是通过数字通信开展的社交工程。
- 隐蔽强迫下载(Drive-by Download)是一种只需要目标人员访问恶意网站即可触发的自动攻击。
- 灾难恢复和业务持续流程都需要定期评估，确保在组织内部和周围环境变化时保持有效。
- 有效的报告应在编写时考虑特定的受众。
- 管理评审是一个正式会议，组织的高层领导在会上确定信息安全管理体系(ISMS)是否有效地实现了组织的目标。

19.7 问题

请考生记住这些问题的表达格式和提问方式。CISSP 考生应知晓，考试提出的问题是概念性的。问题的答案可能并不特别完美，建议考生不要寻求绝对正确的答案。相反，考生应寻找选项中的最佳答案。

1. 什么是关键绩效指标(KPI)？
   A. 表示满足某个条件要素的值
   B. 比较多个测量的结果
   C. 体现信息安全管理体系绩效的重要指标
   D. 在某个时间点对信息安全管理体系的一个要素的定量观察

2. 关于关键风险指标(KRI)，以下哪项是正确的？
   A. 关键风险指标向经理展示一个组织在目标方面的立场
   B. 关键风险指标是计算单次预期损失(Single Loss Expectancy，SLE)的输入。
   C. 关键风险指标向经理展示一个组织在风险偏好(Risk Appetite)方面的立场。
   D. 关键风险指标代表了一个或多个描述信息安全管理体系有效性度量的解释。

3. 以下所有情况都是禁用而不是删除用户账户的正当理由，除了：
   A. 监管合规
   B. 用户隐私保护
   C. 对后续发现事件的调查
   D. 数据留存(Data Retention)策略

4. 数据备份确认(Verification)工作应该：
   A. 范围尽可能小
   B. 基于组织面临的威胁
   C. 最大化对业务的影响
   D. 关注用户数据

5. 安全培训(Security Training)和安全意识宣贯培训(Security Awareness Training，SAT)的差异是什么?

    A. 安全培训侧重于技能，而安全意识宣贯培训侧重于识别和对问题的反应。

    B. 组织应开展安全培训，而安全意识宣贯培训是一个理想目标。

    C. 安全意识宣贯培训主要针对安全人员，而安全培训则面向所有用户。

    D. 没有差异，这些术语指的是类似的流程。

6. 以下哪项不是社交工程的一种形式?

    A. 冒充

    B. 钓鱼

    C. 鲸钓

    D. 勒索

7. 在灾难恢复演习期间评估组织的绩效时，以下哪一项是最高优先级?

    A. 敏感资产保护措施

    B. 通知相关部门

    C. 防止抢劫和故意破坏

    D. 保护生命安全

8. 关于组织安全评估后的漏洞修复，以下哪项是正确的?

    A. 应尽快修复发现的所有漏洞。

    B. 漏洞修复需要对所有易受攻击的软件系统安装补丁。

    C. 如果漏洞修复实施得好，就永远不会影响业务。

    D. 漏洞修复需要组织最高层中每个人的支持。

9. 关于管理评审，以下哪项是正确的?

    A. 定期开展，并将审核结果作为关键输入。

    B. 基于组织的需要，以特定的方式开展。

    C. 通常由中层经理开展，但报告会提交给关键的业务领导。

    D. 专注于评估信息系统的管理。

19.8　答案

1. C。KPI 是显示信息安全管理体系绩效方面特别重要的指标。因为每个关键绩效指标都是一个度量，答案 B(度量的部分定义)也是正确的，但不是最佳答案，因为 B 忽略了度量的重要性和目的。

2. C。KRI 允许经理了解组织的特定活动何时将其推向更高的风险水平，有助于理解风险变化和管理总体风险。

3. B。如果该组织有意试图保护其用户的隐私，与直接删除相比，禁用该账户将是一个糟糕的隐私措施。

4. B。数据备份的确认应侧重于评估组织对威胁建模和风险管理流程中识别的威胁做出响应的能力。如果组织无法应对这些威胁，那么备份可能毫无用处。

5. A。安全培训是讲授一项或一套技能的流程，培训后员工将能更好地履行特定职能。另一方面，安全意识宣贯培训是帮助员工接触安全问题的过程，以便受害方能更好地识别和应对这些问题。安全培训通常提供给安全人员，而安全意识宣贯培训应提供给组织的每个员工。

6. B。通过数字通信手段开展的社交工程的正确术语是网络钓鱼，而不是钓鱼。

7. D。在可能造成生命损失或伤害的情况下，保护生命安全是首要任务。其他选项都是灾难恢复流程的一部分，但都不是首要任务。

8. D。由于大部分补救措施将对业务产生一定影响，因此需要所有人的支持。因为并非所有漏洞都只涉及软件补丁，所以在组织(而非特定于系统)的评估中尤其如此。

9. A。当管理评审是涉及组织关键领导的定期计划活动时，效果最佳，这允许下级领导计划和执行评估，例如为评审输入提供审计。

第 VII 部分

安 全 运 营

第20章

安全运营管理

本章介绍以下内容：
- 安全运营基础概念
- 变更管理流程
- 配置管理
- 资源保护
- 漏洞和补丁管理
- 物理安全管理
- 人员安全与保护措施

管理(Management)确保了列车的准点运行。

——Andy Dunn

安全运营(Security Operation)涉及多个领域，但每当提到"安全运营"这一术语时，安全专家们脑海中浮现的通常是日复一日对抗网络威胁的分析团队、威胁猎人(Threat Hunter)和事故响应团队所工作的安全运营中心(Security Operation Center，SOC)。安全运营中心的确是安全运营的重要组成部分之一，但并不是安全运营工作的全部。为确保组织的物理空间得到保护，系统得到优化，并且要保证组织的员工履行正确的工作职责，还有很多其他工作需要完成。本章涵盖安全管理团队为组织创建一个安全的运营环境而应解决的诸多问题。安全运营是一种管理安全的业务活动。安全运营可能并不像实时抓捕威胁行为方(Threat Actor)那样令人兴奋，但安全运营同样重要。

20.1 安全运营基础概念

安全运营更多的是与各类人员打交道，而不仅是围绕着计算机或者网络系统运维操作。作为 CISSP 认证专家，大部分工作是领导安全团队，防止攻击方对组织造成伤害；计算机和网络只是组织安全团队与攻击方相互厮杀的战场之一。有时，组织内部人员也可能由于蓄意或疏忽而成为"攻击方"。因此，如果组织没有事先掌握组织内部人员所从事的各种角色，以及确保从事相关角色的人员可信度的有效措施，将无法真正实现安全运营的有效管理。

表 20-1 展示了组织内部常见的 IT 和安全角色，以及相应的工作定义。每个角色都需要一份完整且定义清晰的工作描述。安全人员在分配访问权限时需要参考各个角色的职责说明，以确保人员仅能访问执行任务所需的特定资源。

表 20-1　角色和相关任务

组织角色	核心职责
网络安全分析师	监测组织的 IT 基础架构，并识别和评价可能导致安全事故的威胁
服务台/服务支持	解决最终用户和系统的技术或运营问题
事故响应方	调查、分析并响应组织内部的网络安全事故
IT 工程师	履行系统和应用程序的日常运营职责
网络管理员	安装和维护局域网/广域网(LAN/WAN)环境
安全架构师	评估安全控制措施和建议，并实施改进措施
安全总监	制定并落实安全策略和流程，维护组织全部资产的安全
安全经理	实施安全策略并监测安全运营
软件研发人员	研发并维护业务生产软件
系统管理员	安装和维护特定系统(如数据库、电子邮件)
威胁猎手	主动发现网络安全威胁并在其危及组织之前予以缓解

表 20-1 介绍了部分安全角色，以及每个角色对应的任务。组织应创建在组织环境中使用的完整(Complete)角色列表，以及每个角色的相关任务和职责。然后，数据所有方(Data Owner)和安全人员使用角色列表确定谁可访问特定资源以及访问类型。安全人员清晰且明确地掌握整个组织的角色和责任对于安全管理工作至关重要。如果组织的角色和职责不够清晰，那么要确保组织人员都能获得工作所需的、正确的且合理的权限将变得非常困难。后续章节继续介绍组织在安全运营中涉及的其他基础概念。

安全运营(SecOps)

在许多组织中，由于角色的职责存在不同的(经常是冲突的)工作重点，安全和 IT 运营团队变得很难协调。IT 运营团队负责确保系统的可操作性、高可用性和稳定运行，并为用户提供所需的功能。随着新技术的出现，IT 运营会受到来自业务管理方给予的压力，业务方往往要求 IT 运营团队尽快部署新技术以提高组织的市场竞争力。然而，很多时候，业务方对 IT 运营和用户功能的关注是以牺牲安全性为代价的。安全机制通常会降低性能、延迟资源调配，且限制用户可使用的功能。

在许多组织中，IT 运营团队和安全团队在优先级和业务机会(Incentive)之间的冲突可能导致严重的职能对抗。相信大家都经历过这样的情况，每当事情出现失误时，相互指责甚至是公然的敌对行为可能突然出现。当下流行的解决方案是 SecOps(安全+运营)，SecOps 是安全和 IT 运营人员、技术和流程的集成，在提高业务敏捷性的同时还能降低风险。SecOps 的目标是创建一种文化，将安全融入组织中每个系统和流程的整个生命周期。SecOps 可通过建立多功能团队的方式实现。例如，云系统管理员和云安全工程师在负责向组织交付敏捷和安全功能的经理的领导下共同工作。

20.1.1 可问责性

用户对资源的访问应受到限制和合理控制，以确保不会因为用户拥有过度的特权而对组织及其资源造成损害。用户在使用资源时的访问尝试和活动都需要得到合理的监测(Monitor)、审计(Audit)并记录(Log)。个人用户 ID 需要包含在审计日志中，用于强制实施个人责任的可追溯性。所有用户在使用组织资源时，都应充分理解自己的责任，并对自己的行为担负全部责任。

持续地获取并监测审计日志有助于判断是否发生了违规行为，或是否需要重新配置系统和软件，以达到更精准地捕获超出既定边界活动的目的。如果无法捕获和审查用户活动，安全团队很难确定用户是否拥有过多权限，或是否存在未授权访问。

组织应采用日常例行工作的方式执行持续审计(Auditing)实务。此外，安全分析师和经理需要审查所有审计和记录的事件(Event)。如果没有安排人员定期查看全部审计和记录的事件，那么也违背了创建日志的初衷。审计和功能日志通常包含太多晦涩或通用的信息，很难通过人工方式逐一分析。这也是组织通过使用安全产品和购买服务用于解析日志，并报告重要发现的原因。组织应通过手动或自动方法执行日志监测和审查，发现可疑活动，并识别环境是否偏离初始基线(Baseline)。这就是审计实务在问题影响范围变得过大和失控之前所提供的管理员告警机制。

在审查事件时，管理员应询问与用户操作、当前安全和访问等级相关的特定问题，例如：

- 用户是否访问了非必要的信息或执行工作描述(Job Description，JD)以外的任务？答案表明了是否需要重新评价(Re-evaluate)并修改用户的权限(Right)和许可(Permission)的可能性。
- 是否出现多次重复的错误？答案表明用户是否需要更多培训。
- 是否有过多的用户拥有敏感或受限数据或资源的权限和特权(Privilege)？

答案表明了是否需要重新评价用户对数据和资源的访问权限，是否需要减少访问数据和资源的人员数量，以及/或者是否应修改用户访问权限的范围。

20.1.2 最小特权/知必所需

最小特权(Least Privilege，第 9 章介绍的安全设计原则之一)意味着个体仅需要获得执行任务最低程度的许可和权限以履行其在组织中的职责，而不会赋予过多许可和权限。一旦个体获得超出范围的许可和权限，则可能为滥用访问权限打开大门，并导致组织面临更大风险。例如，Dusty 是一家公司的技术文档工程师(Technical Writer)，无须访问公司的源代码。因此，控制 Dusty 访问资源的机制就是通过各种控制措施阻止 Dusty 访问源代码。

保护资源的另一种方式是强制执行"知必所需(Need to Know)",这意味着组织应首先确定个体对特定资源具有合法的、与工作角色相符合的需求。最小特权和知必所需存在共生关系。每个用户都需要知道允许访问的资源。如果 Echo 不需要知道公司去年缴纳了多少税款,则 Echo 的系统权限不应包括访问与纳税相关的文件,这就是落实最小特权的典型示例。组织通常的做法是使用结合传统的基于目录的身份管理软件,使用门禁系统,调配服务器、应用程序和系统中的用户资源权限。身份管理软件提供了确保仅向特定用户授予特定访问权限的能力,通常包括高级审计功能,可用于验证是否符合法律法规监管合规指引的要求。

20.1.3　职责分离和责任

职责分离(Separation of Duty,SoD,第 9 章中介绍的另一安全设计原则)的目标是确保个体的单独行动不会以任何方式危害组织的安全。任何一项高风险活动都应划分为不同的组成部分,并分配给不同的个人或部门。这样,组织就不需要对单一人员给予存在高风险的高度信任。如果攻击方想要实现欺诈(Fraud),则需要实施共谋(Collusion),意味着欺诈活动需要涉及多名人员。因此,职责分离是一种预防性措施,可避免相关人员共谋违反安全策略。

职责分离有助于预防错误的发生,并将由单一人员执行任务时从始至终可能发生的利益冲突降至最低。例如,程序员不应是唯一能测试自己代码的人员。应由另一名工作和日程安排不同的人员对程序员的代码执行功能性和完整性测试,由于程序员可能对代码段应该完成的任务有特别的"考虑(指舞弊或预留后门的场景)",因此,程序员可能只测试某些功能和输入值,且只在某些特定环境中执行测试。

职责分离的另一个示例是计算机用户功能和安全管理员功能之间的差异。系统管理员的职责和计算机用户的职责之间应有明确的界线。职责之间的界限将因环境而异,并取决于环境中所需的安全水平。系统和安全管理员通常负责安装和配置软件、执行备份和恢复流程、设置权限、添加和删除用户,以及设定用户配置文件。另一方面,计算机用户可设置或更改口令、创建/编辑/删除文件、更改桌面配置以及修改某些系统参数。用户无法修改自己的安全配置文件,不能在全局范围内添加和删除用户,也不能做出与网络资源有关的关键访问决策。上述权限都是违反职责分离的概念。

20.1.4　特权账户管理

职责分离还指出,组织应具备特权账户管理流程,强制执行最小特权原则。特权账户(Privileged Account)是指拥有更高权限的账户。当提到这个术语时,通常会联想到系统管理员,然而,更重要的是,组织需要考虑由于合法原因,特权通常逐渐添加到某个用户账户上,但没有再审查是否仍然需要这些特权的场景。某些情况下,普通用户最终会在没有任何安全人员意识到的情况下,获得重要(且有风险)的权限(称之为授权蔓延)。

通常,授权蔓延这个概念与特权账户管理(Privileged Account Management,PAM)的标签相关,因为多数组织都有非常精细的、基于角色的访问控制措施(Access Control)。PAM 是由组织用于控制对任何资产的越权(或特权)访问的策略和技术组成。PAM 包括处理用户提升特权需求的流程，定期审查提升特权需求，在适当的时候将其降到较低特权，并记录整个过程。

20.1.5 职责轮换

职责轮换(Job Rotation)意味着，随着时间的推移，在组织内不止一名人员能完成某个职位任务。职责轮换帮助组织培养一名以上的人员能全部掌握特定职位的任务和责任，如果人员离开组织或缺勤，职责轮换将提供备份(Backup)和冗余措施。职责轮换也有助于识别欺诈活动，因此，可将其视作一种检测类控制措施。如果 Keith 已经履行了 David 的职责，Keith 知道履行职责应完成的常规任务和例行程序。因此，Keith 能更好地识别 David 是否做过异常或可疑的活动。

与职责轮换相关的方法是强制休假(Mandatory Vacation)。第 1 章讨论过确保员工休假的原因。原因包括能识别欺诈活动，并能执行职责轮换。假定财务员工 Echo 通过从多个账户中挪用一分钱，并将钱存入自己的账户进而实施"萨拉米攻击(Salami Attack)"，那么，如果 Echo 需要休假一周或更长时间，则 Echo 所在公司将有更多机会发现 Echo 所实施的萨拉米攻击。往往当员工休假时，应由另一名员工替补岗位。替补员工可能发现存在问题的文件和之前活动的线索，或一旦实施欺诈的员工离开一两周，公司可能发现某些特定模式的变化。

对于审计目的而言，员工连续两周休假是较合理的，这样就有更多时间发现欺诈证据。同样，强制休假的背景是，通常有欺诈行为的员工总是那些拒绝度假的人员，原因就是此类人员害怕在休假时暴露自己的欺诈行为。

20.1.6 服务水平协议

正如本书在第 2 章中的讨论，服务水平协议(Service Level Agreement，SLA)是一种契约协议，声明服务提供方(Service Provider)应保证一定水平的服务。例如，网络服务器每年的宕机时间不超过 52 分钟(大约是 99.99%可用性)。SLA 帮助服务提供方(无论是内部 IT 运营还是外包商)决定采用哪种可用性技术更合理。通过确定 SLA，服务提供方能设置服务的价格或 IT 运营的预算。最常见的情况是，组织与外部服务提供方使用 SLA 保证特定的性能，如果服务提供方无法交付约定服务，则受到处罚(通常是罚金)。

制定内部 SLA(即 IT 运营团队和一个或多个内部部门之间的 SLA)的流程也可能为优化组织的安全运营。首先，SLA 推动 IT 和请求服务方之间开展更深层次的对话。对话可帮助双方更清楚地理解请求服务带来的机遇和威胁。然后，请求方将更好地掌握服务水平和成本之间的权衡，并能与 IT 团队协商最具成本效益的服务平衡点。然后，IT 团队可通过对话证明资源(如预算或人员)的合理性。最后，内部 SLA 帮助各方充分理解"正确且合理(Right)"这一概念。

无论 SLA 是内部的还是外部的，组织都应收集用于确定是否满足 SLA 的度量标准。毕竟，如果没有衡量服务，那么要求特定程度的服务又有什么意义呢？识别 SLA 度量标准本身，能使组织确定特定的需求是否重要。如果双方都无法确认计划停机时间的可接受的具体数值，则该需求可能不需要包含在 SLA 条款中。

20.2　变更管理

希腊哲学家 Heraclitus 曾说，"生活中唯一不变的就是变化"，多数人都会认同 Heraclitus 的观点，特别是在涉及组织 IT 和安全运营方面。组织为保持适应性和竞争力，变更是必要的，但变更会带来组织应谨慎管理的风险。从 IT 的角度看，变更管理(Change Management)是将与添加、修改或删除任何可能对 IT 服务产生影响的内容相关的风险降至最低的实践。变更管理包括常见的 IT 活动，例如，添加新的软件应用程序、划分局域网或停用网络服务。但变更管理也涵盖策略(Policy)、程序(Procedure)、人员甚至基础设施的变更。因此，任何改变安全控制措施或实践的活动都属于变更管理的范畴。

20.2.1　变更管理实践

合理的变更管理实践对于最小化环境变更的风险控制至关重要。设计变更管理实践的流程应该包括所有利益相关方(Stakeholder)的代表，所以变更管理实践不应仅局限于 IT 和安全人员。遵循最佳变更管理实践流程的大多数组织，都正式建立了负责批准变更并监督组织内执行变更活动的小组。业界存在多种小组的命名方式，本书称之为变更顾问委员会(Change Advisory Board，CAB)。

变更顾问委员会和变更管理实践应列入变更管理策略。尽管变更的类型各不相同，但标准的程序列表有助于控制变更流程，并确保变更活动以可预测的方式执行。以下步骤是应作为变更管理策略一部分的程序类型示例：

- **请求执行变更**　请求变更的个体应以书面形式提出变更请求，阐述理由，清晰说明变更带来的收益和可能引发的缺陷(即风险)。变更请求(Request for Change，RFC)是执行变更请求的标准文档，包含批准变更所需的全部信息。
- **评价变更**　CAB 审查 RFC 并分析其对整个组织的潜在影响。有时，CAB 要求请求方在变更批准前需要开展更多调研以提供足够充分的信息。然后，CAB 起草变更评价报告，并指定负责规划和实施变更的个体或团队。
- **规划变更**　一旦变更获得批准，负责实施的团队就开始规划变更的具体事项。规划变更包括明确变更如何与其他系统或流程交互的所有细节，制定时间轴，并确定将风险降至最低的具体活动。还应对变更执行全面测试，以发现任何不可预见的结果。然而，组织需要认识到，无论开展的测试工作多么全面，变更依然存在导致不可接受的损失或中断的可能性，因此，每个变更请求还应制定将系统恢复到最后已知的最佳配置的回滚方案(Rollback Plan)。
- **实施**　一旦完成变更规划和全面测试，就会协调受变更影响的流程和系统以实施变更。变更实施可能包括重新配置其他系统，更改或制定策略和程序，并为受影响的工作人员提供培训。组织应充分记录变更实施步骤，并监测进展情况。

- **审查变更(Review the Change)** 实施变更后，CAB 应执行最终审查。在此阶段，CAB 验证是否按照规划实施变更，任何意外问题是否已得到妥善解决，风险是否控制在可接受的范围内。
- **关闭或维持(Close or Sustain)** 实施和审查变更后，应将变更录入变更日志中。还可向管理层提交总结变更的完整报告，对整个组织产生重大影响的变更尤其需要。

当然，上述变更步骤通常适用于组织内部发生的重大变更。重大变更通常极具价值，并会对组织产生持久影响。然而，较小的变更也应经过某类的变更控制流程。如果服务器需要安装补丁，工程师应在非生产服务器中完成适当测试，在没有得到 IT 部门经理或网络管理员批准的情况下安装补丁并不是合规的工作方式，还会因为缺少用于预防补丁安装失败风险所制定的生产服务器备份和回退方案而造成某些负面影响。注意，即便是较小的变更仍然需要文档化。出于管理各类变更的原因，ITIL 4(第 4 章介绍)明确了三种类型的变更，三类变更遵循相同的基本流程，但调整了特定情况的流程:

- **标准变更** 预先授权的、低风险的变更，遵循通用的流程。示例包括服务器安装补丁、增加内存或存储空间。
- **紧急变更** 应立即实施的更改。例如，为零日漏洞(Zero-day Exploit)实施安全补丁，或将网络与 DDoS 攻击隔离。
- **常规变更** 除标准变更或紧急变更以外的其他所有变更。常规变更的示例包括新增提供新功能的服务器，或向标准镜像(Golden Image)添加新应用程序(或从该镜像中删除旧应用程序)。

无论是哪种变更类型，运营部门在对系统或网络实施变更之前，都应制定经批准的回退方案。在实施流程开始前，未正确识别变更导致的问题是很常见的。许多网络工程师都经历过由于未执行标准应用程序研发流程的“修复程序”或补丁程序，最终导致破坏系统中其他配置的事件。制定回退方案(Backout Plan)能确保生产效率不会受到因变更问题导致的负面影响。回退方案描述了团队如何将系统恢复到变更实施前的原始状态。

20.2.2 变更管理文档

未记录系统和网络的变更将导致日常维护更困难，原因就是无人会记得变更细节。例如，六个月前非军事区(Demilitarized Zone，DMZ)的服务器做了什么，或去年主路由器出现故障时是如何修复的。对软件配置和网络设备的变更在大多数环境中发生得非常频繁，要正确提供所有相关细节是不可能的，除非有人负责维护变更活动的记录。

组织中可能会发生许多变更，常见变更如下:

- 安装新服务器
- 安装新应用程序
- 实施不同的配置
- 安装并更新补丁
- 新技术整合

- 更新策略、流程和标准
- 实施新的法律法规与监管要求
- 识别并解决网络或系统问题
- 实施不同的网络配置
- 将新的网络设备集成到网络中
- 公司之间的收购或合并

上述列表可不断更新，既可以是概括性的，也可以是详细的。许多组织都经历过影响网络和员工生产效率的重大问题。IT 部门可能因此而四处奔波，试图找出问题所在，并通过数小时或数天的尝试，找到并采用必要的修复方法。如果没有员工正确记录这起事件，以及采取了哪些措施解决问题，则组织可能注定要在未来六个月到一年内再次出现同样的混乱局面。

20.3　配置管理

在资产生命周期的运营维护(Operations & Maintenance，O&M)部分(第 5 章中讨论)的每个节点，组织还需要确保掌握(并保持)资产的配置方式。遗憾的是，大多数默认配置都非常不安全。这意味着，如果组织在提供新硬件或软件时未执行安全性配置，那么实际上是在为攻击方提供可能成功攻击新硬件或软件的潜在漏洞。配置管理(Configuration Management，CM)是在系统中建立并维护一致的配置文件，用于满足组织需求的流程。

配置管理流程因组织而异，但存在一些共同元素。实际上，每个实践配置管理的组织都是从定义和建立整个组织范围内配置需求的一致意见，配置需求应涉及工作范围内所有系统。至少，配置需求应涵盖用户的工作站和全部关键业务系统，然后在所有系统中实现配置。当然，也存在例外情况和特殊需求，从而导致非标准配置。非标准配置需要得到适当人员的批准并记录文档。随着时间的推移配置需求会发生改变，配置需求的变更应通过上一节中定义的变更管理实践处理。最后，组织应定期执行审计配置实务，确保配置与配置需求保持一致。

20.3.1　基线

基线(Baseline)由相关决策方商榷的系统在特定时间点的配置。对于典型的用户工作站而言，基线定义了所安装的软件(操作系统和应用程序)、所配置的策略(例如，禁用 USB 驱动器)，以及其他配置设置，如域名和 DNS 服务器地址等。基线允许组织部署已通过一系列测试并能确保按照预期运行的系统，然后在整个组织中统一提供按照基线配置的系统。

理想情况下，提供相同功能的系统都应执行相同的配置。配置相同的的系统在配置管理的整个生命周期中更易于管理。然而，众所周知，在现实世界中存在许多例外情况。系统配置的例外情况通常有适当且合理的业务因素，所以组织无法通过拒绝例外请求而让情况简单化。系统基线能缩小例外系统的差异。配置人员所要做的不是再次记录每个配置参数(可能引入错误和遗漏)，而应记录与特定基线的差异。

基线不仅提供了系统在特定的时间点应处于的配置状态,还记录了系统的早期配置状态。组织希望保留旧的基线,因为记录能描述系统配置如何演变。经过适当注释的基线不仅能提供配置"内容",还能提供配置随时间变化的"原因"。

与基线相关的概念是标准镜像(Golden Image),标准镜像是预配置的标准模板,所有用户工作站都是使用标准模板配置的。标准镜像还有很多其他名称,包括标准主版本(Gold Master)、克隆镜像(Clone Image)、主镜像(Master Image)和基础镜像(Base Image)。无论如何定义名称,预配置的标准模板在配置系统时都可节省时间,因为只需要将标准镜像克隆到设备中,输入系统的特定参数(如主机名),即可使用。标准镜像还能通过对每个克隆系统持续配置安全控制措施来提高安全性。标准镜像的另一个优点是减少配置错误,同时意味着降低引入漏洞的风险。

20.3.2 资源调配

第 5 章已讨论过安全资源调配(Secure Provisioning),但需要在配置管理的章节中重新讨论安全资源调配主题。回顾一下,资源调配是向用户或用户组提供一个或多个新的信息服务需要的所有活动的集合("新"指用户或用户组之前不可用)。从技术角度看,资源调配和配置是两种不同但相关的活动。资源调配通常涵盖获取、安装和启动新服务。根据实现方式差异,资源调配涵盖的服务可能依然需要配置(甚至可能需要基线化)。

配置管理与变更管理

变更管理是一项业务流程,旨在有意识地规范业务活动(如项目或 IT 服务)不断变化的特性。变更管理涉及的问题涵盖了变更正在研发的系统功能或变更远程工作人员连接到内部网络的方式。虽然 IT 和安全人员都参与变更管理,但通常不负责管理变更活动。

配置管理是一项运营流程,旨在确保正确配置控制措施,并对当前威胁和运营环境做出响应。作为一名信息安全专家,可能会主导配置管理,但只需要参与变更管理流程。

20.3.3 自动化

可以想象,配置管理需要跟踪和更新多个不同系统中的大量信息。这也是成熟组织往往使用自动化技术实现许多必要任务的原因,包括在配置管理数据库(Configuration Management Database,CMDB)中维护独立的配置项。CMDB 能存储与组织资产、基线以及存储对象间相互关联的信息。重要的是,CMDB 提供版本控制功能,因此,一旦出现配置错误,则容易恢复到以前的基线。

更复杂的自动化工具不仅能跟踪配置,还能调配系统资源。在这方面,尤其是对于虚拟化或云计算技术来说,Ansible 可能是行业最常用的工具,Ansible 是一个开源的,用于配置管理、部署和编排(Orchestration)的工具。Ansible 通过使用 YAML(YAML Ain't a Markup Language 的递归缩写)编写的剧本(Playbook),以自动完成资产、资源调配和配置工作。

20.4　资源保护

第 5 章将资产定义为对组织有价值的任意事物。资产是与资源相关的概念，是执行活动或实现目标所需的任何事物。因此，如果组织 F 拥有资源 R，且资源 R 对组织具有内在价值，那么资源 R 就是组织 F 的资产。在安全运营的范畴中，资源是组织完成各项任务所需的全部事物。资源通常涵盖硬件、软件、数据和介质(用于存储软件及数据)。

 考试提示

虽然资产和资源在技术上略有不同，但在考试中，应将资产和资源视为同义词。

本章稍后介绍物理安全时，将讨论如何保护硬件资源。虽然本书已在第 6 章介绍了软件、数据和介质保护，但相关主题仍然值得重温、复习，因为物理安全适用于管理安全运营工作。在运营安全方面，存在三种特别令人感兴趣的数字资源类型：系统镜像、源文件和备份。

20.4.1　系统镜像

系统镜像(System Image)对于有效执行系统资源调配至关重要，因此，在正常运营期间以及对安全事故做出响应时，系统镜像都是一项关键资源。可以假设，组织用于克隆(或替换)系统的镜像是安全的，因为组织投入大量工作加固系统镜像，并确保镜像不包含已知的漏洞。然而，如果攻击方能修改镜像并引入漏洞，攻击方将能自由访问使用受污染镜像配置的任何系统。同样，一旦由于蓄意、疏忽或通过自然行为而损毁镜像，则组织从大规模事故中恢复将更困难并消耗更多时间。

20.4.2　源文件

如果系统镜像不可用或遭到破坏，组织将不得不从头开始重建镜像。某些情况下，可能只是需要安装几套特定的软件。无论如何，组织都需要可靠的源文件(Source File)。源文件包含在计算机中执行以提供应用程序或服务的代码。代码能以可执行的形式存在，也能以高级语言(如 C/C++、Java 或 Python)中的语句行的方式存在。无论哪种方式，攻击方都可能在源文件中植入恶意代码，从而导致任何使用已植入恶意代码源文件配置的系统都更容易受到攻击。糟糕的是，如果组织是一家拥有世界各地客户的跨国软件公司，公司很可能成为高级持续威胁(Advanced Persistent Threat，APT)的目标，攻击方可能试图通过攻破组织的软件而攻击公司的客户。

即使组织不太可能成为 APT 的攻击目标，也可能遭遇勒索软件攻击。拥有完善的备份系统是快速从勒索软件中恢复(无需支付赎金)的关键，但这取决于备份数据的完整性和可用性。许多网络罪犯故意寻找备份并加密备份，迫使受害方支付赎金。

20.4.3 备份

备份软件和备份硬件设备是网络可用性的两大组成部分。如果硬盘故障、发生灾难或出现某种类型的软件损坏，则组织需要能够恢复各类数据。如图 20-1 所示。

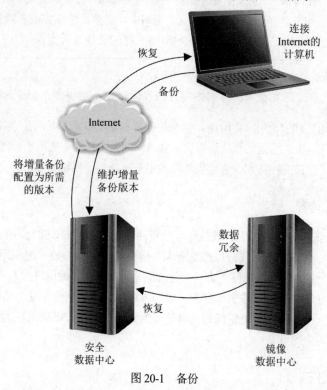

图 20-1 备份

组织应制定备份策略，指出备份内容、备份频率以及应该如何执行备份流程。如果用户工作站中存储重要信息，运营部门需要表明备份应包括用户工作站中的特定目录，或者用户在每天结束时将关键数据同步到共享服务器中，以确保执行备份。备份间隔可能是每周执行一次或两次，也可能是每天或每三小时执行一次。备份时间间隔由组织自行决策。备份频率越高，用于备份的资源则越多，因此，需要在备份成本和可能丢失数据的实际风险之间取得平衡。

组织可能发现，通过专门的软件执行自动备份比 IT 人员将工作时间花费在手动执行备份任务上更加经济有效。组织需要检查备份的完整性，确保备份按预期执行，而不是在两台主要服务器发生故障后，才发现自动备份只保存了临时文件。

1. 保护备份免受勒索软件攻击

组织将勒索软件(Ransomware)风险降至最低水平的最佳方法是拥有网络罪犯无法获得的有效备份文件，并能快速恢复受影响的系统。这意味着，在系统与其备份之间设置尽可能有效的隔离(以及部署安全控制措施)。显然，组织不应将备份文件存储在系统本机或直接连接

的外部驱动器中。以下是一些保护备份远离威胁行为方的提示:

- **备份服务器使用不同的操作系统**。如今,大多数勒索软件都针对单一类型的操作系统 (主要是 Windows)。即使攻击不是自动执行的,威胁行为方也很可能精通所攻击的操 作系统,因此,使用运行不同操作系统的平台自动管理备份能提供更多安全优势。
- **将备份与现有环境隔离**。无论如何,组织应确保备份不存放在直连到受保护资产的驱 动器中,甚至不存放于同一个局域网段中(如在同一数据中心)。间隔距离越远越 好,特别是组织有条件执行分层控制措施时,例如,使用 ACL 或数据网闸(Data Diode)。众所周知,有些数据非常敏感,敏感数据备份应定期通过物理方式传输到 其他州或国家。
- **使用老方法**。组织应考虑使用旧技术,如光盘和磁带。采用旧技术可能会令年长的 同事很难理解,但当勒索软件攻击发生时,旧技术可能会拯救组织。
- **像保护职业生涯一样保护组织的备份**。组织应随时掌握网络攻击方正在攻击备份的最 新技术,并确保组织具备足够的安全控制措施,以对抗攻击技术。

2. 分层存储管理

分层存储管理(Hierarchical Storage Management,HSM)提供了持续在线备份能力。HSM 将硬盘技术与价格更低廉、速度更慢的光盘或磁带自动播放设备相结合。HSM 可动态管理文 件的存储和恢复,将文件复制到速度和成本不同的存储介质设备中。更快的介质保存访问频 率更高的文件,较少使用的文件存储在较慢的设备或近线设备中,如图 20-2 所示。存储介质 包括光盘、磁盘和磁带。动态管理功能在后台执行,用户无感,也不需要干预。

HSM 的工作原理是根据存储成本和信息可用性之间的权衡执行调整,将较少使用的文件 的实际内容迁移到速度较低、成本较低的存储中,同时留下"存根(Stub)",在用户看来,迁 移过程似乎包含迁移文件的完整数据。当用户或应用程序访问存根时,HSM 使用存根中的信 息找到信息的真实存储位置,然后执行对于用户透明的信息调用。

IT 行业发明动态管理技术是为了节省资金和时间。将所有数据都存储在硬盘中是非常昂 贵的。如果将大量数据存储在磁带中,那么在需要调用数据的时候将花费很长时间。因此, HSM 提供了一种极好的方法,当需要数据时,HSM 可提供所需的数据,而不必麻烦管理员 查找磁带或光盘。

备份(Backup)应包括底层操作系统和应用程序,以及两者的配置文件。系统连接到网络, 网络设备也可能出现故障和数据丢失。网络设备数据丢失通常意味着网络设备的配置完全丢 失(设备甚至无法启动),或者网络设备的配置恢复为默认值(虽然能够启动,但网络仍然不可 用)。因此,环境中的网络和其他非系统设备(例如,电话系统)的配置备份也是必要的。

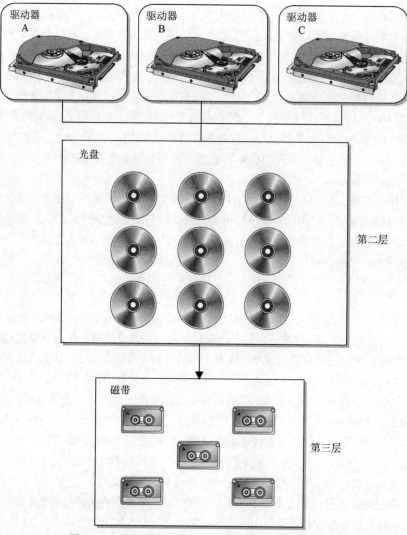

图 20-2   HSM 提供了一种经济、高效的数据存储方式

20.5   漏洞和补丁管理

处置新漏洞和部署补丁是网络安全的必要工作。其关键是以可靠且深思熟虑的方式处理安全问题。虽然接下来将分别讨论漏洞管理和补丁管理，但重要的是应将二者视为现实生活中同一难题的两个部分来对待。组织可能识别出一个新漏洞，然而不幸的是，尚未发布漏洞的补丁。同样糟糕的是，部署了导致关键业务系统瘫痪的补丁。出于上述原因(以及许多其他原因)，组织应在内部以更加协同的方式管理漏洞和补丁。

20.5.1　漏洞管理

所有的复杂信息系统都不可能完全不存在任何漏洞。漏洞管理(Vulnerability Management)是识别漏洞、消除漏洞对组织所构成的风险，并部署安全控制措施将漏洞可能产生的风险降低到组织可接受水平的周期性流程。许多情况下，有些组织将漏洞管理等同于定期运行针对系统的漏洞扫描设备，但是，实际上漏洞扫描流程应包含更多工作。漏洞不仅存在于扫描设备所评估的软件内，也存在于业务流程和人员之中。漏洞扫描设备无法识别存在缺陷的业务流程，例如与未签署保密协议(Nondisclosure Agreement，NDA)的各方共享专利信息。漏洞扫描设备(Vulnerability Scanner)也无法检测到用户单击电子邮件中的恶意链接。最重要的不是漏洞扫描工具或者运行工具的频率，而是组织应建立正式的流程，从整体上审视组织的漏洞管理工作，并且应与风险管理流程紧密联系在一起。

漏洞管理是组织风险管理流程的重要组成部分。组织应识别所拥有的、对组织有价值的事物，以及可能夺走对组织有价值的事物或以某种方式干扰组织并从中获益的威胁行为方。然后，组织找出威胁行为方可能以何种方式给组织造成损失(换句话说，威胁行为方将如何利用组织的漏洞)，以及发生威胁事件的概率。正如第 2 章讨论的，识别威胁事件发生的概率能帮助组织更好地掌握可能发生暴露的风险。下一步是决定组织将应对哪些风险以及如何应对。"如何应对"通常涉及部署安全控制措施。请记住，组织永远不可能将风险降为零，这意味着组织将永远存在无法有效控制的漏洞。这些无法缓解的风险之所以存在，是因为组织认为风险暴露的机会或对组织(或两者)的影响足够低，由此认为风险是可接受的。换句话说，降低风险的成本与组织的投资回报不符。对于可接受的风险，组织能做的最好的工作就是持续监测风险发生的可能性或潜在影响的变化。

如前所述，漏洞管理就是要发现漏洞，掌握漏洞对组织的影响，并确定如何处理漏洞。由于信息系统漏洞可能存在于软件、流程或人员中，因此，有必要讨论组织如何在这些领域实施和支持漏洞管理。

1. 软件漏洞

通常，安全研究人员发现漏洞后，会通知供应商，并在公布漏洞之前给供应商一些时间(至少两周)用于研发补丁。业界将这种行为称为负责任的或道德披露(Ethical Disclosure)。计算机紧急事件响应小组协调中心(Computer Emergency Response Team Coordination Center，CERT/CC)是漏洞披露的主要信息中心。一旦发现新漏洞，漏洞扫描设备供应商就会为工具发布插件程序(Plug-in)。插件程序本质上是简单的代码段，用于查找是否存在某个特定缺陷(Flaw)。

注意

有些组织自身具备漏洞研究能力，或能编写自有插件程序。在本书的讨论中，假设在一般情况下，漏洞扫描是使用第三方商业工具完成的，工具的许可证包括对漏洞源和相关插件程序的订阅。

如前所述，软件漏洞扫描是大多数组织提到漏洞管理一词时的想法。扫描只是一种常见的漏洞评估方法，可分为四个阶段：

(1) 准备(Prepare)　首先，组织应确定漏洞评估的范围。组织确定了测试内容、测试方式后，将安排相关活动，例如，协调受影响的资产和流程所有方，以确保测试不会干扰关键业务流程。组织还应确保拥有将要测试的系统的最新漏洞特征或插件程序。

(2) 扫描(Scan)　为获得最佳结果，扫描是遵循脚本自动执行的，通常在组织正常工作时间之外执行扫描，以降低发生意外错误或忽略某个系统的可能性。在扫描过程中，监测资源利用率(如 CPU 和带宽)有助于确保不会过度干扰业务的正常运转。

(3) 修复(Remediate)　理想情况下，扫描不会发现任何漏洞。然而，通常情况下，扫描会发现某个系统存在漏洞，所以需要修复漏洞并重新扫描以确保安全。然而，有时，由于业务运营原因，系统无法修复(至少是立即修复)漏洞，因此可能需要部署补偿性控制措施(Compensating Control)，或者(在最坏的情况下)接受风险。

(4) 记录(Document)　组织经常忽略这个重要的阶段，因为某些组织完全依赖于由扫描工具自动生成的报告。然而，扫描工具提供的报告通常不包括重要的细节，如某个漏洞可能故意不修补的原因，是否存在补偿性控制措施，或需要对特定的系统执行更多/更少的扫描。全面的记录能够保证保存下来足够多的假设、事实和决策，以便为后续的决策提供信息。

2. 流程漏洞

只要业务流程中存在缺陷或弱点(Weakness)，就存在流程漏洞(Process Vulnerability)，这与是否使用自动化工具无关。例如，假设某个用户账户设置流程只需要一封来自主管的电子邮件，要求 IT 部门为新员工开设账户。注意，电子邮件很可能是欺诈信息，威胁行为方可能会假冒真正主管的身份发送伪造电子邮件。如果系统管理员创建账户并将新的凭证回复至伪造电子邮件，则攻击方将劫持合法的账户以及所请求的全部授权。

组织经常忽略流程漏洞，尤其是当流程漏洞存在于组织内部的多个部门交叉点时。在本示例中，账户设置的流程漏洞存在于业务领域(假设用户工作的部门)、IT 和人力资源等部门的交叉点。

使用红队(Red Team)定期检查现有流程是发现流程漏洞的一种最佳方法。正如第 18 章所介绍的，红队由值得信任的人员组成，是从敌对方的角度看待问题。红队在很多情况下都是非常有效的，包括识别流程漏洞。在此流程漏洞场景下，红队的任务是研究流程，理解组织的控制环境，然后寻找出违反流程安全策略的漏洞。理想情况下，当任何新的流程发布时，就应该开展红队演习。然而，在现实中，通过红队演习识别流程漏洞的执行频率要低得多(如果真正执行的话)。

注意

"红队演习(Red Team Exercise)"一词常与渗透测试(Penetration Test)是同义词。在实际中，红队演习可适用于组织的任何方面(人员、流程、基础设施、产品、理念和信息系统等)，目的是模拟寻求特定目标的威胁行为方的行动。另一方面，渗透测试侧重于测试基础设施和/或信息系统安全控制措施的有效性。

3. 人员漏洞

从多个角度分析发现,超过 90%的安全事件都可追溯到组织的成员做了不应该做的事情,无论是恶意的还是其他(如疏忽)的方式。这意味着如果组织的漏洞管理只专注于硬件和软件系统,那么可能并不会减少攻击面。管理人员漏洞(Human Vulnerability)的一个常见方法是社交工程评估(Social Engineering Assessment)。第 18 章简要介绍了作为一种攻击类型的社交工程,现在讨论将社交工程作为漏洞管理工具包中的工具之一。

Chris Hadnagy 是社交工程领域的世界顶尖专家之一,Chris Hadnagy 将社交工程定义为"操纵某人执行可能符合或不符合'目标'最佳利益活动的行为。"社交工程评估涉及一组受过培训的人员,这组人员试图利用组织员工的漏洞。漏洞可能导致目标泄露敏感信息,允许开展社交工程攻击的人员进入受限区域,单击恶意链接,或将装有恶意软件的 USB 驱动器插入计算机。

社交工程评估,包括三个与之恶意目的相对应的阶段:

(1) 开源情报(Open-source Intelligence,OSINT)收集 在操纵目标之前,社交攻击评估方需要尽可能多地了解目标人员。这个阶段的特点是:在社交媒体网站上搜索个人信息;网络搜索;以及观察、窃听和随意交谈。有些 OSINT 工具能快速搜索大量资源,获取特定个人或组织的信息。

(2) 评估规划(Assessment Planning) 社交攻击评估方可持续收集 OSINT,但某些时候,社交攻击评估方就能拥有足够的信息策划一场利用一个或多个目标的阴谋。有些人员会因为对某些话题的情绪化反应成为目标,而有些人员则可能因为是权威人士而成为攻击目标。社交攻击评估方识别最可能对一个或多个目标起作用的争斗(Engagement)、话题(Topic)和借口(Pretext)的类型。

(3) 评估执行(Assessment Execution) 众所周知,无论评估规划多么周密,没有任何评估规划能在第一次实践中成功。社交攻击评估方应对目标的心理和情绪状态非常敏感。在这个阶段,社交攻击评估方与目标人员通过面对面、电话、短信或电子邮件交流等方式与目标保持接触,并说服目标采取某些危及组织安全的行动。

社交工程评估很少是无效的。在评估活动结束时,社交攻击评估方应向组织报告所发现的漏洞,并使用评估方发现的漏洞教育组织员工如何避免落入社交工程的陷阱。也许,最常见的评估形式是钓鱼测试(Phishing),但真正的人员漏洞评估应该更加全面。

20.5.2 补丁管理

NIST 特别出版物 800-40 第 3 版"企业补丁管理技术指南(Guide to Enterprise Patch Management Technologies)"提出,补丁管理(Patch Management)是"识别、获取、安装、验证产品和系统补丁的流程"。补丁是软件更新包,旨在消除软件中的漏洞或缺陷,或为其提供新特性或功能。补丁管理应是组织 IT 或安全运营的基本组成部分。

1. 非托管补丁

补丁管理的方法之一是使用分散式或非托管式模式(Unmanaged Model)，在非托管式模式中，设备中的软件包会定期检查更新，如果存在更新，则会自动部署。虽然非托管方式似乎是解决问题的简便方法，但存在一些严重问题，可能为组织带来不可接受的风险。非托管模式可能导致的风险包括：

- **凭证(Credential)**　安装补丁通常需要用户具有管理员凭证，违反了最小特权原则。
- **配置管理(Configuration Management)**　可能很难(或不可能)验证组织中每个应用程序的状态，导致配置管理更加困难。
- **带宽利用率(Bandwidth Utilization)**　每个应用程序或服务独立下载补丁可能导致网络拥塞，尤其是在无法控制何时会发生网络拥塞的情况下。
- **服务可用性(Service Availability)**　服务器几乎从不配置为自动更新选项，因为自动更新可能导致计划外停机，对组织造成负面影响。

分散式补丁管理几乎不存在优势，只是总比什么都不做要好一些。由于非托管式补丁管理而节省的工作量，将抵消组织在响应事故、解决配置和互操作性问题所需的额外工作量。尽管如此，组织可能还是存在无法主动管理某些设备的情况。例如，如果允许员工居家使用个人设备工作，那么很难实现接下来讨论的集中方法。在居家办公的情况下，分散模式可能是最佳选择，前提是组织应定期(例如，每次用户连接回公司本部时)检查个人设备更新的状态。

2. 集中式补丁管理

集中式补丁管理(Centralized Patch Management)是公认的安全运营最佳实践。然而，由于存在多种集中式补丁管理的实现方法，因此，组织应仔细考虑每种方法的优缺点。最常见的方法包括：

- **基于代理(Agent based)**　每台设备中都安装更新代理。代理与一台或多台更新服务器通信，并将可用修补程序与本地主机中的软件和版本比较，根据需要执行更新。
- **无代理(Agentless)**　一台或多台主机使用管理员凭证远程连接到网络中的每台设备，并检查远程设备是否需要更新。无代理方式的另一优势是在域控制器中使用活动目录对象(Active Directory Object)管理修补程序等级。
- **被动(Passive)**　根据组织要求的精确度，可被动监测网络流量，推断每个网络应用程序或服务的补丁等级。虽然被动方式对终端设备的干扰最小，但效果也是最不理想的，原因是被动方式并不总是能够仅仅通过网络流量组件识别软件版本。

无论采用上述哪种方法，组织都希望尽快部署补丁。毕竟，每拖延一天，攻击方就多一天可利用组织漏洞的时间。事实是，组织不能(至少不应)总是在补丁发布的第一时间就立即部署。在部署补丁时，没有先行测试其效果的情况下，导致重大中断的报告并不少见。有时，问题出在供应商，可能急于消除漏洞，却未能全面测试补丁是否会破坏产品的任何其他功能。另一种情况是，补丁自身可能没有漏洞，却会对主机或网络中的其他系统产生有害的二阶或三阶效应(Second-order or Third-order Effect)。这就是在推出补丁前，先行测试补丁是一种值得推荐的方法的原因。

虚拟化技术使建立补丁测试实验室变得更容易。至少，组织希望在虚拟测试环境中复制组织的关键基础架构(如域控制器和生产服务器)。大多数组织还会创建至少一台虚拟机(Virtual Machine，VM)用于模拟每个已部署的操作系统，以及具有代表性的服务和应用程序。

注意

组织通常会使用其他控制措施，如防火墙规则、入侵检测系统(Intrusion Detection System，IDS)或入侵防御系统(Intrusion Protection System，IPS)，用于减轻软件漏洞所造成的风险。上述控制措施可为组织赢得测试补丁的时间，并起到补偿性控制措施的作用。

无论组织能否在补丁部署之前完成测试补丁工作(组织应该先行测试补丁)，按照子网增量地部署补丁也是推荐的方式。增量形式修复所有系统可能需要较长时间，但如果出现问题，只影响部分用户和服务。这种渐进式修补方法也有助于减少所有系统试图同时下载补丁程序可能导致的网络拥塞风险。显然，需要权衡渐进式修补的好处与固有延迟将导致的额外暴露风险。

逆向工程补丁

零日漏洞(Zero-day Exploit)能成功攻击软件供应商或其软件用户不知道的漏洞。因此，零日漏洞能绕过绝大多数控制措施，如防火墙、防病毒软件和 IDS/IPS。尽管零日漏洞能产生异常强大的攻击力，但挖掘零日漏洞却非常困难，因此，在地下市场购买零日漏洞的成本非常高昂。

对于攻击方而言，有一种更简单、更低廉的方法利用最近的漏洞，那就是对供应商推出的软件补丁执行逆向工程(Reverse Engineering)。逆向方法利用了补丁可用和将其推送到组织中所有易受攻击计算机之间的延迟。如果攻击方能以比防御方更快的速度对补丁执行逆向工程，那么攻击方就获胜了。供应商往往通过使用代码混淆(Code Obfuscation)技术减轻补丁的逆向工程威胁，具有讽刺意味的是，补丁的逆向工程是攻击方在 30 年前研发的一种技术，是当时旨在绕过防病毒软件解决方案的模式匹配的简单方法。

即便供应商使用了代码混淆技术，攻击方获取漏洞的具体内容也只是时间问题。这给防御方带来了巨大压力，防御方需要尽快在整个组织中部署补丁。然而，在匆忙部署中，组织有时会忽视补丁导致系统出现问题的迹象。再加上墨菲定律的作用，组织就会理解需要一套标准方法论处理这些未知因素的原因。本章"变更管理"一节讨论过的回滚方案(Rollback Plan)描述了为了恢复业务或完整性而逆转变更的步骤。

20.6 物理安全

第 10 章讨论了物理安全，但第 10 章的重点是如何设计安全的场所和基础设施。CISSP CBK 将物理安全分为设计-领域 3(安全架构和工程)和运营-领域 7(安全运营)。本书采取同样的方法。

与任何其他防御技术一样，物理安全也应采用深度防御(Defense-in-depth)安全设计原则予以实现。例如，在攻击方盗取公司的烤酱秘方之前，需要爬过或割断栅栏，潜行通过警卫，开锁，避开进入组织内部的生物识别扫描器，然后方可进入保险库拿到秘方。深度防御的理念是，若攻击方攻破一个控制层，在盗取公司的核心资源前，还会有其他控制层阻止和拦截攻击方。

注意

部署多种控制措施同样重要。例如，如果一把钥匙能打开四把不同的门锁，那么入侵方只需要获得一把钥匙就足够了。因此，每个入口都应使用单独的钥匙或身份验证方法。

防御模型应当有两种不同模式：一种模式在基础设施正常运营期间，另一种模式在基础设施关闭期间。当基础设施关闭时，应将所有门都锁闭，并启动位于关键位置的持续监测机制，一旦发现可疑活动就向安全专家发出警告。基础设施运营过程中，安全问题变得更复杂，因为此时需要区分授权人员和非授权人员。边界安全控制措施(Perimeter Security Control)涉及基础设施和人员访问控制措施以及外部边界保护机制。内部安全控制措施(Internal Security Control)涉及处理工作区域的划分和人员工作证(Badge)。边界安全和内部安全还涉及入侵检测和纠正措施。下面将描述构成这些类别的各种要素。

20.6.1 外部边界安全控制措施

组织的第一层防御是组织的外部边界(External Perimeter)。外部边界可分解为若干个不同的同心区域(Concentric Area)以提高安全性。接下来讨论的是由美国总务管理局(General Services Administration，GSA)公共建筑服务发布的场所安全设计指南(Site Security Design Guide)中提取的示例，如图 20-3 所示，在图中可看到整个场所是隔离的，实际上创建了两个安全区域: (外部)社区(区域 1)和间隔边界(区域 2)。根据风险等级，组织希望通过创建第三个区域限制场所访问和停车场。即使风险相当低，也可能需要确保车辆不能离建筑物太近。

安全区域既可以预防基础设施发生事故，也可以防止人流激增(根据经验，应确保任何车辆和建筑物之间存在 200 英尺的间隔距离)。然后是封闭场地的其余部分(区域 4)，其中可能包括员工休息区、备用发电厂，以及建筑外部的任何其他地方。最后是建筑物内部，本章稍后将讨论。每个区域都有自己的特定要求，人员越接近大楼，区域的特定要求就越严格。

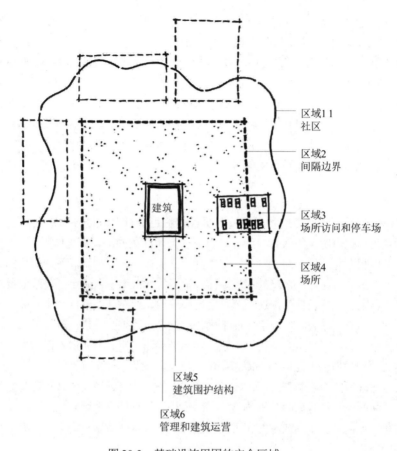

图 20-3 基础设施周围的安全区域

外部边界安全控制措施通常能提供以下一种或几种服务:

- 控制行人和机动车流量
- 针对不同安全区域提供不同级别的保护
- 针对强行闯入的缓冲和延迟机制
- 限制和控制进入点

可通过使用以下控制类型实现上述服务(包括但不限于):

- **访问控制机制(Access Control Mechanism)** 锁、钥匙、电子卡访问系统和人员安全意识宣贯(SAT)
- **物理屏障(Physical Barrier)** 栅栏、大门、墙、门、窗、受保护的通风口和车辆栏障
- **入侵检测(Intrusion Detection)** 边界传感器、内部传感器和通报机制
- **评估(Assessment)** 警卫和监视摄像机
- **响应(Response)** 警卫和当地执法机构
- **威慑(Deterrent)** 标志物、照明和环境设计

有几类边界保护机制和控制措施可用于保护组织的基础设施、资产和人员,用于阻止潜

在的入侵方、检测入侵方和异常活动，并在发生这些问题时提供应对措施。边界安全控制措施可是自然的(山、河流)或人工的(栅栏、照明或大门)，景观美化则是这两种边界安全控制措施的组合使用。第 3 章探讨了通过环境设计防止犯罪(Crime Prevention Through Environmental Design，CPTED)方法，以及如何使用这种方法减少犯罪的可能性。景观美化是 CPTED 中使用的方法之一。人行道、灌木丛和铺设的路面可将人们引向正确进入点，乔木和针状灌木可用作自然屏障。应避免入侵方将栽种灌木和乔木作为梯子使用，或借助灌木和乔木非法访问未经许可的进入点。此外，也不要栽种过量的乔木和灌木，因为这样会为入侵方提供藏身之所。接下来将介绍景观美化设计中的人工组件。

1. 栅栏

栅栏(Fence)是一种有效的物理屏障。虽然栅栏可能只对入侵方的进入尝试起到延缓作用，但栅栏可通过表明组织认真对待保护自身安全所起到的心理威慑作用。

栅栏可控制人群，且有助于对入口和基础设施执行访问控制。然而，栅栏的成本较高，也不美观，许多公司在环绕建筑的栅栏前面种植了乔木或灌木，满足了美观的要求，且让建筑物变得不显眼。但从长期看，这类植物会妨碍栅栏，或对其完整性产生负面影响。栅栏需要适当维护，如果一家公司的栅栏扭曲下垂、布满尘土、脏乱不堪，就等于告诉外界，公司并不关心，也不会认真对待安全保护问题。然而，整洁、锃亮和充满威慑力的栅栏却会传达出不同信息。如果栅栏上还装有三圈带刺的铁丝网，效果就更好了。

在决定所采用的栅栏类型时，需要考虑几方面的因素。金属丝的直径应与组织最可能面临的物理威胁匹配。执行风险分析(如第 2 章所述)后，物理安全团队应充分考量入侵方破坏栅栏、驾车穿过以及从上面或下面爬过的可能性。掌握这些威胁行为方式将有助于团队确定安全防护的需求。

风险分析结果还有助于确定组织机构应设立栅栏的高度。如下所示，栅栏高度各不相同，每种高度提供不同的安全水平：

- 3~4 英尺高的栅栏仅能阻止那些无意的进入者。
- 6~7 英尺高的栅栏则能让人感觉难以攀越。
- 8 英尺高的栏(加上顶端带刺的铁丝网)则意味着组织在保护自身资产方面是十分谨慎的，同时能阻止手段更高明的入侵方。

栅栏顶部的带刺铁丝可向内或向外倾斜，这提供了更多保护。监狱栅栏顶部的带刺铁丝通常向内倾斜，以增加囚犯攀爬和逃脱的难度。大多数组织都希望铁丝网向外倾斜，这样可增加翻过栅栏进入办公场所的难度。

关键区域应设置至少 8 英尺高的栅栏，以便提供适当级别的保护。栅栏应拉紧(任何区域都不得松弛)，并牢固连接到立柱上。应避免入侵方轻松拔起栅栏柱，从而绕过栅栏。

栅栏：金属丝直径、网眼尺寸以及其所能提供的安全保障

栅栏金属丝的丝号指栅栏网眼所用的金属丝的直径。丝号越小，金属丝直径越大。

- 11 金属丝号=0.0907 英寸直径

- 9 金属丝号=0.1144 英寸直径
- 6 金属丝号=0.162 英寸直径

网眼尺寸是金属丝之间的最小净距离。常见的网眼大小为 2 英寸、1 英寸和 3/8 英寸。网眼越小，栅栏越难以爬过或剪断；金属丝越粗，栅栏越难剪断。以下是当前链环栅栏常用金属丝号和网眼尺寸：

- **极高安全性**　3/8 英寸网眼、11 金属丝号
- **非常高安全性**　1 英寸网眼、9 金属丝号
- **较高安全性**　1 英寸网眼、11 金属丝号
- **高安全性**　2 英寸网眼、6 金属丝号
- **普通行业安全性**　2 英寸网眼、9 金属丝号

PIDAS 栅栏

边界入侵检测和评估系统(Perimeter Intrusion Detection and Assessment System，PIDAS)是一种线网上和栅栏底部都装有传感器的栅栏。PIDAS 用于检测入侵方剪断或攀爬栅栏的企图。如果检测到入侵行为，那么传感器会发出警报。PIDAS 非常敏感，经常有误报。

栅栏柱应埋在足够深的地下，并浇筑混凝土固定，确保入侵方不能将其挖起或用车辆将其拉开。如果地面松软或不平，入侵方很可能从栅栏下爬过或挖出通道。这种情况下，围栏应延伸到地下，以杜绝发生此类攻击。

栅栏是"第一道防线"。除了栅栏，组织还应配备其他控制措施：例如，坚固且安全的大门。如果组织配备了非常坚固和昂贵的栅栏，但大门没有加锁或很脆弱，那么，外部人员也能很容易地进入内部。

大门一般可分为以下 4 类：

- **I 类**　住宅用途。
- **II 类**　商业用途，应允许公众访问。如公共停车场入口大门、社区大门或自存基础设施(Self-storage Facility)的门等。
- **III 类**　工业用途，应限制人员访问。例如，库房大门不允许公众通行。
- **IV 类**　限制访问。例如，由人员或闭路监测的监狱入口大门。

为确保提供必要的保护级别，每类大门都有各自的实施和维护指南。保险商实验室(Underwriters Laboratory，UL)负责编制分类分级和指南。UL 是一家非营利性组织，对电子设备、防火设备及特殊建筑材料执行测试、检验和分类分级。UL 认证这些设备，确保设备符合国家建筑规范。UL 的专用规范 UL-325 是对车库门、布帘、大门和天窗等的规范。

因此，信息安全领域以 NIST 作为最佳实践和行业标准，物理安全领域采用 UL 作为指导方针。

护柱

护柱(Bollard)通常指竖立在大楼外的小型水泥柱。有时，组织试图通过栽种花草或安装照明装饰护柱，从而弱化受保护环境的外观。放置在大楼周围的护柱能防止最直接的威胁，

如攻击方驾车撞击外墙。护柱通常放在基础设施与停车场之间或者基础设施与靠近外墙的道路之间。另一种选择，尤其在乡村的环境中，是使用巨石包围和保护敏感地点。巨石提供与护柱相同类型的保护。

2. 照明

本章中提到的许多物理控制措施都是人们在忙碌的日常生活中视为理所当然的事情，照明就是其中之一。除非灯不亮，否则人们可能不会对照明予以太多关注。但是，如果停车场或车库没有照明(或照明安排不合理)，则可能招引许多攻击方从事犯罪活动。这种情况下，砸车窗偷窃、偷车以及攻击下班的员工是最常见的攻击形式。安全专家应当认识到，组织需要安装适当的照明装置，光源之间不应留死角(即照明未覆盖的区域)，同时，应为人员通过的区域提供适当照明。此外，安全专家还应掌握各类照明装置及其适用的场所。

如果使用一组照明灯，那么每盏灯都有自己的照明区域，每盏灯覆盖的照明区域取决于灯的亮度，这通常与灯泡的瓦数有关。大多数情况下，照明灯的瓦数越高就越亮。要注意一定要让灯光的照明区域有重叠。例如，公司有一个开放的停车场，那么应合理安排灯柱，使灯之间保持适当的距离，以消除任何死角。如果使用的灯泡提供半径为 30 英尺的照明，那么灯柱之间的距离应小于 30 英尺，保证照明区域形成一定重叠。

注意

对于至关重要的区域，照明柱距离不应超过 8 英尺，且照明强度为 2 英尺烛光以上。英尺烛光(Foot-candle)是亮度计量指标。

如果组织没有选用合适的照明设备，则无法确保提供合理的照明覆盖范围，从而导致犯罪活动、事故和法律诉讼的发生率上升。

除了那些要求安全人员检查身份凭证以执行授权的外部区域外，提供保护的外部区域所需的照明强度通常比内部工作区域照明的强度要低。此外，组织为各种监视设备提供适当的照明也很重要。只有采用正确的照明装置，合理安排位置，才能在潜在入侵方与背景物体之间形成正确对比。如果光线从黑色、有污垢或深色表面反射回来，那么需要更强的照明才能形成人员与环境之间必要的对比度。如果照明区域内有清洁的水泥地和浅色的表面，就不需要强度那么高的照明。这是因为当同样亮度的灯光照在一个物体和其周围的背景上时，观察方应依靠对比才能将物体与周围背景区分开。

在安装照明装置时，照明应当指向潜在入侵方最可能出现的区域，并适度避开安全人员所处的位置。例如，照明应当指向大门或外部进入点，警卫所在的位置应处在阴影中或使用亮度更低的照明，这是针对安全人员的眩光保护(Glare Protection)。如果熟悉军事知识，就会知道：接近军事进入点时，会有一座加固的警卫建筑，并有灯光指向迎面而来的车辆。同时，竖立一个巨大的招牌告知车辆需关闭车前灯，以免警卫因为车灯照射而看不见物体，从而保证警卫的视野清晰。

组织安全边界内使用的照明应朝向外侧，保证警卫处于相对黑暗的方位，以便警卫能立即发现越过组织边界的入侵方。

　　为某个区域提供均匀照明的一组灯光常称为持续照明(Continuous Lighting)。持续照明的示例有停车场内均匀分布的灯柱、建筑物外安装的照明装置或车库内的灯光组。如果组织的大楼靠近其他公司、铁路、机场或高速公路，则组织需要保证照明不会侵入式地越过界线。因此，组织需要控制照明范围，用于确保组织的灯光和照明不会导致邻居以及任何经过的车辆、火车或飞机驾驶员感到眩目。

　　安全专家可能都知道一些特殊的家庭照明装置，例如，在预先设定的时间打开或关闭的灯具，从而给潜在的窃贼造成错觉，让窃贼认为主人已离开的房子里还有人。组织也可采用类似的技巧，这称为伪装照明(Standby Lighting)。安全专家可配置灯的开关时间，让潜在入侵方认为基础设施的不同区域都有人员值守。

注意

在电力中断或紧急情况下，应当提供冗余或备用照明(Backup Light)。此时，在工作场所不同区域提供何种照明也应引起特别关注。这类照明可由发电机或电池组供电。

　　IDS 检测到可疑活动时，将打开某个特殊区域内的灯光，这种情况称为响应式区域照明(Responsive Area Illumination)。自动化 IDS 产品集成了这种技术，且在产生误报时，不必再派遣警卫前去检查，只需要在相关区域安装 CCTV 摄像机(将在"视觉录像设备"一节描述)用于寻找入侵方即可。

　　如果入侵方企图干扰警卫的注意力，或降低发现其进入组织内部的可能性，入侵方可能试图关闭照明或切断灯光的电源。因此，组织机构需要将照明控制措施和开关安装在上锁的、受保护的中心区域。

3. 监视设备

　　通常，安装栅栏和照明装置还无法对组织的基础设施、设备和员工提供足够的保护。因此，组织需要确保所有区域都处于监视范围内，以便安全人员能注意到不当行为，从而可在损害发生前发现并加以关注。监视可通过视觉检测，或使用设备的复杂方法检测异常行为和环境。重要的是，每个组织都应综合使用照明、警卫、IDS、监视(Surveillance)技术和技巧履行保护职责。

4. 视觉录像设备

　　由于监视建立在感官知觉的基础之上，因此监视设备常与警卫和其他监测机制结合使用，扩大探测范围并提高反应能力。闭路电视(Closed-circuit TV，CCTV)系统是许多组织机构常用的持续监测设备。在购买和安装 CCTV 之前，组织应考虑以下问题：

- **使用 CCTV 的目的**　检测、评估和/或识别入侵方
- **CCTV 摄像机工作环境的类型**　内部区域或外部区域
- **所需的视野**　监测区域的大小
- **环境中的灯光数量**　有照明的区域、没有照明的区域和受阳光影响的区域

● **与其他安全控制措施的结合** 警卫、IDS 和警报系统

不同 CCTV 产品所用的摄像机、镜头和显示器各不相同，这是组织在购买 CCTV 产品前需要重点考虑的问题。此外，组织还应了解使用这类物理安全控制的预期效果，以便购置和实施适当的 CCTV 产品。

CCTV 由摄像机、控制器、数字视频录制(Digital Video Recording，DVR)和显示器组成。通常会添加远程存储和远程客户端访问功能，以防止威胁行为方(罪犯、火灾)破坏录制的视频，并允许向已下班的员工报告系统警报，而不必开车返回办公室。摄像机捕捉数据并传输到控制器，控制器允许数据显示在本地显示器上。记录数据以便在以后需要时审查。图 20-4 显示了如何将多个摄像机连接到一台控制器，从而可同时监测多个不同的区域。控制器接受来自所有摄像机传送的视频，并通过一条线路将视频传输到中央显示器。

CCTV 通过专用网络将摄像机捕捉到的数据发送到控制器，专用网络可以是有线或无线的。"闭路(Closed-circuit)"一词源自早期的系统使用专用的封闭网络，而不是通过公共网络广播信号。组织应加密 CCTV 使用的网络，这样入侵方就不能操纵警卫正在监测的视频。最常见的攻击类型是在安全人员不知情的情况下重复播放以前的录像。例如，如果攻击方能够侵入公司的 CCTV 系统并播放前一天的录像，则警卫无从知晓入侵方正在基础设施内实施的犯罪。这也是 CCTV 应该与入侵检测类控制措施结合使用的原因之一，入侵检测控制措施将在后续章节中讨论。

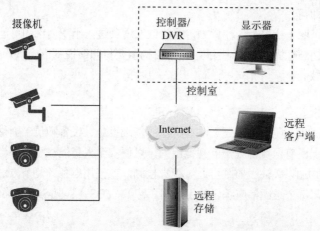

图 20-4 将多台摄像连接到 DVR，用于提供远程存储和访问

现在使用的大多数 CCTV 摄像机都采用了一种名为电荷耦合器(Charge Coupled Device，CCD)的光敏芯片。CCD 是一种电子电路，镜头采集进入的光并将其转换成电子信号，然后在显示器上显示。图像通过 CCD 芯片表面的镜头聚焦，而 CCD 芯片则使用电子信号表示光学图像。这种技术使用红外线传感器，能拍摄出极其清晰和精确的物体图像，扩大了人类感知的范围。CCD 传感器可抓取这些额外"数据"，并将数据集成到显示器上的图像中，从而实现更优质的视频颗粒度和质量。

CCTV 主要使用两种镜头，即固定焦距镜头和变焦镜头。镜的焦距(Focal Length)定义

了镜头在水平和垂直角度拍摄物体的效果。焦距值与镜头能达到的拍摄角度关联。短焦距的镜头提供的视野较宽，而长焦距镜头提供的视野较窄。焦距决定显示器上显示图像的大小以及一个摄像机所覆盖的区域。例如，如果组织在仓库中安装一个 CCTV 摄像机，那么焦距镜头值应该在 2.8 到 4.3 毫米(mm)之间，以便监测整个区域。如果公司在入口处装有 CCTV 摄像机，那么镜头的焦距应在 8mm 左右，因为此时监测的区域范围较小。

注意

固定焦距的镜头可提供宽、中和窄各种视野。提供"正常"焦距的镜头可拍摄出接近人类肉眼视野的照片。广角镜头的焦距较短，而远摄镜头的焦距较长。如果组织选用固定焦距镜头监测环境中的某个特殊区域，那么应该注意，要改变视野(由宽到窄)就应更换镜头。

因此，当组织需要监测较大区域时，应使用焦距较小的镜头。但如果警卫听到噪音或看到可疑的物体，那该怎么办？固定焦距镜头是固定的、不允许摄像机改变拍摄区域。尽管数字系统从逻辑上允许这种改变，但会使图像质量下降从而将可视区域变小。这是因为逻辑电路实际上是在不增加像素数的情况下裁剪更宽的图像。这称为数字变焦(Digital Zoom，与光学变焦正好相反)，很多镜头都具有这个功能。光学变焦镜头则能在改变视野的同时保证图像有同等数量的像素从而能提供更多细节，通常会有一个遥控组件集成到 CCTV 中央持续监测区，警卫能在必要时遥控摄像机镜头以放大和缩小物体。如果同时需要宽视野和特写镜头，那么最好使用光学变焦镜头。

镜头的下一个特点是景深(Depth of Field)。回想人们在度假时与家人一起拍摄的照片。例如，假设家长想为孩子拍一张以大峡谷为背景的照片，此时拍摄的主要对象是孩子。照相机将缩小焦距，并用一个较浅的焦深(Shallow Depth of Focus)。这就提供了更模糊的背景，将照片观看者的注意力引导至前景，即孩子。现在，假设不想给孩子拍照片，而希望拍摄一张大峡谷的风景照片。这时照相机将使用较大的焦深(Greater Depth of Focus)，因此前景和背景物体的清晰度就不会有明显差异。

理解景深这个概念在为组织选择 CCTV 正确的镜头时非常重要。景深指的是在显示器上显示的环境的焦点部分。景深的大小取决于透镜孔径、聚焦物体的距离以及镜头的焦距。透镜孔径的程度加大、物体距离增加或镜头的焦距减小，景深也随之增加。因此，如果希望覆盖较大的区域，但不聚焦某些特定物体，那么最好使用广角镜头和小透镜孔径。

CCTV 镜头上具有光圈(Iris)，用于控制镜头进光量。手动光圈镜头(Manual Iris Len)是 CCTV 镜头周围的一个圆环，通过手转动圆环控制。因为光圈无法自我调节以适应光线的变化，所以带有手动光圈的镜头用在固定照明的区域。自动光圈镜头(Auto Tris Ten)可用在光线不断变化的环境中，如室外场所。当环境变亮时，光圈会自动调节。警卫将配置 CCTV 使用某个固定的曝光值，光圈则按该曝光值曝光。在晴天，光圈会缩小，以减少进入摄像机的光线，在晚上，光圈会扩大，以捕获更多光线，就像人眼一样。

在为组织环境选择合适的 CCTV 时，应确定环境中的照明情况。不同的 CCTV 摄像机和镜头产品有特定的照明要求，确保尽可能获得最佳质量的图像。照明要求通常以勒克斯(Lux)值表示，勒克斯值是一种用于表示照明强度的指标。照明度可用测光仪测量。照明强度(照度)以勒克斯或英尺烛光为测量单位。两者之间的转换公式为 1 英尺烛光=10.76 勒克斯。照明测量不能依赖于灯泡供应商提供的数据，因为环境会直接影响照明。这就是在安装光源的地方执行最有效地照明强度测量的原因。

接下来，组织应考虑 CCTV 摄像机的安装。摄像机可固定安装，也可移动安装。固定摄像机无法按照安全专家的指令转动；而支持 PTZ(Pan, Tilt, Or Zoom)的摄像机的镜头则能在必要时水平转动、垂直转动或执行光圈缩放。无论采用哪种方式，确保摄像机(或至少部分摄像机)物理可见，都是极具威慑价值的。组织还应该放置标识，表明该区域的所有人员都在 CCTV 的监测范围之内。如果威胁行为方知道自己的行为将记录在视频中，那么参与非法行为的可能性会降低。

注意

组织应注意摄像机放置位置对个人隐私的影响。洗手间、更衣室和体检室等区域是不应安装摄像机的地方，除非组织确定遵守了所有适用的法律法规、监管要求和道德标准。

现在，如果真的安排人员在监测可疑活动，那是最好的情况。组织应意识到持续察看监测是一种精神上令人窒息的工作，这促使组织的相关团队部署报警器系统(Annunciator System)。不同类型的报警器产品可用于"监听"噪音并激活电气设备，如灯光、警报器、CCTV摄像机或检测运动。这样，警卫就不必连续八小时都盯着闭路电视监视器，而可将时间用于执行其他任务；当屏幕检测到移动物体，报警器将发出告警，那时，警卫再做出响应。

20.6.2　基础设施访问控制

物理安全的访问控制需要通过物理和技术组件实施。物理访问控制措施通过特定保护机制(Mechanism)以识别试图进入工作场所或区域的人员。放行应进入的人员，而将那些不应该进入的人员挡在门外，并提供这些控制活动的审计跟踪。在敏感区内安排人员执行防范措施是最佳安全控制措施之一，这样可直接察觉可疑行为。当然，组织需要培训警卫，从而帮助警卫了解可疑活动的特征，以及报告可疑活动的方式。

在制定适当的保护机制前，组织需要仔细分析，确定允许哪些人员可进入哪些区域。访问控制点应标识和分类为外部入口、主要入口和次要入口。人员应从特定入口进出，运送的货物从另一个入口进入，敏感区域应加以限制保护。图 20-5 显示了一座建筑物的不同访问控制点。在公司标识和分类访问控制点后，接下来的步骤就是确定如何加以保护。

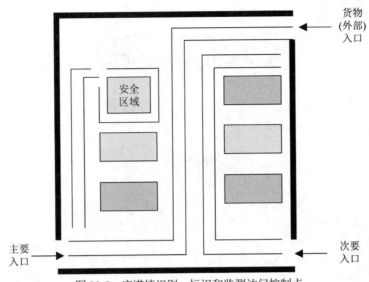

图 20-5　应谨慎识别、标识和监测访问控制点

锁

锁(Lock)是一种受到广泛接受且大量使用的廉价访问控制机制。锁可延迟入侵方进入的时间，如果入侵方砸碎锁或撬开锁花费的时间较长，就能在发现入侵方后，为警卫和警察的到场赢得更多时间。几乎任何类型的门都可安装锁，但钥匙容易丢失和复制，入侵方可能砸碎或撬开锁。如果某家公司仅依靠锁和钥匙作为安全保护机制，那么拥有钥匙的人员就能随意进出，公司无法发现该人员非授权带走资产的情况。因此，锁只能作为保护方案的一部分，而不是全部。

锁有很多样式。挂锁(Padlock)可用在锁链式门上；预置型锁(Preset Lock)一般用在普通的门上；可编程锁(Programmable Lock)用于门或保险柜上，需要输入一组号码才能打开。锁有许多种类型和尺寸，重要的是挑选正确的类型，这样才能提供正确的保护级别。

对于好奇心强或者贼心不死的窃贼来说，锁并不是一个难以解决的问题，更起不到震慑作用。换句话说，锁仅是一种挑战，但不能阻止恶意活动。因此，组织需要提高锁的复杂程度、强度和质量，从而提升攻击难度。

注意

锁提供的延迟时间应与周围设备(门、门框及铰链)的防入侵能力保持一致。狡猾的窃贼会选择阻力最小的路径入侵，窃贼可能会撬开锁、卸下铰链中的插销或直接破门而入。

机械锁　机械锁主要分为两类：撞锁和弹簧锁。撞锁(Warded Lock)是最基本的挂锁(见图 20-6)，具有一个中间有凹槽的弹簧锁簧。钥匙插入插槽，将锁簧从锁定位置滑动到开锁位置。撞锁里面有锁孔，即围绕着锁眼的金属齿条，如图 20-7 所示。与某个撞锁配套的钥匙具有与这些齿凸相合的凹槽，和可来回滑动锁簧的凹槽。机械锁是价格最低廉的锁，结构非常简单，很容易撬开。

图 20-6 撞锁

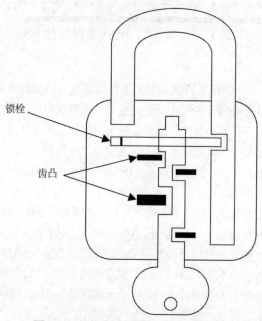

图 20-7 钥匙插入凹槽，转动锁簧开锁

和撞锁相比，弹簧锁(Tumbler Lock)的零件更多一些。钥匙插入锁芯，将锁中的金属条推升至正确高度，让锁簧滑动到锁定或开锁位置。一旦所有金属条都到达正确位置，就可转动锁内的锁簧。与这种锁配套的钥匙上的凹槽的大小和顺序与锁内的金属条匹配，从而可移至正确位置。

有三种弹簧锁，分别是销簧锁、盘簧锁以及杠杆锁。销簧锁(Pin Tumbler Lock)如图 20-8 所示，是最常用的锁。钥匙应有正确的凹槽能将所有带弹簧的插销推至正确位置，以便打开或锁上。

盘簧锁(Wafer Tumbler Lock，也称为 Disc Tumbler Lock)是经常能在文件柜上看到的小圆锁。这种锁里面使用平盘(薄片)而非锁销，常用作车锁和书桌锁。由于盘簧锁很容易撬开，因此无法提供太强的保护。

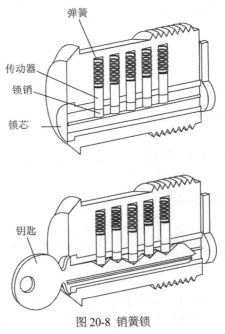

图 20-8　销簧锁

　注意

有些锁的锁芯可互换——可取出锁芯。如果组织希望使用一把钥匙打开多把锁，则可使用能够换芯的锁，此时只需要用相同的锁芯替换所有锁即可。

　　组合锁(Combination Lock)要求使用正确的数字组合开锁。锁内有齿轮，应正确排列齿轮才能开锁。用户在锁表面左右旋转多次，将锁内的齿轮排列起来。转动正确后，所有齿轮都处在正确位置，就能够开锁，门随之打开。锁内的齿轮越多，锁提供的保护性越强。电子组合锁内没有齿轮，而是使用袖珍键盘，开锁人员只需要输入一组正确数字，不用转动锁表面的圆盘即可开锁。图 20-9 是电子组合锁的示例。

图 20-9　电子组合锁

密码锁(Cipher Lock)也称为可编程锁(Programmable Lock)。密码锁不使用传统的钥匙而是使用袖珍键盘控制人员进出。打开密码锁的方法是从键盘输入一组号码或刷卡。使用密码锁的成本比使用普通锁的成本高一些，但可更改开锁的号码组合，且能锁定某些号码组合。如果员工遇到麻烦或困在里面，可通过输入一个特殊号码打开门，同时启动远程警报系统。与一般的锁相比，密码锁通过上述方式为那些要进出各类基础设施的人员提供更高级别的安全和访问控制措施。

下面列出密码锁的可选功能。使用这些功能可提高密码锁的性能，且能提升安全水平：

- **开门延迟时间(Door Delay)**　如果一扇门长时间打开，将触发报警器，警告员工可能存在可疑活动。
- **密钥重置(Key Override)**　可编写特定号码组合，在紧急情况下用于重置常用的号码或管理重置。
- **万能钥匙(Master Keying)**　管理人员用于更改访问码(Access Code)和密码锁的其他特性。
- **被困报警(Hostage Alarm)**　如果有人困在里面，那么密码锁可通过预置的号码组合与警卫或警察联系以便脱困。

如果门上安装了密码锁，那么应当安装相应的视觉防护装置，防止旁边的人员窥视到输入的开锁码。自动密码锁应配备备用的电池系统，在断电时应将门设置为开启状态，以防止人员在紧急状态下困在里面。失效开启(Fail Safe)是指为在发生故障时确保人员安全而设计和配置的体系。将失效开启原理与本书在第 9 章中讨论的失效关闭(Fail Secure)对比，这两项任务(人员安全与保护措施，Safety vs. Security)应谨慎平衡，同时牢记人员安全应始终是最高优先事项。

警告

一定要修改密码锁的号码组合，并使用随机的组合序列。通常，组织并不修改密码锁的号码组合，也很少清洁键盘，这样入侵方能够知道密码中使用了哪些按键，因为常用的按键沾有油污且有磨损，而入侵方只要正确组合这些按键即可开锁。

密码锁要求所有用户都知道并使用完全相同的密码组合(Combination)，这种方式导致组织无法对个人问责。一些更复杂的密码锁允许对不同的人员分配不同的访问码。这种密码锁提供了更强的可问责性，因为所有人都需要对自己的密码负有保密责任，这种密码锁允许记录和跟踪人员进入和离开的活动。这类密码锁通常称为智能锁(Smart Lock)，其原因在于只允许授权人员在特定时间从特定门进出。

注意

酒店的门卡也称为智能卡(Smart Card)。卡中的访问密码允许客人进入酒店房间、健身区、商务区或迷你酒吧。

设备锁(Device Lock)　不幸的是，盗窃硬件设备的事件时有发生。因此，防止此类发生事件需要使用设备锁(Device Lock)。线缆锁(Cable Lock)由一条外包聚乙烯的钢缆组成，线缆锁能将计算机和外围设备固定在桌子或其他固定物上，如图 20-10 所示。

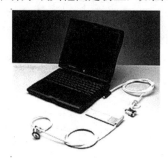

图 20-10 用户使用笔记本电脑安全缆组件保护计算机的方式，是将设备连接到某个区域内的固定组件

下面介绍常见的设备锁及其功能：

- 开关控制措施(Switch Control) 遮盖电源开关。
- 插槽锁(Slot Lock)使用钢缆将系统固定在固定部件上，钢缆与安装在备用扩展槽中的支架相连。
- 端口控制措施(Port Control)阻止对磁盘或未使用的串行端口及并行端口的访问。
- 外围开关控制措施(Peripheral Switch Control)在系统部件和键盘插槽之间安装开关，确保键盘的安全性。
- 固定电缆(Cable Trap)通过将输入/输出设备的电缆穿过可锁定装置，防止拆除。

行政性管理责任(Administrative Responsibility)   对于组织而言，重要的是不仅要为正确的目标选择正确的锁类型，还应遵循正确的维护和流程。钥匙应由基础设施管理部门分配，并将分配情况记录在案。措施应详细说明如何分配和保持钥匙、在必要时如何销毁以及在钥匙遗失时该如何处理。基础设施管理团队应有专人负责监督钥匙并维护密码组合。

大多数组织的基础设施管理人员都拥有万能钥匙(Master Key)和子钥匙(Submaster Key)。万能钥匙可打开基础设施内部的所有锁，而子钥匙只能打开一把或几把锁。每把锁都有与其配套的钥匙。因此，如果基础设施内有 100 间办公室，那么每间办公室的工作人员都应有自己的钥匙。紧急情况下，安全人员可使用万能钥匙打开所有办公室。如果一名警卫负责持续监测一半办公室的安全，那么可向这名警卫分配一把只能打开 50 间办公室的子钥匙。

因为万能钥匙和子钥匙功能强大，因此应加以适当保护，并且禁止多人共用一把钥匙。安全制度应当说明基础设施的哪些部分以及哪些设备需要上锁。作为一名安全专家，应了解不同类型的锁所适用的场景，各种锁能提供的保护水平以及如何撬锁。

撬锁(Circumventing Lock)   每种锁都有对应的工具可将锁撬开(即不用钥匙开锁)。扭力扳手是一种 L 形工具，可向锁芯施加扭力。针状开锁器(Lock Picker)使用一根锁针将锁内的锁销推至正确位置。一旦某些锁销到位，扭力扳手就保持这个位置，同时针状开锁器继续确定其他锁销的正确位置。入侵方确定后就可使用扳手开锁。

入侵方还可使用一种称之为粗筛(Raking)的技巧。要撬开一把销簧锁，可将一根锁针推至锁的背面，在提供向上压力的同时迅速抽出。这样可将许多锁销滑动到位。然后使用扭力扳手压住那些到位的锁销。如果还有部分锁销没有滑到开锁所需的高度，那么入侵方可先压住扭力扳手，同时使用一根更小的锁针将其他锁销移动到位。图 20-11 显示了防撬方式。

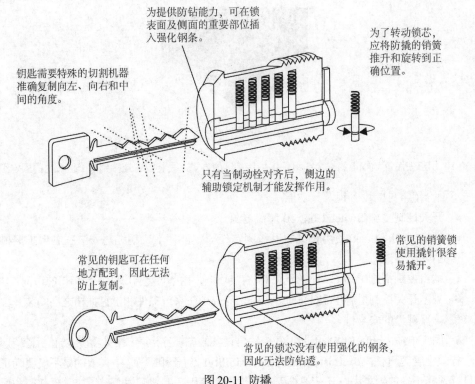

为提供防钻能力，可在锁表面及侧面的重要部位插入强化钢条。

为了转动锁芯，应将防撬的销簧推升和旋转到正确位置。

钥匙需要特殊的切割机器准确复制向左、向右和中间的角度。

只有当制动栓对齐后，侧边的辅助锁定机制才能发挥作用。

常见的钥匙可在任何地方配到，因此无法防止复制。

常见的销簧锁使用撬针很容易撬开。

常见的锁芯没有使用强化的钢条，因此无法防钻透。

图 20-11 防撬

锁的强度

基本上，锁的强度分为 3 级：

- **1 级** 用于商业和工业。
- **2 级** 重要的住宅区/次要的商业区。
- **3 级** 居民/消费方。

锁内的锁芯主要分为 3 类：

- **低安全性** 不提供防撬或防钻能力(可用于以上 3 种级别的锁)。
- **中安全性** 提供一定的防撬能力(使用更牢固、更复杂的钥匙槽或凹槽组合，可用以上 3 种级别的锁)。
- **高安全性** 通过不同机制提供防撬保护(仅用于 1 级和 2 级锁)。

撞锁开锁(Lock Bumping)也是一种方法，入侵方通过使用称为撞匙(Bump Key)的特殊钥匙使销簧锁内的锁销滑至打开位置。锁所使用的材料强度越大，这种撬锁攻击的成功机会就越小。

当然，如果入侵方觉得撬锁太麻烦，可尝试将锁钻开，或者用断线钳开锁、破门而入、破坏门框或卸下铰链。总之，攻击方会想尽各种方法入侵。

20.6.3　内部安全控制措施

目前讨论过的物理安全控制措施主要关注边界。但组织通过实施和管理内部安全控制措施，降低突破边界后的威胁或内部威胁也是十分重要的。例如，第 10 章讨论过的控制措施：工作区域隔离是在敏感区域周围创建内部边界。例如，仅允许指定的 IT 和安全人员进入机房。此类区域可采用锁和自动关闭的门作为访问控制措施。

在实现工作区隔离时，组织可从一个同心区域模型(Concentric Zone Model)开始，该模型类似于组织用于外部边界的模型。大多数员工能在最大区域内自由走动，以便完成工作。这个普通区域会实施一些控制措施，但不会很多。组织将允许部分员工进入更敏感的区域，如运营中心和行政主管办公室。这些区域需要实施某种访问控制措施，比如刷卡，但通常此类区域都有工作人员，所以当在那里工作的人员在看到不属于授权范围内的人员时，会实现某种入侵检测系统的功能。组织也可能存在某个高度敏感的区域，其中包括不允许任何未经授权人员访问的空间，尤其是在这些空间并非总是有工作人员的情况下。这些高度敏感区域的示例包括服务器机房、医疗基础设施中的麻醉药品储存区域和危险品储藏室。

物理安全团队也应包含在工作场所内来回巡视的警卫，检查是否存在潜在的违规行为和未授权人员。警卫应检查内部的安全摄像机，而且接受过相关训练以便响应紧急事件，如医疗急救或处理枪击事件。

20.6.4　人员访问控制措施

当有人员试图进入组织建筑物或特定区域时，应通过适当的身份识别，确定是否允许进入。通过匹配生理特征(生物识别系统)、使用智能卡或存储卡(刷卡)、向警卫出示带有照片的身份证(ID)、使用钥匙或者提供出入卡并输入密码或 PIN，用于执行身份识别和身份验证。

人员在工作场所内应随时在显著位置佩戴工作证(Badge)以便安全人员能识别个人身份。工作证应印有照片、通过不同颜色区分许可级别和部门；还应当有标识表明该名员工是否有权限陪同访客。访客需要佩戴临时访客证以表明身份。应培训所有员工对工作区域内未佩戴相关证件的人员保持警惕，甚至应向安全人员报告。

基础设施或区域的授权访问控制的常见问题是"尾随(Piggybacking)"攻击，也就是攻击方通过使用他人的合法凭证或访问权限获取未授权的权限。通常，攻击方紧跟合法人员进入受控区域，而无须提供任何凭证。防止尾随攻击发生的最佳预防措施是在入口安排警卫，并对员工进行培训，使他们了解正确的安全应对方式。

如果组织希望使用读卡装置，那么可供选择的系统有许多种类。组织通常使用的磁卡中内嵌一个包含访问信息的磁条。读卡器可在磁条中寻找简单的访问信息，也可连接到更精密的系统来扫描全部磁条信息，以做出更复杂的访问决策，同时记录下该磁条的 ID 和访问时间。

如果插入的是存储卡，那么读卡器仅从中读出信息并做出访问决策。如果插入的是智能卡，那么可能还需要输入个人的 PIN 或口令(Password)，随后，读卡器将比较这些信息与卡片内或身份验证服务器中存储的信息。

以上所述的访问卡可使用用户激活式读卡器(User-Activated Reader)，这表示用户需要完成某种行为，如刷卡或输入PIN。也可使用系统感应访问控制读卡器(System Sensing Access Control Reader)，也称为应答器(Transponder)，能够在特定区域内识别出接近的物体。系统感应访问控制读卡器并不要求用户刷卡，读卡器会发送读取信号，在用户不需要采取任何行动的情况下就能从卡中获得访问信息。

考试提示

电子访问控制(Electronic Access Control，EAC)令牌是通用术语，用于描述近距离身份验证设备，如近距离读卡器、可编程锁或生物识别技术系统。在允许用户进入特定区域前，这种设备会对用户执行身份标识和身份验证。

20.6.5 入侵检测系统

组织使用监视技术来监视特定区域，而入侵检测设备则用于感应环境所发生的变化。二者都属于持续监测技术，但采用不同的设备和方法。本节讨论各种可用于检测入侵方是否存在的技术。如图20-12所示的边界扫描系统。

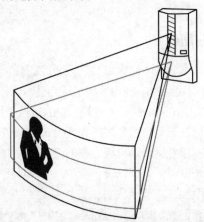

图 20-12　不同的边界扫描设备覆盖特定的区域

IDS用于检测未授权访问，同时，向相关负责实体发送告警请求响应。IDS能监测入口、门、窗、设备或者仪器的可移动遮盖物。许多IDS往往与磁接触器或振动探测器联合使用，IDS设备对环境的各种变化非常敏感。如果IDS设备检测到某种变化，本地警报就会响起，甚至会向本地和远程的警察或警卫站同时发出警报。

IDS可用于检测以下变化：

- 光束
- 声音和震动
- 移动

- 各种类型的场(微波、超声波或静电)
- 电子电路

IDS 采用机电系统(磁力开关、窗户上的金属箔片和压力垫)或体积测量系统检测入侵方。体积测量系统(Volumetric System)更灵敏，能够检测环境的细微变化，如振动、微波、超声频率、红外线值和光电变化。

机电系统(Electromechanical System)可检测到电路的变化或中断。电路可能是植入或连接到窗户的箔条。如果窗户遭到破坏，那么箔条切断同时响起警报。振动探测器(Vibration Detector)能检测到墙壁、屏风、天花板和地板的运动，因为上述行为将拉断嵌入检测器中的细线。另外，可在窗户和门上安装磁性的接触开关。如果入侵方打开窗户或门，接触器就会断开，警报随之响起。压力垫(Pressure Pad)是另一种机电检测器。检测器放在地毯下，或作为地毯的一部分，在下班后激活。此时不应该有人出现在指定区域，如果某人踩上垫子将触发警报。

光电系统(Photoelectric System)或测光系统(Photometric System)能够检测光束的变化，因此仅可用于没有窗户的房间。这种系统与光电烟雾检测器的工作原理类似，即发出一道光束，射向接收器。如果截断这道光束，就会触发警报。光电管射出的光束可是横截式的，可以是可见或不可见的光束。横截(Cross-sectional)指特定区域内有几道不同光束穿过。通常，横截需要使用隐藏的镜子将光束由一个地方反射到另一个地方，直到射向光接收器。横截在电影中经常见到。人们可能看过 James Bond(电影 007 主演)，或在其他大片中看过间谍和罪犯用夜视镜观察不可见的光束，然后跨过这些光束。

被动红外系统(Passive Infrared System，PIR)能识别监测区域中的热辐射变化。如果空气中微粒的温度升高，那么表示可能出现入侵方，从而触发警报。

声学检测系统(Acoustical Detection System)使用安装在地板、墙壁或天花板上的麦克风检测入侵方，其目的是检测入侵方在强行闯入过程中发出的任何声响。虽然声学检测系统安装起来很容易，但由于非常灵敏，因此不能用于声源嘈杂或交通繁忙的区域。振动传感器(Vibration Sensor)的作用与声学检测系统非常类似，也可用于检测强行闯入。金融机构可能选择在外墙上安装震动传感器，以防止银行抢劫犯驾车撞穿墙壁。振动传感器还经常安装在金库的天花板和地板附近，检测闯入银行的入侵方。

波形移动探测器(Wave-pattern Motion Detector)有所不同，监测的是各种波的频率。不同的频率包括微波、超声波和低频波。波形检测设备会发出某种波形，穿过某个敏感区域，然后反射到特定接收器上。如果返回的波形没有中断，那么设备不会发出警报。如果有物体在房间里移动导致返回的波形发生变化，则会触发警报。

近距离检测器(Proximity Detector)或电容检测器(Capacitance Detector)能发出某种可测量的磁场。检测器监测这个磁场，如果受到破坏，就会触发警报。磁场类检测设备常用于保护特殊物体(艺术品、密室或保险箱)，而不是保护整个房间或区域。静电场中的电容变化可用于抓获入侵方，但首先应理解电容变化意味着什么。静电 IDS 能建立一个静电磁场，也就是与静电荷有关的电场。所有物体都带有静电，电荷由许多亚原子微粒构成。当一切物体处于稳定的静止状态时，亚原子微粒组成一个完整电荷，表示电容和电感之间建立了平衡关系。

如果入侵方进入该区域，将破坏亚原子微粒静电场中的平衡，使得电容发生变化，从而触发警报。因此，如果想要抢劫安装了亚原子微粒检测器的公司，那么入侵方只有将身上的亚原子微粒留在家里才能成功。

组织选择安装的移动探测器的类型、功率以及配置决定了覆盖特定敏感区域需要使用的探测器数量。此外，房间的大小和形状以及室内的物品都可能造成障碍，这时可能需要部署更多探测器来覆盖同样大小的区域。

入侵检测系统的特点

在每个物理安全程序中，IDS 都是很有价值的控制措施。但在实施 IDS 控制前，应了解下面几个问题：

- IDS 非常昂贵，且需要人员响应警报。
- IDS 需要冗余电源和应急备用电源。
- IDS 可连接到中央安全系统中。
- IDS 应具备默认设置为"激活"的失效开启(Fail-safe)配置。
- IDS 应能够检测并防止对自身的破坏。

IDS 是用于检测和警告入侵企图的支持机制。无法阻止或逮捕入侵方，因此，应将 IDS 视为组织机安全体系的辅助力量。

1. 巡逻与警卫

组织使用警卫和/或巡逻对组织场地执行监测是最佳的安全保卫方法之一。这种安全控制措施比其他安全机制更灵活，能更好地响应可疑活动，威慑力更强。然而，这种措施的成本较高，原因是需要为人员支付薪水、福利费用，还需要安排休假。而且有时人员不是那么可靠。在选择警卫时，执行筛选和保证可靠性程序是非常重要的，但这样也只能提供部分保证。其中一个问题是，警卫是否会对不遵循组织机构制度的人员网开一面。由于人类的天性是信任和帮助他人，因此看似无辜的恩惠可能将组织置于危险之中。

IDS 和物理保护措施最终都需要人员的参与。警卫可在某个固定地点执勤，也可在某个区域内巡逻。不同组织机构对警卫的要求也不相同。警卫可能检查来往人员的证件，并要求这些人员填写出入记录；也可能负责查看入侵检测系统，在触发警报时做出响应。警卫还可能需要发放或更换工作证、响应火警、执行公司制定的管理规则和控制进出公司的物品。需要确保门、窗、保险箱和保管库的安全，向上级报告所识别出的安全危害，严格实施对敏感区域的限制，并在组织内护送特定人员。

组织应向警卫下达清晰而明确的任务指令。警卫应经过全面训练，以确保能完成相应任务，且能在不同环境下做出正确的响应。组织还应为警卫配置一间中心控制室，能够提供保证通信畅通的双向无线电装置，警卫还应能够进入需要保护的区域。

最佳的安全措施应当结合各种安全机制，而不应仅依赖于某一个安全组件。因此，组织在安排警卫时，还需要采用其他监视和检测机制。

2. 警犬

警犬(Dog)在检测入侵方和应对特定危险场景时非常有效。警犬的听力和视力胜过人类，而且聪明、忠诚，对保卫工作非常有效。最好的警犬经过强化训练后能理解多种指令，并可完成多样任务。组织可训练警犬困住入侵方直至警卫到达，或追逐并攻击入侵方。组织还可训练警犬用于嗅探烟味，从而在发生火灾时能向组织的人员发出警报。

当然，警犬也不是总能够清楚地区分授权访问人员和未经授权访问人员。因此，如果员工在下班时间仍然在工作，可能遇到一些无法预见的情形。使用警犬是一种有效的补偿性安全机制。

考试提示

警犬的使用对人员安全具有重大风险，这对于 CISSP 考试至关重要，往往，包括警犬在内的考试答案可能不是正确的选项。这一点需要特别注意。

20.6.6　物理访问的审计

物理访问控制系统可使用软件和审计功能执行审计跟踪实务，或审计包含访问尝试的访问日志。应记录并审查以下审计信息：

- 尝试访问的日期和时间。
- 尝试访问的进入点。
- 尝试访问所使用的用户身份。
- 任何不成功的访问尝试，特别是在非授权时段。

由计算机生成的审计日志只有当有关人员审查时才能发挥作用。可要求警卫审查审计日志，不过安全专家或基础设施管理方也应该定期审查审计日志。管理层需要了解基础设施的进入点在哪里以及谁在试图使用这些进入点。

审计和访问日志都是检测性控制措施，而不是预防性控制措施。审计和访问日志用于在事实发生之后拼合出事件场景，而不是一开始就试图阻止访问尝试。

20.7　人员安全与保护措施

对组织而言，最有价值的资产(也是涉及最高道德和伦理标准的资产)就是组织的员工。安全运营应重点关注组织的员工，但也需要采取适当的步骤确保访客、客户和所有进入组织物理或虚拟空间的人员的安全。虽然安全的范围比信息系统安全更广泛，但作为安全专家应为此付出更多努力。

考试提示

人员安全高于一切。如果考试问题中有选项是着重于人员安全(Human Safety)，该选项很可能就是正确选项。

20.7.1 差旅

讨论过工作场所人员安全后，应该考虑如何在差旅期间保护员工的安全呢？组织需要考虑一些因素，最基本的一项是应确定目的地的威胁情况。有些组织甚至举行针对具体国家的情况介绍会，定期更新，并要求所有海外工作人员参加。介绍会显然是一项成本非常高的方案，组织可考虑使用一些免费的备选方案。许多国家的政府部门为出国旅行的公民发布安全态势信息。例如，美国国务院在其官网上发布了几乎所有目的地的旅行建议。

谈到政府机构，熟知自己国家在当地的大使馆或领事馆的位置和联系方式是非常重要的。当发生紧急情况时，国家驻外办事处可提供一系列重要服务。根据旅行目的地可能发生的威胁状况，将个人的联系方式、旅行日期以及住宿地址告知办事处未尝不是一件好事。

在出发旅行之前应对即将要入住的酒店做必要的安全调查。假如从来没有入住过某家酒店，花几分钟上网搜索一些相关内容就可知道酒店是否安全。员工在出差期间，应考虑以下几项差旅最佳实践：

- 预定二楼的房间。住在二楼，降低了随机犯罪活动的风险，即使不能使用前门，仍然离地面足够近，方便在紧急情况下逃生。
- 随身携带一张酒店名片，以便在发生突发事件时可将自己所处地点告知当地警局或大使馆。
- 将贵重物品放在室内保险箱内。虽然并不是绝对安全，但提高了对小偷的防范标准。
- 在房间里时，请务必使用安全闩锁。
- 在外国旅行时，要时刻随身携带个人护照。出发旅行前，应将护照复印件留给家中值得信赖的人员。

20.7.2 安全培训和意识宣贯

只有当组织内所有人员真正理解个人安全措施的含义，并且懂得如何使用，上述个人安全措施才可真正发挥作用。许多组织对所有员工都参与强制性的培训活动，个人安全应该是其中的一部分。请记住，如果缺少对紧急程序、应急代码/口令以及旅行等安全措施的定期强化，员工很快就会将这些抛在脑后。

20.7.3 应急管理

场所人员紧急方案(Occupant Emergency Plan，OEP)是在紧急情况下确保人员安全的常用工具。OEP 描述了在紧急情况下，基础设施使用方应采取的、可确保人员安全的措施。OEP应覆盖从个人到机构范围内的各种紧急情况，并应纳入组织的安全运营活动之中。

也许，人员安全与安全保障的最佳融合示例体现在物理访问控制中。精心设计的物理访问控制措施能限制特定人员在特定范围内的出入。例如，组织只希望那些获得授权的人员进入服务器机房。但是，服务器机房里有一条最佳逃生路线可供那些未经授权进入的人员使用吗？虽然通常不会设计存在这种问题的基础设施，但最终投入使用的基础设施有些时候并不理想。假如真的出现了极端情况，组织应该采取哪些措施，确保人员迅速撤离基础设施时，既可确保非授权人员不会进入敏感区域，也能避免导致授权人员绕行而处于危险之中？

另一个示例涉及紧急响应人员进入建筑物的问题。若建筑物内响起火警警报，如何确保在疏散所有人员的同时让消防人员进入所有区域(不需要破门而入)？这种环境下，如何确保人员安全的同时维护信息系统安全体系？

最后，现今很多物理访问控制措施均需要电力支持。如果电子锁没有备用电池，电子锁会在没电的情况下自动解锁还是保持在锁定状态？失效开启(Fail-safe)设备在设备故障(断电)的情况下会自动切换到安全状态。失效开启控制措施对于保证人员安全固然是很重要的，但在使用前应慎重考虑，因为失效开启会为信息系统安全带来一定风险。

20.7.4 胁迫

胁迫(Duress)是威胁某人或对其使用或暴力，迫使其做不想或不愿做的事情。像面对其他威胁一样，从风险管理的角度看，需要在风险评估中考虑胁迫因素，并找出应对措施(如果有)。胁迫的应对措施非常普遍的示例就是在胁迫银行柜员时，柜员会按下应急按钮。按钮藏在攻击方看不到的位置，但柜员能够很容易通过按下按钮通知警察。与此不同的是，某些警报系统中使用了胁迫代码(Duress Code)。授权人员可通过报警器上的键盘输入安全代码解除警报。警报系统可配置两组不同的代码：一组是常规代码，用于解除警报；另一组在解除告警时向执法机构发出紧急警报。若发生胁迫解除警报的情况，可输入第二组代码报警，但攻击方毫不知情。

胁迫代码也可是口头的。例如，某些警报系统将要求参与方致电工厂，确保一切正常。若某人正遭受胁迫(或者攻击方要求使用扬声器通话)，此时可能希望通过其他方式向电话另一方传达自己处于危险之中。可设置两种回应方式，例如，"一切正常"(这意味有危险)和"一切都好"(意味着一切都很好)。关键是要让胁迫时的回应听起来很合理。

另一种需要考虑的情况是攻击方强员工登录账户。可设置一个与真实账户相似的胁迫账户。登录后，胁迫账户看上去与真实账户相同，只不过其中不包含敏感内容。胁迫口令(Duress Password)可执行很多操作，例如，激活持续监测(如摄像机、键盘和数据包记录)，或者在后台安静地擦除设备(对于在办公室以外使用的笔记本电脑很有用)。显然，胁迫口令还能向安全人员发出告警，提醒安全人员用户正处于危险之中。

20.8 本章回顾

本章简述了组织安全活动需要管理的许多问题。本章涉及很多方面，但请记住，如果组织想实现安全运营，所讨论的内容都是需要在组织中解决的重要问题。总体而言，本章的内容为组织期望开展的工作打下了基础：阻止心怀不轨的人员获得访问权，找到那些偷偷摸摸的人员，挫败攻击方企图伤害组织的努力。接下来的三章将深入探讨日常安全运营、事故响应和灾难应对。

20.9 快速提示

- SecOps(安全+运营)是安全和IT运营人员、技术和流程的集成,可降低风险,同时提高业务灵活性。
- 对资源的访问应限于授权人员、应用程序和服务,应执行审计实务,确保符合规定的策略。
- 最小特权(Least Privilege)意味着人员应该有足够而不是更多的权限和权利履行其在组织的职责。
- 知必所需(Need to Know)意味着组织应首先确定某个人对特定资源有合法的、与工作角色相关的需求,然后才能授予访问权。
- 职责分离(Separation of Duties)应落实到位,这样,只有当两个或更多的人员串通,才可能实现欺诈。
- 特权账户管理(Privileged Account Management)对权限提升的账户实施最小特权原则。
- 职责轮换意味着,随着时间的推移,组织内有超过一名人员能够完成某个职位的任务,工作轮换提供了备份和冗余,也有助于识别欺诈活动。
- 服务水平协议(Service Level Agreement,SLA)是一种合同,规定服务提供商向客户保证一定水平的服务。
- 变更管理(Change Management)是将与添加、修改或删除任何可能对IT服务产生影响的内容相关的风险降至最低的实践。
- 涉及变更管理的活动包括请求、评价、规划、实施、审查、关闭或维持变更。
- 配置管理(Configuration Management)是在所有系统上建立和维护一致配置的流程,以满足组织需求。
- 基线(Baseline)是在适当决策方同意的时间点所执行的系统配置。
- 漏洞管理(Vulnerability Management)是识别漏洞、确定漏洞对组织构成的风险,并实施安全控制措施将风险控制到组织可接受水平的循环流程。
- 补丁管理(Patch Management)是识别、获取、安装和验证产品和系统补丁的流程。
- 存放处理敏感信息的系统的基础设施应具有物理访问控制措施,限制并仅允许授权人员访问。
- 外部围栏可能成本高昂且不美观,但可提供人群控制,并帮助控制基础设施的入口,尤其是在围栏为8英尺或更高的情况下。
- 闭路电视(CCTV)系统由摄像机、控制器和数字视频录制(DVR)系统以及监测器组成,但通常还包括远程存储和远程客户端访问。
- 锁应视为延迟入侵方的设备。
- 有时,物理安全控制措施可能与人员安全相冲突,组织应解决此类问题;人员的生命总是比保护基础设施或其中的资产更重要。
- "尾随(Piggyback)"指非法使用他人的合法凭证或访问权限获得未经授权的访问权

限，通常的情况是入侵方紧跟授权人员通过一扇门。

- 近距离识别(Proximity Identification)设备可是用户激活的(需要用户采取行动)或系统感知的(不需要用户采取行动)。
- 应答器(Transponder)是不需要用户采取任何行动的近距离识别设备。读取器发送信号到设备，设备使用访问码(Access Code)响应。
- 入侵检测设备包括运动检测器、闭路电视(CCTV)、振动传感器以及机电设备。
- 入侵检测设备会遭受渗透，安装和监测成本高昂，需要人工响应，并且容易产生误报。
- 虽然聘用警卫成本高，但当发现安全违规时反应迅速，并能阻止入侵方的攻击。
- 警犬可非常有效地发现和阻止入侵方，但可能给人员安全带来重大风险。
- 胁迫(Duress)是威胁某人或对其使用暴力，强迫其做出不想做的事情。

20.10　问题

请记住这些问题的表达格式和提问方式。CISSP 考生应知晓，考试提出的问题是概念性的。问题的答案可能并不特别完美，建议考生不要寻求绝对正确的答案。相反，考生应当寻求最合适的答案。

1. 为何雇主应确保员工休假？
   A. 雇主有法律义务
   B. 这是适度勤勉的一部分
   C. 这可揭露欺诈行为
   D. 确保员工不会过度疲劳

2. 下列哪一项可正确描述职责分离与岗位轮换？
   A. 职责分离确保不止一名员工知道如何完成某个岗位的工作，而岗位轮换则确保了一名员工无法独自完成高风险的工作。
   B. 职责分离确保一名员工无法独自完成高风险的工作。岗位轮换可揭露欺诈活动，并可确保不止一名员工知道如何完成某个岗位的工作。
   C. 两者意思相同，只是名称不同。
   D. 两者是执行访问控制措施以及保护组织资源的行政性控制措施。

3. 限制程序员更新和修改生产代码，这是那类控制措施的示例？
   A. 岗位轮换
   B. 适度勤勉
   C. 职责分离
   D. 控制输入值

4. 最小特权和知必所需的区别是什么？
   A. 用户应有最小特权以限制知必所需。
   B. 用户应具有所访问资源的安全许可，以及对资源是知必所需的，并且最小特权赋予用户对所有资源的完全控制权限。

C. 用户对所访问的特定资源应该是必需的，应该实现最小特权，以确保用户只访问其所需的资源。

D. 同一个问题的两个不同的术语。

5. 以下哪项不需要更新文档？

    A. 更新防病毒特征库

    B. 重新配置服务器

    C. 变更安全策略

    D. 在生产服务器上安装补丁

6. 公司需要部署 CCTV 监测基础设施外部的大片区域，以下哪种镜头组合适用？

    A. 一个广角镜头和一个小镜头孔径

    B. 一个广角镜头和一个大镜头孔径

    C. 一个广角镜头和一个带小焦距的小镜头孔径

    D. 一个广角镜头和一个带小焦距的大镜头孔径

7. 下列哪一个选项不是 CCTV 镜头的正确描述？

    A. 配置手动光圈的镜头应用于外部持续监测

    B. 变焦镜头会自动聚焦

    C. 景深随着镜头孔径的减小而增大

    D. 景深随着镜头焦距的减小而增大

8. 下列哪一项是关于应答器的正确解释？

    A. 是一张不需要通过读卡器刷卡便能读取的卡片

    B. 是近距离生物识别技术设备

    C. 是一种用户通过读卡器刷卡进入基础设施的卡片

    D. 与身份验证服务器交换令牌

9. 警卫应该何时介入物理访问控制机制？

    A. 需要识别判断时

    B. 需要执行入侵检测时

    C. 安全预算低时

    D. 访问控制措施到位时

10. 下列选项中哪一项不是静电入侵检测系统的特征？

    A. 产生静电场并监测电容变化

    B. 可用作大面积的入侵检测系统

    C. 在物体的电容和电感之间保持平衡

    D. 可检测入侵方是否进入某个目标的特定范围

11. 用于边界安全的振动检测设备的常见问题是什么？

    A. 通过在保护区域内发出正确的电信号可使其失效

    B. 该设备电源容易切断

    C. 该设备会引发误报

D. 该设备干扰计算设备

12. 下列哪个选项属于延迟机制？

    A. 锁

    B. 深度防御措施

    C. 警示标志

    D. 访问控制措施

13. 近距离识别设备的两种常见类型是什么？

    A. 生物识别技术设备和访问控制设备

    B. 刷卡设备和常用的被动设备

    C. 预置码(Preset Code)设备和无线设备

    D. 用户激活设备和系统感知设备

14. 以下哪项不是入侵检测系统的缺点？

    A. 安装费用昂贵

    B. 不会遭受渗透

    C. 需要人员响应

    D. 产生误报

15. 什么是密码锁(Cipher Lock)？

    A. 需要使用加密密钥的锁

    B. 无法复制钥匙的锁

    C. 使用令牌和边界读卡器的锁

    D. 有键盘的锁

16. 密码锁的开门延迟选项是指什么？

    A. 门打开一段时间后，警报就会响起。

    B. 门只有在紧急情况下才会打开

    C. 具备人质警报功能

    D. 具备监控覆盖功能

20.11　答案

1. C。执行欺诈活动的员工很多时候不会请求休假，因为这类员工不想让其他人知道自己正在做的事情。强迫职员休假意味着应让其他人接管工作，而且最大限度地揭露一切可能存在的犯罪行为。

2. B。执行岗位轮换确保组织有不止一名员工接受过岗位培训，能够发现欺诈活动。将职责分离落实到位，可确保一名员工无法单独执行关键任务。

3. C。这是职责分离的示例之一。应建立在必要时可执行适当代码维护的系统，而不是允许程序员随意地执行变更。这类变更应通过变更控制流程执行，并且应有更多的人员或部门参与，而不应仅是一位程序员。

4. C。用户应只能访问完成对应任务需要用到的资源。应仅授予用户执行已分配工作任务的特权，不应拥有超出其工作任务的特权。与第一个概念相比，第二个概念的粒度更细，但两者存在共生关系。

5. A。文档记录是变更控制流程中的一个重要部分。如果没有适当的文档记录，那么员工会忘记对每一台设备所实施过的操作。例如，如果需要重构环境，但没有充分或适当的记录，则可能导致操作失误。当需要执行新的变更时，可能无法完全理解当前的基础架构。持续记录何时更新病毒特征库是多余的。其他选项均包含需要文档记录的事件。

6. A。景深是指在监测器上显示时处于焦点位置的部分环境。景深的变化取决于镜头孔径的大小、需要聚焦物体的距离和镜头的焦距。景深随着镜头孔径的减小、拍摄距离的增大或镜头焦距的减小而增大。因此，若想大面积覆盖但不聚焦在特定物体，最好使用一个大广角和一个小镜头孔径。

7. A。CCTV 的手动光圈镜头上有一个以手动方式旋转及控制的圆环。由于光圈不可根据光线的变化自动调节，因此配有手动光圈的镜头可用于有固定照明的区域。自动光圈镜头应该用于光线变化的环境，如户外照明。当光圈感觉到环境变化时，会自动调节。安全人员会为闭路电视设定一个可由光圈调节的固定曝光值。其他选项均是正确的。

8. A。应答器是一种物理访问控制装置，不需要用户在读卡器上刷卡。读卡器可直接与卡片通信，读卡器由接收器、发射器和电池组成。读卡器会向卡片发送请求信息信号，而卡片会向读卡器发送访问码。

9. A。尽管目前市场上有很多有效的物理安全机制，但没有哪种机制能通过观察情况进而做出判断，无法决定下一步应该采取的措施。当组织需要在不同情况下，能够通过思考并做出决策的安全机制时，就需要雇用警卫。

10. B。静电 IDS 产生与静态电荷有关的静电场。静电 IDS 在其自身与监测对象之间产生一个平衡电场。如果入侵方进入监测对象的特定范围内，就会发生电容变化。静电 IDS 可检测到这种变化并发出警报。

11. C。这种系统在其放置的区域内，可通过感应声音和振动，来探测区域内的噪音水平的变化。这种敏感程度可能导致许多误报。由于这类设备不会发出任何形式的波，只能听取其所在区域内的声音，因此视为被动设备。

12. C。每项物理安全程序都应有延迟机制来减缓入侵方的速度，为安全人员在收到告警后赶往现场争取更多时间。警示标志是威慑性控制措施，不是延迟性控制措施。

13. D。用户激活设备需要用户执行操作：在读卡器上刷卡，并且/或者输入号码。系统传感设备自动识别读卡，并与卡片通信，而不需要用户执行任何操作。

14. B。入侵检测系统费用昂贵，警报发出后要求相关人员做出响应，由于该系统传感灵敏，经常引发误报。与任何其他类型的技术或设备相同，IDS 也存在可利用和遭到渗透的漏洞。

15. D。密码锁(也称为可编程锁)使用键盘来控制对某个区域或基础设施的访问。开锁可能需要刷卡并在键盘上输入特定数码组合。

16. A。当一扇门长时间打开时，警卫会希望收到告警。这可能表明除了进出门之外，还有其他事情正在发生。安全系统可设置特定阈值，如果门在定义的时间段内打开则发出警报。

第21章

安全运营活动

本章介绍以下内容:

- 安全运营中心
- 预防和检测措施
- 持续记录日志和持续监测

> 世界上存在两类公司:知道自己已遭受攻击的公司和不知道自己已遭受攻击的公司。
>
> ——Misha Glenny

安全运营(Security Operation)是指在安全和受保护的环境之中保持网络、计算机系统、应用程序和环境正常运行所执行的一切活动。但是,即使组织非常小心地确保在监视边界环境(包括虚拟和物理环境),并确保以安全的方式上线新的服务和下线不需要的服务,也可能有一些威胁源会破坏组织的信息系统。那接下来怎么办呢?安全运营包括检测(Detection)、遏制(Containment)、根除(Eradication)和恢复(Recovery),这些方面要做到统筹兼顾,才能确保业务运营的持续性。

大多数必要的运营安全问题已在前面的章节中讨论过。运营安全问题与相关主题结合在一起,不一定作为实际运营安全问题指明。因此,本章不再重复已讨论过的内容,而是回顾并指明对组织和CISSP考生非常重要的运营安全主题。

21.1 安全运营中心

安全运营中心(Security Operation Center,SOC)是拥有成熟信息安全管理系统(Information Security Management System,ISMS)的组织中安全运营的神经中枢。SOC包括支持持续记录日志和持续监测(Logging and Monitoring)预防控制措施、安全事件检测和事故响应的人员、流程和技术。通过SOC的集成能力,组织可简化检测和响应威胁的流程,从而最大限度地减少组织损失。在安全事件发生后,所汲取的经验教训可统一用于更好地缓解未来的威胁。随着防守流程的发展，SOC 可很容易地执行演练，因为所有相关人员都在同一个团队中。

21.1.1　成熟 SOC 的要素

图 21-1 显示了典型成熟 SOC 核心元素的高级视图。相比特定组件更重要的是，元素是集成的，以便以协调的方式执行安全任务。因此，SOC 应具备至少三个图中所示的平台。终端检测和响应(Endpoint Detection and Response，EDR)工具部署在所有终端中，监测用户和进程行为。可疑活动或可疑恶意软件会向中央管理系统报告，该系统通常是安全信息和事件管理(Security Information and Event Management，SIEM)平台。当然，EDR 无法判断网络中发生的活动内容，所以组织需要监测网络中可疑活动的工具。这就是网络检测和响应(Network Detection and Response，NDR)系统的作用，该系统同样会将其发现报告给 SIEM 解决方案。SIEM 解决方案聚合了来自 EDR 和 NDR 等的数据源，并提供组织环境中所有安全相关信息的全局视图。

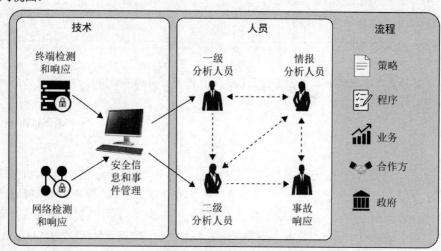

图 21-1　成熟 SOC 的核心要素

一级安全分析人员大部分时间用于持续监测安全工具和其他技术平台的可疑活动。尽管这些工具非常复杂，但往往会产生大量误报(即假警报)，因此需要人员检查并验证这些工具生成的警报。这些分析人员通常经验最少，因此一级安全分析人员的工作是对警报分类，处理更普通的警报，并将更复杂和危险的警报传递给 SOC 中更有经验的员工。二级安全分析人员负责深入挖掘警报，确定警报是否构成安全事故。一经确认，安全分析人员应与事故响应人员和情报分析人员协调，进一步调查、遏制和消除威胁。

制定策略和程序是成熟 SOC 的关键，确保平台得到适当的调优，培训团队并协同工作，并且在采取的每一项行动中都考虑到组织业务的背景。业务环境包括合作伙伴和客户，因为 SOC 需要了解组织运营的整个生态系统。有时，SOC 还需要做好与适当的政府组织联系的准备。例如，需要报告网络犯罪并与相关机构交换威胁情报的场景。

21.1.2　威胁情报

SOC 的关键功能之一是消费(理想情况下，研发)威胁情报。Gartner 将威胁情报(Threat Intelligence)定义为"能够证明现有或正在出现的资产威胁或危害的知识。通过该情报，可了解相关主体用于响应该威胁或危害的决策。"换句话说，威胁情报是关于敌对方过去、现在和未来行动的信息，帮助组织做出响应或阻止攻击方取得成功。依据这一定义，有效情报的四个基本特征称为 CART：

- **完整(Complete)**　足以检测或阻止威胁的实现
- **精确(Accurate)**　真实且没有错误
- **相关(Relevant)**　有助于检测并防止威胁的实现
- **及时(Timely)**　接收和运行速度应快到足以产生影响

重要的是，威胁情报旨在帮助决策层选择如何应对威胁。威胁情报回答了管理人员可能存在的疑问。例如，某位高管可能会问这样一个战略问题："明年行业将面临哪些网络威胁？"这位高管可能不关心(或不理解)SOC 正在使用的工具的技术细节。另一方面，SOC 总监对战术问题感兴趣，可能需要了解技术细节，以便应对持续的威胁。SOC 主管可能会询问特定威胁参与方正在指挥和控制基础架构的方式。因此，有效的情本质上都是对组织决策层提出问题的应答。这些问题对图 21-2 所示的情报周期(Intelligence Cycle)的需求产生推动作用。

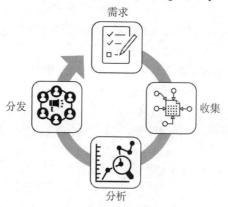

图 21-2　情报周期

一旦知道需求并确定了优先级，情报分析人员就可开始收集数据，帮助回答需求所涉及的问题。下一节讨论了分析人员可使用的不同数据源，但是现在，要考虑的重要一点是，情报分析人员在识别数据源时不应该从头开始。一个成熟的收集管理框架(Collection Management Framework，CMF)允许组织确定数据存在的位置，从而能回答管理层提出的问题，并确定需要通过研发新数据源解决的信息"盲点"。

收集的数据在形成情报产品之前仍需要执行分析。分析步骤包括整合数据并评价其有效性。情报分析人员可能联系特定的专家，确保特定数据项可靠、有效和相关，并帮助数据项适用于更普遍的环境。有时数据项会相互矛盾，因此在得出最终结论之前，需要解决这些冲突。

　　情报周期的最后一步是与适当的决策方分享完成的情报。由于情报需求旨在回答特定人员的问题，分析人员已经了解报告的措辞。如果该报告将提交给高管，则应以非技术性方式撰写(但理想情况下，应该提供一个更具技术性的附录，解释结论的来源)。如果这份报告要交给网络安全专业人士，则需要更多技术数据。

　　通常情况下，一次完整的情报周期迭代会产生组织需要进一步关注的问题。这些问题通过成为(或促成)新的情报需求，为下一个周期提供信息。

1. 威胁数据源

　　现在回到解决情报需求所需的威胁数据源。大部分第三方提供免费或付费的威胁数据源。这些是持续(或定期)提供信息的订阅服务，如破坏指标(Indicators of Compromise，IOC)；IOC是具有恶意活动特征的技术数据。例如，某个特定的域名正用于破坏目标交付赎金的软件，因此该域名是该特定威胁的 IOC。除非驱动情报需求的问题是"勒索软件攻击中使用的域名内容是什么？"，否则 IOC 本身不是情报产品。相反，IOC 是网络威胁情报中常用的三种数据源中的第一种：第三方数据源。

　　另一种重要的数据源称为开源情报(Open-source Intelligence，OSINT)，是对在 Internet 上免费可用的数据源的统称。通常，组织只需要通过网络搜索就能获得所需的信息。当然，也有一些工具通过集成对多个开放资源的查询，帮助流程变得更加容易。随着时间的推移，情报分析人员会收集证明对特定情报需求有用的 URL 列表。

　　第三种常用数据源是内部数据源，也是最重要的数据源。内部数据源由该组织直接控制，可用于收集数据。例如，组织可指定 DNS 服务器提供组织中的客户端请求解析的所有域名。这可能是一个非常大的列表，其中存在大量重复条目，对于热门域名而言尤其如此。然而，组织可从中收集数据，例如，新注册域名(Newly Observed Domain，NOD)或组织中的小型兴趣社区(Community of Interest，COI)域。这两种数据都可能是攻击的早期指标，当然其中经常出现误报。

2. 网络威胁搜寻

　　如果组织已存在威胁情报计划，可利用威胁情报领先敌对方一步(或仅落后一步)。网络威胁搜寻(Cyberthreat Hunting)是在组织的网络中主动寻找威胁参与方的实践。换句话说，组织不必等待 SIEM 系统发出警报才开始调查事故，而是建立一个敌对方可能行为的假设(当然是依据威胁情报)，然后开始证明或否定该假设。

　　例如，假设威胁情报显示组织的某个部门正成为攻击方的目标，攻击方正在通过远程桌面协议(Remote Desktop Protocol，RDP)在环境中横向移动。RDP 通常在组织中是禁用的，但在少数跳板机(充当网络敏感部分的安全入口点或网关的加固主机)上除外。依据这两个事实，可假设敌对方正在试图配置常规工作站上的 RDP 可用，以便能在组织的网络中横向移动。搜寻操作将集中于证明这种假设(通过寻找证据证明这一点)或否定假设(发现没有不适当地启用RDP 的工作站)。搜寻将涉及检查环境中每个 Windows 终端的注册表，检查启用远程桌面服务(Remote Desktop Service，RDS)的 Windows 注册表项。希望组织能编写自动脚本实现这一点，这样就不必手动检查每台终端。假设找到几台启用了 RDS 的终端。现在，组织将搜寻范围缩小到这些系统，并通过以下几点确定这些终端是否遭受攻击：①合法授权使用 RDS，②授权使用 RDS 但未遵循配置管理流程，③存在敌对活动的证据。

搜寻威胁的关键是：组织依据威胁情报建立了敌对行动的假设，然后证明或否定假设。威胁搜寻本质上是基于情报的主动活动，而事故响应则是基于警报的被动活动。由于威胁搜寻需要情报分析人员、网络安全分析人员(通常为二级分析人员)和事故响应人员的技能，因此大部分组织成立了搜寻小组，每个小组有一名或多名成员，分别来自于这三种角色。团队可能执行一个由多种相关搜寻操作组成的搜寻活动，然后返回日常工作，直到下一个此类活动开始。

 考试提示

威胁搜寻包括主动搜寻未通过其他方式检测到的恶意活动。如果组织已经知道发生了事故，就是在做出反应。要记住威胁搜寻和事故响应之间的关键区别。

21.2　预防与检测措施

尽管网络威胁搜寻令人兴奋且有效，但相对而言，只有少部分组织拥有资源持续参与这项工作。即使在拥有资源的组织中，安全运营的大部分工作都集中在预防和检测安全事故上。减少突发事件和灾难可能性的有效方法可确保防御架构完整性及工具集的正确性。需要在现有条件下仔细考虑这些技术控制措施，决定哪些是适用的，哪些是不适用的。不管使用哪种工具，都应有一个底层流程在动态环境中支持工具。这个通用流程的步骤描述如下：

(1) **理解风险相关概念**　第 2 章介绍了组织应该使用的风险管理流程。这个流程的前提是组织永远不能消除所有风险，因此，应将稀缺资源投入最危险的风险点，使风险程度降至高级管理层可接受的水平。如果组织不关注高风险，可能导致浪费资源去处理 CEO 并不真正关心的威胁。

(2) **使用正确的控制措施**　一旦组织专注于正确的风险集，就更容易识别适当的风险防护控制措施。风险和控制之间是多对多的关系，因为某个特定风险可有多种控制措施，而某个特定控制措施也可用来减轻多个风险。事实上，某项控制措施能减少的风险数量说明了该控制措施对组织的价值。另一方面，采用多项控制措施降低风险的效率较低，但能提供韧性。

(3) **正确地使用控制措施**　选择正确的控制措施只是预防性措施的一部分，此外，组织还需要确保正确地配置预防性措施。第 7 章讨论的网络架构对工具有效性存在一些非常重要的限制，这些限制与工具的部署位置相关。如果 IDS 部署在错误的子网中，可能无法监测来自威胁源的通信信息。同样，包含错误配置或规则集的 IDS 很可能沦为网络中昂贵的装饰物。

(4) **配置管理**　能够肯定的是，无论如何，每一种配置在未来必将过时。即使没有过时，未经授权或未记录的变更也会带来风险。在最糟的情况下，过时的配置会在不知不觉中导致组织的网络在面对突发威胁时变得更脆弱。若运营得当，配置管理将确保组织能对网络具备基本的了解，以便能更好地应对在安全运营时通常遇到的问题。

(5) **评估运营情况**　组织应持续地(至少是周期性地)审视组织的防御方案，与最近的威胁和风险评估比较，并扪心自问：是否仍在适当地降低风险？应该使用风险评估得出的案例测试组织的控制措施，以证明是否正确地降低了这些风险。然而，组织还应该偶尔采用一组无限制的威胁测试控制措施，确保控制措施能够正确缓解风险。有效的渗透测试(Pen Test)可检测和验证控制措施的有效性。

评估控制措施有效性的流程涉及大量预防性控制措施。然而，有些控制措施非常普遍，以至于每个信息安全专业人士都应将其纳入组织防御架构中。接下来介绍其中最重要的几个。

21.2.1　防火墙

防火墙(Firewall)用于限制从另一个网络对特定网络的访问。大多数组织都使用防火墙限制从 Internet 到公司网络的访问。防火墙还可能用于限制一个内联网段对另一个内联网段的访问。例如，如果网络管理员需要确认员工无法访问研发网络，那么网络会在研发网络和其他所有网络之间设立一道防火墙，并将防火墙配置为只允许可接受的流量类型。

防火墙设备支持并实施组织的网络安全策略。组织的安全策略概述在保护重要资产时可接受和不可接受的操作。防火墙定义更详细和更细粒化的安全策略，从而规定哪些服务允许访问，哪些 IP 地址和范围是受限制的，以及哪些端口可访问。将防火墙描述为网络中的"咽喉"的原因是所有通信都从防火墙流过，防火墙是检查和限制所有流量的地方。

防火墙可以是运行防火墙软件产品的服务器或特殊硬件设备。防火墙监测流进和流出其保护的网络的数据包，过滤掉不满足安全策略要求的数据包。防火墙能够丢弃数据包、重新打包或重定向数据包，具体取决于防火墙的配置和安全策略。数据包基于源地址、目标地址和端口过滤，同时依据服务端口、包类型、协议类型、首部信息和序列位等执行不同的过滤。很多时候，组织通过设立防火墙构造"非军事区(Demilitarized Zone，DMZ)"，这是位于受保护网络和未受保护网络之间的网段。DMZ 提供了在危险的 Internet 和组织努力保护的内联网络之间信息的缓冲区域。如图 21-3 所示，通常安装两台防火墙组成 DMZ。DMZ 通常包含 Web 服务器、电子邮件服务器和 DNS 服务器，因为这些服务器处于受攻击的最前沿，所以是最需要保护的系统。部分 DMZ 还配备能侦听恶意和可疑行为的入侵检测系统传感器。

多种不同类型的防火墙可供使用，因为不同环境有不同的需求和安全目标。其实，防火墙本身也存在演变过程，复杂性和功能性都在发展。下面介绍不同类型的防火墙。

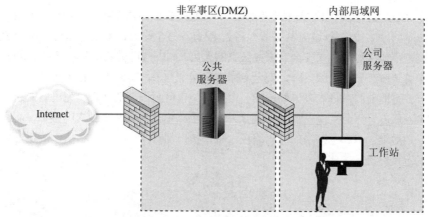

图 21-3　DMZ 至少由两台防火墙或防火墙接口组成

本节将回顾以下类型的防火墙:

- 包过滤(Packet Filtering)
- 状态(Stateful)
- 代理 (Proxy)
- 下一代(Next-generation)

随后,将深入探讨下列三种防火墙架构:

- 屏蔽主机(Screened Host)
- 多宿(Multihome)
- 屏蔽子网(Screened Subnet)

 注意

回顾一下,第 4 章讨论了另一种类型的防火墙,Web 应用程序防火墙(Web Application Firewall,WAF)。

1. 包过滤防火墙

包过滤(Packet Filtering)是一种基于网络级协议包头作出访问决策的防火墙技术。执行包过滤的设备配置了允许特定网络流量类型流入和流出的访问控制列表(Access Control List,ACL)。

包过滤防火墙是第一代防火墙,是所有防火墙技术中最基本的类型。包过滤仅能审核网络层和传输层协议的包头信息,对每个数据包执行允许或阻止操作。也就是说,包过滤仅能基于下列基本标准制定访问决策。

- 源 IP 地址和目的地 IP 地址
- 源端口号和目的地端口号
- 协议类型
- 进出的流量方向

如今，包过滤已经纳入绝大多数防火墙产品中，是多数路由器具备的功能。包过滤的 ACL 通常在设备的网络接口处(进出网络的入口处)配置。打个比方，安全专家可制作一个列表，并通过列表审核从前门进入安全专家办公室的人员。列表内可规定：人员应 18 岁以上，有工作牌和穿着长裤。当有人敲门时，安全专家拿起这个列表，据此判断相关人员能否进来。安全专家办公室的前门是进入办公场所的一个接口。也可制作一个列表，列出谁能通过后门离开办公室，那是另一个接口。如图 21-4 所示，每个路由器都有多个独立的接口，而每个接口都有唯一的地址，构成了网络的进出路径。每个接口都有自己的 ACL 值，决定着哪些流量可通过特定接口进出。

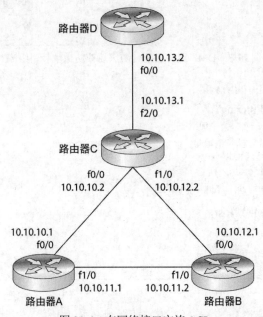

图 21-4　在网络接口实施 ACL

接下来通过讨论一些基本的 ACL 规则说明包过滤是如何实施的。下面的路由器配置允许 SMTP 流量从 10.1.1.2 主机进入 172.16.1.1 主机：

```
permit tcp host 10.1.1.2 host 172.16.1.1 eq smtp
```

下面这条规则允许 UDP 流量从 10.1.1.2 主机进入 172.16.1.1 主机：

```
permit udp host 10.1.1.2 host 172.16.1.1
```

如果安全专家希望确保全部 ICMP 流量都不能进入特定接口，可配置下面的 ACL：

```
deny icmp any any
```

如果安全专家希望允许标准 Web 流量(也就是说，监听 80 端口的 Web 服务器)从 1.1.1.1 主机进入 5.5.5.5 主机，可使用下列 ACL：

```
permit tcp host 1.1.1.1 host 5.5.5.5 eq www
```

注意

过滤进入的流量称为入口过滤(Ingress Filtering)，过滤出去的流量称为出口过滤(Egress Filtering)。

　　当数据包到达包过滤设备时，该设备自上而下执行 ACL，把数据包的特征与每条规则对比。如果某一条规则(允许或拒绝)匹配成功，就不再处理剩余规则。如果到达 ACL 末尾仍未发现匹配，理论上就应该拒绝该流量，但每个产品是不同的(部分包过滤防火墙默认规则可能不是拒绝)。所以，如果安全专家正在配置一个包过滤设备，应确保拒绝没有匹配成功的流量。

　　包过滤也称为无状态检测(Stateless Inspection)，因为包过滤设备不理解数据包工作的环境。这意味着包过滤设备没能力理解两个主机之间正在进行的通信的"全貌"，而只能专注于单个数据包的特征。在后续章节还会看到，状态检测防火墙理解并记录完整的通信会话，而不是仅关注构成整个会话的单个数据包。无状态防火墙只依据单个数据包中包含的数据对每个数据包作出决策。

　　包过滤的这种简单性意味着组织机构不应只依靠这类防火墙保护基础架构和资产，但并不意味这不应使用包过滤技术。包过滤往往用在网络边界阻止所有那些比较明显的无用流量。由于规则简单，且只分析包头信息，包过滤快速且高效。在流量流经包过滤设备后，往往再由更复杂的防火墙深入挖掘数据包内容，从而识别基于应用程序的攻击(Application-based Attack)。

　　下面列出了包过滤防火墙的一些弱点：

- 不能防止利用针对应用程序的脆弱性或功能的攻击。
- 包过滤防火墙中的持续记录日志功能有限。
- 大多数包过滤防火墙并不支持高级的用户身份验证方案。
- 不能检测数据包分片攻击。

　　使用包过滤防火墙的优点在于其可扩展性，不依赖应用程序，而且由于并不对数据包执行深入处理，因此具有较高的性能。包过滤防火墙往往用于第一道防线找出明显存在恶意但未经过精心构造的流量。过滤后的网络流量经由更复杂的防火墙，识别不太明显的安全风险。

2. 状态检测防火墙

　　在使用包过滤时，数据包到达防火墙，并匹配防火墙的 ACL 确定应当允许还是拒绝该数据包。如果允许该包通过，那么数据包将传递至目标主机或另一个网络设备，然后包过滤设备就会忘掉这个数据包。这与状态检测不同，状态检测防火墙能记住并跟踪数据包，记录哪个数据包到了哪里，直至特定的连接关闭。

　　状态检测防火墙(Stateful Firewall)像一个好管闲事的邻居，总在人们的工作和对话里插一脚。记录进入小区的可疑车辆，记录了谁本周出远门，还会记录行为略有异常的邮差。这很令人烦恼。但有一天窃贼破门而入，失主和警察都想和那个好管闲事的邻居谈谈，因为这位邻居知道小区发生的所有事情，并最可能知道发生了哪些不寻常的事。状态检测防火墙比常规的过滤设备更好管闲事，因为状态检测防火墙跟踪计算机之间的对话。防火墙需要维护一个状态表(State Table)，就像一张记录谈话内容的记分表那样。

跟踪某个协议连接的状态需要记录诸多变量。多数人了解 TCP 连接过程的三步握手(SYN、SYN/ACK 和 ACK)，但这究竟意味什么呢？如果 Quincy 的主机想要用 TCP 与某目标主机通信，Quincy 的主机便会向目标主机发送一个数据包，这个数据包中 TCP 包头的 SYN 标志值设置为 1。这个数据包就是 SYN 数据包。如果目标主机接受了 Quincy 主机的连接请求，会返回一个数据包，数据包头的 SYN 和 ACK 标志都设置为 1。这是 SYN/ACK 数据包。最后，Quincy 的系统用自己的 ACK 数据包确认目标系统的 SYN。在这三次握手后，TCP 连接就建立起来了。

虽然多数技术人员了解设置 TCP 连接的这三个步骤，但并不非常熟悉当 TCP 连接的三个步骤正在执行时，通信双方协商的其他所有技术细节。例如，目标主机和 Quincy 的主机会约定好序列号、一次发送多少数据(窗口大小)和如何识别潜在的传输错误(CRC 值)等。图 21-5 是构成 TCP 包头的所有值。能够看到，仅在一个 TCP 中，就有大量信息在主机之间来回传递，网络连接中还涉及需要状态检测防火墙关注和跟踪的其他更多协议。

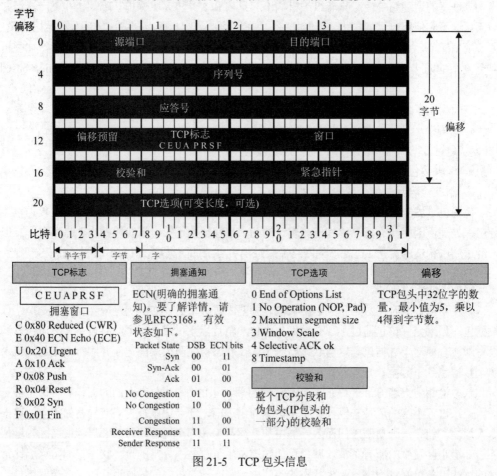

图 21-5 TCP 包头信息

"记录连接的状态"意味着要有一个记分卡，记录数据包在系统之间来回传递时用到的所有不同协议的包头值。这些值不仅要准确，还应按正确顺序排列。例如，如果状态检测防火墙收到一个所有 TCP 标志值都变成 1 的数据包，那么显然，有人正在执行恶意攻击。因为无论何种情况，在合法 TCP 连接中，这些值都不应该全部设置为 1。攻击方发送所有值都为 1 的数据包，希望防火墙不理解或不检查这类数据包，然后把数据包传送至目标主机。

再举一例，如果目标主机没有先向 Gwen 的主机发送 SYN 数据包，而 Gwen 的主机却向目标主机发送了一个 SYN/ACK 数据包，也违反协议规则。协议通信步骤应遵循正确顺序。攻击方将 SYN/ACK 数据包发送至目标主机，希望防火墙把这理解为已建立起来的连接，然后允许数据包不经检查到达目标主机。这类行为无法欺骗状态检测防火墙，因为状态检测防火墙记录着通信的每个步骤。状态检测防火墙了解协议的正常工作流程，如果出现不合常规的情况(错误的标志值、错误序列等)，将拒绝流量通过。

当两台主机之间的连接开始时，防火墙会检查数据包的全部元素(所有包头、有效荷载和尾部)。有关这个具体连接的所有必要信息(源 IP 地址和目的地 IP 地址、源端口和目的端口、协议类型、包头标志、序列号和时间戳等)都存储在状态表中。一旦这个初始数据包通过了深入检查，而且数据包的一切都判断为是安全的，那么防火墙会复查剩下的会话的网络和传输层数据包头。每个数据包的每个包头值都与当前状态表中的值对比，并更新状态表更新以反映通信进程的进展情况。把检查对象从整个数据包缩减为每个数据包的头部以提高性能。

TCP 是连接型协议，这个协议的各个步骤及协议工作的状态都已明确定义。连接过程经历一系列状态，这些状态有 LISTEN、SYN-SENT、SYN-RECEIVED、ESTABLISHED、FIN-WAIT-1、FIN-WAIT-2、CLOSE-WAIT、CLOSING、LAST-ACK、TIME-WAIT 和虚构状态 CLOSED。状态检测防火墙记录经过的每个数据包的每种状态，以及相应的应答号和序列号。如果应答号和/或序列号违反了规则，就意味着可能发生了重放攻击(Replay Attack)，防火墙能保护内部系统免受攻击。

然而，生活中的一切都没有那么简单，包括网络协议通信的标准化。虽然前面讨论的与 TCP 连接状态有关的陈述都是正确的，但有些情况下，应用程序层协议需要改变这些基本步骤。例如，与所有其他应用程序层协议相比，FTP 在启动数据通道时使用一种不寻常的通信交换。FTP 构建两个 TCP 会话，只用于通信双方的一次通信。通常情况下，构成 FTP 会话的两个 TCP 连接状态都应可跟踪，但 FTP 连接的状态却遵循不同规则。状态检测设备如果要正确监测 FTP 会话的流量，则需要把 FTP 对控制通道使用的出站连接和数据通道使用的进站连接方式都考虑在内。如果安全专家配置状态检测防火墙的话，就需要了解一些具体协议的细节，确保每个协议都得到正确检测和控制。

由于 TCP 是连接型协议，在连接的建立、维护和取消阶段都有明确定义的状态。UDP 是无连接协议，这意味着没有上述步骤。UDP 不承载状态，意味着状态检测防火墙更难跟踪 UDP。对于无连接协议，状态检测防火墙跟踪记录源地址和目标地址、UDP 包头值和一些 ACL 规则。这些连接信息也存储在状态表中并执行跟踪。既然 UDP 没有特定的取消阶段，那么防火墙会在没有活动发生后的一段时间内清除 UDP 连接，从状态表中删除与此 UDP 连接有关的数据。

状态检测防火墙的特征

状态检测防火墙具有下列重要特征：

- 通过维护状态表，跟踪每个通信会话。
- 提供高度安全性，不会产生代理防火墙出现的性能问题。
- 可扩展，对用户透明。
- 为跟踪无连接协议(如 UDP 和 ICMP)提供数据。
- 存储和更新包内数据的状态和上下文。

实际上，在使用状态检测防火墙过滤 UDP 通信时，ICMP 通信将导致情况变得更复杂。因为 UDP 是无连接的，没有机制能让接收计算机告诉发送计算机数据传输太快了。在 TCP 中，接收计算机能改变包头中的窗口值，从而告诉发送计算机减少正在传输的数据量。TCP 消息大致会是这样："发给我的数据太多了，我处理不过来，慢点儿！"UDP 的包头没有窗口值，所以接收计算机发送一个 ICMP 数据包提供这一功能。但这意味着状态检测防火墙应记录且允许带有特定 UDP 连接的相关 ICMP 数据包。如果防火墙不允许 ICMP 数据包到达发送系统，接收系统会崩溃。当防火墙扮演的角色不仅仅是执行数据包过滤时，事情会变得更复杂，而这仅是其中一个示例。尽管状态检测提供了额外保护步骤，但同时增加了复杂性，因为状态检测设备需要保持动态状态表并记住所有连接。

不幸的是，状态检测防火墙成为多种拒绝服务攻击的受害方。有几种攻击都以使用伪造信息造成状态表的泛洪为目标。状态表是一种类似于系统硬盘空间、内存或 CPU 的资源。当状态表塞满伪造的信息时，设备就会死机或重启。

3. 代理防火墙

代理(Proxy)是一个中间人。在将信息递交给目标接收方前，代理会拦截和检查信息。假设安全专家想把一个盒子和一条消息交给美国总统，那么安全专家通常不太可能走到总统面前将这些东西交给总统本人，安全专家通过某位中间人(例如，情报局)接收盒子与消息。情报局会仔细检查盒子，确保盒子里不存在危险品。这就是代理防火墙所做的工作，接受流进或流出网络的消息，检查可疑的信息，只在确认安全时才将数据传递至目标计算机。

代理防火墙(Proxy Firewall)设在可信任网络和不可信网络之间，代表连接发起方建立连接。重点是，代理防火墙断开了通信通道，两个通信设备之间不能直接连接。当包过滤设备只监测流经网络连接处的流量时，代理会中断这个通信会话，然后代表发送系统重新启动会话。图 21-6 展示了代理防火墙的工作步骤。注意，代理防火墙并不只是通过 ACL 规则过滤流量那么简单，代理防火墙首先在防火墙内部的接口处断开用户连接，然后在防火墙外部接口处代表该用户重新启动一个新会话。当外部 Web 服务器回复这个请求时，这个回复到达代理防火墙的外部接口并终止。代理防火墙检查这个回复信息，如果认为回复信息是安全的，防火墙将自行启动一个对内部系统的新会话。这如同刚才举例说明的安全专家和美国总统之间的中间人所做的工作。

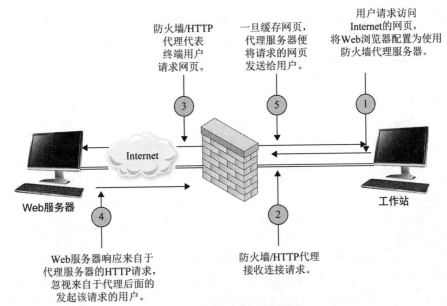

图 21-6　代理防火墙中断连接

　　代理技术能真正工作在网络栈的不同层上。工作在 OSI 模型较低层的代理防火墙称为电路级代理(Circuit-level Proxy)，工作在应用层的代理防火墙称为应用级代理(Application-level Proxy)。

　　电路级代理(Circuit-level Proxy)在两个通信系统之间创建了一个连接(回路)。电路级代理工作在 OSI 模型的会话层，从网络角度监测流量。电路级代理看不到数据包的内容，因此不执行深层次检查。电路级代理只是基于能看到的协议包头和会话信息做出访问决策。因为不需要理解应用层协议，所以提供的保护不如应用级代理多，电路级代理是独立于应用程序的。因此，电路级代理不能提供工作在高层的代理所提供的精细保护，但电路级代理能够在应用级代理可能不合适或不可用的情况下提供更大范围的保护。

注意

通过电路级代理发往接收计算机的流量看上去像来自于防火墙而不是发送系统。这有助于隐藏防火墙所保护网络中的内部计算机的信息。

　　应用级代理(Application-level Proxy)检查通过应用层的数据包。电路级代理仅能看到会话层，而应用级代理会将数据包作为一个整体理解，因此依据数据包的内容作出访问决策。应用级代理理解不同的服务和协议及其使用的命令。例如，应用级代理能区分 FTP GET 命令和 FTP PUT 命令，并可依据这个粒度级别的信息做出访问决策。与之相比，包过滤防火墙和电路级代理只能将 FTP 请求作为一个整体做出允许或拒绝的决策，而不能依据 FTP 内部使用的命令执行决策。

　　应用级代理防火墙为每个协议都配备一个代理。一台计算机可具有多种协议(例如，FTP、NTP、SMTP、Telnet 和 HTTP 等)。因此，每个服务都需要一个应用级代理。这并不意味着每个服务都需要一台代理防火墙，而是说防火墙产品的某一部分功能用于理解特定协议的工作方式以及如何适当地过滤该协议的可疑数据。

提供应用级代理保护的难度较高。代理应完全理解特定协议的工作方式以及该协议内的合法命令。代理需要在传输数据的过程中耗费很多精力探讨和理解这些内容。打个比方，机场的检查站有多位员工，每名员工都负责在乘客进入机场和登机前询问乘客。这些员工经过相关培训，会提出特定问题，检查可疑的答案和活动，且拥有扣留可疑人员的技能和权力。现在，假设每名员工都讲不同的语言，因为需要询问的乘客来自于世界各地。由于使用不同语言，因此一名讲德语的员工将无法理解和确定意大利乘客的可疑答案。应用级代理防火墙也会遇到与此类似的问题。每个代理都是一段用于理解特定协议运作方式并识别使用该协议的可疑流量的代码。

注意

如果应用级代理防火墙并不理解某种协议或服务，就无法保护这种通信。在此场景下，因为电路级代理不处理这些复杂问题，所以更适合。电路级代理的优点在于，与应用级代理相比，能处理更多类型的协议和服务。但电路级代理的缺点是无法提供应用级代理的细粒度控制。生活就是这样，始终处于平衡妥协之中。

电路级代理的工作方式类似于包过滤，基于地址、端口和协议类型包头值做访问决策。电路级代理检查包头内的数据，而不是检查包的应用层数据。电路级代理并不知道包的内容是否安全，只从整个网络的角度理解流量。

与之相比，应用级代理专注于具体协议或服务。每个协议都至少使用一个代理，因为单独一个代理无法解释需要处理的所有协议的所有命令。电路级代理在 OSI 模型之中较低的层次上工作，因为不检查如此详细的信息，所以不需要每个协议都使用一个代理。

应用级代理防火墙

与所有技术一样，应用级代理防火墙也有其优缺点。重要的是，在购买和部署这类解决方案时，要充分了解这类防火墙的特征。

应用级代理防火墙的特征如下：

- 由于防火墙能检查整个网络包，而不仅是网络地址和端口，因此拥有强大的持续记录日志功能。
- 与只能执行系统身份验证的包过滤防火墙和状态检测防火墙不同，应用级代理网关能直接对用户执行身份验证。
- 由于应用级代理网关防火墙并非只是 3 层设备，因此能抵御欺骗攻击和其他复杂攻击。

应用级代理防火墙的特征如下：

- 通常不适合高带宽或实时应用程序。
- 对新的网络应用程序和协议的支持能力有限。
- 由于需要逐包处理，因此会产生性能问题。

　　SOCKS 是电路级代理网关的一个示例，SOCKS 在两台计算机之间提供一个安全通道。当启用 SOCKS 的客户端发送访问 Internet 中某台计算机的请求时，这个请求实际上到达网络的 SOCKS 代理防火墙(如图 21-7 所示)。代理防火墙查看数据包中的恶意信息，检查其策略规则，确定是否允许连接。如果数据包是可接受的，并且连接是允许的，那么 SOCKS 防火墙就将消息发送至 Internet 上的目标计算机。当 Internet 上的目标计算机做出响应，也将数据包发送至 SOCKS 代理防火墙，此时防火墙又会检查数据，接着将数据传送给客户端计算机。

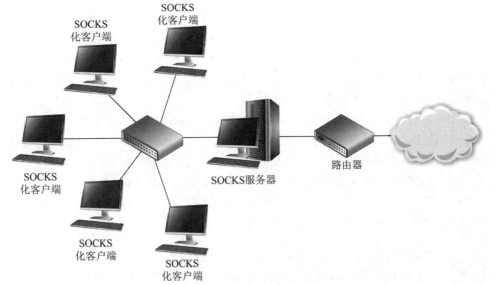

图 21-7　电路级代理防火墙

　　SOCKS 防火墙能屏蔽、过滤、审核、记录与控制流进和流出受保护网络的数据流。因为 SOCKS 的普遍性，所以多数应用程序和协议都配置为与 SOCKS 一起工作，减少管理员的配置工作量，而且各种防火墙产品也都集成了 SOCKS 软件，提供基于电路的保护。

注意

记住，无论是使用应用级还是电路级代理防火墙，都只起代理作用。两种代理防火墙都拒绝在源系统和目标系统之间执行实际的端对端连接。如果试图建立远程连接，客户与代理连接并通信，然后，这个代理与目标系统建立连接并代表客户发出请求。代理为每个网络传输建立两个独立连接。从根本上讲，代理将双方会话变成四方会话，中间进程模仿两个真正的系统。

应用级和电路级代理防火墙的特征

应用级代理防火墙的特征如下：

- 每个需要监测的协议都需要一个独特代理。
- 比电路级代理防火墙提供更多保护。
- 对每个包都需要执行更多处理，速度比电路级代理防火墙慢。

电路级代理防火墙的特征如下：

- 不需要为每个协议设置一个代理。
- 不提供应用级代理防火墙的更深层次的检查。
- 为更广范围的协议提供安全性。

4. 下一代防火墙

下一代防火墙(Next-generation Firewall, NGFW)整合了前文讨论的防火墙中最好的属性，还增加了一些重要改进。最重要的是，下一代防火墙采用了基于特征/基于行为分析的 IPS 引擎。这意味着，除了确保传输行为遵循适用的协议规则外，防火墙还可通过特定指标在看似正常的流量中寻找攻击流量。一些最先进的 NGFW 能通过基于云的聚合器(Cloud-based Aggregator)共享攻击特征库，因此一旦其中一台防火墙检测到新攻击，其他所有同一厂商的防火墙都能通过这个机制获取新的攻击特征。

NGFW 的另一个特征是具备连接到外部数据源(如 Active Directory)、白名单、黑名单和策略服务器的能力。此功能允许控制规则在一个地方定义后推到网络中的每个 NGFW，从而减少了在大型网络中存在的各种防火墙设置不一致的可能性。

基于上述原因，NGFW 并不适合所有组织。仅高昂的成本就已导致这项技术在小型网络甚至中等规模的网络中不可行了。组织机构需要确保实施了正确的防火墙技术，监测特定网络流量，保护各类资源。这些防火墙也需要放置在正确的位置，接下来将讨论这个主题。

注意

随着攻击类型的不断变化，防火墙技术也在不断发展，第一代防火墙仅能监测网络流量。而攻击方也从最初只实施网络层攻击(DoS、碎片和欺骗等)演化到现在的应用层攻击(缓冲区溢出、注入和恶意软件等)，促使防火墙技术也不断更新以监测应用层攻击。

表 21-1 列出前面讨论的防火墙类型的重要概念和特征。虽然各种防火墙产品能提供在 OSI 模型不同层上工作的混合服务，但理解这些防火墙类型的基本定义和功能十分重要。

表 21-1　不同类型防火墙之间的差异

防火墙类型	OSI 层	特征
包过滤防火墙	网络层	查看目标和源地址、端口、所请求的服务。路由器使用 ACL 监测网络流量
状态检测防火墙	网络层	查看包的状态和上下文。使用状态表跟踪每个通话
应用级代理防火墙	应用层	对包执行更深入的检查，并作出细粒化访问控制决策。每个协议都需要一个代理
电路级代理防火墙	会话层	只查看包首部信息。比应用级代理保护范围更广的协议和服务，但不提供应用级代理所使用的详细控制级别
下一代防火墙	多个层级	速度非常快且支持高带宽。内置 IPS。可连接诸如活动目录(Active Directory)的外部服务

专用工具包

防火墙可能是安装在使用常规操作系统的常规计算机上的软件，或是拥有自己的操作系统的专用硬件设备。第二种选择往往更安全，因为供应商使用的是一种简化的操作系统版本(通常为 Linux 或 BSD UNIX)。常规操作系统中存在大量防火墙并不需要的代码和功能。过度的复杂性会带来脆弱性。如果攻击方能利用并攻破防火墙，公司就可能暴露在可怕的危险当中。

在当今的技术术语中，那种具有细分操作系统和专业能力的硬件称为专用工具包(Appliance)。常规操作系统能够提供大量功能，而专用工具包则只提供防火墙这一非常集中的功能。

如果在一个常规系统上运行防火墙软件，那么应禁用不必要的用户账户，关闭不必要的服务，禁用不用的子系统并关闭不需要的端口等。如果防火墙软件运行在常规系统而非专用工具包中，那么需要全面加固常规系统。

5. 防火墙架构

为满足特定需求，防火墙可部署在网络中的多个区域，以免内部网络受到外部网络的危害，并作为内部网络和外部网络之间所有流量的咽喉。防火墙可用于划分不同部分的网络，实现两个或多个子网之间的访问控制。防火墙还可用于提供 DMZ 架构。如前所述，配置正确的防火墙应放在恰当的位置。组织机构使用防火墙的目的有共同之处，会将防火墙部署在网络中相似的位置。接下来将详细讨论这个主题。

双宿防火墙　双宿(Dual-homed)指一台设备具有两个接口：一个接口面向外部网络，另一个接口则面向内部网络。如果防火墙软件安装在双宿设备中(通常都是如此)，那么为了安全起见，底层操作系统应当关闭包转发和路由功能。如果启用这些功能，计算机将无法使用必要的 ACL、规则或其他约束。如果数据包由不可信网络进入双宿防火墙的外部 NIC(网络接口卡)，而且操作系统启用了转发功能，操作系统将转发流量，而不是将流量向上传递至防火墙软件执行检查。

目前多数网络设备都是多宿(Multi-homed)，即配置了若干 NIC 的网络设备，用于连接多个不同网络。多宿设备常用于安装防火墙软件，因为防火墙的工作就是控制网络之间传送的流量。如前所述，常用的多宿防火墙架构允许公司设置若干个 DMZ。其中一个 DMZ 可能包含在外联网中组织之间的共享设备，另一个 DMZ 可能包含组织的 DNS 和邮件服务器，还有一个 DMZ 则可能包含组织的 Web 服务器。组织使用不同的 DMZ 主要出于两个原因：控制不同流量类型(例如，确保 HTTP 流量只进入 Web 服务器，同时确保 DNS 请求进入 DNS 服务器)；确保即便某个 DMZ 中的某个系统遭到破坏，攻击方仍然无法访问 DMZ 内的其他系统。

如果公司只依赖一台没有冗余的多宿防火墙，那么这台防火墙最终会成为单点故障。如果防火墙出现故障，所有流量都将中断。有些防火墙产品嵌入了冗余或容错能力。如果公司使用的防火墙产品不具备冗余或容错能力，那么应在网络中设置冗余防火墙。

除了可能成为单点故障外，另一个需要理解的安全问题是深度防御的不足。如果公司只依靠一台防火墙，那么不必考虑实施哪种架构，也不必考虑设备配置接口的数量，都仅提供一层保护。如果攻击方破坏这台防火墙，便能直接访问公司的网络资源。

屏蔽主机 屏蔽主机(Screened-host)是一种直接与边界路由器和内部网络通信的防火墙。图 21-8 显示了这种架构。

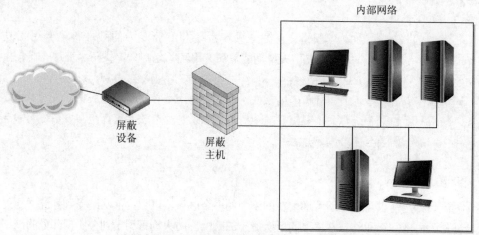

图 21-8 屏蔽主机是通过路由器屏蔽的防火墙

来自于 Internet 的流量首先通过外部路由器的包过滤功能执行过滤。经过过滤的流量发送至屏蔽主机防火墙，该防火墙使用更多规则过滤流量，并丢弃拒绝的包。随后，流量传送至内部的目标主机。屏蔽主机(防火墙)是直接从路由器接收数据流的唯一设备。不存在从 Internet 经过路由器直接到达内部网络的数据流。屏蔽主机始终是这个等式的组成部分。

如果防火墙是基于应用程序的，那么在网络层有路由器提供的包过滤保护，应用层有防火墙提供的保护。这种布置提供了高度安全性，因为攻击方想要成功，就不得不破坏两个系统。

前文中引用的术语"屏蔽"是什么意思呢？如图 21-8 所示，路由器是屏蔽设备，防火墙是屏蔽主机。这意味着在流量直接到达防火墙之前，路由器能够提供一层扫描流量和去除大量"废弃"数据的保护。屏蔽主机与屏蔽子网不同，接下来讨论屏蔽子网。

屏蔽子网 屏蔽子网(Screened-subnet)架构在屏蔽主机架构的基础上添加了另一层安全性。外部防火墙屏蔽进入 DMZ(非军事区)网络的数据。与前述直接将流量重定向至内部网络的防火墙架构不同，屏蔽子网架构还设置一台内部防火墙过滤流量。使用两台物理防火墙创建了一个 DMZ。

在只有屏蔽主机的环境中，如果攻击方成功突破防火墙，那么没有其他机制阻挡攻击方遍历访问内部的网络。在使用屏蔽子网的环境中，攻击方需要攻破另一个路由器或防火墙才能获得访问权限。在这种多层保护安全的情况下，提供的层次越多，保护就越强。图 21-9 显示了屏蔽子网的一个简单示例。

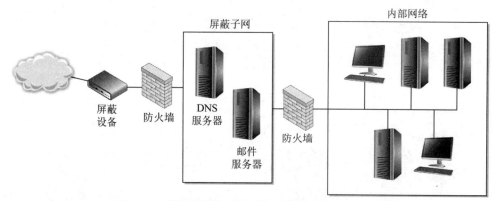

图 21-9　采用屏蔽子网时，使用两台防火墙创建 DMZ

这个示例非常简单。但在实际运营中，很多时候都会部署更复杂的网络和 DMZ。图 21-10 和图 21-11 展示了屏蔽子网的其他一些可能的架构及其配置。

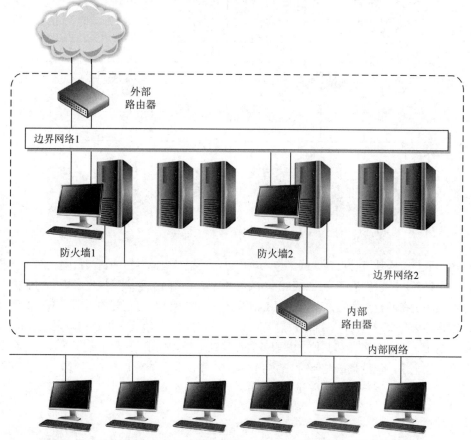

图 21-10　屏蔽子网内可划分不同的网络，并由不同的防火墙过滤特定的威胁

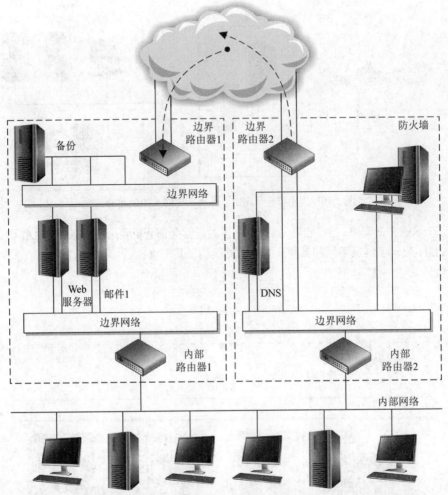

图 21-11　某些架构具有独立的屏蔽子网，不同的屏蔽子网包含不同类型的服务器

　　由于屏蔽子网是三台设备共同工作，攻击方在获得对内部网络的访问权限之前需要破坏全部三台设备，所以屏蔽子网比单独的防火墙或屏蔽主机防火墙方案提供了更多的保护。屏蔽子网架构也在两台路由器之间设立了 DMZ，作为小型网络将可信任的内部网络与不可信的外部网络隔离开来。通常，内部用户对 DMZ 内的服务器只拥有有限的访问权限。很多时候，Web 服务器、邮件服务器和其他公共服务器都放置在 DMZ 内。虽然屏蔽子网解决方案提供了最高的安全性，但也是最复杂的。配置和维护工作在屏蔽子网架构中难度较大，当需要添加新服务时，三个系统可能都需要重新配置，而不仅是重新配置其中一个系统。

防火墙架构的特征

理解不同类型防火墙架构的下列特征非常重要。

双宿：

● 单台计算机使用不同的 NIC 连接每个网络。

● 用于划分内部可信任网络与外部不可信网络。

● 应禁用计算机的转发和路由功能，以真正隔离两个网络。

屏蔽主机：

● 在流量到达防火墙前，由路由器执行流量过滤(屏蔽)。

屏蔽子网：

● 在流量进入子网前，外部路由器对流量执行过滤(屏蔽)。随后，前往内部网络的流量会经过两台防火墙。

提示

有时，屏蔽主机架构称为单层配置(Single-tiered Configuration)，屏蔽子网则称为双层配置(Two-tiered Configuration)。如果使用三台防火墙创建两个独立 DMZ，那么这种架构可称为三层配置(Three-tiered Configuration)。

过去，组织会为每种所需的网络功能(例如，DNS 服务、邮件服务、路由服务、交换服务、存储服务及 Web 服务)部署一台硬件设备，但现在组织所需的多数网络功能都能运行在硬件需求数量更少的虚拟机里。这降低了软件和硬件成本，便于集中管理，但仍然需要保护组件免受彼此和外部恶意实体的侵害。打个比方，假设 15 年前每个人都住在自己的房子里，房子与房子之间有警察站岗，以免房里的人员彼此攻击。去年，多位人员搬到一起住，现在每个房子中至少住着五名人员，仍然需要保证这些人员不会相互攻击。因此，安全专家应将警察请到房子里来执法和维护秩序。这类似于虚拟防火墙的工作，防火墙迁移到虚拟化环境中，在虚拟化实体之间提供必要的保护。

如图 21-12 所示的网络可包含位于物理网络中的传统物理防火墙，也可同时包含位于虚拟环境里的虚拟防火墙(Virtual Firewall)。

虚拟防火墙提供桥接功能实现虚拟机之间的全部流量链路都得到监测，有时，虚拟防火墙也可集成在虚拟机管理程序中。虚拟管理程序(Hypervisor)是管理虚拟机并监测访客系统运行情况的软件组件。如果将防火墙集成到虚拟机管理程序中，这个虚拟防火墙就能"看见"发生在这个系统内的所有活动。

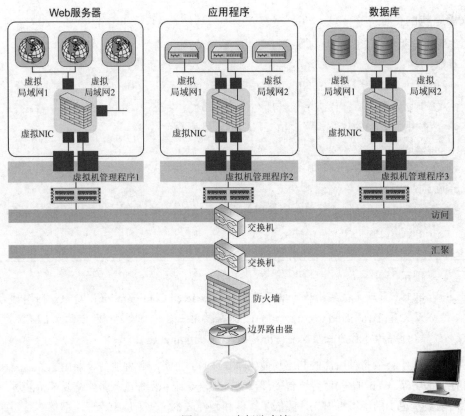

图 21-12　虚拟防火墙

堡垒主机

　　如果某个系统高度暴露，最容易成为攻击方的目标，就认为这个系统是堡垒主机(Bastion Host)。距离不受信任的网络(如 Internet)越近，周边的保护层越少，就越容易成为攻击目标。如果某个系统位于 DMZ 的公共区一方，或直接与不受信任的网络相连，那么这个系统就是一台堡垒主机，因此需要高度关注和控制。

　　堡垒主机系统应该禁用所有不必要的服务，禁用不必要的账户，关闭不需要的端口，删除不使用的应用程序、子系统和管理工具等。需要缩小系统的攻击面，即尽可能减少潜在的脆弱性数量。

　　堡垒主机不一定是防火墙，这个术语仅表达了系统与不受信任的环境和攻击威胁的位置关系。各种放置在网络外围的系统，都可认为是堡垒主机(邮件、Web 和 DNS)。

6. 防火墙须知

　　防火墙的默认配置应为隐式拒绝(Implicitly Deny)访问控制。也就是说，如果没有某条规则说明某个数据包是可接受的，就应该毫无疑问地拒绝该数据包。所有进入网络且具有内部主机源地址的数据包都应该拒绝。伪装(Masquerading)或欺骗(Spoofing)是常见的攻击方式，在此类攻击中，攻击方修改包的头部信息，导致其包含企图攻击的内网目标主机的源地址。这种数据包是具有欺骗性的，并且是不合法的。来自于 Internet 的数据包不应拥有内部网络的源地址，因此防火墙应拒绝此类数据包。同理适用于向外访问的数据流。没有内部源地址的数据流都不应允许流出网络。如果发生这种情况，那么意味着内部网络的某个人或某个程序在发送欺骗数据流。这是用于分布式拒绝服务(Distributed DoS，DDoS)的僵尸机的工作原理。如果这些具有不同源地址的数据包离开网络，就是具有欺骗性的流量，而组织的网络也可能成为一次 DDoS 攻击的帮凶。

防火墙在将分片的数据包发送至目标主机之前，应当首先重新组装数据包。在某些类型的攻击中，攻击方会修改数据包，导致数据包与看起来的样子不同。当分片的数据包到达防火墙时，防火墙只能看到一部分分片。防火墙会努力猜测收到的数据包片段是否存在恶意。因为分片只包含数据包的一部分，所以防火墙将在未获取完整信息的情况下做决策。一旦允许所有恶意片段到达某台内网主机，恶意片段就会重新组装成恶意的数据包，从而造成大量破坏。在具有更高安全性要求的环境中，防火墙应当接收每个分片，并组装起来，再依据整个数据包执行访问决策，而不是只依据其中一部分作出决策。然而，防火墙在允许数据包分片到达目标主机之前先将分片重新组装的缺点是，会引起流量延迟且需要更多资源。组织需决定这种配置是否必要，以及附加的流量延迟是否可接受。

前面提到过，多数组织都会拒绝含有源路由信息的数据包进入网络。源路由意味着数据包自行决定如何到达目标，而不是由源计算机和目标计算机之间的路由网络决定。源路由按预定路径传输数据包。发送计算机应了解网络的拓扑以及如何正确地路由数据。这对夹在源和目标间的路由器和连接机制而言工作更简单了，因为不再需要网络设备决定如何执行数据包路由。但源路由也可能导致安全风险。当路由器接收到某个包含源路由信息的数据包时，会认为数据包自己知道怎么做，于是将其继续向前传递。某些情况下，网络管理员可能希望数据包仅通过某条路径路由，而不是从数据包自己指定的路径路由。为避免发生这种情况，多数防火墙都配置成检查包内的源路由信息。如果存在源路由信息，那么拒绝该数据包。

防火墙并非开箱即用且有效的软件。安全专家需要真正了解正在部署的防火墙的类型及不同配置带来的不同结果。例如，防火墙可能有隐含规则，而且优先级高于安全专家所配置的规则。这些隐含规则可能与安全专家设定的规则冲突，从而否决安全专家的规则。这样，安全专家认为已经限制了某种类型的流量，但其实防火墙默认允许这类流量进入组织的网络。

下面列出一些需要安全专家了解的与防火墙相关的问题：

- 大多数情况下，需要使用分布式方法控制所有网络的接入点，这是仅使用一台防火墙无法完成的工作。
- 防火墙是潜在的流量瓶颈和单点故障威胁。
- 有些防火墙不提供恶意软件保护，因此攻击方可通过更复杂的攻击欺骗防火墙。
- 防火墙无法抵御嗅探器或恶意无线接入点，也无法抵御内部攻击。

在防火墙不断发展、拥有更多功能和责任的同时，防火墙的角色也变得越来越复杂。有时，这种复杂性与网络管理员和安全专家的初衷相背，因为这需要网络管理员和安全专家理解和正确实现防火墙的更多功能。如果网络管理员和安全专家缺乏对不同类型的防火墙及架构的理解，则会引入攻击方可利用的更多安全漏洞。

21.2.2　入侵检测和防御系统

入侵检测和防御的选项包括基于主机的入侵检测系统(Host-based Intrusion Detection System，HIDS)、基于网络的入侵检测系统(Network-based Intrusion Detection System，NIDS)和无线入侵检测系统(Wireless Intrusion Detection System，WIDS)。依据具体产品及使用方式，每种产品都可在检测或防御模式下运行。复习一下，入侵检测系统(IDS)和入侵防御系统(IPS)之间的主要区别在于 IDS 只检测和报告可疑入侵，而 IPS 检测、报告和阻止可疑入侵。IDS和 IPS 的安全功能是如何实现的？通过两种基本的方法实现安全功能：基于规则的或基于异常的。

1. 基于规则的 IDS/IPS

基于规则(Rule-based)的入侵检测和防御是最简单、最古老的技术。本质上，组织编写规则(或订阅为组织编写规则的服务)并加载到系统中。IDS/IPS 监测所在的环境，查找与规则匹配的内容。例如，假设组织需要监测某个特定恶意软件的特征。组织可创建规则，查找与该签名匹配的数据，然后发出警报(IDS)或阻止数据传输并生成警报(IPS)。当组织知道攻击的特征时，基于规则的方法非常有效。但是，如果攻击方更改了工具或攻击流程，组织应该如何应对？

基于规则的攻击检测方法的主要缺点是，组织需要准确捕获攻击的规则。这意味着某些组织遭到攻击方攻击，调查了破坏情况，制定了规则，并与社区共享攻击信息。这个流程需要时间，在规则最终确定并加载之前，系统无法有效抵御特定的攻击。当然，也没有能够阻止敌对方稍微修改工具或技术绕过组织新规则的方法。

2. 基于异常的 IDS/IPS

基于异常(Anomaly-based)的入侵检测和防御使用多种方法检测看起来异常的事情。基本的方法是观察环境一段时间，找出"正常"状态。这就是所谓的训练模式(Training Mode)。一旦创建了环境基线，IDS/IPS 就可切换到测试模式(Testing Mode)，在该模式下，比较观察结果与之前创建的基线。明显不同的观察结果会触发警报。例如，某台特定的工作站在正常工作时间内存在一系列行为，在正常工作日内从未向外部主机发送超过 10MB 的数据。然而，有一天，这台工作站发出 100MB 的数据。这是非常异常的，因此 IDS/IPS 会发出警报(或阻止流量)。但如果发出的数据只是提交给监管机构的年度报告呢？

基于异常的方法面临的主要挑战是误报(False Positive)；也就是说，在没有发生入侵的情况下检测到入侵。误报可能会导致需要检查每个警报的人员感到疲劳和不敏感。相反，漏报(False Negative)是指系统错误地将告警归类为良性的事件，延迟响应，直到通过其他方式检测到入侵。显然，两者都是糟糕的结果。

EDR、NDR 和 XDR

HIDS 和反恶意软件功能正越来越多地捆绑到综合终端检测和响应(Endpoint Detection and Response，EDR)平台中。类似地，NIDS 正在演变为网络检测与响应(Network Detection and Response，NDR)产品。这些较新的解决方案实现了 HIDS 和 NIDS 的全部功能，但也提供了多项其他功能，比如结合基于规则和异常检测功能。扩展检测与响应(Extended Detection and Response，XDR)平台通过将云环境和本地多个传感器中的事件关联起来，进一步推进了检测与响应，从而令组织对环境中发生的事情有了更全面的了解。

也许减少错误最重要的一步是设定系统基线。基线(Baseline)是为特定的网络或系统建立正常行为模式的过程。大多数组织只考虑基于异常的 IDS 的基线，因为这些 IDS 通常需要经过一段时间的学习才能确定什么是异常的。然而，即使是基于规则的 IDS 也应该按照组织的正常情况配置。不存在"一刀切"的 IDS/IPS 规则集，尽管某些单独的规则很可能适用于所有组织(例如，检测已知的恶意软件样本)。

注意

"边界(Perimeter)"这个术语近来显得没有那么重要了。当然在安全架构方面"边界"仍是一个重要概念，但边界可能会误导某些人想象存在一堵墙将组织与坏人隔开。最好的做法是假定敌对方"已在线内"，这将淡化安全运营边界的重要性。

3. 白名单与黑名单

调整 IDS/IPS 等检测平台的最有效方法之一是列出绝对安全和绝对恶意的信息。那么，平台只需要识别两个列表中都不存在的信息。白名单(更准确地称为允许列表)是一组已知安全的资源，如 IP 地址、域名或应用程序。相反，黑名单(也称为拒绝列表)是一组已知不安全的资源。理想情况下，组织只希望使用白名单，因为在组织的环境中不允许使用白名单之外的内容。实际上，组织最终会在完全了解可接受资源的特定情况下使用白名单。例如，如果不想让用户自行安装任意软件，那么列出可在计算机中执行的白名单应用程序就是一种有效控制。同样，组织还可允许将连接到网络的设备列入白名单。

当组织无法提前了解所有允许的资源时，情况就不同了。例如，很少有组织能为每个用户列出网站的白名单。相反，组织更多依赖于域和 IP 地址的黑名单。黑名单的问题在于，Internet 是一个动态领域，而唯一可确定的是黑名单总是不完整的。尽管如此，有黑名单总比什么都没有好，所以组织应该总是先尝试使用白名单，然后在别无选择的时候再使用黑名单。

21.2.3　反恶意软件

传统的反恶意软件(Antimalware Software)通过特征库检测恶意代码。特征库，有时也称为指纹库(Fingerprint)，是由反恶意软件供应商创建的。特征(Signature)是供应商从恶意软件样本中提取的一组代码段。与人类的身体拥有通过匹配特定病原体的基因代码片段来识别和追踪特定病原体的抗体类似，反恶意软件提供一个引擎，可扫描通过特定协议传递的文件、电子邮件和其他数据,然后将与其特征库的数据库比较。当存在匹配特征时,反恶意软件将执行配置要求执行的活动,包括隔离目标、尝试清理目标(删除恶意软件)、向用户提供警告消息对话框和/或记录事件。

基于特征的检测(Signature-based Detection)也称为指纹检测,是检测传统恶意软件的一种相当有效的方法,但基于特征的检测对新型威胁的响应时间存在延迟。一旦在未知的情况下检测到恶意软件,反恶意软件供应商应探讨检测到的恶意软件,并研发和测试新的特征,然后发布特征,所有客户都需要下载新的特征。如果恶意代码只是向组织所有员工发送捉弄人的图片,那么基于特征检测的延迟就不那么重要。如果恶意软件是 TrickBot 的新变种(多数勒索软件攻击背后的一种多功能特洛伊木马),那么基于特征检测的延迟可能是毁灭性的。

由于每天都会发布新的恶意软件,基于特征检测的供应商很难跟上。几乎所有反恶意软件产品都支持的另一种技术称为启发式检测(Heuristic Detection)。这种方法分析恶意代码的全局结构,评估编码指令和逻辑功能,并查看病毒或蠕虫中的数据类型。因此,启发式检测收集了关于可疑代码的一系列信息,并评价其本质上是恶意的可能性。启发式检测提供一种"可疑度计数器",随着程序发现更多潜在的恶意属性,该计数器会增加。一旦达到预定义的阈值,该代码将被正式视为危险代码,反恶意软件将立即采取行动保护系统。这帮助反恶意软件不仅仅是依靠特征库就能检测未知的恶意软件。

假设 Barney 是镇上的警察,其职责是铲除犯罪分子并关押起来(隔离)。如果 Barney 使用基于特征的方法,会将一沓犯罪分子的照片与在街上看到的每个人比较。当 Barney 看到与犯罪分子照片匹配的人员时,迅速将其扔进巡逻车,然后开车离开。相比之下,如果 Barney 使用启发式方法,会首先观察可疑活动。因此,如果有人戴着滑雪面具站在银行外面,Barney 会评估这是一名银行劫匪,而不是一位需要现金的酷小伙的可能性。

某些反恶意软件产品创建一个称为虚拟机(Virtual Machine)或沙箱(Sandbox)的模拟环境,并允许可疑代码中的一些逻辑在受保护的环境中执行。这能够帮助反恶意软件观察正在运行的代码,从而提供更多有关其是否恶意的信息。

注意

虚拟机或沙箱有时也称为累积缓存(Emulation Buffer)。两个术语表示的是同一个概念——隔离和受保护的一段内存,这样,如果代码是恶意的,系统就会受到保护。

审查与代码相关的信息称为静态分析(Static Analysis),而允许部分代码在虚拟机中运行称为动态分析(Dynamic Analysis)。静态分析和动态分析都属于启发式检测方法。

尽管上述所有方法都是复杂而有效的,但并不是 100%有效,因为恶意软件的研发人员很狡猾。这是一场无休止的猫捉老鼠游戏,每天都在继续。反恶意软件行业刚推出了一种检测恶意软件的新方法,接下来的一周,恶意软件研发人员就推出一种绕过这种检测方法的恶意软件。这意味着反恶意软件供应商需要不断提高产品的智能性,而组织应每年购买新版本。

反恶意软件发展的下一个阶段称为行为防御组件(Behavior Blocker)。执行行为防御的反恶意软件实际上允许可疑代码在不受保护的操作系统内执行，并观察其与操作系统的交互，寻找可疑活动。反恶意软件观察以下类型的活动：

- 向启动文件或注册表中的 Run 键写入信息
- 打开、删除或修改文件
- 使用脚本通过邮件发送可执行代码
- 连接网络共享或资源
- 修改可执行的逻辑
- 创建或修改宏和脚本
- 格式化硬盘或写入引导区

反恶意软件程序检测到潜在的恶意活动，可终止软件的运行并提示用户。新一代行为防御组件实际上在判断系统感染之前先分析这类操作的顺序。而第一代行为防御组件只寻找个体行为，导致大量误报。新一代软件可拦截一段危险的代码，不允许代码与其他运行的进程交互。软件还可检测 Rootkit。此外，一些反恶意软件程序允许系统回滚到感染发生前的状态，从而"擦除"恶意软件造成的伤害。

虽然行为防御组件听起来可带来幸福，让用户感觉进入了"乌托邦"，但行为防御组件的缺点是实时执行的。行为防御组件一旦出现问题，系统可能遭到破坏。这种持续监测需要消耗较高的系统资源。这似乎是一场打不赢的战争。

考试提示

启发式检测和行为防御是主动的，可检测到新的、有时称为"零日攻击"的恶意软件。基于特征的检测方法不能检测到新的恶意软件。

大多数反恶意软件供应商混合使用这些技术，提供尽可能多的防护。图 21-13 分别显示了各种反恶意软件解决方案。

注意

另一个反恶意软件技术称为"基于声誉的保护(Reputation-based Protection)"。反恶意软件供应商从多数(或全部)客户系统中收集数据并挖掘这些数据，以搜索模式帮助识别安全文件和恶意文件。每种文件类型分配一个声誉度值，表明文件是"安全"或"恶意"的概率。反恶意软件使用这些值帮助识别"恶意"(可疑的)文件。

检测和保护企业免受恶意软件骚扰不仅需要推广反恶意软件。与安全计划的其他部分一样，要部署和维护行政性、物理性和技术性安全控制措施。

组织应该制定独立的反恶意软件策略或将其纳入现有的安全策略。反恶意软件策略应包含安装哪种类型的反恶意软件、反间谍软件，以及如何配置这些软件的标准。

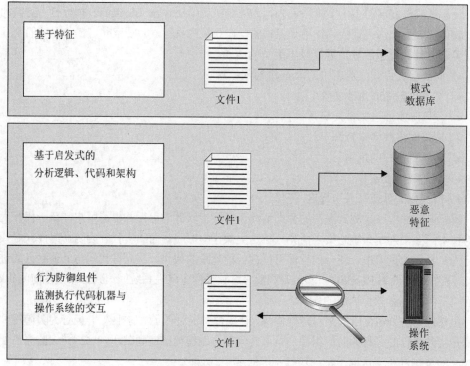

图 21-13　反恶意软件供应商使用不同类型的恶意软件检测方法

反恶意软件信息和预期用户行为应融入安全培训和安全意识宣贯程序中。安全意识程序还应该包括用户发现病毒时的报告流程。组织的反恶意软件标准应该包括发现恶意软件时的注意事项。如下所示：

- 每台工作站、服务器和移动设备都应安装反恶意软件。
- 每台设备应该自动更新恶意软件特征库。
- 用户应无法禁用反恶意软件。
- 应该制定预先规划好的清除恶意软件的流程，并明确恶意软件感染时的联系人信息。
- 应对所有外部磁盘或 USB 驱动器等执行自动扫描。
- 应扫描备份文件。
- 应每年审查反恶意软件策略和程序。
- 反恶意软件应提供恶意软件启动保护(Boot Malware Protection)。
- 每台设备和网关都应执行反恶意软件扫描。
- 应自动化定期扫描病毒。不要依赖手动扫描。
- 关键系统应该实施物理保护，避免通过本地安装恶意软件。

因为恶意软件造成组织数百万美元的运营成本和生产效率下降，多数组织已在网络入口实施了反恶意软件解决方案。扫描软件可集成到邮件服务器、代理服务器或防火墙中。这种解决方案有时也称为反病毒墙(Virus Wall)。该软件扫描流入的流量、发现恶意软件，从而可在恶意软件进入网络前监测并阻止该恶意软件。这类产品扫描 SMTP、HTTP、FTP 或其他协议类型，但重要的是要知道产品只是监测一两个协议的流量，而不是所有流入的流量。这也是每台服务器和工作站都应该安装反恶意软件的原因。

21.2.4　沙箱

沙箱(Sandbox)是一种应用程序的执行环境，沙箱将执行代码与操作系统隔离，以防止产生安全危害。对于代码而言，沙箱看起来像一个可供其运行的理想环境。例如，当应用程序在沙箱中执行操作，就像直接与操作系统交互一样。实际上，应用程序正与另一个软件交互，目的是确保遵守安全策略。沙箱的另一个示例是在 Web 浏览器中运行的软件(例如，辅助对象)，软件的行为就像直接与浏览器交互，但交互是由某种类型的策略强制执行实现的。沙箱的强大之处在于当不确定运行的代码是否安全时，能提供额外的保护层。图 21-14 显示了使用沙箱和不使用沙箱的情况。

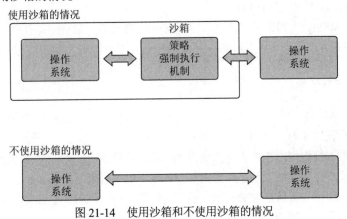

图 21-14　使用沙箱和不使用沙箱的情况

21.2.5　外包安全服务

前面讨论的几乎所有预防和检测性措施都可外包给外部服务提供商。组织这样做有何原因？首先，多数中小型组织缺乏资源，不能组建由经验丰富的安全专业人员组成的完整团队。况且现在劳动力短缺，短期内也不太可能得到解决。这意味着在多数情况下，雇用、培训和保留合格人员是不可行的。相反，多数组织已经向托管安全服务提供商(Managed Security Services Providers，MSSP)寻求第三方提供的安全服务。

考试提示

外包安全服务(Outsourced Security Service)是(ISC)[2]所指的第三方提供的安全服务。

MSSP 通常提供各种服务，从终端解决方案到接管所有技术安全控制措施(某些情况下是物理安全控制措施)的安装、操作和维护(组织仍然需要提供策略和多项管理控制措施)。组织的成本将依据安全需求而有所不同，但多数情况下，如果在组织内部提供这些服务，成本将超出组织所能承受的范围。尽管如此，在雇用 MSSP 之前，组织可能还需要考虑以下这些问题。

- **需求(Requirement)** 在开始面试即将选择的 MSSP 之前,确保组织清楚自己的需求。组织可外包日常活动,但不能将组织的安全需求理解为外包组织的责任。
- **充分了解(Understanding)** MSSP 了解组织的业务流程吗? MSSP 提出的问题正确吗?如果 MSSP 不知道组织在做什么(以及如何做),将很难提供有效的安全性。同样,组织需要了解 MSSP 的资质和流程。相互信任是建立在准确信息基础上的。
- **声誉(Reputation)** 一家不称职的服务提供商,很难不会导致客户的抱怨。在选择 MSSP 时,组织需要花一些时间询问其他安全专业人员,了解与特定组织打交道的经验。
- **成本(Costing)** 组织可能在无法负担豪华版本的 MSSP 服务时退而求其次,只满足部分需求。当组织削减成本后,使用该提供商是否更划算?是否应该换其他提供商?组织能自己承担相关工作吗?
- **责任(Liability)** 如果组织遭受入侵,MSSP 将承担有限责任是合理的。阅读合同中的细则并咨询律师,尤其在组织所处的行业正受到政府监管的情形中。

21.2.6 蜜罐和蜜网

蜜罐(Honeypot)是一种网络设备,目的是让攻击方利用,管理员的目标是获取有关攻击方战术、技术和程序(Tactic, Technique, and Procedure,TTP)的信息。蜜罐可作为早期检测机制工作,意味着可提醒网络工作人员入侵方正在攻击蜜罐系统,以便网络安全人员可迅速采取行动,确保没有生产系统受到某种特定类型的攻击。蜜罐通常位于屏蔽子网或 DMZ 中,并试图将攻击方引诱到蜜罐所在的子网,而不是实际生产计算机。把蜜罐想象成营销工具;设计目的是吸引一部分消费群体,促使其消费,并成为回头客。与此同时,威胁分析人员持续密切关注敌对方的 TTP。

为了实现蜜罐系统吸引攻击方的目的,管理员可启用常用的服务和端口以诱使对方攻击。一些蜜罐系统模拟(Emulate)服务,这意味着实际的服务没有运行,但可使用与这些服务类似的软件。蜜罐系统可通过宣传自己是容易遭受破坏的目标吸引攻击方的注意。将蜜罐配置成组织的常规系统,这样就会将攻击方吸引到蜜罐,就像用蜂蜜吸引熊一样。

蜜罐成功的另一个关键是提供合适的诱饵。当组织遭受攻击时,攻击方的目标是什么?是信用卡信息、病人档案和知识产权吗?组织的蜜罐应该看起来允许攻击方访问他们正在搜索的资产系统。一旦遭到破坏,包含攻击方所需信息的目录和文件应看起来可信。提取信息也需要很长时间,以便组织的威胁分析人员能够最大限度地延长与"访客"的接触时间。

蜜网(Honeynet)是大概率会遭到破坏的完整网络。虽然将蜜网描述为蜜罐网络可能很诱人,但这种描述可能有点误导。有些蜜网只是由两个或更多的蜜罐组成。然而,另一些是为了确定特定攻击方的意图,动态生成蜜罐以吸引特定攻击方。这些非常复杂的蜜网不是预先存在的蜜罐网络,而是与敌对方交互的自适应网络,以尽可能长时间地保持与攻击方的交互(以便始终能够观察攻击方)。

注意

有时人们会混淆黑洞(Black Hole)和蜜网，但实际上二者几乎是相反的。典型的黑洞是带有规则的路由器，在不通知信息源的情况下丢弃特定(典型恶意)的信息包。黑洞通常用于丢弃僵尸网络和其他已知的恶意流量。与蜜罐和蜜网可更近距离地观察敌对方不同，黑洞是为了让敌对方远离组织网络。

客户端蜜罐(Honeyclient)是一种合成应用程序，旨在诱导攻击方执行客户端攻击，同时让威胁分析人员有机会观察敌对方使用的 TTP。客户端蜜罐在蜜罐家族中尤其重要，因为大多数成功的攻击都发生在客户端，而蜜罐并不特别适合跟踪客户端攻击。假设发生了可疑的网络钓鱼或鱼叉式网络钓鱼攻击，组织希望开展相关调查。组织可使用客户端蜜罐访问电子邮件中的钓鱼链接，并假装客户端蜜罐是一个真实的用户。然而，客户端蜜罐并没有感染，而是安全地捕获所有针对其的攻击，并向威胁分析人员报告。因为客户端蜜罐并不是真正的Web 浏览器，所以不会受到攻击，并为组织提供有关攻击方投掷的实际工具的信息。存在各种类型不同的客户端蜜罐，有些交互性很高(意味着需要人员参与操作)，而另一些交互性很低(意味着客户端蜜罐的行为大部分或完全自动化)。

组织机构使用蜜罐类系统识别具体的流量类型，执行定量和定性分析，并确定特定流量的危险级别。这些系统会汇集网络流量统计数据，并把这些数据返回到一个集中地点执行更好的分析。所以，当蜜罐类系统遭受攻击时，会收集情报，帮助网络人员更好地了解发生环境中的事情。

通过本章的讲解能够了解到，蜜罐和蜜网不是防火墙和 IDS 之类的防御性控制措施，而是帮助组织收集威胁情报。为确保其有效性，蜜罐和蜜网应由一名称职的威胁分析人员密切监测。蜜罐和蜜网本身并不能改善组织的安全态势。然而，蜜罐和蜜网能够帮助组织的威胁情报团队在总结关于敌对方的方法和能力方面，提供非常宝贵的见解。

确保蜜罐系统未连接到生产系统，并且不为攻击方提供"跳板(Jumping Off)"，这一点也很重要。曾经发生过这样的案例：攻击方利用公司错误部署的蜜罐，通过蜜罐系统转移到公司的内部系统。蜜罐需要与网络上的其他实时系统适当地隔离。

在较小范围内，组织会选用粘蜜罐(Tarpit)，与蜜罐相似，从表面上看似乎也是很容易攻击的目标。可把粘蜜罐配置为一个脆弱的服务，这样攻击方往往会尝试利用粘蜜罐。一旦攻击方开始向这个"服务"发送数据包，与受害方系统的连接似乎是实时的、持续的，但受害方系统的响应很慢，连接可能会超时。大多数攻击和扫描活动都通过自动化工具执行，往往需要受害系统快速响应。如果受害系统没有回复或回复很慢，自动化工具会因为协议连接超时而失败。

注意

部署蜜罐和蜜网存在潜在的责任问题。在计划开始部署之前，一定要咨询组织的法律顾问。

21.2.7 人工智能工具

人工智能(Artificial Intelligence，AI)是主要与计算机科学相关的多学科领域，受到数学、认知心理学、哲学和语言学(以及其他学科)的影响。在较高层次上，人工智能可分为两种不同的方法，如图 21-15 所示：符号型(Symbolic)和非符号型(Non-symbolic)；关键区别在于如何表示知识。这两种方法都涉及知识的组织方式、推理支持决策方式以及系统学习方式。

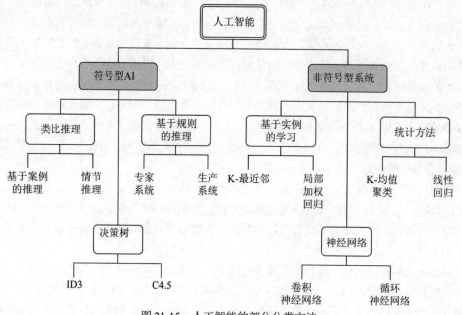

图 21-15　人工智能的部分分类方法

在人工智能的符号型方法中，系统研发人员就现实世界的各种概念之间的关系以及概念之间如何相互作用建模，通过使用一组符号(如单词或标记)解决一组问题。符号型 AI 需要相当多的问题和解决方案领域的知识工程，这导致符号型 AI 是劳动密集型的。然而，符号型 AI 产生的结果本质上是可解释给人类的，因为这些结果首先来自于人类的知识模型。符号人工智能系统涵盖了 20 世纪 80 年代大量出现的专家系统。符号型 AI 依赖于对各个主题专家的访谈，以及在一系列条件结构中对专家的专业知识执行耗时的编码。毫不奇怪，这些早期系统无法在缺少人类干预的情况下适应或学习，当考虑适用于几乎所有进程的异常数量时，这便成为一个问题。

人工智能的另一种方法不同于使用人类知识的符号型方法，而是侧重于学习数据中的模式，以便对对象执行分类、预测未来结果或对类似的数据集聚类。这些非符号型 AI 方法经常与新的探讨进展情况相关，主要用在图像和语音识别等分类任务中。尽管符号型系统也可学习，但在现今的专业术语中，通常将这些非符号型方法称为机器学习(Machine Learning，ML)。与符号型方法类似，非符号型 ML 系统也包含知识表示和推理。知识表示通常是定量向量(即，非符号)，具有来自于数据集的描述输入的特征(例如，来自于图像的像素、来自于音频文件的频率和字向量等)。

符号型 AI 需要大量的知识工程,而非符号型 AI 通常需要大量的数据采集和数据管理,这可能是劳动密集型的,即使在数据容易获得的领域也是如此。然而,非符号型 ML 系统不必像在符号型系统中那样对知识编程,而是通过对具有数百万个示例的数据集执行离线训练,以数字参数(即,权重)的形式获取其知识。随着持续执行学习,ML 模型学习确保成本函数最小化的正确参数。该功能通常用于样本的分类(有助于发现恶意软件)或预测(有助于检测异常,如出站流量峰值)。

分类分级(Classification)依据已知的前一个样本确定新样本的类别。常见的示例是称为 K-最近邻(K-nearest Neighbor,KNN)的算法,这是一种监督学习技术,其中最近的 K 个邻居影响新点的分类分级(例如,如果其 K 个最近邻中有一半以上在一个类别中,那么新点也属于该类别)。对于网络安全而言,在尝试确定二进制文件是否为恶意软件或检测电子邮件是否为垃圾邮件时,这很有帮助。

预测(Prediction)比较之前的数据样本,并确定下一个样本。这与统计学的回归(Regression)分析类似,回归分析试图确定最接近一系列数据点的直线(或曲线)。ML 使用同样的方法预测,通过从以前的观察中学习来确定下一个数据点应该出现的位置,这对网络流的分析很有效。

另一方面,也有无监督的学习,如聚类(Clustering),行业专家们对存在哪些类(甚至存在多少类)没有先入为主的概念;行业专家们确定样本自然聚集在一起的位置。最常用的聚类算法之一是 K 均值聚类(K-means Clustering),在该算法中,将新的数据点添加到 K 个聚类中最接近新点的一个聚类中。聚类有助于检测异常情况。

最后,强化学习(Reinforcement Learning)能通过调整决策适应环境并做出产生积极结果的选择。例如,当异常检测器错误地分类恶意文件或事件(即,假阳性)时,可能需要安全分析人员向异常检测器提供反馈。该反馈调整内部模型的权重,以便改进异常分类。

组织在使用 AI 之前应考虑 AI 的缺点。无论是符号型 AI 方法还是非符号型 AI 方法都无法很好地应对新情况,都需要人工重新设计(符号型)或重新训练(非符号型)算法。符号型的知识工程系统可能包含编码系统的人员的潜在偏见。非符号方法的训练数据集可能包含非运营环境的偏差。在部署系统时,这些偏差会导致假阳性或更糟的假阴性(False Negative)。最好将两种方法结合起来,利用一方的优势弥补另一方的劣势。

21.3　持续记录日志和持续监测

持续记录日志和持续监测(Logging and Monitoring)是 SOC 通过本章前面讨论的各种工具(可能还有其他一些工具)执行的两项关键活动。这两项活动是同时执行的,因为如果缺少持续记录日志,就无法真正执行持续监测(至少不是非常有效),反之,如果不执行持续监测,持续记录日志是没有意义的。下面首先讨论如何收集和管理日志,然后讨论应该如何持续监测这些日志(以及其他实时数据源)。

21.3.1　日志管理

第 18 章讨论了日志审查和如何防止日志篡改。然而，为了理解日志如何支持日常安全运营，现在需要后退一步，回顾一下组织需要首先持续记录系统事件的原因。毕竟，如果组织缺少明确的目标，可能或至少在某些时候收集了错误的事件。

1. 持续记录日志需求

前面讨论了网络威胁情报，尤其是收集管理框架(Collection Management Framework，CMF)。当组织考虑日志目标应该是什么的时候，审查 CMF 相关部分的内容是不错的方法。毕竟，日志是可提供威胁情报的数据源。与智能需求是为了回答决策层的问题类似，日志也应为 SOC 分析人员提供类似的功能。组织的安全团队通常会提出一些特定的问题，这些问题应能帮助安全团队确认日志需要记录的内容以及记录的方式。例如，安全团队可能担心敏感研究项目的数据泄露给海外威胁方。为了监测数据出口，组织需要在哪个系统记录哪些事件？安全人员需要多久检查一次日志(这决定了日志需要保留的期限)？如果组织只是使用默认的持续记录日志设置，那么可能无法通过执行持续监测了解真实发生的事件情况。

2. 日志标准

另一个最佳实践是标准化日志的格式。如果组织使用的是 SIEM 系统(稍后将讨论)，那么该平台将负责规范化转发到 SIEM 的全部日志。否则，组织应使用持续记录日志的系统配置(例如，允许记录多种格式)或使用数据处理管线(例如，开源日志库)实现规范化日志。

注意

组织应标准化整个环境中所有日志上的时间戳。如果组织规模较小，可使用当地时间；否则，建议组织始终使用协调世界时间(Coordinated Universal Time，UTC)。

当组织规范化日志时，需要考虑的是哪些人员需要使用日志。大部分 SOC 利用自动化工具，比如本章前面讨论的一些人工智能技术。这些自动化系统可能对格式、更新频率或日志存储有自己的一套需求。组织应确保所制定的标准满足所有利益相关方(甚至非人类利益相关方)的需求。

3. 更有效地持续记录日志

最后，与组织在网络安全领域所做的其他事情类似，组织需要评价日志管理工作的有效性，并寻找方法确保相关工作的有效性，并持续改进相关工作。建立并定期评价指标有效性是客观确定改进机会的一种很好的方法。例如，分析人员由于持续记录日志的信息不完整，而发生未对事件信息执行分类分级的频率是多少？在筛选警报时，最常用的日志、事件和字段信息内容有哪些？哪些信息是不需要的？这些问题将体现为指标，而这些指标反过来能告诉安全人员持续记录日志支持实现目标的程度。

21.3.2　安全信息和事件管理

安全信息和事件管理(Security Information and Event Management，SIEM)系统是一个软件平台，可汇总安全信息(如资产清单)和安全事件(可能发展成为事故)，并以单一、一致和聚合的方式呈现。SIEM 通过各种传感器收集数据，执行模式匹配(Pattern Matching)和事件关联(Correlation of Event)，生成警报，并提供仪表盘，以便分析人员查看网络状态。Splunk 是最知名的开源商业解决方案之一，Elastic Stack(以前称为 Elasticsearch-Logstast-Kibana 或 ELK Stack)是非常流行的。值得注意的是，从技术角度看，这两个系统都是数据分析平台，而不仅是 SIEM。这些平台获取、索引、存储和检索大量数据的能力适用于从网络供应、营销到企业安全的各种用途。

SIEM 的核心特征之一是能收集所有相关的安全数据，并以合理方式呈现给分析人员。在 SIEM 设备成为主流之前，安全人员需要单独监测各个系统，且手动拼凑这些信息的含义。而现在，大多数 SIEM 都包含某些能将信息和事件组合在一起，帮助信息和事件看起来彼此关联(或者用统计学语言表达为"相关")的特性。相关的特性能够帮助分析人员快速确定最重要的或证据充分的事件。

SIEM 相关性需要相当多的微调。大多数开箱即用的平台都附带了可能足以帮助组织入门的设置。组织应运行 SIEM 工具一段时间(一周或更长时间)，才能开始理解组织的环境并提供有意义的警报。不可避免地，组织会发现分析人员将淹没在误报中(遗憾的是，这是自动化平台非常普遍的问题)，处理误报消耗了分析人员的时间也影响了他们的情绪。这是推动组织开始实施白名单和分析人员评级等功能从而调整设置的动力，帮助平台向更准确的方向演变。由于持续记录日志不足或传感器放置不当，组织还可能发现盲点(即 SIEM 未发现的事故)，因此组织也应在日志完整性和传感器布置方面做出调整。

注意

IEM 微调应遵循组织建立的配置管理流程。

安全编排、自动化和响应

在 SOC 中越来越流行的一种工具是安全编排、自动化和响应(Security Orchestration, Automation, and Response，SOAR)平台。SOAR 是一个集成系统，通过各种工作流程的自动化实现更高效的安全运营。以下是 SOAR 解决方案的三个关键组件：

- **编排(Orchestration)**　是指其他安全工具(如防火墙、IDS/IPS 和 SIEM 平台)的集成和协调。编排可实现自动化。
- **自动化(Automation)**　SOAR 平台擅长通过自动化网络安全攻略和工作流显著提高效率。
- **响应(Response)**　事故响应工作流可能涉及数十个(甚至数百个)不同的任务。SOAR 平台可自动处理其中的多数问题，可将事故响应人员从海量任务中解脱出来去承担人类最擅长的角色。

21.3.3　出口流量持续监测

出口流量持续监测(Egress Monitoring)是小型组织经常忽略的安全实践,用于监测(或者限制)流出组织网络的信息。第 6 章介绍的数据防泄漏(Data Loss Prevention, DLP)就是一个非常具体的用例。除了 DLP,组织还应该关注确保组织的平台不会用于攻击他人,组织的人员不会(故意或以其他方式)与未经授权的外部相关方通信。

一种常见的出口流量持续监测方法是只允许某些主机与外部目的地直接通信。这些计算机中可能正在运行某种过滤软件,只需要关注这组计算机即可。一个很好的示例就是 Web 网关的使用,Web 网关可有效地对阻止所有 Web 流量实施中间人"攻击"(Man-in-the-middle Attack)。常见的做法是,在允许信息流出网络之前,配置 Web 网关设备终止(从而解密)所有 HTTPS 通信并执行深度包检查(Deep Packet Inspection,DPI)。

21.3.4　用户和实体行为分析

虽然历史上大多数攻击都是由外部威胁方造成的,但组织不应忽视对组织内用户和实体活动的监测。即使组织从未遇到恶意的内部人员,当组织的用户访问错误的网站、单击错误的链接或打开错误的附件时,往往在无意中成为同谋。用户和实体行为分析(User And Entity Behavior Analytics,UEBA)是一组确定正常行为模式的流程,以便能够检测和调查异常情况。例如,如果用户几乎从未向 Internet 发送过大量数据,然后从某一天开始发送 MB 单位的数据,就会触发 UEBA 警报。也许传输完全合法,但可能是数据泄露事故的前兆。

UEBA 可作为独立产品部署,也可作为其他工具(如 EDR 或 NDR 平台)中的功能。不必考虑采用哪种方式,UEBA 都使用机器学习依据过去的观察预测未来的行为,并通过统计分析确定偏离正常值的严重程度是否足以引发警报。与提供行为分析的其他类型的解决方案类似,UEBA 解决方案容易产生误报。这意味着组织可能需要投入一些精力微调 UEBA 解决方案,即使在其完成训练后也是如此。

 考试提示

UEBA 是一个很好的选择,用于检测恶意内部人员和由恶意参与方接管的良性内部用户账户。

21.3.5　不间断监测

NIST SP800-137"联邦信息系统和组织的信息安全不间断监测"(Information Security Continuous Monitoring for Federal Information Systems and Organizations)将信息安全不间断监测(Information Security Continuous Monitoring,ISCM)定义为"保持对信息安全、脆弱性和威胁的持续认知,以支持组织风险管理决策"。可将 ISCM 视为对安全控制措施的持续化、结构化验证。现有的控制措施仍然正确吗?仍然有效吗?如果无效,是什么原因造成的?不间断监测会给出答案。这是第 2 章中讨论的风险管理框架的关键部分。

持续记录日志、持续监测和不间断监测(Continuous Monitoring；注意，专业人员常使用啰嗦的说法，即"不间断持续监测")之间是有区别的。持续记录日志策略应该相对宽松。数据存储成本低廉，因此可获取尽可能多的数据以备不时之需。而持续监测是有限制的，通常需要专职人员负责，至少需要处理生成的报告(如 SIEM 警报)。例如，当某个端口看上去可疑时，需要持续监测通过该端口的流量，在确定该流量是良性后再继续监测其他端口。不间断监测则更规范，是一个用于确定监测内容、监测方式以及处理收集信息方式的，经过深思熟虑的和基于风险的流程。

最后，不间断监测的全部意义在于：确定面对不断变化的威胁和组织环境，控制措施是否仍然有效，并将风险降至可接受的水平。要实现这一点，需要仔细考虑采用哪些衡量控制措施的指标。例如，假设组织中存在恶意软件感染的风险，因此实施了防恶意软件控制措施。可度量一定时间单位(日、周或月)内感染的数量作为对控制措施的不间断监测的组成部分。

指标(Metric)和度量(Measurement)为分析的可操作性提供了必要的数据。回到刚才恶意软件的示例，如果控制措施是有效的，就会期望感染的数量随着时间的推移保持稳定或(理想情况下)减少。组织还需要考虑其他更多信息。例如，如果组织经历了快速增长并雇用了一批新员工，感染恶意软件的可能性上升，而由于假期员工休假感染可能性下降。关键是不仅要分析事件的内容，还应分析事件的原因。

最后，不间断监测还包括如何应对监测发现。如果恶意软件的感染增多，且认为与新员工的激增相关，那么是应该执行额外的安全意识培训还是选择替换掉防恶意软件的解决方案？在决定如何处理不再足够有效的控制措施时，组织应考虑风险、成本和其他与组织相关的问题。

不间断监测是一个深思熟虑的流程。首先决定需要的信息内容，然后以一定的频率执行收集和分析，最后依据收集和分析的信息做出业务决策。如果执行得当，ISCM 将是预防性工具包中的强大工具。

21.4　本章回顾

执行安全运营的典型组织大部分时间用于部署和维护预防性和检测性措施，然后使用这些措施记录事件和监测环境。本书始终围绕相关主题，所以本章中只讨论了要点。本章关键的收获是，仅凭工具永远不足以让组织获得检测攻击所需的可见性；组织需要整合人员、流程和技术。本章可能更加关注技术，但本章强调一个事实，即训练有素的人员、团队合作和遵循现有流程是安全运营的基本组成部分。当出现问题，组织需要响应事故时，尤其如此，下一章将介绍组织的事故响应。

21.5　快速提示

- 安全运营中心(Security Operations Center，SOC)包括人员、流程和技术，允许持续记录和监测预防性控制措施、检测安全事件和响应事故。

- 1 级安全分析人员将大部分时间用于持续监测安全工具和其他技术平台，发现可疑活动。
- 2 级安全分析人员深入挖掘警报，宣告安全事故，并与事故响应人员和情报分析人员合作，进一步调查、遏制和消除威胁。
- 威胁情报是关于现有或正在出现的资产威胁或危害的循证知识，可用于提供相关应对该威胁或危害的决策。
- 威胁情报通常有三种来源：威胁数据源、开源情报(OSIT)和内部系统。
- 网络威胁搜寻是在组织的网络中主动寻找威胁参与方的做法。
- 防火墙通过限制两个不同网络之间的访问，来支持和实施组织的网络安全策略。
- 包过滤防火墙使用访问控制列表(Access Control List，ACL)，依据网络级协议头部值做出访问决策。
- 状态检测防火墙通过跟踪两个端点之间的连接状态，增强了包过滤防火墙的功能。
- 代理防火墙在将消息发送至预期收件人之前拦截和检查消息。
- 下一代防火墙(NGFW)结合了前期讨论的防火墙的属性，但添加了基于特征和/或行为分析的 IPS 引擎，以及基于云技术的威胁数据共享。
- 入侵检测和防御系统(IDS/IPS)可分为基于主机(HIDS)、基于网络(NIDS)、基于规则和基于异常的系统。
- 白名单是一组已知的安全资源，如 IP 地址、域名或应用程序。相反，黑名单是一组已知的不安全资源。
- 当反恶意软件安装在每个入口和终端，流程中涵盖用户培训以及软件配置和更新的策略时，反恶意软件最有效。
- 沙箱是一种应用程序执行环境，将执行代码与操作系统隔离，以防止安全违规。
- 蜜罐是一种网络设备，旨在诱导攻击方利用该设备，管理员的目标是获取有关攻击方的战术、技术和程序的信息。
- 蜜网是一个意味着会遭到破坏的完整网络。
- 客户端蜜罐是一种合成应用程序，旨在诱导攻击方执行客户端攻击，同时让安全分析人员有机会观察敌对方使用的技术。
- 机器学习(ML)系统通过使用由数百万个示例组成的数据集执行训练，以数字参数(即权重)的形式获取知识。在监督学习中，将告知 ML 系统是否做出了正确决定。在无监督的培训中，ML 通过观察环境来学习。最后，在强化学习中，ML 会从环境中获得关于所做决策的反馈。
- 有效的持续日志记录要求所有时间戳都使用一个标准时区。
- 安全信息和事件管理(SIEM)系统是一个软件平台，可聚合安全信息(如资产清单)和安全事件(可能成为事故)，并以单一、一致和连贯的方式呈现信息。
- SOAR 平台是集成系统，通过各种工作流的自动化实现更高效的安全操作。
- 出口流量持续监测是扫描(或者限制)从组织的网络中流出信息的流程。

- 用户和实体行为分析(User and Entity Behavior Analytics，UEBA)是一组确定正常行为模式的流程，以便能检测和调查异常情况。
- 不间断监测能够帮助组织持续了解信息安全、漏洞和威胁,支持组织的风险管理决策。

21.6 问题

请记住，这些问题的表达格式和提问方式是有原因的。考生应理解，CISSP 考试在概念层次上提出问题。问题的答案可能不是特别完美，建议考生不要寻求绝对正确的答案。相反，考生应当寻找最合适的答案。

使用以下情景回答问题 1~3。作为正在经历巨大增长的初创公司安全负责人，公司首席执行官决定应该建立安全运营中心(SOC)。公司已经拥有两位网络安全分析人员(其中一位经验丰富)，一个全新的 SIEM 平台，以及相当有效的安全流程。

1. 公司 SIEM 中的警报数量超过了两位分析人员的承受能力，每天都有未执行调查的大量警报。安全负责人应该如何纠正这个问题？

A. 雇用一名情报分析人员帮助公司集中精力收集信息

B. 调整 SIEM 平台以减少误报警报

C. 建立威胁搜寻计划，在触发警报之前找到攻击方

D. 建立阈值，低于该阈值的事件将不会生成警报

2. 公司雇用了一名情报分析人员，希望开始满足情报需求。以下哪项应该是分析人员的第一步？

A. 找出决策层需要回答的问题

B. 建立收集管理框架

C. 确定数据来源

D. 订阅威胁数据源

3. 公司的 SOC 正在迅速成熟，已经准备好启动网络威胁搜寻计划。以下哪项描述了这项工作的关键？

A. 依据威胁情报证明或否定假设的威胁行动

B. 在入侵组织之前压制威胁方

C. 深入挖掘警报，确定是否构成安全事故

D. 让分析人员有机会观察敌对方使用的技术

4. 只能通过检查单个网络层数据包头做出决策的防火墙称为什么？

A. 状态防火墙

B. 屏蔽主机

C. 数据包过滤器

D. 下一代防火墙

5. 理解 TCP 连接的三步握手的防火墙称为?

    A. 包过滤器

    B. 代理防火墙

    C. 传输层代理

    D. 状态防火墙

6. 基于异常的入侵检测和防御方法的主要挑战是什么?

    A. 误报

    B. 需要准确捕捉攻击的规则

    C. 成本

    D. 技术不成熟

7. 以下哪项是调整 IDS/IPS 和 SIEM 等自动检测系统的有效技术?

    A. 访问控制列表

    B. 状态表

    C. 白名单

    D. 监督机器学习

8. 以下哪个术语描述的系统旨在确定特定攻击方的意图,并动态生成多个虚拟设备,以吸引特定攻击方?

    A. 蜜罐

    B. 客户端蜜罐

    C. 寻蜜者(Honeyseeker)

    D. 蜜网

9. 以下哪项不是机器学习的典型应用程序功能?

    A. 分类分级

    B. 预测

    C. 聚类

    D. 知识工程

10. 关于不间断监测,以下哪项是不正确的?

    A. 涉及一些特别的流程,这些流程提供了应对新型攻击的灵活性。

    B. 其主要目标是支持组织风险管理。

    C. 有助于确定安全控制措施是否仍然有效。

    D. 依赖于精心选择的指标和度量。

21.7 答案

1. B。误报是 SIEM 等自动化平台的常见问题,但可通过微调平台得到缓解。情报分析人员能够帮上一点忙,但显然不是最佳答案,而威胁搜寻对于这样一个仍需要处理警报的初期 SOC 来说是一种干扰。在对付未知攻击方时,将忽略低得分警报作为一项策略是非常危险的举动。

2. A。威胁情报旨在帮助决策层选择如何应对威胁。威胁情报回答了管理层可能提出的问题。当然，CMF 和数据源都很重要，但都是由管理层提出的需求驱动的。在已知需求后，情报分析人员可能需要(也可能不需要)订阅威胁数据源。

3. A。威胁搜寻的关键是基于威胁情报建立一个对抗行为假设，然后证明或否定该假设。这种描述中固有的两个因素是：①敌对方已经在网络中，②没有向防御方提示敌对方的存在。这些因素否定了答案 B 和 C。答案 D 描述了蜜罐(而非威胁搜寻)的目的。

4. C。包过滤是一种防火墙技术，依据网络级协议数据包头值做出访问决策。正在执行数据包过滤流程的设备需要配置访问控制列表(ACL)，ACL 指示允许进出特定网络的流量类型。

5. D。状态防火墙跟踪协议连接的状态，这意味着状态防火墙了解 TCP 连接经历的三步握手(SYN、SYN/ACK 和 ACK)。

6. A。基于异常的方法的主要挑战是误报——在没有发生入侵时检测到入侵。误报可能导致需要检查每个警报的人员感到疲劳，容易导致疏忽。尽管存在这一缺点，但基于异常的方法是成熟且经济高效的技术；与基于规则的系统不同，基于异常不需要准确捕获攻击的规则。

7. C。调整 IDS/IPS 等检测平台的最有效方法之一是列出绝对安全和绝对恶意的事项。那么，平台只需要找出两个列表中都没有的事项。白名单(更全面地称为允许列表)是一组已知安全的资源，如 IP 地址、域名或应用程序。

8. D。蜜网旨在确定特定攻击方的意图，并动态生成吸引特定攻击方的蜜罐。这些非常复杂的蜜网不是由预先部署的蜜罐组成的网络，而是与敌对方交互的自适应网络，帮助分析人员尽可能长时间观察攻击方(并因此令攻击方处于观察之下)。

9. D。机器学习(ML)是人工智能(AI)的一种非符号型方法，通常用于分类分级和预测(使用监督或半监督学习)以及聚类(使用无监督学习)。知识工程是对人工智能符号形式的一种需求，如专家系统，通常认为不属于 ML。

10. A。不间断监测是一个经过深思熟虑、数据驱动的流程，支持组织风险管理。不间断监测回答的一个关键问题是，控制措施是否仍能有效降低风险。不间断监测可能导致决定实施特定的临时流程，但这些并非不间断监测的组成部分。

第22章

安 全 事 故

本章介绍以下内容:
- 事故管理
- 事故响应规划
- 调查

> 建立声誉需要 20 年,而一场网络事故只需要几分钟就能摧毁声誉。
>
> ——Stephane Nappo

无论组织中的安全人员多有才华,或者每个人出色地遵守了安全策略和程序(Procedure),又或者部署了尖端技术,可悲的事实是,组织仍极可能遭遇重大的破坏事故(如果尚未遇到的话)。然后呢? 拥有完善的事故管理方法可能与保护组织所做的任何其他事情一样重要。本章介绍通常的事故管理方式,然后深入探讨事故响应规划(Planning)的细节。

尽管(ISC)² 区分了事故管理(Incident Management)和事故调查(Incident Investigation),但对多数组织而言,事故调查是事故管理的一部分。这种区分有助于突出一个事实,即某些调查涉及的嫌疑人可能是自己的同事。虽然组织中的多数安全专家都喜欢弄清楚外部威胁行为方(Threat Actor)设法破坏组织防御的方式,但要证实与组织合作的人员做错事情导致组织损失的指控并不有趣。然而,作为安全专家,必须为出现的任何威胁做好准备,并迅速妥善地处理随之而来的事故。

22.1 事故管理概述

事故管理模型有很多,但都具备一些类似的基本特征。模型都要求组织识别、分析事件,确定适当解决方案并纠正错误,最后确保事件不再发生。(ISC)² 完善了这四个基本活动,并提出了事故管理流程中的七个阶段:检测、响应、缓解、报告、恢复、修复和总结经验教训。组织可能有自己独特的方法,但最好能以行业标准为基线。

虽然组织常将术语 "事件(Event)" 和 "事故(Incident)" 互换,但两者之间仍存在细微差异。安全事件是可观察、验证并记录在案的任何事件。这些事件不一定是有害的。例如，远程用户登录、主机上 Windows 注册表的更改和系统重启都是安全事件；基于背景的不同，这些事件可能是正常的，也可能是恶意的。安全事故是指给组织及其安全态势(Security Posture)造成负面影响的一系列事件。如果上述示例中的远程登录是恶意用户登录，则可能是安全事故，因为某些事情对组织造成负面影响并引发了安全违规，安全专家将应对这些问题称为"事故响应"或"事故处理"。

 考试提示

安全事件不一定是安全违规，而安全事故是安全违规。

事故有很多类型，例如，恶意软件(Malware)、内部攻击和恐怖袭击等，而且有时只是人为错误。确实存在多数事故响应人员曾因某个系统的"异常"行为而在半夜接到心烦的电话。造成破坏和混乱的原因可能是：部署的补丁造成错误、错误地配置了一台设备或管理员使用刚学会的新脚本语言编写了一段错误代码。

多数组织在成为网络犯罪的受害方后，不知道该打电话给谁或做什么。因此，所有组织都应具有事故管理策略(Incident Management Policy，IMP)。该文档标明了组织中每个人在事故响应方面的权限和责任。虽然 IMP 通常由 CISO 或该团队中的某个人员起草，但通常由负责组织策略的任何一位高管签署。这位高管可能是首席信息官(CIO)、首席运营官(COO)或首席人力资源官(Chief Human Resources Officer，CHRO)。事故管理策略通过事故响应方案提供支持，该方案在事故发生之前执行记录和测试。稍后详细介绍事故响应方案。

事故管理策略的制定应听取所有利益相关方(Stakeholder)而不仅是安全部门的意见。每个人都需要共同努力，确保策略涵盖所有业务、法律、法规和安全(以及任何其他相关)问题。

事故管理策略应简明扼要。例如，策略应表明系统能离线保存证据，还是必须冒着销毁证据的风险继续运行。每个系统和功能都应分配一个优先级。例如，如果文件服务器受到感染，不应关闭而是应将其从网络中移除。但是，如果邮件服务器受到感染，则不应将其从网络中删除或关闭，因为邮件服务器的组织属性优先于文件服务器。在制定事故管理策略时，必须做出诸如此类的权衡和决定，但最好在危机发生之前考虑，因为在危机发生之前，人们的情绪较稳定，混乱程度较小。

事故管理

事故管理分主动和被动两种流程。主动措施有助于以可控方式实际检测到事故，被动措施有助于妥善处理这些事故。

多数组织只有事故响应流程，也就是只涉及处理事故的方式。更常用的方法是事故管理计划，该计划确保可监测触发事故的动因，从而真正发现所有事故。该计划往往包括日志汇总、SIEM 系统以及用户教育等。如果组织不清楚事故是否真的发生了，即使有明确的处理事故的方法，这些方法也起不到什么作用。

基于事故响应策略的要求，所有组织都应建立事故响应团队，对可能发生的安全事故做出响应。成立事故响应团队的目的是确保组织在发生此类事故时，可挑选和召集一组具备适当技能并遵循一套标准措施的人员应对。这个团队必须建立适当的报告机制，有能力作出快速反应，与执法部门协调，并且是整个安全计划(Security Program)的重要组成部分。事故响应团队应当由来自于不同业务部门的代表组成，这些部门包括法律部门、人力资源部门、行政管理部门、通信部门、物理/公司安全部门、IS 安全部门以及 IT 部门等。

组织可以选择三种不同类型的事故响应团队。虚拟(Virtual)团队由组织内承担其他责任和任务的专家组成。之所以称为"虚拟"，是因为成员不是全职的事故响应方，而是在需要时到现场。这种团队的响应速度较慢，并且在发生事故时必须忽略团队的常规职责。然而，永久(Permanent)团队专门负责事故响应，对规模较小的组织而言成本高昂，并不适用。第三种事故响应团队是虚拟和永久团队的混合体。在此类团队中，某些核心成员是永久性的，而在需要时才召集其他成员。

无论是哪种类型，事故响应小组应具备以下基本条件：

- 可联系或报告的外部机构及资源列表
- 角色和责任的阐述
- 用于联系这些角色和外部组织机构的呼叫树(Call Tree)
- 可联系的计算机或取证(Forensic)专家名单
- 保护及保存证据的步骤列表
- 供管理层和法院参考的报告项目清单
- 在事故响应过程中处置不同系统的方式的具体描述(例如，将系统从 Internet 和网络上断开并关闭电源)

接到怀疑发生犯罪的报告时，事故响应团队应遵循一套预先设定的步骤，确保方法的一致性，并且不会遗漏任何步骤。首先，IR 团队应调查报告，并确认是否发生了犯罪行为。如果确定团队发生了犯罪行为，应立刻告知高级管理层。如果嫌疑人是公司员工，那么必须立刻邀请人事部门代表。IR 团队对事件的记录越早开始越好，如果有人能记录犯罪的开始时间以及参与的公司员工和资源，就为证据提供了良好基础。此时，组织应决定是自行实施取证调查，还是寻求专业人士的帮助。如果邀请专家处理事件，那么应确保受到攻击的系统保持现状，以便保存尽可能多的攻击证据。如果组织决定自己取证调查，那么必须处理多个问题，解决部分棘手的难题，22.3.5 节将介绍有关取证的内容 。

计算机网络和业务流程会面临多种类型的威胁，每种威胁都需要通过一种特定方式来解决。然而，事故响应团队应当起草并强制执行如何处理所有事故的基本大纲。这比多数组织通常处理问题时采用临时、被动且混乱的方法要好得多。清晰定义的事故处理流程更具成本效益，这使得恢复能够快速执行，并提供统一的方法，使结果也相对符合预期。

事故处理应与灾难恢复规划紧密相关(见第 23 章)，并应成为组织灾难恢复方案的一部分(通常作为一个附录)。两者都是为了应对某种需要快速响应的事故，以便组织能恢复正常运营。事故处理是响应恶意技术威胁的恢复方案。其基本目标是抑制和缓解事故造成的影响，并防止进一步破坏。通常的做法是：检测问题、确定原因、解决问题和记录整个过程等。

如果缺少有效的事故处理计划，那么并无恶意的人员有时会因破坏证据、危害系统或传播恶意代码而导致事情变得更糟。很多时候，攻击方会在受害系统上安装陷阱，从而当用户执行在目录中列出文件等简单操作时就可能删除某些关键文件。由于这个列出路径中文件的内部命令可能已更改以便执行不希望的操作，因此受破坏的系统不再可信。这个系统现在给攻击方留了一个方便随时进入系统的后门，或会有特洛伊木马静静地等待着用户，进而开始四处窥探并破坏所有证据。

事故处理还应与组织的安全培训及安全意识宣贯计划紧密联系，确保此类事故不再发生。事故响应团队遭遇过的问题可用于未来的培训，帮助其他人了解组织曾经面临的问题以及改进响应流程的方式。

员工需要了解如何报告事故。因此，事故响应策略应详细说明上报流程，以便员工了解何时应向高级管理层、外部机构或执法部门报告犯罪证据。报告流程必须是集中的、易于实现的、方便的且友好的。一些员工不愿意报告事故，因为员工不想牵涉其中或蒙受冤屈。没有什么比做了一件好事却遭了一记大棒更让人难过了。员工应对整个流程感到放心，而不是因为举报可疑活动而感到害怕。

事故管理策略还应规定员工如何与外部实体(例如，媒体、政府和执法部门)沟通。这是一个特别复杂的问题，受到司法管辖权、罪行的严重程度和性质以及证据的性质的影响。例如，仅司法管辖权就取决于拥有控制权的国家、州或联邦机构。考虑到公开披露的敏感性，应由有权公开讨论事故的公关、人力资源或其他经过适当培训的人员处理。公开披露事故可能导致两种结果。一方面，如果处理不当，会加重事故的负面影响。例如，在当前信息主导的社会，否认和"无可奉告"可能导致反作用。另一方面，如果妥善处理公开披露，则能为组织提供一个成功挽回公众信任的机会。某些国家和司法管辖权已经或正在考虑制定违反信息披露的法律，要求组织在涉嫌个人身份信息的安全泄露行为时通知公众。因此，确保与第三方保持开诚布公对组织是有利的。

完善的事故处理计划会与外部机构和对口部门合作。团队成员应在计算机应急响应小组(Computer Emergency Response Team，CERT)的邮件列表中，以便成员能及时了解最新问题，并能在失控之前发现恶意事件。CERT 是软件工程研究所(Software Engineering Institute，SEI)的一个部门，负责持续监测用户和组织安全预案、安全泄漏并提供建议。

注意

在 https://www.cert.org/incident-management 上，可找到 CERT 的相关资源。

网络杀伤链

即使在考虑如何更好地管理事故时，考虑攻击方的行为模型也很有帮助。Hutchins、Cloppert 和 Amin 在 2011 年发表的题为"通过分析敌对方的活动和入侵杀伤链实施情报驱动的计算机网络防御"的开创性论文中，描述了一种行业标准，即网络杀伤链框架，其中包含七个阶段的入侵模型。这七个阶段的入侵模型具体描述如下。

(1) **侦察(Reconnaissance)** 敌对方已对组织产生兴趣，将其作为目标，并开始蓄意收集信息以寻找漏洞。

(2) **武器化(Weaponization)**　掌握足够详细的信息后，敌对方确定进入组织系统的最佳方式，并开始准备和测试要用来攻击的武器。

(3) **传送(Delivery)**　在这一阶段，将网络攻击武器传送到组织的系统中。在超过95%的公开案例中，这种传送是通过电子邮件发送的，通常以链接到恶意网站的形式执行。

(4) **利用(Exploitation)**　恶意软件(Malicious Software)会在网络中的 CPU 上运行。当目标用户单击链接、打开附件、访问网站或插入 U 盘时，恶意软件可能已启动。在个别情况下，也可能是远程利用的结果。无论如何，攻击方的软件正在组织的系统中运行。

(5) **安装(Installation)**　大多数恶意软件都是分阶段上传的。首先，先前的步骤中存在可利用的受破坏系统的漏洞。然后，在目标系统中安装了其他一些软件以确保攻击的持久性，理想状况下恶意软件应具有良好的隐蔽性。

(6) **命令与控制(Command and Control，C&C)**　一旦完成恶意软件的前两个阶段(利用漏洞和持久驻留)，大部分恶意软件会"回拨"攻击方，通知已攻击成功并请求更新与指示。

(7) **行动(Actions on the Objective)**　最终，恶意软件已准备好按照设计意图肆意妄为。也许目的是窃取知识产权并发送到海外服务器。或者，这些努力只是大规模攻击的最初阶段，恶意软件会随着受攻击的系统转移。无论哪种情况，这时攻击方已经赢了。

图 22-1 显示了这七个阶段的入侵模型。

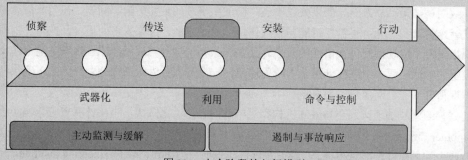

图 22-1　七个阶段的入侵模型

由此可见，越早在网络杀伤链中识别攻击，阻止对手实现目标的概率也越大。

这是该模型中的一个关键概念：如果组织能够在第四阶段("利用")之前挫败攻击，就更有可能获胜。因此，及早发现是成功的关键。

事故响应是发生安全事故时执行的事故管理的组成部分。事故响应从检测事故开始，最终指导组织在事故响应过程中吸取经验教训。下面详细介绍事故响应流程中的每个步骤。

22.1.1　检测

响应事故的第一步，也是最重要的一步是首先意识到发生问题了。组织的事故响应方案应有特定的标准和安全人员声明事故已经发生的过程。当然，组织面临的挑战是区分优劣，将注意力集中在真正对组织构成直接威胁的告警或其他指标上。

检测归结为在整个环境中实施良好的传感器网络。传感器分为三种类型：技术类型、人员类型和第三方类型。技术传感器也许是大多数人处理的类型。此类传感器由前面提到的 SIEM 系统和第 21 章介绍的其他类型的系统提供：EDR(检测和响应)、NDR (网络检测和响应)以及 SOAR(安全编排、自动化和响应)。如果组织中的每个人都有安全意识，能注意到奇怪的事件并及时报告给正确的位置，那么人员传感器(Human Sensor)可能同样有价值。多数组织使用一个特殊的电子邮件地址，任何人都可向该地址发送电子邮件报告。其他一些组织中存在技术或人员的第三方传感器(Third-party Sensor)。例如，组织也许与供应链合作伙伴的关系非常融洽，合作伙伴就会告警组织注意其环境中与组织相关的事故。该第三方也可能是政府机构，让组织知道已经受到入侵，这绝不是新的美好一天的开始，但总比不知道要好。

尽管有大量的感应器，但由于种种原因，做到发现问题比听起来要难得多。首先，老练的敌对方可能使用无法察觉的工具和技术(至少在初期是这样)。即使了解这些工具或技术，警报也可能极好地隐藏在 SIEM 的误报中。在某些未适当调试的系统中，误报和正确报警的比率可达 10 比 1 或更高。因此，应强调调试感应器和分析平台，以尽可能降低误报率的重要性。

22.1.2　响应

检测到事故后，下一步是通过包含已经或即将对组织的最关键资产造成的损害实施响应。响应阶段的遏制目标是防止或减少此事故造成任何进一步损害，以便组织可开始缓解和恢复。如果处理得当，缓解措施可为 IR 团队争取时间，以便对事故的根本原因展开适当的调查和确定。响应策略应基于攻击类别(例如，内部攻击或外部攻击)、受事故影响的资产以及这些资产的重要性。那么，什么样的缓解策略最好呢？这要视情况而定。

当完全隔离或遏制不是可行的解决方案时，组织可选择使用边界设备阻止一个系统感染另一个系统。这包括临时更改防火墙/过滤路由器的规则配置。也可实施访问控制列表的最小化暴露。这些响应策略向攻击方表明组织已经注意到攻击且正在实施安全对策。但是，如果为了执行根本原因分析，组织需要让受影响的系统保持在线状态，并且不让攻击方知道组织已经注意到攻击，该怎么办？这种情况下，组织可能考虑安装蜜网或蜜罐，提供一个可容纳攻击方但对组织构成最小风险的区域。这个决定应涉及法律顾问和高层管理人员，因为蜜网和蜜罐会引入责任问题，如第 21 章所述。一旦事故得到控制，组织需要通过将可获得的部分拼凑起来弄清楚刚刚发生了什么。

这是分析的子阶段，收集更多资料(例如，审计日志、视频捕获、活动的用户账户和系统活动)并试图找出事故的根本原因。分析目的是找出谁做的、如何做的、什么时候做的以及为什么做。管理层必须了解这些活动的最新情况，并就应对这些情况的方式作出重要决策。

考试提示

注意使用术语"响应"一词的上下文(Context)。可指整个七阶段的事故管理流程，也可指事故管理流程的第二阶段。在第二种用法中，可将其视为针对遏制的初始响应。

22.1.3　缓解

在用最初的遏制措施"止血"后，下一步是确定缓解威胁的适当方式。虽然本能的反应可能是清理受感染的工作站或向防火墙和 IDS/IPS 添加规则，但这种善意的反应可能导致组织陷入无休止的打地鼠游戏，或者更糟的是无法看到敌对方的真正目的。组织对敌对方了解多少？是谁？敌对方想要什么？这个工具及其使用与已经看到的一致吗？缓解阶段的一部分目的是找出还原所需的信息。

一旦了解了敌对方的目标和方案，就可执行测试。攻击方通常对优质客户的个人身份信息感兴趣，但检测到的事件是在仓库中的一台看似无关的主机上，那么这是最初的入口还是跳点(Pivot Point)？如果是，那么可在攻击方沿着网络杀伤链进一步行动之前就将其抓住。但如果归因判断错了会怎样？如何执行测试呢？这一系列问题，结合来自于系统的可量化的答案，构成有效响应的基础。引用著名曲棍球运动员 Wayne Gretzky 的一句话："滑向冰球将要去的地方，而不是冰球曾到过的地方。"

注意
确实需要相当成熟的威胁情报功能确定谁是攻击的幕后主使，攻击使用的典型战术、技术和程序(TTP)是什么以及最终目标是什么。如果不具备这种能力，就只能响应已经检测到的部分，而无法顾及敌对方真正要做的事情。

一旦了解事故的事实，组织就可从受影响的系统中消除敌对方。在恢复系统和信息之前收集证据很重要。原因是，在多数情况下，直到事故发生后数天、数周甚至数月，组织才会知道需要法律上可接受的证据。因此，将每起事故视为最终在法庭上结束是值得的。

一旦获取了所有相关证据，就可开始还原所有遭到破坏的部分。目标是恢复组织完整的、可靠的功能。对于受破坏的主机而言，最佳实践是仅需要从标准主版本(Gold Master)镜像中重装系统，然后从攻击前的最新备份中还原数据。可能也必须回滚业务并从备份系统中还原数据库。完成后，看起来就像事故从未发生过。嗯，几乎就是这样。

警告
不能信任任何受到攻击或感染的系统，因为不一定知道发生的所有变化和损坏的真实程度。一些恶意代码可能仍藏在某处。应重建系统以确保通过适当的安全控制措施清除所有潜在威胁。

22.1.4　报告

尽管在这个阶段讨论报告是为了与(ISC)² 所确定的事故响应流程保持一致，但事故报告和记录发生在响应流程的不同阶段。在多个涉及经验丰富的攻击方的情况下，因为其他人员提交了报告，IR 团队首先获悉事故。不管报告来自于内部用户、外部客户、合作伙伴还是政府实体，这个初始报告都称为整个过程的起始点。在更常见的情况下，是由于安全人员的警惕性或通过检测攻击的传感器，才意识到出现问题。无论 IR 团队怎样获悉事故信息，第一个报告就开启了持续的文档记录过程。

基于 NIST SP800-61 第 2 版 "Computer Security Incident Handling Guide"，报告事故应包含以下信息：

- 事故摘要
- 指标(Indicator)
- 关联事故
- 采取的行动
- 若适用，所有证据的证据保管链(Chain of Custody)
- 影响评估
- 事故处置方的身份和意见
- 接下来需要采取的步骤

22.1.5 恢复

一旦事故得到缓解，组织就必须将注意力转移到恢复阶段，这一阶段的目的是为组织还原完整、可信赖的功能。还原单个受影响的设备是一回事，这是组织在缓解阶段所做的，而还原流程的功能是另一回事，这是恢复的目标。例如，假设有一个为本组织和合作伙伴组织提供企业对企业(Business-to-business，B2B)物流的 Web 服务。事故影响了数据库，经过几小时的努力，问题缓解了，系统准备重新上线。在此恢复阶段，要证明系统是可信赖的，然后重新集成到 Web 服务中，从而恢复业务能力。

务必注意的是恢复阶段的特点是执行大量测试以确保：

- 受影响的系统是真正值得信赖的。
- 正确配置受影响的系统，支持事故发生前的任何业务流程。
- 这些流程中不存在破坏。

恢复阶段的第三个特点是密切持续监测所有相关系统，确保破坏不会持续存在。在非高峰时段，执行此操作有助于确保在发现其他任何恶意内容时，减少对组织的影响。

22.1.6 修复

重新拼接所有受损的碎片不足以解决问题。还需要确保攻击永远不会再次成功。在可与其他阶段同时运行的修复阶段，组织决定需要实施或修改哪些安全控制措施，例如，更新、更改配置、更改防火墙/IDS/IPS 规则。这包括两个步骤。首先，可能有仓促实施的控制措施，因为即使这些控制措施引起其他一些问题，直接收益也超过了风险。其次，应重新审视这些控制措施以及可能想要实施的其他控制措施，并决定哪些应永久化(通过组织的变更管理流程)。

注意
为获得最佳结果，修复阶段应在检测后立即开始，与其他阶段并行实施。

修复的另一方面是确定攻击指标(Indicator Of Attack，IOA)以及破坏指标(Indicator Of Compromise，IOC)，以便在未来实时检测攻击，这些指标可说明攻击何时成功，组织的安全何时受破坏。典型的攻击与感染指标包括以下几个方面：

- 特定 IP 地址或域(Domain)名的出站流量
- 异常 DNS 查询模式
- 异常多的 HTTP 请求和/或响应
- DDoS 攻击流量
- 新增的注册表项(在 Windows 系统中)

在修复阶段结束时，组织很有信心再也不会出现此类攻击。理想情况下，应以 IOA 和 IOC 的形式与公众分享经验教训，这样其他组织就不会遭遇这种方式的攻击。这种与合作伙伴(甚至是竞争对手)的协作会迫使敌对方不得不更新攻击手段和程度。

考试提示
缓解、恢复和修复可方便地按字母顺序排列。首先要阻止威胁，然后业务恢复正常，最后要确保该威胁再也不能引起这类事件。

22.1.7　总结经验教训

事故的结束取决于事故的性质或类别、期望的事故响应结果(例如，业务恢复或系统还原)以及团队是否成功确定了事故的来源和根本原因。一旦确定事故已经结束，最好获得一个包含受事故影响的所有组的团队简报，回答以下问题：

- 发生了什么事？
- 学到了什么？
- 下次怎样才能做得更好？

团队应审查该事故及其处理方式，并实施事后分析。会议产生的信息应指明事故响应流程和文档的内容，以实现持续改进的目标。为简报制定正式流程，以便团队能够开始收集可用于跟踪其绩效指标的数据。

22.2　事故响应规划

事故管理通过两个文档实现：事故管理策略(Incident Management Policy，IMP)和事故响应方案(Incident Response Plan，IRP)。如上一节所讨论的，IMP 建立了跨整个组织的权限和职责。IMP 为组织确定了 IR 领导，并描述了每个员工在发生事故时需要做什么。例如，IMP描述了员工如何报告可疑事故，应报告给谁，以及应以多快的速度完成报告。

IRP 详细说明了在响应可疑事故时应采取的措施。IRP 的关键部分包括角色和职责、事故分类、通知(Notification)和操作任务,所有这些内容都将在下面展开描述。通常情况下,IRP 不包括响应特定事故(例如,网络钓鱼、数据泄露和勒索软件)的详细程序,而是建立了解决所有事故的框架。特定程序通常记录在操作手册(Runbook)中,这些程序是为处理破坏性较强的常见事故而制作的分步脚本。

22.2.1 角色和职责

组成事故响应团队的人员必须具备多种技能。他们还必须对受事故影响的系统、系统漏洞、应用程序漏洞以及网络和系统配置有深入的了解。尽管正规教育很重要,但实际工作的实施经验与适当的培训结合才是关键。

多数组织将 IR 团队分为两个子团队。第一个是事故响应方的核心团队,成员来自于 IT 和安全部门。由处理日常事故的技术人员组成,例如,修复用户无意中单击了错误链接并造成自我感染损坏的工作站。第二个团队称为扩展团队,由其他部门的人员组成,激活扩展团队以应对更复杂的事件;例如,扩展团队可包括律师、公共关系专家和人力资源人员。扩展团队的确切组成因事故的具体情况而异,但关键是这些人员的日常职责不涉及 IT 或安全,但对于良好的响应至关重要。表 22-1 显示了这两个团队中角色和职责的一些示例。

表 22-1　IR 团队角色和职责

角色	职责
核心 IR 关系团队	
首席信息安全官(CISO)	• 制定和维护 IR 方案 • 与高层领导沟通 • 在事故发生前后指导安全控制措施
安全运营总监	• 指导 IR 方案的方案 • 与相关执法机构沟通 • 宣布安全事件
IR 团队负责人	• IR 方案的总体责任 • 与高层领导沟通 • 维护事故响应经验库
网络安全(Cybersecurity)分析师	• 监测和分析安全事件 • 指定事件升级为安全事件 • 基于需要为 IR 团队负责人执行额外的分析
IT 支持专家	• 管理安全平台 • 按照 IR 团队负责人的指示实施缓解、恢复和修复措施
威胁情报分析师	• 提供与事故相关的情报产品 • 维护事故事实库以支持未来的情报产品

（续表）

角色	职责
扩展 IR 团队	
人力资源经理	• 监察(Oversight)与事故相关的人力资源要求(如员工关系、劳动协议)
法律顾问	• 监察与事故相关的法律要求(例如，责任问题、执法报告/协调要求) • 确保收集的证据在组织选择采取法律行动的情况下保持其取证价值
公共关系	• 确保事故期间的通信以保护敏感信息的机密性(Confidentiality) • 准备与股东和媒体的沟通
业务部主管	• 平衡 IR 行动和业务需求 • 确保业务部门支持 IR 团队

除了这两个团队之外，当事故响应的要求超出组织的整体能力时，大多数组织都会依赖第三方。组织除非有一个资源极其丰富的内部 IR 团队，否则很可能在某个时候需要帮助。最好的行动方案是在任何事故发生之前与信誉良好的供应商签订 IR 服务协议。通过事先处理合同和保密协议(Nondisclosure Agreement，NDA)，IR 服务供应商将能在时间紧迫时立即采取行动。另一个节省时间的措施是与 IR 提供商协调，进行访问，熟悉工作情况。这将帮助 IR 供应商的人员熟悉组织、基础架构、策略和程序。同时将有机会与组织的员工会面，从而每个人都能知己知彼。

22.2.2　事故分级

IR 团队应有办法快速确定是否需要激活每人 7×24 对事故的响应，或者可在接下来几天的正常工作时间内响应。这两种方法之间显然存在中间地带，但关键是应建立让整个团队理解的事故分级标准，并定期审查以确保其保持相关性和有效性。

制定事故分级框架没有通用的方法，但无论如何，组织都应考虑事故的以下三个维度：

- **影响(Impact)**　如果组织有风险管理计划(Risk Management Program)，并已将损失确定为风险计算的一部分，那么基于影响对事故实施分级应非常简单。组织所要做的就是建立阈值来区分是糟糕的还是可怕的。
- **紧迫性(Urgency)**　紧迫性维度说明需要以多快的速度缓解事故。例如，需要立即处理正在发生的敏感数据泄漏事故，而不应要求 IR 团队成员半夜起床处理事故(例如，用户使用比特币挖矿浏览器扩展程序，造成自我感染)。
- **类型(Type)**　此维度帮助团队确定为处理事故需要通知和调动的资源。比如处理前面提到的处理数据泄露事故的团队可能与处理受感染浏览器的团队不同。

并非所有组织都明确指出了这些维度(有些组织有更多维度)，但重要的是至少要考虑这些维度。事故分级的最简单方法是使用严重程度，并基于是否满足某些条件为该事故分配不同的级别。表 22-2 给出了中小型组织的简单分级矩阵。

表 22-2　事故分级矩阵示例

严重性	标准	初始响应时间
严重度 1 (关键)	• 已确认的事故破坏关键目标系统(Mission) • 主动泄露、更改或破坏敏感数据 • 需要通知政府监管机构的事故 • 威胁生命，且持续的物理影响(例如，现场有可疑包裹、未经授权/敌对人员、可信威胁)	1 小时
严重度 2 (重要)	• 已确认的事故破坏的是非关键目标系统 • 主动泄露非敏感数据 • 对员工进行时效性调查 • 不威胁生命，但严重、持续的物理影响(例如，未经授权的人员、财产盗窃)	4 小时
严重度 3 (中等)	• 可能影响任何系统的事故 • 违反安全策略 • 需要大量收集和分析的日常员工调查 • 不危及生命，较严重的物理影响(例如，敏感区域彻夜无人保护)	48 小时

　　将事故正式分级的主要好处是，允许在特定的时间范围内预先授权获得承诺的资源。例如，如果一位 SOC(Security Operations Center)二级分析师宣告了一个严重度 1(关键)的事故，则可授权该分析师调用外部 IR 服务提供商，并承诺组织支付相应的费用。这样就无需得到 CISO 的许可了。

22.2.3　通知

　　对事故分级的另一个好处是能够让 IR 团队知道需要通知谁以及通知的频率。显然，当员工违反安全策略时，并不需要在家中打电话给 CISO。另一方面，真的不希望 CEO 通过阅读早间新闻发现组织发生了事故。让正确的决策方以正确的节奏随时了解情况，以便每个人都能做好自己的工作，产生信任，并带来统一的外部消息传递。

　　表 22-3 显示了基于表 22-2 所示分级的通知矩阵示例。

表 22-3　事故通知矩阵示例

利益相关方	严重度等级	通知
执行层领导	S1	立即通过电子邮件和电话通知
	S2	在下一份每日运营报告中通知
	S3	无
CISO	S1	立即通过电子邮件和电话通知
	S2	4 小时内通过电子邮件和电话通知
	S3	在下一份每日运营报告中通知

(续表)

利益相关方	严重度等级	通知
受影响的业务部门	S1	立即通过电子邮件和电话通知
	S2	4 小时内通过电子邮件通知
	S3	在下一份每日运营报告中通知
受影响的客户/合作伙伴	S1	8 小时内通过电子邮件通知
	S2	72 小时内通过电子邮件通知
	S3	无

　　向客户、合作伙伴、政府监管机构和媒体等外部各方发出的通知应由专业联络人员而非网络安全人员处理。IR 团队的技术成员向这些联络人员提供事实，然后联络人员起草信息(与法律和营销团队协作)，这些信息不会使组织在法律上或声誉上变得更糟。如果处理得当，IR 沟通可帮助提高对组织的信任和忠诚度。然而，如果处理不当，这些通知(或缺少通知)可能会毁掉组织。

22.2.4　运营任务

　　让利益相关方了解情况只是事故响应中涉及的众多任务之一。就像其他任何复杂的工作一样，组织应利用结构化方法确保所有必需的任务都得到执行，并确保一致地、按正确顺序完成任务。当然，现在不同类型的事故需要不同的程序。响应勒索软件攻击所需的程序与响应恶意内部人员试图窃取公司机密的程序不同。尽管如此，所有事故在高层次上都遵循非常相似的模式。大家已经在讨论事故管理流程的 7 个阶段时看到这一点，考生为了 CISSP 考试需要了解事故管理流程的阶段，这些阶段适用于所有事故。

　　多数组织通过在 IRP 中详细说明运营任务来满足对 IR 完整性和一致性的需求，有时每个任务旁边都有一个字段，指示任务完成的最后期限。IR 团队负责人可直接遍历此列表，确保以正确顺序完成正确的事情。表 22-4 显示了一个运营任务检查列表(Checklist)示例。

　　表 22-4 并非包罗万象，但确实包含了大多数组织中每个 IR 的最常见任务。如前所述，不同类型的事故需要不同的处理方法。虽然任务列表应足够通用以适应这些专门的程序，但也希望足够具体以作为整体执行方案。

表 22-4　运营任务清单示例

运营任务	完成日期/时间
预执行	
识别受影响的资产	
获得对所有受影响资产的访问权(物理和逻辑)	
确定取证证据要求	
审查合规要求(例如，GDPR、HIPAA、PCI DSS)	
启动联络方案	

(续表)

运营任务	完成日期/时间
响应	
立即采取行动以减轻事故的影响	
验证检测机制	
向威胁情报团队请求相关情报	
收集和保存与事故相关的数据(例如 PCAP、日志文件)	
制定故相关活动的初始时间轴(Timeline)	
基于初步评估制定缓解方案	
缓解	
如果关键目标系统受到破坏,确认备份/冗余系统的可用性	
激活备份/冗余系统,以确保操作运营的连续性(如果关键目标系统受到破坏)	
隔离受影响的资产	
从破坏的系统收集取证证据(如果适用)	
删除活动的威胁机制,以限制进一步的破坏活动	
重点启动对附加活动的持续监控	
恢复	
从已知的、确认没有问题的备份或标准主版本还原受影响的系统	
验证还原系统的额外控制,以防再次发生	
将还原的系统重新连接到生产网络	
确认还原的系统上不存在其他威胁活动	
修复	
最终确定根本原因、威胁机制和事件时间轴	
识别 IOC 和 IOA	
启动变更管理流程以防止再次发生	
实施预防性和检测性控制以防止再次发生	

22.2.5　操作手册

当组织预计某种类型的事故会多次发生时,就需要专门的程序。组织希望记录这些程序,以确保每次威胁行为方进入组织的系统时,组织都可利用以前总结的经验。操作手册(Runbook)是 IR 团队针对特定类型事故遵循的一系列程序。可把操作手册视为食谱。如果想在晚餐时吃一道豆腐砂锅,可打开食谱并查找烹饪方法。食谱描述了需要什么配料,以及分步制作程序。同样,操作手册包含可能遇到的最可能和/或最危险事故的标签。一旦事故由 SOC(或任何有权宣布事故发生的人)宣布,IR 团队负责人就会打开操作手册并查找已宣布的事故类型。操作手册指定需要哪些资源(例如,特定角色和工具)以及如何使用资源。

在制作操作手册时，必须要注意的是文档制作所花费的时间和资源不要超过最终在响应事故类型时所投入的时间和资源。与任何其他控制措施一样，操作手册的成本不能超过什么都不做(以及迅速解决问题)的成本。出于这个原因，大多数组织将操作手册的重点放在需要响应特别敏感的复杂事故上。通常可将其他事故添加到操作手册中，但这是由 SOC 经理基于组织的需求在深思熟虑后的决定。例如，如果组织的流动率很高，那么一份更全面的操作手册对新员工可能会有所帮助。

另一个要考虑的方面是，操作手册只有在正确、完整和最新的情况下才是可用的。即使组织在第一次编写操作手册时做得很好，也必须定期投入时间来更新。为获得最佳结果，需要将操作手册纳入组织的变更管理计划，以便每当发生组织变更时，变更顾问委员会(Change Advisory Board，CAB)都会提出以下问题：是否需要更新 IR 操作手册？

22.3　调查

无论面临何种类型的安全事故，都应将受其影响的系统和设施视为潜在的犯罪现场。因为一开始可能出现的硬件故障、软件缺陷或意外火灾实际上可能是恶意攻击方针对组织蓄意制造的。甚至像暴风雨或地震之类的自然灾害，也可能为敌对方提供危害组织的机会。因为组织最初不能确定某一事故是否有犯罪因素，所以应把所有事故都当作有犯罪因素来对待(直到证明判断有误)。

由于计算机犯罪只会越来越多，而且永远不会消失，所以所有安全专家了解如何实施计算机调查是很重要的。这包括了解特定情况下的法律要求、证据保管链、法庭可接受的证据类型、事故响应程序及上报流程。

是否报警？

管理层需要决定在事故响应期间是否召集执法部门来协助处理。以下是引入执法机构时需要了解的一些事项：

- 某些情况下(例如，涉及国家安全、儿童色情等)必须选择报警。
- 执法机关具有强大的调查能力。
- 一旦涉及执法，组织可能失去对调查的控制权。
- 不承诺对破坏性事故保密，可能会公之于众。
- 将证据收集起来，并在很长一段时间内不能使用。

需要确凿的证据才能成功地起诉一项犯罪。计算机取证是检索这些证据并以适当方式保存以便可在法庭上采纳证据的一门学科。如果没有适当的计算机取证，很少能正确和成功地在法庭上起诉计算机犯罪。法庭上证据不可采纳的最常见原因是：缺乏合格的工作人员来处理、缺乏既定的程序、写得不完善的策略或证据保管链断裂。

发生潜在的计算机犯罪时，安全专家应采取适当的调查步骤，确保法庭能接受证据(如果事情发展到该地步)，并能经受法庭的交叉查验和审查。作为一名安全专家，应当了解调查不仅是收集硬盘上的潜在证据。犯罪的整个背景都在调查范围之内，包括人员、网络、内部和外部系统的连接、联邦和州的法律、管理层对如何实施调查的态度以及调查人员所掌握的技能。上述任何一个部分出现问题，法庭都可能不受理案件或至少造成负面影响。

22.3.1 动机、机会与手段

如今的计算机犯罪类似于传统的犯罪。要理解犯罪的"原因"，就需要理解犯罪的动机、机会和手段(Motive, Opportunity and Means，MOM)。这与传统的非计算机犯罪中对待嫌疑人的策略类似。

动机(Motive)是犯罪的"主体"和"原因"，可能由内部或外部条件引起。一个人可能由于冲动、挑战和刺激而实施犯罪，这些是内因。外部条件的示例有财务危机、亲人身患重病或陷入可怕的困境。理解犯罪的动机是判断谁会采取这种行为的重要部分。例如，出于经济动机的攻击方(例如勒索软件背后的攻击方)想要获得受害方的钱财。在勒索软件提供商的示例中，攻击方意识到，如果在支付赎金后不解密受害方的数据，消息就会传出去，没有其他受害方会支付赎金。因此，大多数现代勒索软件攻击方在收到付款时都会可靠地交出解密密钥。一些勒索软件团伙甚至加倍努力，建立客户服务操作，帮助受害方解决付款和解密问题。

机会(Opportunity)是犯罪的"地点"和"时间"。机会常伴随着漏洞和弱点而出现。如果组织不定期给系统(特别是面向公众的系统)打补丁，攻击方在这个网络中就有各种机会。如果组织不实施访问控制、审计和监管，员工就可能有机会挪用资金和欺诈组织。一旦某人想犯罪，就会寻找机会获得成功。

手段(Means)是指罪犯想要成功作案需要的能力。假设要求犯罪调查人员调查发生在某金融机构内的一起复杂的贪污案，如果嫌疑人是三个，其中两个只具有一般的计算机知识，但第三个是编程人员兼系统分析员，那么犯罪调查人员会意识到这个人比其他两个人更可能具备成功实施犯罪的手段。

22.3.2 计算机犯罪行为

与传统犯罪一样，计算机犯罪也具有特定作案方式(Modus Operandi，MO)。换句话说，每个罪犯作案时通常会使用不同的操作方法，这可用于帮助识别罪犯。计算机犯罪与传统犯罪的差异在于，调查员显然必须了解相关技术知识。例如，用于计算机犯罪的某种MO可能包括使用特定工具，或针对特定系统或网络。这种方法往往涉及重复的特征行为，如发送电子邮件或编程语法。了解罪犯的MO与特征行为对整个调查过程都十分有用。例如，执法部门可使用这些信息识别同一罪犯的其他攻击。MO和特征行为也可在讯问(由授权的工作人员或执法机构实施)和审判过程中提供非常有用的信息。

罪犯的MO与特征行为也可用于心理犯罪情景分析(侧写)。侧写(Profiling)可洞悉攻击方的思维过程，并可用来识别攻击方，或至少可识别攻击方用于实施犯罪的工具。

22.3.3　证据收集和处理

完美的证据是任何可靠调查的基础。在处理任何可能最终诉诸法庭的事故时，必须谨慎处理数字证据，这样无论在哪个司法管辖区起诉被告，这些数字证据都是可接受的。在美国，数字证据科学工作组(Scientific Working Group on Digital Evidence，SWGDE)旨在确保取证团体之间的一致性。SWGDE 为计算机类证据标准化恢复制定的原则受下列属性支配：

- 与所有法律体系保持一致。
- 允许使用通用语言。
- 持久性(Durability)。
- 能跨越国家边界。
- 建立对证据完整性(Integrity)的信心。
- 适用于所有取证证据。
- 适用于各个层级，包括个人、机构和国家。

处理数字证据的国际标准是 ISO/IEC 27037 "Guidelines for Identification, Collection, Acquisition, and Preservation of Digital Evidence"。本文档确定了数字证据处理的四个阶段，即识别、收集、获取和保存。下面来仔细了解每个阶段。

注意

在此之前，必须确保调查人员拥有搜索和获取数字证据的合法权限。如有疑问，请咨询组织的法律顾问。

1. 识别

数字证据处理的第一阶段是识别数字犯罪现场。犯罪现场很少只有一个设备。通常情况下，数字证据存在于其他多种设备，例如，路由器、网络专用工具包(Appliance)、云服务(Cloud Service)基础架构、智能手机和物联网设备等。无论组织是否必须获得法院命令才能获取证据，都要非常谨慎地确定需要收集什么证据以及证据可能存在于何处。

当调查人员到达犯罪现场时(无论是物理的还是虚拟的)，需要仔细记录所看到的和所做的一切。如果调查人员处理的是一个物理犯罪现场，在接触任何东西前，先从每个可能的角度拍摄该物理现场。标记电线和网线，然后在拆解之前拍照标记好的系统。调查人员要从一开始就拥有对证据的完整性以及如何处理证据的信心。

在犯罪现场识别证据可能并不容易。调查人员可发现无线网络允许人们远程篡改证据。这将要求调查人员考虑如何将证据与射频(Radio Frequency，RF)信号隔离开来以控制犯罪现场。诸如 U 盘的设备中也可能存在有意或无意隐藏的证据。执法人员有时会使用经过特殊训练的狗嗅出电子设备。在此阶段，彻底识别所有的证据是最重要的考虑因素，可能需要执法人员跳出固有思维，确保不会错过或丢失关键的证据项。

控制犯罪现场

无论是物理犯罪现场或数据犯罪现场，控制那些接触犯罪证据的人员对于确保证据的完整性至关重要。保护犯罪现场应采取以下几个步骤：

- 只允许获得授权的人员进入现场。这些人应具备分析犯罪现场的基本知识。
- 记录出现在犯罪现场的人员信息。在法庭上，如果有太多人干扰证据，完整性会受到质疑。
- 记录最后与系统接触的人员的信息。
- 若真的破坏犯罪现场，则必须记录相关情况。虽然受破坏的犯罪现场或许不会导致证据失效。

2. 收集

一旦确定了所需的证据，执法人员就可开始收集。证据收集是对可能具有潜在证据价值的项目实施物理控制措施的过程。这个过程就是执法人员走进嫌疑人的办公室，收集嫌疑人的计算机、外置硬盘和 U 盘等。最重要的是，执法人员需要拥有执行此操作的法律授权，并记录所拿取的物品、取自何处以及当时的状况。

每份证据都应以某种方式标上日期、时间、收集方姓名的首字母，以及案件编号(如果已分配)。然后将证据放入容器中，并密封(最好用证据胶带)，以防止篡改。如图 22-2 所示，应将收集的信息显示在每个证据容器上。

证据

国家/地区/单位/部门_____
案件编号_____ 项目编号_____
犯罪类型_____
证据描述_____

_____

疑犯_____
受害人_____
发现日期和时间_____
发现物理位置(Location)_____
发现人_____

证据保管链

接收单位_____ 接收人_____
日期_____ 日期_____上午/下午
接收单位_____ 接收人_____
日期_____ 日期_____上午/下午
接收单位_____ 接收人_____
日期_____ 日期_____上午/下午
接收单位_____ 接收人_____
日期_____ 日期_____上午/下午

WARNING: THIS IS A TAMPER EVIDENT SECURITY PACKAGE. ONCE SEALED,
ANYATTEMPT TO OPEN WILL RESULT IN OBVIOUS SIGNS OF TAMPERING.

图 22-2 证据容器数据

正确标记所有内容后，应为每个容器创建证据保管链日志，并创建完整的日志记录所有事件。证据保管链记录着每个人在每个时间点控制什么证据。在大型调查中，一个人可能会收集证据，另一个人可能会运送证据，而第三个人可能会存储证据。跟踪所有这些人对证据的持有情况对于在法庭上证明证据未受篡改至关重要。一个优秀的辩护律师因为证据处理不当被法庭驳回的情况并不少见。出于这个原因，证据保管链应在从识别证据开始，到销毁、永久存档或归还所有方为止的整个生命周期中予以跟踪。

证据收集活动基于搜索的内容和位置不同可能变得棘手。例如，美国公民受到第四修正案的保护，免受非法搜查和扣押，因此执法机构必须有正当理由，并在实施搜查之前向法官或法院申请搜查令。实际搜查只能在搜查令规定的区域内实施。第四修正案不适用于普通公民执行的行为，除非该公民担任警察代理人。例如，如果 Kristy 的老板警告全体员工，管理层可随时从员工的计算机中删除文件，并且老板不是警察或警察代理人，那么 Kristy 就不能成功地声称公司违反了第四修正案权利。Kristy 的老板可能违反了某些特定的隐私法，但并未违反第四修正案权利。

某些情况下，法律允许执法人员扣押未包括在搜查令中的证据，例如，嫌疑人试图销毁的证据。换言之，如果可能销毁证据，执法部门可能迅速扣押证据以防销毁。

上述情况称为紧急情况，在接受证据前，法官将决定扣押是否适当和合法。例如，如果一名警官有搜查令，有权搜查嫌疑人的客厅，但不能搜查其他房间，此时看到嫌疑人站在另一房间将可移动驱动器放在口袋里，即使该驱动器在搜查令覆盖的区域之外，警官也可没收。

考试提示

无论什么类型的调查，都视为最终要在法庭上结束。

3. 获取

在大多数涉及数字证据的公司调查中，除非涉及执法，否则刚才描述的类似警匪片的收集场面不会发生。相反，IR 团队可能从各种网络资源中拼凑出活动的时间轴，且可能只需要收集一台笔记本电脑。多数情况下，调查人员可能远程获取所需的证据，而不必占用任何设备。无论哪种情况，最终都需要能够确认或否认在调查中获得的数据，并且必须以合理的方式实施调查。

获取(Acquisition)意味着创建用于查验的数字数据的取证镜像。一般而言，有两种获取方式：物理获取和逻辑获取。在数字获取中，调查人员绕过操作系统，逐位复制物理存储设备的内容。当然，这除了包括现有的所有文件，还包括可用空间和以前删除的数据。另一方面，在逻辑获取中，取证镜像是文件系统中的文件和文件夹，这意味着依赖于操作系统。在处理云服务中存在的证据时，这种方法有时是必要的，因为在云服务中通常无法实施物理获取。

在创建取证镜像之前，调查人员必须有一个可复制数据的介质，并确保已正确清除该介质，这意味着介质不包含任何预先存在的数据(某些情况下，认为开箱即用的新硬盘中包含供应商未清除的旧数据)。通常会创建两个副本：主镜像(存储在库中的控制副本)和工作镜像(用于分析和证据收集)。为确保不修改原始镜像，需要分析前后的文件和目录计算密码哈希值(例如，SHA-1)，证明原始镜像的完整性。

调查人员使用保留了原始证据的镜像副本展开工作，防止在查验过程中无意间更改原始证据，并允许在必要时重新创建镜像副本。

实时系统和使用网络存储的证据获取会让问题变得更复杂，因为调查人员无法关闭系统来制作硬盘驱动器的副本。想象一下，如果调查人员告诉 IT 经理需要关闭主数据库或电子邮件系统，会得到什么样的反应。这种做法是惹人讨厌的。因此，必须在这些系统和其他系统(例如，使用动态加密技术的系统)运行时实施映像。

事实上，有些证据非常不稳定，只能从实时系统中收集。具有不稳定性证据价值的数据示例包括：

- 寄存器和缓存
- 进程表和 ARP 缓存
- 系统内存(RAM)
- 临时文件系统
- 特殊磁盘扇区

4. 保存

为了依法合理地保存证据，组织必须基于法律所接受的最佳实践制定程序，而且员工必须严格遵守这些程序。前面已经讨论了证据链中的两个关键步骤，以及使用哈希值确认证据未经修改。保存数字证据的另一个要素是确保只有一小部分有资格的人员可访问证据，然后只执行特定功能。同样，这种访问需要成为既定程序的一部分。某些情况下，组织对数字证据实施双人控制，最大限度地降低篡改风险。

第 10 章中已经介绍了证据存储的主题，但需要指明的是，应使用无尘环境存储介质证据，并保持适当的室温和湿度，当然，介质不应存储在任何强磁体或强磁场附近。即使没有专门的证据存储区域，组织也应确保所征用的任何空间都严格用于此目的，至少在调查期间是这样。

22.3.4　什么是法庭上可受理的?

可将哪些证据引入法律程序是有限制的。尽管全球各地的每个司法管辖权的细节有所不同，但一般而言，如果数字证据符合以下三个标准，则在法庭上可接受：

- **相关性(Relevance)** 证据必须与案件相关，这意味着证据应有助于证明所指控的事实。如果指控嫌疑人犯有谋杀罪，那么最喜欢的度假胜地的网络搜索历史可能是无关紧要的。法官通常基于证据的相关性作出裁决。
- **可靠性(Reliability)** 必须使用可靠的取证方法获取证据，防止篡改并确保证据在法庭查验期间保持不变。近年来，多起备受瞩目的案件因证据保管链中断而导致证据无法采信。
- **合法性(Legality)** 获取和提供证据的调查人员必须具有赋予的法律授权。如果调查人员有法院签发的搜查令，必须将收集限制在搜查令所规定的范围内。如果调查人员正在工作场所实施调查，必须将收集限制在组织所拥有的资产范围内，并且只有在法律顾问同意后才能开始收集。

证据的可靠性通常由证据保管链和密码哈希技术确定。但是，可靠性的另一个因素是排除那些认为是传闻的证据。传闻证据(Hearsay Evidence)是在法庭程序之外作出的任何陈述，这些陈述用来作为证据，证明陈述中宣称的事情的真实性。假设指控 David 欺诈，Eliza 告诉Frank："David 告诉我，他从公司偷了东西。"Eliza 在法庭上的证词是可接受的，但通常法庭不会允许 Frank 就 Eliza 声称听到的证词作证，因为从 Frank 那里得到的证词将视为传闻。

传闻证据还可包括多台计算机生成的文档，如日志文件。在美国等国家，计算机日志用作法庭上的证据时，必须满足联邦证据规则(Federal Rules of Evidence，FRE)的传闻规则的法律例外，称为商业记录例外规则或商业记录规则。基于该规则，一方可承认①在正常业务过程中产生的任何业务记录；②企业有定期记录的措施；③在记录事件发生时或附近发生的事件；④包含由了解文档中信息的人员传输的信息。

证明日志和所有证据未受到任何形式的篡改是很重要的，这也是使用证据保管链的原因。有几种工具可针对日志运行校验和(Checksum)或哈希运算函数；如果修改了某些内容，则可向团队发出警告。

在收集证据时，一个可能出现的问题是用户对隐私的期望。如果指控一名职员涉嫌计算机犯罪，该职员可声称，其使用的计算机文件是私人的，执法部门和法院无法获取。这就是组织要开展安全意识宣贯培训，让员工签署与组织计算机和设备的可接受用法相关的文件，以及在每位员工登录时都会看到计算机上弹出合法性警示字幕的目的。这些措施是确定用户在使用组织设备时没有隐私权的关键因素。下列是 CERT 建议的标语：

本系统仅供授权用户使用。未经授权或越权使用本计算机系统的人员，均需要接受系统人员对其在本系统上的所有活动的监测和记录。

在对不当使用本系统的个人实施监测的过程中，或在系统维护过程中，也可能对授权用户的活动实施监测。

告知任何使用该系统的人需要明确同意接受监测；如果监测发现可能存在犯罪活动证据，系统人员可向执法人员提供监测的证据。

这种明确的警告强化了对职员或入侵方的法律诉讼权力，看到这种警告后继续使用系统意味着此人承认安全策略并允许接受监测。

注意

作为一名信息安全专家，可能需要向法庭提供证据，不应对此不以为然。大多数法庭、委员会和其他准法律程序都有对证据可采纳性的相关要求。由于这些要求在不同的司法管辖区之间可能有所不同，因此应寻求法律顾问的建议，以便更好地了解所处司法管辖区的具体规则。

22.3.5 数字取证工具、策略和程序

数字取证(Digital Forensic)是一门科学和艺术，取证人员必须掌握与犯罪行为涉及的电子数据的恢复、身份验证和分析有关的专业技能。数字取证融合了计算机科学、信息技术、工程与法律。讨论计算机取证时，可能涉及术语"计算机取证(Computer Forensics)""网络取证(Network Forensics)""电子数据探查(Electronic Data Discovery)""网络空间安全取证(Cyberforensics)"和"取证计算(Forensic Computing)"。(ISC)[2] 使用数字取证作为其他所有术语的同义词，也将在 CISSP 考试中看到。

取证现场工具包

部署取证小组时，小组成员应适当配备需要的所有工具和物资。以下是图 22-3 中的取证现场工具包中的一些常见项目：

- **文档工具**　标签、便签纸、时间轴表格和书写程序。
- **拆卸和清除工具**　防静电带、铁钳、镊子、螺丝刀和剪线钳等。
- **包装及运输物品**　防静电袋、证据包、磁带、扎线带以及其他。
- **电缆和适配器**　足够连接到可能遇到的每一个物理接口。

图 22-3　取证现场工具包

任何从事取证调查的人员必须在此领域具备良好的技能，并知道应寻找什么。如果有人重新启动受攻击的系统或查看文件，可能破坏可用的证据，改变关键文件的时间戳，并抹去罪犯可能留下的痕迹。大多数数字证据的生命周期很短，必须按易失性顺序快速收集。换句话说，应当首先收集最不稳定或最脆弱的证据。某些情况下，最好将系统从网络中移除，转储内存中的内容，系统断电瞬间生成受攻击系统的完整镜像，并对此副本执行取证分析。使用副本而不是原始驱动器将确保原始系统上的证据不受损害，以防调查中的某些步骤造成实际损坏或销毁数据。对系统执行任何操作或关闭系统电源前，将内存的内容转储到文件是一个关键步骤，因为其中可能存有信息。这是另一种获取易失或脆弱信息的方法。然而，这造成了一种棘手的情况：捕获 RAM 或实时分析可能给犯罪现场带来变化，因为会发生各种状态变化和操作。无论取证调查员选用哪种方法收集数字证据，都必须做好相应的记录。这是证据处理最重要的方面。

22.3.6 取证调查技术

为确保取证调查活动以标准化方式顺利开展，并且认可收集的证据，调查团队必须遵循详细的规定步骤，以免遗漏。表 22-5 通过一个常见的调查过程说明了各个阶段，并列出属于每个阶段的各种技术。每个团队或组织通常都会制定自己的步骤，但本质上都是为了完成类似的任务。

- 识别
- 保存
- 收集
- 查验
- 分析
- 描述
- 决策

 注意

取证调查程序包括了犯罪学原则。犯罪学原则识别犯罪现场，保护犯罪环境免受污染，防止证据丢失，鉴定证据和潜在证据来源，以及收集证据。关于尽量减少污染，重要的是要理解不改变犯罪现场是不可能的——无论是物理的还是数字的。关键是应最大限度地减少更改，并将所执行的操作、原因以及对犯罪现场的影响记录下来。

表 22-5　调查过程中的不同阶段特点

识别	保存	收集	查验	分析	描述
事件/犯罪检测	案件管理	保存	保存	保存	文档资料
解析签名	镜像技术	认可的方法	可追溯性	可追溯性	专家证词
配置文件检查	证据保管链	认可的软件	验证(Validation)方法	统计	澄清
异常检测	时间同步	认可的硬件	过滤方法	协议	目标系统影响声明
投诉		法律当局	模式匹配(Pattern Matching)	数据挖掘(Data Mining)	建议的安全对策
系统持续监测		无损压缩	发现隐藏的数据	时间轴	统计说明
审计分析		采样	提取隐藏的数据	链接	
		数据缩减		空间	
		恢复方法			

在取证调查的查验和分析过程中，至关重要的是调查人员必须针对包含原始磁盘所有数

据的镜像开展工作。必须通过位(Bit)级别的副本获取已删除的文件、剩余空间碎片和未分配的簇。可通过使用专用工具,如取证工具包(Forensic Toolkit,FTK)、EnCase Forensic 或 dd Unix 实用工具创建镜像。一种文件复制工具不能恢复设备中所有需要检查的数据区域。图 22-4 展示了取证行业内用于收集证据的常用工具。

接下来需要做的是证据分析。取证调查人员使用以下这些科学的方法:

- 确定证据的特征,例如,可否作为首要证据或次要证据。同时要考虑证据的来源、可信度以及持久性。
- 比较不同来源的证据以确定事件发生的时间顺序。
- 事件重构(Reconstruction),包括恢复已删除的文件以及系统上的其他活动。

取证可在受控的实验室环境中实施,也可借助硬件只读隔离保护器(Write-blocker)和取证软件在现场实施。当调查人员在实验室分析证据时,调查人员是在和“死”证据打交道;也就是说,只处理静态数据。包括易失性数据在内的动态取证是在现场处理的。如果缺乏证据,则应请经验丰富的调查人员协助了解情况。

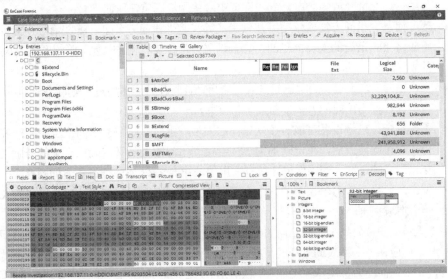

图 22-4　EnCase Forensic 取证可用于收集数字取证数据

最后,应将分析说明提交给相关方。这些人可能是法官、律师、首席执行官或董事会成员。因此,将分析结果以非技术人员能理解的格式呈现出来非常重要。作为 CISSP,应能用隐喻和类比的非专业术语解释分析结果。当然,绝密或公司机密的调查结果应当只呈现给授权方。这样的授权方可能包括法律部门或协助调查的任何外部律师。

22.3.7　其他调查技术

除非调查人员为执法机构工作,否则参与的大多数调查都可能集中在数字取证调查技术上。当设备遭到破坏、恶意内部人员试图窃取敏感文件时,将使用这些技术来调查。调查人员需要的所有证据都可通过手中的一个设备来收集、获取和分析,并通过数字证据获得事实。但是,在除了从某些存储设备复制的 1 和 0 之外的其他情况下,调查人员还需要其他类型的证据。例如,还需要熟悉讯问、监视(Surveillance)和卧底等获取证据的一些调查技术。

1. 讯问

当有愿意接受讯问的人员时,讯问可有效地确定事实。讯问既是一门艺术,也是一门科学,使用的具体技巧会因情况而异。通常,讯问由业务部门经理在人力资源和法务部门的协助下实施。但是,这并不能完全免除调查人员作为信息安全专家在讯问过程中的责任。可能会要求调查人员提供信息或者观察讯问,以澄清在提问过程中出现的技术信息。

无论调查人员是在实施讯问,还是对讯问提供技术协助,请牢记以下最佳实践:

- **制定方案**。没有方案,讯问将无效。事先准备一个大纲,重点是从每个接受讯问的人员那里获得所需的信息。但是,调查人员应保持灵活性,而不是从头到尾读脚本。
- **公平客观**。如果正在讯问,那就是了解事故的事实,而不是为了强化已经得出的任何结论。保持开放的心态,专注于事实,并尽量避免任何偏见。
- **区分信息**。讯问方案应该明哪些信息能够和接受讯问方分享,哪些信息不能分享。不应将接收讯问的人员提供的信息告诉另一位接受讯问的人员,除非这是绝对必要的和法律允许的。
- **一次讯问一名人员**。同时讯问多人可能带来有问题的群体动态,例如,同伴压力。还可能导致接受讯问的人员歪曲或压制信息。
- **不要录音**。录音设备可能对接受讯问的人员产生寒蝉效应。房间里至少有一位记录员,在讯问完成后,将记录的内容读给接受讯问的人员听,确保记录的准确性。如果讯问必须录音,请确保遵守所有适用的法律要求(例如,征得各方的同意)。
- **保密**。尽最大努力对调查的各个方面保密。否则可能对就某事故接受讯问的人员的声誉造成损害。

调查人员的职位应高于接受讯问的员工。例如,副总裁不愿意把自己的心里话告诉收发室职员。讯问应在一个私人场所开展,在一个接受讯问对象感到舒适和轻松的环境中实施。如果要向接受讯问的人员展示证物,应一次展示一个,否则应保存在文件夹中。在讯问之前,没必要在讯问前向当事人宣读权利,除非是由执法人员宣读。

2. 监视

当涉及识别计算机犯罪时,物理监视和计算机监视是两个主要的检测类型。例如,安全摄像、保安和闭路电视等物理监视(Physical Surveillance)可捕捉证据。卧底人员也可利用物理监视了解嫌疑人的消费活动、家人和朋友,以及嫌疑人的个人习惯,从而为案件搜集更多线索。

计算机监视(Computer Surveillance)属于被动地监测(审计)事件,可使用网络嗅探器、键盘监测器、窃听和线路监测。在大多数司法管辖区,主动监测可能需要搜查令。在大多数工作环境中,为合法地监测一个人,必须提前告知其活动可能受到此类监测。

3. 卧底

在大多数公司调查中，卧底(Undercover)调查技术非常罕见，但可提供其他方式难以获得的信息和证据。卧底工作的目标是假设一个身份，以便调查人员能融入嫌疑人的环境，观察甚至记录嫌疑人的行为。

在抓捕嫌疑人的行为时，引诱和诱捕之间只有一线之隔。引诱(Enticement)是合法和道德的，而诱捕(Entrapment)既不合法也不道德。在计算机犯罪的世界里，蜜罐是解释引诱和诱捕之间差异的一个很好的示例。组织将系统置于屏蔽子网中，这些子网要么模拟攻击方通常喜欢利用的服务，要么实际启用了这些服务。组织希望如果攻击方想侵入组织的网络，攻击方将直接进入蜜罐而不是实际生产机器的系统。将攻击方引诱进入蜜罐系统，因为蜜罐有多个开放的端口和正在运行的服务，并且存在攻击方想要利用的漏洞。该组织可记录攻击方的行为，然后尝试起诉。

上述引诱示例中的行为是合法的，除非组织越界实施诱捕。例如，假设一个网页有一个链接，表明如果一个人单击该链接，就可免费下载数千个 MP3 文件。然而，当此人单击该链接时，就会进入蜜罐系统，该组织会记录其所有行为并试图起诉。诱捕并不能证明犯罪嫌疑人有犯罪意图；这只能证明成功欺骗了犯罪嫌疑人。

22.3.8　司法证物

取证学的鼻祖之一 Edmond Locard 博士有句名言："每次接触都会留下痕迹。"这一原则称为 Locard 定律，即罪犯总会在犯罪现场留下一些东西。这些碎片或痕迹证据称为司法证物。司法证物是任何具有证据价值的东西。在一台典型的计算机上，以下是司法证物的示例：

- 删除的项目(回收站或垃圾中)
- Web 浏览器搜索历史
- Web 浏览器缓存文件
- 电子邮件附件
- Skype 历史
- Windows 事件日志
- 预取文件

司法证物也能够是与网络流量相关的证据项目。网络取证是一个子学科，专注于网络上而不是终端上发生的事情。网络取证中使用的工具是该子学科所独有的，调查人员查找的证物也是如此。网络取证中使用的工具包括 NDR 解决方案、SIEM 系统以及任何网络设备或服务器的日志文件，还包括可捕获完整网络帧的网络嗅探器。以下是调查人员感兴趣的一些更有用的网络证物：

- DNS 日志记录
- Web 代理(Proxy)日志记录
- IDS/IPS 告警
- 数据包捕获(Pcap)文件

最后，随着智能手机、平板电脑和智能手表之类的移动设备的激增，调查人员绝不能忽视存储在其中的司法证物。与传统计算机不同，移动设备通常由用户全天候携带。这意味着移动设备倾向于记录一个人生活的多个方面，其中一些可作为犯罪活动的证据。

虽然移动设备可成为取证调查人员的信息宝库，但获取和分析移动设备并不容易。首先，有太多不同的模型，没有一个工具可从所有设备获取所有证据。这种多样性也会挑战调查人员的专业技能，因为擅长分析 iPhone 的调查人员可能无法在分析 Android 设备时达到同样的操作水平。还有目前移动设备中很普遍的加密技术问题，都会让事情变得更有趣。

不过，如果取证调查人员能克服这些挑战，移动设备将是各种犯罪活动的绝佳证据来源。其中最有用的司法证物是：

- 通话记录
- 短消息
- 电子邮件
- Web 浏览器历史记录

22.3.9 报告和记录

第 19 章中已经详细介绍了报告的内容。然而，当涉及调查时，还需要考虑一些额外的问题。首先最重要的是调查人员不能夸大记录的每件事。如果调查人员无法解释所从事的任何活动的原因，法庭可能不会接受这些证据，甚至损害整个案件。基于此原因，多数组织指派调查人员两个人一组工作，一个人负责记录，另一个人负责调查。大多数取证分析工具都有一个可自动记录调查人员使用该工具所实施行为的功能。

在撰写调查报告时，另一个特别重要的问题是需要确保逻辑性和事实性。任何结论都必须从调查人员为安全专家阐述的一系列事实中有逻辑地得出。例如，假设 Carlos 是组织的员工之一，现在怀疑 Carlos 向竞争对手发送敏感文件，希望在竞争对手那里得到一份高薪工作。在检查电脑后，即使确定是 Carlos 干的，也不应跳出来这么说。相反，展示发现的司法证物，按时间轴排序，证实 Carlos 向竞争对手发送敏感文件的方式。首先，要确定 Carlos 已登录到个人的计算机，然后通过 Web 邮件界面登录到个人电子邮件账户，并发送一封包含敏感文件 x、y 和 z 的电子邮件，接着从发件箱中删除该电子邮件，以此类推。最终由高层(可能是高级经理或法官)来判定是否有罪。调查人员的工作是确定事实，并确定证据是否与指控相符。

22.4 本章回顾

事故管理是任何组织的一个关键功能。如果组织是少数尚未遭遇重大事故的幸运儿之一，那么很有可能不久将要面临重大事故。事实上，IronNet 2021 年网络安全影响报告发现，86%的受访方在上一年遭遇了非常严重的网络安全事故，以至于需要召开高层会议或董事会会议。即使组织已将事故响应外包给第三方服务提供商，但仍需制定事故管理策略和事故响应方案，指导整个组织在事故发生之前、期间和之后的行为。策略规定了权力和责任，而方案规定了要遵循的程序。

　　本章讨论的另一个主题是调查。值得庆幸的是，在大多数组织中很少需要展开调查。但问题就在于此：如果人们几乎不需要回忆知识或实践技能，则肯定会失去这些知识和技能。因此，绝对有必要制定详细的调查工作标准程序。例如，正如大家所看到的，证据获取是一个几乎不能有错误的复杂过程，因为最终会将证据呈上法庭。

22.5　快速提示

- 安全事件是可观察、验证和记录的任何事件，而安全事故是对组织和/或其安全态势产生负面影响的一个或多个相关事件。
- 一个优秀的事故响应团队应由来自于不同业务部门的代表组成，这些部门包括法务部门、人力资源、行政管理、通信部门、物理/企业安全部门、IS 安全和信息技术部门等。
- 基于 CISSP CBK，事故管理包括七个阶段：检测、响应、缓解、报告、恢复、修复和总结经验教训。
- 检测阶段包括已经发生的事件的指标和事件的正式声明的搜索。
- 响应阶段包括为控制安全事故造成的损害而采取的初始行动。
- 缓解阶段的目标是从受影响的系统中根除威胁行为方。
- 事故报告发生在事故管理的各个阶段。
- 恢复阶段的目的是为组织还原完整的、可信赖的功能。
- 在修复阶段，事故响应团队决定需要部署或更改哪些安全控制措施，以防止事故再次发生。
- 在总结经验教训阶段，确定事故响应流程和文档所需的内容，以实现持续改进的目标。
- 事故管理策略(Incident Management Policy，IMP)确定了整个组织的权限和职责，确定了组织的事件响应(Incident Response，IR)领导，并描述了每个员工在事故中需要执行的操作。
- 事故响应方案(Incident Response Plan，IRP)详细介绍了响应可疑事故时应执行的操作，包括角色、职责、事故分级、通知和操作任务。
- 事故分类标准允许组织确定事故响应资产的优先级，通常考虑事故的影响和类型，以及必须启动响应的紧迫性。
- 操作手册是事故响应团队针对特定类型的事故所遵循的程序集合。
- 证据处理的四个阶段是识别、收集、获取和保存。
- 证据收集是对可能具有证据价值的设备实施物理控制的流程。
- 证据保管链记录了每个时间点控制证据的每个人。
- 收集是指创建用于查验的数字数据的取证镜像。
- 证据保存需要维护所有数字证据的证据保管链和密码哈希，并控制对证据的访问。
- 法庭上采纳的证据必须是相关的、可靠的且合法获得的。

- 为了法庭能接纳证据，计算机日志之类的业务记录必须在正常业务过程中制作和收集，而不是专门为法庭案件生成。如果没有第一手证据证明准确性和可靠性，则容易将业务记录视为道听途说。

- 数字取证是一门科学和艺术，为实施数字刑事调查，需要专门的技术恢复、身份验证和分析电子数据。

- 除了取证技术，组织有时还使用讯问、监视和卧底调查技术。

- 在寻找嫌疑人时，重要的是要考虑动机、机会和手段(Motive, Opportunity, and Means，MOM)。

- 司法证物是任何具有证据价值的东西。

22.6 问题

请记住这些问题的表达格式和提问方式是有原因的。必须了解到，CISSP 考试在概念层次上提出问题。问题的答案可能不是特别完美，建议考生不要寻求绝对正确的答案。相反，考生应当寻找最合适的答案。

1. 事故管理的阶段是什么？

    A. 识别、收集、获取和保存

    B. 检测、响应、缓解、报告、恢复、修复和总结经验教训

    C. 保护、遏制、响应、修复和报告

    D. 分析、分级、事件申报、遏制、根除(Eradication)和调查

2. 在事故管理的哪个阶段事故响应团队控制安全事故造成的损害？

    A. 保存

    B. 响应

    C. 根除

    D. 修复

3. 在事故管理的哪个阶段部署或更改安全控制措施以防止事故再次发生？

    A. 保存

    B. 响应

    C. 根除

    D. 修复

4. 哪份文件定义了整个组织中与事故有关的权力和责任？

    A. 事故管理策略

    B. 事故响应方案

    C. 事故响应操作手册

    D. 事故分级标准

5. 计算机取证侦查人员在犯罪调查期间扣押计算机后，下一步是什么？

　　A. 为计算机做标记并将其放入容器中，然后为容器做标记

　　B. 擦除证据上的指纹

　　C. 制作磁盘的镜像副本

　　D. 将证据锁在保险箱中

6. 以下哪项是接受证据的必要特征？

　　A. 必须是真实的

　　B. 必须是值得注意

　　C. 必须是可靠的

　　D. 必须是很重要的

7. 在讯问愿意作证的证人时，以下哪项不是最佳实践？

　　A. 区分信息

　　B. 一次讯问一名证人

　　C. 公平客观

　　D. 录音

使用下面的场景回答问题 8~10。最近改进了本组织的安全态势，现在包括一个人员配备齐全的安全运营中心(SOC)、网络检测和响应(NDR)和终端检测和响应(EDR)系统、集中管理的更新和数据备份，以及使用 VLAN 的网段。当工作日结束，准备回家时，SOC 检测到一个勒索软件感染，至少影响了组织中市场营销部门的两个工作站。SOC 经理宣布事故发生并激活事故响应团队。

8. 事故相应团队的第一步应采取什么行动？

　　A. 确定整个组织中感染的范围

　　B. 将市场营销部门的 VLAN 与其他网络隔离

　　C. 断开受感染计算机与网络的连接

　　D. 确定 EDR 系统无法保护工作站的原因

9. 使用 NDR 系统，可确定从何处下载了恶意软件，以及受感染的系统与何处通信。作为修复阶段的一部分，以下哪项是处理此信息的下一个最佳行动？

　　A. 确定所识别的外部主机是否与该事故有关

　　B. 阻断所识别的外部主机的通信

　　C. 使用取证工作站远程访问主机以获取证据

　　D. 与合作伙伴共享主机地址，作为破坏指标

10. 幸运的是，此版本的勒索软件存在漏洞，可找到安全研究人员的博客，其内容包含有关解密受感染系统的详细说明。以下哪种方法最能缓解事故以便受影响的系统再次正常运行？

　　A. 按照说明解密系统并删除恶意软件

　　B. 从标准主版本重新安装并从备份中还原数据

　　C. 即使没有备份也从标准主版本重新安装

　　D. 从上次备份正常的数据中还原系统

22.7 答案

1. B。基于 CISSP CBK，事故管理包括七个阶段：检测、响应、缓解、报告、恢复、修复和总结经验教训。

2. B。在响应阶段实施遏制的目标是防止或减少此事故造成任何进一步损害，以便组织开始缓解和恢复。如果处理得当，将为事故响应团队赢得时间，并正确调查和确定事故的根本原因。

3. D。在修复阶段，需要决定变更哪些控制(例如，防火墙或 IDS/IPS 规则)以防止该事故再次发生。修复的另一方面是识别攻击指标(Indicators of Attack，IOA)，未来可用于实时检测这种攻击(例如，攻击正在发生)以及破坏指标(IOC)，这些指标将显示什么时候攻击成功和组织的安全已经受到破坏。

4. A。事故管理策略(IMP)建立了整个组织的权限和职责，确定了组织的事件响应(IR)领导，并描述了每个员工在事故中需要执行的操作。事故响应方案(IRP)详细介绍了响应可疑事故时应执行的操作，包括角色和职责、事故分级、通知和操作任务。操作手册是事故响应团队针对特定类型的事故所遵循的程序集合。

5. C。从现场收集和提取证据时，需要遵循几个步骤。一旦没收了计算机，计算机取证团队应做的第一件事就是制作硬盘驱动器的镜像。团队将使用此镜像而不是原始硬盘驱动器展开工作，以便原始硬盘驱动器保持其原始状态，并且不会因意外而损坏或修改驱动器上的证据。

6. C。为了证据可接受，该证据必须与案件相关，而且是可靠和合法获得。为了证据可靠，该证据必须与事实一致，不得基于观点和旁证。

7. C。录音设备会对受访方产生寒蝉效应。房间里至少有一位记录员，在讯问完成后，将记录的内容读给接受讯问的人员听，以确保记录的准确性。

8. B。检测到事故后，下一步是通过控制来处理已经或即将造成损害的最关键资产。可简单地断开受感染系统与网络的连接，但由于有多个工作站且位于同一部门中，因此最好隔离整个 VLAN，直到确定问题的真正范围。由于此事件发生在工作日结束时,因此隔离 VLAN 对市场营销部门的影响应很小或没有影响。

9. B。修复阶段，需要确定实施哪些安全控制措施以防止攻击再次成功。这包括仓促实施的控制措施，团队也非常有信心这些措施在短期内会有所帮助。问题中的情况是绕过变更管理流程并快速执行变更以处理手头的事件，这是一个完美示例。在阻止流量后，团队可能希望与合作伙伴(也许还有组织的区域 CERT)共享 IOC。

10. B。因为组织有一个不受影响的集中备份系统,所以可为所有工作站提供备份的恢复。问题是可能不确定完整的系统备份是否也包含勒索软件，因此从备份还原系统可能重新感染勒索病毒。最好从标准版本重新安装系统，然后仅还原数据文件。这个过程可能需要更长的时间，但可最大限度地降低再次感染的风险。

第 23 章

灾　　难

本章介绍以下内容：

- 恢复战略
- 灾难恢复流程
- 测试灾难恢复方案
- 业务持续

建造诺亚方舟时还没下雨(未雨绸缪)。

——Howard Ruff

灾难(Disaster)只是人们集体生活中常见的现象。很有可能在某个时刻，人们无论是在个人世界还是职业世界，都会不得不面对至少一场灾难(如果不是更多的话)。当灾难来临时，那些毫无准备的人想找出一种实时处理办法可能不会那么顺利。本章思考所有可能发生的可怕的事情，然后确保组织有应对战略(Strategy)和方案(Plan)。这不仅意味着要从灾难中恢复，还意味着要确保业务在尽可能少的中断下继续运营。

正如古语所言，没有任何作战方案能在与敌人的第一次接触中幸存下来，这就是组织必须测试和演练方案的目的，只有作为个人和组织的反应能在所有人的大脑中根深蒂固，才能在灾难发生时不再需要花时间来考虑。当可怕而复杂的灾难在周围发生时，人们将条件反射地做正确的事情。这听起来也许有点雄心勃勃。但是作为网络安全(Cybersecurity)专家，要尽力帮助组织接近这一目标。接下来看看如何做到这一点。

23.1　恢复战略

前几章讨论了作为标准安全运营的一部分的预防和响应安全事故,包括各种类型的调查。这些是网络安全专家每天都在做的事情。但当一个事故造成灾难性影响时，在这种罕见的情况下会发生什么呢？这就是灾难恢复和业务持续规划的领域。灾难恢复(Disaster Recovery, DR)是一组实践，便于组织在灾难性事故发生后最大限度地减少关键目标系统的技术基础架构的损失并进行还原。业务持续(Business Continuity，BC)是一组实践，便于组织在任何破坏性事件发生后继续执行关键职能。正如大家所看到的，DR 主要属于安全和应急运营的范围，而 BC 的范围要宽泛得多。

 考试提示
CISSP 专家负责灾难恢复，因为灾难恢复主要涉及信息技术和安全。同时 CISSP 专家要为业务持续发展规划提供意见和支持，但通常不是这方面的领导。

在进一步讨论前，回顾一下第 2 章中讨论的关于最大允许停机时间(Maximum Tolerable Downtime，MTD)的作用。实际上，基本 MTD 值是一个良好开端，但对于一家组织而言，MTD 还没有详细到足以确定需要采取哪些措施消减灾难的影响。MTD 值通常是"泛泛的"，无法提供足够细节帮助组织确定需要购买和实现的实际恢复解决方案。例如，如果业务持续规划(Business Continuity Planning，BCP)团队确定客户服务部门的 MTD 值为 48 小时，那么这些信息不足以充分理解应采用哪些冗余解决方案或备份技术。在该示例中，MTD 确实提供了一个基本时限，意味着如果客户服务在 48 小时内没有恢复，公司就可能无法恢复，所有人都可能需要另谋高就。

如图 23-1 所示，在发生破坏性事件后，要帮助生产运营恢复正常，需要的不仅是 MTD 度量(Metric)。接下来将逐一介绍这些度量类型，并了解有效地组合使用这些类型的方式。

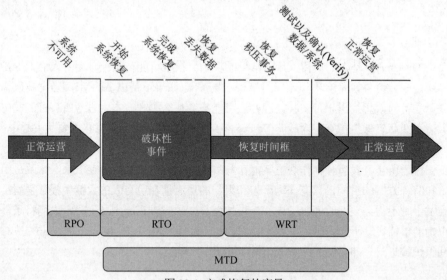

图 23-1 灾难恢复的度量

恢复时间目标(Recovery Time Objective，RTO)是关键目标系统在灾难发生后还原到指定服务水平以避免与业务持续中断相关的不可接受的后果的最大时间段。RTO 值小于 MTD 值。因为 MTD 值表示在此之后，如果无法还原重要的操作，将意味着对组织的声誉或底线造成严重的甚至是无法弥补的损害。RTO 假设存在一段可接受的停机时间。这意味着一个组织可停产一段时间(RTO)，但仍可还原正常。如果无法在 MTD 窗口期内启动生产并正常运行，那么该组织将因为损失影响过大，导致无法正常恢复。

工作恢复时间(Work Recovery Time，WRT)是用于验证已恢复系统和数据的功能和完整性以便系统可重新投入生产的最长时间。RTO 通常处理基础架构和系统的备份和运行，而 WRT 确保业务用户可使用基础架构和系统备份处理恢复工作。另一种看法是将 WRT 视为 MTD 与 RTO 的差值。

恢复点目标(Recovery Point Objective，RPO)是用时间度量的、可接受的数据丢失量。RPO 表示数据必须恢复的最早时间点。数据的值越高，意味着确保灾难发生时损失的数据越少，要投入的资金或其他资源就越多。图 23-2 显示了 RPO 值和 RTO 值之间的关系和差异。

图 23-2　使用中的 RPO 和 RTO 指标

MTD、RTO、RPO 和 WRT 值至关重要，是确定组织采用的恢复解决方案类型时使用的基础指标，值得深入研究。以 RTO 为例，假设某公司确定如果无法在 12 个小时内处理产品订单请求，那么财务损失将太大而无法生存。这意味着订单处理的 MTD 为 12 小时。简单而言，假设 RTO 和 WRT 各为 6 小时。现在，假设在没有备用电源的场所使用本地服务器处理订单，而一场冰暴导致停电宕机，需要数天才能恢复。如果没有制定好的方案和已有的支持基础架构，几乎不可能在 6 小时内将服务器和数据迁移到通电的备用场所。RTO(即迁移服务器和数据的最长时间)将无法满足(更不用说 WRT)，并且可能超过 MTD，导致公司面临严重的倒闭风险。

现在假设同一家公司在不同电网上有一个恢复场所，并能在几个小时内恢复订单处理服务，因此满足了 RTO 要求。但是，仅仅因为系统重新上线，公司仍可能面临一个关键问题。公司必须恢复在灾难中丢失的数据。恢复一个星期前的数据没有多大意义。员工需要访问灾难发生前正在处理的数据。如果公司只能恢复一个星期前的数据，那么在过去七天中处于某个执行阶段的所有订单都可能丢失。如果该公司平均每天的订单收入为 25000 美元，而过去七天所有的订单数据都丢失将导致 175000 美元的损失和多数客户的不满。因此，启动和运行 RTO 只是问题的一部分。同样至关重要的是，业务流程应使用最新且相关的 RPO 以确保在灾难发生时恢复必要的数据。

更进一步，假设公司两小时内在恢复场所上启动了系统。公司配备了实时数据备份系统，因此可还原所有必需的最新数据。但没人实际测试过从备份中恢复数据的流程，每个人都很困惑，订单仍然无法处理，无法获得收入。这意味着该公司满足了 RTO 要求和 RPO 要求，但未达到 WRT 要求，因此未达到 MTD 要求。适当的业务恢复意味着所有的独立流程都必须正确执行，才能帮助总体目标取得成功。

 考试提示

RTO 是从灾难中恢复所需的时间量，以时间度量，是同一事件中可接受的数据丢失量。

实际的 MTD、RTO 和 RPO 值是在业务影响分析(Business Impact Analysis，BIA)期间得出的，目的是将关键值赋予特定业务功能、资源和数据类型。表 23-1 给出一个简单示例。公司必须具备数据还原能力，确保关键目标系统数据丢失不超过 1 分钟。公司不能依赖备份磁带还原这种速度较慢的方案，必须使用高可用的数据复制解决方案。关键任务数据处理的 RTO 值不超过 2 分钟，意味着执行此类数据处理功能的技术不能停机超过 2 分钟。该公司可能选择采用容灾切换技术，一旦发现服务器脱机，该技术将转移负载。

表 23-1 RPO 和 RTO 的关系

数据类型	RPO	RTO
关键目标系统	持续，最多不超 1 分钟	2 分钟以内
关键业务	5 分钟	10 分钟
普通业务	3 小时	8 小时

预防性措施和恢复战略的差异是什么？

建立预防性机制不仅可减少公司遭受灾难的可能性，还可在发生灾难时减少可能造成的损失。例如，公司无法阻止龙卷风的到来，但可选择将基础设施转移到不易遭受龙卷风袭击的地区。又如，公司无法阻止一辆汽车撞上并损坏公司依赖供电的变压器。但如果这种情况真的发生了，公司可从不同的变压器获得独立的电力供应。

恢复战略是在灾难发生后如何拯救公司的流程。这些流程将结合各种机制，例如，为基础设施建立备用场所、执行应急响应程序以及激活已部署的预防机制。

在同一场景中，当生产环境恢复联机时，分类为"业务"的数据丢失量最多可达到 3 小时，因此可接受较慢的数据复制流程。由于业务数据的 RTO 为 8 个小时，因此公司可选择支持热插拔的硬盘驱动器，而不必为更复杂和昂贵的容灾切换技术付费。

DR 团队必须清楚公司需要采取哪些措施实际恢复对整个组织至关重要的流程和服务。在业务持续和恢复战略中，DR 团队仔细检查已达成共识的关键业务功能，然后评价可用于恢复关键业务运营的各种恢复和备份替代方案。为确保满足设定的 MTD 值，正确选择恢复每个关键的业务流程和服务的策略和技术很重要。

那么 DR 团队需要完成什么？ DR 团队需要实际定义恢复流程。这些流程是一组预定义的活动，将在灾难发生时执行和开展。更重要的是，必须不断重新评价和更新这些流程，确保组织达到或超过 MTD。首先要了解在灾难发生后必须恢复的业务流程。有了这些知识，DR 团队就可在数据备份、恢复和处理场所以及整体服务可用性方面做出正确决策，所有这些问题将在下一节中讨论。

23.1.1　业务流程恢复

业务流程是一组相互关联的步骤，这些步骤通过特定的决策活动链接在一起完成特定任务。业务流程具有起点和终点，并且是可重复的。流程应阐述组织提供的服务、资源和运营的相关知识。例如，当客户请求通过公司的电子商务网站购买书籍时，公司的订单履行系统必须遵循一系列步骤，例如：

(1) 验证(Validate)该书是否存在。

(2) 验证该书的位置以及将其发送到目的地所需的时间。

(3) 向客户提供价格和交货期。

(4) 确认(Verify)客户的信用卡信息。

(5) 验证和处理信用卡订单。

(6) 将订单发送到图书库存所在的物理位置(Location)。

(7) 向客户发送收据和追踪码。

(8) 补充库存。

(9) 将订单发送给财务部门。

DR 团队需要理解组织最关键的流程包含哪些不同的步骤。数据通常以工作流文档的形式呈现，文档包含每个流程所需的角色和资源。DR 团队必须了解以下关键业务流程：

- 所需角色
- 所需资源
- 输入和输出机制
- 工作流(Workflow)步骤
- 实现所需的时间
- 与其他流程的接口

这将帮助 DR 团队识别威胁和控制措施，确保尽量减少流程的中断。

23.1.2　数据备份

数据已成为几乎所有组织最重要的资产之一，包括财务电子表格、新产品蓝图、客户信息、产品库存和商业秘密等。第 2 章介绍了风险分析流程，第 5 章介绍了数据分级。DR 团队不负责建立和维护组织的数据分级流程，但应认识到，如果没有设置这些流程，组织将面临风险。因而将数据分级流程欠缺视为需要向管理层报告的漏洞。管理层需要组建另一个团队，目的是识别组织的数据，定义损失标准，并建立数据分级结构和流程。

DR 团队的职责是提供保护这些数据的方案，并确定在遭遇灾难性破坏后还原数据的方式。数据的变化通常比硬件和软件频繁，因此数据备份或归档流程必须实时执行。数据备份流程的设置必须有的放矢、合理且有效。如果文件中的数据每天都要变化多次，则流程应设置全天或夜间执行多次备份，确保所有数据变化都能及时获取和保存。如果数据每月更换一次，那么设置每晚备份就会造成时间和资源的浪费。备份一个文件及相应更改通常比拥有一个文件的多个副本更可取。联机备份技术通常会在日志文件中记录下对文件的每次改动，这是独立于原始文件的，如图 23-3 所示。

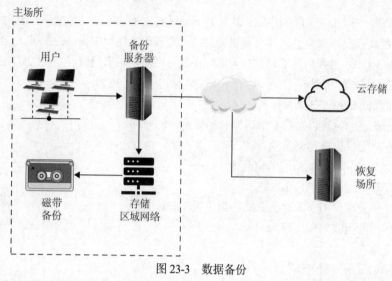

图 23-3　数据备份

　　IT 运营团队应包括一名备份管理员，管理员负责定义备份哪些数据以及备份的频率。这些备份是全备份(Full Backup)、差异备份(Differential Backup)或增量备份(Incremental Backup)，通常使用两种形式的组合。大多数文件不会每天更改，因此，为节省时间和资源，应设计一个备份方案，不会对那些未做修改的数据实施持续备份。那么，如何在不查看每个文件的修改日期的情况下找到那些已更改的数据并实施备份？如果修改了文件，则通过将归档位设置为 1 实现。备份软件会基于归档位的数值确定哪些文件需要备份；如果备份了，则在备份完成时清除这个位。

　　第一步是做一个全备份，即将所有数据都备份并保存到某类存储介质中。全备份期间将清除归档位，意味着将其设置为 0。组织可选择只做全备份，这种情况下，还原流程只有一个步骤，但备份和还原流程可能需要很长时间。

　　多数组织选择将全备份与差异备份或增量备份结合。差异备份针对自上次全备份以来已修改的文件。当需要恢复数据时，首先从全备份恢复文件，然后在完全恢复的基础上恢复最新的差异备份。差异备份不会更改归档位的值。

　　增量备份针对自上次全备份或增量备份以来已更改的所有文件，并将归档位的值设置为 0。当需要还原数据时，首先还原全备份数据，然后按照备份顺序还原每次增量备份的数据(见图 23-4)。如果组织遭遇灾难性破坏，并且使用的是增量备份，则首先需要还原硬盘驱动器上的全备份，再还原破坏前(以及上次全备份之后)执行的每次增量备份。因此，如果全备份是在六个月前完成的，并且运营部门每个月都执行一次增量备份，则恢复团队将还原全备份，并从全备份还原后开始逐一还原最后一次全备份后的增量备份，直至还原所有数据。

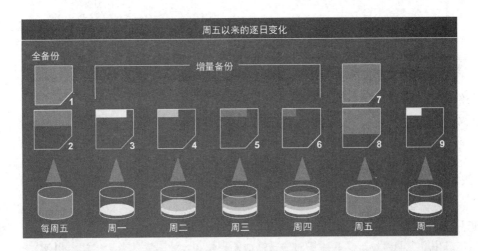

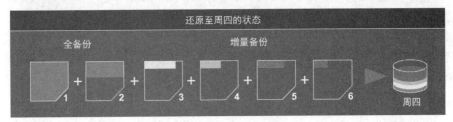

图 23-4　备份软件步骤

哪种备份方式最完美？如果组织希望备份和还原流程简单明了，那么可执行全备份——但这可能需要大量的硬盘空间和时间。虽然差异备份和增量流程更复杂，但需要的资源和时间更少。差异备份比增量备份相比在备份阶段需要更多时间，但还原时间更少，因为执行差异备份的还原两步即可完成，而增量备份必须按备份顺序实施数据还原。

无论选择何种备份方式，重要的是不要混合差异备份和增量备份。这种重叠式备份可能导致文件丢失，原因在于增量备份会更改归档位，而差异备份则不会。

关键数据应该备份，并同时存储在现场和异地。如果发生非灾难性破坏，现场备份的副本可直接访问，并应提供快速还原流程，以便恢复正常运营。但现场备份不足以提供真正的保护。如果发生灾难性破坏，数据也应实施异地备份。CISO 需要做出决定，在确定异地设施的物理位置时应参考主要基础设施的位置。异地备份场所越近，则越容易访问，但大规模灾难一旦发生，则可能同时摧毁组织的主要基础设施和备份基础设施，可能置备份副本于危险之中。选择稍远的备份基础设施可能更明智，虽然增加了可访问性的难度，但会降低风险。某些组织选择配置多个备份基础设施：一个备份基础设施距离比较近，另一个备份基础设施距离比较远。

1. 备份存储战略

备份战略必须考虑到执行流程中任何步骤都可能发生故障。因此，如果在备份或还原流程中出现可能损坏数据的问题，就应制定一种回退或重建数据的稳妥方法。备份和还原数据的程序应易于访问和理解，不熟悉特定系统的运营团队或管理员也能访问和理解。在紧急情况下，经常实施备份和恢复的人员可能不在身边，或者可能需要临时雇用外包顾问满足还原时间限制。

从备份中恢复数据：一个警示故事

数据能够还原吗？在生活中，备份数据是一件令人愉悦的事情，但保证数据能够正确还原会更完美。多数组织机构认为企业已拥有一个组织有序和高效的数据备份流程，因而形成一种错误的安全感。当组织在发生危机的情况下意识到备份与还原流程根本无法运作时，这种安全感会瞬间消失。例如，某家公司租用了一处异地备份基础设施，同时雇用一名收发员每周收集备份磁带，并将磁带运送到异地基础设施安全保存。公司并没有意识到，这名收发员使用地铁作为交通工具，并且在等地铁时多次将磁带放在地上。地铁内有多个大型发电机，发电机产生各自的磁场，这些磁场对磁带造成的影响和大块磁铁的效果一样，也就是说，可能擦除磁带中的数据或使数据遭到破坏。该公司从未测试过其还原流程，结果经历了一场灾难。然而令公司更措手不及的是，公司发现 3 年内的数据都遭到破坏且无法使用。

还有多种其他类似的故事和经历。不要因为没有确认备份数据的可还原性就导致组织的遭遇最终成为其他书籍中的轶闻。

应注意有四种常用的备份战略：

- **直连式存储(Direct-attached Storage)** 备份存储直接连接到要备份的设备，通常通过 USB 电缆。该备份战略比没有好，但并不适合集中管理。然而糟糕的是，多种勒索软件(Ransomware)攻击会寻找这些直连式的存储设备并加密数据。

- **网络附加存储(Network-attached Storage, NAS)** 备份存储通过 LAN 连接到设备，通常是由备份服务器管理的存储区域网络(Storage Area Network，SAN)。该方法通常适用于集中管理，允许 IT 管理员强制执行数据备份策略。主要缺点是，如果灾难摧毁了场所，数据可能会丢失或无法访问。

- **云存储(Cloud Storage)** 多数组织使用云存储作为数据备份的主要或辅助存储库。如果这是在虚拟私有云上完成的，则云储存具有提供异地存储的优势，因此，即使灾难摧毁了组织的场所，数据也可用于恢复。显然，WAN 的连接必须足够可靠和足够快，才能有效地支持这种战略。

- **离线介质(Offline Media)** 随着勒索软件变得越来越复杂，越来越多的攻击方攻击 NAS 和云存储。如果组织的数据非常重要，以至于必须将数据丢失的风险尽可能降低到接近于零，那么可能需要考虑离线介质，例如，磁带备份、光盘，甚至是外部驱动器，每次备份后断开连接(并可离线删除)。这是最慢和最昂贵的方法，也是最能抵抗攻击的方法。

电子保管库和远程日志是组织应了解的其他解决方案。电子保管库在修改文件时复制文件，并定期将文件传送到异地备份场所。传送不是实时发生的，而是分批发生的。因此，组织可选择每小时、每天、每周或每月将更改过的所有文件发送到备份设施。信息可存储在异地设施中，并在很短时间内就能从那里恢复。

多数金融机构采用这种备份方式，因此当银行柜员接受存款或取款时，对客户账户的更改将在本地的分支机构数据库完成，并维护远程场所所有客户记录备份副本。

电子保管库是一种将大量信息转移到异地设施实施备份的方法。远程日志(Remote Journaling)是另一种异地传输数据的方法，但通常只包括将日志或事务日志而不是实际的文件传送到异地设施。这些日志包含对单个文件的增量(更改)。当数据损坏需要还原时，银行可还原这些日志，这些日志用于重建丢失的数据。日志记录对于数据库恢复而言非常有效，在数据库恢复流程中，只需要对单个记录重新执行一系列更改即可重新同步数据库。

 考试提示

远程日志实时执行，只传输文件的增量更改。电子保管库分批执行，并传送已更新的全部文件。

特别是在软件研发环境中，组织可能需要保存软件和文件的不同版本。应用程序和源代码应与库、补丁和修复程序一起备份。异地设施应镜像本地设施的备份，这意味着将所有这些数据保存在本地设施中，而只有源代码留在异地设施中是毫无意义的。每个场所都应有一整套最新和已更新的信息和文件。

另一种软件备份技术称为磁带库(Tape Vaulting)。多数组织将数据备份到磁带中，然后由快递员或员工将磁带送到异地设施。这个人工流程很容易出错，因此一些组织使用电子磁带库，将数据通过串行线路发送到异地设施的备份磁带系统。维护异地设施的公司负责维护系统并在必要时更换磁带。电子磁带库可快速备份数据，并在必要时恢复。该技术提高了恢复速度，减少了错误，并允许更频繁地运行备份。

数据储存库(Data Repository)通常具有复制功能，因此当一个储存库(如数据库)发生更改时，更改会复制到组织内的其他所有存储库。复制可在远程通信链接上实施，允许异地存储库不断更新。如果主存储库失效或损毁，则可逆转复制流，并由异地存储库更新和还原主存储库。复制能够是异步的，也能够是同步的。异步复制意味着主数据卷和辅助数据卷不同步。同步复制可在几秒、几小时或几天内发生，具体取决于所采用的技术。使用同步复制，主存储库和辅助存储库总是同步的，提供了真正的实时复制。图23-5显示了如何实施异地复制。

DR团队必须平衡恢复成本和中断成本。平衡点成为恢复时间目标。图23-6说明了各种恢复技术的成本与所提供的恢复时间之间的关系。

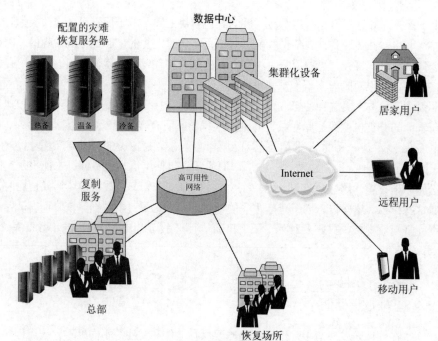

图 23-5   用于数据恢复的异地数据复制

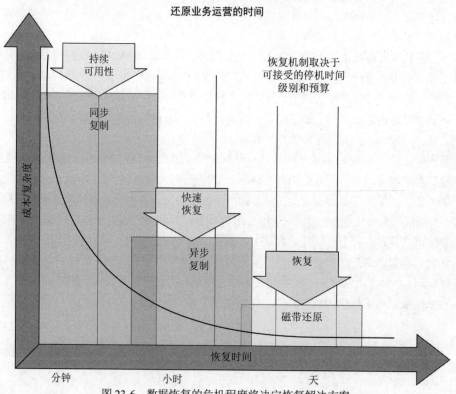

图 23-6   数据恢复的危机程度将决定恢复解决方案

2. 选择软件备份基础设施

当组织为备份材料选择备份基础设施时，需要提出一些具体问题并解决这些问题。下面提供了向特定供应商提交此服务之前需要考虑的一些问题：

- 能否在约定的时间内访问介质？
- 基础设施是否在周末和节假日关闭？每天是否只在特定时间运行？
- 基础设施的访问控制机制是否与报警器及/或警察局相连？
- 基础设施是否有能力保护介质免受各种威胁？
- 确保传输服务可用性的保障措施是什么？
- 是否存在洪水、地震和龙卷风等可能影响基础设施的地理环境灾害？
- 基础设施是否配有火灾检测和灭火系统？
- 设施能否提供温湿度持续监测和控制？
- 采用哪种物理性、行政性和逻辑性访问控制措施？

需要解决的问题将基于组织的类型、需求和备份基础设施的要求而有所不同。

23.1.3 文档记录

对于大多数安全专家而言，文档记录似乎是一项可怕的工作，安全专家会找出其他多种可做的工作任务以逃避编写流程和程序带来的困扰。然而，如果没有适当的文档记录，即使是在将数据备份到异地基础设施方面做得非常出色的组织，也会在灾难来临时仓促地确定需要哪些备份。

还原文件可能具有挑战性，但恢复因席卷而来的洪水所摧毁的整个环境，即便有可能，也是非常困难的。恢复程序应文档化，因为在真正需要的时候，按照一个严格的时间安排表操作将造成混乱和疯狂的氛围。文档记录可能需要包含这些信息：安装镜像、配置操作系统和服务器以及正确安装实用程序和专有软件的方式。其他文档记录可能维护了一个呼叫树，描述了应联系谁、按什么顺序，以及谁负责执行这些联系工作。文档记录还必须包含特定供应商、应急机构、异地基础设施和在需要时可能需要联系的其他任何实体的联系信息。

存储业务持续和灾难恢复方案

一旦完成业务持续和灾难恢复方案，应将方案保存在哪里？组织是否应该只保留一份副本，并安全地放在 Bob 旁的文件柜里，从而产生安全感？不。应制作两至三份方案副本。一份副本保存在主物理位置，但其他副本应保存在其他物理位置，以防主要基础设施损毁。降低在需要时无法访问方案的风险。

业务持续和灾难恢复方案不应储存在文件柜里，而应存放在防火保险箱中。当存储在异地场所时，各类副本的存储方式需要与主场所提供类似的保护水平。

大多数网络环境都随着时间而进化。不停地安装各种软件，为确保在独特的环境中正常工作，配置会随着时间的推移而改变，并且会安装服务包和补丁以修复问题和更新软件。期望一个人或一个团队在危机期间完成所有这些步骤，最终得到一个看起来和运行都与原始环境完全类似的环境,并且环境中所有组件都能无缝地协同工作,可能是一个遥不可及的目标。

因此,繁重的文档工作将来也许成为救命稻草。文档工作是业务的基本组成部分,也是灾难恢复和业务持续的基础组成部分。让一个或多个角色负责适当的文档工作很重要。与本章讨论的所有内容一样,简单地说"所有文档都将保持最新并受到妥善保护"是比较容易的部分——但说易行难。一旦 DR 团队确定了必须完成的任务,就必须将任务分配到个人,而这些员工必须负责。如果不采取这些步骤,DR 团队可能浪费大量的时间和资源定义这些任务;如果发生灾难,组织可能处于严重的危险之中。

24.1.4　人力资源

通常,组织经常忽略的资源之一就是人员。组织可能通过还原网络和关键系统帮助业务功能正常运行,却发现不知道"谁来接手"。人力资源领域是任何恢复和持续程序的一个关键组成部分,需要充分考虑并纳入方案中。

如果组织需要搬迁到 250 英里外的异地基础设施,应如何应对?不能指望员工开车上下班。组织需要为必要的员工支付临时住宿费用吗?需要为员工支付搬家费吗?需要为异地基础设施雇用新员工吗?如果需要,组织要求新员工具备哪些必要的技能?这些都是组织的高级领导者需要回答的重要问题。

如果发生重大灾难,不仅影响组织的基础设施,还影响周边地区,包括影响住房;比起担心组织,员工更担心自己的家人。一些组织认为员工已做好准备,随时可帮助组织重新投入生产,而实际情况是员工可能需要留在家里,因为员工对家庭同样负有责任。

令人遗憾的是,某些员工可能在灾难中丧生或严重受伤,因此团队应制定方案,通过临时就业机构或招聘人员迅速替换员工。这是一个非常不幸的场景,却是现实的一部分。确定所有威胁并负责确定实际解决方案的团队需要全面考虑这些问题。

组织应已制定了适当的高管接班人规划。这意味着若某位高管退休、离职或离世,可通过执行预定的方案保护组织。高级管理人员的流失可能导致组织结构上出现空缺,必须快速找到合适的人员填补领导层的空缺。接班人方案定义了谁将填补并承担这个角色的责任。多数组织都有"副职"角色。例如,组织可能备有一个副 CIO、副 CFO 和副 CEO,在 CIO、CFO 或 CEO 不能履行职责时接管必要的工作任务。

通常较大规模的组织也有要求两名或两名以上的高级职员不能同时面对同一种特定风险的策略。例如,CEO 和总裁出差时不能乘坐同一架飞机。如果飞机坠毁导致两个人都丧生,那么公司可能面临风险。这就是很少见到美国总统和副总统在一起的原因。这并不是因为总统和副总统不喜欢对方而保持距离,而是因为有一项策略要求,为了保护美国,最高领导人不能同时面临同样的风险。

23.1.5　恢复场所战略

在 BCP 术语中,中断有三种主要类型:非灾难性中断、灾难性中断及重大灾难性中断。非灾难性中断指服务中断对基础设施的业务流程造成重大但有限的影响。解决方案包括硬件、软件或文件还原。灾难性中断指事件导致整个基础设施无法使用一天或更长时间，通常需要使用备用场所，并从异地副本还原软件和数据。在组织的主要基础设施修复和可使用前，备用场所必须可用。重大灾难性中断是指完全摧毁基础设施的重大中断。这既需要一个短期解决方案，可能是异地基础设施，也需要一个长期解决方案，可能需要重建原来的基础设施。幸运的是，与非灾难性中断相比，灾难性中断和重大灾难性中断非常罕见。

在处理灾难和重大性灾难时，组织有三个基本选择：选择组织拥有和运营的专用场所；租用商业基础设施，如包含快速还原运营所需的所有设备和数据的"热站"；或与服务机构等其他基础设施签订正式协议，以还原运营。在选择满足其需求的正确解决方案时，组织会评估每个替代方案能否支持其运营，评价内容包括在可接受的时间范围之内完成该操作，并具有合理的成本。

对于第三方供应商，一个重要考虑因素是第三方在正常时间和紧急情况下的可靠性。第三方的可靠性取决于各种因素，如第三方以往的记录，供应商库存的范围和物理位置，以及获得供应和通信渠道的途径。组织应重点询问替代设施的管理人员以下事项：

- 从一种类型的事故恢复到一定程度的操作需要多长时间？
- 灾难发生后，是否会优先恢复一个组织的业务而不是另一个组织的业务？
- 执行各种功能的费用是多少？
- IT 和安全功能的规范是什么？工作空间是否足够容纳所需的员工人数？

组织要从灾难中恢复，暂时或永久地阻止或降低主场所的使用，必须具有可用的异地备份基础设施。通常，组织与第三方供应商签订合同提供此类服务。客户每月支付一笔费用，以留存在需要时使用该基础设施的权利，然后在实际必须使用该基础设施时产生激活费。此外，在使用期间按天或按小时收费。这就是应将备份基础设施的服务协议视为短期方案而不是长期解决方案的目的。

值得注意的是，大多数恢复场所合同并没有承诺为组织提供所需的特定物理位置，而是承诺在组织所在地的某个地方提供合同约定的物理位置。2001 年 9 月 11 日以后，多个在曼哈顿设有办事处的机构惊讶地发现，备份场所供应商提供的场所并不位于新泽西(已满员)，而是位于波士顿、芝加哥或亚特兰大。这又增加了恢复流程的复杂度，特别是运送人员和基础设施到规划外物理位置的后勤工作。

组织可选择租用或租借三种主要类型的异地恢复基础设施。

- **热站(Hot Site)** 指设备配置齐全，可在数小时内投入使用的基础设施。基础设施内所有需要的设备都已经安装和配置。多数情况下，还包含远程数据备份服务，因此 RPO 可降到 1 小时以内甚至更少。对于期望 MTD 值小的组织而言，热战是一个完美的选择。当然，组织应该进行定期测试(至少每年一次)，以确保场所在必要的就绪状态下运行。

到目前为止，热站是三种类型的异地基础设施中最昂贵的。除了场所本身的费用外，组织还必须支付冗余硬件和软件的费用。组织使用热站作为恢复战略的一部分主要限制在关键目标系统上。

- **温站(Warm Site)** 通常部分地配置一些设备，如暖通空调和基础架构组件，但不包括还原关键目标系统业务功能需要的所有硬件。换句话说，温站通常是一个没有配置昂贵基础设施(如通信基础设施和服务器)的热站。为即时操作而配置重复硬件和计算机设施非常昂贵，因此温站提供了更便宜的替代方案。温站通常没有主站的复制数据，因此在灾难发生后，必须提供备份并还原到温站系统上。

温站是使用最广泛的模型，比热站便宜，可在合理、可接受的时间内启动和运行。对于那些依赖专有和特殊硬件和软件的组织，可能是一个更好的选择，因为灾难发生后，组织将把自己的硬件和软件带到现场。温站的缺点是多数基础设施必须事后在温站采购、运送和配置，并且测试要比热站更困难。因此，无法确定组织能否在定义的 RTO 范围内恢复到实际运行状态。

- **冷站(Cold Site)** 提供基本环境、电线、空调、管道和地板，但不提供任何设备或附加服务。冷站本质上是一个空的数据中心，激活该场所并帮助其准备投入工作可能需要数周的时间。冷站可能有设备架和暗光纤(没有电路的光纤)，甚至可能有桌子。但冷站不提供任何设备，需要客户提供。冷站是成本最低的选择。

冷站在灾难发生后立即启动和运行，需要花费最多的时间和精力，因为交付、设置和配置系统和软件都需要时间。冷站通常用作呼叫中心、制造工厂和其他服务的备份，这些服务可一次移动所需的全部设备。

在主要基础设施遭受灾难性破坏后，某些场所将在热站或温站开始恢复，并在稍后将一些操作转移到冷站。

这里列出的不同场所类型由服务商提供，了解这一点非常重要。服务商是指有额外空间和能力提供应用程序和服务(如呼叫中心)的公司。组织每月向服务商支付空间和服务的订阅费。该费用可用于应付灾害和紧急情况等突发事件。就像评价组织中的部门一样，组织应评价服务商提供服务的能力,尤其是更改或扩展软硬件配置或扩展业务以满足突发需求等能力。

注意

与服务商有关的是应急公司，其目的是向遇到紧急情况的机构临时提供服务和原材料。例如，临时供应商可能提供加热燃料或备用电信服务等原材料。BCP 团队考虑临时供应商时，应考虑多种因素，如供应商可提供的服务和原材料的水平，供应商可多快地提升供应速度，以及是否与供应商共享受到相似影响的通信渠道和供应链。

大多数组织使用配置了网络设备、计算机和数据存储之类设备的温站。这些组织通常负担不起热站，额外的停机时间造成的损害是可接受的。与热站相比，温站能够提供长期的解决方案。决定使用冷站的组织必须能够停产一到两周。冷站通常包括电源、活动地板、温度控制和布线等。

下面简要介绍异地基础设施之间的差异。

热站的优点：

- 高可用性

- 通常用于短期解决方案，但也可用于较长时间的停留
- 可用于年度测试

热站的缺点：
- 非常昂贵
- 受限于系统

三级场所

　　组织可能意识到主备份设施在需要时不可用的风险。可能会出现这种情况，如果服务提供商假设并非每个客户都会尝试同时占用该场所，但一场重大的区域性灾难会影响比预期更多的组织。也可能发生这种情况，灾难(例如，火灾、洪水)影响恢复场所本身。缓解这种风险可能需要一个三级场所，一个备用恢复场所，以防主备份场所不可用。三级场所有时也称为"备份的备份"。如果 A 方案不奏效，就启用 B 方案。显然，这是一个非常昂贵的提议，因此其成本应与想要减轻的风险平衡。

温站和冷战的优点：
- 相对便宜
- 因为成本低，适用于长期解决方案
- 如果组织使用专有硬件和软件，该方案是合适的

温站和冷战的缺点：
- 恢复测试能力受限制
- 无法立即获取用于运营的资源

1. 互惠协议

　　异地基础设施的另一种替代方案是与另一家组织签订互惠协议，另一家组织往往是相似领域或具有相似技术基础架构的组织。这意味着如果组织 B 遭遇灾难性破坏，组织 A 将同意组织 B 使用其基础设施，反之亦然。这是比其他异地选择更便宜的方案，但并不总是最佳选择。多数组织的基础设施空间、资源和计算能力的使用已达极限。事实证明，允许另一家组织进入并在共同的环境下运营将对两家组织都造成不良影响。是否可在有效地开展自身业务的同时协助另一家组织这一问题没有答案。两家组织在同一环境下工作，将形成一种压力，很可能令局势达到空前紧张的程度。即便可实现，也仅是一种短期解决方案。配置管理可能是一场噩梦。另一家组织是否已升级了新技术并淘汰了旧的系统和软件？如果没有，一家组织的系统可能与另一家组织的系统不兼容。

　　如果允许另一家组织搬入组织的经营场所办公，可能是觉得该组织的 CEO 是朋友，十分可靠；但对于那些并不认识的员工呢？两家组织的员工混合在一起工作可能导致多种安全问题。现在存在另一组人，可能需要特权并直接访问共享环境中的资源。"另一家组织"也可能是组织在商业领域的竞争对手，因此该组织的多名员工可能将另一家组织视为一种威胁，而非为本组织提供帮助的组织。在将组织的重要资产和资源的访问权限(Access Right)和权限

(Permission)分配给这些 "外人" 时需要格外注意。建议认真测试以确认一家组织或另一家组织能否承受这些额外的负担。

异地场所

选择备份基础设施时，应远离原始场所，从而避免两个物理位置同时由一场灾难性破坏摧毁。换句话说，如果组织担心受到龙卷风的破坏，同时把备份场所设在仅几英里之外的距离，就很不合逻辑，因为备份场所也可能受到影响或破坏。经验法则建议，备用基础设施至少应距离主场所 5 英里，而对于大多数中、低危环境，建议距离 15 英里；对于关键运营，建议距离 50 至 200 英里，以便在发生区域性灾难时提供最大限度的保护。

众所周知，互惠协议在个别企业(如印厂)中效果非常好。这些业务需要特定的技术和基础设施，而这些技术和基础设施无法通过任何订阅服务获取。互惠协议都是基于 "互惠互利" 原则达成的。而对于大多数其他机构，互惠协议充其量只是避免灾难性损失的次要选择。需要考虑的另一个问题是这些协议可能无法执行。这意味着虽然组织 A 说组织 B 可在需要时使用其基础设施，但在需要时，组织 A 在法律上不必履行这一承诺。然而，仍然有多数组织选择这种解决方案，或者是因为低成本的吸引力，或者是因为某些情况下互惠协议可能是唯一可行的解决方案。

在灾难发生前，具有互惠协议的组织需要解决以下重要问题：

- 在需要时该基础设施需要多长时间才能投入使用？
- 在整合两个环境和持续支持方面，员工将提供多少帮助？
- 有需要的组织能多快搬进基础设施？
- 与互操作性有关的问题是什么？
- 可提供给需要的组织的资源有多少？
- 处理分歧和冲突的方式是什么？
- 执行变更控制和配置管理的方式是什么？
- 间隔多久执行一次演练和测试？
- 妥善保护两家组织的重要资产的方式是什么？

互惠协议还可变通为联盟或互助协议。这种情况下，两个以上的机构同意在遇到紧急情况时互助。正如设想的那样，将多个机构组合到一起，可能导致情况变得更复杂。互惠协议涉及的问题同样适用于此，甚至更糟。签订此类协议的机构都需要事先正式和合法地列明各自的责任。包括法律和 IT 部门在内的相关部门应仔细检查这些协议。

2. 冗余场所

某些组织选择使用冗余场所或镜像场所，意味着使用与主场所设备和配置完全类似的场所充当冗余环境。两个场所之间的业务处理功能可完全同步。场所归组织所有，是组织原始生产环境的镜像。冗余场所具有明显优势：具有完整的可用性，随时可投入使用，并处于机构的完全控制之下。然而这是最昂贵的备份基础设施之一，因为即使冗余场所通常不会用于常规生产活动，机构也必须维持完整的运营环境，直到灾难发生后才会将服务迁移到冗余场所。但"昂贵"在这里是相对的。如果一家公司在停业数小时内的损失达到100万美元，那么预计的损失将足以超出配置冗余场所的成本。多数组织都面临法律规定的约束，要求组织必须设置冗余场所，因此，这些情况下费用已不再是可选项。

 考试提示

热站是一种订阅服务。相反，冗余场所是由组织拥有和维护的场所，这意味着公司不必为这个场所向其他任何人支付费用。冗余场所在本质上可能是"激活的"，意味着这个场所可快速投入生产。然而，CISSP 考试区分热站(订阅服务)和冗余场所(由组织拥有)。

另一种可选的备份基础设施类型是滚动热站或移动热站，这种基础设施利用大型卡车或拖车，将其后部改造成数据处理中心或工作区域。这是一种便携的、设备齐全的数据设施。拖车设有必要的电源、通信和系统，能立即处理全部或部分工作。拖车还能安置在组织的停车场或其他物理位置。显然，拖车必须有人驾驶并开往新场地，必须恢复数据，并配备必要的人员。

另一种类似的解决方案是一种预制安装建筑，能够很容易地快速组装起来。军事机构和大型保险公司通常拥有滚动热站或预装设备的卡车，因为军事机构和大型保险公司经常需要灵活性，根据需要将其部分或全部处理基础设施快速迁移到全球各地。

组织应了解所有可用的硬件和基础设施备份，确保能针对特定业务和关键需求做出最佳决策。

3. 多处理场所

组织的另一个选择是设立多处理场所。组织在全球可能拥有十个不同的基础设施，这些基础设施通过特定的技术相联，当检测到中断时，这些特定技术可在几秒钟内将所有数据处理从一个基础设施转移到另一个基础设施。这种技术可在组织机构内或某处基础设施和第三方基础设施之间实现。某些服务提供商向其客户提供此类功能。因此，如果组织的数据处理中断，则所有或部分处理都可移至服务提供商的服务器。

23.1.6 可用性

非灾难性事故可能不需要疏散人员或修复基础设施，但仍可能对组织执行其目标系统的能力产生重大不利影响。组织希望系统和服务在任何情况下都是可用的。但大家都意识到这是不可能的。"可用性"可定义为系统处于运行状态并能实现预期目的的时间部分。但是，如何确保组织所依赖的系统和服务的可用性呢？

1. 高可用性

高可用性(High Availability，HA)是技术和流程的组合，技术和流程共同工作以确保某些特定的系统始终处于运行状态。特定系统可能是数据库、网络、应用程序和电源等。服务提供商与客户之间签订服务水平协议(SLA)，协议阐述了承诺提供的正常运行时间，以及当系统不可用时恢复正常运转的时间。例如，托管公司可保证为 Internet 连接提供 99%的正常运行时间。这意味着可保证：在至少 99%的时间内，客户购买的 Internet 连接服务是正常的。这也意味着组织每年最多可有 3.65 天(或每月 7.2 小时)的停机时间，这不会违反 SLA。如果将正常运行时间高到 99.999%(称为"5 个 9")，那么每年允许的停机时间下降到 5.26 秒，但组织为服务支付的价格将飙升。

注意

HA 是旁观者的看法。对于一些组织或系统，特别是对于预算紧张的组织，SLA 为 90%(1 个 9)的正常运行时间或每年可能超过 6 天的停机时间是非常完美的。其他组织对关键目标系统要求"9 个 9"或 99.9999999%的可用性。这就必须平衡 HA 的成本和试图缓解的损失。

仅仅因为一项服务可用并不一定意味着系统的运行是可接受的。假设公司的高速电子商务服务器感染了比特币矿机(Bitcoin Miner)病毒，导致服务器 CPU 利用率接近 100%。此时从技术角度看，服务器是可用的，并且可能能够响应客户的请求。但是，响应时间可能很长，以至于多名客户会干脆放弃，并去其他网站购物。服务是可用的，但其质量是不可接受的。

2. 服务质量

服务质量(Quality of Service，QoS)定义了特定服务的最低可接受性能特征。例如，以电子商务服务为例，可定义响应时间、CPU 利用率或网络带宽利用率等参数，具体取决于提供服务的方式。SLA 可能包括一个或多个 QoS 规范，允许服务提供商区分为不同客户设置优先级的服务类别。在灾难发生期间，外部链路上的可用带宽可能受到限制，因此受影响的组织可为其面向外部的系统指定不同的 QoS。例如，示例中的电子商务公司为了保持 Web 服务为客户提供可确定的最低数据速率，并指定该数据速率为最小 QoS 速率，而以牺牲其电子邮件或 VoIP(Voice over Internet Protocol，VOIP)流量为代价。

为提供 HA 并满足严格的 QoS 要求，托管公司必须拥有一长串提供冗余、容错和容灾切换功能的技术和流程。冗余(Redundancy)通常构建在路由协议级别的网络中。路由协议配置为如果一条链路出现故障或拥塞，流量将自动通过另一条网络链路路由。组织还可确保有可用的冗余硬件，以便在主设备出现故障时，备用组件可切换并激活。

容灾切换(Failover)功能意味着在无法通过常规方法处理故障的情况下，将"切换"到一个正在工作的系统。例如，可将两台服务器配置为每 30 秒发送一次心跳信号。如果服务器 A 40 秒没有收到来自于服务器 B 的心跳信号(Signal)，所有进程会转发到服务器 A，这样操作就不会出现延迟。此外，服务器集群化时，意味着有一个集群管理软件监测每个服务器并执行负载均衡管理。如果集群中的一台服务器宕机，集群软件将停止向其发送需要处理的数据，这样处理活动就不会出现延迟。

3. 容错和系统韧性

容错(Fault Tolerance)是一种在发生意外情况(故障)时仍能按预期继续运行的技术能力。如果数据库出现意外故障，容错可回滚到已知的良好状态，并继续正常运行，就像没有发生什么糟糕的事情一样。如果数据包在 TCP 会话层丢失或损坏，TCP 协议将重新发送该数据包，以免影响系统间的通信。如果 RAID 系统中的磁盘损坏，系统将使用奇偶校验数据重建损坏的数据，从而不影响运营。

尽管容错和韧性这两个术语常用作同义词，但含义略有不同。容错是指在发生故障时，有一个系统(备份或冗余系统)确保服务不中断。系统韧性意味着当遇到错误时，系统将以降级方式继续运行。把容错和韧性想象成汽车上备用轮胎和漏气轮胎之间的差异。备用轮胎提供了容错，因为备胎可让车快速地从爆胎中恢复过来，然后上路。如果在路上压过钉子，轮胎漏气可让车继续开(尽管会慢一些)。弹性系统是容错的，但容错系统可能不是弹性的。

4. 高可用性和灾难恢复

冗余、容错、韧性和容灾切换功能提高了系统或网络的可靠性，可靠性是指系统在预定的条件下，在规定的时间内完成必要功能的概率。高可靠性可实现高可用性。高可用性是对准备情况的度量。如果系统在规定条件下按预期执行的概率较低，那么这个系统的可用性也不可能很高。为帮助系统具有高可用性这一特性，就必须具备高可靠性。图 23-7 说明了负载均衡、集群、容灾切换设备和复制通常在网络架构中的部署位置。

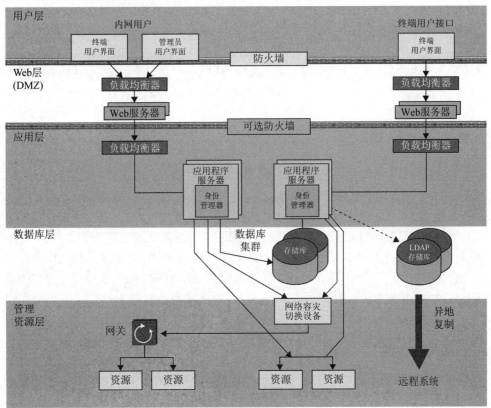

图 23-7 高可用性技术

请记住，数据还原 RPO 的需求可能与处理还原 RTO 的需求不同。数据可通过备份磁带、电子传送、同步或异步复制或者 RAID 恢复。处理能力可通过集群、负载均衡、镜像、冗余和容灾切换等技术恢复。如果 BCP 团队的 BIA 结果表明，RPO 值为 2 天，那么该组织可使用磁带备份。如果 RPO 值是 1 分钟，就应实现同步复制。如果 BIA 表明 RTO 值是 3 天，那么可使用冗余硬件。如果 RTO 值是 1 分钟，那么应使用集群和负载均衡。

高可用性和灾难恢复(DR)是不同的，但两者是相关的。HA 技术和流程通常都已到位。因此，如果发生灾难，关键功能很可能仍然可用，或者关键功能恢复联机并以降级方式运行。

许多 IT 和安全专家通常只从技术角度考虑 HA，但组织需要多方面确保 HA 的功能。必须仔细考虑和规划下列各项的可用性。

- 设施(冷站、温站、热站、冗余、滚动场所和互惠协议场所)
- 基础架构(冗余，容错)
- 存储(SAN，云存储)
- 服务器(集群，负载均衡)
- 数据(磁带，在线复制)
- 业务流程
- 人员

注意

第 7 章已介绍过虚拟化(Virtualization)和云计算(Cloud Computing)。本章不再讨论这些技术，但安全专家应知道，在 BC 和 DRP 解决方案领域，这些技术的使用已经显著增加。

23.2　灾难恢复流程

灾难恢复应始于事件发生之前。首先，应预测威胁并设定支持业务持续的目标。如果没有设立目标，将无法确认完成目标的时间，以及付出的努力是否成功实现目标。设定目标是让所有人都了解最终目标。设定目标对于任何任务都是重要的，对于业务持续运营和灾难恢复方案而言尤其如此。目标的定义有助于指导资源和任务的合理分配，支持必要战略的制定，以及确保整体方案和计划的财务合理性。一旦设定目标，会针对方案的制定提供相应指引。参与包含多种复杂细节的大型项目，有时很容易偏离轨道，并不能真正实现项目的主要目标。设定目标是为让所有人都步入正轨，并确保所付出的努力最终能实现目标。

很好，组织设定目标是很重要的。但目标可能是"在发生地震时仍然保持公司正常运营"。这个目标很好，但若没有清晰的指引，该目标将不太实用。一个实用的目标必须包括某些明确的关键信息，例如：

- **责任**　应以书面形式说明每一个参与恢复和持续人员的责任,确保在混乱状态下清晰了解各自的责任。应将每个任务分配给在逻辑上最适合处理该任务的人员。这些人员必须知道对各自的期望是什么，这是通过培训、演习、沟通和记录实现的。例如，人们必须知道，在尖叫着跑出大楼前，有责任关闭服务器。

- **授权**　在危急时刻，知道谁是负责人很重要。这种情况下，团队合作是很重要的，而且几乎每个团队都有一名可靠的、可信的领导者。领导者必须清楚，领导者在危急时刻应挺身而出，并了解应为其他员工提供什么样的指引。明确的授权将有助于减少混乱并加强合作。

- **优先级**　知道什么是关键的而不只是知道拥有什么是非常重要的。不同部门为组织提供不同功能。关键部门必须从提供功能的部门中挑选出来，组织在没有这些功能的情况下仅可生存一两周。有必要了解哪个部门必须首先恢复联机，然后是第二个，以此类推。这样，这些努力就会以最有用、最有效和最集中的方式处理。在确定部门的优先级的同时，还必须确定系统、信息和计划的优先级。在 Web 服务器联机之前，可能有必要确保数据库已启动并运行。优先级一般必须在不同部门和 IT 人员的帮助下，由管理层设定。

- **实施与测试**　记录想法和制定方案是很好的，但除非实际执行和测试这些想法和方案，否则记录和方案可能一文不值。一旦制定了灾难恢复方案，就必须付诸实施。灾难恢复方案需要记录在案，并存储在危急时刻容易获取的地方。需要培训和告知分配到特定任务的人员如何完成这些任务，并通过演练指导相关人员实践不同的情况。演练应至少每年实施一次，整个计划应不断更新和改进。

注意

稍后将讨论各种类型的测试，例如，穿行测试(Walkthrough)、桌面(Tabletop)、模拟(Simulation)、并行(Parallel)以及完全中断(Full Interruption)。

根据美国联邦紧急事务管理局(Federal Emergency Management Agency，FEMA)的统计，90%小企业遭受灾难且无法在 5 天内恢复运营，将在第二年倒闭。如果某家公司无法通过在其他地方开店而迅速、有效地恢复元气，就会失去业务，更重要的是失去声誉。在竞争激烈的世界里，客户有很多选择。如果某家公司在遭遇中断或灾难后还没有做好恢复元气的准备，客户可能转向另一家供应商，并继续下去。

突发事故，尤其是未妥善管理和预防的事故，对组织的声誉或品牌的影响最大。这会导致客户对企业失去相当大的信任。另一方面，妥善处理突发事故，或通过明智且抢先一步的方法防止产生巨大损害，可提高组织的声誉或客户对组织的信任度。

灾难恢复方案(Disaster Recovery Plan，DRP)应关注到目前为止涉及的所有主题的细节。方案所采用的格式取决于组织所处的环境、方案需要实现的目标、业务优先级以及已识别的威胁。测试和记录上述内容后，可将方案的主题划分为必要的类型。

23.2.1　响应

DRP 应回答的第一个问题是：“触发这项方案的灾难是什么？”组织中的每一位领导者(甚至是其他人)都应知道答案。否则，宝贵的时间就会浪费在通知本应在事故发生时就立即行动的人员上，这种延迟可能导致生命或资产的损失。停电超过 10 分钟、水淹基础设施、针对场所或者场所附近的恐怖袭击等明显的灾难会触发响应。

每个 DRP 都是不同的，但大多数遵循熟悉的事件顺序：

(1) 灾难声明

(2) 激活 DR 团队

(3) 内部沟通(从现在开始持续)

(4) 保护人身安全(Human Safety，如疏散)

(5) 损坏评估

(6) 合适的特定系统的 DRP 的执行(每个系统和网络应有自己的 DRP)

(7) 关键目标系统业务流程/功能的恢复

(8) 所有其他业务流程/功能的恢复

23.2.2　人员

DRP 协调员需要定义几个不同的团队，这些团队应接受过适当培训，并在发生灾难时可用。需要哪种类型的团队取决于组织。以下是某组织可能需要组建的团队的示例：

- 损害评估团队
- 恢复团队
- 搬迁团队
- 还原团队
- 救援团队
- 安全团队

DR 协调员应了解组织的需求，确定应当编制和培训哪一类型的团队。应基于员工的知识水平以及技能安排特定团队。每个团队需要指定一位队长管理队员和指导行动。队长不仅要负责确保队员完成目标，也要负责与其他团队展开交流，以确保各个团队齐头并进。

恢复团队的目的是尽快恢复和运行任何仍可运营的系统以减少业务中断。把恢复团队想象成医务人员，工作是稳定伤员，直到能将伤员送往医院。当然，在这种情况下，没有医院的信息系统，但可能有一个恢复场所。有序地将设备和人员运送到那里应是搬迁团队的工作。还原团队负责将备用场所加入工作和运行环境中，而救援团队(Salvage Team)负责开始恢复原始场所。两个团队都必须了解如何完成恢复流程中的多项任务，如安装操作系统、配置工作站和服务器、串线和布线、建立网络和配置网络服务以及安装设备和应用程序。这两个团队必须懂得如何从备份设备中恢复数据，也必须懂得如何使用安全的方法恢复数据，即确保系统和数据的可用性、完整性和机密性。

DRP 必须阐述特定的团队、团队责任以及通知程序。方案必须指明在工作时间和非工作时间联系团队负责人的方法。

23.2.3 通信

应急通信方案(Emergency Communications Plan)是整个 DRP 的一部分,目的是确保每个人在任何时候都知道该做什么,并确保 DR 团队保持协调一致。一切都始于 DR 方案本身。如前所述,除了要在主场所放置灾难恢复方案以外,应在其他物理位置也放置一个或更多的灾难恢复方案副本。还有一点非常重要,团队可使用不同格式的方案,包括电子版和纸质版。如果没有电力,计算机无法运行,也将无法使用电子版方案。

除了将灾难恢复方案的副本放置在办公室和家里之外,应确保关键人员可轻易访问到关键程序版本和呼叫树信息。一种简单的实现方法是在卡片上印制呼叫树,该卡片可粘贴到人员证件上或放在钱包里。突发情况下,将宝贵的几分钟用在应对突发事故总比用在寻找文件或等待笔记本电脑开机好。当然,呼叫树只有是精确且最新的才有效,因此定期确认很有必要。

呼叫树的局限性在于是点对点的,通常意味着这很适合传递信息,但对协调活动却没有太大帮助。群发信息在小型且稳定的群组中使用效果更佳。多数组织都有群聊解决方案,但如果这个解决方案依靠组织的服务器,那么可能在灾难期间不可用。建立一个不依赖于组织基础架构的通信平台是一项最佳实践。Slack 和 Mattermost 等解决方法提供免费服务,通常可满足大多数组织紧急情况下保持联系的需求。需要注意,每个人需要在其个人设备上安装适当的群聊客户端,并知道何时以及如何连接。培训和演练是成功执行任何方案的关键,通信方案也不例外。

注意

组织可能需要加强与政府官员和应急响应小组之间的沟通渠道和关系维护。这项活动的目的在于发生城市或区域范围的灾难时巩固适当的方案。在 BIA 阶段,DR团队应联系地方当局,以便团队了解其地理位置的风险以及如何进入紧急区域。如果该组织必须启动 DR,将需要在恢复阶段联系多个此类应急响应小组。

PACE 通信计方案

美国武装部队研发了主用、备用、应急和紧急(Primary, Alternate, Contingency and Emergency,PACE)通信方案。PACE 方案阐述了实际上不同的几个功能,并基于其满足确定信息交换需求的能力分为四个类别。每个类别的定义如下。

- **主用(Primary)**　用于实现目标的正常或预期能力。
- **备用(Alternate)**　一种完全符合要求的能力,用于在对运营或演练影响最小的情况下实现目标。主功能不可用时将使用该功能。
- **应急(Contingency)**　可用于实现目标的可行能力。这种能力可能不如主要或备用能力那么快或容易实现,但能以可接受的时间和努力实现目标。主功能和备用功能不可用时将使用此功能。

- **紧急(Emergency)** 和其他三项功能相比，最后这项功能明显需要花费更多时间和努力。此功能应仅在主功能、备用功能和应急功能不可用时使用。

PACE 方案包括冗余通信功能，并指定了组织在通信中断时使用这些功能的顺序。

23.2.4 评估

当灾难发生时，需要指定一个角色或团队负责评估损害。评估程序应正确记录在 DRP 中，并包括下列步骤：

- 确定导致灾难的原因
- 确定进一步损害的可能性
- 识别受影响的业务功能和区域
- 识别关键资源的功能性级别
- 识别必须立即替换的资源
- 估算关键功能重新联机所需时长

收集和评估上述信息后，损害评估团队将指示哪些团队需要采取行动，需要执行哪些系统特定的 DRP(以及以什么顺序执行)。需要为不同的团队和特定系统的 DRP 指定激活标准。在损害评估后，如果标准中列出的一种或多种情况已经发生，DR 团队将进入还原模式。

由于不同组织的业务驱动因素和关键功能存在差异，因此不同组织宣告灾难的准则也不同。这些准则也许包含下列部分或全部元素：

- 对人员生命的威胁
- 对州/省或国家安全的威胁
- 对基础设施的破坏
- 对关键系统的破坏
- 需要经历的停工估算时间

23.2.5 还原

一旦完成了损害评估，将激活各个团队，这标志着组织进入还原阶段。每个团队有各自的任务，例如，设备团队负责为异地设备做好准备(如有必要)，网络团队重建网络和系统，搬迁团队开始组织员工迁移到新基础设施。

还原流程必须尽可能有组织地执行，以便组织机构尽快还原正常运作。周密的书面流程十分关键，以便实际执行有章可循，变得更容易。在 BIA 期间，关键功能及其资源已标识出来；所有团队需要团结协作，首先还原这些关键功能和资源。

多数组织在制定 DR 方案的阶段还研发出各种模板。不同团队使用这些模板完成必要的工作步骤并记录结果。例如，如果一个步骤无法在购买新系统之前完成，那么这个情况应在模板中说明；如果一个步骤部分完成，那么也需要在模板中记录，以便在必要的部件到达时，团队还记得回来完成剩下的步骤。这些模板帮助团队保证任务进度，并立即告诉团队主管任务的进度、遇到的障碍和潜在的恢复时间。

注意

示例模板可在 NIST SP800-34 "Contingency Planning Guide for Federal Information Systems" 修订版 1 指南中找到，可登录 https://csrc.nist.gov/publications/detail/sp/800-34/rev-1/final 在线访问该指南。

组织只有在原始主场所或替代原始主场所的新场所恢复运营后才能脱离紧急状态，因为在备用基础设施中运营的组织仍然很脆弱。当组织必须从备用场所返回至原始场所时，应考虑很多后勤问题。下面列出其中的一些问题。

- 确保员工安全
- 确保提供适当的环境(电源、基础设施架构、水及 HAVC)
- 确保必要的设备和供应处于正常状态
- 确保适当的沟通和有效的联系方式
- 正确地测试新环境

一旦协调人员、管理层和救援团队均签字确认新设施已准备就绪，救援团队应执行以下步骤：

- 从备用场所备份数据并在新设施恢复数据
- 谨慎终止应急行动
- 将设备和人员安全转移到新设施

应首先转移最不重要的功能，这样如果网络配置或连接出现问题或重要步骤无法执行，组织的重要运营不会受到负面影响。为什么要把最关键的系统和操作转移到安全稳定的场所后，又转移到未经测试的主场所？这是自找麻烦。让那些非关键功能去做"矿井中的金丝雀"吧。如果非关键功能能够存活下来，再将组织其他更重要的组件搬回主场所。如图 23-8 所示。

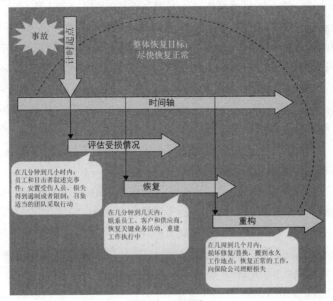

图 23-8 还原

23.2.6　培训和意识

培训相关 DR 团队执行 DRP 至关重要，至少有以下三点原因。第一，允许组织验证方案是可行的。若 DR 团队正在针对虚拟场景执行穿行测试的演练，则很快就可知道方案是否可行。如果恢复方案在低压力、低风险的培训流程都无效，那么在真实的紧急情况下就不可能起作用。

实施培训的第二个原因是确保每个人都知道应做什么，知道在何时、何地以及为何要这么做。关键人员可能并没有清楚地意识到灾难是充满压力和混乱的事情，重要的是要有一个熟悉的例行程序。理想情况下，可通过多次训练帮助团队发展出"肌肉记忆"，可不假思索地做出正确的反应。

第三个原因是培训有助于确定组织正在实践适度关注(Due Care)。这样可让组织在灾难发生后避免法律上的麻烦，特别是当一些人最终在灾难中受到伤害的情况下。当监管机构或其他调查人员上门检查时，良好的方案和受过培训的员工可作为证据在很大程度上减轻组织的责任。总是咨询律师，确保组织符合所有适用的法律和监管义务。在考虑训练和"肌肉记忆"时，还应考虑组织中不属于 DR 团队的其他人。组织希望所有员工都知道自己需要做哪些主要的事情支持数据恢复。这就是多数组织在基础设施中实施消防演习的目的：确保每个人都知道走出建筑物的方式，以及遇到这种特殊的灾难时集合的地点。组织可制定多种 DR 意识事件，但至少应考虑每个人都应知道的三种响应类型：疏散(如火灾或爆炸)、就地避难(如龙卷风或无特定目标的随机犯罪射手)和待在家里(如突发洪水)。

23.2.7　经验教训

正如本章开头提到的，没有任何作战方案能在与敌人的第一次接触中幸存下来。当组织在真正的灾难中尝试执行 DRP 时，会发现需要忽略一部分，更改一部分，并准确地执行其余部分。这就是组织应从任何实际灾难和实际响应中吸取经验教训的目的。DR 团队应"事后分析"响应，并确保对方案、合同、人员、流程和程序执行必要的更改。

军事组织分两步收集经验教训。第一步，称为热洗(Hotwash)，是在事件结束(即还原完成)后立即执行的仓促步骤。热洗这一术语来自于军事实践，即在交战后立即用非常热的水浸泡步枪，迅速去除武器上最糟糕的沙砾和碎片。组织立即热洗的原因是，在刚恢复系统后记忆是最深刻的。这个观点不一定是要弄清楚解决任何问题的方式，而是要在参与方开始忘记之前尽可能多地列出进展顺利或不顺利的事情。

在军事组织中收集经验教训的第二步是经过深思熟虑的。DR 完成几天后执行事后审查(After-Action Review，AAR)，参与方仔细思考问题并开始制定可能在未来做得更好的方法。理想情况下，AAR 协调员准备了热洗的笔记，介绍了记录的每个问题(好或坏)，对其展开简短讨论，然后提出建议。记住，由于正在处理的事情可能顺利也可能不顺利，因此有时小组建议将"维持"该问题，换句话说，将继续以类似的方式做事。然而，更常见的是，至少有一些小的调整可提高未来的性能。

23.2.8　测试灾难恢复方案

由于环境不断变化，应定期测试灾难恢复方案。有趣的是，多数组织正在远离"测试"的概念，因为测试自然会导致组织"不及格"或"丢分"，并且最终这方面的分数也不是非常有用。相反，多数组织采用"演习"概念，这样似乎压力更小、更有针对性，且最终对参与方更有效。每次执行 DRP 演习或测试，通常会促进改善和提高效率，并随着时间的推移产生更好的结果。建立定期演习和维护方案的责任应分配给一个或多个特定人员，这些人员对组织内的灾难恢复方案负有全面的所有权责任。

DRP 的维护应整合到变更管理程序中。这样环境的任何变化都可在方案中反映出来。

测试和灾难恢复演练应当至少每年实施一次。在一个制定好适用的方案没有实际测试之前，组织不应对其真正抱有信心。测试和演习帮助员工为可能面对的情况做好准备，同时了解自己应完成的任务。这些测试和演习还能指明规划团队和管理层事先没有考虑到也未在规划流程中提出的问题。最后，这些演习能说明组织能否从灾难中恢复。

演习应当事先设定场景，这个场景应是组织某天可能真正面对的情况。在开始演习前，应确定特定的参数和演习的范围。测试团队必须就测试内容成功与否的判断标准、开始和持续时间、参与人员、任务安排以及要采取的步骤达成一致。此外，测试团队还需要确定硬件、软件、人员、程序和通信线路是否要测试，是全部测试还是只测试一部分。如果在测试流程中要将一些设备转移到备用场所，还必须考虑和评估运输问题、额外的设备以及备用场所的准备情况。

大多数组织不能因为这些测试而中断生产或者降低生产效率，因此组织选择在部分地区或特定的时间执行测试，这就需要制定后勤规划。组织需要制定出书面测试方案，对整个 DRP 中的特定弱点执行测试。第一次测试不应涉及全体员工，而应从各部门选取一些员工代表。这样，方案制定人员和参与方都能完善方案，了解自身的角色和责任。然后就能执行大规模的演习，这样组织的整体运作就不会受到负面影响。

执行演习的人员应期待从中发现问题和错误，这才是演习的首要目的。组织宁愿让员工在演习中犯错，这样就能从中吸取教训，从而在真正发生灾难时更有效地完成任务。

注意

灾难发生后，电话服务可能无法使用。为保持通信，应当准备手机或无线电台等备用方法。

组织可实施各类演习和测试，每种演习各有优缺点。下面介绍几种不同类型的评估事件。

1. 检查列表(Checklist)测试

在这种测试中，DRP 或 BCP 的副本分发给不同的部门和职能区域接受审查。这样做是为了让每个职能经理都能审核方案，指明是否有遗漏，或是否应当修改或删除某些方面。这种方法能避免遗忘或忽略一些问题。一旦各部门完成审核并提出建议，规划团队就将这些变化整合到主方案中。

注意

检查列表测试也称为桌面检查测试。

2. 结构化穿行测试

在结构化穿行测试中，各部门或职能区域的代表聚在一起检查方案，保证方案的准确性。代表们审查方案的目标，讨论方案的范围和设想，检查组织和报告结构，评价方案所描述的测试、维护和培训要求。这为那些负责快速高效地实施灾难恢复的人员提供了一个机会，能检查已经决定的内容以及对灾难恢复人员的期望。

这些代表们从头至尾演练方案的不同场景，保证没有任何遗漏。这也提高了团队成员对恢复程序的认识。

3. 桌面练习

桌面练习(Tabletop exercises，TTX)既可在桌面上实施，也可不在桌面上实施，但不涉及技术性控制分类基础架构。TTX 处于管理级别(例如，CEO、CIO 和 CFO)或团队级别(例如，SOC)，或介于两者之间的级别。桌面练习的指导思想通常是测试组织的程序，确保程序按预期运行，以及确保每个人都知道各自在事件响应中的角色。TTX 需要的资源较少，但要由能胜任的人员精心规划，且参与方在演习流程中应能全程参与不受干扰。

在确定了演习目标，并与组织的高层领导一起审查过这些目标后，规划团队应制定一个方案。该方案包含响应方案的重要方面。方案的指导思想通常不是要覆盖所有紧急情况，而要确保团队能应对最可能或最危险的情况。当规划团队制定这个演习时，要考虑场景中每个点的分支和后续。分支(Branch)是参与方可选择多种方法之一响应的点。如果没有细致管理和控制分支，TTX 可能转向未经规划的和没有效率的方向。后续(Sequel)是对响应中特定动作的追踪。例如，作为响应的一部分，战略沟通团队可向新闻媒体发布声明。该声明后续可能涉及媒体对此声明提出质疑，而这又需要团队做出回应。像分支一样，后续必须小心使用，以保持演习的正常实施。高层领导的支持和制定良好的情景是吸引合适参与方的关键因素。与任何比赛一样，TTX 的表现取决于那些参加比赛的人。

考试提示

桌面练习也称为通读练习(Read-through Exercise)。

4. 模拟测试

模拟测试需要制定更详细的规划，参与的人也更多。在模拟测试中，把所有参与运营和支持职能部门的员工或员工代表聚在一起，基于一个特定的场景执行灾难恢复方案演习。这个场景用于测试每个运营和支持部门代表的反应。这样做还可保证不会遗漏特殊的步骤或忽略某些威胁。模拟测试能提高所有相关人员的参与意识。

为了更真实地模拟现实环境，这种测试只使用在实际灾难中可供利用的东西。模拟测试可延伸到异地基础设施的实际重新部署，以及替代设施的实际运输。

5. 并行测试

在并行测试中，一些系统需要转移到备用场所处理。通过比较处理的结果和在原来场所正常处理的结果，可确保这些系统在备用异地基础设施充分运转，并指出任何必要的微调和重新配置。

6. 完全中断测试

完全中断测试对组织的正常运营和业务生产效率干扰最大。在测试流程中，实际上要将原始场所关闭，并将业务处理转移到备用场所。恢复团队要履行职责，为备用场所准备好系统和环境。所有处理都将在异地备用基础设施的设备上执行。这是一种完全展开的演习，需要大量的规划和协调工作，但该测试可揭示多种方案中存在的漏洞，这些漏洞在真正灾难发生前必须修补好。完全中断测试应在所有类型的测试都已成功完成后再执行。完全中断测试风险最高，一旦管理不当，会对组织业务造成非常严重的破坏性影响。因此，实施完全中断测试需要获得高级管理层的批准。

组织机构的类型及其目标将决定哪种培训方法最有效。每个组织机构都可能有不同的方法和独特的观点。如果需要传授详细的规划方法和步骤，就需要实施特殊培训，而不是只提供泛泛的普通培训。高质量的培训能提高员工的兴趣和责任感。

每种测试的流程中以及测试后，都需要记录值得注意的事件，并提交给管理层，方便管理层了解测试的结果。

7. 其他类型的培训

除了灾难恢复培训外，员工还需要接受其他方面的培训。这些培训包括急救、心肺复苏术(Cardiac Pulmonary Resuscitation，CPR)、正确使用灭火器，还包括了解疏散路线和人群控制的方法、紧急通信程序以及能在面临不同灾难时正确关闭设备。

技术人员可能需要了解重新分配网络资源的方式以及在主线路出现故障时使用其他通信线路的方式。技术人员需要探讨冗余电源用法，并对关键系统从一个电源切换至另一个电源的步骤实施培训和测试。

23.3　业务持续

灾难发生时，安全专家们要确保组织能继续运营，需要做的不仅是知道从备份中还原数据的方式，还必须有详细的程序，阐述保持关键系统可用并确保运营和处理不中断的活动。业务持续规划定义了事故发生期间以及之后应执行的任务。为应急响应、业务持续和处理重大中断而采取的行动必须记录在案，并随时提供给运营人员。这些文件应至少有三个实例：现场的原件，一份在现场但放在防火安全箱内的副本，以及一份在异地的副本。

BC 方案只有在测试后才是可信的。组织应实施演习，确保员工充分了解自己的职责以及履行这些职责的方式。本章前面讨论 DR 时已经介绍了可用于测试方案和人员的各种类型的演练。安全专家们需要考虑的另一个问题是如何保持这些方案是最新的。随着动态网络环境的变化，规划如何在必要时拯救组织的环境是非常有必要的。

在安全行业，虽然"应急规划(Contingency Planning)"和"业务持续规划(BCP)"通常可互换使用，但在准备 CISSP 考试时，必须了解这两个术语之间的差异。BCP 处理在灾难发生后如何保证组织正常运作。BCP 考虑的是组织的生存能力，确保关键功能在灾难发生后仍能运行。应急方案则处理不能称为灾难的小型事故，包括电源中断、服务器故障、Internet 通信连接中断或软件错误。组织必须做好准备，处理可能遇到的各种问题。

考试提示

BCP 的范围很广，涉及组织的生存。应急方案(Contingency Plan)范围很窄，涉及具体的问题。

作为安全专家，很可能不负责 BCP，但肯定应积极参与 BCP 的制定，还需要参与 BC 的演练，甚至可能成为专注于信息系统的领导者。要有效地参与 BC 的规划和演练，就要熟悉BCP 生命周期、关键信息系统的持续可用性以及最终用户环境的特定要求。下面将介绍这些内容。

23.3.1　BCP 生命周期

需要记住，多数组织并非一成不变，而是在不断快速变化，组织的运营环境同样如此。因此，BCP 应有生命周期，需要应对那些不断出现、不可避免地影响组织的变化。如果 BCP对组织有用，那么了解并维护生命周期的每一个步骤就至关重要。图 23-9 概括了 BCP 生命周期。

注意 BCP 生命周期有两种模式：正常运营(如图 23-9 的上半部分所示)和事故管理(如图23-9 的下半部分所示)。在正常模式下，BC 团队的重点是确保做好准备。显然，组织需要从"业务持续对组织意味着什么"这一个明确定义的概念开始。无论发生什么事故，必须继续运行的关键业务功能是什么？这些功能可接受的最低性能级别是什么？

一旦组织定义了 BC 概念，就可审视当前的环境，并考虑允许在各种条件下保持业务持续的战略。重点要考虑的是，与 DR 规划不同，BCP 中涉及的每一种事故并不都涉及 IT 能力的丧失。多数组织在 2020 年遭受了巨大损失，因为组织的 BCP 没有考虑到一场全球流行病，在这场流行病中，多名(甚至所有)工作人员将不得不长时间居家办公。信息系统当然是持续战略、方案和解决方案的重要组成部分，但 BCP 的范围比 DRP 的范围要广得多。

BC 方案只有在组织(特别是 BC 团队)知道如何执行方案的情况下才有用。这需要定期的培训、测试和演练，确保方案和员工无论遇到什么情况都能够保持业务运行。当发现差距和改进的机会时，团队开始重新定义组织的 BCP 概念，并开始新一轮的循环。这种持续改进是能够在需要时切换到事故管理模式(图 23-9 底部)并执行 BC 方案(可能还有 DR 方案)以保持业务运行的关键。

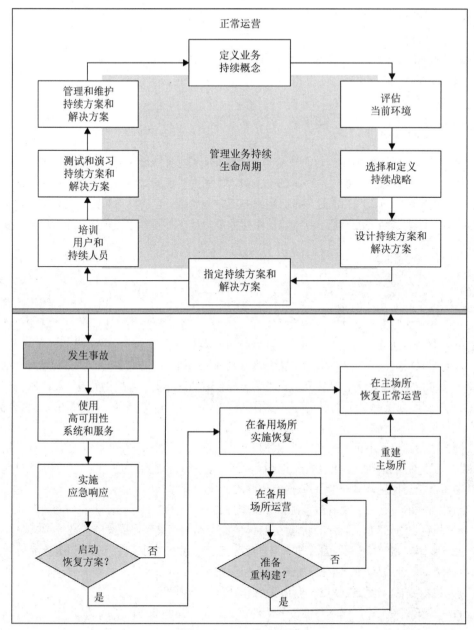

图 23-9 BCP 生命周期

23.3.2 信息系统可用性

在 BCP 生命周期中，CISSP 的主要工作是确保组织信息系统的持续可用性。为此，应确保 BCP 包括以下方面的备份方案:

- 网络及计算机设备

- 语音和数据通信资源
- 人力资源
- 设备和人员的运输
- 环境问题(HVAC)
- 数据和人员安全问题
- 物资(纸张、表单或电缆等)
- 文档

BCP 团队必须了解组织当前的技术环境。这意味着业务持续规划人员必须清楚掌握组织的网络、通信技术、计算机、网络基础设施和软件配置要求的详细信息，这些都是正常运行关键功能所需的。令人吃惊的是，多数组织并不完全清楚自己的网络配置方式和网络的实际运行模式，因为其网络可能是 10~15 年前组建的，并且在不同管理员和员工的管理下不断发展和变化。

外包

应对灾难的部分方案可能是将一些受影响的活动外包给另一个组织。有一些组织始终从事外包服务，如服务台、制造或法律服务，那么为什么不把会受灾难影响的重要功能也外包呢？一些公司专业从事灾难响应和持续规划，可作为专业顾问。

这看起来很美好。但请注意，组织仍然需要对外包的产品或服务的持续负有最终责任。客户和顾客会希望组织无论是独立负责还是选择合适的外部供应商提供外包，始终确保产品和服务的持续。如果依赖外部供应商，组织仍需要在外包工作的重要环节派驻内部管理人员，这至关重要。组织仍然需要监督外部供应商的工作。

同样的问题也适用于为组织提供服务和产品的第三方供应商。任何 BCP 都应考虑到这个问题。注意，任何组织都应像审视自身一样审视一家 BCP 外包服务商。组织必须确保外包公司在财务上没有问题，且在 BCP 方面有良好的记录。

组织可采取下列措施更有效地确保外包服务的持续：

- 外包公司切实确保将产品和服务持续的能力作为相关工作提案的一部分。
- 确保与外包公司签订的合同中包含业务持续方案，并明确说明职责和服务水平。
- 制定切合实际的、合理的服务水平，确保外包公司在处理事故时能达到这个水平。
- 如有可能，让外包公司参与 BCP 意识计划、培训和测试。

目标是在发生灾难后，尽可能持续从外包处获得商品和服务的供应。

组织可能添加了新设备、计算机和软件包，也可能集成了 Internet 语音协议(Voice over Internet Protocol，VoIP)，DMZ 可能拆分成三个，并为组织的合作伙伴提供外网访问服务。也可能公司收购了其他公司并合并了网络。十几年间，技术可能已更新，现在的维护人员可能已不是十年前构建网络的人员。多数 IT 部门每五年就会经历一次大规模的人员流动。众所周知，大多数机构的网络示意图都是过时的，因为每个人都忙着处理当前工作(或提出新的网络构建任务，只为摆脱更新示意图的麻烦)。

因此，BCP 团队必须确保，如果网络环境部分或完全破坏，恢复团队具备合理重建相关的知识和技能。

注意

多数组织已转向使用 VoIP，意味着如果网络出现故障，网络和语音功能将无法使用。恢复团队应满足可能发生的对冗余语音系统的需求。

BCP 团队需要考虑一些常忽略的事情，如硬件更换、软件产品、文档、环境需求和人力资源。

1. 硬件备份

BCP 需要识别维持关键功能正常运行所需的设备，可能包括服务器、用户工作站、路由器、交换机和磁带备份设备等。这些可能看起来很简单，但正如常言所说，细节决定成败。如果恢复团队规划使用镜像重建那些因毁坏而新购置的服务器和工作站，那么需要确认这些镜像能否在新计算机上运行。除非恢复团队发现替换设备是较新版本，因此无法使用镜像恢复，否则使用镜像而不是从头开始构建系统可能会节省时间。BCP 应计划让恢复团队使用组织当前的镜像，还应制定一个手动流程，说明如何使用必要的配置从头构建每个关键系统。

BCP 还需要考虑到新设备到货所需的时间，并较准确地估算。例如，如果一家机构已将 Dell 公司确定为设备更换供应商，则 Dell 公司需要多长时间才能将 20 台服务器和 30 台工作站运送到异地基础设施？当遭遇灾难性破坏后，该组织可能启用异地基础设施，却发现新设备需要三周才能交付。因此，需要调查已确定供应商的 SLA，确保组织不会因延误而进一步受损。一旦了解 SLA 的参数，团队必须在依赖供应商和采购冗余系统之间做出决定，并将设备作为备份保管，以防主要设备受到破坏。

如前所述，当发现潜在的组织风险时，最好采取预防性措施减少潜在的损害。在计算 MTD 值后，组织将了解其可接受的特定设备持续不可用时间。组织应基于这些数据做出决定，究竟应依赖供应商的 SLA，还是配置能热插拔的冗余系统。如果特定服务器出现故障时组织每小时的损失将达到 50000 美元，那么恢复团队应选择部署冗余系统和技术。

如果组织正在使用任何传统计算机和硬件，并且即将遭受灾难性破坏，那么组织能在哪里找到这些传统设备的替代品？恢复团队应识别传统设备，并清楚了解如果这些基础设施无法替换，组织将面临的风险。这一发现驱使多数组织从传统系统转向使用商业现货 (Commercial Off-the-shelf，COTS)产品，以确保可更换。

2. 软件备份

大多数组织的 IT 部门都在多个物理位置或一个集中的物理位置存储各种软件磁盘阵列和授权许可信息。如果存储设施遭到破坏，IT 部门必须重建当前硬件环境，那么如何访问这些软件包？BCP 团队应确保关键目标系统功能所需软件已妥善保存，并在异地基础设施中有备份副本。如果缺乏必要的软件，那么硬件设备对组织而言通常价值不大。需要备份的软件也许是应用程序、实用程序、数据库和操作系统。业务持续方案必须明确规定应对这些项目、硬件和数据实施备份和保护。

目前，组织经常与软件研发团队合作研发定制的软件程序。例如，在银行业，独立的金融机构需要通过软件允许银行柜员访问账户信息、在数据库和主机中保存账户信息、提供网上银行、实施数据复制，以及提供其他数千种银行运营功能。这种专业的软件都是由市场上的少数软件供应商研发和提供的。当银行 A 为其所有分支机构购买此类软件时，必须基于其运行环境和需求定制软件。一旦安装了银行软件，整个机构的日常运营都会依赖该软件。

当银行 A 从软件供应商处接收定制的银行软件时，银行 A 并未拥有软件的源代码。相反，软件供应商向银行 A 提供的是可编译的版本。现在，如果这家软件供应商遭遇灾难性破坏或破产而倒闭了，该怎么办？此时银行 A 将需要一家新的供应商提供对该软件维护和更新。因此，新供应商将需要访问源代码。

银行 A 应实施的保护机制称为软件托管(Software Escrow)，在此机制下由第三方保管源代码、已编译代码的备份、使用手册和其他支持材料。同时软件供应商、客户和第三方之间的合同会规定谁可使用源代码以及何时使用。软件托管合同通常规定，只有当供应商破产、无法履行规定的责任或违反原始合同时，客户才能访问源代码。如果发生这些情况，则客户受到保护，因为仍可通过第三方托管访问源代码和其他材料。

多数组织因未实施软件托管而陷入瘫痪。这些组织需要向软件供应商支付费用研发专用软件，而当软件供应商陷入困境时，客户无法访问整个组织赖以生存的代码。

23.3.3　最终用户环境

因为最终用户通常是组织里的主要工作人员，因此在灾难发生后必须尽快为用户提供工作环境。这意味着 BCP 团队必须了解当前的运营和技术运行环境，并检查关键部件以便复制。

在灾难发生后的大多数情况下，只有少数人能重返工作岗位。BCP 委员会在分析阶段已经确定组织最关键的业务职能，必须首先让执行这些关键业务职能的员工重返工作岗位。因此，用户环境的恢复流程应分不同的阶段实施。第一阶段是让最关键的部门重新运行，第二阶段是让第二重要的部门重新运行，以此类推。

BCP 团队需要确定用户需求，例如，用户能否在独立计算机上工作，或者是否需要连接到网络完成特定的任务。使用独立 PC 的用户也许能完成一些简单任务，比如填写账户表格、文字处理以及会计工作，但用户可能需要连接到主机系统更新客户资料，并与数据库交互。

如有必要，BCP 团队还需要确定手动执行当前自动化任务的方式。如果网络中断 12 小时，是否可通过传统的手工方式完成必要的工作任务？如果 Internet 连接中断 5 个小时，是否可通过电话实施必要的通信？是否可通过快递员来回传递信息，替代通过内部邮件系统传输数据？如今，组织极度依赖技术，常常想当然地认为技术会一直可用。BCP 团队需要意识到技术可能在一段时间内不可用，并针对这种状况提出解决方案。

 考试提示

CISSP 在业务持续规划中的角色很可能是一个积极的参与者而不是领导者。考试中的 BCP 试题将考虑到这一点。

23.4　本章回顾

本章有 4 个要点。首先是需要能够识别和实施帮助组织从任何灾难中恢复、支持组织持续运营的战略。其次是利用这些战略制定详细方案,该方案包括组织(尤其是 IT 和安全团队)从特定类型的灾难中恢复执行的特定流程。第三,必须知道训练 DR 团队完美地执行方案的方式,即使在实际灾难的混乱中也能正常执行。这包括确保组织中的每个人都知道各自在恢复工作中的角色。最后,DRP 是 BCP 的基石,因此,即使不负责这项工作,也要参与更广泛的业务持续规划和演练。

23.5　快速提示

- 灾难恢复(DR)是一组实践,帮助组织能够在灾难性事故后最大限度地减少损失,以及迅速地恢复关键目标系统技术基础架构。
- 业务持续(BC)是一组实践,帮助组织能够在任何破坏性事件发生后继续履行关键职能。
- 恢复时间目标(RTO)是灾难发生后必须将关键目标系统恢复到指定服务水平,避免与业务持续中断相关的不可接受的后果的最长时间。
- 工作恢复时间(WRT)是用于验证已恢复系统和数据的功能及完整性,以便将系统重新投入生产的最长时间。
- 恢复点目标(RPO)是在时间上测量的可接受的数据丢失量。
- 常用的四种数据备份战略是直连式存储、网络连接存储、云存储和离线介质。
- 电子保管库会在文件修改时制作文件的副本,并定期传输到异地备份场所。
- 远程日志功能将事务日志移动到异地基础设施恢复数据库,只有重新应用单个记录的一系列更改时,才需要重新同步数据库。
- 异地备份的物理位置可提供热站、温站或冷站。
- 热站完全配置了硬件、软件和环境需求。通常可在几小时内启动并运行。这是最昂贵的选择,但有些组织停业超过一天就有不良后果。
- 温站可能有一些计算机,但确实有一些外围设备,例如,磁盘驱动器、控制器和磁带驱动器。此选项比热站便宜,但需要更多精力和时间才能投入使用。
- 冷站是一座只有电力、活动地板和公用设施的建筑物。没有可用的设备。这是三种选择中最便宜的,但可能需要数周才能启动并投入使用。
- 在互惠协议中,一个组织同意另一个组织在发生灾难时允许使用其基础设施,反之亦然。互惠协议的实施非常棘手,可能无法执行。然而,协议提供了相对便宜的异地选项,有时是唯一的选择。
- 冗余(或镜像)场所的装备和配置与主场所完全类似,并且完全同步,随时准备成为主场所。

- 高可用性(HA)是技术和流程协同工作的结合，确保某些特定系统在大多数时间都能启动和运行。
- 服务质量(QoS)定义了特定服务的最小可接受性能特征，例如，响应时间、CPU 利用率或网络带宽利用率。
- 容错是一种在发生意外情况(故障)时仍能按预期方式继续运行的技术能力。
- 韧性意味着系统在遇到故障时可继续运行，尽管是以降级方式运行。
- 当灾难后返回到原始场所时，应首先回迁最不重要的组织单位。
- 可通过检查列表测试、结构化穿行测试、桌面练习、模拟测试、并行测试或完全中断测试，来测试灾难恢复方案。
- 业务持续规划解决了在发生重大事故中断后帮助组织保持业务持续的方式，但重要的是要注意，其范围比灾难恢复要广泛得多。
- BCP 生命周期包括制定 BC 概念，评估当前环境，实施持续战略、方案和解决方案，培训员工，测试、演练和维护方案及解决方案。
- 业务持续方案的重要部分是将其要求和流程传达给全体员工。

23.6 问题

请记住这些问题的表达格式和提问方式是有原因的。必须了解到，CISSP 考试在概念层次上提出问题。问题的答案可能不是特别完美，建议考生不要寻求绝对正确的答案。相反，考生应当寻找最合适的答案。

1. 下列哪项是热站基础设施区别于温站或冷站基础设施的最恰当描述？
    A. 包含磁盘驱动器、控制器和磁带驱动器的场所
    B. 包含所需的计算机、服务器和通信的场所
    C. 包含布线、中央空调和活动地板的场所
    D. 能转移至组织停车场的移动场所

2. 下列哪项描述的是冷站？
    A. 装备齐全且可持续运行好几个小时
    B. 只装备了部分数据处理设备
    C. 昂贵且配置齐全
    D. 提供环境措施但没有设备

3. 以下哪项是远程日志的最佳表述？
    A. 将大量数据备份到异地基础设施
    B. 将交易日志备份到异地基础设施
    C. 捕获交易并保存到内部的两个镜像服务器
    D. 捕获交易并保存到不同类型的介质

4. 下列哪个选项与互惠协议无关？
    A. 协议是强制性的

B. 是一个廉价解决方案

C. 可在灾难发生后立即实施

D. 可能导致当前的数据处理场所不堪重负

5. 如果系统是容错的，希望该系统具有什么功能？

A. 即使发生意外，也要继续按预期运行

B. 继续以降级的方式运行

C. 容忍已知故障引起的宕机

D. 发出警报，但容忍任何故障引起的宕机

6. 如果必须保持99.999%以上的高可用性，那么下列哪一种测试灾难恢复方案的方法是最不可取的？

A. 检查列表测试

B. 并行测试

C. 完全中断测试

D. 结构化穿行测试

使用下面的场景回答问题7~10。作为一家小型研发公司的CISO，意识到组织没有灾难恢复方案。组织处理的项目非常敏感且预算非常有限，但CISO必须控制项目数据丢失的风险尽可能接近于零。因为CISO工作成果是按每个月计费，所以恢复时间并不那么重要。由于工作的敏感性，不能接受远程工作，CISO将探讨把数据仅保存在总部场所的本地服务器上(包括Exchange电子邮件服务器，Mattermost群聊服务器和Apache服务器)。

7. 以下哪种恢复场所战略最适合组织？

A. 互惠协议

B. 热站

C. 温站

D. 冷站

8. 以下哪个恢复场所特征最适合组织？

A. 在预算限制内尽可能靠近总部

B. 距离总部100英里，在不同的电网上

C. 距离总部15英里，在不同的电网上

D. 尽可能远离总部

9. 要实施哪种数据备份存储战略？

A. 直连存储

B. 网络附加存储

C. 离线介质

D. 云存储

10. 以下哪项是在发生灾难时与组织的所有成员通信的最佳方式？

A. 内部Mattermost通道

B. 外部Slack通道

C. Exchange 电子邮件

D. 呼叫树

23.7 答案

1. B。热站是一种设备齐全、配置正确的基础设施，可在数小时内启动和运行，帮助组织重新投入生产。答案 B 给出完整功能环境的最佳定义。

2. D。冷站只提供环境措施，包括布线、空调和活动地板，基本上就像一栋大楼的外壳，仅此而已。

3. B。远程日志是一种将数据传输到异地基础设施的技术，但通常只包含将日志或交易转移到异地基础设施，并非传输真实的数据文件。

4. A。互惠协议没有强制性，这就意味着，即使组织同意那些已遭受损坏的组织使用自己的设备，也有权决定不履行互惠协议。当原方案失败时，互惠协定是较好的首选后备方案。

5. A。容错是一种在发生意外(故障)时仍能按预期的方式继续运行，而不会出现降级或中断的技术能力。

6. C。完全中断测试对常规运营和业务生产效率的影响最大。原始场所实际上已关闭，在备用场所上执行处理。该测试几乎肯定超过组织允许的停机时间，除非一切都进展得非常顺利。

7. D。预算紧张，但恢复时间足够，因此需要考虑最便宜的恢复策略选择。互惠协议是一个理想选择，除了数据的敏感性，这些数据不能与类似的组织共享(某些时候可能是竞争对手)。另一个选项(成本方面)是冷站，可在给定场景中工作。

8. C。理想的恢复场所应位于不同电网上，最大限度地降低两个场所断电的风险，但又足够近，以便员工上下班。第二点很重要，因为工作的敏感性，组织对远程工作的容忍度较低。

9. C。由于数据非常重要，以至于数据丢失的风险要尽可能接近于零，因此可能希望使用离线介质，例如，磁带备份、光盘，甚至是外部驱动器，每次备份后断开连接(并可能离线删除)。这是最慢和最昂贵的方法，但也是最能抵抗攻击的方法。

10. B。如果组织没有了场所，将失去 Exchange 和 Mattermost，因为这些服务器托管在本地。呼叫树仅适用于初始通知，将外部托管的 Slack 通道保留为最佳选项。这将要求组织的员工了解这种通信方式，并在灾难发生之前创建账户。

第 VIII 部分

软件研发安全

第**24**章

软 件 研 发

本章介绍以下内容:
- 软件研发生命周期
- 开发方法论
- 运营维护
- 成熟度模型

　　编写代码时要考虑后续维护代码的人员，设想这名维护人员是一个有暴力倾向的精神病患者，并且知道代码编写者的住址。

——John F. Woods

　　软件研发的首要目的往往是满足功能需求而并非安全。多数情况下，安全控制措施即使有也是事后添加的。安全和功能这两个世界要更融洽，就需要在软件研发生命周期的各阶段予以设计和集成。安全融合在软件产品的核心中，并在各个层面提供保护。相对于尝试开发的前端程序或程序包会降低软件全局功能性并在接入生产环境时留下安全隐患，安全开发将是更优的方案。

　　在深入探讨安全软件研发前，应首先就代码的开发方式达成共识。本章涵盖软件研发的复杂世界，以便安全人员了解当安全没有正确融入产品时可能产生怎样的隐患(将在第 25 章中讨论)。

24.1　软件研发生命周期

　　软件研发生命周期涉及实施可重复和可预测的流程，帮助确保满足功能、成本、质量和交付计划的要求。因此，与其一味地为项目开发代码，不如考虑如何确保构建出最好的软件产品。

　　本节后面将介绍多年来已开发的几个软件研发生命周期(Software Development Life Cycle，SDLC)模型，每个模型的关键部分都涉及以下阶段:

- **需求收集阶段**　决定开发该软件的目的、该软件的功能和对象。
- **设计阶段**　软件完成需求并封装到功能设计中的方式。
- **开发阶段**　编写软件代码，实现设计阶段列出的需求，并把代码和现有系统和/或库集成。
- **测试阶段**　确认(Verify)和验证(Validate)软件，保证软件能按计划运行并满足既定目标。
- **运营维护阶段**　部署软件且保证软件妥善配置、安装了补丁和监测。

 考试提示

不必记住 SDLC 的阶段。这里讨论这些阶段是方便考生了解开发软件的所有任务以及在整个周期中集成安全性的方式。

下面讨论组成软件研发生命周期模型的各个不同阶段以及每个阶段应理解的特殊事项。

软件研发中的角色

软件研发团队中的具体角色基于使用的方法、组织的成熟度和项目的规模(仅是几个示例)而有所不同。但是，通常团队至少具有以下角色：

- **项目经理(PM)**　该角色对软件研发项目负全部责任，特别是在成本、进度、性能和风险方面。
- **团队领导**　软件项目很少由单个团队处理，因此通常将团队分组，并指派优秀开发人员领导各组。
- **架构师**　有时称作技术主管，该角色确定在内部或在与外部系统交互时使用的技术。
- **软件工程师**　实际编写程序代码的人员通常是前端(如用户界面)或各种类型的后端(如业务逻辑、数据库)方面的专家。能够做前后端的工程师称为全栈开发人员。
- **质量保证(QA)**　无论是个人还是整个团队，这个角色的工作都是实施和运行测试流程，以便尽早检测出软件缺陷。

请记住，下面的讨论涵盖了可能重复发生的阶段，这些阶段具体取决于使用的开发方法的有限范围。在探讨 SDLC 的各阶段之前，先简要了解一下将各阶段结合在一起的黏合剂：项目管理。

24.2　项目管理

多名开发人员认为，良好的项目管理能帮助项目朝正确的方向发展、有效配置项目所需资源、提供必需的领导力以及在期待项目最好结果的同时筹划应对最坏的情况。项目管理流程应落实到位，确保软件研发项目各阶段的执行有条不紊。项目管理也是软件产品开发的一个重要部分，安全管理又是项目管理的重要部分。

项目经理应当在项目开发之初制定安全方案并集成到功能计划中，确保不会忽视安全。初步计划比较宽泛，覆盖较大范围，列出提供进一步信息以供参考的文档。这些参考信息包括计算机标准(例如，RFC、IEEE 标准和最佳实践等)、之前项目的文档、安全策略、鉴定要求(Accreditation Statement)、事件处理计划(Incident-handling Plan)和国内国际的指导原则。这些参考信息可保证安全计划能对症下药。

安全方案自身也应具备生命周期。安全计划需要在项目推进时添加、删减或详加说明。为保证安全方案以后可供参考，保证计划及时更新也极其重要。一个庞杂的项目在推进时极其容易失去对相关行为、活动和决策的追踪。

安全方案和项目管理活动可能会在以后审查，特别是如果漏洞给第三方造成损失时更应审查，因此应记录与安全相关的决策，从而能证明在 SDLC 的每个阶段都充分考虑了安全性，从而证明团队予以了适度关注(Due Care)，这种证明反过来又可减轻今后的责任。为此，文档应准确反映产品的构建方式以及一旦在环境中实施应如何运营。

如果软件产品是为某个客户开发的，通常会起草一份工作说明书(Statement of Work，SOW)，该说明书详细说明了产品及客户需求。详细的工作说明书帮助开发人员正确理解需求，而不是让开发人员靠假想和猜测行事。

严守工作说明书中所列内容非常重要，可避免项目边界蔓延。若项目边界常以不可控之势任意扩大，那么该项目将很可能面临难以结束、无法满足既定目标及耗尽项目资金等困局。若用户需要修改项目需求，那么务必更新工作说明书并审慎评估项目资金。

工作分解结构(Work Breakdown Structure，WBS)以一种有组织的方式定义和结合项目中的独立工作要素，将一个项目分为任务或子任务等清楚定义的交付物。软件研发生命周期应以工作分解结构的方式定义，保证每个项目阶段都妥善处理。

24.2.1　需求收集阶段

在需求收集阶段，每个参与人员都试图理解项目立项原因及范围。这种需求可能是某个特定的客户对新软件的需求或对市场上已有软件的需求。在该阶段，项目小组通常会详细探究软件的要求并提出功能需求，开展头脑风暴并评估已知的限制条件。

参与人员也会发起并完善该项目的概念定义，确保每个人对要开发的正确产品有一致的理解。这个阶段不仅包括评价市场上已有同类软件产品，也包括挖掘现有软件供应商未能满足的需求。项目的概念定义可能来自于一个已有或潜在客户对特定软件产品的直接需求。

通常，本阶段需要完成以下几项：

- 需求收集(包括安全需求)
- 安全风险评估
- 隐私风险评估
- 风险承受度

产品的安全要求定义应来自于可用性、完整性和机密性三个类别。该软件产品到底需要什么类型的安全以及达到什么样的安全程度？其中一些要求可能来自于适用的外部法规。例如，如果应用程序将处理支付卡，PCI DSS 规定了加密卡信息等要求。

对软件应执行初步的安全风险评估，识别潜在的威胁及相应的后果。这个流程通常包含提出尽可能多的问题形成软件漏洞和威胁清单、这些漏洞遭受攻击的可能性，某个威胁一旦真正发生的后果以及带来的破坏。提出的问题因软件产品而异——如软件要实现的目标、未来期望实施的环境、参与的人员、将购买和使用该软件产品的商业类型。

软件产品要维护和处理的数据的敏感度随着时间的推移日益重要。通过隐私风险评估可确定隐私影响评级级别，表明即将处理或访问的数据的隐私水平。一些软件供应商在软件研发评估流程中集成了以下隐私影响级别：

- **P1，高隐私风险**　特性、产品或服务会保存或传输个人身份信息(Personally Identifiable Information，PII)，通过持续传输匿名数据的方式监测用户，修改设置或文件类型关联，或安装软件。
- **P2，中隐私风险**　在特性、产品或软件服务中唯一影响隐私的行为是一次性的且是由用户发起的匿名数据传输(例如，用户单击了一个网站的链接)。
- **P3，低隐私风险**　特性、产品或服务中不存在影响隐私的行为。匿名或个人数据没有传输，机器上没有存储个人身份信息，既没有以用户的名义更改设置，也没有安装软件。

软件供应商可自行编制隐私影响评级及相关定义。在撰写本书时，业界已有一些执行隐私风险评估的正式方法，但还没有标准的方法成为定义评估和这些评级类型的方法论。随着隐私重要性的不断提升，可看到这些评级机制及对相关的度量指标的标准化。

负责记录需求的团队应了解风险水平接受标准，确保据此标准安排减轻风险影响的努力的优先级。可接受的风险取决于安全和隐私风险评估结果。待评价的威胁和漏洞用于预估不同安全防御机制的成本/收益比。需要关注每个安全特性的级别，这样对安全控制措施便会有一个明确的方向，在设计和开发阶段便可遵循这个方向。

需求收集阶段的最终状态通常是一个称为软件需求规范(Software Requirements Specification，SRS)或系统需求规范的文档。SRS 描述了软件将实现的功能及执行的方式。这两个高级目标也称为功能性需求和非功能性需求。功能性需求描述软件系统的某个特性，如报告产品库存或处理客户订单。非功能性需求描述性能标准，如同时用户会话的最小数量或查询的最大响应时间。非功能性需求还包括安全性需求，例如，应加密的数据及可接受的密码系统。在某种程度上，SRS 是清单，软件研发团队使用 SRS 开发软件，客户使用 SRS 接受软件。

统一建模语言(Unified Modeling Language，UML)是一种通用语言，以图形方式描述软件研发的方方面面。UML 在不同的阶段都需要重新审视，但就软件需求而言，UML 允许使用用例图(Use Case Diagram，UCD)捕获功能性和非功能性需求。第 18 章讨论技术控制措施测试时已经描述了这些内容。回顾图 18-3，每个用例(显示为椭圆内的动词短语)都代表一个高级功能需求。关联可通过特殊标签捕获非功能性需求，或者这些需求可在随附的用例描述中详细说明。

24.2.2　设计阶段

一旦需求正式记录下来，软件研发团队就可开始弄清楚满足这些需求的方式。这是开始将理论落地的阶段。理论包含了在前一阶段识别的所有需求，而设计概述了产品实现这些需求的方式。

某些公司会略过功能设计阶段，而略过功能设计阶段很可能引起大范围的延误和重新开发。究其原因，会发现在深入软件的细枝末节问题之前需要对产品有一个宏观愿景。与之相反，软件研发团队应为构建满足各个需求的软件制定书面计划。该计划通常包括三个不同但相互关联的模型：

- **信息模型(Informational Model)**　阐述待处理信息的种类，以及信息在软件系统中流转的方式。
- **功能模型(Functional Model)**　列出应用程序待实现的任务和功能，以及这些任务和功能的先后次序及同步方式。
- **行为模型(Behavioral Model)**　阐释应用程序在发生特定转变过程中和之后的状态。

例如，一个反恶意程序软件应用程序可能有一个阐述程序处理信息方式的信息模型，这些信息可能是病毒签名、修改后的系统文件、一些关键文件的校验码和病毒的活动。反恶意程序软件应用程序通常也会包括一个功能模型，该模型阐述了该应用程序应具有的功能，如扫描硬盘、检查电子邮件中已知病毒的签名、监测关键系统文件和更新自身等。行为模型描述系统启动时，该反恶意软件应用将扫描硬盘和内存。此外，计算机联网就是更改该软件应用程序状态的事件。如果发现病毒，该软件应用程序的状态将改变，并妥善处理发现的病毒。应充分考虑每种状态，确保产品不会进入一个不安全的状态或发生不可预测的行为。

无论是信息、功能模型，还是行为模型的数据都将纳入软件设计文档。设计文档包括如图 24-1 所示的数据、架构和程序设计。

就安全角度而言，设计阶段需要完成以下事项：

- 攻击面分析
- 威胁建模

攻击面(Attack Surface)就是攻击方可用于攻击软件产品的对象。例如，若一套铠甲只能遮盖身体面积的一半，那么另一半即为脆弱的攻击面。进入战场前，应使用尽可能多的铠甲遮盖余下的部分。软件产品同样如此。软件研发团队也应尽可能降低软件的攻击面。因为攻击面越大，留给攻击方的可乘之机也就越多；攻陷软件的可能性就越大。

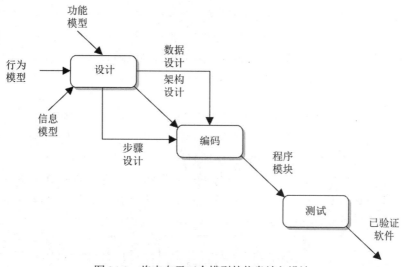

图 24-1　将来自于三个模型的信息纳入设计

攻击面分析的目标是找出并减少不可信用户能够访问的代码和功能的数量。减少攻击面的基础策略是降低运行的软件代码的数量、降低不可信用户可接触的程序入口数、尽可能降低特权级别以及删除不必要的服务。攻击面分析通常通过使用特定工具遍历软件产品的不同部分，随后将发现汇集成一个数值。攻击面分析器(Attack Surface Analyzer)通常会详查文件、注册表键、内存数据、会话信息、进程和服务的详细信息。图 24-2 显示了攻击面分析的报告样例。

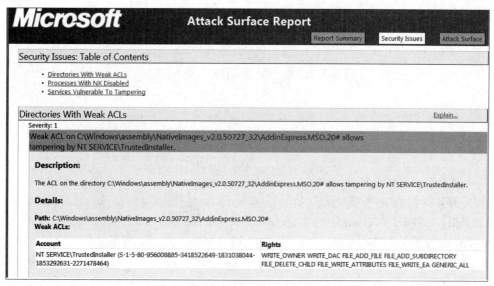

图 24-2　攻击面分析结果

第 9 章在风险管理背景下详细介绍了威胁建模。威胁建模这种系统方法，用于了解不同的威胁如何实现以及破坏如何发生。举个假设的示例，如果工作是负责确保所在的政府大楼免受恐怖袭击，将需要遍历恐怖分子最可能实施的情景，以便充分了解如何保护基础设施和其中的人员。可考虑一下如何将炸弹带入建筑物，然后会更好地了解在每个入口点需要执行的筛查活动。将汽车驶入建筑物的场景会引发在基础设施敏感部分周围安装护柱的想法。恐怖分子进入基础设施中敏感位置(数据中心、CEO 办公室)的场景有助于说明应实施的物理访问控制措施。

同样的基于场景的演练应在软件研发的设计阶段执行。正如考虑潜在的恐怖分子如何进入和离开基础设施一样，软件研发团队应考虑潜在的恶意活动在软件的不同输入和输出点发生的破坏类型，以及软件本身可能发生的破坏类型。

软件研发团队通常会开发如图 24-3 所示的一些威胁树。威胁树(Threat Tree)这种工具有利于开发团队理解一些特定威胁的全部实现方法，也可帮助开发团队理解应实施哪些安全控制措施缓解与各种威胁类型相关的风险。

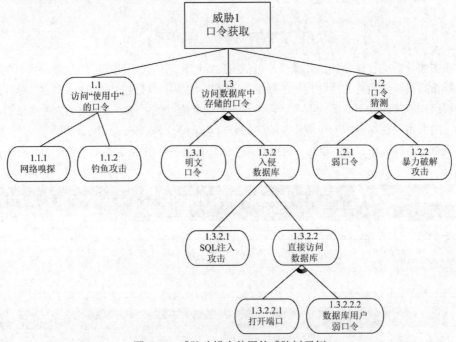

图 24-3　威胁建模中使用的威胁树示例

业界有多个可供软件研发团队使用的自动化工具，这些工具可保证在设计阶段考虑各种威胁类型。一种流行的开源解决方案是 Open Web Application Security Project(OWASP) Threat Dragon。开发团队能够借助 Threat Dragon 这个基于 Web 的工具，使用流程图直观地描述威胁。图 24-4 显示了三层 Web 系统的简单图示，显示系统的信任边界和层间交互的四种方式。构建威胁模型的下一步是考虑威胁行为方如何利用这四种交互方式中的每一种。例如，失窃凭据可能允许攻击方破坏 Web 服务器，并从 Web 服务器查询数据库服务器，从而可能损害存储在数据库中的记录的完整性或可用性。针对分析过程识别的每个威胁，软件研发团队将开发可减轻威胁的控制措施。

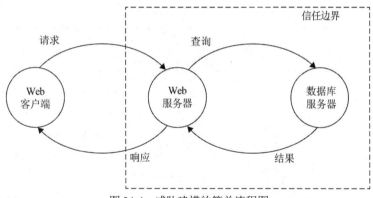

图 24-4　威胁建模的简单流程图

设计阶段的决策对开发阶段非常重要。软件设计作为基础会在很大程度上影响软件的质量。如果在项目开始没有良好的软件产品设计，接下来的阶段将面临巨大挑战。

24.2.3　开发阶段

这是程序开发人员深度参与的阶段。前一阶段创建的软件设计在这一阶段细化为定义的交付物，程序开发人员为满足交付需求开发代码。

市面上有很多程序开发人员可用于生成程序代码、测试软件和执行调试活动的 CASE 工具。若自动化工具可用于执行这些活动，软件研发的速度将加快，错误也将减少。

CASE 指的是可支持自动化开发软件的工具，该自动化套件通常以程序编辑器、调试器、代码分析器、版本控制机制以及其他形式出现。支持自动化开发软件的工具帮助记录详细的需求细节、设计步骤、编程活动和测试信息。CASE 工具的目的是在软件研发流程中支持一个或多个软件工程任务。多家软件供应商可借助"计算机辅助"工具将产品更快推向市场。

下一章将深入探讨"安全编码"，但本章简要阐述并说明安全编码在开发阶段的重要性。如前所述，企业、组织和个人担心的大多数漏洞存在于代码中。如果程序开发人员不遵循非常严格且安全的方法编码，影响范围和后果都相当广泛和严重。但安全编程也非易事。在软件中存在并可导致严重漏洞的错误有一长列。

MITRE 组织的常见缺陷清单 (Common Weakness Enumeration，CWE) 倡议 (https://cwe.mitre.org/top25) 列出了"过去两个自然年中遇到的最常见和最有影响力的问题示范"。表 24-1 显示了最新的列表。

表 24-1　2021 CWE 前 25 最危险软件缺陷清单

排名	名称
1	越界写入
2	网页生成过程中不当输入验证(跨站脚本)
3	越界读取
4	不当输入验证

(续表)

排名	名称
5	对 OS 命令中使用的特定元素验证不当(操作系统命令注入)
6	对 SQL 命令中使用的特定元素验证不当(SQL 注入)
7	释放后使用
8	对指向受限目录的路径名的不当限制(路径遍历)
9	跨站请求伪造(Cross-Site Request Forgery，CSRF)
10	不受限制地上传具有危险的文件
11	缺少对关键功能的身份验证
12	整数溢出和环绕
13	不可信数据的反序列化
14	不当授权
15	NULL 指针取消引用
16	使用硬编码的凭证
17	内存缓冲区范围之内操作的不当限制
18	缺少授权
19	不正确的默认权限
20	将敏感信息泄露给未经授权的行为方
21	凭证保护不足
22	关键资源的权限分配不正确
23	XML 外部实体引用的不当限制
24	服务器端请求伪造(Server-Side Request Forgery，SSRF)
25	命令中使用的特殊元素验证不当("命令注入")

　　上表列出的大多数软件问题都与不合格或错误的软件研发实践相关。软件研发人员在指明其他问题之前，首先应检查输入的长度以防发生缓冲区溢出，检查代码防止出现隐秘信道，检查恰当的数据类型确保用户不能绕过检查点，核查代码语法并确认校验码。软件研发人员还可模拟不同的攻击场景测试代码是否会以未经授权的方式遭受攻击或修改。同时开发团队也可执行同行代码审查和调试，每件事都应清晰记录。

　　输入验证是审查中极其重要的部分，对输入的不合适验证将导致极其严重的漏洞。从本质上讲，除非另有证明，否则应将每一个用户输入视为恶意输入。例如，如果不限制用户在Web 表单上提供姓名时可输入的字符数就可能导致缓冲区溢出，这个示例是用于利用不正确输入验证技术的典型示例。缓冲区溢出在第 18 章有详细介绍，通常在进程接受了太多输入数据时发生。数据挤占了该进程内存缓冲区的多个内存段导致溢出，同时在一个特定内存地址处插入了一个精心构建的恶意代码指令。

　　缓冲区溢出还可导致非法提权。提权流程指利用进程或配置项取得进程或用户通常无权访问的资源。例如，攻击方可能攻陷了一个普通用户的账户，之后通过提权操作获得计算机管理员或系统级别的操作权限。提权攻击通常利用复杂的与用户进程交互的设备驱动进程和底层操作系统进程。输入验证与将系统配置为以最小权限运行结合可帮助减缓提权威胁。

理解安全编码实践需要集成到软件研发生命周期各阶段很重要。软件研发生命周期的每个阶段都应涉及安全，而开发阶段是重点之一。

24.2.4 测试阶段

正式或非正式的测试都应及早开始。单元测试(Unit Testing)通常关注的是保障单个代码模块和类的质量。成熟的软件研发团队甚至会在编写模块代码之前，或者至少是与编码同步开发单元测试集。这个方法称为测试驱动开发(Test-driven Development)，使用测试驱动开发方法通常在带来高质量代码的同时大大减少代码漏洞。

单元测试模拟程序代码即将面对一系列输入。这些输入有的是强制要求的，有的是偶然导致程序失败的，有的是故意的恶意数据。这种方法保证代码总能按预期和安全的方式工作。一旦模块和单元测试集完成，就会在那段代码模块上执行单元测试(通常使用自动化执行框架)。这类测试的目标是隔离软件的各个部分，并证明每个部分都是正确的。

单元测试通常贯穿整个开发阶段。而正式测试则需要另一组人员执行。不同人员执行测试也是职责分离。软件研发人员通常不能集程序开发、测试和版本发布等职责于一身。越多双眼睛看代码，在软件产品发布之前就越有更多机会发现程序缺陷。

职责分离

不同的环境类型(开发、测试和生产)应适当分离，同时功能和运营职责不能重复。软件研发团队不应具备修改生产系统代码的权限。软件代码应测试并提交至软件库，之后再发送到生产环境中。

在安全测试中不存在拿来就用的方法，因为不同软件应用程序和软件产品在功能性和安全性上的目标存在诸多不同。将安全风险与测试用例和代码关联极为重要。线性思维方式包括发现一个程序漏洞、开发必要的测试场景、执行测试，进而审查代码是如何处理漏洞的。在测试阶段，软件测试通常在一个与生产发布环境类似的环境中执行，进一步保证软件代码不是仅在实验室中运行。

安全攻击和渗透测试通常也用于测试阶段，目的在于找出遗漏的漏洞，还能评价软件产品的功能性、性能和反渗透能力。产品需要的所有功能需要列在检查表上，保证每个功能都实现。

应对在项目之初识别的漏洞执行安全测试。尝试测试缓冲区溢出、使用一些预期之外的输入数据测试接口、测试拒绝服务攻击的各种情况、测试可能发生的不寻常的用户行为。如果系统崩溃了，软件产品应能回到安全状态。软件产品也应在配备不同应用程序、配置、硬件平台的环境中测试。软件产品可能在单独主机上的 Windows 10 操作系统下正常运行，却在通过 VPN 远程连接的笔记本电脑上出现意外错误。

确认和验证

确认(Verification)用于决定软件产品是否准确表达并符合需求规范。毕竟，开发的软件产品有可能不符合最初的需求规范，所以这个步骤保证适当满足需求规范。"确认"回答了"软件产品是否正确开发"这一问题。

验证(Validation)决定软件是否为现实世界待解决的问题提供了必要的解决方案。在大型项目中很容易忽略全局目标。验证过程保证达成项目核心目标，同时回答了"产品是否正确"这一问题。

测试类型

软件研发团队中的软件测试人员需要执行不同类型的软件测试，找到多种潜在的软件漏洞。下面是一些常见测试方法：

- **单元测试**　单元测试通常在受控环境中测试单独的组件，在受控环境中软件研发人员通常会验证数据结构、逻辑和边界条件。
- **集成测试**　集成测试验证所有组件能按设计文档的描述共同工作。
- **验收测试**　验收测试保证软件代码符合客户的需求。
- **回归测试**　若发生系统变更，回归测试再次测试以保证软件的功能性、性能和保护机制。

全面的软件安全测试包括手动测试和自动测试。自动测试能帮助定位大范围的软件缺陷，通常这些缺陷与粗心大意或错误的代码实施相关。一些自动测试环境能通过脚本方式重复执行特定输入。虽然利用脚本测试是软件测试的重要组成部分，通常模拟一些随机和不可预测的软件输入是对脚本测试的补充。

手动测试可用于分析依赖人类自觉，通常可使用计算技术判断的程序问题。测试人员也会尝试定位设计的缺陷。测试发现的设计缺陷包括逻辑错误，攻击方通过精心制造的程序序列操纵程序流，获得更大的权限或绕过身份验证机制。手动测试包括以安全为中心的程序开发人员执行的代码审计，开发人员使用编造的输入和逆向工程技术尝试修改程序逻辑结构的代码。手动测试可模拟现实世界中发生的真实场景。一些手动测试也包括使用社交工程攻击，分析可能导致系统攻陷的人性弱点。

在测试阶段，在测试步骤中发现的问题会以报告形式反馈给开发团队。问题修复后程序会再次测试。这个过程将持续到所有人都满意，产品可投入使用为止。如果该产品有特定客户，客户也将运行一系列测试，直到正式接受该产品。如果产品是一个通用软件，该产品将由多个潜在客户和机构执行 Beta 测试，之后会正式推向市场或客户。

注意

有时开发人员会在软件产品中插入代码，允许开发人员通过快捷模式进入应用程序中。软件研发人员能通过这些操作越过已部署的安全和访问控制机制快速访问软件应用程序的核心组件。这些代码通常称为"后门程序(Back Door)"或"维护钩子(Maintenance Hook)"，在软件应用程序上线之前应删除。

24.2.5　运营维护阶段

　　一旦软件代码开发完毕并经妥善测试，软件产品会发布并部署在目标生产环境中。至此，软件研发团队的任务尚未完成，用户将陆续发现新的问题和漏洞。例如，公司为某用户开发了一套定制化应用程序，客户将该软件应用程序部署到自身多样化的网络环境的过程中，很可能遇到之前未预见的一些问题。例如，软件的互操作性问题将浮出水面，一些配置项很可能破坏软件的一些关键功能。此时软件研发人员需要修改源代码、重新测试新版代码并再次发布。

　　随着时间的推移，几乎每个软件系统都会应要求增加新功能。通常这种需求和业务逻辑变更或与其他软件系统的互操作性相关。这种变更指明了运营维护阶段(也称运维阶段，Operation and Maintenance，O&M)运营团队和开发团队紧密合作的必要性。运营团队通常是IT 部门，负责维护所有生产系统的可靠运营。软件研发团队负责在系统上线前开发系统变更。运营团队和开发团队将共同负责开发系统向生产系统的交付以及对系统配置的管理。

　　驱动运营维护的另一个主要方面是软件漏洞层出不穷。虽然软件研发人员已实施了极完善的安全测试，但想要在一个时间点内完全找出所有安全问题是不现实的。软件部署之后可能出现零日漏洞(Zero-day Vulnerability)，暴露编码错误，甚至软件产品与另一软件产品集成时出现的未考虑到的安全问题也亟待解决。软件研发团队需要开发补丁程序，修复原程序，以及开发新版本解决这些问题。而 CISSP 持证人士也将和软件研发生命周期打交道。

24.2.6　变更管理

　　在追求改善的过程中，关键流程包括如何应对不可避免的变更。对这些变更若不深思熟虑并妥善管理，将给项目直接或间接带来浩劫。第 20 章讨论了一般的变更管理，但变更管理在软件研发项目生命周期中尤为重要。

　　通常有很多原因可能导致变更发生。在软件研发过程中，客户可能会修改需求，要求增加、删除或修改某些功能特性。已投产的项目可能由于环境的变化而引发变更，如环境中存在新的软件产品、新的系统需求、新发布的补丁或升级包。这些变更都需要详细地分析、批准，并适当集成，从而不影响已有功能特性。

　　变更管理是一种谨慎规范包括软件研发项目在内的各种项目变化的系统性方法。这种管理流程不仅考虑技术问题，而且考虑资源(如人员和资金)、项目的生命周期甚至是组织的氛围。多种情况下，管理变更最难的部分并非变更本身，而是变更对组织产生的影响。大部分人员都有过这样的经验：在下午快下班时接到电话，要求更改当前工作计划；而更改甚至是因为没有参与过的项目的影响。对变更的控制是变更管理的一个重要组成部分。

24.2.7　变更控制

　　变更控制(Change Control)是在系统生命周期中管控特定变更并以文档记录相关变更管控行为的流程。变更管理的总体流程由项目经理负责，而变更控制由开发人员执行，确保软件在更改时不会中断。

变更控制需要考虑很多事情。变更需要经过批准、记录和测试。有些变更甚至要求重新运行以确保不会对产品的功能产生影响。当程序开发人员更改源代码时，应在代码的测试版本上修改。程序开发人员在各种条件下都不能修改生产系统的源代码。程序代码应先修改，再测试，进而提交至版本库。生产系统的源代码应从代码库中而不是程序员处或测试环境中直接获取。

在项目之初应设立处理变更的流程，这样所有人员都知道应如何处理变更以及在提交变更请求时相关部门应采取的行动。一些项目缺乏合适的变更管理举措就强制执行，因此建立之初就注定失败。大多数情况下，在开发软件时，客户和软件供应商就产品设计、需求和规格达成一致。客户要求签署协议确认所列需求是双方的共识并在需要额外修改时向软件供应商支付额外费用。如果没有该协议，那么客户可不断要求变更。这些变更无疑需要软件研发人员投入更多时间和更大精力完成，导致供应商亏损、产品迟迟不能完工交付、影响范围不断扩大。

变更控制还涉及其他原因。这些原因涉及组织策略、标准化流程和预期结果。如果软件产品处于开发的最终阶段时突然出现了变更需求，开发团队需要知道处理方式。通常，小组领导需要告诉项目经理将该变更请求集成到项目中额外需要的时间，以及防止变更影响产品的其他部分所需的步骤。如果该流程不受控制，那么部分开发团队成员将在其他成员不知情的情况下完成变更，破坏其他开发团队的软件模块。因为变更未经批准，到集成时才发现有些部分不兼容，有些工作甚至处于危险之中。

应在系统审计流程中评估变更控制流程。测试流程中很可能忽视变更产生的问题，所以应在系统审计流程中检查是如何实施和强化变更控制的。

下面列出变更控制流程中的一些必要步骤：

(1) 提出正式的变更请求。

(2) 分析变更请求。

a. 制定实施策略

b. 计算实施成本

c. 检查安全影响

(3) 记录变更请求。

(4) 提请批准变更请求。

(5) 开发变更。

a. 将产品的不同模块重新编码组合，增加或删除功能特性

b. 将代码变更与正式的变更控制请求关联

c. 将软件提交测试和质量控制

d. 重复以上步骤直至质量合格

e. 实施版本变更

(6) 向管理层汇报变更结果。

对软件系统的变更需要新一轮的认证和认可。如果软件系统发生了重大变更，那么会要

求重新评估(认证，Certified)软件的功能和保护级别，而且管理者需要批准包括新变更在内的整个新系统(认可，Accreditation)。

软件研发生命周期和安全

软件研发生命周期的主要阶段及其特有的安全任务如下所示：

需求收集阶段
- 安全风险评估
- 隐私风险评估
- 风险级别容忍度
- 信息的、功能的和行为的需求

设计阶段
- 攻击面分析
- 威胁建模

开发阶段
- 自动化计算机辅助软件工程工具
- 安全编码

测试阶段
- 动态分析
- 手动测试
- 单元测试、集成测试、验收测试和回归测试

运营维护阶段
- 漏洞补丁
- 变更管理和控制

24.3 软件研发方法论

在世界范围之内普遍使用几种软件研发方法论。虽然一些开发方法在某些阶段包括一些安全问题，但这些方法论并不被视为"以安全为中心的开发方法"。这些开发方法论只是构建和开发软件的经典方法。下面深入了解安全专家应知道的一些方法。

 考试提示
在现实的软件研发中，仅使用一种软件研发方法非常少见。与之相反，组织常修改某个基础方法以适应组织自身的环境。然而 CISSP 考试则需要将重点放在每种软件研发方法的不同之处。

24.3.1 瀑布模式

瀑布模式(Waterfall Methodology)采用一种线性生命周期方法，如图24-5所示。每个阶段

完整执行后才开始下个阶段。在每个阶段结束后，评估判断项目是否在正确的轨道上，以及是否应继续。

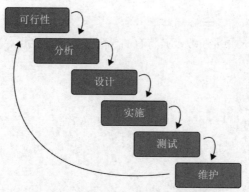

图 24-5 软件研发中使用的瀑布模式

这个方法论会在最初阶段收集所有需求，对于在随后各阶段随着信息逐渐完备而产生的变更或因为需求变化所引起的变更，则没有正式可用的集成方法。开发人员很难在项目起始阶段就知道所有信息，等到项目结束再集成必要的变更既低效又耗时。打个比方，计划面积为 1 英亩的后院。这种情形下，只能去一次园艺商店采购所有必要的物品。如果需要更多泥土、石块或灌溉系统，那么要等整个后院都完工后才能回到商店采购更多或更合适的物品。

瀑布模式这种要求严谨的方法可能更适合小型项目，因为小型项目的需求易于理解。对于复杂项目，瀑布模式是一种非常危险的开发方法，复杂项目通常包含更多变数，会随着项目推进影响项目范围。

24.3.2 原型模式

原型(Prototype)可以是软件代码示例，也可以是在投入大量时间和资源前探索出特定方法的模型。使用该原型开展工作时，团队可进一步找出原型中的可用性和设计问题，并在必要时调整方法。软件研发行业发明并使用三种主要的原型模型，分别是快速原型设计、进化式原型设计和运营式原型设计。

快速原型设计(Rapid Prototype)的特点是让开发团队快速设计原型(样品)，进而验证当前对项目需求理解的正确性。在一个软件研发项目中，团队可通过快速创建原型确认想法是否可行以及是否应在现有解决方案上继续工作。快速原型设计(也称为 Throwaway)是一种简单但较粗糙的设计方法，这种方法通过创建一段代码确认所有成员是否就理解达成一致，是否需要新解决方案。快速原型方法一般不用于开发随后的项目，在达成目的后就舍弃。

进化式原型设计(Evolutionary Prototype)开发出来时，总伴随着渐进式改善。原型在快速原型设计中使用之后就抛弃，与之相反，在进化式原型模式中，将一直改善，直至产品最终完成。在每个开发阶段获得的反馈将用于改善原型并逐步贴近用户需求。

运营式原型设计(Operational Prototype)是进化式原型设计方法的延伸。这两种原型设计方法都能随着数据增多而改善原型的质量，但运营式原型设计常用于生产环境中的逐步微调。运营式原型设计随着用户反馈而更新，对软件的修改也发生在工作站点中。

简而言之，快速原型设计常用于快速给出对建议解决方案的理解，进化式原型设计在实验室环境中创建并改善，而运营式原型设计则在已投产的客户环境中开发和改善。

24.3.3 增量模式

软件研发团队在软件研发阶段使用增量模式(Incremental Methodology)执行多个开发周期。这种模式和在产品上使用的随着开发阶段逐渐成熟的"多瀑布式(Multi-Waterfall)"周期相似。在第一次迭代中开发第1版产品，在后续的迭代过程中继续经历需求分析、设计、编码、测试和实施等阶段。软件产品会经历多次迭代直至产生满意的版本。这种模型的具体描述如图24-6所示。

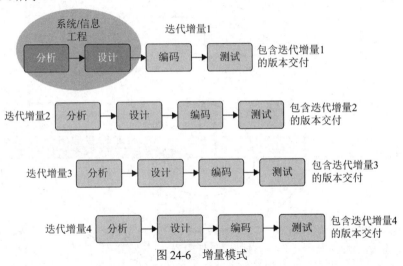

图24-6　增量模式

在使用增量模式时，每个迭代的阶段都会产生一个可执行的产品作为交付物。这种模式意味着在第一次迭代后就产生了软件产品的可工作版本，后续迭代在这个版本上逐步改善。这种方法的好处是软件研发阶段的早期就会有一个可运行的产品，方法的灵活性允许变更，测试也由于能在每个迭代中执行而能比瀑布模式更快发现问题，每次迭代都是一个可管理的里程碑。

由于每次发布都能交付一个可运营的产品，客户能对每一版产品给出回复，从而帮助开发团队改善软件。与其他方法相比，增量模式能更快地开发出初始产品，使得初始产品交付成本下降，客户更快得到相应功能，大大降低了后续产生关键变更的风险。

涉及风险、程序复杂性、资金和业务功能需求的问题，且需要在产品开发周期早期阶段考虑时，最好使用增量模型。如果供应商需要在产品开发阶段迅速给客户提供一些基本功能，增量模型就是一个可遵循的良好模型。

24.3.4　螺旋模式

螺旋模式(Spiral Methodology)在软件研发中使用迭代方法，将重点放在风险分析上。这种方法由目标设定、指明和解决分析、开发和测试、计划下一次迭代这四个主要阶段组成。开发团队从最初的需求说明出发，历经前述各个阶段，如图24-7所示。可设想从这幅图的中心开始软件研发项目。从最初对项目需求的理解出发，建立匹配这些需求的开发规格、执行风险分析、开发原型规格、测试规格、制订开发计划、集成新发现的信息、使用新信息执行风险分析、创建原型、测试原型，并将结果数据集成至流程等。收集到项目越来越多的数据后，这些数据可集成到风险分析阶段，完善原型、测试，进而在每一步增加更多颗粒度，直至创建一个完整的产品。

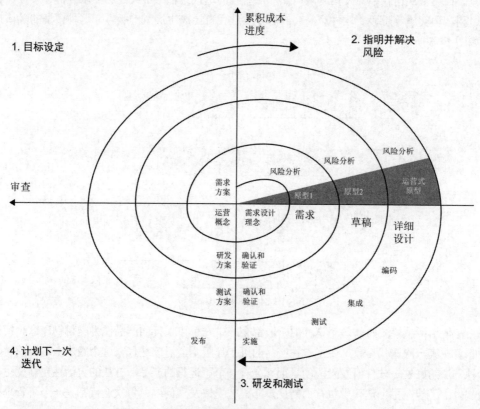

图 24-7　软件研发的螺旋模式

螺旋模式提供的迭代方法允许在发现新需求时予以处理。每个原型都允许在开发项目的早期测试，并且基于这些测试的反馈集成到后续步骤的迭代中。风险分析确保所有问题都得到积极的审查和分析，这样某些事情就不会"从指缝中溜走"，同时保持项目运行在正轨上。

螺旋模式的最终阶段是客户评估当前阶段开发出来的软件产品并提供反馈，而这些反馈也成为下一次螺旋循环的输入。螺旋模式对于那些需求变化的复杂项目是一个不错的选择。

注意

在这个模型中，角度向量表示项目进度，而螺旋的半径表示成本。

24.3.5 快速应用程序开发

快速应用程序开发(Rapid Application Development，RAD)方法论更依赖于快速原型设计而不是完备的事先方案。在这种模式中，软件质量提升和软件研发流程交织在一起，可快速开发软件。快速应用程序开发与瀑布模式相比，软件交付时间少了一半。快速应用程序开发模式本着加速软件研发的目的将原型设计和迭代开发流程结合。为帮助定义软件最终版本的需求，软件研发流程从创建数据模型和业务模型开始。通过原型设计完善了数据和业务模型。这些模型又为更新和改善原型设计、测试和评价提供了输入，从而可进一步改进数据和业务模型。这些步骤的目标在于将业务需求和技术设计文档结合，为软件研发项目提供方向。

图 24-8 阐述了传统软件研发方法和快速应用程序开发模式的基本区别。打个比方，开发团队需要需求方告知想要的是什么才能做出来。需求方说要一个有四个轮子和一个引擎的东西。开发团队在纸上画出了一辆两座敞篷车问道："这是想要的吗？"答案是否定的，那么开发团队扔掉这张纸(原型)，接着询问更多信息。需求方告诉开发团队那东西可承载四个成年人。开发团队再在纸上画出了一个四座敞篷车并再次询问，需求方说这个设计前进了一步但还不是。开发团队又扔掉这张纸，需求方告诉开发团队那东西应有四个门。这次开发团队画出了一辆轿车的模型，需求方点头表示同意。来来回回的这些步骤就是图 24-8 圆形区域中发生的事。

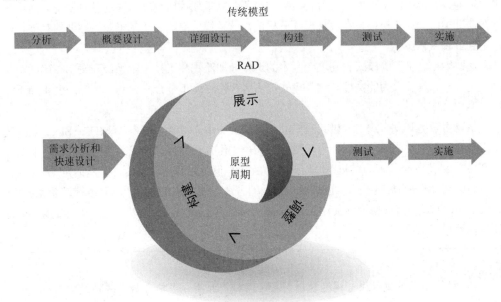

图 24-8 快速应用程序开发方法论

快速应用程序开发出现的最主要原因是使用其他开发模式开发的软件完成后，一旦客户需求有变，开发团队将不得不重新回到最初的设计阶段。如果客户要开发某款软件，团队花了一年的时间开发，但一年过去客户很可能会有新的需求和变更。RAD 方法论允许客户参与软件研发的各阶段，从而使得最终软件产品能更现实地反映客户的需求。

24.3.6　敏捷模式

目前业界充斥着各种开发模式，每个模式都试图改善其他模式的不足。软件研发团队在运用敏捷方法前，通常遵循严格的流程导向的软件研发模式。这些开发模式更关注于遵循流程和步骤而非更有效地完成任务。例如，如果在政府机构工作或有机会和政府机构打交道，经常遇到一些极其耗时且步骤复杂的愚蠢流程。在政府工作的雇员可能为购买一把椅子而不得不填写四份文档并要求三个部门批准。通常还需要找到三家不同的桌椅供应商，提供由合同部门审阅的报价单。最终购买一把新椅子可能花费好几个月。这是注重遵循规则而不是提高效率的典型。

瀑布式方法等经典软件研发方法，提供严格的流程而不允许太多的灵活性和适应性。通常使用这些方法的软件研发项目都因为不能按时完成、预算超支以及/或不符合客户需求而以失败告终。所以为了更好地满足需求，软件研发项目有时需要一些自由度，从而能修改步骤。

敏捷模式(Agile Methodology)是多种开发模型的总括，不关注那些按部就班的、线性的和分步的流程，而将重点放在彰显跨部门团队协作和持续反馈等机制的增量和交互开发方法上。这种开发模式相对于传统"重量级"开发模式而言是"轻量级"的，也正说明这种模式不受局部视野和过度结构化的开发方法的限制。敏捷模式能方便灵活地适应各种项目需求。业界也发现即使有再多的文档库定义各种流程，也无法处理软件研发项目中的各种情况。所以与其在前期把时间和资源投资在大量设计分析上，这种模式更能关注基于业务需要对功能代码小范围的增量修改上。

这些敏捷名义下的模式关注单个版本的迭代而非流程和工具，更强调开发出正确的产品而不是复杂和耗费人力的文档。这些模式提倡客户协作而不是合同谈判，可响应变更而不是严格遵守方案。

在诸多敏捷开发模式中，极其重要的元素是关注用户故事。用户故事(User Story)能描述用户想要的东西及原因。比如，用户故事可能是"作为一个客户，我想要搜索从而可购买一些产品"。注意这个故事的结构：作为<用户角色>，我想要<完成一些目标>从而可<完成该目标的原因>。用户非常熟悉这个记录用户需求的方法，该方法允许用户与开发团队紧密合作。更进一步，通过保持该用户的关注点，"正确的系统"已预先由用户以自己的语言定义，验证软件特性也更简单。

 考试提示

敏捷模式不使用原型描述整个产品，而将产品拆分成单个特性并持续交付。

敏捷模式的另一个重要特点是软件研发团队可使用已有的软件研发生命周期模式中的部

分，并以最满足特定项目需求的方式组合。这些多样化的结合也使得多种开发模式都汇集到敏捷开发这个集合。

1. Scrum

Scrum 是当今最广泛使用的敏捷开发模式，不受项目大小和复杂度的限制，是一种极简的、以客户为中心的方法。Scrum 方法承认不能完全理解客户的需求并且这些需求会随时间而变化。Scrum 注重团队协作、客户参与和持续交付。

Scrum 这个词源于橄榄球运动。当比赛由于罚球、出界等原因打断后需要继续时，双方队员需要集合争球，直到一方获得控球权比赛才可继续。将这个比喻延伸，Scrum 这种模式允许项目在添加、更改或删除新功能或特性等情况发生后在预定义的节点重置。由于客户一开始就紧密参与了软件研发流程，所以没有意外、成本超支或延迟交付等情况发生。这种方法使得软件在构建过程中以迭代方式开发和变更。

转变点出现在每次冲刺(Sprint)的最后阶段，冲刺是指固定期限的开发间隔，通常(但不总是)长达两周并且承诺产出一组非常特别的功能。这些功能由团队挑选，但有大量的客户输入。有流程可通过将功能插入清单而随时增加。然而，在新的冲刺开始时，只有实际工作可考虑使用这些功能。基于这种机制，开发小组在冲刺过程中无法变更，但在每两次冲刺之间可变更。

2. 极限编程

如果将 Scrum 中的 Sprint 和工作清单拿掉并加入代码审查，就产生了另一种敏捷开发模式。极限编程(Extreme Programming, XP)是将代码审查(参见第6章)用到极致，并持续使用的开发模式，这种使用方法也是"极限"一词的由来。这种持续的代码审查由一种称为结对编程(Pair Programming)的方法实现。在结对编程中，程序员将软件代码分享给同伴，并由同伴继续编写。这种方法看似效率低下，但两人会在代码编写过程中反复审查代码，从而极大地降低错误率，提高软件编码的全局质量。

极限编程另一个特性是依赖测试驱动的开发。首先编写单元测试，其次才是项目代码。程序员首先编写一组新的单元测试用例。因为还没有软件代码能满足该测试用例，这组测试用例执行时必然失败。程序员的下一个步骤是编写适当的代码保证测试用例可通过。完成该步骤后，继而编写下一个测试用例，当然也会失败，如此重复。使用该方法，能尽量减少通过测试的软件代码量，消除了复杂性，极大地减少了错误的发生。

3. 看板

看板(Kanban)是由丰田公司开发的生产计划系统，用于支持准时交付。随着时间的推移，这种方法也用于 IT 和软件系统开发。在此，看板开发模式强调对所有任务的可视化追踪，开发团队可知道为在正确时间交付正确的功能特性，应优先开发某种功能的时间。看板项目以前非常引人注意，整个会议室的墙上都会贴满代表不同任务、便于团队追踪的便签。现阶段，多个看板项目团队则在在线系统中使用可视化的虚拟墙面。

看板墙面通常按生产阶段垂直划分。通常每一列的标签分别是已计划、执行中、已完成。每一个便签代表一个用户故事，可在项目开发过程中移动，不过更重要的是便签也可代表需要完成的其他一些工作。例如，其中一个用户故事是前面提到的搜索功能特性。当开发时发现搜索十分缓慢。需要更改底层数据、更改网络结构或升级硬件。这个便签会移到已计划列，同时和其余下任务一起排序并追踪。这个流程强调看板是如何允许项目团队应对变更或未知需求，这种考量也是众多敏捷开发模式的常见特性。

4. DevOps

传统上，软件研发团队和 IT 团队是组织内两个独立(甚至有时是敌对)的团队。在软件研发流程中这两个团队之间的不良合作产生诸多问题。在企业中由于开发团队的一个功能急于上线而需要 IT 团队工作很晚或在周末加班，或者 IT 团队放下手头工作去"修复"软件研发者"弄坏"的功能并斥责开发团队的情况并不少见。考虑到每个团队的激励不尽一致，这种摩擦非常合理。开发人员想推动完成代码，通常有严格的时间表。另一方面，IT 员工希望保持 IT 基础架构有效运行。多名管理软件研发工作的项目经理从开发团队那里收到 IT 团队不讲道理和不合作的投诉，而 IT 团队也抱怨有缺陷的代码在最糟糕的时候扔过来，导致其余网络出现问题。

解决这种摩擦的一个好方法是在软件研发团队中将开发人员和运营团队(即 DevOps 这个词的由来)聚到一起。DevOps 将开发、IT 和质量保证(Quality Assurance, QA)等聚到软件研发项目中，保证激励一致并促使更频繁、高效和可靠的软件产品发布。这种关系如图 24-9 所示。

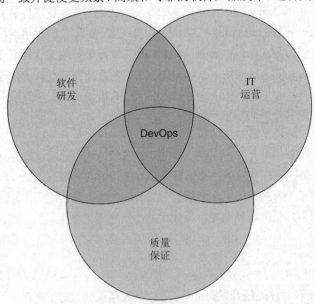

图 24-9　DevOps 处于软件研发、IT 和质量保证团队之间

最终，DevOps 改变了组织文化，也将对安全产生正面影响。除了质量保证团队，IT 团队成员也将参与流程的每一步。多功能的集成允许团队能更早识别潜在的缺陷、漏洞和争议

点，从而主动解决。这是 DevOps 的一大卖点。基于多方调查，DevOps 还有其他一些可能更强大的优点：DevOps 增加了组织内的信任，也提升了开发者、IT 员工和质量保证员工的工作满意度。毋庸置疑，DevOps 也提升了项目经理的信心。

5. DevSecOps

安全团队参与软件研发工作并不常见，但对安全团队而言这种参与很有意义。安全团队的工作是在威胁方发现漏洞之前采取一些措施。结果，大多数安全专业人员形成了一种"对抗性思维"，能像攻击方一样思考，以便更好地防御。想象一下，软件研发人员旁边的某个人会告诉开发人员可用哪些方法颠覆代码做坏事。这有点像拥有一个拼写检查器，但用于漏洞而不是拼写！

DevSecOps 将开发、安全和运营专业人员集成到软件研发团队中，就像 DevOps，但添加了安全性。DevSecOps 的主要优势之一是将安全性直接融入开发流程，而不是在开发流程结束时固定安全性。与其实施控制措施缓解漏洞，不如从一开始就阻止引入漏洞。

6. 其他模式

业界不乏软件研发生命周期和软件研发模式。以下是其他可用模式的速览：

探索模式(Exploratory Methodology)　探索模式是一种在项目目标还未完全明了和定义的情况下使用的开发模式。探索模式更依赖于包括一系列极可能影响最终产品功能的说明而非明确的任务。测试能够查明项目当前阶段是否符合可能的实施场景，所以是探索模式的重要组成部分。

联合应用程序开发(Joint Application Development，JAD)　联合应用程序开发是在应用程序开发流程中使用基于研讨会环境的团队协作方式。这种模式最大特点是包括所有成员而不仅是开发人员。在这种模式中，经常见到执行层支持者、主题专家和最终客户在协作开发研讨会中花费数小时或数天的时间。

集成产品团队

集成产品团队(Integrated Product Team，IPT)是由众多或全部利益相关方代表们组成的跨职能团队。细想一下，这种想法十分合理。为什么程序开发人员需要学习或猜测会计人员是如何处理应收款的？为什么测试者和质量控制人员要等到产品完工才能检查？为什么市场部需要等到项目(或至少是原型)结束之后才能决定销售产品的最佳策略？一个综合 IPT 包括公司执行者、最终客户以及各环节的成员。

联合应用程序开发(Joint Application Development，JAD)方法论是让用户在广泛的研讨会期间全面加入开发者中，与 IPT 方法结合使用效果不错。IPT 通过保证在软件研发的各阶段正确的利益相关方都作为正式的团队成员的方式扩展了这个概念。此外，JAD 更关注用户群体的参与，IPT 则更多关注企业内部的利益相关方。

IPT 并不是一种开发模式，而是一种管理方法。当项目经理决定使用 IPT 时仍需选择开发模式。现阶段，IPT 常与众多敏捷开发模式结合使用。

- **重用方法论(Reuse Methodology)**　重用方法论是一种使用渐进式开发代码的软件研发方法。可重用的程序通过逐步修改已存在的原型而逐渐接近客户需求。正是由于重用方法论不需要从头开始建立程序，极大降低了开发成本，缩短了开发时间。
- **净室(Clean Room)**　是一种试图通过遵循结构化和正式的开发和测试方法而减少错误的方法。这种方法通常用于需要通过严格认证流程的高品质和关键任务应用程序。

本章介绍了一些最常用的开发模式，但业界还存在其他很多模式。新的模式随着科技和研究的进步出现。一些旧的方法的各种缺陷也会提及。大多数模式的存在都是为了满足一个特定的软件研发需求，而为一个特定项目选择一个错误方法对于项目将是毁灭性的。

 考试提示

虽然本章介绍的所有方法在世界各地的多家组织中都在使用，但应专注于涉及CISSP考试的敏捷、瀑布、DevOps 和 DevSecOps。

开发模式回顾

下面是对目前为止介绍的开发模式的快速回顾。

- **瀑布模式**　一种严格的按顺序的方法，要求前一阶段结束之后才能开始第二阶段。这种方法是一种非常难以集成变更、缺乏灵活性的方法。
- **原型模式**　出于概念验证目的创建代码示例或模型。
- **增量模式**　在软件研发的各阶段具有多种开发周期。每种开发周期都提供该软件的一个可用版本。
- **螺旋模式**　这是一种在每次迭代中注重风险分析的方法。这种方法通过灵活演进的方式集成用户反馈。
- **快速应用程序开发**　这种方法结合了原型开发和迭代开发流程，目的在于加快软件研发流程。
- **敏捷模式**　这是一种鼓励团队协作的迭代和增量开发流程。这种方法提供灵活性和适应性而非严格的流程结构。
- **DevOps**　软件研发和 IT 运营团队在项目的所有阶段一起工作，确保从开发环境顺利过渡到生产环境。
- **DevSecOps**　与 DevOps 一样，但将安全团队集成到项目的每个阶段。

24.4　成熟度模型

无论组织采用哪种软件研发方法，确定开发活动的定义和有效性的框架都是有帮助的。成熟度模型(Maturity Model)识别软件研发流程的重要组成部分，然后按照从临时到成熟的演进规模来组织这些组成部分。每个成熟度级别都包含一组目标，当这些目标得到满足时，这些目标中的一个或多个组件就会稳定下来。随着组织在成熟度等级的提升，软件研发流程的有效性、可重复性和可预测性也会提高，从而产生更高质量的代码。反过来，更高质量的代码意味着更少的漏洞，网络安全领导者关注这个话题的原因就在于此。两个最流行的成熟度模型是能力成熟度模型集成(Capability Maturity Model Integration，CMMI)和软件保障成熟度模型(Software Assurance Maturity Model，SAMM)。

24.4.1 能力成熟度集成模型

能力成熟度集成模型(Capability Maturity Model Integration，CMMI)是一组开发软件的模型，详述了软件研发生命周期的各阶段，包括概念定义、需求分析、设计、开发、集成、安装、运营和维护，以及每个阶段会发生的具体情况。CMMI 可用于评价安全工程实践并找出改善这些实践的方法，客户也可用在对软件供应商的评价流程中。理想情况下，软件供应商通常会使用该模型改善流程，而客户通常会用该模型评价软件供应商的实践。

考试提示
　　对于考试而言，术语 CMM 和 CMMI 是等效的。

CMMI 描述了软件研发流程成熟度的流程、原则和实践。开发 CMMI 模型是为了帮助软件供应商改善开发流程。这种方法使得软件研发商从现在的"突发奇想"方式逐步过渡到更有序的、可重复的方式，从而提高软件质量、缩短开发生命周期、提供更好的项目管理能力、允许创建并按时到达项目里程碑，变被动为主动。CMMI 提供了多项最佳实践，组织基于这些实践，为软件研发项目设计标准方法，而这种方法可在多个不同的项目组中使用。这个模型的目标就是持续地评估和改进现有流程、优化输出和增强性能，并在持续优化流程中以较低成本开发出高质量的软件产品。

如果 Stuff-R-Us 公司想要软件研发公司 Software-R-Us 开发软件产品，Stuff-R-Us 可听信 Software-R-Us 的市场宣传，也可询问 Software-R-Us 公司是否基于 CMMI 模型评价过。第三方公司可认证软件研发公司的产品开发流程。多家软件公司也会通过评价，以此作为卖点吸引新客户并提升老客户的信任度。

CMMI 模型的五个成熟度级别如图 24-10 所示。

详细解释如下。

- **第 0 级：不完整(Incomplete)**　开发流程是临时的或毫无章法的。开发并不总是完整的，因此项目常常取消或放弃。
- **第 1 级：初始(Initial)**　组织没有使用有效的管理程序和方案。没有一致性保证，质量是不可预测的。成功通常是个人英雄主义的结果。
- **第 2 级：已管理(Managed)**　每个项目都有正式的管理结构、变更控制和质量保证。组织可在每个项目中适当地重复流程。

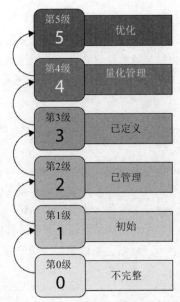

图 24-10　CMMI 各阶段成熟度级别

- **第 3 级：已定义(Defined)**　正式程序就绪，概述和定义整个组织所有项目执行的流程，使组织能够主动而非被动。
- **第 4 级：量化管理(Quantitatively Managed)**　组织已建立正式流程收集和分析量化数据，定义指标并输入流程改进计划。
- **第 5 级：优化(Optimizing)**　组织为持续流程改进制定了预算和综合方案，能快速响应机会和变化。

每个级别都构建在前一级别之上。例如，公司若达到 CMMI 第 5 级，必将满足 1~4 级以及 5 级中的所有要求。

如果软件研发供应商使用前面介绍的原型模式，这个供应商很可能只处于 CMMI 第一级；供应商的开发实践是临时的和不一致的，在软件产品质量存疑的情况下尤其如此。如果该公司严格遵循敏捷软件研发生命周期模式从事软件研发、测试和文档处理，将更有机会获得更高的 CMMI 级别。

性能成熟度模型(Capability Maturity Model，CMM)可用于软件研发的不同流程和目的，是能提供成熟度标识和成熟度改善步骤的通用模型。第 4 章介绍了 CMM 是如何与组织的安全计划优化流程集成的。

业界现有几种不同的 CMM 模型，容易导致混淆。CMMI 的开发试图将这些不同的成熟度模型整合在同一个框架中以供使用。CMMI 由业界专家、政府机构和卡内基·梅隆大学(Carnegie Mellon University)软件工程学院共同开发，在软件工程领域代替了 CMM，但在业界和 CISSP 考试中仍可看到 CMM。CMMI 和 CMM 的最终目标是一致的，都是为了优化流程。

注意

CMMI 目前仍在持续更新和优化。最新的版本可在网址 https://cmmiinstitute.com/learning/appraisals/levels 查阅。

24.4.2 软件保障成熟度模型

OWASP 软件保障成熟度模型(Software Assurance Maturity Model，SAMM)专注于安全软件研发，并允许不同规模的组织在治理、设计、实施、验证和运营这五个关键业务功能中确定其目标成熟度级别，如图 24-11 所示。构建 SAMM 的前提之一是参与软件研发的组织都应执行这五个功能。

反过来，每个业务功能又分为三个安全实践，这些安全实践是为功能提供保障的一组与安全相关的活动。例如，如果想确保设计业务功能正确完成，就需要执行与威胁评估、安全需求识别和软件安全架构相关的活动。这 15 种实践中的每一种都可独立评估，并具有独立的、成熟的、组织可决定的、对每种实践有意义的成熟度级别。

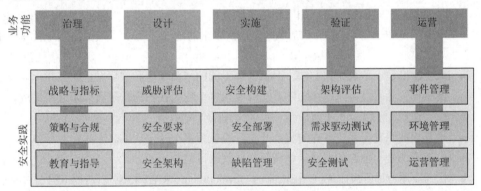

图 24-11 软件保障成熟度模型

注意

有关 SAMM 的更多信息，可参见 https://owaspsamm.org/model/。

24.5 本章回顾

虽然 CISSP 并不期望一定会参与软件研发，但几乎肯定会领导生产或使用软件的组织。因此，了解安全软件的开发方式非常重要。了解这一点可了解组织在软件研发方面从事的工作，并快速了解软件研发流程的成熟度。如果流程是临时的，本章应会提供一些关于正式化流程的指导。毕竟，如果没有正式的流程和训练有素的程序员，几乎没有希望生产出一旦投入生产就不会立即受到攻击的软件。另一方面，如果组织看起来更成熟，就可更深入研究在软件中构建安全性的细节，这是下一章的主题。

24.6　快速提示

- 软件研发生命周期(SDLC)包括五个阶段：需求收集、设计、开发、测试和运营维护(Operations and Maintenance，O&M)。
- 计算机辅助软件工程(Computer-aided Software Engineering，CASE)是指允许软件自动开发的不同类型的软件，形式可是程序编辑器、调试器、代码分析器和版本控制机制等，目标是提高开发速度和生产力并减少错误。
- 在开发过程中应采取不同级别的测试：单元(测试单个组件)、集成(验证组件在生产环境中协同工作)、验收(确保代码满足客户要求)和回归(发生更改后的测试)。
- 变更管理是一种有意识地调节项目不断变化的性质的系统方法。变更控制是变更管理的一个子项，用于控制系统的特定变更。
- 应在软件研发的每个阶段解决安全问题。安全问题不应只在开发结束时解决，因为那时成本、时间和精力将增加而功能有缺失。
- 攻击面是攻击方可能的入口点的集合。攻击面的减少减少了攻击方可利用系统的方式。
- 威胁建模是一种系统化方法，用于了解不同的威胁实现和破坏发生的方式。
- 瀑布式软件研发方法遵循顺序方法，要求每个阶段在下一个阶段开始之前完成。
- 原型设计方法涉及出于概念验证目的创建的代码示例。
- 增量软件研发需要在软件的整个开发阶段执行多个开发周期。
- 螺旋方法是一种迭代方法，强调每次迭代的风险分析。
- 快速应用程序开发(Rapid Application Development，RAD)将原型设计和迭代开发程序与加速软件研发流程结合。
- 敏捷方法的特点是迭代和增量开发流程，鼓励基于团队的协作，提高灵活性和适应性而不是使用严格的流程结构。
- 一些组织在开发软件时，通过集成 DevOps(开发和运营)团队或 DevSecOps(开发、运营和安全)团队改善内部协调并减少摩擦。
- 集成产品团队(Integrated Product Team，IPT)是一个多领域开发团队，参与者来自多个(或所有)利益相关方群体。
- 能力成熟度模型集成(Capability Maturity Model Integration，CMMI)是一种流程改进方法，可为组织提供有效流程的基本要素，从而提高绩效。
- CMMI 模型使用由数字 0 到 5 指定的六个成熟度级别。每个级别代表流程质量和优化的成熟度级别。级别按如下顺序排列：0=不完整，1=初始，2=管理，3=定义，4=定量管理，5=优化。

- OWASP 软件保障成熟度模型(Software Assurance Maturity Model，SAMM)专门关注安全软件研发，并允许组织在治理、设计、实施、验证和运营这五个关键业务功能中确定其目标成熟度级别。

24.7 问题

请记住这些问题的表达格式和提问方式是有原因的。应了解到，CISSP 考试在概念层次上提出问题。问题的答案可能不是特别完美，建议考生不要寻求绝对正确的答案。相反，考生应当寻找最合适的答案。

1. 软件研发生命周期有几个阶段。下列哪一项排序正确？

   A. 需求收集、设计、开发、维护、测试、发布

   B. 需求收集、设计、开发、测试、运营和维护

   C. 原型设计、构建和修复、增量、测试、维护

   D. 原型设计、测试、需求收集、集成、测试

2. John 是公司应用程序开发部门经理，需要确保团队在开发阶段的正确时间执行所有正确的测试类型。下列哪一项准确地描述了应执行的软件测试类型？

   i. **单元测试**　在受控的环境中测试个体组件，开发人员确认数据结构、逻辑和边界条件。

   ii. **集成测试**　验证组件像设计规范描述的一样协同工作。

   iii. **验收测试**　确保代码满足客户的需求。

   iv. **回归测试**　当系统发生变化后，重新测试以确保其功能、性能及安全性。

   A. i, ii

   B. ii, iii

   C. i, ii, iv

   D. i, ii, iii, iv

3. Marge 要为团队选择一个应遵循的软件研发方法。Marge 的团队要开发的是一款要求错误率极低甚至没有错误的关键应用程序。下面哪一项最好地描述了 Marge 的团队应遵循的模型类型？

   A. 净室

   B. 联合分析开发(JAD)

   C. 快速应用程序开发(RAD)

   D. 重用方法论

4. 哪个级别的能力成熟度模型集成允许组织积极主动地管理整个组织的所有项目？

   A. 已定义

   B. 不完整

   C. 已管理

   D. 优化

5. Mohammed 负责一个大型软件研发项目，该项目有严格的要求和阶段，可能由不同的承包商完成。哪种方法最好？

 A. 瀑布

 B. 螺旋

 C. 原型

 D. 敏捷

使用以下场景回答问题 6~9。Tom 在一个处于成长阶段的中型组织中负责 IT 和安全，决定组建自己的软件研发团队，并即将开始第一个项目：为客户建立一个知识库。该项目最终会发展成与客户互动的焦点，并提供多种功能。Tom 已经听说过很多有关 Scrum 方法的信息，并决定在这个项目中尝试一下。

6. 如何记录该软件系统的需求？

 A. 用户故事

 B. 用例

 C. 系统需求规范(System Requirements Specification，SRS)

 D. 非正式地记录，因为这是第一个项目

7. Tom 在第一个 Scrum Sprint 执行到一半时，接到一位高级副总裁的电话。这位副总裁坚持要立即添加一个新功能。如何处理这个请求？

 A. 将功能添加到下一个 Sprint

 B. 更改当前 Sprint 以包含该功能

 C. 将项目重置到需求收集阶段

 D. 将新功能延迟到项目结束

8. 软件研发团队在组织中是全新的，为将软件安全地投入生产，正在努力基于需要与组织内的其他团队顺利合作。哪种方法可帮助减轻这种内部摩擦？

 A. DevSecOps

 B. DevOps

 C. 集成产品团队(Integrated Product Team，IPT)

 D. 联合分析设计(Joint Analysis Design，JAD)会议

9. 为提高网络安全性，选择性地提升软件研发实践成熟度的最佳方法是什么？

 A. 软件保障成熟度模型(Software Assurance Maturity Model，SAMM)

 B. 能力成熟度模型集成(Capability Maturity Model Integration，CMMI)

 C. 看板

 D. 集成产品团队(Integrated Product Team，IPT)

24.8　答案

1. B。下面列出软件研发生命周期常用的几个阶段：

(1) 需求收集

(2) 设计

(3) 开发

(4) 测试

(5) 运营和维护

2. D。因为存在不同的缺陷，所以软件应采取不同类型的测试。下面是一些最常用的测试方法。

- **单元测试** 在一个受控的环境中测试个体组件，开发人员确认数据结构、逻辑和边界条件。

- **集成测试** 验证组件是否按设计规范描述的协同工作。

- **验收测试** 确保代码满足客户的需求。

- **回归测试** 当系统发生变化后，重新测试以确保其功能、性能及安全性。

3. A。软件研发模型及其定义如下：

- **联合分析开发(Joint Analysis Development，JAD)** 若采用工作组，在讨论会式的环境下开发会使用这种方法。

- **快速应用程序开发(Rapid Application Development，RAD)** 一种组合原型和交互式开发流程，加快软件研发流程的方法。

- **重用方法论(Reuse Methodology)** 渐进地开发代码的软件研发方法论。通过逐渐修改已有原型来演化可重用程序，以满足客户的需求。因为重用方法论不需要从头构建程序，显著降低了开发成本，缩短了开发时间。

- **净室(Cleanroom)** 遵循结构化且规范的开发和测试方法防止产生错误和问题。这种方法用于开发高质量的关键应用程序，这些程序需要通过严格的认证。

4. A。能力成熟度集成模型的六个级别是：

- **不完整** 开发流程是临时的或毫无章法的。开发并不总是完整的，因此项目常常取消或放弃。

- **初始** 组织没有使用有效的管理程序和计划。没有一致性保证，质量是不可预测的。成功通常是个人英雄主义的结果。

- **已定义** 正式程序就绪，概述和定义整个组织所有项目中执行的流程，使组织能够主动而非被动。

- **已管理** 每个项目都有正式的管理结构、变更控制和质量保证。组织可在每个项目中适当地重复流程。

- **量化管理** 组织已建立正式流程收集和分析量化数据，定义指标并将其输入流程改进计划。

- **优化** 组织为持续过程改进制定了预算和综合方案，使其能快速响应机会和变化。

5. D。瀑布模式是一种非常严格的方法，对于预先完全了解所有需求的项目或由不同组织在每个阶段执行工作的项目可能很有用。螺旋式、原型设计和敏捷模式非常适用于需求未充分理解的情况，并且不适合在中途更换承包商。

6. A。除了"非正式"之外的其他答案都是合理的，但是由于使用的是敏捷方法(Scrum)，因此用户故事是最佳答案。重要的一点是正式记录需求，这样就可设计一个满足所有用户需求的解决方案。

7. A。Scrum 方法允许在每个 Sprint 结束时明确定义的位置添加、更改或删除产品功能以及重置项目。

8. A。DevSecOps 将开发、安全和运营专业人员集成到软件研发团队中。DevSecOps 是解决开发人员与安全和运营人员之间摩擦的良好方法。

9. A。CMMI 和 SAMM 是可能答案项中的成熟度模型。SAMM 是最好的答案，因为 SAMM 允许比 CMMI 更细化的成熟度目标，且专注于安全性。

第25章

安全的软件

本章介绍以下内容：

- 编程语言
- 安全编码
- 软件研发安全控制措施
- 软件安全评估
- 评估获取软件的安全性

> 一个优秀的程序员在横穿单行道之前总是向两边看。
>
> ——Doug Linder

质量(Quality)可定义为在多大程度上满足目的。换句话说，质量是指某事物相对预期目的的好坏程度。高品质的汽车有利于交通，人们不必担心这辆汽车会发生故障、在碰撞中无法保护乘员或容易遭窃。当需要去某个地方时，可依靠高质量的汽车将乘客送达要去的地方。同样，用户也不必担心高质量的软件会崩溃、在不可预见的情况下破坏数据，或者容易遭到破坏。可悲的是，多名研发人员在考虑质量时仍然首先考虑功能。当从全局看待时，质量是研发安全软件中最重要的概念。

对软件系统的每一次成功入侵都依赖于对其中一个或多个漏洞的利用。反过来，软件漏洞是由代码设计或实现中的缺陷引起的。因此，软件目标是研发没有缺陷的软件，换句话说，就是尽可能研发出高质量的软件。本章将讨论安全软件如何成为优质软件。安全和质量二者缺一不可。通过采用正确的流程、控制措施和评估，结果将是更可靠、更难利用或更难遭到破坏的软件。当然，这些原则同样适用于组织和其他人员研发的软件。

25.1 编程语言与概念

所有软件都是使用某种编程语言编写的。编程语言已发展了几代，每一代都建立在前一代的基础之上。编程语言的发展给程序员提供了更丰富的功能和更强大的工具。

编程语言的主要类型有机器语言、汇编语言、高级语言、超高级语言和自然语言。计算机处理器可直接解读机器语言并处理。每一个处理器系列都有自己的机器码指令集。机器码用二进制(1 和 0)表示，是最初级形式的编程语言，也是第一代编程语言。20 世纪 50 年代初，机器语言曾是唯一的编程方法。早期的计算机只能使用基本的二进制指令，因为当时还没有编译器和解释器。由于还没有抽象这一概念，程序员只能手动计算和分配内存地址并按顺序输入指令。二进制的编程不仅非常耗时，而且容易出错(试想写出成千上万行 1 和 0 指导计算机执行操作，就明白这种操作有多么复杂了)。这种情况要求程序员严格控制程序的长度，也导致程序非常原始。

普遍认为汇编语言(Assembly Language)是一种低级语言，是机器指令的符号化表示，是"更高一级"的机器语言。汇编语言使用符号(也叫助记符，Memonic)表示复杂的二进制码。汇编程序员可使用 ADD、PUSH 和 POP 等命令替代二进制码(1001011010)。汇编语言使用的程序叫汇编器(Assembler)，汇编器自动将汇编代码转换成与机器兼容的二进制语言。得益于此，汇编语言极大地减少了编程和调试时间，引入了变量的概念，并将程序员从人工计算内存地址的工作中解放出来。但与使用机器码一样，运用汇编语言编程要求对计算机架构有深入了解；虽然汇编语言用于编程比二进制格式容易，但相比今天大部分程序员使用的高级语言，还是更有挑战。

用汇编语言编写的程序也是特定于硬件的，因此为基于 ARM 的处理器编写的程序将与基于 Intel 的系统不兼容；因此，这些类型的语言是不可移植的。程序一旦编写完成，就会送入汇编程序，汇编程序将汇编语言翻译成机器语言。汇编器还将汇编语言程序中的变量名替换为在内存中存储值的实际地址。

注意

汇编语言允许直接控制计算机系统中非常基本的活动，如将数据压入内存栈或出栈。攻击方常使用这些语言严密控制恶意指令在目标攻击系统中的执行方式。

第三代编程语言出现于 20 世纪 60 年代初。第三代编程语言由于精细的编程结构，认为是高级语言(High-level Language)。高级语言使用抽象语句。"抽象"指将多个汇编语言指令归并成一个高级语句，如 IF-THEN-ELSE。这样归并可让程序员把低级(系统架构)的复杂操作交给编程语言，而关注编程目标。此外，高级语言比机器语言和汇编语言更容易使用，因为高级语言的语法更像人类语言。数学操作符的使用简化了算术和逻辑操作，极大地缩短了研发时间并简化了调试。这种变化意味着程序更容易编写，软件漏洞(Bug)也更容易识别。高级语言不依赖于处理器。编译器和解释器可将用高级语言写的代码转化成适合不同处理器架构的机器语言。代码不再依赖特定处理器类型时，程序将是可移植的，可在多种不同系统类型上使用。

第四代语言(超高级语言)的设计进一步提高了在第三代语言中倡导的自然语言方法，把基于自然语言的声明往前推进了一步。第四代编程语言致力于在特定环境里提供简化编程实现的高度抽象的算法。第四代语言最显著的特点是执行特定任务所需的人工编码量是第三代语言的十分之一。这一点特别重要，因为研发的这些第四代语言是供非专业用户而不仅是专业人员使用的。

做个类比，如果需要通过微积分测验，就需要非常专注于记忆必要的公式，并在测验中把公式正确地运用到应用题里。关注点在于微积分而不是作为工具的计算器的工作方式。如果要理解计算器在晶体管之间传递数据的方式、电路的工作原理、计算器存储并执行处理行为的逻辑，就会让用户不知所措。对程序员同样如此。如果程序员要考虑操作系统执行内存管理功能的方式、输入/输出行为、基于处理器的寄存器使用方法，将很难专注于软件要解决的现实问题。高级语言隐藏了所有这类复杂的后台行为并替程序员处理妥当。

20 世纪 90 年代初，出现了第五代编程语言(自然语言)的概念。这类语言从完全不同的角度编程。编写程序实现特定的结果不再通过定义算法和方法声明，而是通过定义约束条件。第五代编程语言的目标是生产出能自行解决问题的软件，而不是由程序员编写代码处理单个特定问题。这类应用软件像黑盒子一样——输入问题并输出解决方案。就像汇编语言的出现消除了二进制编程一样，第五代编程技术带来的影响会终结传统的编程方式。第五代语言的终极目标是不再需要编程的专业技能，取而代之的是使用基于处理和人工智能的先进知识。

语言级别

语言的级别越"高"，引入的抽象越多。抽象指远离和/或隐藏细节。编程语言提供高级别的抽象就是程序员不需要担心计算机系统繁杂的细节，如寄存器、内存地址、复杂的布尔表达式和线程管理等。程序员可使用简单声明，如 print，而不必考虑计算机是怎样把数据传递给打印机的。这样程序员就可专注于应用软件本应提供的核心功能，不必烦心于操作系统和主板元件内部发生的事情。

做个类比，不必懂得汽车的引擎和刹车的工作原理——就是一个抽象级别。司机只需要转动方向盘，必要时踩踏板，专注于想去的地方。

如今有太多不同的编程语言，很难把这些语言恰当地划分到本章所述的五代语言里。这几代语言是区分众多软件编程方法的经典方法，在 CISSP 考试里也将看到。

业界还没有实现为第五代语言设置的所有目标。解决问题时仍然需要程序员的洞察力，当今计算机系统结构的局限性在于软件还不能"独立思考"。现在离实现人工智能越来越近，但还有很长的路要走。

下面列出几代编程语言。

- 第一代 机器语言
- 第二代 汇编语言
- 第三代 高级语言
- 第四代 超高级语言
- 第五代 自然语言

25.1.1　汇编器、编译器和解释器

无论用户使用的是哪种编程语言，或第几代语言，所有指令和数据最终都以二进制格式

由处理器运行。就像食物要分解成分子才能由身体吸收，所有代码的格式最终应能由特定系统使用。每种编程语言都通过汇编器、编译器或解释器执行这种转换。

汇编器(Assembler)是把汇编语言源代码转换成机器码的工具。汇编语言由助记符构成，处理器无法理解，因此需要翻译成操作指令。

编译器(Compiler)将高级语言语句转换为必要的机器级格式(.exe、.dll 等)供特定处理器理解。编译器把指令从源语言(高级)转换成目标语言(机器)，代码可执行。程序员可用 C 语言研发应用程序，但购买这个应用程序时不会得到源代码。收到的是能在电脑上运行的可执行代码。源代码已通过编译器变成可执行文件，以便在这类处理器上运行。

编译器使研发人员可用高级语言生成代码，再为各种平台编译代码。所以可研发一套软件，然后用五种不同的编译器编译，这样就可在五种不同的系统上运行。

图 25-1 显示了高级语言逐渐转变为机器语言的流程，机器语言是处理器可原生理解的唯一语言。这个示例中语句将值 42 赋给变量 x。一旦将包含该语句的程序提供给编译器就会得到汇编语言，如图所示。用汇编语言设置变量值的方法是将该值移动到存储变量的位置。在此示例中，42 的十六进制值(十六进制中的 2a 或 2ah)移动到处理器的 ax 寄存器中。然而，为让处理器执行这个命令，仍然需要将命令转换成机器语言，这项转换是汇编器的工作。请注意，编码人员编写 x=42 比用汇编语言或(更糟糕的)机器语言表示类似的操作要容易得多。

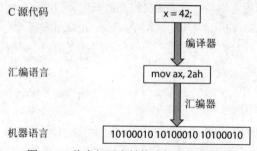

C 源代码　　　　　　　　　　x = 42;

　　　　　　　　　　　　　　编译器

汇编语言　　　　　　　　　　mov ax, 2ah

　　　　　　　　　　　　　　汇编器

机器语言　　　　　　10100010 10100010 10100010

图 25-1　将高级语言转换为机器语言代码

如果编程语言是"解释性"的，就要用称为解释器(Interpreter)的工具把高级代码转换成机器级代码。例如，用 JavaScript、Python 或 Perl 研发的应用程序可直接由解释器运行而不必编译。解释的目的是提高可移植性。在解释环境中执行程序的最大优点是解释器的平台独立性和内存管理功能。这种方法的主要缺点是程序不能作为独立应用程序运行，需要在本地机器上安装解释器。

注意

某些语言(如 Java 和 Python)支持这两种方法，模糊了解释语言和编译语言之间的界线。下一节将更多地讨论 Java 是如何做到这一点的。

从安全角度看，了解某种语言内在的漏洞很重要。比如，用 C 语言写的程序可能出现缓冲区溢出和字符串格式错误，原因在于一些 C 语言标准软件库在默认操作时，不检查字符串数据的长度。结果就是，如果一个字符串的来源(如 Internet)不可信任，将不可信任的数据传递给使用这些库的例程可能在无意间覆盖部分内存——这个漏洞能潜在地用于执行随意的和恶意的代码。有些编程语言(例如 Java)自动执行内存垃圾回收；其他语言(例如 C)要求程序员手动执行，也就造成出错的机会。

垃圾回收是软件自动执行部分内存管理任务的方式。垃圾回收器(Garbage Collector)找出曾分配过但不再使用的内存块并予以释放，把内存块标记成空闲状态。垃圾回收器也可将零散的空闲内存块收集并合并成更大的内存块。垃圾回收有助于提供更稳定的环境，而且不会浪费宝贵的内存。如果垃圾回收没有正常执行，不仅会造成内存低效使用，攻击方还可执行拒绝服务攻击，随意调配系统的所有内存，从而导致系统无法工作。

科技似乎不会越变越简单。随着时间推移，学习也更困难。十年前，汇编、编译和解释语言都很清晰，定义也更易于理解。大多数情况下，只有脚本语言需要解释器。语言随着演变而更加灵活，带来更强大的功能、效率和可移植性。很多语言可基于环境和用户的要求编译或解释源代码。

25.1.2　运行时环境

如果想研发可在多种不同环境中运行而不必重新编译的软件怎么办？这种代码称为可移植代码(Portable Code)，需要一些可将代码"翻译"到每个不同环境的工具。该"翻译器"可调整为特定类型的计算机，能运行翻译器理解的可移植代码。运行时环境(Runtime Environment，RTE)的作用就在于此，充当程序的微型操作系统，并提供可移植代码需要的所有资源。使用 RTE 的最佳示例之一是 Java 编程语言。

Java 是平台独立的，因为 Java 创建了与处理器无关的中间代码，即字节码(Bytecode)。Java 虚拟机(Java Virtual Machine，JVM)将字节码转换为特定系统上处理器可理解的机器码(见图 25-2)。JVM 尽管有虚拟机的名字，但并不是一个成熟的虚拟机(如第 7 章所定义的)。与之相反，JVM 是 Java RTE 的一个组件，并有支持文件，例如类库。

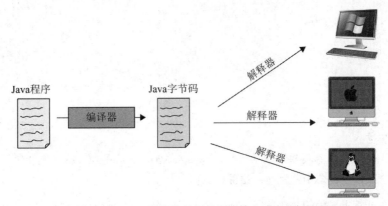

Java程序　　编译器　　Java字节码　　解释器　　解释器　　解释器

图 25-2　JVM 将字节码解释为该特定平台的机器码

下面快速浏览这些步骤：

(1) 程序员创建 Java 小程序并通过编译器运行。

(2) Java 编译器将源代码转换为字节码(不是特定于处理器的)。

(3) 用户下载 Java 小程序。

(4) JVM 将字节码转换为机器码(特定于处理器)。

(5) 小程序在调用时运行。

执行小程序时，JVM 会创建唯一的 RTE，称为沙箱(Sandbox)。沙箱是一个封闭的环境，小程序在其中执行活动。小程序通常在请求的网页中发送，意味着小程序一到达就会执行。如果小程序的研发人员没有正确完成工作，小程序可能会有意或无意地执行恶意活动。因此沙盒严格限制了小程序对系统资源的访问。JVM 协调对系统资源的访问，确保小程序代码正常运行并保持在沙箱内。这些组件如图 25-3 所示。

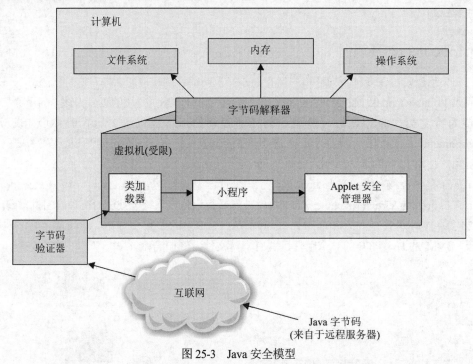

图 25-3　Java 安全模型

注意

Java 语言本身提供了保护机制，如垃圾收集、内存管理、验证地址使用情况以及验证是否符合预定规则的组件。

然而，与计算世界中的其他事情一样，坏人已经想出了摆脱沙盒限制的方法。程序员已经想出方法编写允许代码访问本应受 Java 安全方案保护的硬盘驱动器和资源的小程序。如图 25-4 所示。这个代码本质上可能是恶意的，会给用户及其系统造成破坏和混乱。

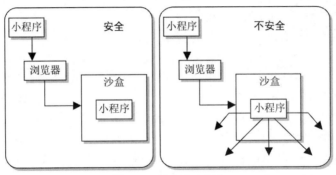

图 25-4　沙盒和小程序

25.1.3　面向对象的概念

软件研发曾经采用经典的"输入-处理-输出"方法。这种研发使用来自于分级信息结构的信息流模型。将数据输入程序，程序将数据从起点传递到终点，执行逻辑过程并返回结果。面向对象编程(Object-Oriented Programming，OOP)方法执行同样的功能，但采用不同技术。这些技术的效率更高。首先要理解 OOP 的一些基本概念。

OOP 使用类和对象。一个现实世界的对象(例如，一个桌子)是更大的对象"家具"的成员(或实例)。家具类有一套相关属性。对象生成时会继承这些属性。这些属性可是颜色、尺寸、重量、风格和费用。如果生成椅子、桌子或双人沙发，就可称为实例化(Instantiate)，这些属性就生效了。因为桌子是家具类的成员，所以桌子继承类定义的所有属性(参见图 25-5)。

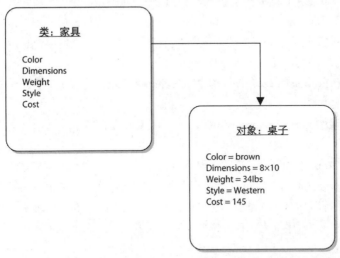

图 25-5　在面向对象的继承中，每个对象都属于一个类并具有该类的所有属性

程序员研发的是类及其所有的特性和属性。这种方法的美妙之处在于，程序员不必研发每个对象。做个类比，如果要研发先进的咖啡机击败星巴克。一位客户按下咖啡机上的按钮，订一杯脱脂牛奶、香草和树莓口味的拿铁，并且多加一杯浓缩咖啡。咖啡机自动完成所有这

些要求，给客户提供美味且完全符合该客户喜好的咖啡。下一位客户想要一杯全脂牛奶、多加奶泡的摩卡星冰乐。那么目标是一次制作某件东西(咖啡机，类)，让该物品可通过接口接收请求，再基于提交的请求产生不同的结果(咖啡，对象)。

但是类怎样基于请求生成对象呢？用 OOP 编写的软件将收到通常来自于另一个对象的请求。发出请求的对象要求新对象执行某个功能。例如，对象 A 向对象 B 发送一些数字，要求对象 B 执行减法。当这个请求发出时，会生成具有所有必要代码的对象(实例化)。对象 B 执行减法任务并把结果发回给对象 A。

这两个对象编写所用的编程语言无关紧要，重要的是对象是否知道相互通信的方式。对象如果知道应用程序编程接口(Application Programming Interface，API)的通信要求，就可和其他对象通信。API 是可让对象互相通信的机制。如果要和 Jorge 说话，但只能用法语，而且只能用三个或更少的短语，因为 Jorge 只能理解这些。只要遵守这些规则，就可和 Jorge 说话。如果不遵守这些规则，就不能和 Jorge 说话。

提示

对象是类的实例。

那么 OOP 有什么了不起呢？图 25-6 显示了 OOP 和过程编程(Procedural Programming)之间的区别，过程编程是一种非 OOP 技术。过程编程建立在将任务划分为过程(Procedure)的概念之上，这些过程在执行时完成任务。这意味着大型应用程序可很快变成一大堆代码(有时称为面条代码)。如果要改动这堆代码，就要把整个程序的逻辑功能都看一遍，搞清这个改动会造成什么破坏。如果这个程序包含成千上万行代码，就不是一个容易或令人愉快的任务了。现在，如果选择用面向对象语言编写这个程序，就不会出现单体应用程序，应用程序会由一些更小的部分(对象)组成。如果要改动或者更新某个功能，只需要找到执行那个功能的对象，修改生成这个对象的类，而不必考虑程序执行的其他功能。下面细分了 OOP 的好处：

- **模块化(Modularity)**　软件的构建块(Building Block)是自主对象，对象之间通过交换信息合作。
- **延迟实现(Deferred Commitment)**　一个对象内部的部件可重新定义而不改变系统的其他部分。
- **重用性(Reusability)**　类可通过继承重新定义，但可由其他程序重用。
- **自然(Naturalness)**　面向对象分析、设计和建模都符合业务的需要及解决方案。

大部分应用程序都有一些通用功能。OOP 可一次性生成对象，然后让其他应用程序重用，不必在十个不同应用程序上为执行类似功能研发很多类似的代码。OOP 减少了研发时间并节省了金钱。

目前已经讲完了 OOP 的概念，需要澄清一下用过的术语。方法(Method)是指一个对象可执行的功能或过程。创建对象用于接收用户的数据，且把请求重新格式化，使后端服务器能理解并处理。另一个对象用于执行从数据库提取数据并填充到页面的方法。或者，对象可执行取钱过程，让用户从 ATM 取款机提出账户里的钱。

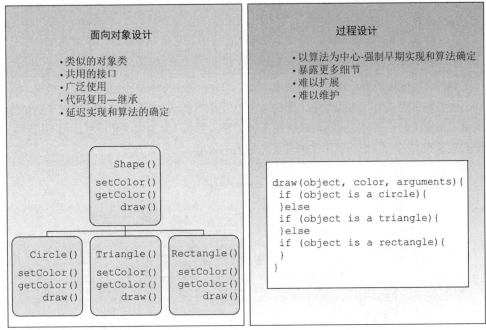

图 25-6　过程编程与面向对象编程

对象封装了属性值，也就是信息包装在某个名称下，可作为实体由其他对象重用。对象之间通过向接收对象的 API 发送消息(Message)实现通信。如果对象 A 要告诉对象 B，一个用户的支票账户减少 40 美元，A 就发一条消息给对象 B。这个消息由目的地、要执行的方法和相应的参数组成。图 25-7 展示了这个示例。

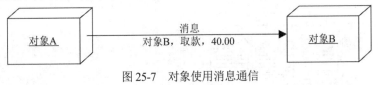

图 25-7　对象使用消息通信

发送消息有几种方式。一个对象可有一个连接(一对一)或者多个连接(一对多)。重要的是要映射这些通信路径，确定信息能否以非预期方式流动。这些方法可保证敏感数据不会传递给低安全级别的对象。

对象可包含一个共享部分和一个私有部分。共享(Shared)部分是与其他部件交互的接口(API)。消息进入需要执行的操作或方法(由接口指定)。对象的私有(Private)部分是对象实际工作和执行请求操作的方式。其他部件不需要知道每个对象内部是如何工作的——只需要知道要求的工作已执行。对象的原理使数据隐藏(Data Hiding)成为可能。对于对象以外的所有其他元素隐藏了处理细节。对象通过定义好的接口通信，因此不需要知道彼此内部的工作方式。

注意
封装提供了数据隐藏，保护了外部不能访问的对象私有数据。不应允许对象访问其他对象的内部数据或执行处理(另一个对象也应如此)。

这些对象会变得很多，以至于复杂度、跟踪和分析都会变得有点困难。在文档里，对象多次出现在与引用或指针的联系中。图 25-8 展示了银行的 ATM 系统里，相关对象是如何使用或引用指定块的。从而，分析师和研发人员可看到更高一级的操作和过程，而不用看每个具体的对象和代码。因此，模块化提供了更易懂的模型。

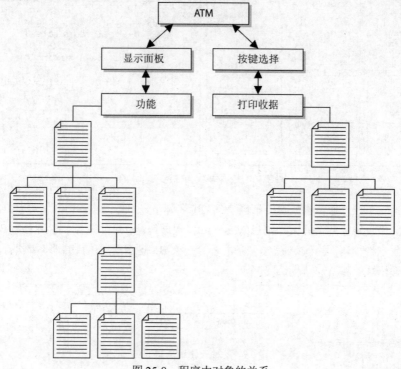

图 25-8　程序中对象的关系

如前所述，抽象(Abstraction)是忽略无关紧要的细节，从而就可检验和审视重要的、固有的特性。抽象将系统的概念层面分离出来。举例而言，如果软件架构师需要理解数据在程序里流动的方式，就要理解程序的宏观部分，跟踪数据从输入到以输出形式退出程序的整个过程中的具体步骤。如果把程序每一小块的细节都呈现出来，这个概念就很难理解。相反，通过抽象将所有细节都忽略掉，这样软件架构师就可理解产品的关键部分。这种抽象就像看见一片森林而不用去看每一棵树。

每个对象都应有其遵循的规范。遵从这条准则，程序更干净，减少了错误和疏漏。下面的清单示例说明每个研发的对象应包括的内容：

- 对象名
- 属性描述

- 属性名
- 属性内容
- 属性数据类型
- 来自于对象外部的输入
- 从对象向外部的输出
- 操作描述
- 操作名
- 操作接口描述
- 操作处理描述
- 性能问题
- 限制和局限
- 实例连接
- 消息连接

研发人员创建了类描述这些规范。当对象实例化时，就继承了这些属性。

如前所述，每个对象都可重用是 OOP 的优点，能更有效地利用各种资源和时间。不同应用程序可使用类似对象，减少了冗余工作，而且随着程序功能的增加，对象可很容易地添加和整合到最初的结构中。

对象可录入一个库中，为多个应用程序调用对象提供了经济的途径(见图 25-9)。这个库提供了一个索引和多个指针，指向对象在这个系统中或另一个系统中存在的地方。

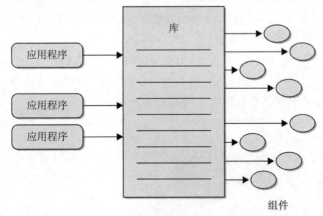

图 25-9　应用程序通过库索引定位需要的对象

以模块化方式研发应用程序就像面向对象方法一样，可重用部件、降低复杂度，并可做到并行研发。与传统编程语言相比，这些特点减少了错误，方便了修改，提高了资源使用效率，加快了编码速度。OOP 还实现了功能独立，就是说每个模块处理需求的一个子功能，并给应用程序的其他部分提供了一个易于理解的接口。

封装(Encapsulate)对象的意思是，数据结构(操作的功能)和可接受的访问方法组合在一个实体里。其他对象、主体和应用程序都可通过访问受控的标准化接口，发送消息，使用该对象及其功能(见图 25-9)。

25.1.4 内聚和耦合

内聚(Cohesion)反映了模块可执行多少不同类型的任务。如果一个模块只执行单个任务(即减法)或非常相似的任务(即减法、加法或乘法),则描述为具有高内聚性。高内聚性是件好事。内聚度越高,更新或修改模块就越容易,并且不会影响与之交互的其他模块。高内聚性也意味着模块更容易重用和维护,因为与低内聚的模块相比,高内聚的模块更直接。低内聚的对象执行多个不同的任务,增加了模块的复杂性,模块更难维护和重用。因此,对象希望是集中、易于管理和易于理解的。每个对象应执行单一功能或类似功能。单一对象不应执行数学运算、图形渲染和加密功能——这些是独立的功能类型,跟踪这种复杂程度会令人困惑。如果试图创建复杂的多功能对象,那么就是在试图将太多东西塞进一个对象中。对象应执行模块化、简单化的功能——OOP 的重点就是这一点。

耦合(Coupling)是一种度量,表明模块需要多少交互才能执行任务。如果一个模块具有低(松)耦合,就意味着该模块执行工作不需要与多个其他模块通信。高(紧)耦合意味着一个模块依赖于多个其他模块执行其任务。低耦合更可取,因为模块更容易理解和重用,并且可更改而不影响周围的多个模块。低耦合表明程序员创建了一个结构良好的模块。打个比方,公司希望员工能够在对其他员工的依赖最少的情况下完成个人工作。如果 Joe 应与其他五个人交谈才能完成一项任务,则存在太多复杂性,任务太耗时,并且每次交互都会增加出错的可能性。

如果模块紧耦合,则仅更改某个模块的连锁反应会极大地影响其他模块。如果模块是松耦合的,那么这种复杂程度就会降低。

低耦合的示例是模块将变量值传递给另一个模块。作为高耦合的示例,模块 A 将值传递给模块 B,另一个值传递给模块 C,再传另一个值给模块 D。在模块 B、C、D 完成各自任务并返回结果给模块 A 之前,模块 A 无法完成任务。

考试提示

对象应是自足的并执行单一逻辑功能,这种现象就是高内聚。对象不应互相有太大影响,这种现象是松耦合。

耦合和内聚引起的复杂度级别与程序的安全级别直接相关。越复杂的东西越难保障安全。研发"紧代码(Tight Code)"不仅会带来效率和效果,也会降低软件的攻击面。尽量降低复杂度可减少坏人可潜入的潜在漏洞。类比一下,如果要保护某个设施,假如这个设施只有少量的门、窗和进出人员,就很容易保护。少量的变量和移动块对监测和保障安全是有帮助的。

25.1.5 应用程序编程接口

讨论面向对象研发的属性时,在抽象概念上花了一点时间。本质上,抽象概念是关于类或对象实现的功能,而不考虑其内部工作方式。应用程序编程接口(Application Programming

Interface，API)规定了软件组件和其他组件交互的方式。API 不仅鼓励软件重用，而且通过本地化需要执行的更改，减少甚至消除修复或更改的级联效应，使软件更易于维护。

除了减少工作量和提高可维护性，在使用底层操作系统功能时也要使用 API。苹果的 macOS 和 iOS、谷歌的 Android 和微软的 Windows 在访问操作系统的功能(如打开和关闭文件和网络连接)时都要求研发人员使用标准的 API。所有这些主要供应商都限制了 API 的使用方式，最明显的是确保首先检查提供的参数，确保这些参数值不是格式错误的、无效的或恶意的，是处理 API 时应做的工作。

参数验证(Parameter Validation)是指在系统处理参数之前确认应用程序接收的参数值在定义的限制范围之内。在客户端/服务器架构中，验证控制措施可放置在客户端，位于向服务器提交请求之前。即使使用了这些控制措施，服务器也应在处理输入之前再次验证输入，因为客户端的控制措施比服务器的少，并且可能已遭到破坏或攻击方已经绕过。

25.1.6 软件库

软件库语境中最熟悉的可能是 API。软件库是执行对多个其他组件有用的特定任务的组件集。例如，有用于各种加密算法、管理网络连接和显示图形的软件库。库帮助软件研发人员研发独一无二的程序的同时，利用已知的良好代码完成类似程序通常执行的任务。程序员只需要了解打算使用的库的 API，减少了程序员需要研发的新代码数量，从而更容易保护和维护代码。

使用软件库具有潜在风险，这些风险应作为安全软件研发实践的一部分予以缓解。主要风险在于，由于这些库在多家组织的多个项目中重复使用，因此这些库中的缺陷都会通过使用的程序传播。事实上，基于 Veracode 2020 年的报告"软件安全状况：开源版(State of Software Security: Open Source Edition)"，十分之七的应用程序使用了至少一个存在安全漏洞的开源库，使得这些应用程序易受攻击。请记住，这些开源库(本章后面讨论)需要接受不同数量的安全研究人员的检查以寻找错误。如果使用专有库(包括自己的专有库)，则在威胁参与方之前发现这些漏洞可能要困难得多。

25.2 安全的软件研发

到目前为止，本章(和上一章)已经笼统地讨论了软件研发，并指明了沿途潜在的安全隐患。现在，注意力转向如何从头开始将安全性融入软件。然而，要做到这一点应自上而下，意味着需要一份组织策略文件，清楚地确定战略目标、职责和权限，减轻与构建或获取软件相关的风险。如果执行领导层不推动这一点，融合就不会发生。并且，策略文件让每个人都注意到安全编码是组织的优先事项。

安全编码(Secure coding)是一组实践，可将软件中的漏洞风险降至可接受的水平。没有软件是 100%安全的，但如果将安全编码准则和标准运用于项目，就可确保威胁参与方难以发现和利用剩余的漏洞。

25.2.1　源代码漏洞

源代码漏洞是代码中的缺陷，为威胁行为方提供了危害软件系统安全性的机会。所有代码都有缺陷或错误，但漏洞特别危险。源代码漏洞通常由两种类型的缺陷引起：设计和实现。设计缺陷指即使程序员做的每件事都完美正确，仍然会存在漏洞。实现缺陷源于程序员错误地实现了良好设计的一部分。例如，假设正在构建电子商务应用程序，该应用程序从客户那里收集支付卡信息并存储以便将来购买时使用。如果系统设计为存储未加密的卡号将是设计缺陷。另一方面，如果系统设计在捕获数据后立即加密，但程序员错误地调用加密函数，导致卡号以明文形式存储，将是一个实现漏洞。

当源代码漏洞存在于面向外部的系统(例如，Web 应用程序)中时，问题尤其严重。基于 Forrester 的"2021 年应用程序安全状况"报告，这些漏洞占外部攻击的 39%。Web 应用程序因其曝光度而值得特别关注。

开放 Web 应用程序安全项目(Open Web Application Security，OWASP)是一个专门处理 Web 安全问题的组织。OWASP 提供了多个工具、文章和资源，研发人员可利用这些工具、文章和资源创建安全软件。OWASP 还在世界各地举办了单独的成员会议(分会)。OWASP 提供研发指南、测试程序和代码审查步骤，但最出名的可能是 OWASP 十大 Web 应用程序安全风险列表。以下是截至本书撰写时最新的十大列表，从 2017 年开始(2021 版应在阅读本书时发布)：

- 注入
- 身份验证损坏
- 敏感数据泄露
- XML 外部实体(XML External Entities，XEE)
- 访问控制损坏
- 安全配置错误
- 跨站脚本(Cross-Site Scripting，XSS)
- 不安全的反序列化
- 使用具有已知漏洞的组件
- 日志记录和持续监测不足

该列表代表了基于 Web 的软件中最常见的漏洞，并且最常遭到利用。可在 https://owasp.org/www-project-top-ten/找到与这些漏洞有关的更多信息。

25.2.2　安全编码实践

所以，本章已经讨论了安全编码实践，但安全编码实践到底是什么？尽管具体做法因组织而异，但通常可分为两类：标准和指南。回顾一下第 1 章，标准(Standard)是强制性的活动、行动或规则，而指南(Guideline)是建议的行动和操作指南，为不可预见的情况提供必要的灵活性。通过实施安全编码标准和维护反映最佳实践的编码指南，软件研发组织大大减少了源代码漏洞。下面看看安全编码实践的工作方式。

1. 编码标准

标准是最强大的安全编码实践形式，实践要视为标准应满足以下要求：

- 显著降低特定类型漏洞的风险
- 可在组织的软件研发工作范围之内执行
- 可在实施中验证

考试提示

严格采用安全编码标准是减少源代码漏洞的最佳方式。

研发编码标准很好的参考列表是上一节提到的 OWASP 十大列表。该列表专注于 Web 应用程序，但大多数漏洞适用于各种类型的软件。另一个很好的信息源是组织过去在研发有漏洞代码方面的经验，但这些漏洞随后应已修补。

一旦确定了漏洞，即使漏洞处于相当高的级别，组织也可研发编码标准，降低构建包含漏洞的代码的风险。事情变得有点棘手的地方在于标准因编程语言而异。如果组织使用 Ruby(一种 Web 应用程序的通用语言)研发 Web 应用程序，那么降低身份验证失败风险的方式将不同于使用 PHP(另一种流行的 Web 应用程序语言)。尽管如此，退后一步并考虑研发、运营和维护代码的流程时，仍有很多机会建立适用于所有语言的标准。本章后面讨论软件研发的安全控制措施时将更详细地介绍。

最后，一个标准只有在能得到验证遵守的情况下才是成功的。因此，如果有通过验证输入和参数降低注入风险的标准，那么应有方法确认代码中没有无法验证的部分。如第 18 章所述，验证是否符合安全编码标准的极好方法是执行代码审查。理想情况下，至少可自动验证一些标准。

编码标准通过安全编码实现，确保程序员总是采取某些行动而不做其他。例如，标准可能需要使用特定的库实现加密功能，因为该库已经过分析并的确是健全且没有漏洞的。另一个标准示例可能是禁止程序员使用特定的不安全函数，例如，C 编程语言中臭名昭著的 strcpy() 函数。strcpy() 函数将字符串从一个内存位置复制到另一个内存位置，但不比较受到复制的字符串与目标位置的长度以检查。字符串比目标长将覆盖其他内存区域，可能导致缓冲区溢出情况。

软件定义的安全

一个很有前途的新安全领域建立在第 13 章中介绍的软件定义网络(SDN)概念之上。回顾一下，在 SDN 中，控制平面(即路由和交换决策)和数据平面(即四处移动的数据包和帧)分离。SDN 允许集中控制网络，从而提高性能、灵活性和安全性。SDN 还可将安全功能与更传统的网络设备方法分离。软件定义安全(Software-defined Security，SDS 或 SDSec)是一种安全模型，其中防火墙、入侵检测和预防(IDS/IPS)和网络分段等安全功能在 SDN 环境中的软件中实现。这种方法的优点之一是传感器(用于 IDS/IPS 等功能)可基于威胁环境动态重新定位。

SDS 是一项新技术，但具有显著的安全优势。SDS 由于对 SDN 的依赖，最适合用于云和虚拟化网络环境。

注意

某些受监管的行业需要编码标准，如汽车和铁路控制软件等。

2. 编码指南

安全编码指南(Secure Coding)是推荐的做法，往往不如标准具体。例如，编码指南可能鼓励程序员使用不言自明的变量名，而不是在程序的其他地方重用，从而帮助代码更易于理解。安全编码采用这些标准有助于确保代码的格式和注释一致，帮助代码在审查期间更易于阅读。指南还可能建议编码人员保持函数简短以减少出错机会。这些做法听起来可能不多，但可更容易地在研发流程的早期发现错误，在提高质量的同时降低漏洞和成本。

25.2.3　软件研发安全控制措施

安全控制措施倾向于视为要添加到环境中降低风险的功能。虽然软件研发环境确实如此，但安全编码增加了另一层，由构建在代码本身中的安全控制措施组成。无论是保护研发子网还是其中产生的软件，都应在执行与风险分析流程相关的故意威胁建模之后部署安全控制措施。

请记住，内部子网的威胁模型与整个组织中部署甚至向客户销售的软件的威胁模型不同。无论哪种方式，目标都是减少漏洞和系统受损的可能性，但方式大不相同。

下面聚焦正在研发的软件，软件应使用的特定控制措施取决于软件本身、软件的目标、相关安全策略的安全目标、要处理的数据类型、要执行的功能以及部署的环境。与通过互联网连接企业并提供金融交易的应用程序所需的安全控制措施相比，一个纯专有的、只在封闭且受信任的环境中运行的应用程序可能需要更少的安全控制措施。诀窍在于了解软件的安全需求，部署正确的控制措施和机制，彻底测试机制以及这些措施和机制如何集成到应用程序中，遵循结构化的研发方法，并提供安全可靠的分发方法。

接下来将识别和描述安全控制措施在软件研发主要方面的运用。当然，这些运用包括软件本身的各个方面，还包括用于研发的工具、测试的方式，甚至如何将软件研发环境集成到更广泛的安全架构中。

1. 研发平台

软件研发团队中的工程师并不总是使用类似的工具研发软件。在这些工具集中最重要的工具是 IDE。每个工程师都能使用 IDE 从代码库中下载、修改、测试和提交代码，方便组内研发人员继续研发。取决于编程语言、目标环境和一些其他因素，研发人员可能使用 Eclipse、Microsoft Visual Studio、Xcode 或其他程序。研发出来的软件通常(正式或非正式地)使用研发环境下的客户端和服务器测试，这些客户端和服务器都应代表最终产品运行的真实环境。当谈及研发平台的安全性时，谈的不仅包括研发终端，也包括测试软件产品的"模拟"客户端和服务器。

上述要求看起来显而易见，但保证研发平台安全性的第一步是保证软件工程师使用的研发设备的安全性。多家组织面临的挑战是公司的软件工程师通常比一般用户更精通电脑，常常会修改设置，而这些修改可能是授权的也可能没有。软件工程师的动机是保证快速和准确地研发代码。如果用于研发的工作站配置阻碍了工作，工程师就会修改配置。为避免这个问题，组织需要拒绝给予研发人员对计算机的无限权利。强化正确的变更管理实践对保证研发终端安全十分重要。

比确保对研发人员工作站的变更控制更难的是安全地配置研发人员测试所需的研发客户端和服务器。多家组织允许研发人员维护自己的研发环境，如果这些设备与生产环境隔离，可能很好。这种分隔听起来像是常识，但问题是一些组织在隔离研发和生产系统方面做得不够好。原则上，这样分隔只需要将研发节点置于隔离的 VLAN 中。在实践中，分隔并不是那么简单明了。团队分散时更具挑战性，需要研发人员(或者可能是外部合作者)远程访问研发主机。

最好的办法是让研发人员通过 VPN 连接隔离的研发主机。这种做法增加了运营团队人员的工作量，却是保证研发和生产代码隔离的唯一方法。另一种好做法是创建防火墙规则，阻止研发服务器的外部进出连接。至此，应明白软件研发团队的任务不是在研发网络中提供主机。

2. 工具集

俗话说，不可能让每个人都开心。IDE 可能很棒，但软件研发人员总是需要(或只是想要)额外的工具集。拥有多年习惯使用的最心仪工具的研发人员尤其如此，如果需要完成新工作而现有工具表现不理想时也会如此。多家组织采用两种方法，但效果都不是很好。首先是强制严格遵守组织提供的已批准工具集。从表面看，从安全和运营的角度对工具集的要求是有道理的。拥有更少的工具意味着更多的标准化，允许更彻底的安全评估并简化配置。然而，更少的工具也可能导致生产力下降，并且通常导致最好的编码人员离职并加入另一个允许更多自由的组织。

另一种(不好的)方法是让研发人员自行其是。想法是这样的：让研发人员使用自认为优秀的工具，组织设置和维护需要的基础架构，只是将整个事情与外界隔离开来，这样就不会有恶意的东西进入组织。这句话应让人摇头，因为正如在本书中所说，显然不可能将所有不好的东西排除在外。尽管如此，众多中小型研发商仍然使用这种不加限制的做法。

更好的方法是像对待其他部门一样对待软件研发部门。如果软件研发需要新工具，只需要提出请求并遵循变更管理流程，第 20 章讨论过这个话题。变更顾问委员会(Change Advisory Board, CAB)验证需求、评估风险并审查实施方案等。假设一切都检查完毕并得到 CAB 批准，IT 运营团队会将工具集成到库存、更新和供应流程中；安全团队实施和监测适当的控制措施，研发人员获得需要的新工具。

25.2.4　应用程序安全测试

尽管尽了最大的努力，但程序员是人就会犯错误。其中一些错误最终成为源代码漏洞。在敌对方之前找到漏洞不是很好吗？应用程序安全测试的作用就是找出漏洞，CISSP 考试应知道三种测试：静态分析、动态分析和模糊测试。

1. 静态应用程序安全测试

静态应用程序安全测试(Static Application Security Testing，SAST)也称为静态分析，是一种旨在帮助识别软件缺陷或安全策略违规的技术，在不执行程序的情况下检查代码，因此是在程序编译之前执行。SAST 一词通常用于协助分析人员和研发人员的自动化工具，而人工检查通常称为代码审查(第 18 章中介绍)。

SAST 允许研发人员快速清除源代码中的编程缺陷和漏洞。此外，SAST 提供可扩展的安全代码审查方法，并确保研发人员遵循安全编码策略。SAST 工具有多种表现形式，从仅考虑单个语句行为的工具到一次性分析整个源代码的工具。但应记住，静态代码分析永远不会揭示逻辑错误和设计缺陷，因此应与手动代码审查结合使用以确保全面评估。

2. 动态应用程序安全测试

动态应用程序安全测试(Dynamic Application Security Testing，DAST)也称为动态分析，是指在程序运行时执行实时评估。程序一旦通过了 SAST 阶段并且基本的编程缺陷已离线纠正，通常会执行 DAST。DAST 帮助研发人员跟踪软件中可能在以后造成安全混乱的细微逻辑错误。这种技术的主要优点是消除了创建人为错误诱导场景的需要。动态分析因为不必访问软件的实际源代码，对于测试兼容性、检测内存泄漏、识别依赖关系和分析软件也很有效。

 考试提示
请记住，SAST 需要访问源代码，在测试期间不会执行，而 DAST 需要实际运行代码，但不需要访问源代码。

---

3. 模糊测试

模糊测试(Fuzzing)方法通过向目标程序发送大量格式错误的、预料之外的或随机的数据，触发程序错误从而发现软件缺陷和漏洞。攻击方可操纵这些软件错误和缺陷向程序注入自己的代码，从而攻击软件的安全性和稳定性。模糊测试工具又名 Fuzzer，使用复杂的输入试图削弱程序执行。模糊测试工具通常可成功识别缓冲区溢出、DoS 漏洞、注入漏洞、验证缺陷以及其他可能导致软件假死、崩溃和抛出异常的活动。

人工渗透测试

应用程序安全测试工具，连同良好的老式代码审查，非常擅长挖掘软件研发团队不会注意到的大多数漏洞。然而，尽管这些工具非常优秀，但测试人员缺乏心智坚定的威胁行为方的创造力和智慧。出于这个原因，多家组织还依赖手动渗透测试(Manual Penetration Testing，MPT)作为代码发布到生产环境之前的最终检查。在这种方法中，经验丰富的红队在预期环境中检查软件系统，并寻找破坏方法。此测试通常会发现自动化工具无法检测到的其他漏洞。

25.2.5 持续集成和交付

第 24 章讨论的敏捷方法的出现，可显著缩短研发和代码发布所需的时间。多家最好的软件研发组织通过持续集成和持续交付流程将这一点发挥到极致。

持续集成(Continuous Integration，CI)意味着在研发人员编写后所有的新代码立即和系统的其余部分集成。例如，假设 Diana 是一名软件工程师，致力于网络检测和响应(Network Detection and Response，NDR)系统的用户界面。使用传统的研发方法，Diana 会花费几周时间研发 UI 功能，几乎与研发团队的其他成员隔离。然后会有一段时间的集成，在此期间 Diana 的代码(以及其他所有准备交付的代码)会集成在一起测试。然后，Diana 和其他人重新开始独自研发下一组功能。这种方法的问题在于，Diana 每两周才能查明代码是否正确集成。如果 Diana 能立即(或至少每天)发现工作是否存在整合问题，不是很好吗？

通过持续集成，Diana 花几个小时编码，然后将代码合并到一个共享存储库中。合并触发了一组单元测试。如果代码未能通过这些测试，则合并将遭到拒绝。否则，Diana 的代码将与存储库中其他人的代码合并，并构建整个软件系统的新版本。如果构建存在错误，Diana 知道是自己的代码造成的，就可立即着手修复。如果构建顺利，代码会立即执行自动化集成测试。如果出现问题，Diana 知道因为"破坏了构建"，应立即返回修复代码，意味着在 Diana 修复代码或撤销代码合并之前，没有其他人可提交代码。

持续集成通过及早和经常识别错误显著提高软件研发效率。CI 还允许实施持续交付(Continuous Delivery，CD)，即逐步构建可随时发布的软件产品。所有流程和测试都是自动化的，可选择每天甚至每小时将代码发布到生产环境。然而，大多数实施 CI/CD 的组织不会那么频繁地发布代码，但如果愿意即可发布代码。

CI/CD 听起来很棒，那么哪些安全风险需要缓解？由于 CI/CD 严重依赖自动化，因此大多数实践这一模式的组织都使用商业或开源测试平台。其中一个平台是 Codecov，该平台在 2021 年初遭到入侵，允许威胁行为方修改 bash 上传脚本。为测试和集成，这个脚本将获取之前示例中 Diana 的代码并上传。此外，由于测试是自动化的且不涉及实际用户，因此研发人员通常应提供访问凭据、令牌或密钥才能启用测试。Codecov 漏洞背后的威胁行为方修改了 bash 上传程序，以便泄露访问数据，可能会秘密访问全球数百万使用 Codecov 执行 CI/CD 的产品。

大约三个月后，一位客户警告发现了 Codecov 的违规行为，该客户注意到并调查了上传程序的异常行为，并向供应商发出了该问题的警报。可看出 CI/CD 工具集中的一个组件泄露敏感数据吗？如果实践本书中一直强调的安全设计原则，尤其是威胁建模、最小权限、深度防御和零信任，就可采取正确的做法。

25.2.6　安全编排、自动化和响应

上一节提到的 Codecov 漏洞还强调了安全编排、自动化和响应(Security Orchestration, Automation, and Response，SOAR)平台在保护软件研发实践方面可发挥的作用。在安全信息与事件管理(Security Information and Event Management，SIEM)平台在安全运营中的作用这个背景下，第 21 章介绍了 SOAR。SOAR 和 SIEM 平台都可帮助检测并在 SOAR 的情况下响应针对软件研发工作的威胁。如果研发子网中有传感器(确实对网络执行了分段，对吗？)和一个经过良好调试的 SOAR 平台，就可检测到从该子网(不应与外界有太多交流)流出的全新外部端点。如果流量未加密(或者已使用 TLS 解密代理执行深度数据包检查)，就会注意到访问令牌和密钥流出到全新的目的地。基于此观察，可声明事件并激活 SOAR 平台中的数据泄露行动手册，就像先止血，并有时间找出问题所在，再考虑如何从根本上解决问题一样。

刚刚所述场景的挑战之一是，多个安全团队将其组织的研发环境视为应容忍的必要混乱。软件研发人员通常会因为快速生成高质量代码的能力获得奖励(或惩罚)。研发人员可抵制(甚至反抗)妨碍效率的事情。而且，众所周知，往往安全的执行方式就是如此。DevSecOps(在第 24 章中讨论)可帮助建立正确的文化并平衡所有团队成员需求的地方就在于此。DevSecOps 还可帮助安全团队识别和实施控制措施，缓解数据泄露等风险，同时将对生产力的影响降至最低。其中一种控制措施是在研发子网中部署 IDS/IPS、NDR 和数据防泄露(Data Loss Prevention，DLP)等传感器。反过来，这些系统将向 SOAR 平台报告，SOAR 平台可检测并遏制针对组织的主动威胁。

25.2.7　软件配置管理

当然，并非所有威胁都是外部威胁。队友故意或以其他方式执行的很多事情会给组织带来问题。正如本章稍后讨论云服务时将要看到的那样，不正确的配置一直是多家组织面临的最严重威胁之一。然而，正如第 20 章介绍的那样，这种威胁在实施适当配置管理的组织中是一个已解决的问题。

预见到软件产品在研发生命周期中将发生的不可避免的变化，应建立配置管理系统，通过自动化方式实现变更控制流程。在安全的软件产品中引入不安全的配置将使得整个产品不再安全，这些配置成为保护软件研发环境的要素。提供软件配置管理(Software Configuration Management，SCM)的产品能在各个时间点识别软件的属性，有条不紊地控制变更，达到在整个软件研发生命周期中保持软件的完整性和可追溯性。软件配置管理追踪对配置的变更，并提供能力验证最终交付软件是否具有所有应包含在发布中的已批准更改。

在软件研发项目中，中心代码库通常部署在能实施软件配置管理的系统中，这个系统能记录和追踪不同人员对单一主代码集的修改。这些 SCM 系统也能提供并发管理、版本管理和代码同步。并发管理(Concurrency Management)管理多人从同一中心代码库下载和变更同一文件时产生的问题。如果研发人员不经控制直接提交代码更改，那么新文件势必覆盖已有文件，导致变更丢失。多个 SCM 系统使用算法管理文件提交至中心版本库时产生的版本、代

码分支(Fork)和合并。

版本控制(Versioning)追踪文件修正的版本历史，使得"回滚"到以前的版本成为可能。当把文件的变更提交至代码库时，系统会对产生的每个文件保存一份存档副本。系统也会生成一条日志，记录提交变更的人员、时间和变更内容。

还有一些SCM系统允许个人下载一份部分或完整的代码库代码副本，并在代码上工作。修改后可在需要时将变更提交到至中心代码库，同时更新自己的个人副本，保持代码副本是最新的并与其他人的变更保持一致。这个流程称为同步(Synchronization)。

25.2.8 代码存储库

代码存储库(Code Repository)通常是版本控制系统，这个保险库包含参与软件研发的组织皇冠上的明珠。设想几分钟对抗的场景就可能会想出涉及这些存储库的各种邪恶场景。也许最简单的是窃取源代码，这些源代码不仅体现了员工的大量工作时间，而且更重要的是知识产权。一旦代码投入生产，攻击方也可使用源代码寻找漏洞供以后利用。最后，攻击方可能会故意在软件中插入漏洞，也许是在代码经过所有测试并获到信任后，从而可在以后选择的时间利用这些漏洞。显然，保护源代码存储库至关重要。

管理代码存储库安全性的最安全方法可能是在包括研发、测试和 QA 环境的隔离(或"气隙")网络上实现。研发团队应在这个网络上完成工作。代码一旦得到验证，就可使用可移动存储介质导出到生产服务器。上一节已经介绍了这种最佳实践。这种方法的挑战在于严重限制了研发团队连接到代码的方式，也加大与外部各方协作以及研发人员在远程或移动位置工作的难度。

软件托管

如果一家公司付费给另一家公司研发软件，那么这家公司还需要通过软件托管(Software Escrow)措施提供保护。第 23 章从业务持续性角度阐述了这个话题，但由于软件托管与软件研发直接相关，在此将再次予以说明。

在软件托管框架中，第三方公司保存一份源代码的副本以及其他资料，这些资料仅会在特殊情况下发送给客户。这种情况可能是为客户研发软件的提供商破产，或由于其他原因不能满足对客户的责任和义务。这种程序保护了客户。客户为研发的软件代码向供应商支付了费用，如果供应商倒闭，而且没有软件托管框架，客户将不再有机会访问到实际代码，也意味着客户代码不能得到更新或很好的维护。

此时符合逻辑的问题是，"既然客户付费要求研发，为什么供应商不直接将代码交付客户？"答案并非那么简单明了。软件代码同时是供应商的知识产权。供应商雇用人员，支付薪酬研发软件。如果供应商直接将代码交给客户，就是放弃了知识产权和商业机密。通常客户获得的是系统的编译代码而非源代码。编译代码(Compiled Code)是经编译器处理后的不可读版本。多种软件靠发放软件许可获利，许可列出了客户能对编译代码采取的行为。当然，通过额外收费，多种定制软件的研发者也可提供源代码，提供敏感系统的源代码十分有用。

一个很好的选择是在 Intranet 上托管存储库，要求研发人员要么在本地网络上，要么使用 VPN 连接到托管存储库。作为额外的安全层，可将存储库配置为需要使用 SSH(Secure Shell)，确保所有流量都经过加密，即使是在 Intranet 内部也可降低嗅探风险。最后，SSH 可配置为使用公钥基础设施(Public Key Infrastructure，PKI)，这种方法既可保证机密性和完整性又可保证更改的不可抵赖性。如果应允许远程访问存储库，这种配置将是不错的方法。

最后，如果预算有限或在该领域的安全专业知识有限，可选择众多基于 Web 的存储库服务提供商，让这些供应商处理安全问题。虽然由第三方处理可能会减轻小型组织的基本风险，但对于具有大量知识产权投资的项目可能不是可接受的行动方案。

25.3　软件安全评估

第 18 章已经讨论了各种类型的安全评估，但回到这个话题，看看安全评估是如何专门用于软件安全的。回顾一下前面的章节，安全软件研发实践源于以风险管理为基础的组织策略。该策略通过安全编码标准、指南和程序实施，这些标准、指南和程序应会生成安全的软件产品。通过本章(例如，SAST 和 DAST)和第 24 章(例如，单元和集成等)讨论的各种测试方法验证这一点。因此，软件安全评估的目的是验证从策略到产品的整个链条是否正常运行。

在执行评估时，团队应审查所有适用文件并制订计划，验证适用策略和标准中的每项要求。与软件研发关联的值得额外关注的两个领域是：组织管理风险，以及审计和记录软件更改的方式。

25.3.1　风险分析和缓解

风险管理是安全软件研发的核心，尤其是已识别的风险与为减轻风险而实施的控制措施之间的映射。这种映射可能是安全软件研发中最棘手的挑战之一，在审计中尤其如此。当组织确实将风险映射到软件研发中的控制措施时，倾向于以通用方式执行。例如，OWASP 十大列表是分析和缓解漏洞很好的起点，但如何应对组织面临的特定(和潜在独特的)威胁？

威胁建模对于研发团队都是一项重要活动，在 DevSecOps 中更是如此。然而，大多数组织并未为软件研发项目执行威胁建模。如果组织正在防御通用威胁，那很好，但迟早组织会面临独特的威胁，如果没有分析和缓解这些威胁，很可能会停止周末的休息。

评估人员感兴趣的另一个领域是软件研发和风险管理程序之间的联系。如果没有在组织的风险矩阵中跟踪软件项目，那么研发团队可能会孤立地工作，与更广泛的风险管理工作脱节。

25.3.2　变更管理

另一个对确保软件研发安全至关重要，并与更广泛的组织工作集成的领域是变更管理。某些更改在单独考虑软件项目时可能看似无关紧要，但在更广泛的组织环境中分析时实际上可能构成威胁。如果软件研发没有集成到组织的变更管理程序中，即使研发团队记录了这些变更，审计这些变更也可能会很困难。尽管如此，软件变更不应与全局组织变更管理隔离开来，因为隔离可能导致互操作性或(更糟糕的)安全问题。

25.3.3 评估获取软件的安全性

大多数组织不具备独立研发软件系统的能力。这些组织要么购买标准软件，要么购买供应商基于组织特定环境定制的软件系统。无论哪种情况，来自于外部的软件都将在受信环境中运行。因为软件来源和代码可信度不尽类似，这种做法可能对组织内系统的安全状况产生一些深远影响。像往常一样，组织需要基于风险管理流程进行响应。

与获取软件相关的基本风险管理问题是：如果软件行为不当，组织会受到什么影响？不当行为的起因可能是软件缺陷或错误配置。缺陷可表现为计算错误(如错误结果)或容易招致攻击的漏洞。一个相关问题是：哪些方面需要得到保护，以防受到软件缺陷的危害？是可识别个人信息 PII、知识产权还是国家安全信息？这些问题的解决和其他问题的答案将决定解决方案的彻底性。

多种情况下，降低购买软件带来的风险的方法从供应商评估开始。低风险供应商软件的特性包括供应商的声誉和定期的补丁推送。与之相反，如果供应商不成熟或没有研发流程文档，或者如果供应商的产品在很多市场存在(意味着供应商利用研发人员实现有利可图的目标)，又或者这是小型或全新的公司，那么这家供应商风险很高。

很明显，对获取软件执行安全评估的一个关键因素是软件在内部评估中的表现。理想情况下，可从供应商处获得源代码，以便实施代码评审、漏洞评估及渗透测试等。然而，在很多情况下这些安全活动不可能执行。唯一可能开展的评估是渗透测试。问题是组织内部可能没有能力执行渗透测试。这种情况下，基于软件的潜在风险，可能建议聘请外部人员执行独立的渗透测试。独立的渗透测试可能是一个昂贵方案，仅当对软件系统的成功攻击可能给组织带来严重损失时才有必要执行。

即使在最受限的情况下，仍能降低购买带来的风险。如果无法实施代码审查、漏洞扫描或渗透测试，仍可通过在特定子网部署软件、加固配置和通过严格的 IDS/IPS 规则监测软件行为等方法减轻风险。虽然这种方法最初可能导致功能受限和大量的入侵检测/防御系统误报，但在确保软件可信后总是可逐步放松控制的。

1. 商业软件

组织获得商业现货(Commercial-off-the-shelf, COTS)产品的源代码以执行安全评估的情况极为罕见。但是，取决于产品，这种安全评估可能没有必要。使用最广泛的商业软件产品已经存在多年，并且一直有安全研究人员(包括善意的和恶意的)发起攻击。可简单地探讨其他人员发现了哪些漏洞，并自行决定供应商是否使用了有效的安全编码实践。

如果该软件不那么受欢迎，或者服务于小众社区，那么未发现漏洞的风险可能会更高。这种情况下，查看供应商的认证是值得的。ISO/IEC 27034 应用程序安全是软件研发人员的一项良好认证。不幸的是，找不到很多获得认证的供应商。还有一些特定于某个行业的认证(例如，适用于汽车安全的 ISO 26262)或编程语言(例如，适用于 C 语言编码的 ISO/IEC TS 17961:2013)，但比较少见。然而，归根结蒂，供应商软件产品的安全性首先取决于供应商对安全性的重视程度。如果没有安全编码认证，可寻找 ISO/IEC 27001 和 FedRAMP 等全局信息安全管理系统(Information Security Management System，ISMS)认证，这些认证很难获得，表明组织对安全性的重视程度。

2. 开源软件

开源软件的发布带有许可协议，允许用户检查其源代码并随意修改，甚至重新分发修改后的软件(基于许可，通常需要确认原始来源和修改说明)。这种做法可能看起来很完美，但一些注意事项需要牢记。首先，软件按原样发布，通常没有服务或支持协议(尽管可通过第三方购买)。这种状况意味着员工可能应自己弄清楚安装、配置和维护软件的方法，除非与其他人签订合同由他人提供这类操作。

其次，开源软件的部分魅力在于可访问源代码。可访问源代码意味着可运用之前介绍的所有安全测试和评估。当然，只有在拥有有效检查源代码的内部能力时才有帮助。然而，即使不检查源代码，也可依靠世界各地无数的研发人员和研究人员检查源代码(至少对较流行的软件)。然而，硬币的另一面是，攻击方也可检查代码，比防御方更快识别漏洞，或者深入了解如何更有效地攻击使用特定软件的组织。

也许使用开源软件的最大风险是依赖过时的版本。人们习惯于拥有自动检查更新并自动应用的软件(无论是否有明确许可)。然而，开源软件中自动检查更新并不常见，特别是对库文件，意味着需要研发流程确保所有开源软件都定期更新，更新方式可能不同于 COTS 软件更新方式。

3. 第三方软件

第三方软件(Third-party Software)也称为外包软件(Outsourced Software)，是由第三方专门为组织制作的软件。由于该软件是定制的(或至少是部分定制的)，因此不视为 COTS。第三方软件可能部分(甚至完全)依赖开源软件，但经过定制，可能会引入新的漏洞。因此，需要一种方法验证这些产品的安全性，验证方法可能与验证 COTS 或开源软件的方法不同。

 考试提示
第三方软件是为组织定制的(或至少是部分定制的)，不视为商业现货(COTS)。

评估第三方软件安全性的最佳方法(遗憾的是，也是最昂贵的方法)是利用第 18 章中讨论的外部或第三方审计。通常起作用的方式是在合同中写入一项条款：外部审计师检查软件(可能还有研发软件的实践)，然后出具报告，证明产品的安全性。通过此审计可能是完成购买的条件。显然，这次谈判的一个症结可能是谁为这次审计买单。

另一种评估方法是安排第三方软件的限时试用(可能以组织名义成本的名义)，然后让红队(Red Team)评估。如果没有红队，可能会以比正式的应用程序安全审计成本更低的价格雇用红队。尽管如此，成本还是相当可观的，通常至少是数万美元。与其他安全控制措施一样，应平衡评估成本和不安全软件可能造成的损失。

4. 管理服务

随着组织继续迁移到云服务(IaaS、PaaS 和 SaaS,在第 7 章中深入讨论),还应评估这些服务的安全影响。全球情报公司 IDC 2020 年的研究强调了这一点。该研究发现,近 80%的受访公司在过去 18 个月中至少经历过一次云数据泄露。前三个原因是配置错误、访问设置和活动缺乏可见性以及访问控制不当。主要的云服务提供工具帮助避免这些陷阱,但最重要的是,如果内部没有专业知识可保护和评估云服务,真的应考虑聘请专家给予帮助。

25.4　本章回顾

构建安全代码需要组织多个部门而不仅仅是研发和安全团队的承诺。构建安全代码从通过标准、程序和指南实施的策略文件开始。其中一个关键部分是在软件编写、集成和准备交付时应定期(甚至连续)运行的各种类型的测试。软件研发环境很复杂,可能需要采取的方法与在正常网络环境中采用的不同。因此,所有利益相关方之间的团队合作绝对至关重要。促进这种协作的良好方法是使用第 24 章中介绍的 DevSecOps 方法,本章强调了这一方法。

组织即使不研发软件,也肯定会使用其他人员研发的应用程序和服务。本章讨论的概念普遍适用于网络安全领导者的原因就在于此。应了解如何构建安全代码,以便确定从他人处获得的软件是否会给组织的网络安全带来风险。

25.5　快速提示

- 机器语言由 1 和 0 组成,是计算机处理器可直接理解的唯一格式,认为是第一代语言。
- 汇编语言认为是第二代编程语言,使用符号(称为助记符)表示复杂的二进制代码。
- 第三代编程语言,如 C/C++、Java 和 Python,因其精巧的编程结构而称为高级语言,允许程序员将低级(系统架构)复杂性留给编程语言,并专注于编程目标。
- 第四代语言(又名超高级语言)使用自然语言处理,使不熟练的程序员研发代码所花费时间比经验丰富的软件工程师使用第三代语言需要的更短。
- 第五代编程语言(又称自然语言)通过定义实现特定结果的约束并允许研发环境自行解决问题而不是程序员研发代码,来处理个别和特定问题。
- 汇编器是将汇编语言源代码转换为机器代码的工具。
- 编译器将指令从源语言(高级)转换为目标语言(机器),有时在此期间使用外部汇编器。
- 垃圾收集器识别曾经分配但不再使用的内存块,释放这些内存块并标记为空闲。
- 运行时环境(Runtime Environment,RTE)作为程序的微型操作系统使用,并提供可移植代码需要的所有资源。

- 在面向对象编程(Object-oriented Programming，OOP)中，相关的函数和数据封装在类中，然后可实例化为对象。
- OOP 中的对象通过使用符合接收对象的应用程序编程接口(Application Programming Interface，API)定义的消息通信。
- 内聚反映了一个模块可执行多少不同类型的任务，目标是只执行一项任务(高内聚)，使得模块更易于维护。
- 耦合衡量一个模块对其他模块的依赖程度。依赖项越多，维护模块就越复杂和困难，因此需要低(或松散)耦合。
- API 指定软件组件与其他软件组件交互的方式。
- 参数验证是指在系统处理之前确认应用程序接收的参数值在定义的限制范围之内。
- 软件库是执行对多个其他组件有用的特定任务的组件的集合。
- 安全编码是一组将软件漏洞风险降至可接受水平的实践。
- 源代码漏洞是代码中的缺陷，为威胁行为方提供了危害软件系统安全性的机会。
- 安全编码标准是可验证的强制性做法，可降低源代码中特定类型漏洞的风险。
- 安全编码指南是推荐的做法，往往不如标准具体。
- 软件定义安全(Software-defined Security，SDS 或 SDSec)是一种安全模型，其中防火墙、IDS/IPS 和网络分段等安全功能通过 SDN 环境中的软件实现。
- 软件研发工具应像其他软件产品一样通过组织的变更管理流程授权、实施和维护；不应允许研发人员安装和使用任意工具。
- 静态应用程序安全测试(Static Application Security Testing，SAST)是一种旨在帮助识别软件缺陷或违反安全策略的技术，在不执行程序的情况下检查源代码。
- 动态应用程序安全测试(Dynamic Application Security Testing，DAST)指在程序运行时实时评估。
- 模糊测试是一种用于通过向目标程序发送大量畸形、意外或随机数据以触发故障，从而发现软件缺陷和漏洞的技术。
- 持续集成意味着所有新代码在研发人员编写后立即和系统的其余部分集成。
- 持续交付是逐步构建可随时发布并需要持续集成的软件产品。
- 软件配置管理(Software Configuration Management，SCM)平台在不同时间点识别软件的属性，并有条不紊地控制变更，保持整个软件 SDLC 的完整性和可追溯性。
- 软件安全评估的目的是验证从组织策略到产品交付的整个研发流程是否按预期工作。
- 对所获取软件的安全评估对于减轻可能使用该软件的组织所面临的风险至关重要。
- 评估商业软件安全性的最实用方法是探讨其他人员发现了哪些漏洞，并自行确定供应商是否使用有效的安全编码方法。
- 使用开源软件版本的最大风险是依赖过时的版本。
- 评估第三方(即定制或部分定制)软件安全性的最佳方法是执行外部或第三方审计。

25.6　问题

请记住这些问题的表达格式和提问方式是有原因的。应了解到，CISSP 考试在概念层次上提出问题。问题的答案可能不是特别完美，建议考生不要寻求绝对正确的答案。相反，考生应当寻找最合适的答案。

1. 计算机处理器唯一可理解和执行的语言是什么？

    A. 机器语言

    B. 寄存器语言

    C. 汇编语言

    D. 高级语言

2. C/C++、Java、Python 等编程语言属于哪一代？

    A. 第二代

    B. 第三代

    C. 第四代

    D. 第五代

3. 哪种类型的工具专门用于将汇编语言转换为机器语言？

    A. 编译器

    B. 集成研发环境(IDE)

    C. 汇编器

    D. Fuzzer

4. 以下哪一项对于评估所获取软件的安全性不是很有用？

    A. 供应商的可靠性和成熟度

    B. 供应商的软件托管框架

    C. 第三方漏洞评估

    D. 内部代码审查(如果源代码可用)

5. 内聚和耦合是质量代码的特征。以下哪项描述了这两个特征的目标？

    A. 低内聚，低耦合

    B. 低内聚，高耦合

    C. 高内聚，低耦合

    D. 高内聚，高耦合

6. Yichen 是 Acme 软件公司的一名新软件工程师。在第一次代码审查期间，老板告诉 Yichen 应在代码中为变量使用描述性名称。这个观察是什么的例子？

    A. 安全编码指南

    B. 安全编码标准

    C. 安全软件研发策略

    D. 使用第五代语言

7. 软件定义安全还依赖于哪些技术？

    A. 软件定义存储(SDS)

    B. 软件定义网络(SDN)

    C. 安全编排、自动化和响应(SOAR)

    D. 持续集成(CI)

8. 在不运行源代码的情况下测试漏洞，哪种方法最好？

    A. 静态应用程序安全测试(SAST)

    B. 模糊测试

    C. 动态应用程序安全测试(DAST)

    D. 手动渗透测试

9. 为了测试软件的漏洞，执行软件然后将其暴露于大量随机输入，使用的是哪种测试技术？

    A. 静态应用程序安全测试

    B. 模糊测试

    C. 动态应用程序安全测试

    D. 手动渗透测试

10. 以下哪一项不是托管云服务中数据泄露的常见原因？

    A. 配置错误

    B. 对访问设置和活动缺乏可见性

    C. 硬件故障

    D. 访问控制不当

25.7 答案

1. A。机器语言由 1 和 0 组成，是计算机处理器可直接理解的唯一格式，认为是第一代语言。

2. B。第三代编程语言，例如，C/C++、Java 和 Python，由于其精细的编程结构被称为高级语言，允许程序员将底层(系统架构)复杂性留给编程语言并专注于编程目标。

3. C。汇编器是将汇编语言源代码转换为机器代码的工具。编译器也生成机器语言，但通过转换高级语言代码而不是汇编语言实现。

4. B。在软件托管框架中，第三方保留一份源代码的副本，可能还有其他材料，在研发者停业等特定情况下会向客户发布。虽然软件托管是一种良好的业务持续性做法，但通常不会告诉有关软件本身安全性的信息。所有其他三个答案都是对所获取软件的安全性执行严格评估的一部分。

5. C。内聚反映了一个模块可执行多少种不同类型的任务，目标是只执行一项任务(高内聚)，使得模块更易于维护。耦合是衡量一个模块依赖于其他模块的程度，依赖项越多，维护模块就越复杂和困难，因此需要低(或松散)耦合。

6. A。安全编码指南是推荐的实践，往往不如标准具体。指南可能会鼓励程序员使用不言自明的变量名并保持函数简短(不指定多短)。另一方面，安全编码标准是可验证的强制性做法，可降低源代码中特定类型漏洞的风险。

7. B。软件定义安全(SDS 或 SDSec)是一种安全模型，其中防火墙、IDS/IPS 和网络分段等安全功能在 SDN 环境中的软件中实现。

8. A。SAST 是一种旨在帮助识别软件缺陷或违反安全策略的技术，通过在不执行程序的情况下检查源代码的执行。所有其他答案都要求执行代码。

9. B。模糊测试是一种通过向目标程序发送大量畸形、意外或随机数据以触发故障，从而发现软件缺陷和漏洞的技术。

10. C。云服务中数据泄露的三大原因是配置错误、访问设置和活动缺乏可见性以及访问控制不当。